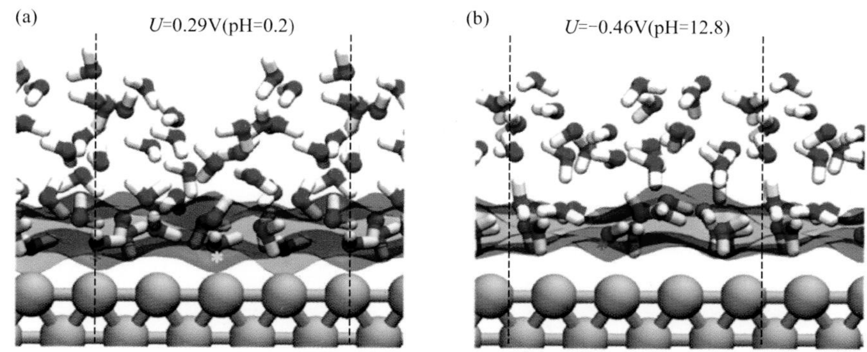

图2-36　pH对水层结构的影响[45]

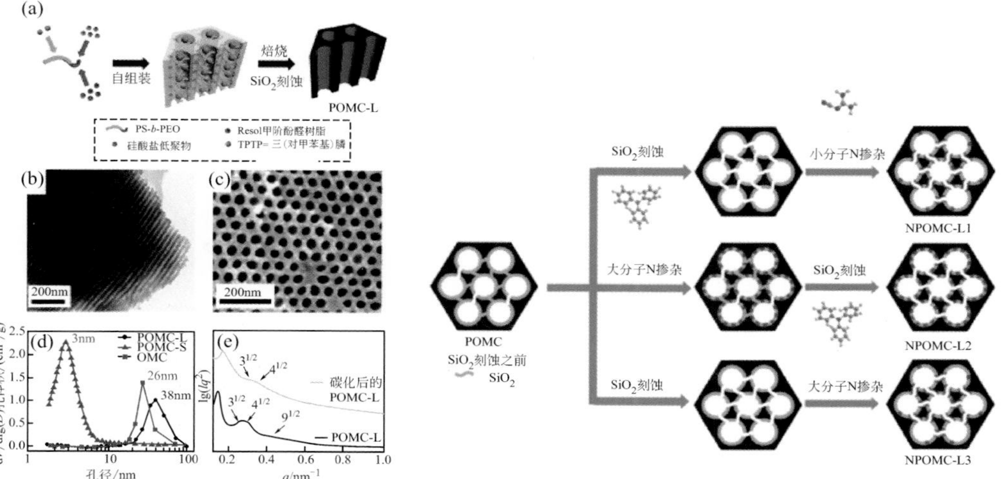

图3-19　POMC-L的合成示意图、TEM、孔径分布图、SAXS图以及额外氮掺杂的合成示意图[28]

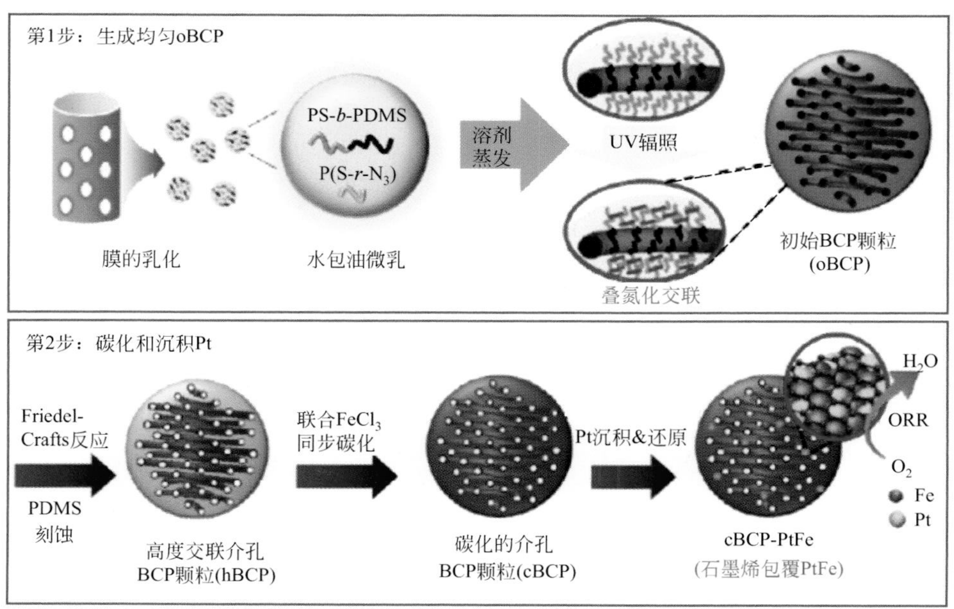

图3-34　cBCP-PtFe催化剂的合成示意图[59]

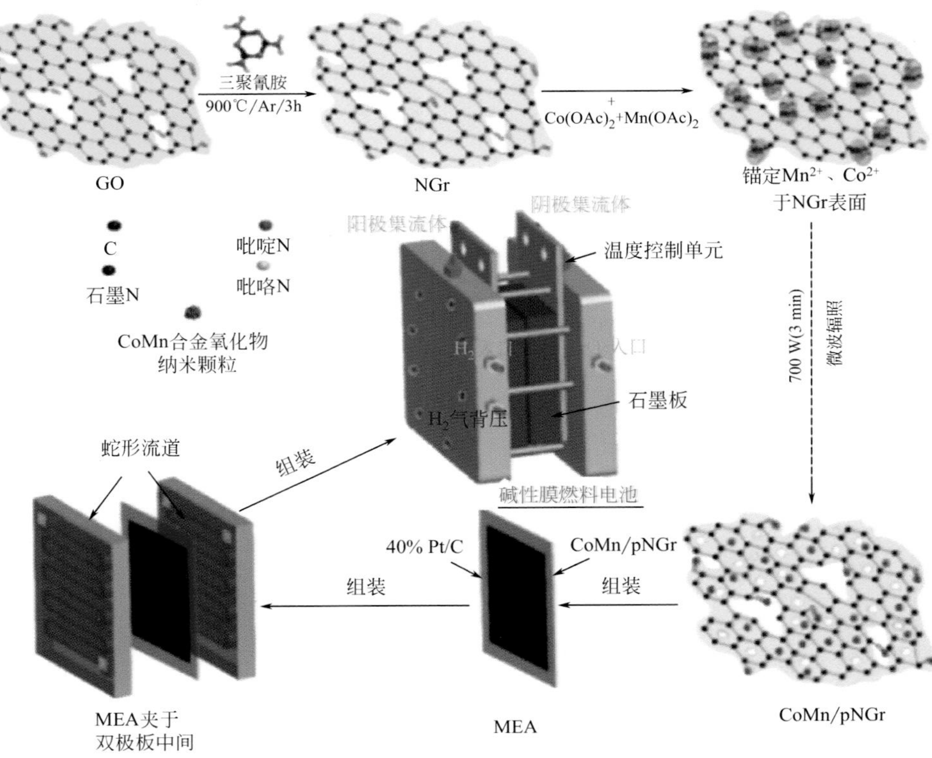

图3-53　以pNGr为载体制备CoMn合金氧化物纳米粒子（CoMn/pNGr）催化剂，并以CoMn/pNGr为阴极材料逐步制备阴离子膜燃料电池单电池的原理图[70]

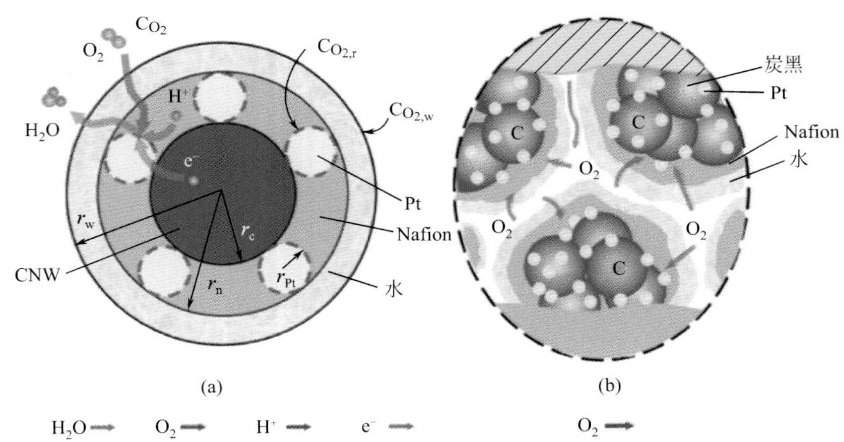

图3-71　阴极催化剂层被液体膜覆盖的有序结构示意图（a）和传统阴极催化剂层的团聚结构示意图（b）[197]

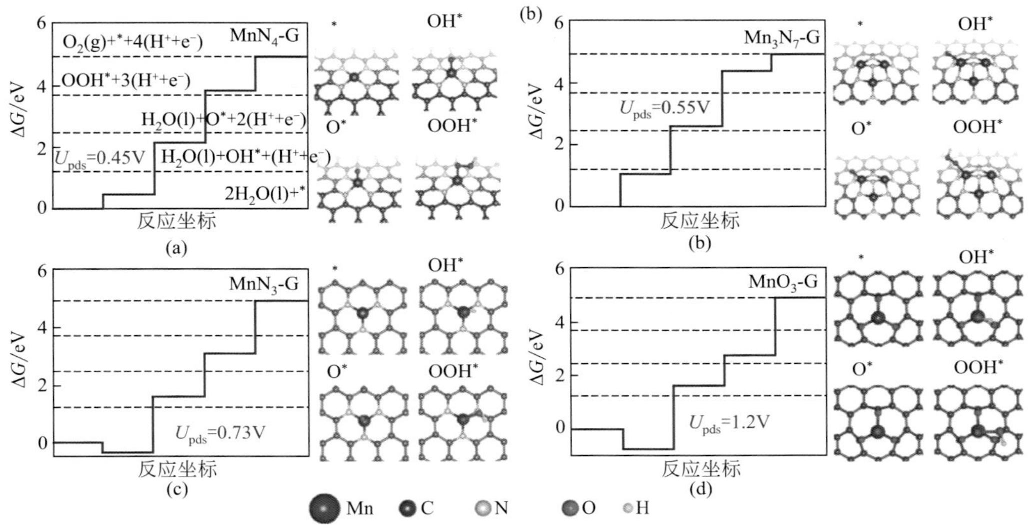

图4-4　催化剂活性的DFT计算

MnN$_4$-G催化剂的OER自由能图（a），Mn$_3$N$_7$-G（b）和MnN$_3$-G（c）和MnO$_3$-G（d）
虚线表示理想电催化剂的台阶自由能，U_{pds}为速控步的平衡电势[29]

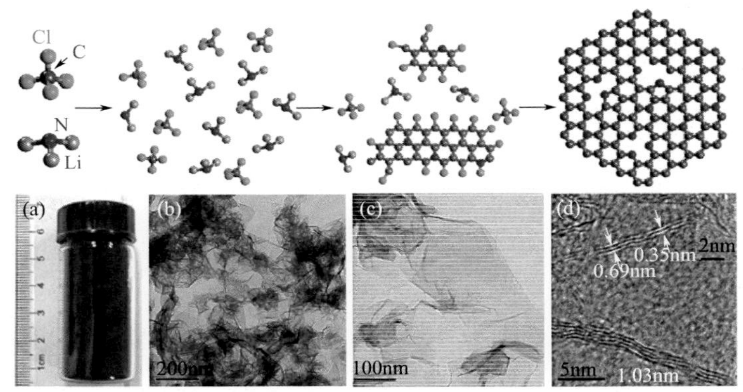

图5-16　溶剂热法氮掺杂石墨烯制备示意图及产品的电镜照片

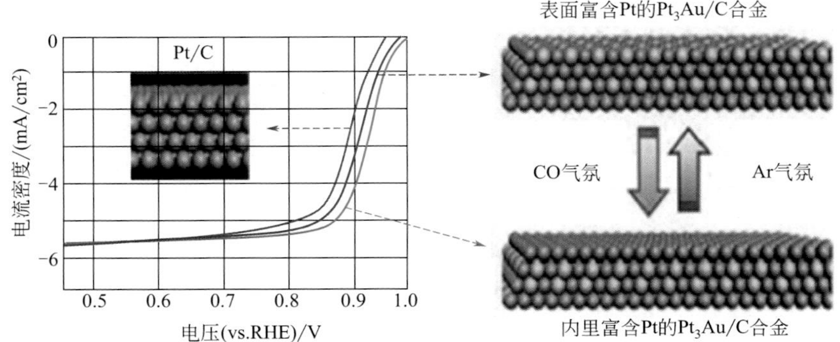

图5-35　Pt$_3$Au/C在不同气氛中表面组成的转换及相应ORR活性

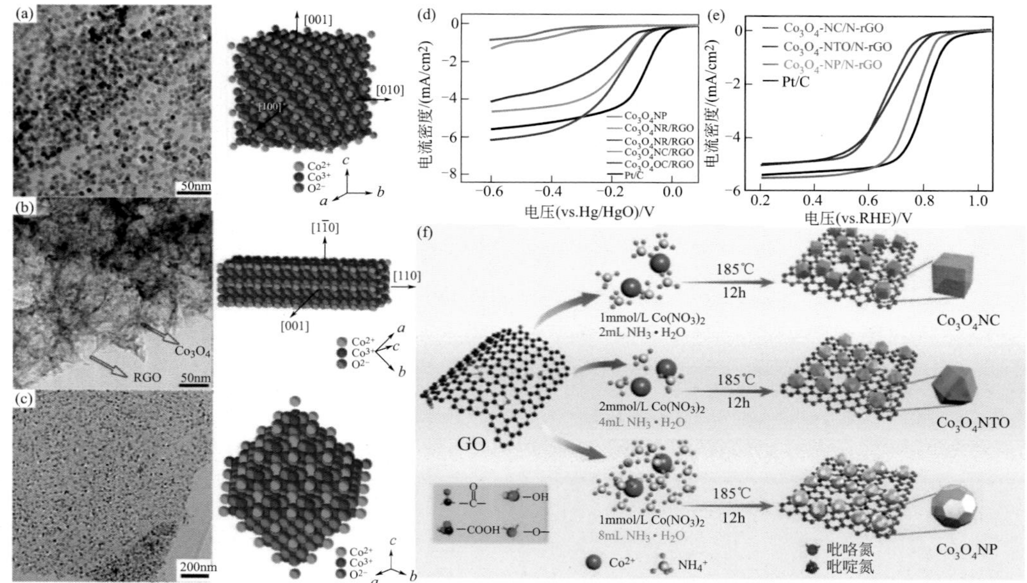

图5-49 Co_3O_4纳米棒（NR）(a)、纳米立方体（NC）(b) 和纳米八面体（OC）(c) 的透射电镜以及结构图；(d) Co_3O_4-OC、Co_3O_4-NC、Co_3O_4-NR的氧还原催化活性；(e) Co_3O_4催化剂的氧还原活性：立方结构（NC）、八面体结构（NTO）以及多面体型结构（NP）；(f) Co_3O_4催化剂的合成示意图：立方结构（NC）、八面体结构（NTO）以及多面体型结构（NP）

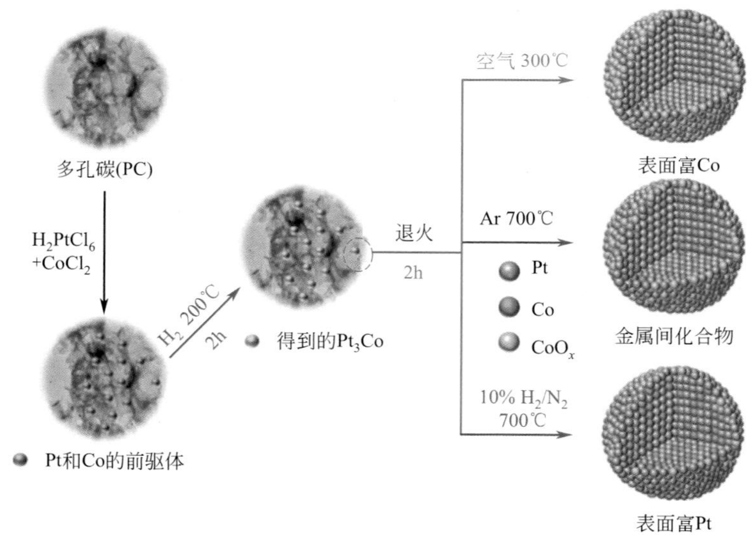

图7-16 不同气氛处理后得到的不同表面结构的Pt_3Co合金[31]

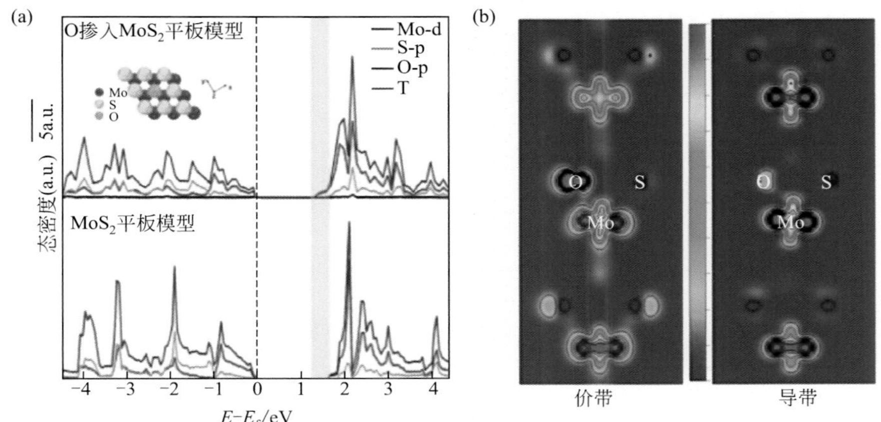

图9-16 （a）计算的态密度（DOS）的氧合MoS_2平板（顶部）和原始2H-MoS_2平板（底部），橙色阴影清楚地表明氧掺入后带隙减小；（b）氧合MoS_2超薄纳米片中，氧原子附近价带（左）和导带（右）的电荷密度分布。黑线表示电荷密度的等高线[97]

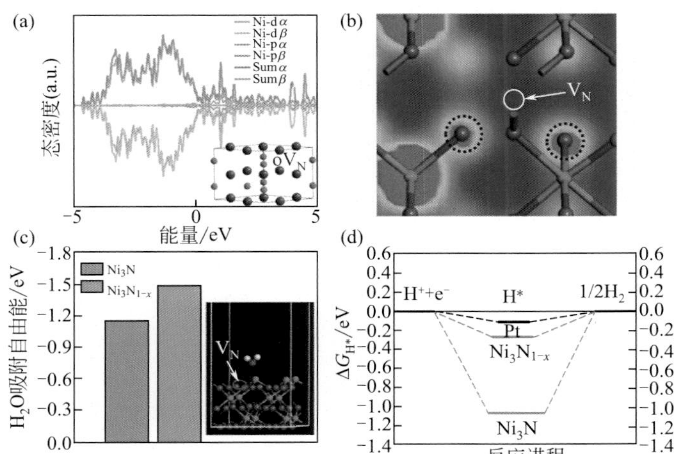

图9-27 （a）为Ni_3N_{1-x}计算的总和部分电子态密度（TDOS和PDOS）。费米能级设置为0eV。插图显示了Ni_3N_{1-x}的原子结构模型。（b）Ni_3N_{1-x}的部分电荷密度分布。（c）H_2O分子在Ni_3N和Ni_3N_{1-x}表面的吸附能。插图是侧视图示意图模型，显示了表面吸附有H_2O分子的Ni_3N_{1-x}结构。（d）Ni_3N、Ni_3N_{1-x}和Pt参考的平衡电势下HER的计算自由能图。H^*表示中间体吸附氢[178]

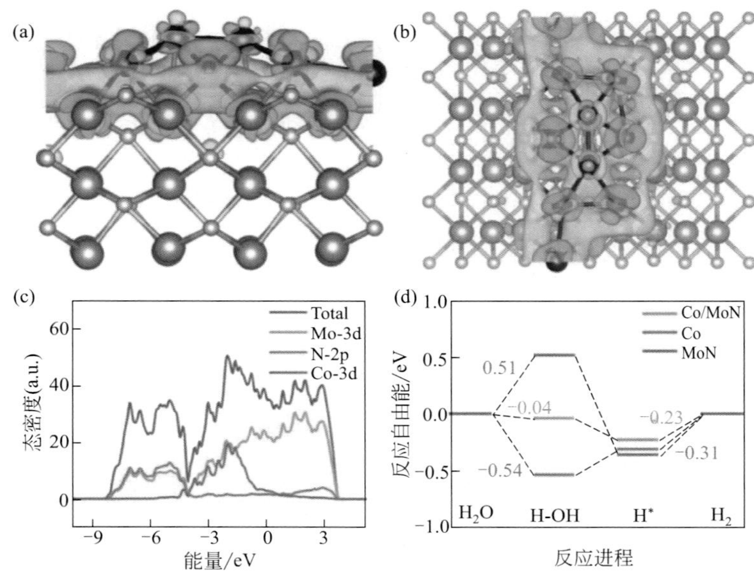

图9-28 （a）Co/MoN电荷密度差异的侧视图和（b）俯视图。黄色和青色区域分别代表电子的聚集和耗尽。Co、Mo和N分别用蓝色、粉红色和灰色标出。（c）计算Co(111)和MoN(200)的总和部分电子态密度。（d）HER途径在Co/MoN、Co和MoN上的吸附吉布斯自由能图[228]

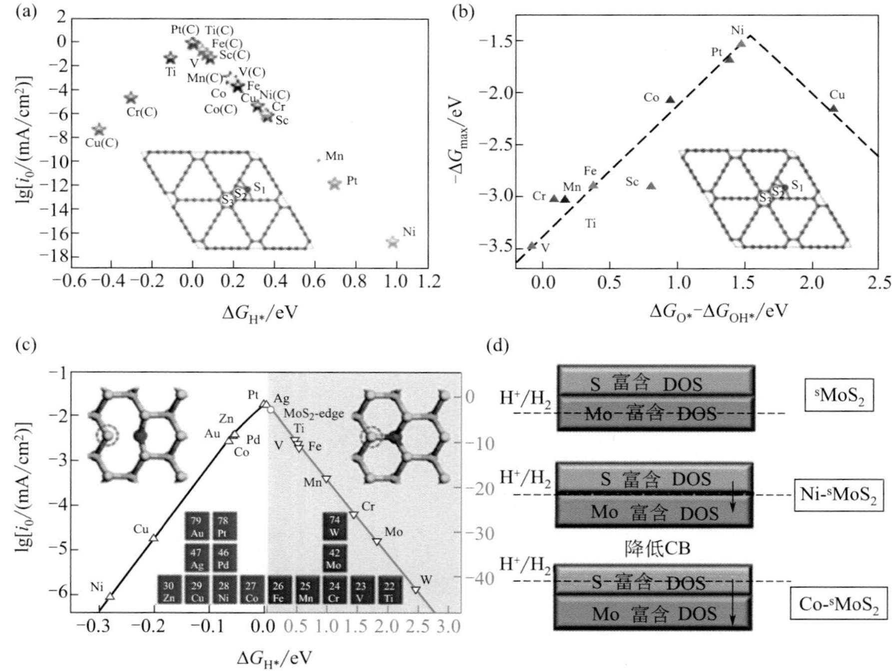

图9-35 （a）GDY单分子层不同金属单原子活性位点上ΔG_{H^*}与交换电流密度的火山型曲线；（b）对OER活性趋势图，$\Delta G_{O^*}-\Delta G_{OH^*}$与决速步过电位的火山型关系曲线[348]；（c）$MoS_2$上金属单原子活性位点的$\Delta G_{H^*}$与交换电流密度的火山型曲线[349]；（d）$MoS_2$中Mo位点上掺杂其他金属原子后，导带的变化情况[350]

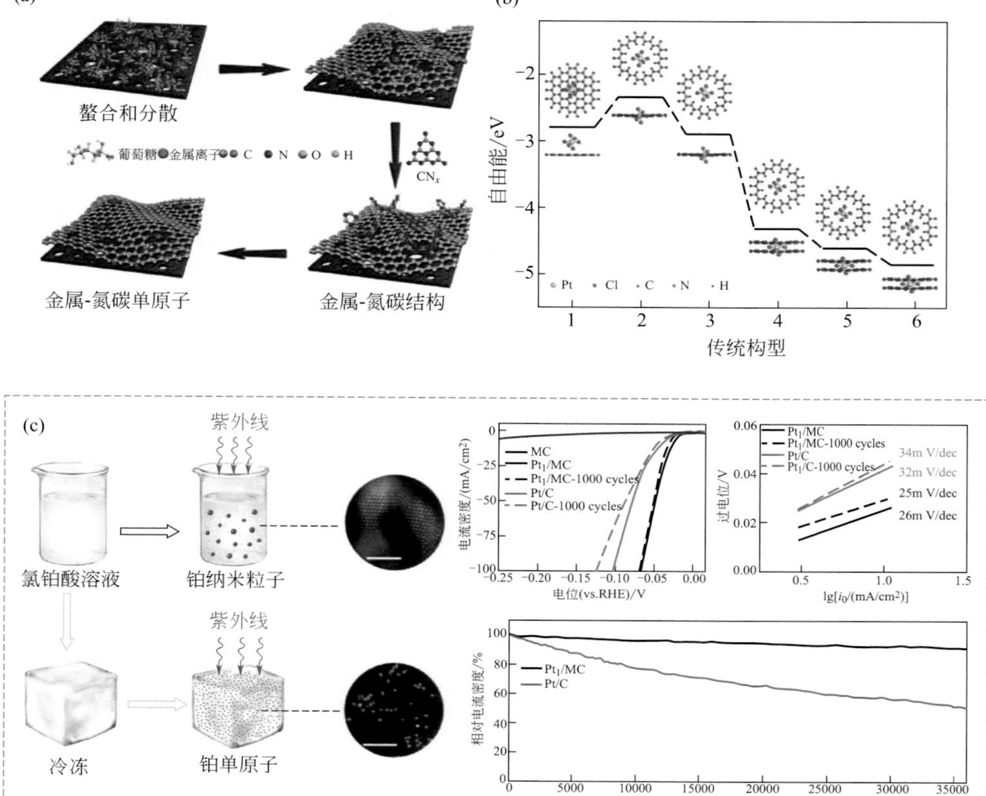

图9-37 （a）合成的四重保护策略合成金属单原子催化剂[372]；（b）$[PtCl_6]^{2-}$在含有不同氮原子数量的微孔中的结构及相应的自由能[374]；（c）冰冻-光化学还原法合成SACs的示意图和相应制备的SACs的性能曲线[375]

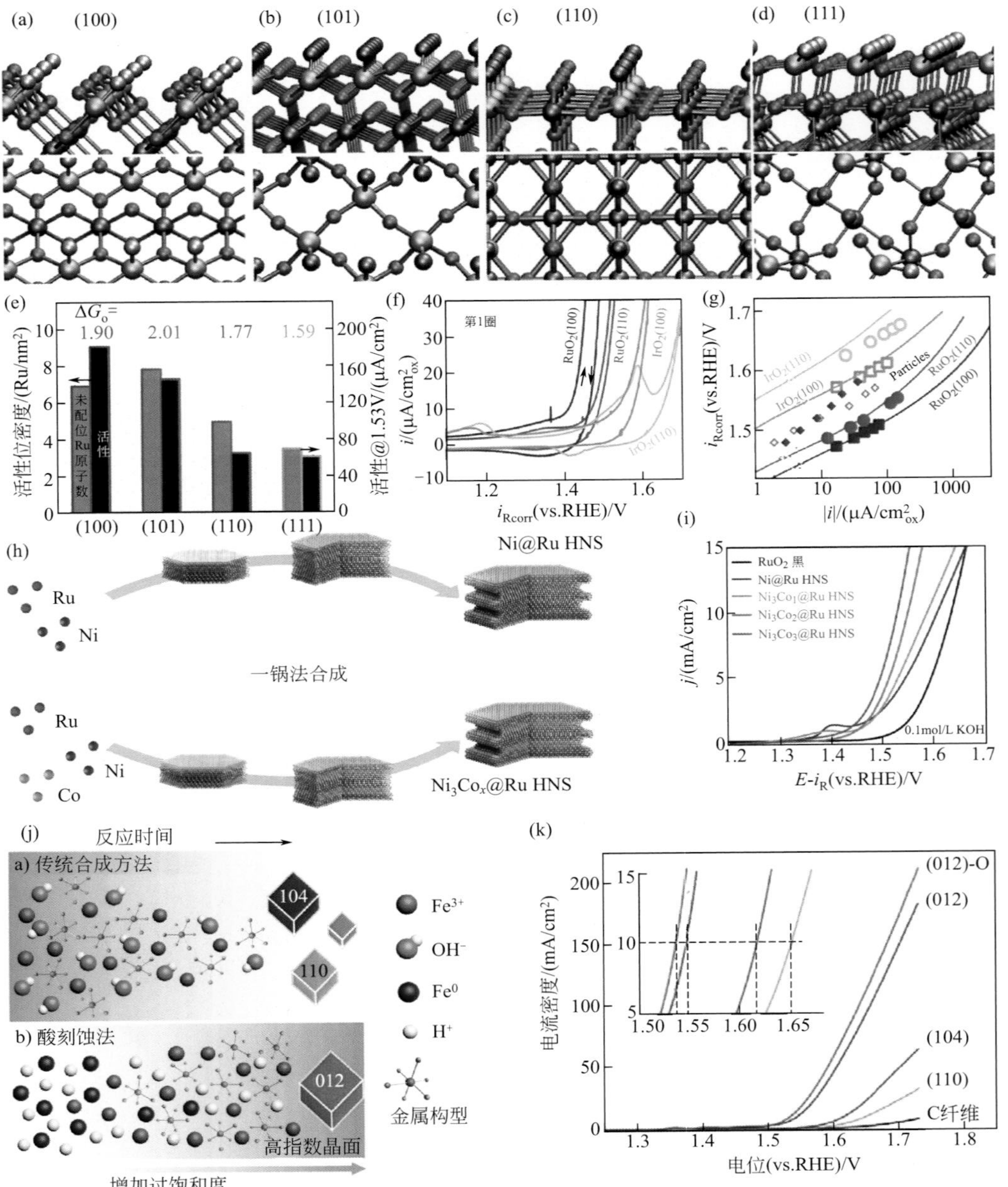

图9-47 （a）~（d）RuO_2的（100）、（101）、(110)以及(111)晶面；（e）未配位的Ru原子数量与过电位η=300mV时的电流密度；（f）RuO_2和IrO_2的（100）晶面和(110)晶面的极化曲线以及相应的Tafel斜率图（g）[530]；（h）合成三明治型、核-壳结构M@Ru（M=Ni、NiCo）的示意图；（i）相应的M@Ru（M=Ni、NiCo）的极化曲线[533]；（j）合成高指数晶面的赤铁矿氧化铁（α-Fe_2O_3）以及相应的不同晶面的极化曲线（k）[531]

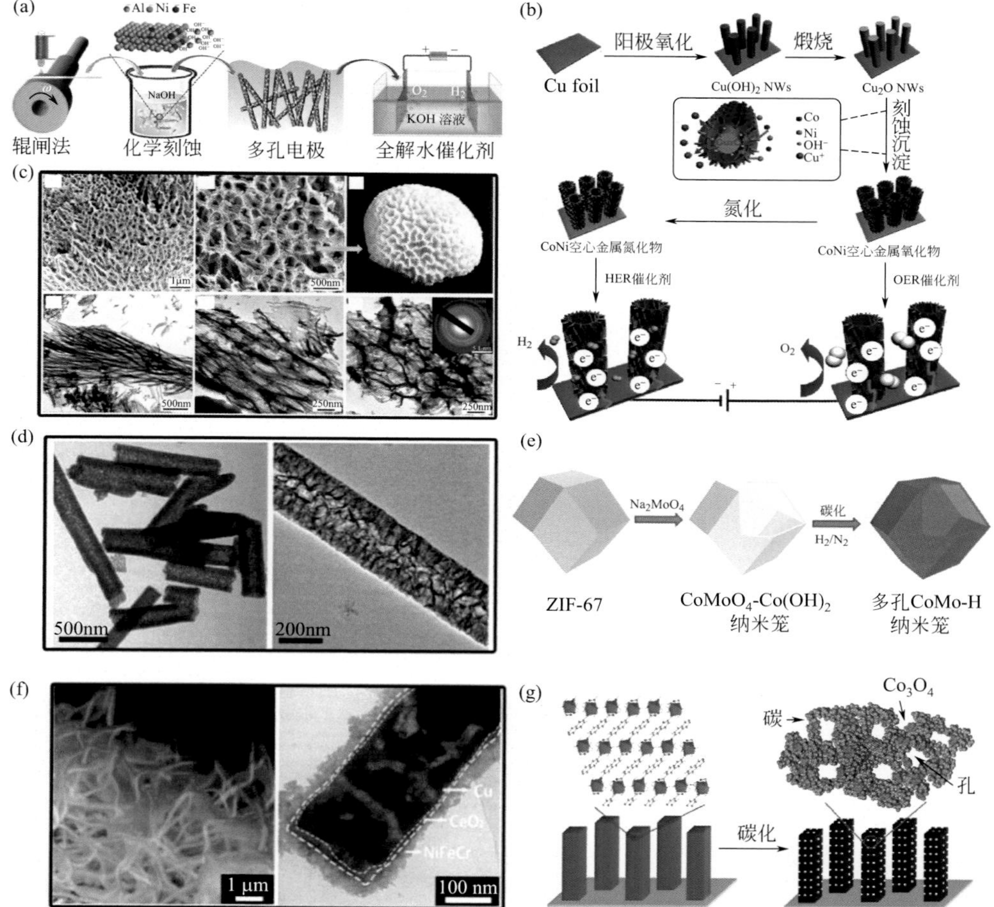

图9-50 （a）制备无定形的Ni-Al-Fe氧化物的示意图；（b）阳离子交换法制备Ni-Co氧化物纳米片生长在Cu_2O纳米线上的策略[547]；（c）无定形的Ni-Al-Fe氧化物的扫描电镜图以及相应的透射电镜[517]；（d）Fe-NiO_x纳米片组装而成的纳米管的TEM图像[577]；（e）MoO_2-CoO杂化材料的制备策略[578]；（f）Cu@CeO_2@NiFeCr的扫描电镜图和相应的透射电镜图[579]；（g）Co-MOF可控热解制备Co_3O_4-C复合催化剂的示意图[572]

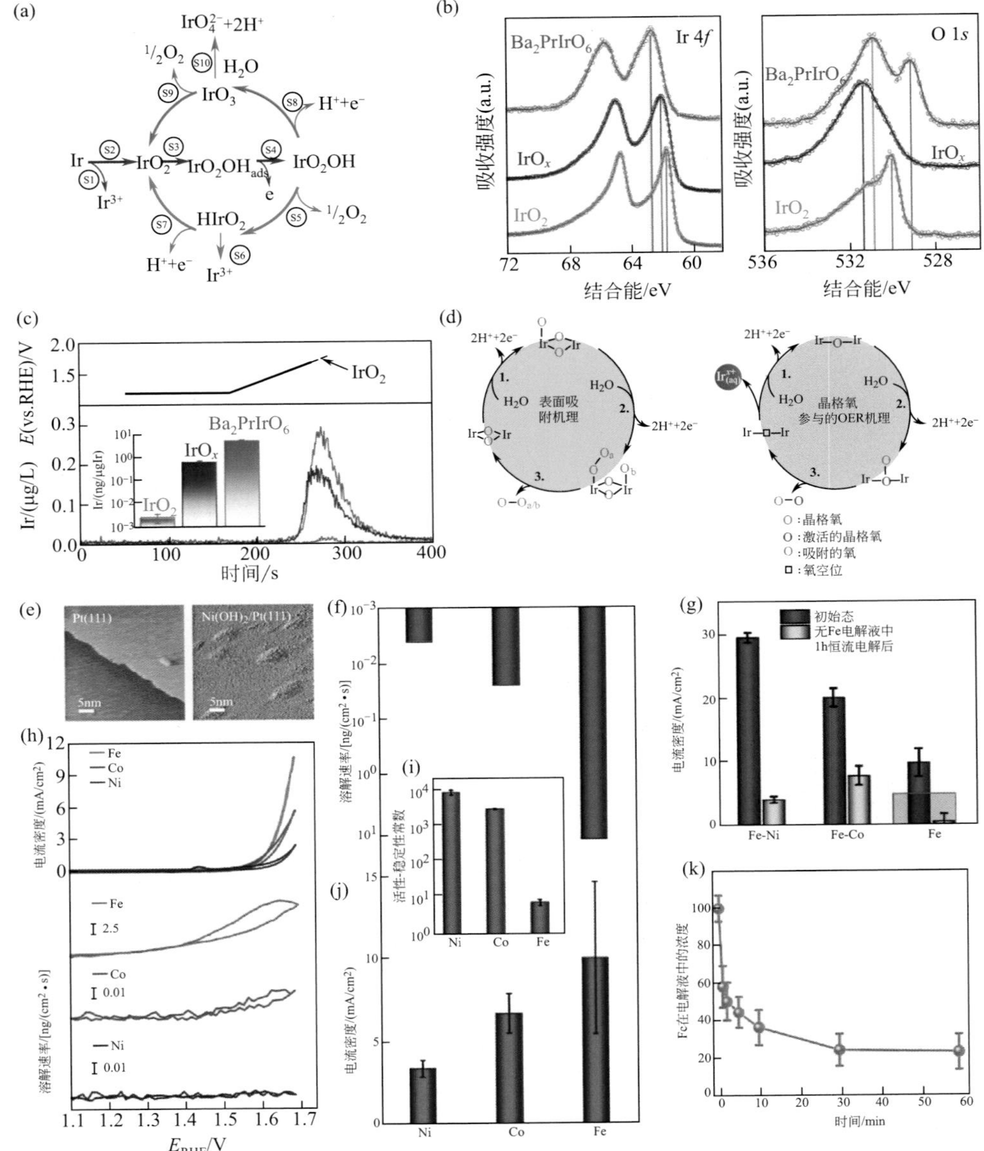

图9-64 （a）Ir和IrO_2可能的溶解机理；（b）Ba_2PrIrO_6、非晶态的IrO_x和晶态IrO_2中Ir4f和O1s的高分辨XPS谱图；（c）电解液中Ir浓度随线性伏安扫描电位的变化（插图表示：Ir的单位溶解速率）；（d）有晶格氧参与的析氧活性机理图[671]；（e）Pt(111)和$Ni(OH)_2$/Pt(111)的扫描隧道显微镜图；（f）电位为1.7V时，催化剂MO_xH_y(M=Ni、Co、Fe)的溶解速率；（g）催化剂MO_xH_y(M=Ni、Co、Fe)在不含铁离子的电解液中连续电解1h后的活性对比图；（h）MO_xH_y(M=Ni、Co、Fe)催化剂的线性伏安扫描图和相应的溶解速率；（i）MO_xH_y(M=Ni、Co、Fe)的稳定性因子；（j）电位为1.7V时，催化剂MO_xH_y(M=Ni、Co、Fe)的析氧活性；（k）Fe-NiO_xH_y电极在不含铁离子的电解液中连续电解过程中，Fe逐渐流失[672]

国家科学技术学术著作出版基金资助出版

电化学催化

Electrochemical Catalysis

魏子栋　编著

化学工业出版社

·北京·

内容简介

《电化学催化》由电化学催化基本概念和典型电极过程电催化两部分组成。第一部分主要介绍电化学催化理论基础，包括电化学催化的基本概念、电极/溶液界面的电催化特征、多孔电极理论以及理论模拟计算方法等4章内容；第二部分从电化学体系中的典型电催化过程案例出发，阐述了不同电催化反应的本质机理，以及特定电催化剂所具备的相关性质，并介绍了制备和调控具有上述性能催化剂的相关方法，包括氧还原、氢氧化、有机小分子燃料氧化、有机物转化以及析氢、析氧、析氯电反应过程等6章内容。

《电化学催化》贯穿了电催化的基础理论、研究方法、前沿成果以及工业应用等几个方面，既可作为高等院校电催化、表面化学、材料化学、能源化学等相关专业教材，也可作为电化学领域技术研发工作者的参考书籍。

图书在版编目（CIP）数据

电化学催化 / 魏子栋编著. —北京：化学工业出版社，2022.10（2025.2重印）

ISBN 978-7-122-41839-5

Ⅰ.①电… Ⅱ.①魏… Ⅲ.①电催化 Ⅳ.①O643.3

中国版本图书馆CIP数据核字（2022）第124741号

责任编辑：成荣霞
文字编辑：李　玥
责任校对：田睿涵
装帧设计：王晓宇

出版发行：化学工业出版社
（北京市东城区青年湖南街13号 邮政编码100011）
印　　装：北京建宏印刷有限公司
787mm×1092mm　1/16　印张38　彩插5　字数929千字
2025年2月北京第1版第3次印刷

购书咨询：010－64518888
售后服务：010－64518899
网　　址：http://www.cip.com.cn
凡购买本书，如有缺损质量问题，本社销售中心负责调换。

定　　价：298.00元

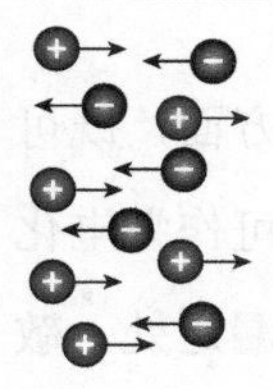

前言 PREFACE

电化学催化，顾名思义是一门研究电化学条件下催化过程的学科，它从电化学、催化化学、固体表面化学及材料科学等学科的交叉中发展而来，逐步形成其固有的学科特色。自“伏打电池”发明以来，电化学的理论和工业应用均取得了长足发展，其中电解、电镀、电分析和化学电源已成为国民经济和日常生活的重要组成部分。随着社会和经济的飞速发展，能源短缺和环境污染等问题日益突出。发展高效清洁的能源获取与转化技术以及绿色物质合成技术成为当前科学与技术研究的首要任务之一。而电化学催化由于其在电能与化学能转化中的桥梁作用，既可以通过电解集中地将清洁电能转化为化学能，又可以通过电池分散地将化学能转化为电能，因此越来越受到科研界和产业界的重视。

电化学催化与热催化最大的不同在于：除受催化剂、温度、浓度和压力等因素的影响外，还在很大程度上受电极电势的影响。电极与电解质形成的界面既是反应场所，又是电子的供给 / 接受场所，电极反应中的电子可以从外电路导入或导出。外加电场不仅可以调控电极催化剂上的电子能级以调变电子转移过程，还使得电极 / 溶液界面附近区域的电场强度高达1000kV/cm，使得一些难以用常规化学催化实现的反应，可以很容易地通过电化学催化实现。

同时，也应认识到电化学催化本身的复杂性。它除受经典的传递、吸附和表面反应等过程影响外，还直接受电极 / 溶液界面的结构与性质影响。近年来，围绕界面电化学反应机理、电催化剂制备以及电极结构设计等，国内外学术界涌现出大量的研究成果。为了使更多人了解电化学催化的基本原理、研究方法和前沿理论，作者对电化学催化的知识体系、国内外最新的研究进展进行了梳理、总结，并结合过去 30 多年的研究体会撰写了本书。

本书共 10 章，由两部分构成。第一部分主要介绍电化学催化理论基础，包括电化学催化的基本概念、电极 / 溶液界面的电催化特征、多孔电极理论以及理论模拟与计算方法等 4 章内容。第二部分为典型电极过程电催化，由 6 个章节组成，包括氧还原、氢氧化、有机小分子燃料氧化、有机物转化以及析氢、析氧、析氯等电反应过程。该部分结合电化学体系中的典型电催化过程案例，阐述不同电催化反应的本质机理，以及特定电催化剂所具备的相关性质，并介绍了制备和调控具有上述性能催化剂的相关方法。

本书内容贯穿电催化的基础理论、研究方法、前沿成果以及工业应用等几个方面，既可用于高等院校电催化、表面化学、材料化学、能源化学等相关专业教学科研，也可作为电化学领域技术研发工作者的参考书籍。限于作者水平和编写时间，本书难免存在疏漏之处，敬请读者批评指正。

最后，在本书出版之际特别感谢国家科学技术学术著作出版基金的资助，感谢国家自然科学基金、国家“863 计划”“973 计划”、国家重点研发计划和教育部等政府科学基金项目对本书涉及研究工作的持续支持。特别感谢重庆大学新能源化学与化工实验室的全体师生在本书撰写过程中给予的热心奉献、数据图表的仔细核实，不分巨细，任劳任怨。

魏子栋

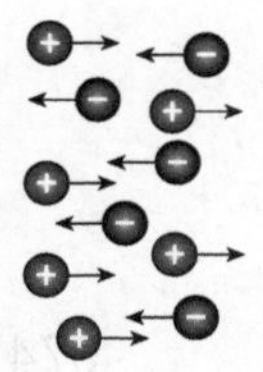

目录 CONENTS

第一篇

电化学催化理论基础

第一篇

电化学催化理论基础

第一篇

电化学
催化理论
基础

第二篇

典型
电极过程
电催化

第二篇

典型
电极过程
电催化

第二篇

典型
电极过程
电催化

第二篇

典型
电极过程
电催化

第二篇

典型
电极过程
电催化

第一篇
电化学催化理论基础

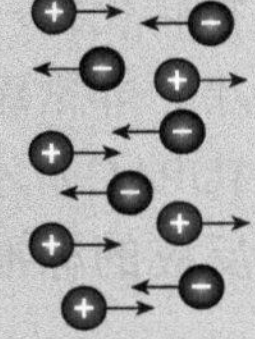

第1章 基本概念

电化学催化抑或电催化（electrochemical catalysis，常常被合并为 electrocatalysis）是电化学的一个重要分支。也可以说，是催化化学的一个重要分支。它是从电化学、催化化学、固体表面化学及材料科学等学科的交叉中发展而来，逐步形成其固有的学科特色。随着社会和经济的飞速发展，能源短缺和环境污染等问题日益突出。发展高效、清洁的能源获取与转化技术以及绿色物质合成技术成为当前科学与技术研究的首要任务之一，电化学催化无疑在这些技术中处于关键地位。与传统异相催化作用相比，电化学催化的显著优势是能够在常温、常压下通过改变界面电场有效地改变反应体系的能量，从而控制化学反应的方向和速度。与异相催化作用类似，在电催化反应中反应分子通过与电催化剂表面相互作用实现反应途径的改变，其中活化能的改变是加速反应的关键。由于电化学催化与异相催化在反应机理、催化剂结构和反应过程等方面存在许多相似之处，为了让大家更好地理解电化学催化，本章将首先对催化基本概念进行简要介绍，包括：①催化剂与催化作用；②催化作用基本特征；③固体催化剂及其组成；④多相催化反应过程。在此基础上，对电催化特征、电催化剂基本要求和设计原则、常见的电催化过程进行简单介绍。

1.1 催化剂与催化作用

1.1.1 催化剂与催化作用的定义

最早记载有“催化现象”的资料，可以追溯到 1597 年由德国炼金术士 A.Libavius（1540—1616）著的 *Alchymia* 一书，而“催化作用”（catalysis）作为一个化学概念，则是 1836 年由瑞典化学家 J.J.Berzelius（1779—1848）在其著名的“二元学说”基础上提出来的[1]。catalysis 一词来自希腊语，cata 的意思是下降，而动词 lysis 的意思是分裂或破裂。他当时认为，催化剂破坏阻碍分子反应的正常力。后来的事实证明，Berzelius 的历史贡献在于引入了“催化作用”的概念，而所谓的“催化力”是不存在的。1894 年，物理化学之父奥斯特瓦尔德（F.W.Ostwald）提出了具有现代观点的催化剂定义：凡能改变化学反应的速率而本身不形成化学反应的最终产物的物质，就叫作催化剂[2, 3]。虽然催化剂不会出现在化学反应的最终产物中，但它确实参与了化学反应过程，正是催化剂与反应物不断地相互作用，推动或加速了反应物转化为产物的速度，同时催化剂又不断被再生循环使用。只是催化剂在使用过程中变化很小，非常缓慢。随着催化科学技术的发展，直到 1981 年，国际纯粹化学与应用化学联合会（IUPAC）才最终确定了催化剂的定义：催化剂是一种物质，它能够加快反应速率而不改变反应的标准

Gibbs自由能变化。这种作用称为催化作用。

1.1.2 催化作用的基本特征

根据上述定义，我们可以得出催化作用的基本特征：

（1）催化剂只能加速热力学上可行的化学反应，即化学反应的吉布斯自由能变化为负的反应（$\Delta G<0$）[4]。如果某种反应在给定的热力学条件下是热力学不可行的，无论采用何种催化剂都不能使得反应进行。因此在为一个化学反应开发催化剂时，首先要对反应进行热力学分析，判断在一定的条件范围内该反应是否为热力学上所允许。

（2）催化剂不能改变化学反应平衡位置，只能改变化学反应速率[5]。对于给定的化学反应，在已知条件下，根据物理化学知识$\Delta G^{\ominus}=-RT\ln K_p$，其化学平衡常数$K_p$由$\Delta G^{\ominus}$和温度$T$共同决定。$\Delta G^{\ominus}$是状态函数，它是由反应的初态和终态决定，与反应过程无关。当产物、反应物种类、状态（气、液、固）、温度一定时，反应化学平衡就被确定，因此催化剂的存在不会影响$\Delta G^{\ominus}$。

根据微观可逆原理，假如一个催化反应是可逆的，则一个加速正反应速率的催化剂也应加速逆反应速率，以保持K_p不变（$K_p=\dfrac{K_{正}}{K_{逆}}$）。也就是说，同样一个能加速正反应速率控制步骤的催化剂也应该能加速逆反应速率。那么实际工业上催化正反应、逆反应时为什么往往选用不同的催化剂呢？在回答这一问题时我们要注意3个问题[6]：①进行正反应和进行逆反应的操作条件（温度、压力、进料组成等）往往会有很大差别，这对催化剂可能会产生一些影响；②正反应或逆反应存在的副反应也是值得注意的，因为这些副反应会引起催化剂性能变化；③更为重要的是，催化剂所加速的是某个基元步骤，而正反向反应的控制步骤往往不是同一个基元步骤，因此，对应的催化剂不同是很正常的。

（3）催化作用通过改变化学反应历程来改变反应速率。以N_2和H_2合成NH_3为例[6]，如图1-1所示，整个化学反应包括N≡N和H-H键的断裂与N-H键的形成。在非催化反应条件下，要断裂N≡N和H-H键，并形成N-H键，需要克服1129kJ/mol的活化能垒（其中N_2分子对的解离需要942kJ/mol）。因此，在没有催化剂参与的情况下，反应物分子难以具有足够的能量来克服如此高的反应能垒，反应是很难进行的。当反应体系中加入熔铁催化剂时，由于吸附在催化剂表面的N_2分子与催化剂间存在电子转移，导致N_2分子的N≡N键长变长，吸附在催化剂表面的N_2分子只需要克服31kJ/mol的活化能垒，就可以解离为原子态N，形成NH_3活化吸附态所需能垒只有276kJ/mol，其反应速率比非催化反应速率约高10^{60}倍，使合成氨得以工业化生产。

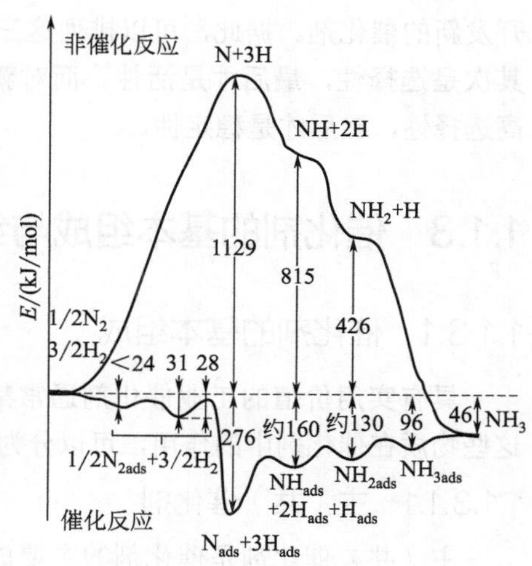

图1-1 合成氨过程催化和非催化反应能垒变化示意图

（4）催化剂具有选择性。当一个化学反应可以经过不同路径得到不同的化学产物时，催化剂的加入并不能加速所有反应路径的催化反应速率，只能对其中一些反应路径影响显著，有的反应路径影响较小或者没有影响，最优的结果就是使得其中某一条反应路径的活化能大大降低，得到想要的化学产物，这就是催化剂的选择性或专一性[4]。利用这一特征，可以选择不同的催化剂（或改变反应条件）从相同的原料生成不同的目的产物。

例如，从合成气（$CO+H_2$）出发，选择不同的催化剂及反应条件时，可以得到不同的催化产物（表 1-1）[6]。

表 1-1　相同反应物不同反应及产物示例

反应物	催化剂及反应条件	产物
$CO+H_2$	Rh/Pt/SiO_2，573K，7×10^5Pa	乙醇
	Cu-Zn-O，Zn-Cr-O，573K，$1.0133\times10^7\sim2.0266\times10^7$Pa	甲醇
	Rh 配合物，473 ～ 573K，$5.0665\times10^7\sim3.0399\times10^8$Pa	乙二醇
	Cu，Zn，493K，3×10^6Pa	二甲醚
	Ni，473 ～ 573K，1.0133×10^5Pa	甲烷
	Co，Ni，473K，1.0133×10^5Pa	合成汽油

（5）催化剂的使用寿命有限。虽然催化剂与反应物通过吸附、配位等相互作用，加速了热力学上允许反应的速度，自身仍然维持原来的化学状态，且能不断地反复循环。但在实际反应过程中，催化剂并不能无限期地使用，哪怕它自身作为一种短暂的参与者，在长期化学作用下，也会经受一些不可逆的物理和化学变化，如晶相变化、晶粒分散度变化、烧结、积炭、中毒、组分流失等，最后导致催化剂失活[5]。

根据上述催化作用以及催化剂定义和特征分析，一种良好的工业实用催化剂应当具有三方面的基本要求，即活性、选择性和稳定性（或者说寿命）。其中稳定性是工业催化剂的首个要求。只要性能足够稳定，选择性稍差可以通过分离手段弥补，活性不高，可以通过循环加以改进。没有稳定性，或者说没有预期寿命的催化剂不能进入工业界。从工业生产的角度来说，强调的是原料和能源的充分利用，多数的技术研究工作致力于现行流程的改进，而不是开发新的催化剂。据此，可以排列这三种指标对工业催化的相对重要性，首先是追求稳定性，其次是选择性，最后才是活性。而对新开发的工艺及其催化剂，首先要追求高活性，其次是高选择性，最后才是稳定性。

1.1.3　催化剂的基本组成与结构

1.1.3.1　催化剂的基本组成

具有实用价值的工业催化剂通常都不是单一的物质，而是由多组分组成的混合体。根据这些物质在催化剂中的作用，可以分为主（共）催化剂、助催化剂和载体。

1.1.3.1.1　主（共）催化剂

主（共）催化剂是催化剂的主要成分（活性物质），它是催化剂起催化作用的主要成分，没有主催化剂就不能起到催化作用。例如在合成氨的工业熔铁催化剂中，无论是否存在 K_2O 和 Al_2O_3，α-Fe 都具有催化活性，相反，如果没有 α-Fe 就不能进行催化合成氨，因此 α-Fe 是催化剂的主催化剂[5]。同时有些催化剂的主催化剂是由几种物质组成，但各自的功能有所不同，缺少其中任何一种都不能进行催化反应。例如，在重整反应中使用的 Pt/Al_2O_3 催化剂，Pt 和 Al_2O_3 都是主催化剂，缺少任何一种都不能进行重整反应[6]。

1.1.3.1.2　助催化剂

尽管助催化剂在催化剂中含量较少，但是具有十分重要的作用。助催化剂本身不具有催化活性或催化活性很低，但是当助催化剂加入催化剂体系后，可以显著改善催化剂的活性、选择性、稳定性、机械强度和寿命等。根据助催化剂的功能，可以分为以下四类。

（1）结构型助催化剂　结构型助催化剂可以降低催化活性物质的粒径，增大暴露比表面积，同时增加稳定性，延长催化剂的使用寿命。结构型助催化剂大多数是熔点较高、难还原的金属氧化物，例如合成氨的熔铁催化剂中的 Al_2O_3。熔铁催化剂中活性 α-Fe 微晶对合成氨具有很高的活性，但在高温高压条件下 α-Fe 微晶非常容易团聚长大，进而导致催化剂活性迅速降低，以致催化剂的寿命不超过几个小时。若在催化剂体系中加入适量 Al_2O_3，则可大大缓解 α-Fe 微晶生长速度，使催化剂寿命长达数年[6]。

（2）电子型助催化剂　电子型助催化剂与结构型助催化剂不同，结构型助催化剂通常不影响活性组分的电子结构，而电子型助催化剂则可以改变催化剂活性组分的电子结构，提升催化活性和选择性。例如，在熔铁催化剂中，K_2O 将电子传输给 Fe，使得 Fe 的电子密度增加，提高熔铁催化剂的活性，因此 K_2O 是一种调变型电子助催化剂[6]。

（3）扩散型助催化剂　催化剂一般都要求有较大的比表面积，以及良好的传质能力，为此在催化剂制备过程中通常加入一些受热容易挥发或分解的物质，使制得的催化剂具有丰富的孔结构，有利于反应物、产物传输。这类添加物称为扩散助催化剂或者致孔剂。常见的扩散型助催化剂有碳酸盐、硝酸盐、氢氧化物、石墨、木屑、矿物油、水、糊精、纤维素粉、甲基纤维素、多孔性硅藻土等[5]。

（4）选择型助催化剂　选择型助催化剂可以有选择性地破坏有害活性中心所造成的某些副反应，提高催化剂的活性和使用寿命。例如，为防止催化剂表面积炭失活，可以在固体酸催化剂中加入少量碱性物质，碱性物质可以破坏引起积炭副反应的强酸中心，这种碱性物质即为选择型助催化剂[4, 5]。

1.1.3.1.3　载体

载体又称担体，是负载型催化剂的重要组成部分，是催化剂活性组分的骨架，支撑活性组分，使活性组分得到有效分散，同时还可以增加催化剂强度。载体的作用是多方面的，可以归结为以下几个方面。

（1）提供有效的表面和孔道结构　催化剂的宏观结构，如比表面积、孔结构、孔隙率、孔径分布等，对催化剂的活性和选择性具有很大影响，而这种宏观结构往往由载体来决定。活性组分自身不具备这种结构，就需要通过载体实现。如粉状的金属镍、金属银等，它们虽然对某些反应有高的催化活性，但不能直接使用，要分别分散在 Al_2O_3、浮石或其他载体上，成型后才能在工业上使用[5, 6]。

（2）提高活性组分分散度，减少催化剂用量　维持活性组分的高分散度，减少催化剂用量是载体最重要的功能之一[4-6]。使用贵金属（如 Pt、Pd、Rh 等）催化剂时，为了减少贵金属用量，通常需将贵金属纳米颗粒分散在载体表面。负载的金属量取决于催化的反应及其工艺条件，可以很低（如质量分数为 0.3% 的 Pt/Al_2O_3），也可以很高（如质量分数为 70% 的 Ni/Al_2O_3）。

（3）稳定作用 载体同时也可以用于稳定主催化剂，防止主催化剂颗粒团聚长大。当主催化剂的分散度达到纳米级分散状态时，催化活性中心非常容易团聚，进而失去催化活性。因此将主催化剂分散在适当的载体表面可以有效地稳定纳米级活性中心，提高催化剂的稳定性。例如，将贵金属分散在具有还原性的金属氧化物上，通过高温还原性气体处理，可以形成载体包覆主催化剂的结构，从而提高催化剂稳定性。如氧化铈负载金（Au/CeO_2）催化剂、二氧化钛负载金（Au/TiO_2）催化剂等[5, 6]。

（4）提高机械强度 工业催化剂对其机械强度有一定要求，如抗磨损、抗冲击、抗重力、抗压和适应温变、相变等能力，这通常是通过对载体的选择和设计来实现的。具有高机械强度的催化剂能够经受住颗粒之间及颗粒与气流、器壁之间的磨损，催化剂运输、装填时的冲击，催化剂自身的重量负荷，反应过程中发生的温变、相变所产生的应力，以及颗粒孔隙中结焦产生膨胀等而不致破裂或粉碎。机械强度差的催化剂，由于上述种种过程导致其破裂或粉化，引起流体分布不均，增加床层阻力，乃至被迫停车。

（5）传热和稀释作用 为了适应强放热（吸热）的需要，载体需要较好的导热能力[5]，能够使反应热迅速地传递出去（进来），防止催化剂表面局部温度过高、设备损坏。同时可以避免高温下的副反应，提高催化剂的选择性。对于高活性的活性组分，加入适量载体可起稀释作用，降低单位容积催化剂的活性，以保证热平衡。

（6）助催化剂作用 载体与活性组分或助催化剂之间的化学作用会使得催化剂的活性、稳定性和选择性发生变化。在高分散负载型催化剂中氧化物载体可对金属原子或离子活性组分发生强相互作用或诱导效应，这将起到助催化作用。载体的酸碱性质还可与金属活性组分产生多功能催化作用，使载体也成为活性组分的一部分，组成共催化剂。

（7）活性组分与载体间强相互作用 金属载体间强相互作用（strong metal-support interactions，SMSI）是指金属催化剂的活性和非金属载体接触时发生改变的效应[7]，又称为第二种施瓦布（Schwab）效应。这是由于电荷在很小的金属簇（1nm）和载体间的界面上转移或极化，SMSI 会对催化剂的物理化学性质产生严重的影响，进而影响催化剂的活性与稳定性。SMSI 现象是由陶斯特（Tauster）[8] 于 1978 年发现的，研究发现 TiO_2 负载的Ⅷ B 族金属（Pt、Ru、Rh、Pd、Os、Ir）催化剂，在经过 500℃的高温还原处理后其对于 CO 和 H_2 的化学吸附能力明显下降甚至趋近于零，而当还原温度为 200℃时则不会出现上述状况。

1.1.3.2 固体催化剂的结构与性能

固体催化剂多为具有一定外形和大小的颗粒，这种大颗粒是由大量小颗粒聚集而成的（图 1-2）[4, 6]。由于聚集方式不同，可产生具有不同粗糙度的表面，即表面纹理不同，而在颗粒内部则表现为孔隙结构的多样性，即表面积、孔体积、孔径大小和孔分布。根据大颗粒和小颗粒的特性，可以将催化剂结构分为宏观结构和微观结构。

宏观结构是指催化剂的形状、大小、密度和比表面积，这些因素可以影响催化剂层的压降、热传递、传质速率、流体的混合、偏流程度、机械强度以及催化剂的有效系数。调节催化剂的宏观结构可以提高催化剂的使用寿命。

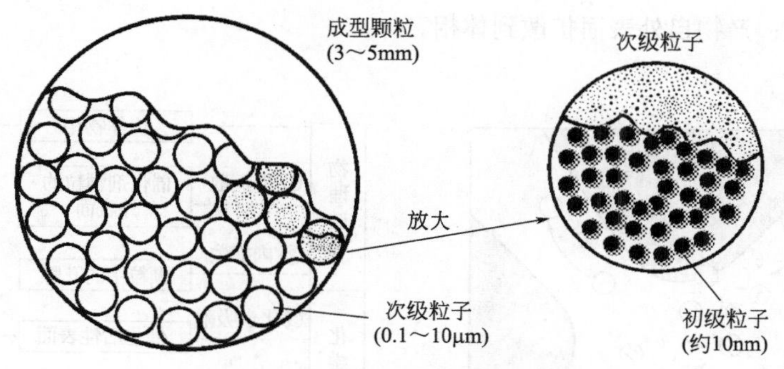

图1-2　固体催化剂颗粒的构成

微观结构是指催化剂的孔结构、物相组成、晶粒大小、分散度、价态和酸碱性等。微观结构可以影响催化剂体相的扩散速率、反应速率，且对催化剂的活性、选择性也有影响，这对择形催化剂尤为重要。催化剂表面活性相的分布对催化剂的寿命、稳定性有很大的影响，在不影响活性的情况下，提高催化剂的分散度对高价格的贵金属催化剂具有十分重要的意义。

催化反应是在固体催化剂的表面发生，表面又分为内表面、外表面，一般外表面积都很小，因此内表面十分重要。然而内表面与孔结构密切相关，一般孔径越小内表面积越大。同时孔结构对反应物、产物的传输有较大的影响，一般孔径大有利于反应物、产物的扩散传质，但是活性中心数目少，反之孔径小不利于反应物、产物的扩散传质，但是活性中心数目多。一个理想固体催化剂的表面活性中心数量应当足够多，且传质阻力尽量小[4, 7]。因此，在设计催化剂时需要综合考虑孔径、活性中心的关系，选择一个适当孔径的催化剂载体十分重要。活性组分的晶粒大小、分布对催化剂的催化活性也有很大的影响，当负载型金属催化剂的活性组分高分散时，活性组分的物理化学性质可能发生改变，且容易受到载体的影响，比如近年来出现的新兴催化剂：单原子催化剂。单原子催化剂，即金属活性中心以单原子的形式分散在载体上，其单个金属原子受载体的影响很大，如电子转移等。

综上所述，固体催化剂的结构对催化剂的活性、选择性有很大影响，因此在设计与制备催化剂时需要综合考虑催化剂结构的影响，制备方法对催化剂结构的影响尤为显著。

1.1.4　多相催化反应过程

多相催化最多见的体系是气 / 固两相催化体系，也有气 / 液 / 固三相催化体系，催化剂是固相，反应物和产物是气相或液相，或是气液混合物。无论反应物和产物是气相还是液相，反应总是在固体催化剂表面上进行，多相催化反应由一系列物理与化学过程组成，主要通过下列七个连续步骤完成（图 1-3）[4-7]。

（1）外扩散：反应物自流体中扩散到固体催化剂外表面。

（2）内扩散：反应物从催化剂外表面进入固体催化剂内部孔道表面。

（3）化学吸附：反应物在催化剂活性组分上吸附。

（4）表面反应：吸附分子在活性组分表面发生反应。

（5）脱附：反应产物自内表面脱附。

（6）内扩散：产物自内表面扩散到外表面。

（7）外扩散：产物自外表面扩散到体相。

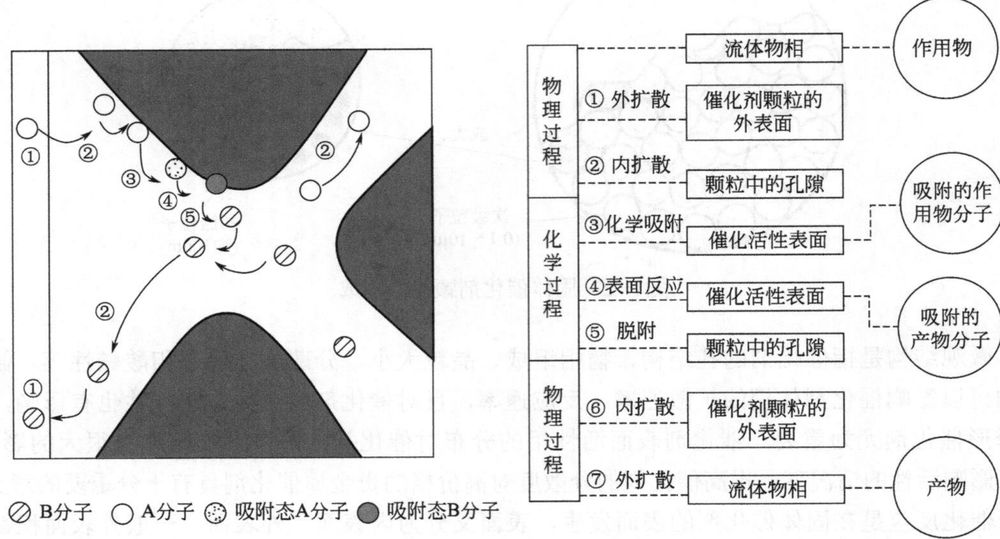

图1-3 在多孔固体催化剂上气/固催化反应过程及步骤

在上述七个步骤中，通常把反应物的吸附及其在活性组分表面上的反应和产物的脱附合称为表面催化过程。表面催化过程仅与反应物和生成物浓度、催化剂的本征活性及反应温度有关，又称为化学动力学过程，是化学过程。而反应物和产物在气流主体及孔内的扩散分别称为外扩散和内扩散过程，统称扩散过程，是物理过程。在上述各步骤中，若存在速率最慢的一步，则该步骤称为控制步骤，其他各步骤认为进行得很快，均接近于平衡，因此整个反应的反应速率等于控制步骤的反应速率。由于控制步骤是有条件的，改变反应条件，可改变控制步骤。根据控制步骤的概念，可将反应分为处于化学动力学控制区和扩散控制区，后者又可分为外扩散和内扩散控制区。

1.1.4.1 物理过程

（1）外扩散　反应物分子从流体相穿过由反应物分子、产物分子和稀释剂分子等混合物组分形成的稳定的流层到达颗粒表面的过程称为外扩散。外扩散的主要阻力来自层流层。且因为层流层阻碍这种流动，导致在颗粒的外表面和体相之间形成浓度梯度。根据菲克第一定律，反应物穿过层流层的通量与浓度梯度成正比，即 $J_E = D_E \nabla C$，其中 D_E 为外扩散系数，∇C 为浓度梯度。催化反应过程中外扩散对反应体系有着较大的影响，通常可以采用两种方法来判断和消除外扩散效应[4, 6, 7]。

① 在相同的实验条件下观测流动速度（流动体系）或搅拌速度（静止体系）对催化反应速率的影响。如果反应受到流动速度、搅拌速度的影响，则流动速度、搅拌速度的增加会降低层流层厚度，进而增加反应速率，因此存在外扩散效应。为消除外扩散效应，应增大流动速度和搅拌速度。

② 在相同的实验条件下，改变反应体系温度，观测反应速率随温度的变化，因反应速率常数 k 与扩散系数 D 差异较大。例如当降低反应体系温度时，k 值变化远远大于 D 值的变化，

因此存在外扩散效应。如果观测到温度变化而反应速率变化不大，则表示反应在外扩散区进行，此时可以进一步降低体系反应温度[7]。

（2）内扩散　当反应物分子到达固体催化剂外表面后，沿催化剂的孔口进入孔道时，实质上反应物分子进入孔道后是边反应边扩散。反应物浓度随着孔口的深度增加逐渐减小。当反应物的反应速率比扩散速率大时，反应物未等到扩散到深处早已消耗殆尽。因此对催化剂来说，只有一部分内表面在发挥作用。与外扩散相比，内扩散存在一些特殊的情况，即可能存在容积扩散和努森（Knudsen）扩散[7]。

容积扩散指分子的平均自由程小于孔径时的扩散，当分子进入孔内时，分子间碰撞的概率大于分子与孔壁的碰撞概率。气体压力高的体系主要是容积扩散。容积扩散系数与内径无关，与气体总压力成反比。努森扩散是指分子平均自由程大于孔径时的扩散，此时分子间碰撞的概率小于分子与孔壁碰撞的概率。

影响内扩散的因素很多，例如催化剂颗粒的大小、孔径大小、扩散系数、温度、压力等。其中影响最显著而又最容易调整的是催化剂颗粒的大小和反应温度。尽管外扩散、内扩散与催化剂表面的化学性质关系不大，但是扩散阻力的存在可能会造成催化剂内外表面的反应物浓度梯度，同时也会导致催化剂外表面和内表面不同位置的催化活性存在差别。因此，在催化剂制备和操作条件选择时应尽量消除扩散过程的影响，以便充分发挥催化剂活性。

1.1.4.2　化学过程

化学过程包括反应物发生化学吸附生成活性中间体、活性中间体进行化学反应生成产物、产物脱附和催化剂恢复最初状态等多个步骤。其中最为关键的是活性中间物种形成和催化循环的建立。

（1）物理吸附与化学吸附　按结合力性质可以将吸附分为物理吸附和化学吸附。物理吸附的结合力是表面质点和吸附分子之间的分子间力（范德华力，包括色散力、定向力和诱导力），这是一种普遍存在的、较弱的作用力。物理吸附没有选择性，吸附层既可以是单层的，也可以是多层的，被吸附分子在吸附前后结构变化不大[4，7]。

化学吸附的结合力是化学键力，化学吸附与化学反应类似，是一个化学过程。此过程只能在特定的吸附剂和吸附质之间进行，是有选择性的，且吸附层只能是单层。同时吸附物和吸附剂之间有电子转移或共享，并形成离子型、共价型、自由基型、配合型等新的化学键，吸附分子往往会解离成原子、基团或离子。这种吸附粒子具有比原来的分子更强的化学吸附能力[6]。

物理吸附与化学吸附之间存在一些差别，见表 1-2[5，6]。

表 1–2　物理吸附与化学吸附的区别

指标	物理吸附	化学吸附
吸附热	4 ～ 40 kJ/mol	40 ～ 200 kJ/mol
吸附质	处于临界温度以下的所有气体	化学活性蒸气
吸附速度	不需活化，受扩散控制，速度快	需活化，克服能垒，速度慢
活化能	≈凝聚热	≥化学吸附热
吸附温度	接近气体沸点	高于气体沸点

续表

指标	物理吸附	化学吸附
吸附力	范德华力	化学键力
吸附层	单层或多层	单层
选择性	无，只要温度适宜，任何气体可在任何吸附剂上吸附	有，与吸附质、吸附剂的特性有关
可逆性	可逆	可逆或不可逆
吸附态光谱	吸收峰的强度变化或波数位移	出现新的特征吸收峰

（2）吸附势能曲线　我们将通过吸附势能曲线图来形象地说明当催化剂存在时，吸附过程中的能量关系以及物理吸附与化学吸附的转化关系。吸附势能曲线表示吸附质分子所具有的势能与其距吸附表面距离之间的关系。图 1-4 是氢气分子（H_2）在金属镍（Ni）表面的吸附势能示意图[6]，横坐标表示吸附质距吸附表面的距离 r，纵坐标表示势能 E（kJ/mol）。图中纵坐标未按比例画，也未标出势能单位。图 1-5 描述了氢在镍表面的三种吸附态[6]。

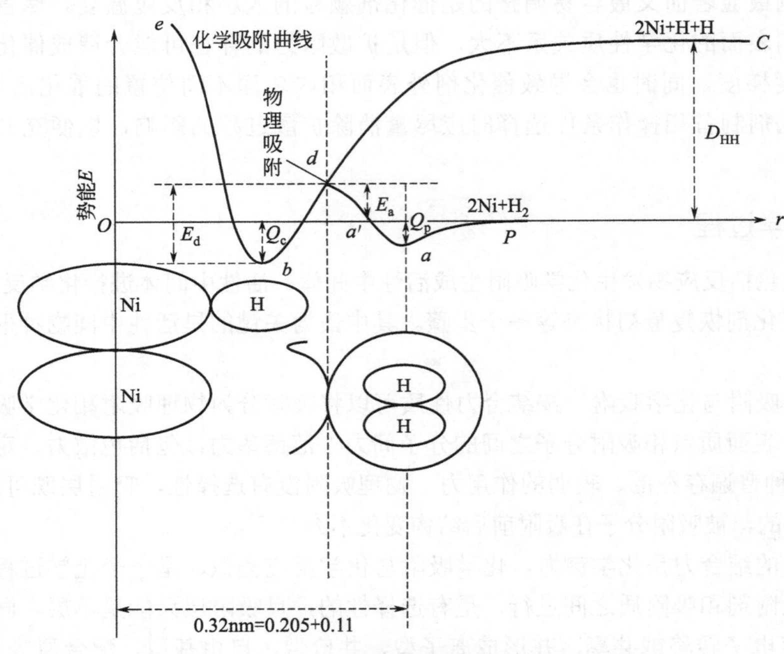

图1-4　氢在金属镍表面的吸附势能曲线

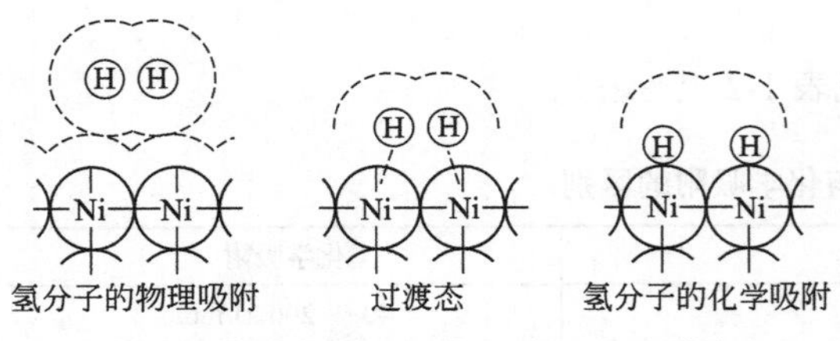

图1-5　氢在镍表面的三种不同吸附态

图 1-4 中，曲线 P 表示 H_2 与金属 Ni 表面距离与势能随距离 r 的关系图。当 H_2 距离金属 Ni 表面较远时，H_2 与金属 Ni 无相互作用，势能为零。当 H_2 在逐渐靠近接近 Ni 表面即 r 变小时，由于 H_2 与 Ni 表面存在范德华作用力，体系的势能略有降低。此时 H_2 与 Ni 以引力为主，到达 a 点时势能最低。如再将 H_2 与金属 Ni 表面距离进一步减小，势能反而升高，这是 H_2 与 Ni 表面的原子核之间正电排斥力增大的结果。当位于 a 点时，H_2 通过范德华引力与表面结合，此时的能差 ΔH_p 即为物

理吸附热 Q_p，吸附放出的热 Q_p 不大，一般不超过 H_2 的液化热，所以被吸附的 H_2 很容易解吸。

曲线 C 是 H 的化学吸附曲线，吸附前 H_2 先解离为 H，需要的能量为 H_2 的解离能（434kJ/mol），称为 D_{HH}。由于已选定 H_2 与 Ni 表面间距离很远时的势能作为零点，所以 H 的势能曲线一开始就处于较高的位置。当 H 逐渐靠近表面时，体系的势能降低，然后经过最低点 b 再上升。当位于 b 点时，H 与金属 Ni 形成稳定的化学键，势能降至最低，该势能与 H_2 分子势能之差 ΔH_c 称为 H_2 的化学吸附热 Q_c。在 b 点的左侧，如图中 be 段，体系的势能又上升。这是由于 H 与 Ni 的原子核之间正电排斥作用增大的结果。

将图 1-4 中的 *Pad* 和 *dbe* 结合起来得到一条新的曲线，它近似地代表 H_2 在 Ni 表面上离解化学吸附的过程。两条曲线的交点（d）既在物理吸附曲线 P 上，又在化学吸附曲线 C 上，它是 H_2 从物理吸附转变为化学吸附时的过渡状态。这条曲线告诉我们物理吸附对化学吸附过程的重要影响，物理吸附可以使 H_2 以很低的势能接近金属 Ni 表面，沿曲线 P 上升，吸收能量 E_a（E_a 称为吸附活化能）后成为过渡态。由于过渡态不稳定，过渡态 H_2 迅速解离为 H，然后沿曲线 C 下降至最低点 b 形成化学吸附态。由此可见，由于物理吸附的存在，不需要事先提供解离能 D_{HH} 将 H_2 解离为 H 后再进行化学吸附，而只要提供形成过渡态所需的较低能量 E_a 即可。由于 $D_{HH} > E_a$，催化剂的存在起到降低吸附分子解离能的作用[6]。当由化学吸附转为物理吸附时，需要克服更高的能垒 E_d（E_d 称为脱附活化能），由图 1-4 可见：

$$E_d = E_a + Q_c \tag{1-1}$$

式（1-1）是吸附过程中关联吸附活化能（E_a）、脱附活化能（E_d）和吸附热（Q_c）的一个重要而普遍使用的公式。在多相催化研究中，常将吸附热随覆盖度的变化作为判断表面均匀与否的标志。如果催化剂表面是均匀的，由于表面上所有吸附中心处于同一能级，吸附热不随覆盖度变化。如果吸附热随覆盖度呈线性变化，则吸附中心的数目按吸附热的大小呈线性分布。如果吸附热随覆盖度呈对数式变化，则吸附中心的数目按吸附热的大小呈指数分布。为此，常把吸附热 Q 与覆盖度 θ 的关系图称为表面能谱图。可以用热脱附法研究催化剂表面及其能量的均匀性[6]。

1.1.4.3 化学吸附态

化学吸附态是指吸附物种与催化剂表面原子相互作用时的化学状态、电子结构及几何构型。化学吸附态和表面反应中间体的确定对揭示催化剂作用机理和催化反应机理非常重要，因此对化学吸附态的研究已成为多相催化理论研究的中心课题之一。吸附态是吸附物种与催化剂表面相互作用的状态，包括三方面内容[4, 6, 7]。

① 根据被吸附的分子是否发生解离，可将吸附态分为缔合吸附和非缔合吸附；

② 根据催化剂表面吸附中心原子的状态是原子、离子还是它们的基团，可将吸附物占据表面一个原子或离子时的吸附称为单位点吸附，吸附物占据表面两个或两个原子以上的原子或离子时的吸附称为多位点吸附；

③ 确定吸附物种与催化剂表面原子成键类型是离子键、共价键还是配位键，以及表面吸附物种所带电荷类型；

下面将讨论几种常见物质的吸附态。

（1）氢的吸附态　目前研究已经确定，氢分子在能与氢分子发生化学吸附的金属原子表面通常分解为氢原子或者氢离子，即解离吸附。氢分子发生均裂吸附，其吸附态如下[6, 7]：

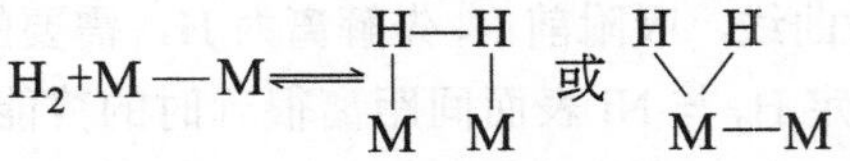

$$H_2+M-M \rightleftharpoons \begin{matrix} H-H \\ | \quad\ | \\ M \quad M \end{matrix} \text{ 或 } \begin{matrix} H \quad H \\ \backslash \ / \\ M-M \end{matrix} \tag{1-2}$$

另有研究发现，氢气在金属催化剂上形成金属 - 氢键的生成能接近，与金属的类型、结构无关[4, 6]。利用循环伏安法研究氢气在 Pt 的（111）晶面上的吸附态发现存在 4 种不同的吸附态：

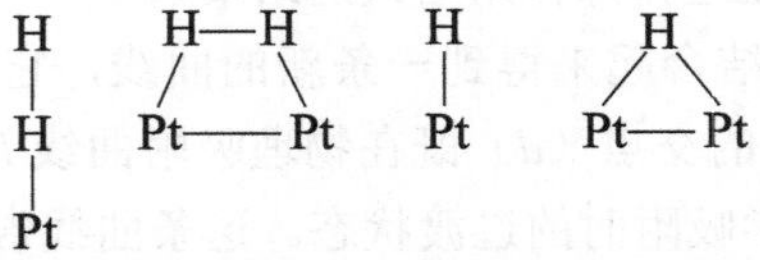

$$\begin{matrix} H \\ | \\ H \\ | \\ Pt \end{matrix} \qquad \begin{matrix} H-H \\ | \quad\ | \\ Pt-Pt \end{matrix} \qquad \begin{matrix} H \\ | \\ Pt \end{matrix} \qquad \begin{matrix} H \\ / \ \backslash \\ Pt-Pt \end{matrix} \tag{1-3}$$

同理研究了氢分子在金属氧化物表面发生异裂吸附。例如，氢在 ZnO 表面的异裂吸附，由红外谱图证实此结论，即在 3489cm^{-1} 和 1709cm^{-1} 处有强吸收带，它们分别对应于两种吸附态[7]。

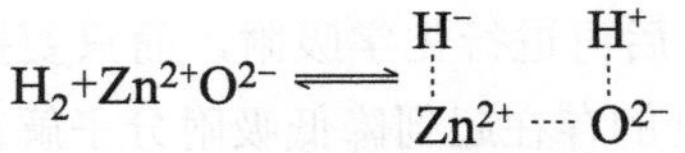

$$H_2+Zn^{2+}O^{2-} \rightleftharpoons \begin{matrix} H^- \quad\ \ H^+ \\ \vdots \qquad\ \ \vdots \\ Zn^{2+} \cdots O^{2-} \end{matrix} \tag{1-4}$$

（2）氧的吸附态　氧在催化剂表面的吸附是非常复杂的，这主要是由于吸附氧的存在形式远超过氢。氧分子有不带电荷的原子型和分子型吸附态，带电荷的 O_2^-、O_2^{2-} 和 O^{2-} 吸附态，而且氧原子还可以进入金属晶格内部，在金属表面生成金属氧化物。氧分子在金属催化剂表面上的吸附，可看作是氧分子在金属离子上的吸附，这与过渡金属络合物中金属与氧键合的情况类似[6, 7]。

（3）一氧化碳的吸附态　一氧化碳可以在金属表面发生吸附主要是通过碳原子与金属成键，大量的红外光谱研究表明，CO 在金属催化剂表面有线型吸附、桥型吸附等[5-7]。

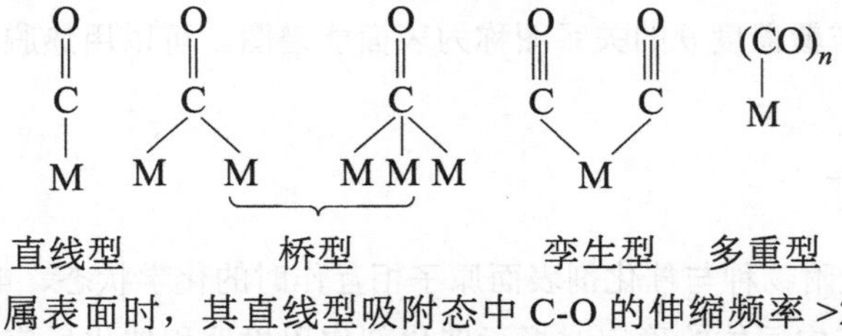

$$\underset{\text{直线型}}{\begin{matrix} O \\ \| \\ C \\ | \\ M \end{matrix}} \quad \underset{\text{桥型}}{\begin{matrix} O \\ \| \\ C \\ / \ \backslash \\ M \quad M \end{matrix} \quad \begin{matrix} O \\ \| \\ C \\ / | \backslash \\ M\,M\,M \end{matrix}} \quad \underset{\text{孪生型}}{\begin{matrix} O \quad\ \ O \\ \| \qquad \| \\ C \qquad C \\ \backslash \ / \\ M \end{matrix}} \quad \underset{\text{多重型}}{\begin{matrix} (CO)_n \\ | \\ M \end{matrix}} \tag{1-5}$$

当 CO 吸附在金属表面时，其直线型吸附态中 C-O 的伸缩频率 >2000cm^{-1}，桥型吸附态中 C-O 的伸缩频率 <1900cm^{-1}，同时吸附态中还存在孪生型、多重型。吸附的强弱依次是：桥型 > 孪生型 > 直线型。

1.1.4.4　化学吸附速率

吸附是由气体对固体表面碰撞产生的，能够发生化学吸附的气体分子必须满足以下 3 个条件：①气体分子必须碰撞到催化剂表面；②碰撞分子中只有能量超过化学吸附活化能 E_a 的气体分子才有可能被吸附；③气体分子必须碰撞在表面空着的活性位点上。因此，化学吸附速率取决于以下几个因素[4, 7]：

① 反应分子单位面积的碰撞数　气体分子对固体表面的碰撞频率愈大，则吸附的速率也愈大。根据气体分子运动的理论，气体分子在单位时间对单位面积上的碰撞数等于：

$$\frac{p}{\sqrt{2\pi mk_B T}} \tag{1-6}$$

式中，p为气体的压力；m为每个气体分子的质量；k_B为玻尔兹曼常数。

② 吸附活化能E_a 由于化学吸附需要活化能，所以在碰撞的分子中只有能量超过E_a的气体分子才有可能被吸附。这种分子只占总分子的一部分，即在总分子数上应乘上一个因子：

$$\exp\left(-\frac{E_a}{RT}\right) \tag{1-7}$$

③ 必须碰撞在表面空着的活性位点上 也就是说碰撞在表面上的分子只有一部分是碰撞在空白的活性点上，因此有效碰撞与尚未被遮盖的空白部分（$1-\theta$）有关；或一般地写作与$f(\theta)$有关。对于吸附时质点不离解，且一个质点只占据一个位置的简单情况：$f(\theta)=1-\theta$。

考虑到上述条件，化学吸附速率可以表示为：

$$\gamma_a \propto \frac{p}{\sqrt{2\pi mk_B T}} f(\theta)\exp\left(-\frac{E_a}{RT}\right) \tag{1-8}$$

或者

$$\gamma_a \propto \frac{\sigma p}{\sqrt{2\pi mk_B T}} f(\theta)\exp\left(-\frac{E_a}{RT}\right) \tag{1-9}$$

式中，σ称为凝聚系数，它代表气体分子碰撞在空白活性点上被拉住而形成吸附的概率。

同理，解吸速率与表面上已经吸附了离子的吸附活性点的数目有关，即与覆盖度θ有关。一般也可以用一个函数$f'(\theta)$来表示［对于简单的体系$f'(\theta)=\theta$］。同时还与解吸附的活化能（E_d）有关。所以解吸速率有如下的关系：

$$\gamma_d \propto f'(\theta)\exp\left(-\frac{E_d}{RT}\right) \tag{1-10}$$

或者

$$\gamma_d \propto Kf'(\theta)\exp\left(-\frac{E_d}{RT}\right) \tag{1-11}$$

式中，K为解吸附常数。

式（1-8）和式（1-10）是吸附、脱附速率的一般表达式。对于理想情况，E_a、E_d、σ、K都与表面的覆盖度θ无关。对于真实情况，E_a、E_d、σ、K都与表面的覆盖度θ有关。这主要是因为被吸附分子之间、吸附分子与固体表面的分子之间有相互作用，且固体的表面是不均匀的。所以当表面覆盖度θ不同时，E_a、E_d、σ、K的数值也相应地发生变化。

根据吸附速率方程γ_a和解吸速率方程γ_d两式，净吸附速率可以表示为：

$$\frac{d\theta}{dt} = \gamma_a - \gamma_d = \frac{\sigma p}{\sqrt{2\pi mk_B T}} f(\theta)\exp\left(-\frac{E_a}{RT}\right) - Kf'(\theta)\exp\left(-\frac{E_d}{RT}\right) \tag{1-12}$$

这是一个一般化的方程式，其具体形式要由$f(\theta)$、$f'(\theta)$、$E_a(\theta)$、$E_d(\theta)$而定。在进一步分析吸附脱附速率时，我们要进一步了解吸附模型。如果吸附层是理想的，则可导出Langmuir吸附等温式；若吸附层是非理想的，则根据不同的吸附情况可导出乔姆金方程和弗伦德利希（Freundlich）吸附等温式。其中函数$f(\theta)$和$f'(\theta)$可以通过统计的方式得到：

① 当一种气体分子在单个吸附部位上发生非解离吸附时，不论是定位吸附还是非定位吸附：

$$f(\theta)=1-\theta \tag{1-13}$$

$$f'(\theta)=\theta \tag{1-14}$$

② 一个气体分子在两个吸附部位上发生解离吸附时，如果是非定位吸附：

$$f(\theta)=(1-\theta)^2 \tag{1-15}$$

$$f'(\theta)=\theta^2 \tag{1-16}$$

如果是多位吸附：

$$f(\theta)=\frac{z}{z-\theta}(1-\theta)^2 \tag{1-17}$$

$$f(\theta)=\frac{(z-1)^2}{z(z-\theta)}\theta^2 \tag{1-18}$$

式中，z 为一个吸附位点邻近的吸附位点数，因子 $\frac{z}{z-\theta}$ 和 $\frac{(z-1)^2}{z(z-\theta)}$ 分别是在定位吸附条件下气体分子在两个相邻的空吸附部位发生解离吸附和两个相邻的吸附物种发生脱附而引入的统计概率。但是当表面覆盖度小时，这两个统计概率均近似为 1。

③ 当有几种气体在相同的位点发生竞争吸附时，如果第 i 种气体为非解离吸附，则有：

$$f(\theta_i)=1-\sum\theta_j \tag{1-19}$$

$$f'(\theta_i)=\theta_i \tag{1-20}$$

如果第 i 种气体解离为两个吸附物种，则：

$$f(\theta_i)=(1-\sum\theta_j)^2 \tag{1-21}$$

$$f'(\theta_i)=\theta_i^2 \tag{1-22}$$

（1）理想吸附模型的吸附速率　所谓“理想”是指吸附剂的表面是均匀的，各活性中心的能量相等，同时被吸附的粒子之间没有相互作用，因此在理想的吸附层中 E_a、E_d、σ、K 都与表面的覆盖度 θ 无关。对于这种情况，只需要选择相应的 $f(\theta)$ 和 $f'(\theta)$ 代入式（1-8）和式（1-10）就可以得到吸附速率。在定温下并假设吸附质点不解离，并且一个质点只占据一个吸附中心：

因此将 $f(\theta)=1-\theta$，$f'(\theta)=\theta$ 代入下式：

$$\gamma_a=\left[\frac{\sigma}{\sqrt{2\pi mk_BT}}\exp\left(-\frac{E_a}{RT}\right)\right]pf(\theta)=k_a pf(\theta) \tag{1-23}$$

$$\gamma_d=K\exp\left(-\frac{E_d}{RT}\right)f'(\theta)=k_d f'(\theta) \tag{1-24}$$

得：

$$\gamma_a=k_a pf(\theta)=k_a p(1-\theta) \tag{1-25}$$

$$\gamma_d=k_d f'(\theta)=k_d\theta \tag{1-26}$$

$$\frac{d\theta}{dt}=\gamma_a-\gamma_d=k_a p(1-\theta)-k_d\theta \tag{1-27}$$

平衡时 $\gamma_a=\gamma_d$，因此可以推出：

$$\theta = \frac{k_a p}{k_a p + k_d} = \frac{\frac{k_a}{k_d} p}{1 + \frac{k_a}{k_d} p} = \frac{ap}{1+ap} \tag{1-28}$$

式中，$a = \frac{k_a}{k_d}$，这就是 Langmuir 吸附等温式。

（2）非理想吸附模型的吸附速率　在真实吸附过程中，E_a、E_d、σ、K 都与表面的覆盖度 θ 有关，这主要是因为，气体首先吸附在表面活性最高的部分，由于吸附力强，吸附得牢固，吸附放热大。随着活性高的表面逐渐被遮盖，气体与固体表面之间的吸附就愈来愈弱，所需要的吸附活化能愈来愈大，因而吸附热愈来愈小，整个吸附过程是不均匀的。

① 乔姆金方程　根据实验，有人提出在中等遮盖率下的不均匀吸附过程中，吸附活化能随表面覆盖度线性增加，而脱附活化能则随 θ 线性下降，即：

$$E_a = E_a^0 + \beta\theta \tag{1-29}$$

$$E_d = E_d^0 - \gamma\theta \tag{1-30}$$

式中，E_a^0 和 E_d^0 相当于 $\theta = 0$ 时的吸附活化能和解吸活化能；β、γ 都是常数。

吸附热 $Q = E_d - E_a = (E_d^0 - E_a^0) - (\gamma + \beta)\theta = Q^0 - \alpha\theta$，其中，$Q^0$ 是 $\theta = 0$ 的吸附热。将式（1-29）代入式（1-9）中，并令 $f(\theta) = 1 - \theta$ 可以得到：

$$\gamma_a = \frac{\sigma p}{\sqrt{2\pi m k_B T}}(1-\theta)\exp\left(-\frac{E_a^0 + \beta\theta}{RT}\right) \tag{1-31}$$

$$\gamma_a = \frac{\sigma p \exp\left(-\frac{E_a^0}{RT}\right)}{\sqrt{2\pi m k_B T}}(1-\theta)\exp\left(-\frac{\beta\theta}{RT}\right) \tag{1-32}$$

因为 θ 只在 $0 \to 1$ 之间变化，在覆盖度不大或中等覆盖度的情况下，$(1-\theta)$ 项的影响要比 $\exp\left(-\frac{\beta\theta}{RT}\right)$ 的影响小得多，所以 $(1-\theta)$ 可以近似地归并到常数项中去，即：

$$\gamma_a = k_a p \exp\left(-\frac{\beta\theta}{RT}\right) \tag{1-33}$$

同理可以得到：

$$\gamma_d = k_d \exp\left(\frac{\gamma\theta}{RT}\right) \tag{1-34}$$

因此，静吸附速率：

$$\frac{d\theta}{dt} = \gamma_a - \gamma_d = k_a p \exp\left(-\frac{\beta\theta}{RT}\right) - k_d \exp\left(\frac{\gamma\theta}{RT}\right) \tag{1-35}$$

式（1-35）称为叶洛维奇（Elovich）方程。

在等温下达到平衡时 $\gamma_a = \gamma_d$，因此可以推出：

$$\frac{k_a}{k_d} p = \exp\left(\frac{\beta + \gamma}{RT}\right)\theta \tag{1-36}$$

上述方程取对数后：

$$\theta = \frac{RT}{a}\ln(A_0 p) \tag{1-37}$$

式中

$$A_0 = \frac{k_a}{k_d}, \quad \alpha = \beta + \gamma \tag{1-38}$$

式（1-38）就是乔姆金方程。它代表在中等遮盖率的情况下，p 与平衡遮盖率之间的关系，其特点是 θ 与 $\ln p$ 呈线性关系。

② 弗伦德利希（Freundlich）吸附等温式　在一些体系中吸附活化能、脱附活化能与覆盖度成对数关系。

$$E_a = E_a^0 + \beta\ln\theta \tag{1-39}$$

$$E_d = E_d^0 - \gamma\ln\theta \tag{1-40}$$

吸附热 Q 为

$$Q = E_d - E_a = \left(E_d^0 - E_a^0\right) - (\gamma + \beta)\ln\theta = Q^0 - \alpha\ln\theta \tag{1-41}$$

$$\gamma_a = \frac{\sigma p \exp\left(-\dfrac{E_a^0}{RT}\right)}{\sqrt{2\pi m k_B T}}(1-\theta)\exp\left(-\frac{\beta\ln\theta}{RT}\right) = k_a p \theta^{-\frac{\beta}{RT}} \tag{1-42}$$

$$\gamma_d = Kf'(\theta)\exp\left(-\frac{E_d^0}{RT}\right)\exp\left(\frac{\gamma\ln\theta}{RT}\right) = k_d\theta^{\frac{\gamma}{RT}} \tag{1-43}$$

静吸附速率：

$$\frac{d\theta}{dt} = \gamma_a - \gamma_d = k_a p \theta^{-\frac{\beta}{RT}} - k_d\theta^{\frac{\gamma}{RT}} \tag{1-44}$$

在等温下达到平衡时，可以推出：

$$\theta = \left(\frac{k_a}{k_d}p\right)^{\frac{RT}{\alpha}} \tag{1-45}$$

$$\theta = kp^{\frac{1}{n}} \tag{1-46}$$

这就是弗伦德利希（Freundlich）吸附等温式。

1.1.5 催化循环的建立

催化反应与非催化反应的根本差别就在于催化反应可建立起催化循环。在多相反应体系中，催化循环表现为[6]：一个反应物分子化学吸附在催化剂表面活性中心上，形成活性中间物种，并发生化学反应或重排生成化学吸附态的产物，再经脱附得到产物，催化剂复原并进行再一次反应。一种好的催化剂从开始到失活为止可进行百万次转化，这表明该催化剂建立起良好的催化循环。若反应物分子在催化剂表面形成强化学吸附键，就很难进行后继的催化作用，结果成为仅有一次转换的化学计量反应。由此可见，反应物分子与催化剂之间化学键合不能太强，因为太强会使催化剂中毒，或使它不活泼，不易进行后继的反应或使生成的产物脱附困难。但化学键合也不能太弱，因为化学键合太弱，反应物分子化学键不易断裂，不足以活化反应物分子进行化学反应。只有中等强度的化学键合，才能保证化学反应快速进行。

根据催化反应机理和催化剂与反应物化学吸附状态，可将催化循环分为以下两种类型。

（1）缔合活化催化循环 在催化反应过程中，催化剂没有价态变换，反应物分子活化是通过催化剂与反应配合，形成络合物，再由络合物或其衍生出的活性中间体进一步反应得到生成产物，并使催化剂复原。反应物分子的活化是在络合物配位层中发生的，这种催化循环称为缔合活化催化循环[6, 7]。例如，乙烯水合反应是在固体酸催化剂作用下完成的，反应式为：

$$CH_2{=\!=}CH_2+H_2O \xrightarrow{H^+(\text{固体酸})} C_2H_5OH \tag{1-47}$$

反应机理为：

$$\underset{A}{CH_2{=\!=}CH_2}+\underset{K}{H^+} \rightleftharpoons \underset{AK}{\overset{+}{C}H_3 - CH_2} \tag{1-48}$$

$$\underset{AK}{CH_2-\overset{+}{C}H_3}+\underset{B}{H_2O} \rightleftharpoons \underset{P}{CH_3CH_2OH}+\underset{K}{H^+} \tag{1-49}$$

在上述反应中催化剂 H^+ 与 $CH_2=CH_2$ 配位，但却没有发生价态变化，H^+ 使配位乙烯分子的双键产生异裂，生成正碳离子，后者进一步与反应物水分子作用生成乙醇，并使催化剂 H^+ 复原。反应过程的催化循环如图 1-6 所示[6]。

（2）非缔合活化催化反应 在催化循环反应过程中，催化剂存在明显的两种价态变换，反应物的活化经由催化剂与反应物之间明显的电子转移过程，催化中心的两种价态对于反应物的活化是独立的，这种催化循环称为非缔合活化催化循环[4, 6]。例如，SO_2 在 V_2O_5 催化剂作用下氧化为 SO_3，反应式为：

$$SO_2+\frac{1}{2}O_2 \xrightarrow{V_2O_5} SO_3 \tag{1-50}$$

反应机理为：

$$SO_2+V_2O_5 \longrightarrow SO_3+V_2O_4 \tag{1-51}$$

$$V_2O_4+\frac{1}{2}O_2 \longrightarrow V_2O_5 \tag{1-52}$$

在上述反应中，反应物 SO_2 先被 V_2O_5 中的晶格氧氧化成 SO_3，同时 V_2O_5 催化剂被还原为低价态 V_2O_4，然后在氧气的作用下，V_2O_4 再被氧化为 V_2O_5。反应过程如图 1-7 所示[6]。

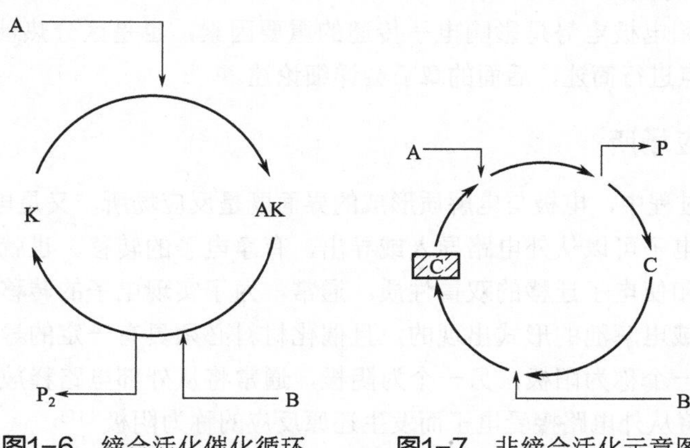

图1-6 缔合活化催化循环　　图1-7 非缔合活化示意图

1.2 电化学催化

我们知道“化学反应”除了是物质本身或者和其他物质相互作用向新物质转变的现象之外，在物质转化的过程中，还隐藏着形形色色能量之间的变化。“催化剂”既然在物质的转化过程中能起到加速的作用，那么，它在伴随物质转化中的能量转化，以及各种形式的能量相互转化时是否也能起到催化的作用呢？通过上一节的铺垫，我们知道了催化剂主要通过降低反应的活化能、改变反应的历程来加速催化反应，对于大多数催化反应来说，催化剂虽然能降低活化能，但是并不意味着不需要克服活化能。在上一节中，我们除了谈及热能这唯一的反应驱动力对催化剂的作用之外，没有涉及与物质转化过程有关的其他能量的问题。在现代的生产实践中，其他形式的能量转化，如化学能转化为电能，电能转化成化学能等都格外引人注意。前者如燃料电池，而后者则如水的电解。在本节中，我们将讨论化学能 - 电能相互转化中的催化作用问题，简单介绍“电化学催化”这一学科的全貌。

1.2.1 电化学催化特征

电化学催化和热催化相比，前者是一个电子参与的化学反应，且电子不是在反应物之间直接转移，而是通过外电路从阳极流向阴极。我们知道，电解质是不能传递电子的，它依靠离子的传输实现电荷传递。因此，在“电极 / 电解质”界面，必须完成“电子 / 离子”传递电荷的转换或者交接[9]。据此，电化学反应可以看作是发生在“电极 / 电解质”界面上的电荷转换反应：电极把电子交给反应物，反应物还原转化为离子，如水还原为氢气并生成氢氧根离子；当然还可以是电极从反应物拿走电子，反应物转化为离子，如水氧化为氧气并生成氢离子。电极无论给出电子还是获得电子，电极必须有足够的导电性。因此，构成电极的催化剂或载体必须有足够的导电性，这是电化学催化剂与热化学催化剂的两个主要区别之一。另外一个区别是，电化学催化反应可以通过电场强化或抑制电极反应。因此，电化学催化剂比热化学催化剂多了一个要求——导电性。此外，电化学催化比热化学催化多了一个调控手段——电场（强度、方向）[10]。因此，催化化学加上“电极 / 电解质”界面理论，就构成电化学催化的基本知识构架。

电极反应场所和电极电势是影响电子传递的重要因素，也是区分热催化的重要特征[9]，下面将对这两大特点进行简述，后面的章节会详细论述。

1.2.1.1 电极反应场所

在电化学催化过程中，电极与电解质形成的界面既是反应场所，又是电子的供给 / 接受场所，电极反应中的电子可以从外电路导入或导出，有净电子的转移。也就是说，电化学催化同时具有化学反应和使电子迁移的双重性质。通常，为了实现电子的转移及循环，电化学催化反应是以原电池或电解池的形式出现的，且催化材料必须具有一定的导电性。在所有电池中都有两个电极，一个称为阳极，另一个为阴极，通常将从外部电路释放电子而发生氧化反应的称为阳极，而将从外电路接受电子而发生还原反应的称为阴极[11]。

按照物质状态分类，电解质又可以分为液体电解质和固态电解质，因此电极与电解质形成的界面主要有以下三类。

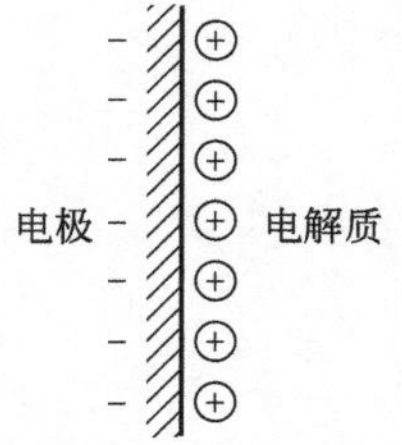

图1-8 理想电极/电解质界面

（1）理想电极 / 电解质界面[11] 所谓理想电极 / 电解质界面是一种典型的均匀界面，其电极 / 电解质界面大于等于表观电极面积 $S_{界面} \geqslant S_{电极}$。如图 1-8 所示，在界面处，电解质均匀分布在电极表面，在其界面处并无极化现象的发生，物质的浓度仅与距离有一点关系。当电极电势随施加的电势线性或准线性变化，电极反应随之变化。可以把理想的电极 / 电解质界面看成一个恒电容，它不会因为电极电势的改变而发生变化。但是理想的电极 / 电解质界面在实际中是并不存在的，实际的电极 / 电解质不仅要考虑溶剂化效应，还得考虑电极与电解质之间的接触问题。

（2）考虑溶剂化的电极 / 电解质界面 当催化剂与液体电解质形成电极 / 溶液界面时，溶剂的物理和化学性质往往会影响电极反应平衡和反应速率，这种现象称为溶剂效应（solvent effect），亦称“溶剂化作用”[12]。溶剂化本质主要是静电作用，不同的溶剂可以影响反应速率，甚至改变反应进程和机理，得到不同的产物。溶剂对反应速率的影响十分复杂，包括反应介质中的离解作用、传能和传质、介电效应等物理作用和化学作用[13]，溶剂参与催化或者直接参与反应。在实际的电化学催化过程中，溶剂化效应会抑制离子的扩散，在到达电极表面后，溶剂重组以及电极表面的溶剂层会阻碍反应物的吸附以及随后的电子转移。我们知道只有当电子穿过电极 / 溶液界面时，电化学反应才能发生（图 1-9）。经研究表明，电子能量 E（与电极电势有关）与能垒 V_0 的差值（V_0-E）决定了电子隧穿的厚度。当 $V_0-E<0.2\text{eV}$ 时，大于两个离子层厚度的势垒即可发生隧穿，而当 $V_0-E>0.2\text{eV}$ 时，仅小于两个离子层厚度的势垒才可发生隧穿（图 1-10）。可见电极 / 溶液界面厚度直接关系着电子的隧穿概率。通过修饰电极表面、选取非水系电解质、改变反应条件（高温）等，调控溶剂层（从有到无，从非连续到连续，从可移动到不可移动等），消除溶剂效应造成的离子扩散受阻、溶剂化重组能等。同时极大降低 Helmholtz 层，使其厚度降低到一个离子半径或反应分子大小，促进电极与界面的电子隧穿与电子转移。

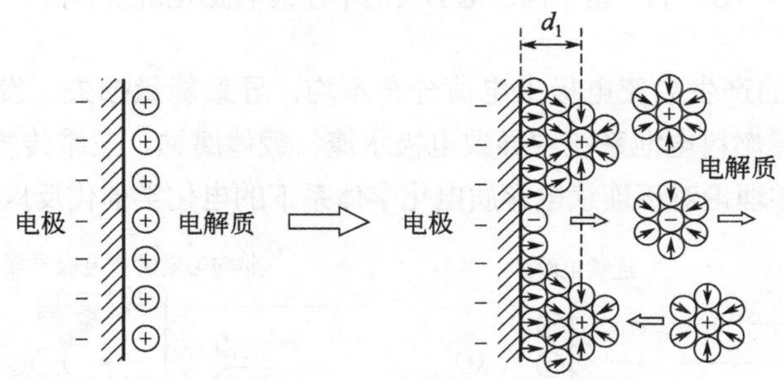

图1-9 考虑溶剂化的电极/溶液界面

（3）基于固态电解质的不连续电极 / 电解质界面 当催化剂与固态电解质形成电极 / 电解质界面时，电极 / 电解质界面往往是不连续的（图 1-11），其电极 / 电解质界面小于表观电极面积 $S_{界面} < S_{电极}$。按不同接触点的距离可以将不连续的界面分为三个区域，即图 1-11 中的①、

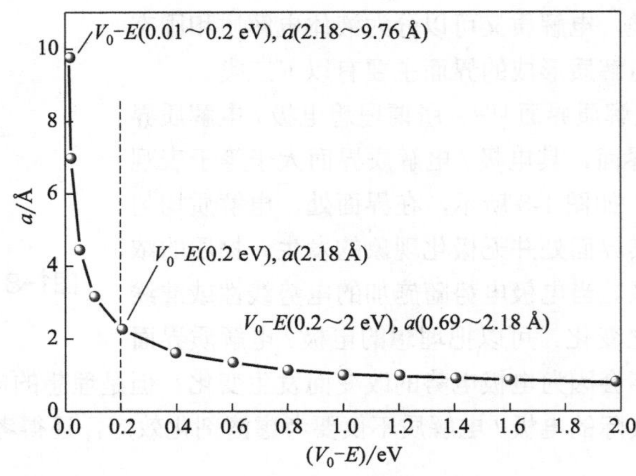

图1-10　电子能量E与能垒V_0的差值（V_0-E）与电子隧穿厚度关系（1Å=0.1nm）

②、③所示的区域。当要发生电极反应时，在区域①处，因其距离最短，电子的传输最为容易，电极反应很快即可进行；但在区域②处，电子需要更高的能量才能被传递到①处，这就需要更高的电极电势才能引发质点反应，形成次级活性质点，促进反应的发生。因此，相对于①界面处，它是不利于电催化反应进行的。同理，在区域③处，反应就更难发生了。因此，我们将这种因不连续界面导致的需要附加电子隧穿的能量才能引发电极反应的现象称为超激化现象，需要的附加能量称为超激化能。

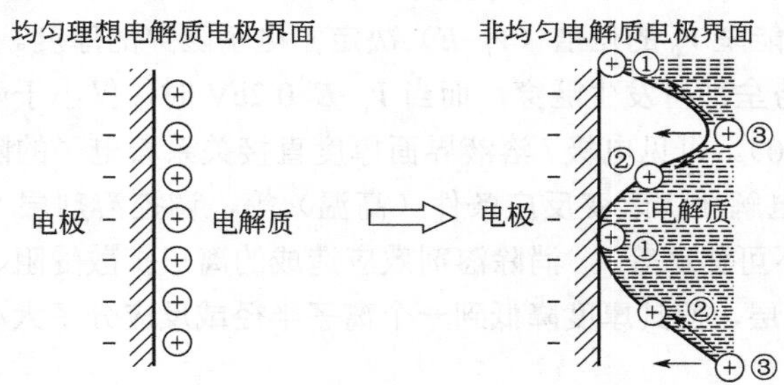

图1-11　基于固态电解质的不连续电极/电解质界面

这种不连续界面的产生会使电极上电荷分布不均，导致能量损失、发生电极腐蚀等副反应（图 1-12）。这也是实际燃料电池系统中导致电极水淹、载体腐蚀、三维传质依赖等问题的主要原因之一。但现有电化学理论对不连续电解质电化学体系下的电化学催化反应机理认识还不充分。

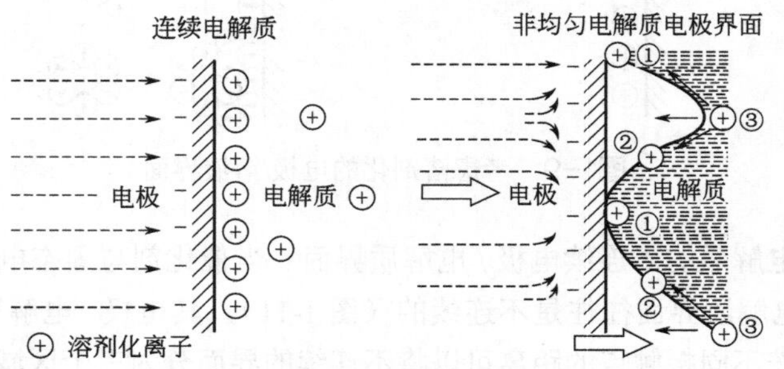

图1-12　超激化导致电极产生电势、电力线差异

1.2.1.2 电极电势对电子转移活化能的影响

电催化反应与传统热催化反应的另一个重要区别在于，电化学催化反应的速率除受温度、浓度和压力等因素的影响外，还受电极电势的影响。在许多电化学反应中电极电势每改变 1V 可使电极反应速率改变 10^{10} 倍，而对一般的化学反应，如果反应活化能为 40kJ/mol，反应温度从 25℃提高到 1000℃时反应速率才提高 10^5 倍 [10，14]。这种反应速率的提升，主要依赖于电极电势改变了电子转移的活化能。

式（1-53）和式（1-54）分别为催化和电催化的反应速率公式，式中 K_c 和 K_E 分别为化学反应和电化学反应速率，A_c 和 A_E 分别为化学反应和电化学反应的指前因子，$\Delta G^{\neq 0}$ 为化学反应或平衡态时的表观活化能，α 为反应的传递系数，F 为法拉第常数，E^0 是平衡电极电势。很明显，无论是化学反应还是电化学反应，都受到了活化能 $\Delta G^{\neq 0}$ 和温度 T 的影响，但是电化学反应还受到传递系数 α 和电极电势 E 的调控，其中对于大多数体系来说，传递系数 α 的值在 0.3 ～ 0.7 之间，那么，电极电势 E 则成为影响电化学反应速率的重要因素 [11]。此外，改变电极电势 E 值也可以调控 $E-E^0$ 的正负，从而调控电化学反应方向。因此，电化学反应可以通过调节电极电势 E 的值来调控化学反应的速率以及方向。在第 2 章中，将详细讲解电极溶液界面和电极电势对电催化反应的影响。

$$k_c = A_c \exp(-\Delta G_{A,C} / RT) \quad [15] \tag{1-53}$$

$$k_E = A_E \exp\left(-\Delta G_{A,C} / RT\right) \exp\left\{\left(1-\alpha\right) F\left(E - E^0\right)\right\} \quad [11, 16] \tag{1-54}$$

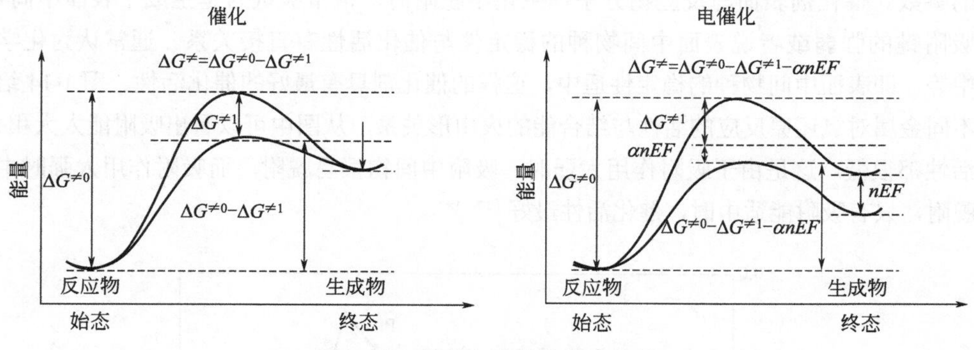

图1-13 催化与电催化能垒比较

1.2.2 电化学催化剂的基本要求与设计原则

1.2.2.1 电化学催化剂基本要求

电化学催化剂是电化学反应器的核心，其性能直接决定了电化学反应器的性能，根据电化学催化反应的特点，满足实用需求的电化学催化剂应具备以下几个基本条件 [5，10]：

① 导电性好。在电化学催化中，电子是参与电极反应的基本粒子或物质之一，这就要求催化剂的主要组成——主催化剂或载体，必须具备良好的电子导电能力。

② 催化活性高。这要求催化剂具有高的本征催化活性。当然，在不损害稳定性的前提下，

适当提高比表面积是允许的。催化剂的本征活性应当包含对目标反应的选择性。

③ 稳定性好。因为催化剂通常工作于高腐蚀、高电势、高氧、高温等电化学环境，因此催化剂要具有好的抗腐蚀、抗氧化能力和抗中毒能力才能满足长时间工作的需要。

④ 适当的载体。因为催化剂的载体一般起到分散和支撑催化剂作用，还能通过金属 - 载体相互作用影响催化性能，载体一般希望具有良好的导电性、抗腐蚀性以及较高的比表面积和孔结构分布，有益于金属 - 载体相互作用。

⑤ 廉价。目前已知的电化学催化剂大多数与过渡金属有关，如 Pt、Pd、Ag、Co、Ni、Au、Ir、Rh 等，从长远角度看，降低催化剂载量和开发低成本催化剂显得非常重要。

需要指出的是，上述几方面实际上是相互联系的，例如高的催化活性就能使用低载量的催化剂，从而降低催化剂成本；降低贵金属纳米催化剂的粒径能提高比表面积但同时由于表面能的增大会带来稳定性不足的问题。所以在开发具有实际应用价值的催化剂的时候，上述几个方面需要统筹与平衡考虑，不可偏废。

1.2.2.2 电化学催化剂设计原则

过渡金属及其合金、过渡金属氧（硫）化物是目前应用最为广泛的两类电化学催化剂，下面分别对 2 类催化剂的设计进行介绍。

1.2.2.2.1 过渡金属及其合金催化剂

（1）基于吸附键强度的经验规律考虑　在考虑分子活化过程中，吸附键强度是一个十分重要的参数。催化剂表面与反应物分子产生化学吸附时，常常被认为是生成了表面中间物种，化学吸附键的强弱或者说表面中间物种的稳定性与催化活性有直接关系。通常认为化学吸附键为中等，即表面中间物种的稳定性适中，这样的催化剂具有最好的催化活性。图 1-14 给出了各种不同金属对氧还原反应的活性与结合能的火山形关系，从图中可以看出吸附能太大和太小，催化活性都很低。这是由于吸附作用太弱时，吸附中间物很易脱附，而吸附作用太强时中间物难于脱附，只有吸附能适中时，催化活性最好[17, 18]。

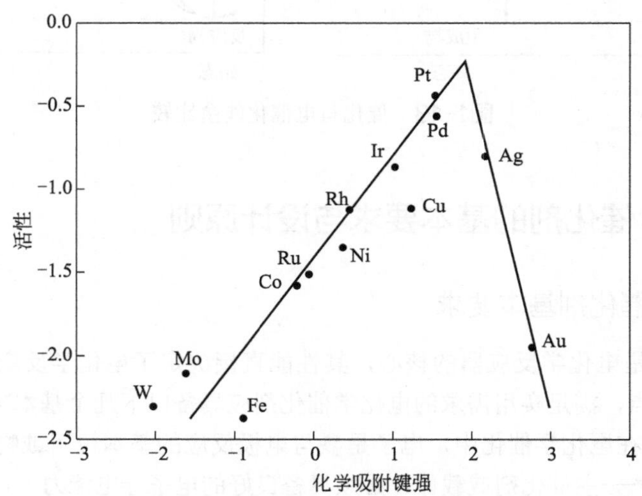

图1-14　不同金属对氧还原反应的活性与结合能的火山曲线[17, 18]

（2）基于“电子结构效应”和“几何结构效应”的考虑　催化剂表面结构对催化作用的影响主要从几何因素与能量因素两方面进行考虑[10, 19]。根据巴兰金（Balandin）的多位理论[20, 21]，反应物分子扩散到催化剂表面，首先物理吸附在催化剂活性中心上，然后反应物分子的指示基团（指分子中与催化剂接触进行反应的部分）与活性中心作用，于是分子发生变形，生成表面中间络合物（化学吸附），通过进一步催化反应，最后解吸成为产物[22]。通常使分子变形的力是化学作用力，因而只有当分子与活性中心很靠近时（一般 0.1 ～ 0.2nm）才能起作用。根据最省力原则，要求活性中心与反应分子间有一定的结构对应性（几何结构），同时满足一定的能量适应要求（电子结构），即反应物分子与催化剂间的吸附不能太弱，也不能太强，太弱吸附速度太慢，太强则解吸速度太慢。

电子结构效应主要是指催化材料的能带、表面态密度等对反应活化能的影响，催化剂的“电子因素”可以通过“能带理论”和“价键理论”进行解释。金属能带模型提供了 d 带空穴概念，并将它与催化活性关联起来。d 空穴越多，d 能带中未占用的 d 电子或空轨道越多，磁化率会越大。磁化率与金属催化活性有一定关系，随金属和合金的结构以及负载情况而不同。从催化反应的角度看，d 带空穴的存在，使之有从外界接受电子和吸附物种并与之成键的能力。但也不是 d 带空穴越多，其催化活性就越大。因为过多可能造成吸附太强，不利于催化反应。这种状态特征也可以用 Pauling 价键模型的 d 特性百分数（$d\%$）表示，即金属 - 金属键中的 $d\%$ 特征可看作是金属原子中用于化学吸附的空闲 d 轨道的百分含量。$d\%$ 的多少与催化剂活性高低存在联系，金属的 $d\%$ 越大，相应 d 能带中的电子填充越多，d 空穴越小[16, 23-25]。

表面结构效应是指电极材料的表面结构（化学结构、原子排列结构等）通过与反应分子相互作用 / 改变双电层结构进而影响反应速率。催化剂的“几何因素”包括催化剂的表面晶体结构与缺陷、晶面的暴露程度、晶体颗粒大小和晶面应力等[26-28]。表面形貌越粗糙，表面缺陷越多，催化剂颗粒的棱、角、边及缺陷也相应增多，处在这些位置的原子往往比一般的表面原子具有更强的解离吸附能力和更高的催化活性。因为催化剂暴露的不同晶面对催化氧化有机小分子具有不同的催化氧化机理，导致不同的晶面展现不同的催化活性，所以高活性晶面择优暴露的催化剂具有更高的催化性能[29-33]。

需要指出的是，“电子结构效应”和“表面结构效应”对改变反应速率都很大，单纯活化能变化可使反应速率改变几个至几十个数量级，同样，由电极电势引起的电子隧穿活化能（$E-E^0$）以及双电层结构改变而引起的反应速率变化也能达到 10 个数量级。在实际体系中，电子结构效应和表面结构效应是互相影响、无法完全区分的。即便如此，无论是电催化反应或简单的氧化还原反应，首先应考虑电子效应，即选择合适的电化学催化材料，使得反应的活化能适当，并能够在低能耗下发生电催化反应。在选定电化学催化材料后就要考虑电化学催化剂的表面结构效应对电化学催化反应速率和机理的影响。由于电子结构效应和表面结构效应的影响不能完全分开，不同材料单晶面具有不同的表面结构，同时意味着不同的电子能带结构，这两个因素共同决定着电化学催化活性对催化剂材料的依赖关系。

（3）金属分散度　金属分散度指分布在载体上的表面金属原子数和载体上总的金属原子数之比，用 D 表示[5, 23]：

$$D=\frac{\text{催化剂表面的金属原子数}}{\text{催化剂中总的金属原子数}} \tag{1-55}$$

因为催化反应都是在位于表面上的原子处进行，故分散度好的催化剂，一般其催化效果较好。当 D=1 时，意味着金属原子全部暴露。金属在载体上微细分散的程度，直接关系到表面金属原子的状态，影响这种负载型催化剂的活性。通常晶面上的原子有三种类型，有的位于晶角上，有的位于晶棱上，有的位于晶面上。随着晶粒大小的变化，不同配位数位的比例也会变，相对应的原子数也跟着要变。涉及低配位数的吸附和反应，将随晶粒变小而增加；而位于面上的活性位比例，将随晶粒的增大而增加。

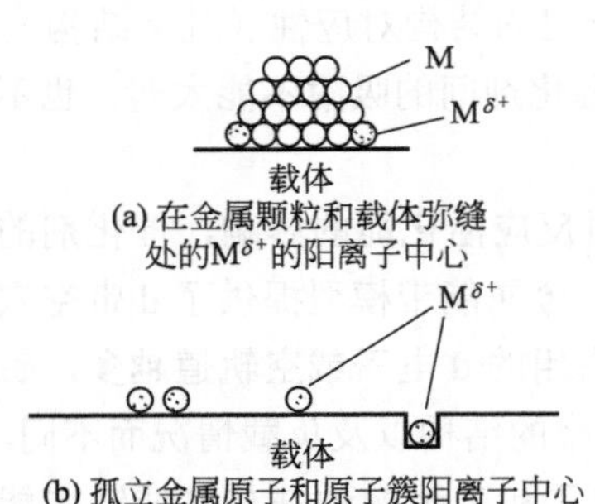

(a) 在金属颗粒和载体弥缝处的 $M^{\delta+}$ 的阳离子中心

(b) 孤立金属原子和原子簇阳离子中心

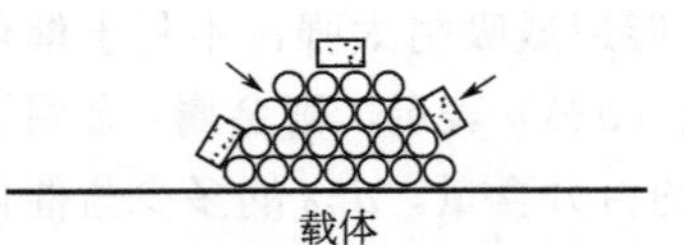

(c) 金属氧化物 MO_x 对金属颗粒表面的涂饰

图1-15　催化剂与载体的相互作用

（4）载体效应　一般情况下载体的作用在于改变主催化剂的形态结构，对主催化剂起分散作用和支撑作用，从而增加催化剂的有效表面积，提高机械强度，提高耐热稳定性，并降低催化剂的造价[34, 35]。而在很多情况下，活性组分负载在载体上后，二者之间会发生某种形式的相互作用，或使相邻活性组分的原子或分子发生变形，导致活性表面的本质产生变化。这些作用对于提升催化剂颗粒活性和稳定性至关重要。金属 - 载体相互作用可归纳为三种，如图 1-15 所示。第一种是两者相互作用局限在金属颗粒和载体的接触部位，在界面部位分散的金属原子可保持阳离子性质，它们会对金属表面原子的电性质产生影响，进而影响催化剂吸附和催化性能。这种影响与金属粒度关系很大，对小于 1.5nm 的金属粒子有显著影响，而对较大颗粒影响较小。第二种是当分散度特别大时，分散为细小粒子的金属溶于载体氧化物的晶格，或生成混合氧化物。这样，金属催化剂会受到很大影响，这种影响与高分散金属和载体的组成关系很大。第三种是金属颗粒表面被来自载体氧化物涂饰。载体涂饰物可能与载体化学组成相同，也可能被部分还原。这种涂饰会导致金属氧化物接触部位的表面金属原子的电性质改变，影响其催化性能。

1.2.2.2.2　过渡金属氧（硫）化物催化剂

（1）基于导电性的考虑　目前的大部分过渡金属氧（硫）化物催化剂的导电性都相对较差，提升这类材料的导电性可较大程度地提高其电催化活性。过渡金属催化剂的导电性提升主要取决于两方面：①提升催化剂颗粒本体内电子的传导能力；②增强催化剂颗粒与颗粒之间的电子传导能力。通过掺杂改性、增加缺陷、改变晶体结构等策略可以对颗粒内部本征导电性进行调节，可以有效提升催化剂的本征导电性。将催化剂颗粒与高导电性材料（金属纳米颗粒、碳基材料、导电聚合物）等进行混合、包覆、复合或耦合后，高导电性材料优异的电子传导特性，以及导电材料与催化剂颗粒间的协同作用均可促进催化剂颗粒与颗粒之间的电子传导。

（2）基于费米能级的考虑[23, 36, 37]　根据半导体的导电情况，又可将其分为本征半导体、n 型半导体和 p 型半导体（图 1-16）[5]。本征半导体是指禁带中没有杂质能级，其导电性是由导带中的电子导电和价带中的空穴导电共同作用，且激发到导带上的自由电子数量与留在价带中的空穴数量总是成对出现，浓度相等。n 型半导体和 p 型半导体则是指价带与导带之间出现了杂质能级。当杂质能级靠近导带下方，且其上的电子能激发到导带时，该杂质能级叫施主能级，这种以电子导电的半导体就是 n 型半导体。反之，当杂质能级靠近价带上方，且可以接受价带上激发的价电子，使价带产生一定的空穴时，该杂质能级叫受主能级，这种以空穴导电的半导体称为p型半导体。显然n型半导体和p型半导体因在禁带中额外引入杂质能级，在一定程度上减小了禁带宽度，其较本征半导体更易导电。例如，在本征半导体纯硅单晶中加入杂质磷或硼可形成n型半导体和p型半导体。硅单晶的禁带宽度为1.1 eV，而磷引入的施主能级与导带之间宽度为0.044 eV；硼产生的受主能级与满带间的宽度为0.045 eV，即n型半导体和p型半导体具有较本征半导体更优的导电性。因此半导体经过掺杂，其导电性显著提高，不影响其作为电化学催化剂的使用。

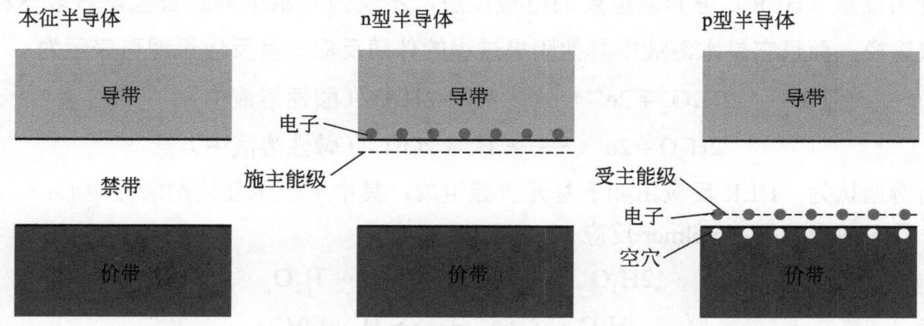

图1-16 本征半导体、p型半导体和n型半导体的能带示意图

1.2.3 常见电化学催化过程

能源是人类得以生存的动力，在全世界高速发展的今天，我们尤其面临能源短缺的严峻考验。能源供给的多样化可以减缓人们对某种特定能源的依赖。电化学催化为能源多样化提供了新的选择途径。基于可再生风能、太阳能、生物质能的充分利用就是我们摆脱传统化石能源的新选择。如图1-17所示的从水到水的能源循环系统存在着诸多不可或缺的电化学催化过程。从图1-17可以得出，借助可再生能源产生的电力，电化学分解水（water electrolysis）制取氢

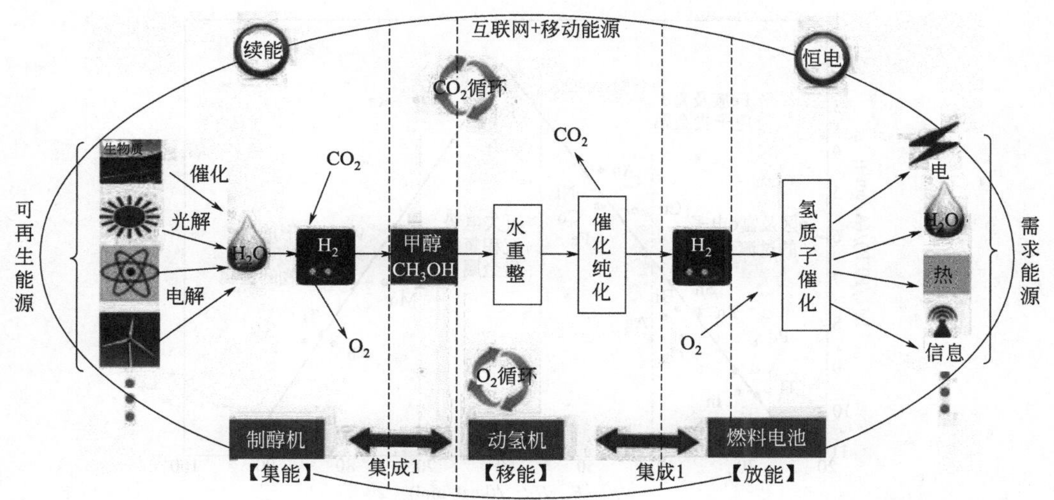

图1-17 从水到水的能源循环系统

气，然后通过氢氧燃料电池发电将能量再回馈电网。一方面可以避免不稳定的可再生能源直接上网对电网稳定性的冲击，另一方面，氢氧燃料电池是目前唯一能找到的、最为高效的将氢能转化为电能的体系。无论是电解水制氢还是氢氧燃料电池都离不开电化学催化。当然，电化学催化还远不限于此。在本小节中，我们将对几种典型的电化学催化过程进行简单介绍，而它们的实际应用，将在接下来的章节中进行详细介绍。

1.2.3.1 电化学催化电解水析氢反应

氢析出反应（HER）是非常重要的电极反应，不仅因为水电解制备氢是获取这种洁净能源的有效途径，而且它是水溶液中其他阴极过程的伴随反应。其反应机理可表示为：

$$2H_3O^+ + 2e^- \longrightarrow H_2 + 2H_2O \text{（酸性溶液中）} \tag{1-56}$$

$$2H_2O + 2e^- \longrightarrow H_2 + 2OH^- \text{（碱性溶液中）} \tag{1-57}$$

目前普遍认为，HER 反应由如下基元步骤组成，其中 * 表示催化剂活性中心：

（1）质子放电步骤（Volmer 反应）

$$2H_3O^+ + * + e^- \longrightarrow H^* + H_2O \tag{1-58}$$

$$H_2O + * + e^- \longrightarrow H^* + OH^- \tag{1-59}$$

（2）化学脱附或催化复合步骤（Tafel 反应）

$$H^* + H^* \longrightarrow 2* + H_2 \tag{1-60}$$

（3）电化学脱附步骤（Heyrovsky 反应）

$$H^* + H_3O^+ + e^- \longrightarrow H_2 + H_2O + * \tag{1-61}$$

$$H^* + H_2O + e^- \longrightarrow H_2 + OH^- + * \tag{1-62}$$

HER 反应过程首先进行 Volmer 反应，然后进行 Tafel 反应或 Heyrovsky 反应。至于以何种机理进行以及控制步骤是哪个反应，则依赖于电极材料，特别是其对氢原子的吸附强度。研究发现，HER 反应的交换电流密度与 M-H 相互作用强度之间存在一个所谓的火山形（volcano）关系，即无论是作用太强或是太弱均不利于反应。图 1-18 为 Trasatti 总结的 HER

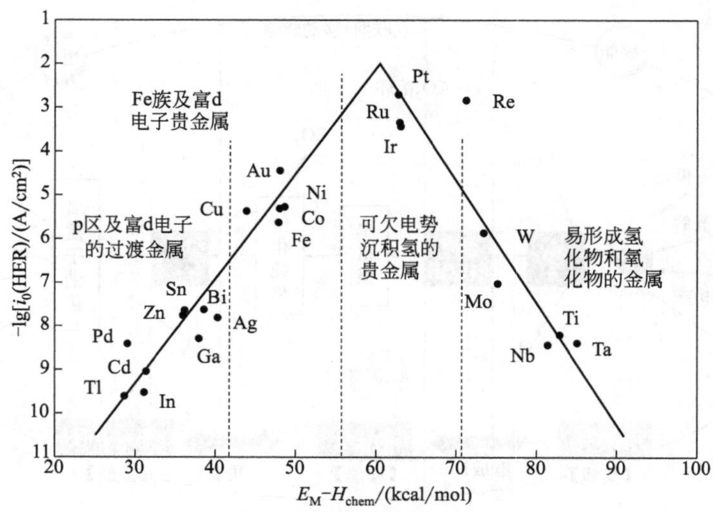

图1-18 氢电极反应交换电流密度与M-H键能之间的关系

反应交换电流密度和M-H键能之间的火山关系图。从图中可以看出，不同金属表面的氢电极反应交换电流密度差异非常大。活性最好的Pt表面的值比在Pb等低活性金属表面高近10个数量级。由于Pt-H键能适中，其接近火山顶点。但是我们看到，Pt似乎并没有达到火山顶点。也就是说，交换电流密度还有若干倍的提升空间。这种反应活性与反应中间体在表面吸附强度的火山形关系事实上是催化和电化学催化反应普遍存在的一种规律（即Sabatier原理），也是催化剂材料设计筛选的依据[38-41]。

1.2.3.2　电化学催化电解水析氧反应

因为大气中免费为我们储存了足够使用的氧气，无需再制造更多的氧气。如有需要，随时从大气中免费索取。因此，电化学催化电解水的目的在于制取氢气。然而，电解水负极（阴极）析出氢气的同时，正极（阳极）必须释放出等电化学当量的氧气，我们还不得不为不需要的氧气析出花费能量。电化学催化析氧，就是尽量减少这份能量花费。

电化学催化析氧反应（OER）是电解水工艺的阳极反应，为四电子转移过程。在酸性介质中，其反应机理通常理解为水分子吸附在金属催化剂活性中心 * 上，被解离为含氧物种 OH^* 中间体，并释放 H^+，然后含氧物种 OH^* 中间体再进一步分解生成 O^* 中间体和 H^+，最终 O^* 中间体彼此结合产生 O_2；此外，OH^* 中间体也可能与 H_2O 结合生成 OOH^* 中间体，再与 H_2O 结合释放 O_2。其具体反应式如下所示[42]：

$$* + H_2O \longrightarrow OH^* + H^+ + e^- \tag{1-63}$$

$$OH^* \longrightarrow O^* + H^+ + e^- \tag{1-64}$$

$$2O^* \longrightarrow O_2 + 2\,* \tag{1-65}$$

或

$$OH^* + H_2O \longrightarrow OOH^* + 2H^+ + 2e^- \tag{1-66}$$

$$OOH^* \longrightarrow * + O_2 + H^+ + e^- \tag{1-67}$$

在碱性介质中，其反应机理则通常理解为金属催化剂活性中心 * 首先吸附 OH^- 形成 OH^* 中间体，OH^* 中间体再与 OH^- 结合形成 O^* 中间体，最终 O^* 中间体彼此结合产生 O_2。此外，O^* 中间体有可能继续与 OH^- 结合，生成 OOH^* 中间体，并最后再与 OH^- 结合释放 O_2。其具体反应式如下所示[42]：

$$* + OH^- \longrightarrow OH^* + e^- \tag{1-68}$$

$$OH^* + OH^- \longrightarrow O^* + H_2O + e^- \tag{1-69}$$

$$2O^* \longrightarrow O_2 + 2\,* \tag{1-70}$$

或

$$O^* + OH^- \longrightarrow OOH^* + e^- \tag{1-71}$$

$$OOH^* + OH^- \longrightarrow * + O_2 + H_2O + e^- \tag{1-72}$$

电化学催化析氧反应的速率控制步骤是 M-O 键的断裂，其动力学过程非常缓慢，在电解水阳极反应中具有较高的过电位，因此优选电化学催化剂以降低析氧反应过电位是提高电解水工艺的关键。酸性条件下的 OER 比碱性条件下的 OER 具有更快的质子传导速率、更少的副反应和更有利于与质子交换膜的耦合使用，但是大多数的金属元素无法在酸性条件和高氧化电位共同作用下稳定存在，仅 Ru 基和 Ir 基催化剂能在酸性条件下使用，Ru 基催化剂具有更高的活性和低廉的价格，Ir 基催化剂则更稳定，成本较高[43-49]。目前，碱性电化学催化析氧反应催化剂正在向着非贵金属催化剂发展，如 Co 基、Ni 基氧化物（如 Co_3O_4、CoO、NiO、NiFeO、NiCoO 等）[38，50-52]，其中 Co_3O_4 电化学催化析氧反应活性最引人关注。另外，红金石型、尖晶石型或钙钛矿型的氧化物等在电化学催化析氧反应也有较好的催化活性[53，54]。

1.2.3.3 氢氧化反应

氢氧化反应（HOR）是氢氧燃料电池中的重要反应，包括 H_2 的解离吸附和电子传递步骤，但过程受 H_2 的扩散所控制。在酸性介质中，HOR 反应的反应机理主要包含三个基元步骤，H_2 离解形成两个吸附氢原子 H^*，或 H_2 与一个活性位点结合，生成一个吸附氢原子 H^* 和氢质子 H^+、电子 e^-。而后吸附氢原子 H^* 生成氢质子 H^+、电子 e^-，并释放活性位点。其具体反应式如下所示[55-57]：

$$H_2 + 2* \longrightarrow 2H^* \tag{1-73}$$

或

$$H_2 + * \longrightarrow H^* + H^+ + e^- \tag{1-74}$$

$$H^* \longrightarrow H^+ + e^- + * \tag{1-75}$$

在碱性介质中，其反应机理则主要包含两个基元步骤，H_2 结合到活性位点，并与 OH^- 反应，生成吸附氢原子 H^*、H_2O 以及 e^-；然后吸附氢原子 H^* 进一步同 OH^- 反应生成 H_2O、e^-，并释放活性位点。其具体反应式如下所示：

$$H_2 + OH^- + * \longrightarrow H^* + H_2O + e^- \tag{1-76}$$

$$H^* + OH^- \longrightarrow H_2O + e^- + * \tag{1-77}$$

贵金属 Pt 及其合金仍然是催化 HOR 最好的催化剂，但因 Pt 的价格昂贵、储量有限和易中毒等缺点，导致催化剂成本、电池效率和稳定性等均难以满足大规模商业化需求[58]。为了摆脱贵金属 Pt 的资源限制，其中一条可行的途径是开发碱性阴离子交换膜燃料电池（APEFCs）。在碱性介质中，许多在酸性介质中存在的问题，如阴极水淹、贵金属作催化剂、结构材料腐蚀等问题均迎刃而解或大幅减缓。目前报道了很多在碱性环境中与 Pt 催化活性相当甚至优于 Pt 的非 Pt 阴极氧还原反应（ORR）催化剂。但是，与在酸性介质中 HOR 的快速动力学过程相比，Pt 在碱性溶液中的 HOR 反应动力学降低了 2 ～ 3 个数量级，低 HOR 催化反应速率成为 APEFCs 的主要障碍[59-61]。并且对于 Pt 基催化剂而言，即使氢气中含有痕量 CO（10μL/L），也会使 Pt 基催化剂中毒失活，以致无法使用重整气等廉价易获取的氢气，极大增加了氢经济技术链中氢气获取、纯化、存储以及运输的技术难度。因此研究高效、抗 CO 中毒的 HOR 催化剂是燃料电池研究的重点[62-64]。

1.2.3.4 氧还原反应

众所周知，氢燃料电池、直接醇燃料电池、金属 - 空气电池等电化学能量转化体系都是以 ORR 为其正极反应。因为 ORR 是一个涉及四电子的电极反应过程，是这些电化学能量转化体系中最难的电极反应，自然也是能量损失最大的环节，因而，一直是电化学催化的热点研究之一[65]。

氧还原反应主要包括 O_2 分子中 O=O 双键的断裂与加氢还原等步骤，是一种动力学非常缓慢的阴极过程。

$$O_2 + 4H^+ + 4e^- \longrightarrow 2H_2O \tag{1-78}$$

目前，Pt 基催化剂是最常用的氧还原电化学催化剂，能够有效地降低氧还原反应的活化能。

尽管科研学者们对氧还原反应的研究已有相当长的时间，但目前 Pt 基催化剂对氧还原反应的电催化机理仍未统一。部分学者认为，其遵循解离机制（dissociation mechanism），即氧原子吸附在催化剂表面，然后形成 OH 中间体，最后经过 HO* 的还原过程生成 H_2O，具体反应步骤如下（其中，* 为吸附位点）[56, 66]：

$$\frac{1}{2}O_2 + * \longrightarrow O^* \tag{1-79}$$

$$O^* + H^+ + e^- \longrightarrow HO^* \tag{1-80}$$

$$HO^* + H^+ + e^- \longrightarrow H_2O + * \tag{1-81}$$

也有其他学者认为，Pt 基催化剂对氧还原反应的电催化机理遵循关联机制（association mechanism），即氧分子吸附在催化剂表面，然后形成 OOH 中间体，OOH 中间体经还原生成氧原子与 H_2O，氧原子再与 H_2O 结合生成 OH 中间体，最终 OH 中间体经还原生成 H_2O，具体反应步骤如下[66]：

$$O_2 + * \longrightarrow O_2^* \tag{1-82}$$

$$O_2^* + (H^+ + e^-) \longrightarrow OOH^* \tag{1-83}$$

$$OOH^* + (H^+ + e^-) \longrightarrow H_2O + O^* \tag{1-84}$$

$$O^* + (H^+ + e^-) \longrightarrow OH^* \tag{1-85}$$

$$OH^* + (H^+ + e^-) \longrightarrow H_2O + * \tag{1-86}$$

截至目前，虽然 Pt 基催化剂上氧还原反应的研究已经有很长一段历史，但其电化学催化剂机理仍未统一，但随着第一性原理（DFT）计算的发展，使得我们可以从理论的角度研究电化学催化反应的基元步骤、吸附行为、电子转移等内容，这为研究电化学催化氧还原反应机理提供了有力的武器。

Pt 基催化剂对氧还原反应的电化学催化性能主要来源于 Pt 的独特电子结构，使得催化剂能够与氧分子发生合理的化学吸附。这里，所谓的“合理的化学吸附”，意味着其吸附强度不大也不小。太弱，不足以活化氧分子；太强，中间物种吸附太牢，不足以释放催化活性中心。实现加速反应速率的目的。但是金属 Pt 的高昂价格和稀缺性极大地限制了 Pt 基催化剂的大范围应用，为了降低成本，人们一直致力于开发具有低 Pt 负载量并能长期保持活性和稳定性的催化剂[67]。

在基于目前对氧还原电化学催化反应的理解上，合理地优化 Pt 基催化剂的本征电化学活性和最大限度地利用催化活性位点被认为是开发高效 Pt 基催化剂的关键。为此，科研学者们开展了许多方面的研究，如通过调控晶面、合金化、表面修饰等方式改变了 Pt 基催化剂的表面电子性质或表面配位方式，优化 Pt 基催化剂对氧分子的吸附行为以提升催化活性；或者通过与负载金属催化剂的协同催化效应，提升催化性能和耐久性[68-70]。

1.2.3.5 电催化甲醇氧化反应

甲醇（CH_3OH）是一种可燃烧的液体燃料，既可以替代传统汽油燃料，也可以作为燃料电池燃料，即直接甲醇燃料电池（DMFC）。1922 年，E.Muelier 首次进行了甲醇的电氧化实验，这为甲醇的电化学催化氧化奠定了基础。考虑到液体甲醇具有很高的能量密度，1951 年，Kordesch 和 Marko 首次进行了 DMFC 研究，开启了燃料电池的又一分支。DMFC 具有能量转化效率高、无污染、无噪声、能量密度高和燃料携带补充方便等优点，是通信设备等电子产品以及各种便携式设备等的理想电源[71，72]。

甲醇的电催化氧化反应为6电子过程，产物为CO_2和H_2O，反应式为：

$$CH_3OH + H_2O \longrightarrow CO_2 + 6H^+ + 6e^- \tag{1-87}$$

对于直接甲醇燃料电池，其催化剂通常为Pt基贵金属催化剂Pt-M（M=Pt、Ru、Sn、Mo）[73]，反应机理为CH_3OH分子首先吸附在Pt表面，然后逐步脱氢，形成Pt-CH_2OH、Pt_2-CH_2OH、Pt_3-COH中间体和H^+。随后，Pt_3-CHOH生成中间体Pt-CO和H^+。最后，催化剂解离水生成含氧物种M-OH和H^+，与中间体Pt-CO结合，释放CO_2。其具体反应步骤如下[74，75]：

$$CH_3OH + Pt \longrightarrow Pt\text{-}CH_2OH + H^+ + e^- \tag{1-88}$$

$$Pt\text{-}CH_2OH + Pt \longrightarrow Pt_2\text{-}CHOH + H^+ + e^- \tag{1-89}$$

$$Pt_2\text{-}CHOH + Pt \longrightarrow Pt_3\text{-}COH + H^+ + e^- \tag{1-90}$$

$$Pt_3\text{-}COH + Pt \longrightarrow Pt\text{-}CO + 3Pt + H^+ + e^- \tag{1-91}$$

$$M + H_2O \longrightarrow M\text{-}OH + H^+ + e^- \tag{1-92}$$

$$Pt\text{-}CO + M\text{-}OH \longrightarrow Pt\text{-}M + CO_2 + H^+ + e^- \tag{1-93}$$

但实际上，由于甲醇电催化氧化过程不一定完全，往往会有其他副产物生成，如甲醛（HCHO）、甲酸（HCOOH）、CO等。因此，贵金属催化剂表面的催化活性位点往往会被甲醇的脱氢物种所占据且难以脱附，导致甲醇电化学催化氧化效率降低。

研究表明，Pt基催化剂上甲醇电化学催化氧化反应活性主要取决于催化剂的表面结构。以纯Pt催化剂为例，不同的晶面取向，催化剂呈现出不同的反应速率和抗中毒能力，且两者在甲醇的电化学催化氧化反应中不易兼得[76]。为了改善纯Pt催化剂对甲醇的电化学催化氧化的能力，通常以合金化为手段，可以有效地提升甲醇在催化剂表面的性能。其中Pt-Ru合金催化剂研究最为广泛[77-79]，将Ru引入Pt，使得Pt获得了Ru的部分电子，从而减弱Pt-CO的吸附强度，此外Ru的引入也增加了催化剂表面含氧物种的覆盖度，这极大地提升了催化剂对甲醇氧化反应的催化性能[80]。

尽管甲醇氧化的热力学电位0.02V（vs.SHE）十分接近氢电极，但迄今没有人在0.4V（vs.SHE）以内实现甲醇氧化。究其原因，甲醇的吸附、脱氢、氧化被欠电位沉积的氢（H_{upd}）阻挡于电极之外，而H_{upd}的脱附在0.4V以前不会结束。要实现低电位下甲醇氧化，比起广泛进行的甲醇氧化中间物CO去除，以及低电位下甲醇脱氢机理研究似乎是更亟待研究的课题[81，82]。此外，甲醇对燃料电池中的质子交换膜具有高渗透性，这对阴极的电催化氧还原反应也有较大的影响。

1.2.3.6 氯碱工业中的电化学催化反应

氯碱工业是我国重要的基础化学工业，其产品NaOH、Cl_2和H_2都是重要的化工生产原料，可以进一步加工成多种化工产品，广泛应用于化工、石油化工、冶金、轻工、纺织等领域中[10]。所以氯碱工业及其相关产品几乎涉及国民经济和人民生活的各个领域。然而，氯碱工业存在耗能大的问题，美国用电量占总发电量的2%，我国的比例为1.5%，其耗电量仅次于电解铝[83，84]。氯碱工业包括精制食盐水、电解食盐水和产品精制等工序，其中最核心的是电解食盐水工序。电解食盐水的反应式如下[85]：

$$2NaCl + 2H_2O \longrightarrow 2NaOH + H_2 + Cl_2 \tag{1-94}$$

氯碱工业的生产方法主要有水银法、隔膜法及离子膜法。水银法以汞作为阴极，其电流效率高、产品质量好，但是生产过程中的汞蒸气危害大、产物分离不彻底而易发生烧槽现象。隔膜法则以石棉网作为隔膜，生产效率低、产品质量差、环境污染大，因此水银法和隔膜法逐渐被淘汰。而离子膜法则以选择性离子半透膜作为隔膜，具有电流效率高、结构简单、产品质量好、环境友好等特点，逐渐成为主流的生产方式[86, 87]。

氯碱工业的电解槽中，阳极发生的反应为 Cl^- 失电子生成 Cl_2，阴极发生的反应为 H_2O 得电子生成 H_2 和 OH^-，反应式及平衡电极电势如表 1-3 所示[88]。

表1-3 氯碱工业电解槽阳极、阴极主反应电极反应及其电极平衡电势

反应式	E（vs.NHE）/V
$2Cl^- - 2e^- \longrightarrow Cl_2$	+1.358
$2H_2O + 2e^- \longrightarrow H_2 + 2OH^-$	−0.828

此外，阳极易发生其他副反应，如 H_2O 的电解或 OH^- 的氧化，其反应式及平衡电极电势如表 1-4 所示。

表1-4 氯碱工业电解槽阳极副反应电极反应及其电极平衡电势

反应式	反应环境	E（vs.NHE）/V
$2H_2O - 4e^- \longrightarrow O_2 + 4H^+$	酸性	+1.229
$4OH^- - 4e^- \longrightarrow 2H_2O + O_2$	碱性	+0.401

从电催化角度考虑，热力学上，阳极反应中，析氯主反应较析氧副反应具有更高的平衡电极电势，因此阳极区更倾向于发生副反应。好在决定反应能否进行是由动力学决定的，热力学只能决定自发反应的方向，见图 1-19。众所周知，自发反应的方向可以通过外部输入能量而反转。

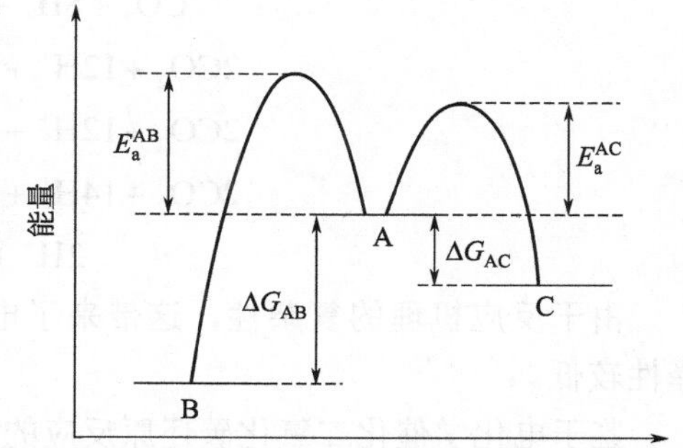

图1-19 由A→B热力学占优而动力学不占优；A→C动力学占优而热力学不占优

就氯碱工业电解槽的阳极反应而言，通过选择对析氯主反应具有低过电位，对其副反应有高过电位的阳极电极材料，就能实现目的。钌钛基涂层催化阳极就是这样的电极。对于阴极反应而言，由于电解槽阴极区为碱性环境，热力学上不易发生副反应，然而在动力学方面，阴极析氢主反应的过电位较高，故主要改进方向为降低阴极析氢主反应在碱性环境中的过电位[89, 90]。

钌钛基涂层催化阳极就是这样的电极。在氯碱电解槽中，具有稳定性高、寿命长、抑制析氧而催化析氯的特点，被称为形稳阳极（dimensionally stable anode，DSA）。所谓“形稳阳极”，显然是针对早期氯碱使用的石墨阳极这个“形不稳阳极”而言的[91, 92]。对于电解槽阴极，隔膜法主要采用低碳钢或镀镍材料作为阴极，而目前，则主要使用离子膜法并采用活性阴极。阴极的电化学催化活化主要通过采用镍基材料涂层、贵金属或贵金属氧化物涂层[71]。

1.2.3.7　CO_2还原

人类社会的高速发展离不开化石燃料的利用，伴随燃烧化石燃料所带来的社会生产力的极大提升，全球 CO_2 的排放量也远远超过了大自然 CO_2 循环的极限，并引发温室效应、全球变暖、冰川融化、海平面上升、物种灭绝等一系列问题，为人类社会的进一步发展埋下了很大的安全隐患。目前人类也就只能控制 CO_2 的排放和通过环境的自我净化降低大气中的 CO_2 的浓度。若能将 CO_2 转换为具有附加价值的化学产品，如甲烷、甲醇、乙醇等，是符合可持续发展策略的途径[93，94]。

CO_2 分子在热力学上极其稳定，C=O 双键的解离能高达 750 kJ/mol，显著高于其还原产物中的 C-H 键（430kJ/mol）和 C-C 键（336kJ/mol）[95]。这带来了电催化二氧化碳还原的第一个问题，该反应需要较高能量触发，转化率受到限制。

CO_2 电化学催化还原反应的机理较为复杂，因为 CO_2 中碳元素为 +4 价，根据电化学催化反应当中转移电子数目的不同，可以得到不同的产物。其在中性介质中的具体反应式如下[96]：

$$CO_2 + e^- \longrightarrow CO_2^- \tag{1-95}$$

$$CO_2 + 2H^+ + 2e^- \longrightarrow HCOOH \tag{1-96}$$

$$CO_2 + 2H^+ + 2e^- \longrightarrow CO + H_2O \tag{1-97}$$

$$CO_2 + 4H^+ + 4e^- \longrightarrow HCHO + H_2O \tag{1-98}$$

$$CO_2 + 4H^+ + 4e^- \longrightarrow C + 2H_2O \tag{1-99}$$

$$CO_2 + 6H^+ + 6e^- \longrightarrow CH_3OH + H_2O \tag{1-100}$$

$$CO_2 + 8H^+ + 8e^- \longrightarrow CH_4 + 2H_2O$$

$$2CO_2 + 12H^+ + 12e^- \longrightarrow C_2H_4 + 4H_2O \tag{1-101}$$

$$2CO_2 + 12H^+ + 12e^- \longrightarrow C_2H_5OH + 3H_2O \tag{1-102}$$

$$2CO_2 + 14H^+ + 14e^- \longrightarrow C_2H_6 + 4H_2O \tag{1-103}$$

$$2H^+ + 2e^- \longrightarrow H_2 \tag{1-104}$$

由于反应机理的复杂性，这带来了电化学催化二氧化碳还原反应的第二个问题——选择性较低。

鉴于电化学催化二氧化碳还原反应的转化率低、选择性低的特点，其电化学催化剂的开发不仅需要有效降低反应的过电势，还需要有效抑制副反应的发生。

目前主要的电化学催化二氧化碳还原催化剂主要有碳基电化学催化剂和金属基电化学催化剂。其中碳基电化学催化剂包括 N 掺杂石墨烯量子点、N 掺杂碳纳米管、缺陷石墨烯以及金属原子掺杂碳基材料催化剂等[97-101]，在催化活性方面主要面临析氢竞争反应、产物选择率较低、CO_2 传质限制等问题，且其催化还原活性位点目前仍然存在争议[102]。

金属基电化学催化剂则品种繁多，根据主产物的不同，可以将其分类[103]。

表 1–5　电化学催化二氧化碳还原金属基催化剂

主产物	金属基催化剂	主产物	金属基催化剂
CO	Au、Ag、Pd、Ga、Zn	>$2e^-$ 还原产物	Cu、Cu 合金
$HCOO^-$	Bi、Pb、Sn、Cd、Hg、In	H_2	Ni、Ti、Pt、Fe

由于 Cu 基电化学催化剂可以 CO_2 还原为具有较高能量密度和经济效益的产物（如 CO、HCOOH、CH_4、C_2H_4、C_2H_5OH），同时也是唯一可以产生大于 $2e^-$ 还原产物的金属催化剂[104]，使其成为电化学催化二氧化碳还原催化剂的研究热点之一。Cu 基催化剂在将 CO_2 还原为 C^{2+} 产物（还原产物的碳原子数 ≥ 2）方面具有优异的性能，但其缺点在于对于高价值的 C^{2+} 产物的选择性不高，且整体的 CO_2 转化效率会受到析氢反应的影响，稳定性不高，催化剂失活较快，难以适应高电位工作环境，限制了工业应用[105-108]。

1.3 总结与展望

电化学催化的理论构筑和概念创新涉及电化学催化活性的微观表达、电化学催化剂的结构 - 性质关系、电化学催化的选择性调控等三个问题。如何定量评估一个电化学催化剂的活性，是电化学催化研究首先面临的问题。传统的法拉第电流和超电势的概念都是对电化学催化活性的宏观描述，如何从微观的角度表达电化学催化活性是建立现代电化学催化理论的首要任务。目前常采用吸附能描述催化表面与吸附中间体的相互作用，它只提供了反应中间态的热力学信息，尚无法直接与动力学电流相关联。电化学催化活性的微观表达应该是可积分的时间函数，它不仅与电荷转移速率有关，还受界面化学环境的影响。

电化学催化研究的目标是开发效率更高、寿命更长、更廉价的催化剂，因此建立电催化剂的原子 / 电子结构与催化活性的关系是最核心的课题。但是，固体表面的原子 / 电子结构是一种静态的信息，而催化活性是涉及具体反应物的时间函数，两者之间无法直接建立联系。比较切合实际的做法是，建立催化剂的原子结构与表面关键电子性质的关系，而该电子性质是催化活性表达函数的重要参量，由此结构性质关系便可指导电化学催化剂创新。电化学催化选择性是比电化学催化活性更高层次的课题。对于只涉及单一反应的电化学催化体系，可以只评估催化活性；但是对于涉及多个反应的电化学催化体系，催化选择性的研究变得尤为重要。例如，氢氧化非贵金属催化剂的研究一直未能取得突破，其困难在于氢氧化和表面氧化这两个过程存在竞争。基于金属的电化学催化体系往往具有较高的催化活性，但催化选择性低；而分子电化学催化则相反，催化专一性高但催化效率相对较低。将这两者结合起来，继而推广电场 / 化学场协同催化，可能是提升电化学催化选择性的有效途径。

参考文献

[1] 吴越. 催化化学［M］. 北京：科学出版社，2000.

[2] Bond G C. Heterogeneous catalysis：principles and applications［M］. Oxford：Clarendon Press，1987.

[3] Boreskov G K. Heterogeneous catalysis［M］. New York：Nova Publishers，2003.

[4] 储伟. 催化剂工程［M］. 成都：四川大学出版社，2006.

[5] 黄仲涛，耿建铭. 工业催化：2 版［M］. 北京：化学工业出版社，2007.

[6] 王桂茹，王安杰，刘靖，等. 催化剂与催化作用［M］. 大连：大连理工大学出版社，2004.

[7] 甄开吉. 催化作用基础［M］. 北京：科学出版社，2016.

[8] 安纬珠. 金属 - 载体强相互作用［J］. 化学通报，1988，(03)：34-37，28.

[9] 杨辉，卢文庆. 应用电化学［M］. 北京：科学出版社，2001.

[10] 孙世刚，陈胜利. 电催化［M］. 北京：化学工业出版社，2013.

[11] 巴德，福克纳. 电化学方法：原理和应用［M］. 邵元华，等译. 北京：化学工业出版社，1986.

[12] 贡淑珍，薛惠茹. 溶剂化和溶剂效应［J］. 河南职技师院学报，1988，(01)：69-74.

[13] Sinha S, Bae K I, Das S. Electric double layer effects in water separation from water-in-oil emulsions［J］. Colloids and Surfaces A：Physicochemical and Engineering Aspects，2016，489：216-222.

[14] 查全性. 电极过程动力学导论［M］. 北京：科学出版社，1976.

[15] 傅献彩. 物理化学［M］. 5版. 北京：高等教育出版社，2005.

[16] Nørskov J K，Bligaard T，Logadottir A，et al. Universality in heterogeneous catalysis［J］. Journal of Catalysis，2002，209（2）：275-278.

[17] Nørskov J K，Rossmeisl J，Logadottir A，et al. Origin of the overpotential for oxygen reduction at a fuel-cell cathode［J］. The Journal of Physical Chemistry B，2004，108（46）：17886-17892.

[18] Greeley J，Jaramillo T F，Bonde J，et al. Computational high-throughput screening of electrocatalytic materials for hydrogen evolution［J］. Nature Materials，2006，5（11）：909-913

[19] 林维明. 燃料电池系统［M］. 北京：化学工业出版社，1996.

[20] Lucovsky G，Miotti L，Bastos K P. Many-electron multiplet theory applied to O-atom vacancies in high-κ dielectrics［J］. Japanese Journal of Applied Physics，2011，50：04DA15.

[21] Lucovsky G. Multiplet theory for conduction band edge and O-vacancy defect states in SiO_2，Si_3N_4，and Si oxynitride alloy thin films［J］. Japanese Journal of Applied Physics，2011，50：04DC09.

[22] E. И. 克拉布诺夫斯基，张怀玉. 酶催化和不对称催化及多位催化理论在其中的应用［J］. 化学通报，1959，(11)：27-32.

[23] 黄仲涛，耿建铭. 工业催化［M］. 3版. 北京：化学工业出版社，2014.

[24] Hammer B，Nørskov J K. Theoretical surface science and catalysis-calculations and concepts［J］. Advances in Catalysis，2000，45：71-129.

[25] Xu Y，Mavrikakis M. Adsorption and dissociation of O_2 on gold surfaces：effect of steps and strain［J］. The Journal of Physical Chemistry B，2003，107（35）：9298-9307.

[26] Su J，Ge R，Jiang K，et al. Assembling ultrasmall copper-doped ruthenium oxide nanocrystals into hollow porous polyhedra：highly robust electrocatalysts for oxygen evolution in acidic media［J］. Advanced Materials，2018，30（29）：1801351.

[27] Quan Z，Wang Y，Fang J. High-index faceted noble metal nanocrystals［J］. Accounts of Chemical Research，2013，46（2）：191-202.

[28] Wang J，Han L，Huang B，et al. Amorphization activated ruthenium-tellurium nanorods for efficient water splitting［J］. Nature Communications，2019，10（1）：1-11.

[29] Somorjai B. Chemistry in two dimensions：surfaces［M］. Ithaca：Cornell University Press，1981.

[30] Sun S G，Yang Y Y. Studies of kinetics of HCOOH oxidation on Pt (100)，Pt（110），Pt（111），Pt（510）and Pt（911）single crystal electrodes［J］. Journal of Electroanalytical Chemistry，1999，467（1-2）：121-131.

[31] Kita H, Lei H W, Gao Y. Oxygen reduction on platinum single-crystal electrodes in acidic solutions［J］. Journal of Electroanalytical Chemistry，1994，379（1-2）：407-414.

[32] Markovic N M，Gasteiger H A，Ross P N. Oxygen reduction on Platinum low-index single-crystal

surfaces in alkaline solution：rotating ring Disk$_{Pt\ (hkl)}$ studies［J］. The Journal of Physical Chemistry，1996，100（16）：6715-6721.

[33] Stamenkovic V R，Fowler B，Mun B S，et al. Improved oxygen reduction activity on Pt_3Ni（111）via increased surface site availability［J］. Science，2007，315（5811）：493-497.

[34] 陈维民．燃料电池纳米催化剂的稳定化［J］．化学进展，2012，24：246-252.

[35] Basri S，Kamarudin S K，Daud W R W，et al. Nanocatalyst for direct methanol fuel cell（DMFC）［J］. International Journal of Hydrogen Energy，2010，35（15）：7957-7970.

[36] 王丹军，张洁，郭莉，等．基于能带结构理论的半导体光催化材料改性策略［J］．无机材料学报，2015，30（07）：683-693.

[37] Tauc L. Conquest of the band structure of semiconductors［J］. Philosophical Magazine B，1994，70（3）：409-415.

[38] Niu Y，Huang X，Zhao L，et al. One-pot synthesis of Co/$CoFe_2O_4$ nanoparticles supported on *N*-doped graphene for efficient bifunctional oxygen electrocatalysis［J］. ACS Sustainable Chemistry & Engineering，2018，6（3）：3556-3564.

[39] Tang J H，Sun Y. Interfacing metals and compounds for enhanced hydrogen evolution from water splitting［J］. MRS Bulletin，2020，45（7）：548-554.

[40] Wang X，Fei Y，Li W，et al. Gold-incorporated cobalt phosphide nanoparticles on nitrogen-doped carbon for enhanced hydrogen evolution electrocatalysis［J］. ACS Applied Materials & Interfaces，2020，12（14）：16548-16556.

[41] Du H，Zhao Z L，Zhang L Y，et al. Ion exchange synthesis of cobalt ion modified titanate nanoarray as an electrocatalyst toward efficient hydrogen evolution reaction［J］. ACS Applied Energy Materials，2019，2（12）：8946-8955.

[42] Suen N T，Hung S F，Quan Q，et al. Electrocatalysis for the oxygen evolution reaction：recent development and future perspectives［J］. Chemical Society Reviews，2017，46（2）：337-365.

[43] Tian Y，Wang S，Velasco E，et al. A Co-doped nanorod-like RuO_2 electrocatalyst with abundant oxygen vacancies for acidic water oxidation［J］. iscience，2020，23（1）：100756.

[44] Miao X，Zhang L，Wu L，et al. Quadruple perovskite ruthenate as a highly efficient catalyst for acidic water oxidation［J］. Nature Communications，2019，10（1）：1-7.

[45] Lin Y，Tian Z，Zhang L，et al. Chromium-ruthenium oxide solid solution electrocatalyst for highly efficient oxygen evolution reaction in acidic media［J］. Nature Communications，2019，10（1）：1-13.

[46] Yao Q，Huang B，Zhang N，et al. Channel-rich ruCu nanosheets for pH-universal overall water splitting electrocatalysis［J］. Angewandte Chemie International Edition，2019，131（39）：14121-14126.

[47] Kim J，Shih P C，Qin Y，et al. A porous pyrochlore Y_2［$Ru_{1.6}Y_{0.4}$］$O_{7-\delta}$ electrocatalyst for enhanced performance towards the oxygen evolution reaction in acidic media［J］. Angewandte Chemie International Edition，2018，130（42）：14073-14077.

[48] Li G，Li S，Ge J，et al. Discontinuously covered IrO_2-RuO_2@Ru electrocatalysts for the oxygen evolution reaction：how high activity and long-term durability can be simultaneously realized in the synergistic and hybrid nano-structure［J］. Journal of Materials Chemistry A，2017，5（33）：17221-

17229.

[49] Lee Y，Suntivich J，May K J，et al. Synthesis and activities of rutile IrO_2 and RuO_2 nanoparticles for oxygen evolution in acid and alkaline solutions［J］. The Journal of Physical Chemistry Letters，2012，3（3）：399-404.

[50] Li W，Niu Y，Wu X，et al. Heterostructured $CoSe_2/FeSe_2$ nanoparticles with abundant vacancies and strong electronic coupling supported on carbon nanorods for oxygen evolution electrocatalysis［J］. ACS Sustainable Chemistry & Engineering，2020，8（11）：4658-4666.

[51] Wu X，Niu Y，Feng B，et al. Mesoporous hollow nitrogen-doped carbon nanospheres with embedded $MnFe_2O_4$/Fe hybrid nanoparticles as efficient bifunctional oxygen electrocatalysts in alkaline media［J］. ACS Applied Materials & Interfaces，2018，10（24）：20440-20447.

[52] Liang X，Zheng B，Chen L，et al. MOF-derived formation of Ni_2P-CoP bimetallic phosphides with strong interfacial effect toward electrocatalytic water splitting［J］. ACS Applied materials & Interfaces，2017，9（27）：23222-23229.

[53] Zhu Y，He Z，Choi Y M，et al. Tuning proton-coupled electron transfer by crystal orientation for efficient water oxidization on double perovskite oxides［J］. Nature Communications，2020，11（1）：1-10.

[54] 郭亚肖，商昌帅，李敬，等. 电催化析氢、析氧及氧还原的研究进展［J］. 中国科学：化学，48（08）：926-940.

[55] Bockris J O M，Reddy A K N. Modern electrochemistry：an introduction to an interdisciplinary area［M］. New York：Plenum Press，1970.

[56] Conway B E，Tilak B V. Interfacial processes involving electrocatalytic evolution and oxidation of H_2，and the role of chemisorbed H［J］. Electrochimica Acta，2002，47（22-23）：3571-3594.

[57] Fishtik I，Callaghan C A，Fehribach J D，et al. A reaction route graph analysis of the electrochemical hydrogen oxidation and evolution reactions［J］. Journal of Electroanalytical Chemistry，2005，576（1）：57-63.

[58] Mello R M Q，Ticianelli E A. Kinetic study of the hydrogen oxidation reaction on platinum and Nafion® covered platinum electrodes［J］. Electrochimica Acta，1997，42（6）：1031-1039.

[59] Sheng W，Bivens A P，Myint M N Z，et al. Non-precious metal electrocatalysts with high activity for hydrogen oxidation reaction in alkaline electrolytes［J］. Energy & Environmental Science，2014，7（5）：1719-1724.

[60] Asazawa K，Yamada K，Tanaka H，et al. A platinum-free zero-carbon-emission easy fuelling direct hydrazine fuel cell for vehicles［J］. Angewandte Chemie International Edition，2007，119（42）：8170-8173.

[61] Miller H A，Vizza F. Electrocatalysts and mechanisms of hydrogen oxidation in alkaline media for anion exchange membrane fuel cells［M］. Cham：Springer，2018.

[62] Shi G Y，Yano H，Tryk D A，et al. A novel Pt-Co alloy hydrogen anode catalyst with superlative activity，CO-tolerance and robustness［J］. Nanoscale，2016，8（29）：13893-13897.

[63] Shi G，Yano H，Tryk D A，et al. Highly active，CO-tolerant，and robust hydrogen anode catalysts：Pt–M（M= Fe，Co，Ni）alloys with stabilized Pt-skin layers［J］. ACS Catalysis，2017，7（1）：267-274.

[64] Ham D J, Kim Y K, Han S H, et al. Pt/WC as an anode catalyst for PEMFC：Activity and CO tolerance[J]. Catalysis Today，2008，132（1-4）：117-122.

[65] White R E，Bockris J O M，Conway B E，et al. Comprehensive treatise of electrochemistry［M］. New York：Plenum press，1980.

[66] Nørskov J K，Rossmeisl J，Logadottir A，et al. Origin of the overpotential for oxygen reduction at a fuel-cell cathode［J］. The Journal of Physical Chemistry B，2004，108（46）：17886-17892.

[67] Wang Q，Chen S，Shi F，et al. Structural evolution of solid Pt nanoparticles to a hollow PtFe alloy with a Pt-skin surface via space-confined pyrolysis and the nanoscale kirkendall effect［J］. Advanced Materials，2016，28（48）：10673-10678.

[68] Creemers C，Deurinck P. Platinum segregation to the（111）surface of ordered $Pt_{80}Fe_{20}$：LEIS results and model simulations［J］. Surface and Interface Analysis，1997，25（3）：177-190.

[69] Gauthier Y，Joly Y，Baudoing R，et al. Surface-sandwich segregation on nondilute bimetallic alloys：Pt50Ni50 and $Pt_{78}Ni_{22}$ probed by low-energy electron diffraction［J］. Physical Review B，1985，31（10）：6216.

[70] Gasteiger H A，Ross Jr P N，Cairns E J. LEIS and AES on sputtered and annealed polycrystalline Pt-Ru bulk alloys［J］. Surface Science，1993，293（1-2）：67-80.

[71] 章俊良，蒋峰景. 燃料电池：原理关键材料和技术［M］. 上海：上海交通大学出版社，2014.

[72] 张云松. 直接甲醇燃料电池电催化剂的制备及电化学性能研究［D］. 长沙：湖南大学，2016.

[73] Hogarth M P，Ralph T R. Catalysis for low temperature fuel cells［J］. Platinum Metals Review，2002，46（4）：146-164.

[74] 尹诗斌. 直接醇类燃料电池催化剂［M］. 徐州：中国矿业大学出版社，2013.

[75] Sundmacher K，Schultz T，Zhou S，et al. Dynamics of the direct methanol fuel cell（DMFC）：experiments and model-based analysis［J］. Chemical Engineering Science，2001，56（2）：333-341.

[76] Marshall A，Børresen B，Hagen G，et al. Iridium oxide-based nanocrystalline particles as oxygen evolution electrocatalysts［J］. Russian Journal of Electrochemistry，2006，42（10）：1134-1140.

[77] Wang Q，Chen S，Lan H，et al. Thermally driven interfacial diffusion synthesis of nitrogen-doped carbon confined trimetallic Pt_3CoRu composites for the methanol oxidation reaction［J］. Journal of Materials Chemistry A，2019，7（30）：18143-18149.

[78] Wang Q，Chen S，Li P，et al. Surface Ru enriched structurally ordered intermetallic PtFe@ PtRuFe core-shell nanostructure boosts methanol oxidation reaction catalysis［J］. Applied Catalysis B：Environmental，2019，252：120-127.

[79] Wang Q，Chen S，Jiang J，et al. Manipulating the surface composition of Pt-Ru bimetallic nanoparticles to control the methanol oxidation reaction pathway［J］. Chemical Communications，2020，56（16）：2419-2422.

[80] Koch D F A，Rand D A J，Woods R. Binary electrocatalysts for organic oxidations［J］. Journal of Electroanalytical Chemistry and Interfacial Electrochemistry，1976，70（1）：73-86.

[81] 魏子栋，李兰兰，李莉，等. 甲醇电化学催化氧化机理研究进展［J］. 化学通报，2004（01）：9-14.

[82] 李兰兰，魏子栋，李莉. DMFC中甲醇氧化催化剂的催化机理［J］. 电源技术，2004（05）：324-327.

[83] Moussallem I，Jörissen J，Kunz U，et al. Chlor-alkali electrolysis with oxygen depolarized cathodes：history，present status and future prospects［J］. Journal of Applied Electrochemistry，2008，38（9）：1177-1194.

[84] 张爱华. 我国氯碱工业的现状和发展［J］. 石油化工技术与经济，2004（02）：40-49.

[85] 熊昆. 电解析气催化材料的结构设计及性能研究［D］. 重庆：重庆大学，2015.

[86] 韩百胜，刘秀娟. 氯碱生产工艺简介［J］. 氯碱工业，2001（04）：5-6.

[87] 史国月. 氯碱生产工艺方法的比较［J］. 化学工程与装备，2013（07）：156-158.

[88] Pletcher D，Walsh F C. Industrial electrochemistry［M］. Dordrecht：Springer Science & Business Media，1993.

[89] 陈延禧. 电解工程［M］. 天津：天津科学技术出版社，1993.

[90] 胡小华. 氯碱工业析氯阳极研究［D］. 重庆：重庆大学，2016.

[91] Bernard B H. Noble metal coated titanium electrode and method of making and using it：US 3096272［P］. 1963-07-02.

[92] Henri B B. Electrode and method of making same：US 3234110［P］. 1966-02-08.

[93] Li C W，Kanan M W. CO_2 reduction at low overpotential on Cu electrodes resulting from the reduction of thick Cu_2O films［J］. Journal of the American Chemical Society，2012，134（17）：7231-7234.

[94] De L P，Quintero B R，Dinh C T，et al. Catalyst electro-redeposition controls morphology and oxidation state for selective carbon dioxide reduction［J］. Nature Catalysis，2018，1（2）：103-110.

[95] 陈钱，匡勤，谢兆雄. 二维材料在光催化二氧化碳还原中的研究进展［J］. 化学学报，2021，79（01）：10-22.

[96] Sun Z，Talreja N，Tao H，et al. Catalysis of carbon dioxide photoreduction on nanosheets：fundamentals and challenges［J］. Angewandte Chemie International Edition，2018，57（26）：7610-7627.

[97] Jia J，Qian C，Dong Y，et al. Heterogeneous catalytic hydrogenation of CO_2 by metal oxides：defect engineering–perfecting imperfection［J］. Chemical Society Reviews，2017，46（15）：4631-4644.

[98] Duyar M S，Tsai C，Snider J L，et al. A highly active molybdenum phosphide catalyst for methanol synthesis from CO and CO_2［J］. Angewandte Chemie International Edition，2018，57（46）：15045-15050.

[99] Jouny M，Hutchings G S，Jiao F. Carbon monoxide electroreduction as an emerging platform for carbon utilization［J］. Nature Catalysis，2019，2（12）：1062-1070.

[100] Chen C，Zhu X，Wen X，et al. Coupling N_2 and CO_2 in H_2O to synthesize urea under ambient conditions［J］. Nature Chemistry，2020，12（8）：717-724.

[101] He M，Li C，Zhang H，et al. Oxygen induced promotion of electrochemical reduction of CO_2 via co-electrolysis［J］. Nature Communications，2020，11（1）：1-10.

[102] 王进，沈淑玲，杨俊和. 碳基材料在电催化还原CO_2中的应用［J］. 有色金属材料与工程，2020，41（04）：48-60.

[103] Hori Y. Electrochemical CO_2 reduction on metal electrodes［M］. Modern aspects of electrochemistry. New York：Springer，2008：89-189.

[104] 孟怡辰，况思宇，刘海，等. 面向CO_2电化学转化的铜基催化剂研究进展［J］. 物理化学学报，

2021，37（05）：47-63.

[105] Kahsay A W，Ibrahim K B，Tsai M C，et al. Selective and low overpotential electrochemical CO_2 reduction to formate on CuS decorated CuO heterostructure［J］. Catalysis Letters，2019，149（3）：860-869.

[106] Kuhl K P，Cave E R，Abram D N，et al. New insights into the electrochemical reduction of carbon dioxide on metallic copper surfaces［J］. Energy & Environmental Science，2012，5（5）：7050-7059.

[107] Tao Z，Wu Z，Yuan X，et al. Copper–gold interactions enhancing formate production from electrochemical CO_2 Reduction［J］. ACS Catalysis，2019，9（12）：10894-10898.

[108] Weng Z，Zhang X，Wu Y，et al. Self-cleaning catalyst electrodes for stabilized CO_2 reduction to hydrocarbons［J］. Angewandte Chemie，2017，129（42）：13315-13319.

第2章 电极/溶液界面的电化学催化

电化学催化是催化化学与电化学密切结合的产物。电化学催化除了具有化学催化的全部特征之外，还可以通过改变电极电势实现反应方向和反应速率的调控。电极电势通过调变电极上电子的能量状态，改变电极反应的活化能，影响着物种在电极表面的吸附状态和吸附强度，进而影响着电极反应的动力学。正因为电化学催化比常规化学催化多了“电极电势”外场条件，一些无法用常规化学催化实现的反应，可以通过电化学催化实现。例如，一些难以被氧化或还原的物质，因无法选择更强的氧化剂或还原剂以实现氧化或还原，可以通过电化学催化反应，外加电极电势，实现氧化或还原的目标反应。

化学催化是发生在催化剂界面的化学反应，电化学催化则是一个发生于电极界面的电化学反应。对在一定电解质溶液中的电极反应，“电极 / 溶液”界面不仅是电极反应发生的场所，也是调控和催化电化学反应的关键。“电极 / 溶液”界面的电化学催化反应因有电子的参与，使得该反应过程除了具备一切化工过程的“三传一反”特点外，还须有为电子传输提供的导电通路。这就要求电极必须具备良好的导电性，当电化学催化剂不具有良好的导电性时，载体则应当导电，或者通过调控手段降低禁带宽度，提高导电性。

“电极 / 溶液”界面的电化学过程主要由反应物向电极表面的液相传质、在电极表面吸附脱附、电子转移、表面转化以及生成物离开电极表面传质等一系列单元步骤串联组成。为了提高电极 / 溶液界面的时空效率，电极及其附着的催化剂往往被制作为多孔电极。在多孔电极中，不同相的反应物与产物如何快速扩散传质到催化活性位点上，并发生物种的吸脱附、化学键的形成与断裂以电子和质子的转移等一系列串联过程，各过程之间的匹配耦合程度，以及如何将活性位点完全暴露在有效的反应界面上，很大程度上决定了电化学催化的效率。

显然，电极上的电化学催化反应直接受“电极 / 溶液”界面的结构与性质的影响。弄清楚“电极 / 溶液”结构和性质对电化学催化反应速率和反应机理的影响，是提升电化学催化性能，调控电化学催化机理，优化电化学催化剂的前提。本章首先简要介绍发生电化学催化的场所——电极 / 溶液界面结构与性质；其次介绍电极 / 溶液界面发生的电化学催化经历的历程；随后重点总结影响和调节电极 / 溶液界面电化学催化性能的主要因素：电极电势、界面结构以及电极结构等。

2.1 反应场所：电极/溶液界面结构与性质

电极 / 溶液界面与气 / 固界面不同，当电极与电解质溶液相接触时，由于粒子，如离子在电极表面和溶液中的化学势不同，会在电极表面形成剩余电荷，并产生相间电势差。电极 / 溶液的界面电荷、相界面的剩余电荷引发的电极与溶液的静电相互作用，带电粒子的转移，电极与粒子间的化学相互作用，以及电解质粒子自身的热运动等都会改变电极 / 溶液界面结构与性质。当电极与电解质粒子间相互作用与粒子自身热运动达到平衡时，电极 / 溶液界面就形成由"紧密层"和"分散层"组成的双电层结构。

2.1.1　双电层模型的发展

从 19 世纪末到 20 世纪中叶，科学家们相继提出许多种有关双电层的物理模型，主要包括 Helmoholtz-perrin 平板电容器模型、Gouy-Champman 分散层模型、Gouy-Champman-Stern 模型以及 Bockris-Davanathan-Muller 紧密层结构模型等。随着一代代科学家的努力，模型也经历了从现象到本质的演化过程，了解这个过程对于我们深入理解双电层有着重要启示。

2.1.1.1　Helmoholtz-Perrin平板电容器模型

1879 年，Helmoholtz 首先提出了双电层的平板电容器模型[1]。如图 2-1（a）所示，正负离子整齐并紧密地排列于界面两侧，如同平板电容器中的电荷分布。两层之间的距离约等于离子半径，电势在双电层内呈直线下降。故此模型也被称为"紧密双电层"模型。Helmoholtz-Perrin 平板电容器模型为双电层模型的建立奠定了基础，但是也存在着不可忽视的缺陷：①忽略了离子自身的热运动；②忽略了带电粒子的水化作用；③忽略了带电颗粒的表面电势与颗粒运动时固 / 液相之间电势差的区别。

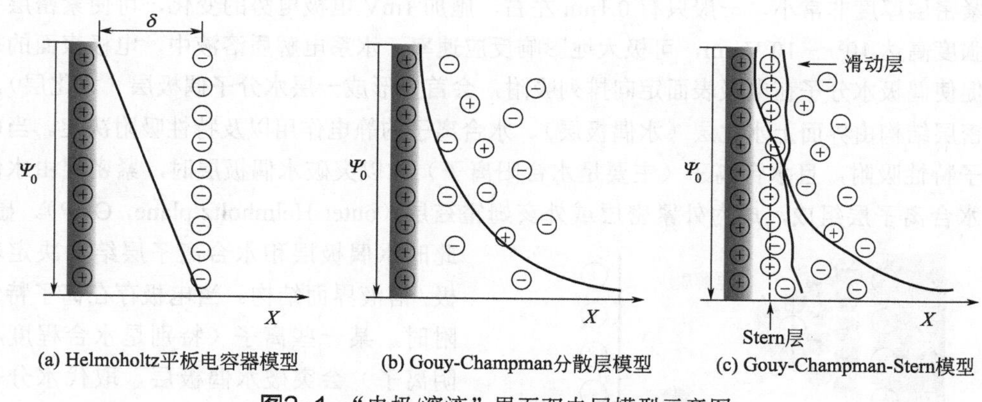

(a) Helmoholtz平板电容器模型　(b) Gouy-Champman分散层模型　(c) Gouy-Champman-Stern模型

图2-1　"电极/溶液"界面双电层模型示意图

2.1.1.2　Gouy-Champman分散层模型

1910 年和 1913 年，Gouy 和 Champman 在 Helmoholtz-Perrin 平板电容器模型进一步发展，提出了扩散双电层模型[2, 3]，如图 2-1（b）所示。该模型考虑了之前模型中所忽视的离子自身热运动，当静电相互作用和热运动达到平衡时，反离子呈扩散状态分布在溶液中。在 Gouy-Champman 分散层模型中，固体颗粒被当作质点处理，但实际固体颗粒不仅有体积，还会形成水化离子，而且也忽视了固体表面还存在着范德华力，这种作用力会产生一种吸附作用，让离子克服热运动而吸附于固体表面。

2.1.1.3 Gouy-Champman-Stern模型

1924 年，Stern 基于前人的研究，对模型进一步改进，认为双电层可以同时拥有紧密性和分散性[4]。如图 2-1（c），此时分成两个情况来说明：当电解质溶液的总密度比较大，并且电极表面的电荷密度也足够大，此时，离子紧密地分布在界面上，如同“紧密双电层”。如果溶液中离子浓度或者电极表面的电荷密度的含量不够，此时溶液中的剩余电荷便会扩散开来，拥有一定的“分散性”。Gouy-Champman-Stern 模型使人们对双电层的结构有了更深入的认识。

2.1.1.4 Bockris-Devanathan-Muller紧密层结构模型

1947 年，Grahame 进一步发展了 Stern 的理论[5]，电极 / 溶液界面与常见固 / 液界面不同，当电极与电解质溶液相接触时，由于粒子，如离子在电极表面和溶液中的化学势不同，会在电极表面形成剩余电荷，并产生相间电势差。电极 / 溶液的界面电荷、相界面的剩余电荷引发的电极与溶液的静电相互作用，带电粒子的转移，电极与粒子间的化学相互作用，以及电解质粒子自身的热运动等都会改变电极 / 溶液界面结构与性质。当电极与电解质粒子间相互作用与粒子自身热运动达到平衡时，电极 / 溶液界面就形成由“紧密层”和“分散层”组成的双电层结构。

分散层是溶剂化粒子的热运动使其不能完全集中在电极表面附近，其逐步扩散远离电极到本体溶液中，是静电作用和热运动共同作用的结构。根据 Gouy-Champman-Stern 模型，可以通过数学处理方式推导出电极表面电荷密度和溶液浓度与分散层中电位分布（电位差值）之间的关系，其厚度范围约 10^{-10} ～ 10^{-6}m。

紧密层厚度非常小，一般只有 0.1nm 左右，施加 1mV 电极电势的变化，可使紧密层中的电场强度高达 10^5 ～ 10^9V/cm，可极大地影响反应速率。水系电解质溶液中，电极表面的剩余电荷促使偶极水分子在电极表面定向排列吸附，会首先形成一层水分子偶极层（水化层），因此紧密层结构由界面上水化层（水偶极层）、水合离子的静电作用以及特性吸附决定。当电极无离子特性吸附，且水合离子（主要是水合阳离子）难以突破水偶极层时，紧密层由水偶极层与水合离子层组成，成为外紧密层或外亥姆霍兹层（outer Helmholtz plane，OHP）。显然，此时水偶极层和水合离子层结构决定着电极 / 溶液界面结构。当电极存在离子特性吸附时，某一些离子（特别是水合程度小的阴离子）会突破水偶极层，取代水分子直接吸附在电极表面，形成内紧密层或内亥姆霍兹层（inner Helmoholtz plane，IHP）。阴离子与电极的直接吸附接触，使 IHP 仅一个离子半径的厚度，较 OHP 小很多，如图 2-2 所示。虽然氯碱阳极的析氧与析氯的热力学平衡电位接近，但是在石墨阳极和钌钛阳极的“电极 / 溶液”界面总是以析出氯气为主，这或许是因为“近水楼台先得月”。

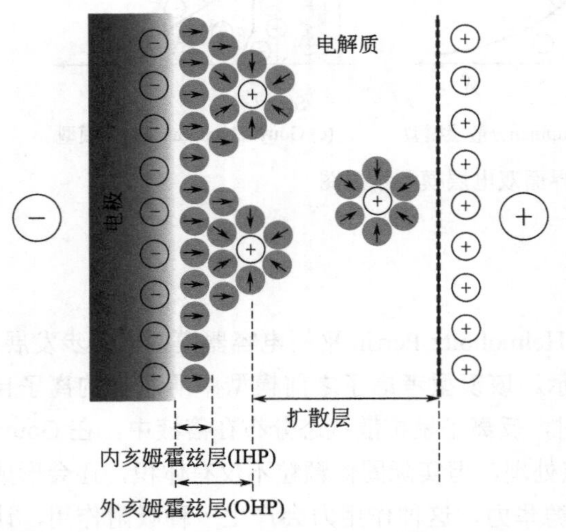

图2-2 Bockris-Devanathan-Muller紧密层结构模型

进一步完善的 Bockris-Devanathan-Muller 紧密层结构模型，实用性较强，应用较广，至今仍是双电层中比较完善的模型之一[6]。

2.1.2　双电层的基本性质

由于电极 / 溶液界面具有双电层结构，存在异于其他固 / 液界面的界面场，因此除了了解双电层的模型结构外，还应了解双电层具有的一些物化性质，及其对应的界面性质参数，例如表面剩余电荷、零电荷电势以及双电层电容等，为后续研究界面电化学催化提供信息。

电极表面由于电子的剩余或不足（电子化学势高或低）导致电极上会产生剩余电荷（q）。带电的电极表面会通过不同的作用力，如范德华力、静电库仑作用力、化学吸附成键等，会与电解质溶液中的离子、溶剂分子以及中性分子发生相互作用。此时会影响电极 / 溶液界面两侧的剩余电荷，并且剩余电荷在两相中的界面处分布可以具有不同的分散性。如果电极材料导电性良好，则因为少量剩余电荷的局部集中对占了大部分的自由电子的最概然分布影响不大，此时可以认为电极中的全部剩余电荷都是紧靠着分布在界面上，并且电极内部各点的电势相等。然而如果溶液中的热运动可以干扰到剩余电荷的分布，那么剩余电荷就不可能全部集中排列在分散层的最内侧，这种情况就使得溶液中的剩余电荷的分布具有一定的“分散性”。

通常，通过静电库仑作用力在电极表面吸附的电解质粒子可以通过改变施加在电极上的电势而增强或减弱。但当电解质带电粒子通过范德华力在电极表面发生特性吸附时，即使电极表面带负电荷，也可以在电极表面吸附。此类阴离子必须脱去其溶剂化层或者至少是脱去在金属表面一侧的溶剂化层才能在电极表面发生特性吸附。通常阴离子的溶剂化程度越弱，其特性吸附越强。

当调节电极电势，使电极表面没有任何过剩自由电荷（包括特性吸附离子或扩散双电层中带任意电荷的离子）时，此时对应的电势称为零电荷电势（potential of zero charge，PZC）。电极表面溶剂分子的存在会导致附加电压降而使得 PZC 与溶液内部的电势不同。1928 年 Frumkin 描述了零电荷电势的问题[7]，将其定义为当电极表面剩余电荷为零时的电极电势称作零电荷电势或金属的零点电势（φ_0），这一概念至今仍被采用。Antropov 为了避免在电化学文献中由于术语不同而引起混乱，建议把金属的零点和无电荷表面电势都归属于零电荷电势[8]。

零电荷电势的实验测量方法有很多，其中经典的方法是毛细管静电计法，通过毛细管静电计测量电毛细管曲线。其原理是通过测定毛细管中汞柱的高度随电位变化计算表面张力随电位的变化（$\frac{\partial\sigma}{\partial\varphi}$）。汞电极表面张力随电位的变化，也就是随电荷密度的变化。从吸附的观点来看，可以把汞表面的过剩电荷当作一种吸附粒子，由于表面吸附量的变化引起表面张力的变化。在电毛细管曲线中，当$\left(\frac{\partial\sigma}{\partial\varphi}\right)=0$，即 Q=0 时，电毛细管曲线的极大点对应的电势就是 PZC 的值，依靠这种方法测量出来的零电荷电势比较准确，但只适用于液态金属（图 2-3）。对于

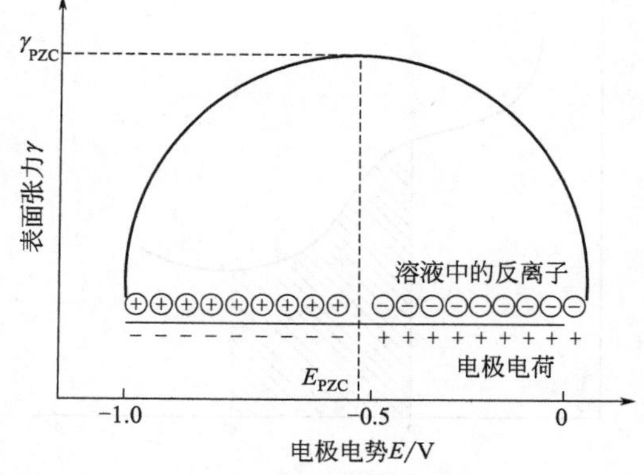

图2-3　电毛细管曲线

固态金属一般采用表面硬度法、接触角法、浸湿法等。还有一些其他方法，比如：滴汞电极法、刮开电路法、离子吸附法、有机物吸附法、界面振动法、光电发射法、交线法和接触时间法等。

电极 / 溶液界面的剩余电荷以及物种的吸附均会改变界面双电层的电位差，从而导致电极 / 溶液界面具有储存电荷的能力，这是电容的特性之一。可以推断，当理想极化电极上没有电极反应发生时，可以等效成一个电容性元件。如果把理想极化电极作为平行板电容器处理，也就是说，把电极 / 溶液界面的两个剩余电荷层比拟成电容器的两个平行板，那么，该电容器的电容值 C 为一常数，即平板上的电荷 Q 与两平板之间的电势差 $\Delta\varphi$ 之比值。

$$C = \frac{Q}{\Delta\varphi} \tag{2-1}$$

实际界面双电层电容与平行板电容器有很大的不同，Q 是相应于界面区溶液侧的过剩电荷，而 $\Delta\varphi$ 是金属和溶液内部的 Galvani 电势差，并且其电容值会随着电极电势变化而变化。如果需要将双电层电容作为一个电容器来处理，则需要将式（2-1）进行微分处理，便可得到双电层的微分电容，即

$$C_d = \frac{dQ}{d\varphi} \tag{2-2}$$

式中，C_d 为微分电容。它表示引起电极电势微小变化时所需引入电极表面的电量，从而也表征了界面上电极电势发生微小变化（扰动）时所具备的储存电荷的能力。也就是说，当电极 / 溶液界面流入的外电流，并不能促使电极与溶液之间发生电荷电子转移，此时全部的电流仅用于改变界面结构，对“电容器”进行充电，改变双电层两侧的电荷数量，此时电极系统的相界面区可用一个不漏电的电容器来模拟。如一定电位范围内，滴汞电极与硫酸钠溶液中，表面电荷只用于界面双电层充电而不发生电极反应，即电荷转移。用微分电容相对于电极电势的变化所作的曲线即为微分电容曲线。显然可以根据位点电容曲线来研究电极 / 溶液界面结构与性质，从而了解电极电势以及电解质溶液对界面结构的影响。

微分电容值的测定是研究双电层结构的一个重要手段，也是目前最精确的测量方法之一，可以用于测量稀溶液的微分电容曲线，根据最小值确定 φ_0。由于溶液浓度会影响界面粒子的分布，因此，微分电容与溶液浓度（活度）有关。一般来说，电解质浓度愈大，双电层愈紧密，厚度愈小，C_d 越大。

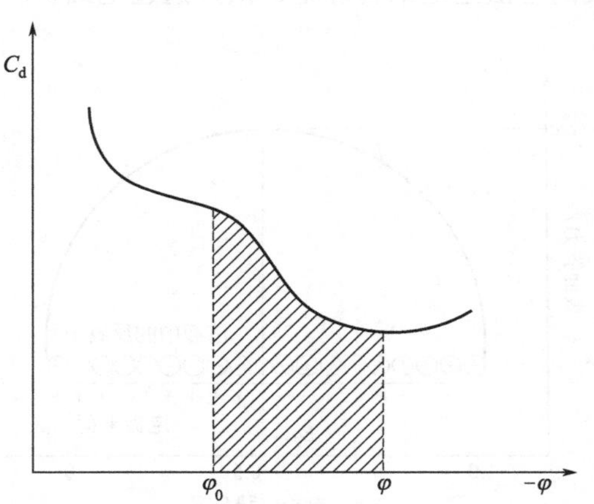

图2-4　根据微分电容曲线计算Q

如果对同一电极体系能测量出不同电极电势下的微分电容值，就可以作出微分电容 C_d 相对于电极电势 φ 的变化曲线了。对微分电容公式进行积分，或者如图 2-4 所示，求微分电容法测得的曲线下方的面积即可得到 Q。

显然毛细电势利用曲线的斜率求 Q，即测量的表面张力 σ 是 Q 的积分函数；而采用微分电容法实际测量的 C_d 是 Q 微分函数。一般情况下，微分函数总是要比积分函数能更为敏锐地反映出

原变数的微小变化。这也是微分电容法比毛细法灵敏度更高的原因。通过微分电容法和电毛细曲线法均可获得有关界面结构和界面特性的信息。但是，电毛细曲线的直接测量只能在液态金属（汞、镓等）电极上进行，而微分电容的测量还可以在固体电极上直接进行。所以微分电容法的应用较为广泛一些。不过，应用微分电容时，往往需要依靠电毛细曲线法来确定零电荷电位，故两种方法不可偏废。

2.2　反应过程：电极/溶液界面的反应历程

电极上发生的电化学催化过程（简称电极过程）是指电极 / 溶液界面上发生的一系列变化的总和，其主要是由一系列性质不同的单元步骤串联组成的复杂过程，大致由下列各单元步骤串联组成：

① 反应粒子（离子、分子等）向电极表面附近液层迁移，称为液相传质步骤。

② 反应粒子在电极表面或电极表面附近液层中进行电化学反应前的某种转化过程，如反应粒子在电极表面的吸附、络合离子配位数的变化或其他化学变化。通常，这类过程的特点是没有电子参与反应，反应速率与电极电势无关。这一过程称为前置的表面转化步骤，或简称前置转化。

③ 反应粒子在电极 / 溶液界面上得到或失去电子，生成还原反应或氧化反应的产物。这一过程称为电子转移步骤或电化学反应步骤。

④ 反应产物在电极表面或表面附近液层中进行电化学反应后的转化过程。如反应产物自电极表面脱附、反应产物的复合、分解、歧化或其他化学变化。这一过程称为随后的表面转化步骤，简称随后转化。

⑤ 反应产物生成新相，如生成气体、固相沉积层等，称为新相生成步骤。或者，反应产物是可溶性的，产物粒子自电极表面向溶液内部或液态电极内部迁移，称为反应后的液相传质步骤。

对一个具体的电极过程来说，并不一定包含所有上述五个单元步骤，可能只包含其中的若干个。但是，任何电极过程都必定包括①、③、⑤三个单元步骤。

图 2-5 所示为电化学催化电极过程基本历程。

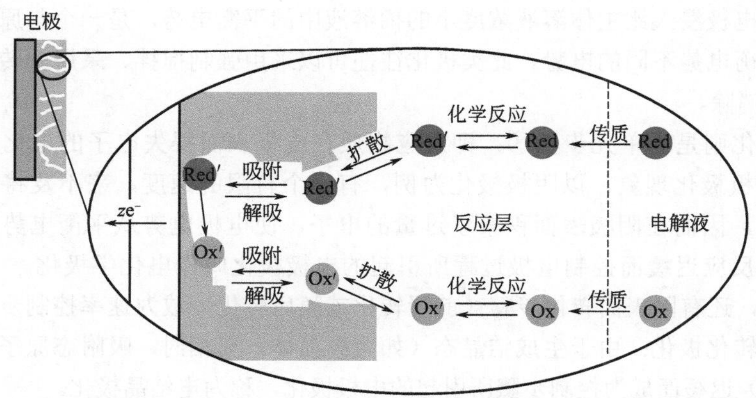

图2-5　电化学催化电极过程基本历程

2.2.1 电极过程的速率控制步骤及其特点

电极过程中任何一个单元步骤真实发生时都需要克服一定的活化能才能进行。某一单元步骤的活化能的大小取决于该步骤的特性。因不同的步骤有不同的活化能，从而具有不同的反应速率。这里所说的速率，是指在同一反应条件（电极体系温度压力和电场强度等）下，假定其他步骤不存在时，某个单元步骤单独进行时的反应速率，体现了该步骤的反应潜力。然而，当几个步骤串联进行时，在稳态条件下，各步骤的实际进行速率应当相等。这表明，由于各单元步骤之间的相互制约，串联进行时有些步骤的反应潜力并未得到充分发挥。那么，在这种情况下，各单元步骤进行的实际速率取决于各单元步骤中进行得最慢的那个步骤，即各单元步骤的反应速率都等于最慢步骤的反应速率。我们把控制整个电极过程反应速率的单元步骤（最慢步骤）称为电极过程的速率控制步骤，也可简称速控步或决速步（rate determining step，RDS）。显然，速控步反应速率的变化规律也就成了整个电极过程反应动力学的变化规律。只有提高速控步的反应速率，才有可能提高整个电极过程的反应动力学。因此，寻找并确定一个电极过程的速控步，在电极过程动力学研究中有着重要的意义。

需要说明的是，电极过程中各单元步骤的“快”与“慢”是相对的。当电极反应进行的条件改变时，可能使速控步的反应速率大大提高，或者使某个单元步骤的速率大大降低，以至于原来的控制步骤不再是整个电极过程的最慢步骤。这时，相对而言，另一个最慢的单元步骤就成了速控步。例如，原来在自然对流条件下，由液相中扩散过程控制的电极过程，当采用强烈的搅拌而大大提高了传质速度时，假如电子转移步骤的速率不够快，那么相对而言，电子转移步骤就可能变成最慢步骤。这样，电极过程的速率控制步骤就从传质步骤转化为电子转移步骤了。

既然速控步骤决定着整个电极过程的反应速率，其也对应着不同的电极极化特征。根据电极反应速控步的不同可将电极的极化分成不同的类型。常见的极化类型是浓差极化、电化学极化和欧姆极化（电阻极化）。这里所谓的“极化”（polarization），就是偏离平衡。因此，上述三种极化，又可称为：偏离浓度平衡、偏离电化学平衡与欧姆损失（此时，不宜称之为偏离欧姆平衡，“欧姆极化”本身就是搭前两个极化顺风车的结果）。

浓差极化是指单元步骤①，即液相传质步骤成为控制步骤时引起的电极极化。产生这类极化现象时必然伴随着电极附近液层中反应离子浓度的降低及浓度差的形成，这时的电极电势相当于同一电极浸入比主体溶液浓度小的稀溶液中的平衡电势，是一个与原来溶液（主体溶液）中的平衡电势不同的电势。此类极化往往可以采用强制搅拌、采用旋转圆盘电极等加强对流的方法消除。

电化学极化则是当单元步骤③，即反应物质在电极表面得失电子的电化学反应步骤最慢所引起的电极极化现象。以阴极极化为例，有一个有限的速度，来不及将外电源输入的电子完全吸收，因而在阴极表面积累了过量的电子，使电极电势从平衡电势向负移动。此类由于电化学反应迟缓而控制电极过程所引起的电极极化叫作电化学极化。

除此之外，还有因表面转化步骤（前置转化或随后转化）成为速率控制步骤时的电极极化，称为表面转化极化；由于生成结晶态（如金属晶体）新相时，吸附态原子进入晶格的过程（结晶过程）迟缓而成为控制步骤所引起的电极极化，称为电结晶极化。

应该说明，对于电极极化或过电位的分类，目前，电化学界并无统一看法。例如，有人把扩散步骤迟缓和表面转化步骤迟缓造成电极表面附近反应粒子浓度变化所引起的电极极化统称为浓差极化；有人则把电子转移步骤及其前后的表面转化步骤成为控制步骤产生的电极极化统称为电化学极化或活化极化，等等。

当电极上没有外电流通过时，电极体系处于热力学平衡状态，发生于正极抑或负极上的正向反应与逆向反应速率相等，亦即，$Ox+ne^{-}=Red$，电荷交换和物质交换都处于动态平衡之中，因而净反应速率为零，此时，外电流等于零时的电极电势就是平衡电势。当电极上有电流通过时，如对于电极反应 $Ox+ne^{-}=Red$，有净电子流入，则发生 Ox 的还原反应，当流入的电子速度较快，而上述反应的速度较慢时，则意味着电极 / 溶液界面会有电子的富集，这将导致电极电势偏离平衡电势而向负电位方向变化，此即阴极极化。反之，则称为阳极极化。在电化学体系中，发生电极极化时，阴极的电极电势总是变得比平衡电势更负，阳极的电极电势总是变得比平衡电势更正。因此电极电势偏离平衡电势向负移称为阴极极化，向正移称为阳极极化。在特定的电流密度下，电极电势与平衡电势的差值称为该电流密度下的过电位（overpotential），用符号 η 表示，$\eta=\varphi-\varphi_e$。过电位 η 是表征电极极化程度的参数，在电极过程动力学中有重要的意义，习惯上取过电位为正值。因此规定阴极极化时，$\eta_c=\varphi_e-\varphi_c$；阳极极化时，$\eta_a=\varphi_a-\varphi_e$。

实际中遇到的电极体系在没有电流通过时，并不都是可逆电极。即在电流为零时，测得的电极电势可能是可逆电极的平衡电势，也可能是不可逆电极的稳定电位。因而，往往把电极在没有电流通过时的电位统称为静止电位 φ_0，把有电流通过时的电极电势（极化电位）与静止电位的差值称为极化值，用 $\Delta\varphi$ 表示，即 $\Delta\varphi=\varphi-\varphi_0$。在实际问题的研究中，往往采用极化值 $\Delta\varphi$ 更方便些，但应该注意到极化值与过电位之间的区别。

由于速率控制步骤是最慢步骤，当两个单元步骤的标准活化能相差 16kJ/mol（0.166eV）时，则它们在常温下的速度可相差 800 倍之多。通常各单元步骤的活化能可达 10^2kJ/mol 的数量级。因此控制步骤与其他步骤的活化能相差几十 kJ/mol 是完全可能的。这样，我们就可以认为电极过程的其他单元步骤（非控制步骤）可能进行的速率要比速率控制步骤的反应速率大得多。所以，当电极过程以一定的净速度，也即以速率控制步骤的反应速率进行时，可认为非控制步骤的平衡状态几乎没有遭到破坏，即近似地处于平衡状态。该状态下可以认为涉及电子转移的正、逆反应的反应速率近似相等。此时就可以把非控制步骤这种类似于平衡的状态称为准平衡态。对准平衡态下的过程可以用热力学方法而无需用动力学方法去处理，使问题得到了简化。比如，对非控制步骤的电子转移步骤，由于处于准平衡态，就可以用能斯特方程计算电极电势；对准平衡态下的表面转化步骤，可以用吸附等温式计算吸附量，等等。但是必须明确，只要有电流通过电极，整个电极过程就都不再处于可逆平衡状态了，其中各单元步骤自然也不再是平衡的了。引入准平衡态的概念，仅仅是一种为简化问题而采取的近似处理方法。

2.2.2 电极过程的特征

电极反应是在电极 / 溶液界面上进行的有电子参与的氧化还原反应。由于电极材料本身是电子传递的载体，电极反应中涉及的电子转移能够通过电极与外电路接通，因而氧化反应和还原反应可以在不同的地点进行。有电流通过时，对一个电化学体系来说，往往因此而根据净反应性质划分为阳极区和阴极区。如电解池中锌的氧化与还原反应。在阳极与溶液的界面上，净反应为氧化反应。电子从阳极流向外电路；在阴极 / 溶液界面上，净反应为还原反应，电子从外电路流入阴极而参加反应。又由于电极 / 溶液界面存在着双电层和界面电场，界面电场中的电位梯度可高达 10^8V/cm，相当于1000℃的高温效应，对界面上有电子参与的电极反应有活化作用，可大大加速电极反应的速度。因而电极表面起着类似于高温热催化反应中催化剂表面的作用。所以，可以把电极反应看作一个发生在电极 / 溶液界面的特殊的异相催化反应。

基于电极反应的上述特点，以电极反应（电化学催化反应）为核心的电极过程也就具有如下一些动力学的特征。

① 电极过程服从一般异相催化反应的动力学规律。例如，电极反应速率与电极界面的性质及面积有关。真实表面积的变化、活性中心的形成与毒化、表面吸附及表面化合物的形成等影响界面状态的因素对反应速率都有较大影响。另外，电极过程的反应速率与反应物或反应产物在电极表面附近液层中的传质动力学，以及新相生成（金属电结晶、气泡生成等）的动力学都有密切的关系等。

② 界面电场对电极过程的反应速率有重大影响。虽然一般催化剂表面上也可能存在表面电场，但该表面电场通常是不能人为地加以控制的。而电极 / 溶液界面的电场不仅有强烈的催化作用，而且电极电势是可以在一定范围内、人为地连续地加以改变的。在不同的电极电势（即不同界面电场）下电极反应速率不同，从而达到人为连续地控制电极反应速率的目的。这一特征正是电极电化学催化过程区别于一般异相催化反应的特殊性，也是我们在电极过程动力学中要着重研究的规律。

③ 如前所述，电极过程是一个多步骤的、连续进行的复杂过程。每一个单元步骤都有自己特定的动力学规律。稳态进行时，整个电极过程的动力学规律取决于速率控制步骤，即有与速率控制步骤类似的动力学规律。其他单元步骤（非控制步骤）的实际反应速率也与控制步骤速率相等，这些步骤的反应潜力远没有充分发挥，通常可将它们视为处于准平衡态。

根据电极过程的上述特征，以及电极过程的基本历程，我们可看到，虽然影响电极过程的因素多种多样，但只要抓住电极过程的主要特征：电极电势对电极反应速率和电极 / 溶液界面结构与性质的影响，以及电极过程中的关键环节——速率控制步骤，那么，就能在繁杂的因素中，弄清楚影响电极反应速率的基本因素及其影响规律，以便使电极反应按照人们所需要的方向和速度进行。而这些，正是研究电极过程动力学的目的所在。为此，对一个具体的电极过程，可以考虑按照以下四个方面去进行研究。

① 弄清电极反应的历程和机理。也就是整个电极反应过程包括哪些单元步骤，这些单元步骤是以什么方式（串联还是并联）组合的，及其组合顺序。

② 找出电极过程的速率控制步骤。混合控制时，可能不只有一个控制步骤。

③ 测定控制步骤的动力学参数。当电极过程处于稳态时，这些参数也就是整个电极过程的动力学参数。

④ 测定非控制步骤的热力学平衡常数或其他有关的热力学数据。

显然，进行以上各方面研究的核心是判断速控步骤和寻找影响速控步骤速度的有效方法。为此，应该首先了解各个单元步骤的动力学特征，特别是电子转移步骤的机制以及电极电势对其的影响调节规律；然后通过实验测定被研究体系的动力学参数，即特定电极 / 溶液界面场内发生电化学反应的动力学特征；随后再分析这些特征与对应单元步骤的动力学特征，以此判断电极过程的速率控制步骤，并寻找影响此速控步骤的关键因素；最终需要建立电极 / 溶液界面结构与反应机理以及反应速率的构效关系，通过调节电极 / 溶液界面结构实现反应机理与反应速率的调控。

2.3　影响电极/溶液界面电化学催化反应的因素

电化学催化剂活性高低决定电极与反应物种间的电子转移难易程度，该程度可以用一定电流密度下的过电势加以表征。电子给体与电子受体间要实现快速高效的电子转移，必须满足：能量接近，对称性匹配和最大重叠三原则。因而，当反应物已经确定，能符合上述三原则的催化剂其实是非常有限的。对“对称性匹配”几乎是一种刚性要求，“能量接近”和“最大重叠”可通过调节电极电势加以满足。以氧气还原为例，氧气还原的平衡电势为 −1.23V vs.NHE（normal hydrogen electrode，标准氢电极），然而对大多数电催化剂而言，其并不能在平衡电势下使催化氧还原反应（oxygen reduction reaction，ORR）得以发生。实验测得的 ORR 稳定的还原电极电势大约在 1V 左右，这就意味着至少需要约 0.2V 左右的过电位才能使 ORR 顺利进行[9]。不同电化学催化剂对应的不同过电位应该来源于电极自身的结构和电极 / 溶液界面结构的不同。因此，基于电化学催化的目的——以最小的过电位换得电极 / 溶液界面顺利的电子转移，就需要深入了解影响电极 / 溶液电化学催化反应性能的因素与条件。

电极 / 溶液界面的结构，包括双电层结构、电极表面状态以及电极电子的能级等直接影响着界面电子转移以及电催化反应速率。在平衡电势下，上述电极 / 溶液界面结构由“化学因素”控制，如电极形貌、组分、电子溢出的难易程度以及电解质等。但随着电极电势的改变，电极 / 溶液界面结构又会随之变化，如双电层结构、电极中电子的能级、表面物种的吸附结构等。换句话说，静态的“化学因素”受动态的“电场因素”的影响和调控，且因化学因素的不同，“电场因素”调控的程度也各不相同。如图 2-6 所示，Pt 电极上的析氢反应，低过电位条件下（0V），电极电势增加 50mV，电流密度仅增加了约 20 ～ 30mA/cm²；高过电位条件下（0.15V），电极电势增加 50mV，电流密度增加了约 120mA/cm²，意味着电极电势仅需要改变 100 ～ 200mV，就可以使反应速率增加数倍。此外电极催化剂不同，其催化反应速率对电极电势的响应也不同[10]。图 2-6 中 RuO_2/Ni 复合催化剂在低电位下催化析氢反应速率较 Pt 更低，但当电极电势增加到 0.1V 时，RuO_2/Ni 上析氢电流密度急剧增大，同样的电位区间（0.15 ～ 0.2V），电流密度增加了约 150mA/cm²，超过了 Pt/C 催化剂，说明电极电势调节也受电极结构和组成的影响，即“化学因素”与“电场因素”之间的相互作用。而上述作用又主要通过协同耦合改变电极表面电子结构以及电极 / 溶

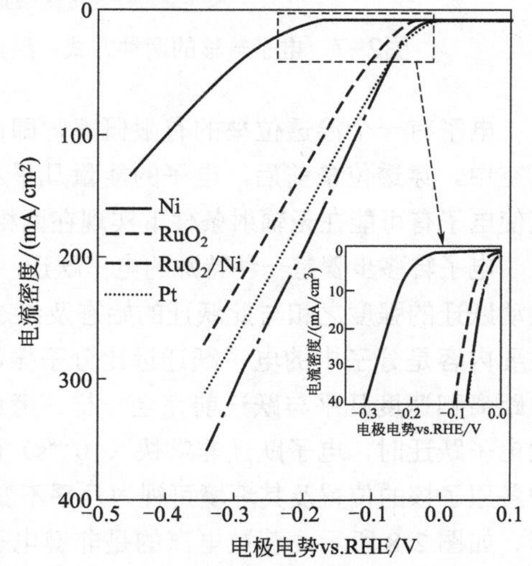

图2-6　不同电催化剂上析氢的线性扫描曲线[10]

液界面结构影响着催化反应。据此，该部分主要从电极电势、电极/溶液界面结构、电极结构及其协同耦合作用时对电催化反应性能（含电子转移）的影响进行介绍。

2.3.1　电极/溶液界面电子转移

2.3.1.1　电子转移理论

电子转移机理的发展仅有几十年，Taube 提出溶液中电子转移机理而获得 1983 年的诺贝尔奖[11]；Deisenhofer 等利用电子转移理论研究出第一个膜蛋白质的光合反应中心的三维结构，获得 1988 年的诺贝尔化学奖[12]；1992 年，Marcus 因研究电子转移过程的溶剂化效应而获得诺贝尔化学奖[13]。目前，电子转移反应的理论研究由定性向定量发展，根据电子转移的方式、遵守的原理，可定量计算其电子转移活化能。

（1）电子转移的方式与遵循的原理　在电极和其表面附近的反应粒子之间，电子的转移不仅要跃过空间的距离，还要跃过一定高度的能垒。电子从能垒的一边转移到能垒的另一边可能有两种方式：一种是经典方式，电子从环境获取足够的能量（活化能）从而翻越能垒；另一种即隧穿效应（tunneling），电子不需要活化能，属量子效应。如图 2-7 所示。计算表明，在通常的电极反应温度下，按经典方式进行的电子转移不可能提供实验所观察到的那么大的电流密度。因此，在电极反应中，电子转移的机理主要是通过隧穿的方式进行。

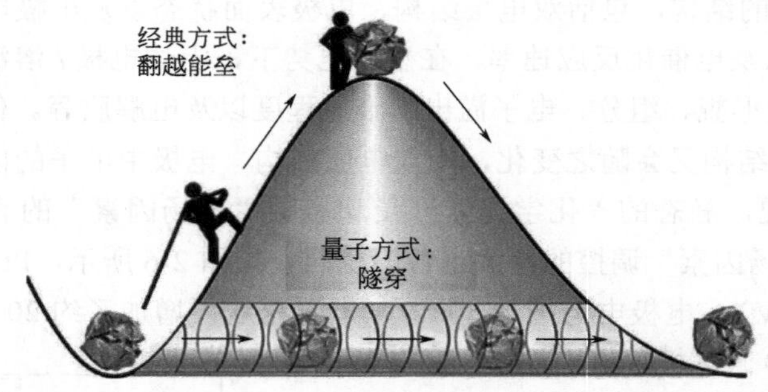

图2-7　电子转移的两种方式：经典方式（翻越能垒）与量子方式（隧穿效应）

电子有一个渗透位垒的有限概率，即由于电子的量子行为，使它能够穿透位垒而出现在真空中。穿透位垒前后，电子的能量几乎不变，该作用成为电子跃迁的隧穿效应。通过该效应使电子有可能在无辐射条件下实现在两相界面的转移为隧穿跃迁。

电子转移步骤是一种特殊的电子跃迁，其遵守的普遍性的原则是 Franck-Condon 原理[14, 15]。振动跃迁的强度之和与此跃迁的始态及终态相应的两个振动波函数的重叠积分的平方成反比。主要内容是分子中的电子跃迁远比分子振动迅速，电子跃迁后的一瞬间，分子内原子核的相对距离和速度几乎与跃迁前完全一样。考虑到核骨架与正在激发的电子间质量相差很大，发生电子跃迁时，电子跃迁非常快（10^{-18}s）而骨架振动相对而言慢很多（10^{-12} ～ 10^{-13}s），分子中各原子核的位置及其环境可视为几乎不变。跃迁方式属于垂直跃迁。

如图 2-8 所示，若被电离的是非键电子，则代表电子态的两条曲线的极小点对应的平衡核间距相似，所以电子激发态的势能曲线基本位于电子基态势能曲线的上方。在这种情况下，电子将从电子基态的振动基态跃迁到电子激发态的振动基态，跃迁时基本不伴随振动激发。若被电离的是成键或反键电子，则垂直跃迁到达电子激发态的振动激发态[16]。原因是：电离成键电子后要求更长的平衡核间距，而电离反键电子后要求更短的平衡核间距。所以，电子基态与电子激发态的极小点对应着不同的平衡核间距，两条势能曲线向左或向右错开。

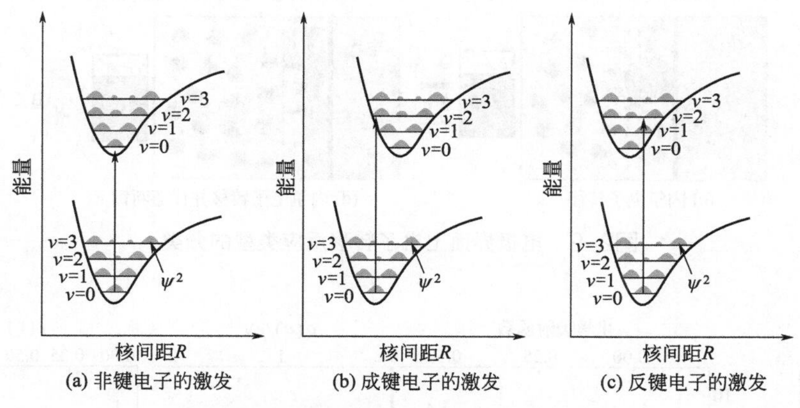

图2-8 电子激发遵循的Franck-Condon原理

（2）电子转移理论 对于电极反应，电极 / 溶液界面的电子转移可根据溶液中反应物种与电极间的相互作用的强弱，分为两类：一类是反应物种与电极间无强相互作用的外氛电子转移机制（outer sphere charge transfer reaction）[17]；另一类是反应物种与电极间存在强相互作用（如成键）的内氛电子转移机制（inner sphere charge transfer reaction）[18]。在外氛电子转移中，电极仅为电子的供体或受体，反应粒子扩散到电极表面附近双电层的外层就发生了电子转移。而内氛电子转移，则是反应粒子扩散运动到了双电层内层，与电子发生了涉及电子转移的强相互作用，如吸附、成键、键的离解等。

如图 2-9 所示，无论外氛或内氛电子转移反应，其发生反应主要包括以下几个过程：反应粒子在溶液中发生溶剂化；溶剂化粒子在溶液中扩散到电极表面；发生内氛或外氛电子转移；电荷发生变化的粒子其溶剂层随之变化，之后扩散回溶液中。因此整个电子转移反应主要由反应物种与溶液间的相互作用、电极表面与反应物种间的电子转移决定。其相应也决定了电子转移活化能的大小。其中，物种与溶液间的相互作用可用哈密顿量 H_{OSC} 表示，溶剂可以看作简谐振子（harmonic oscillators），其作用与反应物种为线性相关。而电极表面与反应物种间的电子转移可由电子转移哈密顿量 H_e 表示，其主要由物种的态密度、电极的能带结构以及电极与物种间的相互作用程度 $\Delta(\varepsilon)$ 所决定。

① 外氛电子转移机制：外氛电子转移主要发生在无催化作用的电极表面，反应粒子与电极间无相互作用或者是弱相互作用。发生此类反应的电极可以看作无电子结构的电子给体或受体，即其费米能级附近的能带非常宽，如 sp 金属，附着有绝缘氧化物或有机层的电极。在此类反应中，金属电极具体的能带结构对作用影响可以忽略，其与物种间的相互作用 Δ（ε）可以看作常数。该近似称为宽能带近似（wide band approximation），在此近似中，物种的态密度遵循 Lorentzian 分布（Cauchy 分布），如图 2-10 所示。

由于外氛电子转移中电极对物种的耦合作用 $\Delta(\varepsilon)$ 为常数，物种与溶剂间的相互作用，即溶

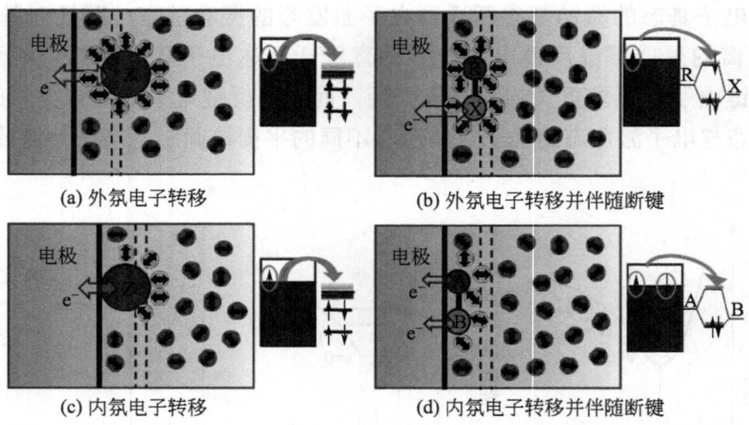

图2-9 电极界面上电子转移反应类型的分类

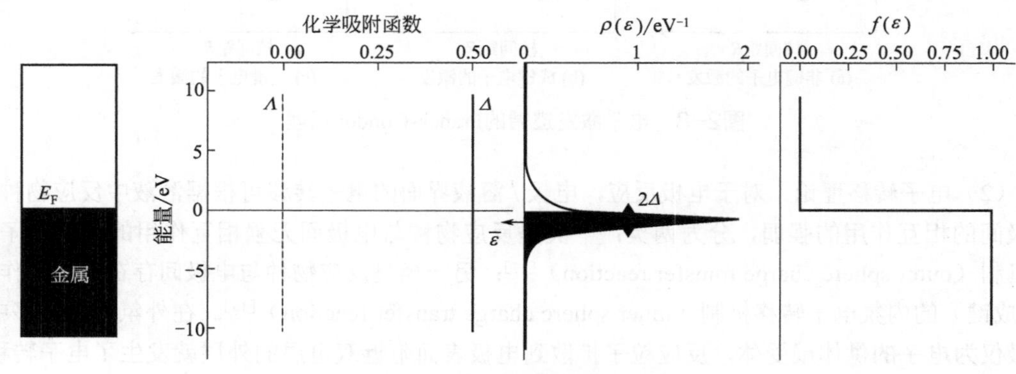

图2-10 宽能带近似示意图

剂重组能λ则成为影响整个电子转移反应的主要因素。此时，根据Marcus电子转移理论，相应地电子转移的示意图如图2-11所示，电子转移活化能可以表示为：

$$\Delta G^{\neq}=\frac{\left(\lambda+\Delta_{r} G\right)^{2}}{4 \lambda} \tag{2-3}$$

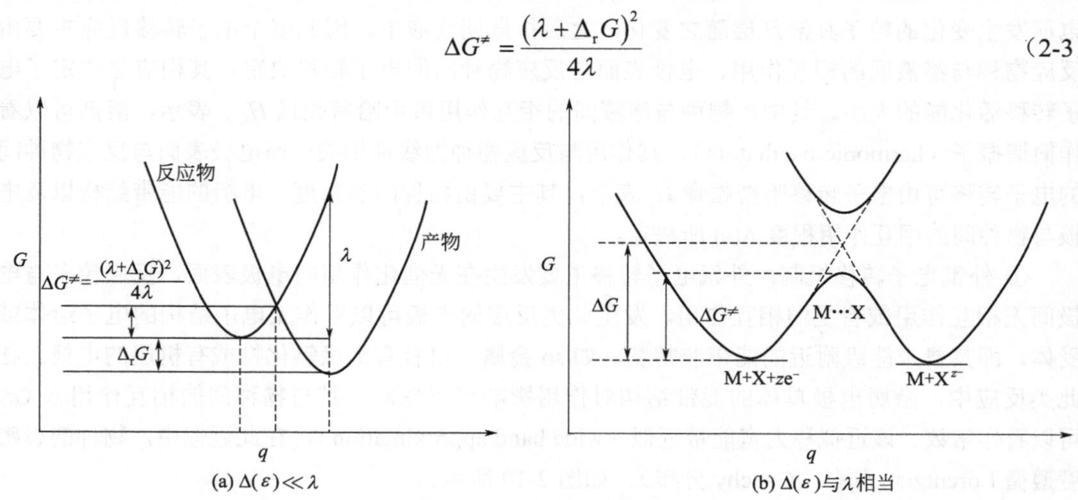

图2-11 外氛型电子转移活化能示意图

式中，$\Delta_r G$ 为反应的吉布斯自由能变值；λ 为溶剂重组能；$\Delta G^{\neq}$ 为反应的活化能。虽然公式中，电子转移活化能或者说中间过渡态活化物种的能量主要受到溶剂重组能的影响，但实际还可以通过调变电极与物种间的耦合作用 $\Delta(\varepsilon)$，改变中间过渡态所处能量，改变活化能。如图 2-11（a）所示，当电极与物种间的相互作用较小且为常数，即 $\Delta(\varepsilon) \ll \lambda$ 时，电子转移活化能或者说中间态活化物种的能量主要受溶剂重组能的影响，或者说电子转移反应主要由溶剂化作用决定。如图 2-11（b）所示，当 $\Delta(\varepsilon)$ 与 λ 相当时，电极与物种间的相互作用力的变化则会改变中间活化物种的能量状态，影响电子转移反应的活化能，体现出电极的催化能力。图 2-12 则显示随着电极与物种间的相互作用力 $\Delta(\varepsilon)$ 的增强，反应中间态活化物种的能量下降，反应活化能随之降低；当 $\Delta(\varepsilon)$ 与 λ 越接近时，其影响反应的程度越大。在金属电极表面发生的典型外氛电子转移，因 $\Delta(\varepsilon)$ 太小，其对活化能的影响非常微弱，因此此类电子反应速率由溶剂化重组能决定，且与金属电极自身的性质无关。

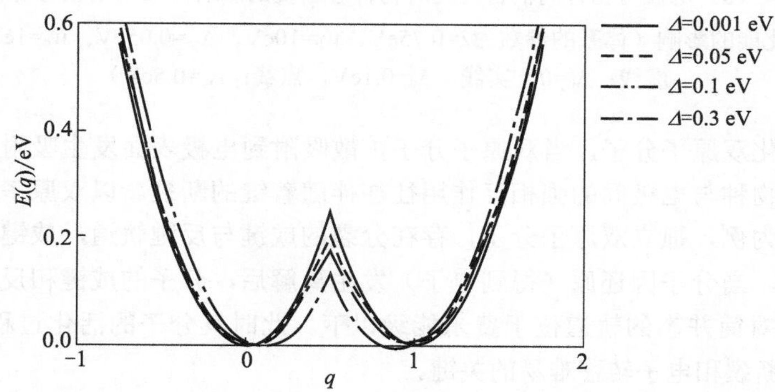

图2-12　电极与物种不同相互作用时的反应势能曲线（反应始态 $q=0$；终态 $q=1$，溶剂重组能=1eV）

② 内氛电子转移机制：内氛电子转移主要发生在有催化作用的电极表面，反应粒子首先吸附在电极表面后再发生后续如活化、还原 / 氧化等反应。此类反应中，电极表面与反应粒子间存在着强烈的相互作用力，即电极对物种的耦合作用 $\Delta(\varepsilon)$ 非常大，此时除了要考虑反应粒子的溶剂效应，即溶剂重组能外，电极与反应物种间的相互作用不能忽视。当金属与物种具有强烈相互作用时，不仅会降低中间活性物种的能量，还会形成反应中间态，改变反应机理，从而降低电子转移活化能。常见的，具有 d 能带的过渡金属催化剂，因 d 能带具有较 sp 金属更窄的能带宽度，其 d 轨道与反应物种间存在强相互作用，促使其与溶剂重组能共同影响着电子转移活化能。

对简单电子转移反应，当电极与物种间存在相互作用时，意味着电极在费米能级附近具有较窄的 d 能带，d 能带与反应物种间的耦合程度会影响活化能的高低。如图 2-13（a）所示，当金属的 d 能带处于物种态密度中心位置，金属与吸附物种相互作用较弱时，物种的态密度变宽，不会出现轨道的分裂，费米能级以下填充电子。当金属与吸附物种间相互作用很强时，如图 2-13（b）所示，物种的轨道分裂成成键轨道与反键轨道，分别位于电极 d 能带的下方与上方，此时电极 d 能带上的电子转移给物种，电子转移发生。通常处于费米能级附近的 d 能带对物种的态密度具有强烈的影响，使其变宽甚至分裂。当物种的价带变宽到可以穿过金属费米能级时，此时物种被活化，电子转移随即发生。图 2-13（c）给出 d 能带与吸附物种间相互作用强度对电子转移活化能的影响，当 d 能带的宽度（w_d）与 d 带中心（ε_d）一定时，金属与物种间相互作用程度 Δ_d 增强，电子转移活化能显著降低甚至消失。

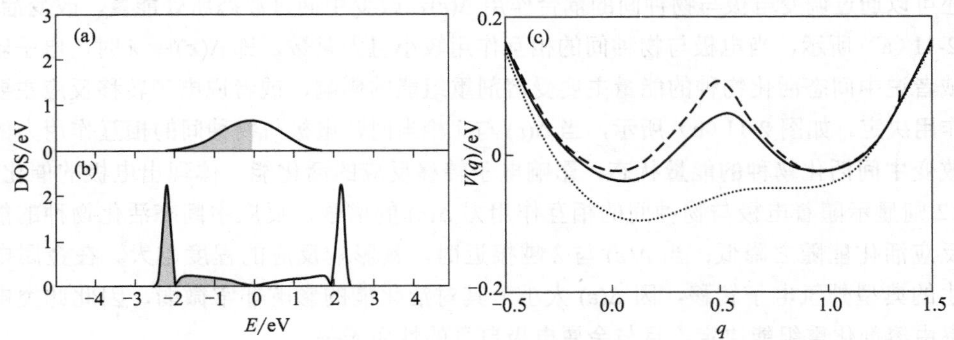

图2-13 （a）、（b）电极与物种间耦合程度对物种态密度的影响；（c）电极与物种间耦合程度对电子转移活化能的影响（体系的参数为λ=0.75eV，w_0=10eV，Δ_{sp}=0.05eV，w_d=1eV，ε_d=−0.5eV；虚线：Δ_d=0，实线：Δ_d=0.1eV，点线：Δ_d=0.5eV）

对电化学催化双原子分子，当双原子分子扩散吸附到电极表面发生吸附以及后续的活化电子转移时，其物种与电极间的强相互作用往往伴随着键的断裂。以双原子分子催化还原伴随键断裂的反应为例，孤立双原子分子，存在分裂的成键与反键轨道，成键轨道填充电子位于费米能级以下。当分子因还原（得到电子）发生离解后，分子的成键和反键轨道间的能级差消失，变成一对简并态的轨道位于费米能级以下。此时其分子的活化过程的过渡态能量，就成为决定了键断裂和电子转移难易的关键。

图 2-14 给出了吸附物种分子活化过程中反键和成键轨道态密度的演化。分子从初态到离解成两个离子经历了如下三个过程。一是吸附前初态，表现为稳定分子的态密度结构，即低能级的成键轨道填充电子远离催化剂费米能级，高于费米能级的反键轨道未填充电子。二是分子活化态，当分子吸附在催化剂表面时，催化剂与物种间发生电子转移，导致分子的反键轨道得到电子，双原子分子的键长活化增长，为过渡态。此时催化剂与吸附物种分子间的相互作用程度决定了物种分子反键轨道的宽化或分裂程度，也对应着过渡态活化分子能量的高低。该相互作用包括了催化剂 d 能带以及 sp 能带与吸附物种分子轨道的相互作用，且 d 能带的作用更大。三是反应终态，即双原子分子离解成离子。

图 2-14（a1）～（a3）表示 d 能带偏离费米能级与吸附物种分子轨道的作用不大时，吸附物种从吸附前到发生活化以及化学键完全离解过程的分子轨道态密度变化情况。可以看出，因催化剂与物种间相互作用较小，反键轨道未出现明显的宽化和分裂，仅部分填充电子呈现半满的情况。图 2-14（b1）～（b3）则表示，当 d 能带位于费米能级附近与物种分子轨道相互作用较强时，吸附物种分子活化态的反键轨道不仅使电子能级降低，而且出现显著宽化和分裂的现象，更利于键的活化与离解，此时物种分子的吸附和键离解的活化能最小。

对催化剂而言，当催化剂 d 能带宽度相同，且 d 能带与吸附物种轨道耦合程度相同时，d 能带的权重中心（d 带中心）距离费米能级的位置对催化剂与物种间的相互作用以及电子转移的活化能就有决定性的影响。当 d 带中心越靠近费米能级，催化剂与物种间相互作用越强、

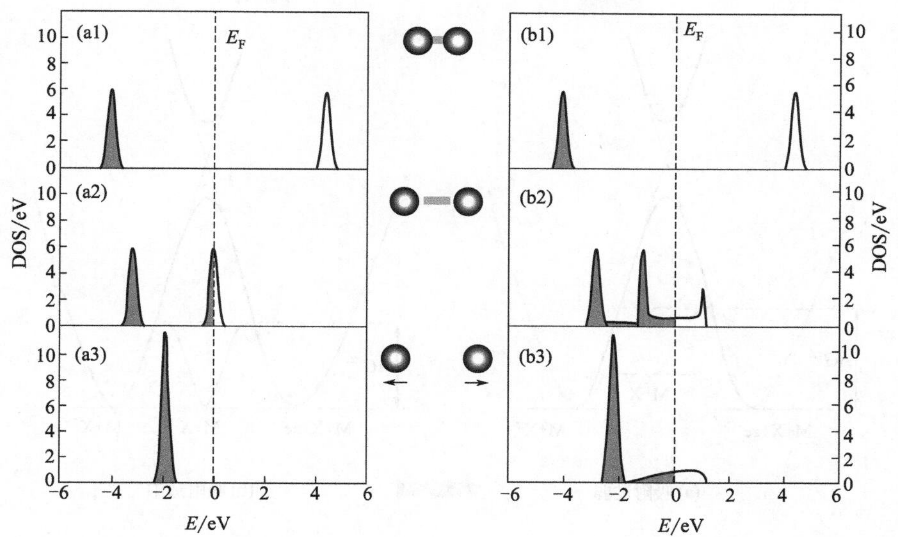

图2-14 催化剂表面分子离解过程的态密度变化：d能带无参与（a）和有参与（b）时吸附分子态密度演变过程

（a1）、（b1）初态，稳定分子；（a2）、（b2）活化态；（a3）、（b3）终态，离解成两个离子

电子转移反应活化能越低。相应地，当固定d能带位置，增加d能带与物种分子轨道间的耦合程度，反应活化能随之降低。该过程也解释了目前被普遍接受的d带中心理论无法适用于所有的过渡金属类催化剂的原因，即由于d能带与物种的耦合程度不同，致使d带中心仅能较好地预测后过渡金属的反应活性与物种吸附强度，对前过渡金属、d带完全填充的金属以及过渡金属化合物的吸附强度不能准确预测。

值得注意的是，当催化剂与物种间存在强烈相互作用时，不仅会降低活化态的能量，还会产生一个反应中间态，改变反应机理。如图 2-15 所示，内氛电子转移形成一个稳定的反应中间态时，催化剂与反应中间态的作用强度决定了吸附（活化离解）与脱附（释放）反应活化能的大小。如图 2-15（a）所示，当催化剂与中间态作用过弱时，从反应物种到中间物种的转变，包括物种的吸附、化学键的活化等，是吸热的非自发过程，而后续的中间态物种的脱附或进一步转变是自发过程。显然第一步分子的活化对应一个相对更高的能垒，是速率控制步骤，总反应的表观活化能较高，反应速率降低。如图 2-15（c）所示，当催化剂对物种吸附过强时，从反应物种到中间物种的转变虽为放热的自发过程，且反应活化能显著降低；然而，后续中间物种向产物的转变就成了吸热的非自发过程，对应一个相对更高的能垒。此时总反应的表观活化能反而增加，反应速率降低。如图 2-15（b）所示，仅当催化剂与中间态作用适中，反应分子的活化以及后续中间态的转变反应能垒相同时，对应着最低的反应活化能。因此，如何调节催化剂与物种间相互作用达到最优，成为调控、优化反应速率的关键。

因此，对于内氛电子转移的电化学催化反应，虽然催化剂与物种之间的相互作用可以改变反应历程，调变活化能，但其相互作用不能太强也不能太弱，必须适中，才能使反应顺利进行。这是催化中 Sabatier 规则，也是物种吸附强度与活性存在“火山型”曲线关系的根源。

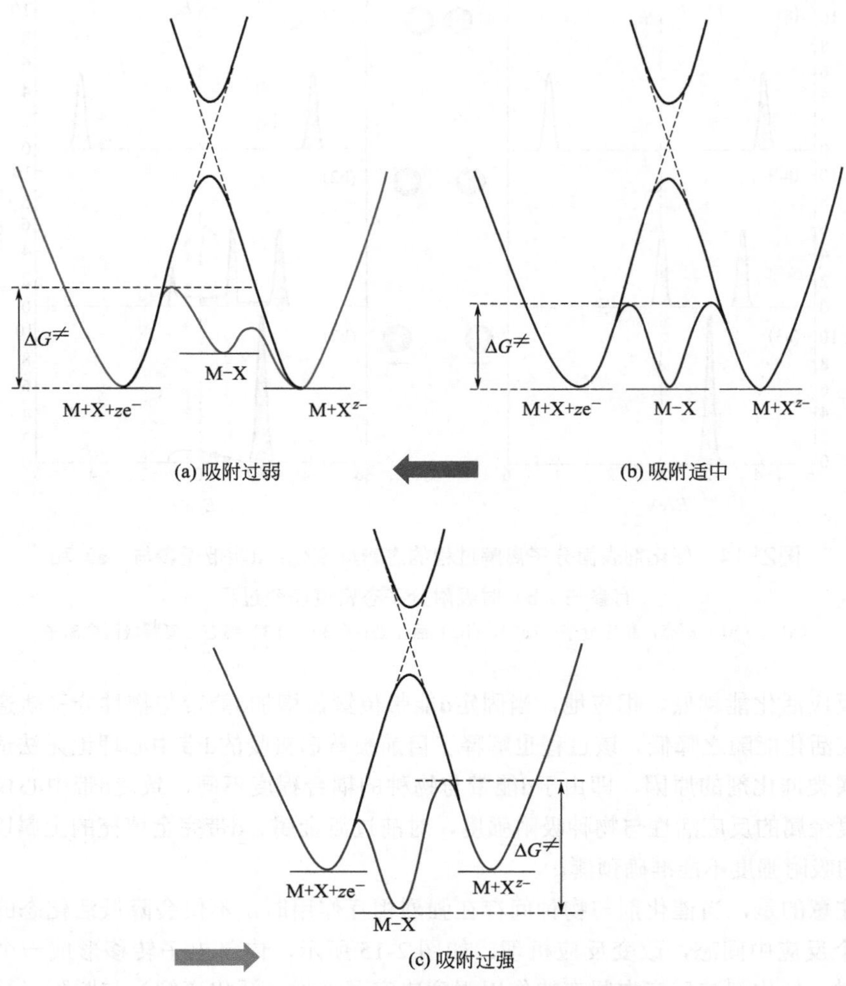

图2-15　内氛型电子转移的活化能示意图

即金属表面对反应物种的吸附适中时，既利于中间物种的转化，又利于中间吸附物种的脱附，此时有较快的反应速率。图2-16（a）给出，金属催化剂的氧还原催化活性与氧还原中间物种氧原子的吸附强度呈火山关系[19]。催化剂对物种的吸附太弱使反应难以进行；太强则脱附困难，催化剂活性中心不容易释放；只有其吸附强度在适宜范围时，才具有最优催化活性。Nørskov小组发现金属催化剂对物种的吸附强度与金属表面原子d带中心值呈线性关系，如图2-16（b）所示，即d带中心理论[20]。据此可将金属催化剂电子构型（d带中心）与催化活性关联起来，通过调节金属催化剂电子构型，改变物种的吸附强度，即可调控催化剂的催化活性。

根据前面分析的金属电极 d 带与物种之间相互作用对反应的影响关系，尽管 d 带中心能较好用于预测大多数金属催化剂电化学催化活性，但如果将金属催化剂担载在氧化物的载体上，由于载体与金属之间形成的化学键和相互作用将会影响催化剂的电子构型，此时 d 带中心理论将不能准确预测担载在化合物类载体上金属催化剂的催化活性。此时，必须同时考虑 d 带

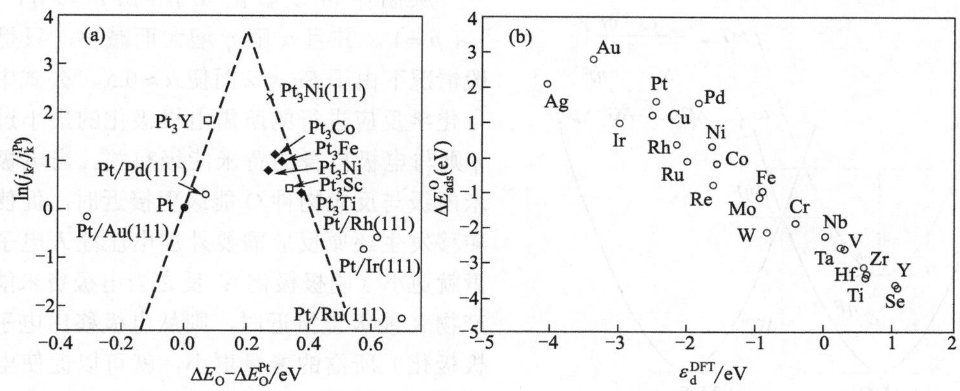

图2-16　（a）金属催化剂的催化活性与中间物种O吸附强度关系图[19]；（b）金属催化剂的d带中心值与O吸附强度的变化关系[20]

的宽度以及其与反应物种轨道的耦合程度，甚至不能忽略催化剂sp轨道对物种的作用等。另外，d带中心理论没有考虑电极电势以及溶剂对催化剂电子构型的影响，因此还需要进一步完善，发展能更有效表征催化剂电催化活性的理论，将催化剂的电子几何构型同动态的反应机理联系起来，寻找催化剂表面结构同反应机理以及催化活性间的构效关系。

（3）对电子转移活化能的调变　对一个单电子电化学反应，如果将电子看作参与反应的物种，可以从化学平衡移动的角度去理解影响电子转移活化能的因素。电极上自身电子能级的高低（费米能级）和电极电势的调变都可以改变反应物种电子的初始化学势，当反应物初始化学势不同时，反应能变就随之变化，从而活化能也发生改变。以外氛电子转移反应为例：

$$\text{M(电极)}+\text{O}+ze^- \rightleftharpoons \text{R} \tag{2-4}$$

式中，O，R 代表了氧化态和还原态的同种粒子，例如 Fe^{3+} 和 Fe^{2+}。在平衡电势下，电极反应的 $\Delta_r G=0$，此时反应物与产物的能量处于同一高度，此时活化能 $\Delta G^{\neq}=\lambda/4$，由溶剂重组能决定。当在电极上加入负的电极电势时，相当于增加电极上电子的能量，反应能变随之变化。假定阴极极化的过电位为 η（V）时，反应物 O 的能量上移 ηF（eV）。反应物与产物的势能曲线变化如图 2-17 所示，反应能变 $\Delta_r G=-\eta F$，意味着反应在此条件下可以自发进行。此时，正反应活化能公式修改为：$\Delta G^{\neq}_{\rightarrow}{}'=\dfrac{(\lambda-\eta F)^2}{4\lambda}$。显然，反应物能量提升值并不能全部应用于降低过渡态的活化能，只能部分影响过渡态降低其活化能，即需在 ηF 前面加一个小于 1 的系数，这个系数称为传递系数。从图 2-17 可以看出，电极电势的调变对正向反应活化能降低了 $\alpha\eta F$，对逆向反应的活化能增加了 $\beta\eta F$，即正向还原反应和逆向氧化反应的活化能变成：

$$\Delta G^{\neq'}_{\rightarrow}=\Delta G^{\neq}_{\rightarrow}-\alpha\eta F \tag{2-5}$$

$$\Delta G^{\neq'}_{\leftarrow}=\Delta G^{\neq}_{\leftarrow}+\beta\eta F \tag{2-6}$$

基于电极电势对活化能的影响，反应速率、电极电势与活化能的关系如下列方程。

$$k_c=A_c e^{-\Delta G_{A,c}/RT} \tag{2-7}$$

$$\Delta G_{A,E}=\Delta G_{A,C}-(1-\alpha)F\left(E-E^0\right) \tag{2-8}$$

$$k_E=A_E\exp(-\Delta G_{A,C}/RT)\exp[(1-\alpha)F\left(E-E^0\right)] \tag{2-9}$$

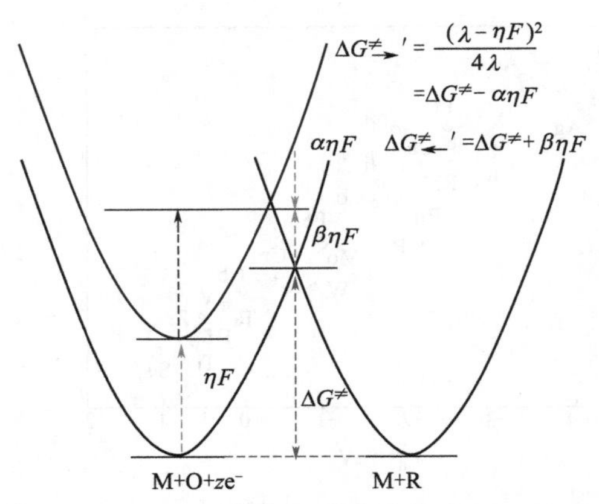

图2-17 电极电势对电子转移活化能的调变

从图中可以看出 $\alpha F\eta+\beta F\eta=F\eta$，因此 $\alpha+\beta=1$。并且 α 随 η 增大而减小，只是在一般情况下由于 $F\eta \ll \lambda$ 而使 $\alpha\approx 0.5$。公式中促使电化学反应进行的所需电极极化的最小过电位 η 则与电极自身的费米能级有关。当电极的费米能级与反应物种 O 能级更接近时，促使电子转移发生还原反应需要外加电压注入电子的能量就更小（阴极极化）；反之当电极费米能级与产物 R 能级更接近时，则从电极移出电子（阳极极化）所需的能量更小，就可以促使电子从 R 转移到电极 M 发生氧化反应。而对内氛的电子转移反应，电极与中间物种的作用则对活化能和反应机理起到决定性的作用。

由此可见，改变电极电势可以改变电子转移的活化能，而电极电势改变的多少又与电极自身的电子结构（费米能级、功函）有关。与此同时，电极结构与物种的作用强度又影响着反应机理，不同的机理需要的电极极化又截然不同。整体来说，增大电极电势，正向阴极反应的活化能降低，对应阴极反应的速度会相应增大；同时，逆向阳极反应的活化能增大，阳极反应受到抑制。从电子转移理论可以总结出：电极电势、电极与物种间的相互作用程度以及物种的溶剂化程度共同决定着电子转移速率。

2.3.1.2 电极/溶液界面的电子转移

标准状态下，所有的材料都具有平衡电极电势，该值体现了电极在一定电解质溶液中电子的能级，可以采用费米能级来描述其电子能级。费米能级（E_F）是温度为绝对零度时固体能带中充满电子的最高能级，类似于分子中的最高已占分子轨道（highest occupied molecular orbital，HOMO），代表着电子逸出的难易。统计力学中，一种物质的费米能级可以看作该物质中电子的化学势。电极 / 溶液界面上电极和溶液的电子能级是相对真空的，电化学中的电极电势通常是相对氢标准电极。如图 2-18 所示，根据氢标准电极相对真空的电位 −4.6V±0.2V，物质的费米能级与平衡电势的关系可表示为 $E_F=-eU$（vs. NHE）−4.6±0.2eV[21]。此外，也可以用功函（work function，W）来表示物质电子传输能力，其值为费米能级上的电子跃迁到真空所需要的能量。

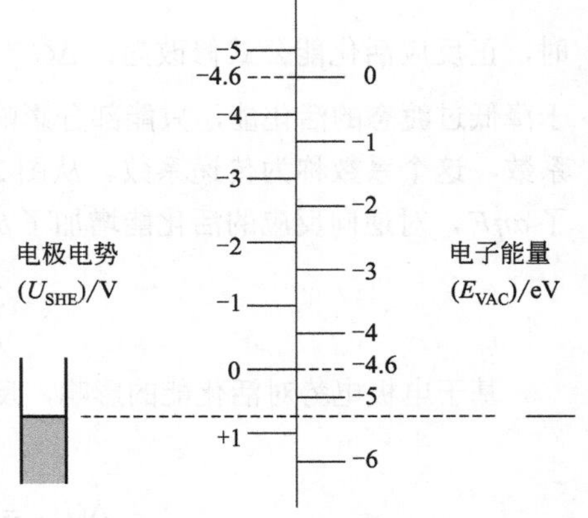

图2-18 标准氢电极电势与真空能级的标尺关系[21]

外加电极电势时，电极上电子的能级会随之改变。以金属电极为例，外加负电极电势时，金属费米能级（E_F）整体上升；外加正电极电势时，金属费米能级整体下降。电极与反应分子间发生电子转移时，反应分子电离电位（ionizing potential，IP）可表示分子的 HOMO 能级，代表电子给体（D）给出电子能力的强弱，IP 越小 HOMO 能级越高，分子给出电子的能力越强；电子亲和势 E_A 表示分子的 LUMO（lowest unoccupied molecular orbital）能级，代表电子给体（A）得电子能力的强弱，E_A 越大其 LUMO 能级就越低，分子得电子能力就越强。发生还原反应时，需外加负电极电势将金属费米能级提高到反应分子 LUMO 能级高度，电子才能通过隧穿从电极转移到分子上；同理，对氧化反应，则需要外加正电极电势，使金属费米能级降低到反应分子 HOMO 能级高度，才可发生从分子到电极的电子转移。显然，电极电势对电极上电子能级的调变直接影响着电极 / 溶液界面电子转移的难易程度。

此外，电极 / 溶液界面上分子都是溶剂化的，溶剂重组会进一步改变反应分子的能级状态，使其遵循高斯分布，可以采用态密度模型进行描述。如图 2-19 所示，态密度模型中未占据电子和占据电子的能带分别表示反应分子氧化态（O）和还原态（R）的能级状态。当溶剂化反应分子与电极表面发生相互作用时，由于电子在界面上的氧化还原对中以及电极中的能量不同，电子会自发地从能量高的一侧向低的一侧转移，此时在电极 / 溶液界面两侧产生剩余电荷，建立一个界面电场。该电场将阻止电子的进一步转移，从而达到动态平衡，即电极的费米能级位于氧化还原对态密度的界面处，此时氧化还原电对态密度界面处的电子占有概率 F_E 为 0.5，氧化态与还原态的浓度相同，其对应的电极电势为溶液中反应分子的标准还原电极电势 E_0。因此，电极与溶剂化分子间的电子转移，必须考虑电极电势下电极费米能级变化以及费米能级附近能带与溶剂化分子 O/R 的态密度相互作用的程度。

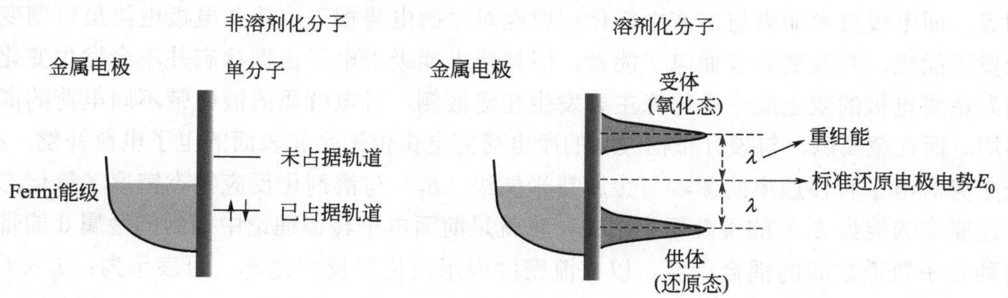

图2-19 电解质溶液分子溶剂化前后能级对比

不同的物质，因电子结构不同，费米能级位置不同，导电性不同，其对电极电势的响应程度也不相同。材料可分为绝缘体、半导体和导体。如图 2-20 所示，对绝缘体而言，能带中价带已被电子完全占据，导带全空。并且价带与导带不能重叠，禁带宽度大于 4eV，导带中无电子可移动，价带中电子不能越过禁带而产生空能级，因而无导电性。该类材料 Fermi 能级处于禁带中间，其因无导电性，难应用于电化学催化。

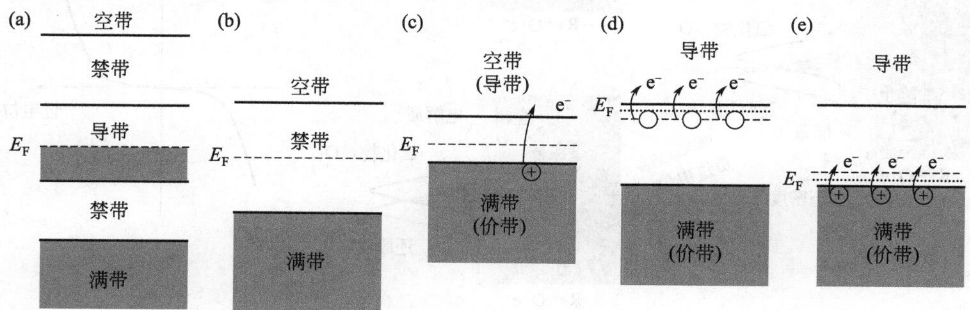

图2-20 金属（a）、绝缘体（b）、半导体（c），以及n型（d）与p型（e）半导体能带结构示意图

半导体的电子能带结构虽与绝缘体相似，但其禁带宽度较窄（0.5 ～ 3eV），依靠热激发和杂原子的影响，可使少量电子激发到导带，同时在价带中留下等量的空能级（空穴），从而具有一定的导电性。不含有任何杂质和缺陷的半导体称为本征半导体。绝对零度时，本征半导体中价带中所有能级被电子填满，导带全空，费米能级处于禁带中央。本征激发时，本征半导体中导带中的自由电子和价带中的空穴数目相等。当在半导体中掺入少量的杂原子时，半导体禁带中会出现额外的电子能级，从而极大提高半导体的电子密度或空穴密度。当杂质能级接近价带顶边时，则容易捕获价带上的电子，同时在价带中留下空穴，并使价带中空穴大大增加。由于半导体中空穴浓度大于自由电子浓度，此类半导体称为 p 型半导体，其费米能级则靠近价带。当杂质能级接近导带底边时，杂质能级上电子很容易激发到导带上，使导带上的电子数大大增加，此类型的半导体称为 n 型半导体，其费米能级靠近导带。可以看出一定温度下，费米能级可确定半导体中电子在各量子态上的统计分布。

金属导体的能带结构则与前两者截然不同，大多数只含一个价电子的金属原子组成晶体时，价电子按最低能量原则只占据了导带中能量低的下半部，导带呈现半充满的状态，导致金属能带内总是存在电子和空能级，从而电子可自由运动产生较高的导电性。此时，绝对零度下，电子占据的最高能级就是费米能级。

（1）金属电极 / 溶液界面结构　当金属电极与电解质溶液接触达到平衡时，其两相的化学势相等，即电极费米能级与溶液中氧化还原电对平衡电势相等。改变电极电势虽可调变金属电极费米能级，并改变其表面电子能量，但其费米能级上电子占据状态并不会发生变化。这是因为金属电极的双电层中电势降主要发生在溶液侧，且电解质溶液中带不同电荷的离子分布不均。而在金属侧，与该分布相关联的净电荷完全由位于金属表面的电子电荷补偿。此时，电极电势对电子转移速率的影响与金属费米能级（E_F）与溶剂化反应物态密度（氧化态能量 E_O，还原态的能量 E_R）的重叠程度相关，也就是前面电子转移理论中提到的金属 d 能带与反应物种分子轨道之间的耦合程度。以电流密度表示电化学反应速率，可表示为：$j_a \propto$（E_F 与 E_R 的重叠），$j_c \propto -$（E_F 与 E_O 的重叠）。

如图 2-21 所示，平衡电极电势下，金属电极费米能级与氧化（O）和还原态（R）的

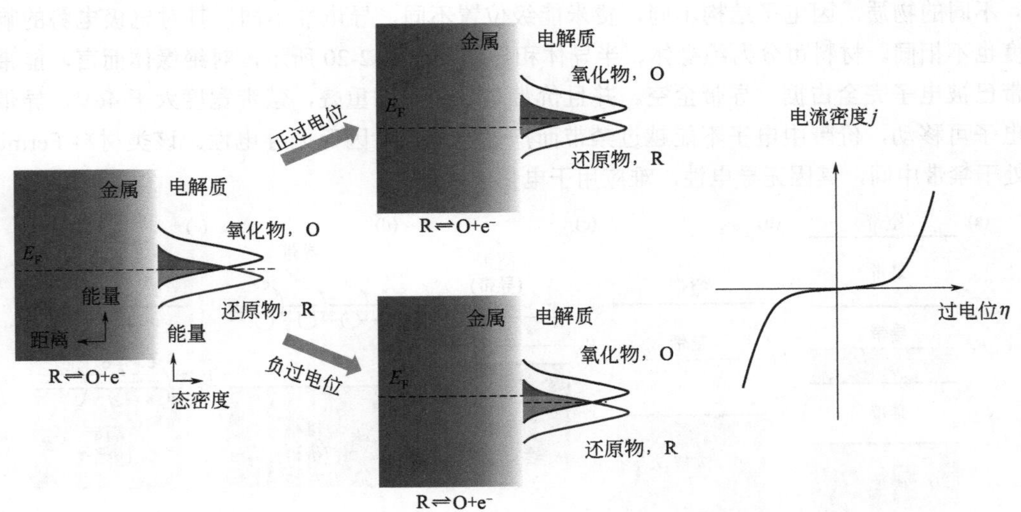

图2-21　金属电极/溶液界面上电极电势对电子转移的影响

态密度的重叠程度相同，此时 j_a 与 j_c 值正好抵消，净电流密度 $j = j_a + j_c$ 为 0。外加正的电极电势时，费米能级降低，此时 E_F 与还原态的态密度 E_R 的重叠增加，此时主要发生氧化反应，电子从还原态物质转移到电极上，表现为阳极电流密度增加。同样地，当外加负的电极电势时，电极费米能级升高并与氧化态的态密度 E_O 重叠增大，此时电子从电极转移到反应物发生还原反应，阴极电流密度增加。可以看出，正由于金属电极上仅能级发生变化，电子占据态不变，正、负过电位下，氧化和还原反应的电流密度相互对称。金属电极 / 溶液界面电子转移电流密度 j 与过电位 η 遵循 Bulter-Volmer 方程 [22]。

如果把电子看作参与反应的物种的话，还可以从化学平衡移动的角度去理解电极电势对电催化反应的影响。对于 $R \rightleftharpoons O + e^-$ 反应，外加正电极电势，降低电极费米能级，即降低电子浓度，此时反应正向进行，发生氧化反应；外加负电极电势时，即增加电子浓度，促使平衡逆向移动，发生还原反应。同理，也可以理解不同的金属电极催化同一反应呈现不同催化性能的原因，即不同金属电极初始可给反应提供的电子浓度不同，也就是其本质的费米能级不同。

（2）半导体电极 / 溶液界面结构　与金属电极类似，当半导体电极与电解液接触达平衡时，两相发生电荷转移促使电极费米能级与溶液氧化还原电对平衡电势相等。n 型和 p 型半导体其费米能级分别位于导带下方和价带的上方，而大部分的反应物种的氧化还原电势介于半导体的能隙之间。对 n 型半导体则会发生电子从电极向溶液的转移，而 p 型半导体则发生电子从溶液向电极的转移，从而在电极 / 溶液界面处达到两相电势的动态平衡，即 E_F=E_0。然而，由于半导体中可导电的载流子数量有限，其不仅远低于金属电极，而且也比电解质溶液中的离子溶度低，导致电极 / 溶液界面区域大部分电压降位于半导体的内部，只有小部分电压降位于溶液侧。n 型半导体电极界面因电子转移带正电荷，能带表现为从本体到界面向上弯曲；p 型半导体电极界面带负电荷，能带表现为从本体到界面向下弯曲。如图 2-22 所示，半导体电极界面处能带的弯曲形成“空间电荷层”（space charge layer，SCL），在表面处的费米能级与导带边缘能级差近似等于其与半导体体相的相应能级的差 $e_0\Delta\varphi_{sc}$，$\Delta\varphi_{sc}$ 称为“空间电荷电势”。

p 型半导体电极中的载流子为空穴，是含有空穴的价带参与电荷的转移，发生氧化还原反应 $R + h^+_{(VB)} \rightleftharpoons O$。因费米能级处无可用电子态，电极表面价带空穴是参与电化学反应的主要物种，因此，电极表面价带的能级（$E_{VB,\ S}$）以及空穴的浓度（$[h^+]_{surface}$）直接影响着电化学反应中电荷转移的速率。

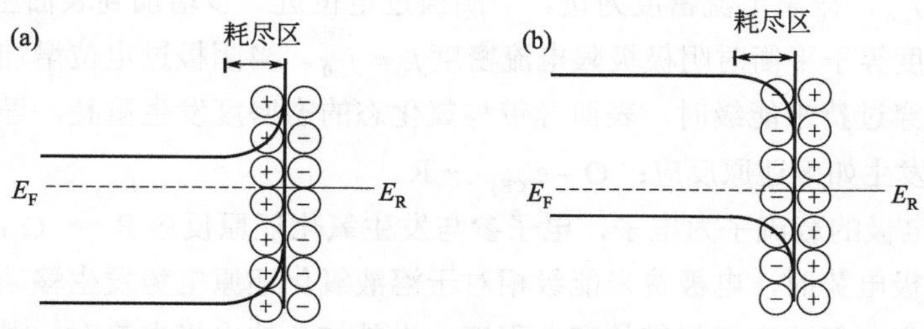

图2-22　n型与p型半导体电极/溶液界面平衡时空间电荷区间示意图

对氧化反应 $R + h^+_{(VB)} \rightarrow O$，p 型半导体界面价带与反应物种中还原态的态密度的重叠程度，以及价带可提供的空穴浓度，直接影响着反应中电荷的转移速率，阳极反应速率可表示为：$j_a \propto$（$E_{VB,\ S}$ 与 E_R 的重叠）×（$[h^+]_{surface}$）。对还原反应 $O \rightarrow R + h^+_{(VB)}$，价带中可用电子一定，此时从电极本体到界面向下弯曲的价带与反应物种氧化态的重叠程度影响着反应速率，即 $j_c \propto -$（$E_{VB,\ S}$ 与 E_O 的重叠）。

当外加正电极电势时，如图 2-23 所示，界面价带边缘能级不变，费米能级降低，价带向下弯曲程度增大，其与还原态态密度的重叠程度增加的同时，表面价带空穴浓度也随即增加，发生氧化反应。此时，反应的总电流密度必须同时考虑氧化与还原电流密度。假定外加过电位降低且穿过空间层，如仅能带弯曲度发生变化，此时电极价带边界与物种态密度重叠未发生变化。然而，因电极表面空穴浓度的增加，阳极电流密度远远大于阳极平衡电流密度 $j_a > j_{a,0}$，且 $j_c = j_{c,0}$，此时总电流密度为正。当外加正电荷增加到表面空穴显著增加时，电极电势对电催化氧化反应速率的影响呈指数关系，$j_a \gg j_{a,0}$。

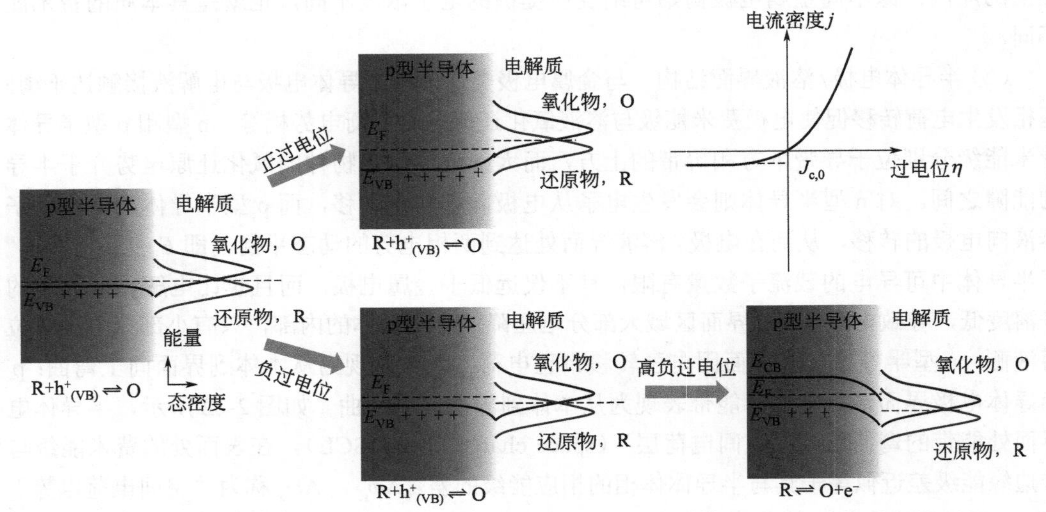

图2-23　p型半导体电极上电极电势对电荷转移的影响

当外加负电极电势时，发生还原反应。因为电极电势不影响表面价带能级，仅改变价带中的空穴浓度，外加负的电极电势减少了表面价带中的空穴浓度，此时反应电流密度为：$j_c = j_{c,0}$，且 $j_a < j_{a,0}$，净总电流密度为负。当阴极过电位进一步增加到表面空穴浓度趋近于 0 时，阴极电流密度等于平衡时阴极极限电流密度 $j_c = j_{c,0}$。当阴极过电位增加促使导带从本体向界面发生弯曲穿过费米能级时，表面导带与氧化态的态密度发生重叠，导带上仅存的电子可转移给氧化态发生如下还原反应：$O + e^-_{(CB)} \rightarrow R$。

n 型半导体电极的载流子为电子，电子参与发生氧化还原反应 $R \rightleftharpoons O + e^-_{(CB)}$。如图 2-24 所示，当外加电极电势时，电极费米能级相对于溶液氧化还原电势发生移动，然而界面能带边缘能级保持不变，仅改变了能带的弯曲程度。当外加负的电极电势时，费米能级升高，能带弯曲时电子从电极转移到溶液，主要发生还原反应，阴极电流密度增大，$j_c > j_{c,0}$。如果界面电化学反应数量缓慢，电子就会在界面处集聚形成集聚层。相反地，当外加正电极电势时，因界面空间电荷区间的存在，电子难以从溶液转移到电极上发生氧化反应，此时阳极电流密度非常小，$j_a = j_{a,0}$。显然，影响电化学反应电子转移数量的应为电极表面导带能级以及电子的浓度。

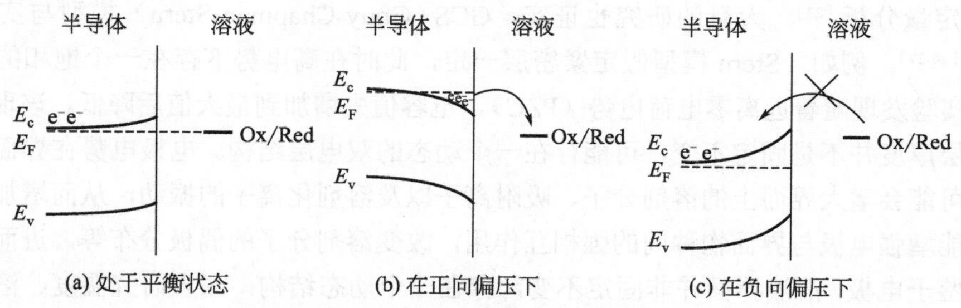

图2-24　n型半导体-电解质溶液界面的能量图

E_c—导带底端能量；E_v—价带顶端能量；E_F—费米能级；Ox/Red—氧化还原电位

（3）掺杂半导体电极 / 溶液界面结构　半导体可以通过掺杂调节其能带结构以及导电性，当掺杂量高到其价带位于费米能级上方且表面空间电荷区域非常小时，电子可以通过隧穿从体相的价带直接转移到电解质溶液中。此时的半导体掺杂称为简并掺杂，其能带结构如图 2-25 所示。此时来自体相的可用载流子数恒定，氧化还原反应速率也主要由费米能级与氧化还原对的态密度的重叠程度决定。即 $j_a \propto$（E_F 与 E_R 的重叠），$j_c \propto -$（E_F 与 E_O 的重叠）。当电极上施加正过电位时，价带与物种还原态的态密度重叠更大，即 $j_a \propto$（E_F 与 E_R 的重叠）> $j_c \propto -$（E_F 与 E_O 的重叠），对应的总电流密度 $j>0$。相反地，当电极上施加负过电位时，电极价带与物种氧化态的态密度重叠更大，$j_a < j_c$，总电流密度 $j<0$。在此类电极上，电极电势对电子转移的影响表现出与金属电极类似的行为。

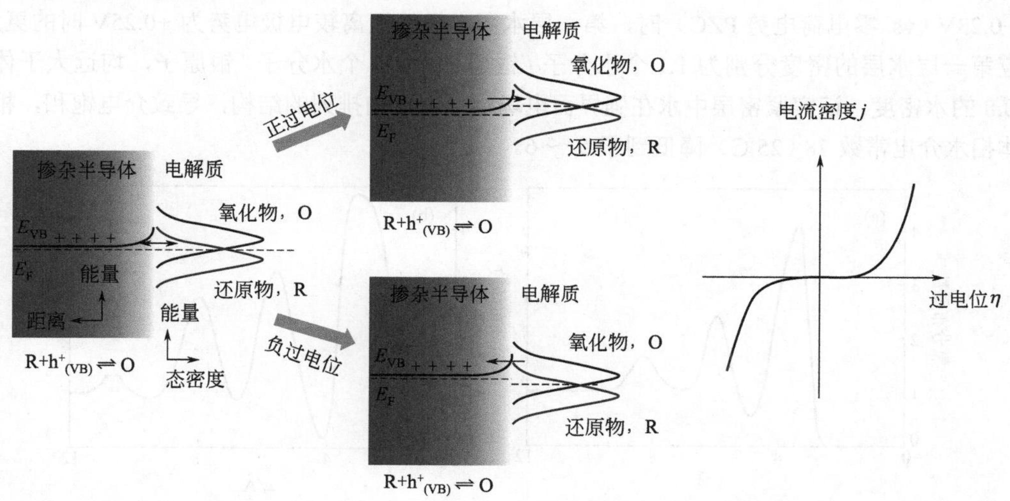

图2-25　高掺杂半导体电极/溶液界面上电极电势对电子转移的影响

2.3.2　电极/溶液界面结构

经典的双电层模型把溶液中的离子简化为理想的点电荷，溶剂看作是无结构和体积的连续介质，电荷的分布以及溶液介电常数均匀相等，虽可定性地解释实验现象，关联影响双电层结构的相关因素，如表面剩余电荷、电解质浓度、温度、溶剂效应，离子所带电荷等，但难应用于定量分析[23]。大量的研究也证实，GCS（Gouy-Chapman-Stern）模型与实验存在一定的偏差[24-27]。例如，Stern 模型假定紧密层一定，此时在高电势下存在一个饱和的最大电容值。然而实验发现随着远离零电荷电势（PZC），电容值先增加到最大值后降低。该现象可能源于其紧密层厚度并不是固定不变，可能存在一个动态的双电层结构。电极电势在界面中产生的高电场，可能会增大界面上的溶剂分子、吸附离子以及溶剂化离子的振动，从而增加紧密层厚度；也可能增强电极与界面物种间的强相互作用，改变溶剂分子的偶极分布等，进而改变紧密层厚度。鉴于电极 / 溶液界面并非固定不变，存在一个动态结构，深入研究温度、溶剂以及电极电势等因素对其界面结构的影响，更利于理解电极界面的电催化反应速率的变化规律。

2.3.2.1 电极/溶液界面水层结构

电化学过程主要发生在界面电子导体电极与离子导体电解质之间，在电极与电解质的荷电界面上，形成了所谓的双电层，带电的电极将从电解质中吸引带相反电荷的离子，从而形成类似于电容的结构。同样地，电极 / 电解质界面上水的分布和结构也与体相水截然不同。从 Ag(111) 面电极表面水层的分布可以发现[28]，如图 2-26 所示，电极附近出现三个水层分布的峰，第一层水分子离电极表面大约 2 ～ 3Å（1Å=0.1nm）的距离，表明电极与水之间具有较强的相互作用；随着远离电极表面，第二层水的峰强有所减小，表示水分子的密度降低；第三层水的径向分布峰强度相对更弱；第三层以外，水分子的密度分布才表现出体相水的信号。第一层水在金属表面高度有序排布主要受局部电场的作用所致，水分子间的氢键相互作用使得其结构化程度随远离金属表面而迅速降低。此外，水层结构也受电极电势影响，电极电势为 −0.23V（vs. 零电荷电势 PZC）时，第一层水离电极的距离较电极电势为 +0.25V 时的更大，相应第一层水层的密度分别为 1.1 个水分子 / 银原子和 1.8 个水分子 / 银原子，均远大于体相中 0.8 的水密度。证实紧密层中水在强界面电场中呈现定向排列的结构，导致介电饱和，相较于体相水介电常数 78（25℃）降低到了 5 ～ 6。

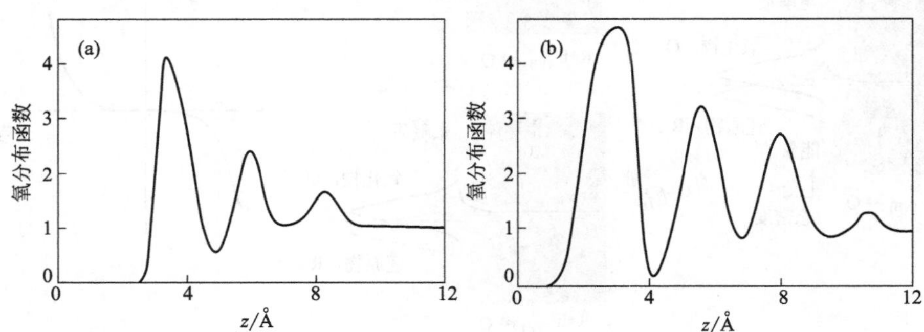

图2-26 Ag(111)表面不同电势下水分子中O原子的分布拟合曲线

（a）−0.23V；（b）+0.25V vs.PZC[28]

值得注意的是，不同电极电势下电极界面水层分布距离的变化是由于水分子吸附结构的变化造成的。首先，尽管孤立的水分子优先以 O 端吸附于电极表面，但界面电荷仍会对电极近表面附近水分子的取向产生巨大的影响。当界面没有电荷时，金属表面水分子的偶极伸向溶液侧，并可能在很大的角度范围内取向，其 H-H 矢量通常平行于表面，但也有极少数的分子其偶极垂直于表面。这是因为吸附层中的水分子倾向于在界面区形成能生成最多氢键的结构，而且堆积力也倾向于使每一吸附层中的水分子数目最大化。研究表明，在界面区的水分子的取向是单一的。当在界面引入电荷后，可以预计水分子的取向将发生很大的变化，特别是当偶极相互作用能与氢键能相当的时候，该变化尤其明显。如图 2-27，当电极带正电时，偶极的最大取向分布逐渐地向垂直于电极表面的方向转化且其分布范围也逐渐变窄；当电极带负电荷时，最初的平均取向变得更平行于电极表面，然后转变为以氢端靠近电极表面的宽范围分布。第二层溶剂也在延续这一取向分布，但是随着离开电极表面距离的变大，该优选取向逐渐消失。这类偶极取向的变化对吸附层中的电场有很强的影响，在第一、第二吸附层的某些局部区域，甚至可以改变其电场的方向。而且，最靠近表面吸附层的水分子的运动能力大为受限，尤其是最紧密吸附层的水主要以振动的形式运动，且其重新取向的动态过程也会变得缓慢，从而形成一种类似于冰的结构。

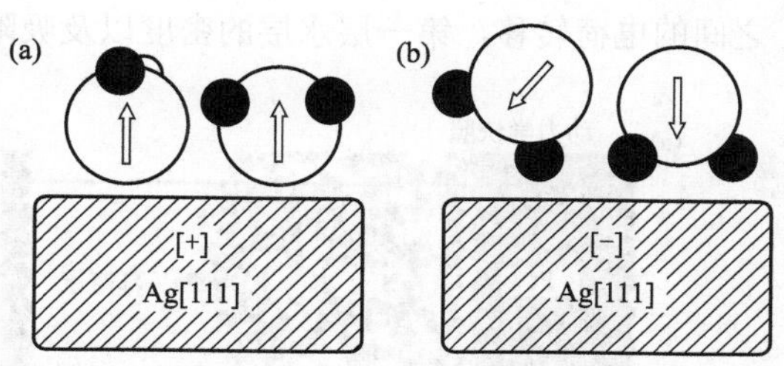

图2-27　界面电荷对水分子取向的影响[28]

为了揭示双电层中界面水的结构，李剑锋组与程俊组[29]将原位拉曼光谱和从头算分子动力学（ab initio molecular dynamics，AIMD）结合起来研究了 Au 单晶电极在不同电极电势下的界面水，发现界面水的氢键数量（N_{donor}）与界面水的 O-H 键振动频率有很好的相关性，N_{donor} 可以显著改变水中 O-H 键振动频率，实验观察到的依赖于电场的界面 O-H 振动频率的 Stark 调节速率与 AIMD 模拟一致。如图 2-28 所示，其中 N_{donor} 的减少可以引起水中 O-H 键振动频率的蓝移，在电势逐渐变负的过程中，O-H 键振动频率总体呈下降趋势。界面水在电场作用下取向反转存在两个转折，当电极电势从 PZC 变化到 −1.29V 时，界面水的氢键施主（N_{dornor}）数量从 1.5 减少到 1，界面水逐渐由“Parallel”构型向“One-H-Down”构型转变，且“One-H-Down”的拉曼强度要比“平行”水强。当电极电势向更负的方向移动达到 −1.85V 时，观察到界面“One-H-Down”的水结构达到饱和。当电极电势低于 −1.85V 时，开始转变为“Two-H-Down”构型。该研究进一步证实，电极电势对表层水吸附结构的影响，水的 O-H 振动频率随电极电势变化而变化，并从而导致界面水层分布密度的变化。

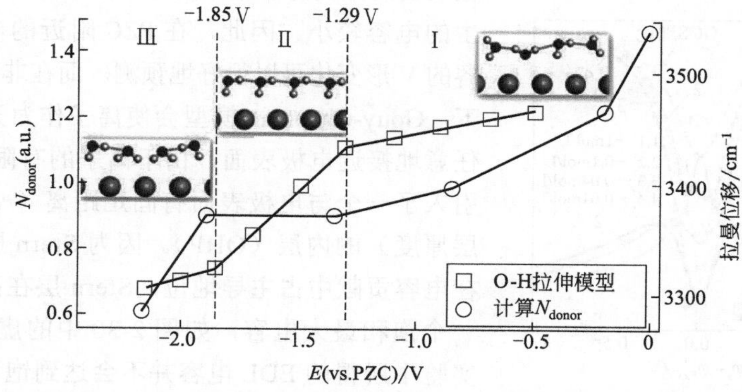

图2-28　电极电势对Au单晶界面水分子结构影响的原位拉曼光谱与AIMD计算数据[29]

实际上，当界面水层结构发生变化时，其同时也在影响着电极表面的电子结构。Sakong 等[30]对包含有 144 个水分子的 H_2O/Pt(111) 界面进行了 AIMD 模拟［图 2-29（a）］，探究了有无水层时原子的运动轨迹以及电极表面功函和静电势随时间的变化［图 2-29（b）］，计算所得的电极零电荷电势与实验值吻合（分别为 4.96V 和 4.9V）。从图 2-29（c）中可以清楚地看到，静电势对靠近电极的界面的距离有振荡依赖性，铂电极上第一层水膜的存在产生了很强的静电势变化，而在第一层水之后，静电势的变化趋势变得相当平坦。此外，他们还发现靠近电极的静电势不仅受水分子层结构控制，还受水分子极化的影响，部分电荷会从第一水层向 Pt 电极转移，双电层应视为一个由界面处原子结构的电荷分布所决定的内部电场。水层与电极之间的电荷转移，第一层水层的密度以及吸附结构同时影响着该界面场的电场分布。

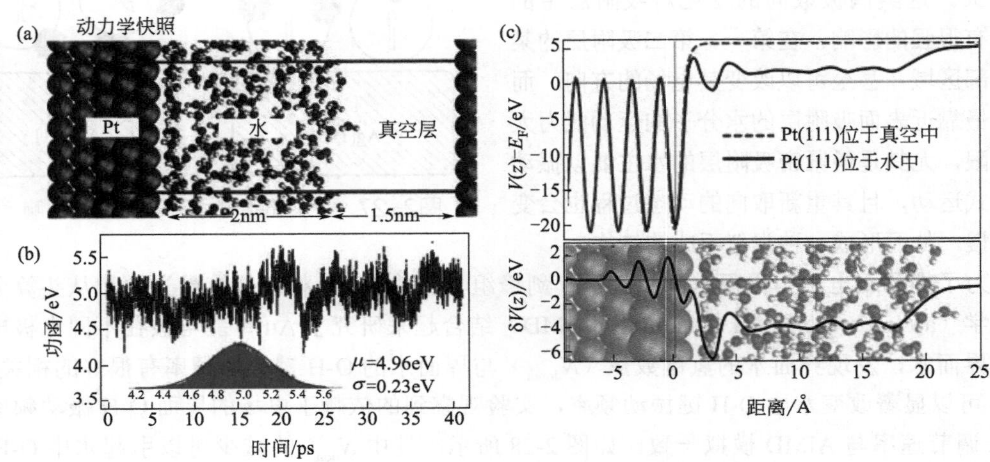

图2-29 Pt(111)上界面水层的结构[30]

正因为电极电势对电极界面水层吸附结构以及分布密度的影响，致使传统的双电层（electrical double layer，EDL）模型在描述其界面电容效应时会产生一定的偏差。传统的 EDL 模型采用 Gouy-Chapman-Stern（GCS）理论，其中 Gouy-Chapman 理论采用 Maxwell-Boltzmann 统计描述了溶剂化离子在带电表面（扩散层）的分布，该理论得到的统计结果会使溶液中的电势随指数衰减。当电极为电中性（零电荷点，PZC）时，离子不被表面吸引或排斥，导致离子在电极表面的浓度与体相中的离子浓度相等，电极表面所产生的电容较小。因此，在 PZC 附近的电极电势下，电容的 V 形变化可以很好地预测。而在非零电荷电极电势下，Gouy-Chapman 模型会使离子作为无尺寸的点电荷任意地接近电极表面，由于离子的有限尺寸，Stern 等引入了一个与电极表面有固定距离（r_H，定义为 Stern 层厚度）的内层（OHP）。因为 Stern 层的厚度固定且在电容贡献中占主导地位，Stern 层在高电势下定义了一个饱和最大电容，如图 2-30 中的虚线所示。然而，实验中所得的 EDL 电容并不会达到饱和，而是当电极电势远离 PZC 时，EDL 电容会增大到最大值，然后再

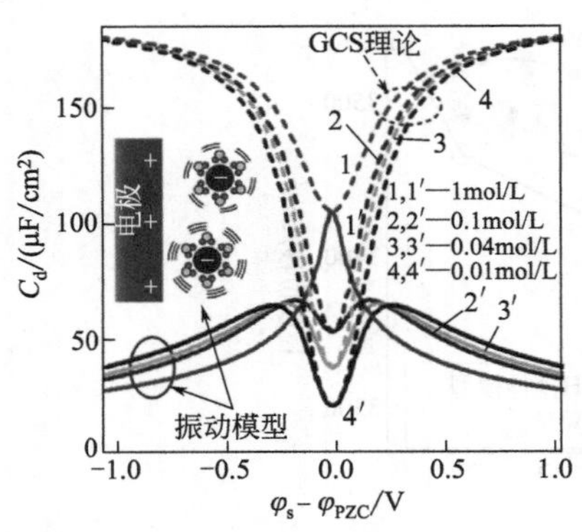

图2-30 界面微分电容分析[31]

减小，如图 2-30 中的实线所示呈现 M 形变化[31]。该现象也证实电极表面的双电层易受电极电势的影响，并且双电层的厚度因水合离子吸附结构和分布距离不同并非固定不变，要更为真实地理解双电层中电容的变化，必须考虑依赖电极电势的紧密层中水合离子的动态分布距离以及密度。

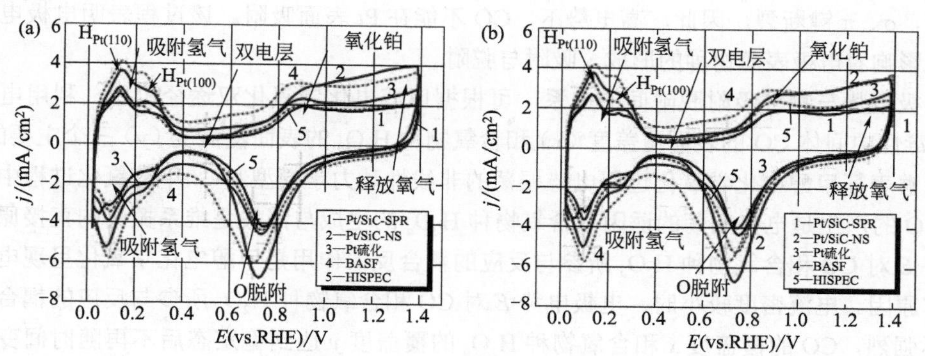

图2-31　不同铂电极的CV曲线[32]

由于电极 / 溶液界面水层结构的变化依赖于电极电势的变化，催化剂表面物种的吸脱附也随之发生相应的变化，可通过界面水层结构变化理解电极表（界）面物种的吸脱附现象。以铂电极在酸性介质中的循环伏安曲线为例，图 2-31[32] 可以发现电极电势的影响存在三个区间：其一是 0 ～ 0.4V(vs. RHE，reversible hydrogen electrode) 为 H 的吸脱附区间，包括 H 的欠电位吸附 H_{upd} 和过电位吸附 H_{opd}，该过程应该伴随水以 H 端朝向表面的方式吸附。其二是 0.4 ～ 0.6V 的双电层区，无法拉第电流产生，该区间水的吸附多为平行于电极表面的吸附方式。其三是电位大于 0.6V 时发生 OH 的吸附，在 0.9V 左右达到氧化的最高峰，并在 0.7V 左右发生 Pt 表面的还原和含氧物种的脱附，该区间必伴随水以 O 端指向电极表面的吸附，并发生了电极表面的氧化。显然，由于电极中注入的电子能量不同，电极表面对水以及物种吸附特性也不同，正因为水吸附结构的变化，也导致在阴极电极电势下，产生 H 的吸附，发生析氢反应；阳极电极电势下，电极表面被 OH 占据，发生氧化反应，甚至是发生释氧反应。

在其他的电化学催化过程中，同样电极电势引起的水层结构以及物种吸附的变化也对催化性能的影响起到至关重要的作用。以光滑多晶 Pt 电极催化甲醇氧化为例，如图 2-32（a）[33] 所示，Pt 表面甲醇氧化反应总是在高于一定电势停止，而低于某一电势时又发生，该过程主要与特定电极电势下形成的含氧物种 OH_{ads} 有关 [0.6 ～ 0.8V(vs. RHE)]。图 2-32（b）[34] 示出，

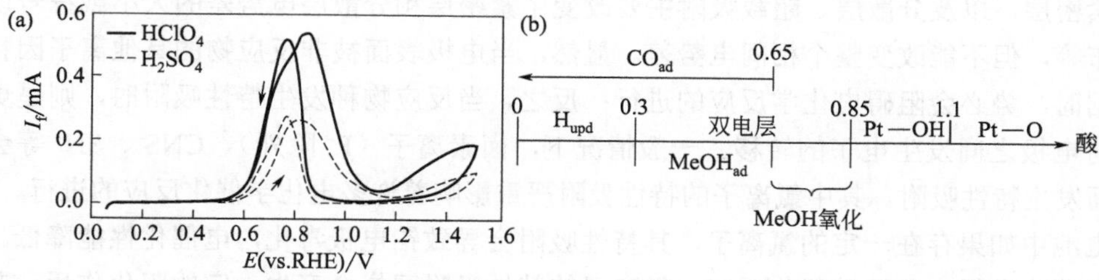

图2-32　（a）光滑的多晶Pt在0.1mol/L甲醇+0.5mol/L H_2SO_4溶液与0.1mol/L甲醇+0.5mol/L $HClO_4$溶液在室温25℃下的循环伏安曲线，扫描速度10mV/s[33]；（b）酸性介质下甲醇在Pt表面吸附氧化过程示意图[34]

甲醇氧化发生在 Pt 表面欠电势沉积的 H_{upd} 原子脱附［0.4V（vs. RHE）］之后。甲醇吸附后，并未出现甲醇的电化学氧化，电极电势达到 0.65V（vs. SHE）时，水离解，形成能使甲醇氧化与中间物种 CO 氧化的含氧物种。此外，CO 在 Pt 表面的强吸附，系 Pt 向 Pt-CO 之间的 σ 键和 π 键反馈电子。显然，随着电极电势正移，Pt 向外输出电子的能力减弱，这种反馈能力不断削弱，σ、π 键断裂。因此，高电势下，CO 不能在 Pt 表面吸附。该过程表明电极电势的变化直接影响着电极表面物种的形成、吸附与脱附。

电极电势与物种吸附脱附间的关系，可根据甲醇电化学氧化双途径机理，利用电极电势（E）、毒性中间体 CO 的表面覆盖度（x）和含氧物种 H_2O_a 的表面覆盖度（y）三个主要的变量，建立能够表征甲醇电化学氧化过程电势振荡的非线性动力学模型[35]。甲醇氧化过程中毒性中间体 CO 的产生是电势振荡的诱因；含氧物种 H_2O_a 的生成与消失是维系振荡的直接原因；电极电势 E 对 CO 和含氧物种 H_2O_a 所参与反应的耦合反馈作用是甲醇电化学氧化呈现电势振荡的根本原因。电流密度较小时，电极电势 E 对 CO 和含氧物种 H_2O_a 所参与反应的耦合反馈作用并不强烈，CO 的覆盖度 x 和含氧物种 H_2O_a 的覆盖度 y 达到稳定态后不再随时间变化，因而无电势振荡；随着外控电流密度的增大（电势正移），电极电势 E 对 CO 和含氧物种 H_2O_a 所参与反应的耦合反馈作用增强，即 Pt 表面 CO 的集聚使表面活性位的减少，相应电极电势升高，含氧物种 H_2O_a 产生速率增加促进 CO 的氧化，随之电极电势降低，至此产生电势振荡；当电流密度进一步增大时，甲醇电化学氧化按不生成毒性中间体 CO 的途径进行，反应不存在产生电化学振荡的诱因，即 CO 的形成与去除，因而无电势振荡现象。

2.3.2.2 影响电极/溶液界面结构的因素

电极 / 溶液界面是电化学催化反应的场所，界面结构的变化势必影响其电催化性能。而除了电极电势导致电极 / 溶液界面结构发生变化外，电解质的 pH 值、所含离子以及电极结构也影响着电极 / 溶液界面结构，从而改变催化性能。

电解液中的离子或有机分子在电极 / 溶液界面上存在较强的相互作用时，这种作用包括与电极和吸附物种特性有关的离子特性吸附与非特性吸附。离子在电极表面的吸附会改变电极 / 溶液界面，从而改变电极的零电荷电势、双电层电容，以及电催化性能等。当离子发生特性吸附时，因为离子与电极表面存在类似化学键的键合作用，其距离小于几个埃，此时界面的电荷分布和电势分布将发生显著的变化。以阴离子的特性吸附为例，电极 / 溶液界面溶液一侧阴离子的剩余量大于电极一侧正电荷的剩余量，致使阴离子在电极表面呈现超载吸附的现象。此时双电层实际具有“三电层”的性质，即存在特性吸附离子层、含溶剂化离子的内紧密层和外紧密层，以及分散层。超载吸附主要改变了紧密层和分散层电势差的大小或符号以及电势分布等，但不能改变整个相间电势差。显然，当电极表面被非反应物的其他离子因特性吸附占据时，势必会阻碍电化学反应的进行；反之，当反应物种发生特性吸附时，则是更利于物种与电极之间发生电子的转移。一般情况下，卤素离子（F^- 除外）、CNS^-、SN^- 等会在电极表面发生特性吸附。其中氯离子的特性吸附严重影响着许多电化学催化反应的进行。例如，燃料电池中如果存在一定的氯离子，其特性吸附会导致铂电极毒化，电催化性能降低。对铂电极电催化有机小分子醇氧化反应，氯离子的特性吸附同样会产生一定的阻化作用，并且阻化作用对应一定氯离子的临界浓度。通常阴离子的特性吸附越强，电极的零电荷电势负移越多，相应双电层中电势分布变化越显著[36]。

对即便是没有特性吸附的离子，如硫酸根、硝酸根、高硫酸根、磷酸根等阴离子在铂电极表面吸附时，也会对铂电极上一些电化学催化反应产生较大的影响。比较铂低指数晶面Pt(111)分别在硫酸和高氯酸中的循环伏安曲线可以发现，与0.1mol/L $HClO_4$不同，在0.5mol/L H_2SO_4中，Pt(111)在0.35～0.6V电位区间会出现新的氧化还原峰，如图2-33所示。分析证实，该区间为硫酸根离子的吸脱附峰，比如SO_4^{2-}和HSO_4^-与含氧物种如H_2O或H_3O^+共吸附在Pt(111)表面。后续的0.6～0.95V电位区间则对应着SO_4^{2-}（或HSO_4^-）和/或OH_{ad}吸附或还原[37]。CV曲线的差异也证实了离子吸附对电极/溶液界面的电化学行为的影响。正是基于此，要更好地认识电极/溶液真实的界面结构，对铂电极而言，往往选用高氯酸作为电解质，以消除电解质离子吸附的影响。

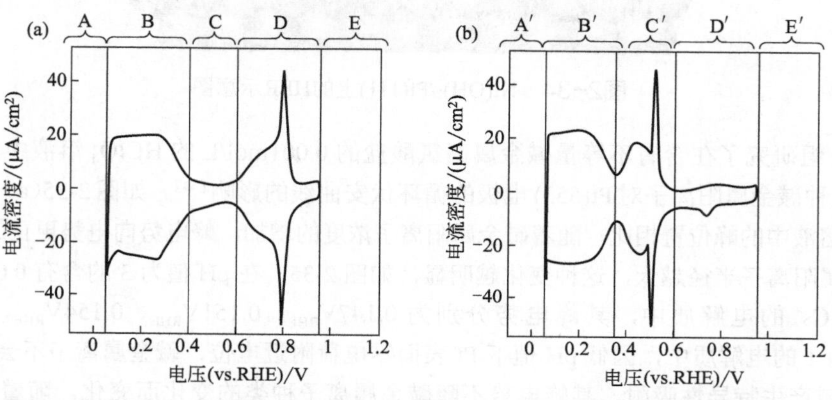

图2-33　Pt(111)晶面在高氯酸（a）和硫酸（b）溶液中的循环伏安曲线图[37]

阳离子的吸附同样会改变电极/溶液界面结构甚至影响电极催化活性。已有大量的研究证实一系列含金属阳离子[38, 39]，如Li^+、Na^+、K^+、Et_4N^+和F^-的电解质溶液，电极表面的氧化过程实际是水合阳离子参与反应而不仅仅是H^+或OH^-。A.R. de Andrade课题组[40]研究了在含不同阳离子电解质中阳极Ti/RuO_2、Ti/IrO_2的电化学行为。他们发现从$HClO_4$到$LiClO_4$和$NaClO_4$，随着阳离子的半径的增大，电极的活性比表面积随之降低，主要表现为双电层电容、表面粗糙度的降低。该现象在TiO_2电极表面也存在。其原因主要认为是离子的尺寸效应，即大尺寸的离子更难到达电极表面的内亥姆霍兹层。对TiO_2、RuO_2、IrO_2等电极，碱金属离子的吸附顺序为：$Li^+>Na^+>K^+>Cs^+$[41]。该现象也可以解释酸碱性介质中电极伏安电荷的差异。H^+比OH^-更大的移动能力促使电极在酸性介质具有较碱性介质有更大的伏安电荷[42]。

电解质溶液中碱金属阳离子对界面结构产生影响，从而改变催化剂活性的研究较多。如图2-34所示，在Markovic组提出的析氢反应（hydrogen evolution reaction，HER）的双功能机理中[43]：$Ni(OH)_2$促进水的解离，解离产物OH_{ad}停留在亲氧位点上，而H_{ad}则吸附在邻近的Pt位点上，最终两个H_{ad}复合生成H_2。其中H_2O的解离过程需要O原子与$Ni(OH)_2$、H原子与$Ni(OH)_2$边界处的Pt的共同作用来实现。实验发现，在溶液中加入Li^+后，催化剂的HER活性会进一步提高。HER的双功能机理将其解释为：水合阳离子AC^+与$Ni(OH)_2$之间的非共价相互作用可稳定AC^+，AC^+进一步与H_2O分子作用，改变H_2O的取向以及氧化物与H_2O相互作用的强度，促进水的解离，从而促进HER动力学。由此可见，碱金属阳离子的确可能因改变催化剂的界面结构，而影响其活性。

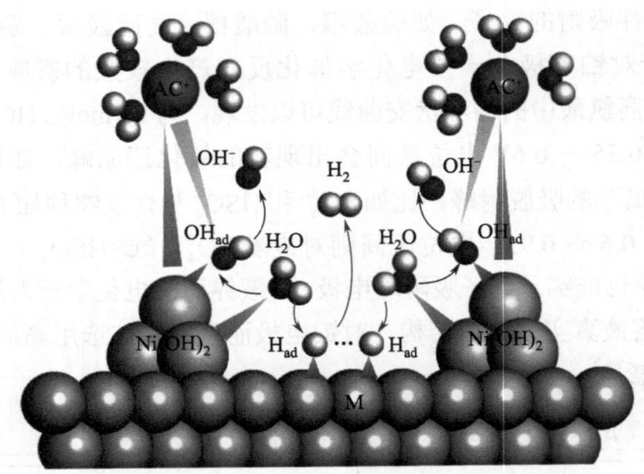

图2-34　$Ni(OH)_2/Pt(111)$上的HER示意图

Koper 组研究了在含有不等量碱金属高氯酸盐的 0.001mol/L 的 $HClO_4$ 溶液中，Li^+、Na^+、K^+、Cs^+ 四种碱金属阳离子对 Pt(553) 电极的循环伏安曲线的影响[44]。如图 2-35（a）～（d）所示，与 $HClO_4$ 溶液中的峰位置相比，随着碱金属阳离子浓度的增加，峰电势向电势更正的方向偏移。并且碱金属阳离子半径越大，这种变化越明显，如图 2-35，在 pH 值为 3 的含有 0.01mol/L Li^+、Na^+、K^+、Cs^+ 的电解质中，其峰电势分别为 $0.147V_{RHE}$、$0.151V_{RHE}$、$0.154V_{RHE}$、$0.168V_{RHE}$。在 pH 值为 1 的电解质中，因低 pH 值下 Pt 表面零电荷附近电位，碱金属离子不会在 H 或 OH 的吸附区域产生特异性吸附，其峰电势不随碱金属离子种类的变化而变化。随着电解质溶液 pH 值的增加，H 和 OH 的吸附向碱金属阳离子特异性吸附有利的高电势区域移动，导致低覆盖度的碱金属阳离子与 H 和 OH 等发生共吸附，使 OH 的吸附减弱。随着 pH 值进一步增大，H 和 OH 吸附峰值进一步向碱金属阳离子吸附更有利的区域转移，导致催化剂表面碱金属阳离子的覆盖度增大，进一步减弱 OH 的吸附，使峰位置发生更大的位移，在 pH 为 13 的溶液中，

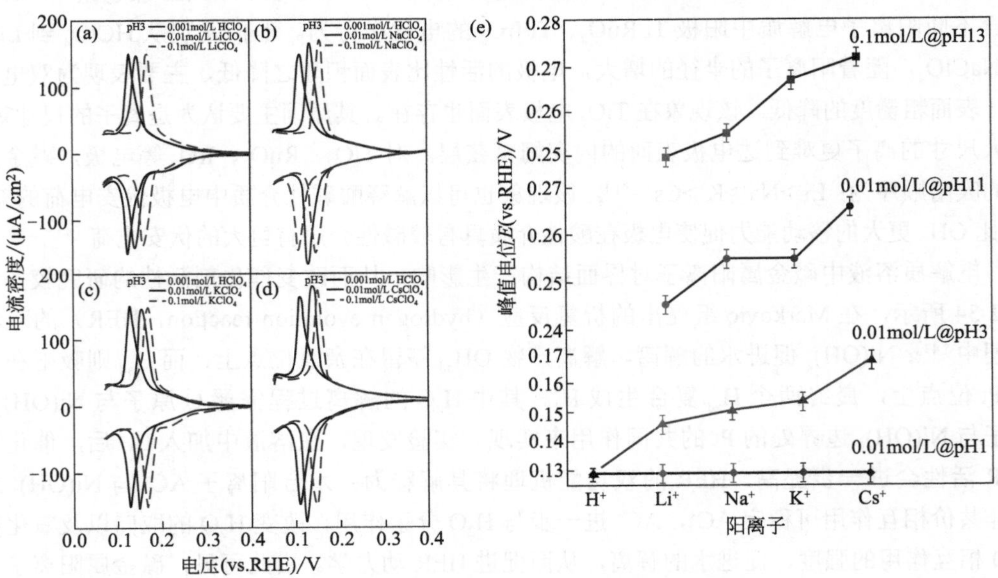

图2-35　碱金属阳离子种类及浓度对H_{upd}峰位置的影响[44]

Cs^+相对于Li^+可以使H_{upd}的峰位置正移约0.02V。因此，研究者认为，对催化行为产生较大影响的pH效应是碱金属阳离子沿催化剂台阶面吸附，削弱了表面OH的吸附的结果。

由于碱金属离子的溶剂化能顺序为：$Li^+>Na^+>K^+>Cs^+$，而HOR/HER活性（HOR即hydrogen oxidation reaction，氢氧化反应）顺序为LiOH>NaOH>KOH>CsOH。由此可以理解为：在HOR/HER相关条件下所观察到金属阳离子种类的改变会导致H_{upd}峰的变化，是因为金属阳离子在水环境中会形成水化层，导致催化剂的外亥姆霍兹面的结构发生改变，碱金属离子的溶剂化能越小，其对Pt-H_2O_{ad}键的削弱越明显，导致催化剂的H表观吸附强度增大，使H_{upd}峰发生正移，最终影响界面催化反应的进程。

除阳离子的吸附对电极/溶液界面有影响外，pH值还对电催化剂界面结构及其催化活性有直接的影响作用。例如，研究发现[45]，当电极表面电势由+0.29V降到−0.46V，相当于pH值从0.2增加到12.8，Pt(100)电极表面所带电荷增多，导致催化剂表面疏水性增强。图2-36（a）、（b）分别为U=0.29V（即pH=0.2）时和U=−0.46V（即pH=12.8）时的Pt(100)/H_2O界面结构，其中蓝色透明区域为第一水层。通过测量水平面与xy平面的夹角来表征水分子的方位，将$\theta<30°$或$\theta>150°$的水分子定义为平行于表面的水（$H_2O^=$），将$\theta=90°$的水分子定义为垂直于表面的水（$H_2O^{\perp}$）。当U=0.29V（pH=0.2）时，界面水分子中仅存在三个$H_2O^=$，而当U=−0.46V（pH=12.8）时，界面水分子中的水分子只存在$H_2O^=$取向。由此可见，当电极电势更负时，富电子的Pt(100)表面排斥水分子，使水分子且倾向于呈现$H_2O^=$取向。该研究由此确认，碱性介质下，即pH=12.8时，因铂电极表面带更多电子而使第一水层的水以平行方式吸附；酸性介质下，第一水层的水则更易以垂直方式吸附。

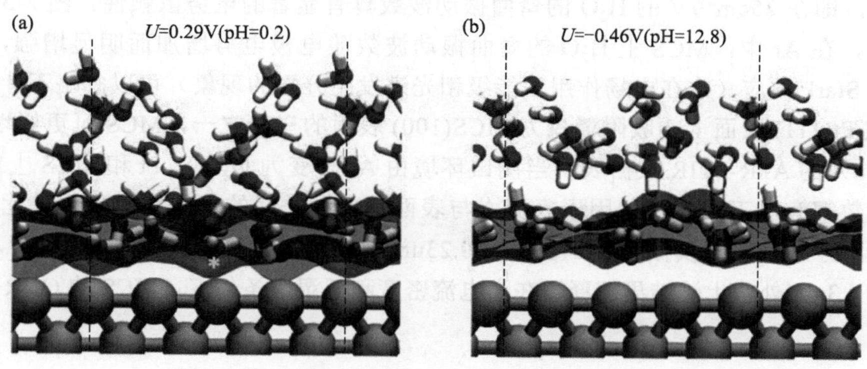

图2-36　pH值对水层结构的影响（彩插见文前）[45]

pH值对水层结构的影响在催化剂的HOR/HER活性中有更直观的体现。例如，铂基催化剂在碱性电解质中的HOR/HER活性至少比在酸性介质中低2～3个数量级[46]，部分研究者将HOR/HER活性的pH值依赖性归结于水在催化剂表面的吸附自由能的pH值依赖性[47]。如图2-37所示，从Pt(110)和Pt(100)表面H_{upd}的峰位置随pH值的增大而正移可以看出，随着pH值的增加，水在Pt(110)和Pt(100)表面的吸附会逐渐减弱从而使氢吸附的表观吉布斯自由能减小，意味着H的表观吸附强度增大。故HOR/HER的pH效应可解释为电解质溶液的pH值增大导致水的吸附减弱，从而促使氢吸附的表观吉布斯自由能变负，H的表观吸附增强，最终使催化剂的HOR/HER活性降低。由此可见，溶液的pH值变化将导致界面水的结构发生改变，从而影响催化剂的活性。

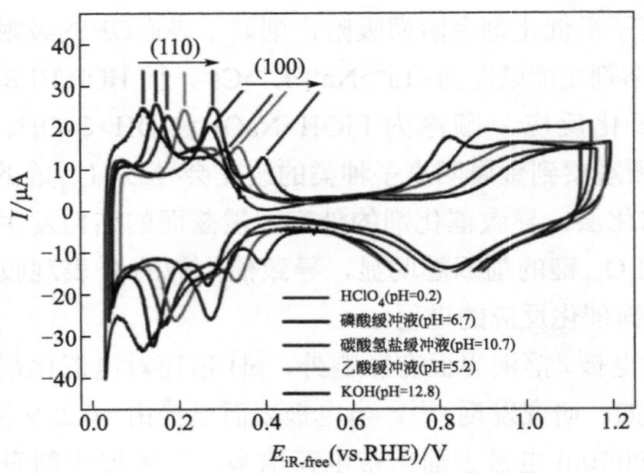

图2-37 在不同pH值的溶液中，Pt的稳态CVs[48]

显然，当电极表面结构不同时，其对界面水结构的扰动不同，对电极电势变化的响应程度不同，相应地电极表（界）面的电化学催化反应活性也不尽相同。以水相中氧还原电催化为例，庄林等[49]通过原位衰减全反射傅里叶变换红外光谱（attenuated total reflectance-fourier transform infrared spectroscopy，ATR-FTIR）检测了电化学条件下Pt和Mn-Co尖晶石（MCS）表面H_2O振动的细微变化（图2-38）。结果表明，Pt上H_2O的弯曲振动波数比MCS上的高，说明Pt-H_2O相互作用弱于MCS-H_2O相互作用。对于H_2O在MCS表面的强吸附，即在25cm^{-1}/V的H_2O的弯曲振动波数具有显著的电势依赖性。图2-38（a）中可以看出，在Ar中，MCS上H_2O的弯曲振动波数随电极电势增加而明显增强，而Pt表面上水的Stark效应（水在电场作用下能级和光谱发生分裂的现象）可以忽略不计。这是因为H_2O在Pt(111)表面上的吸附能仅为MCS(100)表面的三分之一，MCS可更好地活化水。图2-38（a）的ATR-FTIR数据表明当测试环境由Ar转变为O_2时，Pt和MCS上的H_2O弯曲振动波数都有所下降，这归因于表面水与表面氧物种之间的额外相互作用。此外，如图2-38（b），分子动力学模拟发现，在接近0.23nm处，液态水即可润湿MCS表面，而Pt表面需要在0.3nm处。上述结果解释了在高电流密度和低湿度条件下，MCS的ORR活性优于Pt的原因。

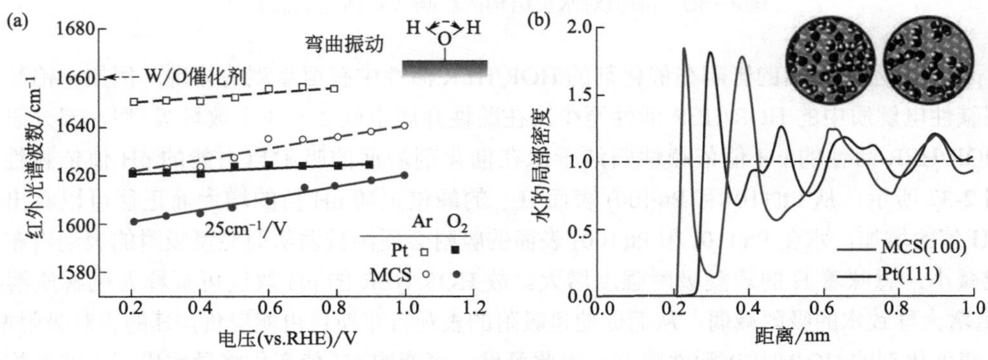

图2-38 Pt和尖晶石电极表面界面电场对水分子活化的调节[29]

以催化剂表面与水之间形成的界面场为依据，复合催化剂各组分间的强相互作用和电荷转移等对各组分相界面间区域的几何、电子结构产生显著影响，致使相界面成为决定催化剂活性的关键。魏子栋等[50]发现将金属氧化物负载在金属上时，金属氧化物 / 金属复合催化剂界面间的电荷转移，可导致金属氧化物 / 金属界面间的金属具有与本体金属和氧化物截然不同性质。如 Ni/NiO 界面的形成导致界面 Ni 较纯 Ni 出现了晶格膨胀，同时具有不同的化学价态。密度泛函理论（density functional theory，DFT）与实验证实金属氧化物 / 金属相界面间的电荷转移，导致界面金属与本体金属间的电子结构出现异化特征，即沿着“氧化物 / 金属”界面形成了对 OH 和 H_2O 具有排斥作用，而对 H 具有最优选择性吸附的界面通道，该界面通道随即成为专属的形成 H 原子复合并释放 H_2 的通道，如同在“氧化物 / 金属”界面周围形成 H_2 快速抽提的“烟囱”，称之为金属 / 金属氧化物界面对 HER 的“烟囱效应”[图 2-39（a）]。显然，金属氧化物与金属之间的界面含量越大，沿界面形成的烟囱越多，催化剂的活性越高。胡劲松等[51]利用 Ni 纳米晶自然氧化的尺寸相关性来精确调控纳米晶表面 Ni/NiO 比例的方法，成功制备得到一系列 Ni/NiO 纳米异质界面可调的高度分散的 Ni/NiO 纳米晶模型催化剂，进一步证实了碱性介质中 HER 活性与 Ni/NiO 异相界面组成的相关性。他们发现平均尺寸为 3.8nm 的 Ni/NiO 纳米晶具有最佳的 Ni/NiO 比值（约 20%），从而具有最优的 HER 活性和稳定性。同样地，复合催化剂相界面对催化氢氧化（HOR）也存在类似的“逆烟囱效应”[图 2-39（b）]。魏子栋课题组[52]发现将 Ru 簇金属负载于 TiO_2 纳米片时，可通过 Ru-TiO_2 界面形成的 Ru-O 键调节界面 Ru 簇的氧化程度。界面 Ru 簇的氧化程度与其表面 OH 的吸附强度成反比。当界面氧化的 Ru 的 4d 轨道达到半充满状态的同时又保持了表面金属特征，使其在催化 HOR 过程中免于吸附 H_2O 和 OH 而被氧化，仅选择性利于 H_2 的离解与催化氧化。

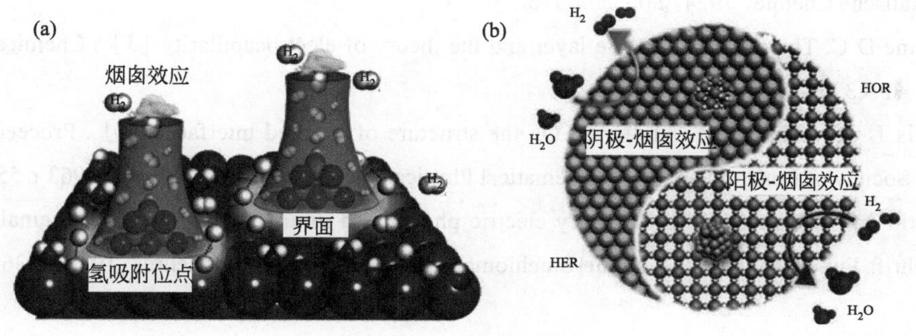

图2-39　HER的阴极“烟囱效应”原理图（a）[50]和 HOR的阳极“逆烟囱效应”原理图（b）[52]

综上，电极 / 溶液界面结构可通过改变电极组成结构、电解质、离子种类、pH 值等进行调变，通过改变界面电场的分布、紧密层结构以及电极表（界）面物种的吸附形态和强度等，从而实现电极 / 溶液界面电化学催化过程的调变。特别是提高电极的导电性，改变其费米能级的能量以及能带与反应物种态密度间的重叠程度，是提高电化学反应中电子转移速率的关键。而当电极电子结构一定时，可进一步利用电极表（界）面组成与紧密层溶剂间以及溶剂化离子的强相互作用，形成界面场，利用电化学催化反应与界面电场的相互耦合甚至强化作用，可进一步有效地调变催化剂的活性，为设计高效、低成本催化剂提供新策略。

2.4 总结与展望

电催化是电化学能量转换与物质转化的科学基础。在原理上，电催化通过调控电极 / 溶液界面的电场来推动电化学反应；在应用方面，除了以燃料电池的方式将化学能高效转换为电能，电催化还可与可再生能源发电直接联用，实现化学储能和高附加值化学品生产。

在过去的几十年里，虽然电化学能源技术在各方面不断取得进步，但电催化的科学内涵却几乎没有得到深化和发展。与催化相关的材料研究和方法研究不断地产生新概念（如核 - 壳结构、单原子催化剂等），然而电催化自身的研究却非常缺乏概念性的创新。由于电极 / 溶液界面的复杂性，系统的电催化理论尚未形成，目前电化学家只能依靠经验推测电催化剂的构效关系，对更廉价、性能更优的电催化新体系的发掘几乎没有理论性指导。因此，借助快速发展的计算方法和先进的谱学技术，建立完善的理论体系并提出概念创新的研究思路，是电催化研究从本质上改变现状的关键。

参考文献

[1] Helmholtz H. Studien über electrische grenzschichten［J］. Annals of Physics，1879，243（7）：337-382.

[2] Gouy M. Sur la constitution de la charge électrique à la surface d' un électrolyte［J］. Journal de Physique Archives，1910，9（1）：457-468.

[3] Chapman D L. A contribution to the theory of electrocapillarity［J］. Philosophical Magazine，1913，25（148）：475-481.

[4] Stern O. Zur theorie der elektrolytischen doppelschicht［J］. Zeitschrift für Elektrochemie und angewandte physikalische Chemie，1924，30：508-516.

[5] Grahame D C. The electrical double layer and the theory of electrocapillarity［J］. Chemical Reviews，1947，41（3）：441-501.

[6] Bockris J，Devanatiian M，Muller K. On the structure of charged interfaces［J］. Proceedings of the Royal Society of London Series A-Mathematical Physical and Engineering Sciences，1963：55-79.

[7] Frumkin A，Gorodetzkaja A. Capiuary electric phenomena in amalgams. I. Thallium amalgams［J］. Zeitschrift Fur Physikalische Chemie-Stochiometrie Und Verwandtschaftslehre，1928，136（6）：451-472.

[8] Antropov L I. Theoretical electrochemistry［M］. Saint Petersburg：Mir，1972.

[9] Nie Y，Li L，Wei Z D. Recent advancements in Pt and Pt-free catalysts for oxygen reduction reaction［J］. Chemical Society Reviews，2015，44（8）：2168-2201.

[10] Xiong K，Li L，Deng Z H，et al. RuO_2 loaded into porous Ni as a synergistic catalyst for hydrogen production［J］. Rsc Advances，2014，4（39）：20521-20526.

[11] Taube H. Mechanisms of redox reactions of simple chemistry［J］. Advances in Inorganic Chemistry and Radiochemistry，1959，1：1-53.

[12] Deisenhofer J，Epp O，Miki K，et al. Structure of the protein subunits in the photosynthetic reaction center of rhodopseudomonas-viridis at 3a resolution［J］. Nature，1985，318（6047）：618-624.

[13] Marcus R A. Chemical and electrochemical electron-transfer theory［J］. Annual Review of Physical

Chemistry，1964，15：155-196.

[14] Franck J. Elementary processes of photochemical reactions［J］. Transactions of the Faraday Society，1926，21（3）：0536-0542.

[15] Condon E. A theory of intensity distribution in band systems［J］. Physical Review，1926，28（6）：1182-1201.

[16] Haken Hermann，Wolf Hans Christoph. Molecular physics and elements of quantum chemistry：introduction to experiments and theory［M］. Berlin：Springer，2004.

[17] Zusman L D. Outer-sphere electron-transfer in polar-solvents［J］. Chemical Physics，1980，49（2）：295-304.

[18] Schroder D，Trage C，Schwarz H，et al. Inner-sphere electron transfer in metal-cation chemistry［J］. International Journal of Mass Spectrometry，2000，200（1-3）：163-173.

[19] Calle-Vallejo F，Koper M T M，Bandarenka A S. Tailoring the catalytic activity of electrodes with monolayer amounts of foreign metals［J］. Chemical Society Reviews，2013，42（12）：5210-5230.

[20] Baraldi A，Lizzit S，Comelli G，et al. Spectroscopic link between adsorption site occupation and local surface chemical reactivity［J］. Physical Review Letters，2004，93（4）：046101.

[21] Trasatti S. The absolute electrode potential - an explanatory note（recommendations 1986）［J］. Pure and Applied Chemistry，1986，58（7）：955-966.

[22] Bard A，Faulkner L. Electrochemical methods：fundamentals and applications［M］. Hoboken：Wiley，2000.

[23] Damaskin B B，Petrii O A. Historical development of theories of the electrochemical double layer［J］. Journal of Solid State Electrochemistry，2011，15（7-8）：1317-1334.

[24] Kilic M S，Bazant M Z，Ajdari A. Steric effects in the dynamics of electrolytes at large applied voltages. I. double-layer charging［J］. Physical Review E，2007，75（2）：021502.

[25] Liu J L，Eisenberg B. Molecular mean-field theory of ionic solutions：a poisson-nernst-planck-bikerman model［J］. Entropy，2020，22（5）：550.

[26] Lee A A，Perkin S. Ion-image interactions and phase transition at electrolyte-metal interfaces［J］. Journal of Physical Chemistry Letters，2016，7（14）：2753-2757.

[27] Borukhov I，Andelman D，Orland H. Steric effects in electrolytes：a modified poisson-boltzmann equation［J］. Physical Review Letters，1997，79（3）：435-438.

[28] Toney M F，Howard J N，Richer J，et al. Voltage-dependent ordering of water-molecules at an electrode-electrolyte interface［J］. Nature，1994，368（6470）：444-446.

[29] Li C Y，Le J B，Wang Y H，et al. In situ probing electrified interfacial water structures at atomically flat surfaces［J］. Nature Materials，2019，18（7）：697-701.

[30] Sakong S，Groß A. The electric double layer at metal-water interfaces revisited based on a charge polarization scheme［J］. Journal of Chemical Physics，2018，149（8）：084705.

[31] Zhan H L，Cervenka J，Prawer S，et al. Electrical double layer at various electrode potentials：a modification by vibration［J］. Journal of Physical Chemistry C，2017，121（8）：4760-4764.

[32] Dhiman R，Johnson E，Skou E M，et al. SiC nanocrystals as Pt catalyst supports for fuel cell applications［J］. Journal of Materials Chemistry A，2013，1（19）：6030-6036.

[33] Wang H S，Baltruschat H. DEMS study on methanol oxidation at poly- and monocrystalline platinum electrodes：the effect of anion，temperature，surface structure，Ru adatom，and potential［J］. Journal of Physical Chemistry C，2007，111（19）：7038-7048.

[34] Kucernak A R，Offer G J. The role of adsorbed hydroxyl species in the electrocatalytic carbon monoxide oxidation reaction on platinum［J］. Physical Chemistry Chemical Physics，2008，10（25）：3699-3711.

[35] Li L L，Wei Z D，Qi X Q，et al. Chemical oscillation in electrochemical oxidation of methanol on Pt surface［J］. Science in China Series B-Chemistry，2008，51（4）：322-332.

[36] Zuo X Q，Chen W，Yu A N，et al. pH effect on acetate adsorption at Pt(111) electrode［J］. Electrochemistry Communications，2018，89：6-9.

[37] Kondo T，Masuda T，Aoki N，et al. Potential-dependent structures and potential-induced structure changes at Pt(111) single-crystal electrode/sulfuric and perchloric acid interfaces in the potential region between hydrogen underpotential deposition and surface oxide formation by in situ surface X-ray scattering［J］. Journal of Physical Chemistry C，2016，120（29）：16118-16131.

[38] Pickup P G，Birss V I. The kinetics of charging and discharging of iridium oxide-films in aqueous and non-aqueous media［J］. Journal of Electroanalytical Chemistry，1988，240（1-2）：185-199.

[39] Danilovic N，Subbaraman R，Strmcnik D，et al. The effect of noncovalent interactions on the HOR，ORR，and HER on Ru，Ir，and $Ru_{0.50}Ir_{0.50}$ metal surfaces in alkaline environments［J］. Electrocatalysis，2012，3（3-4）：221-229.

[40] Zanta C L P S，de Andrade A R，Boodts J F C. Solvent and support electrolyte effects on the catalytic activity of Ti/RuO_2 and Ti/IrO_2 electrodes：oxidation of isosafrole as a probe model［J］. Electrochimica Acta，1999，44（19）：3333-3340.

[41] Bérubé Y G，De Bruyn P L. Adsorption at the rutile-solution interface：I. thermodynamic and experimental study［J］. Journal of Colloid and Interface Science，1968，27（2）：305-318.

[42] Ardizzone S，Fregonara G，Trasatti S. "Inner" and "outer" active surface of RuO_2 electrodes［J］. Electrochimica Acta，1990，35（1）：263-267.

[43] Subbaraman R，Tripkovic D，Strmcnik D，et al. Enhancing hydrogen evolution activity in water splitting by tailoring Li^+-Ni(OH)（2）-Pt interfaces［J］. Science，2011，334（6060）：1256-1260.

[44] Mccrum I T，Chen X T，Schwarz K A，et al. Effect of step density and orientation on the apparent pH dependence of hydrogen and hydroxide adsorption on stepped platinum surfaces［J］. Journal of Physical Chemistry C，2018，122（29）：16756-16764.

[45] Cheng T，Wang L，Merinov B V，et al. Explanation of dramatic pH-dependence of hydrogen binding on noble metal electrode：greatly weakened water adsorption at high pH［J］. Journal of the American Chemical Society，2018，140（25）：7787-7790.

[46] Sheng W C，Gasteiger H A，Shao-Horn Y. Hydrogen oxidation and evolution reaction kinetics on platinum：acid vs alkaline electrolytes［J］. Journal of the Electrochemical Society，2010，157（11）：B1529-B1536.

[47] Zheng J，Nash J，Xu B J，et al. Towards establishing apparent hydrogen binding energy as the descriptor for hydrogen oxidation/evolution reactions［J］. Journal of the Electrochemical Society，2018，165（2）:

H27-H29.

[48] Sheng W C，Zhuang Z B，Gao M R，et al. Correlating hydrogen oxidation and evolution activity on platinum at different pH with measured hydrogen binding energy[J]. Nature Communications，2015，6：5848.

[49] Wang Y，Yang Y，Jia S F，et al. Synergistic Mn-Co catalyst outperforms Pt on high-rate oxygen reduction for alkaline polymer electrolyte fuel cells［J］. Nature Communications，2019，10：1506.

[50] Peng L S，Zheng X Q，Li L，et al. Chimney effect of the interface in metal oxide/metal composite catalysts on the hydrogen evolution reaction［J］. Applied Catalysis B：Environmental，2019，245：122-129.

[51] Zhao L，Zhang Y，Zhao Z L，et al. Steering elementary steps towards efficient alkaline hydrogen evolution via size-dependent Ni/NiO nanoscale heterosurfaces［J］. National Science Review，2020，7（1）：27-36.

[52] Jiang J，Tao S，He Q，et al. Interphase-oxidized ruthenium metal with half-filled d-orbitals for hydrogen oxidation in an alkaline solution［J］. Journal of Materials Chemistry A，2020，8（20）：10168-10174.

第3章
多孔电极理论

要将催化剂用于电催化反应，还需要将其制备成多孔电极。多孔电极除了含有催化剂及其载体构建的电子导电相，还有可以容纳气体、电解质或产物的孔隙。受孔结构的影响，多孔电极在表面电荷转移、孔隙内物质传输上均表现出与平板电极不同的电极动力学过程机制。如图 3-1 所示，平板电极表面传质、反应均匀一致，多孔电极则呈现出与表面结构关联的动力学过程，电场电力线的不均匀分布，传质路径的差别，孔道结构如比表面积、孔隙率、孔径大小和分布、曲折系数等特征参数的变化，都会不同程度影响电极反应过程。

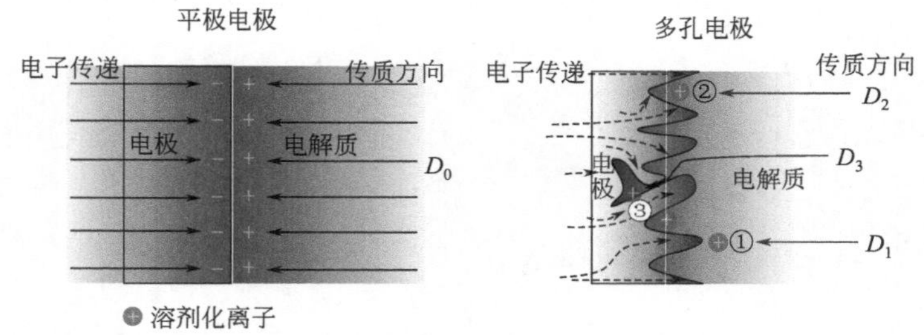

图3–1 平板电极与多孔电极表面电化学过程示意图（平板电极表面，离子传质距离相同，产生的压降一致；多孔电极表面，传质路径差别造成不同位置压降不同）

电化学反应装置（包括电解电池和化学电源）通常采用多孔电极结构形式，这是因为相比于平板电极，多孔电极具有以下优势：①电化学活性比表面积增大，活性物质利用率提高，因此表观电流密度（单位表观面积上流过的电流）增加，电池整体性能获得显著改善；②可以改善平板电极的扩散传质情况，形成比平板电极薄得多的扩散层，增大极限电流密度，减小浓差极化；③便于在活性物质中加入各种添加剂，得到成分均匀、结构稳定的电极。

将多孔电极组装成电化学装置后，电极中的孔隙可以有两种不同的填充和工作方式。当电极内部的孔隙完全为电解质溶液充满时，称为全浸没多孔电极，也叫两相多孔电极。在有气体参与的两相多孔电极反应中，气体通过溶解到液相中再迁移到液 / 固界面才能进行反应。但是，氢、氧等气体在水溶液中的溶解度只有 10^{-3} ～ 10^{-4}mol/L，且溶解的气体分子在水溶液电解质中扩散系数也非常小（约为 2.6×10^{-5}cm^2/s），和在背压下气体直接到达催化剂表面的对流传质无法相提并论。同时，全浸没电极中的传质距离特别长，造成液相传质效率低下，因此两相多孔电极不可能产生可观的气体反应电流。

当电极中的孔隙只部分地被电解质相充满，而剩余的孔隙由气相填充，则形成了包含“气 / 液 / 固”的三相多孔电极，也称为气体多孔电极、气体扩散电极。三相多孔电极可以看成是由

“气孔”“液孔”和“固相”三种网络交织组成，它们分别承担了气相传质、液相传质和电子传递的作用。三相多孔电极中，对于气体向电极表面的输送过程，主要存在两种解释：①气体首先在气、液界面溶解，之后溶解的气体分子穿过催化剂表面的电解质液膜向电极表面扩散，最后到达液、固界面进行电化学反应。但是，如前所述，由于气体在电解液中的溶解度非常小，此种传输在大电流工作的燃料电池中，并不是主要的传输途径。特别是当电解质是固体聚合物或固体氧化物时，这种经典的“溶剂化气体穿过催化剂表面电解质液膜向电极表面扩散”的说法，就很难自圆其说。②气体通过气相或对流或扩散方式直接抵达催化剂与电解质（液体或固体）的交界处，形成“固/液/气”三相界面而直接参与电极反应，这是燃料电池中气体的主要传输途径。必须指出，即便电解质是固体，若反应产物是液体，如氧还原反应产生的水，气体多孔电极也必须为产物水留出足够的排出通路（空间），否则将造成水淹（flooding）。气体通道若被水淹，将失去气体输送能力，电极反应也将随之停止，而即使不完全水淹，也会恶化气体输送效率。因此，气体多孔电极的水管理是一个十分重要的控制策略。在长期的科研合作中，魏子栋等提出了“一个反应，两类导体，三相界面，四条通道”的典型“一二三四”特征，是对气体多孔电极一个清晰而没有遗漏的描述。高效的气体多孔电极，就是四条通道必须交汇到所有的催化剂颗粒上。

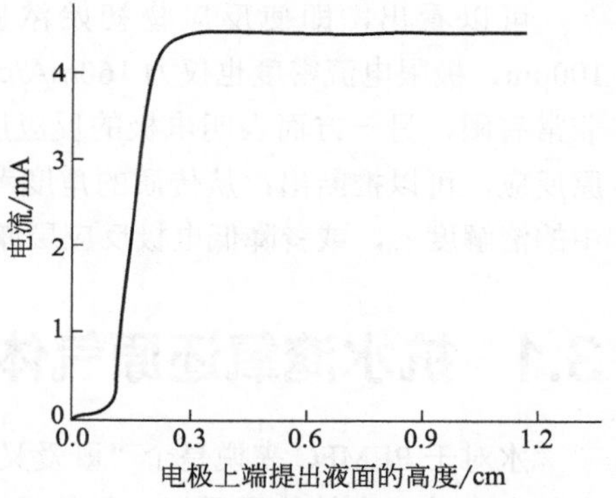

图3-2　电极部分提出液面（暴露于氢气氛中）对氢的氧化反应电流的影响

气体多孔电极是从薄液膜理论或液体薄膜现象中发展起来的，虽然它不尽适合固体电解质体系，但对我们理解气体多孔电极的工作原理却不无裨益，在此对其做一个简单介绍。如图3-2所示，将铂黑电极置于氢饱和的静止溶液中并保持电极电势为0.4V时，只能产生不到0.1mA的阳极电流。然而，如果将电极上端提出液面3mm左右，则输出电流增大近45倍。进一步提高电极高度，输出电流却不再增大，表明在半浸没电极上只有高出液面2～3mm的薄液膜最能有效地用于气体电极反应[1]，其中的原因在于薄液膜能够显著强化氢气以及反应产物质子的迁移。如图3-3所示：氢可以通过几种不同的途径在半浸没电极表面上氧化，其中每一途径都包含氢迁移到电极表面与反应产物 H^+ 迁移到整体溶液中去这样一些液相传质过程。若任一液相传质途径太长，如途径 b 中 H_2 的扩散或途径 c 中 H^+ 的扩散（包括电迁）那样，就不可能给出较大的电流密度。按途径 d 反应时吸附的 H_2 还要通过固相表面上的扩散才能到达薄液膜上端的电极/溶液界面，更为困难。然而，若反应大致按途径 a 进行，则 H_2 与 H^+ 的液相迁移途径都比较短，因此这部分电极表面

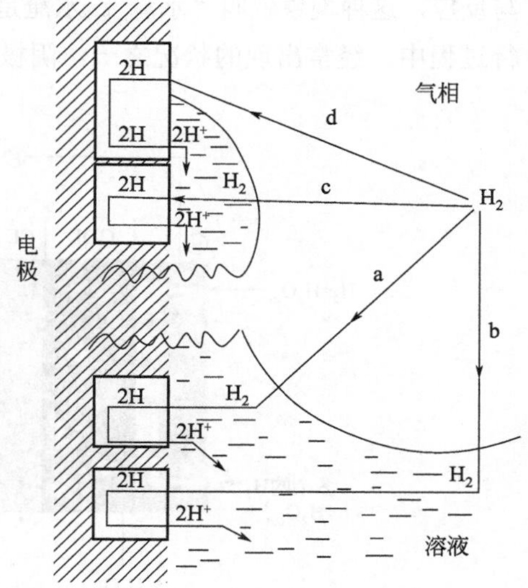

图3-3　半浸没气体电极上的各种可能反应途径

（有些书称为弯月面）就成为半浸没电极上最有效的反应区。

综上所述，要构建高效气体多孔电极，电极内既要包含丰富的气孔网络以保障反应气体的快速传输，又需要形成大量覆盖在固体催化剂表面、气体容易接触到的连续薄液膜。这里我们可以通过气体扩散电极的极限电流密度这个概念，来直观地理解气体在液相中的传质能力。极限扩散电流密度 j_d 可由式（3-1）计算：

$$j_d = nFDc_0 / \delta \tag{3-1}$$

式中，n 为电子转移数；F 为法拉第常数；D 为气体在溶液中的有效扩散系数；c_0 为气体在溶液中的溶解度；δ 为气体扩散电极有效反应层厚度。

以碱性氢氧化反应为例，电极反应 $\frac{1}{2}$ $H_2+OH^- \rightarrow H_2O+e^-$ 中，假设反应生成的水以气相排出，此时 D 值约为 $10^{-6}cm^2/s$，则有

$$j_d = 200c_{OH^-} / \delta \tag{3-2}$$

可以看出，即使反应物初始浓度很高（c_{OH^-}=8mmol/cm³），如果扩散电极厚度达到100μm，极限电流密度也仅为160mA/cm²。这一方面指出气体扩散电极中薄液膜的传质能力也非常有限，另一方面表明电极的反应层过厚会直接影响输出电流大小。将该结论应用于氧还原反应，可以推断出：从传质的角度考虑，要构建高效氧还原气体扩散电极，提高 O_2 在溶液中的溶解度 c_0，或者降低电极反应层厚度 δ（即构建超薄催化剂层）是两条可行途径。

3.1 抗水淹氧还原气体多孔电极

水对于PEMFC来说是个“既爱又恨”的矛盾体（图3-4）。一方面，聚合物电解质膜需要水的存在才能高效传导质子。但从另一方面考虑，流场以及电极的气体传输孔道中聚积的液态水如果没有及时移除，过量的水就会占据气体扩散层（GDL）和催化剂层（CL）的一部分孔道空间，降低传输至催化剂层的氧气量，同时致使一部分催化剂活性位被屏蔽从而无法参与反应，这种现象就叫“水淹”。水淹是膜电极组件（membrane electrode assembly，MEA）运行过程中，经常出现的状况之一。阴极更容易发生水淹是由于以下三个原因：①阴极氧还原

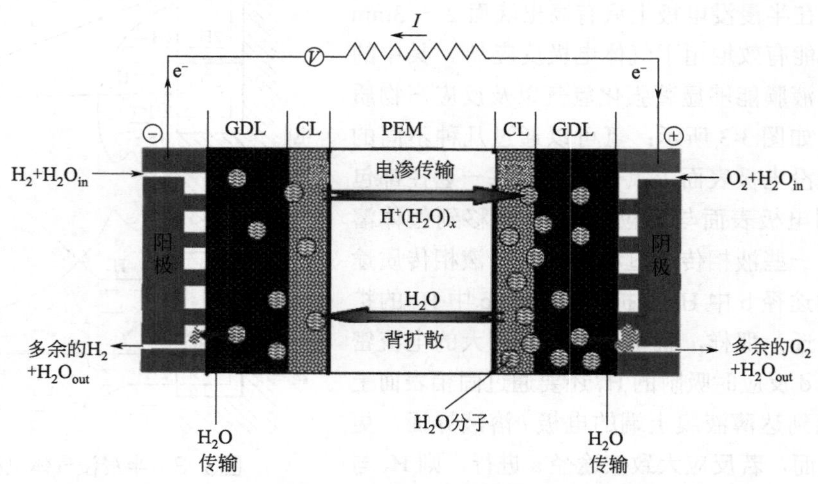

图3-4 质子交换膜燃料电池内部的水传输机制

反应本身会生成水，而随着负载增加或电流密度增加，生成水量也相应增加。②电渗拖曳会把质子和水分子一起从阳极拉到阴极。这部分水的传输速率取决于膜的加湿程度，并随电流密度增加而增加[2]。③反应物气体过度增湿和液态水注入也会导致水淹。

水淹对燃料电池性能输出造成的影响特别巨大[3, 4]。如图3-5所示，当电流密度高于0.55A/cm²时，水淹会显著增加阴极气体分压的压降，导致电池压降迅速升高。此外，如果阴极压降从1.5kPa增加至约3.0kPa，则初始电池电压就会从0.9V下降到其初始值的大约三分之一。

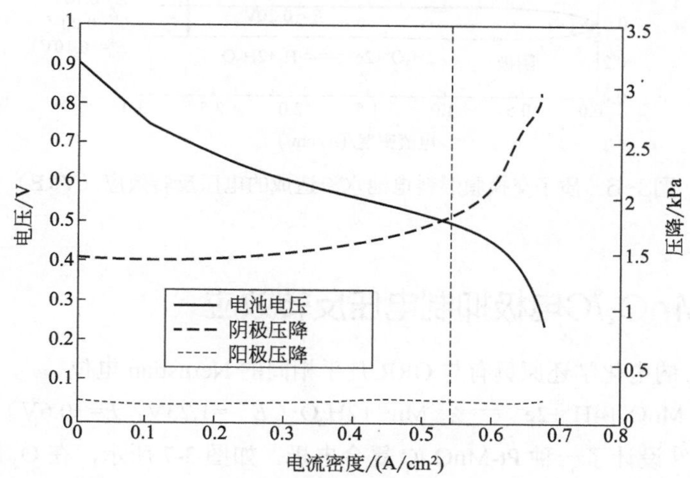

图3-5 阴极水淹对PEM燃料电池性能的影响（电池温度：51℃；H_2流量：2.0A/cm²；空气流量：2.8A/cm²；H_2端温度：50℃；空气端温度：27℃）[4]

阴极出现水淹还会进一步阻碍氧气的传输[5, 6]，使得接触到催化活性位的氧气量低于化学计量数，造成阴极处于氧“饥饿”状态[7]。稳态条件下，进入电池系统的氧的净流量同电化学反应消耗的氧气量相等。而当燃料电池需要突然增大输出功率时，供应到系统的氧量远少于所需，造成氧气的浓差极化也随之升高。更糟糕的是，在氧气供应中断的情况下，原来的电子消耗反应（ORR）：

$$O_2+4H^++4e^- \Longrightarrow 2H_2O\ (E^\ominus=1.23V,\ E=+0.8V) \tag{3-3}$$

将被新的电子消耗过程，即质子还原反应（PRR）：

$$2H_3O^++2e^- \Longrightarrow H_2+2H_2O\ (E^\ominus=0V,\ E=-0.1V) \tag{3-4}$$

所取代。在这种情况下，阴极标准电极电势从1.23V（对于ORR）下降到0.0V（对于PRR）。考虑到极化的影响，实际电极电势大约由0.8V（对于ORR）变到−0.1V（对于PRR）。同时，对于在阳极发生的氢氧化反应（HOR）：

$$H_2+2H_2O \Longrightarrow 2H_3O^++2e^-\ (E^\ominus=0.00V) \tag{3-5}$$

当产生电流时，电极电势一般会正向偏移0.1V。因此，电池电压将从原始的0.7V（0.8−0.1，ORR）变为−0.2V（−0.1−0.1，PRR）。也就是说PRR替代ORR过程中，电池的输出电压从正值（例如0.7V）转变为负值（例如−0.2V），这种现象称为PEMFC的电压反转效应（voltage reversal effect，VRE，图3-6），一些文章中也叫负差效应。在燃料电池堆中，单个电池发生VRE不仅对整个电堆性能输出没有贡献，还能抵消一部分其他电池的有效输出电压。因此，只要VRE出现，电堆性能就会严重受损。

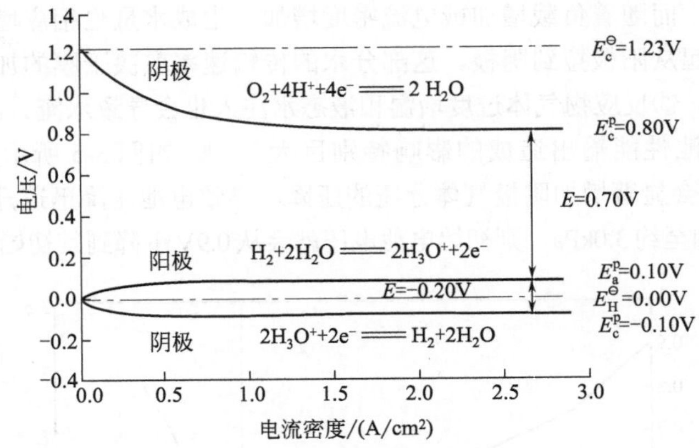

图3-6 质子交换膜燃料电池水淹造成的电压反转效应（VRE）

3.1.1 Pt-MnO_2/C电极抑制电压反转效应

考虑到 MnO_2 的电化学还原具有与 ORR 几乎相同的 Nernstian 电位

$$MnO_2+4H^++2e^- \Longleftrightarrow Mn^{2+}+2H_2O\ (E^{\ominus}=1.23V,\ E=+0.6V) \tag{3-6}$$

魏子栋等[8, 9]设计了一种 Pt-MnO_2/C 复合电极。如图 3-7 所示，在 O_2 饱和酸性条件下，Pt-MnO_2/C 表面可以同时发生 O_2 和 MnO_2 的电化学还原反应，而 Pt/C 表面仅有 ORR，因此相较于后者，Pt-MnO_2/C 可以产生更高输出电流。而在缺氧（即 N_2 饱和）条件下，Pt/C 电极表面电流几乎为零，表明该电极上只能进行 H^+ 还原反应，这在实际电池运行中必然会造成电压反转。但 Pt-MnO_2/C 表面由于 MnO_2 还原反应的发生，可以产生约 12mA/cm² 的电流，因此该复合电极在一定程度上可以减轻因氧饥饿导致的电压反转。这里需要指出的是，酸性体系下随反应不断进行，MnO_2 逐渐消耗，最后都变成 Mn^{2+} 溶解在电解质中。由于 Mn^{2+} 对质子交换膜有一定毒化作用，所以该 Pt-MnO_2/C 电极并不适用于实际燃料电池。该工作虽然有趣而无用，但作为抗水淹氧还原电极的早期探索，还是值得肯定的。

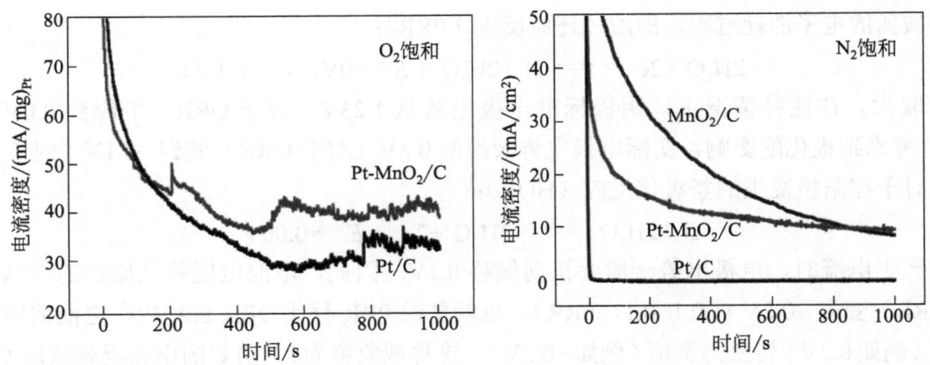

图3-7 Pt-MnO_2/C和Pt/C电极分别在O_2、N_2饱和0.05 mol/L H_2SO_4中的单电位阶跃计时电流曲线（Pt-MnO_2/C电极Pt载量为0.4mg/cm²，MnO_2载量为0.8mg/cm²；Pt/C电极Pt载量为0.6mg/cm²；电势阶跃范围为0.9～0.1V；电极面积为0.07cm²；参比电极为Ag/AgCl）

3.1.2 抗水淹传质通道的设计构建

当质子交换膜燃料电池在高电流密度下运行时，电扇吹扫能够一定程度上增强氧气供给、缓解氧饥饿问题，但这种方式不仅会导致膜失水，还会消耗一部分电池自身的电能。过多的产物水可以通过气流的对流去除，调节水分含量、压力降、气流的流速以及流道的温度则能够有效控制水的去除速率。需要强调的是，所有加强气体对流的方法仅能去除掉双极板中流道内的水分，却无法去除催化剂层孔隙中的水分。而早期大部分研究都集中在去除流场中积累的水分，对于如何克服发生在催化剂层孔隙中的水淹问题却鲜有报道。

由于 O_2 在水中的溶解度极低，水淹条件下通过水输送到催化剂表面的气体通量就非常小。因此，如果能找到一种对 O_2 具有高溶解度的介质填充进催化剂的孔道中，就有可能提高水淹条件下 O_2 的流通量。魏子栋等[10-13]基于"相似相溶"原理，选择将二甲基硅油（DMS）作为非极性防水油，添加到传统 Pt/C 电极的一部分孔隙中，制备得到 AFE 抗水淹电极（图 3-8）。计算可知，80℃下氧在水中的溶解度 c_0 约为 0.003mL/mL，但在 DMS 中提高 60 倍，达到 0.18mL/mL。虽然用 DMS 替代水后损失了一半的氧扩散系数 D（水中 $2.1\times10^{-5}cm^2/s$ vs. DMS 中 $1.0\times10^{-5}cm^2/s$），但根据公式（3-1），氧在 DMS 中的极限扩散电流密度 j_d 仍比在水中提高了约 30 倍。此外，添加 DMS 还提升了孔道表面疏水性，使得水不容易在孔道表面分散从而更倾向于快速排出，由此产生的孔道空间有效促进了 O_2 在催化剂层内的对流传质。因此，采用 DMS 提高 O_2 扩散通量和催化剂孔道疏水性，可以促进电极抗水淹性能的提升。

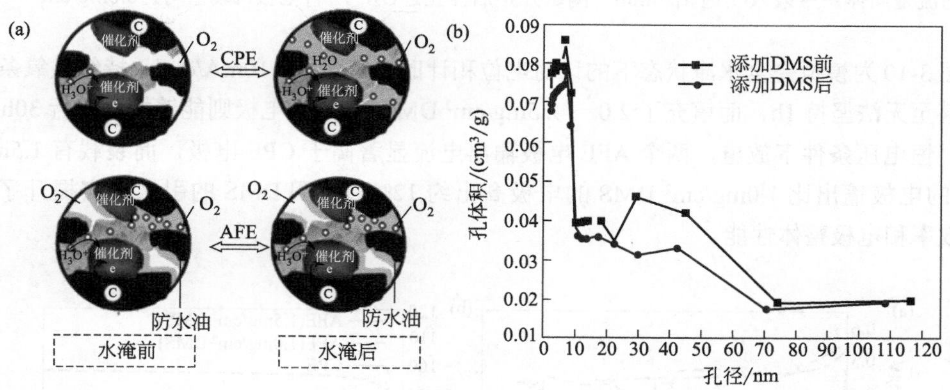

图3-8 （a）传统Pt/C电极（CPE）和抗水淹多孔电极（AFE）中水淹发生前后的示意图；（b）表观面积为4cm²的CPE在加入2.5mg/cm² DMS前后的孔体积分布[11]

一般来说，由于水的毛细凝聚，直径小于 20nm 的孔隙总会为水所占据而无法用于气体传输。大于 70nm 的孔隙则毛细力比较小，水在这些大孔中想要凝聚下来会比较困难，如果同时材料表面憎水性较强，则水很容易被排挤出，因此这部分孔道主要用于气体传输。而直径为 20 ～ 70nm 的孔隙中水仍能产生毛细凝聚，是最容易产生水淹的区域。有一种说法是，解决了发生在直径为 20 ～ 70nm 孔隙中的水淹问题，就一定程度上解决了燃料电池催化剂层水管理方面最首要的问题。图 3-8（b）表明，DMS 的加入引起直径为 20 ～ 70nm 孔道孔体积的降低，表明 DMS 主要填充在该尺寸范围的孔中。事实上，DMS 与碳、Nafion 和

Teflon 的接触角是零，与水的接触角是 117°[14]，因此 DMS 能够很容易进入到由碳、Nafion 和 Teflon 所形成的孔隙中。同时，由于 DMS 的憎水性，其一旦进入孔隙内部，就不会被水排挤出。因此添加了 DMS 的 AFE 电极可以长时间稳定工作。

图 3-9 中，三电极测试体系首先被 O_2 饱和，测试开始后则停止通入 O_2。发现电流升至 6mA/cm² 后，AFE 仍然能够正常运行，而 CPE 性能则快速衰减至零。该结果表明 AFE 电极在测试前比 CPE 储存了更多的 O_2，这必然是由于 DMS 对 O_2 更高的溶解度所致。

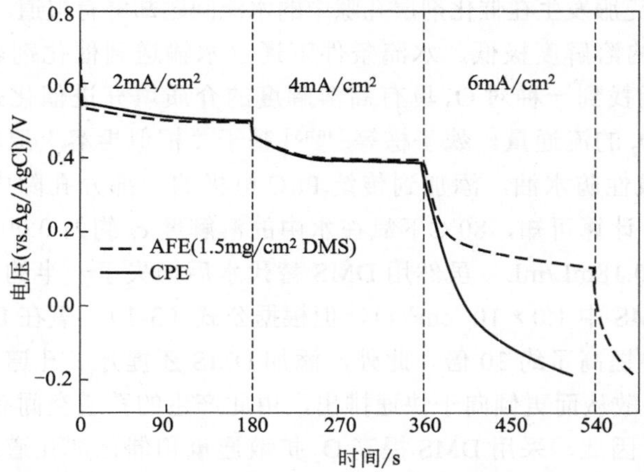

图3-9 AFE和CPE在O_2饱和0.5mol/L H_2SO_4中的多电流阶跃计时电位曲线（测试前以10mL/min的流量向体系中鼓入O_2饱和20min，测试开始后停止通O_2，所有电极Pt载量均为0.8mg/cm²）[11]

图 3-10 为模拟完全水淹状态下的计时电位和计时电流曲线。10mA/cm²、持续供氧条件下，CPE 甚至无法坚持 1h，而填充了 2.0 ～ 2.5mg/cm² DMS 的 AFE 电极则能够持续运行 30h 以上。同样，恒电压条件下放电，两个 AFE 电极输出电流显著高于 CPE 电极，而装载有 1.5mg/cm² DMS 的电极输出比 1.0mg/cm² DMS 的电极高出约 12%，说明 DMS 的引入确实提升了 O_2 的传输效率和电极整体性能。

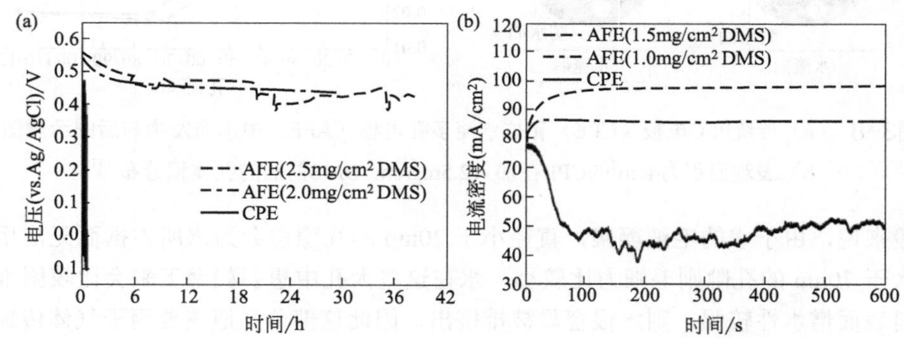

图3-10 （a）AFE和CPE在O_2饱和的0.5mol/L H_2SO_4中以10mA/cm²的阴极电流密度恒电流放电时的计时电流曲线；（b）AFE和CPE在O_2饱和的0.5mol/L H_2SO_4中电位从0.8V阶跃到0.2V时的计时电流曲线（所有测试前均以10mL/min的流量向体系中鼓入氧气饱和20min，测试过程中持续供氧，所有电极Pt载量均为0.8mg/cm²）[11]

进一步比较了两种电极在电池中的性能。图 3-11（a）所示的实验分为两个阶段。最初 4 小时 O_2 没有加湿，装载 AFE 的电池性能略优于装载了 CPE 的电池。之后在 156% RH 下加湿 O_2，载有 CPE 阴极的电池仅维持 2.5h 就完全水淹，而由低载 DMS 和高载 DMS 构建的 AFE 电极组装的电池可以持续正常工作 12h 和 17h，表明在过增湿条件下，以 AFE 为阴极的电池寿命至少增加 9h。单电池极化曲线［图 3-11（b）］表明，阴极无 O_2 增湿条件下，含有两个 CPE 的电池仅能维持 2.3A/cm² 的电流密度，而以 AFE 为正极的电池却能产生 3.3A/cm² 的电流密度。在 O_2 过增湿情况下，含有两个 CPE 的电池仅能维持 1.5A/cm² 的电流密度，而以 AFE 为正极的电池所能维持的电流密度高达 3.0A/cm²。同时，由 AFE 组装的电池在正极不增湿的情况下比 CPE 电池峰值功率提升了 28.7%，而 O_2 过增湿条件下，功率提升则达到了 55.1%。该结果表明阴极催化剂层出现水淹会严重损害电池输出，而 AFE 电极则能够很大程度上克服这一问题。

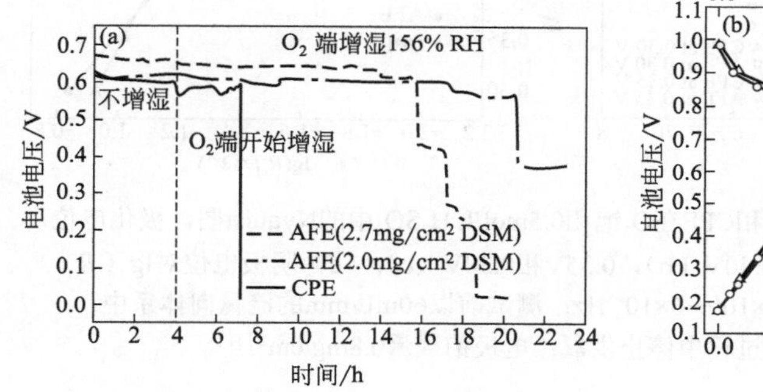

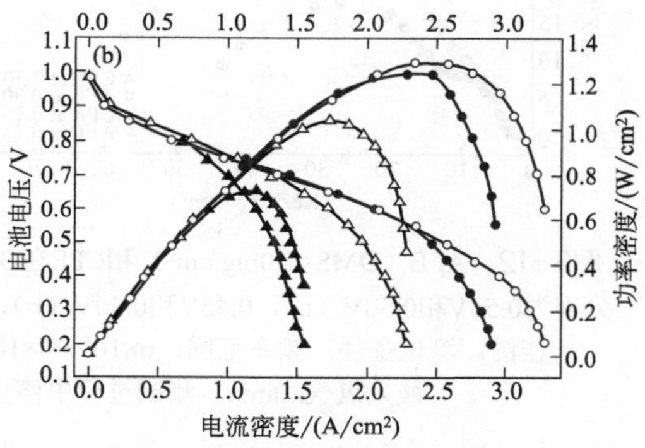

图3-11　（a）分别以AFE和CPE为正极的MEA以1A/cm²的电流密度放电时的电池电压-时间曲线。测试条件：电池工作温度60℃；背压，$p_{O_2}=p_{H_2}$=180kPa；O_2和H_2流速分别为150cm³/min和160cm³/min；（b）以CPE为负极AFE为正极在没有氧增湿（○）和氧气相对湿度为156%（●）情况下的单电池和分别以CPE为正负极在没有氧增湿（△）和氧气相对湿度为156%（▲）情况下的单电池的极化曲线。测试条件：电池工作温度60℃；背压，p_{O_2}=182kPa，p_{H_2}=180kPa；O_2和H_2流速为180～200cm³/min。正负极铂载量分别为0.7mg/cm²和0.6mg/cm²[11]

采用电化学阻抗谱（EIS）技术对 AFE 气体多孔电极的抗水淹性能进行了研究（图 3-12）。根据电位依赖的阻抗谱并结合催化剂层中的薄膜 / 水淹团块模型对阻抗谱特征进行分析，发现在低过电位（0.55 ～ 0.50V）范围内，电荷转移是电极过程的控制步骤，在中间过电位（0.45 ～ 0.40V）范围内，团块扩散是电极反应动力学的控制步骤，而在高过电位（0.35 ～ 0.30V）范围内，电极过程动力学受到了薄膜扩散的显著影响。

上述研究表明，通过在催化剂孔道内添加 DMS，可以大幅提升电极的 O_2 输送能力和抗水淹性能。此外，增大催化剂层的孔隙率则是一种更为直接的途径。将氧还原催化剂构造成多孔结构，除了可以暴露更多内部表面、提供更多活性位点的负载之外，另一个重要功能则是作为原料气体和产物水的传输通道（图 3-13）。显然，孔隙率越大，孔道排布越均匀，氧气和水的传输越顺畅，尤其大电流条件下，更为丰富的孔道可以容纳更多水，为排水提供了更多缓冲空间和时间[9]。目前，不少文献[15-18]已经报道了具有大孔、介孔、微孔及其不同组合

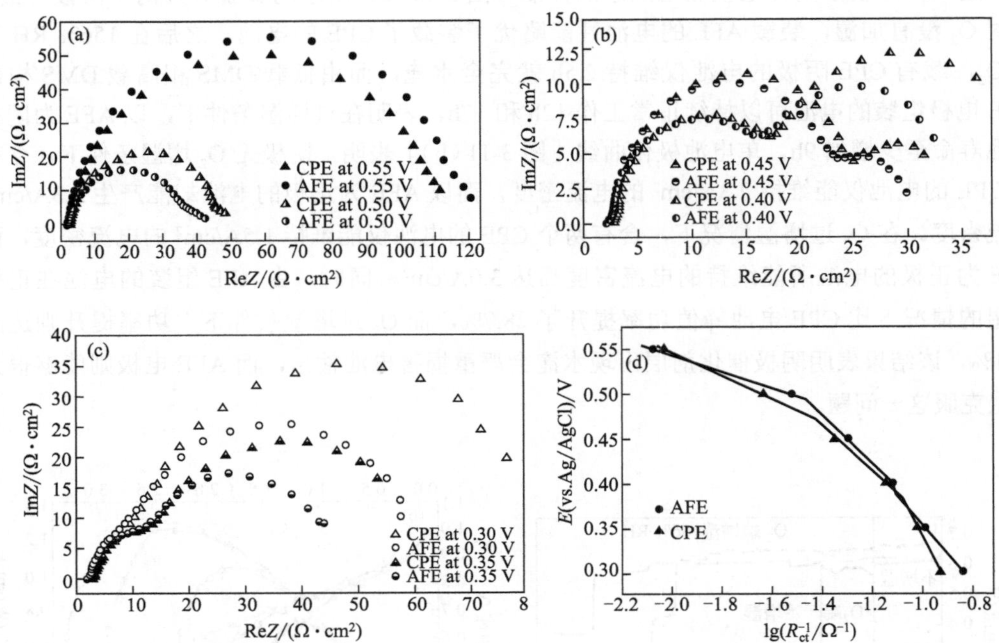

图3-12 AFE（DMS=2.0mg/cm²）和CPE在O_2饱和0.5mol/L H_2SO_4中的Nyquist图，极化电位分别为0.55V和0.50V（a），0.45V和0.40V（b），0.35V和0.30V（c）；（d）阴极电位对lg（R_{ct}^{-1}）作图。测试条件；频率范围：6×10^4～6×10^{-3}Hz；测试前以60mL/min的流量向体系中鼓入氧气20min，测试过程中停止供氧；电极铂载量0.8mg/cm²[11]

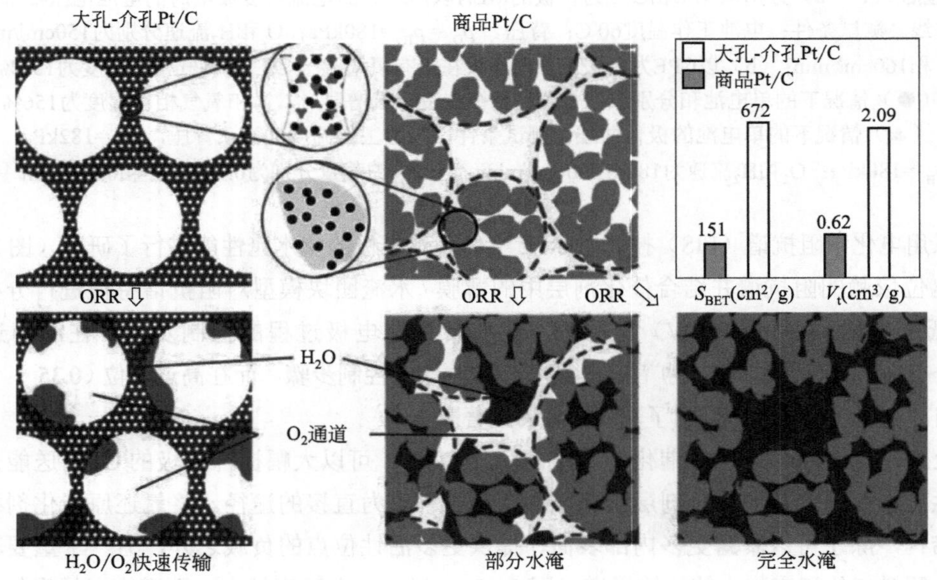

图3-13 商业Pt/C和大孔/介孔Pt/C催化剂在ORR反应过程中O_2和水的流动过程以及根据N_2吸脱附测试得出的比表体积和孔体积直方图[19]

的多级孔道氧还原催化剂，虽然大孔催化剂的传质优势有所体现，但是不同的孔结构对传质的贡献不尽相同，特别是针对催化剂的抗水淹性能，目前还没有给出较好的定量评价方法。

魏子栋等[19]基于软硬模板法制备的有序大孔/介孔互穿网络抗水淹气体多孔电极（dual porosity Pt/C）（图3-14），大孔排布规则有序，尺寸达到500nm，将孔体积容量提高到传统Pt/C颗粒密堆积电极的3.5倍，成为流体传输与存储的主通道；而由13nm介孔构建的孔壁将其比表面积提高到传统Pt/C的4.5倍，可以负载丰富活性位点，是电极反应的主阵地。

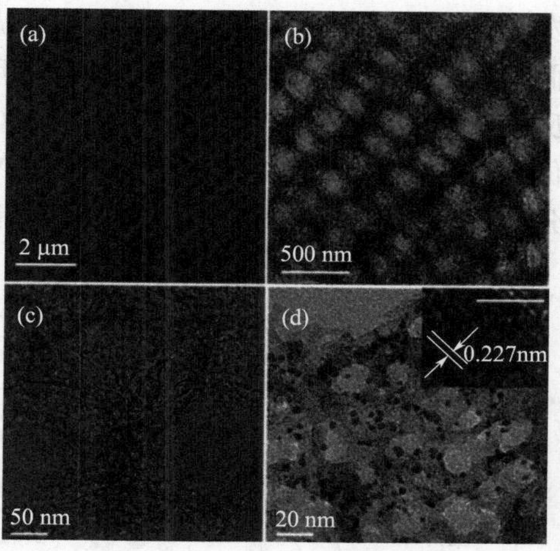

图3-14 (a)、(b)有序大孔/介孔碳的SEM和TEM图；(c)、(d)大孔/介孔Pt/C的TEM图［(d)内的插图：Pt纳米颗粒HRTEM图，比例尺为2nm］[19]

三电极体系旋转圆盘（RDE）测试过程中，进入催化剂内部的氧是溶解于水中的，和真正燃料电池中的气体氧完全不同。同时RDE中使用的催化剂数量很少，催化剂层非常薄，传质问题体现不出来，而燃料电池需要负载大量催化剂提供大电流密度，此时供氧量和水的生成速率均大幅提升，对传质提出了很高要求。因此RDE测试无法评价催化剂的传质性能，而燃料电池虽然体现了传质性能，但是受多方面因素影响，无法专门探究传质。为此，魏子栋等[19]使用自行设计的“拨浪鼓”工作电极进行传质研究。如图3-15(a)、(b)所示，催化剂涂覆于碳纸表面并夹于拨浪鼓电极头部，和氧气室相连，产生的电子通过集流体和导线收集导出。这种特别设计的电极与RDE的不同之处在于：它使用了碳纸，可以负载等同于单电池载量的催化剂层；可以持续供应气体O_2，很好地模拟了燃料电池真实工作环境；避免使用质子交换膜和阳极催化剂，排除了质子输运和界面电阻可能带来的影响。对于该工作电极来说，催化剂层内部的传质是影响其性能的最重要因素，因此可以进行传质能力的评估。

图3-15(c)显示了Pt载量为$0.025mg_{Pt}/cm^2$、$2.0mA/cm^2$下的计时电位曲线。商品Pt/C在前2.5h电位输出逐渐下降，随后保持稳定。大孔/介孔Pt/C催化剂在最初几个小时也显示出一定电位下降，但是下降幅度远小于Pt/C，之后可以稳定输出。前期的电位下降即是催化剂层逐渐水淹的过程。初始阶段ORR产生的水没有及时移除，逐渐积聚在孔通中，覆盖部分活性位点，造成输出电压下降。之后，当孔道排水能力与产水速率相当时，催化剂层的部分水淹程度趋于稳定，在此情况下电压输出可以保持在一个恒定值。在催化剂载量相同情况下，稳定电压输出越高，说明水淹程度越小，因此不同催化剂稳定输出电位的比值在一定程度上反映了催化剂的抗水淹能力。如图3-15(c)，大孔/介孔Pt/C的稳定电位为0.6V，商业Pt/C的稳定电位为0.15V，推断出大孔/介孔Pt/C的传质效率约为后者的4倍。

进一步增加催化剂载量（$0.083mg_{Pt}/cm^2$，即催化剂层厚度是上述情况的3.3倍）并增大电流密度（$10mA/cm^2$和$15mA/cm^2$）条件下，评价了两种催化剂的抗水淹性能［图3-15(d)、(e)］。

发现商品 Pt/C 催化剂在 10mA/cm² 下，从测试伊始即出现电位迅速下降，2min 后几乎为 0，而在 15mA/cm² 时，没有任何响应，说明催化剂已经处于完全水淹状态，ORR 反应中断。相反，在相同测试条件下，大孔 / 介孔 Pt/C 虽然也出现部分水淹，但是不稳定阶段过后，电极仍然可以维持 0.4V（10mA/cm²）和 0.18V（15mA/cm²）的输出，说明催化剂层只是出现了部分水淹，因此仍有一部分催化剂可以正常工作，确保电极连续运行。

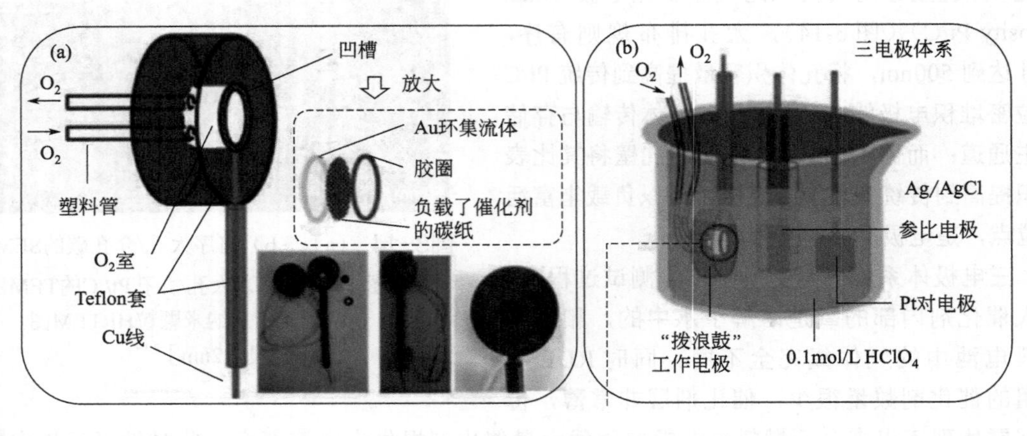

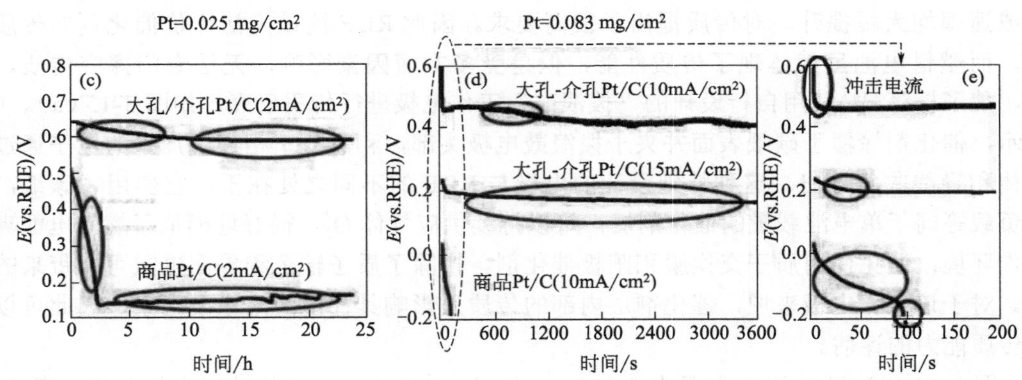

图3-15 （a）自制拨浪鼓工作电极示意图和光学图；（b）由拨浪鼓工作电极、铂对电极、参比电极构成的三电极测试系统；（c）O_2饱和0.1mol/L $HClO_4$溶液中记录的电流密度为2mA/cm²时的计时电位曲线；（d）、（e）不同时间尺度下，O_2饱和0.1mol/L $HClO_4$溶液中记录的电流密度为10mA/cm²和15mA/cm²下的计时电位曲线[19]

膜电极（MEA）测试表明，多孔电极在常规测试条件下输出功率比传统电极提高 41%（图 3-16），在强增湿条件下输出功率提高 45%。因此大孔 / 介孔结构空前提高了气体多孔电极传质效率与抗水淹能力。

以上研究表明，通过添加 DMS 构筑的 AFE 电极，有效提高了 O_2 扩散通量和催化剂孔道疏水性，展现出优异抗水淹性能；通过设计新型大孔 / 介孔 Pt/C 电极极大改善了发生在催化剂层而非双极板、流场中的水的积聚、传输问题，这些工作为构建抗水淹电极提供了高度可行的设计思路。

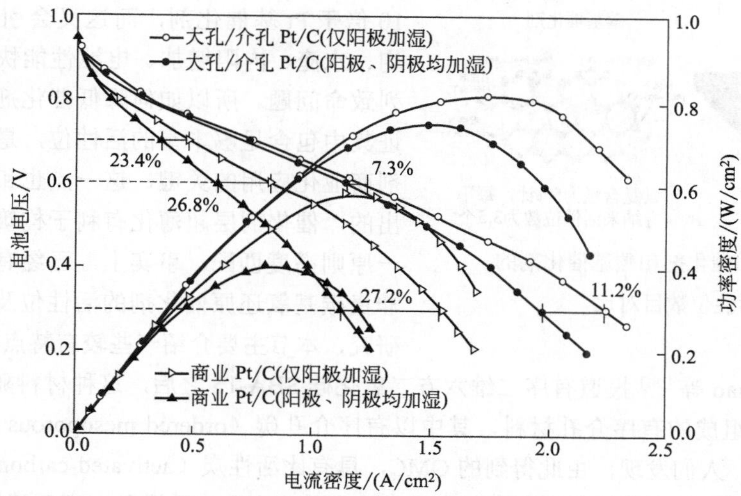

图3-16　PEM电池的极化曲线和功率密度（阴极Pt绝对负载量为0.125mg/cm^2，阳极Pt绝对负载量为0.3mg/cm^2；测试温度60℃；催化剂层面积1.0cm^2；H_2和O_2背压均为200kPa）[19]

3.2　多孔氧还原催化剂的设计合成

多孔结构材料泛指包含一定数量孔道/孔洞的固体材料。根据国际纯粹与应用化学联合会（International Union of Pure and Applied Chemistry，IUPAC）定义，依据孔径大小不同，多孔材料分为三类：微孔材料（micropore，孔径小于2nm）、介孔材料（mesopore，孔径2～50nm）和大孔材料（macropore，孔径大于50nm）。而依据孔道排布是否规则有序，多孔材料还可以分为有序孔材料和无序孔材料。

目前报道的氧还原催化剂主要采用多级孔结构，即包含微孔、介孔或者大孔中的至少两种孔道模型。对于孔道的作用，很多报道只给出了较为感性的认识，即认为微孔和尺寸10nm以下的介孔主要提供大的比表面积以负载更多活性位点，而尺寸在10～50nm的大介孔和大孔则可以作为反应物/产物进出催化材料的传质通道。令人欣喜的是，仍有一些工作通过认真地设计实验方案和对比测试结果，给出了不同类型孔道作用的确切证据以及活性位在其中的真实分布。本节将首先对这部分内容进行综述，之后基于几种典型孔道构建策略，重点讨论近年报道的各种多孔催化剂的合成方法及其孔道特征、氧还原催化性能等，希望读者阅读过这部分内容后，能够初步理解氧还原催化剂的孔道结构设计原则，同时了解一些常见的多孔材料合成策略。

3.2.1　非贵金属氧还原催化剂的活性位分布及孔道设计

以金属-N-C为代表的非贵金属碳基氧还原催化剂的催化性能与Pt基催化剂相比仍有很大差距，其中一个主要原因是：碳基催化剂本征活性低、活性位密度低、体积密度小。例如Pt(111)每平方纳米包含34个活性位，而对于碳基催化剂，当N含量为5%时，每平方纳米仅包含3.5个活性位（图3-17）。因此，要达到一定输出功率，非贵金属催化剂层厚度至少需要

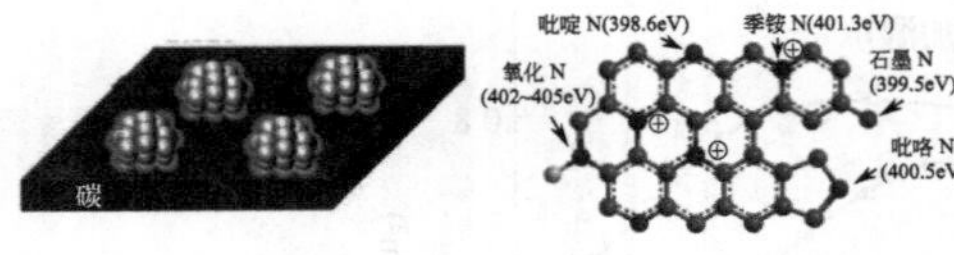

图3-17　Pt催化剂和碳基催化剂的活性位数目对比

10倍于Pt基催化剂，而这又会引起水汽分布不均、水淹、内阻增加、电池性能快速衰减等一系列致命问题。所以如何降低催化剂层厚度，并保证其中包含足够丰富的活性位，是实现这类催化剂商业化应用的关键，这一点也和本章最开始提出的“催化剂层超薄化有利于构筑高效电极”这一原则高度匹配。事实上，已经有大量工作针对非贵碳基氧还原催化剂的活性位及孔道设计展开研究，本节主要介绍一些较有特点的工作。

1998年Zhao等[20]报道有序二维六方二氧化硅SBA-15之后，这种材料随即被用作硬模板来制备各种组成的有序介孔材料，其中以有序介孔碳（ordered mesoporous carbon，OMC）应用最为广泛。人们发现，由此得到的OMC，具有比活性炭（activated carbon，AC）好得多的离子传输能力，其原因是活性炭内包含微孔、介孔、大孔，孔道分布宽且随机，而OMC的介孔尺寸均一，孔道连通性好，更有利于传质。然而，由SBA-15制备的OMC，呈现出大量碳棒的捆束形状，棒的长度达到几十微米，仅有两端作为开口，内部的孔道很难被利用到。为此，Li等[21]优化了SBA-15的制备，将孔道长度缩短至200～300nm，由此得到的短棒OMC非常有利于离子的传输。另一个方法是在大孔模板的孔隙内合成SBA-15，使SBA-15成为大孔结构的孔壁，由此创造出更多的介孔出入口[22]。此外，人们又探索了不同孔道结构对离子传输的影响。Sun等[23]通过有机-有机自组装方法合成了介孔尺寸大致相同（3.4nm），孔道结构分别为三维体心立方（1F）、二维六方（2F）和随机蠕虫状（3F）的介孔碳材料，并利用CO_2活化方法进一步在介孔孔壁内引入微孔，提升孔道连通性（活化后三个样品命名为1F-A、2F-A、3F-A）。在恒电流充放电、循环伏安和电化学阻抗谱研究中，三种材料表现出完全不同的离子输运行为。体心立方材料具有相对孤立的球形孔道，孔道间窗口较小，严重限制了离子在碳材料内部的传输。相比之下，二维六方结构具有更为通畅的管道形柱状孔，更有利于传质。而蠕虫状孔道排列杂乱无章，部分孔处于封闭状态难以接近，更高的曲折程度造成离子扩散距离增加，是最低效的孔道类型（图3-18）。魏子栋等[22]发现，微孔所处的位置很关键。由三聚氰胺泡沫焙烧得到的碳骨架内包含大量小分子挥发形成的微孔，由于骨架直径达到10μm厚，反应物很难进入内部微孔，微孔利用率非常低，表观性能差。而由软、

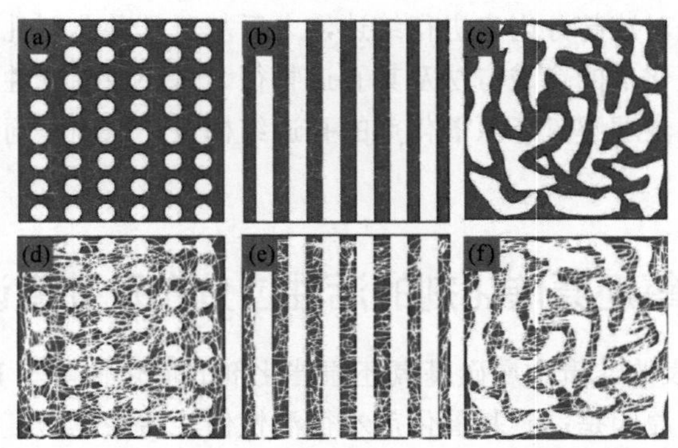

图3-18　介孔碳及其相应活化样品的孔结构的简化示意图：
（a）1F、（b）2F、（c）3F、（d）1F-A、（e）2F-A和（f）3F-A[23]

硬模板法制备的有序大孔/介孔材料，大孔孔壁厚度不到100nm，由有序介孔构成，微孔位于介孔壁内，微孔、介孔和大孔的联通性非常好，因此虽然比表面积仅有403m²/g，但孔道利用率高，单位表面产生的容量非常高。同时材料的表面润湿性质也和孔道利用率密切相关[24]，经过亲水处理后，微孔浸润性增强，水性溶液传质能力也相应提高。需要特别指出的是，以上结论是基于材料在超级电容器中的性能测试得出，虽然不是氧还原反应，但是从中仍可以看到离子在孔道内的传输过程受孔道的尺寸、分布、形状、曲折程度、联通性、结构、表面性质等多个因素所影响。接下来我们重点讨论一些针对氧还原反应的活性位及孔道设计。

Jaouen 及其合作者[25-27]对乙酸铁 - 炭黑（carbon black）体系进行 NH_3 气氛热处理制备了非贵金属氧还原催化剂，并通过调控热处理的程序、气氛、时间、温度等，详细探究了 Fe-N-C 催化剂中活性位和微孔的形成过程。他们认为，NH_3 在高温下能够刻蚀炭黑并引入氮掺杂，而处于石墨化微区之间的无定形碳更容易被刻蚀并形成微孔，含 Fe 活性位则主要处于这些微孔之中。类似地，最近还有一些工作由沸石咪唑骨架（zeolitic imidazolate frameworks，ZIF）或多孔有机聚合物（porous organic polymers，POP）制备金属 -N-C 催化剂，其活性位也主要分布于微孔内。因此，微孔被认为是金属 -N-C 催化剂活性位的主要分布场所，提升微孔含量有利于提高活性位密度，进而提升材料活性。

Lee 等[28]探索了孔道结构以及活性位位置和氧还原性能的关系。他们以两嵌段共聚物 PS-*b*-PEO 为结构导向剂，以甲阶酚醛树脂为碳前驱物，以三（对甲苯基）膦为磷源，硅酸盐低聚物为硅源，利用溶剂挥发自组装方法制备了孔径尺寸为 38nm 的磷掺杂有序二维六方结构介孔碳（POMC-L）。同时还制备了两个对比样品：无磷源加入时得到的有序介孔碳（OMC，介孔尺寸 26nm），以及使用 SBA-15 为硬模板制得的孔径尺寸为 3nm 的磷掺杂有序二维六方结构介孔碳（POMC-S）（图 3-19）。N_2 吸脱附测试表明，三个样品的比表面积差别不大，均介于 1020 ～ 1110m²/g，在单电池测试中，低电流密度时 POMC-L 和 POMC-S 的活化损失几乎相等，说明两者动力学活性差不多；而当电流密度增大时，POMC-S 的输出电压迅速降低，POMC-L 的最大功率密度是 POMC-S 的 3.5 倍，表明 POMC-L 中更大的介孔非常有利于反应

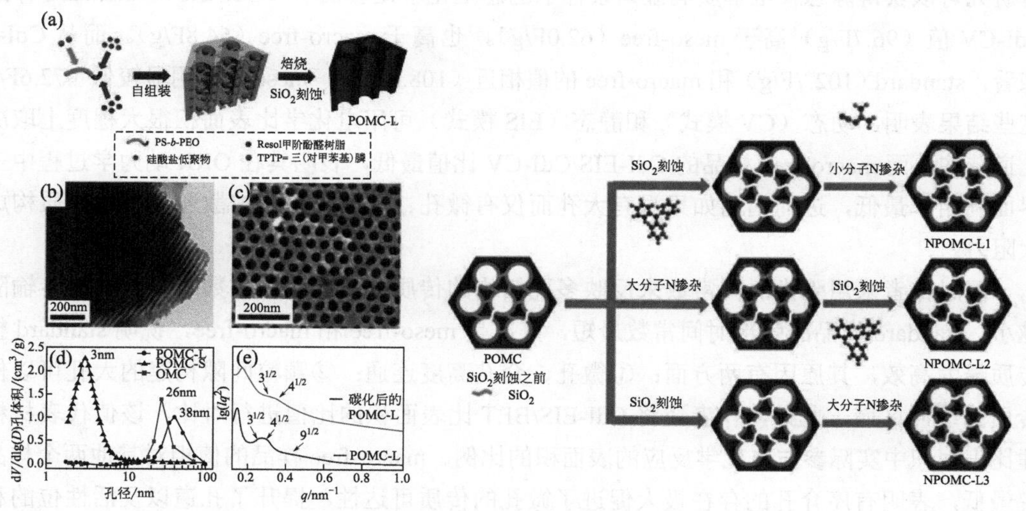

图3-19 POMC-L的合成示意图、TEM、孔径分布图、SAXS图以及额外氮掺杂的合成示意图（彩插见文前）[28]

物和产物的高效传质。此外，硬模板法造成POMC-S中的一些活性位点深埋在碳骨架内部而无法被利用到，而POMC-L的活性位均位于孔道表面，更容易被反应物接近，因此精确控制掺杂活性位点的位置非常重要。为此，他们又分别使用较小分子的双氰胺（DCDA）和较大分子的三苯胺（TPA）作为前驱物，通过精确设计反应步骤，在POMC-L中引入了两种不同位置的N掺杂。NPOMC-L1中，掺杂的N原子主要位于微孔区，NPOMC-L2中，N掺杂则主要处于介孔内，同时两者均保持了较好的介观结构和较为一致的表面N物种分布。单电池测试发现NPOMC-L2的起始电位和最大功率密度均优于NPOMC-L1，表明介孔内的活性位利用率显著高于微孔。

大量研究表明，不管是氮碳（N-C）还是铁氮碳（Fe-N-C）材料，其活性位都处于平面石墨烯的边缘或者台阶位，而这些位点又处于微孔之中。由于微孔的开口通常仅有 1 ～ 2nm，O_2 分子很难进入其内部，所以只有孔口处的活性势能够形成三相界面参与反应。因此，对于氧还原催化剂，除了需要增大活性位浓度，更重要的是提升微孔和体相溶液之间的传质，并由此提升活性位的利用率。否则，无论活性位浓度多高，大部分活性位点对于反应物都是电化学不可及且惰性的。对此，有研究人员给出了较为系统的调查[29]。他们采用嵌段共聚物 F127 为软模板并且通过巧妙改变合成过程条件，制备了三种不同结构的 N-C 催化剂，其中 standard 构型具有大孔、介孔、微孔的多级孔道，meso-free 则只包含大孔和微孔，macro-free 只有介孔和微孔，并且 standard 和 meso-free 具有相同大孔结构，standard 和 macro-free 具有相同介孔结构。N_2 吸脱附测试表明，三种材料 BET 比表面积均为 $850m^2/g$ 左右且微孔所占比例基本一致，XPS 指出材料中的石墨氮和吡啶氮含量也大致持平。在氧还原测试中，不管是酸性还是碱性体系，三种样品的活性从高到低依次为 standard-Fe>meso-free-Fe>macro-free-Fe。作者认为，由于其他孔道参数基本一致，三种材料半波电势和动力学电流密度的不同，直接取决于孔结构的差异。

由循环伏安曲线可以计算反应中动力学可触及的电化学表面积 CdI-CV，而电化学阻抗谱研究可以获得静态（电解质润湿）条件下的总电化学比表面积（CdI-EIS）。standard 样品的 CdI-CV 值（96.7F/g）高于 meso-free（62.0F/g），也高于 macro-free（64.8F/g）。而从 CdI-EIS 来看，standard（102.7F/g）和 macro-free 的值相近（108.0F/g），meso-free 明显较低（72.6F/g）。这些结果表明，动态（CV 模式）和静态（EIS 模式）可用电化学比表面积很大程度上取决于孔道结构，而 macro-free 样品的 CdI-EIS/CdI-CV 比值最低，表明其在 ORR 动力学过程中三相界面利用率最低，进而指出如果没有大孔而仅有微孔、介孔，漫长扩散通道可对传质构成很大阻力。

同时作者采用弛豫时间常数来反映多孔结构的传质性能，时间常数越短，离子传输阻力越小。standard 样品的弛豫时间常数最短，其次是 meso-free 和 macro-free，说明 standard 样品传质最为高效，其原因有两方面：①微孔、介孔高度连通；②颗粒间隙构建的大孔可以作为传质的缓冲区域。此外，作者还将 CdI-EIS/BET 比表面积的比值进行对比，该值代表材料物理比表面积中实际参与电化学反应的表面积的比例。macro-free 样品的值相对其他两个样品来说最低，表明有序介孔的存在极大促进了微孔的传质可达性，提升了孔道以及活性位的利用率。该项工作通过精确调控孔道结构以及细致分析电化学结果，给出了微孔、介孔、大孔同氧还原催化性能的关系（图 3-20）。

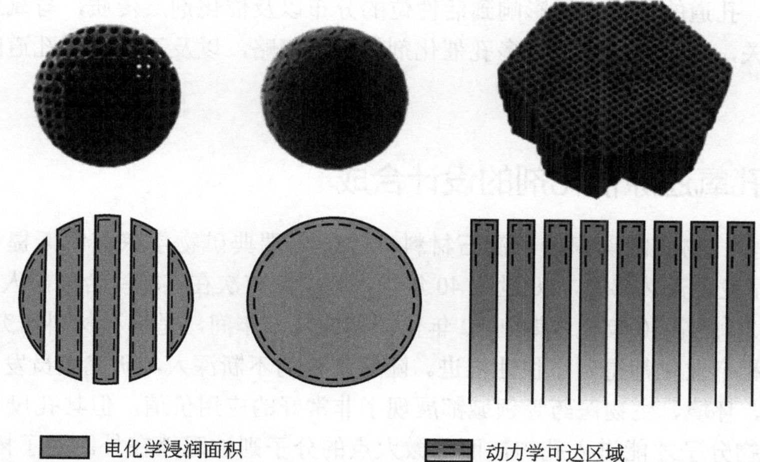

图3-20　三种模型催化剂的电化学可湿性和动力学可达性区域示意图[29]

从目前报道来看，人们对微孔和大孔的作用基本形成较为一致的观点：微孔是活性位主要分布场所，大孔主要用于传质。但是对介孔的作用，虽然有相当一部分研究认为介孔提升了孔道连通性，同时也可以分布活性位以及辅助传质，但也有研究提出不同的观点。常用的无定形碳载体中，初级碳颗粒尺寸约为几十纳米，内部包含大量微孔，这些颗粒借助范德华力聚集成簇，颗粒间的缝隙形成介孔，簇进一步堆积则产生大孔。在该结构中，Shui 等[30]认为，虽然介孔可以作为气体向微孔扩散的传质通道，但是这些介孔曲折度大，造成簇内传质阻力也较大。同时介孔还具有比微孔高得多的体积 / 比表面积比率。因此，介孔的存在增加了催化剂的宏观体积，降低了电极的体积电流密度（图 3-21）。此外，燃料电池运行过程中还会引发初级碳颗粒的氧化腐蚀，导致颗粒间电子传输中断，电池整体阻抗增大。综合这些因素，作者认为理想的催化剂设计应该是：微孔及其内部的活性位均形成致密分布，反应物 / 产物直接通过大孔往返于这些活性位以使传质阻力最小化，同时应避免介孔。据此，他们采用静电纺丝方法，制备了纤维状 Fe-N-C 催化剂。其中相互交织的纳米纤维构建了大孔用于传质、纤维表面布满密集分布的微孔用于镶嵌催化位点，该催化剂在单电池测试中表现出极高的体积活性。

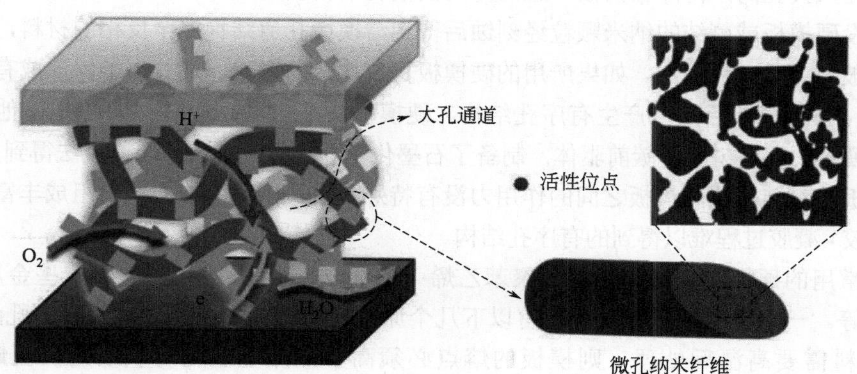

图3-21　燃料电池阴极处的纳米纤维网络催化剂Fe-N-C中的大孔/微孔形态和电荷/质量转移的示意图[30]

综上所述，孔道的构筑直接影响到活性位的分布以及催化剂层传质，与氧还原催化剂表观性能密切相关，接下来重点讨论多孔催化剂的合成策略，以及不同类型孔道的特点和他们所起的作用。

3.2.2 多孔氧还原催化剂的设计合成

科学界对多孔物质的认识始于沸石材料。1756 年瑞典矿物学家克朗斯提（Axel Fredrik Cronstedt）最早发现天然沸石，20 世纪 40 年代，科学家首次在实验室合成出人工沸石分子筛材料。之后从 20 世纪 50 年代中期到 80 年代初期的几十年间，是沸石材料研究的鼎盛时期，其合成、应用和产业化都得到了快速推进。随着认识的不断深入，研究人员发现，虽然沸石在吸附、催化、环境、生物医药等领域都展现了非常好的应用价值，但其孔尺寸不到 1.3nm，只有较小反应物分子才能进入孔内，而稍微大点的分子则被阻挡在外。为了拓宽应用范围，从 20 世纪 70 年代开始，制备孔道尺寸更大的特别是像沸石一样具有有序孔道排布的有序介孔材料，成为一个重要研究方向。1992 年 Mobile 公司科学家发明了软模板法制备 M41S 系列有序介孔氧化硅，孔尺寸达到 1.5 ～ 10nm，引起人们广泛关注，成为该领域发展历史上的里程碑，有序介孔材料的研究自此全面开启。实际上到目前为止，有序介孔材料的研究仍是全球热点领域之一，基于软、硬模板法得到的材料介观结构和骨架组成丰富多样，可以实现相当复杂材料的精准合成，因此可根据材料的不同应用领域，进行孔道的精准设计和定制。此外，由于有序介孔材料合成相对复杂，成本高，研究人员还探索了原位模板法、自模板法、盐辅助造孔法、活化法等无序介孔材料的合成手段。这些合成方法操作简便且成本低，易于实现规模化生产。而对于孔径尺寸在 50nm 以上的大孔材料，目前通常采用模板法或者利用初级结构单元堆积组装进行构建。

本节我们重点讨论多孔氧还原催化材料的各种合成方法，并通过对比总结文献报道结果，获得一些孔道特征 - 催化性能之间的联系。

3.2.2.1 硬模板法

硬模板法（hard-templating method）即采用具有一定形状、结构的材料作为模板，将目标材料前驱体注入其孔内，再除去模板，进而得到模板制结构孔道的多孔材料。硬模板法的介孔结构是由预设硬模板或凝结的纳米颗粒经刻蚀后得到与模板孔道结构完全反相的材料，所以硬模板法也常被称为反向复制法。如果所用的硬模板具有均一的形貌、尺寸，能够形成有序规则的堆积排列，去除模板后则可产生有序孔结构。硬模板法最初由 Knox 等[31]提出，他们以 SiO_2 胶体晶为模板、酚醛树脂为碳前驱体，制备了石墨化多孔碳材料，之后硬模板法得到广泛应用。由于硬模板法对前驱体与模板之间的作用力没有特殊要求，因此合成的材料组成丰富，特别适合制备溶胶 - 凝胶过程难以得到的有序孔结构。

目前常用的硬模板主要有 SiO_2、聚苯乙烯（polystyrene，PS）小球以及一些金属氧化物、生物材料等。一般来说，选择硬模板有以下几个原则：①模板的大小应与需要的孔大小相似；②如果原料需要高温后处理，则模板的熔点必须高于热处理温度，以避免模板熔融崩塌；③模板材料容易去除，且不会给体系引入杂质；④模板应源于地球资源丰富、成本低廉的元素组成的材料。

硬模板法制备多孔材料通常分三步：①将前驱体反复灌注、固化，填充到具有刚性结构模板的孔隙中，形成前驱体和模板的混合物；②通过焙烧等手段将前驱物原位转化为目标产物；③选择性去除硬模板，留下目标产物（图 3-22）。

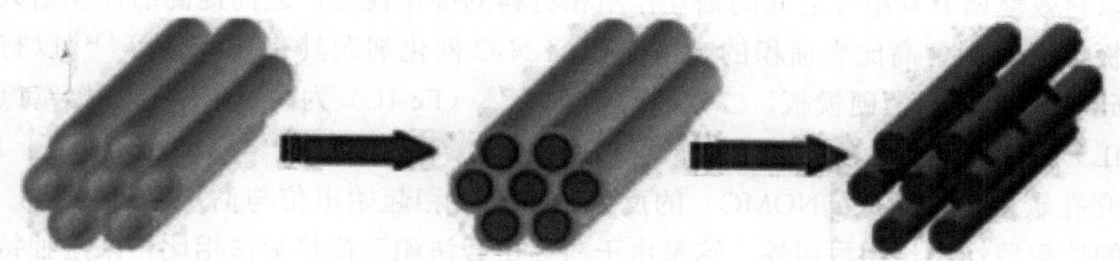

图3-22 硬模板合成示意图[31]

（1）以 SiO_2 为硬模板 有研究认为，对于单原子 Fe-N-C 催化剂，形成 FeN_2 要比 FeN_4 具有更高的活性。Shen 等[32]以有序介孔 SiO_2 SBA-15 作为硬模板，$FeCl_3$、乙二胺（EDA）、四氯化碳（CCl_4）分别作为 Fe、N、C 源，制备了表面镶嵌原子级分散 FeN_2 活性位的有序介孔碳（图 3-23）。合成过程首先将 Fe^{3+} 锚定在硬模板 SBA-15 表面以确保 Fe 活性位全部分散在碳表面而没有进入碳骨架中，经过前驱体灌注、焙烧转化、HF 刻蚀去除 SiO_2 和颗粒 Fe 等一系列步骤后，制备得到了表面具有致密 FeN_2 活性位分布的有序二维六方结构介孔碳 FeN_2/NOMC。在 0.1mol/L KOH 中，其半波电位（$E_{1/2}$=0.863V）比商业 Pt/C（$E_{1/2}$=0.833V）高了约 30mV，表明具有优异氧还原催化活性。

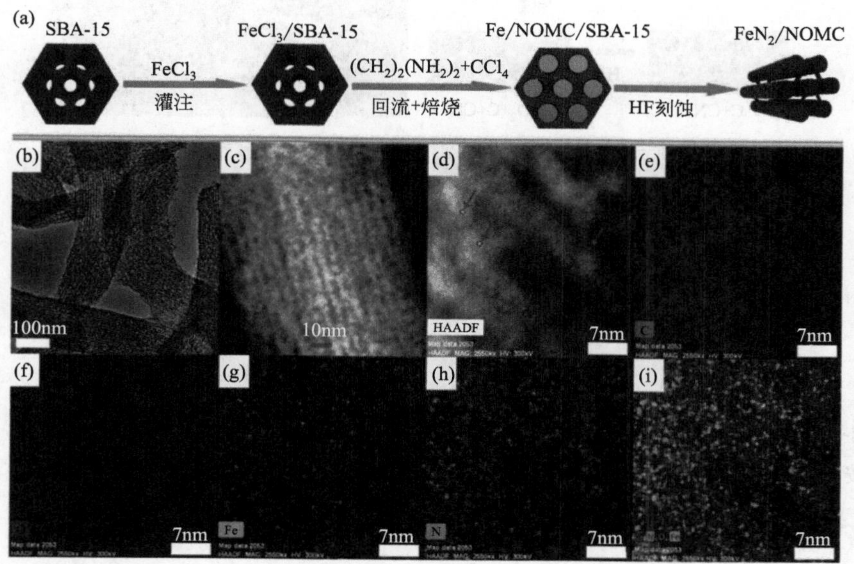

图3-23 （a）FeN_2/NOMC的合成示意图；（b）TEM图像；（c）、（d）HAADF STEM图像；（e）～（i）FeN_2/NOMC-3催化剂的EELS-mapping图[32]

Benzigar 等[33]以 SBA-15 为硬模板，通过将足球烯 C_{60} 分子组装在孔道表面并进行交联，制备了高度结晶的有序二维六方介孔碳。该项工作中，所使用的溶剂 1- 氯萘被认为是成功合成的关键。一方面 C_{60} 在 1- 氯萘中溶解度很高，有利于形成更致密的 C_{60} 包覆层和连续骨架，另一方面1-氯萘还促进了C_{60}分子间的聚合以及晶化孔壁的形成。

M-N-C催化剂通常由金属盐和含氮化合物直接热解制备得到，然而，这种方法很难有效地构建M和N物种之间的强相互作用和控制材料的多孔结构。从分子水平上设计前驱体结构可以有效地调节其组分之间的相互作用和材料的催化性能，进而提高活性和耐久性，其中硬模板法对于制备高比表面积的有序介孔M-N-C催化剂尤其有利。Li等[34]以有序介孔二氧化硅（SBA-15）为硬模板、二茂铁基离子液体（Fe-IL）为金属前驱体，以富氮离子液体（N-IL）为氮含量调节剂，一步合成了有序介孔Fe-N-C催化剂。在碱性条件下，Fe-N掺杂有序介孔碳催化剂（Fe@NOMC）的反应电流密度和起始电位与商用Pt/C相当，但表现出更好的抗甲醇性和长期耐用性。这是由于与后负载法和直接热解法相比，采用独特的离子液体前驱体以及硬模板策略在构建高比表面积有序介孔结构和形成高活性$Fe-N_2$结构方面具有显著优势。

Qiao课题组[35]以SiO_2微球组装的光子晶体为硬模板，通过首先在孔道表面沉积薄层碳，再沉积一层氨腈并将其转化为$g-C_3N_4$，制备得到具有三维有序连通大孔的$g-C_3N_4/C$复合材料（图3-24）。在ORR测试中，和孔径只有12nm的介孔$g-C_3N_4/C$相比，孔径为150nm的大孔$g-C_3N_4/C$催化剂展示出更好的ORR性能，这被归结于大孔在传质上的优势所致。

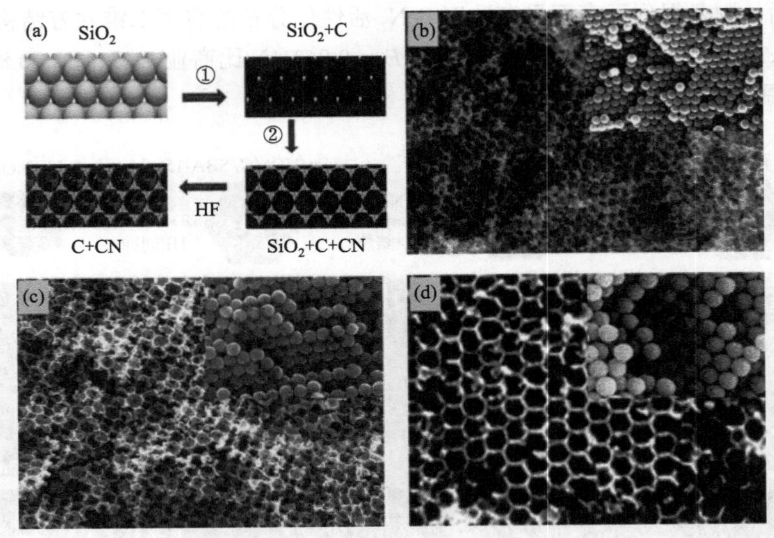

图3-24 （a）用SiO_2球结构合成大孔$g-C_3N_4/C$的合成示意图（条件：①蔗糖，900℃，N_2；②氰胺，550℃，N_2）；（b）～（d）150-C/CN、230-C/CN、400-C/CN的扫描电子显微镜（SEM）图像（以及相应尺寸的硅球）（标尺：1μm）[35]

Yin等[36]将SiO_2小球分散到合适前驱体中进行静电纺丝，再结合预氧化、碳化、氢氟酸处理等步骤，制得包含多级介孔、大孔的MACF碳纤维骨架材料（图3-25）。该材料具有2～5nm和20～50nm两种介孔分布，其中较小的介孔是由热解过程中小分子挥发形成，较大的介孔则来源于相邻SiO_2小球之间的窗口。同时材料还包含由SiO_2模板产生的孔径为180nm的大孔，以及由纤维交织构建的三维贯通大孔。该多级孔碳非常有利于传质，以及便于活性位形成高分散分布，是一种非常好的催化剂载体材料。

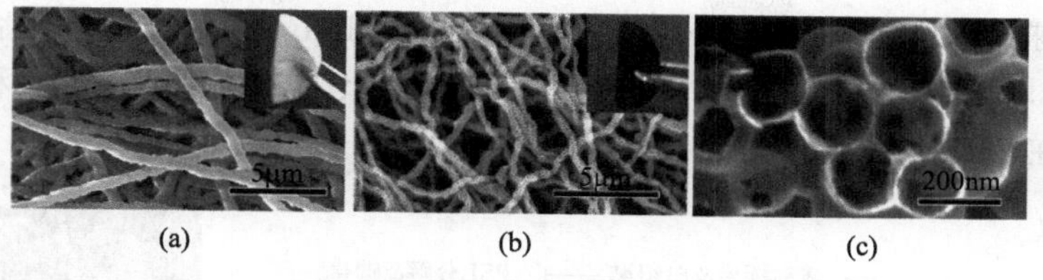

图3-25　MACF的SEM图[36]

从平面结构石墨烯出发，可以衍生出不同原子掺杂的平面催化材料，在ORR过程中，这种独特的平面结构能够大幅提升电荷传递效率。但是石墨烯片通常尺寸较大、缺乏边缘位，造成催化位点稀疏、表观催化活性低[37-39]。Wei等[40]对此给出了一个精心设计的解决方案。他们首先以十六烷基三甲基溴化铵（CTAB）为软模板，在氧化石墨烯表面原位生长了一层介孔尺寸为2nm左右的SiO_2（G-二氧化硅）。接着在G-二氧化硅表面修饰带正电的聚（二烯丙基二甲基氯化铵）（PDDA）后，再在其表层通过静电作用吸附一层带负电的SiO_2胶体纳米颗粒，得到具有SiO_2颗粒组装层/介孔SiO_2层/氧化石墨烯层的三明治层状复合模板材料，其中表层SiO_2胶体晶作为介孔硬模板（图3-26）。该模板在水溶液体系中均匀包覆上聚多巴胺后，经过热处理转化、刻蚀SiO_2模板等步骤，即可得到表层具有不同介孔尺寸的氮掺杂碳纳米片（NDCN）材料。该材料由于具有丰富的介孔结构和较高的比表面积，比单纯的平面结构包含了更为致密的活性位，其中，介孔孔径为22nm的NDCN材料，在碱性和酸性介质中均展示出较高起始电位和较大极限电流密度，ORR活性好。

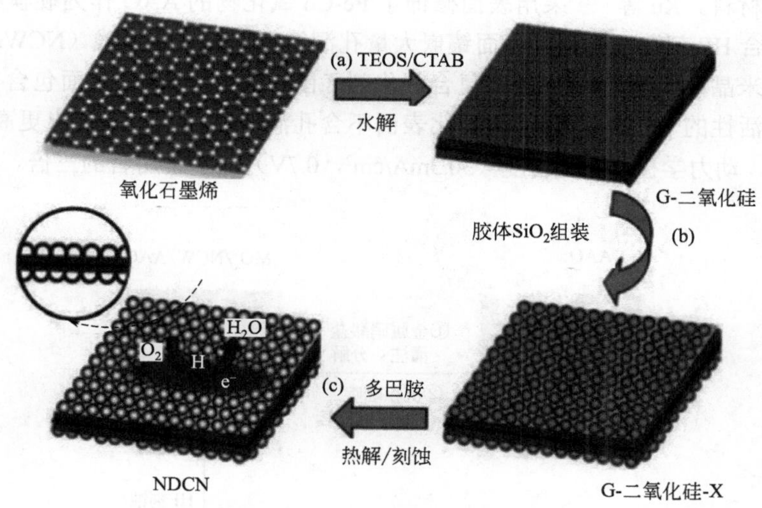

图3-26　NDCN的合成示意图[40]

（2）以PS小球为硬模板　将PS小球硬模板和喷雾热解法结合，可以制备不同微观形貌的多孔材料。酚醛树脂表面带有负电荷，其喷雾、热解后，形成碳小球颗粒，结构致密无孔道。然而，将硬模板，即带有正电荷的聚苯乙烯微乳颗粒（PSL）和酚醛树脂混合后，由于二者间的引力，酚醛树脂包覆在PSL颗粒表面，再将其喷雾、热解后，即得到空心结构碳颗粒[41]。如果将带负电荷的PSL模板与同带负电荷的酚醛树脂混合后喷雾，由于斥力二者在液滴中独立存在，热解过程中PSL分解，在由酚醛树脂转化得到的碳颗粒内留下气孔，因此得到多孔的碳小球颗粒。此外，通过采用两种不同尺寸的 PSL 硬模板，还可以合成多级孔碳微球（图 3-27）。以该多级孔碳球作为载体的 Pt 催化剂，比单一模型孔道更有利于三相界面的暴露和传质，在 ORR 中活性优异。

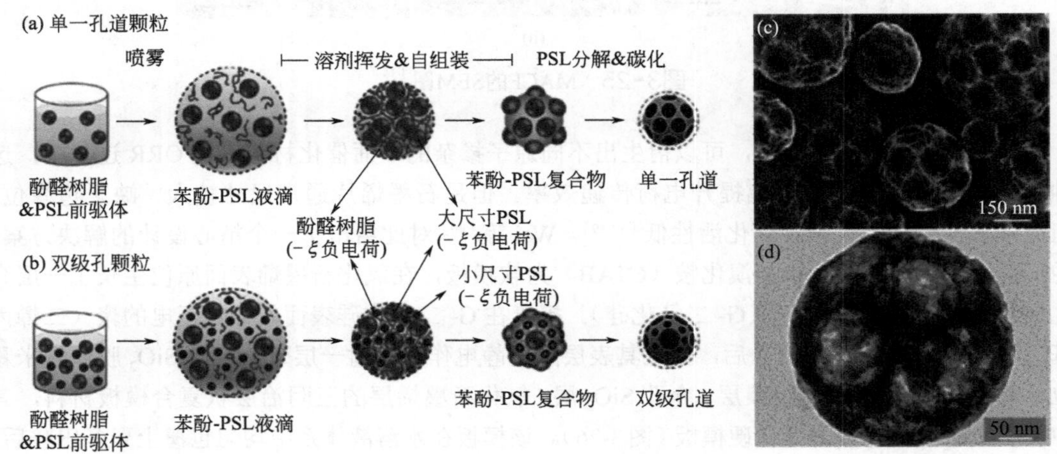

图3-27　不同孔道结构碳纳米球的合成示意图（PSL尺寸为230nm和40nm的多孔碳纳米球的SEM和TEM图像）[41]

（3）以金属氧化物为硬模板　阳极 Al_2O_3 阵列（anodic aluminium oxide，AAO）也是一种常用的硬模板材料。Xu 等 [42] 采用表面修饰了 Fe-Co 氧化物的 AAO 作为硬模板，通过嘧啶蒸气沉积，结合 HF 刻蚀，制备了表面镶嵌大量孔洞的氮掺杂碳纳米线（NCWs），进一步引入一氧化钴纳米晶则得到 CoO/NCWs 复合催化剂（图 3-28）。该材料表面包含丰富孔道、缺陷位，以及高活性的 Co、N 位点，因而比表面不含孔洞的对比样品展现出更高的 ORR 催化活性和稳定性，动力学极限电流密度（30.3mA/cm^2，0.7V）几乎是后者的三倍。作者认为，活

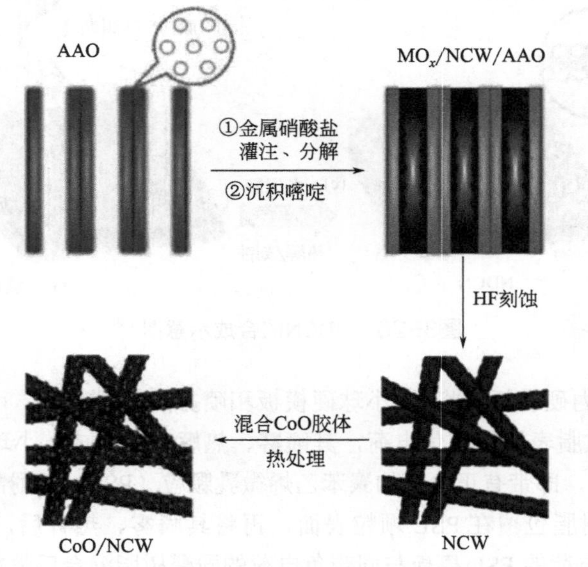

图3-28　空心NCWs的合成和胶体CoO纳米晶的均匀组装示意图 [42]

性位主要位于碳和CoO界面位置，而孔洞CoO/NCWs材料制备过程中，空间限域杂化提升了界面面积，创造出更多的催化活性位点，是高ORR催化性能的主要原因。

原位生长的纳米立方体 MgO 可以作为非球形硬模板，导向合成立方笼状催化材料[43, 44]。碱式碳酸镁在高温条件下分解生成立方体结构 MgO，同时引入体系的苯蒸气在 MgO 表面沉积、碳化，酸洗去除 MgO 后，即可得到立方体笼状碳材料（图3-29）。该碳材料比表面积达到 2000m²/g 以上，而调控热解温度为 700℃、800℃、900℃时，可以得到 7 ～ 15nm、10 ～ 25nm、20 ～ 30nm 三种不同尺度的碳纳米笼[45]。此外，采用吡啶作为C、N 前驱物时，还可以合成氮掺杂碳纳米笼（NCNCs），而以吡啶和噻吩为混合前驱体，则制备出 S、N 共掺杂碳纳米笼[46]。这些掺杂的笼状碳材料具有很高的比表面积，丰富的缺陷位，以及可调的杂原子含量，在 ORR 中展现出较好性能。

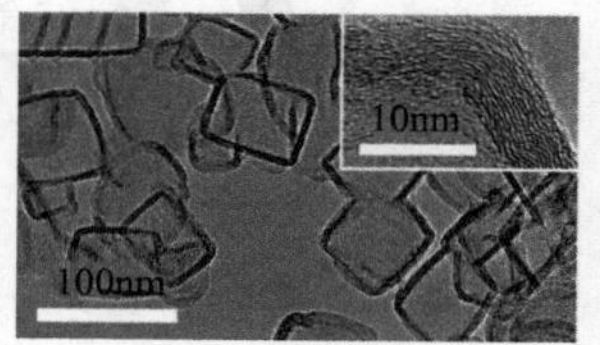

图3-29 NCNC900的TEM、HR-TEM图像[43, 44]

Li 等[47]以 ZnO 纳米纤维为模板，通过在其表面吸附 Fe^{3+} 并包覆聚合多巴胺、并在 NH_3 气氛中热解同时高温去除 ZnO 模板后，得到了 Fe-N_x 活性位修饰的碳纳米管 CNTs（图 3-30）。热解过程中锌的挥发在碳纳米管上产生大量微孔，从而产生较高的暴露内表面。该催化剂在碱性介质中 ORR 活性与商用 Pt/C 催化剂相当，在酸性和中性电解质中也具有良好活性。

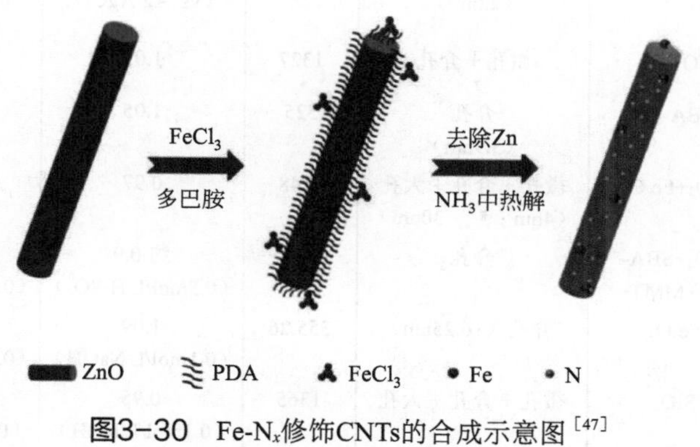

图3-30 Fe-N_x修饰CNTs的合成示意图[47]

以 PVP 作为 C、N 源，$Fe(NO_3)_3$ 作为 Fe 源，$Zn(NO_3)_2$ 作为助剂，经过吹塑、焙烧、刻蚀等过程，即可制备具有均匀介孔结构、大孔隙率、高比表面积和丰富 Fe-N_x 活性位的碳纳米片催化剂（Fe,N-MCNs-900）。原料中的助剂 $Zn(NO_3)_2$ 起到两方面作用：一方面其加速了聚合物吹塑进程，辅助形成碳纳米片骨架和成孔前体，另一方面 $Zn(NO_3)_2$ 在 500℃下转化为 ZnO，后者作为硬模板辅助制备了介孔。与不加 $Zn(NO_3)_2$ 的 Fe,N-CNs-900（78m²/g）相比较而言，Fe,N-MCNs-900（580m²/g）具有大约 7nm 均匀分布的介孔。碱性条件 ORR 中，Fe,N-MCNs-900 催化剂的半波电位达到 0.92V，明显优于不加 $Zn(NO_3)_2$ 的 Fe,N-CNs-900 和 Pt/C 催化剂[48]。

还有一些金属氧化物可以用作“反应性硬模板”，即模板材料本身能够参与材料的制备。例如，有研究使用纺锤形 Fe_2O_3 纳米颗粒作为硬模板，合成了具有相同形貌、空心结构的 Fe-N-C 催化剂。如图 3-31 所示，模板中的铁促进了多巴胺的聚合，以及聚合多巴胺在焙烧过程中的石墨化，此外铁还与碳反应生成 Fe_3C 纳米颗粒镶嵌在碳壳内，辅助形成反应活性位点，同时金属氧化物模板本身便于去除，不易残留[49]。

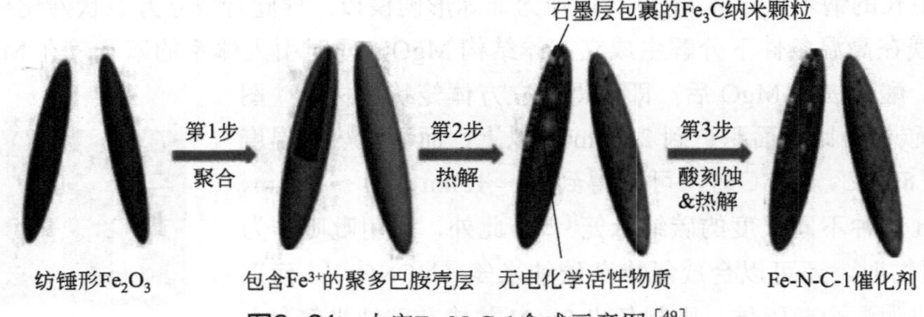

图3-31 中空Fe-N-C-1合成示意图[49]

表 3-1 列出了部分采用硬模板方法制备的催化剂孔道参数与 ORR 性能。表 3-2 列出了硬模板合成的催化剂中孔结构对氧还原活性的影响。

表3-1 部分采用硬模板方法制备的催化剂孔道参数与ORR性能

催化剂	模板剂	孔道结构与参数	SBET /（m^2/g）	起始电位（vs. RHE）/V	半波电位（vs. RHE）/V	参考文献
NDCN-22	SiO_2	介孔（22nm）	589	−0.11（vs. Ag/AgCl）	−0.13（vs. Ag/AgCl）	[40]
SA-Fe-NHPC	SiO_2+Zn	微孔＋介孔	1327	1.01	0.93	[50]
FeN_2/NOMC	SBA-15	介孔（3.9nm）	525	1.05	0.863	[32]
FeNS/HPC	SiO_2+Fe_2O_3	微孔＋介孔＋大孔（4nm；5～30nm）	1148	0.97	0.87	[51]
C-N-Co	SiO_2+SBA-15+MMT	介孔	572	约 0.9（0.5mol/L H_2SO_4）	0.79（0.5mol/L H_2SO_4）	[52]
AD-Fe/N-C	Fe_3O_4	介孔（16.25nm）	355.26	1.09（0.1mol/L NaOH）	0.927（0.1mol/L NaOH）	[53]
N-IOCs	SiO_2	微孔＋介孔＋大孔	1365	0.95（0.1mol/L KOH）	0.87（0.1mol/L KOH）	[54]
Fe_3C- 包裹的 Fe-N-C	Fe_2O_3	介孔（5nm）	200.7	−0.06（vs. Ag/AgCl）	−0.171（vs. Ag/AgCl）	[49]
FeNS-PC	$CaCl_2$	介孔	775	约 0.95（0.1mol/L $HClO_4$）	0.811（0.1mol/L $HClO_4$）	[54]
介孔 / 微孔 -FeCo-N_x-CN-30	$FeCl_3\cdot 6H_2O$+SiO_2	微孔（0.7nm；20nm）	1168	0.954（0.1mol/L KOH）	0.886（0.1mol/L KOH）	[55]
CoO/NCWs	AAO	介孔（5nm）	179	0.85（0.1mol/L NaOH）	0.73（0.1mol/L NaOH）	[42]
hSNCNC	MgO	微孔＋介孔＋大孔	1400	约 0.9（0.1mol/L KOH）	0.792（0.1mol/L KOH）	[46]
FeN_x-NCNT-2-NH_3	ZnO	微孔＋介孔	1120	0.95（0.1mol/L KOH）	0.84（0.1mol/L KOH）	[46]
MFC60	SBA-15	介孔（4.5nm）	680	0.82（0.5mol/L KOH）	0.76（0.5mol/L KOH）	[56]
大孔 g-C_3N_4/C	SiO_2	大孔	50～100	−0.117（vs. Ag/AgCl）	−0.3（vs. Ag/AgCl）	[35]

表 3-2　采用硬模板合成的催化剂中孔结构对氧还原活性的影响

催化剂	孔道的作用	参考文献
Fe_3C- 包裹的 Fe-N-C	大孔体积和高比表面积有利于电解液和电子的快速运输和活性位点的暴露	[49]
FeNS-PC	能够使 Fe、N、S 元素分布均匀，且在温和的条件下很容易去除，具有大的比表面积和孔隙率	[54]
介孔 / 微孔 -FeCo-N_x-CN-30	有利于原子的均匀分散，丰富的活性位点、超高的比表面积	[55]
CoO/NCWs	赋予了碳纳米线丰富的多孔结构和暴露的氮位点，以及表面 Co^{2+} 的富集	[42]
hSNCNC	引入的杂原子掺杂和稳定的多尺度孔洞三维层次结构，提供了丰富均匀的高活性 S 和 N 物种以及高效的电荷转移和质量传输	[46]
FeN_x-NCNT-2-NH_3	锌的蒸发可以在碳纳米管上产生足够的空隙，从而产生较高的比表面积，丰富的 FeN_x 活性位点充分暴露	[46]
MFC60	高结晶孔壁和高比表面积，高的超电容性能和高选择性的 H_2O_2 生成	[56]
大孔 g-C_3N_4/C	大孔对扩散的积极作用以及有足够的活性位点连接到最大的 BET 比表面积	[35]
N-IOCs	缩短物质和电子的转移路径，加速电子、分子、离子的转移，高的比表面积，有利于活性位点的暴露，提供优异的稳定性	[54]
MACF	高的孔隙率，开放的结构，优化传质通道，提供较好的稳定性	[36]

3.2.2.2 软模板法

除了硬模板法，软模板法（soft-templating method）也是一种常用的制备多孔材料尤其是有序介孔材料的方法。早期合成多孔 SiO_2 的方法，如气溶胶法、气凝胶法等都存在制备过程难以控制的缺点，因而无法获得孔道形状规整、孔径分布均匀的有序多孔 SiO_2 材料。1992 年，Mobil 公司的科学家们首次报道软模板法制备有序介孔材料，他们采用阳离子型季铵盐表面活性剂作为软模板，合成了具有大比表面积、孔道规则排布的有序介孔 SiO_2——M41S 系列产品。软模板指的是具有“软”结构的分子或分子的聚集体，如表面活性剂及其胶束、结构可变性大的柔性有机分子、微乳液等，其中最常用的是表面活性剂。在水溶液中，表面活性剂的亲水基倾向于分散在水中，疏水基受水分子的排斥，倾向于离开水相。因此在能量最低化原则下，表面活性剂聚集形成疏水基在内部、亲水基在外层的胶束。由于胶束可以形成球状、柱状、层状等不同微观组装结构，由其导向制备的介孔材料也具有丰富多样的介观结构。利用软模板法合成介孔材料时，软模板剂与构成介孔骨架的前驱物之间通过较强的非共价键如氢键、静电作用、疏水作用、范德华力等相互作用，在溶液中自发组装形成有序介观复合结构，之后经前驱体固化，高温热解再脱出模板剂后即可形成有序介孔材料（图 3-32）。

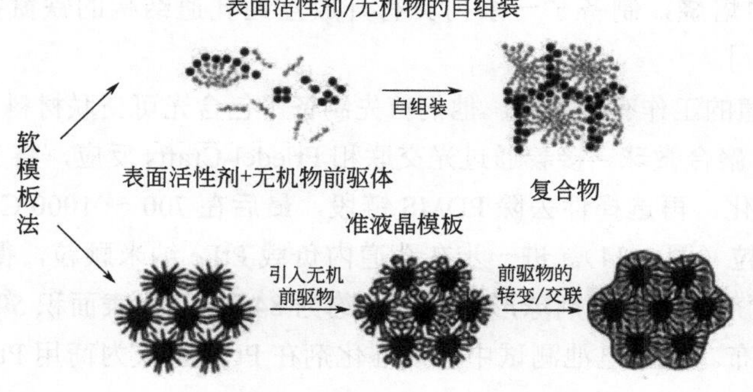

图3-32　利用软模板合成示意图

利用软模板组装有序介孔材料可以在气/液界面进行，也可以在溶液内进行，下面分别对这两种方式进行讨论。

（1）溶剂挥发诱导自组装　溶剂挥发诱导自组装法（EISA）是合成有序介孔材料的一个重要方法。EISA 合成技术采用的是典型的溶胶-凝胶过程，同时涵盖了表面活性剂的自组装。在该合成路线中，表面活性剂的起始浓度一般都比较低，远低于临界胶束浓度。随着有机溶剂的快速挥发，表面活性剂的浓度不断提高，诱导无机物种与结构导向剂分子协同组装，形成有序介观结构，进一步交联固化无机骨架将有序结构固定下来，除模板后即得到介孔材料。这里的溶剂可以是乙醇、四氢呋喃等极性有机溶剂，也可以是水和其他溶剂的混合物。具体的合成步骤一般为：①将模板剂和可溶性的骨架材料前驱物溶解于易挥发的溶剂中形成均一的溶液；②通过溶剂的挥发使溶液中不易挥发的表面活性剂、无机/有机前驱体的浓度增加，连续的溶剂挥发诱导无机/有机物种与结构导向剂复合形成液晶相，同时该过程还可能伴随着无机物种（如硅物种）的进一步交联、聚合；③脱除模板，得到有序介孔材料。

EISA 法与下一节将要介绍的溶液相法最大的区别在于 EISA 法无需经过骨架前驱物和结构导向剂在溶液中组装并分相沉淀出来的过程，介观相的形成完全由结构导向剂液晶相的形成来驱动，从而降低了对前驱物溶胶-凝胶过程的控制要求以及前驱物与模板分子协同组装的控制要求。由于使用的多为非水溶剂，骨架前驱物的溶胶-凝胶过程趋于缓和，使很多在水体系中由于水解缩聚过程过于剧烈无法合成的物质也能通过该法合成。通过调变不同的前驱物，还可以方便地制备各种复合材料。

制备非贵金属 Fe-N_x/C 催化剂的前驱体材料一般包含 Fe、N、C、H 等元素，在高温（>800℃）焙烧过程中，小分子氮碳化合物挥发，同时 Fe 逐渐团聚形成较大颗粒，因此很难得到高度分散的 Fe 活性位点。同时对于碳基材料，大部分活性位点都包埋在材料内部而没有暴露在表面，活性位利用率低。Mun 等[57]采用软模板方法，通过将 Fe 前驱体、碳源和硅源吸附在嵌段共聚物 F127 的亲水段（PEO），再进行溶液自组装，并经固化、转化、去模板等后处理步骤，制得有序介孔铁-氮-碳催化剂［图 3-33（a）］。该催化剂中，金属 Fe 高度分散于碳载体中，同时构建的有序介孔结构增强了活性位暴露。在三电极体系 ORR 测试中，*m*-FePhen-C 催化剂的起始、半波电位达到 1.00V 和 0.901V，优于商业 Pt/C 催化剂，并且具有较好的稳定性。此外，Wei 等[58]通过组装球形酚醛树脂和嵌段共聚物（F127）单胶束软模板，然后将铁前驱体和 1,10-菲罗啉（1,10-Phen）引入其中，最后在 NH_3 气氛中焙烧，制备了一系列具有开放互通孔道结构的铁氮掺杂碳催化剂（Fe/N/C）［图 3-33（b）］。

Choi 等[59]报道的工作有些不同。他们首先制备了包含光可交联材料 P（S-*r*-N3）的嵌段共聚物 PS-*b*-PDMS 聚合微球。接着通过光交联和 Friedel-Crafts 反应，将 PS-*b*-PDMS 中的 PS 嵌段进一步交联固化，再选择性去除 PDMS 链段，最后在 700 ～ 1000℃碳化，形成孔道均匀分布的介孔碳颗粒（图 3-34）。进一步在孔道内负载 PtFe 纳米颗粒，得到 1%（质量分数）极低 Pt 载量的催化剂。该催化剂球形颗粒直径约为 845nm，比表面积 500m²/g，孔径 25nm，孔道呈柱状阵列排布。在单电池测试中，该催化剂在 Pt 用量仅为商用 Pt/C 的 1/20 时，即可达到与后者相同的输出功率。

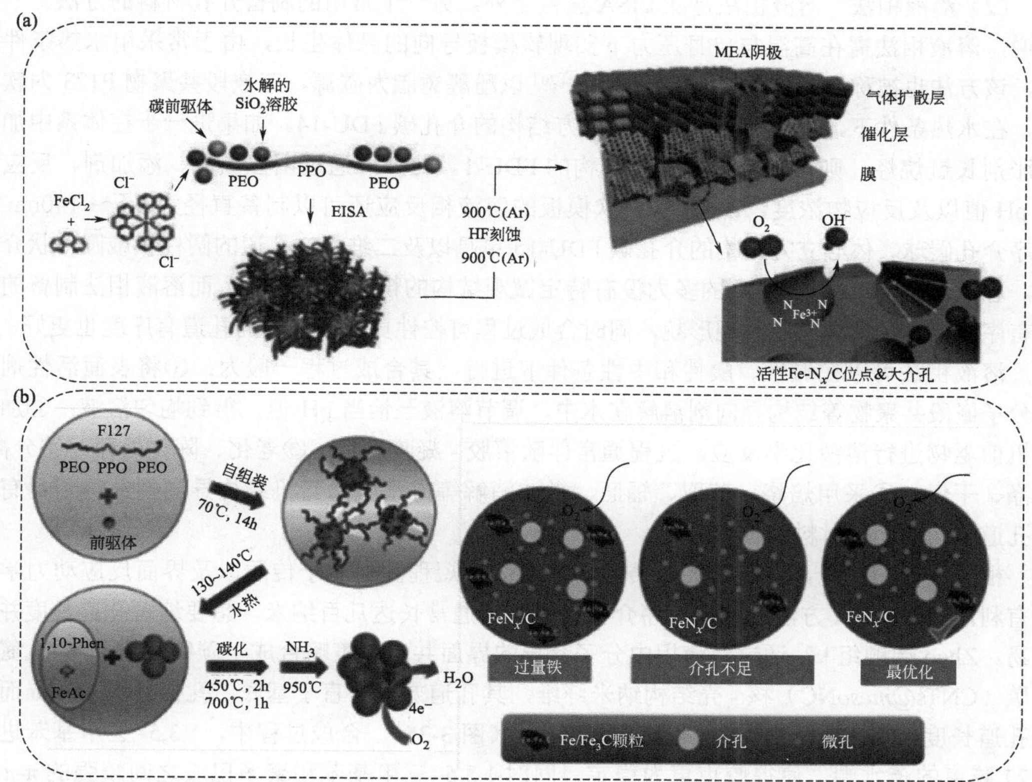

图3-33 *m*-FePhen-C 催化剂和开放孔道结构[57]（a）与Fe/N/C合成示意图（b）[58]

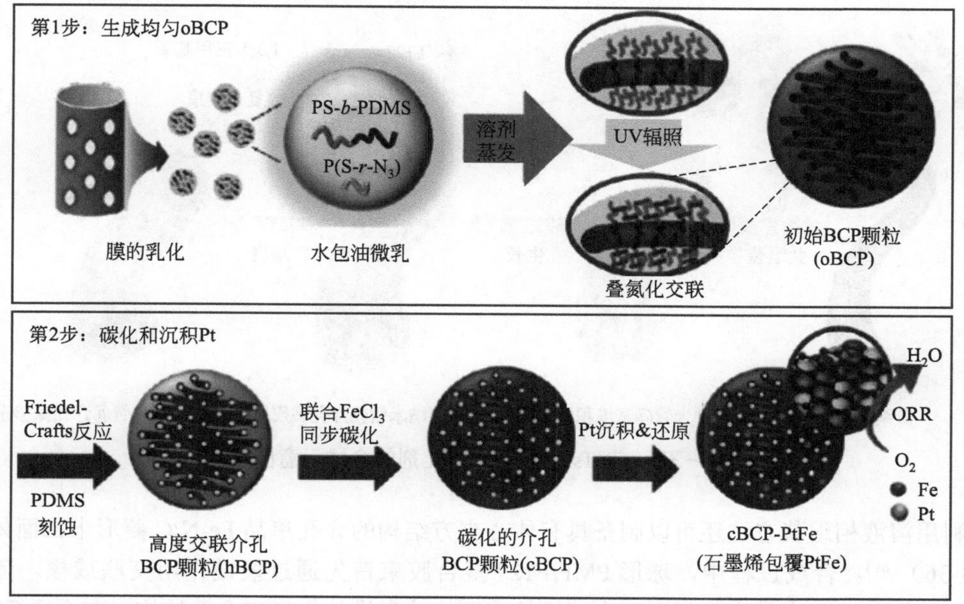

图3-34 cBCP-PtFe催化剂的合成示意图（彩插见文前）[59]

（2）溶液相法　溶液相法是除 EISA 途径之外，另一个常用的制备介孔材料的方法。一般来说，溶液相法需在高温与自身压力下实现软模板导向的晶体生长，由于常采用水热条件制备，该方法也被称为水热法。Zhao 课题组[20]以酚醛树脂为碳源，三嵌段共聚物 P123 为软模板，在水热条件下，合成了具有双连续立方结构的介孔碳 FDU-14。如果进一步在体系中加入膨胀剂长链烷烃，则可得到二维六方结构的 FDU-1。此外，通过调控碳源、添加剂、反应体系 pH 值以及反应物浓度，以 F127 为软模板的溶液相反应还可以制备直径为 20 ～ 140nm 的有序介孔碳球、体心立方结构的介孔碳 FDU-15 单晶以及二维六方孔道的圆柱状或圆片状介孔碳。总的来说，EISA 法得到的多为没有特定微观结构的粉体介孔材料，而溶液相法制备的部分有序介孔材料具有特定微观形貌，同时合成过程可控性更高，获得的孔道有序度也更好。

溶液相法可以在碱性、酸性和中性条件下进行，其合成过程一般为：①将表面活性剂或高分子嵌段共聚物等结构导向剂溶解在水中，调节溶液至恰当 pH 值，得到均匀溶液；②加入无机前驱物进行溶液化学反应，过程通常伴随溶胶 - 凝胶过程；③老化、陈化处理；④分离、洗涤、干燥；⑤采用焙烧、萃取、辐照、微波消解等方法脱除有机结构导向剂，得到具有开放孔道结构的介孔材料。

根据前面的讨论，孔道长短对传质影响较大，短程孔道对于传质以及界面反应动力学更为有利，但是 EISA 方法制备的有序介孔材料孔道通常长达几百纳米，想要缩短孔道长度并不容易。Zhao 课题组[60]通过溶液相中分子介导的界面共组装策略合成了碳纳米管 @ 介孔氮掺杂碳（CNTs@*meso*NC）核 - 壳结构纳米纤维，其孔道方向垂直于基底，孔径达到 6.9nm 而壳层孔道长度仅为 28nm，比表面积达到 768m^2/g（图 3-35）。合成过程中，1,3,5- 三甲基苯进入 F127 胶束的疏水端，使得胶束更为稳定，同时 1,3,5- 三甲基苯和聚多巴胺之间较强的 π-π 相互作用可以确保复合组装体系稳定在碳纳米管（CNT）表面。所制得的 CNTs@*meso*NC 纳米纤维在碱性介质中表现出优异的氧还原性能。

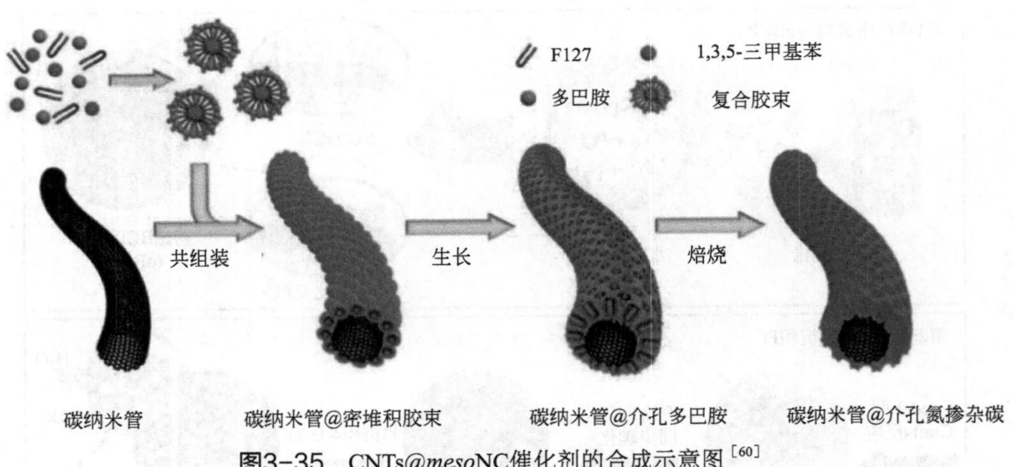

图3-35　CNTs@*meso*NC催化剂的合成示意图[60]

利用溶液相组装方法还可以制备具有体心立方结构的介孔单晶 Fe-N/C 菱形十二面体材料（图 3-36）[61]。合成过程中，球形 PMF/F127 复合胶束首先通过氢键作用交联成核。随着反应时间的增加，越来越多的复合胶束接近核表面构成密排体心立方介孔结构。在合适条件下，晶体生长受到热力学控制，沿〈110〉方向逐渐生长成具有有序介观结构的 Fe-N/C 菱形十二面体，最后经氨气900℃活化得到NH_3-$Fe_{0.25}$-N/C-900催化剂。该催化剂碱性和酸性条件下均展示出较好的氧还原活性，其高度有序的介观结构是高活性的一个重要原因。

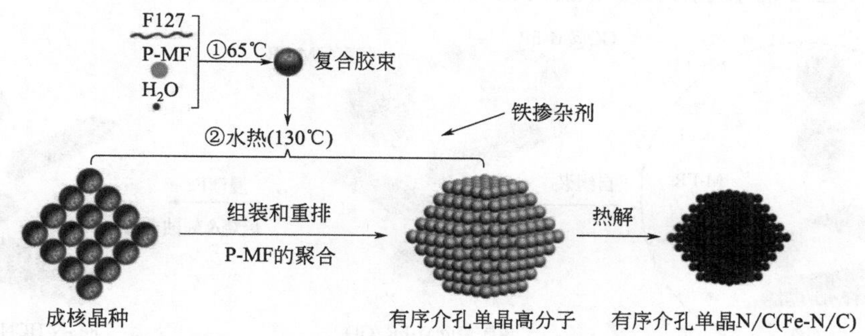

图3-36　N/C（Fe-N/C）催化剂的合成示意图（在步骤②中引入Fe掺杂）[61]

Peng等[62]采用纳米乳液组装方法制备了具有较大介孔的氮掺杂碳纳米球（图3-37）。F127/TMB/多巴胺在乙醇/水体系中组装成纳米乳液，经聚合、碳化后即得到具有光滑、多腔、树枝等多种新颖结构的氮掺杂碳纳米球。其中，所得到的枝状介孔碳纳米球具有大介孔（约37nm）、小粒径（约128nm）、高比表面积（约635m^2/g）和丰富N含量（约6.8%，质量分数），在碱性溶液中具有很高的氧还原电流密度。

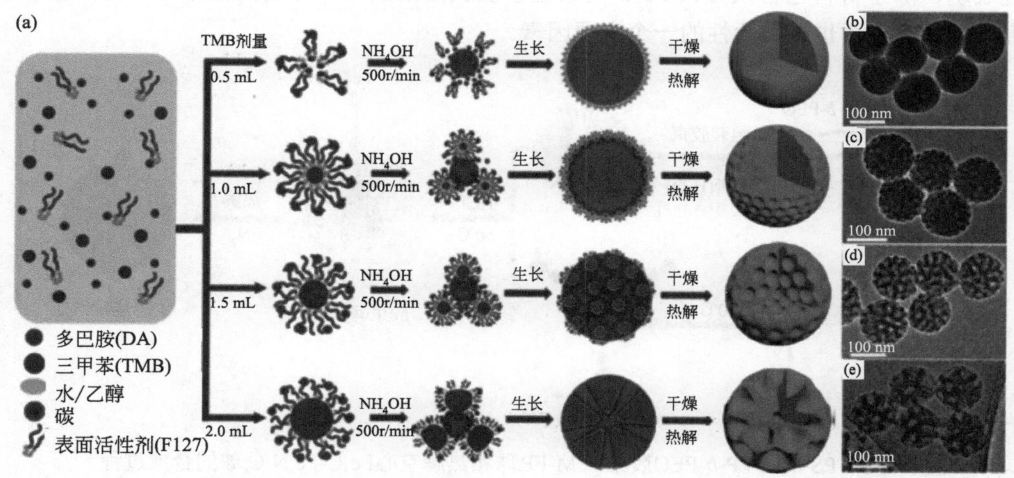

图3-37　（a）光滑、高尔夫球、多腔和树枝状介孔结构的氮掺杂碳纳米球的形成过程示意图，以及其相应的TEM图像（b）～（e）[62]

Tan等[63]采用溶液相法，将三聚氰胺-甲醛树脂包覆的三嵌段共聚物胶束组装在氧化石墨烯片的正反表面，碳化后形成由两层直径小于40nm的中空氮掺杂碳纳米球（N-HCNS）和夹在其中的还原氧化石墨烯（rGO）组成的复合催化剂（图3-38）。电化学测试表明，该催化剂比rGO和N-HCNS的物理混合材料具有更好的氧还原性能。此外，通过在原材料中引入铁（Fe），得到具有高比表面积（968.3m^2/g）、高氮掺杂（6.5%，原子分数）和均匀分布铁掺杂（1.6%，质量分数）的$Fe_{1.6}$-N-HCNS/rGO-900。在碱性介质中，该催化剂的ORR半波电位优于 20% Pt/C，极限电流密度与后者持平。其中，均匀分散的空心纳米球提高了活性中心密度以及暴露程度，同时薄层平面结构随机堆叠产生的空间有利于反应物和产物的扩散，电子可以在连接每个空心纳米球的 rGO 平面内快速转移，这些因素是导致材料高活性的主要原因。

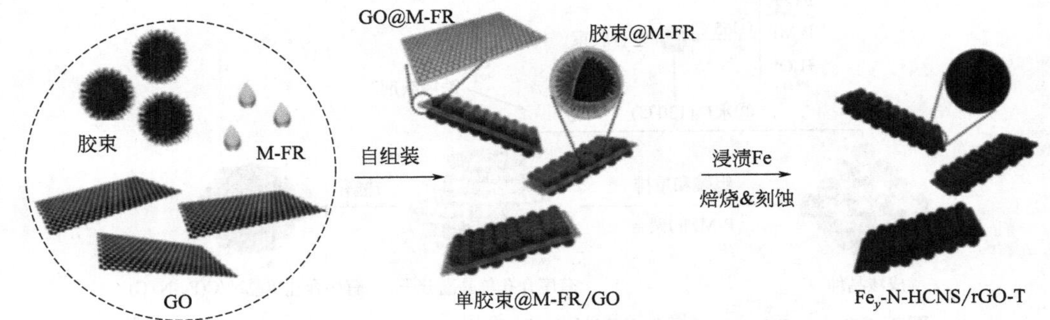

图3-38 二维Fe$_y$-N-HCNS/rGO-T纳米片的合成过程[63]

Yamauchi 课题组[55]以苯乙烯-2-乙烯基吡啶-环氧乙烷三嵌段共聚物（PS-*b*-P2VP-*b*-PEO）为软模板，高氮含量聚氰胺甲醛树脂（M-FR）为碳、氮源，$FeCl_3$ 为铁源，采用溶液相法合成了直径不到 50nm、壳层嵌入 Fe_3C 纳米颗粒的 Fe、N 双掺杂空心碳球 Fe_3C-Fe,N/C，材料比表面积达到 879.5m²/g，空腔直径约为 16nm（图 3-39）。该空心结构催化剂在碱性电解液中表现出与商业 Pt/C 相当的 ORR 性能，在酸性条件下半波电位仅比 20% Pt/C 低 59mV。一系列研究表明，除了材料包含大量由 Fe_3C 纳米粒子以及掺杂位点制造的活性中心，薄层多孔空心碳壳大幅提升传质也是高活性的一个主要因素。

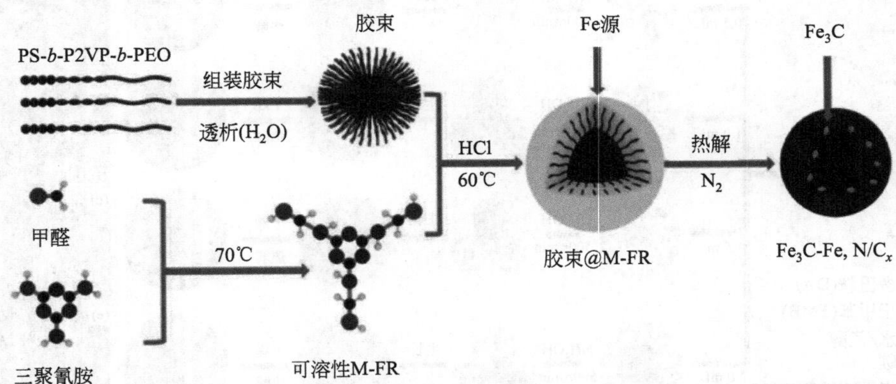

图3-39 PS-*b*-P2VP-*b*-PEO胶束@ M-FR球和热解空心Fe_3C-Fe,N/C_x球的合成过程[55]

表 3-3 列出了采用软模板方法制备的催化剂孔道结构与 ORR 性能。表 3-4 列出了采用软模板合成的催化剂中孔道结构对氧还原活性的作用。

表3-3 采用软模板方法制备的催化剂孔道结构与ORR性能

催化剂	模板剂	孔道结构与参数	S_{BET} /(m²/g)	起始电位 (vs. RHE)/V	半波电位 (vs. RHE)/V	参考文献
Fe-N-C	BP2000	介孔（3.18nm）	807	0.857	0.715	[64]
Fe-N-C	F127	介孔（7.96nm）	1204.3	1.02	0.812	[61]

续表

催化剂	模板剂	孔道结构与参数	S_{BET} /（m^2/g）	起始电位（vs. RHE）/V	半波电位（vs. RHE）/V	参考文献
Pt-Fe-C	PS-*b*-PDMS	介孔（20nm）	—	0.95	0.83	［59］
Fe-N_x/C	F127	介孔（10nm）	1437	1.1	0.9	［57］
Fe-N-C	F127	微孔（0.6nm）	536.3	0.98	0.87	［58］
NMCNs	F127	介孔（37nm）	635	0（vs. Ag/AgCl）	−0.3（vs. Ag/AgCl）	［62］
N-C	F127	介孔（6.9nm）	768	−0.05（vs. Ag/AgCl）	−0.19（vs. Ag/AgCl）	［60］
$Fe_{1.6}$-N-HCNS/rGO-900	PS-*b*-P2VP-*b*-PEO	介孔（20nm）	968.3	约 1.0（0.1mol/L KOH）	0.872（0.1mol/L KOH）	［63］
Fe_3C-Fe,N/C	PS-*b*-P2VP-*b*-PEO	介孔（约 16nm）	879.5	约 0.85（0.1mol/L $HClO_4$） 约 1.0（0.1mol/L KOH）	0.714（0.1mol/L $HClO_4$） 0.881（0.1mol/L KOH）	［61］
Pt/C	PSL	大孔 + 介孔（30nm+100nm）	139	约 1.0（0.1mol/L $HClO_4$）	约 0.9（0.1mol/L $HClO_4$）	［41］
Co_2N-2-700@NC	Triton X-100	介孔（3.8nm；约 30nm）	362	−0.038V（vs. SCE）（0.1mol/L KOH）	−0.126V（vs. SCE）（0.1mol/L KOH）	［65］

表 3–4　采用软模板合成的催化剂中孔道结构对氧还原活性的作用

催化剂	孔的作用	参考文献
FeNC-900	介孔有助于催化剂的表面润湿从而增加电化学活性位点，大孔结构促进了 ORR 在时间尺度上对有效活性位点的动力学可及性	［62］
MF-C-Fe-Phen-800	微孔是活性位点，增加介孔的数量可以提高反应物和电解质与活性位点的接触，有利于 ORR 反应物和产物的转移，从而提高 ORR 性能	［64］
NH_3-$Fe_{0.25}$-N/C-900	在 NH_3 活化过程中，开放介孔的存在对 ORR 相关物种的迁移和引入高含量的吡啶 N 起着重要作用	［61］
m-FePhen-C	由于细小的微孔容易被催化剂前驱体的热解产物堵塞，有序的介孔结构既能提供高表面积，又能方便地在孔隙中进行物质运输	［65］
Fe_{30}NC-Ar700-NH_3-45%	大的微孔表面积对 Fe 和 N 活性位点的形成和介孔结构对有效的物质运输有重要的积极影响，有利于 ORR 活性的提高	［58］
NMCNs	通过将大块介孔碳的粒径减小到纳米级范围，可以获得更多的暴露表面活性位点。大的介孔的存在，尤指大于 20nm 的介孔，可以通过降低扩散势垒从而促进物质的输送，提高其活性	［62］
CNTs@*meso*NC	碳化过程中，外壳的介孔碳被氮气中的少量氧气激活，增大了比表面积，暴露了更多的活性位点	［60］
cBCP-PtFe	介孔碳可以作为金属的附着位点	［59］

续表

催化剂	孔的作用	参考文献
$Fe_{1.6}$-N-HCNS/rGO-900	电子可以在连接到每个空心 Fe-N/C 纳米球的 rGO 平面内快速转移，这一特性降低了 ORR 过程中的电化学极化	[63]
Fe_3C-Fe,N/C	大的表面积和多孔壳，暴露更多的活性中心和加快传质动力学；以及小空心尺寸（<20nm）和薄碳壳（约 10nm），缩短离子扩散距离	[55]
Pt/C	多级孔碳颗粒在电催化过程中提供较低的离子和流体传输阻力，通道互相交叉，渗透层允许流体在多孔颗粒内部和外部之间传输，从而扩大了催化剂、气相和电解质之间的三相界面	[41]
Co_2N-2-700@NC	较小的介孔（3.8nm）可以降低反应物对 ORR 的传输阻力，较大的介孔（约 30nm）可以存储电解质并加速反应速率	[65]

3.2.2.3 原位模板法

原位模板法（in situ templating）指的是前驱体溶液中的化学物质例如盐、离子、分子甚至溶剂本身，在相分离过程中原位转化为模板，并基于此模板构建多孔结构的方法。目前的报道中，原位模板法大多借助溶液冻干手段制备三维结构碳 / 石墨烯材料。与之前介绍的硬模板法相比，该方法避免了纳米尺度孔道灌注阻力过大或者需要较强相互作用形成完全包覆等缺点，操作步骤较少，过程简便易行，产生的三维联通大孔骨架结构更为开放。

魏子栋等[66]利用原位模板法，通过原位固相聚合制备了多孔 FeNC 催化剂。首先，200℃水热反应制得包含铁离子的葡萄糖和双氰胺寡聚物透明水溶液，当溶液降温至 80℃时，快速注入液氮形成寡聚物均匀分布的冰块。随后冻干过程中，寡聚物在冰块内进一步原位聚合成刚性较强的 3D 网络结构，同时原位模板气化脱出。最后焙烧碳化处理，得到单分散 Fe/Fe_3C 纳米颗粒嵌入的氮掺杂碳催化剂 FeNC，其中碳骨架形成三维联通大孔气凝胶结构，金属颗粒在骨架内单分散均匀致密分布（图 3-40）。相比之下，采用传统液相聚合得到的催化剂 FeNC-LP 仅包含堆积孔，同时 Fe/Fe_3C 纳米颗粒分布稀疏，粒径范围宽。在碱性体系氧还原反应中，Fe-N-C 的半波电位（0.919V）比 FeNC-LP 高 88mV，且 0.9V 下动力学电流密度是后者的 13.8 倍，高密度活性位以及大孔气凝胶提供的快速传质是 FeNC 催化剂高活性的两个主要原因。

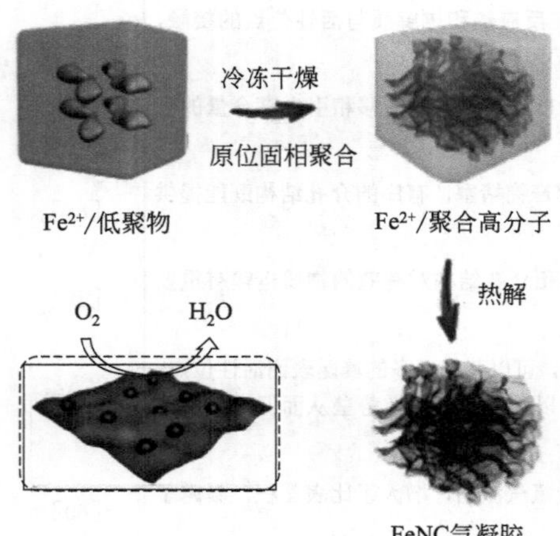

图3-40 FeNC催化剂的合成示意图[66]

Wu 等[67]采用醋酸铁、聚吡咯、氧化石墨烯作为原料，首先水热合成得到水凝胶材料，接着冻干去除模板，再焙烧处理得到表面均匀分布 Fe_3O_4 纳米颗粒的 N 掺杂石墨烯气凝胶单片催化剂 Fe_3O_4/N-GAs。材料呈现出石墨烯片状相互连接的 3D 大孔骨架，比表面积为 110m²/g。在碱性介质 ORR 测试中，同 Fe_3O_4/N-CB（负载有 Fe_3O_4 纳米颗粒的 N 掺杂炭黑）相比，Fe_3O_4/N-GAs 起始电位更正、H_2O_2 产率更低、电子转移数更高，表明气凝胶材料的 3D 大孔和高比表面积有利于提高 ORR 性能。

超分子组装也可以用作原位模板辅助构建多孔

结构。在水溶液中，三聚氰胺通过 π-π 作用吸附于氧化石墨烯纳米片表面，之后加入三聚氰酸并水热处理（图 3-41）。由于氢键作用，三聚氰胺与三聚氰酸自组装形成超分子结构 MC，最后 1000℃高温处理得到疏松多孔的三维氮掺杂石墨烯材料 NGA。水热过程中，超分子 MC 形成网状结构缠绕于石墨烯片层周围，增加片层间距，因此有效防止了堆叠。焙烧过程中，MC 分解产生小分子气体，也有利于避免相邻石墨烯片层的堆叠。NGA 材料比表面积达到 401.3m²/g，孔体积为 1.09m²/g，显著高于直接焙烧（无超分子辅助）得到的石墨烯 G（49.7m²/g，0.04m²/g）。碱性体系中，NGA 的起始电位、半波电位、极限电流密度均优于石墨烯 G。此外，NGA 材料还可以作为贵金属 Pt 催化剂的载体材料用于 ORR [68]。

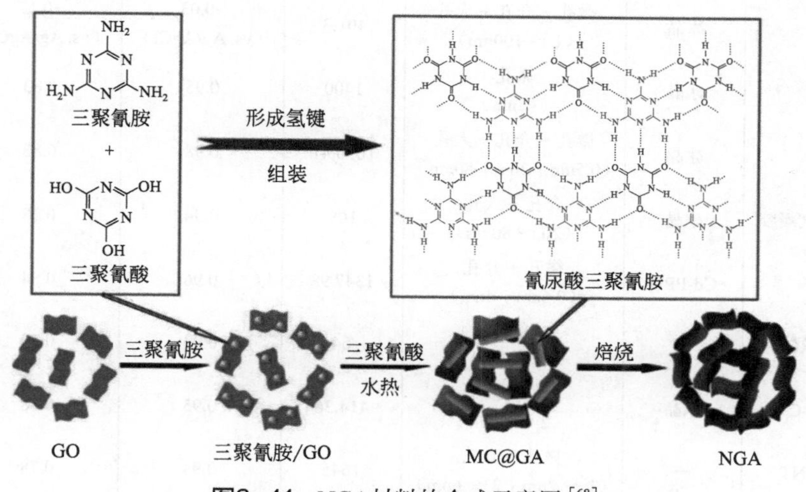

图3-41　NGA材料的合成示意图 [68]

Qiao 等 [69] 以富含芳香结构的苯胺和乙二胺作为碳、氮前驱体，氯化铁（$FeCl_3$）作为共氧化剂和铁源，先在室温下形成水凝胶三维网状结构，之后冷冻干燥去除模板，再热解得到富含氮、铁活性位点的三维碳骨架催化剂（Fe-N-C）（图 3-42）。除了大孔骨架，该催化剂还包含丰富微孔，比表面积达到 1400m²/g。微孔 / 大孔结构大大提高了活性中心密度以及质、荷转移效率，与传统的基于无定形炭黑为载体的 Fe-N-C 催化剂相比，该催化剂的 ORR 活性显著提高，在酸性介质中，其半波电位达到 0.83V，与 Pt/C 催化剂仅有 30mV 的差距。

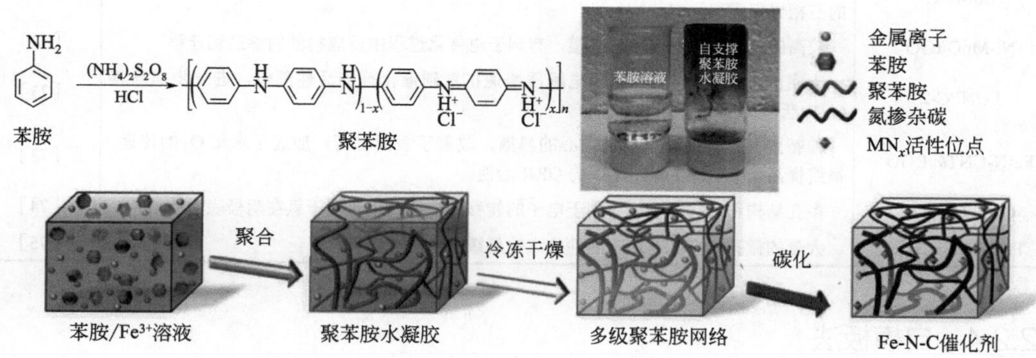

图3-42　聚苯胺水凝胶法制备无碳载体Fe-N-C催化剂的合成方案 [69]

表 3-5 和表 3-6 分别列出了采用原位模板方法制备的催化剂孔结构与性能总结，以及采用原位合成的催化剂中孔结构对氧还原活性的影响。

表 3-5 采用原位模板方法制备的催化剂孔结构与性能总结

催化剂	模板剂	孔道结构与参数	S_{BET} /（m^2/g）	起始电位（vs. RHE）/V	半波电位（vs. RHE）/V	参考文献
Fe_3O_4/N-GAs	冰晶	介孔 + 大孔（10 ～ 200nm）	110	0.19（vs. Ag/AgCl）	−0.26（vs. Ag/AgCl）	[67]
CoMn/pNGr	—	介孔（3 ～ 4nm）	—	0.94	0.791	[70]
NGA	冰晶	微孔 + 介孔 + 大孔（1 ～ 100nm）	401.3	−0.03（vs. Ag/AgCl）	−0.17（vs. Ag/AgCl）	[68]
Fe-N-C	冰晶	微孔（<2nm）	1400	0.95	0.83	[69]
Mn-N-C	冰晶	微孔 + 介孔 + 大孔（0.5nm；2nm；80nm）	1650.41	0.98	0.88	[71]
Ni-MnO/rGO 气凝胶	冰晶	介孔 + 大孔（20 ～ 80nm）	109	0.94	0.78	[72]
Fe/NPC-2	Cd-PPD	微孔 + 介孔（0.6nm；4nm）	1347.98	0.96	0.84	[73]
Fe-N-CNT@RGO	—	介孔（2 ～ 30nm）	64	0.93	0.79	[73]
CoO_x/Co-N-C	冰晶	介孔（2 ～ 6nm）	414.36	0.95	0.88	[74]
FeN_x/FeS_x-CNT	—	微孔 + 介孔（1 ～ 2nm；2 ～ 6nm）	1645	0.94	0.78	[75]

表 3-6 采用原位合成的催化剂中孔结构对氧还原活性的影响

催化剂	孔的作用	参考文献
Fe_3O_4/N-GAs	相互连接的 3D 大孔骨架，有利于纳米颗粒的高度分散，促进传质	[67]
CoMn/pNGr	多孔石墨烯中存在的介孔增大了活性位点的数量	[70]
NGA	三维分层富孔结构和高比表面积有利于传质以及催化剂活性位点的暴露	[68]
Fe-N-C	大量的微孔有利于活性中心的调节、提高活性中心密度、质量 / 电荷转移和结构完整性	[69]
Mn-N-C	分层孔隙结构有利于活性位点的暴露，从而加快 O_2 的运输，扩大了 ORR 过程中的三相界面面积	[71]
Ni-MnO/rGO	较高的比表面积和丰富的孔道，有利于电催化过程中反应物种的渗透和迁移	[72]
Fe/NPC-2	丰富的孔隙可以促进 O_2 和电解质快速扩散到催化剂的活性部位，进一步提高其 ORR 活性	[73]
Fe-N-CNT@RGO	独特的孔结构促进了活性中心的暴露，改善了表面电荷，加速了水和 O_2 的传递，最终提高了 Fe-N-CNT@RGO 的 ORR 活性	[73]
CoO_x/Co-N-C	多孔结构和高比表面积有利于电子的转移和扩散，也有利于氧在阴极表面的维持	[74]
FeN_x/FeS_x-CNT	大量的微孔和介孔有助于活性位点的暴露和电子的转移	[75]

3.2.2.4 自模板法

自模板法（self-templating）是一类先合成微 / 纳米尺度的“模板”，再将其转变为介孔结构的方法。其与传统模板法的区别在于，这里的“模板”不仅起到传统模板的支撑框架作用，还直接参与到催化剂的形成过程中，即模板材料直接转化为产物或者作为产物的前驱物。在传统模板法中，模板的表面性质以及模板与前驱物之间的相互作用对能否成功构建介孔结构起到决定性作用，而这个过程往往是复杂且难以控制的，限制了传统模板法的应用范围。但自模板法中模板与前驱物合二为一，这个问题大大简化，因此可用于合成许多传统模板法无法合成的材料。另外，在自模板法中，目标产物通常可以通过控制反应物物质的量、温度、时间等反应条件加以调控，使得自模板法具有大规模生产的可能性，这也是传统模板法难以比拟的优点之一。目前报道的自模板法中，初始材料以沸石咪唑酯骨架结构材料（ZIFs）、金属有机框架材料（MOFs）、多孔有机聚合物或具有固有多孔结构的生物质居多，由于其结构本身就包含了孔道框架，将其直接碳化即可获得多孔碳基 ORR 催化剂。

MOF 是由金属离子和有机配体构建的晶体材料家族，是高度结晶多孔材料的典型示例，基于 MOF 可以精准设计合成一系列用于催化、能源等领域的功能材料[76-78]，其优势在于：① MOF 内包含的空腔不仅使其衍生物具有高孔隙率，还使 MOF 成为可封装客体分子的理想主体材料，这对于制备具有特定组成的催化剂至关重要；② MOF 的高孔隙率使得 MOF 衍生物具有高表面积[79]和丰富孔道，有利于增加活性位点的暴露并促进传质，同时高度规则有序的 MOF 结构还确保了活性位点在体相内的均匀分布；③ MOF 作为载体能够实现纳米颗粒的高度均匀分散，而 MOF 中的金属物种也可以直接转变成活性位点；④配体包含的丰富杂原子可以用作掺杂剂，引入掺杂位点；⑤有机配体转变成石墨化碳，增强了材料电导率。

2008 年日本国家先进产业技术研究所以拥有三维交叉孔道体系的 MOF-5 作为模板，通过气相法制备出纳米多孔碳材料[80]。合成过程中，将脱气后的 MOF-5 置于呋喃甲醇（FA）蒸气氛围中，使 FA 进入 MOF-5 孔中并聚合，形成 PFA-MOF-5 复合物，而后在氩气氛围碳化，得到多孔碳（NPC），其比表面积为 $2872m^2/g$，孔体积达到 $2.06cm^3/g$。同时发现降低碳化温度，材料的比表面积和孔体积也随之降低，表明碳化温度是纳米多孔碳结构衍变的关键因素。在后续研究中，该课题组又开发了液相法[81]，即将脱气的 MOF-5 浸泡在 FA 中，通过浸渍将 FA 注入 MOF-5 孔中，碳化后得到纳米多孔碳 NPC_x（x 代表焙烧温度）。当碳化温度从 530℃升高到 1000℃时，碳材料的比表面积从 $1141m^2/g$ 增加到 $3040m^2/g$。

随后，2012 年，Yang 等[79]首次以 BASF 公司的商品化 MOF——沸石咪唑酯骨架材料 Basolite Z1200 为模板，以 FA 为碳源，制备出富含微孔的碳材料。碳化过程中，为了避免 MOF 热稳定性差可能造成的结构坍塌，采用简单的热调节对材料进行活化。活化后碳材料比表面积达到 $3188m^2/g$，孔体积为 $1.94cm^3/g$，远高于未经活化处理得到的碳材料（比表面积 $933m^2/g$，孔体积 $0.57cm^3/g$）。

Ahn[82]等采用 1D 介孔 Te 纳米管为载体，通过在其表面原位生长 MOF 微颗粒，并进行高温焙烧处理，制备了具有双孔分布的 Fe、N 掺杂碳材料（pCNT@Fe@GL），其中 1D 主管道包含丰富介孔，镶嵌的颗粒中则包含大量微孔，材料比表面积达到 $1380cm^2/g$（图 3-43）。同时，材料表面涂覆的超薄石墨层很好地保护了活性中心，防止其在长期运行过程中降解和团聚。该催化剂在碱性和酸性介质中均表现出优异的 ORR 活性和长期稳定性。

普鲁士蓝（PB）在 750℃热解即得到包裹有 Fe/Fe_3C 纳米颗粒的氮掺杂石墨烯，刻蚀后形成空心纳米结构石墨烯（N-HG）；而在大于 750 ℃条件下热解 PB，则形成封装有 Fe/Fe_3C 纳米颗粒的竹状石墨烯管（BGN），两种结构均表现出比传统催化剂更为优异的 ORR 催化活性[83]。

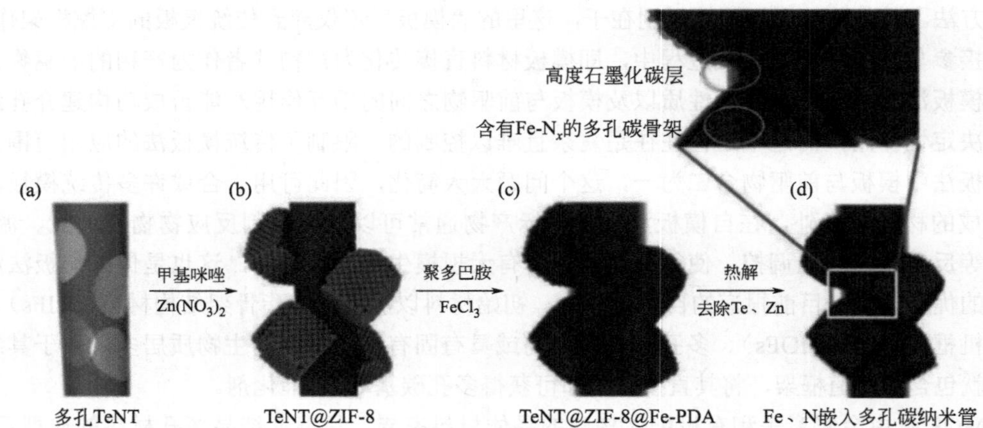

图3-43 Fe、N掺杂的碳纳米管合成示意图[82]

Proietti 等[84]将 ZIF-8、1,10-邻二氮杂菲、乙酸亚铁的固体混合物球磨后，首先在氩气、1050℃下热解，再在 NH_3 气、950℃二次热解，制得 Fe/N/C 催化剂。催化剂拥有直径约为 50nm 的泡状连通大孔，对传质非常有利，同时孔壁厚度不到 10nm，因此活性位暴露程度高。以其为阴极催化剂的 H_2-O_2 燃料电池，峰值功率密度达到 0.91W/cm^2，0.6V 下功率密度达到 0.75W/cm^2，后者与阴极负载 0.3mg$_{Pt}$/cm^2 的电池性能相当。

将十二面体颗粒状 ZIF-67 在 H_2 气氛下焙烧，原位形成的金属钴纳米颗粒催化了碳管的生长，经酸刻蚀除去金属 Co 后，即得到由 N 掺杂碳纳米管组装的空心框架材料 NCNTFs（图 3-44）[85]。NCNTFs 框架具有和 ZIF-67 相同的多面体形貌，BET 比表面积和孔体积分别为 513m^2/g 和 1.16cm^3/g，其结构中既有内部空腔大孔，还有纳米管缠绕形成的微孔、介孔，对三相界面的暴露和传质非常有利，在碱性体系 ORR 中活性优于商业 Pt/C。

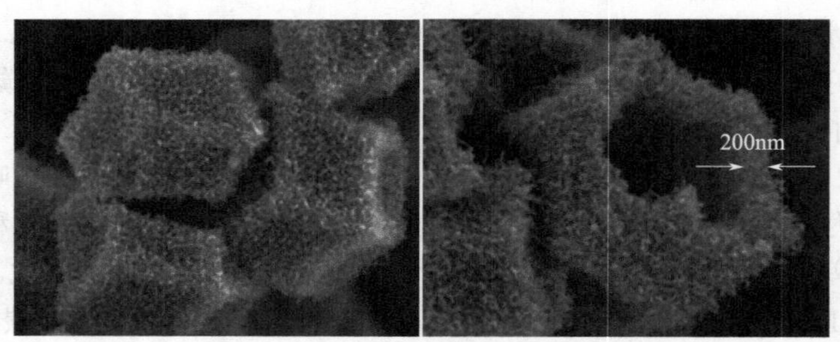

图3-44 由ZIF-67制备互连的结晶NCNT构成的空心框架的SEM图像[85]

通过模拟神经系统网络结构的组成方式，魏子栋等[86]制备了包含高密度活性位的碳基催化剂。如图 3-45 所示，以 PVP-Pt 为中心粒子模拟神经元，通过 2-甲基咪唑与 PVP 的配位作用模拟神经元上面的突触，引入 Co^{2+} 并通过其与 2-甲基咪唑的配位作用将各中心粒子相互连接起来，进一步生长形成立方体结构的多面体（Pt@ZIF-67）。通过精确控制焙烧和酸洗条件，得到由碳纳米管镶嵌 PtCo 合金颗粒的多孔立方体结构。拨浪鼓电极测试中，PtCo-CNTs-MOF 催化剂输出电流高达 50mA/cm^2，且在较高电位下可维持长时间稳定输出，体现出较好的抗水淹性能，远优于 PtCo/C 与 JM-PtC。在 MEA 中较低 Pt 载量（0.1mg/cm^2）条件下，

PtCo-CNTs-MOF 峰值功率达 1.02W/cm²，是 JM-PtC 的 3.6 倍，质量比功率为 98mg_{Pt}/kW，超过 2020 年 DOE 指标，同时在空气条件下，MEA 也有 540mW/cm² 的输出功率。0.6V 恒电压老化测试 130h 性能无衰减，体现出良好的稳定性及抗水淹的性能。

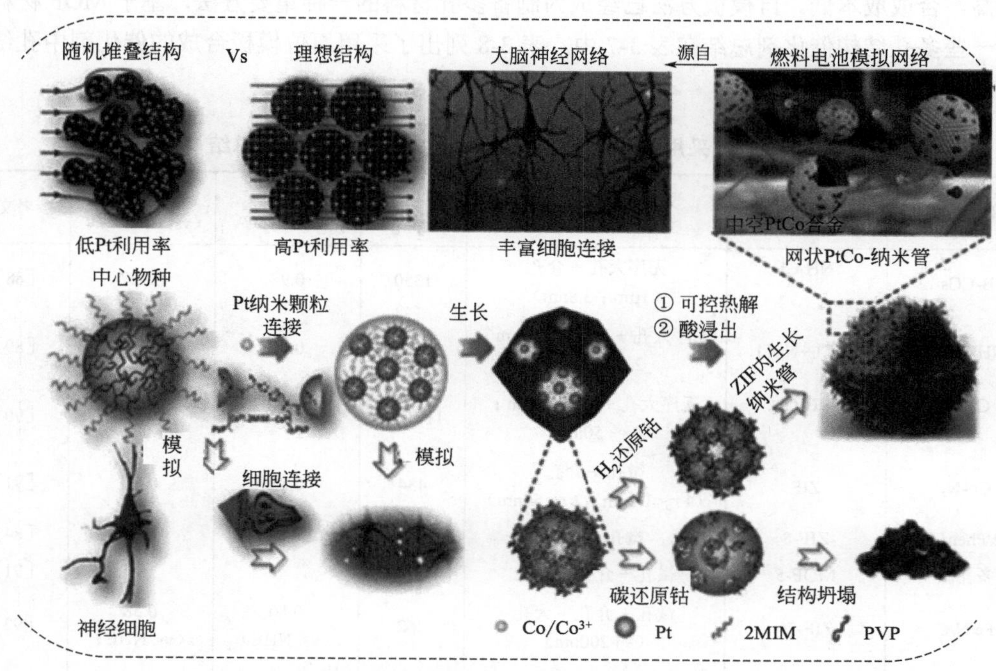

图3-45　催化剂设计及合成示意图[86]

调控焙烧程序也可以实现材料组成、孔道、形貌的调控。通过在层状双氢氧化物 ZnAl-LDH 和 CoAl-LDH 纳米片两侧均匀生长 ZIF-67 的菱形多面体小颗粒，首先得到三明治结构 ZIF-67/M-Al-LDH（图 3-46）。有趣的是，将 ZIF-67/M-Al-LDH 进一步在不同焙烧程序下碳化，可形成蠕虫状纳米管 Co-CNTs、Co 纳米颗粒 Co-NPs、Co 纳米片 Co-NS 等三种不同结构碳材料。在三电极体系测试中，蠕虫状纳米管催化剂起始电位 0.94V，半波电位 0.835V，在三种催化剂中活性最高[87]。

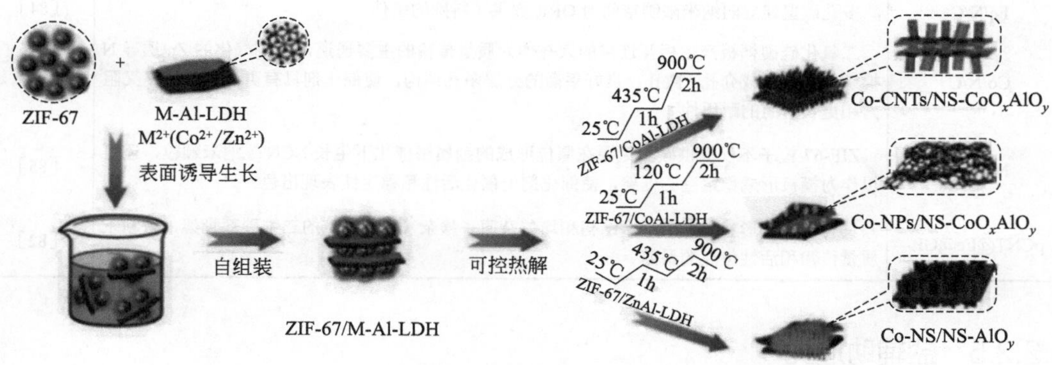

图3-46　多级孔碳基纳米结构合成示意图和电化学性能图[87]

综上所述，自模板方法中，原料基于自身携带的孔道模板，通过原位热解即转变为多孔纳米结构。从 ZIF、MOF 结构衍生碳基催化材料的优势在于：前驱体中的一些强配位基团可辅助引入杂原子，过渡金属活性纳米颗粒易于实现均匀分布，孔道连通性好，同时前驱体转化率高，合成成本低。自模板方法已经成为制备多孔材料的一种重要方法，基于 MOF 材料设计的一些多孔结构催化剂总结在表 3-7 中。表 3-8 列出了采用原位模板合成的催化剂中孔结构对氧还原活性的影响。

表 3–7 采用自模板方法制备的催化剂孔结构与性能总结

催化剂	模板剂	孔道结构与参数	S_{BET} /（m^2/g）	起始电位（vs. RHE）/V	半波电位（vs. RHE）/V	参考文献
B-CCs	NH_4Cl	无序大孔 + 介孔（1μm；3.8nm）	1350	0.98	0.927	[88]
Fe-NHHPC-900	$CaCl_2$+NaCl	无序大孔 + 介孔（200nm；2 ～ 50nm）	943	0.91	0.86	[89]
CNFe	NH_4Cl	无序大孔 + 介孔（1μm；4 ～ 50nm）	1141.41	0.998	0.90	[90]
Co-N_4	ZIF	微孔 + 介孔（1 ～ 1.2nm；2 ～ 50nm）	434	0.83	0.68	[91]
Fe/Phen/Z8	ZIF-8	微孔 + 介孔	964			[84]
多孔碳	MOF-5	微孔 + 介孔 + 大孔	3405			[91]
Fe/N/C	ZIF-70	微孔和 + 介孔 + 大孔（约 200nm）	262	0.80（vs. NHE）	0.58（vs. NHE）	[92]
N-CNT	ZIF-67	介孔（约 7.8nm）	513	约 0.93	0.85	[85]
Co/N/C	ZIF-8+ZIF-67	微孔 + 介孔（1 ～ 20nm）	576.4	0.969	0.841	[93]
Co-CNTs/NS-CoO_xAlO_y	ZIF-67	介孔（2 ～ 10nm）	448.25	0.94	0.835	[87]
pCNT@Fe@GL	ZIF-8	微孔 + 介孔（1.5 ～ 3nm；10 ～ 20nm）	1380	0.911	0.811	[82]

表 3–8 采用原位模板合成的催化剂中孔结构对氧还原活性的影响

催化剂	孔的作用	参考文献
Fe/N/C	多孔碳壁建立的纳米限制空间为 ORR 提供了特殊的条件	[84]
Co/N/C	二氧化硅硬模板产生相互连接的大孔作为质量传输的主要通道，而可汽化的 Zn 诱导 N 掺杂的碳中形成介孔 / 微孔。良好平衡的分层多孔结构，使催化剂具有更高的燃料交叉阻力和更长时间的耐用性	[93]
N-CNT	ZIF-67 粒子不仅提供碳和氮源在原位形成的金属钴催化下生长 NCNTs 纳米颗粒，还可以作为模板形成稳定空心框架，使催化剂电催化活性和稳定性表现出色	[85]
pCNT@Fe@GL	具有蜂窝样形貌、分层纳米结构和均匀杂原子掺杂（N、Co）的二维碳基骨架，有利于质量传输和活性位点的暴露	[82]

3.2.2.5 盐辅助造孔

盐辅助造孔有两种模式：①将 LiCl、KCl、NaCl 等盐和反应物混合加热，盐转变成熔融状态均匀分布于反应物中间，起到了类似模板的作用，反应完毕产物固化后去除盐即可得到多孔材料，因此该方法也被称为熔融盐法；② NH_4Cl 等盐加热后分解产生气体，在材料内部产生气蚀孔，由于过程涉及物相变化，该方法也被称为高温相变法。盐辅助造孔的优势在于：大部分盐在水中的溶解度很高，可以通过水洗直接去除，简便易行，且很多盐环境友好，也可以回收再利用。

对于第一种模式，不同种类的熔融盐模板可以产生不同构型的孔道。水溶液中，Fe^{3+} 吸附于明胶骨架表面，聚合、焙烧之后即形成 Fe 物种均匀分散的 Fe、N 掺杂碳材料[88]。而在溶液中补充添加 NaCl、$CaCl_2$、NaCl+$CaCl_2$，则可分别制得无序大孔 Fe、N 掺杂碳[88]（Fe-NPC-900），长程管道形孔道 Fe、N 掺杂碳 Fe-NAHPC-900，以及短程有序排列的蜂窝状多孔 Fe、N 掺杂碳 Fe-NHHPC-900[89]（图 3-47）。这是由于不同种类的盐形成的模板形貌不同，$CaCl_2$ 辅助构建了长程管道形有序排布孔道，而 NaCl 则起到调节孔道长度的作用。Fe-NHHPC-900 材料的比表面积为 943.0m²/g，具有微孔、介孔、大孔多级孔结构，短程蜂窝状排布的孔道开放性好。在 0.1mol/L KOH 电解质中起始电位和半波电位分别达到 0.94V 和 0.86V，优于 20% 商业 Pt/C 催化剂（起始电位为 0.92V，半波电位为 0.81V）。

图3-47 不同结构的Fe、N掺杂的多孔碳材料的合成示意图[89]

将三聚氰胺甲醛（MF）树脂（C、N 前驱体）、$Fe(SCN)_3$（Fe、S 前驱体）同 $CaCl_2$ 的混合物在 900℃焙烧后，简单酸处理洗去 $CaCl_2$ 即得到 Fe、N、S 掺杂的多孔碳（FeNS-PC-900），其中 $CaCl_2$ 作为熔融盐模板制造了丰富的孔道[94]。FeNS-PC-900 催化剂 BET 比表面积达到 775m²/g，在单电池中峰值功率密度达到 0.49W/cm²，表现出很高 ORR 活性。

以 NH_4Cl 盐为代表的高温相变造孔代表了另一类盐辅助造孔的方式[95]。将大分子海藻酸钠和 NH_4Cl 的水溶液旋转蒸发除去水分后，NH_4Cl 颗粒均匀分布在海藻酸钠凝胶中。随后的焙烧处理中 NH_4Cl 分解为气态 NH_3 和 HCl，产生巨大体积膨胀并逸出，在材料内部形成相互连通、高度开放的介孔、大孔网络。所制备的 NC 材料比表面积达到 1350m²/g，在碱性溶液 ORR 中半波电位达到 0.927V，优于商业 Pt/C 催化剂（0.863V）。在 Zn- 空气电池中测得开路电压为 1.38V，最大功率密度为 153mW/cm²，同样优于商业 Pt/C 催化剂（120mW/cm²）。

魏子栋等[90]将两种盐辅助造孔的方式结合起来。他们以柠檬酸铁和柠檬酸钠为C、Fe前驱体，以NH_4Cl为N源，通过焙烧碳化和简单后处理，即制备得到具有多级孔结构的碳材料HPCMs（图3-48）。柠檬酸铁和柠檬酸钠的混合熔融盐体系在150～309℃的低温区即形成熔融状态，可以用作模板构造大孔，混合于其中的NH_4Cl在同温度区间分解为气态NH_3和HCl，用于产生微孔。在气/液界面处，碳化反应、N掺杂、Fe物种的还原与配位等几个过程同时发生，因此气体逃逸通道固化后，所形成的活性位均位于孔道表面，对材料表（界）面微区结构形成很好的调控。非常有趣的是，调控两种柠檬酸盐的比例可以改变碳骨架的固化速率，进而调控大孔尺寸。仅有柠檬酸钠时，碳的固化速率低，气体逃逸通道未能固化成型，所以材料只包含1.3μm的大孔，没有微孔；随着柠檬酸铁的含量逐渐升高，碳的固化速率升高，大孔降低至630nm尺度，同时材料包含一定比例微孔；在只有柠檬酸铁存在时，大孔尺寸降至120nm左右，同时材料富含微孔。制备的HPCM材料比表面积最高达到1141.41m²/g，三维互穿孔道极大增强了电子、质子、反应气以及产物水的传质效率，在碱性体系中起始、半波电位达到1.12V和0.90V，优于商业Pt/C催化剂（$50\mu g_{Pt}/cm^2$）。

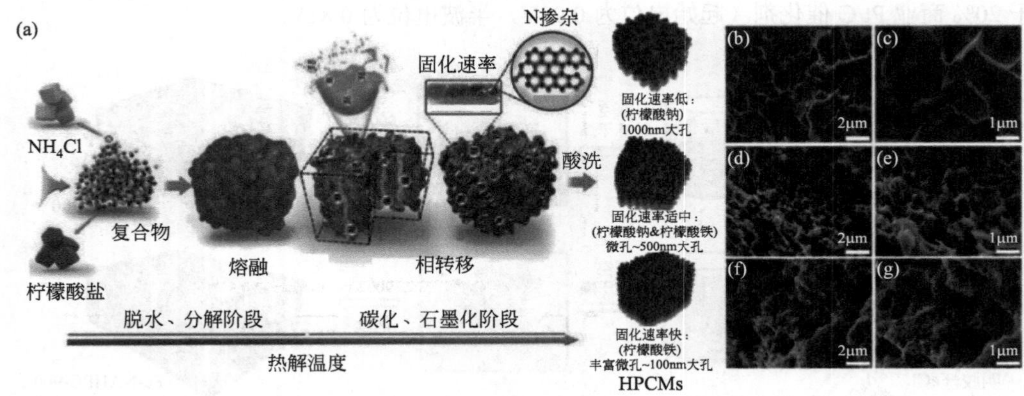

图3-48　多级孔碳材料的合成示意图（a）和SEM形貌表征（b）～（g）[90]

表3-9列出了采用熔融盐方法制备的催化剂孔结构与性能总结。表3-10列出了采用熔融盐合成的催化剂中孔道结构对氧还原活性的作用。

表3-9　采用熔融盐方法制备的催化剂孔结构与性能总结

催化剂	模板剂	孔道结构与参数	S_{BET} /（m²/g）	起始电位（vs. RHE）/V	半波电位（vs. RHE）/V	参考文献
3D Fe-N-C	NaCl	介孔（4nm）	424.3	0.850（0.1mol/L $HClO_4$） 约0.90（0.1mol/L KOH）	0.803（0.1mol/L $HClO_4$） 0.921（0.1mol/L KOH）	[94]
CNS-800	K_2SO_4@LiCl+KCl	介孔（<4nm）	3250	−0.08V（vs. Ag/AgCl）	−0.13V（vs. Ag/AgCl）	[96]
Fe-N/C	NaCl	介孔（3.85nm）	857	1.02（0.1mol/L KOH）	0.846（0.1mol/L KOH）	[97]
Fe,S-N-C	NaCl+KCl	介孔（<5nm）	279.9	约0.95（0.1mol/L KOH）	0.83（0.1mol/L KOH）	[98]
Co-N-C	NaCl	介孔（5.5nm）	162.8	0.98（0.1mol/L KOH）	0.85（0.1mol/L KOH）	[99]

续表

催化剂	模板剂	孔道结构与参数	S_{BET} /（m^2/g）	起始电位（vs. RHE）/V	半波电位（vs. RHE）/V	参考文献
3D HNG	Na_2CO_3	介孔（1 ～ 4nm；25 ～ 36nm）	1173	0.95（0.1mol/L KOH）	约 0.88（0.1mol/L KOH）	[100]
ONC	$NaCl+ZnCl_2+NaNO_3$	介孔（2.3 ～ 5nm）	1893.5	0.976（0.1mol/L KOH）	0.886（0.1mol/L KOH）	[101]
N-S-C	NaCl+KCl	介孔（2 ～ 14nm）	1478.6	1.037（0.1mol/L KOH）	0.923（0.1mol/L KOH）	[102]
Fe-Co-N-C	$ZnCl_2$	微孔（1.3nm）	1222	0.953（0.1mol/L KOH）	0.841（0.1mol/L KOH）	[103]
Fe-SAC/NC	$ZnCl_2$	微孔 + 介孔（<2nm；2 ～ 25nm）	2189	0.95（0.1mol/L KOH） 0.80（0.5mol/L H_2SO_4）	0.84（0.1mol/L KOH） 0.69（0.5mol/L H_2SO_4）	[104]

表 3-10　采用熔融盐合成的催化剂中孔道结构对氧还原活性的作用

催化剂	孔的作用	参考文献
Co-N-C	三维介孔纳米片网络结构，暴露更多的单原子位点	[99]
ONC	开放的结构可以作为存储电解质和促进质量扩散的缓冲，而分层的多孔结构有利于离子的运输，为催化提供了更活跃的位点	[101]
FeNC	介孔纳米片的结构，不仅比表面积大，还能提高传质性能，电解液中与 ORR 相关的物质能够充分利用生成的催化活性位点	[98]
3D Fe-N-C	催化剂中活性位点的高密度和均匀性，表现出优良的 ORR 活性和优良的质量输运性能	[94]
HNG-900	大的比表面积可以暴露出更多可利用的活性位点，增加比容量。分层多孔结构可以加速质量传输，提高反应速率	[100]
Fe-SAC/NC	多孔碳具有分散良好的单金属活性位点和超高比表面积	[104]
Fe，S-N-C	较大的催化剂比表面积暴露出较多的活性位点，有利于 ORR	[98]
Fe-N/C	介孔特性可以为电解液、反应物和产物的快速运输提供更方便的纳米通道，降低氧分子对含氮催化位点的运输阻力，提高催化性能	[97]

3.2.2.6　活化法

利用活化法（activation）制备多孔材料就是通过对碳进行一定程度的刻蚀，在其内、外表面构建更多的微孔、介孔。活化造孔包括物理活化、化学活化或二者的结合。物理活化是通过碳前驱体与 CO_2、NH_3 等气态腐蚀剂的反应在碳材料中形成孔道[105]，而有化学活化剂 KOH、$ZnCl_2$、Na_2CO_3、K_2CO_3、$NaHCO_3$、NaOH、H_3PO_4、H_2SO_4 等参与的造孔过程则为化学活化。物理活化通常需要较高温度才能实现，而化学活化所需温度较低。

将 2-氨基-6-羟基嘌呤高温碳化得到的超薄碳纳米片，再经 CO_2 高温活化之后，即制备出具有丰富介孔的石墨烯碳片（图 3-49）[106]。其中 CO_2 活化过程，主要通过 $C+CO_2 \rightarrow 2CO$ 这一反应对碳材料进行刻蚀造孔。发现活化时间越长，碳片越薄，褶皱程度也越高，最后制得的材料呈海绵状结构，片层间形成大孔，片层内包含大量介孔和丰富的边缘、缺陷位。该多级孔材料比表面积达到619m²/g，介孔体积在总孔体积中占比达到80%以上，十分有利于活性位的暴露和快速传质。在0.1mol/L KOH体系ORR中，其半波电位与Pt/C催化剂非常接近（0.841V vs. 0.855V），而极限扩散电流密度高于后者（6.03mA/cm² vs. 5.90mA/cm²）。还有研究将嵌段聚合物P123、植酸（磷源）和吡咯（氮源）的水溶液进行水热反应并冷冻干燥，即得到N、P双掺杂气凝胶材料NPA。再进行CO_2活化焙烧，即制备得到N、P双掺杂多孔碳NPPC[107]。其中CO_2辅助焙烧的过程，不仅能在NPPC中制造丰富的微孔和介孔，还有利于N物种由吡咯N向吡啶N和石墨N转化，促进ORR活性提升。发现与无CO_2辅助碳化的材料相比，NPPC比表面积（2850m²/g）更大、ORR活性更高、稳定性也更好。

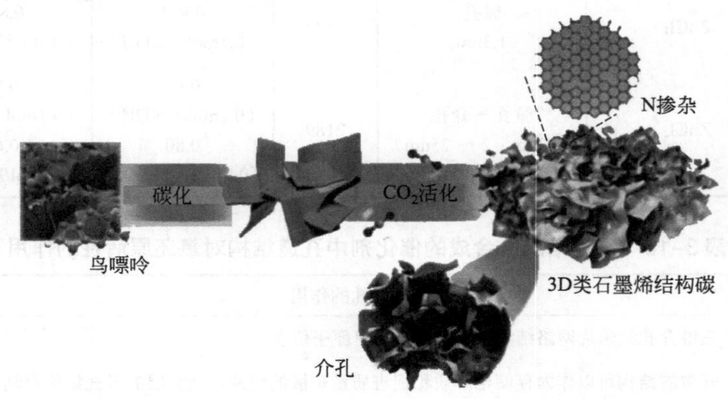

图3-49　N掺杂的石墨烯碳片的合成示意图[106]

NH_3活化则可以同时进行材料表面基团调控和造孔[108]。商业碳粉首先在70℃的浓HNO_3中预氧化得到表面富含含氧基团（如羧基、羟基、NO_x等）的O-KB材料，然后高温下进行NH_3活化得到N-KB（图3-50）。发现相比于O-KB，N-KB中的O含量降低而N含量升高，同时材料中的孔道参数发生明显变化。对于O-KB和N-KB 200℃两个样品，其微孔/介孔的比率

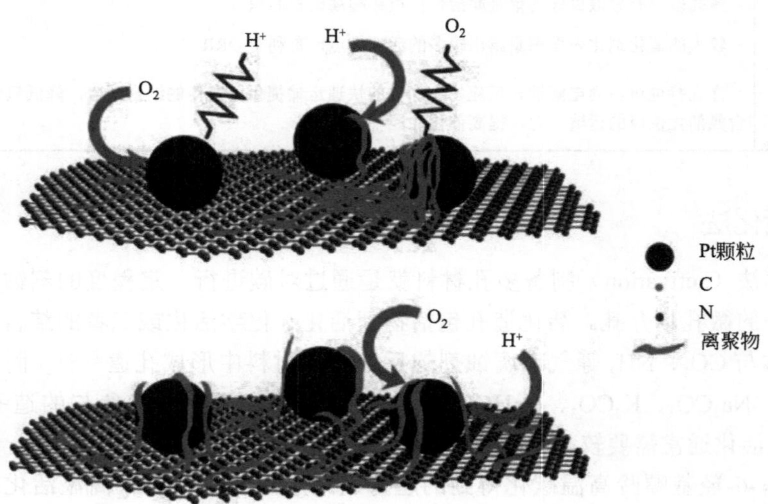

图3-50　质子电导率和O_2传质的影响，Pt/碳表面（上图）和修饰的Pt/N-C表面（下图）上离聚物分布和厚度的示意图[108]

分别为0.72和0.76，而对于N-KB 400℃，该比率降低至0.44，说明材料中的介孔比例提高。这是因为NH_3气可以刻蚀碳，将部分微孔打开形成介孔，同时孔道更为开放通透，也更有利于传质和水管理。在H_2-O_2燃料电池测试中，该催化剂功率密度达到1.39W/cm²，这是由于介孔数量的增加，导致铂在靠近孔出口处沉积，进而能够与离聚物紧密接触以实现良好的质子传导性[109]。

KOH活化也是一种常用的多孔结构制备方法[110]。将三聚氰胺泡沫置于KOH溶液中达到吸附饱和后，再焙烧处理即得到表面分布有丰富微孔的N掺杂多级孔碳HMS，这是因为KOH刻蚀碳生成了CO_2和CO气体，从而在骨架中留下大量微孔（图3-51）。在HMS表面吸附Co^{2+}后再焙烧处理，就得到Co、N共掺杂的多级孔碳催化剂（Co/HMSC）。该催化剂比表面积为329.8m²/g，远高于未经活化制备的对比样品Co @ CNT/MSC（51.5m²/g），说明KOH活化显著提高了碳材料的孔隙率。在0.1mol/L KOH溶液ORR中，Co/HMSC的起始电位为0.95V，半波电位为0.84V，优于大多同期报道结果。

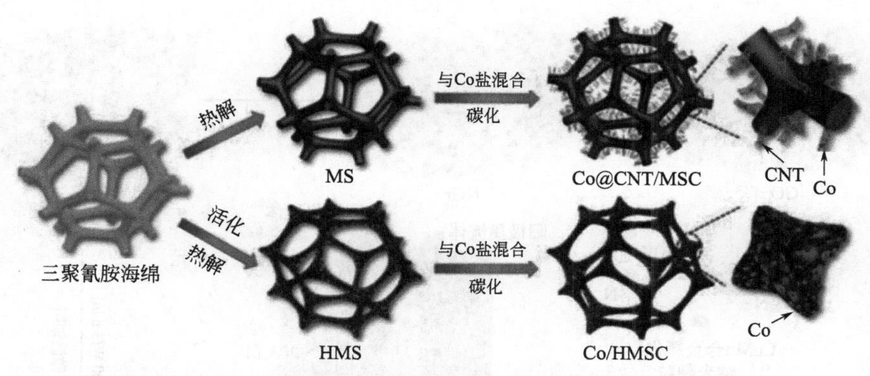

图3-51 Co @ CNT/MSC和Co/HMSC催化剂的合成示意图[110]

将原位聚合的含铁聚吡咯（PPy @ $FeCl_x$）分散于$ZnCl_2$水溶液中，干燥并于900℃活化后即制备得到铁氮掺杂碳催化剂Fe-N-C_{Zn}（图3-52）[111]。发现未经$ZnCl_2$活化制备的Fe-N-C样品中仅有非常狭窄的微孔（0.6nm、0.8nm和1.2nm）以及少量介孔，同时孔道连通性差。而经$ZnCl_2$活化刻蚀的Fe-N-C_{Zn}产品主要包含1nm微孔和尺寸更大的介孔（2～4nm和5～10nm之间），说明$ZnCl_2$活化刻蚀作用可以将微孔打通形成连通性更好、尺寸更大的介孔。同时$ZnCl_2$有助于形成高度分散Fe物种，抑制含N小分子的快速挥发，形成更多

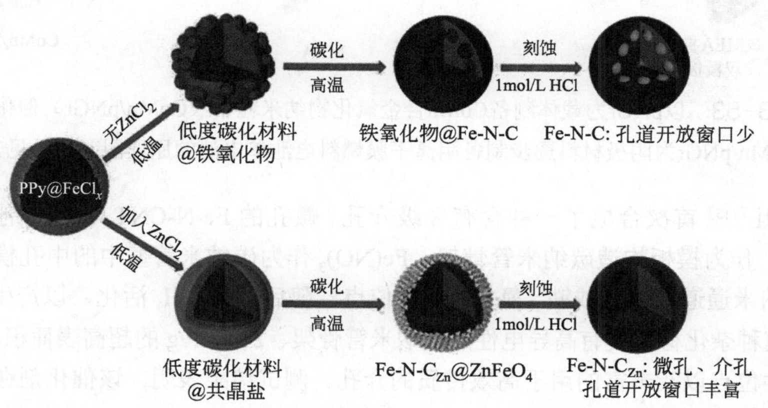

图3-52 采用$ZnCl_2$活化与不采用$ZnCl_2$活化的孔结构形成机理图[111]

的活性位。Fe-N-C_{Zn}材料比表面积（1224m²/g）约是Fe-N-C的十倍，N掺杂量（4.87%，原子分数）显著高于Fe-N-C（2.57%，原子分数）。在0.1mol/L KOH 溶液ORR中，Fe-N-C_{Zn}半波电位达到0.9V，优于Fe-N-C（0.81V）和商业Pt/C催化剂（0.83V）。此外，还有研究[112]采用发酵大米为原料合成了N掺杂碳球，并通过$ZnCl_2$活化辅助在碳球内创造了大量微孔、介孔。材料具有高的比表面积（2105.9m²/g）和大孔隙率（1.14cm³/g），表现出较好的ORR活性和稳定性。

微波也是一种辅助活化造孔的方法[70]。氧化石墨烯（GO）与三聚氰胺的固体混合粉末在 900℃、Ar 气中焙烧即得到氮掺杂石墨烯（NGr），然后将 Co^{2+} 和 Mn^{2+} 吸附于 NGr 表面，并进行微波辐照，即获得 CoMn 氧化物颗粒负载的石墨烯催化剂 CoMn/pNGr（图 3-53）。研究发现，微波辐照过程中，金属表面会产生涡流，促进 CoMn 合金化，又由于是在空气中辐照，合金随即转变为合金氧化物纳米颗粒。同时熔融过程中，载体碳局部氧化生成 CO_2，在 NGr 中留下 3 ～ 4nm 介孔。该催化剂在 0.1mol/L KOH 的 ORR 测试中与商业 Pt/C 活性相当。

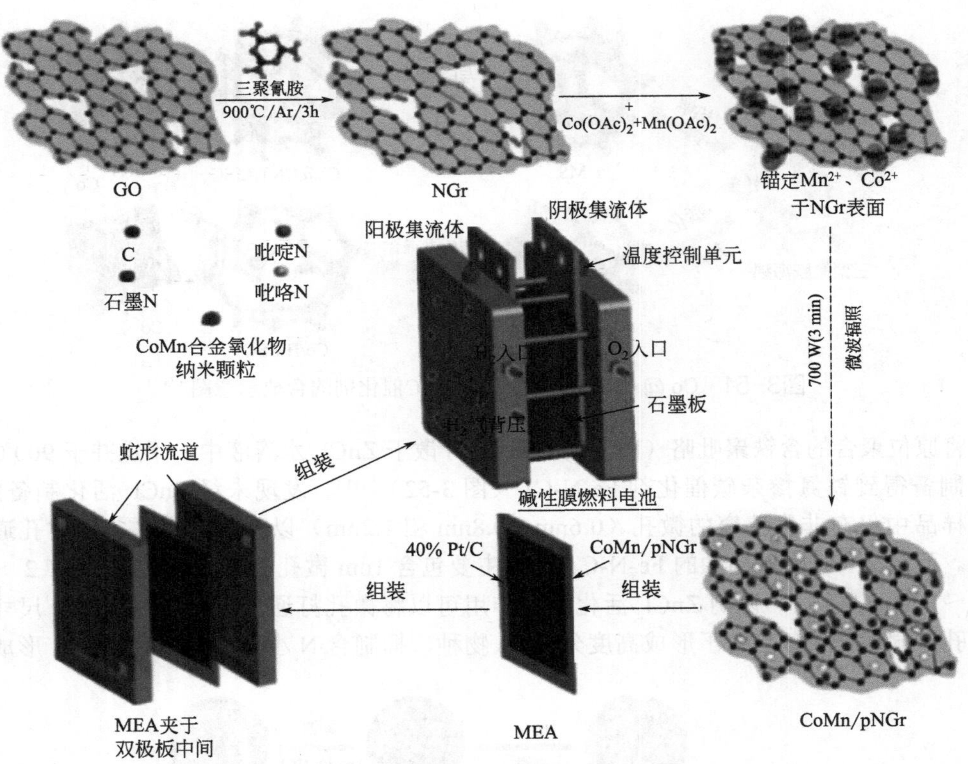

图3-53 以pNGr为载体制备CoMn合金氧化物纳米粒子（CoMn/pNGr）催化剂，并以CoMn/pNGr为阴极材料逐步制备阴离子膜燃料电池单电池的原理图（彩插见文前）[70]

Li 课题组[113]首次合成了一种含有多级介孔 / 微孔的 Fe-N-CNT 电催化剂。采用阳极氧化铝（AAO）作为模板构造碳纳米管骨架，$Fe(NO)_3$ 作为碳纳米管壁中的中孔模板和铁源填充在碳纳米管纳米通道中，形成铁 - 氮 - 碳活性位点。随后进行 NH_3 活化，以产生大量的微孔和活性位点。这种杂化材料具有高导电性的碳纳米管骨架、2137m²/g 的超高表面积、高密度的 Fe-N-C 催化活性位点以及丰富的用于高效传质的介孔。测试结果表明，该催化剂在酸性条件下具有优异的氧还原反应性能，在碱性条件下则可与 Pt/C 相媲美。

表 3-11 列出了采用活化法制备的催化剂孔结构与性能总结。表 3-12 列出了采用活化法合成的催化剂中孔结构对氧还原活性的影响。

表3-11　采用活化法制备的催化剂孔结构与性能总结

催化剂	活化剂	孔道结构与参数	S_{BET} /（m^2/g）	起始电位（vs. RHE）/V	半波电位（vs. RHE）/V	参考文献
NPPC	CO_2	介孔（2～15nm）	2850	0.9	0.81	[107]
NPMCs	NH_3	微孔＋介孔（0.6nm；3nm）	536.3	0.97	0.87	[114]
N-KB	NH_3	介孔（10nm）	839	1.1	8.8	[109]
Fe-N/C	NH_3	介孔（7.96nm）	1204.3	0.97	0.812	[61]
N-CSs	$ZnCl_2$	微孔（0.34nm）	2105.9	0（vs. Ag/AgCl）	−0.25（vs. Ag/AgCl）	[112]
Co@CNT/MSC	KOH	介孔（5～20nm）	51.5	0.95	0.84	[103]
ANDC-900-10	KOH	微孔＋介孔	2009.51	1.01	0.87	[115]
CNA_x	KOH	介孔（6.25nm）	879.5	−0.02 V（vs. Ag/AgCl）	−0.38（vs. Ag/AgCl）	[116]
CNA_x	H_3PO_4	介孔（30nm）		−0.18（vs. Ag/AgCl）	−0.42（vs. Ag/AgCl）	[116]
G-CO21000-3h	CO_2	介孔（10nm）	619	0.98	0.84	[106]
CANHCS-950	CO_2	微孔＋介孔（1.2nm；2.6nm）	2072	0（vs. SCE）	−0.22（vs. SCE）	[117]
NC-900	CO_2	微孔（1.2nm）	621.4	0.97	0.853	[118]
DANC-800-138	$ZnCl_2$	介孔（5nm）	964.3	0.986	0.805	[119]
$Fe_{0.5}$-Phen20-SiCDC	$ZnCl_2$	介孔	1019	0.96	0.78	[120]
Fe-N-C_{Zn}	$ZnCl_2$	微孔＋介孔（1nm；2～6nm）	1224.4	0.98	0.9	[115]

表3-12　采用活化法合成的催化剂中孔结构对氧还原活性的影响

催化剂	孔的作用	参考文献
FeNC-900	介孔有助于催化剂的表面润湿从而增加电化学活性位点，大孔结构促进了 ORR 在时间尺度上对有效活性位点的动力学可及性	[29]
N-KB	孔隙的增大是由于高温条件下 NH_3 对碳的活化作用，打开微孔的同时也增大了比表面积。开放的介孔有利于优化氧气的质量传输，也便于水管理	[109]
Fe-N/C	通过 NH_3 活化处理，可以在保持高比表面积、大孔容有序介孔结构的同时，掺杂高含量的吡啶氮	[61]
N-CSs	热解过程中 $ZnCl_2$ 和含碳化合物的燃烧挥发使得碳骨架内生成大量微孔、介孔，提高了材料比表面积和孔隙度	[112]
Co/CoN_x	KOH 活化之后形成的高比表面积、丰富的活性位点以及 CoN_x/CoC_x 活性单元与氮掺杂碳载体之间的协同效应	[103]

续表

催化剂	孔的作用	参考文献
NPPC	CO_2 活化作为一种无腐蚀的环境友好方法，不仅能在 NPPC 中产生丰富的微孔和介孔，而且对 N 物种由吡咯 -N 向吡啶基和石墨 -N 的转化产生积极影响，促进 ORR 活性提升	[107]
ANDC-900-10	适量的超声辐照与 KOH 活化有利于形成更有效的微孔、介孔和氮掺杂，可以增加单位表面积石墨 -N 和吡啶 -N 密度	[115]
CNA_x	化学活化具有处理时间短、温度低、产生表面积大、孔隙分布均匀等优点	[116]
G-CO21000-3h	材料具有 3D 多级孔结构，大比表面积，高含量活性氮物种，丰富缺陷位和类石墨烯结构，显示了优良催化活性、耐甲醇性和长期稳定性	[106]
N-CNFs	大孔的存在，通过降低扩散势垒促进了物质的输送，提高其活性	[121]

3.2.2.7 复合法

以上几节阐述了常用的氧还原反应多孔催化材料的制备方法，每种方法都有其优势和特点，产生的孔道也各不相同。事实上，还有很多文章报道了综合运用其中两种或更多方法制备多孔催化剂，在本书中我们称其为复合法（multiple templating）。复合法可以产生更为丰富的多孔结构，也有利于实现更为复杂的活性位、孔道协同构筑。本节我们通过几个典型例子，介绍一下复合法在孔道构筑中的优势。

（1）盐模板和硬模板复合　硬模板可以构筑高度有序的大孔和介孔排布，盐模板则有利于在骨架表面生成微孔、介孔通道，两者结合能够充分发挥各自优势，得到传质优异、活性位点分布致密的多级孔材料。

Li 等[122] 选择了层状 $FeCl_3 \cdot 6H_2O$ 无机盐作为二维结构硬模板。$FeCl_3$ 首先和碳前驱体 - 盐酸多巴胺（DA）在溶液相配位形成层状的有机 - 无机杂化结构。随后在体系中加入 Co^{2+} 和直径为 22nm 的 SiO_2 纳米球，通过研磨将其混合均匀。得到的复合材料经过热解、刻蚀、二次热解，即得到包含微孔、介孔的片层状 FeCo-N_x-C 材料。其中片层状结构由层状 $FeCl_3$ 模板导向制备，片层内大量分布的介孔来自 SiO_2 微球，多巴胺碳化过程中小分子释放则形成微孔。为了阐释介孔的作用，作者还制备了不含介孔、只有微孔的对比样品。发现引入介孔后，氧还原反应的起始电位、半波电位、极限电流密度均大幅提升，表明介孔有效促进了气体扩散和传质。

魏子栋等[123] 以二氧化硅微球阵列为大孔硬模板，$ZnCl_2$ 为熔融盐模板，聚邻苯二胺为氮碳前驱体，合成了具有三维多孔结构和高密度活性位的 Fe/N/C 催化剂（图 3-54）。氧还原测试结果表明，该催化剂在酸性和碱性介质中均具有很高的氧还原催化活性，在酸性介质的 ORR 半波电位为 0.785V，碱性介质中的 ORR 半波电位为 0.905V，比商业 Pt/C 催化剂高出 25mV。单电池测试表明，在 0.5mg/cm^2 催化剂载量条件下，以 Fe/N/C 催化剂为催化阴极组装的单电池最大输出功率达到 480mW/cm^2。

Chen 课题组等[124] 设计了一种原位生成双模板方法来合成 Fe/N/S 共掺杂的多级孔碳（FeNS/HPC）催化剂。在前驱体冻干过程中所形成的 NaCl 亚微晶模板的存在下，高温热解蔗糖、硫脲和氯化铁的混合物，在该热解过程中生成的 Fe_3O_4 纳米颗粒模板被均匀分散。热解完成后，使用 H_2SO_4 浸出工艺去除模板，从而制得 FeNS/HPC 催化剂。其中，前驱体冻干过程

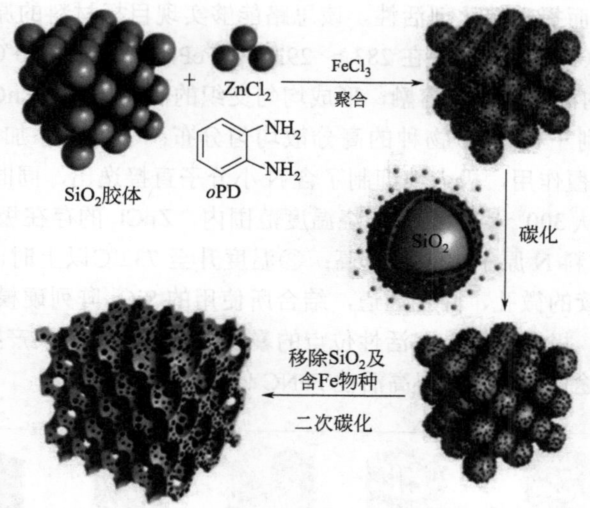

图3-54　Fe/N/C-SiO_2-$ZnCl_2$催化剂的合成示意图[123]

中所形成的NaCl晶体为主要模板，生成约500nm的大孔，并且具有超薄石墨烯状碳壁，Fe_3O_4在高温碳化过程中形成的纳米颗粒作为次级模板，在大孔壁上产生了不同尺寸的介孔，所制得的FeNS/HPC具有高度石墨化和相互连接的多级孔结构，比表面积高达938m^2/g。其在碱性和酸性电解质中均表现出优异的四电子氧还原性能，在0.1mol/L KOH中，FeNS/HPC催化剂的半波电位（$E_{1/2}$）相比于商业Pt/C正移40mV。该过程简单易行，材料来源丰富，成本低，成为扩大活性多孔碳材料规模制备的一种有前途的方法。

在合成 Fe-N-C 材料的过程中，Fe 容易团聚成小的簇或者纳米颗粒，造成单原子活性位产量低。Chen 等[50] 以直径为 12nm 的 SiO_2 纳米小球为硬模板，通过将 Zn^{2+}、Fe^{3+} 以及 2，6-二氨基吡啶吸附到其表面并进行热解，制备了单原子 Fe-N_x 活性位密集分布的介孔碳催化剂（SA-Fe-NHPC）（图 3-55）。原料中的 Zn 物种起到了多重作用：①形成空间位阻，增大了 Fe 物种之间的距离，避免 Fe 的团聚；② Zn 在 900℃以上挥发，留下丰富微孔，有利于活性位的暴露。在 0.1mol/L KOH 溶液中，SA-Fe-NHPC 电催化剂半波电位（$E_{1/2}$）达到 0.93V，优于 Pt/C 催化剂。作为锌 - 空气电池的空气电极，SA-Fe-NHPC 峰值功率密度达到 266.4mW/cm^2。

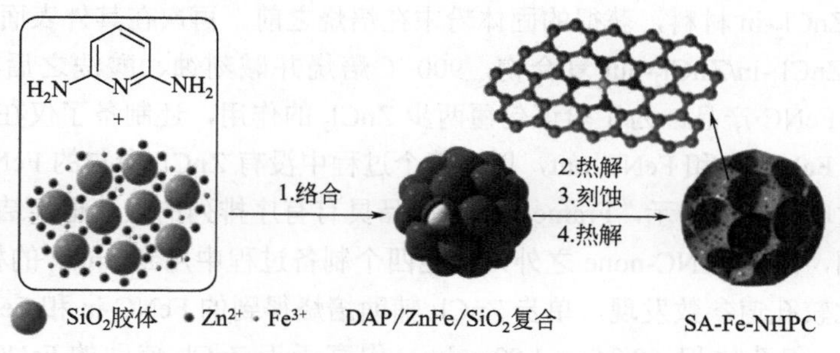

图3-55　SA-Fe-NHPC催化剂的合成示意图[50]

魏子栋等[125] 采用卟啉铁（FePc）作为 FeNC 前驱体，采用 $ZnCl_2$ 作为焙烧辅助剂，利用 $ZnCl_2$ 长程熔融温度区间提供的隔离、封闭效应和高温气化的造孔优势，大幅提高活性位含量和暴露程度，进而提升催化剂活性。该思路能够实现目标材料的原因在于：① $ZnCl_2$ 盐和 FePc 的熔点接近（$ZnCl_2$ 的熔点在 283 ～ 293℃，FePc 的熔点 >300℃），当焙烧温度升至300℃左右时，二者的混合物开始熔融，形成均匀交织的混合体系，$ZnCl_2$ 网络的阻隔作用抑制了 Fe 的团聚，有利于构建 Fe 物种的高分散均匀分布；②过量添加的 $ZnCl_2$ 对 FePc 产生类似于封装结构的包覆作用，极大地抑制了含 N 小分子直接逸出，同时 $ZnCl_2$ 的熔融区间持续至 732℃，因此在从 300 ～ 732℃的焙烧温度范围内，$ZnCl_2$ 的存在极大减少了热解过程中的质量损失，使得材料 N 原子掺杂量更高；③温度升至 732℃以上时，$ZnCl_2$ 开始气化，在 FeNC 材料中形成连续的微孔、介孔通道，结合所使用的 SiO_2 阵列硬模板产生的大孔，构筑了 3D 多级孔道结构，极大地提升了活性位点的暴露程度和反应物、产物的传质效率。因此，通过 $ZnCl_2$ 辅助焙烧途径，有望获得高活性 FeNC 催化剂。

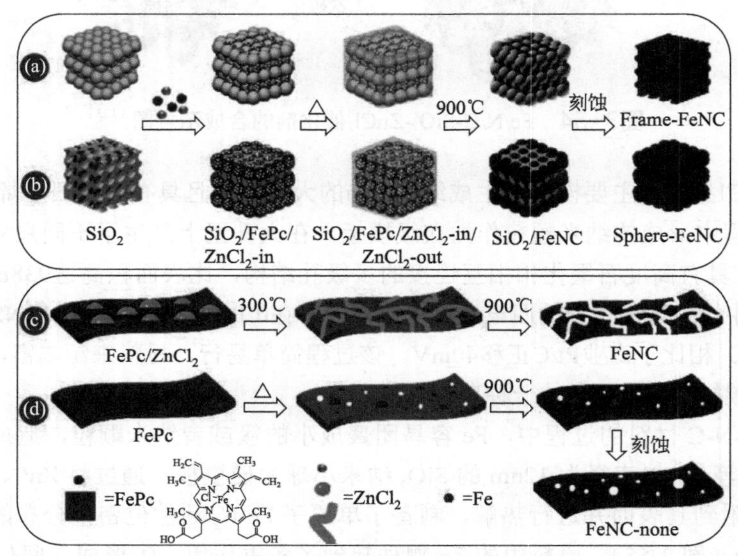

图3-56 Frame-FeNC（a）和Sphere-FeNC（b）样品制备流程图；（c）$ZnCl_2$辅助焙烧构建高分散致密活性位分布示意图；（d）传统碳化过程[125]

如图 3-56 所示，将 $ZnCl_2$ 和 FePc 的混合前驱体溶液灌入正相、反相 SiO_2 模板中，首先得到 SiO_2/FePc/$ZnCl_2$-in 材料，获得的固体粉末在焙烧之前，再次在其外表面包覆一层 $ZnCl_2$，得到 SiO_2/FePc/$ZnCl_2$-in/$ZnCl_2$-out 复合物，900 ℃焙烧并碱刻蚀、酸洗之后，即得到 Frame-FeNC 和 Sphere-FeNC 产品。为了验证包覆两步 $ZnCl_2$ 的作用，还制备了仅在其中一个步骤使用 $ZnCl_2$ 的样品 FeNC-in 和 FeNC-out，以及整个过程中没有 $ZnCl_2$ 参与的 FeNC-none 样品。

扫描、透射电镜图片显示，Frame-FeNC 样品具有有序排列的大孔框架结构，N_2 吸附 - 脱附等温曲线表明，除了 FeNC-none 之外，其他四个制备过程中用到 $ZnCl_2$ 的材料都含有微孔、介孔和大孔。比较孔道参数发现，单步 $ZnCl_2$ 辅助焙烧得到的 FeNC-in 和 FeNC-out 比表面积（747 ～ 847m^2/g）和孔体积（0.84 ～ 1.09cm^3/g）均高于无 $ZnCl_2$ 辅助的 FeNC-none（234m^2/g，0.21cm^3/g）。而两步 $ZnCl_2$ 辅助得到的 Frame-FeNC 和 Sphere-FeNC，BET 比表面积达到 1000m^2/g 以上，总孔体积超过 1.5cm^3/g，分别是 FeNC-none 的 4 倍和 7 倍左右。这些结果证明 $ZnCl_2$ 辅助焙烧能够在材料内部创造丰富连续的微孔、介孔，进而提升活性位暴露程度，同

时两步 $ZnCl_2$ 辅助比一步辅助造孔效果好。

对所制备 FeNC 催化剂的 ORR 活性进行了全面测试（图 3-57）。在三电极体系、氧气饱和的 KOH 溶液中，Sphere-FeNC 和 Frame-FeNC 起始电位达到 1.080V 和 1.075V，半波电位达到 0.906V 和 0.896V 的，不仅优于三个对照样品，还显著高于商业 Pt/C 催化剂（起始电位 =1.031V，半波电势 =0.854V）。Sphere-FeNC 的极限扩散电流密度在 0.35V（vs. RHE）下为 5.9mA/cm²，亦高于商业 Pt/C 催化剂（5.3mA/cm²）。

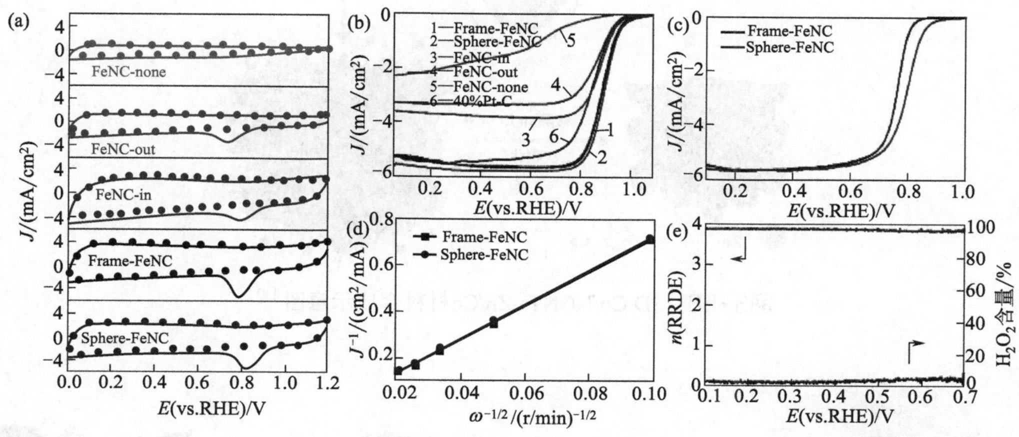

图3-57　FeNC催化剂的ORR性能图[125]

通过 $ZnCl_2$ 辅助焙烧方法，利用 $ZnCl_2$ 长程熔融温度区间提供的隔离、封闭效应和高温气化的造孔优势，成功合成出活性位丰富、暴露程度高的多级孔 FeNC 催化剂。该方法可以广泛用于制备具有不同元素掺杂的碳基催化剂，并调控材料的微孔、介孔分布，用于提升催化活性。

（2）自模板和硬模板复合　MOF 材料具有均匀的孔结构以及理化特性、周期排布的金属位点和有机配体，基于 MOF 材料可以精准设计合成具有微孔和介孔的材料。将硬模板和 MOF 相结合可以制备出三维连通的有序结构。

通过将 $Co(NO_3)_2$、$Zn(NO_3)_2$、2- 甲基咪唑等前驱体注入由二氧化硅微球堆叠形成的缝隙中，结合热解、刻蚀、二次热解等处理方法，可以制备由三维互穿碳纳米管构建的非贵金属催化剂 3D Co/NCNTs-Zn/Co（图 3-58）[93]。原料中的 Co 催化了碳纳米管的形成，而 Zn 物种的气化辅助生成了微孔、介孔，二氧化硅模板则辅助产生三维互通大孔结构，因此所合成的催化剂具有多级孔结构，比表面积为 576.4m²/g，在碱性介质 ORR 测试中，其活性与商业 Pt/C 相当。

（3）软模板和硬模板复合　软、硬模板复合是最常用的一种组合方式，其优势是可以构筑高度有序的大孔和介孔排布。以规则排布的聚苯乙烯（PS）微球阵列为有序大孔硬模板，将包含介孔软模板 F127、酚醛树脂（resol）、乙酰丙酮（acac）配位铁的前驱体溶液灌注进入 PS 模板的空隙中，而后通过溶剂挥发诱导自组装（EISA）形成介观结构，再将其与三聚氰胺和石墨氮化碳的混合物在氮气气氛下高温热解，即制备得到由原位生长的碳纳米管（CNT）连接的有序多级孔碳（OPC）颗粒组装的催化剂 Fe-N-CNT-OPC（图 3-59）[126]。该催化剂

图3-58　3D Co/NCNTs-Zn/Co材料合成示意图[93]

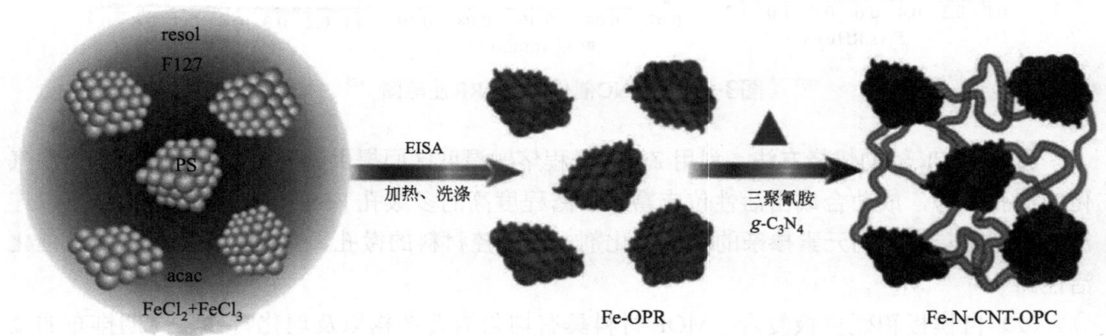

图3-59　Fe-N-CNT-OPC催化剂的合成示意图[126]

具有介孔、大孔多级孔道，同时包含高活性Fe-N活性位，以及碳纳米管提供的高电导率。在碱性电解质ORR中，该催化剂与商业 Pt/C活性相当。

魏子栋等[127]构建了一种用于合金纳米颗粒负载和传质的双级孔结构（图 3-60）。首先间苯二酚、甲醛和十六烷基三甲基溴化铵（CTAB）组装形成乳液溶液。然后将正硅酸四乙酯（TEOS）引入体系后，在乳液表面涂覆另一层组装层，该组装层含有聚合的树脂、连续的 SiO_2 和 CTAB 诱导的胶束。其中 CTAB 和 SiO_2 分别作为软模板和硬模板，能够很好地诱导双级孔隙的形成。首先释放 CTAB 诱导的介孔用于 Pt_3Co 的负载，然后对 SiO_2 进行蚀刻，形成连续的传质通道。因此，获得的 Pt_3Co/C-O（O 表示开放通道）催化剂具有良好的开放和互相连通的多孔通道。高度均匀的 Pt_3Co 纳米颗粒均匀分布在孔隙周围，不占据任何传质通道。同时，Pt_3Co 纳米颗粒部分固定在介孔中，这不仅能有效抑制颗粒团聚，保护颗粒在电化学反应中保持小粒径的分布，还可以防止颗粒从载体上脱落，从而显著提高催化剂的稳定性。这项工作为多孔结构电催化剂提供了一种新颖的设计策略，可以用于合成一系列新功能材料应用

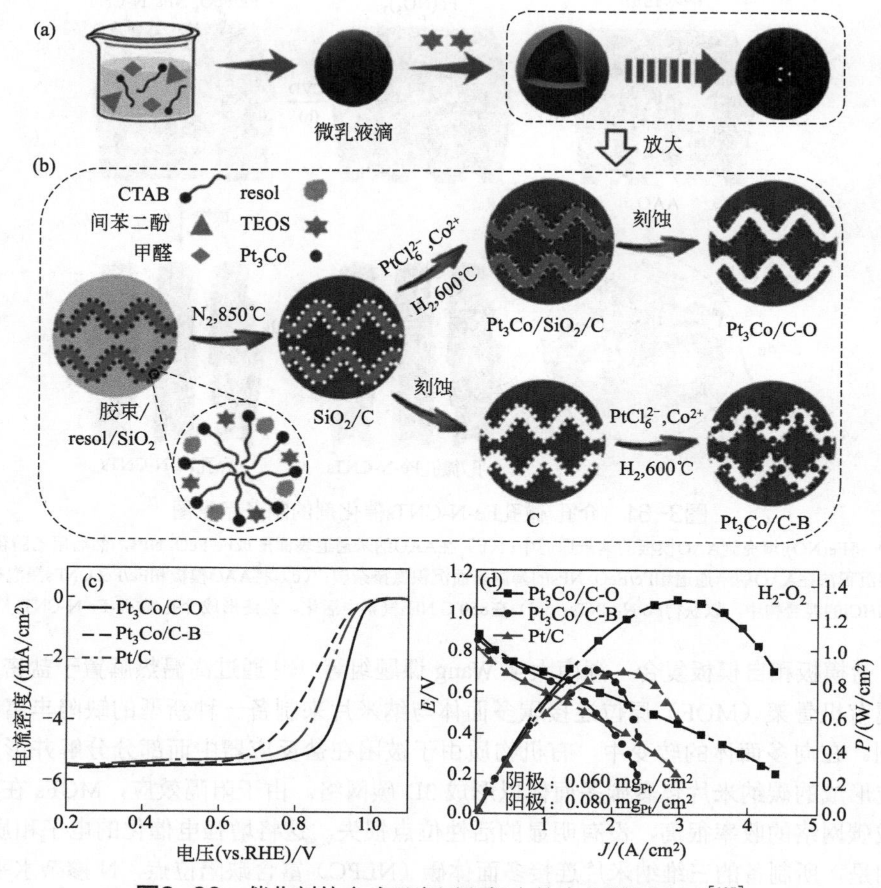

图3-60　催化剂的合成示意图和相应的电化学测试图[127]

到各个领域。

（4）硬模板和活化法复合　Li 课题组[113]合成了一种含有微孔、介孔的 Fe-N-CNT 电催化剂。采用阳极氧化铝（AAO）作为模板构造碳纳米管骨架，$Fe(NO)_3$ 作为碳纳米管壁中的中孔模板和铁源填充在碳纳米管纳米通道中，形成铁 - 氮 - 碳活性位点。随后进行 NH_3 活化，以产生大量的微孔和活性位点（图 3-61）。这种杂化材料具有高导电性的碳纳米管骨架、2137m²/g 的超高表面积、高密度的 Fe-N-C 催化活性位点以及丰富的用于高效的质量传输通道的微孔、介孔。结果表明，在酸性条件下具有优异的氧还原反应性能，在碱性条件下则更好，可与 Pt/C 相媲美。

（5）原位模板和盐模板复合　Zhang 等[95]在三聚氰胺存在条件下，利用碱性原料 ZnO 在较低温度下（约 175℃）对 Cl 的强亲和力，将聚氯乙烯（PVDC）中的氯脱除，制备了氮掺杂碳（PDC）催化剂。反应过程中生成的副产物水在聚合物系统内原位起泡制造了大孔，另一副产物 $ZnCl_2$ 作为活化材料，有效提升了材料碳化程度并制造了丰富微孔，同时 ZnO 纳米颗粒作为硬模板还在材料内辅助生成介孔，因此所制备催化剂具有三维互通多级孔结构，比表面积 1499.6m²/g。在碱性体系中，其 ORR 半波电势和极限电流密度均优于 Pt/C。

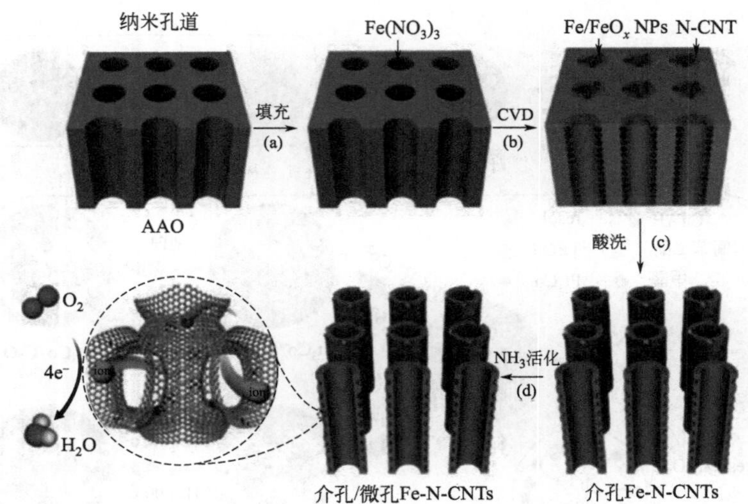

图3-61 介孔/微孔Fe-N-CNTs催化剂的制备示意图

（a）将$Fe(NO)_3$填充到AAO模板的纳米通道中；（b）在AAO纳米通道表面形成Fe/FeO_x NPs，然后用乙腈化学气相沉积法在AAO纳米通道和Fe/FeO_x NPs的暴露表面沉积氮掺杂碳；（c）将AAO模板和Fe/FeO_x NPs浸泡在HF和HCl的混合物中，以获得Fe-N-CNTs；（d）在850℃ NH_3气氛中活化，最终形成介孔/微孔-Fe-N-CNTs[113]

（6）盐模板和自模板复合 湖南大学 Wang 课题组等[128]通过高温热解置于盐密封反应器中的金属有机骨架（MOF）原位连接碳多面体与纳米片来制备一种新型的缺陷丰富的三维碳电催化剂。在向多面体的转变中，有机物质由于被困在盐反应器中而部分分解并形成碳纳米片。原位形成的碳纳米片包裹碳多面体以形成 3D 碳网络。由于阻隔效应，MOFs 在盐反应器中转化成碳网络的收率很高，没有明显的活性位点损失，这将增强电催化的电子和质量转移。更有趣的是，所制备的三维纳米片连接多面体碳（NLPC）富含缺陷位点，N 掺杂水平非常高，PC 与碳纳米片之间良好的界面接触，以及良好的孔隙结构，使得该催化剂不仅在 ORR 上具有媲美商业 Pt/C 的催化活性，还具有良好的稳定性，优异的甲醇耐受性以及四电子反应转移过程。

Wang 课题组等[129]将有序多级孔结构引入到掺杂 Fe 的 ZIF-8 单晶中，随后将其碳化以获得 FeN_4 掺杂的多级有序多孔碳（FeN_4/HOPC）骨架（图 3-62）。所制备催化剂 FeN_4/HOPC-c-1000 在 0.5mol/L H_2SO_4 溶液中的半波电势为 0.80 V，显示出优异的性能，仅比商用 Pt/C（0.82 V）低 20 mV。在实际的 PEMFC 中，FeN_4/HOPC-c-1000 相对于 FeN_4/C 表现出显著增强的电流密度和功率密度，而后者没有优化的孔结构。

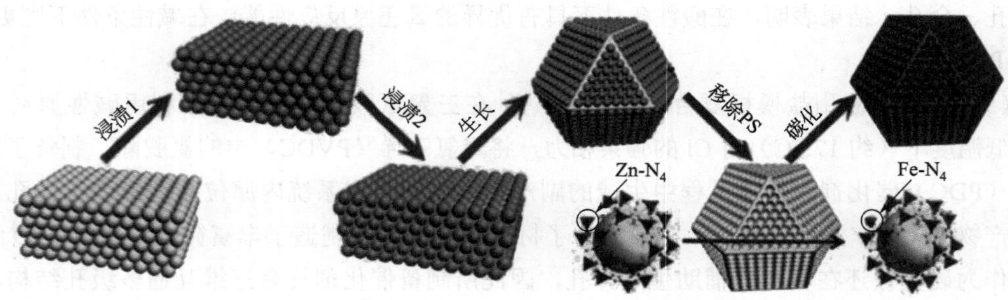

图3-62 FeN_4/HOPC-c-1000的合成示意图[129]

（7）软模板和反应性硬模板复合　Wei 等[130]设计了一种基于 S 作为促进剂来制备具有丰富的 FeN_x 种类的荔枝状多孔 Fe/N/C 催化剂。经过氩气碳化之后，将 S 掺杂到由 F127-resol 合成的介孔碳球中。在之后的氨热解阶段，硫与氨发生反应（$3S+2NH_3=3H_2S+N_2$），形成气体从产物中脱除出去，因此热解的产品仅包含 Fe、N、C 三种元素。在这个过程中，硫不仅显著地促进了表面积的增加，还保护了 Fe/N/C 结构的完整性，并抑制了大的铁基颗粒的形成。这些独特的结构特征使催化剂显示出极高的氧还原活性。在碱性介质中，其半波电势为 0.88V（vs.RHE），明显高于商业 Pt/C 催化剂。此外，将 S 处理过的 Fe/N/C 样品用作 Zn- 空气电池的阴极催化剂时，其峰值功率密度（约 250mW/cm²）超过了具有相同负载量的商业 Pt/C 催化剂（约 220mW/cm²）。

表 3-13 列出了采用复合模板方法制备的催化剂孔结构与性能总结。表 3-14 列出了采用复合模板合成的催化剂中孔结构对氧还原活性的影响。表 3-15 为多孔材料制备方法的优缺点比较。

表 3-13　采用复合模板方法制备的催化剂孔结构与性能总结

催化剂	模板剂	孔道结构与参数	S_{BET} /（m²/g）	起始电位（vs. RHE）/V	半波电位（vs. RHE）/V	参考文献
Pt/C	F127+SiO_2	大孔 + 介孔（500nm；13.2nm）	672	约 1.0	0.894	[19]
Fe-N-C	F127+PS	大孔 + 介孔（200nm；5.8nm）	1190	约 −0.1（vs. Ag/AgCl）	约 −0.15（vs. Ag/AgCl）	[126]
NHPC	MOF+NH_3	无序微孔 + 介孔（1.18nm；2.72nm；22.7nm）	2412	0.96	0.81	[108]
介孔 / 微孔 Fe-N-CNTs	AAO+NH_3	微孔 + 介孔（1.1 ～ 1.7nm；3nm）	2137	—	0.87（0.1mol/L KOH）0.75（0.1mol/L $HClO_4$）	[113]
Fe-N-C	SiO_2+$ZnCl_2$	大孔 + 介孔 + 微孔（<3nm；300nm）	1000	1.08	0.906	[125]
Fe-N-C	SiO_2+$ZnCl_2$	大孔 + 介孔 + 微孔（0.5 ～ 4nm；90nm）	1538.4	约 1.0	0.9	[123]
Fe/N/S	SiO_2+NaCl	大孔 + 介孔 + 微孔（0.5 ～ 4nm；500nm）	938	约 0.87	约 0.8	[124]
Co，N-CNF	SiO_2+Co-ZIF	大孔 + 介孔 + 微孔（0.5 ～ 4nm；90nm）	1170	约 0.5（vs. Ag/AgCl）	约 0.45（vs. Ag/AgCl）	[131]
Co-Zn-N-C	P123+MOF	微孔 + 介孔（约 23nm）	1961	0.88（0.1mol/L $HClO_4$）	0.78（0.1mol/L $HClO_4$）	[132]
Co/Zn-NCNF	ZnO+NH_3	微孔 + 介孔 + 大孔（<2nm；2 ～ 50nm；>50nm）	760.9	0.997（0.1mol/L $HClO_4$）	0.797（0.1mol/L $HClO_4$）	[133]
NCP-S	SiO_2+$ZnCl_2$	微孔 + 介孔（2.3nm；12.5 ± 1.5nm）	1505	约 0.9	—	[134]
CNCo-5@Fe-2	PAN+ZIF	介孔（3.8nm）	591.049	0.971	0.861	[135]
Co-N-C HMMTs-24	CoO_x+MOF	微孔 + 介孔（3.8nm）	520	0.973	0.871	[136]

表3-14 采用复合模板合成的催化剂中孔结构对氧还原活性的影响

催化剂	孔的作用	参考文献
Pt/C	有序大孔 / 介孔互穿网络抗水淹气体多孔电极，孔道调控空前提高了气体多孔电极传质效率与抗水淹能力	[19]
Fe-N-C	传输物质的孔隙大，输送方便，催化活性位点暴露	[126]
Co-Zn-N-C	分层结构的孔隙特征为氧离子的穿透和运输提供了较短的扩散路径，从而保证了ORR过程中快速的质量交换	[132]
介孔 / 微孔 Fe-N-CNTs	分层的介孔、微孔结构，便于传质	[113]
Fe-N-C	互穿孔使体系结构内部具有较大的表面积和孔容，而且在很大程度上减少了大块铁颗粒，使整个碳骨架保持完美的三维球形形状和均匀分散的 $Fe-N_4$ 活性位点	[123]
Co/Zn-NCNF	微孔有利于生成更有效的活性位点，而丰富的介孔、大孔结构对电解液和氧在ORR过程中的传输起到重要作用	[133]
CNCo-5@Fe-2	高表面积的多孔结构可以使复合材料暴露出更多的活性位点，与电解质有效接触，加速传质	[135]

表3-15 多孔材料制备方法的优缺点比较

造孔方式	优点	缺点
硬模板	孔道规则有序，孔尺寸大范围可调，产品组成不受限	硬模板制备、组装、去除过程成本高、实验周期长
软模板	介观结构和孔径一定范围可调，易于大规模生产	反应条件较为敏感，产品组成受限，成本较高
原位模板	低成本，操作简单	难以产生规则可控孔道
自模板	简单、快速，易于同时调控孔道和活性位	难以产生规则可控孔道
基于金属有机框架材料	可同时调控孔道和活性位，活性位分布均匀	反应条件较为敏感，产品以碳基材料为主
熔融盐模板	环保，模板可回收，可产生多级孔道结构	难以产生规则孔道结构
活化法	合成方法简单，可合成多级孔结构	难以形成规则孔道结构
复合模板	可制备有序多级孔结构	多种类模板综合运用导致成本高、实验周期长

3.2.3 非孔氧还原催化材料/非孔传质通道构建

上一节中论述的合成方法都是以在材料中构建各种孔道为目的的，造孔过程可以看作是在块体材料内部“凿孔”。但是纵览目前的电化学催化剂，还有相当一部分材料合成过程中并没有着意构筑孔道，而是通过特定纳米结构的有序组装或者无序堆积，构建出传质通道。例如有序阵列结构组装得到的有序通道，一维纳米线 / 管 / 纤维或者二维纳米片层等随机堆叠产生的通道等。在电化学过程中，这些通道和凿出来的孔道一样，起到了负载、分散、暴露活性位点、提高传质、降低水淹等作用。对此部分内容，我们在表3-16中简单列举了一些例子，在此不做过多介绍。

表3-16 非孔道催化材料对氧还原活性的影响

催化剂	微观结构	S_{BET} /(m^2/g)	起始电位（vs. RHE）/V	半波电位（vs. RHE）/V	参考文献
NC-Co/CoN_x	阵列	—	0.93	0.87	[137]
Fe-Co_4N@N-C	阵列	—	约 0.92	0.83	[138]

续表

催化剂	微观结构	S_{BET} /（m^2/g）	起始电位（vs. RHE）/V	半波电位（vs. RHE）/V	参考文献
NP-Co_3O_4/CC	阵列	173	约 1.0	约 0.90	［139］
MONPMs	阵列	409.7	0.98	0.81	［140］
Fe-NCNW	纳米线	785 ～ 928	约 1.05	0.91	［141］
Pt NPs/SC CoO	纳米线	—	0.98	约 0.88	［142］
Pt_1Au_1/（TiO_2）$_1$	纳米线	—	1.046	0.889	［143］
Pt_3Fe z-NWs	锯齿线	—	1.1	0.88	［144］
PtNi NWs	纳米线	—	1.2	0.9	［145］
Fe/Co-N/S-C	纳米片	1589	约 0.92	0.832	［146］
FeNC	纳米片	200 ～ 448	1.08	0.919	［147］
NC	空心结构	856	约 1.0	0.848	［148］

3.3　多孔电极

3.3.1　多孔电极的设计要求

以电化学氧还原反应为例来具体说明气体扩散电极应具备的结构特点。在酸性介质中：

$$O_2+4H^++4e^- \Longrightarrow 2H_2O \tag{3-7}$$

由此电极反应方程式可知，为使该反应在电催化剂（如 Pt/C）处连续而稳定地进行，需要满足以下条件：①电子必须传递到反应位点，即电极内必须有电子传导通道。通常电子传导功能由导电的电催化剂（如 Pt/C）来实现；②燃料和氧化剂气体必须迁移扩散到反应位点，即电极必须包含气体扩散通道。气体扩散通道由电极内未被电解液填充的孔道或憎水剂（如聚四氟乙烯）中未被电解液充塞的孔道充当；③电极反应还必须有离子（如 H^+）参加，即电极内还必须有离子传导的通道。离子传导通道由浸有电解液的孔道或电极内掺入的离子交换树脂等构成；④对于低温（低于 100℃）电池，必须使电极反应所生成的水迅速离开电极，即电极内还应当有液态水的迁移通道。这项任务由亲水的电催化剂中被电解液填充的孔道来完成。

由上述分析可知，电极的性能不单单依赖于电催化剂的活性，还与电极内各组分的配比、电极的孔分布及孔隙率、电极的导电特性等有关。也就是说，电极的性能与电极的结构和制备工艺密切相关。

综上所述，性能优良、以气体为反应原料的多孔扩散电极须满足下述设计要求：高的真实比表面积，即具有多孔结构；高的极限扩散电流密度，为此必须确保在反应区（气、液、固三相界面处）液相传质层很薄，同时催化剂层也很薄；高的交换电流密度，即需要高活性电催化剂；保持反应区的稳定，即通过结构设计（如双孔结构）或电极结构组分的选取（如加入聚四氟乙烯类憎水剂）达到稳定反应区（三相界面）的功能；对于反应气有背压的电板，需控制反应气压力，或电解质膜具有很好的阻气功能，以确保反应气不穿透电极的细孔层到达电解液；对于反应气体与电解液等压或反应气体压力低于电解液压力的电极，在电极气体侧需置有透气阻液层。

3.3.2 多孔电极的结构

3.3.2.1 催化剂层（CL）

格鲁夫（Grove）发现三相界面对于提高燃料电池的反应速率很重要[149]，因此催化剂层（CL）的概念可以追溯到 19 世纪 40 年代。Schmid[150] 在 1923 年开发了第一个实用的气体扩散电极，大大增加了电极的有效表面积，因此代表了燃料电池电极技术的革命性改进。从那时起，就技术进步和商业化而言，燃料电池 CL 的设计和性能优化均取得了长足的进步。

对于氧还原反应来说，在反应物的气体、质子和电子在催化剂表面反应时都需要一个三相界面，CL 应当能够促进质子、电子和气体向催化部位的传输。在正常的 PEM 燃料电池运行条件下（≤ 80℃），反应物为气相 H_2 和 O_2（来自空气），产物为水，主要是液相。除水是影响催化剂层性能的关键因素。催化剂层中过量水的存在会阻碍气体传输，从而导致传质减少和燃料电池性能下降。另外，缺乏水导致膜和催化剂层中的离聚物的质子传导性降低，从而导致燃料电池性能降低。所以 CL 的基本设计要求包括：①大量的三相界面点；②质子从阳极催化剂层到阴极催化剂层的高效传输；③将反应气体轻松地输送到催化剂表面；④催化剂层中的有效水管理；⑤在反应位点和集流体之间有良好的电子传输通道。

PEM 燃料电池中 CL 的性质和成分在确定系统的电化学反应速率和功率输出中起关键作用。其他因素，例如制备和处理方法，也会影响催化剂层的性能。因此，针对所有这些因素优化催化剂层是燃料电池开发的主要目标。例如，需要最佳的催化剂层设计以提高催化剂中铂（Pt）的利用率，从而减少催化剂的负载和燃料电池的成本。

催化剂层主要有两种类型：PTFE 黏结的 CLs 和薄膜 CLs。由于在目前的工作中几乎总是使用后者，我们将在后文只关注不同类型的薄膜 CLs。薄膜催化剂层主要有两种类型：催化剂包覆气体扩散电极（CCGDL）和催化剂包覆膜，前者直接包覆在气体扩散层或微孔层上，后者直接包覆在质子交换膜上。

催化剂层的类型可分为以下几种。

（1）GDL

① 均匀的 GDL　均匀的 GDL 在催化剂层上和整个催化剂层上均具有 Nafion 和催化剂的均匀分布，并且可以通过在电极基材上喷涂或丝网印刷催化剂墨水（催化剂、Nafion 溶液和溶剂的超声均匀混合物）制备。催化剂的负载量和 Nafion 的负载量可以通过所施加油墨的量或组成来控制。尽管这种类型的 CCGDL 表现出不错的性能，但它并未针对 CL 中的反应气体分布和水管理梯度进行优化，而 CL 则发生在活动区域的入口和出口之间的实际燃料电池中。

② 梯度的 CCGDL

a. 催化层的梯度　梯度 CCGDL 可以根据两个主要方向进行设计：穿过催化剂层的平面梯度（z 方向），从膜 / 催化剂层界面到催化剂层 / 气体扩散层界面；以及反应物气体进口到出口路径对应的沿 CL 的面内梯度（x，y 方向）（图 3-63）。

Antoine 等[151]研究了整个 CL 上的梯度，发现 Pt 的利用取决于 CL 的孔隙率。在无孔 CL 中，通过 Pt 靠近气体扩散层的优先位置增加了催化剂的利用率。在多孔 CL 中，通过 Pt 靠近聚合物电解质膜的优先位置提高了催化剂的利用效率。在 PEM 燃料电池中，CL 具有多孔结构，如果在靠近膜 / 催化剂层界面的优先位置使用较高的 Pt 负载，则有望获得更好的性能。

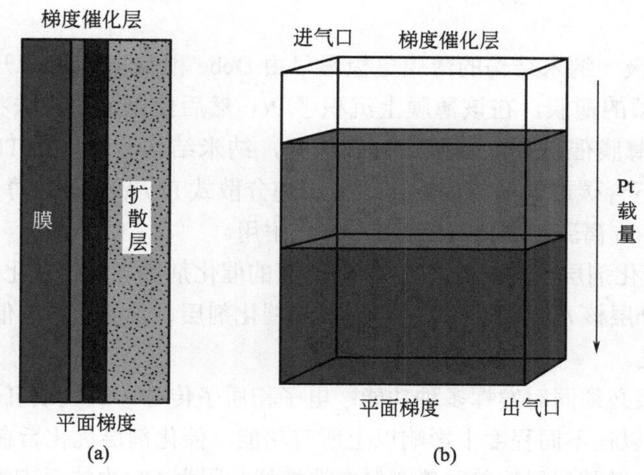

图3-63 催化剂负载梯度示意图：透过平面（a）和在平面（b）[151]

Prasanna 等[152]还设计了梯度催化剂层，用于气体从入口到出口的方向上的氧还原反应。在靠近进气口的位置，O_2 浓度较高，需要低 Pt 负载，而在出气口，O_2 浓度较低，而 Pt 负载较高。

b. Nafion 梯度的 CCGDL 在 Nafion 梯度 CCGDL 中，与催化剂梯度 CCGDL 不同，该梯度通常仅在一个方向上（即催化剂层的贯穿平面方向）两者复合的梯度。据推测，在膜/催化剂层界面处具有较高 Nafion 含量，而在 CL/GDL 界面处具有较低 Nafion 含量的梯度应有利于质子迁移和质量传输。最近，Lee 和 Hwang[153]研究了 Nafion 的负载和分布对 PEM 燃料电池性能的影响，他们发现表面上带有 Nafion 离聚物的催化剂层（催化剂层/膜界面）表现出比带有 Nafion 的 CL 更好的性能。

c. 两者复合的梯度 薄膜催化剂层通常是亲水的，在 CL 内不添加疏水成分。尽管对于薄膜催化剂层通常不需要 PTFE，但有时可能需要疏水性才能在 CL 中更好地运输。Zhang 等设计了一种双层复合材料 CL，该复合材料 CL 包含两层：①疏水层，其中 PTFE 作为黏结材料，制造在气体扩散层的表面；②亲水层，其中 Nafion 作为黏结材料，制造在疏水层的顶部。这种双键合复合材料 CL 是 PTFE 键合和薄膜 CL 的组合。

Zhang 和 Shi[154]发现，双键复合催化剂层的性能要高于 PTFE 键的 CL 或薄膜 CL。对双键 CL 的优化表明，在两层之间浸渍 Nafion 可能导致燃料电池性能下降[155]。因此，双键 CL 的最佳结构是疏水层顶部的单独亲水层。

（2）CCM

① 传统的 CCM 传统的 CCM 最早是在 20 世纪 60 年代开发的。它由黏合在膜上的 Pt/PTFE 混合物组成。这类似于在气体扩散层（例如碳纤维纸）上的 PTFE 结合的催化剂层。然而，这种类型的 CCM 具有高催化剂负载量和低催化剂利用率。Wilson 和 Gottesfeld[156]在美国 Los-Alamos 国家实验室开发了一种基于 Pt/Nafion 混合物的早期常规 CCM。他们使用所谓的贴花法制备了薄膜 CCM，其中先将催化剂油墨涂覆到特氟龙毛坯上，然后通过热压转移到膜上。后来发现，可以将油墨直接涂覆到膜上[157]。但是，对于该技术，必须将膜转变为 Na^+ 或 K^+ 形式，以提高其坚固性和热塑性。随着技术的进步，CCM 的总催化剂负载量可降低至 $0.17mg/cm^2$，而不会影响电池性能。与 CCGDL 技术相比，CCM 方法似乎是 CL 制造的首选

方法。

② 纳米薄膜电极 纳米结构的薄膜电极最早由 Debe 和 Schmoeckel 开发[158]，他们制备了取向晶体有机晶须的薄膜，在该薄膜上沉积了 Pt。然后使用贴花方法将膜转移到膜表面，形成了纳米结构的薄膜催化剂涂层膜。有趣的是，纳米结构薄膜（NSTF）催化剂和 CL 都是非常规的。后者不含碳或其他离聚物，比传统的分散式 Pt / 碳基 CL 薄 20 ～ 30 倍。此外，CL 比由 Pt/C 和 Nafion 离聚物制成的常规 CCM 更耐用。

（3）新型结构催化剂层 主要分为 CNT 为基底的催化剂层、柱状氧化物负载的催化剂层、基于纳米线的三维分层核 / 壳催化剂层、自支撑的催化剂层、含添加剂的催化剂层、新型离聚物的催化剂层这几类。

有效的催化剂层必须同时发挥多种功能：电子和质子传导、氧气或氢气供应以及水管理。CL 的组成和结构可以在不同程度上影响以上所有功能。催化剂层优化旨在满足这些要求，并最大程度地利用 Pt，增强耐用性并改善燃料电池性能。因为 CL 中的反应需要 Nafion（用于质子转移）、铂（用于催化）和碳（用于电子转移）以及反应物之间的三相边界（或界面），所以优化的 CL 结构应平衡电化学活性、气体运输能力和有效的水管理。

① 组成优化 催化剂层由多种组分组成，主要是 Nafion 离聚物和碳载催化剂颗粒。组成决定了 CL 的宏观结构和介观结构，这反过来又对 CL 的有效性能以及整个燃料电池性能产生了重大影响。为了获得最佳性能，必须在离聚物和催化剂用量之间进行权衡。例如，增加 Nafion 离聚物的含量可以改善质子传导，但是减少了用于反应物气体转移和除水的多孔通道。另外，增加的 Pt 负载量可以提高电化学反应速率，并且还可以增加催化剂层的厚度。

由于质子和电子的传导，反应物和产物的质量迁移以及 CL 中的电化学反应引起的复杂性，如何平衡 Nafion 离聚物含量和 Pt/C 负载是优化 CL 性能的挑战。这种复杂系统的优化主要是通过多个组件和规模建模以及实验验证来实现的。

② 催化剂层微观结构优化 催化剂层的微观结构主要由其组成和制造方法决定。已经进行了许多尝试来优化孔径、孔分布和孔结构以更好地进行质量传输。Liu 和 Wang[159] 发现，在 GDL 附近具有较高孔隙度的 CL 结构有利于 O_2 的运输和除水。具有逐步孔隙率分布，在 GDL 附近孔隙率较高，在膜附近孔隙率较低的 CL 可能比具有均匀孔隙率分布的 CL 更好。该孔结构导致在 CL 中更好的 O_2 分布，并使反应区向 GDL 侧延伸。由于有利的质子和氧浓度传导曲线，大孔的位置在质子传导和氧在 CL 内的运输中也起重要作用。

在催化剂层制造过程中，为了增强质量传输，可以通过将成孔剂添加到催化剂油墨配方中来创建多孔结构。Yoon 等[160] 将乙二醇引入催化剂浆料配方中，以提高催化剂层的性能。乙二醇充当成孔剂，从而增加了附聚物中的次级孔并有助于气体通过催化剂层的传输。Song 等[161] 在碳酸钙中使用碳酸铵作为成孔剂，以最大程度地减少传质限制。Fischer 等[162] 通过向催化剂浆料中添加成孔剂（如挥发性填料、碳酸铵、草酸铵或可溶性碳酸锂）来提高孔隙率。Zhao 等[163] 使用 NH_4HCO_3、$(NH_4)_2SO_4$ 和 $(NH_4)_2C_2O_4$ 作为成孔剂来制备 CL。加入 NH_4HCO_3 使催化剂分散更均匀并且表面更多孔，导致低的气体扩散阻力。

Oishi 等[164] 提出了使用低介电常数溶剂的胶体油墨制造程序，以在 CL 中的 Pt 颗粒上产生良好的网络和全氟砜离聚物（PFSI）的均匀性。Wang 等[165]通过添加 NaOH 抑制 Nafion 聚集，优化了 CL 的微观结构，并在催化剂油墨中实现了较小的团聚粒径分布。由这种催化剂油墨制成的阴极 CL 显示出高的电化学活性表面积（比常规油墨增加 48%）。Fernandez、Ferreira-

Aparicio 和 Daza[166] 也表明，催化剂的微观结构可以通过溶剂组成和蒸发速率来控制。

3.3.2.2　扩散层

扩散层（DL）通常由碳纤维纸（CFP）或碳布（CC）制成，是燃料电池的重要组成部分，因为它具有以下功能和特性：

① 有助于将反应气体或液体均匀地分配到 CL，从而有效地利用了大多数活性区（和催化剂颗粒）。因此，DL 必须足够多孔以使所有气体或液体（例如液体燃料电池）能够流动而没有重大问题。

② 有助于将 CL 中产生和积聚的水排出。因此 DL 必须具有足够大的孔，以使冷凝水可以离开 CL、MPL 和 DL，而不会阻塞任何可能影响反应气体或液体传输的孔。

③ 为 CL 提供了机械支撑。因此，DL 必须由在长时间工作后基本不会变形的材料制成，以便仍然能够提供机械支撑。

④ 有助于使电子流向和流出 CL。为了使 DL 能够成功做到这一点，它必须由良好的电子导体材料制成。

⑤ 有助于将 CL 产生的热量传递出去，以将电池保持在所需的工作温度下。因此，DL 应该由具有高热导率的材料制成，以便尽可能高效地散热。

同时，选择合适的扩散层时必须考虑的另一个重要参数是材料的总成本。在过去的几年中，已经进行了许多成本分析研究，以确定当前和将来的燃料电池系统成本，具体取决于功率输出、系统大小和单位数量。卡尔森等报告说，在 2005 年，扩散层的制造成本（阳极侧和阴极侧）相当于汽车领域使用的 80kW 直接氢燃料电池堆（假设有 500000 个）总成本的 5%。DL 的总价值为 18.40 美元 /m²，其中包括 PTFE 含量为 27%（质量分数）的两块碳布（E-TEK GDL 和 LT 1200-W）（重量），一种为含有 PTFE 的 MPL，另一种为 Cabot 炭黑。总计包括资金、制造、工具和人工成本。

（1）扩散层的类型

① 碳纸纤维　自从爱迪生首次使用碳纤维以来，碳纤维已被用作灯丝。在 20 世纪 60 年代初期，Shindo[167] 在热解聚丙烯腈（PAN）纤维时开发了第一条现代碳纤维。碳纤维于 20 世纪 60 年代中期引入商业市场，此后，碳纤维的应用已大大增加。这些应用中的一些包括飞机、航天器零件、压缩气罐、汽车零件、桥梁、钢筋混凝土、结构加固、休闲运动器材和电化学系统。

② 碳布　与 CFP 一样，碳布也已被广泛用作燃料电池中扩散层的材料。图 3-64 显示了用于燃料电池的典型碳布材料的 SEM 照片。这些织物中的大多数是由 PAN 纤维制成的，这些 PAN 纤维被捻成一团。

Ko、Liao 和 Liu[168] 提出了一项研究，其中确定了如果在石墨化过程中以 2500℃进行热处理，则 PAN 基碳纤维布在燃料电池环境中的性能最佳。其原因是，随着热处理温度的升高，电阻率下降，碳层的堆叠高度增加（与电导率直接相关），并且布内碳层之间的间隔减小。这项相同的研究还确定，用于制造碳布的编织工艺在材料的最终厚度中起着重要作用，这是燃料电池中的关键参数。

③ 金属扩散层　由于其高的电导率和热导率，金属制成的材料已被考虑用于燃料电池扩散层之类的部件。

(a) (b)

图3-64 燃料电池中使用的典型碳纤维布的扫描电子显微镜照片[168]

扩散层必须薄且多孔，并且具有高的导热性和导电性。它们还必须足够坚固以能够支撑催化剂层和膜。此外，这些金属材料的纤维不能刺穿薄的质子电解质膜。因此，被认为用作DL的任何可能的金属材料必须具有优于其他常规材料的优点。

碳纸是最常见的DL材料，但存在机械强度不足的缺陷。当所受压力过大时，它的微观结构容易被破坏。微观结构的破坏会造成孔隙率以及孔尺寸的变化，这些变化直接影响燃料电池内部的气液传输能力和阻抗[169]。相对于碳纸，碳布具有更好的机械强度，被用作DL时电池性能往往更稳定。同时，金属网毡、泡沫板和多孔板等高机械强度材料也都根据实际的燃料电池设计需求及使用状况在DL中有着广泛的应用。

（2）扩散层的处理：在制备了扩散层材料之后，为了根据燃料电池应用和相关的操作条件来定制这些材料的最终性能，根据不同的需要对扩散层进行疏水处理。

PEMFC中使用的扩散层通常用疏水剂处理，如PTFE或氟乙烯丙烯（FEP）。这种处理增加了材料的疏水性，因为大多数CFPs和CCs在制造后疏水性都不够。此外，重要的是，用这些试剂涂覆DL，整个材料（包括纤维）都应被涂覆，而不仅仅是材料的表面。尤其对于阴极氧还原反应，这种涂层是极其重要的和至关重要的，因为大部分产生和积聚在电池内部的水通过阴极侧出口。对于阳极DL，该涂层虽然不是关键部分，但仍然很重要（特别是在处理水的反扩散时），它可以为DL提供一定的结构强度。

（3）微孔层的处理：通常在DL某一表面的顶部（形成扩散双层）上沉积一层炭黑和PTFE。该催化剂背衬层或MPL形成的孔比DL小（对于MPL[170]为20～200nm的孔，对于典型的CFP DL[171，172]为0.05～100μm的孔），并且是排斥水的另一种机制，特别是当燃料电池在高湿度下运行时。MPL还为CL提供支持，位于CL的顶部或质子交换膜的表面。催化剂层通常由与PTFE和/或质子传导性离聚物（例如Nafion离聚物）混合的碳载催化剂或炭黑组成。因为典型的DL中的孔尺寸在1～100μm的范围内，而CL的平均孔尺寸只有几百纳米，所以两层之间的接触电阻较大，导电性较差[170]。因此，MPL也可用于阻塞催化剂颗粒，并且不会使它们堵塞扩散层中的孔[173-175]。还必须考虑到，用作DL的碳纤维纸或布的主要问题之一是这些制造的常规扩散层的孔隙率（和其他局部性质）的不受控制的变化；也就是说，碳纸之间的孔隙率特性不可重复[173]。这些材料很难改进，因为只能测量平均孔径和体积密度，而且很多进展都基于经验参数。因此，广泛的工作集中在优化 MPL 上，以减少碳纸纤维和布扩散层之间的差异。

以燃料电池为例，Passalacqua 等[176]证明当在 DL 和 CL 之间插入 MPL 时，电池的性能会大大提高。他们得出结论，MPL 减小了水滴的大小，从而增强了氧气的扩散。该层还防止了催化剂颗粒进入 DL 过深。Park 等[177]得出结论，添加了 MPL 后，水的管理和电导率均得到改善。

除了改善燃料电池中的水管理外，还对 MPL 进行了研究，以了解它们如何影响燃料电池性能的其他方面。Mirzazadeh、Saievar-Iranizad 和 Nahavandi[178]使用三电极电化学电池研究了氧还原反应（ORR），并确定这是否是改善电池整体性能的主要参数。结论是，使用 MPL 可以提高高电流密度下的性能，但是在低电流密度下，不带 MPL 的 DL 表现出更好的性能。Williams、Kunz 和 Fenton[179]观察到，没有 MPL 的 DL 比具有 MPL 的 DL 具有更高的极限电流密度。但是，MPL 仍然被认为是至关重要的，因为它改善了电流收集并降低了电阻。

3.3.3　多孔电极经典制备方法

3.3.3.1　厚层憎水催化电极

将一定比例的 Pt/C 电催化剂与 PTFE 乳液在水和醇的混合溶剂中超声震荡，调为墨水状，若黏度不合适可加少量甘油类物质进行调整。然后采用丝网印刷、涂布和喷涂等方法，在扩散层上制备 30 ～ 50μm 厚的催化剂层。采用 Pt/C 电催化剂的 Pt 质量分数在 10% ～ 60% 之间，通常采用 20%（质量分数）Pt/C 电催化剂，氧电极 Pt 载量控制在 0.3 ～ 0.5mg/cm^2，氢电极在 0.1 ～ 0.3mg/cm^2 之间。PTFE 在催化剂层中的质量分数一般控制在 10% ～ 50% 之间。

在制备催化剂层时加入的 PTFE，经 340 ～ 370℃热处理后，PTFE 熔融并纤维化，在催化剂层内形成一个憎水网络。由于 PTFE 的憎水作用，电化学反应生成的水不能进入这一网络，正是这一憎水网络为反应气传质提供了通道。而在催化剂层内，由 PtC 催化剂构成的亲水网络为水的传递和电子传导提供了通道。因此这两种网络应有一个适当的体积比。而在制备催化剂层时，控制的是 PTFE 与 PtC 催化剂的质量分数，由于不同 PtC 电催化剂 Pt 占的质量分数不同，其堆密度会改变。由 E-TEK 公司销售的 PtC 电催化剂堆密度与铂含量关系可知，随着 Pt/C 电催化剂中 Pt 含量的增加，堆密度增加，即同样质量的电催化剂，体积减小，因此在制备催化剂层时，随着采用的 Pt/C 电催化剂中 Pt 含量的增加，选用 PTFE 质量分数应减小。当采用质量分数 20% 的 Pt 电催化剂制备催化剂层时，PTFE 的质量分数一般控制在 20% ～ 30% 之间。若采用 Pt 质量分数为 40% ～ 60% 的电催化剂，PTFE 质量分数要减小，如质量分数 10% ～ 15% 才能达到憎水与亲水两种网络适宜的体积比，因此在电极相同 Pt 载量时，制备出的催化剂层应比采用质量分数 20%Pt 的电催化剂制备的催化剂层薄（图 3-65）。

3.3.3.2　薄层亲水催化剂层电极

为了克服厚层憎水催化剂层离子电导低和催化剂层与膜间树脂变化梯度大的缺点，美国 Los-Alamos 国家实验室的 Wilson 等提出一种薄层（厚度小于 5μm）亲水催化剂层制备方法[180]。

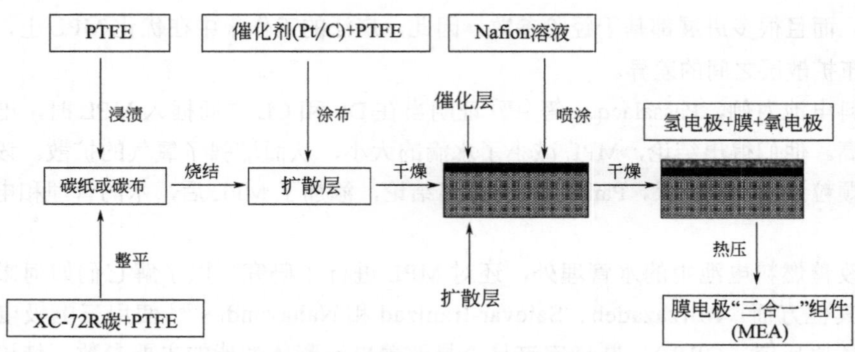

图3-65 厚层憎水电极的工艺流程[180]

该方法的主要特点是催化剂层内不加憎水剂 PTFE，而用 Nafion 树脂作黏合剂和 H^+ 导体。具体制备方法是首先将质量分数为 5% 的 Nafion 溶液与 PtC 电催化剂混合，Pt/C 电催化剂与 Nafion 树脂质量比控制在 3 ：1 左右。再向其中加入水与甘油，控制 Pt/C ：H_2O ：甘油（质量比）=1 ：5 ：20，超声波振荡混合均匀，使其成为墨水状态。将此墨水分几次涂到已清洗过的 PTFE 膜上，并在 130℃烘干，再将带有催化剂层的 PTFE 膜与经过预处理的质子交换膜热压合，并剥离 PTFE 膜，将催化剂层转移到质子交换膜上。图 3-66 为上述制备过程的流程图。

图3-66 薄层亲水电极的工艺流程[180]

采用上述方法制备催化剂层，由 PtC 电催化剂构成的网络承担电子与水的传递任务，而由 Nafion 树脂构成的网络构成 H^+ 的通道，并且由于催化剂层中 Nafion 含量的提高，其离子电导会增加，接近 Nafion 膜的离子电导。但因无憎水剂 PTFE，催化剂层的孔应全部充满水，所以反应气（如氧）只能先溶解于水中或溶解于 Nafion 中，并在 Nafion 树脂构成的通道或由 Pt/C 构成的充满水的孔中传递。溶解氧在水中的扩散系数为 10^{-4} ～ $10^{-5}cm^2/s$ 的数量级。而在 Nafion 中扩散系数在 $10^{-5}cm^2/s$ 数量级，比气相 N_2-O_2 的扩散系数小 2 ～ 3 个数量级，因此这种亲水催化剂层必须很薄，否则靠近膜的一侧催化剂层由于反应气不能到达而无法利用。M.S.Wilson 等的计算和实验均证明，这种由 Pt/C 与 Nafion 树脂构成的亲水催化层厚度应小于 5μm[180]。这种薄层亲水催化剂层与上述憎水厚层催化层相比，Pt 载量可大幅度降低，一般在 0.1 ～ 0.05mg/cm² 之间。

邵志刚等提出不用甘油，采用水与乙二醇的混合溶剂配制 Pt/C 与 Nafion 树脂的墨水，同时还可加一定比例的造孔剂和憎水剂（如草酸铵和 PTFE 乳液），采用喷涂等方法可制备更均匀、更薄的亲水催化剂层[180]。造孔剂或 PTFE 的加入在一定程度上改善了催化剂层的反应气体的传递能力。

3.3.3.3 超薄催化剂层电极

超薄催化剂层一般采用物理方法（如真空溅射）制备，将 Pt 溅射到扩散层上或特制的具有纳米结构的碳须（whiskers）的扩散层上。Pt 催化剂层的厚度 <1μm，一般为几十纳米。

S.Hlirano 等采用真空溅射沉积法在 E-TEK 公司销售的扩散层上沉积 1μm 厚 Pt 催化剂层（Pt 载量为 0.1mg/cm²），实测电极性能与 E-TEK 公司厚层憎水电催化剂层电极（Pt 载量为 0.4mg/cm²）相近[180]。

3.3.3.4 金属催化剂层电极

电极用带铸法制备，其制备工艺与偏铝酸锂隔膜形同，将一定粒度分布的电催化剂粉料（如羰基镍粉），用高温反应制备的偏钴酸锂（$LiCoO_2$）粉料或用高温还原法制备的镍铬（Ni-Cr，铬质量分数为 8%）合金粉料与一定比例的黏合剂、增塑剂和分散剂混合，并用正丁醇和乙醇的混合物作溶剂，配成浆料，用带铸法制备。可单独在焙烧炉按一定升温程序焙烧，制备多孔电极，也可在电池程序升温过程中与隔膜一起去除有机物而最终制成多孔气体扩散电极和膜电极“三合一”组件。

用上述方法制备出的 0.4mm 厚的镍电极，平均孔径为 5pm，孔隙率为 70%。制备出的 0.4 ～ 0.5mm 厚的镍 - 铬（铬质量分数为 8%）阳极，平均孔径约 5pm，孔隙率为 70%。制备出的偏钴酸锂阴极，厚 0.40 ～ 0.60mm，孔隙率为 50% ～ 70%，平均孔径为 10pm。

3.3.4 有序/一体化多孔电极

构建有序化的微/纳米结构，将催化剂层中，催化剂粒子（活性位）、电子导体、离子导体按照电化学反应需求有规律地有序排列，实现畅通的电子传输通道、质子传输通道、气体传输通道和丰富且有序的“电子导体 / 质子导体 / 气体”三相界面，是进一步提高膜电极性能的关键。荷兰 NedStack 公司的 E. Middelman 等率先采用强电场作用于 Pt/C 物理混合 Nafion® 聚离子浆液，构建了具有纳米纤维阵列结构的电极（图 3-67），PEMFC 单池性能提高了 20%[180]。同时还提出了一种阵列结构的理想电极（图 3-68、图 3-69），即直径 30nm 左右的电子导体纤维垂直于膜表面形成阵列结构，在其表面上担载 2nm 左右的铂纳米粒子，表面同时覆盖不超

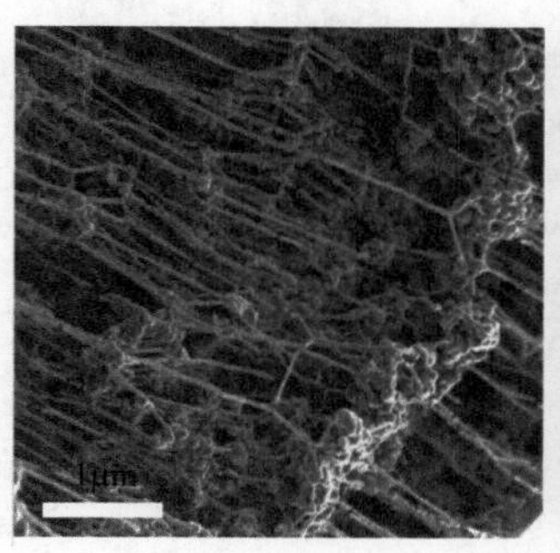

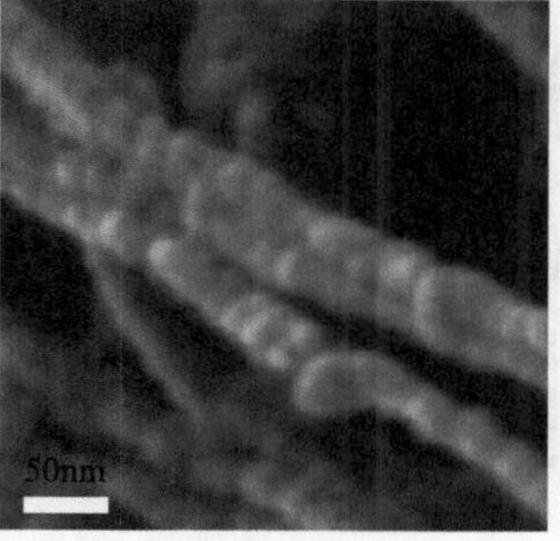

图3-67 强电场作用制备的有序阵列电极[180]

过10nm的离子导体层。哈尔滨工业大学利用数值模型比较分析了传统结构与有序结构膜电极的性能。图3-70（a）给出了传统催化剂层与有序化催化剂层的结构。数值模拟证实图3-70（b）具有有序化催化剂层结构的膜电极具有非常优异的性能，其平均性能较传统催化剂层提高了20%，主要源于有序化结构具有更加优异的传质效率。

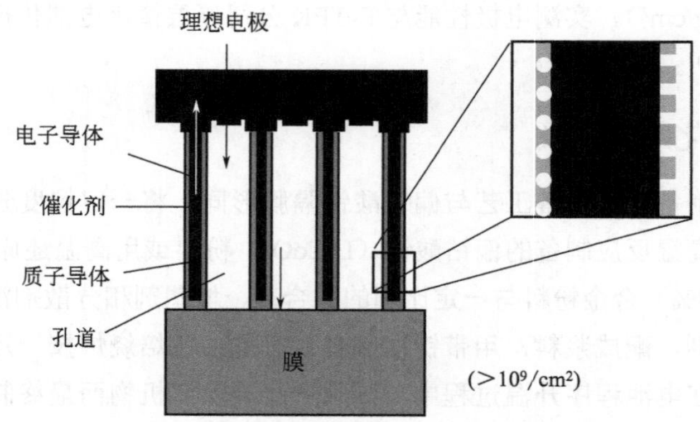

图3-68 理想有序化电极示意图[180]

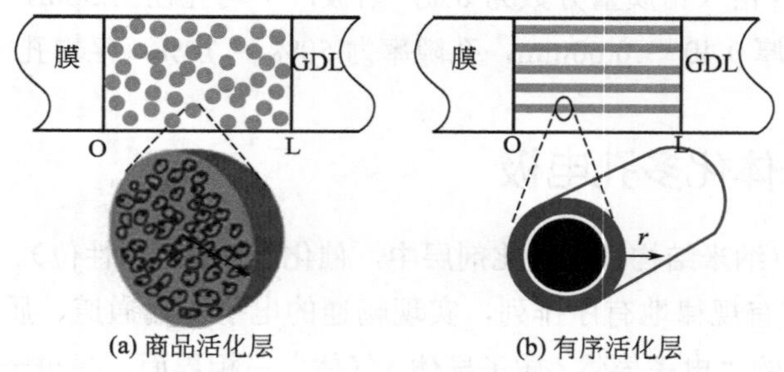

图3-69 膜电极中传统催化剂层（a）与有序化催化剂层结构示意图（b）[196]

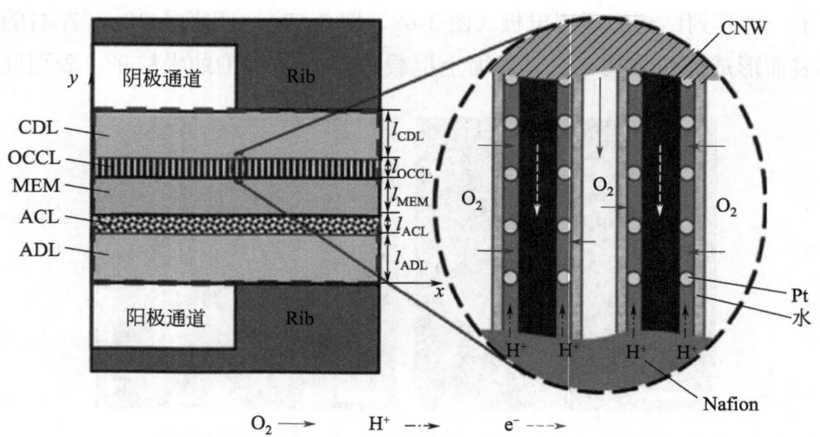

图3-70 有序DMFC和阴极氧还原O_2输送示意图[197]

具有定向纳米结构的有序阴极催化剂层（OCCL）是突破催化剂团聚的有效解决方案之一。在 OCCL 中，垂直定向的高导电材料[181]，如碳纳米管[182]、碳纳米线[183]、碳纳米纤维[184]、金属纳米线[185]和聚合物纳米线[186]，被固体薄膜电解质（典型的 Nafion[187]）均匀装饰，催化纳米粒子[188]。理论上，这种有序结构可以使铂的利用率从 20% 提高到 35%，达到 100%[189]。

Du 等[190]提出了具有有序催化剂层的一维稳态圆柱模型。该模型研究了质子电导率对电池性能的影响。随后，Du 等[191]建立了半电池有序模型来研究碳纳米管半径对氧传质的影响。Du 等[192]通过将有序电极与传统电极进行比较，发现有序结构可以使电流密度分布更加均匀。Abedini 等[193]报道了一个二维模型来研究 Nafion 负荷对电池性能的影响。Chisaka 等[194]建立了一维 OCCL 模型来研究阴极结构与功率密度之间的关系。Rao 等[195]提出了一个二维方形模型来研究电极长度对电极性能的影响。

以上探究的模型只关注了半电池中的反应，而没有考虑水分积累严重限制氧的输送。Jiang 等[197]通过提出一个二维、稳态、两相、等温模型、碳纳米线（CNW）支撑的 OCCL 来阐明有序的直接甲醇燃料电池。该模型考虑了氧在轴向通过孔隙的传递以及水在径向的积累，如图 3-70 所示。在 OCCL 中，氧不仅沿着 CNWs 的轴向转移，而且还通过水和电解质膜径向转移到三相边界。水和电解质膜的传质阻力导致在三相边界和有序孔隙存在氧浓度梯度。

传统燃料电池电极中的催化剂层由无序的催化纳米粒子和离子交换离聚物组成，如图 3-71 所示，容易团聚，导致能量转换效率较低。为了模拟这种传统电极，采用球形假设的传统团聚模型来描述氧从气孔向三相边界[197]的转移。

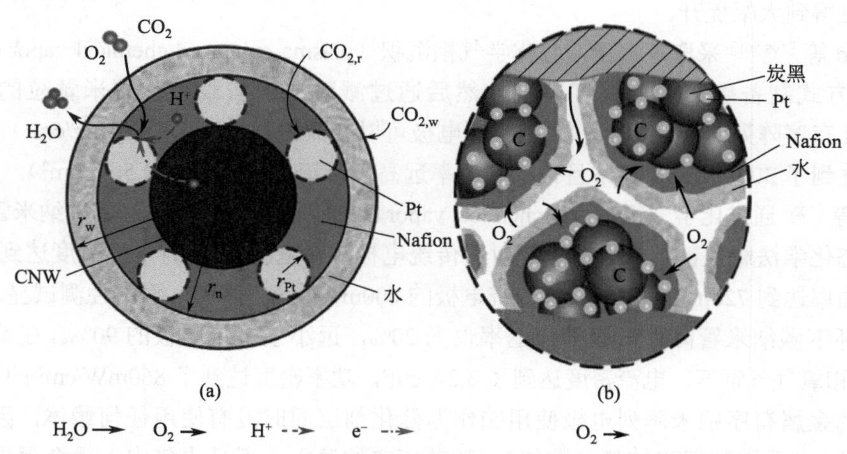

图3-71 阴极催化剂层被液体膜覆盖的有序结构示意图（a）和传统阴极催化剂层的团聚结构示意图（b）（彩插见文前）[197]

图 3-72 比较了在 75℃下，$0.8mg_{Pt}/cm^2$ 阴极的传统电极和有序电极的电池性能。可以看出，在相同的工作条件下，使用有序电极的 DMFC 的峰值功率密度和最大电流密度比使用无序电极的 DMFC 分别提高了 46.6% 和 62.5%。有序电极性能较好的原因有三个：①活化损失降低。铂纳米颗粒均匀分布在有序电极表面，而不是在传统电极上重叠团聚，导致催化剂利用率高，从而显著提高 ECSA。②降低欧姆损耗。与缺乏电子传导途径的团聚相反，有序催化剂层增强了电子传导，导致欧姆电阻降低。③降低浓度损失。有序电极避免了 Pt 纳米粒子的团聚，有

利于氧的输送，电流密度较高。综上所述，具有较低激活损失、欧姆损失和浓度损失等优点的有序电极提高了电池性能，从而提高了燃料电池的能量转换效率。

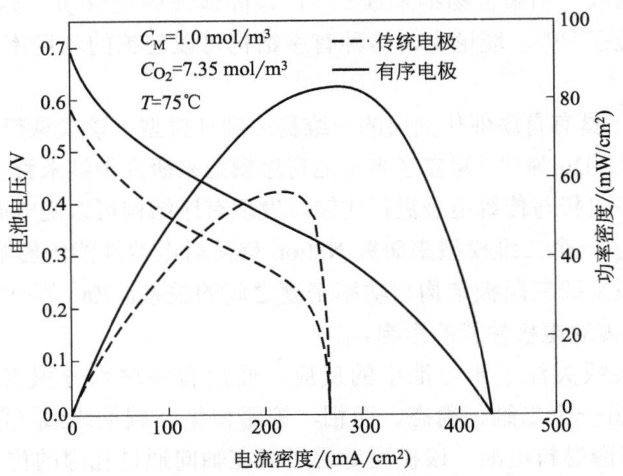

图3-72 传统电极与有序电极的电池性能比较[197]

早在2005年，Li等[198]通过过滤法获得了超疏水碳纳米管定向膜，然后进一步通过乙二醇还原法在其表面加载直径2.8nm的铂纳米颗粒，从而制备出新型有序碳纳米阵列电极。实验结果表明，对比于非定向膜，碳纳米管定向膜的铂利用率和物质传输率明显提高，同时单电池性能也得到大幅提升。

Caillard等[199-201]采取等离子增强化学气相沉积（plasma-enhanced chemical vapor deposition，PECVD）方式制备碳纳米管有序阵列，然后通过溅射沉积法载上铂纳米颗粒的方式得到VA-CNT/Pt有序阵列电极。上述方式制备的电极可以在低铂载量（阴极0.1mg/cm²）的条件下，功率密度达到了300mW/cm²，并且铂的利用率远高于传统电极（阴极0.5mg/cm²）。

Yang等[202]通过化学气相沉积（chemical vapor deposition，CVD）法制备碳纳米管阵列，然后使用湿态化学法载入铂纳米颗粒。相对于传统电极，在电压0.5V时电流密度达到1.4A/cm²，最大输出功率达到720mW/cm²，远超传统电极的600mW/cm²。同时，耐久性测试显示，在300个电势循环下碳纳米管阵列电极的衰退率仅为20%，远小于传统电极的90%。在铂载量小于0.2mg/cm²和氧气气氛下，电流密度达到了3.2A/cm²，功率密度达到了860mW/cm²的性能。

早期的金属有序纳米阵列电极使用铂作为催化剂层同时没有使用任何载体，因此其颗粒较大（尺寸），且铂利用率较低（数值）。随着研究的深入，近几十年内大量金属电极材料被开发出来，尤其是金属纳米阵列电极材料（例如铂纳米管阵列电极、钯纳米管阵列电极和其他合金纳米阵列电极）。金属纳米阵列电极材料具有高的铂载量、有利于机理研究或是其他电氧化等研究优势。然而，由于金属电极材料成本过高、铂利用率太低等缺点限制了其在质子交换膜燃料电池上的应用，因此还处于研究初期。

中山大学Shen课题组[203]通过AAO模板辅助电沉积制备Pd阵列电极，研究显示，相对于传统的Pd膜电极和PtRu/C电极对甲酸的氧化性能有较大幅度提高。武汉理工大学Pan课题组与北京大学合作利用AAO（氧化铝）模板，采用三电极法将Pt沉积制备了有序Pt纳米阵列电极，提高了电极电化学性能[204]。Lux等[205]借助对苯烯苯酚滤膜作为模板，通过电沉积技术制备 Pt-Cu 纳米线阵列电极，随后再通过将合金电极浸渍到浓硝酸中消去铜以达到构建多孔有序铂阵列电极，后续将此多孔有序铂阵列电极通过高分子电解质膜隔开，加上 $NaBH_4$ 作燃料组成纳米燃料电池，产生了 1mW/cm^2 的功率密度。Gao 等[206]通过电沉积法合成多孔 Pt-Co 合金纳米线阵列，其将合金沉积到阳极氧化铝膜里面，然后在温和的酸中合金去除化处理。这些纳米线由多孔框架以及 1 ～ 5nm 的孔隙以及 2 ～ 8nm 的晶带组成。多孔 Pt-Co 纳米线的形貌和组成在去除合金过程后以备研究，其形成机理值得探讨。Zhang 等[207]运用一步电沉积法加上氧化铝纳米孔道，制备有序 Pt 纳米管阵列，在酸性条件下，运用循环伏安法测试其在乙醇中的电氧化性能，显示 Pt 纳米管阵列电极的氧化电流峰是传统 PtRu/C 电极的 1.7 倍，其在乙醇氧化中的高电催化活性表面其在甲醇燃料电池中有优异的潜力。Khudhayer 等[208]借助掠射角沉积技术，在玻碳电极上制备出半径为 5 ～ 100nm，长度从 50nm 到 400nm 不等的铂纳米棒阵列，铂载量达到 0.04 ～ 0.32mg/cm^2。并且，相对于传统 Pt/C 电极，其面积比活性、反应速率常数、电化学活性面积损失稳定性均更优，这为掠射角沉积技术用于制备 PEMFC 电极开辟了一条路径。

燃料电池性能的关键因素是膜电极组件（MEA）中电极的结构，因此，优化和修饰电极结构已被证明是用于改善 PEMFC 性能和耐用性的关键。三维有序大孔材料，如反蛋白石结构（IO），由于其周期性结构的特点：相对较大的比表面积、较大的孔隙率、较低的弯曲度和相互连通的大孔，因此在电化学器件中具有广泛的应用前景。然而，受到制备路线中基底选择的限制，将反蛋白石结构直接应用于膜电极组件被认为是不切实际的。基于此，Sung 课题组[209]报道了在膜电极组件内完全保持反蛋白石结构的单个电池的制备，这是一种在实际 MEA 器件中直接应用大面积 Pt（5cm^2 有效面积）的 IO 电极的方法，对于膜电极组件，此方法不需要进行任何额外的转移过程，如图 3-73 所示，首先进行一个简单的预处理过程来修饰基底（GDL），以使 PS 小球沉积到粗糙的基底表面，随后使用恒电流脉冲电沉积的方法使 Pt 渗透到 PS 模板中，最后用甲苯除去 PS 小球即可得到含有三维有序大孔的 IO 电极。与传统的催化剂浆料（一种基于墨水的组件）相比（图 3-74），这种改进的组件具有坚固和完整的催化剂层结构、开放和连通的孔道结构，良好的有效孔隙率、有效的催化剂利用率和传质效果以及良好的水管理性能，因此可以将催化剂颗粒的损失降至最低。此外，由于电极既不是基于碳材料，也不是基于碳基载体，所以反蛋白结构的 Pt 催化剂层没有碳腐蚀问题。预计通过减小 Pt 颗粒尺寸和优化孔径可以提高性能。因此，在 PEMFC 测试中，基于 IO 电极的 MEA 的性能要远远高于具有类似 Pt 负载的传统 MEA 的性能。此外，通过此方法，不仅可以改变胶体的大小和种类，并且可以应用于非贵金属合金催化剂。

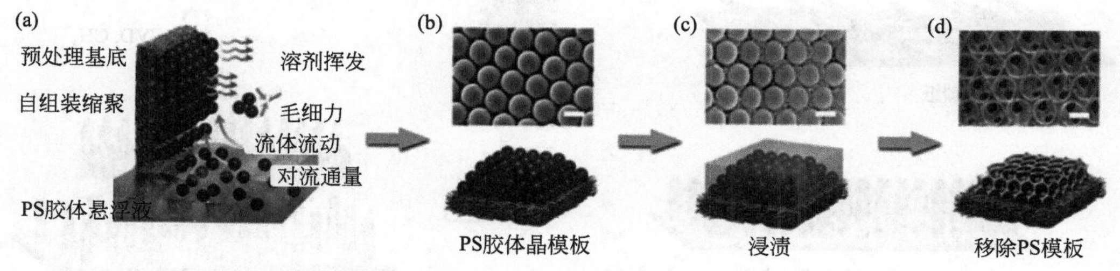

图3-73　制造过程示意图

（a）在预处理基板（GDL）上垂直沉积聚苯乙烯微珠；（b）胶体晶体模板在GDL上的自组装；（c）渗透和脉冲电沉积；（d）用甲苯浸泡除去胶晶模板[209]

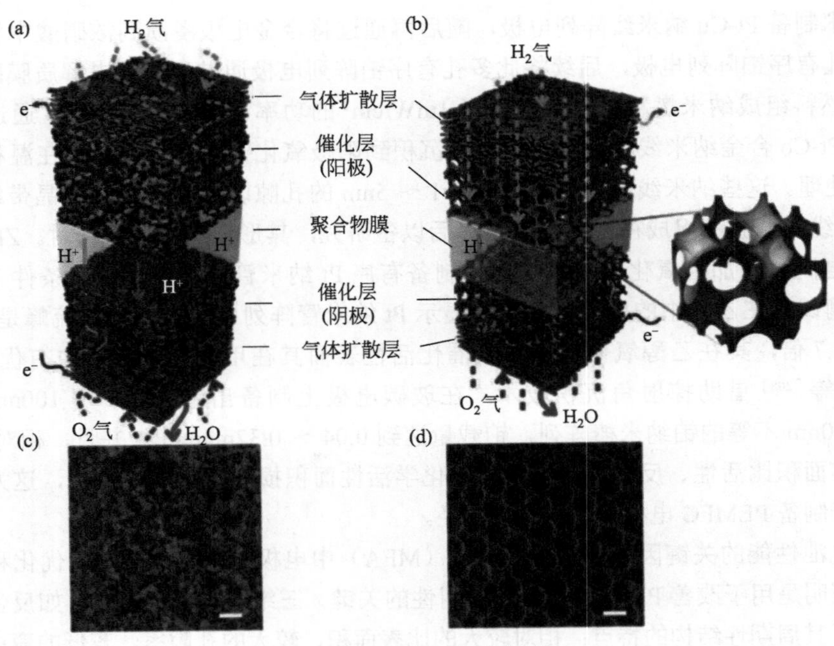

图3-74　两个MEA的概念图

（a）采用CCM的常规MEA；（b）采用反蛋白石结构（IO）电极的改性MEA；（c）商用Pt/C墨水喷涂制备的CCM表面的FE-SEM图像；（d）根据胶体晶体模板方法通过脉冲电沉积制备的IO电极表面的FE-SEM图像[209]

碳包覆二氧化钛（TiO_2-C）作为质子交换膜燃料电池的催化剂载体备受关注。Shao的团队[210]提出了一种直接在碳纸上生长催化剂的一体化电极（Pt-TiO_2-C NRs），如图3-75所示，采用水热法将TiO_2纳米棒阵列（NRS）直接生长在碳纸上，然后在甲烷气氛下于900℃热处理得到TiO_2-C NRs，最后，用物理气相沉积的方法在TiO_2-C NRs上溅射铂纳米颗粒，生成Pt-TiO_2-C。运用此方法制备的Pt-TiO_2-C电极由一层较薄的催化剂层（小于2.1mm）组成，疏水性好，Pt利用率高，具有较高的催化性能，同时，制备的不含质子导电离聚体（Nafion）

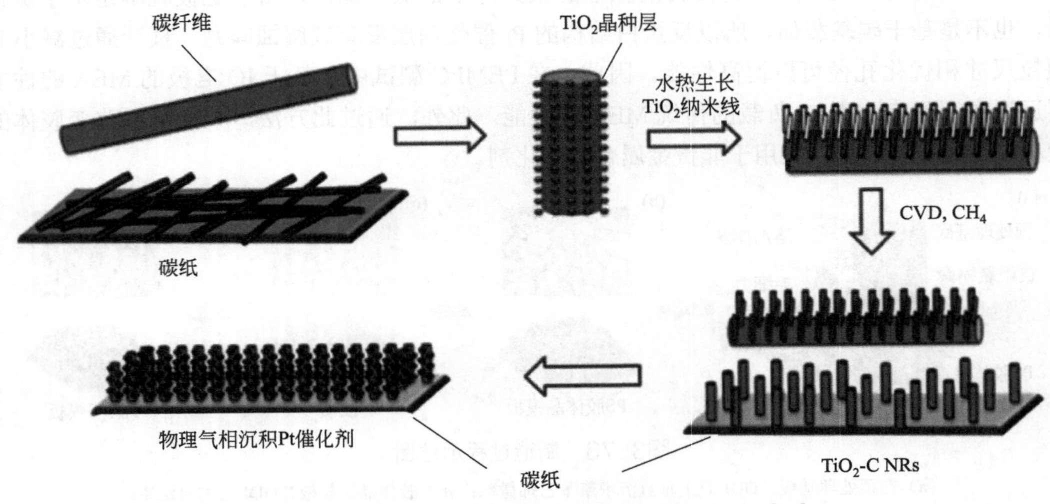

图3-75　在碳纸上合成Pt-TiO_2-C NRS的示意图[210]

和黏结剂（PTFE）的电极直接生长在碳纸上，可以进一步降低MEA的成本。在实际的加速耐久性试验中，Pt-TiO_2-C电极表现出很高的稳定性，当进行1500次循环后，与商用气体扩散电极（GDE）（降幅为34.4%）相比，Pt-TiO_2-C电极的电化学活性表面积仅略有下降（下降10.6%）。并且，当采用超低铂含量电极（Pt负载量：28.67μg/cm^2）作为单电池阴极时，Pt-TiO_2-C电极产生的功率为商用GDE（Pt负载量：400μg/cm^2）的4.84倍，即11.9kW/g_{Pt}的（阴极）功率。因此，所制备的电极具有较低的铂负载量和较高的稳定性，是一种很有前途的燃料电池材料。

Wang 等[211]采用牺牲模板法和原位电流置换相结合的方法，制备了基于可控垂直排列铂纳米管的有序纳米阴极阵列（图 3-76），用于超低铂负载直接甲醇燃料电池（DMFC）。其中关键步骤是直接在气体扩散层（GDL）上合成有序 Pt 纳米管阵列。首先，以水热法制备了氧化锌纳米棒阵列。然后采用磁控溅射的方法在 ZnO 纳米棒阵列上溅射薄层铜。然后，用 Pt 取代 Cu/ZnO 阵列中的 Cu，形成 Pt/ZnO 阵列。制备的 Pt/ZnO 阵列用 Nafion 115 膜直接热压制备电极，然后酸洗去除 ZnO 模板，形成 Pt 纳米管垂直排列的有序阵列结构组成的阴极 MEA。铂纳米管由平均厚度约 15nm 的高度分散的铂纳米粒子壳组成。该有序纳米阵列结构的优点是在 DMFC 的阴极侧具有较高的催化剂利用率和良好的质量传输，从而为制备超低铂负载燃料电池的有序纳米阴极提供了一种可行的策略。

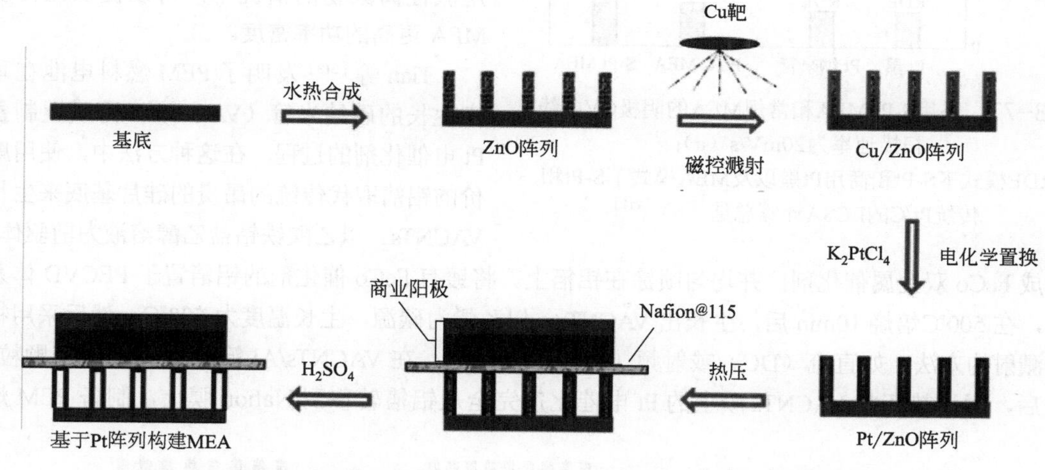

图3-76 基于垂直排列铂纳米管的有序纳米结构MEA制备工艺示意图[211]

为了探究 S-Pt MEA 显著提高电池性能的原因，通过 CV 曲线的 H 吸附 / 解吸面积定量计算来比较它们的电化学比表面积（ECSAs）（图 3-77）。传统 MEA 和 S-Pt MEA 的 ECSA 分别为 19.46m^2/g_{Pt} 和 48m^2/g_{Pt}，其中 S-PtMEA 的 ECSA 是传统 Pt/C MEA 的 3 倍，说明 Pt 纳米管阵列显著提高了阴极侧 Pt 催化剂的利用率。同时其 ECSA 也高于以 Pt-MWCNT 基 MEA[38]和 Pt 纳米棒阵列基 MEA。图 3-77（b）是用 RDE 模式计算 Pt 纳米管与商用 Pt 黑的 ECSA。采用 MEA 模式计算得到的具有阵列结构的 S-Pt 催化剂的 ECSA 明显高于未采用 RDE 模式的 S-Pt 催化剂和采用 MEA 模式的商用 Pt/C 催化剂。最可能的原因是“阵列效应”，这是一种非常有效的方法来暴露催化剂的表面，特别是在 MEA 的催化剂层。因此，Pt 催化剂利用率的明显提高是 S-Pt MEA 电池性能优异的原因之一，另一个原因可能是有序 S-Pt MEA 阴极侧质量输运性能的改善。

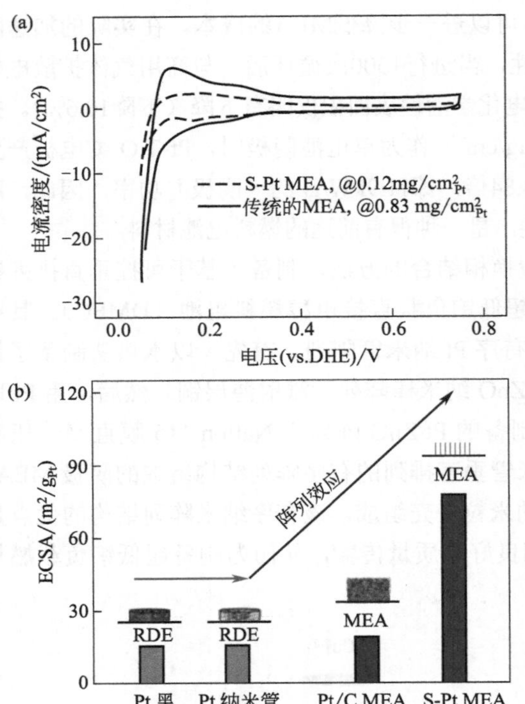

图3-77　采用S-Pt MEA和常规MEA的阴极CV曲线，扫描速率为20mV/s（a）；RDE模式下S-Pt和商用Pt黑以及MEA模式下S-Pt和传统Pt/C的ECSA计算总结（b）[211]

Jia 等[212]以垂直排列的 Co-OH-CO_3 纳米针阵列为有序催化剂载体，开发了一种新型阴极结构，用于 AEMFC 的应用，通过水热反应直接在不锈钢片上生长 Co-OH-CO_3 纳米针阵列。通过溅射沉积在 Co-OH-CO_3 表面制备 Pt 纳米结构薄膜，形成 Pt/Co-OH-CO_3 纳米针阵列，Pt 纳米结构薄膜厚度仅为几纳米。通过热压和酸洗将 Pt/Co-OH-CO_3 纳米针阵列转移到碱性阴离子交换膜上，形成了数百纳米厚度的新型阴极催化剂层（图 3-78）。在阴极催化剂层中不含碱性离聚物的情况下，用所制备的 MEA 制备的 AAEMFC 的峰值功率密度为 113mW/cm²，Pt 负载极低，可降至 20mg/cm²。这是 AEMFC 首次采用有序电极结构，在不使用碱性离聚物的情况下，可以提供比传统 MEA 更高的功率密度。

Tian 等[213]发明了 PEM 燃料电池在垂直生长的碳纳米管（VACNTs）薄膜上制备 Pt 电催化剂的过程。在这种方法中，使用廉价的铝箔取代传统的昂贵的硅片基底来生长 VACNTs。以乙酸铁钴盐乙醇溶液为前驱体，合成 FeCo 双金属催化剂，并均匀喷涂在铝箔上。将镀有 FeCo 催化剂的铝箔置于 PECVD 体系中，在 500℃焙烧 10min 后，生长出 VACNTs。以乙烯为碳源，生长温度为 500℃，然后采用物理溅射的方法，如直流（DC）或射频（RF）溅射系统，在 VACNTs/Al 箔上沉积 Pt 纳米颗粒。最后，通过热压将 VACNTs 膜上的 Pt 电催化剂完全从铝箔转移到 Nafion 膜上，制备 PEM 燃

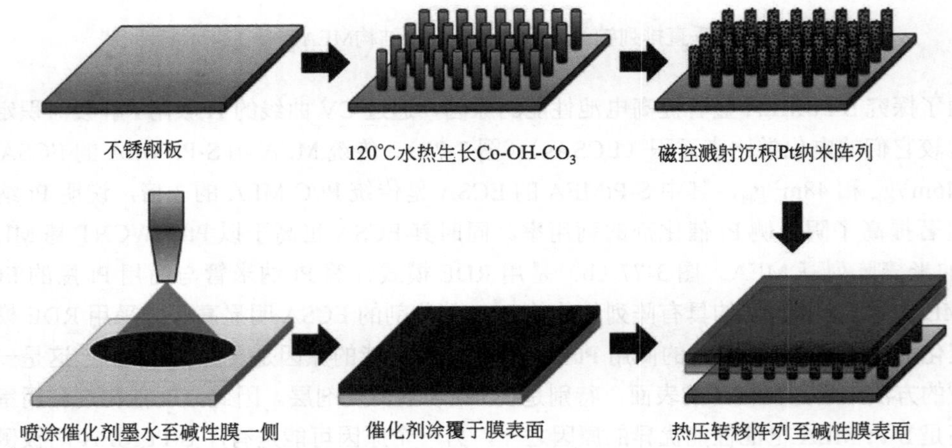

图3-78　Co-OH-CO_3纳米针阵列合成Pt催化剂示意图及AAMEFC的制备[212]

料电池（图3-79）。整个转移过程不需要任何化学去除和破坏膜。这种Pt/VACNTs做成的膜电极具有低Pt载量（Pt担载量：35μg/cm^2，商业化的膜电极：400μg/cm^2）和较高的性能（1.03W/cm^2），并且由于基板为铝箔，比常用的硅和玻璃基板等具有更低的成本。

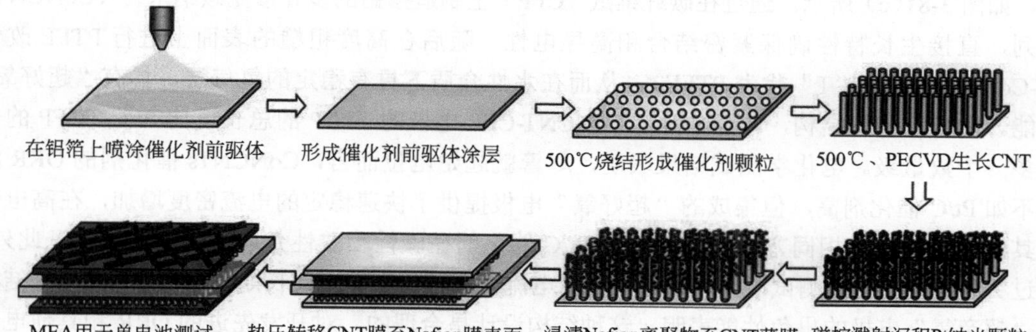

图3-79 在VACNTs上合成Pt催化剂的示意图及PEM燃料电池的制备[213]

Wang 等[214] 报告了一种优异的 Fe-N$_x$/C 催化剂，以二氧化硅球作为硬模板制备了具有核 - 壳 Fe_3O_4 掺杂碳（Fe_3O_4@NC）纳米颗粒嵌入到 N 掺杂有序互连的分层多孔碳（表示为 Fe_3O_4@NC/NHPC）有序互联的分级多孔（HP）结构和丰富的催化位点。用于氧还原反应（ORR）的 3D 取向整体集成电极（图 3-80）。重要的是，通过电泳方法将 Fe_3O_4@NC/NHPC 原位组装到了碳纸上，从而成功获得了设计良好的 3D 取向的整体集成有序电极。通过改善的传质和最大化的 ORR 活性位，面向 3D 的全集成电极显示出优于传统方法制造的电极的性能。本研究不仅为燃料电池提供了一种新型的非贵金属催化剂或电极，而且为构建高效纳米结构的 M-N$_x$/C 催化剂提供了一种通用的方法，也为在许多下一代动力装置中制备空间有序电极开辟了一条崭新的途径。

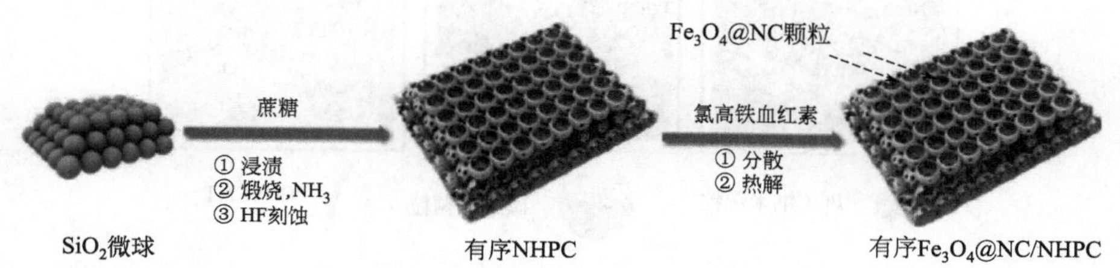

图3-80 Fe_3O_4@NC/NHPC催化剂的合成示意图[214]

对于一个理想的电极结构来说，其应该促进电子传输从电流收集器到催化剂层，更重要的是能够提供一个畅通无阻的气体扩散途径，以持续供应足够的氧气反应物到反应的催化位点。采用聚四氟乙烯处理的碳纤维纸（TCFP）由于具有合理的电子导电性、高表面积和高疏水表面，从而为氧、电解质和催化剂提供了三相接触点（TPCP）而被广泛使用。但是，直接在 TCFP（Pt/C-TCFP）上负载电催化剂（例如 Pt/C）可能会阻止气相氧扩散到催化剂表面，因此界面不能为 ORR 产生足够的 TPCP，为了进一步加速气体扩散过程，Lu 等[215] 在纳米级 Pt/C 催化剂层和 TCFP 之间引入了由疏水剂［通常是聚四氟乙烯（PTFE）］和炭黑粉末组成的微孔层（MPL），如图 3-81（b）所示。这种体系结构设计（Pt/C-MPL-TCFP）加快了气体扩散过程，并由于分层孔隙而产生了更多的 TPCP。但是，具有绝缘混合的厚附加层（数十微米）会阻碍电子传输，导致更严重的欧姆损耗和性能下降。为了提高 ORR 性能，Sun 等[215] 设计了一种具有“超亲氧”表面特性的微 / 纳米结构电极，以加速气体扩散过程以及电子传输，如图 3-81(c) 所示。通过在碳纤维纸（CFP）上制造掺钴的多孔掺氮碳纳米管（CoNCNT）阵列，直接生长特性确保紧密结合和高导电性，随后在高度粗糙的表面上进行 PTFE 改性（T-CoNCNT-CFP，“T”代表 PTFE），从而在水性介质下具有稳定的氧气层，具有“超好氧”性能。由于独特的结构，粗略估计 T-CoNCNT-CFP 电极的 TPCP 的总长度比 Pt/C-TCFP 的长度多一个数量级。电化学测试结果表明，尽管就起始电位而言，CoNCNTs 催化剂的 ORR 活性不如 Pt/C 催化剂高，但集成的“超好氧”电极提供了快速稳定的电流密度增加，在高电位下其活性超过或与相同方法制备的商业 Pt/C 催化剂在碱性和酸性介质中的性能相当。此外，经过 20h 的计时电流测试证明了该电极在高电流密度下具有突出的长期稳定性。微 / 纳米结构的“超亲氧”电极的出色性能表明，这种结构设计是合理的，对开发先进的 ORR 和其他电化学气体消耗反应电极具有重要的指导意义。

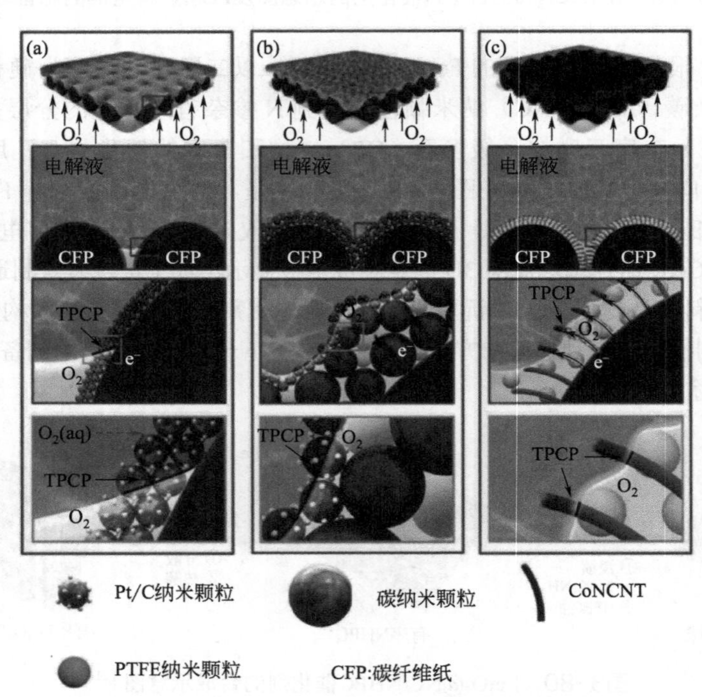

图3-81　电解液存在条件下，不同结构催化层的O_2传输示意图：
（a）由Pt/C-TCFP构筑的催化层；（b）添加了MPL的催化层（Pt/C-MPL-TCFP）；
（c）通过在CFP上直接生长CONCNTs形成的“超亲气”结构催化层

3.4 氧还原多孔电极的应用

金属 - 空气电池是指兼具原电池和燃料电池特点的一种“半燃料电池”。电池的负极为金属，正极为空气电极，正负极间为电解质（图 3-82）。电解质根据金属负极的反应特性分为水性、非水性和水性 - 非水性混合三类。与原电池最大的不同在于，金属 - 空气电池的正极活性物质是空气，空气电极仅占电池体积的很小部分，空出的位置可大量携带活性负极金属，使金属 - 空气电池拥有很大的能量密度。与燃料电池最大的不同在于：金属燃料的内置以及负极反应的高活性，无需昂贵的负极催化剂，因而价格便宜。就金属 - 空气电池的高能量密度而言，表 3-17 列出了几种常见的金属 - 空气电池与其他几种车用动力电池的实际性能参数比较。

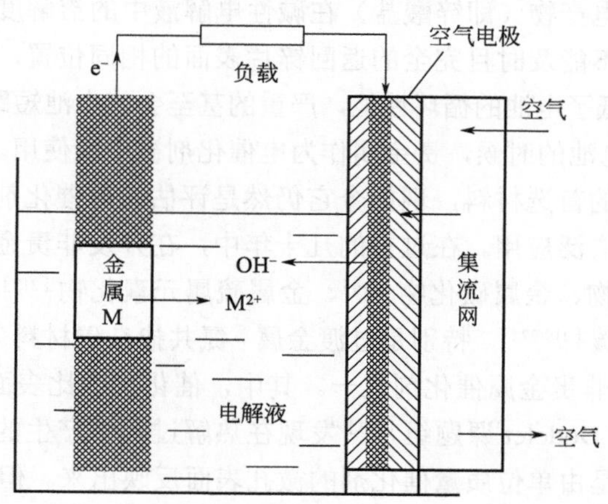

图3-82　金属空气电池的工作原理

表 3-17　金属空气电池与其他几种电动汽车用动力电池实际性能参数比较

电池类型	理论能量密度 /（Wh/kg）	实际能量密度 /（Wh/kg）	功率密度 /（W/kg）	循环寿命 / 次
铅酸电池	170	30 ～ 45	200 ～ 400	500
镍镉电池	214	40 ～ 60	200 ～ 400	1000
镍氢电池	275	70 ～ 80	400 ～ 1200	1000
锂离子电池	444	150 ～ 250	400 ～ 1000	2000
锌 - 空气电池	1320	10 ～ 230	100 ～ 200	>1000
铝 - 空气电池	8100	320 ～ 450	100 ～ 200	>1000
锂 - 空气电池	11140	1700	—	500

从上述表格中可以看出，金属空气电极具有体积能量密度相对较高、放电电压平稳、成本较低等优势。尽管金属 - 空气电池优势明显，但由于金属负极的高活性，也会产生一些负面影响。例如，金属接触电解液发生自放电以及放电产物附着于金属表面降低负极放电效率等，这些都是导致金属空气电池效率难以达到理论值的原因。以下将具体介绍各种不同分类的金属 - 空气电池。

3.4.1　锌-空气电池

锌 - 空气电池以其负极材料价廉易得、能在水溶液体系中进行充放电循环、工作电压平稳、低污染、安全可靠等优点而被广泛应用。自 1995 年以色列电燃料有限公司首次将锌 - 空气电池用于电动汽车上，使锌空气电池进入了实用化阶段。其后，美国、德国、法国和瑞典多个国家也都在电动汽车上积极推广使用，美国 EOS 储能公司声称开发的二次锌空气电池可实现 27 次循环充放电。

锌空气电池所用的电解液可分为中性和碱性两种。以在碱性水溶液电解质中为例，锌空气电池的放电反应为：

$$2Zn + O_2 + 2H_2O \longequal 2Zn(OH)_2 \tag{3-8}$$

在锌空气电池充电时，上述所有的电化学反应逆向进行，在负极上镀锌，在正极上放出氧气。然而，由于其放电产物（即锌酸盐）在碱性电解液中的溶解度高，从而将游离在电解质中。充电时，锌酸盐不能及时且完全的返回锌片表面的相同位置，这会使电极形状发生变化或脱离电极，从而降低了电池的循环性能，严重的甚至会使电池短路。

早期研究锌 - 空气电池的时候，贵金属作为电催化剂被广泛使用。铂以其高效的 ORR 活性成为锌空气电池阴极的首选材料，现如今它仍然是评估新电催化剂的基准，然而，由于其稀缺性而限制了它们的广泛应用。在过去的几十年中，在开发非贵金属催化剂方面取得了重大成就，包括金属氧化物、金属碳化物[216]、金属硫属元素化物[217]、非贵金属配合物[218]、不含金属的杂原子掺杂碳[219-222]。特别是过渡金属 - 氮共掺杂碳材料（M-N/C，其中 M=Fe 或 Co）已成为最有前途的非贵金属催化剂之一。其中，催化剂的比表面积（SSA）和多孔结构显然会影响 ORR 性能。Dodelet 课题组[223]发现在热解过程中产生的微孔具有大部分活性位点，从而提出催化活性是由单位质量催化剂的微孔表面反映出来。但是，ORR 发生在三相界面上，该界面包含催化位点、氧气和电解质。以微孔为主的催化剂，其反应物（O_2、H_2、H_2O 等）的传输效率很低，容易掩盖催化剂的活性。Li 等[224]设计了一系列有序的介孔 / 大孔 g-C_3N_4/C 催化剂，并揭示了快速扩散带来的改进的催化性能。结合不同孔隙和分级孔的优点旨在提高催化剂中所需活性位点的密度和可及性，从而改善催化性能。

传统的构造多孔碳材料方法是采用二氧化硅模板[225]。但是，这种策略耗时且涉及复杂的过程，因此无法满足大规模生产的要求。Zhao 等[226]开发出一种简便的方法来制造相互连接的、分层多孔的铁和氮掺杂的碳纳米纤维（HP-Fe-N/CNFs）。在合成过程中，以聚苯乙烯（PS）为一维载体，$FeCl_3$ 用作引发剂在聚苯乙烯（PS）纤维上聚合吡咯（图 3-83）。在热解完成后，获得具有相互连接的分层多孔结构的碳纳米纤维。高的比表面积和大的孔体积提供了高效的传质通道，并且增加了 ORR 过程中可充分利用的活性位点。

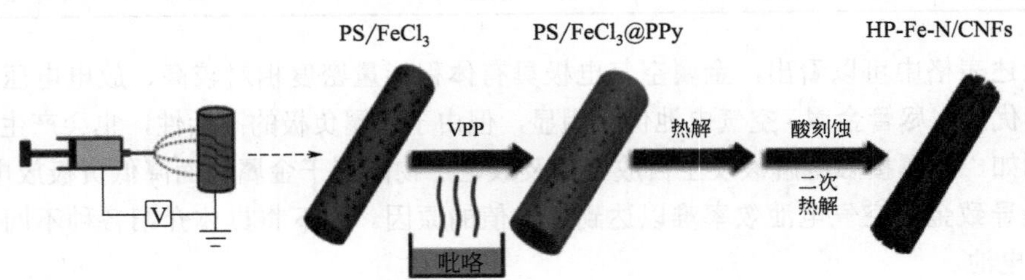

图3-83 HP-Fe-N/CNFs制备工艺示意图[226]

将制得的催化剂墨水以 1.0mg/cm² 的负载量涂覆到用 PTFE 处理的碳纤维纸（1cm×1cm）上。通过极化曲线和功率密度曲线可以观察到，开路电压为 1.42V，在电流密度为 218mA/cm² 时达到了峰值功率密度（135mW/cm²），高于 Fe-N/CNFs 的峰值功率密度（112mA/cm² 的电流密度下为 81mW/cm²）和 30%（质量分数）的 Pt/C（在 193mA/cm² 的电流密度下为 131mW/cm²）。当将 HP-Fe-N/CNF 基 Zn- 空气电池归一化为 5mA/g 的消耗锌的质量时，其比容量为

701mAh/g_{Zn}（对应于 867Wh/kg_{Zn} 的能量密度）。恒电流放电曲线显示，在电流密度为 5mA/cm^2 的情况下，HP-Fe-N/CNFs 在 20h 后的电压高于 30%（质量分数）Pt/C（1.21V）的电压。此外，在 10mA/cm^2 和 20mA/cm^2 时，稳定电压分别为 1.21V 和 1.13V。消耗完 Zn 之后，通过重新填充 Zn 箔和电解质来“充电”。如图 3-84（d）所示，对 HP-Fe-N/CNF 进行了长期恒电流放电测试，测试电流为 5mA/cm^2。在测试过程中没有出现明显的电压降（图 3-84）。

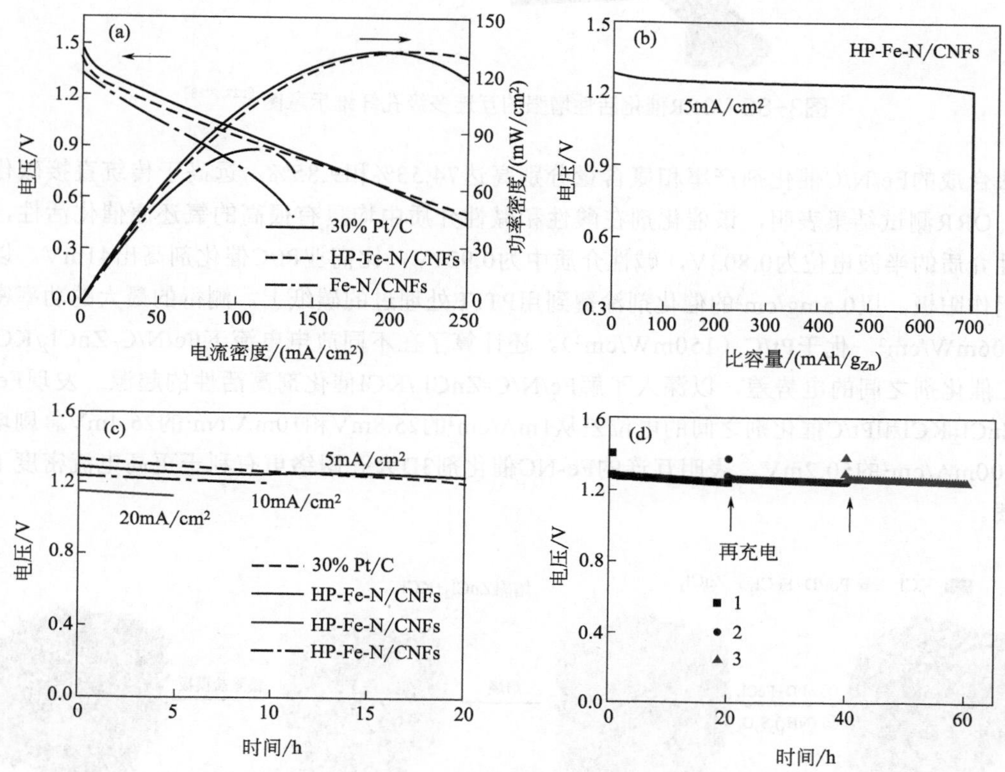

图3-84 （a）以Fe-N/CNFs、HP-Fe-N/CNFs和30%（质量分数）Pt/C为ORR催化剂Zn-空气电池的极化和功率密度曲线；（b）以HP-Fe-N/CNFs为ORR催化剂的锌空气电池比容量；（c）以HP-Fe-N/CNFs和30%（质量分数）Pt/C为ORR催化剂和KOH电解质在不同电流密度（5mA/cm^2、10mA/cm^2和20mA/cm^2）下的Zn-空气电池恒电流放电曲线；（d）在电流密度为5mA/cm^2的情况下，使用HP-Fe-N/CNFs进行长期恒流放电试验[226]

一方面，高纵横比的纤维及其由静电纺丝形成的网络提供了一个稳定的支架，可以最大程度地降低扩散和电子传导阻力（图 3-85）[227, 228]。另一方面，互连的具有大孔体积的分层多孔结构表面积提供了反应物的平稳输送以及活性位点的显著提高[224]。如上所述，这些协同作用是电化学和锌空气电池中 HP-Fe-N/CNF 高性能的原因。

魏子栋等[229]也进一步发展了一种基于低共熔盐模板的高密度活性位 Fe/N/C 催化剂可控的制备方法（图 3-86），以具有三维多孔结构的低共熔盐为模板剂和造孔剂，利用低共熔盐较低的熔融温度和熔融状态，控制聚合物高温碳化时的结构、形貌转换，有效解决了聚合物前驱体在高温碳化过程中的结构坍塌、烧结及热解损失问题，利用低共熔盐的模板和造孔作用，调控 Fe/N/C 催化剂的比表面积和孔结构，实现了活性位点密度和传质效率全面提升。通过该

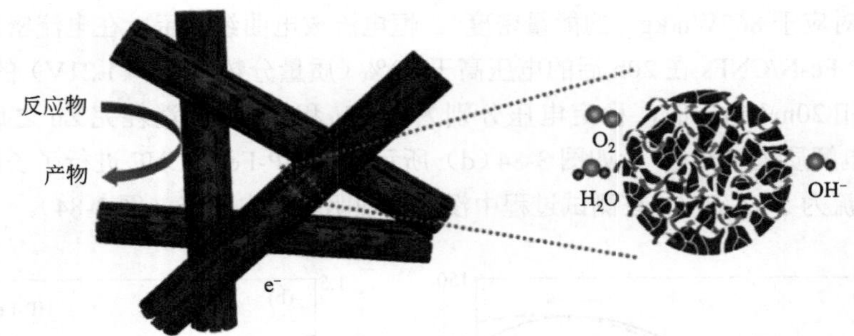

图3-85　ORR催化活性增强的互连多级孔纤维示意图[227, 228]

方法合成的Fe/N/C催化剂产率和氮含量分别高达74.53%和9.85%，远高于传统直接碳化方法。ORR测试结果表明，该催化剂在酸性和碱性介质中均具有很高的氧还原催化活性，在酸性介质的半波电位为0.803V，碱性介质中为0.921V，比商业Pt/C催化剂高出41mV。以锌箔用作阳极，以0.5mg/cm²的催化剂涂覆到用PTFE处理过的碳纸上，测得的最大的功率密度为206mW/cm²，优于Pt/C（150mW/cm²）。还计算了在不同放电电流下Fe/N/C-$ZnCl_2$/KCl和Pt/C催化剂之间的电势差，以深入了解Fe/N/C-$ZnCl_2$/KCl催化剂高活性的起源。发现Fe/N/C-$ZnCl_2$/KCl和Pt/C催化剂之间的电位差从1mA/cm²的25.8mV和10mA/cm²的26.4mV急剧增加到100mA/cm²的50.2mV，表明互连的Fe-NC催化剂3D大孔网络更有利于更高电流密度下的传质。

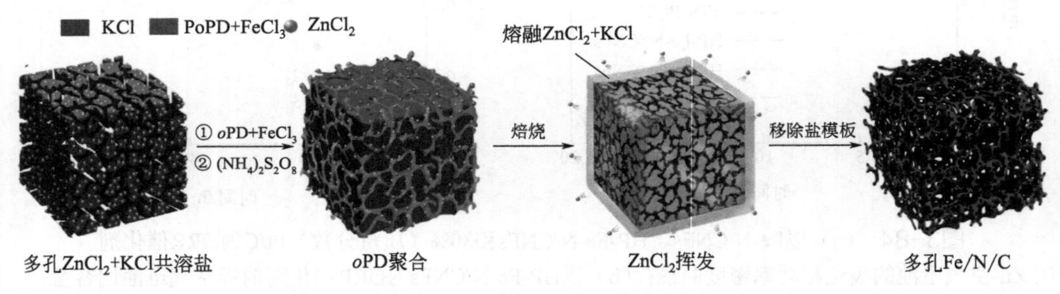

图3-86　催化剂的合成示意图[229]

为了简化催化剂的制备步骤，Wang 等[230]开发了一种快速而简便的方法来制备由催化剂层和 GDL 组成的集成电极，如图 3-87 所示。GDL 中的亲水性和疏水性微通道，导致高的氧气传输能力和丰富的三相边界。同时该制造方法避免了在集成电极的制备过程中聚四氟乙烯（PTFE）对活性位的阻塞，暴露了更多有效的活性位，显著提高了催化性能。另外，在 Ni 泡沫上原位生长的多孔 Co_3O_4 纳米片使电子易于从高导电性集电器转移到活性位点，从而提高了 Co_3O_4 的电导率。该集成式空气电极直接组装为水性锌 - 空气电池和柔性固态锌 - 空气电池，其中，水性锌空气电池表现出高的开路电位（1.41V），约 68% 的能量效率，出色的循环稳定性以及较高的峰值功率密度（162mW/cm²）。对于柔性固态锌 - 空气电池，具有夹层结构的电池表现出 1.35 V 的开路电势、优异的循环稳定性和出色的柔韧性，表明其具有可穿戴和柔性电子产品的潜力。

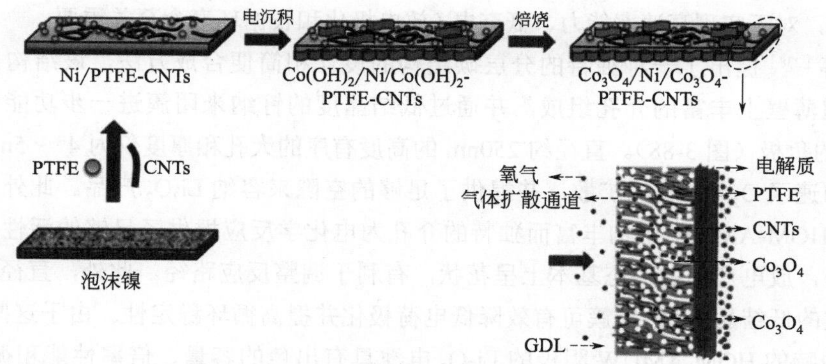

图3-87　自支撑 Co_3O_4/Ni/GDL 制备示意图 [230]

3.4.2　锂-空气电池

锂 - 空气电池是除氢氧燃料电池以外拥有最高的理论能量密度的电池。其理论能量密度可达 11140Wh/kg，与汽油机理论能量密度相接近，是目前高性能锂离子电池理论能量密度的 10 倍以上，因此备受研究人员的广泛关注。与现有的锂离子电池相比，由于锂 - 空气电池的正极不使用重金属氧化物，其实际储电能力是锂离子电池的 4 ～ 5 倍。锂 - 空气电池根据使用电解质的类型，可以分为水溶液体系、有机体系和有机 - 水混合体系三类。其中有机体系锂 - 空气电池是二次锂 - 空气电池的研究热点。

在有机电解中，锂 - 空气电池的放电反应为：

$$4Li + O_2 \Longrightarrow 2Li_2O \tag{3-9}$$

$$2Li + O_2 \Longrightarrow Li_2O_2 \tag{3-10}$$

充电时，电解液中 Li^+ 在负极上得到电子生成金属 Li 沉积并恢复到未放电的金属状态：正极一端 Li_2O 或 Li_2O_2 中的 O^{2-} 和 O_2^{2-} 失去电子成为 O_2 挥发到空气中，释放出的 Li^+ 进入电解液并传输到负极一端补充负极附近电解液中因 Li 沉积而导致的 Li^+ 浓度的减少，直到正极的 LiO 或 Li_2O 全部电解。

在放电过程中，O_2 与 Li 反应形成不溶性和绝缘性的 Li_2O_2 产物，该产物钝化表面并填满阴极的孔，堵塞了 O_2 和 Li 的传输通道，阻碍了进一步的放电反应。在充电过程中，先前形成的不溶性 Li_2O_2 产物分解成 Li_3 和 O_2，这是一个相当缓慢的电化学过程。充电 / 放电过程会导致差速容量，大极化和 Li-O_2 电池的快速性能下降 [231-235]。因此，高效氧阴极的设计被认为是对 Li-O_2 电池应用的重大挑战。为了应对这一挑战，已经对多孔阴极体系结构的设计和制造进行了许多研究，尤其是导电多孔碳结构。

Xiao 等 [236] 证明石墨烯纳米片（GNS）可以自组装成高度多孔的结构，通过提供更多的反应活性位点表现出改善的放电容量。但是，GNS 通常严重堆积或聚集，而且，无序的孔结构和不可渗透的 GNS 不利于有效的 O_2 和 Li_3 扩散。Guo 等制备了直径约 200nm 的碳球阵列（直径约 200nm），介孔空隙为 60nm [237]。但是合成的介孔通道对于 O_2 和 Li 的运输来说太长了，很容易被 Li_2O_2 产品阻塞，从而大大限制了 Li-O_2 电池的倍率能力。因此，合理地设计阴极结构，使其具有充足的通道可快速传输 O_2 和 Li，足够的孔容以容纳 Li_2O_2 产物以及众多的高活性催化位点，对于实现高速率能力、低充电/放电极化和长循环寿命至关重要。

Yang 等[238]提出了一种独特的分层碳结构的设计和简便合成方法，该结构由高度有序的大孔和超薄壁上丰富的介孔组成，并通过低结晶度的钌纳米团簇进一步功能化，以用作 $Li\text{-}O_2$ 电池的负极（图 3-88）。直径约 250nm 的高度有序的大孔和厚度仅为 4 ～ 5nm 的超薄介孔壁显著加速了 O_2 和 Li_3 的扩散，并提供了足够的空隙来容纳 Li_2O_2 产品。此外，表面积为 $451m^2/g$ 的 HOM-AMUW 结构丰富而独特的介孔为电化学反应提供了足够的活性位点，并且更重要的是，放电产物的形态基本上呈花状，有利于调整反应路径。此外，直径为 1 ～ 2nm 的均匀分散的低结晶 Ru 纳米簇可有效降低电荷极化并提高循环稳定性。由于这些协同作用，具有这种独特的 HOM-AMUW 阴极的 $Li\text{-}O_2$ 电池具有出色的容量、倍率性能和循环稳定性。为发展 $Li\text{-}O_2$ 电池、燃料电池和其他金属空气电池中的高性能气体电极提供了有希望的策略。

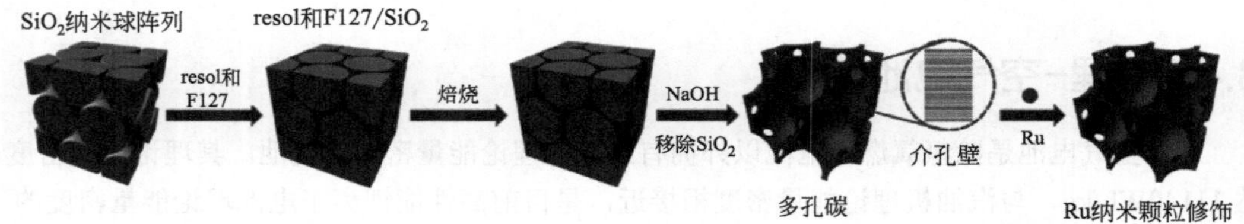

图3-88　超薄层次多孔碳和钌功能化纳米多孔碳结构的合成示意图[238]

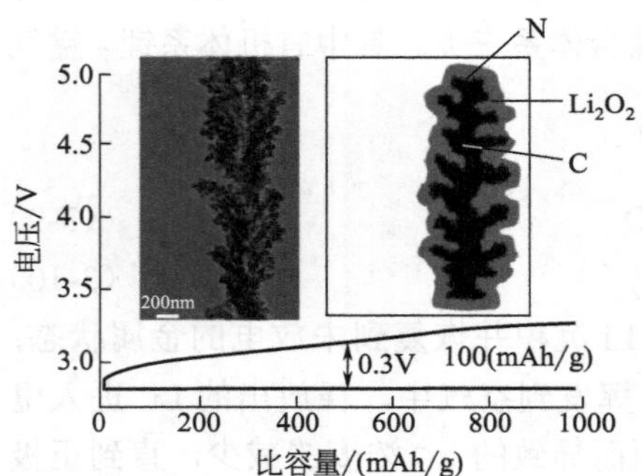

图3-89　催化剂的充放电图[239]

锂 - 空电池中氧电极中的碳材料在高电位下已经被证明会随着电解液的分解而分解。另外，由于 Li_2O_2/电极界面势垒的电荷诱导形成，电极和 Li_2O_2 之间的电子传输不良，也会导致非水 LiO_2 电池的高极化。Shui 等[239]通过化学气相沉积（CVD）制备了垂直排列的氮掺杂珊瑚状碳纳米纤维（VA-NCCF）阵列，然后将其转移到一块微孔不锈钢布上。充放电电源之间的电压间隙（0.3V）较窄，并且获得了异常高的能量效率（90%）（图 3-89）。这是目前报道的锂氧电池中最低的过电位和最高的能源效率。并且在 1000mAh/g 的比容量下超过了 150 个高度可逆的循环。其中，VA-NCCF 纤维独特的垂直排列的珊瑚状结构提供了有效的 Li_2O_2 沉积和增强的电子/电解质/反应物传输的大自由空间，以及具有最小接触电阻的高导电性微孔 SS 布支撑物。这项工作清楚地表明，通过使用具有明确定义的分层结构诱导的催化活性的合理设计的氧电极，可以显著提高 $Li\text{-}O_2$ 电池的性能。

3.4.3　铝-空气电池

铝 - 空气电池因其理论能量密度仅次于锂 - 空气电池，且材料价格便宜、可以在水性电解质中放电等优点一直被人们关注。与锂空电池采用有机电解液不同，铝空电池采用的电解液一般为水性溶液，主要有中性和碱性两种。在中性水溶液电解液中，铝空气电池的放电反应为：

$$2Al+\frac{3}{2}O_2+3H_2O \longrightarrow 2Al(OH)_3 \tag{3-11}$$

在碱性水溶液电解液中，其放电反应为：

$$2Al+\frac{3}{2}O_2+2OH^-+3H_2O \longrightarrow 2\left[Al(OH)_4\right]^- \tag{3-12}$$

碱性溶液通常用作铝 - 空气电池中的电解质，以实现高功率输送，中性电解液应用于应急灯和海底电源等铝 - 空气电池中[240, 241]。然而，由于阴极氧还原反应（ORR）的动力学缓慢，铝 - 空气电池的功率密度仍然不能令人满意。Pt 基贵金属材料是最著名的高效 ORR 电催化剂，然而，众所周知的高成本和自然稀缺严重地抑制了金属空气电池的商业化。此外，由于 Pt 在强碱性介质中溶解和碳腐蚀，Pt/C 的耐久性不能满足要求[242-244]。近年来，非贵金属电催化剂的研究一直是国内外的热点。

将金属嵌入多孔碳基质中是目前最常用的增加活性位点并加速质量转移的有效方法[245, 246]。多孔碳基体可以限制金属的生长，并有利于活性位点完全暴露于界面，大大提高了 ORR 性能[247]。其中，金属有机骨架（MOF）被认为是制备碳基质的良好前驱体[248-250]。但是，直接高温分解通常会导致体系结构崩溃，并且在高温煅烧过程中金属物种会严重聚集[131, 251-253]。因此，热解 MOF 衍生材料的合成策略需要进一步完善[254]。

Jiang 等[242]借助二氧化硅稳定化策略开发了一种嵌入氮掺杂碳骨架中的 CoNi 双金属纳米合金（称为 CoNi-NCF）。二氧化硅的稳定化有利于 CoNi 合金和碳骨架保持其原始尺寸，随后的蚀刻工艺会在 CoNi-NCF 中形成孔（图 3-90）。由于形成了较大的比表面积、丰富的孔结构和稳定的导电碳基质，CoNi-NCF 在中性和碱性电解质中的 ORR 性能均优于市售的 Pt/C。同时，NCF 坚固的多孔框架结构还可提供更多的活性位点，并促进电子和质量传递，从而导致 CoNi-NCF 的 ORR 活性高于 CoNi-NC。使用 CoNi-NCF 催化剂制造的水性和柔性准固态铝空气电池在实际应用中显示出卓越的电池性能。

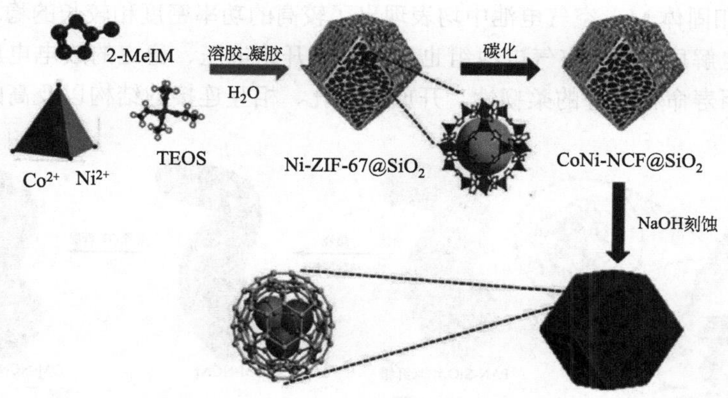

图3-90　CoNi-NCF的合成示意图[242]

3.4.4 其他空气电池

（1）镁 - 空气电池　镁 - 空气电池的理论能量密度仅次于轻金属锂和铝。镁 - 空气电池所持能量是同等大小锂电池的 5 倍，且可采用机械充电，充电速度快捷。韩国科学技术研究院

成功完成了镁 - 空气电池驱动汽车的路面行驶测试，在一块完整电池的驱动下能使电动汽车行驶距离达到 800km。从理论上讲，镁空气电池能够在中性状态下提供高能量密度和放电电压条件[255, 256]；同时，Mg 合金具有良好的生物吸收性，所产生的 Mg^{2+} 对环境和人体无毒性[257]。镁 - 空气电池所采用的电解质有水溶液和有机溶液两类。电解质不同，电池反应的机理也不同。

在水溶液体系中，电池反应为：

$$Mg + \frac{1}{2}O_2 + H_2O \xlongequal{\quad} Mg(OH)_2 \tag{3-13}$$

在有机体系中，电池反应为：

$$Mg + \frac{1}{2}O_2 \xlongequal{\quad} MgO \tag{3-14}$$

然而，镁空气电池在运行期间的高极化、低库仑效率以及比理论电压低得多的工作电压限制了它们的广泛应用[256]。同时，阴极侧缓慢的氧还原反应（ORR）动力学也是影响镁空气电池性能最重要的科学挑战之一。

除了合成具有高 ORR 催化活性的催化剂外，构建快速离子和空气扩散通道也是提高 ORR 反应的一个重要挑战。对于各种纳米结构的多孔碳催化剂，碳纳米纤维（CNF）表现出大直径、高的长径比、相互连接的离子和空气扩散纳米纤维网络[36, 258-260]。然而，目前报道的 CNF 主要是微孔结构，通过经济高效且简便的方法在 CNF 中引入开放的介孔和相互连接的通道颇具挑战性。

Cheng 等[261]首次受到蟾蜍卵的纤维串结构的启发，报道了 $Fe\text{-}N_x$ 原子偶联开孔的 N 掺杂碳纳米纤维（OM-NCNF-FeN_x）的可扩展合成，其中主要制造工艺包括包覆二氧化硅纳米聚集体的聚丙烯腈（PAN）溶液的电纺以及掺铁的沸石咪唑酸盐骨架（ZIF）薄层的二次涂层和碳化，这使所制造的纳米纤维具有开放的介孔结构和均匀耦合的原子 $Fe\text{-}N_x$ 催化位点（图 3-91）。在液体和固体 Mg- 空气电池中均表现出了较高的功率密度和较长的稳定性。最重要的是，装有中性电解质的 Mg 空气电池组也具有高的开路电压、稳定的放电电压平稳期、高容量、长期的使用寿命和良好的柔韧性。开放的介孔、相互连接的结构以及高的比表面积使活

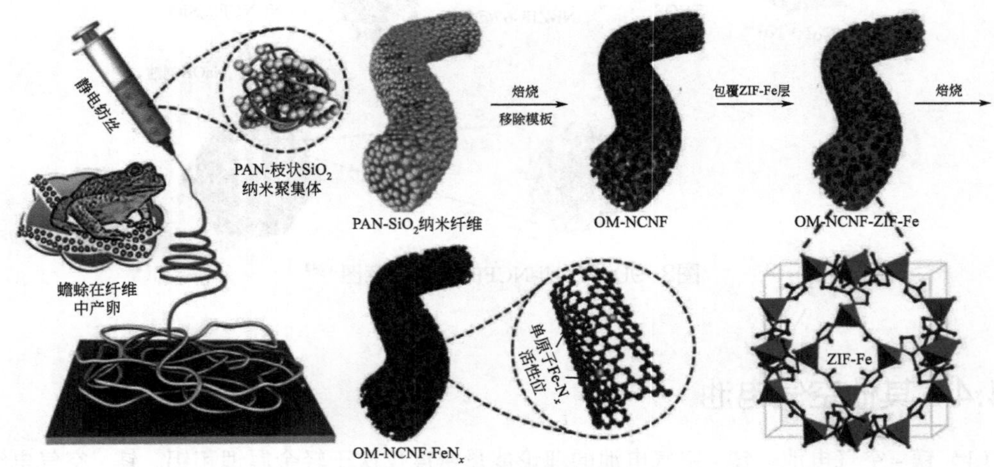

图3-91 受蟾蜍卵纤维串结构启发的开放介孔CNFs的制备的示意图[261]

性Fe-N_x的位点完全可及，改善了传质性能，同时阴极中的3D分层孔通道和网络结构显著增加了空气扩散路径，从而使催化剂具有良好的生物适应性以及对碱性和中性电解质的高氧电催化性能。

（2）铁 - 空气电池　美国南加利福尼亚大学文理学院开发出一种铁 - 空气电池，成本低廉、环保可充电。用于阴雨天太阳能和风力发电厂储能。这种铁 - 空气电池以铁作负极，以空气电极为正极，以水溶液为电解质。电池的放电过程类似铁生锈过程，目前开发的这种电池具有存储 8 ～ 24h 能源的能力。与市售电池相比，铁空气电池由于理论容量高（960mAh/g）、循环寿命长、成本低以及对环境友好的特性，在运输中具有巨大的应用潜力[262-267]。但是，在放电过程中形成钝化 $Fe(OH)_2$ 层和在充电过程中发生的析氢反应会导致实际性能、比容量和循环寿命的降低，从而严重限制了其广泛的应用。

Trinh 等[268]利用高孔隙率和大实际表面积的 α-Fe_2O_3 微粒，通过水热法合成了铁 - 空气电池的高性能负极材料。将合成的 Fe_2O_3 微粒与乙炔黑（AB）碳混合并制备 Fe_2O_3/AB 复合电极，进行电化学测量。具有多孔球状（urchin）和多孔板状两种结构的 α-Fe_2O_3 微粒的 α-Fe_2O_3/AB 催化剂的电池循环性能均优于市售的 Fe_2O_3。Fe_2O_3 的形态特征和孔隙率影响了 Fe_2O_3/AB 复合电极的电化学性能，即海胆结构所提供的容量要大于多孔板所提供的容量。α-Fe_2O_3 颗粒的高孔隙率导致较大的内部电阻，并导致电极容量降低。

（3）钠 - 空气电池　德国吉森大学卡尔斯鲁尔研究中心与巴斯夫公司的科研人员合作，用金属钠取代目前最常用的金属锂作为电极材料，设计了一种二次钠空气电池，并研制出电池样品。钠 - 空气电池的理论比能量可达 1600W/kg，放电电压为 2.2V。由于其高的理论比容量、高的能量密度、低成本和低的环境影响，已经有大量的研究来开发可充电钠空气电池（SAB）[269-274]。根据系统中使用的不同电解质，分为两类 SAB，即非水和水 / 混合 SAB[270，275]。非水 SAB 的电化学性能受到固体放电产物（例如 Na_2O 和 Na_2O_2）的不溶性的限制，这些物质会阻塞空气电极，从而阻碍长期运行[216，276-280]。而且，电池系统需要一个辅助的纯氧气罐来提供氧气并防止杂质进入电解质[281，282]。相反，混合型 SAB 可以通过使用水性电解质（如 NaOH 或由 $NaNO_3$ 和柠檬酸组成的酸性阴极电解液）来消除不溶性放电产物的影响[270，273]。NaOH 电解质按以下方式参与阴极的 ORR 和 OER：

$$4NaOH(aq) = 4Na^+ + O_2 + 2H_2O + 4e^- \tag{3-15}$$

因此，放电产物是极易溶于水的NaOH，从而改善了电池性能。与非水相SAB相比，混合型 SAB 具有更高的理论标准电池电压 3.11V，更高的理论比容量 838mAh/g 和更低的过电势。Liang 等[272]首先提出了 Mn_3O_4/C 作为混合 SABs 的有效催化剂，它在 1mA/cm^2 的电流密度下表现出 2.60V 的放电电压。随后，具有氮掺杂的还原氧化石墨烯杂化物（dp-$MnCo_2O_4$/NrGO）的双相尖晶石 $MnCo_2O_4$ 被用作杂化 SAB 中的电催化剂，与商业化的 Pt/C 相比，具有更好的催化性能[271]。Sahgong 等[283]合成了用于混合型 SAB 的 Pt/C 涂层碳纸催化剂在电流密度为 0.025mA/cm^2 时显示出 2.85V 的高且稳定的放电电压和 84.3％的高电压效率。但是，Pt/C 的稀缺性和高成本是空气电极大规模应用的主要障碍[284]。Cheon 等[285]研究了带有不同电催化剂涂层碳纸的混合 SAB 的充放电曲线，发现尽管基于石墨纳米壳 / 介孔碳纳米复合物（GNS/MC）的电池表现出约 115mV 的低充放电极化，但 ORR 活性不尽如人意。而且由于复杂的合成方法，难以大规模制备该材料。Abirami 等[286]在多孔 SAB/ 海水电池中使用多孔氧化锰钴（CMO）纳米管作为阴极电催化剂，显示出良好的循环性能和 ORR 活性，但 CMO 催化剂显示出高的充电电压，导致在 0.01mA/cm² 的电流密度下 0.53V 的大电压差。

Wu 等[287]通过对多面体 ZIF-67 颗粒进行简单的热处理而获得多孔框笼结构（图 3-92），与混合 SAB 中的商用 Pt/C 和 RuO_2 相比，该催化剂表现出出色的活性和耐久性。其中，空心框架结构不仅为 O_2 吸附提供了结构缺陷位，而且还改善了质量传输和电子传导性，从而增强了催化活性。坚固的多孔笼结构有助于提高催化剂的稳定性。高效且廉价的源自金属有机骨架的 NCNT 是一种有前途的氧电催化剂，可用于混合 SAB 和其他金属空气电池的实际应用。

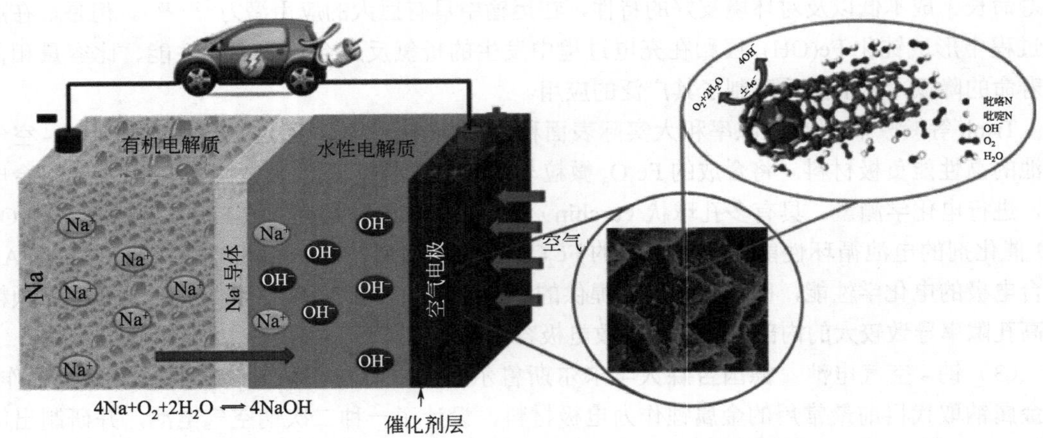

图3-92 典型的钠-空气混合电池的示意图，以及限域在 MOF-NCNTs中Co表面的ORR和OER过程[287]

3.5 总结和展望

基于“一个反应，两类导体，三相界面，四条通道”的氧还原过程典型特征和本章前面总结的相关研究可知，孔道设计在氧还原催化剂和气体多孔电极的构建过程中，占据了相当重要的地位。近二十年的时间里，伴随着大量新的材料合成方法的诞生，研究人员对材料微观、介观结构的调控已经达到一个前所未有的精确程度，氧还原催化剂的孔道正逐步从最初的随机产生、无规则分布过渡到有序、规律排布。对这些有序结构的研究大大加深了人们对不同结构孔道特征的理解，也为优化催化剂的孔道设计提供了一定指导原则。

同时，催化剂孔道的有序性大多体现在微观、介观尺度，将催化剂制备成多孔电极后，多数情况呈现的是电极催化剂层部分有序而非整体有序。笔者认为提升多孔电极的有序度、构筑整体有序电极是未来的主要发展趋势之一。通过一定手段，实现多孔电极的整体有序排布，既能够提升活性位点利用率，又可以实现高效传质。此外，电极的超薄化也是一个非常重要的方面，如何在超薄层内引入足够丰富的活性位点则是一个值得深入研究的课题。

本章介绍的水、气分离抗水淹传质通道，成功实现了“鱼有鱼道，虾有虾道”，是在孔道空间而非骨架内实现电极部分有序化的一个成功典范，如何构建水、气独立传输通道并提升传输效率，亦值得进一步深入挖掘。

参考文献

[1] Will F G. Electrochemical oxidation of hydrogen on partially immersed platinum electrodes：I. Experiments and interpretation［J］. Journal of the Electrochemical Society，1963，110（2）：145.

[2] Nguyen T V，White R E. Water and heat management model for proton exchange-membrane fuel cells［J］. Journal of the Electrochemical Society，1993，140（8）：2178-2186.

[3] Sridhar P，Perumal R，Rajalakshmi N，et al. Humidification studies on polymer electrolyte membrane fuel cell［J］. Journal of Power Sources，2001，101（1）：72-78.

[4] He W S，Lin G Y，Van Nguyen T. Diagnostic tool to detect electrode flooding in proton-exchange-membrane fuel cells［J］. AICHE Journal，2003，49（12）：3221-3228.

[5] Wang C Y. Fundamental models for fuel cell engineering［J］. Chemical Reviews，2004，104（10）：4727-4765.

[6] Weber A Z，Newman J. Modeling transport in polymer-electrolyte fuel cells［J］. Chemical Reviews，2004，104（10）：4679-4726.

[7] Piela P，Springer T E，Davey J，et al. Direct measurement of ir-free individual-electrode overpotentials in polymer electrolyte fuel cells［J］. Journal of Physical Chemistry C，2007，111（17）：6512-6523.

[8] Wei Z D，Ji M B，Hong Y，et al. MnO_2-Pt/C composite electrodes for preventing voltage reversal effects with polymer electrolyte membrane fuel cells［J］. Journal of Power Sources，2006，160（1）：246-251.

[9] Ji M B，Wei Z D，Chen S G，et al. A more flooding-tolerant oxygen electrode in alkaline electrolyte［J］. Fuel Cells，2010，10（2）：289-298.

[10] Li A D，Chan S H，Nguyen N T. Anti-flooding cathode catalyst layer for high performance pem fuel cell［J］. Electrochemistry Communications，2009，11（4）：897-900.

[11] Ji M B，Wei Z D，Chen S G，et al. A novel antiflooding electrode for proton exchange membrane fuel cells［J］. Journal of Physical Chemistry C，2009，113（2）：765-771.

[12] Ji M B，Wei Z D，Chen S G，et al. A novel anode for preventing liquid sealing effect in dmfc［J］. International Journal of Hydrogen Energy，2009，34（6）：2765-2770.

[13] Ji M B，Wei Z D. A review of water management in polymer electrolyte membrane fuel cells［J］. Energies，2009，2（4）：1057-1106.

[14] Sperling L H. Introduction to physical polymer science［M］. Hoboken：John Wiley & Sons，2005.

[15] Chai G S，Shin I，Yu J S. Synthesis of ordered，uniform，macroporous carbons with mesoporous walls templated by aggregates of polystyrene spheres and silica particles for use as catalyst supports in direct methanol fuel cells［J］. Advanced Materials，2004，16（22）：2057-2061.

[16] Li W，Liu J，Zhao D. Mesoporous materials for energy conversion and storage devices［J］. Nature Reviews Materials，2016，1（6）：1-17.

[17] Liu J，Qiao S Z，Liu H，et al. Extension of the stöber method to the preparation of monodisperse resorcinol–formaldehyde resin polymer and carbon spheres［J］. Angewandte Chemie International Edition，2011，123（26）：6069-6073.

[18] Wang G，Sun Y，Li D，et al. Controlled synthesis of n-doped carbon nanospheres with tailored

mesopores through self-assembly of colloidal silica［J］. Angewandte Chemie International Edition，2015，127（50）：15406-15411.

[19] Wang M J，Zhao T，Luo W，et al. Quantified mass transfer and superior antiflooding performance of ordered macro-mesoporous electrocatalysts［J］. AIChE Journal，2018，64（7）：2881-2889.

[20] Zhao D，Feng J，Huo Q，et al. Triblock copolymer syntheses of mesoporous silica with periodic 50 to 300 angstrom pores［J］. Science，1998，279（5350）：548-552.

[21] Li H-Q，Luo J-Y，Zhou X-F，et al. An ordered mesoporous carbon with short pore length and its electrochemical performances in supercapacitor applications［J］. Journal of the Electrochemical Society，2007，154（8）：A731.

[22] Mao Z X，Wang C，Shan Q，et al. An unusual low-surface-area nitrogen doped carbon for ultrahigh gravimetric and volumetric capacitances［J］. Journal of Materials Chemistry A，2018，6（19）：8868-8873.

[23] Sun G，Wang J，Liu X，et al. Ion transport behavior in triblock copolymer-templated ordered mesoporous carbons with different pore symmetries[J]. Journal of Physical Chemistry C，2010，114(43)：18745-18751.

[24] Mao Z X，Zhang W，Wang M J，et al. Enhancing rate performances of carbon based supercapacitors［J］. Chemistry Select，2019，4（22）：6827-6832.

[25] Jaouen F，Lefèvre M，Dodelet J-P，et al. Heat-treated Fe/N/C catalysts for O_2 electroreduction：Are active sites hosted in micropores？［J］. The Journal of Physical Chemistry B，2006，110（11）：5553-5558.

[26] Charreteur F，Jaouen F，Ruggeri S，et al. Fe/N/C non-precious catalysts for pem fuel cells：Influence of the structural parameters of pristine commercial carbon blacks on their activity for oxygen reduction[J]. Electrochimica Acta，2008，53（6）：2925-2938.

[27] Jaouen F，Dodelet J-P. Non-noble electrocatalysts for O_2 reduction：How does heat treatment affect their activity and structure？ Part I. Model for carbon black gasification by NH_3：Parametric calibration and electrochemical validation［J］. The Journal of Physical Chemistry C，2007，111（16）：5963-5970.

[28] Lee S，Choun M，Ye Y，et al. Designing a highly active metal-free oxygen reduction catalyst in membrane electrode assemblies for alkaline fuel cells：Effects of pore size and doping-site position［J］. Angewandte Chemie International Edition，2015，54（32）：9230-9234.

[29] Lee S H，Kim J，Chung D Y，et al. Design principle of Fe-N-C electrocatalysts：How to optimize multimodal porous structures?［J］. Journal of the American Chemical Society，2019，141（5）：2035-2045.

[30] Shui J，Chen C，Grabstanowicz L，et al. Highly efficient nonprecious metal catalyst prepared with metal–organic framework in a continuous carbon nanofibrous network［J］. Proceedings of the National Academy of Sciences，2015，112（34）：10629-10634.

[31] Knox J H，Kaur B，Millward G R. Structure and performance of porous graphitic carbon in liquid chromatography［J］. Journal of Chromatography A，1986，352：3-25.

[32] Shen H J，Gracia-Espino E，Ma J Y，et al. Atomically FeN_2 moieties dispersed on mesoporous carbon：A new atomic catalyst for efficient oxygen reduction catalysis[J]. Nano Energy，2017，35：9-16.

[33] Benzigar M R，Joseph S，Ilbeygi H，et al. Highly crystalline mesoporous C_{60} with ordered pores：A class of nanomaterials for energy applications［J］. Angewandte Chemie International Edition，2018，57（2）：569-573.

[34] Li Z，Li G，Jiang L，et al. Ionic liquids as precursors for efficient mesoporous iron-nitrogen-doped oxygen reduction electrocatalysts［J］. Angewandte Chemie International Edition，2015，54（5）：1494-1498.

[35] Liang J，Zheng Y，Chen J，et al. Facile oxygen reduction on a three-dimensionally ordered macroporous graphitic C_3N_4/carbon composite electrocatalyst［J］. Angewandte Chemie International Edition，2012，51（16）：3892-3896.

[36] Yin Y B，Xu J J，Liu Q C，et al. Macroporous interconnected hollow carbon nanofibers inspired by golden-toad eggs toward a binder-free，high-rate，and flexible electrode［J］. Advanced Materials，2016，28（34）：7494-7500.

[37] Li Y，Zhou W，Wang H，et al. An oxygen reduction electrocatalyst based on carbon nanotubegraphene complexes［J］. Nature Nanotechnology，2012，7（6）：394-400.

[38] Xiong W，Du F，Liu Y，et al. 3-D carbon nanotube structures used as high performance catalyst for oxygen reduction reaction［J］. Journal of the American Chemical Society，2010，132（45）：15839-15841.

[39] Jin C，Nagaiah T C，Xia W，et al. Metal-free and electrocatalytically active nitrogen-doped carbon nanotubes synthesized by coating with polyaniline［J］. Nanoscale，2010，2（6）：981-987.

[40] Wei W，Liang H，Parvez K，et al. Nitrogen-doped carbon nanosheets with size-defined mesopores as highly efficient metal-free catalyst for the oxygen reduction reaction［J］. Angewandte Chemie International Edition，2014，53（6）：1570-1574.

[41] Balgis R，Widiyastuti W，Ogi T，et al. Enhanced electrocatalytic activity of Pt/3D hierarchical bimodal macroporous carbon nanospheres［J］. ACS Applied Materials Interfaces，2017，9（28）：23792-23799.

[42] Xu J，Yu Q，Wu C，et al. Oxygen reduction electrocatalysts based on spatially confined cobalt monoxide nanocrystals on holey *N*-doped carbon nanowires：The enlarged interfacial area for performance improvement［J］. Journal of Materials Chemistry A，2015，3（43）：21647-21654.

[43] Xie K，Qin X，Wang X，et al. Carbon nanocages as supercapacitor electrode materials［J］. Advanced Materials，2012，24（3）：347-352.

[44] Jiang Y，Yang L，Sun T，et al. Significant contribution of intrinsic carbon defects to oxygen reduction activity［J］. ACS Catalysis，2015，5（11）：6707-6712.

[45] Zhao Y，Hu C，Hu Y，et al. A versatile，ultralight，nitrogen-doped graphene framework［J］. Angewandte Chemie International Edition，2012，51（45）：11371-11375.

[46] Fan H，Wang Y，Gao F，et al. Hierarchical sulfur and nitrogen *co*-doped carbon nanocages as efficient bifunctional oxygen electrocatalysts for rechargeable Zn-air battery［J］. Journal of Energy Chemistry，2019，34：64-71.

[47] Li Y，Huang H，Chen S，et al. Nanowire-templated synthesis of FeN_x -decorated carbon nanotubes as highly efficient，universal-pH，oxygen reduction reaction catalysts［J］. Chemistry，2019，25（10）：

2637-2644.

[48] Du P，Xiao X，Ma F，et al. Fe，N *co*-doped mesoporous carbon nanosheets for oxygen reduction［J］. ACS Applied Nano Materials，2020，3（6）：5637-5644.

[49] Xin X，Qin H，Cong H P，et al. Templating synthesis of mesoporous Fe_3C-encapsulated Fe-N-doped carbon hollow nanospindles for electrocatalysis［J］. Langmuir，2018，34（17）：4952-4961.

[50] Chen G，Liu P，Liao Z，et al. Zinc-mediated template synthesis of Fe-N-C electrocatalysts with densely accessible Fe-N_x active sites for efficient oxygen reduction［J］. Advanced Materials，2020，32（8）：1907399.

[51] Kone I，Xie A，Tang Y，et al. Hierarchical porous carbon doped with iron/nitrogen/sulfur for efficient oxygen reduction reaction［J］. ACS Applied Materials Interfaces，2017，9（24）：20963-20973.

[52] Liang H W，Wei W，Wu Z S，et al. Mesoporous metal-nitrogen-doped carbon electrocatalysts for highly efficient oxygen reduction reaction[J]. Journal of the American Chemical Society，2013，135(43)：16002-16005.

[53] Yin S，Li G，Qu X，et al. Self-template synthesis of atomically dispersed fe/n-codoped nanocarbon as efficient bifunctional alkaline oxygen electrocatalyst［J］. ACS Applied Energy Materials，2020，3（1）：625-634.

[54] Yao Y，Chen Z，Zhang A，et al. Surface-coating synthesis of nitrogen-doped inverse opal carbon materials with ultrathin micro/mesoporous graphene-like walls for oxygen reduction and supercapacitors［J］. Journal of Materials Chemistry A，2017，5（48）：25237-25248.

[55] Tan H，Li Y，Kim J，et al. Sub-50nm iron-nitrogen-doped hollow carbon sphere-encapsulated iron carbide nanoparticles as efficient oxygen reduction catalysts［J］. Advanced Science，2018，5（7）：1800120.

[56] Michel，P E，J F，et al. Iron-based catalysts with improved oxygen reduction activity in polymer electrolyte fuel cells［J］. Science，2009，324：71-74.

[57] Mun Y，Kim M J，Park S-A，et al. Soft-template synthesis of mesoporous non-precious metal catalyst with Fe-N_x/C active sites for oxygen reduction reaction in fuel cells［J］. Applied Catalysis B：Environmental，2018，222：191-199.

[58] Wei Q，Zhang G，Yang X，et al. 3D porous Fe/N/C spherical nanostructures as high-performance electrocatalysts for oxygen reduction in both alkaline and acidic media［J］. ACS Applied Materials Interfaces，2017，9（42）：36944-36954.

[59] Choi J，Lee Y J，Park D，et al. Highly durable fuel cell catalysts using crosslinkable block copolymer-based carbon supports with ultralow Pt loadings［J］. Energy & Environmental Science，2020，13（12）：4921-4929.

[60] Zhu X，Xia Y，Zhang X，et al. Synthesis of carbon nanotubes@mesoporous carbon core–shell structured electrocatalysts via a molecule-mediated interfacial co-assembly strategy［J］. Journal of Materials Chemistry A，2019，7（15）：8975-8983.

[61] Tan H，Li Y，Jiang X，et al. Perfectly ordered mesoporous iron-nitrogen doped carbon as highly efficient catalyst for oxygen reduction reaction in both alkaline and acidic electrolytes［J］. Nano Energy，2017，36：286-294.

[62] Peng L，Hung C T，Wang S，et al. Versatile nanoemulsion assembly approach to synthesize functional mesoporous carbon nanospheres with tunable pore sizes and architectures［J］. Journal of the American Chemical Society，2019，141（17）：7073-7080.

[63] Tan H，Tang J，Henzie J，et al. Assembly of hollow carbon nanospheres on graphene nanosheets and creation of iron-nitrogen-doped porous carbon for oxygen reduction［J］. ACS Nano，2018，12（6）：5674-5683.

[64] Hao M G，Dun R M，Su Y M，et al. Highly active Fe-N-doped porous hollow carbon nanospheres as oxygen reduction electrocatalysts in both acidic and alkaline media［J］. Nanoscale，2020，12（28）：15115-15127.

[65] Guo D，Tian Z，Wang J，et al. Co_2N nanoparticles embedded N-doped mesoporous carbon as efficient electrocatalysts for oxygen reduction reaction［J］. Applied Surface Science，2019，473：555-563.

[66] Hong W，Feng X，Tan L，et al. Preparation of monodisperse ferrous nanoparticles embedded in carbon aerogels via in situ solid phase polymerization for electrocatalytic oxygen reduction［J］. Nanoscale，2020，12（28）：15318-15324.

[67] Wu Z S，Yang S，Sun Y，et al. 3D nitrogen-doped graphene aerogel-supported Fe_3O_4 nanoparticles as efficient electrocatalysts for the oxygen reduction reaction［J］. Journal of the American Chemical Society，2012，134（22）：9082-9085.

[68] Zhao L，Sui X-L，Li J-Z，et al. Supramolecular assembly promoted synthesis of three-dimensional nitrogen doped graphene frameworks as efficient electrocatalyst for oxygen reduction reaction and methanol electrooxidation［J］. Applied Catalysis B：Environmental，2018，231：224-233.

[69] Qiao Z，Zhang H G，Karakalos S，et al. 3D polymer hydrogel for high-performance atomic iron-rich catalysts for oxygen reduction in acidic media［J］. Applied Catalysis B：Environmental，2017，219：629-639.

[70] Singh S K，Kashyap V，Manna N，et al. Efficient and durable oxygen reduction electrocatalyst based on comn alloy oxide nanoparticles supported over N-doped porous graphene［J］. ACS Catalysis，2017，7（10）：6700-6710.

[71] Wang Y，Zhang X，Xi S，et al. Rational design and synthesis of hierarchical porous Mn-N-C nanoparticles with atomically dispersed mnnx moieties for highly efficient oxygen reduction reaction［J］. ACS Sustainable Chemistry & Engineering，2020，8（25）：9367-9376.

[72] Fu G，Yan X，Chen Y，et al. Boosting bifunctional oxygen electrocatalysis with 3D graphene aerogel-supported Ni/MnO particles［J］. Advanced Materials，2018，30（5）：1704609.

[73] Zheng Y，He F，Wu J，et al. Nitrogen-doped carbon nanotube-graphene frameworks with encapsulated Fe/Fe_3N nanoparticles as catalysts for oxygen reduction［J］. ACS Applied Nano Materials，2019，2（6）：3538-3547.

[74] Fu Y，Xu D，Wang Y，et al. Single atoms anchored on cobalt-based catalysts derived from hydrogels containing phthalocyanine toward the oxygen reduction reaction［J］. ACS Sustainable Chemistry & Engineering，2020，8（22）：8338-8347.

[75] Bhange S N，Soni R，Singla G，et al. FeN_x/FeS_x-anchored carbon sheet-carbon nanotube composite electrocatalysts for oxygen reduction［J］. Acs Applied Nano Materials，2020，3（3）：2234-2245.

[76] Muldoon P F，Liu C，Miller C C，et al. Programmable topology in new families of heterobimetallic metal–organic frameworks［J］. Journal of the American Chemical Society，2018，140（20）：6194-6198.

[77] Wang H，Dong X，Lin J，et al. Topologically guided tuning of Zr-MOF pore structures for highly selective separation of C6 alkane isomers［J］. Nature Communication，2018，9（1）：1745.

[78] Zhang Y，Zhou H，Lin R，et al. Geometry analysis and systematic synthesis of highly porous isoreticular frameworks with a unique topology［J］. Nature Communication，2012，3（1）：642.

[79] Yang S J，Kim T，Im J H，et al. MOF-derived hierarchically porous carbon with exceptional porosity and hydrogen storage capacity［J］. Chemistry of Materials，2012，24（3）：464-470.

[80] Liu B，Shioyama H，Akita T，et al. Metal-organic framework as a template for porous carbon synthesis［J］. Journal of the American Chemical Society，2008，130（16）：5390-5391.

[81] Liu B，Shioyama H，Jiang H，et al. Metal–organic framework（MOF）as a template for syntheses of nanoporous carbons as electrode materials for supercapacitor［J］. Carbon，2010，48（2）：456-463.

[82] Ahn S H，Yu X，Manthiram A. "Wiring" Fe-N_x-embedded porous carbon framework onto 1D nanotubes for efficient oxygen reduction reaction in alkaline and acidic media［J］. Adv Mater，2017，29（26）：1606534.

[83] Barman B K，Nanda K K. Prussian blue as a single precursor for synthesis of Fe/Fe_3C encapsulated N-doped graphitic nanostructures as bi-functional catalysts［J］. Green Chemistry，2016，18（2）：427-432.

[84] Proietti E，Jaouen F，Lefevre M，et al. Iron-based cathode catalyst with enhanced power density in polymer electrolyte membrane fuel cells［J］. Nature Communication，2011，2：416.

[85] Xia B Y，Yan Y，Li N，et al. A metal–organic framework-derived bifunctional oxygen electrocatalyst［J］. Nature Energy，2016，1（1）：15006.

[86] Wang J，Wu G，Wang W，et al. A neural-network-like catalyst structure for the oxygen reduction reaction：Carbon nanotube bridged hollow ptco alloy nanoparticles in a MOF-like matrix for energy technologies［J］. Journal of Materials Chemistry A，2019，7（34）：19786-19792.

[87] Najam T，Ahmad Shah S S，Ding W，et al. Enhancing by nano-engineering：Hierarchical architectures as oxygen reduction/evolution reactions for zinc-air batteries［J］. Journal of Power Sources，2019，438（31）：226919.

[88] Wang H，Li W，Zhu Z，et al. Fabrication of an N-doped mesoporous bio-carbon electrocatalyst efficient in Zn-air batteries by an in situ gas-foaming strategy［J］. Chemical Communication，2019，55（100）：15117-15120.

[89] Tian P，Wang Y，Li W，et al. A salt induced gelatin crosslinking strategy to prepare Fe-N doped aligned porous carbon for efficient oxygen reduction reaction catalysts and high-performance supercapacitors［J］. Journal of Catalysis，2020，382：109-120.

[90] Li W，Ding W，Jiang J，et al. A phase-transition-assisted method for the rational synthesis of nitrogen-doped hierarchically porous carbon materials for the oxygen reduction reaction［J］. Journal of Materials Chemistry A，2018，6（3）：878-883.

[91] Jiang H L，Liu B，Lan Y Q，et al. From metal-organic framework to nanoporous carbon：Toward a very high surface area and hydrogen uptake[J]. Journal of Americian Chemicial Society，2011，133（31）：

11854-11857.

[92] Palaniselvam T，Biswal B P，Banerjee R，et al. Zeolitic imidazolate framework（ZIF）-derived, hollowcore，nitrogen-doped carbon nanostructures for oxygen-reduction reactions in PEFCs［J］. Chemistry，2013，19（28）：9335-9342.

[93] Wan X J，Wu R，Deng J H，et al. A metal-organic framework derived 3D hierarchical Co/N-doped carbon nanotube/nanoparticle composite as an active electrocatalyst for oxygen reduction in alkaline electrolyte［J］. Journal of Materials Chemistry A，2018，6（8）：3386-3390.

[94] Wang W，Chen W，Miao P，et al. NaCl crystallites as dual-functional and water-removable templates to synthesize a three-dimensional graphene-like macroporous Fe-N-C catalyst［J］. ACS Catalysis，2017，7（9）：6144-6149.

[95] Zhang G，Luo H，Li H，et al. ZnO-promoted dechlorination for hierarchically nanoporous carbon as superior oxygen reduction electrocatalyst［J］. Nano Energy，2016，26：241-247.

[96] Liu X，Antonietti M. Moderating black powder chemistry for the synthesis of doped and highly porous graphene nanoplatelets and their use in electrocatalysis［J］. Advanced Materials，2013，25（43）：6284-6290.

[97] Guo C，Zhou R，Li Z，et al. Molten-salt/oxalate mediating fe and N-doped mesoporous carbon sheet nanostructures towards highly efficient and durable oxygen reduction electrocatalysis［J］. Microporous and Mesoporous Materials，2020，303：110281.

[98] Lv M，Fan F，Pan L，et al. Molten salts–assisted fabrication of Fe,S and N co-doped carbon as efficient oxygen reduction reaction catalyst［J］. Energy Technology，2020，8（1）：1900896.

[99] Zhao S，Yang J，Han M，et al. Synergistically enhanced oxygen reduction electrocatalysis by atomically dispersed and nanoscaled Co species in three-dimensional mesoporous Co，N-codoped carbon nanosheets network［J］. Applied Catalysis B：Environmental，2020，260：118207.

[100] Cui H，Jiao M，Chen Y-N，et al. Molten-salt-assisted synthesis of 3D holey N-doped graphene as bifunctional electrocatalysts for rechargeable Zn-air batteries［J］. Small Methods，2018，2（10）：1800144.

[101] Chen Y，Wang H，Ji S，et al. Tailoring the porous structure of n-doped carbon for increased oxygen reduction reaction activity［J］. Catalysis Communications，2018，107：29-32.

[102] Chen Y，Huo S，Wang H. Engineering morphology and porosity of N，S-doped carbons by ionothermal carbonisation for increased catalytic activity towards oxygen reduction reaction［J］. Micro Nano Letters，2018，13（4）：530-535.

[103] Yang S，Xue X，Zhang J，et al. Molten salt "boiling" synthesis of surface decorated bimetallic-nitrogen doped carbon hollow nanospheres：An oxygen reduction catalyst with dense active sites and high stability［J］. Chemical Engineering Journal，2020，395：125064.

[104] Hu J，Wu D，Zhu C，et al. Molten salts–assisted fabrication of Fe，S and N co-doped carbon as efficient oxygen reduction reaction catalyst［J］. Nano Energy，2020，72：104670.

[105] Wigmans T. Industrial aspects of production and use of activated carbons［J］. Carbon，1989，27（1）：13-22.

[106] Huang B，Liu Y，Wei Q，et al. Three-dimensional mesoporous graphene-like carbons derived from a

biomolecule exhibiting high-performance oxygen reduction activity［J］. Sustainable Energy & Fuels，2019，3（10）：2809-2818.

[107] Sun Y N，Zhang M L，Zhao L，et al. A N，P dual-doped carbon with high porosity as an advanced metal-free oxygen reduction catalyst［J］. Advanced Materials Interfaces，2019，6（14）：1900592.

[108] Wu M，Wang K，Yi M，et al. A facile activation strategy for an MOF-derived metal-free oxygen reduction reaction catalyst：direct access to optimized pore structure and nitrogen species［J］. ACS Catalysis，2017，7（9）：6082-6088.

[109] Ott S，Orfanidi A，Schmies H，et al. Ionomer distribution control in porous carbon-supported catalyst layers for high-power and low pt-loaded proton exchange membrane fuel cells［J］. Nature Materials，2020，19（1）：77-85.

[110] Xiao C X，Luo J J，Tan M Y，et al. Co/CoN_x decorated nitrogen-doped porous carbon derived from melamine sponge as highly active oxygen electrocatalysts for zinc-air batteries［J］. Journal of Power Sources，2020，453：10.

[111] Yang S，Xue X，Liu X，et al. Scalable synthesis of micromesoporous iron-nitrogen-doped carbon as highly active and stable oxygen reduction electrocatalyst［J］. ACS Applied Materials Interfaces，2019，11（42）：39263-39273.

[112] Gao S，Chen Y，Fan H，et al. Large scale production of biomass-derived N-doped porous carbon spheres for oxygen reduction and supercapacitors［J］. Journal of Materials Chemistry A，2014，2（10）：3317-3324.

[113] Li J-C，Hou P-X，Shi C，et al. Hierarchically porous Fe-N-doped carbon nanotubes as efficient electrocatalyst for oxygen reduction［J］. Carbon，2016，109：632-639.

[114] Wang Y，Chen W，Nie Y，et al. Construction of a porous nitrogen-doped carbon nanotube with open-ended channels to effectively utilize the active sites for excellent oxygen reduction reaction activity［J］. Chemical Communication，2017，53（83）：11426-11429.

[115] Wang H，Zhang W，Bai P，et al. Ultrasound-assisted transformation from waste biomass to efficient carbon-based metal-free pH-universal oxygen reduction reaction electrocatalysts［J］. Ultrasonics Sonochemistry，2020，65：105048.

[116] Tyagi A，Banerjee S，Singh S，et al. Biowaste derived activated carbon electrocatalyst for oxygen reduction reaction：Effect of chemical activation［J］. International Journal of Hydrogen Energy，2020，45（34）：16930-16943.

[117] Xing R，Zhou T，Zhou Y，et al. Creation of triple hierarchical micro-meso-macroporous N-doped carbon shells with hollow cores toward the electrocatalytic oxygen reduction reaction［J］. Nanomicro Lett，2018，10（1）：3.

[118] Luo E，Xiao M，Ge J，et al. Selectively doping pyridinic and pyrrolic nitrogen into a 3D porous carbon matrix through template-induced edge engineering：Enhanced catalytic activity towards the oxygen reduction reaction［J］. Journal of Materials Chemistry A，2017，5（41）：21709-21714.

[119] Xu J，Xia C，Li M，et al. Porous nitrogen-doped carbons as effective catalysts for oxygen reduction reaction synthesized from cellulose and polyamide［J］. Chem Electro Chem，2019，6（22）：5735-5743.

[120] Ratso S，Sougrati M T，Käärik M，et al. Effect of ball-milling on the oxygen reduction reaction activity of iron and nitrogen co-doped carbide-derived carbon catalysts in acid media［J］. ACS Applied Energy Materials，2019，2（11）：7952-7962.

[121] Pan G，Cao F，Zhang Y，et al. N-doped carbon nanofibers arrays as advanced electrodes for supercapacitors［J］. Journal of Materials Science & Technology，2020，55：144-151.

[122] Li S，Cheng C，Zhao X J，et al. Active salt/silica-templated 2D mesoporous FeCo-N_x-carbon as bifunctional oxygen electrodes for zinc-air batteries［J］. Angewandate Chemie-International Edition，2018，57（7）：1856-1862.

[123] Wu R，Song Y，Huang X，et al. High-density active sites porous Fe/N/C electrocatalyst boosting the performance of proton exchange membrane fuel cells［J］. Journal of Power Sources，2018，401：287-295.

[124] Zeng H，Wang W，Li J，et al. In situ generated dual-template method for Fe/N/S co-doped hierarchically porous honeycomb carbon for high-performance oxygen reduction［J］. ACS Applied Materials Interfaces，2018，10（10）：8721-8729.

[125] Mao Z X，Wang M J，Liu L，et al. $ZnCl_2$ salt facilitated preparation of Fe-N-C：Enhancing the content of active species and their exposure for highly-efficient oxygen reduction reaction［J］. Chinese Journal of Catalysis，2020，41（5）：799-806.

[126] Liang J，Zhou R F，Chen X M，et al. Fe-N decorated hybrids of cnts grown on hierarchically porous carbon for high-performance oxygen reduction［J］. Advanced Materials，2014，26（35）：6074-6079.

[127] Hong W，Shen X，Wang F，et al. A bimodal-pore strategy for synthesis of Pt_3Co/C electrocatalyst toward oxygen reduction reaction［J］. Chemical Communications，2021，57（35）：4327-4330.

[128] Wang Y，Tao L，Xiao Z，et al. 3D carbon electrocatalysts in situ constructed by defect-rich nanosheets and polyhedrons from NaCl-sealed zeolitic imidazolate frameworks［J］. Advanced Functional Materials，2018，28（11）：1705356.

[129] Qiao M，Wang Y，Wang Q，et al. Hierarchically ordered porous carbon with atomically dispersed FeN_4 for ultraefficient oxygen reduction reaction in proton-exchange membrane fuel cells［J］. Angewandte Chemie International Edition，2020，59（7）：2688-2694.

[130] Wei Q，Zhang G，Yang X，et al. Litchi-like porous Fe/N/C spheres with atomically dispersed FeN_x promoted by sulfur as highly efficient oxygen electrocatalysts for Zn-air batteries［J］. Journal of Materials Chemistry A，2018，6（11）：4605-4610.

[131] Shang L，Yu H，Huang X，et al. Well-dispersed ZIF-derived co，N-co-doped carbon nanoframes through mesoporous-silica-protected calcination as efficient oxygen reduction electrocatalysts［J］. Advanced Materials，2016，28（8）：1668-1674.

[132] Meng Z，Cai S，Wang R，et al. Bimetallic-organic framework-derived hierarchically porous co-Zn-N-C as efficient catalyst for acidic oxygen reduction reaction［J］. Applied Catalysis B：Environmental，2019，244：120-127.

[133] Zang J，Wang F，Cheng Q，et al. Cobalt/zinc dual-sites coordinated with nitrogen in nanofibers enabling efficient and durable oxygen reduction reaction in acidic fuel cells［J］. Journal of Materials

Chemistry A，2020，8（7）：3686-3691.

[134] Zhang J A，Song Y，Kopec M，et al. Facile aqueous route to nitrogen-doped mesoporous carbons［J］. Journal of the American Chemical Society，2017，139（37）：12931-12934.

[135] Zhang C-L，Liu J-T，Li H，et al. The controlled synthesis of Fe_3C/Co/N-doped hierarchically structured carbon nanotubes for enhanced electrocatalysis［J］. Applied Catalysis B：Environmental，2020，261：118224.

[136] Ahn S H，Manthiram A. Self-templated synthesis of co- and N-doped carbon microtubes composed of hollow nanospheres and nanotubes for efficient oxygen reduction reaction［J］. Small，2017，13（11）：1603437.

[137] Guan C，Sumboja A，Zang W，et al. Decorating Co/CoN_x nanoparticles in nitrogen-doped carbon nanoarrays for flexible and rechargeable zinc-air batteries［J］. Energy Storage Materials，2019，16：243-250.

[138] Xu Q，Jiang H，Li Y，et al. In-situ enriching active sites on co-doped $FeCo_4N$@ N-C nanosheet array as air cathode for flexible rechargeable Zn-air batteries［J］. Applied Catalysis B：Environmental，2019，256：117893.

[139] Kumar R，Sahoo S，Joanni E，et al. Heteroatom doped graphene engineering for energy storage and conversion［J］. Materials Today，2020，39：47-65.

[140] Zhang Y，Wang C，Fu J，et al. Fabrication and high ORR performance of MnO_x nanopyramid layers with enriched oxygen vacancies［J］. Chemical Communications，2018，54（69）：9639-9642.

[141] Li J-C，Xiao F，Zhong H，et al. Secondary-atom-assisted synthesis of single iron atoms anchored on N-doped carbon nanowires for oxygen reduction reaction［J］. ACS Catalysis，2019，9（7）：5929-5934.

[142] Meng C，Ling T，Ma T Y，et al. Atomically and electronically coupled Pt and CoO hybrid nanocatalysts for enhanced electrocatalytic performance［J］. Advanced Materials，2017，29（9）：1604607.

[143] Deng X，Yin S，Wu X，et al. Synthesis of Pt Au/TiO_2 nanowires with carbon skin as highly active and highly stable electrocatalyst for oxygen reduction reaction［J］. Electrochimica Acta，2018，283：987-996.

[144] Luo M，Sun Y，Zhang X，et al. Stable high-index faceted Pt skin on zigzag-like PtFe nanowires enhances oxygen reduction catalysis［J］. Advanced Materials，2018，30（10）：1705515.

[145] Jiang K，Zhao D，Guo S，et al. Efficient oxygen reduction catalysis by subnanometer Pt alloy nanowires［J］. Science advances，2017，3（2）：e1601705.

[146] Wei Y，Zhang Y，Geng W，et al. Efficient bifunctional piezocatalysis of Au/$BiVO_4$ for simultaneous removal of 4-chlorophenol and Cr（VI）in water［J］. Applied Catalysis B：Environmental，2019，259：118084.

[147] Bhalla N，Pan Y，Yang Z，et al. Opportunities and challenges for biosensors and nanoscale analytical tools for pandemics：Covid-19［J］. ACS nano，2020，14（7）：7783-7807.

[148] Wang M J，Mao Z X，Liu L，et al. Preparation of hollow nitrogen doped carbon via stresses induced orientation contraction［J］. Small，2018，14（52）：1804183.

[149] Grove W R. The correlation of physical forces［M］. London：Longmans Green，1874.

[150] Schmid A，Vögele P. Die Halogenelektrode［J］. Helvetica Chimica Acta，1933，16（1）：366-375.

[151] Antoine O，Bultel Y，Ozil P，et al. Catalyst gradient for cathode active layer of proton exchange membrane fuel cell［J］. Electrochimica Acta，2000，45（27）：4493-4500.

[152] Prasanna M，Cho E A，Kim H J，et al. Performance of proton-exchange membrane fuel cells using the catalyst-gradient electrode technique［J］. Journal of Power Sources，2007，166（1）：53-58.

[153] Lee D，Hwang S. Effect of loading and distributions of nafion ionomer in the catalyst layer for PEMFCS［J］. International Journal of Hydrogen Energy，2008，33（11）：2790-2794.

[154] Zhang X W，Shi P F. Dual-bonded catalyst layer structure cathode for PEMFC［J］. Electrochemistry Communications，2006，8（8）：1229-1234.

[155] Zhang X W，Shi P F. Nafion effect on dual-bonded structure cathode of PEMFC［J］. Electrochemistry Communications，2006，8（10）：1615-1620.

[156] Wilson M S，Gottesfeld S. Thin-film catalyst layers for polymer electrolyte fuel cell electrodes［J］. Journal of Applied Electrochemistry，1992，22（1）：1-7.

[157] Wilson M S，Gottesfeld S. High performance catalyzed membranes of ultra-low Pt loadings for polymer electrolyte fuel cells［J］. Journal of The Electrochemical Society，1992，139（2）：L28-L30.

[158] Debe M K，Schmoeckel A K，Vernstrorn G D，et al. High voltage stability of nanostructured thin film catalysts for PEM fuel cells［J］. Journal of Power Sources，2006，161（2）：1002-1011.

[159] Liu F Q，Wang C Y. Optimization of cathode catalyst layer for direct methanol fuel cells part II：Computational modeling and design［J］. Electrochimica Acta，2006，52（3）：1409-1416.

[160] Yoon Y G，Park G G，Yang T H，et al. Effect of pore structure of catalyst layer in a PEMFC on its performance［J］. International Journal of Hydrogen Energy，2003，28（6）：657-662.

[161] Song Y，Wei Y，Xu H，et al. Improvement in high temperature proton exchange membrane fuel cells cathode performance with ammonium carbonate［J］. Journal of Power Sources，2005，141（2）：250-257.

[162] Fischer A，Jindra J，Wendt H. Porosity and catalyst utilization of thin layer cathodes in air operated pem-fuel cells［J］. Journal of Applied Electrochemistry，1998，28（3）：277-282.

[163] Zhao J S，He X M，Wang L，et al. Addition of NH_4HCO_3 as pore-former in membrane electrode assembly for PEMFC［J］. International Journal of Hydrogen Energy，2007，32（3）：380-384.

[164] Oishi K，Savadogo O. New method of preparation of catalyzed gas diffusion electrode for polymer electrolyte fuel cells based on ultrasonic direct solution spray reaction［J］. Journal of New Materials for Electrochemical Systems，2008，11（4）：221-227.

[165] Wang S L，Sun G Q，Wu Z M，et al. Effect of nation（R）ionomer aggregation on the structure of the cathode catalyst layer of a DMFC［J］. Journal of Power Sources，2007，165（1）：128-133.

[166] Fernandez R，Ferreira-Aparicio P，Daza L. PEMFC electrode preparation：Influence of the solvent composition and evaporation rate on the catalytic layer microstructure［J］. Journal of Power Sources，2005，151：18-24.

[167] Shindo A. Studies on graphite fibre［J］. Materials Science，1961（317）：1-50.

[168] Ko T H，Liao Y K，Liu C H. Effects of graphitization of PAN-based carbon fiber cloth on its use as gas

diffusion layers in proton exchange membrane fuel cells［J］. New Carbon Materials，2007，22（2）：97-101.

[169] Lee W K，Ho C H，Van Zee J W，et al. The effects of compression and gas diffusion layers on the performance of a pem fuel cell［J］. Journal of Power Sources，1999，84（1）：45-51.

[170] Gurau V，Bluemle M J，De Castro E S，et al. Characterization of transport properties in gas diffusion layers for proton exchange membrane fuel cells 2. Absolute permeability［J］. Journal of Power Sources，2007，165（2）：793-802.

[171] Wilson M S，Valerio J A，Gottesfeld S. Low platinum loading electrodes for polymer electrolyte fuel cells fabricated using thermoplastic ionomers［J］. Electrochimica Acta，1995，40（3）：355-363.

[172] Wang X L，Zhang H M，Zhang J L，et al. A bi-functional micro-porous layer with composite carbon black for PEM fuel cells［J］. Journal of Power Sources，2006，162（1）：474-479.

[173] Qi Z G，Kaufman A. Improvement of water management by a microporous sublayer for PEM fuel cells［J］. Journal of Power Sources，2002，109（1）：38-46.

[174] Han M，Xu J H，Chan S H，et al. Characterization of gas diffusion layers for PEMFC［J］. Electrochimica Acta，2008，53（16）：5361-5367.

[175] Song J M，Cha S Y，Lee W M. Optimal composition of polymer electrolyte fuel cell electrodes determined by the ac impedance method［J］. Journal of Power Sources，2001，94（1）：78-84.

[176] Passalacqua E，Lufrano F，Squadrito G，et al. Influence of the structure in low-Pt loading electrodes for polymer electrolyte fuel cells［J］. Electrochimica Acta，1998，43（24）：3665-3673.

[177] Park G G，Sohn Y J，Yang T H，et al. Effect of PtFe contents in the gas diffusion media on the performance of PEMFC［J］. Journal of Power Sources，2004，131（1-2）：182-187.

[178] Mirzazadeh J，Saievar-Iranizad E，Nahavandi L. An analytical approach on effect of diffusion layer on ORR for PEMFCs［J］. Journal of Power Sources，2004，131（1-2）：194-199.

[179] Williams M V，Kunz H R，Fenton J M. Influence of convection through gas-diffusion layers on limiting current in PEMFCs using a serpentine flow field［J］. Journal of the Electrochemical Society，2004，151（10）：A1617-A1627.

[180] 衣宝廉. 燃料电池：原理 · 技术 · 应用［M］. 北京：化学工业出版社，2003：184-196.

[181] Calvillo L，Celorrio V，Moliner R，et al. Comparative study of Pt catalysts supported on different high conductive carbon materials for methanol and ethanol oxidation［J］. Electrochimica Acta，2013，102：19-27.

[182] Jung G-B，Tzeng W-J，Jao T-C，et al. Investigation of porous carbon and carbon nanotube layer for proton exchange membrane fuel cells［J］. Applied Energy，2013，101：457-464.

[183] Babu K F，Rajagopalan B，Chung J S，et al. Facile synthesis of graphene/N-doped carbon nanowire composites as an effective electrocatalyst for the oxygen reduction reaction［J］. International Journal of Hydrogen Energy，2015，40（21）：6827-6834.

[184] Landis E C，Hamers R J. Covalent grafting of ferrocene to vertically aligned carbon nanofibers：Electron-transfer processes at nanostructured electrodes［J］. Journal of Physical Chemistry C，2008，112（43）：16910-16918.

[185] Zeng Y，Shao Z，Zhang H，et al. Nanostructured ultrathin catalyst layer based on open-walled PtCo

bimetallic nanotube arrays for proton exchange membrane fuel cells [J]. Nano Energy, 2017, 34: 344-355.

[186] Xia Z, Wang S, Jiang L, et al. Controllable synthesis of vertically aligned polypyrrole nanowires as advanced electrode support for fuel cells [J]. Journal of Power Sources, 2014, 256: 125-132.

[187] Li J, Xu G, Luo X, et al. Effect of nano-size of functionalized silica on overall performance of swelling-filling modified nafion membrane for direct methanol fuel cell application [J]. Applied Energy, 2018, 213: 408-414.

[188] Liu C, Wang C C, Kei C C, et al. Atomic layer deposition of platinum nanoparticles on carbon nanotubes for application in proton-exchange membrane fuel cells [J]. Small, 2009, 5 (13): 1535-1538.

[189] Zhang C, Hu J, Wang X, et al. High performance of carbon nanowall supported Pt catalyst for methanol electro-oxidation [J]. Carbon, 2012, 50 (10): 3731-3738.

[190] Du C, Cheng X, Yang T, et al. Numerical simulation of the ordered catalyst layer in cathode of proton exchange membrane fuel cells [J]. Electrochemistry Communications, 2005, 7 (12): 1411-1416.

[191] Du C, Yin G, Cheng X, et al. Parametric study of a novel cathode catalyst layer in proton exchange membrane fuel cells [J]. Journal of Power Sources, 2006, 160 (1): 224-231.

[192] Du C, Yang T, Shi P, et al. Performance analysis of the ordered and the conventional catalyst layers in proton exchange membrane fuel cells [J]. Electrochimica Acta, 2006, 51 (23): 4934-4941.

[193] Abedini A, Dabir B, Kalbasi M. Experimental verification for simulation study of Pt/CNT nanostructured cathode catalyst layer for PEM fuel cells [J]. International Journal of Hydrogen Energy, 2012, 37 (10): 8439-8450.

[194] Chisaka M, Daiguji H. Design of ordered-catalyst layers for polymer electrolyte membrane fuel cell cathodes [J]. Electrochemistry Communications, 2006, 8 (8): 1304-1308.

[195] Rao S M, Xing Y. Simulation of nanostructured electrodes for polymer electrolyte membrane fuel cells[J]. Journal of Power Sources, 2008, 185 (2): 1094-1100.

[196] Du C Y, Yang T, Shi P F, Yin G P. Performance analysis of the ordered and the conventional catalyst layers in proton exchange membrane fuel cells [J]. Electrochimica Acta, 2006, 51 (23): 4934-4941.

[197] Jiang J, Li Y, Liang J, et al. Modeling of high-efficient direct methanol fuel cells with order-structured catalyst layer [J]. Applied Energy, 2019, 252: 113431.

[198] Li W, Wang X, Chen Z, et al. Carbon nanotube film by filtration as cathode catalyst support for proton-exchange membrane fuel cell [J]. Langmuir, 2005, 21 (21): 9386-9389.

[199] Caillard A, Charles C, Boswell R, et al. Integrated plasma synthesis of efficient catalytic nanostructures for fuel cell electrodes [J]. Nanotechnology, 2007, 18 (30): 305603.

[200] Caillard A, Charles C, Boswell R, et al. Plasma based platinum nanoaggregates deposited on carbon nanofibers improve fuel cell efficiency [J]. Applied Physics Letters, 2007, 90 (22): 223119.

[201] Caillard A, Charles C, Boswell R, et al. Improvement of the sputtered platinum utilization in proton exchange membrane fuel cells using plasma-based carbon nanofibres [J]. Journal of Physics D: Applied Physics, 2008, 41 (18): 185307.

[202] Yang J，Goenaga G，Call A，et al. Polymer electrolyte fuel cell with vertically aligned carbon nanotubes as the electrocatalyst support［J］. Electrochemical Solid State Letters，2010，13（6）：B55.

[203] Xu C，Wang H，Shen P K，et al. Highly ordered Pd nanowire arrays as effective electrocatalysts for ethanol oxidation in direct alcohol fuel cells［J］. Advanced Materials，2007，19（23）：4256-4259.

[204] Zhang M，Li J-J，Pan M，et al. Catalytic performance of Pt nanowire arrays for oxygen reduction［J］. Acta Physico-Chimica Sinica，2011，27（7）：1685-1688.

[205] Lux K W，Rodriguez K. Template synthesis of arrays of nano fuel cells［J］. Nano Letters，2006，6（2）：288-295.

[206] Gao T R，Yin L F，Tian C S，et al. Magnetic properties of Co-Pt alloy nanowire arrays in anodic alumina templates［J］. Journal of Magnetism and Magnetic Materials，2006，300（2）：471-478.

[207] Zhang X，Dong D，Li D，et al. Direct electrodeposition of Pt nanotube arrays and their enhanced electrocatalytic activities［J］. Electrochemistry Communications，2009，11（1）：190-193.

[208] Khudhayer W J，Kariuki N N，Wang X，et al. Oxygen reduction reaction electrocatalytic activity of glancing angle deposited platinum nanorod arrays［J］. Journal of the Electrochemical Society，2011，158（8）：B1029.

[209] Kim O H，Cho Y H，Kang S H，et al. Ordered macroporous platinum electrode and enhanced mass transfer in fuel cells using inverse opal structure［J］. Nature Communication，2013，4：2473.

[210] Jiang S，Yi B，Zhang C，et al. Vertically aligned carbon-coated titanium dioxide nanorod arrays on carbon paper with low platinum for proton exchange membrane fuel cells［J］. Journal of Power Sources，2015，276：80-88.

[211] Wang G，Lei L，Jiang J，et al. An ordered structured cathode based on vertically aligned pt nanotubes for ultra-low pt loading passive direct methanol fuel cells［J］. Electrochimica Acta，2017，252：541-548.

[212] Jia J，Yu H，Gao X，et al. A novel cathode architecture using ordered Pt nanostructure thin film for AAEMFC application［J］. Electrochimica Acta，2016，220：67-74.

[213] Tian Z Q，Lim S H，Poh C K，et al. A highly order-structured membrane electrode assembly with vertically aligned carbon nanotubes for ultra-low Pt loading PEM fuel cells［J］. Advanved Energy Materials，2011，1（6）：1205-1214.

[214] Wang Y，Wu M，Wang K，et al. Fe_3O_4@N-doped interconnected hierarchical porous carbon and its 3D integrated electrode for oxygen reduction in acidic media［J］. Advanced Science，2020，7（14）：2000407.

[215] Lu Z，Xu W，Ma J，et al. Superaerophilic carbon-nanotube-array electrode for high-performance oxygen reduction reaction［J］. Advanced Materials，2016，28（33）：7155-7161.

[216] Liu S. Chinese criminal trials：A comprehensive empirical inquiry［J］. Crime，Law and Social Change，2014，62（1）：87-89.

[217] Hu Y，Jensen J O，Zhang W，et al. Hollow spheres of iron carbide nanoparticles encased in graphitic layers as oxygen reduction catalysts［J］. Angewandte Chemie International Edition，2014，53（14）：3675-3679.

[218] Zhou Y X，Yao H B，Wang Y，et al. Hierarchical hollow Co_9S_8 microspheres：Solvothermal synthesis，magnetic，electrochemical，and electrocatalytic properties［J］. Chemistry，2010，16（39）：12000-12007.

[219] Song P，Wang Y，Pan J，et al. Structure-activity relationship in high-performance iron-based electrocatalysts for oxygen reduction reaction［J］. Journal of Power Sources，2015，300：279-284.

[220] Liang Y，Li Y，Wang H，et al. Co_3O_4 nanocrystals on graphene as a synergistic catalyst for oxygen reduction reaction［J］. Nature Materials，2011，10（10）：780-786.

[221] Strickland K，Miner E，Jia Q，et al. Highly active oxygen reduction non-platinum group metal electrocatalyst without direct metal-nitrogen coordination［J］. Nature Communication，2015，6：7343.

[222] Lai Q，Zhao Y，Liang Y，et al. In situ confinement pyrolysis transformation of ZIF-8 to nitrogen-enriched meso-microporous carbon frameworks for oxygen reduction［J］. Advanced Functional Materials，2016，26（45）：8334-8344.

[223] Proietti E，Jaouen F，Lefevre M，et al. Iron-based cathode catalyst with enhanced power density in polymer electrolyte membrane fuel cells［J］. Nature Communications，2011，2：416.

[224] Li L，Liu C，He G，et al. Hierarchical pore-in-pore and wire-in-wire catalysts for rechargeable Zn- and Li-air batteries with ultra-long cycle life and high cell efficiency［J］. Energy & Environmental Science，2015，8（11）：3274-3282.

[225] Ren G，Chen S，Zhang J，et al. N-doped porous carbon spheres as metal-free electrocatalyst for oxygen reduction reaction［J］. Journal of Materials Chemistry A，2021，9（9）：5751-5758.

[226] Zhao Y，Lai Q，Wang Y，et al. Interconnected hierarchically porous Fe，N-codoped carbon nanofibers as efficient oxygen reduction catalysts for Zn-air batteries［J］. ACS Applied Materials Interfaces，2017，9（19）：16178-16186.

[227] Zhang B，Kang F，Tarascon J-M，et al. Recent advances in electrospun carbon nanofibers and their application in electrochemical energy storage［J］. Progress in Materials Science，2016，76：319-380.

[228] Wu J，Park H W，Yu A，et al. Facile synthesis and evaluation of nanofibrous iron–carbon based non-precious oxygen reduction reaction catalysts for Li-O_2 battery applications［J］. The Journal of Physical Chemistry C，2012，116（17）：9427-9432.

[229] Li J，Chen S G，Li W，et al. A eutectic salt-assisted semi-closed pyrolysis route to fabricate high-density active-site hierarchically porous Fe/N/C catalysts for the oxygen reduction reaction［J］. Journal of Materials Chemistry A，2018，6（32）：15504-15509.

[230] Wang P，Wan L，Lin Y，et al. Construction of mass-transfer channel in air electrode with bifunctional catalyst for rechargeable Zinc-air battery［J］. Electrochimica Acta，2019，320：134564.

[231] Wang Z-L，Xu D，Xu J-J，et al. Graphene oxide gel-derived，free-standing，hierarchically porous carbon for high-capacity and high-rate rechargeable Li-O_2 batteries［J］. Advanced Functional Materials，2012，22（17）：3699-3705.

[232] Shao Y，Ding F，Xiao J，et al. Making Li-air batteries rechargeable：Material challenges［J］. Advanced Functional Materials，2013，23（8）：987-1004.

[233] Choi N S，Chen Z，Freunberger S A，et al. Challenges facing lithium batteries and electrical double-layer capacitors［J］. Angewandte Chemie International Edition，2012，51（40）：9994-10024.

[234] Zhang Y，Zhang H，Li J，et al. The use of mixed carbon materials with improved oxygen transport in a lithium-air battery［J］. Journal of Power Sources，2013，240：390-396.

[235] Li J，Zhang H，Zhang Y，et al. A hierarchical porous electrode using a micron-sized honeycomb-like carbon material for high capacity lithium–oxygen batteries［J］. Nanoscale，2013，5（11）：4647-4651.

[236] Xiao J，Mei D，Li X，et al. Hierarchically porous graphene as a lithium-air battery electrode［J］. Nano Letter，2011，11（11）：5071-5078.

[237] Guo Z，Zhou D，Dong X，et al. Ordered hierarchical mesoporous/macroporous carbon：A high-performance catalyst for rechargeable Li-O_2 batteries［J］. Advanced Materials，2013，25（39）：5668-5672.

[238] Yang W，Qian Z，Du C，et al. Hierarchical ordered macroporous/ultrathin mesoporous carbon architecture：A promising cathode scaffold with excellent rate performance for rechargeable Li-O_2 batteries［J］. Carbon，2017，118：139-147.

[239] Shui J L，Du F，Xue C M，et al. Vertically aligned *N*-doped coral-like carbon fiber arrays as efficient air electrodes for high-performance nonaqueous Li-O_2 batteries［J］. ACS Nano，2014，8（3）：3015-3022.

[240] Liu J，Jiang L，Zhang B，et al. Controllable synthesis of cobalt monoxide nanoparticles and the size-dependent activity for oxygen reduction reaction［J］. ACS Catalysis，2014，4（9）：2998-3001.

[241] Wen H，Liu Z，Qiao J，et al. High energy efficiency and high power density aluminum-air flow battery［J］. International Journal of Energy Research，2020，44（9）：7568-7579.

[242] Jiang M，Yang J，Ju J，et al. Space-confined synthesis of coni nanoalloy in N-doped porous carbon frameworks as efficient oxygen reduction catalyst for neutral and alkaline aluminum-air batteries［J］. Energy Storage Materials，2020，27：96-108.

[243] Zadick A，Dubau L，Sergent N，et al. Huge instability of Pt/C catalysts in alkaline medium［J］. ACS Catalysis，2015，5（8）：4819-4824.

[244] Wang Z，Tada E，Nishikata A. Communication—platinum ddissolution in alkaline electrolytes［J］. Journal of The Electrochemical Society，2016，163（14）：C853-C855.

[245] Wang W，Luo J，Chen W，et al. Synthesis of mesoporous Fe/N/C oxygen reduction catalysts through NaCl crystallite-confined pyrolysis of polyvinylpyrrolidone［J］. Journal of Materials Chemistry A，2016，4（33）：12768-12773.

[246] Hou H，Banks C E，Jing M，et al. Carbon quantum dots and their derivative 3D porous carbon frameworks for sodium-ion batteries with ultralong cycle life［J］. Advanced Materials，2015，27（47）：7861-7866.

[247] Xiao M，Zhu J，Feng L，et al. Meso/macroporous nitrogen-doped carbon architectures with iron carbide encapsulated in graphitic layers as an efficient and robust catalyst for the oxygen reduction reaction in both acidic and alkaline solutions［J］. Advanced Materials，2015，27（15）：2521-2527.

[248] Tang J，Salunkhe R R，Liu J，et al. Thermal conversion of core-shell metal-organic frameworks：

A new method for selectively functionalized nanoporous hybrid carbon［J］. Journal of the American Chemical Society，2015，137（4）：1572-1580.

[249] Zheng F，Yang Y，Chen Q. High lithium anodic performance of highly nitrogen-doped porous carbon prepared from a metal-organic framework［J］. Nature Communication，2014，5：5261.

[250] Wang X，Zhou J，Fu H，et al. Mof derived catalysts for electrochemical oxygen reduction［J］. Journal of Materials Chemistry A，2014，2（34）：14064-14070.

[251] He Y，Hwang S，Cullen D A，et al. Highly active atomically dispersed CoN_4 fuel cell cathode catalysts derived from surfactant-assisted MOFs：Carbon-shell confinement strategy［J］. Energy & Environmental Science，2019，12（1）：250-260.

[252] Ning H，Li G，Chen Y，et al. Porous N-doped carbon-encapsulated CoNi alloy nanoparticles derived from MOFs as efficient bifunctional oxygen electrocatalysts［J］. ACS Applied Materials Interfaces，2019，11（2）：1957-1968.

[253] Zhong H-X，Wang J，Zhang Y-W，et al. ZIF-8 derived graphene-based nitrogen-doped porous carbon sheets as highly efficient and durable oxygen reduction electrocatalysts［J］. Angewandte Chemie International Edition，2014，53（51）：14235-14239.

[254] Meng F L，Wang Z L，Zhong H X，et al. Reactive multifunctional template-induced preparation of Fe-N-doped mesoporous carbon microspheres towards highly efficient electrocatalysts for oxygen reduction［J］. Advanced Materials，2016，28（36）：7948-7955.

[255] Jia X，Yang Y，Wang C，et al. Biocompatible ionic liquid-biopolymer electrolyte-enabled thin and compact magnesium-air batteries［J］. ACS Applied Materials Interfaces，2014，6（23）：21110-21117.

[256] Zhang T，Tao Z，Chen J. Magnesium–air batteries：From principle to application［J］. Materials Horizons，2014，1（2）：196-206.

[257] Yu C，Wang C，Liu X，et al. A cytocompatible robust hybrid conducting polymer hydrogel for use in a magnesium battery［J］. Advanced Materials，2016，28（42）：9349-9355.

[258] Liu Q，Wang Y，Dai L，et al. Scalable fabrication of nanoporous carbon fiber films as bifunctional catalytic electrodes for flexible Zn-air batteries［J］. Advanced Materials，2016，28（15）：3000-3006.

[259] Song L T，Wu Z Y，Zhou F，et al. Sustainable hydrothermal carbonization synthesis of iron/nitrogen-doped carbon nanofiber aerogels as electrocatalysts for oxygen reduction［J］. Small，2016，12（46）：6398-6406.

[260] Gong J，Antonietti M，Yuan J. Poly（ionic liquid）-derived carbon with site-specific N-doping and biphasic heterojunction for enhanced CO_2 capture and sensing［J］. Angewandte Chemie International Edition，2017，56（26）：7557-7563.

[261] Cheng C，Li S，Xia Y，et al. Atomic Fe-N_x coupled open-mesoporous carbon nanofibers for efficient and bioadaptable oxygen electrode in Mg-air batteries［J］. Advanced Materials，2018，30（40）：1802669.

[262] Nitta N，Wu F，Lee J T，et al. Li-ion battery materials：Present and future［J］. Materials Today，2015，18（5）：252-264.

[263] Erickson E M，Schipper F，Penki T R，et al. Review—recent advances and remaining challenges for lithium ion battery cathodes［J］. Journal of The Electrochemical Society，2017，164（1）：A6341-A6348.

[264] Narayanan S R，Prakash G K S，Manohar A，et al. Materials challenges and technical approaches for realizing inexpensive and robust iron–air batteries for large-scale energy storage［J］. Solid State Ionics，2012，216：105-109.

[265] Balogun M-S，Qiu W，Luo Y，et al. A review of the development of full cell lithium-ion batteries：The impact of nanostructured anode materials［J］. Nano Research，2016，9（10）：2823-2851.

[266] Kim B G，Kim H J，Back S，et al. Improved reversibility in lithium-oxygen battery：Understanding elementary reactions and surface charge engineering of metal alloy catalyst［J］. Scientific Reports，2014，4：4225.

[267] Manohar A K，Malkhandi S，Yang B，et al. A high-performance rechargeable iron electrode for large-scale battery-based energy storage［J］. Journal of The Electrochemical Society，2012，159（8）：A1209-A1214.

[268] Trinh T A，Bui T H. A-Fe_2O_3 urchins synthesized by a facile hydrothermal route as an anode for an Fe-air battery［J］. Journal of Materials Engineering and Performance，2020，29（2）：1245-1252.

[269] Kang Y，Liang F，Hayashi K. Hybrid sodium–air cell with Na［FSA-C_2C_1im］［FSA］ionic liquid electrolyte［J］. Electrochimica Acta，2016，218：119-124.

[270] Hayashi K，Shima K，Sugiyama F. A mixed aqueous/aprotic sodium/air cell using a nasicon ceramic separator［J］. Journal of The Electrochemical Society，2013，160（9）：A1467-A1472.

[271] Kang Y，Zou D，Zhang J，et al. Dual-phase spinel $MnCo_2O_4$ nanocrystals with nitrogen-doped reduced graphene oxide as potential catalyst for hybrid Na-air batteries［J］. Electrochimica Acta，2017，244：222-229.

[272] Liang F，Hayashi K. A high-energy-density mixed-aprotic-aqueous sodium-air cell with a ceramic separator and a porous carbon electrode［J］. Journal of The Electrochemical Society，2015，162（7）：A1215-A1219.

[273] Hwang S M，Go W，Yu H，et al. Hybrid Na-air flow batteries using an acidic catholyte：Effect of the catholyte pH on the cell performance［J］. Journal of Materials Chemistry A，2017，5（23）：11592-11600.

[274] Khan Z，Senthilkumar B，Park S O，et al. Carambola-shaped VO_2 nanostructures：A binder-free air electrode for an aqueous Na-air battery［J］. Journal of Materials Chemistry A，2017，5（5）：2037-2044.

[275] Hartmann P，Bender C L，Vracar M，et al. A rechargeable room-temperature sodium superoxide（NaO_2）battery［J］. Nature Materials，2013，12（3）：228-232.

[276] Hashimoto T，Hayashi K. Aqueous and nonaqueous sodium-air cells with nanoporous gold cathode［J］. Electrochimica Acta，2015，182：809-814.

[277] Araujo R B，Chakraborty S，Ahuja R. Unveiling the charge migration mechanism in Na_2O_2：Implications for sodium-air batteries［J］. Physicial Chemistry Chemical Physicis，2015，17（12）：8203-8209.

[278] Yadegari H，Banis M N，Xiao B，et al. Three-dimensional nanostructured air electrode for sodium-oxygen batteries：A mechanism study toward the cyclability of the cell［J］. Chemistry of Materials，2015，27（8）：3040-3047.

[279] Yadegari H，Sun Q，Sun X. Sodium-oxygen batteries：A comparative review from chemical and electrochemical fundamentals to future perspective［J］. Advanced Materials，2016，28（33）：7065-7093.

[280] Yadegari H，Norouzi Banis M，Lushington A，et al. A bifunctional solid state catalyst with enhanced cycling stability for na and Li-O_2 cells：Revealing the role of solid state catalysts［J］. Energy & Environmental Science，2017，10（1）：286-295.

[281] Lu J，Li L，Park J B，et al. Aprotic and aqueous Li-O_2 batteries［J］. Chemicial Reviews，2014，114（11）：5611-5640.

[282] Cho M H，Trottier J，Gagnon C，et al. The effects of moisture contamination in the Li-O_2 battery［J］. Journal of Power Sources，2014，268：565-574.

[283] Sahgong S H，Senthilkumar S T，Kim K，et al. Rechargeable aqueous Na-air batteries：Highly improved voltage efficiency by use of catalysts［J］. Electrochemistry Communications，2015，61：53-56.

[284] Dong S，Chen X，Wang S，et al. 1D coaxial platinum/titanium nitride nanotube arrays with enhanced electrocatalytic activity for the oxygen reduction reaction：Towards Li-air batteries［J］. Chem Sus Chem，2012，5（9）：1712-1715.

[285] Cheon J Y，Kim K，Sa Y J，et al. Graphitic nanoshell/mesoporous carbon nanohybrids as highly efficient and stable bifunctional oxygen electrocatalysts for rechargeable aqueous Na-air batteries［J］. Advanced Energy Materials，2016，6（7）：1501794.

[286] Abirami M，Hwang S M，Yang J，et al. A metal-organic framework derived porous cobalt manganese oxide bifunctional electrocatalyst for hybrid Na-air/seawater batteries［J］. ACS Applied Materials Interfaces，2016，8（48）：32778-32787.

[287] Wu Y，Qiu X，Liang F，et al. A metal-organic framework-derived bifunctional catalyst for hybrid sodium-air batteries［J］. Applied Catalysis B：Environmental，2019，241：407-414.

第4章 模拟与计算方法

完成一项完整的理论计算工作，我们往往遵循模型构建 - 方法选择 - 结果分析的顺序，基于此，本章内容我们按照此顺序依次展开叙述，最后就吸附与催化反应中常见的理论基础和应用作介绍。

4.1 模型构建的理论基础

对于给定的模型，通过对其完成薛定谔方程的解即可获得体系的能量、几何和电子结构等信息。在电化学催化相关的计算中常见的几何结构性质主要包括载体、催化剂和反应物种的稳定构型及相关结构参数（键长、键角、晶格参数和原子位置等）。几何结构信息一般都能够从初始模型及计算模型中直接获得。为了更好地理解相关几何结构信息，本节我们介绍了几何结构相关的理论基础。

4.1.1 晶胞、原胞和超胞

晶胞（crystal cell）：充分反映晶体对称性的最小重复单元，晶胞基矢为（$\boldsymbol{a}$，$\boldsymbol{b}$，$\boldsymbol{c}$），是原胞体积的整数倍。晶胞为实空间中的概念，常被用于 DFT 计算的初始输入。

原胞（primitive cell）：晶体里面的最小周期性重复单元，由基矢（$\boldsymbol{a}_1$，$\boldsymbol{a}_2$，$\boldsymbol{a}_3$）构成的平行六面体，原胞的选择不具有唯一性。

原胞的选择不是唯一的，且不能准确描述晶体的对称性；而晶胞不是最小重复单元，故而引入 Wigner-Seitz（W-S）原胞的概念，W-S 原胞属于倒易空间的某个格点，其体积一样，还能反应对称性。具有重复排列且可填满晶体全部空间的特点，与第一布里渊区重合，可用来分析相应的能带结构、态密度等性质。

超胞：一般为晶胞的整数倍，在实际模拟过程中，受表面性质、覆盖度、活性位点数目等性质计算的需求，常使用具有周期边界条件的超胞来完成模拟，超胞采取 P1 对称，即以超胞为基元单位，在满足周期边界条件下完成 DFT 计算。

4.1.2 晶格、倒易晶格

根据 Hohenberg-Kohn 原理：结构决定了多电子体系基态的物理化学性质。由此出发，对于晶体体系，首先要掌握描述晶体结构的方法。为了不失普遍性，可以考虑单原子晶体的结构描述[1]。晶体物质的特性首先就是其中的平移对称性。对于单原子晶体，每个格点上只有一个原子。平衡时的格点位置称为格矢（lattice vector）：

$$\boldsymbol{n}=\sum_{i=1}^{I} n_i \boldsymbol{a}_i,\ n_i=0,\ \pm1,\ \pm2,\ \cdots \tag{4-1}$$

式中，I 为晶格的维度，I=1，2 和 3 时分别称为一维晶格、二维晶格和三维晶格。$(\boldsymbol{a}_1\boldsymbol{a}_2\boldsymbol{a}_3)$ 为晶格的基向量。对于三维晶格，原胞的体积为：

$$V=(\boldsymbol{a}_1\boldsymbol{a}_2\boldsymbol{a}_3)\equiv(\boldsymbol{a}_1\times\boldsymbol{a}_2)\cdot\boldsymbol{a}_3=(\boldsymbol{a}_2\times\boldsymbol{a}_3)\cdot\boldsymbol{a}_1=(\boldsymbol{a}_3\times\boldsymbol{a}_1)\cdot\boldsymbol{a}_2 \tag{4-2}$$

原子在格点附近做热运动。设原子位置为：

$$\boldsymbol{R}_l(t)=l_1\boldsymbol{a}_1+l_2\boldsymbol{a}_2+l_3\boldsymbol{a}_3\ （l\text{ 为整数}）$$

$$\boldsymbol{r}_n(t)=\boldsymbol{n}+\boldsymbol{u}_n(t) \tag{4-3}$$

式中，$\boldsymbol{u}_n$ 为 $\boldsymbol{n}$ 格点处原子的热位移。

与三维晶格原胞对应的是它的倒易晶格（reciprocal lattice），设倒易晶格的基向量为 $(\boldsymbol{b}_1\boldsymbol{b}_2\boldsymbol{b}_3)$，其定义为：

$$\boldsymbol{a}_i\cdot\boldsymbol{b}_j=2\pi\delta_{i,j} \tag{4-4}$$

即

$$\boldsymbol{b}_1\equiv\frac{2\pi}{V}(\boldsymbol{a}_2\times\boldsymbol{a}_3),\quad \boldsymbol{b}_2\equiv\frac{2\pi}{V}(\boldsymbol{a}_3\times\boldsymbol{a}_1),\quad \boldsymbol{b}_3\equiv\frac{2\pi}{V}(\boldsymbol{a}_1\times\boldsymbol{a}_2) \tag{4-5}$$

倒易晶格的格矢 $\boldsymbol{G}$ 称为倒格矢（reciprocal lattice vector），h_i=0，±1，±2，…：

$$\boldsymbol{G}=\sum_{i=1}^{3} h_i\boldsymbol{b}_i \tag{4-6}$$

倒易晶格中的原胞体积 $V^*=(\boldsymbol{b}_1\boldsymbol{b}_2\boldsymbol{b}_3)\equiv(\boldsymbol{b}_1\times\boldsymbol{b}_2)\cdot\boldsymbol{b}_3$ 与“正”晶格中的原胞体积 V 之间满足如下两个特点，μ=0，±1，±2，…：

$$V^*=\frac{(2\pi)^3}{V} \tag{4-7}$$

$$\boldsymbol{G}\cdot\boldsymbol{n}=2\pi\mu \tag{4-8}$$

可见正格矢与倒格矢满足式（4-8）；反之，如果两个向量满足式（4-8），只要其中一个是正格矢，则另一个必定是倒格矢。

简单立方的倒格矢仍旧为简单立方，面心立方的倒格矢为体心立方，体心立方的倒格矢为面心立方。

4.1.3　计算模型的选择

在电化学催化过程的计算中，合理的初始模型可以有效模拟催化剂本体、吸附物和反应物种的几何、电子结构和能量信息，准确模拟吸附物种、反应物种与催化剂表面的相互作用。本小节阐述了当前 DFT 计算最常用的簇模型（cluster model）和平板模型（slab model）[2-4]。

（1）簇模型　用量子化学处理固体表面催化问题时，受限于计算机资源与计算能力，人们往往忽略晶体场对催化过程的影响，而只考虑材料表面原子本身的固有性质，使用包含少量原子的原子簇模型来模拟固体材料。这种模拟方式虽然简单粗糙，但对于定性研究也能达到所需的效果。现在簇模型仍然被广泛使用，主要有以下几个原因：①当簇模型选择较大时，内部原子有逐渐逼近原子真实环境的趋势；②簇模型有更加直观的性质，尤其是当晶体颗粒的粒径足够小时，材料固有的周期性减弱甚至消失，大量表面原子处于不饱和状态，此时采用簇模型对其进行模拟就比较合适；③对于晶体材料间界面问题的研究，载体对所负载物质催化活性的影响和晶体材料边界效应的研究等，也适合采用簇模型。

簇模型方法可以分为三类。①裸簇模型：从固体中挖出一小块团簇来类比表面，团簇表面有许多悬空键。②饱和簇模型：将裸簇边界的悬空键用氢原子或其他赝原子来封闭或者说饱和。③嵌入簇模型：将裸簇嵌入到模拟晶体点阵结构的点电荷场中。

裸露簇模型是最简便的簇模型，忽略了目标簇与环境之间的短程、长程作用而显得粗糙。氢饱和簇模型是将裸簇边界可能存在的悬空键用氢、赝氢或其他原子来饱和，没有考虑晶体的电子结构的周期性，簇模型的 Fock 矩阵不包括晶体环境的静电势。氢饱和簇模型中消除悬空键的办法一般仅适合于共价键体系，且氢原子的引入不应对材料本身的性质造成太大的影响。而由于氢原子与所连接的晶格原子之间轨道性质、电子性质之间的差别，氢饱和方法只满足了晶体的“几何边界条件”，而未满足“电子边界条件”。嵌入簇模型是现在量化计算中常用的模型，其直接将选取的裸露簇嵌入到模拟晶体离子周期性点阵排布的点电荷簇（point charge cluster，PCC）的电场中，或者是嵌入到代表块体材料的周期性平板中，此时裸露簇模型作为研究目标簇，PCC 和周期性平板代表晶体的势场。

不管采用哪种簇来模拟块体材料，簇的选取都应满足三个原则，即电中性原则、化学计量比原则和配位原则。其中电中性原则是最重要的，这是因为簇带电电荷会对簇的反应活性造成影响，如果簇带负电，就容易给出电子到吸附物种；如果簇带正电，又容易从吸附物种得到电子。显然带电簇会改变前线轨道的能量，得出物种与材料之间相互作用强度与实际不符。另外，为了满足簇要与实际固体材料相符的要求和稳定性要求，簇模型的选取还应该保持化学计量比与块体材料中的一致（对于缺陷类可以另做考虑），并尽可能较少裸露簇边界悬空键数目，即保证簇模型中边界原子的配位数尽可能多且使较强的配位键尽可能饱和。

（2）平板模型　平板模型是近年来较常用的模拟固体催化剂表面的模型，周期平板模型认为体系是沿格矢周期性排列的，所研究的原子在元胞中，原子坐标或其对应的周期性位置可用式（4-9）来表示：

$$\boldsymbol{R}_{\mathrm{lsla}\boldsymbol{R}} = \tau_{\mathrm{lsla}} + \boldsymbol{R} \tag{4-9}$$

式中，τ_{lsla} 为原子在超胞中的坐标，ls 为原子种类序号，la 为多个同类原子间的序号；$\boldsymbol{R}$ 为格矢。平板模型在模拟计算中考虑了周期性边界条件，特别适合研究金属和半导体等具有周期性结构的凝聚态体系。对于晶体表面的研究，可利用其周期对称性来简化无限结构的模拟计算，采用几层晶体来代替表面计算，而在平面方向利用平移群的方法实现计算，将晶体的空间群降解成平面群来研究，在平行于研究平面的方向上利用平移对称来简化计算，以实现对固体表面的模拟研究。在通常的平板模型计算中往往选取上下平面相同的平板，以上下表面为研究表面，在平行表面上为无限结构，因此不存在边界截断问题。当选取层数足够多时，平板模型就十分接近真实的晶体结构。一般在 Z 轴方向加入真空层来完成表面的模拟，表面真空层大小的选择以保证吸附质与催化材料的另一面无相互作用为主，一般不会小于 10nm。

4.2　计算方法的理论基础

电催化学科的发展离不开计算化学的基础辅助，当前密度泛函理论（density functional theory，DFT）已成为物理、化学、材料等多个领域的最有力工具。对于薛定谔方程及其求解过程，国内外已有大量的文献和教材对其作过系统的推导和阐述[5-7]，本节将从薛定谔方程的描述开始，参考了部分代表性文献著作[8-10]，在与 Hartree-Fock 方法对比的基础上，介绍了密度泛函理论的基础及发展。

4.2.1　薛定谔方程的简单描述

20 世纪初，人们在研究微观粒子的运动规律时发现，基于经典力学的物理学框架体系已不再适用。1926 年，奥地利物理学家 Schrödinger 提出了量子力学中的基本假设之一，即 Schrödinger 方程。它是一个非相对论的波动方程，反映了微观粒子的状态随时间变化的规律。关于量子力学的讨论都起始于该方程，公式（4-10）为单粒子 Schrödinger 方程的基本形式，是将物质波的概念和波动方程相结合建立的二阶偏微分方程。

$$\left\{-\frac{\hbar^2}{2m}\left(\frac{\partial^2}{\partial x^2}+\frac{\partial^2}{\partial y^2}+\frac{\partial^2}{\partial z^2}\right)+V\right\}\Psi(\boldsymbol{r},t)=i\hbar\frac{\partial\Psi(\boldsymbol{r},t)}{\partial t} \tag{4-10}$$

引入拉普拉斯算符后可写为：

$$\left\{-\frac{\hbar^2}{2m}\cdot\nabla^2+V\right\}\psi(\boldsymbol{r},t)=E\psi(\boldsymbol{r},t) \tag{4-11}$$

引入哈密尔顿算符后可进一步改写为：

$$\hat{H}\psi(\boldsymbol{r},t)=E\psi(\boldsymbol{r},t) \tag{4-12}$$

式中，$\hbar=h/2\pi$，h 为普朗克常数；i 为 -1 的平方根；$\psi(\boldsymbol{r},t)$ 为描述粒子运动的波函数；$\hat{H}$ 为哈密顿算符，即为 $-\frac{\hbar^2}{2m}\cdot\nabla^2+V$；$E$ 为体系的能量本征值，而相应的解 $\psi(\boldsymbol{r},t)$ 称为能量本征函数。该方程描述了在势场 $V(\boldsymbol{r},t)$ 作用下，质量为 m 的微观粒子在三维空间 $(\boldsymbol{r})$ 和时间 t 时的运动情况。在给定初始条件和边界条件以及波函数所满足的单值、有限、连续的条件下，可解出波函数 $\psi(\boldsymbol{r},t)$。由此可计算粒子的分布概率和任何可能实验的平均值（期望值），得到波函数的具体形式以及对应的能量，从而了解微观系统的性质。当势函数 $V(\boldsymbol{r},t)$ 不依赖于时间 t 时，时间与空间分离，此时粒子具有确定的能量，粒子的状态称为定态。定态时的波函数 $\psi(\boldsymbol{r})$ 称为定态波函数，满足式（4-13）所示的定态 Schrödinger 方程。

$$\left\{-\frac{\hbar^2}{2m}\cdot\nabla^2+V\right\}\psi(\boldsymbol{r})=E\psi(\boldsymbol{r}) \tag{4-13}$$

定态薛定谔方程实际上就是在势场 $V(\boldsymbol{r})$ 中粒子的能量本征方程。

实际材料计算体系多是更加复杂且有相互作用的多粒子系统，在非相对论近似下，多粒子体系的薛定谔方程可写为式（4-14）。

$$\sum_i\left[-\frac{\hbar^2\nabla_i^2}{2m_i}\Psi\left(r_1,r_2,\cdots,t\right)\right]+V\left(r_1,r_2,\cdots,t\right)\Psi\left(r_1,r_2,\cdots,t\right)=i\hbar\frac{\partial}{\partial t}\Psi\left(r_1,r_2,\cdots,t\right) \tag{4-14}$$

其定态薛定谔方程可写为：

$$\hat{H}\Psi(\boldsymbol{r},\boldsymbol{R})=E\Psi(\boldsymbol{r},\boldsymbol{R}) \tag{4-15}$$

原则上只要对式（4-15）进行求解即可获得微观体系的性质，然而，波函数的实际求解只有对类氢体系能较好地解析完成；对多电子体系 Schrödinger 方程的严格求解困难，正如狄拉克（Dirac）所言："量子力学的普遍理论业已完成，作为大部分物理学和全部化学之基础的物理定律业已完全知晓，而困难仅在于将这些定律确切应用时将导致方程式过于复杂而难于求解。"对于多电子体系薛定谔方程的直接求解，需在物理模型上进一步作一系列的近似。

4.2.2 非相对论近似

在构成物质的原子（或分子）中，电子绕核附近运动却又不被带异号电荷的核俘获，所以必须保持很高的运动速度。根据相对论，此时电子的质量 m 不是一个常数，而由电子运动速度 v、光速 c 和电子静止质量 m_0 决定：

$$m=\frac{m_0}{\sqrt{1-\dfrac{v^2}{c^2}}} \tag{4-16}$$

但第一性原理将电子的质量固定为静止质量 m_0，这只有在非相对论的条件下才能成立。

4.2.3 波恩-奥本海默近似

对于多电子和原子核的分子体系而言，由于原子核的质量约为电子质量的 1836 倍，电子运动的速度远远高于原子核的运动速度，电子处在高速绕核运动中，而原子核只是在其平衡位置附近作热振动。这就使得当核间发生任一微小运动时，迅速运动的电子都能立即进行调整，建立起与新的原子核库仑场相应的运动状态。也就是说，在任一确定的核排布下，电子都有相应的运动状态，同时，核间的相对运动可视为电子运动的平均结果。德籍物理学家 Max Born 和美籍物理学家 Julius Robert Oppenheimer 试图将多原子体系的核运动和电子运动方程分开处理，提出了波恩 - 奥本海默近似（Born-Oppenheimer approximation，BO 近似，又称绝热近似），他们将分子体系总的波函数分解为核和电子的波函数：

$$\psi_{\text{total}}(\text{ nuclei, electrons })=\psi_{\text{total}}(\text{ electrons })\psi_{\text{total}}(\text{ nuclei }) \tag{4-17}$$

即体系的哈密顿算符分解为原子核动能算符与电子哈密顿算符两项：

$$\psi(\boldsymbol{r},\boldsymbol{R})=\psi_N(\boldsymbol{R})\psi_e(\boldsymbol{r},\boldsymbol{R}) \tag{4-18}$$

$$\hat{H}_e(\boldsymbol{R})\psi_e(\boldsymbol{r})=E(\boldsymbol{R})\psi_e(\boldsymbol{r}) \tag{4-19}$$

式中，$\psi_N(\boldsymbol{R})$ 是描写原子核状态的波函数，它只和所有原子核的位置有关；而 $\psi_e(\boldsymbol{r},\boldsymbol{R})$ 和 $\hat{H}_e(\boldsymbol{R})$ 以原子核位置为参数，分别描写了电子的波函数和哈密顿量。BO 近似将多粒子体系的整个问题分成两个部分考虑：考虑电子运动时，原子核处于它们的某一瞬时位置上，原子核静止；考虑核运动时，则不考虑电子在空间中的具体分布，电子的运动只作为一个势能项。BO 近似完成了核与电子的分离，多粒子体系简化为多电子体系。电子系统的哈密顿量可写为：

$$\hat{H}_e=\left[-\sum_i \nabla_{r_i}^2+\sum_i V\left(\boldsymbol{r}_i\right)+\frac{1}{2}\sum_{i \neq i'}{}' \frac{1}{\left|\boldsymbol{r}_i-\boldsymbol{r}_{i'}\right|}\right] \tag{4-20}$$

公式（4-20）中的哈密顿量包括三项，从左到右依次为：单电子动能部分、单电子所受原子核库仑势场部分和单电子 - 单电子相互作用能部分。动能项和外势项仅为单电子坐标的函数，方便求解；然而对于单电子 - 单电子相互作用项 $\frac{1}{\left|\boldsymbol{r}_i-\boldsymbol{r}_j\right|}$ 仍然不能用分离变量法解析求解，还需要寻找进一步的近似。

4.2.4　第一性原理计算的Hartree-Fock方法（单电子近似）

因电子相互作用项 $\frac{1}{\left|\boldsymbol{r}_i-\boldsymbol{r}_j\right|}$ 无法通过进一步的分离变量法求解，严格求解式（4-20）所示的多电子薛定谔方程是不可能的。针对此问题，英国物理学家道格拉斯·雷纳·哈特里（Douglas Rayner Hartree）在 1928 年提出了单电子近似，其核心思想为把多电子系统中的相互作用视为有效场下的无关联的单电子运动，一个具有 N 个电子的系统的总波函数可以写成所有单电子的波函数的乘积。

对于由 N 个电子构成的系统，电子之间的相互作用平均化，每个电子都可以看作是在由原子核的库仑势场与其他 N–1 个电子在该电子所在位置处产生的势场相叠加而成的有效势场中运动，这个有效势场可以由系统中所有电子的贡献自洽决定。于是，每个电子的运动特性只取决于其他电子的平均密度分布，而与这些电子的瞬时位置无关，其状态可用一个单电子波函数 $\varphi_i\left(r_i\right)$ 表示。由于各单电子波函数的自变量是彼此独立的，所以多电子系统的总波函数 Φ 可写成这 N 个单电子波函数的乘积：

$$\Phi(r)=\varphi_1\left(r_1\right) \varphi_2\left(r_2\right) \cdots \varphi_N\left(r_N\right) \tag{4-21}$$

相当于假定所有电子都相互独立地运动，所以称为"单电子近似"。

Hartree 近似下 r 处单电子在晶格势和其他所有电子平均势中的薛定谔方程可写为：

$$\left[-\nabla^2+V(\boldsymbol{r})+\sum_{i\,(\neq i)} \int \mathrm{d} \boldsymbol{r}' \frac{\left|\varphi_i\left(\boldsymbol{r}'\right)\right|^2}{\left|\boldsymbol{r}'-\boldsymbol{r}\right|}\right] \varphi_i(\boldsymbol{r})=E_i \varphi_i(\boldsymbol{r}) \tag{4-22}$$

因电子属于费米子，故而其波函数具有交换反对称性，如果两电子交换坐标，其波函数应该为反号，即：

$$\psi\left(\boldsymbol{r}_1, \boldsymbol{r}_2\right)=-\psi\left(\boldsymbol{r}_2, \boldsymbol{r}_1\right) \tag{4-23}$$

采用式（4-23）描述多电子系统的状态时还需考虑泡利（Pauli）不相容原理所要求的波函数的反对称性要求，即不同自旋状态的电子可以占据同一"轨道"，占据同一"轨道"的电子间又会有排斥作用。Hartree 和苏联物理学家 Vladimir Fock 进一步考虑到电子的反对称性，将体系的多电子波函数描述从单电子波函数的乘积替换为 Slater 行列式（4-24）：

$$\Phi(\{\boldsymbol{r}\})=\frac{1}{\sqrt{N!}}\begin{vmatrix}
\varphi_1\left(\boldsymbol{r}_1, \boldsymbol{s}_1\right) & \varphi_2\left(\boldsymbol{r}_1, \boldsymbol{s}_1\right) & \cdots & \varphi_N\left(\boldsymbol{r}_1, \boldsymbol{s}_1\right) \\
\varphi_1\left(\boldsymbol{r}_2, \boldsymbol{s}_2\right) & \varphi_2\left(\boldsymbol{r}_2, \boldsymbol{s}_2\right) & \cdots & \varphi_N\left(\boldsymbol{r}_2, \boldsymbol{s}_2\right) \\
\vdots & \vdots & \vdots & \vdots \\
\varphi_1\left(\boldsymbol{r}_N, \boldsymbol{s}_N\right) & \varphi_2\left(\boldsymbol{r}_N, \boldsymbol{s}_N\right) & \cdots & \varphi_N\left(\boldsymbol{r}_N, \boldsymbol{s}_N\right)
\end{vmatrix} \tag{4-24}$$

式中，$\varphi_i(\boldsymbol{r}_J,\boldsymbol{s}_J)$ 是状态 i 的单电子波函数，其坐标含有第 n 个电子的空间坐标 $\boldsymbol{r}_i$ 和自旋坐标 $\boldsymbol{s}_i$，并满足正交归一化条件，即

$$\langle\varphi_i|\ \varphi_j\rangle=\sum_{S_n}\int\varphi_i^*(n)\cdot\varphi_j(n)\mathrm{d}\boldsymbol{r}_n=\delta_{ij} \tag{4-25}$$

根据行列式的性质：任意两行或两列交换位置，行列式的值多一个负号。因此满足了多电子体系的反对称特性，同时也满足了泡利原理对电子轨道的约束。式（4-24）是表示多电子系统量子态的唯一行列式，被称为 Hartree-Fock 近似（亦即单电子近似）。

将式（4-24）、式（4-25）代入式（4-22），利用拉格朗日乘子法求总能量，对试探单电子波函数的泛函变分，即可得 Hartree-Fock 方程（4-26）：

$$\left[-\nabla^2+V(\boldsymbol{r})\right]\varphi_i(\boldsymbol{r})+\sum_{i(\neq i)}\int\mathrm{d}\boldsymbol{r}'\frac{\left|\varphi_{i'}(\boldsymbol{r}')\right|^2}{\left|\boldsymbol{r}-\boldsymbol{r}'\right|}\varphi_i(\boldsymbol{r})-\sum_{i'(\neq i),s_{\|}}\int\mathrm{d}\boldsymbol{r}'\frac{\varphi_j^*(\boldsymbol{r}')\varphi_i(\boldsymbol{r}')}{\left|\boldsymbol{r}-\boldsymbol{r}'\right|}\varphi_{i'}(\boldsymbol{r})=\varepsilon_i\varphi_i(\boldsymbol{r}) \tag{4-26}$$

式（4-26）左边第一项为动能和原子核 - 电子势能之和；第二项代表所有电子产生的平均库仑相互作用势，称为 Hartree 项，它与波函数的对称性及所考虑的电子状态无关，比较容易处理；第三项为与波函数反对称性有关的所谓交换作用势，称为 Fock 项，它与所考虑的电子状态 $\varphi_i(\boldsymbol{r}')$ 有关，所以只能通过迭代自洽方法求解，而且在此项中还涉及其他电子态 $\varphi_j(\boldsymbol{r})$，使得求解 $\varphi_i(\boldsymbol{r}')$ 时仍须处理 N 个电子的联立方程组，计算量非常大。

引入有效势的概念，可将 Hartree-Fock 方程改写为：

$$\left[-\nabla^2+V_{\mathrm{eff}}(\boldsymbol{r})\right]\varphi_i(\boldsymbol{r})=\varepsilon_i\varphi_i(\boldsymbol{r}) \tag{4-27}$$

Slater 指出可将 $V_{\mathrm{eff}}(\boldsymbol{r})$ 替换为平均有效势 $\bar{V}_{\mathrm{eff}}(\boldsymbol{r})$，这样 Hartree-Fock 方程被进一步简化为单电子的薛定谔方程：

$$\left[-\nabla^2+\bar{V}_{\mathrm{eff}}(\boldsymbol{r})\right]\varphi(\boldsymbol{r})=\varepsilon\varphi(\boldsymbol{r}) \tag{4-28}$$

需要说明的是，Hartree-Fock 方程中的 ε_i 只是拉格朗日（Lagrange）乘子，并不直接具有单电子能量本征值的意义，即所有 ε_i 之和并不等于体系的总能量。不过 Koopman 定理表明：在多电子系统中，在其他电子的状态保持不变的前提下移走第 i 个电子，ε_i 等于电子从一个状态转移到另外一个状态所需的能量，因此也等于给定电子态对应的电离能。这也是能带理论中单电子能级概念的来源。需要指出的是，HF 理论是假定一个电子在由原子核和其他电子形成的平均势场中独立运动，没有考虑电子间的瞬时相关作用。但是，HF 理论中采用的 Slater 行列式满足 Pauli 不相容原理，所以它在一定程度上包含了同自旋电子间的作用，但是这部分电子关联仅限于电子间的交换作用，忽略了自旋反平行电子间的排斥作用（相关能），计算精度受到一定的限制。相关能一般占体系电子总能量的 0.3% ～ 1%，该能量值与一些化学反应的反应热或者活化能相当，甚至更大；此外，实际化学反应过程中的电子关联程度亦不同。所以，HF 理论在处理分子过渡态、化学反应和电子激发等问题时存在一定的误差。

单电子 Hartree-Fock 方程是通过自洽求解的，为了考虑电子之间的相关作用，解决电子关联作用项所引起的误差，科学家们在 Hartree-Fock 方法的基础上发展了一系列后 Hartree-Fock 方法。

① 组态相互作用（configuration interaction，CI）：根据数学完备集理论，体系的状态波函数应该是无限个 Slater 行列式波函数的线性组合，理论上，只要 Slater 行列式波函数的个数取

得足够多，则通过变分处理一定能得到绝热近似下的任意精确的波函数和能级。在实际计算中普遍采用截断组态相互作用方法，虽然有效地提高了计算效率，但是不满足大小一致性。

② 耦合簇方法（coupled cluster，CC）：使用组合簇算符来构建多电子波函数，实际相当于多电子理论（many electron theory，MET）的微扰形式，满足大小一致性，是多电子理论的最好近似，得到可以与实验值相比拟的精确能量。

③ 多参考组态自洽场方法（Multi-configurational self-consistent field，MCSCF）：也是采用多组态线性组合成为多电子波函数来进行计算，但是在计算中组合系数和轨道系数会同时进行优化，可以得到精确的能量，活化空间组态自洽场（complete active space SCF，CASSCF）是多参考组态自洽场方法常用的一个简化，只考虑活化空间所容许的组态来构成多电子波函数，减少了计算量但是增加了技术细节，活化空间的选取通常是一个复杂的问题。

④ 多体微扰理论（Møller-Plesset，MP）：通过瑞利 - 薛定谔微扰理论（Rayleigh-Schrödinger perturbation theory，RS-PT）为哈特里 - 福克理论增加相关效果，一般微扰会达到二阶（MP2）、三阶（MP3）和四阶（MP4），多体微扰理论也不是大小一致的。

⑤ 多参考态组态相互作用（multi reference configuration interaction，MRCI）：是结合多参考态自洽场（multi-configurational SCF，MCSCF）和组态相互作用两种方法，采用多参考态自洽场的结果作为组态相互作用的初始波函数来进行计算，提高计算精度的同时增大了计算量。

⑥ 活化空间微扰理论（multi-configurational second-order perturbation，CASPT2）：是结合活化空间组态自洽场和二阶多体微扰方法，在活化空间组态自洽场的基础上再次做微扰计算，充分考虑了相关效果，一般可以得到非常精确的能量，但是只能用于计算非常小的体系。

需要注意的是后 Hartree-Fock 方法仍是以波函数作为求解的基本变量，这将使得求解问题成为一个 3N 维的问题，计算量随着电子数的增多呈指数增加。对于原子数大的系统，对计算机的内存大小和 CPU 的运算速度有着非常苛刻的要求，它使得对处理具有较多电子数的计算体系变得不可能。为了更好地处理电子关联项及减少计算量，密度泛函理论的发展较好地解决了该问题。

4.2.5 密度泛函理论

密度泛函理论不像 Hartree-Fock 方法那样去考虑每一个电子的波函数，而是将 Hartree-Fock 方法需要求解的结果即电子密度 $n(r)$ 的分布作为基本变量，只需要知道空间任一点的电子密度 $n(r)$，其他物理量均可用 $n(r)$ 来表述。这不但提供了多粒子系统可作单电子近似的严格理论依据，还大大简化了计算，从而可以对大分子系统进行严格的第一性原理求解。

（1）Thomas-Fermi 模型 1927 年，Thomas 和 Fermi 以 $\rho(r)$ 作为基本变量，建立了计算原子中电子结构的均匀电子气模型，即 Thomas-Fermi 模型 [11, 12]。在均匀电子气模型中，电子不受外力作用，且彼此间亦无相互作用。此时对应电子运动的 Schrödinger 方程可写为：

$$-\frac{h^2}{2m}\nabla^2\psi(\boldsymbol{r}) = E\psi(\boldsymbol{r}) \tag{4-29}$$

相应的解为：

$$\psi_{\mathrm{k}}(\boldsymbol{r}) = \frac{1}{\sqrt{v}}\exp(ik\cdot\boldsymbol{r}) \tag{4-30}$$

考虑绝对零度下电子在能级上的排布情况，可以得到电子密度式（4-31）和单个电子的动能式（4-32）[13]。

$$\rho = \frac{1}{3\pi^2}\left(\frac{2m}{h^2}\right)^{3/2} E_{\mathrm{F}}^{3/2} \tag{4-31}$$

$$T_{\mathrm{e}} = \frac{3E_{\mathrm{F}}}{5} \tag{4-32}$$

式中，E_{F} 是体系的费米能。于是体系的动能密度：

$$t[\rho] = \rho T_{\mathrm{e}} = \frac{3}{5} \times \frac{h^2}{2m}\left(3\pi^2\right)^{2/3} \rho^{5/3} \equiv C_{\mathrm{k}} \rho^{5/3} \tag{4-33}$$

考虑外场 $v(r)$ 和电子间的经典 Coulomb 相互作用，可以得到电子体系的总能量：

$$E_{\mathrm{TF}}[\rho] = C_{\mathrm{k}} \int \rho^{5/3} \mathrm{d}\boldsymbol{r} + \int \rho(\boldsymbol{r}) v(\boldsymbol{r}) \mathrm{d}\boldsymbol{r} + \frac{1}{2} \int \frac{\rho(\boldsymbol{r})\rho(\boldsymbol{r}')}{|\boldsymbol{r}-\boldsymbol{r}'|} \mathrm{d}\boldsymbol{r}\mathrm{d}\boldsymbol{r}' \tag{4-34}$$

能量被表示为仅决定于电子密度函数 $\rho(\boldsymbol{r})$ 的函数，称为电子密度的泛函，密度泛函理论由此得名。

但是，Thomas-Fermi 模型是一个比较粗糙的模型，它以均匀电子气的密度得到动能的表达式，忽略了电子间的交换关联作用，因此很少直接使用。

为了考虑电子的交换关联效应，一个最简单的方法就是在上面的能量公式里直接加入一项或几项修正项。例如，Thomas-Fermi-Dirac 理论中加了一个电子交换项：

$$E_x[\rho] = -C_x \int \rho^{4/3}(\boldsymbol{r}) \mathrm{d}\boldsymbol{r} \tag{4-35}$$

式中，$C_x = 3(3/\pi)^{1/3}/4$。

此外电子关联项也可以被方便地加入，例如 Wingner 提出的关联项：

$$E_x[\rho] = -0.056 \int \frac{\rho^{4/3}(\boldsymbol{r})}{0.079 + \rho^{1/3}(\boldsymbol{r})} \mathrm{d}\boldsymbol{r} \tag{4-36}$$

其他非局域项等更高阶的修正，也可被加入该泛函中，进而解决更多的问题[14, 15]。

（2）Hohenberg-Kohn 定理　1964 年，Hohenberg 和 Kohn 在均匀电子气 Thomas-Fermi 模型的基础上，打破了其能量泛函形式的束缚，创立了严格的密度泛函方法，指出电子体系的基态电荷密度分布是唯一决定着体系总能量的[16]。H-K 定理包括第一定理和第二定理，具体表达形式已有多种阐述[17, 18]。

第一定理：对于一个共同的外部势 $V(\boldsymbol{r})$，相互作用的多粒子系统的所有基态性质都由（非简并）基态的电子密度分布 $n(\boldsymbol{r})$ 唯一决定。体系基态的电子密度与体系所处势场有一一对应的关系，当体系电荷密度分布确定时，势场就确定了，电子数目 $\int \rho(\boldsymbol{r}) \mathrm{d}\boldsymbol{r} = n$ 也确定了，所以体系的哈密顿量也确定了，进而可知体系的波函数和所有其他性质都被确定了，从而完全确定体系的所有性质。而如果两个体系具有相同的基态电荷密度分布，那么它们的势场只相差一个常数确定。第一定理初步论证了用电子密度函数代替波函数来全面描述一个体系是一个可行的方法。

也就是说，体系总能量、动能、电子间相互作用能都是 $\rho(\boldsymbol{r})$ 的泛函，记作 $E[\rho]$、$T[\rho]$、$Vee[\rho]$，并有 $E[\rho] = F[\rho] + \int \rho(\boldsymbol{r}) V(\boldsymbol{r}) \mathrm{d}\boldsymbol{r}$，其中，$F[\rho] = T[\rho] + Vee[\rho]$ 与外势场没有明显的关系。一个多粒子体系在外部势和相互作用 Coulomb 势作用下，Hamiltonian 为：

$$\hat{H}=\hat{T}+\hat{V}+\hat{U} \tag{4-37}$$

式中，$\hat{T}$为电子动能；$\hat{V}$为外势；$\hat{U}$是电子相互作用势。不同体系的$\hat{H}$中，$\hat{T}$和$\hat{U}$的表达式是一样的，只有外势$\hat{V}$是不同的，确定了外势，也就确定了体系唯一的$\hat{H}$。因此，这一定理表明，由电子密度可以决定系统 Hamilton 量$\hat{H}$所决定的所有性质。由$\hat{H}$通过$\hat{H}\psi=E_0\psi$可唯一确定系统的波函数，因此电子密度也决定了系统波函数所决定的所有性质，即由波函数到电子密度没有损失任何信息。而其对非简并基态情况的证明却非常简单，用反证法即可证明。

第二定理：给定外势条件下，取基态电子密度时，能量取得唯一的最小值。第二定理给出了 DFT 的变分法，是进行实际应用的基础。计算过程中利用能量变分原理，使系统能量达到最低。由此求出体系的真正电荷密度$n(r)$，进而计算体系的所有其他基态性质，如能带结构和晶格参数等。

（3）Kohn-Sham 方法，有效单体理论　有了上述两个定理，剩下的问题就是能量泛函的具体表述形式了，在式（4-37）中$\hat{T}$和$\hat{U}$的具体形式是未知的。Kohn 和沈吕九在 1965 年提出了 Kohn-Sham 方程[19]，通过提取$\hat{T}$和$\hat{U}$中的主要部分，把其余次要部分合并为一个交换相关项，在理论上解决了这一问题，他们引进了一个与相互作用 N 电子体系有相同电子密度的假想的非相互作用 N 电子体系作为参照体系 R。为了表述简单，下面的讨论均忽略电子的自旋自由度，并采用原子单位制，即$e=m=\hbar=4\pi\varepsilon_0=l$。忽略电子的相互作用，因此其 Hamilton 量、基态波函数和动能算符都可以写成简单的形式：

$$\hat{H}_R=-\frac{1}{2}\nabla^2+V_R(r)=\sum_{i=1}^{N}\left[-\frac{1}{2}\nabla_i^2+V_{R_i}(r_i)\right] \tag{4-38}$$

$$\psi_R(r)=\frac{1}{\sqrt{N!}}\left|\phi_1(r_1)\phi_2(r_2)\cdots\phi_N(r_N)\right| \tag{4-39}$$

$$T_R=-\frac{1}{2}\sum_{i=1}^{N}\int \mathrm{d}^2r\phi_i^*(r)\nabla^2\phi_i(r) \tag{4-40}$$

真实体系的电子总能量$E=T+V+U$，式中 T、V、U 分别是电子动能、外势能、电子相互作用能。取电子关联能为：

$$E_{xc}=\left(T-T_R\right)+\left[U-\frac{1}{2}\int\frac{\rho(r)\rho(r')}{|r-r'|}\mathrm{d}r\mathrm{d}r'\right] \tag{4-41}$$

则电子总能量为：

$$\begin{aligned}E[\rho]&=T_R+V+\frac{1}{2}\int\frac{\rho(r)\rho(r')}{|r-r'|}\mathrm{d}r\mathrm{d}r'+E_{xc}\\&=T_R+\int\rho(r)\rho(r)\mathrm{d}r+\frac{1}{2}\int\frac{\rho(r)\rho(r')}{|r-r'|}\mathrm{d}r\mathrm{d}r'+\int\rho(r)\varepsilon_{xc}[\rho]\mathrm{d}r\end{aligned} \tag{4-42}$$

由约束条件$\int\rho(r)\mathrm{d}r=N$，根据变分

$$\frac{\delta\left[E-\varepsilon_i\int\rho(r)\mathrm{d}r\right]}{\delta\phi_i}=\frac{\delta\left(E-\epsilon_i\int\rho(r)\mathrm{d}r\right)}{\delta\rho}\times\frac{\delta\rho}{\delta\phi_i}=0 \tag{4-43}$$

利用式（4-40）中的展开式计算上式的左边，计算时除了

$$\frac{\delta\left(T_R\right)}{\delta\phi_i}=-\frac{1}{2}\nabla^2\phi_i(r) \tag{4-44}$$

其他均使用变分的链法则，由

$$\rho(r)=\sum_{i=1}^{N}\left|\phi_i(r)\right|^2 \Rightarrow \frac{\delta\rho}{\delta\phi_i}=2\phi_i \tag{4-45}$$

即可得到：

$$\left\{-\frac{1}{2}\nabla^2+v(r)+\int\frac{\rho(r)}{\left|r-r'\right|}\mathrm{d}r'+v_{xc}[\rho]\right\}\phi_i=\varepsilon_i\phi_i \tag{4-46}$$

式（4-46）即为著名的 Kohn-Sham 方程，Kohn 因此获得了 1998 年的诺贝尔化学奖。

在 Kohn-Sham 方程中，有效势 V_{eff} 由电子密度决定，而电子密度又由 Kohn-Sham 方程的本征函数（即 Kohn-Sham 轨道）求得，所以我们需要自洽求解 Kohn-Sham 方程。这种自洽求解过程通常被称为自洽场（SCF）方法。当得到一个自洽收敛的电荷密度 ρ_0 后，就可以得到系统的总能为：

$$E_0=\sum_{i}^{N}\varepsilon_i-\frac{1}{2}\int\frac{\rho_0(r)\rho_0(r')}{\left|r-r'\right|}\mathrm{d}r\mathrm{d}r'-\int\rho_0(r)\varepsilon_{xc}(r)\mathrm{d}r+E_{xc}\left[\rho_0\right] \tag{4-47}$$

从得到 Kohn-Sham 方程的过程可以看出，Kohn-Sham 本征值和 Kohn-Sham 轨道都只是一个辅助量，本身没有直接的物理意义。一般来说，相比于 HF 轨道，Kohn- Sham 轨道的占据轨道能量偏高，非占据能量偏低，给出相对较小的能隙。唯一的例外是最高占据 Kohn-Sham 轨道的本征值。如果用 $\varepsilon_{\mathrm{N}}(M)$ 表示 N 电子体系的第 M 个 Kohn-Sham 本征值，那么可以严格证明 $\varepsilon_{\mathrm{N}}(\mathrm{N})=-IP$ 和 $\varepsilon_{\mathrm{N+1}}(N+1)=-EA$，式中，$IP$ 和 EA 分别是 N 电子体系的电离能和电子亲和能。但由于目前实际使用的泛函形式的渐近行为很差，往往给出高达 5eV 的单电子能量的虚假上移，因此一般不能直接使用这一结论来计算 IP 和 EA。另外，从实用角度来说，Kohn-Sham 本征值和 Kohn-Sham 轨道已经是体系真实单粒子能级和波函数的很好的近似，与 HF 轨道和扩展的 Huckel 轨道相比，形状和对称性都非常相近，占据轨道的能量顺序也基本一致。对某些合适的交换关联近似（如杂化密度泛函），基于 Kohn-Sham 本征值的能带结构能隙可以和实验数据吻合得很好。

（4）交换关联泛函　尽管 KS 方程在形式上严格地将相互作用多粒子系统的基态问题转化成为在有效势场中运动的独立粒子的基态问题，但由于它将来自交换和关联的所有多体效应都包括在一个未知泛函即交换关联能泛函（exchange-correlation functional）$E_{xc}[n]$（或交换关联势 $V_{xc}[n]$）中，所以多体系问题的真正求解与计算结果的精确性还依赖于如何寻找合理的近似去获得 $E_{xc}[n]$ 的具体形式。

由于 $E_{xc}[n]$ 明确的物理意义就是一个电子在多电子系统中运动时与其他电子间的静电相互作用所产生的能量，能量泛函的所有未知量均被归并到交换相关项 $E_{xc}[n]$ 中，包含许多非经典项，至今仍没有准确的函数描述。一般把交换关联分为两个部分，即交换项 E_x 和关联项 E_c。交换部分是由于费米子的特性，根据 Pauli 不相容原理，相同自旋电子间的排斥作用引起的能量；而关联部分则是不同自旋电子之间的关联作用。此外，对于动能的近似，也被归并到交换关联项中。一般来说，交换项和关联项的比重分别是 90% 和 10%，即交换项起着更重要的作用。虽然交换关联泛函的准确形式还没有得到，但人们通过各种近似方法，得到了许多实用的泛函形式，包括局域密度近似泛函、广义梯度近似泛函等。

（5）局域密度近似　局域密度近似（local density approximation，LDA）于 1951 年由 Slater[20] 最先提出，其假定空间某点的交换关联能 $\varepsilon_{xc}[n(\boldsymbol{r})]$ 只与该点附近（即局域）的电荷密度 $n(\boldsymbol{r})$ 有关，所以总的交换关联能 $E_{xc}[n]$ 可通过对空间各点 $\varepsilon_{xc}[n(\boldsymbol{r})]$ 的简单积分得到：

$$E_{xc}[n] \approx \int \varepsilon_{xc}[n(\boldsymbol{r})]n(\boldsymbol{r})\mathrm{d}\boldsymbol{r} \tag{4-48}$$

对应的交换关联势 $V_{xc}[n]$ 可简化为：

$$V_{xc}[n] = \frac{\delta E_{xc}[n]}{\delta n(\boldsymbol{r})} = \varepsilon_{xc}[n(\boldsymbol{r})] + n(\boldsymbol{r})\frac{\mathrm{d}\varepsilon_{xc}[n(\boldsymbol{r})]}{n(\boldsymbol{r})} \tag{4-49}$$

在上述假定前提下，$\varepsilon_{xc}[n(\boldsymbol{r})]$ 只是各点处 $n(\boldsymbol{r})$ 的函数而非泛函。这样，$\varepsilon_{xc}[n(\boldsymbol{r})]$ 将等于同密度的均匀电子气的交换关联能 $\varepsilon_{xc}^{\mathrm{unif}}[n(\boldsymbol{r})]$，因此可以在已精确计算出的 $\varepsilon_{xc}^{\mathrm{unif}}[n(\boldsymbol{r})]$ 的基础上通过插值拟合的办法得到 $\varepsilon_{xc}[n(\boldsymbol{r})]$。再应用 PWC，可获得 $V_{xc}[n]$，完成 KS 方程的求解。

对于磁学系统，必须考虑未配对自旋的问题。引入自旋向上电子密度 $\rho\uparrow(\boldsymbol{r})$ 和自旋向下电子密度 $\rho\downarrow(\boldsymbol{r})$，则总电子密度 $\rho(\boldsymbol{r}) = \rho\uparrow(\boldsymbol{r}) + \rho\downarrow(\boldsymbol{r})$，磁化电子密度：

$$\zeta(\boldsymbol{r}) = \frac{\rho\uparrow(\boldsymbol{r}) - \rho\downarrow(\boldsymbol{r})}{\rho(\boldsymbol{r})} \tag{4-50}$$

在自旋极化的系统中，LDA 演化为局域自旋密度近似（local spin density approximation，LSDA），其交换关联泛函表达式如下：

$$E_{xc}^{\mathrm{LSDA}}\left[\rho\uparrow(\boldsymbol{r}), \rho\downarrow(\boldsymbol{r})\right] = \int\left[\rho\uparrow(\boldsymbol{r}) + \rho\downarrow(\boldsymbol{r})\right]\varepsilon_{xc}^{\mathrm{h}}\left[\rho\uparrow(\boldsymbol{r}), \rho\downarrow(\boldsymbol{r})\right]\mathrm{d}\boldsymbol{r} \tag{4-51}$$

常见的 $\varepsilon_{xc}^{\mathrm{h}}$ 形式由 Barth 和 Hedin 通过插值法给出：

$$\varepsilon_{xc}^{\mathrm{h}}\left[\rho\uparrow, \rho\downarrow\right] = f(\zeta)\varepsilon_{\mathrm{p}}[\rho] + [1 - f(\zeta)]\varepsilon_{U}[\rho] \tag{4-52}$$

$$f(\zeta) = \frac{(1+\zeta)^{4/3} + (1-\zeta)^{4/3} - 2}{2^{4/3} - 2} \tag{4-53}$$

LDA 方法虽然形式简单，但由于实际计算中的加和效应和平均效应，LDA 对许多体系都能给出很好的结果。在共价键、离子键和金属键结合的体系中，LDA 都可以很好地预测分子的几何构型，对键长、键角、振动频率等也都可以给出很好的结果。但是，LDA 会高估结合能和离解能，低估绝缘体的带隙等。对电子密度分布极不均匀或能量变化梯度大的系统，如对一些存在过渡金属或稀土元素的材料来说，因为 d 电子或 f 电子的存在，其电子云的分布非常不均匀，LDA 方法不再适用。此外，它在 $\boldsymbol{r} \to \infty$ 时的渐进行为不是理论上的 $-1/\boldsymbol{r}$，而是指数下降，误差较大。因此需要发展新的近似方法。

引入电子密度的梯度展开因子 $\nabla\rho(\boldsymbol{r})$，只考虑密度的一级梯度对 $E_{xc}[n]$ 的贡献时即得到广义梯度近似方法（generalized gradient approximation，GGA）[21]，其一般表达式如下：

$$E_{xc}^{\mathrm{GGA}}[\rho(\boldsymbol{r})] = \int f[\rho(\boldsymbol{r}), \nabla\rho(\boldsymbol{r})]\mathrm{d}\boldsymbol{r} = \int \rho(\boldsymbol{r})\varepsilon_{xc}[\rho(\boldsymbol{r})]\mathrm{d}\boldsymbol{r} + \int F_{xc}[\rho(\boldsymbol{r}), \nabla\rho(\boldsymbol{r})]\mathrm{d}\boldsymbol{r} \tag{4-54}$$

对于交换关联泛函 $E_{xc}[n]$ 的处理一般也是先分解成交换项 E_x 和关联项 E_c 两个部分。在具体构造方法上存在两个流派：一派以 Perdew 为首，认为发展交换关联泛函必须以一定的物理规律为基础，这些规律包括标度关系、渐近行为等，得到的泛函尽量不包括实验参数；另一派以 Becke 为首，他们认为泛函的形式仅由实际计算结果来决定，一般含有若干个由计算和实验数据得到的参数。

在此基础上，常用的交换泛函 $E_x[n]$ 形式有含实验拟合参数的 Becke 1988（B88 或 B）、Perdew-Wang 1991（PW91）及不含实验参数的 Perdew 1986（P86）、Perdew-Burke-Ernzerhof 1996（PBE）等。相关泛函 $E_c[n]$ 的形式相对更加烦琐，主要有含参数的 P86 与不含参数的 Lee-Yang-Parr 1988（LYP）、PW91、PBE 等。原则上，$E_{xc}[n]$ 可以是上述 $E_x[n]$ 和 $E_c[n]$ 的任意组合形式，但实际上，只有 B-P86、B-LYP、PW91、PBE 这些组合是比较常用的。

由于加入了一个非局域梯度项，与 LDA 相比，GGA 方法一般都能给出更精确的能量和结构，更适合用于非均匀的开放系统，也是在电催化计算中应用更广的方法。

科学家们通过在 GGA 的基础上增加更多描述体系的系统特征变量，发展出了 Post-GGA（或称为 meta-GGA）方法，如在 PBE 泛函的基础上包括了占据轨道的动能密度信息的 PKZB 泛函；在 PKZB 泛函的基础上完全不依赖经验参数拟合的 TPSS 泛函。显然，泛函中包含的信息越来越多，对客观系统的描述也就越来越准确。Becke 将如 KS 轨道计算出的 Hartree-Fock 交换能 E_x 加入能量密度泛函的思想中，发展出了杂化密度近似（HDA）方法，如在分子体系计算中常用的 B3LYP 泛函：3 表示杂化时用到了三个参数，B 和 LYP 表示用到的交换和关联泛函分别是 B88 和 LYP 。

此外，密度泛函理论还发展出了以下一些主要形式：

① 考虑相对论效应的相对论性密度泛函理论，可以较好地处理某些含重元素体系；

② 含时密度泛函理论（time dependent DFT，TDDFT）：以 KS 轨道能量差为基础展开激发能的含时密度泛函理论，从非定态 Hartree-Fock 理论出发，建立可用于外场含有时间时的激发态并求解，可获得光吸收与发射、电子谱、光化学等；

③ 流密度泛函理论：通过将传统的 KS 方程替代为一套规范不变且满足连续性方程的自洽方程得到，其中的交换关联能不仅依赖于电荷密度，还依赖于顺磁流密度，因此可以用来处理任意强度磁场下相互作用电子体系；

④ 密度泛函微扰理论：考虑进晶格振动对电子运动的微扰效应，可以计算体系的点阵动力学，进而得到体系的声子谱及其他相关性质；

⑤ Car-Parrinello 方法（CP）：由分子动力学（molecular dynamics，MD）方法和 DFT 结合得到，在研究原子团簇、晶格（包括晶格动力学）、非晶态和液态等系统中发生的不同物理过程时有非常重要的应用。

4.2.6　Car-Parrinello分子动力学方法

传统的 MD 选用半经验原子间势函数，通过求解牛顿运动方程可得到体系的热力学性质。进行 MD 模拟的前提条件是已知原子间的相互作用势。通常的方法是采用经验势场代替原子间的实际作用势或者采用从头算法（ab initio）得到原子间相互作用势的拟合参数，这样可以很大程度地提高计算效率，扩展了模拟的规模，但是通过已知的原子间相互作用势进行 MD 模拟的缺点在于：不能模拟原子在不同化学条件下可能出现的断键成键的情况，对多体问题以及可能的化学反应更是无能为力。另外，已知势场的模拟本身有一个很大的局限性，它丢失了部分电子结构间存在的相关作用信息，而这些相关作用很难通过统一的势函数来准确描述，从而可能导致在模拟结构中不能体现出电子结构相关的重要性质。而计算量子力学的蓬勃发展为计算精度提供了保证，可以精确地预测各种小分子的物理、化学特性，研究化学反应机理。

1985 年，Car 和 Parrinello 在传统的 MD 中引入了电子的虚拟动力学，把电子和核的自由度作统一考虑，首次将 DFT 与 MD 有效结合，提出了从头计算分子动力学方法（ab initio molecular dynamics），也称 Car-Parrinello 分子动力学方法（Car-Parrinello molecular dynamics，CPMD），使基于局域密度泛函理论的第一原理计算直接用于统计力学模拟成为可能，极大地扩展了计算机模拟实验的广度和深度[22]。

CPMD 方法的核心思想仍然是对量子多体问题进行求解，类似 DFT 方法。通过电子近似，将多电子体系的求解化为单电子问题的本征波函数求解。但是区别于传统 DFT 的方法，CPMD 方法将电子波函数当作一个“假想经典粒子”来处理，并赋予其一个“虚拟”的电子质量来控制这个“假想经典粒子”对整个体系的能量贡献。就可以将对波函数的自洽迭代求解过程，转化为对“经典假想粒子”的“运动”求解。可以进一步与“原子核”或“离子实”的运动求解在同一步数值计算中完成，从而使得将 DFT 方法应用于 MD 计算完成可能。使用 CPMD 则可以摆脱经典 MD 对经验势函数的依赖性，同时能得到电子层次的物理信息，但是对于动力学的求解过程，还仅限于少原子体系。

4.2.7　量子力学/分子力学耦合方法

Karplus 等提出了量子力学 - 分子力学（hybrid quantum mechanics/molecular mechanics，QM/MM）组合模型，采用量子力学和分子力学相结合的方法来计算溶质分子和溶剂分子的总体能量、溶质 - 溶剂相互作用能以及溶质分子的电子结构。

在实际理论计算时，由于关心的是溶质的性质，往往对其采用高级别的量子力学计算（QM）。而对于溶剂分子则可以采用低级别的 MM 方法计算。这样就可以增加超分子模型中的溶剂分子数量，充分模拟其长程溶剂效应。其既包括了量子力学的精确性，也利用了分子力学的高效性。

在 QM/MM 方法中，最核心的问题就是如何用 Hamilton 算符来描述整个体系的能量。当前，在处理这个问题上已经有了多种成熟的方案，主要有“连接模式”和“嵌入模式”两种。

在“连接模式”中，整个体系的有效 Hamilton 量（effective Hamiltonian）可以表述为[23]：

$$H_{\text{eff}} = H_{\text{QM}} + H_{\text{MM}} + H_{\text{QM/MM}} \tag{4-55}$$

式中，等号右边三项分别是 QM 区域、MM 区域以及 QM 与 MM 区域相互作用的 Hamilton 量，其中，$H_{\text{QM/MM}}$ 是 QM/MM 方法的核心部分，QM 与 MM 区域的相互作用包括 Coulomb 作用和范德华作用两个部分，其 Hamilton 量可表达为：

$$H_{\text{QM/MM}} = \underbrace{-\sum_i \sum_j \frac{q_i}{|r_{ij}|}}_{\text{MM原子同QM电子之间的作用}} + \underbrace{\sum_i \sum_{\text{A}} \frac{q_i Z_{\text{A}}}{|R_{i\text{A}}|}}_{\text{MM原子单点电荷同QM原子核的作用}} + \underbrace{\sum_i \sum_{\text{A}} \left[\left(\frac{\sigma_{i\text{A}}}{R_{i\text{A}}} \right)^{12} - \left(\frac{\sigma_{i\text{A}}}{R_{i\text{A}}} \right)^{6} \right]}_{\text{MM区域与QM区域间的范德华相互作用}} \tag{4-56}$$

式中，q_i 是 MM 区域原子 i 上的电荷；Z_{A} 是 QM 区域原子 A 的核电荷数；r_{ij} 和 $R_{i\text{A}}$ 分别表示 QM 区域电子和电子核与 MM 区域原子 i 的作用距离。$\sigma_{i\text{A}}$ 是 QM 区域原子 A 与 MM 区域 i 原子范德华作用的 Lennard-Jones 参数。式（4-56）中的第一项和第三项包括 QM 区域中的电子坐标，从而必须用量子化学的方法求得。

“嵌入模式”是 QM/MM 算法中描述体系能量的另一种方法，其主体思想是对不同区域进行各种不同精度的计算，然后通过对能量进行加减运算，达到 QM/MM 的计算效果。

在“嵌入模式”中，最著名的是由 Morokuma 等提出的三种此类方法：一种是分子轨道（molecular orbital）方法和 MM 组合成的 IMOMM（integrated molecular orbital + molecular mechanics）方法；还有一种是 QM 和 MM 结合的 ONIOM（our own *N*-layered integrated molecular orbital + molecular mechanics）方法，它允许不同精度的计算方法组合在一起。

经验价键理论计算方法（EVB）是将量子化学与分子力学相结合的计算方法。EVB 的计算思路与 QM/MM 模型比较，只是 QM 区用价键理论计算，在解久期方程时加入经验参数。与 MO/MM 计算方法比较，这一方法可将计算结果与实验数据拟合，调节参数，并且在优化经验参数时，不但可以同气相实验数据拟合，而且也可以与溶液中的实验参数拟合，这是 EVB 理论的优点。现在，EVB 理论被广泛地应用于溶液中的化学反应和酶催化机理的研究。但 EVB 方法的能量计算过程是建立在分子力学基础上，不仅对不同体系需选择不同参数，且反应物和产物之间的 Hamiltonian 项更被认为与溶剂效应无关。另外，将 QM/MM 方法与统计力学原理结合的 Monte Carlo QM/MM 计算方法可对凝聚态体系的统计行为进行研究，进而得到体系的溶剂性质，这些统计性质可直接与实验结果相比较。

4.3 电子性质的理论基础

对于理论计算结果的分析，包括体系几何结构和电子结构。其中，几何结构的分析要素可以以 4.1 节中的模型理论为基础；对于电子结构的分析，本小节就催化材料中最常见的电子性质，包括能带结构、态密度、电荷密度分布、电子局域化函数、电子密度差、HOMO/LUMO 等作了阐述。

4.3.1 晶体的能带结构

（1）电子共有化　晶体中大量原子（分子、离子）规则排列成点阵结构，晶体中形成周期性势场。由于晶体中原子的周期性排列，价电子不再为单个原子所有。共有化的电子可以在不同原子中的相似轨道上转移，可以在整个固体中运动。对于原子的外层电子（高能级），势垒穿透概率较大，属于共有化的电子；原子的内层电子与原子核结合较紧，一般不是共有化电子。

（2）能带的形成　由于晶体中各原子间的相互影响，原来各原子中能量相近的能级将分裂成一系列和原能级接近的新能级，这些新能级基本上连成一片，形成能带（energy band）。晶体的能带结构常常采用近自由电子模型来描述，能带电子被看作仅受离子实的周期势场的微扰。该模型能够给出关于金属中电子行为的几乎所有定性问题的答案。布洛赫（Bloch）证明了对于含周期性势场的薛定谔方程，其解必定具有如下形式：

$$\psi_k(\boldsymbol{r}) = u_k(\boldsymbol{r})\exp(ik\cdot\boldsymbol{r}) \tag{4-57}$$

式中，$u_k(\boldsymbol{r}) = u_k(\boldsymbol{r}+\boldsymbol{T})$，$\boldsymbol{T}$ 表示晶格平移矢量。该式表明，对于周期势场中的波动方程而言，其本征函数为一个平面波 $\exp(ik\cdot\boldsymbol{r})$ 乘上一个具有周期性的函数 $u_k(\boldsymbol{r})$。上式给出的单电子的波函数就是一个所谓的布洛赫函数。布洛赫函数可以叠加为波包，从而表示在离子实势场中自由传播的电子。将 ψ_k 带入薛定谔方程，并取周期性边界条件即可求出 ψ_k 的特征值 E_k。能带结构是 E_k - k 关系曲线，这种函数空间称为 k 空间（也称倒易空间、动量空间），它实际是我们熟悉的空间的 Fourier 变换。Bloch 分子轨道其实就是构成晶格的原子轨道的 Fourier 变换，函数变量由 j 变换成 k。

当 N 个原子靠近形成晶体时，由于各原子间的相互作用，原来孤立原子的一个能级，就分裂成 N 条靠得很近的能级。使原来处于相同能级上的电子，不再有相同的能量，而处于 N 个很接近的新能级上。能带宽度 ΔE 一般为几个 eV，能带中相邻能级的能差约为 10^{-22}eV。一般而言，外层电子共有化程度高，能带较宽；相应内层电子的能带较窄。

（3）能带中电子的排布　能带中电子的排布服从泡利不相容原理和能量最小原理。N 个孤立原子的能级 E_{nl}，最多能容纳 $2N(2l+1)$ 个电子，其中 l 为角量子数；该能级分裂成由 N 条能级组成的能带后，最多能容纳 $2N(2l+1)$ 个电子。例如，1s、2s 能带，最多容纳 $2N$ 个电子；而 2p、3p 能带，最多容纳 $6N$ 个电子。根据电子的排布情况，可将能带分为满带、导带、空带和禁带。根据材料的能带结构，可推断材料属于金属、半金属、半导体还是绝缘体，进而推断材料的导电性能。

满带：能带中各能级都被电子填满。满带中的电子由原占据的能级向带内任一能级转移时，必有电子沿相反方向转换，因此，不会产生定向电流，不能起导电作用。

导带：被电子部分填充的能带。在外电场作用下，电子可向带内未被填充的高能级转移，但无相反的电子转换，因而可形成电流。

价带：价电子能级分裂后形成的能带。有的晶体的价带是导带，有的晶体的价带也可能是满带。

空带：所有能级均未被电子填充的能带。由原子的激发态能级分裂而成，正常情况下空着；当有激发因素（热激发、光激发）时，价带中的电子可被激发进入空带；在外电场作用下，这些电子的转移可形成电流。所以，空带也是导带。

禁带：在能带之间的能量间隙区，电子不能填充。

4.3.2　态密度

能带结构的 k 空间描述方式在实际应用中常显得不够直观，另一常用的能带结构表示方法是态密度（density of states，DOS）。

对于给定的能带 n，其态密度 $N_n(E)$ 为：

$$N_n(E)=\int\frac{\mathrm{d}\boldsymbol{k}}{4\pi^3}\delta\left[E-E_n(\boldsymbol{k})\right] \tag{4-58}$$

式中，$E_n(\boldsymbol{k})$ 为 n 能带的色散，态的总密度 $N(E)$ 是通过在布里渊区内积分求得对所有能带求和得到的。$N(E)$ 从负无穷大到积分至费米能级可求得体系中的电子总数。在自旋极化系统中，可以为自旋向上和自旋向下的电子引入单独的 DOS，其和值产生总 DOS，它们的差值称为态的自旋密度。DOS（E）代表整个 Brillouin 区的平均能级密度分布，不具有正负对称性与空间方向性。

态密度的另一种表示方式是：$N_n(E)\mathrm{d}E$ 与能量范围 E 至 $(E+\mathrm{d}E)$ 内第 n 个能带中的波矢 $\boldsymbol{k}$ 成正比，即能带中的能级数目在线性势能标度（E）上的分布，代表能带中的能级数目 n 随势

能 E 的变化率：

$$\mathrm{DOS}(E)=\mathrm{d}\,n(E)/\mathrm{d}E \tag{4-59}$$

在 E_k-k 能带结构中，k 值是能级的编号，在 dE 范围内的 k 值变化 dk 应正比于能级数目 dn 的变化，因此

$$\mathrm{DOS}(E)\propto \mathrm{d}k/\mathrm{d}E \tag{4-60}$$

DOS(E) 正比于 E_k-k 曲线的斜率的倒数。换言之，在 E_k-k 能带结构图中，能带的走向越缓，该 E_k 下的 DOS 越大；相反，能带走向越陡，该 E_k 下的 DOS 越小。与 E_k-k 曲线相比，DOS(E) 曲线虽然失去了空间细节，但较简单地反映了材料整体的电子结构特征。DOS(E) 是 $n(E)$ 的微分，因此从带底至 E_F 对 DOS(E) 曲线进行积分可得到该能带中的电子占有能级数 N_f：

$$N_\mathrm{f}=\int^{E_\mathrm{f}}\mathrm{DOS}(E)\mathrm{d}E \tag{4-61}$$

N_f 乘以 2 便是能带中的填充电子数。

4.3.3 布居数分析

（1）Mulliken 布居：设分子轨道 $\varphi=\sum_{\mu}c_{i\mu}\chi_\mu$，其中 χ_μ 为基矢波函数。定义密度矩阵 $P_{\mu\nu}=\sum_{i,j}^{occ}c_{i\mu}c_{j\nu}$，则有总电子数 $N=Tr(PS)=\sum_{\mu}(PS)_{\mu\mu}$，其中 $S_{\mu\nu}=\langle\chi_\mu|\ \chi_\nu\rangle$ 为重叠积分。电荷 $q_A=Z_A-\sum_{\mu\in A}(PS)_{\mu\mu}$。Mulliken 布居的优点是简单，可用于定性分析，存在的问题是强烈依赖于基组，对大基组电荷布居偏大。

（2）Löwdin 布居：相对 Mulliken 布居进行了小的改进，先对基组作正交化：$\chi_r=\sum_{s}S_{rs}^{1/2}\phi_s$——对基矢的依赖变小。

（3）静电势拟合（ESP fitting）：为了正确地描述分子与其他分子的静电互相作用，我们感兴趣的电荷布居应该重新产生出在分子周围一定区域内的静电势：

$$v_{\mathrm{ESP}}=\sum_{k}^{N}\frac{q_k}{|\boldsymbol{r}-\boldsymbol{r}_k|} \tag{4-62}$$

存在的问题：①柔性分子的电荷布居具有构象依赖性；②内部原子与外势不匹配。

（4）Hirshfeld 布居：

$$\rho_\mathrm{d}=\rho(\boldsymbol{r})-\sum_{\alpha}\rho_\alpha\left(\boldsymbol{r}-\boldsymbol{R}_\alpha\right) \tag{4-63}$$

其中等式右边第一项为形成分子时的电荷密度，第二项为单个原子的电荷密度叠加。电荷 $q_\alpha=\int\rho_\mathrm{d}(\boldsymbol{r})W_\alpha(\boldsymbol{r})\mathrm{d}\boldsymbol{r}$，其中权重 $W_\alpha(\boldsymbol{r})=\rho_\alpha\left(\boldsymbol{r}-\boldsymbol{R}_\alpha\right)\left[\sum_{\beta}\rho_\beta\left(\boldsymbol{r}-\boldsymbol{R}_\beta\right)\right]^{-1}$。

（5）Bader 分析：根据电荷分布的拓扑结构进行分析，梯度为零的地方就是分界面。

$$\nabla\rho\cdot n=0 \tag{4-64}$$

总的来说，所有的布居分析都是定性的。

（6）其他性质：电荷密度和差分电荷密度通常可用来直接判断成键性质及电子盈亏，以及共价键、离子键、金属键、氢键、分子间互相作用。电离能（IP）为拿走一个电子所需要

的能量，电子亲和能（EA）为得到一个电子所释放的能量。对金属，可以定义功函数为电子从金属逃逸时所需要克服的功。在计算中，真空能级等于 $V_{\text{eff}} \to \infty$ 时的值，为了加快收敛，通常只考虑静电部分。

4.4　吸附与反应的理论基础和应用

在 DFT 计算中，化学反应判断常用的三个指标为吸附能（结合能）、反应吉布斯自由能和活化能。

4.4.1　势能面及其特征

同一个分子的不同结构的势能构成的曲面称为势能超曲面 S，简称势能面，即体系的每一个化学状态都对应一个能量，这些能量即构建了势能面。从量子力学角度而言，势能面指电子状态确定体系的势能随其原子核位置改变的能量变化图形。

势能面上具有包括平衡点、极小点、构象、稳态点和过渡态等一系列具有特殊性质的点。本小节将逐一介绍。

（1）平衡点：势能面上，势能 E 对于任意原子核坐标 q 的一阶导数等于零的点，即

$$\frac{\partial E}{\partial q_i}=0\text{（}i\text{ 表示任意的原子核）} \tag{4-65}$$

都称为平衡点，记为 q_{eq}，其中包括极小点、极大点、稳态点（即驻点）和过渡态。

（2）极小点：势能面上任意原子核坐标 q，且满足式（4-65）：

$$\frac{\partial^2 E}{\partial q_i^2}>0 \tag{4-66}$$

该点称为局部极小点或称为构象（conformation），所有局部极小点中势能最低者称为全局极小点，全局极小点只是同一个分子中势能最低的构象，往往是但不一定是最稳定的构象，在时间演化中出现概率最大的构象才是“最稳定的构象”。在量子力学计算中，常常通过计算体系所有高对称位点的性质来完成对全局极小点的搜寻。

（3）稳态点（驻点）：势能面上满足式 $\dfrac{\partial E}{\partial q_i}=0$，且对于一部分原子核 i 有 $\dfrac{\partial^2 E}{\partial q_i^2}<0$，而另一部分原子核 i 则

$$\frac{\partial^2 E}{\partial q_i^2}>0 \tag{4-67}$$

该点称为稳态点或驻点。

（4）过渡态（transition state）：势能面上满足

$$\frac{\partial E}{\partial q_i}=0 \tag{4-68}$$

且只有一个 q_i 方向上满足 $\dfrac{\partial^2 E}{\partial q_i^2}<0$，而其余方向

$$\frac{\partial^2 E}{\partial q_i^2}>0 \tag{4-69}$$

该点称为过渡态，在过渡态的这个极大方向上的势能面。

此时势能 $E=E_0+\frac{1}{2}k(q-q_0)^2$，力常数 k<0，于是对应的振动频率 $\nu=\frac{1}{2\pi}\sqrt{\frac{k}{m}}$ 为虚数。于是判断过渡态的判据为：当对某个分子结构作振动分析时，当且仅当有一个虚频率时该结构为过渡态的结构。

4.4.2 吸附能

吸附能（adsorption energy，AE）是通过计算吸附作用发生前后系统的总能量之差获得的，即

$$AE=E_{\text{M-A}}-E_{\text{M}}-E_{\text{A}} \tag{4-70}$$

式中，$E_{\text{M-A}}$ 为吸附分子与金属表面键合后的系统的能量（负值）；E_{M} 与 E_{A} 则分别为金属表面与吸附质单独存在时的能量（负值）。稳定的化学吸附是放热的，即分子在表面吸附后系统总能量下降（变得更负），因此，AE 为负值时，AE 绝对值越大表示吸附越强。

$E_{\text{M-A}}$ 的计算是很费时的，因为获得分子在表面最稳定的吸附方式需要全面考察金属表面各种可能的吸附位点以及吸附分子可能的吸附形态。以 CO 在 Pt(111) 表面的吸附计算为例，需要考虑顶位（top）吸附、桥位（bridge）吸附、FCC 三重空位及 HCP 三重空位吸附共 4 个吸附位点的计算；同时需要考虑 C 端还是 O 端吸附，以及垂直、倾斜，还是平行等多种可能的吸附形态。如果研究合金表面，如 Pt_3Cu（111），表面的化学环境将变得更加复杂，可能的吸附位点至少 8 个。每一种吸附方式的计算还是一个分子动力学计算过程，需计算吸附分子中的原子以及金属表面原子的受力情况，并使这些原子在应力方向上弛豫，不断地调整原子间距直至达到势能最低的平衡态。

可以看出，通过量子力学计算直接获得 $E_{\text{M-A}}$ 的计算代价是很大的，特别是分子较大或表面组成较复杂时。在很多场合，我们更关心的是 AE 的变化而非具体的 AE 的值，如果能找到 AE 与系统的某些电子结构特征参数的联系，则有可能根据系统的电子结构变化判断 AE 的变化。这种构效关系本文称之为吸附作用的电子特征描述，即根据少量实验或计算容易获得的电子结构特征参数判断和预测吸附作用的变化规律，这些与吸附作用密切相关的特征参数称为描述符（descriptor）。实际工作中，只需获得系统的描述符，便可对其相对于已知系统的吸附变化做出判断，进而预测相对的表面反应性。

Newns-Anderson 模型是早期对金属表面吸附作用进行电子特征描述的代表。该模型忽略吸附分子与金属 sp 能带的相互作用，采用以下 3 个参数对吸附分子与金属 d 能带之间的紧结合作用（tight-binding）进行描述：①金属 d 能带能中心 ε_{d} 与参与吸附键的分子能级 ε_{a} 之差 $|\varepsilon_{\text{d}}-\varepsilon_{\text{a}}|$；②金属 d 能带宽度 W；③分子与金属表面之间的耦合矩阵（coupling matrix）V 的行列式 $|V|$（称为耦合强度）。这 3 个参数中的前两个衡量分子与表面的能量匹配度，通过简单的电子结构计算便可获得；但 $|V|$ 与几何因素有关，仍需较深入的计算方能确定。矩阵 V 的元素定义为：

$$V_{\text{ak}}=\int \phi_{\text{a}}^{*}\hat{H}\phi_{\text{k}}\text{d}\boldsymbol{r} \tag{4-71}$$

代表吸附分子的轨道 ϕ_{a} 与某一金属原子的轨道 ϕ_{k} 的相互作用。可见 V 包含了 ϕ_{a} 与所有金属表面原子轨道的相互作用，它不仅取决于金属和吸附质的性质，也与吸附质相对于金属

表面的空间位置有关，因此$|V|$不是一个纯粹的金属表面电子结构特征参数。

在实际工作中，常见的问题是对比某一吸附质在不同金属表面上的吸附强度。如果假设吸附质均处于相同的吸附位点，则空间几何因素可以忽略，$|V|$也成为金属的一个特征参数。在 Newns-Anderson 模型中，$|\varepsilon_d-\varepsilon_a|$、$W$ 与$|V|$并非相互独立的因子，Hammer 与 Nørskov 发现在很多情况下，采用 ε_d 一个电子特征参数就已经可以很好地描述不同金属表面间的活性差异。

由于无须计算$|V|$，Hammer-Nørskov 的 d 能带中心模型（d-band center model）的计算代价非常小，只需要计算被研究的金属表面的电子结构，然后提取投影到表面原子的 LDOS（E），便可获得相应的 ε_d。近年来，越来越多的异相催化研究表明过渡金属的表面反应性（surface reactivity）的确与 ε_d 具有良好的相关性，d 能带中心模型（或称 d 能带中心理论）因此成为目前异相催化研究中的常用语言。

图 4-1 是包含若干重要电子特征参数的过渡金属周期表。表中金属表面反应性的变化存在两个趋势：由右而左增强；由上而下减弱。前一个趋势与 ε_d 的变化存在很好的相关性，周期表中自右向左 ε_d 单调上升，d 能带中未填充反键能级数增加，吸附增强。这说明对于相同周期的过渡金属，与吸附质前线轨道的能量匹配是最重要的。对于后一趋势，ε_d 似乎不是完备的描述符：在 d 能带半充满以前（d 能带填充电子数小于 0.6），ε_d 随内层电子数的增加而上移；而当 d 能带超过半充满，ε_d 基本上随内层电子数的增加而下移。对此，耦合强度（此处表示为 V^2）似乎是更重要的描述符，它均随内层电子数的增加而单调增大，与 d 能带填充电子数无关。这一相关性来自金属内层电子对吸附质的排斥作用：当吸附质位置固定时，金属内层电子数越多排斥作用越强（V^2 越大），因此吸附键越弱。

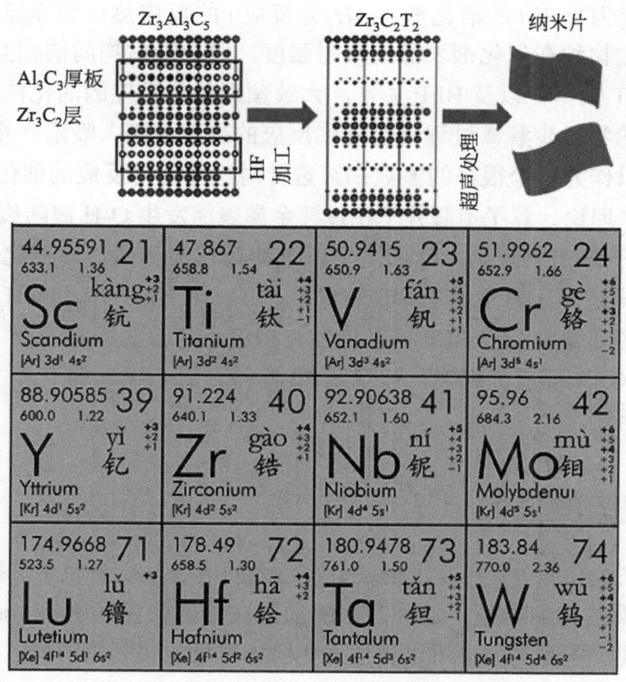

图4-1　包含若干重要电子特征参数的过渡金属周期表

必须指出的是，虽然金属的电子特征参数可以在一定程度上描述不同金属间的活性差异，但对于相同金属表面不同吸附质的 AE 差异目前尚无简明的模型加以描述，例如，O 与 H 在不同金属表面 AE 与各金属表面 ε_d 分别存在很好的线性关系，但这两种线性关系的斜率不同，AE_O 变化的斜率大于 AE_H 变化的斜率。这种吸附质特性效应对研究涉及两种吸附质协同完成的表面反应（即后文将讲述的协同效应）以及相应的双功能催化剂的设计可能是很重要的。

4.4.3 BEP关系在反应中的应用

考虑到真实催化体系的复杂性，从理论上寻找简单、普适的判据来预测催化行为显得十分必要，当然这同时也有相当大的难度。由于化学反应的基本驱动力是热力学自由能变化，通过理论计算化学方法来计算催化过程中的热力学变化，并寻找普适的理论规律一直是多相催化理论研究的热点。在 2000 年前后，通过多个理论课题组大量 DFT 理论计算，多相催化中的 BEP（Brønsted-Evans-Polanyi relation）关系在一系列催化基元反应中得到了证实，如式（4-72）所示，观察到反应活化能的变化程度与反应热力学变化有线性关系。BEP 关系是一种热力学判据，是指物种的吸附能和反应活化能之间存在着线性关系[24]。BEP 关系是催化中的 Sabatier 原理的一个定量化的理论表述，对选择合适的多相催化催化剂有普适性的指导意义。简单地说，该原理指出反应物种吸附太强和太弱都不利于提高催化反应活性。这是由于对于弱吸附（相互作用）的情况，BEP 关系决定了催化反应的能垒会很高，因此速率很低；对于强相互作用的情况，表面活性位置会被吸附物种大量堵塞，活性同样会显著降低。在这两种极限下，一定会存在一个适中的吸附强度使得催化剂的催化活性达到最大。

$$E_a^i = \alpha \Delta H_i + \beta \tag{4-72}$$

式（4-72）中 E_a^i 为反应 i 的活化能；ΔH_i 为反应 i 的反应热。如今已经可以通过 DFT 计算相对容易地定量化物种在催化剂表面的吸附强度，以及吸附物间的相互作用强度，这意味着可以根据这些 DFT 数据，以及 BEP 关系，大致预测催化反应的活化能，甚至是反应速率。由于很多催化反应的第一步解离过程就是催化反应的决速步骤，吸附产物的吸附能或第一步的解离吸附热就可以作为一个很好的参数来筛选针对这些催化反应的催化剂。如图 4-2 所示，Fajín 等[25]利用 DFT 理论计算了甲醇分子在过渡金属表面发生 O-H 键断裂的活化能和吸附能，发现该反应具有较好的 BEP 规则，显示出了理论计算在预测高活性催化剂中的能力。同时，他们发现该规律同样适用于其他具有 OH 键结构的 H_2O、HCOOH 和 CH_3CH_2OH 等小分子体系中。笔者团队采用 d 带中心与 BEP 关系描述符相结合的方法探究了以 Ir、Au 和 Pd 为衬底的 Pt-skin 模型对于 ORR 反应的影响，认为以 Pd 为衬底的 Pt-skin 催化剂（PdPt）较其他催化剂具有更好的催化活性。

4.4.4 电极电势的模拟

由于电势的存在会在固 / 液界面双电层引发巨大的电场，一个简单直接的方法是在模拟中加入一个垂直于表面的均匀电场。这种方法能通过在哈密顿量（Hamiltonian）中加入额外的势能项而方便地实现。电势的大小可以通过改变所加电场的强弱来模拟。然而，在带电固 / 液化学环境中，真实的极化双电层的电势由带电电极及溶液中的荷电离子组成，额外电场方法只能考虑电场，却不能模拟带电极板和溶液中离子的相互作用。

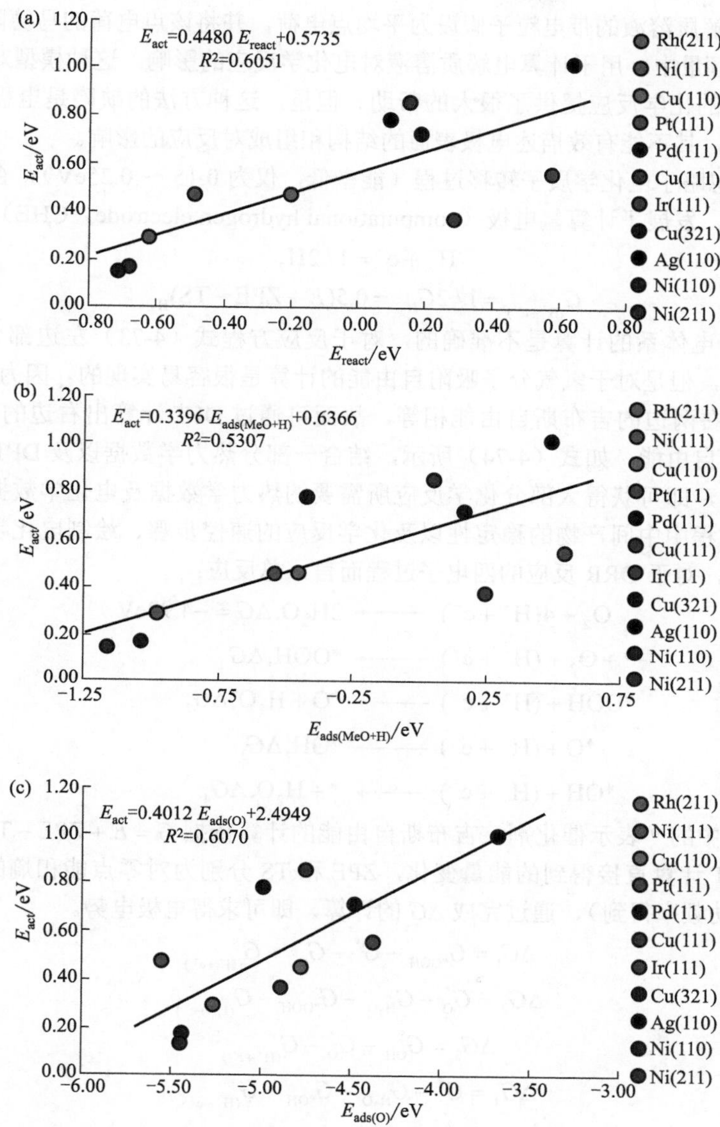

图4-2 甲醇分子OH键解离反应活化能与吸附能的BEP关系[25]

Anderson发展了一种半经验的原子叠加和电子离域的分子轨道方法（atom-superposition and electron-delocalization molecular orbital theory，ASED-MO）模拟双电层界面[26]。在该模型中，电化学势（U）用能带移动的方法计算。金属哈密顿矩阵的对角元与电化学势紧密相关，可根据计算电化学势的大小将研究体系的能带进行相应的偏移。稍后，Anderson等又发展了更为准确的自洽模型来描述电化学氧化还原的反应中心和可逆电势。他们使用小的金属团簇模型来模拟电极反应中心，并提出了两种计算可逆电势的方法。第一种方法是使用方程$\Delta G_0=-nFU_0$计算可逆电势（U_0），方程中的自由能ΔG_0可由计算反应物和产物的反应能获得。第二种方法相对复杂一些，涉及计算反应体系的电离势（I_P）和电子亲和势（E_A），系统的反应坐标和荷电数都会随着氧化/还原反应而改变。电化学势及势能相关的能垒可以通过这种方法计算得到。此外，在该模型的基础上还可以进一步研究电解质溶液对反应的影响。其主要方法是将电解质溶液的带电粒子假设为平均点电荷，并将该点电荷的马德隆和（Madelung Sum）加入哈密顿量中，用于计算电解质溶液对电化学反应的影响。这种模型对于进一步深入了解电极条件下的化学反应提供了很大的帮助。但是，这种方法的缺陷是电极只能用一个或者两个原子模拟，其不能有效描述电极表面的结构和组成对反应的影响。

Nørskov 等忽略了电化学质子转移过程（能垒低，仅为 0.15 ～ 0.25eV），合理地利用了标准氢电极的特点，发展了计算氢电极（computational hydrogen electrode，CHE）方法[27, 28]。

$$H^+ + e^- = 1/2H_2 \tag{4-73}$$

$$G_{(H^+ + e^-)} = 1/2G_{H_2} = 0.5(E + ZPE - TS)_{H_2} \tag{4-74}$$

DFT 对于带电体系的计算是不准确的，对于反应方程式（4-73）左边部分 H^+ 和 e^- 项的计算不可能实现，但是对于氢气分子吸附自由能的计算是很容易实现的。因为在标准条件下，式（4-73）左、右两边的吉布斯自由能相等，故而可通过 DFT 计算出右边的吉布斯自由能，间接求得左边的自由能。如式（4-74）所示，结合一部分热力学数据以及 DFT 自身可完成的热力学计算方法，即可获得大部分化学反应所需要的热力学数据及电化学数据，进而可以比较电化学反应过程中中间产物的稳定性以及化学反应的速控步骤、绘制电化学台阶图等。如式（4-75）所示，对于 ORR 反应的四电子过程而言，总反应：

$$O_2 + 4(H^+ + e^-) \longrightarrow 2H_2O, \Delta G = -4.92eV \tag{4-75}$$

$$* + O_2 + (H^+ + e^-) \longrightarrow *OOH, \Delta G_1 \tag{4-76}$$

$$*OOH + (H^+ + e^-) \longrightarrow *O + H_2O, \Delta G_2 \tag{4-77}$$

$$*O + (H^+ + e^-) \longrightarrow *OH, \Delta G_3 \tag{4-78}$$

$$*OH + (H^+ + e^-) \longrightarrow * + H_2O, \Delta G_4 \tag{4-79}$$

式（4-76）中的 * 表示催化剂，吉布斯自由能的计算依据 $G = E + ZPE - TS$ 完成，其中 E 可以直接由 DFT 计算直接得到的能量变化，ZPE 和 TS 分别为对零点能和熵的校正（可以通过 DFT 计算振动频率得到），通过完成 ΔG 的计算，即可求得电极电势。

$$\Delta G_1 = G_{*OOH} - G^* - G_{O_2} - G_{(H^+ + e^-)} \tag{4-80}$$

$$\Delta G_2 = G_O^* - G_{H_2O} - G_{*OOH} - G_{(H^+ + e^-)} \tag{4-81}$$

$$\Delta G_3 = G_{OH}^* - G_O^* - G_{(H^+ + e^-)} \tag{4-82}$$

$$\Delta G_4 = G^* - G_{H_2O} - G_{*OH} - G_{(H^+ + e^-)} \tag{4-83}$$

其中

$$G^* = E^* \text{（催化剂 * 的 ZPE 和 TS 可以忽略）} \tag{4-84}$$

$$G_{*OOH} = (E + ZPE - TS)_{*OOH} \tag{4-85}$$

$$G_{*O} = (E + ZPE - TS)_{*O} \tag{4-86}$$

$$G_{*OH} = (E + ZPE - TS)_{*OH} \tag{4-87}$$

$$G_{(H^+ + e^-)} = 1/2G_{H_2} = 0.5(E + ZPE - TS)_{H_2}$$

$$G_{H_2O(l)} = G_{H_2O(g)} = (E + ZPE - TS)_{H_2O(0.035bar)} \tag{4-88}$$

$$G_{O_2} = 4.92 + 2G_{H_2O} - 2G_{H_2} \tag{4-89}$$

需要注意的是，ORR 反应的部分中间产物因在热力学上不能稳定存在，需要借助 O_2 和 H_2O 的热力学数据来获得。此外，DFT 无法准确处理氢键对液态水分子总能的贡献。在 298.15K、0.035bar 气压时，液态与气态 H_2O 的自由能相当，故有：$G_{H_2O(l)} = G_{H_2O(g)}$；如式（4-88）

所示，H_2O 的能量，可以近似为计算 298.15K，饱和蒸汽压为 0.035bar 下气态 H_2O 的能量。而 O_2 的基态为三重态，*DFT* 无法准确得到该能量。在热力学上已知反应 $2H_2O \rightarrow 2H_2+O_2$ 的 ΔG 为 4.92eV。O_2 的能量如式（4-89）所示，可以由 H_2O 和 H_2 的能量反推得到。

根据电化学中的能斯特方程可以构建起吉布斯自由能与电极电势的关系，$\Delta G=-eU$，即反应吉布斯自由能和所施加的电压之间的关系，实现不同电极电势与吉布斯自由能关系的转换。

$$\Delta G_n(U)=\Delta G_n(U=0)+neU \tag{4-90}$$

根据吉布斯自由能的负值反应自发原则就可以找到反应自发进行的最小电势。

进一步地，对于不同 pH 值溶液体系，通过推导可知其等效于 pH 值对于电极电势的影响，式（4-90）变为式（4-91）：

$$\Delta G_n(U)=\Delta G_n(U=0)+neU+0.0592\text{pH} \tag{4-91}$$

图 4-3 为 Nørskov 等计算的平衡电势下 Pt、Au 和 Ni 的 ORR 解离机理自由能图，由图 4-3（a）可以发现 Pt 具有最好的催化活性，而 Ni 的活性差的原因在于 O 中间物种会形成稳定强吸附，阻碍后续反应的持续进行；而 Au 表面活性差的原因在于 O 的吸附太弱，没有电子和质子会与之发生迁移反应[28]。图 4-3（b）可知 ORR 的联合机理较解离机理具有更低的能垒。

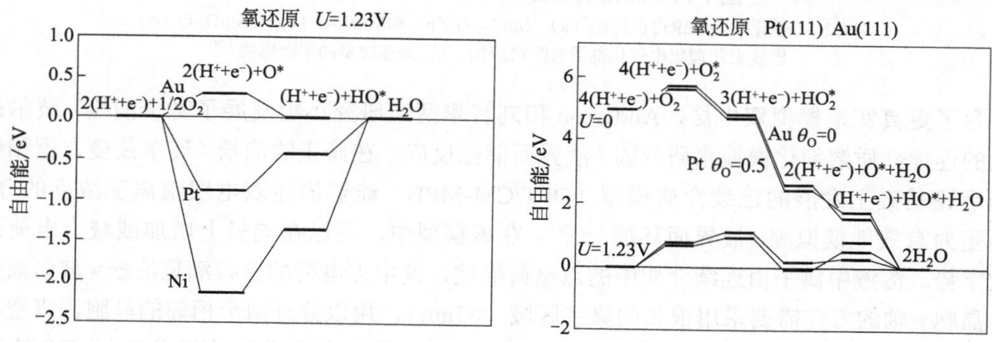

图4-3 1.23V平衡电势下Pt、Au和Ni的ORR解离机理自由能图（a），Pt(111)和Au(111)表面不同电极电势下的ORR联合机理自由能图（b）[28]

这种方法可以用到常见的其他电化学体系，如图 4-4，李灿团队采用该方法研究了氮掺杂石墨烯（Mn-NG）中嵌入单核锰的多相催化剂的高效电化学 OER 过程[29]。

Hunter 等探究了氮掺杂石墨烯中不同的过渡金属原子（M=Co、Pt、Fe、Ni）与 Pt 协同催化 ORR 的能力，发现氮掺杂四原子空位中的 Co 和 Pt 双原子体系（$CoPt@N_8V_4$）具有最好的催化活性，过电位为 0.30V，随后依次是 Co 和 Ni 以及成对 Co。催化剂活性提升的原因在于活性钴原子的还原电位通过另外原子对孔的局部扭曲而改变[30]。此外，该方法在 CO_2 还原（CO_2RR）、N_2 还原（NRR）和 HER 等反应中同样具有普适性[31]。

在周期性 DFT 模拟中采用带电晶胞来考虑电场效果，是目前更为真实描述电化学体系的计算模拟方法。在这种方法中，需要引入参考电极或背景电荷至超元胞模型中，用以中和金属层板（metal slab）所带电荷。Neurock 等发展了一种被称为双参考模型的方法来描述金属 / 溶液界面。在双参考模型中，电极直接由平板模型（slab model）模拟，水层加入金属表面上方直至填满平板模型之间的真空层。金属 / 水层界面间的极化通过改变晶胞中的电子数得以实现。为了保持整个晶胞的电中性，带有相同电量的反电荷背景均匀地分布于整个晶胞之中。背景电荷对于总能量的影响在随后的能量计算中减去。

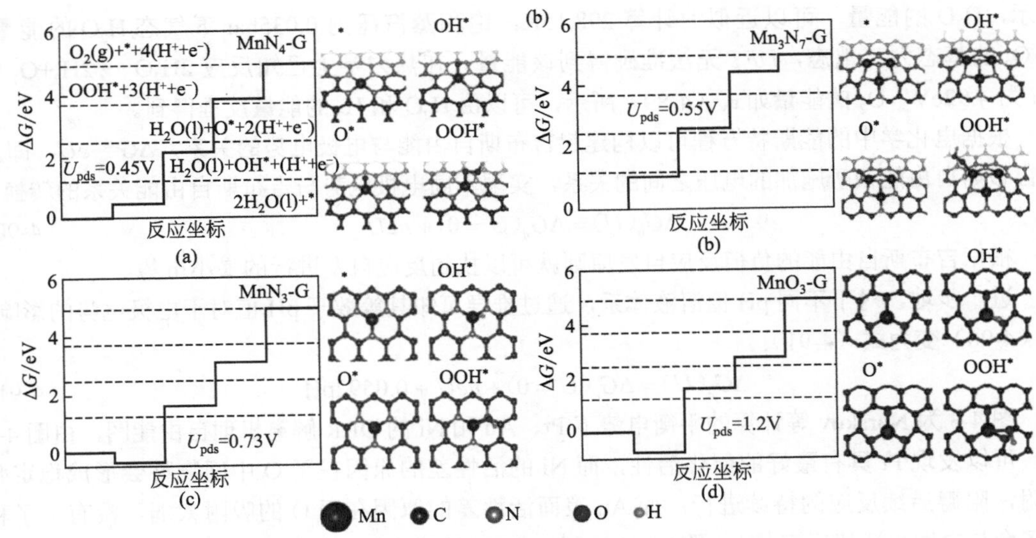

图4-4 催化剂活性的DFT计算（彩插见文前）

MnN_4-G催化剂的OER自由能图（a），Mn_3N_7-G（b）和MnN_3-G（c）和MnO_3-G（d）

虚线表示理想电催化剂的台阶自由能，U_{pds}为速控步的平衡电势[29]

为了更真实地模拟双电层，Anderson和刘智攀两个研究小组发展了基于泊松-玻尔兹曼理论的连续介质溶剂化模型来研究固/液界面催化反应。在修正的泊松-玻尔兹曼方程和密度泛函理论基础上发展的连续介质模型（DFT/CM-MPB）能够描述双电层重离子浓度的分布，从而更为有效地模拟固/液界面环境[32-34]。在该模型中，可以在电极上增加或减少电荷改变电化学势。溶液中离子由连续介质中的点电荷描述，其中点电荷的分布满足泊松-玻尔兹曼方程。晶胞z轴的方向需要采用很长的真空区域（>3nm），用以分开两个相邻的晶胞，真空区域的中间面被定义为电势零点平面，并作为泊松-玻尔兹曼方程积分的边界条件。MPB方程可使用有限差分方法（finite-difference method）得解，在自洽循环中求解Kohn-Sham方程和溶剂化能得出介电常数和离子在溶剂中的分布。刘智攀等使用该方法从微观上研究了固/液界面的平衡性质和重要的电化学反应。对于平衡性质，主要计算了实验上广泛研究的金属表面和CO覆盖的Pt(111)表面的微分电容和零电荷电势。对于固/液界面反应，计算了水在RuO_2表面的电解，氧气在Pt的电还原反应，以及光催化水在TiO_2表面的解离过程和纳米晶团簇上的非均相催化苯乙醇需氧氧化反应。计算结果显示建立的模型能够正确地描述带电情况下溶液中荷电离子的分布，与实验测定的结果一致。

$$\nabla\cdot[\varepsilon(\boldsymbol{r})\nabla(\Psi)]=-4\pi\rho+8\pi zec_{\mathrm{b}}\frac{\sinh(ze\Psi/ktT)}{1-\nu+\nu\cosh(ze\Psi/kt)} \tag{4-92}$$

采用连续介质模型（DFT/CM-MPB）来研究电化学反应一个很好的例子是RuO_2表面上的H_2O氧化过程。Fang和Liu[35]通过研究水在RuO_2（110）表面解离时的相图，探索可能的反应通道，以及计算Tafel直线，阐明了氧气在电势条件下析出的微观机理，研究结果表明，当电势高于1.58V时，反应直接在氧覆盖的表面发生。而电势低于1.58V时，表面吸附相为OH/O混合相。氧气析出过程的决速步骤为H_2O在氧覆盖的表面解离，该解离过程是一种特殊的类Eley-Rideal机理。在解离过程中，电解质溶液中水分子的OH键断裂，同时与表面O形成O-OH。1.58V时，解离水的能垒为0.74V，并随着电势的增加而呈线性下降的趋势（斜率为 0.56）。与水解离反应不同的是，吸附的 O 原子相互耦合是最简单的反应，也被认为是氧气析出反应的传统机理。研究结果发现这种 Langmuir-Hinshelwood 表面 O+O 反应机理的能垒偏高，并且该反应电势对该反应的能垒几乎没有影响。通过对反应机理的详细研究，可以为设计更好的阳极催化剂提供线索。

4.5 总结与展望

近年来随着第一性原理计算程序的普及，开展以金属表面为代表的催化反应的模拟方法已逐步趋于成熟。电化学中的电催化剂多为多相复合材料，所涉及的电催化过程复杂，真实和模型催化体系之间仍存在很大区别。尽管模型催化体系的研究结果一般不能简单直接描述真实催化反应体系，但针对目标催化反应体系，通过对简单到复杂模型的研究，进而构筑更加接近真实的模型催化剂，理论与实验相结合，对催化剂的构效关系和催化反应机理建立更清楚的认识，仍然是催化研究的基本思路。理论催化研究的主要任务就是要从原子分子水平上建立催化剂的表面结构催化性能关系，理解催化反应机理，实现高活性、高稳定催化剂的理性设计。

针对目前电化学体系在第一性原理计算模拟上存在的时间和空间尺度上的局限性，我们需要依靠计算机硬件和软件，以及计算模拟方法的共同发展来解决。近年来计算机硬件的发展使得计算模拟的成本不断降低，包括多中央处理器之间并联效率提高、图形处理器的应用等。我国拥有世界上最大、运算速率最快的超级计算机“太湖之光”和“天河二号”，在硬件的发展上是首屈一指的。但在软件上，我国科研主要依赖于国外的 VASP、Gaussian 等第一性计算软件。新模拟方法的应用和软件的发展往往是相辅相成的。为了促进方法学上的发展以及提高中国在电化学第一性计算领域的影响力，应该鼓励领域内的科研工作者进行软件开发。

总体而言，理论催化研究，是催化和理论化学的交叉学科，发展时间较短，在理论计算方法、基本理论、实际应用体系中仍然存在很多亟待解决的问题。

参考文献

[1] 陈敏伯. 计算化学：从理论化学到分子模拟［M］. 北京：科学出版社，2009.

[2] 国家自然科学基金委员会，中国科学院. 中国学科发展战略 · 理论与计算化学［M］. 北京：科学出版社，2016.

[3] Pacchioni G，Bagus P S，Parmigiani F. Cluster models for surface and bulk phenomena［M］.New York：Springer US，1992.

[4] Jacob T，Fricke B，Anton J，et al. Cluster-embedding method to simulate large cluster and surface problems［J］. The European Physical Journal D - Atomic，Molecular，Optical and Plasma Physics，2001，16：257-260.

[5] Atkins P W. Molecular Quantum Mechanics［M］. London：Oxford University Press，1983.

[6] 徐光宪，黎乐民，王德民. 量子化学：基本原理和从头计算法［M］. 北京：科学出版社，1985.

[7] 吴国庆. 无机化学［M］. 北京：高等教育出版社，2004.

[8] 赵亚溥. 表面与界面物理力学［M］. 北京：科学出版社，2012.

[9] Leach A R. Molecular modelling：principles and applications［M］. Harlow：Prentice Hall，2001.

[10] 范波涛，张瑞生，姚建华. 计算机化学与分子设计［M］. 北京：高等教育出版社，2009.

[11] Thomas L H. The calculation of atomic fields［J］. Mathematical Proceedings of the Cambridge Philosophical Society，1927，23：542-548.

[12] Fermi E. Eine statistische methode zur bestimmung einiger eigenschaften des atoms und ihre anwendung auf die theorie des periodischen systems der elemente［J］. Zeitschrift Für Physik，1928，48：73-79.

[13] 徐克尊，陈宏芳，周子舫. 近代物理学［M］. 北京：高等教育出版社，1993.

[14] Perrot F. Hydrogen-hydrogen interaction in an electron gas［J］. Journal of Physics Condensed Matter，1994，6：431-446.

[15] Smargiassi E，Madden P A. Orbital-free kinetic-energy functionals for first-principles molecular dynamics［J］. Physical Review B，1994，49：5220-5226.

[16] Hohenberg P，Kohn W. Inhomogeneous electron gas［J］. Physical Review B，1964，136：864-871.

[17] 李震宇. 新材料物性的第一性原理研究［D］. 安徽：中国科学技术大学，2004.

[18] 代兵. 过渡金属化合物团簇激发态性质及过渡金属表面吸附系统的第一性原理研究［D］. 安徽：中国科学技术大学，2004.

[19] Kohn W，Sham L J. Self-consistent equations including exchange and correlation effects［J］. Physical Review A，1965，140：1133-1138.

[20] Slater J C. The self-consistent field for molecular and solids：quantum theory of molecular and solids[M]. New York：McGraw-Hill，1974.

[21] Perdew J P，Wang Y. Accurate and simple density functional for the electronic exchange energy generalized gradient approximation［J］. Physical review B：Condensed Matter，1986，33：8800-8802.

[22] Car R，Parrinello M. Unified approach for molecular dynamics and density-functional theory［J］. Physical Review Letters，1985，55：2471.

[23] Gao J L. Hybrid quantum and molecular mechanical simulations: an alternative avenue to solvent effects in organic chemistry[J]. Accounts of Chemical Research, 1996, 29:298-305.

[24] Evans M G，Polanyi M. Inertia and driving force of chemical reactions［J］.Trans Faraday Soc，1938，34：11-24.

[25] Fajín J L C，Natália D S，Francesc I，et al. Generalized Brønsted–Evans–Polanyi relationships and descriptors for O–H bond cleavage of organic molecules on transition metal surfaces［J］. Journal of Catalysis，2014，313：24-33.

[26] Anderson A B，Grimes R W，Hong S Y. Toward a better understanding of the atom superposition and electron delocalization molecular orbital theory and a systematic test：Diatomic oxides of the first transition-metal series，bonding and trends［J］. Journal of Physical Chemistry，1987，91：4245-4250.

[27] Nørskov J K，Bligaard T，Logadottir A，et al. Trends in the exchange current for hydrogen evolution［J］. Cheminform，2005，36：e12154-e12154.

[28] Nørskov J K，Rossmeisl J，Logadottir A，et al. Origin of the overpotential for oxygen reduction at a

fuel-cell cathode［J］. Journal of Physical Chemistry B，2004，108：17886-17892.

[29] Guan J，Duan Z，Zhang F，et al. Water oxidation on a mononuclear manganese heterogeneous catalyst. Nature Catalysis，2018，1：339-348.

[30] Hunter M，Fischer J，Yuan Q，et al. Evaluating the catalytic efficiency of paired，single atom catalysts for the oxygen reduction reaction［J］. ACS Catalysis，2019，9：7660-7667.

[31] Li M，Hua B，Wang L，et al. Switching of metal-oxygen hybridization for selective CO_2 electrohydrogenation under mild temperature and pressure［J］. Nature Catalysis，2021，4：274-283.

[32] Jinnouchi R，Anderson A B. Electronic structure calculations of liquid-solid interfaces：Combination of density functional theory and modified Poisson-Boltzmann theory［J］. Physical Review B，2008，77：245417.

[33] Anderson A B. Electron-density distribution-functions and the ASED-MO theory［J］. International Journal of Quantum Chemistry，1994，49：581-589.

[34] 方亚辉，刘智攀. 固液界面双电层的理论计算模拟［J］. 电化学，2020，26：32-40.

[35] Fang Y H，Liu Z P. Mechanism and Tafel lines of electro-oxidation of water to oxygen on RuO_2（110）［J］. Journal of the American Chemical Society，2010，132：18214-18222.

第二篇
典型电极过程电催化

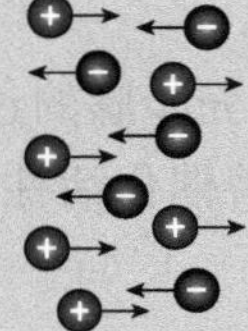

第5章
氧还原电催化过程

能源是人类社会存在和发展的物质基础。当今社会，能源和环境问题已经成为困扰人类社会进步和发展的重大课题。自从英国工业革命以来，以煤炭、石油和天然气等化石燃料为一次能源的供能系统极大地促进和推动了世界各国的经济发展。与此同时，大量使用化石燃料所带来的严重后果：资源枯竭、环境污染、生态资源破坏等。20 世纪 70 年代发生能源危机以来，人类探寻一种新的、清洁、安全可靠的可持续能源系统，世界各国对新能源与可再生能源日益重视，促进了新能源与可再生资源利用技术和装置的研发。在能源和环保并重的时代，高容量能量转化装置，例如燃料电池、金属 - 空气电极等被认为可以满足当今电动车辆需求和实现可再生能源的应用。氧还原反应（oxygen reduction reaction，ORR）是这些先进电化学能源转换技术中正极反应[1-3]。然而，由于 ORR 反应迟缓的动力学过程，人们控制氧气电催化还原的能力仍然受限，且依赖于高载量的 Pt 系贵金属催化剂，而 Pt 系贵金属资源稀少、高昂的价格，成为制约这些先进电化学能源转换技术实际大规模商业化生产的关键因素。美国能源部（Department of Energy，DOE）2007 年对燃料电池大规模生产预估成本研究报告指出，燃料电池堆 56% 成本来自 Pt 系贵金属催化剂层[4]。为了降低甚至摆脱对贵金属 Pt 的依赖，开发低价且高活性、高利用率的氧还原催化剂变得尤为迫切。此外，ORR 的反应物来源通常为空气，而空气中含有杂质气体（CO 和 SO_2 等）与 Pt 发生强的吸附作用，占据活性位使 Pt 中毒[5, 6]；氢气或甲醇做燃料的阳极，面临着中间产物（如 CO）会使 Pt 催化剂失效、失活[7]；且在阴极的高电位下铂催化剂及载体碳很容易被氧化造成铂催化剂流失，载体碳的氧化[8]，严重影响电池性能和寿命，所以提高 ORR 催化剂的稳定性也是亟待解决的问题之一。

为了解决上述问题，目前许多研究致力于开发高效低铂（low-Pt）或非铂（Pt-free）催化剂。在过去的几十年由于材料科学和纳米技术的飞速发展，合理设计和合成高效低铂或非铂催化剂已取得显著进展[9-12]。通过调控催化剂纳米尺度的物理和化学性质，结合先进原位表征技术，新颖的纳米 ORR 催化剂构筑和深刻的 ORR 催化机制探究已被提出。本章基于当前氧还原催化机理理解的基础上，总结和讨论低铂或非铂催化剂的设计和合成，分析其氧还原性能以及面临的挑战。

5.1 氧还原催化机理

对氧气电催化还原过程动力学的模拟，主要是了解其电催化机理，寻找各基元步骤的过渡态和活化能，确定速率控制步骤，从而了解不同催化剂的催化活性，达到改善催化活性、设计新型电催化剂的目的。

氧气还原，首先是氧气接近电极表面然后在上面发生吸附分解，其包括了氧气的扩散与氧气的化学吸附分解。实际上，氧分子与溶液中的水分子总是争先恐后占据电极表面的活性部位。氧气的电催化还原反应是多电子还原反应，包括了一系列的基元步骤和不同的中间物种。其氧气催化还原历程基本上包括以下几种可能的途径（如图 5-1 所示）[13, 14]。

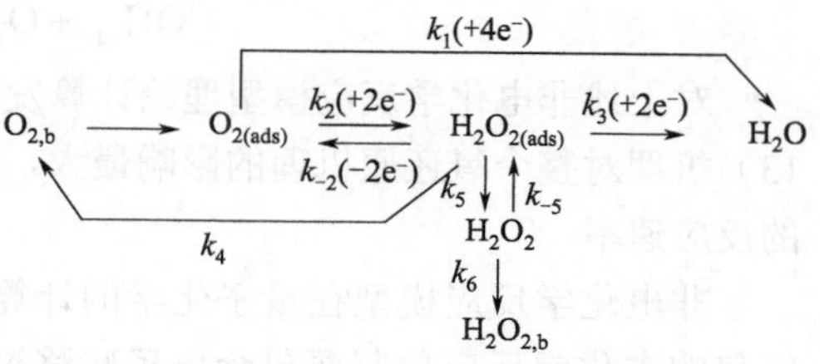

图5-1　氧气催化还原历程

（1）“直接”四电子过程，在碱性溶液中生成 OH^-，在酸性溶液中生成 H_2O：

$$O_2 + 2H_2O + 4e^- \longrightarrow 4OH^- \text{（碱性溶液）} \tag{5-1}$$

$$O_2 + 4H^+ + 4e^- \longrightarrow 4H_2O \text{（酸性溶液）} \tag{5-2}$$

（2）二电子过程生成 HO_2^-（碱性溶液）或者 H_2O_2（碱性溶液）：

$$\frac{3}{2}O_2 + H_2O + 2e^- \longrightarrow 2HO_2^- \text{（碱性溶液）} \tag{5-3}$$

$$O_2 + 2H^+ + 2e^- \longrightarrow H_2O_2 \text{（酸性溶液）} \tag{5-4}$$

（3）二电子和直接四电子还原的连续反应过程：

也就是说，在二电子反应过程发生后，接着进行第二步二电子过程：

$$HO_2^- + H_2O + 2e^- \longrightarrow 3OH^- \text{（碱性介质）} \tag{5-5}$$

$$H_2O_2 + 2H^+ + 2e^- \longrightarrow 2H_2O \text{（酸性介质）} \tag{5-6}$$

或者是 HO_2^-（碱性介质）或者 H_2O_2（碱性介质）的分解：

$$2HO_2^- \longrightarrow 2OH^- + O_2 \text{（碱性介质）} \tag{5-7}$$

$$2H_2O_2 \longrightarrow 2H_2O + O_2 \text{（酸性介质）} \tag{5-8}$$

（4）包含了前面三个步骤的平行反应过程。

（5）交互式途径，包含了物种从连续反应途径到直接反应途径等步骤。

基于上述机理，寻找在不同催化剂上的反应速率控制步骤。主要包括电子的转移、质子的转移、键的形成和断裂、可能的中间物种等。对过渡金属催化剂，在活性较低的金属如 Au 和 Hg 上一般发生 2 电子还原路径。对活性较高的金属如 Pt，通常发生的 4 电子还原。

根据氧还原机理的模拟，目前研究主要分为两大类：一是关注与电子、质子转移和键的断裂和形成相关的反应过程；二是关注物种吸附强度与催化活性的关系。

（1）第一步电子转移反应　目前对氧还原机理的理论研究主要存在两种模型：一种为非电化学反应模型；一种为电化学反应模型。

非电化学反应模拟值考虑了 ORR 机理中的非电化学反应，比如质子的转移、键的断裂和形成，而没有涉及电子转移过程[13]。该模型主要包括反应为：

$$O_{2,ads} \longrightarrow O_{ads} + O_{ads} \tag{5-9}$$

$$O_2H_{ads} \longrightarrow O_{ads} + OH_{ads} \tag{5-10}$$

$$H_2O_{ads} \longrightarrow H_{ads} + OH_{ads} \tag{5-11}$$

$$OH_{ads} + OH_{ads} \longrightarrow O_{ads} + H_2O_{ads} \tag{5-12}$$

$$OH_{ads} + O_{ads} \longrightarrow O_{ads} + OH_{ads} \tag{5-13}$$

对上述非电化学反应模型理论计算发现，Pt 催化剂上反应式（5-9）、式（5-12）和式（5-13）机理对整个氧还原机理的影响最大，即 O-O 键的离解和质子的转移影响着 Pt 催化氧还原的反应速率。

非电化学反应模型在量子化学的计算中较容易实施，但并不完全符合氧还原过程。因为氧气的电化学反应总归要包含电子转移过程，电极电势对氧气还原反应的影响不容忽略。因此后面发展了电化学反应模型，该模型除了考虑上述非电化学反应机理外，还考虑了电子的转移过程。要有效模拟氧还原机理中电子的转移过程，必须考虑电极电势对反应过程的影响。目前模拟电极电势的方法主要有三种：①反应中心场模型（reaction center models）；②双辅助模型（double reference models）；③热力学方法（thermodynamic method）。

Anderson 研究小组对氧还原电催化还原机理进行了一系列的研究。对外氛氧还原机理提出了 4 个单电子步骤进行计算，利用反应中心场模型计算一定电极电势范围内 4 个单电子步骤的反应活化能。单电子反应步骤如下：

$$O_2(g) + H^+(aq) + e^-(U) \longrightarrow HO_2(aq) \tag{5-14}$$

$$HO_2(aq) + H^+(aq) + e^-(U) \longrightarrow H_2O_2(aq) \tag{5-15}$$

$$H_2O_2(aq) + H^+(aq) + e^-(U) \longrightarrow HO(aq) + H_2O(aq) \tag{5-16}$$

$$HO(aq) + H^+(aq) + e^-(U) \longrightarrow H_2O(aq) \tag{5-17}$$

电极电势采用公式 $U = \varphi - \varphi_{H^+/H_2}$ 进行转换。式中，φ 和 φ_{H^+/H_2} 分别代表电极表面和标准氢电极的热力学功函。可以认为当电极的电离势 IP 与反应物的电子亲和势 EA 相等时，电子转移即可发生，此时 φ=IP=EA。质子的模拟采用水合氢离子与两个水分子的模型。

根据上述定域反应中心场模型，对无催化的氧还原反应[15, 16]，各步骤的活化能按式（5-16）> 式（5-14）> 式（5-15）> 式（5-17）顺序递减。对上述反应逆反应的活化能，其按式（5-17）> 式（5-16）= 式（5-15）> 式（5-14）顺序递减，并获得无催化时，反应式（5-14）和式（5-16）具有最高的活化能。当考虑 Pt 催化剂对氧还原机理的影响时，研究发现酸性环境中，Pt 上 O_2 先离解的活化能远远大于质子和电子转移后形成的 OOH 离解活化能，说明 O_2 还原更易先形成 OOH 后再发生离解，且第一步电子转移和质子转移步骤是整个反应的速率控制步骤，电子转移同质子转移同时发生[17-19]。

周期性密度泛函理论中采用双辅助方法模拟电极电势的方法主要由 Filhol 和 Neurock 提出并发展[20]。Janik 和 Taylor[21] 采用双辅助方法研究了电极电势对氧还原反应机理的影响。研究发现吸附的分子氧的第一步还原步骤为氧还原的速率控制步骤。质子向氧气分子转移过程发生在第一步电子转移之后。

Nørskov 课题组[22, 23] 则在热力学的基础发展了一套在外电场下计算电化学反应机理的模型。他们以标准氢电极为辅助电极，采用密度泛函理论（density functional theory，DFT），在平板周期模型上，模拟计算 Pt 上 ORR 各基元步骤在不同电极电势下的热力学 Gibbs 自由能变化值，并在一些假定的基础上将自由能变化值同反应活化能关联起来。他们同时计算比较了离解机理［O-O 先离解再发生电子转移，反应式（5-21）和式（5-22）和联合机理，O_2 发生第一步电子和质子转移后形成 OOH 再离解，反应式（5-18）、式（5-19）和式（5-20）］在平衡电势和零电势下自由能变化。基本反应步骤为：

$$O_2 + * \longrightarrow O_2^* \tag{5-18}$$

$$O_2^* + (H^+ + e^-) \longrightarrow HO_2^* \tag{5-19}$$

$$HO_2^* + (H^+ + e^-) \longrightarrow H_2O + O^* \tag{5-20}$$

$$O^* + (H^+ + e^-) \longrightarrow HO^* \tag{5-21}$$

$$HO^* + (H^+ + e^-) \longrightarrow H_2O + * \tag{5-22}$$

研究发现：在高覆盖度时，联合机理占主要；低覆盖度时，则易遵循离解机理。联合机理中第一步电子和质子转移为速率控制步骤，离解机理的速率控制步骤则为氧气的离解。另外在真实过电势环境下，两种反应机理均同时存在。该模型较好地分析不同电极电势下氧气还原反应各基元步骤的 Gibbs 自由能变化值，尽管根据一些假设可以将自由能的变化值同活化能关联起来，但热力学数据与实际的动力学机理信息仍存在一定的差异。Shao[24] 等通过表面增强红外反射吸收光谱实验发现碱性介质（pH=11）中存在 O_2^-，而酸性介质中（pH=1）中则由于 O_2^- 寿命较短无法检测，说明吸附的 O_2 更易发生电子转移形成 O_2^-，证明氧气还原反应中存在联合机理。该计算结果可以预测，低覆盖度时，氧气平行吸附在 Pt 表面，利于 O-O 键的断裂；高覆盖度时，平行吸附的氧气较少，主要发生电子和质子转移后 OOH 的断裂。Balbuena 课题组[25, 26] 却有不同的发现，他们采用从头算、裸露簇模型、模拟计算氧气与水以及不同氧化物种的共吸附对氧气还原机理的影响。发现 Pt 簇模型上（Pt_n，n=3，6 和 10）吸附的 OOH 存在两种形式，一种还原生成 H_2O_2 中间产物，另一种则直接离解成原子氧和羟基。因此，他们认为 Pt 上氧气还原反应主要发生的平行反应途径，包括了直接还原和连续还原反应途径，其中直接还原途径为主要途径。另外他们还采用 AIMD 模拟了燃料电池工作温度 350K 下 Pt(111) 晶面上氧气的还原机理，也发现 O_2 还原机理由直接还原和连续还原途径组成，中间产物包括了 H_2O_2、原子氧、OH 以及 OOH。

不同课题组研究发现，不同催化剂上的氧气还原的途径尽管各不相同，但对氧还原过程中第一步电子转移为速率控制步骤却观点一致。

（2）中间物种的吸附　在上述研究的基础上，Koper 研究小组在对氧气还原 ORR 第一步电子转移进行深入研究时发现了与前面研究不同的结论。Hartnig 等[27] 采用分子动力学研究无催化剂时内氛重组能和外氛溶剂化重组能对氧气还原第一步电子转移过程活化能的影响。发现外氛溶剂化活化能垒高达 85kJ/mol，内氛活化能垒仅 10kJ/mol，由此认为 ORR 第一步电子转移的活化能主要受到外氛溶剂化的影响。倘若该结论与之前研究中 ORR 第一步电子转移为速率控制步骤的结论同时成立的话，就会出现与实验事实不相符的情况，即相同溶剂不同催化剂上应该具有相同的氧气还原速率。仔细对照氧气电化学还原过程，可以看出，在氧气还原机理模拟计算的步骤中，忽略了物种的吸附和脱附步骤。只有当物种吸附到催化剂表面，反应才能开始进行；而只有当产物脱附离开催化剂表面，存在活性位时，反应才能持续进行。因此可以认为氧气还原的第一步电子转移反应不应该是唯一的速率控制步骤。该结论在后面的研究中得到了证实。

Stamenkovic 等[28] 在对 Pt 和 $Pt_3Ni(111)$ 合金在氧还原活性的研究中指出，$Pt_3Ni(111)$ 合金活性比 Pt(111) 高 10 倍，比目前商用 Pt/C 活性高 90 倍。且 $Pt_3Ni(111)$ 高催化活性的关键因素是中间物种 OH_{ads} 在其表面的吸附较 Pt 更弱，OH_{ads} 更易脱附，便于 ORR 后续反应的进行，从而使其催化活性得到提高。该小组还通过理论计算证实[29] 揭示 Pt、Pd 对中间物种（O_{ads}，

OH_{ads}）的吸附偏大，且 Pd 对中间物种（O_{ads}，OH_{ads}）的吸附较 Pt 更强，使中间物种难以脱附而阻碍氧气的进一步吸附和还原。

Shao 等[30]通过实验和理论结合的方法研究不同催化剂的氧还原活性，研究发现：金属催化剂的氧还原催化活性与催化剂对氧还原中间物种的吸附强度呈火山关系，如图 5-2 所示。从图中可以看出，只有当催化剂对中间物种的吸附强度在适宜的范围内，才有最优的催化活性，因此当催化剂对中间物种的吸附强度太弱时，可能会导致对反应物的活化不充分，进而使整体反应速率降低；当中间物种吸附太强时，中间物种较难脱附而占据表面活性位，阻碍 ORR 后续反应的持续进行。从图上可以分析 Pt 对中间物种的吸附太强，导致其活性并不在最优位置。Nørskov 课题组[31, 32]通过微动力学计算发现，对于 $4e^-$ 的氧气还原过程，ORR 活性最优出现在氢氧物种结合能比 Pt(111) 低 0.1eV 左右；而对于 $2e^-$ 的氧气还原过程，ORR 活性最优出现在氢氧物种结合能比 Pt(111) 低 0.3eV 左右。根据 Nørskov 课题组提出的 d 带中心理论，即金属催化剂对物种的吸附强度与金属表面原子 d 带中心值呈线性关系，如图 5-3 所示。d 带中心值越负，催化剂与物种的相互作用程度越弱，吸附强度越小，反之则越大。此时可将金属催化剂电子构型与催化活性关联起来，根据该关系，就可以通过调节金属催化剂的电子构型，获得具有更高氧还原活性的催化剂。

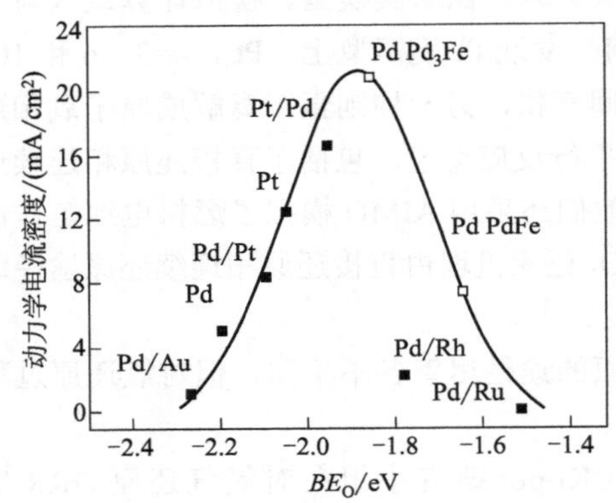

图5-2 金属催化剂的催化活性与中间物种吸附强度的关系图

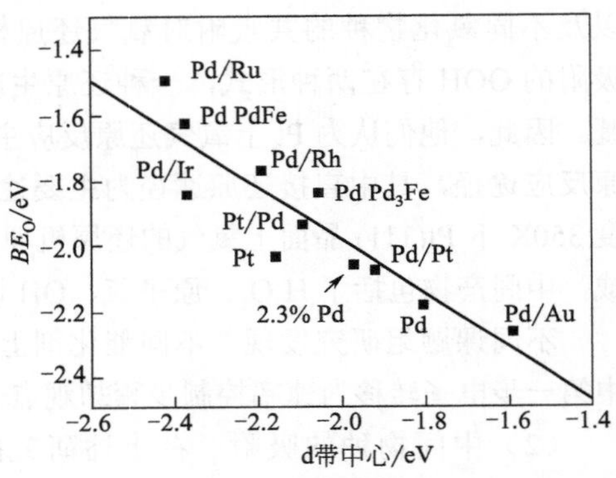

图5-3 金属催化剂的d带中心值与中间物种吸附强度的关系图

5.2 Pt基催化剂

Pt 系金属由于其出众的催化效果使其成为目前氧还原反应应用中最主要的催化剂，同时，也正是由于 Pt 系金属其出众的催化效果导致了本身容易失活，这也成为阻碍质子交换膜燃料电池商业化应用的一个重要因素。此外由于 Pt 系金属的资源稀缺，价格高昂，为提高利用率、降低用量，Pt 以纳米级颗粒的形式高度分散在高比表面积的无定形碳上。这种高活性、低 Pt 担载量的 Pt/C 催化剂[33, 34]，在 PEMFC 工作条件下的耐久性差，Pt 的电化学活性表面积（ESCAs）会逐渐减少，使起催化作用的 Pt 活性位逐渐减少。目前普遍认为，造成 Pt/C 催化剂 ESCAs 减小的主要原因被认为是三个方面的原因，见图 5-4。一是所谓 Ostwald 熟化机理，即 Pt 纳米颗粒在碳载体上的迁移、团聚，细小的 Pt 纳米粒子的溶解，再沉积形成较大的颗粒；二是 Pt 中毒；三是碳载体腐蚀并伴随着的 Pt 纳米颗粒脱落。催化剂 ESCAs 的减小，还会因电位波动、温度和湿度的增加而加速。

（1）Pt在碳载体上的迁移、团聚 PEMFC在长时间的运行后，其性能明显大幅降低，催化剂层中的铂纳米颗粒粒径也随之长大。Pt纳米颗粒粒径随着电势循环次数以及温度的增加而增大，同时湿度过大也会导致Pt颗粒的长大。在Pt/C催化剂中[33]，一方面，Pt颗粒以纳米级的形式高度地分散在碳载体上，如此Pt颗粒表面能随着Pt颗粒尺寸的减小而升高，就具有很高的表面能，稳定性下降，在表面能最小化力的驱动下，Pt颗粒趋向于形成较大粒径的颗粒。另一方面，金属铂的电子结构与载体的电子结构存在较大差异，它们之间只是依靠很弱的作用力黏附在一起。正是由于以上原因使得Pt纳米粒子容易在碳载体表面发生迁移合并、团聚长大。见图5-4（a）。

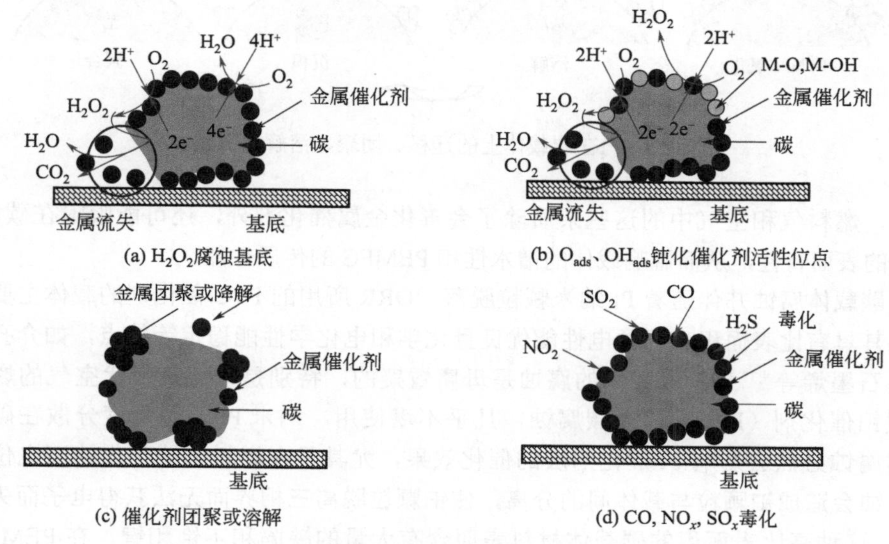

图5-4 Pt/C催化剂失活的几种原因

（2）Pt纳米粒子的溶解再沉积 Pt催化剂会在PEMFC的长时间运行过程中表面发生氧化最终导致溶解，尤其在中间电位（0.6～1.2V）下表现十分明显[34]。这主要是因为在更高的电位下，铂颗粒表面会形成Pt氧化物起到保护膜的作用，抑制了铂的溶解；而在较低的电位下，铂颗粒是相对比较稳定的。高电位下溶解的Pt离子会在电位循环的过程中的较低电位下再次沉积到其他的Pt纳米粒子上，从而会改变整个催化剂的形貌和结构，这也就使得Pt纳米粒子长大，Pt催化剂的ESCAs也相应减少，催化剂的活性也因此降低。此外一部分溶解的Pt离子还会随着水扩散到质子交换膜中，被从阳极渗透过来的H_2还原并沉积在交换膜中，甚至有些会取代膜中的H^+，导致交换膜的性能恶化，最终影响燃料电池的性能，见图5-5。

（3）Pt中毒 考虑到成本和来源等问题，PEMFC所采用的燃料通常不是纯氢气，而是经过重整等方式制备的富氢气体，通常重整气中含有少量的CO_2、CO、NH_3和H_2S等杂质[35, 36]。同样，PEMFC所采用的氧化气也不是纯氧气，而是空气，由于空气污染，空气中通常会含有微量的SO_x、NO_x和烃类等杂质，它们会强烈吸附在铂催化剂表面，阻止氢气氧化和氧气还原反应的发生，使铂催化剂中毒。特别是CO、H_2S，会以强键合力吸附在Pt表面，覆盖Pt的活性点。当CO在燃料气体中的浓度大于0.001%时，就会导致电池性能明显下降；H_2S对电催化剂的毒化作用比CO更强，因H_2S中毒的电催化剂性能的恢复也比较困难。

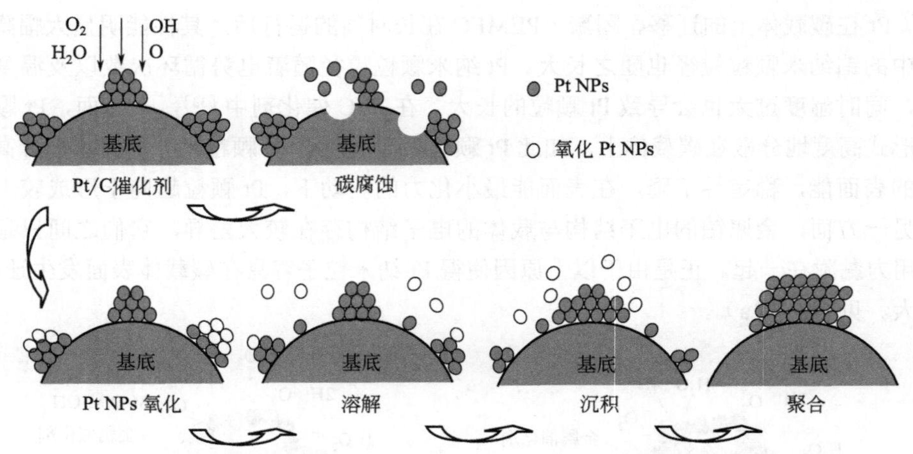

图5-5　Pt在碳载体上的迁移、团聚、溶解再沉积

此外，燃料气和空气中的这些杂质除了会毒化金属催化剂外，还可能吸附在碳载体上，改变载体的表面特性，从而影响载体的憎水性和PEMFC的传质性能。

（4）碳载体腐蚀并伴随着Pt纳米颗粒脱落　ORR所用的Pt/C催化剂的载体主要为多孔碳载体，其具有比表面积大、导电性能优良且化学和电化学性能稳定等特点，如介孔碳、碳纳米管、石墨烯等[37-39]。碳载体的腐蚀是毋庸置疑的，特别是以纯氧替代空气的燃料电池中，碳载铂催化剂（Pt/C）因为碳腐蚀，几乎不堪使用。纳米Pt颗粒高度分散在碳上，一旦碳载体腐蚀必然会影响Pt催化剂层的催化效果，尤其是在燃料电池工作的高电位下，碳载体的腐蚀会造成铂颗粒与载体间的分离，使铂颗粒脱离三相界面无法获得电子而失去催化作用[37]；这种高比表面积的碳载体材料表面含有大量的缺陷和不饱和键，在PEMFC工作的情况下，在0.207V（vs.NHE）左右的低电位下，碳表面就会形成中间氧化物，这种氧化物在高电位下（0.6～0.9V，vs.NHE）及有水的情况下，还会有新的表面缺陷生成，即高电位下碳载体的腐蚀还会改变碳的表面状态，增加了-COOH、-OH等含氧官能团，这些官能团会增加电极的亲水性和阻抗，增加气体传质阻力，降低电极的扩散传质性能[40-43]。与此同时，这些表面缺陷位点在Pt催化、80℃左右及潮湿的运行工况下，很容易被氧化，会继续氧化生成CO、HCOOH及CO_2。当电位低于0.55V（vs.NHE）时，CO和类CO产物会稳定地吸附在Pt催化剂的表面，引起Pt中毒[44-46]。这些CO要在更高的电位下才能被氧化成CO_2。CO、CO_2的形成均会减少碳载体的含量，严重时还会导致电极的坍塌，这类碳载体的腐蚀就会造成铂颗粒的塌陷并产生聚集，而聚集的铂颗粒更容易受到碳载体的遮蔽，导致铂催化剂的失活。

此外担载在碳载体上的Pt纳米粒子还会起到一种助催化的作用，加速碳载体的腐蚀。随着Pt载量的增加，分散均匀度的增加，碳载体的损失就会越快。另外，Pt纳米颗粒的粒径对碳的腐蚀也有一定程度的影响。即使温度低于50℃的情况下，担载有Pt颗粒的碳腐蚀速率明显比没有担载Pt的碳快。可以看出Pt对碳的腐蚀有一定的催化作用。

综上所述，贵金属依赖、高Pt担载量、低稳定性等是Pt/C氧还原催化剂制约燃料电池商业化的瓶颈问题。

5.3 Pd基催化剂

金属 Pd 储量丰富，被视为铂的最理想替代金属[47-50]（Pd 与 Pt 在价格上不相上下），但 Pd 基催化剂的催化活性还远不及铂类催化剂。通过合金化或载体调节 Pd 基催化剂的表面电子结构，有可能使其获得与 Pt 基催化剂相当的催化活性。通过与过渡金属如 Fe、Ni、Au 等形成 Pd 合金是一种有效调节 Pd 电子结构的方法[51, 52]。合金种类以及合金程度显著影响 Pd 的电子结构，产生两种作用相异的效应，即晶格收缩效应和表面配位效应。其中，晶格收缩效应降低 Pd 的 d 带中心、减弱氧的吸附，被认为是活性提高的主要原因[53]。近年来，研究人员制备了多种活性组分的高分散钯基合金催化剂，在催化 ORR 中显示了可与铂基催化剂相媲美的效果。Shao 等[54]制备的 Pd_3Fe/C 催化剂，该催化剂的氧还原半波电位比商业化 Pt/C 催化剂大约 20mV。Xu 等[55]以纳米多孔铜作为模板和还原剂合成了纳米管状 PdCu 合金。与商业化 Pt/C 和 Pd/C 催化剂相比，PdCu 合金催化剂在酸性溶液中表现出更优异的 ORR 性能和抗甲醇性能。Fernandez 等[56]研究了 Pd-Co-Au/C 以及 Pd-Ti/C 作为阴极 ORR 催化剂在 PEMFC 中的表现。在相同载量下，Pd-Co-Au/C 以及 Pd-Ti/C 的初始性能表现可与商业化 Pt/C 催化剂相媲美；200 mA/cm^2 电流密度下持续 12h 后，Pd-Co-Au/C 性能明显衰减，而 Pd-Ti/C 性能基本没有变化。Liu 等[57]通过脱除 PdTiAl 合金中的 Al 制备了具有相互交联网状结构的纳米多孔 PdTi 合金。该催化剂不仅表现出比 Pt/C 更优异的氧还原和抗甲醇性能，而且在 5000 次循环伏安（CV）老化实验中表现出较 Pt/C 更优异的稳定性。DFT 理论研究表明，Ti 与 Pd 合金化使 Pd 的 d 带中心下降，从而削弱了 Pd-O 键能。

另外，Pd 的电子结构会随暴露的晶面改变而改变。因此，调控 Pd 的纳米几何形态以暴露不同的晶面也是一种有效调节 Pd 金属电子结构的方法[47, 58, 59]。Kondo 等[60]研究表明，催化氧还原反应在以下 Pd 单晶面上的活性递减，即 Pd(110)<Pd(111)<Pd(100)；而 Xiao 等[48]则认为 Pd(110) 晶面具有最优的氧还原催化活性。近期，Shao 等[61]研究了具有不同晶面的 6nm 钯颗粒 Pd/C 催化剂的活性，发现 Pd 催化氧还原反应的活性强烈依赖于 Pd 纳米颗粒所暴露的晶面。以（100）晶面合围的立方（cubes）Pd/C 活性比被 (111) 晶面合围的八面体（octahedra）Pd/C 活性高一个数量级，与传统 Pt/C 催化氧还原活性相似，如图 5-6 所示。

利用载体和金属纳米颗粒之间的电子耦合效应也是优化金属纳米颗粒电子结构的一种手段。金属纳米颗粒在载体上可以暴露出多种复合位点，包括不同的晶面、边缘、棱角以及缺陷。这些复合位点会与载体产生较强的相互作用，从而对金属纳米颗粒的电子结构产生较大影响。Libuda 研究发现，在金属颗粒 Pd 开始氧化时，在 Pd 与载体 Fe_3O_4 的接触界面上形成了一层 Pd 氧化物，并在载体的作用下稳定存在[62]。该界面氧化物可以导致 Pd 电子状态或者费米能级上升或下降，改变 Pd 的电子结构。魏子栋课题组[63, 64]通过采用具有片层结构的剥离蒙脱土片（ex-MMT）负载纳米 Pd 金属颗粒，调

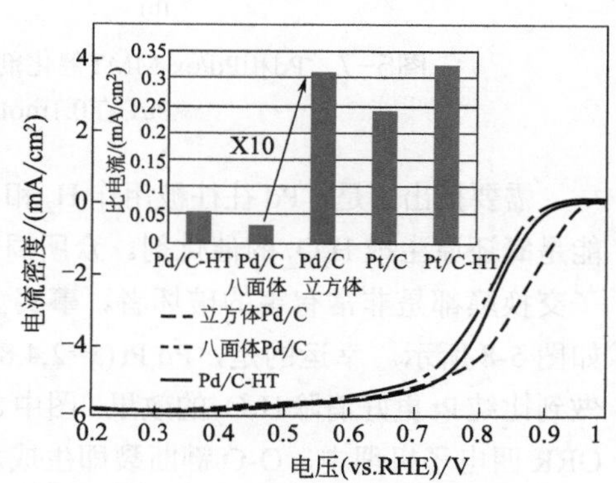

图5-6　Pd/C立方体以及Pd/C 八面体在0.1mol/L $HClO_4$溶液中的ORR极化曲线

节Pd催化剂的电子结构，增强稳定性和提高催化活性。蒙脱土的引入减少了因为碳载体的腐蚀而造成催化金属从载体脱落和流失的可能性，从而提高了催化剂的稳定性。此外，蒙脱土具有优异的质子传导能力，可加速质子在燃料电池催化剂层内部的传递，提高催化活性。电化学测试表明，Pd/ex-MMT具有与Pt/C相似的催化活性（如图5-7所示）。理论计算和实验数据表明，催化剂活性、稳定性的提高是由于在Pd金属颗粒与载体之间通过AlO_6六面体中的O形成稳定的Pd-O-ex-MMT结构。这种强相互作用，使得Pd的d电子通过Pd-O-ex-MMT流向载体，Pd的d带宽化，d带中心负移，使其具有更趋近于Pt的电子结构，表现出与Pt相当的ORR催化活性，以及酸性环境中良好的稳定性，如图5-7（a）所示。

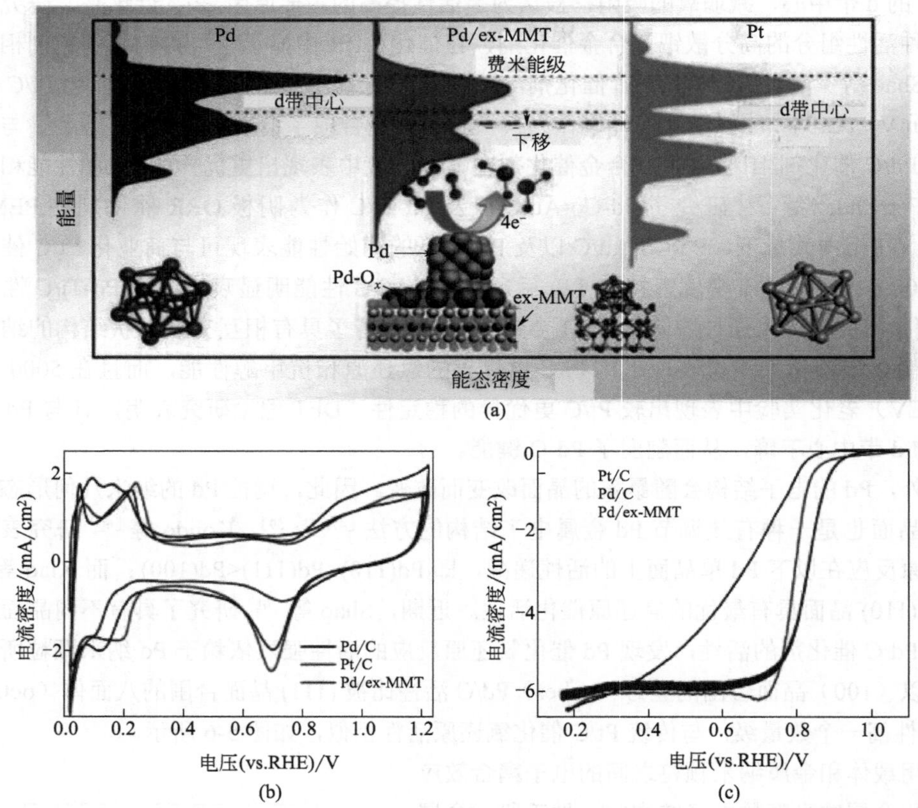

图5-7　Pd和Pd/ex-MMT催化剂中的d带结构与d带中心以及Pd、Pd/ex-MMT和Pt/C在0.1mol/L $HClO_4$溶液中的ORR活性

需要指出的是，Pd往往被用作H_2和O_2直接反应合成H_2O_2的催化剂[65]，这意味着，Pd可能是氧还原生成H_2O_2的催化剂。众所周知，H_2O_2无论是对金属催化剂还是催化剂载体碳、质子交换膜都是非常有害的破坏者。事实上，Pd/C催化剂用于氧还原往往产生很多的H_2O_2[66]，如图5-8所示。幸运的是，Pd_xPt(x=2,4,8)合金可以很好地解决这一困惑，且用少量的Pt就能做到比纯Pt更好消除H_2O_2的效果（图中SH-CNT是表面巯基化的碳纳米管）。DFT计算也表明，ORR四电子机理中，O-O键断裂即生成水H_2O，若O-O键不能断裂，将生成双氧水H_2O_2。其速控步骤通常是质子化的氧分子OOH解离为OH和O的步骤。该步骤在Pd、Pt和PdPt合金上的活化能分别为21.36kJ/mol、29.30kJ/mol和16.66kJ/mol，意味着OOH中O-OH键的断裂

在 PdPt 合金上最容易，如图 5-9 所示。

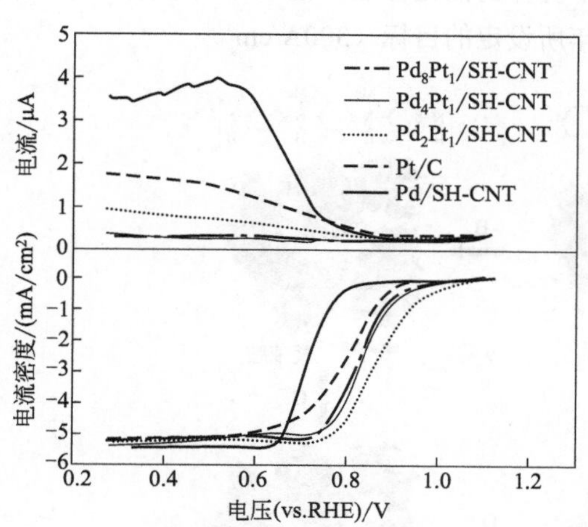

图5-8　不同催化剂上的氧还原电流（下半部分）与伴随生成双氧水的电流（上半部分）

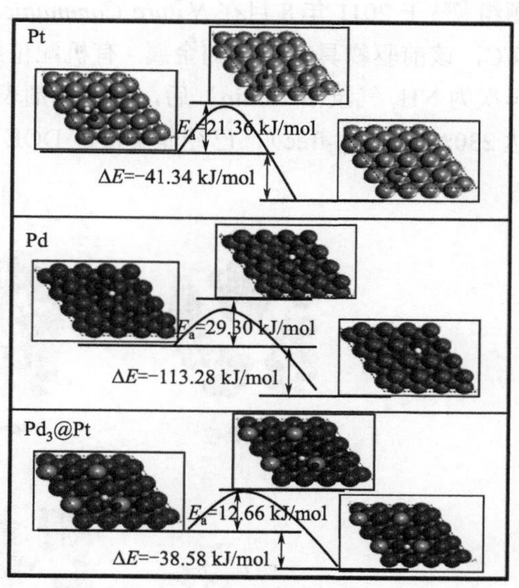

图5-9　Pd、Pt和PdPt合金上，OOH到解离为OH和O的活化能

由于钯具有与铂相媲美的催化性质，且 Pd 储量远高于 Pt，因而开发高效 Pd 基催化剂是替代 Pt、降低商业化成本的有效途径。然而，迄今为止，在酸性条件下，Pd 基催化剂的活性和稳定性很难与铂基催化剂相当。此外，由于需求 / 价格波动的关系，用 Pd 基催化剂完全替代 Pt 不能从根本上摆脱贵金属的资源限制。

5.4　杂原子掺碳非贵金属催化剂

在众多非贵金属催化剂中，过渡金属 - 氮 - 碳化合物（M/N/C）因其具有可观的 ORR 催化活性、低成本、寿命长、抗甲醇和环境友好等特点，被认为是有潜力替代铂基催化剂的非贵金属燃料电池催化剂之一。自从 1964 年 Jasinski 首次报道过渡金属卟啉和酞菁能有效催化 ORR 后，M/N/C 便引起研究者的广泛关注[67]。金属大环类催化剂具有较高的起始活性，但稳定性较差[68]。高温处理后可提高催化剂的稳定性，但催化剂易烧结，导致比表面积减小，降低了催化剂的活性。该类催化剂主要以反应速率较慢的 2 电子过程催化氧还原。Gupta 等[69]首次报道了以非 -N_4 大环化合物为前驱体高温热解制备 M/N/C 催化剂用于 ORR。之后各种不同形式的金属、氮、碳前躯体被开发和应用于制备 M/N/C 催化剂。目前该类催化剂使用的氮源主要包括无机氮源（氨气、叠氮化钠），有机小分子（乙腈、吡咯、1- 甲基咪唑等）和含氮有机聚合物（三聚氰胺甲醛树脂、聚苯胺、聚吡咯、聚多巴胺等）[70-77]。与小分子前驱物相比，含氮有机聚合物有序化更高，可以在高温热解过程中指导形成更有序稳定的碳基活性层。聚吡咯是最早被应用的聚合物，之后研究发现聚苯胺 - 衍生的 M/N/C 催化剂活性更好且更稳定[54]。最近，Zelenay 课题组[76]报道用聚苯胺结合铁和钴的热处理制备一类 M/N/C（如图 5-10 所示）。该类催化剂中催化活性最高的催化剂为 PANI-Fe-C，其 ORR 半波电位与 Pt/C 相差 60mV；稳定性最优的催化剂为 PANI-FeCo-C，其在 0.4V 下稳定运行了 700h。Dodelet 课题组[78]于 2011 年 8 月在 *Nature Communication* 报道了一种金属框架类作为前驱体制备的 M/N/C，该前驱物具有优异的金属 - 有机配位结构，在经过两次热处理（一次在氮气气氛下 1h，再次为 NH_3 气氛中 15min）后，该催化剂表现出了优异的催化性能，在 0.8V 下其体积活性高达 230A/cm³（i_R-free），已经非常接近 DOE 2020 年所设定的目标（300A/cm³）。

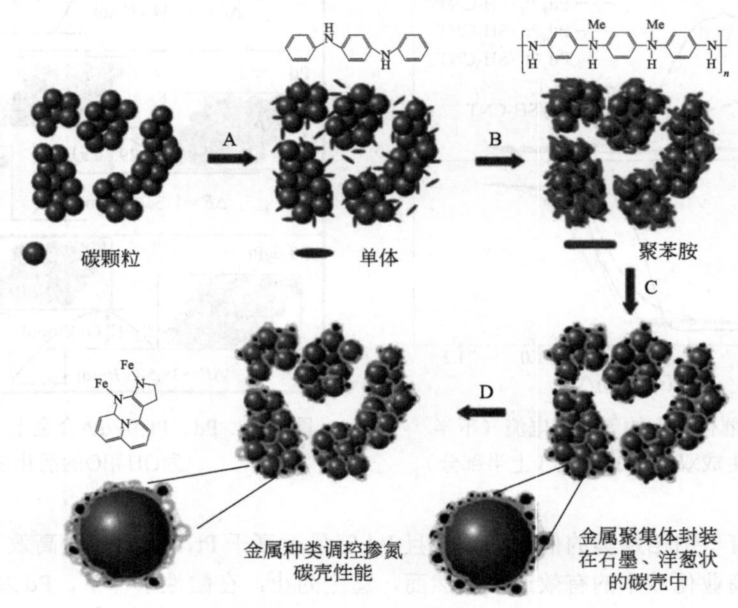

图5-10 PANI-FeCo-C催化剂制备的示意图

对此类催化剂的催化机理和活性中心目前有如下认识：①催化剂表面的氮活性物种直接提供 ORR 活性；②含氮基团与金属配位成为活性中心；③与氮临近的碳原子也是活性中心。虽然此类材料的催化机理仍存在争论，但不能否认的是，过渡金属的类型和含量，碳源、氮源的类型与含量，以及热处理条件和持续时间对催化剂的性能有很大影响。许多研究工作致力于探究制备工艺条件与最终 ORR 性能的关系[79-81]。就不同金属种类来说，Fe 和 Co 基 M/N/C 催化剂活性一般比其他金属基（如 Zn、Ni、Mn、Cu、Cr）M/N/C 催化剂活性高[82]。而且，不同金属的加入对活性位点形成所起的作用也不同。例如，对于有乙二胺或聚苯胺衍生的 Co/N/C 催化剂，其表现的电化学性能（如起始电位、塔菲尔斜率）与无金属掺杂的氮掺杂碳基催化剂类似，这意味着 Co 物种的存在可能只是单纯辅助氮原子更好地掺入碳晶格中，并不直接参与形成活性中心[83]。与 Co 不同的是，Fe 物种可以与周围的氮配位（$Fe\text{-}N_x$），直接参与形成活性中心[71]。Kramm 等[84]提出了几种不同的 $Fe\text{-}N_x$ 物种，其中，FeN_4/C 和 $N\text{-}FeN_{2+2}/C$ 位点 ORR 活性最高。实验研究表明，同时加入 Fe、Co 物种可以显著增强催化剂 ORR 活性[85]。Chen 等[86]利用 DFT 证明对于聚苯胺衍生的 M/N/C 体系，其催化活性衰减次序依次为：CoFe-PANI>Fe-PANI>Co-PANI。这是由于掺入的不同金属之间产生了协调作用，加快了电子向吸附氧物种的转移。Co 的加入可能还降低了催化剂中最高占据分子轨道（HOMO）- 最低占据分子轨道（LUMO）带，使得催化剂更加稳定。

传统热解方法制备的 M/N/C 还存在孔结构少、比表面积低、暴露的活性位点有限等缺点。

在 M/N/C 中引入足够的活性位点，最常规的方法便是通过硬模板或柔模板增加催化剂的比表面积，例如，Liang 等[87]以硅胶球、介孔硅和蒙脱土为模板，VB_{12} 或 PANI 为前驱体，制备介孔 Fe/Co-N-C 材料，显著提高了催化剂的比表面积。

在 M/N/C 催化剂高温制备过程中，金属颗粒通常会包覆在石墨化碳壳中，而被包覆的金属对催化活性的贡献已被探究[88]。Deng 等[72]的研究表明，当金属纳米颗粒限域在碳纳米管中时（图 5-11），金属颗粒不与酸性介质、氧和硫等污染物直接接触，也不妨碍活化氧分子电催化氧还原反应，它们之间特殊的电荷转移降低了碳纳米管表面的局部功函从而形成 ORR 电催化活性中心。魏子栋课题组[81]开发了一种 Co-N-C 壳层包覆钴纳米颗粒催化剂（Co@Co-N-C），其中高分散的 Co@N-C 和表面 Co-N 物种产生的电子效应协同增强了氧还原活性，如图 5-12 所示。最近，Hu 等[89]制备了一种空心球形的石墨碳层包覆 Fe_3C 纳米催化剂。包覆在内部的 Fe_3C 纳米颗粒虽然没有与外界电解液直接接触，但它们却使得周围的石墨化碳层活化而更有利于 ORR 的发生和进行，这与 Deng 等的研究结果类似。此外，该催化剂表面的氮和金属含量极少可忽略，却在酸性和碱性溶液中表现出很好的 ORR 活性，为此类包覆型催化剂活性位点的探究提供了新的模型。

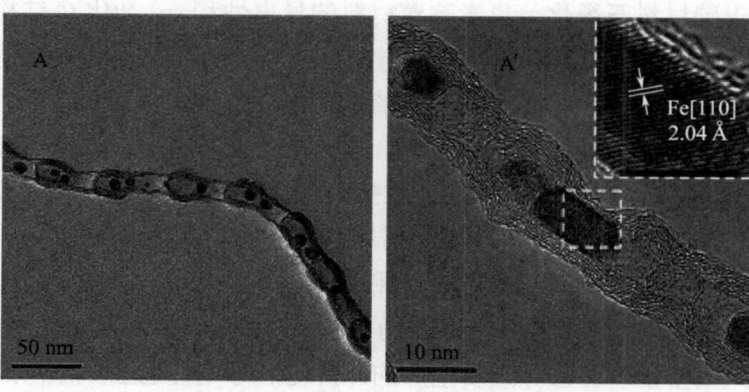

图5-11 Pod-Fe催化剂的透射电镜图

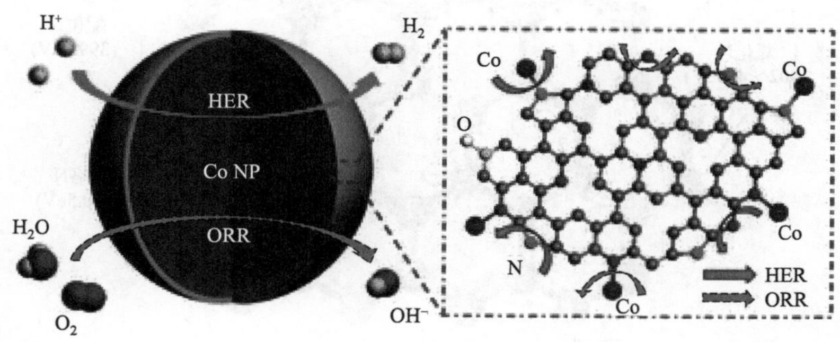

图5-12 Co@Co-N-C催化机理示意图

除了氮掺杂，其他杂原子掺杂的纳米碳材料，还包括硼掺杂、磷掺杂、硫掺杂、氟掺杂、硒掺杂以及多原子的双掺杂或三掺杂[90-97]。研究表明，碳材料掺杂后，无论是否与过渡金属复合，都显示出明显的氧还原催化活性。Gong 等[91]认为，对于氮原子掺杂碳材料，由于氮原子电负性较碳原子大（电负性：氮 =3.04；碳 =2.55），它的引入使得邻近碳原子带正电荷，这有利于氧气的吸附从而保障氧还原反应的进行。然而这种解释并不适用于电负性较碳原子小的磷原子和硼原子（电负性：磷 =2.19；硼 =2.04）。Yang 等[90]认为，无论掺杂原子的电负性与碳原子相比是大还是小，只要破坏了 sp^2 杂化的碳原子的电中性，生成了利于氧吸附的带电位点就可以提升催化剂活性。对于电负性与碳接近的硫原子（电负性：硫 =2.58），Zhang 等[98]认为其催化活性增强的原因是自旋密度变化改变了表面电子结构。综合起来，不同电负性杂原子的掺杂，给碳材料带来三种效应，即电荷效应、配位效应和自旋效应。

各类杂原子掺杂碳类材料中，氮掺杂碳（NC）的研究最多。氮原子的分子结构对最终催化剂的性能具有至关重要的影响。掺氮碳材料中，氮有五种键合结构，如图 5-13 所示，分别为石墨氮、吡啶氮、吡咯氮、氨基氮以及氧化氮。哪一种掺氮碳材料氧还原电催化活性最好，不同的研究小组给出了不尽相同的结果。吡啶氮掺杂的石墨烯，其 ORR 的过程系 2 电子还原过程，据此认为吡啶氮不是有效的 ORR 催化中心[99]。与此相反，另有发现，酸性条件下催化剂氧还原活性随吡啶氮含量增加而升高[100]；在碱性介质，其电催化活性随吡咯氮含量增加而升高[101]。故氮掺杂碳材料的活性中心，须考虑如下要点：首先氮键合结构不同时，其催化剂的导电性是否处于同一水平；再者催化剂中 sp^2 杂化 C 含量、石墨化程度是否一致。通常，石墨氮形成的温度较高，更有利于碳材料石墨化，也影响着材料的导电性和 sp^2 杂化 C 结构。因此，“高石墨氮含量 - 高 ORR 活性”可能与碳基材料的导电性有关。除了氮的分子结构类型，掺入氮的总含量、碳边缘位的含量、比表面积等也是影响最终 NC 催化剂性能的重要因素。图 5-13 给出了几种掺杂 NC 材料的光电子能谱吸收峰的结合能，其二维平面图并不真实反映其空间结构。其中的 GNC（黑球，也叫石墨 N）掺杂，导致 C 维持石墨烯大 π 键的 sp^2 杂化变为 sp^3 杂化，显然，掺杂量越大，sp^3 杂化的碳原子就越多，原本离域的大 π 键电子就会局域化，导致导电性变差。而只能在边沿位掺杂的 PCN（吡啶氮，球 1）和 PNC（吡咯氮，球 2）C 依旧维持了其石墨烯大 π 键的 sp^2 杂化结构，原本离域的大 π 键电子得以保持，PNC 的导电性会优于 GNC。当然，吡啶氮和吡咯氮的大量掺杂，势必导致石墨烯的碎片化，导电性也会降低，如图 5-14 所示。

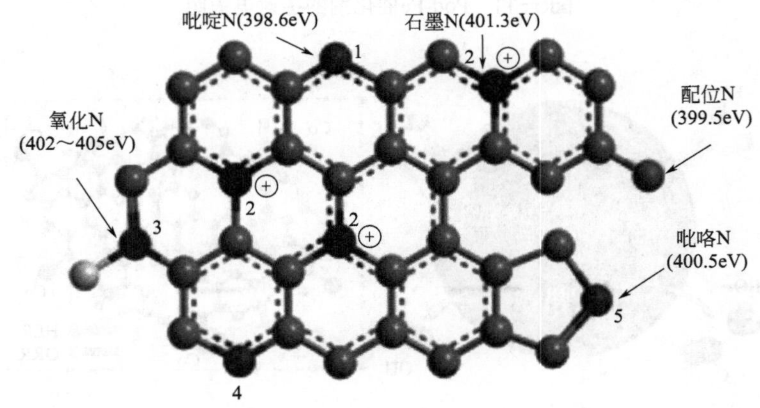

图5-13　氮在石墨结构中掺入位置以及相应的结合能数据

上述这些争论，其实是由于掺杂量不同引起的。如图 5-15 所示，对 O_2 还原的速控步骤而言，即质子化的氧分子 OOH 解离为 OH 和 O 的步骤，其能垒在 GNC 上比 PNC 低，意味着 GNC 是比 PNC 更好的催化剂。但是，一旦当 N 掺杂的原子分数大于 2.8%，GNC 的带隙比 PNC 更大，导致电子传输困难。因此，如果 N 掺杂的原子分数小于 2.8%，GNC 是比 PNC 更好的催化剂；反之，则 PNC 是比 GNC 更好的催化剂。另外，低的 N 掺杂，往往意味着活性中心数量不足，催化效果自然就差，而此时，本征态碳是主要催化剂，而碳对氧还原往往是二电子生成双氧水的催化剂。因此，低掺杂水平的 PNC 或 GNC，其氧还原的催化产物，更应该考虑 C 的贡献而不是 PNC 或 GNC。

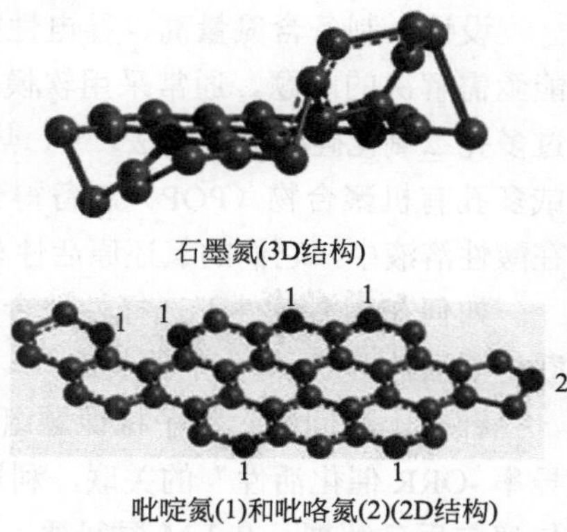

图5-14　石墨氮和平面氮示意图

纳米碳材料氮掺杂的方法大致可分为三类[102-104]：①原位掺杂，即在纳米碳材料期间掺入氮，如化学气相沉积法（CVD）。这种方法得到的产品掺杂率很高，但不适用于实际大规模批量生产。②后掺杂，即合成纳米碳材料后，再用含氮原子的前驱体对其进行后处理。然而这种方法得到的产品氮掺杂率不高。③直接热解含氮原子丰富的有机物。这种方法简单易操作，得到的产品掺杂率高，然而由于过高的含氮量，破坏了碳材料原共轭大 π 键结构，使得产品电导率低。Deng 等[105] 报道了大批量高质量氮掺石墨烯的方法，如图 5-16 所示。其采用溶剂热反应将四氯化碳和氮化锂直接反应生成氮掺杂的石墨烯（NG），实现了克当量制备氮掺杂石墨烯。

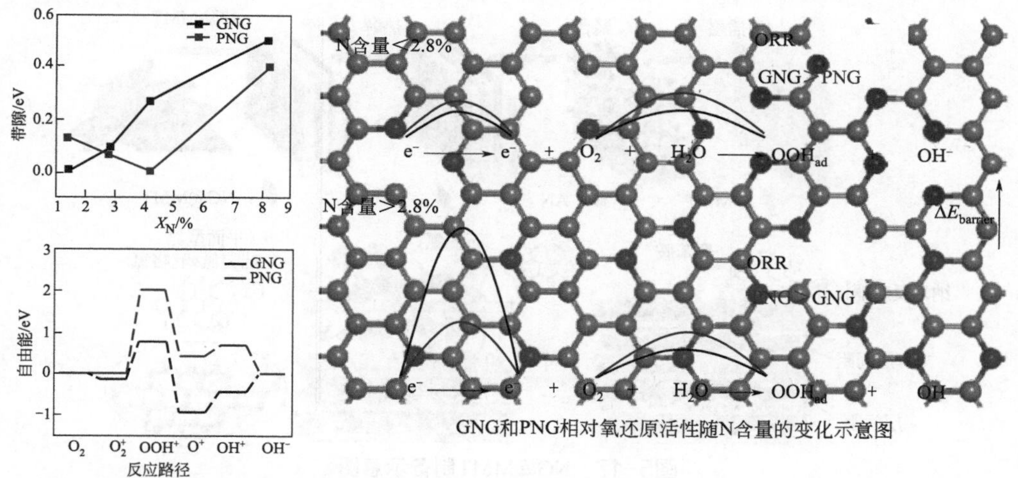

图5-15　GNC和PNC带隙（a）与OOH分解为OH和O的能垒（b）、反应活性（c）

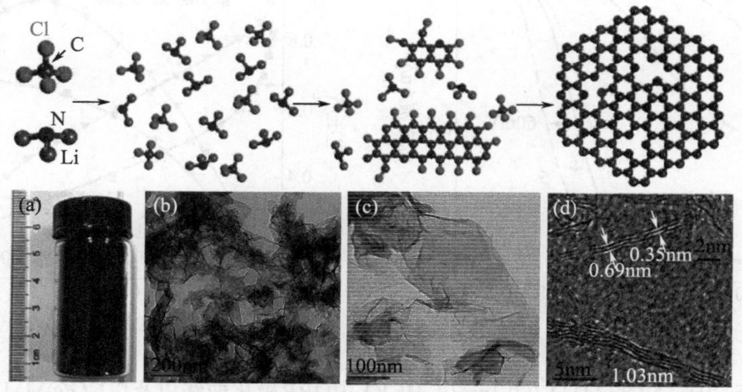

图5-16　溶剂热法氮掺杂石墨烯制备示意图及产品的电镜照片（彩插见文前）

设计、制备含氮量高、导电性好且比表面积大的氮掺杂碳材料是提高氮掺杂类碳材料性能亟需解决的问题。通常采用软模板或硬模板法可以显著增加催化剂的比表面积。例如，通过多孔二氧化硅模板辅助法[106]、热解具有优异金属配位效应的金属有机框架化合物（MOFs）或多孔有机聚合物（POP）制备得到的NC材料[78，107，108]，含氮量高，且比表面积大，然而在酸性溶液中，它们的氧还原活性与Pt相比仍相差很远。

如何在高温条件下选择性地合成高含量的具有平面构型的吡啶氮和吡咯氮（平面氮）是获得高活性ORR催化剂的关键。

针对上述问题，魏子栋课题组[109]在分子结构的基础上，认识到"NG分子结构-NG电导率-ORR催化活性"的关联，利用层状材料（LM）的层间限域效应，通过调制LM层间距传递与反应解耦，在LM层间插入苯胺单体，然后在层间聚合，最后热解的方法，获得平面氮掺杂达90%以上的NG材料，如图5-17所示。其催化ORR的半波电位仅比Pt/C催化剂落后60mV，是传统方法下获得的NG材料ORR催化活性的54倍，以该材料为正极催化剂的质子交换膜燃料电池的输出功率达320mW/cm²，如图5-18所示。LM层间近乎封闭的扁平反应空间不仅克服了传统开放体系下合成的NG以石墨型为主，导电性差、活性低的弊病，而且也克服了开放体系下因掺N效率低而导致合成NG成本高的问题。

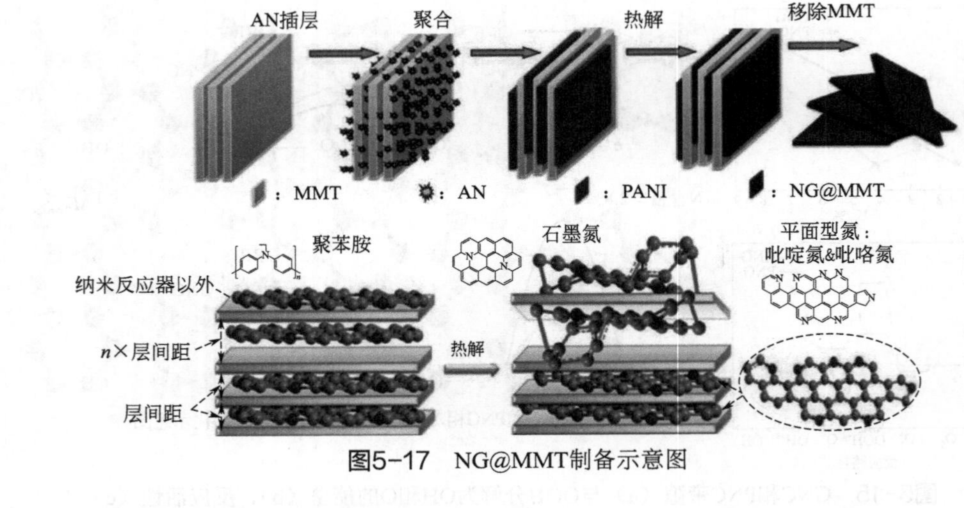

图5-17　NG@MMT制备示意图

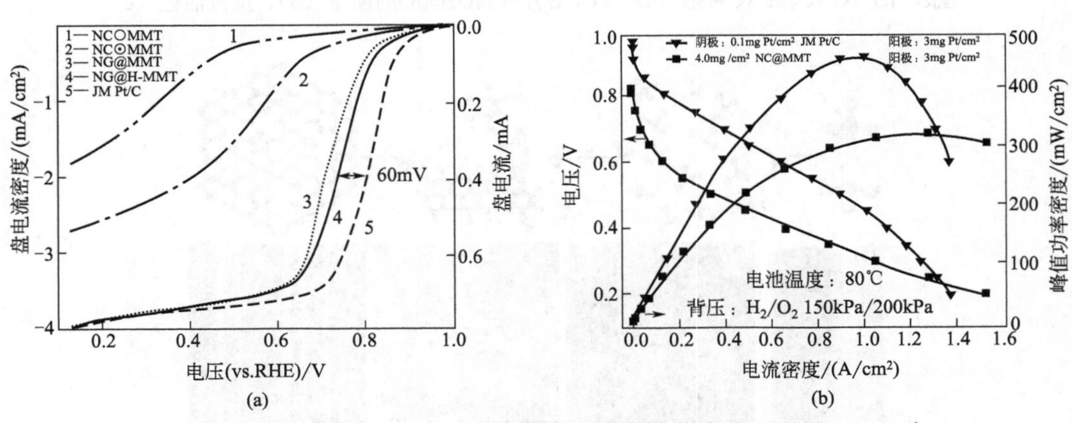

图5-18　NG@MMT在0.1mol/L $HClO_4$中ORR极化曲线以及以NG@MMT为阴极催化剂制备的MEA单电池测试极化曲线

我们注意到，具有平面 N 掺杂的碳，都只能在边沿位实现。如果一张偌大的石墨烯仅仅在边沿位掺杂，仅仅有边沿位的活性中心是远远不够的。如果石墨烯片的中间也存在孔洞，意味着除了外边缘位，还有内边缘位，这样，平面氮掺杂的数量就会大大提升，如图 5-19 所示。

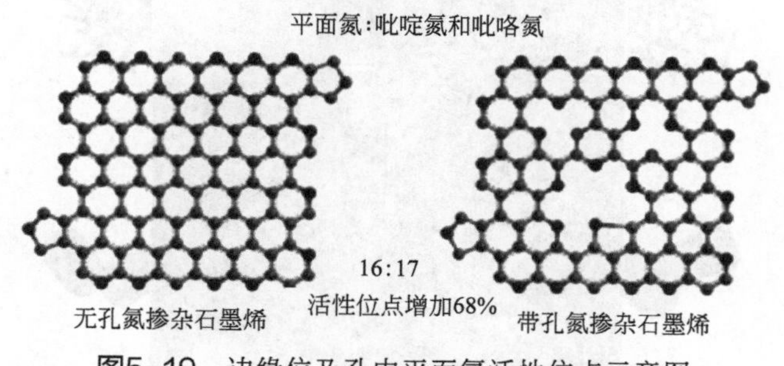

图5-19　边缘位及孔内平面氮活性位点示意图

为此，丁炜、魏子栋等[110]开发了一种“NaCl 重结晶紧约束热解法”，如图 5-20 所示。通过对含氮聚合物无机盐水溶液混合物的蒸发重结晶，将含氮聚合物紧紧地包裹在无机盐 NaCl 晶体中，利用无机盐结晶的紧约束盐封效应，达到以下目的：①确保平面氮的构型为主；②未聚合的小分子单体、溶剂高温炭化时形成气蚀孔，在石墨烯表面构造大量的内孔，提供外边沿位，为平面氮的掺杂留下机会；③避免了传统直接碳化过程中活性位严重烧蚀、高石墨氮掺杂和结构坍塌等问题；④避免了传统模板法模板去除与纳米催化剂分离的困难问题；⑤将低温下聚合物的形态最大限度地保留到高温碳化后的终极产品，如图 5-21 所示。与没有微孔生成的对比样品相比，以 NaCl 固型热解法制备得到的催化剂其平面氮含量增加了 68%，FeN_x 位点增加了 130%，如图 5-22 所示。以该材料为正极催化剂的质子交换膜燃料电池输出功率达 600mW/cm²，较之前以扁平纳米反应器制备平面氮掺杂的石墨烯有大幅提高，为当时世界领先水平。

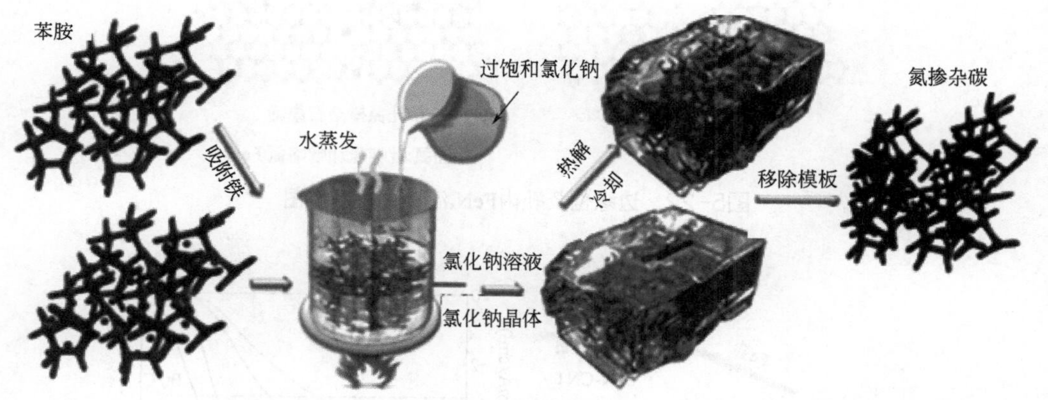

图5-20　NaCl重结晶紧约束热解法制取PNC的示意图

碳材料之间的复合也是一种有效制备非金属催化剂的方法。Zhang 等[111]在氧化石墨烯表面，以 Fe 催化三聚氰胺热解，实现 Fe-N 同时掺杂石墨烯和碳纳米管的同步合成路线（N-CNT/N-G），如图 5-23 所示。该复合催化剂中纳米管分散均匀，管径均一，其特殊的 3D 结构有利于提高传质和电催化活性。Tian 等[112]以 FeMo-MgAl 层状双氢氧化物为模板，采用 CVD 法

图5-21 三维网状、PANI纳米管、PANI纳米壳以及其相应碳化后产品的扫描电镜图

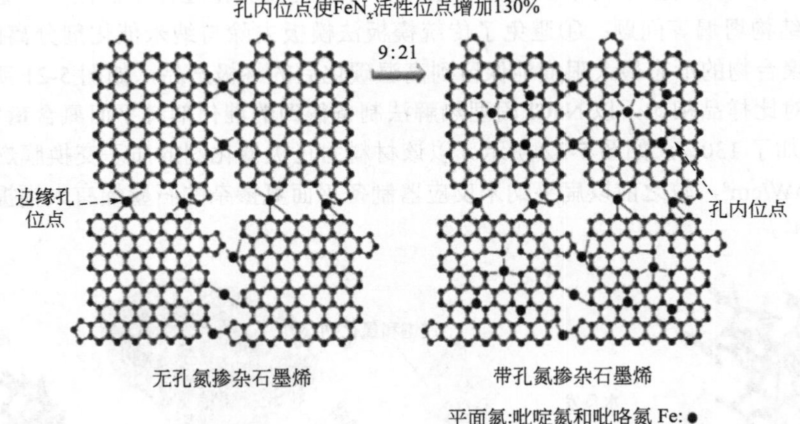

图5-22 边缘位及孔内FeN$_x$活性位点示意图

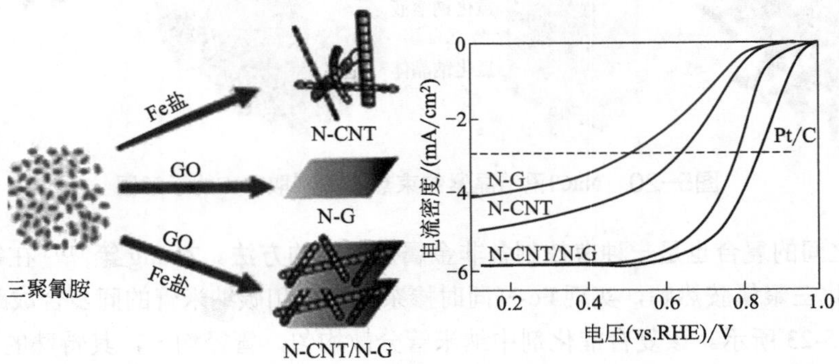

图5-23 N-CNT/N-G制备路线示意图及其在0.1mol/L KOH中氧还原活性

制备了氮掺杂石墨烯/单壁碳纳米管复合物（NGSHs）。FeMo-MgAl层状双氢氧化物中的Fe纳米颗粒不仅可以作为氮掺杂单壁碳纳米管生长的催化剂，还可以作为氮掺杂石墨烯沉积的基底。以此制备得到的NGSHs催化剂具有高比表面积和高石墨化程度。研究发现，NGSHs复合物表现出比其单组分更好的氧还原活性，因而氮掺杂石墨烯与单壁碳纳米管的复合很有可能协同增强最终氧还原活性。

值得指出的是，大多数使用的碳材料在制备过程中都有一些金属的参与，例如，通过Hummers 法制备氧化石墨烯，CVD 法制备碳纳米管和以生物或自然材料为前躯体或模板制备碳材料。以 Hummers 法制备氧化石墨烯为例，最终石墨烯产品中的金属杂质可达到整个材料的 2%（质量分数）[113-115]。这些残留在 sp^2 碳材料中的金属杂质包括 Fe、Ni、Co、Mo、Mn、V 和 Cr，它们可以很大程度上影响最终碳材料的电化学性能[116-119]。因而，在制备过程卷入的痕量金属（trace metal）对最终催化剂的氧还原活性的影响是不能忽略的。Wong 等[120]证明了无定形碳中的痕量金属残余对 ORR 活性是有贡献的。研究表明，在整个制备周期不涉及任何金属参与的非金属催化剂，其 ORR 活性低于制备时有少量金属参与的催化剂。而且，加入低至 0.05% 含量的 Fe 就会对最终 ORR 活性和选择性有很大影响。最近，Wang 等[121]研究了痕量金属杂质对杂原子掺杂石墨烯 ORR 性能的影响。为了探究锰基金属杂质的影响，他们采用 Hummers 氧化法（得到的产品标记为 G-HU）和 Staudenmaier 氧化法（利用氯酸盐氧化剂制备肼还原的石墨烯，得到的产品标记为 G-ST）制备两组不同的石墨烯材料，并且利用耦合等离子质谱法（ICP-MS）分析制备原料及产品中的金属杂质含量。研究结果表明，富含锰基杂质（>8000mg/kg）的 G-HU 催化剂的氧还原起始电位比含有少量锰基杂质（约 18mg/kg）的 G-ST 催化剂大 50mV，有力证明了锰基杂质的 ORR 催化作用。此外，即便是锰基杂质含量低至 18mg/kg（0.0018%，质量分数），G-ST 催化剂表现的 ORR 电位比裸露的玻碳电极（GC）大 80mV，进一步证明痕量金属杂质足以改变石墨烯材料的氧还原电催化性能。

非贵金属催化剂和非金属催化剂完全摆脱了对贵金属的依赖。在众多的非贵金属催化剂中，包含或不包含过渡金属的氮掺杂碳基催化剂（M/N/C或NC）表现出可观的ORR催化活性。尽管对于金属物种是否直接参与形成活性中心仍存在争议，但碳结构中氮原子的掺入对提高ORR 活性的作用是不可否认的。基于当前对非铂催化剂的理论认识和实验探究，非铂催化剂的催化活性已有大幅提高，但其稳定性仍与 Pt 基催化剂有很大差距。探究非金属催化剂的活性与原子组成、电子构型、表面形貌的构效关系，结合理论计算在分子、电子水平确定非金属催化剂的活性位点，开发提高活性位密度的技术，构筑高效新型非铂催化剂结构，提高催化剂的稳定性，是未来非铂氧还原催化剂研究发展的主要方向。

5.5 金属氧化物、硫化物催化剂

过渡金属氧化物，尤其是锰基和钴基氧化物在碱性溶液中表现出很好的催化氧还原活性[122-124]。Dai 课题组[125, 126]通过水热法制备了 Co_3O_4、CoO 纳米颗粒并担载于氮掺杂碳类载体上（CNT，石墨烯），协同增强氧还原活性。通过 X 射线近边吸收精细结构分析可知，该催化剂形成了金属 - 碳 - 氧和金属 - 碳 - 氮共价键，电子由氮传至金属氧化物，从而赋予金属氧化物好的导电性和电化学活性。将不同价态的过渡金属氧化物复合形成尖晶石结构的催化剂是过渡金属氧化物催化剂研究的重点。Liang 等[127]发现，用 Mn^{3+} 取代部分 Co^{3+} 得到的具有尖晶石结构的 $MnCo_2O_4$ 可以显著增强氧还原活性。Zhu 等[128]通过热解乙酰丙酮盐前驱体，油胺、油酸做稳定剂，制备了单分散、粒径小于 10nm 的 $M_xFe_{3-x}O_4$ (M=Fe，Cu，Co，Mn) 纳米颗粒。这些纳米颗粒即便担载在传统碳载体上，也表现出与 Pt/C 相当的氧还原催化活性。近期，Song 等[129]开发了一种新型钴基催化剂——碱式碳酸钴（CCH），并发现该催化剂在碱性介质下相比于贵金属催化剂 Pt/C 具有更优的氧还原催化性能。研究还发现，随着水热时间的延长（由 2h 延长到 16h），所制备的催化剂发生了明显的相变和形变，并具有不同的催化活性，如图 5-24 所示。其中正交相的碱式碳酸钴［$Co(CO_3)_{0.5}(OH)\cdot 0.11H_2O$］同由单斜［$Co_2(OH)_2CO_3$］和正交相组成的混合相的碱式碳酸钴相比具有更高的氧还原活性。

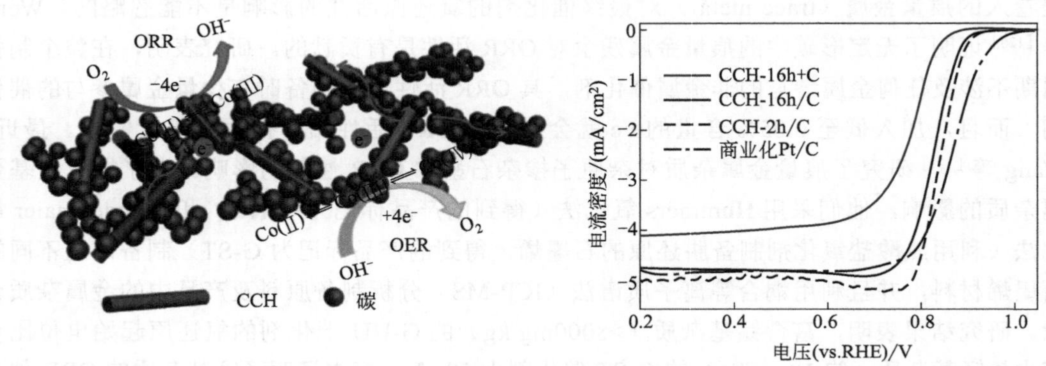

图5-24 碱式碳酸钴催化机理示意图以及反应时间对碱式碳酸钴在0.1mol/L KOH中ORR活性影响

其他金属氧化物，如 TiO_2、NbO_2 和 Ta_2O_5 也具有 ORR 催化活性[130-132]。近年来，钙钛矿型氧化物因其同时具有电子和离子导电性，越来越多地用作高温燃料电池中的氧还原催化剂。钙钛矿型氧化物 ABO_3 中稀土元素占据 A 位，过渡金属占据 B 位。其中，通过阳离子取代很容易调控 $Ba_{0.5}Sr_{0.5}Co_{0.8}Fe_{0.2}O_{3-\delta}$（BSCF5582）- 基钙钛矿型氧化物组成，BSCF5582 被认为是此类材料中最具潜力的氧还原催化剂。Suntivich 等[133]提出钙钛矿型氧化物在燃料电池中的氧还原活性与 e_g（σ^*- 轨道占据）和 A-B-O 型中的 B 位密切相关，且 e_g- 填充接近 1 的钙钛矿型氧化物可以表现出最好的氧还原活性。最近，Risch 等[134]采用脉冲激光沉积法制备了 BSCF|LSMO|NSTO 催化剂，表现出很好的氧还原和析氧（OER）活性。

过渡金属硫属化合物 M-X（其中 M=Co、Ru、Re 或 Rh，X=S、Se、Te）高温处理后能形成纳米微晶[135]，在酸性介质中具有高的 ORR 催化活性[136, 137]。金属硫化物（如 Co_9S_8）被认为是硫属化合物中活性 ORR 最高的一类[138]。DFT 研究表明，在 Co_9S_8 中，氧气的吸附是在硫元素上，且氧气在（202）晶面上还原的过电势与 Pt 相当[139]。此外，$Co_{1-x}S$、Co_4S_3、$CoSe_2$[140-142]等在碱性溶液中均可以表现出近 4 电子过程，然而在酸性溶液中，这类催化剂通常表现为 2 电子过程。Wu 等[143]开发的 Co_9S_8-N-C 催化剂，在 0.1mol/L NaOH 溶液中，其 ORR 活性明显优于 Pt/C 催化剂。Wang 等[144]以还原氧化石墨烯负载 $Co_{1-x}S$ 纳米颗粒，协同增强 ORR 活性。

过渡金属氮化物和氧氮化合物由于其较好的导电性和耐腐蚀性也被广泛地研究应用于

ORR。表面氮化物的形成可以调控催化剂的电子结构，使得 d 带收缩，电子密度增大更接近费米能级。这样加快了电子向氧吸附物种的转移，从而使得活性金属更容易还原氧[145]。之前，4 ～ 6 主族的单金属氮化物 / 氧氮化合物被广泛研究[146-149]，如 ZrO_xN_y 和 TaO_xN_y，它们在硫酸溶液中有很好的电化学稳定性；MoN 和 Mo_2N 表现出可观的 ORR 活性且反应接近 4 电子过程。之后研究者们开发了双金属氧氮化合物并发现它们发挥了协同增强的优势。例如，碳担载双金属 Co-W-O-N 催化剂在 0.5mol/L H_2SO_4 中 ORR 起始电位为 0.749V，显著优于单金属 W 或 Co 氧氮化合物催化剂[150]。最近，Cao 等[151]采用溶液浸渍法合成了 $Co_xMo_{1-x}O_yN_z$ 催化剂，其在酸中表现出可观的氧还原活性，其在碱性溶液中的活性与 Pt/C 相差 0.1V。

5.6　碳基催化剂

5.6.1　孔结构

一般而言，良好的孔结构及高的比表面积可以保证催化剂具有同反应物质更大的接触面积，即可暴露更多的活性位点达到高活性的目的。Wu 等[152]利用聚苯胺作为前驱体，采用 Fe 盐和 Co 盐作催化剂制备了一种催化剂。由于聚苯胺前驱体中极高的氮含量以及对金属的锚定作用，合成的催化剂具有非常高的催化活性。在酸性条件下，该催化剂的半波电位与商业 Pt/C 催化剂相比，仅相差 60mV。不仅如此，该催化剂还具有非常优异的稳定性，使用该催化剂作为 H_2-O_2 燃料电池阴极催化剂，在 0.4V（vs. RHE）的电压下可以持续工作 700h，且几乎没有衰减。之后该课题组在此基础之上，继续优化催化剂的孔道结构，使得催化剂的表面积达到 1500m^2/g，合成了具有三维多孔结构（CM+PANI）-Fe-C 催化剂[153]。该催化剂具有非常优异的三维多孔结构，在半电池测试中，该催化剂具有非常高的半波电位（0.80V），说明其具有非常好的氧还原催化性能。将其装配至 H_2-O_2 燃料电池中后，其最大输出功率密度在氧气压力为 1bar（1bar=10^5Pa）时高达 870mW/cm^2，相比于未进行结构优化的催化剂，其活性有了非常大的提升，说明优异的孔结构以及高的比表面积对于氧还原催化剂活性的提升有非常积极的影响。

5.6.2　稳定性

在实际燃料电池工况下，特别是开停机情况下，电池电压非常高，因此非常容易造成碳基催化剂的腐蚀，造成其活性位点被破坏，表面变得非常亲水等问题。特别是对于活性较好的 Fe-N/C 催化剂，有三个方面的原因造成其具有较差的稳定性：① Fe 被酸刻蚀[72]；②生成的 H_2O_2 的氧化[154]；③ N 物种的质子化[155]。当 Fe 被酸刻蚀掉后，原本具有较高活性的 Fe-N_x 活性位点不复存在，从而致使该催化剂的活性下降。而 H_2O_2 的氧化，不仅能够直接氧化碳材料使其表面亲水导致“水淹”现象发生，还会使 Fe 从 Fe-N_x 结构中脱落，与之形成 Fenton 试剂，从而致使质子交换膜遭到不可逆转的破坏。所以，H_2O_2 的氧化攻击对于 Fe-N/C 催化剂来说是致使其稳定性下降的重要原因，如图 5-25。最后 N 物种的质子化，在目前所使用的具有酸性环境的质子交换膜燃料电池来说，该过程几乎是无法避免的。

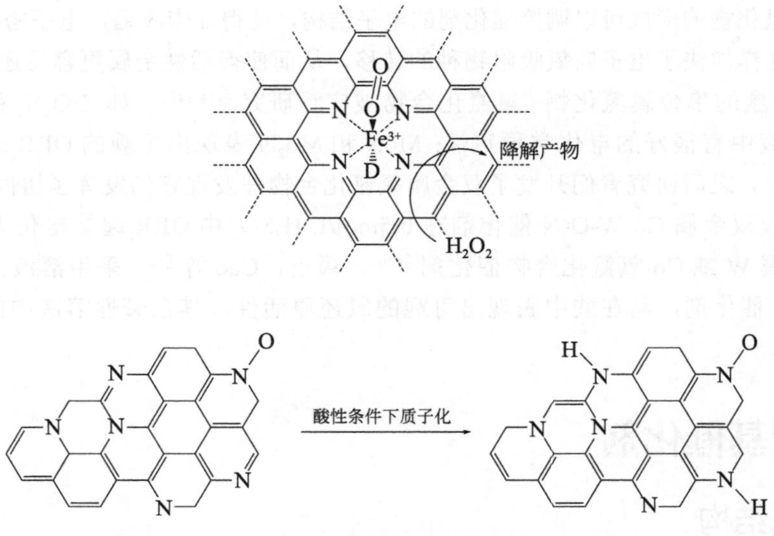

图5-25 H_2O_2的氧化攻击Fe-N/C催化剂示意图

5.7 过渡金属化合物催化剂

（1）导电性差 一般而言，除了导电性较好的氮化物，其他各种金属化合的导电性均较差，因此该类物质被用于氧还原催化反应时，往往要通过复合导电材料（如碳材料、导电聚合物等物质）以提升其导电性。Feng 等[126] 将 Co_3O_4 纳米颗粒直接负载到氮掺杂石墨烯上作为氧还原催化剂。相比于单独的 Co_3O_4 纳米颗粒和氮掺杂石墨烯形成 Co_3O_4/N-rmGO 催化剂，Co_3O_4/N-rmGO 催化剂表现出非常高的催化活性。

（2）颗粒大 过渡金属化合物由于其自身的性质，导致其往往呈现出较大的颗粒尺寸，从而致使催化活性位点暴露不充分，不利于其表现出较好的氧还原催化性能。

5.8 氧还原电催化剂活性调控方法

无论是贵金属催化剂或者是非贵金属催化剂，其活性的提升都涉及两个方面的调控。一方面是催化剂电子结构的调控，另一方面则是催化剂几何结构的调控。通过电子结构的调控，改善催化剂的初始活性，增强或减弱氧气及中间物种的吸附状态，使其达到最优的活性。而几何结构的调控则可以通过暴露不同的晶面，改善催化剂的传质导电通道，使更多的高活性的活性位点暴露三相界面之上参与氧还原催化反应。因此，在本章节，我们将针对不同类别的催化剂所涉及的有关电子结构以及几何结构的调控用以提高氧还原催化剂性能的方式进行阐述。

5.8.1 Pt基氧还原电催化剂

由于 ORR 是界面反应，对催化剂的表面性质尤为敏感，因而从根本上来说，提高 Pt 基氧还原催化剂催化性能需要合理调控 Pt 表面结构性质，如表面电子结构、原子排布、组成分布等。表面电子结构的改变会引起催化剂表面化学吸附特性的改变，特别是使 Pt 表面氧物种形成电位正移。研究表明，这种化学吸附行为的变化是获得更好氧还原活性的根源。通常，有四种途径可以调控 Pt 表面结构性质：①晶面调控，即控制 Pt 纳米晶体的晶面以使充分暴露对 ORR 最具活性的晶面；②加入其他金属与 Pt 构成二元或多元金属体系，这是目前降低铂载量、提高铂活性的主要研究方向；③用金属簇、分子、离子、无机或有机化合物对 Pt 进行表面修饰；④合理选择其他非碳类载体，通过其与 Pt 纳米颗粒之间的相互作用增强 Pt 的 ORR 活性和稳定性。下面将按照以上分类对 Pt 基氧还原催化剂进行详细讨论。

5.8.1.1 晶面调控

合成具有可控晶面的纳米晶体可以显著调控纳米晶体的催化性能。早期对于单晶 Pt 电极的研究已证实 ORR 活性对催化剂晶面具有很大的依赖性[156-158]。例如，在无吸附性的 $HClO_4$ 电解液中，ORR 活性大小在具有不同晶面的单晶 Pt 服从以下关系 Pt(110)>Pt(111)>Pt(100)，而在 H_2SO_4 电解液中，Pt(100) 的 ORR 活性比 Pt(111) 高，这归结于硫酸根离子在 Pt 表面的吸附效应[159]。关于硫酸根离子吸附效应的系统研究结果表明，在相同浓度的 H_2SO_4 溶液中，硫酸根离子在 Pt(111) 电极上的覆盖度是 Pt(100) 电极上的 3 倍；且在更宽的电位区间里硫酸根离子在 Pt(111) 上吸附更强。这种吸附性能的差异是由于不同晶面之间性能差异引起的。之后的研究从单晶晶面转移到纳米尺度晶面，通过建立晶面调控合成纳米催化剂的策略，显著提高了 Pt 的 ORR 活性。Narayanan 等[160]阐述了如何合成不同晶面包围的 Pt 纳米晶体，包括 {111} 晶面包围的纳米四面体，{100} 晶面包围的纳米立方体，以及由 {111} 晶面和 {100} 晶面混合包围的“近球形”纳米颗粒。Wang 等[161]报道了一种高温有机相合成单分散 {100} 晶面包围的纳米立方体的方法，并研究它们在 H_2SO_4 电解液中的 ORR 性能。电化学测试结果表明，在 1.5mol/L H_2SO_4 溶液中，7nm 左右的 {100} 晶面包围的 Pt 纳米立方体显示出比其他晶面包围的纳米晶体更好的 ORR 活性（如图 5-26 所示），且它的面积是商业化 Pt/C 催化剂的 2 倍。

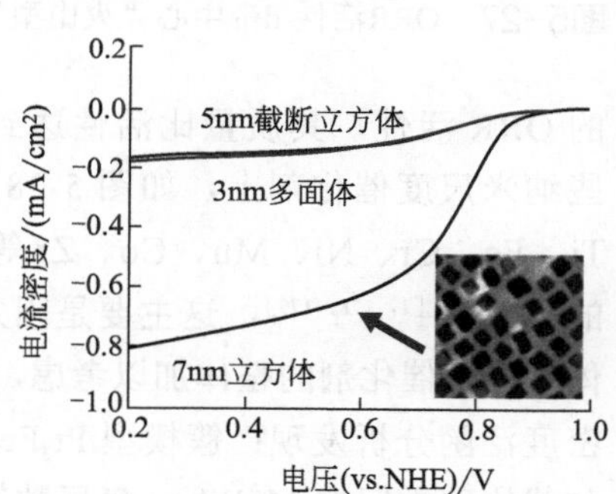

图5-26 不同晶面Pt催化剂在1.5mol/L H_2SO_4溶液中的ORR活性

相对于低指数晶面，一些高指数晶面由于具有大量的原子阶梯位、边缘位和扭角位，可以表现出显著增强的催化活性[162, 163]。近年来高指数晶面包围的纳米晶体的制备取得了很大的进展。例如，Tian 等[164]采用方波电位法制备了 {730}、{210} 和 {520} 包围的 Pt 二十四面纳米晶体；Yu 等[165]采用简单的液相还原法制备了 {510}、{720} 和 {830} 包围的 Pt 凹面纳米立方体，它们的 ORR 面积比活性优于商业化 Pt/C 催化剂。

虽然这些具有高指数晶面 Pt 纳米晶体具有很高的催化活性，特别是面积比活性，其催化机制仍未探究清楚。此外，由于这些已生长完全的高指数晶面包围的纳米晶体颗粒尺寸通常很大，他们的质量比活性远低于商业化铂碳催化剂。更重要的是，在实际燃料电池工作条件下，这些纳米晶体由于表面能太高，会逐渐失去原有形貌，最终成为球形，从而造成催化性能的衰减。

5.8.1.2 双金属或多金属体系

（1）铂基合金催化剂　合金催化剂通常能表现出比单一组分更优越的性能。将过渡金属 M 与 Pt 合金化形成二元或多元合金电催化剂，这是目前降低铂载量、提高铂活性的主要研究方向。目前铂合金体系如 PtPd、PtAu、PtAg、PtCu、PtFe、PtNi、PtCo、PtW 和 PtCoMn 等已被报道具有显著提高的 ORR 活性[166-173]。其活性大幅度提高的原因可能是合金中 Pt 电子结构得到优化，Pt-Pt 间距缩短，有利于氧的双位解离吸附。Stamenkovic 等[174]对一系列 Pt 与 3d 结构的过渡金属 M 多晶合金（Pt_3M，M=Ni、Co、Fe 和 Ti）薄膜催化剂研究发现，这些合金的 ORR 性能很大程度上依赖于 3d 过渡金属的种类，并总结了这些合金中 Pt 的电子结构（d 带中心）与 ORR 活性的"火山型"关联趋势，如图 5-27 所示。该"火山型"趋势表明优异的催化活性是由反应中间物种吸附速率及脱附速率两者平衡决定的；且一个好的 ORR 催化剂吸附氧物种的能力应比纯 Pt 稍弱，其与氧物种结合能应比纯 Pt 低 0.2eV 左右[174-176]。从这一点来看，Ni、Co、Fe 是最好的合金组分选择。与此同时，Wang 等[177]制备了一系列均一的具有可控粒径和可控组成的 Pt_3M（M=Fe、Ni 或 Co）纳米催化剂并研究它们的氧还原性能。其中 Pt_3Co/C 具有最好的 ORR 活性，其质量比活性达到 3.2mA/cm²。此外，上述"火山型"趋势也体现在了这些纳米尺度催化剂上，如图 5-28 所示。此外，研究发现将具有 3d 结构的过渡金属 M（如 Ti、Fe、Cr、Ni、Mn、Co、Zr 等）与 Pt 构成二元、三元合金催化剂可以提高 Pt 催化剂的稳定性[1, 178, 179]，这主要是因为合金中 M 元素对 Pt 具有"锚定效应"。将催化剂和其载体碳作为催化剂的整体加以考虑，通过对合金催化剂及其载体构成的原子簇运用从头计算和密度泛函分析发现：簇模型 Pt_3Fe/C 总能量比 Pt/C 有显著降低，Pt_3Fe/C 中合金催化剂原子与载体碳之间的 Mulliken 集居数较 Pt/C 有显著增加。魏子栋课题组[178]通过对合金催化剂及其载体构成的原子簇运用从头计算和密度泛函分析，发现了 Pt_3Fe/C 合金中 Fe 原子可使 Pt 原子更好地锚定在 C 表面，有效地控制金属催化剂在碳表面的集聚或从碳表面流失，证实了碳表面上通过 M 元素对 Pt 的锚固理论。这表明，合金中 Fe 的引入，可使 Pt 原子更好地嵌入或锚定在 C 表面，有效地控制金属催化剂在碳表面的聚集或从碳表面流失。改变催化剂的合金组成不仅可以提高催化剂的稳定性，还可以提高催化剂对杂质毒化的耐受能力。已有大量研究工作提到耐 CO 毒化的二元或多元催化剂合金材料[180]，这些合金材料包括 PtM、$PtWO_x$、PtRuM 和 $PtRu-H_xWO_3$ 等，其中 M 为 Mo、Nb、Sn、Co、Ni、Ta、Cr、Ti、Fe、Mn、V、Pd、Os、Rh 和 Zr 等过渡金属元素。这些添加金属元素主要通过以下两种方式起作用：一是降低 CO 在铂表面强的吸附作用，二是能够增加氧化 CO 所需要的含氧物种。相关研究工作已有多篇综述进行总结，这里不再赘述。值得注意的是，到目前为止，大部分的研究工作都集中在耐 CO 毒化的催化剂，对合金催化剂材料耐其他杂质的研究还较少，相关研究工作值得进一步开展。

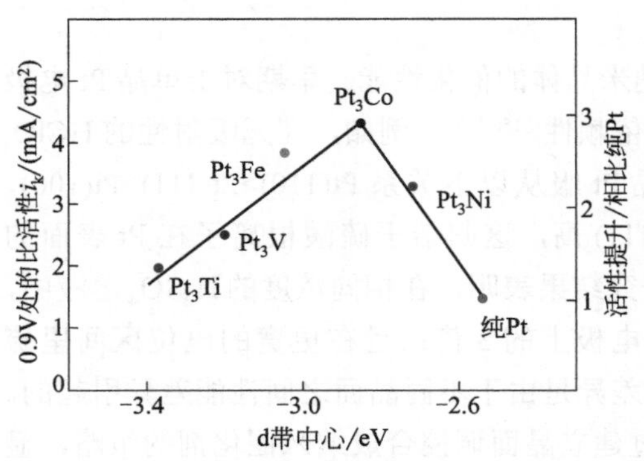

图5-27　ORR活性-d带中心"火山型"关联图

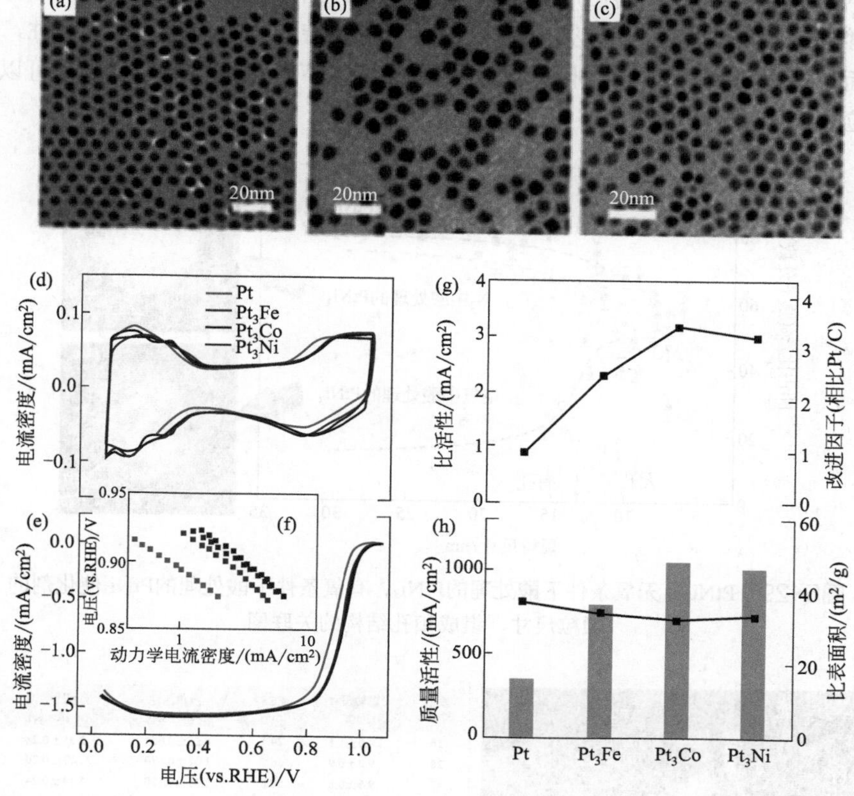

图5-28 （a）Pt_3Fe、（b）Pt_3Co、（c）Pt_3Ni透射电子显微镜图；不同催化剂的（d）CV曲线、（e）LSV曲线、（f）Tafel曲线、（g）面积比活性、（h）质量比活性

近年来，纳米合金催化剂的可控制备取得了显著进展。通常，合金纳米颗粒可通过分解金属碳基化合物或还原金属前驱体制备得到。然而大多数制备工艺只针对一种特定的合金体系，这并不利于未来大批量工业应用以及各合金之间活性的比较。最近 Rong 等[181]报道了一种简单通用的方法。在油胺的保护下 300℃共还原乙酰丙酮金属前驱体，制备一系列单分散 Pt-M（M=Fe、Co、Ni、Cu、Zn）纳米颗粒。虽然合金化后催化剂的 ORR 活性能得到提升，不过在燃料电池工作条件下，一旦这些过渡金属发生腐蚀和溶解，重金属离子就会扩散进入质子交换膜，由于金属离子对质子交换膜中磺酸根基团比 H^+ 具有更强的亲和力，它们会取代磺酸根基团上的质子形成磺酸盐结构，产生“质子交换膜的阳离子效应”，致使膜的含水量和水分子的扩散系数下降，并且电迁移系数升高等作用，致使膜电导下降，电池性能衰减[182]。先进的电子显微和光谱研究已证实在去合金后会形成两种不同的微观结构：实心核 - 壳结构（具有富铂壳层）和疏松纳米多孔结构（亦被称为“海绵型”或“奶酪型”结构）[183-185]。后者形成的孔结构不仅可以提供高比表面积和低密度，也可以加快反应物种氧分子在反应过程中的传质速度。近期许多研究已证实在去合金过程中，颗粒尺寸必须大于一个临界值才能形成纳米孔结构。例如，Chen 等[186]认为 $PtNi_3$ 纳米颗粒尺寸必须大于 15nm 才能形成完全的孔结构；Oezaslan 等[185]证实 $PtCu_3$ 和 $PtCo_3$ 形成孔结构的尺寸临界值大约是 30nm。另外，孔结构形成对于 ORR 性能的影响也被探究。Strasser 等[187]发现当 $PtNi_3$ 纳米颗粒尺寸大于 10nm 时，

有氧条件下的酸处理导致 Ni 溶出形成孔结构，伴随着催化剂 ORR 催化性能的衰减；而无氧条件下的酸处理会形成实心核 - 壳结构，这种结构能保持催化剂的活性和稳定性，如图 5-29 所示。因而他们认为控制 PtNi 纳米颗粒尺寸在 10nm 以下，避免孔结构生成，可以进一步提高纳米颗粒的稳定性。

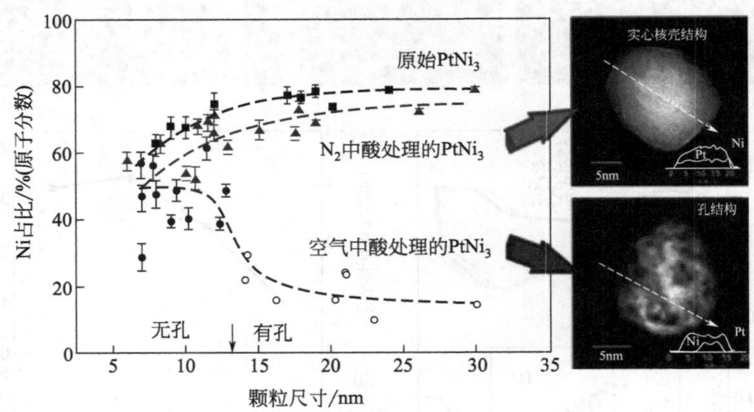

图5-29 $PtNi_3$、无氧条件下酸处理的$PtNi_3$、有氧条件下酸处理的$PtNi_3$催化剂的颗粒尺寸、组成和孔结构的关联图

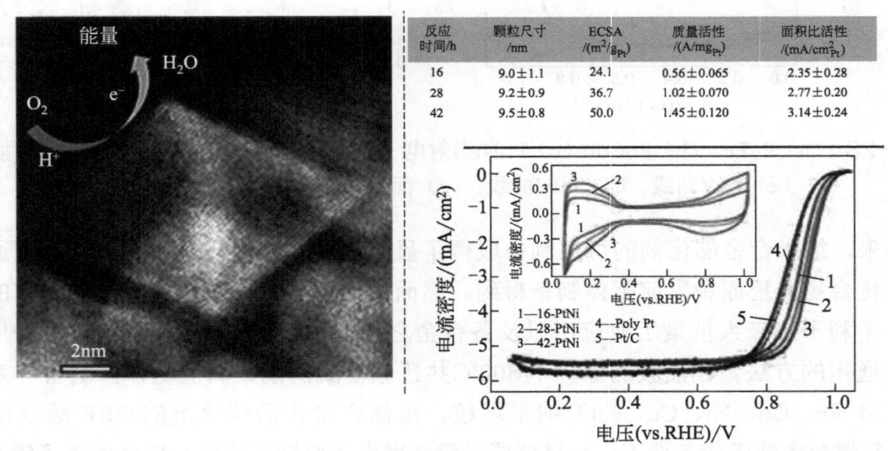

反应时间/h	颗粒尺寸/nm	ECSA/(m^2/g_{Pt})	质量活性/(A/mg_{Pt})	面积比活性/(mA/cm^2_{Pt})
16	9.0±1.1	24.1	0.56±0.065	2.35±0.28
28	9.2±0.9	36.7	1.02±0.070	2.77±0.20
42	9.5±0.8	50.0	1.45±0.120	3.14±0.24

图5-30 PtNi八面体透射电子显微镜图以及反应时间对PtNi八面体性能的影响，以及PtNi八面体循环伏安图和氧还原极化曲线

如前所述，调控纳米颗粒的晶面可以显著增强催化剂的活性。传统的纳米球颗粒表面有大量的低配位位点和未配位位点，这些位点与氧中间物种吸附很强，氧中间物种不易脱附，导致活性位点被占据，催化剂活性降低。Stamenkovic 等[188]发现在 $HClO_4$ 溶液体系中，直径约为 6mm 的 $Pt_3Ni(111)$ 单晶 RDE 表面催化 ORR 的面积比活性比 Pt(111) 表面约高一个数量级，是 Pt/C 催化剂的 90 倍，而其他低指数面［$Pt_3Ni(100)$ 和 $Pt_3Ni(110)$］面积比活性远不及 $Pt_3Ni(111)$。这个发现给研究者带来极大的兴趣，如果能够制备暴露面全为 {111} 取向的纳米晶，那就有望将面积比活性提高两个数量级（对比最佳Pt/C催化剂比活性）。Carpenter[189]等以N，N- 二甲基甲酰胺为溶剂，在水热条件下合成了 PtNi 八面体，通过控制反应时间，可以改变

PtNi 八面体的表面组成分布，如图 5-30 所示。粒径为 9.5nm 的 PtNi 八面体其面积比活性和质量比活性高达 3.14mA/cm^2_{Pt}，是商业化 Pt/C 催化剂的 10 倍。Zhang 等[190]以 $W(CO)_6$ 为形貌调控剂，采用高温有机溶剂法，制备了以(111) 晶面包围的 Pt_3Ni 纳米八面体和以（100）晶面包围的 Pt_3Ni 纳米四面体。其中 Pt_3Ni 纳米八面体的活性是 Pt_3Ni 纳米四面体的 5 倍，Pt_3Ni 纳米八面体的面积比活性和质量比活性分别是 Pt/C 的 7 倍和 4 倍。然而这些已报道的纳米八面体的活性值远远低于在单晶上的研究值，这种差距形成的主要原因是在制备纳米多面体过程中使用的形貌控制剂会强吸附在产品表面，造成部分活性位点的覆盖。进一步在多面体中导入孔结构可以增加活性位点的利用率。近期 Chen 等[186]在这方面又取得了巨大的进展，他们由多面体 $PtNi_3$ 颗粒经过腐蚀得到 Pt_3Ni 纳米框架（Pt_3Ni nanoframes），最后将纳米框架碳载得到了一种面积比活性惊人的催化剂（Pt_3Ni/C nanoframes），如图 5-31 所示。该催化剂的 ORR 质量比活性以及 ORR 面积比活性分别是传统 Pt/C 催化剂的 22 倍，以及 16 倍以上。如果 Pt_3Ni 纳米框架中掺入质子离子液体（nanoframes/IL），则其活性表现更惊人，ORR 质量比活性以及 ORR 面积比活性分别是传统 Pt/C 催化剂的 36 倍以及 22 倍。Yang 等还对 Pt_3Ni/C 纳米框架作了耐久性试验，发现于 0.6 ～ 1.0V 范围内循环 10000 次后面积比活性几乎没有变化。根据 RDE 测试结果，其在 0.9V 的质量比活性（5.7A/mg_{Pt}）几乎是 2017 年 DOE 目标（0.44A/mg_{Pt}）的一个数量级以上，从而非常期待该催化剂能在 MEA 中也能有惊人的表现，实现燃料电池的超低铂目标（阴极 Pt 载量≤ 0.1g_{Pt}/kW 或≤ 0.1 mg/cm^2）。

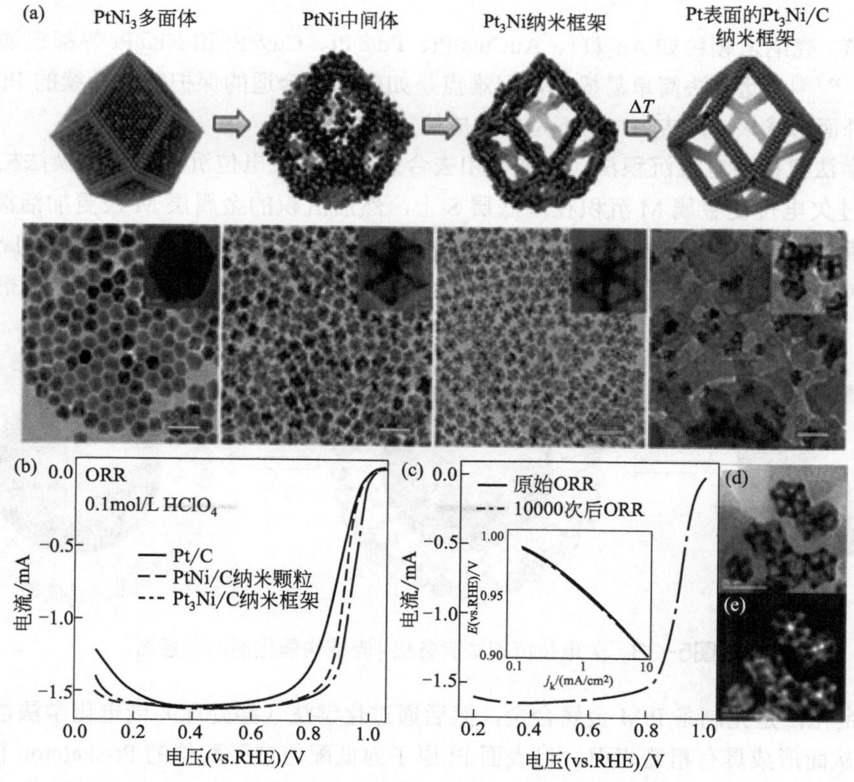

图5-31 （a）Pt_3Ni纳米框架合成示意图；（b）Pt_3Ni纳米框架ORR活性；（c）Pt_3Ni纳米框架稳定性测试前后活性；Pt_3Ni纳米框架稳定性测试（d）前（e）后形貌比较

（2）铂基核 - 壳结构催化剂　如前所述，在酸性溶液条件下铂合金表面的贱金属溶出会导致铂合金纳米颗粒结构不稳定，ORR 性能下降。近年来许多研究致力于构筑 Pt 非贵金属核 - 壳型催化剂，其外部的富铂壳层可以保护内部非贵金属核，有效缓解非贵金属的溶解，从而提高催化剂稳定性；此外，由于 ORR 是界面反应，在实际反应过程中，只有催化剂表面的几层铂原子才真正起到催化作用，因而核 - 壳型催化剂可以很大程度上降低铂载量、提高铂的利用率。目前制备 Pt 基核 - 壳结构催化剂一般分为核粒子或金属合金的制备和包覆层的形成，常见的制备方法有胶体法、电化学法和化学还原法等[191]。

胶体法即在聚电解质［聚乙烯吡咯烷酮（PVP）、聚乙烯醇（PVA）等］保护剂存在下制备种子胶体溶液，然后加入另一种金属化合物在种子表面还原生成壳。其中保护剂吸附在种子表面，通过静电或空间位阻的作用避免粒子间的直接接触，使胶体粒子能稳定地存在于溶液中，如图 5-32 所示。

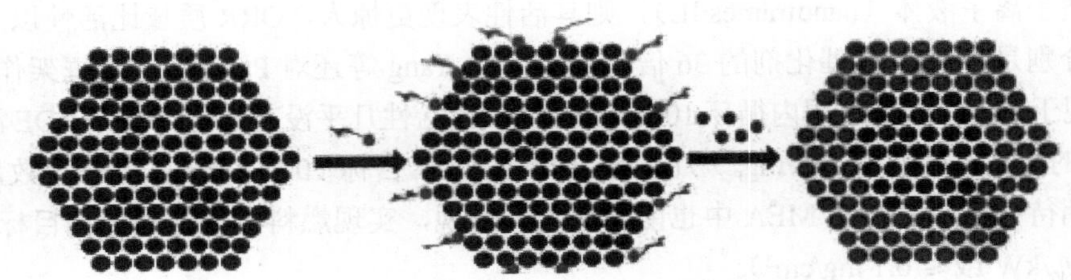

图5-32　胶体法制备核 - 壳结构催化剂的示意图

许多核 - 壳纳米颗粒如 Au@Pt、AuCu@Pt、Pd@Pt、Cu@Pt 和 Ni@Pt 等都已通过胶体法制备得到[192-194]。此方法简单易操作，但难点是如何选择合适的保护剂使后续的 Pt 粒子包覆在基底层外面形成核 - 壳结构，而不是单独成核。

电化学法包括欠电位沉积法（UPD）和去合金化法。欠电位沉积法和置换法相结合的方法是先通过欠电位使金属 M 沉积在基底层 S 上，然后沉积的金属层 M 被更加活泼的金属 P 置换，从而形成 P/S 结构，如图 5-33 所示。美国 Brookhaven 国家实验室的 Radoslav R. Adzic 博士通过欠电势沉积与后续置换过程制备得到 $Pt_{ML}/Pd/C$ 或 $Pt_{ML}/Pd_9Au_1/C$ 纳米催化剂[195]。

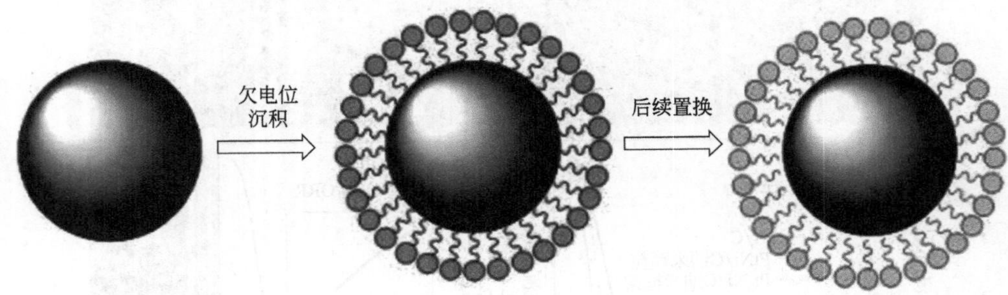

图5-33　欠电位沉积法制备核 - 壳结构催化剂的示意图

去合金化法是先制备 PtM 金属合金，然后通过化学法（酸处理）或电化学法溶解表面的 M 金属，从而形成具有粗糙表面，且表面 Pt 原子为低配位或无配位的 Pt-skeleton 核 - 壳结构催化剂。这种结构首次是被 Toda 等[196，197]发现，且当表面 Pt 壳层足够薄时可以表现出可观的 ORR 活性[198，199]。

另一种形成 Pt 单层壳的方法是热处理 PtM 合金前驱体，这种方法可得到具有 Pt-skin 结构的纳米颗粒。Shiotsuka 以及 Chen 等[196, 200]指出热处理可以使催化剂近表面区域原子重排，减少表面低配位原子数，形成了特殊的表面元素组成分布（第一和第三单层为富 Pt 层，第二单层为富 M 层）。Chen 等[201]的早期研究表明，Pt-skin 结构和 Pt-skeleton 结构可以在纳米尺度上进行调控。Pt-skin 结构和 Pt-skeleton 结构的形成和相互转化如图 5-34 所示。

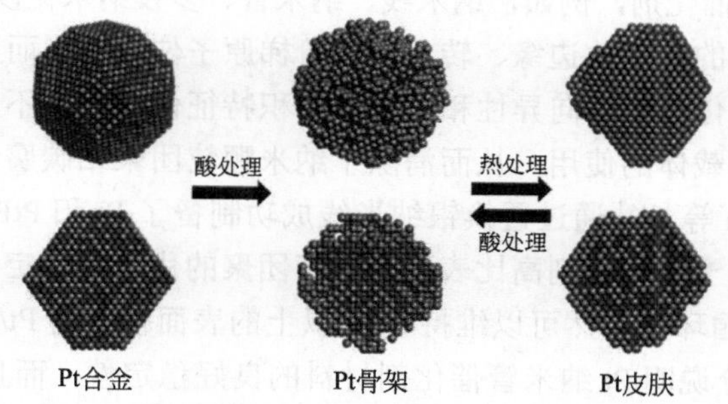

图5-34　电化学去合金化法制备核 - 壳结构催化剂的示意图

此外，利用活性气体参与反应也是一种特别构筑核 - 壳型催化剂的方法（吸附物诱导偏析法，adsorbate-induced segregation）[202-204]。例如，对于 Pt_3Co 合金，经过在 CO 气氛中热处理后，可以形成表面富含 Pt 的纳米颗粒，这是由于 CO 与表面 Pt 原子具有更强的吸附能[205]。Lee 等[206]也证实，对于 Pt_3Au/C 合金，若将其暴露于还原性 CO 气体中时，表面会富含 Pt；若暴露于惰性 Ar 气体中时，Pt 将会转移到核中，表面富含 Au，如图 5-35 所示。

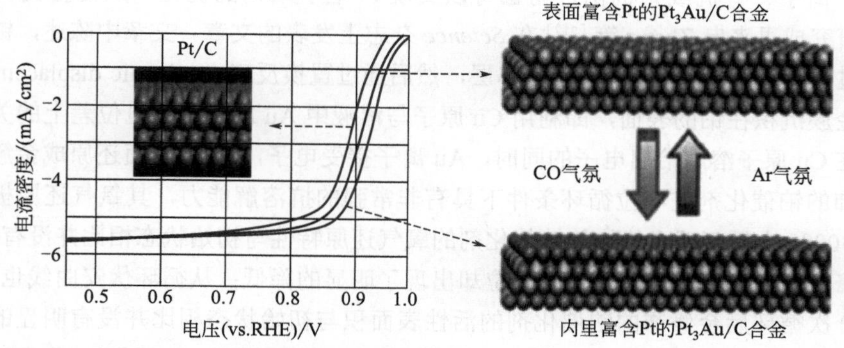

图5-35　Pt_3Au/C在不同气氛中表面组成的转换及相应ORR活性（彩插见文前）

对于核 - 壳型纳米颗粒，内部的“核”会改变外表层的“铂壳”电子结构和几何性质，从而调控表层原子的化学吸附性质，进而影响 ORR 活性。此外，核 - 壳型纳米颗粒也具有优异的稳定性能。例如，由 Kuttiyiel 等[195]制备得到的 $Pt_{ML}/Pd_9Au_1/C$ 纳米催化剂在经过 200000 圈电位扫描后，其质量比活性只降低了 30%，而商业化 Pt/C 在经过不到 50000 圈电位扫描后活性已完全丧失。他们认为 $Pt_{ML}/Pd_9Au_1/C$ 催化剂稳定性高的原因是 Pd_9Au_1/C 核升高了 Pt 壳层的氧化电位。

总的来说，Pt 基核 - 壳型催化剂可以提高铂利用率，降低铂担载量，提高 ORR 活性和稳定，是一类具有很大商业应用前景的材料，因而如何进一步大批量生产具有可控组成、壳厚度和

高分散的核 - 壳型纳米催化剂是未来 Pt 基核 - 壳型催化剂的主要研究方向。

（3）多枝状或各相异性结构的催化剂 以上提及的 Pt 基催化剂均是零维纳米颗粒且通常担负在高比表面碳载体上。这些零维纳米颗粒具有高的表面能，因而容易发生迁移和团聚，从而降低催化剂的电化学活性表面积（ECSA）[207]。此外，碳载体的腐蚀以及伴随着的纳米颗粒脱落也是上述催化剂面临的严重问题[208-211]。这些弊端促使研究者们开发具有高比表面积且各向异性的自负载型催化剂，例如，纳米线、纳米管、多枝纳米花以及纳米树枝[191，212-214]。这些材料表面具有大量的高活性边缘、转角以及阶梯原子位点，因而可以充分利用其内在固有潜力。此外，此类催化剂的各向异性和高比表面积特征使得它们不易出现溶解、迁移和团聚，同时也避免了碳类载体的使用，从而消除了纳米颗粒团聚和碳腐蚀造成的催化剂活性降低的问题。例如，Chen 等[215]通过置换银纳米线成功制备了 Pt 和 PtPd 纳米管。纳米管的一维特性（高纵横比）赋予了催化剂高比表面积且不团聚的优点。稳定性测试结果表明，Pt 纳米管催化剂在 1000 次循环后仍然可以维持 80% 以上的表面积，而 Pt/C 催化剂的表面积则已降低到 10% 左右，充分说明 Pt 纳米管催化剂材料的良好稳定性。而且，研究发现这种 Pt 纳米管催化剂还有利于改善传质能力和催化剂的利用率，具有比 Pt/C 催化剂更强的催化活性。Mauger 等[216]合成直径为 150 ～ 250nm，长度为 100 ～ 200μm 的 PtNi 纳米线，其质量比活性为 917mA/mg_{Pt}，是商业化 Pt/C 催化剂的 3 倍。虽然此类催化剂能够获得较高的 ORR 活性，但由于失去纳米颗粒的形貌，其在燃料电池系统的实际应用仍然受到限制。

5.8.1.3 表面修饰

除了上述晶面调控以及构建二元或多元金属体系的方法，在 Pt 纳米颗粒表面修饰金属团簇、分子、离子、有机或无机化合物也可以实现 Pt 电子结构的优化，从而提高 ORR 性能。最显著的研究成果来自 Zhang 等[217]在 *Science* 杂志上发表的文章。文章中陈述，铂粒子的表面首先通过欠电位沉积的方法沉积 Cu 单层，然后通过置换反应（galvanic displacement）将纳米尺度的金簇沉积在铂的表面，即利用 Cu 原子与溶液中 Au 离子间在电位差上的关系产生置换作用，在 Cu 原子溶解给出电子的同时，Au 离子接受电子，在 Pt 表面还原成金簇。这种经过金簇修饰的铂催化剂在电位循环条件下具有非常强的抗溶解能力，其氧气还原极化曲线表明，经过 30000 次循环后金修饰的铂催化剂的氧气还原特性与初始状态相比并没有明显降低，但是未经修饰的铂催化剂的氧气还原电位却出现了明显的降低；从循环伏安曲线也可以看出，经过 30000 次循环后金修饰的铂催化剂的活性表面积与初始状态相比并没有明显的降低，而未经金修饰的铂催化剂的活性表面积却有非常明显的下降，如图 5-36 所示。作者认为这主要是因为金簇修饰的铂催化剂的起始氧化电位要比未修饰的铂催化剂高许多，而铂氧化物的形成和还原会明显增加铂的溶解速率，而催化剂起始氧化电位的提高无疑会降低铂氧化物的生成，有力地稳定了铂催化剂。

在传统观念中，“封端剂”覆盖了金属纳米颗粒表面活性位点，使其整体催化活性降低。然而，基于某些非金属分子或化合物可以阻碍有毒物种吸附、影响金属亲 / 疏水性、电子特性的考量，金属表面的选择性功能化已成为设计电催化剂的新趋势[218-221]。例如，Markovic 课题组[222，223]证明了氰化物修饰的 Pt{111} 晶面在 H_2SO_4/H_3PO_4 电解液中的 ORR 活性是无修饰的 Pt{111} 晶面的 10 ～ 25 倍。这是由于表面的氰化物可以选择性阻碍硫酸根和磷酸根的吸附，从而提高 Pt 表面活性位点的利用率。Miyabayashi 等[224]采用两相液相还原法制备了辛胺 / 嵌

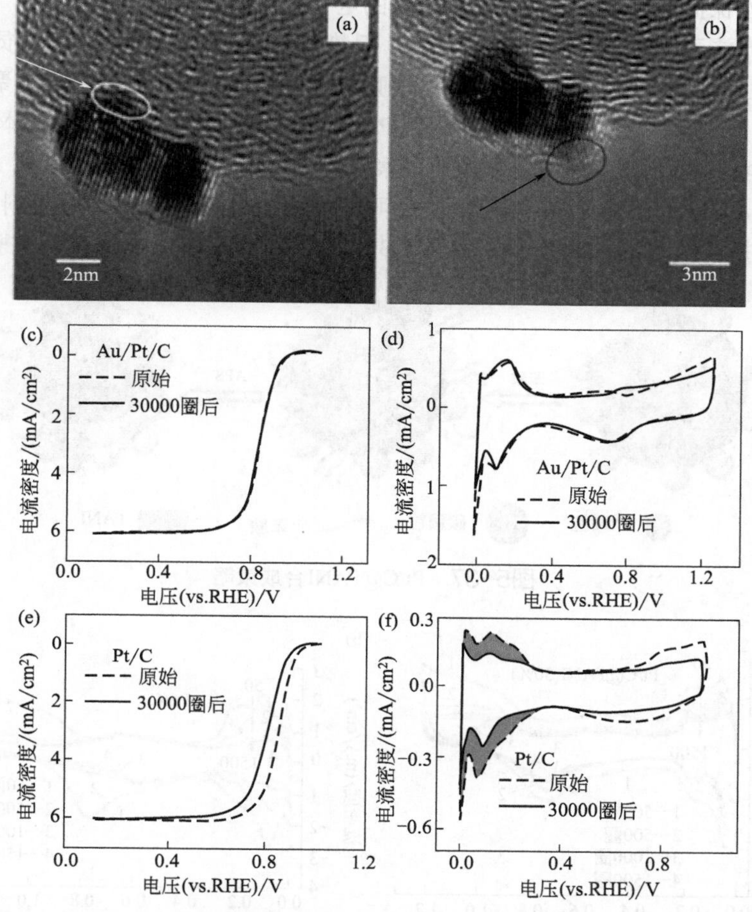

图5-36 (a)、(b)金簇修饰的铂催化剂的透射电子显微镜图；金簇修饰的铂催化剂老化测试前后(c)LSV曲线、(d)CV曲线；未经金簇修饰的铂催化剂老化测试前后(e)LSV曲线、(f)CV曲线

二萘修饰的Pt纳米颗粒并将其担载在炭黑上，其活性和稳定性均优于商业化Pt/C催化剂。Steinbach等[225]制备了疏水质子性离子液体包覆的多孔PtNi纳米颗粒。由于离子液体（IL）的高溶氧性以及孔道限域作用，氧与PtNi颗粒接触频率增加，从而使得催化反应动力学加快。

在Pt表面包覆碳层或硅层可以有效防止金属颗粒的溶解、迁移和团聚，从而提高催化剂的稳定性。例如，Takenaka等[226]用多孔硅包覆Pt/CNTs制备了SiO_2/Pt/CNTs催化剂（Pt含量为0.0088mg/cm²），并将其与Pt/CNTs催化剂（Pt含量为0.0143mg/cm²）比较发现SiO_2/Pt/CNTs催化剂具有较高的稳定性。Wen等[227]以葡萄糖为碳源和还原剂，首先将Pt纳米粒子还原沉积到中孔硅（SBA-15）的孔隙中，然后使葡萄糖碳化，溶解SBA-15，得到了多孔碳封装的Pt@C/MC催化剂。在O_2饱和含有0.5mol/L CH_3OH和0.5mol/L H_2SO_4的溶液中对Pt@C/MC催化剂CV测试，Pt@C/MC催化剂显示了较高的氧还原活性，说明Pt@C/MC催化剂具有很好的耐甲醇能力。此外，由于碳膜对Pt纳米粒子的保护，抑制了Pt的溶解、迁移，从而使该催化剂显示了较高的稳定性，在O_2饱和的含有0.5mol/L CH_3OH和0.5mol/L H_2SO_4的溶液中老化测试后，其对氧还原的峰电流仅降低了4%。与Takenaka方法相比，Wen采用导电能力强的 MC 作保护层，从而不会影响到电极的电子传输能力。

虽然上述方法可以显著提高 Pt 的稳定性，但势必会造成 Pt 活性表面积的损失，因而并不利于 ORR 活性的提高。Chen 等[228]采用原位吸附化学氧化聚合的方式将导电聚苯胺 PANI 包覆在 Pt/C 催化剂上（如图 5-37 所示），利用 PANI 的化学稳定性，阻止碳载体直接暴露在燃料电池工作环境下，抑制了 Pt 纳米颗粒的团聚长大；利用聚苯胺优异的质子、电子传导性和氧气渗透能力，将聚苯胺覆盖在碳载体表面可以增加 Pt 纳米粒子暴露在燃料电池三相反应界面的概率，提高催化剂的利用率。如图 5-38（a）、（b）所示，加速老化实验（0 ～ 1.2V，

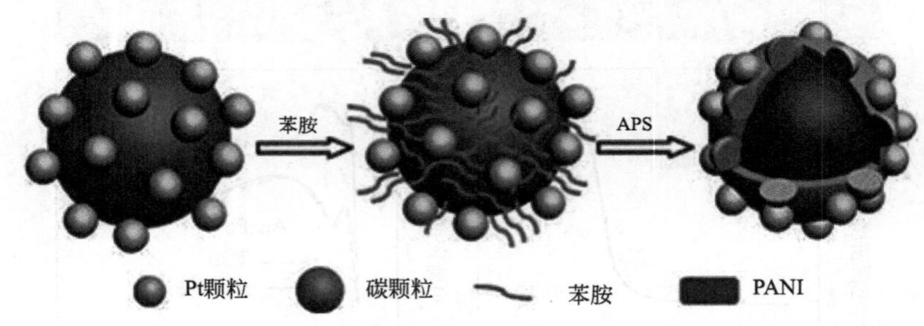

图5-37 Pt/C@PANI合成策略

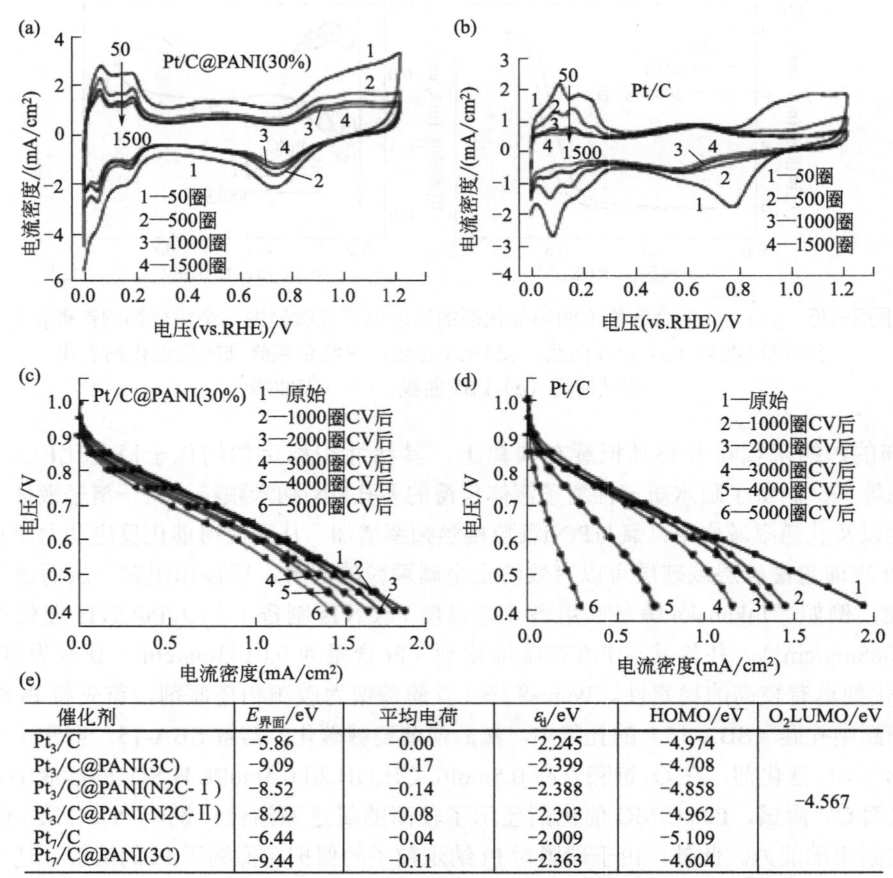

催化剂	$E_{界面}$/eV	平均电荷	ε_d/eV	HOMO/eV	O_2LUMO/eV
Pt_3/C	−5.86	−0.00	−2.245	−4.974	
Pt_3/C@PANI(3C)	−9.09	−0.17	−2.399	−4.708	
Pt_3/C@PANI(N2C-Ⅰ)	−8.52	−0.14	−2.388	−4.858	−4.567
Pt_3/C@PANI(N2C-Ⅱ)	−8.22	−0.08	−2.303	−4.962	
Pt_7/C	−6.44	−0.04	−2.009	−5.109	
Pt_7/C@PANI(3C)	−9.44	−0.11	−2.363	−4.604	

图5-38 （a）Pt/C@PANI、（b）Pt/C的CV老化测试前后ECSA变化；（c）Pt/C@PANI、（d）Pt/C单电池老化测试前后性能比较；（e）Pt/C@PANI的DFT计算结果

1500次）后，Pt/C@PANI的ECSA损失约为30%，粒径由2nm变为6nm；而相同条件下Pt/C损失高达83%，粒径由4nm增大至28nm；此外单电池老化测试结果也表明Pt/C@PANI比Pt/C具有更好的稳定性能［图5-38（c）、（d）］。XPS分析和DFT理论研究发现[229]，PANI与Pt/C之间的电子转移是造成其活性和稳定性提高的根源。PANI将电子转移给Pt/C后，自身部分氧化，空穴增加，导电性得以提升。同时，Pt/C得到电子后，Pt纳米颗粒的HOMO能级升高，d带中心下降，利于与O_2的LUMO能级间的电子转移；且氧物种在Pt纳米颗粒的吸附减弱，脱附变易，释放活性位点速率加快的，从而活性和稳定性提升［图5-38（e）］。有趣的是，将Pt/C@PANI进行高温处理后，其ORR性能得到进一步增强，这是由于Pt/C表面形成了具有活性的氮掺杂石墨化碳壳层（NGC）[230]。此外，在高温处理过程中，PANI的限域效应可以稳定Pt纳米颗粒，抑制Pt的烧结长大，从而避免了Pt活性表面积的损失，如图5-39所示。最终获得的催化剂Pt/C@NGC在0.9V下的比表面积活性和质量比活性分别为0.308mA/cm^2、163mA/mg$_{Pt}$，是商业化Pt/C催化剂的2.5倍和1.7倍。选择性表面修饰金属纳米颗粒这一方法开辟了一条促进Pt基催化剂氧还原性能的新途径。

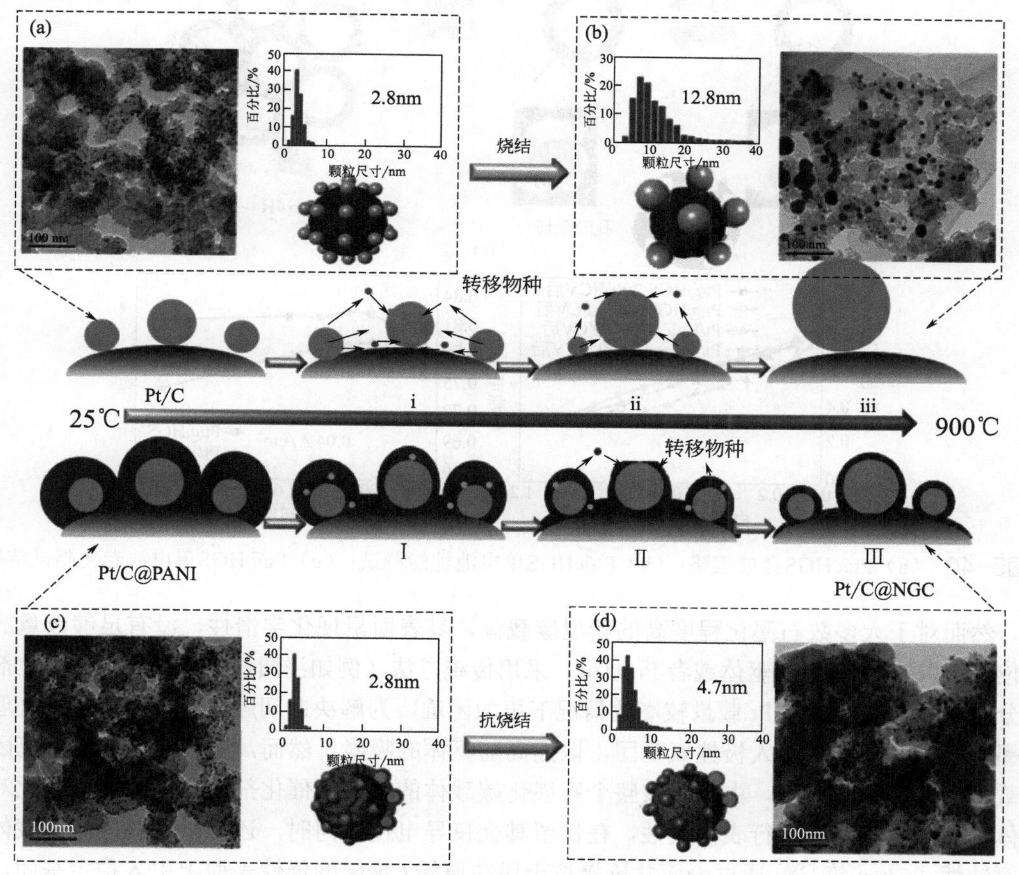

图5-39 Pt/C@NGC催化剂合成策略及高温抗烧结机制

5.8.1.4 载体增强

将Pt基催化剂与表面修饰或改良过的载体（包括碳类和非碳类）结合，可协同增强Pt基催化剂活性。传统的碳载体表面含有大量的缺陷和不饱和键，在 PEMFC 运行工况下，很容易被氧化，形成新的表面缺陷，从而导致其担载的贵金属催化剂的迁移团聚。研究人员通过将炭黑进行石墨化稳定处理，发现载体的石墨化程度越高，载体的稳定性也就越好。这主要是因为石墨化程度增大后，碳载体的缺陷位点就会大大减少，同时对 Pt 起锚定作用的 π 位点（碳的 sp^2）也得以增强，从而增强了 Pt-C 之间的相互作用力[231-233]。进一步构筑具有新型纳米结构的高度石墨化碳，如碳纳米管（CNTs）、纳米碳纤维（CNFs）、石墨烯、有序介孔碳（OMC）、碳纳米线圈（CNCs）和碳纳米角（SWNHs）等[234-238]，可有效增强 ORR 稳定性。最近，Galeano 等[239]报道了一种中空石墨化碳球（HGS）作为氧还原载体，如图 5-40 所示。HGS 具有超高的比表面积（>1000m²/g）和精确控制的孔结构，可负载高分散且粒径控制（3 ～ 4nm）的铂纳米颗粒（Pt@HGS）。在电池测试中经过 1000 圈启动 - 停止测试后，Pt@HGS 的电池电压几乎未受影响，表明其杰出的稳定性。

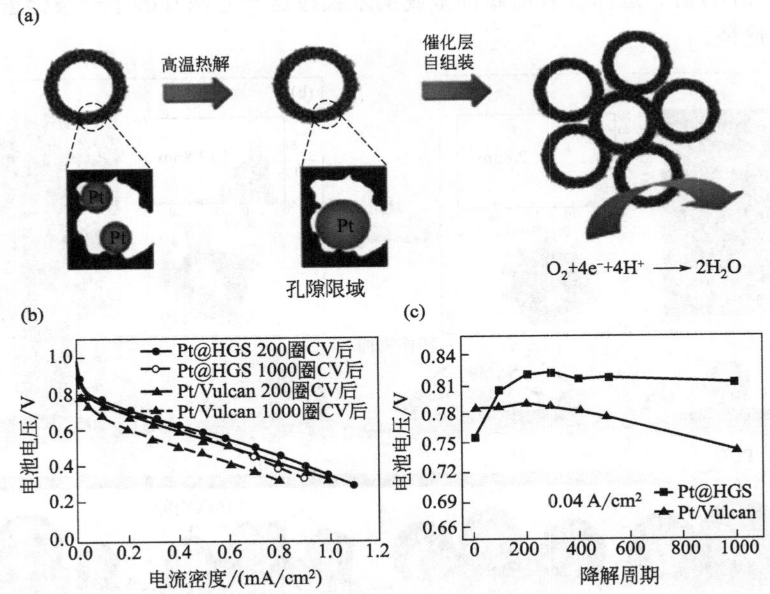

图5-40　（a）Pt@HGS合成策略；（b）Pt@HGS单电池性能测试；（c）Pt@HGS单电池老化测试结果

然而对于大多数石墨化程度高的新型碳载体，其表面呈现化学惰性，没有足够数量的活性位点用以锚定 Pt 的前驱体或者 Pt 颗粒。采用传统方法（例如浸渍法）很难将金属催化剂成功分散在碳载体上，在 Pt 载量较高的情况下更为困难。为解决此问题，通过强酸氧化处理在石墨化碳载体的表面引入极性氧基团，以提高前驱体的吸附。然而，引入的这些极性基团正是载体腐蚀破坏的起源，由此导致整个石墨化碳载体的腐蚀，催化剂稳定性降低。因此对碳载体的研究主要基于进行表面改性，在保留其优良导电性的同时，还可以有效提高碳载体的耐腐蚀性。Chen 等[240]通过表面共价接枝手段在原始 CNTs 的惰性表面上引入稳定基团，成功制备了表面链接巯基（-SH）的新型巯基化碳纳米管。巯基与 Pt 之间强相互作用利于提高 Pt 的分散性，有助于减少 Pt 的溶解、Ostwald 熟化效应和 Pt 纳米颗粒的团聚。三种催化剂在 Pt 的氧化/还原电位区间（0.6 ～ 1.0V）出现明显的区别，其中 Pt/COOH-CNTs 和 Pt/初始 -CNTs 中 Pt 的氧化电位相似（0.75V 左右），而 Pt/SH-CNTs 催化剂的 Pt 氧化起始电位出现了明显的正移现象，如图5-41（a）所示，说明Pt/SH-CNTs催化剂上的Pt相比较前两种催化剂在相同的条件下更难以氧化，老化实验结果证明碳纳米管经巯基修饰后，ECSA损失较少，稳定性大大提高。对比三种催化剂Pt4f7/2峰的电子结合能可以看出，Pt/SH-CNTs催化剂Pt4f7/2峰的电子结合能明显高于Pt/COOH-CNTs和Pt/初始-CNTs，说明Pt与SH-CNTs载体之间存在强相互作用［图5-41（b）］。DFT计算结果进一步证实-SH基团提高了Pt簇和CNTs的抗氧化性能并抑制了Pt在CNTs上的迁移[241]。Wang等[242]将多壁碳纳米管与聚二烯丙基二甲基氯化铵［poly（diallyldimethylammoniumchloride）（PDDA）］混合，制备得到PDDA修饰的碳纳米管PDDA-MWCNTs用修饰后的碳纳米管负载铂纳米粒子得到催化剂Pt/PDDA-MWCNTs，结果表明，PDDA修饰的碳纳米管作为催化剂载体能提高铂纳米颗粒的分散性，相对于传统的酸氧化法，PDDA修饰碳纳米管没有破坏碳管表面的结构，并提高了碳纳米管官能团的覆盖密度。

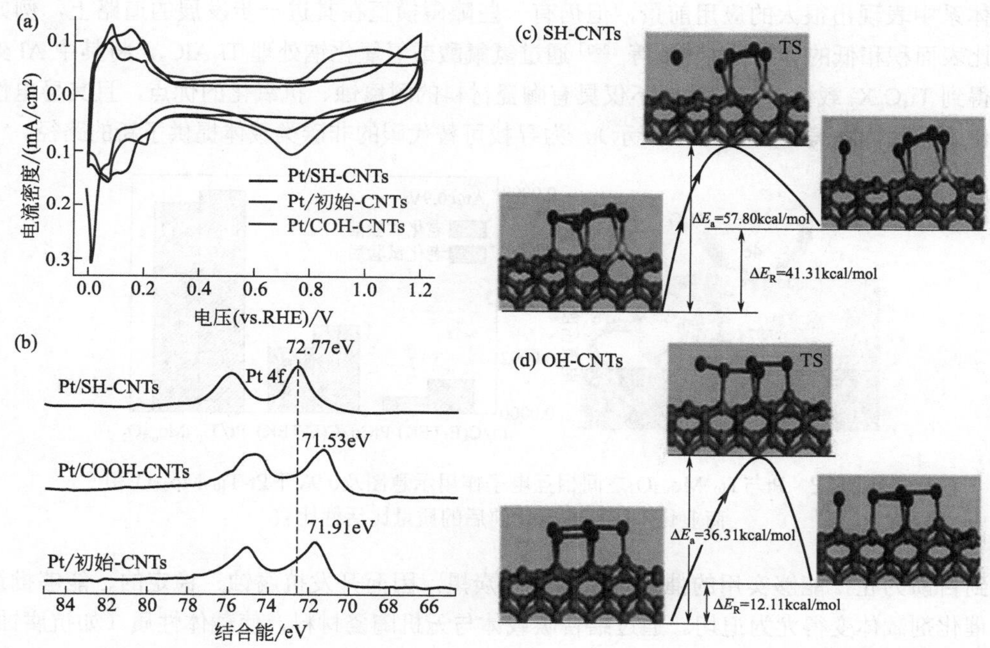

图5-41　不同催化剂的（a）CV曲线、（b）Pt4f峰、（c）SH-CNT、（d）OH-CNT的反应能示意图

此外，通过氮、硼等元素以及二氧化钛、二氧化硅、二氧化铈、三氧化钨、碳化钨等金属化合物[243-246]修饰碳载体，可有效改变碳的表面状态，提高催化剂的稳定性。Jin等[247]通过溶胶凝胶聚合及热解法成功将N掺入碳干凝胶中，在酸性介质中表现出良好的稳定性。Wang等[248]采用喷雾热解化学气相沉积方法成功制备了耐腐蚀的三维硼掺杂碳纳米棒（BCNRs）。担载Pt纳米颗粒后，BCNRs表面B与Pt形成了强化学键，极大地提高了Pt纳米颗粒的稳定性，Pt/BCNRs的稳定性为传统催化剂的3倍。Xia等[249]将TiO_2纳米薄片嫁接于CNT支柱上，以此分层结构作为载体应用于低温燃料电池。该分层结构充分发挥了CNTs的高电导率和TiO_2的耐腐蚀性，从而极大地提高Pt/CNT@TiO_2催化剂在酸性和氧化环境的稳定性。

近年来非碳载体的研究如WC、WO_x、TiO_2、TiC、ITORuO_2-SiO_2和TaB_2等[250-255]，因

其高抗腐蚀性能也引起广泛关注。Huang 等[256]研究表明，以软模板法合成的导电介孔 TiO_2 负载 Pt 催化剂性能优于商业化 Pt/C 催化剂，燃料电池于 1.2V（vs.RHE）恒电位条件下进行加速老化实验。腐蚀 200h 后，Pt/TiO_2 催化剂极化曲线几乎未见衰减，而 Pt/C 催化剂 50h 过后电池电位已大幅下降。通过金属（例如铌、钨、钌等）[257, 258]掺杂 TiO_2 可进一步提高 TiO_2 的电导率，加强催化剂金属与载体之间的强相互作用，提高催化剂化学稳定性。许多研究已证实强铂纳米颗粒与此类载体间金属 - 载体相互作用（SMSI）可显著提高铂的电化学催化活性，其原因是金属 - 载体相互作用可引起铂纳米颗粒的电子状态或费米能级上升或下降从而影响其活性和稳定性。例如，Ho 等[259]采用一步水热合成法制备多孔钼 Mo 掺杂 TiO_2（$Ti_{0.7}Mo_{0.3}O_2$）作为 Pt 催化剂载体，研究发现，$Ti_{0.7}Mo_{0.3}O_2$ 与 Pt 之间的强相互作用（电子从 $Ti_{0.7}Mo_{0.3}O_2$ 转移到 Pt）使得 Pt 的 d 带中心偏移，改变了 Pt 表面的电子结构，提供大量的表面 Pt 结合位点，从而提高了催化剂的稳定性，如图 5-42 所示。虽然许多非碳类材料在 ORR 电催化体系中表现出很大的应用前景，但仍有一些障碍横亘在其进一步发展的道路上，例如较小的比表面积和低的导电性。Xie 等[260]通过氢氟酸或氢氧化钠处理 Ti_3AlC_2，将其中 Al 刻蚀掉后得到 $Ti_3C_2X_2$ 载体。这种材料不仅具有陶瓷材料的耐腐蚀、抗氧化的优点，且其导电性也可与传统碳载体媲美（如图 5-43 所示），为寻找可替代碳的非碳类载体提供了新的路径。

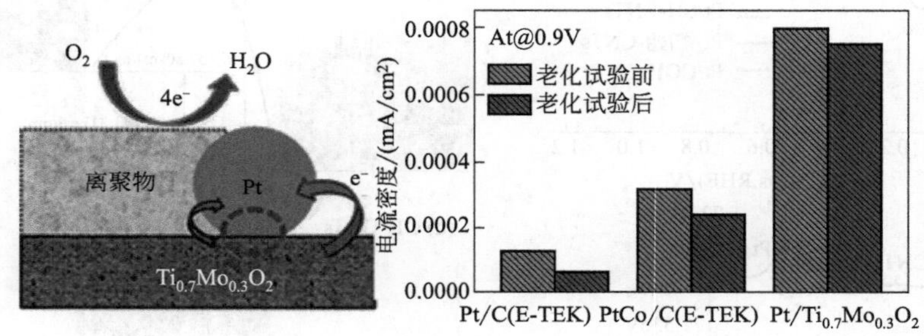

图5-42　Pt与$Ti_{0.7}Mo_{0.3}O_2$之间相互电子作用示意图及0.9V下Pt-$Ti_{0.7}Mo_{0.3}O_2$和商业化催化剂在老化前后的质量比活性比较

到目前为止，能够实用的催化剂载体只有炭黑，因而开发抗腐蚀、稳定的、能够批量生产的催化剂载体变得尤为迫切。通过结合碳载体与无机陶瓷材料，使载体性质（如抗腐蚀性、ORR 催化活性、抗中毒性等）最优化是发展稳定化载体、新型催化剂的重要方向。

5.8.2 过渡金属化合物类催化剂

由上可知，过渡金属化合物，特别是氢氧化物、磷化物的氧还原活性大多数情况下都与其氧化物有关，因此开发具有高活性的过渡金属氧化物氧还原催化剂非常重要。对于氧化物而言，其催化活性主要和其导电性以及本征活性有关系。而对于其他导电性较好的氮化物等而言，如何控制颗粒尺寸、优化其本征活性才是提高其催化活性的关键。因此，对于过渡金属化合物而言，可以从以下三个方面提高其催化活性。

5.8.2.1 提升催化剂的导电性

大多数的过渡金属化合物均具有较差的导电性，因此提高其导电性对于实现氧还原活性

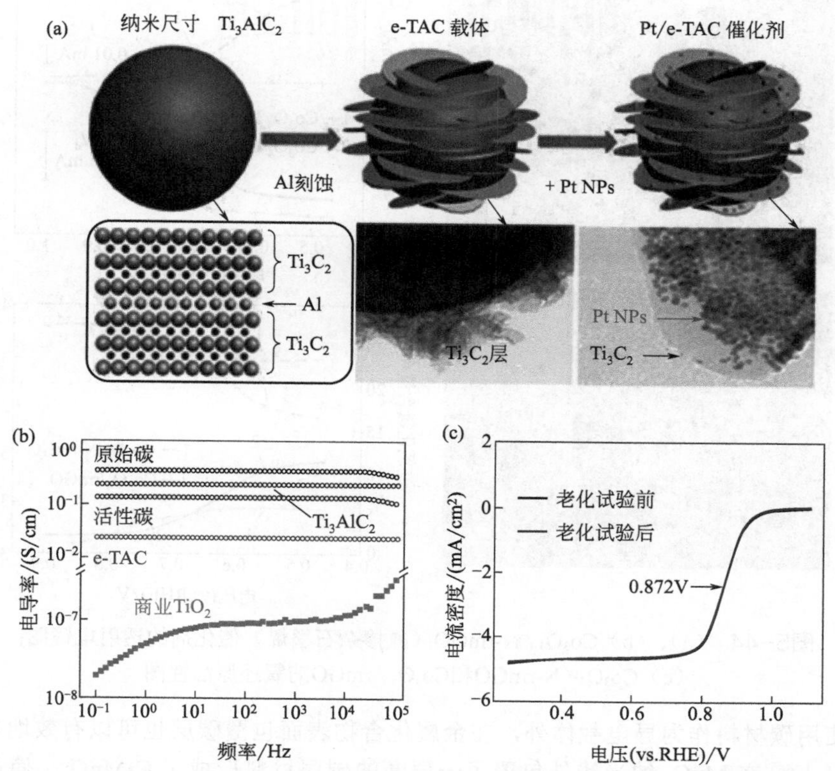

图5-43　(a) Ti_3AlC_2的碱处理示意图；(b) Ti_3AlC_2与碳载体的电化学阻抗比较；(c) $Pt/Ti_3C_2X_2$老化测试前后ORR活性比较

的提升非常重要。目前，已经有非常多的方法被开发利用于提高这些催化剂的导电性。将过渡金属化合物与金属纳米颗粒、碳基材料、导电聚合物等[261-264]各种具有优越导电性的材料相耦合被视为一种有效提高导电性的方法。石墨烯因其优良的导电性而被视为最有前景的基体材料，已经被广泛应用于提高过渡金属化合物催化剂的导电性。Liang等[265]将Co_3O_4纳米颗粒负载到石墨烯基底上作为氧还原催化剂，相比于没有负载的Co_3O_4纳米颗粒，该催化剂无论是在活性还是在选择性方面均表现出更加优异的性质，如图5-44所示。该催化剂的半波电位为0.83V（vs. RHE），相比于Pt/C催化剂仅有30mV的差距。而且其具有非常低的（约6%）HO_2^-产率，说明其具有非常好的氧还原催化活性以及选择性。一方面由于石墨烯的加入，大大提升了Co_3O_4纳米颗粒之间的导电性，加快了电子转移，使得ORR的动力学反应速率得以提升。另一方面，Co_3O_4纳米颗粒与石墨烯之间存在相互作用，协同地催化氧还原反应，提高Co_3O_4纳米颗粒的催化活性。除活性之外，由于石墨烯的强锚定作用，Co_3O_4催化剂的稳定性在形成Co_3O_4与氮掺杂石墨烯复合物后也同样地得到了提高。该课题组后来又将CoO和氮掺杂碳纳米管、$MnCo_2O_4$和氮掺杂石墨烯复合，它们的活性相较于单独的金属氧化物都得到进一步提高，进一步说明通过复合碳材料可以明显地改变金属氧化物的导电性并产生一定的协同效应从而有利于氧还原过程的进行。不仅是金属氧化物，金属硫属化合物、氢氧化物等往往也需要同石墨烯复合才能更好地进行催化氧还原反应。

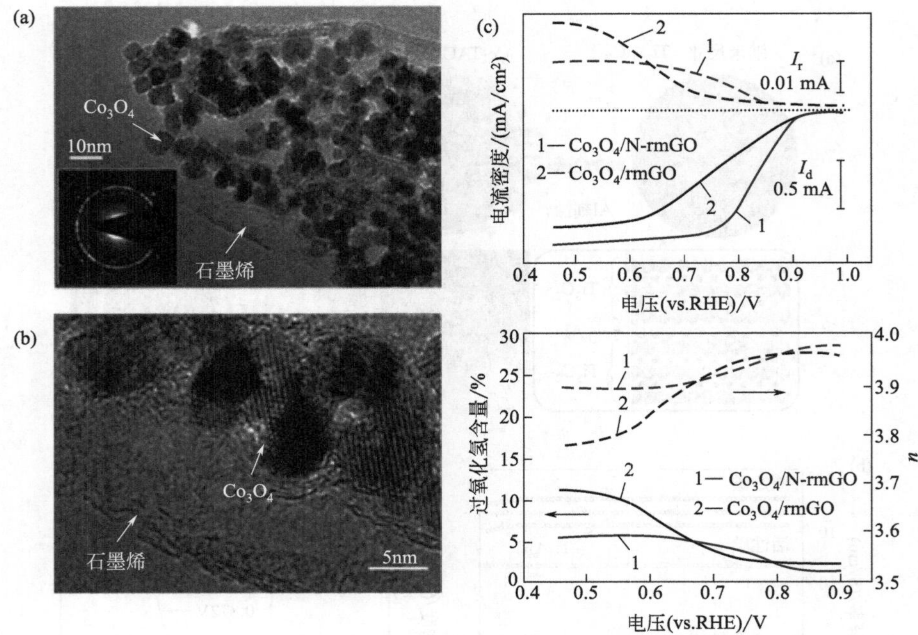

图5-44 （a）、（b）Co_3O_4 / N-rmGO（氮掺杂石墨烯）催化剂的透射电镜图；（c）Co_3O_4 / N-rmGO和Co_3O_4 / rmGO的氧还原活性图

除了使用碳材料作为导电载体外，在金属化合物表面包覆碳层也可以有效地加速电子转移。Vigil 等[266]在 MnO_2 纳米线外包覆了一层薄的碳层材料形成了 C-MnO_2，使得催化剂的导电性提高了 5 个数量级，从 3.2×10^{-6}S/cm 到 0.5S/cm。在氧还原测试中，C-MnO_2 催化剂比 α-MnO_2 催化剂的半波电位高出 30mV，如图 5-45（a）、（b）所示。此外，通过构建金属 / 金属化合物复合催化剂也被认为是一种可以提高金属化合物导电性的方法。而且这种方式不仅能够提高导电性，金属颗粒和金属化合物之间还存在一定的协同作用，使得其氧还原性能也

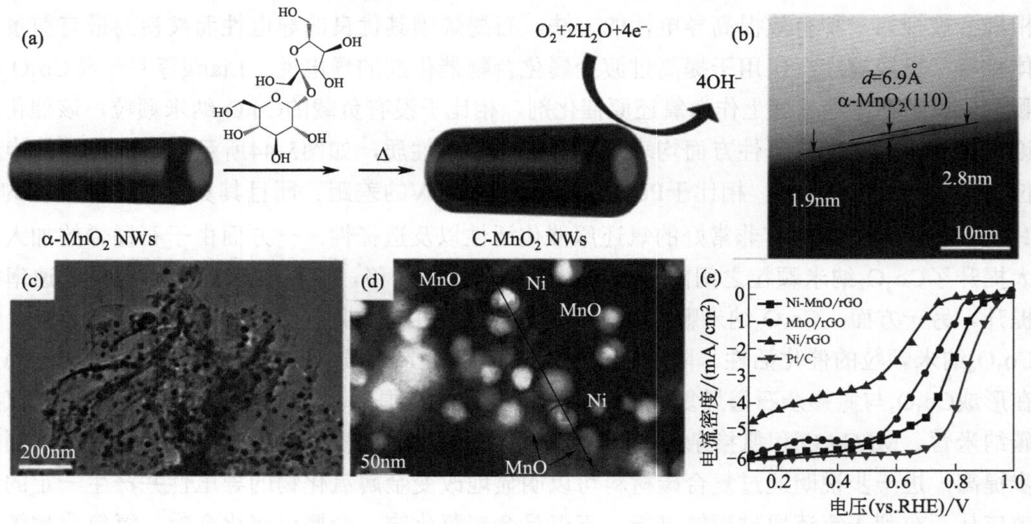

图5-45 （a）C-MnO_2催化剂的合成示意图；（b）C-MnO_2催化剂的透射电镜图；（c）、（d）Ni-MnO/rGO催化剂的透射电镜图；（e）Ni-MnO/rGO催化剂的氧还原活性图

得到相应的提高。Fu等[267]提出通过水热的方法制备3D多孔石墨烯负载的Ni/MnO催化剂用于氧还原反应（Ni-MnO/rGO气凝胶），如图5-45（c）到（e）所示。Ni-MnO/rGO气凝胶电极的氧还原起始电位和半波电位分别为0.94V（vs. RHE）和0.78V（vs. RHE），说明其相比于MnO/rGO和Ni/rGO催化剂具有更好的催化活性。不仅如此，该电极同样表现出优良的氧还原四电子选择性，所以同MnO/rGO和Ni/rGO催化剂相比，其产生的HO_2^-的量更低。因此，构建具有金属/金属化合物结构的复合催化剂也是进一步提升此类催化剂导电性的方法，同时为发展高性能过渡金属化合物催化剂提供了新的方向。尽管引入金属纳米颗粒可以降低过渡金属化合物催化剂的电阻，但是碳材料仍在作为载体被广泛地使用。由于碳材料在使用过程中容易被腐蚀，可能引起纳米颗粒从碳载体上脱落，导致其具有较差的稳定性。此外，由于这类催化剂复杂的结构使我们很难弄清其真正的活性位点。

由于过渡金属化合物颗粒的尺寸往往都比较大，即便是利用良好的载体，也不能达到大幅提升其导电性从而获得具有高氧还原催化性能的金属化合物催化剂的目标[268]。因此，减小过渡金属化合物的颗粒的尺寸以增加过渡金属化合物颗粒与导电材料之间的接触面积即可进一步地提高这类催化剂的催化活性。Cheng[269]和Liu[270]等都报道了过渡金属氧化物量子点修饰氮掺杂碳纳米管可以作为氧还原催化剂。他们发现过渡金属氧化物量子点和氮掺杂碳纳米管之间存在强耦合作用，可以极大地增强接触界面上的电子转移，高效地促进过渡金属氧化物活性位点上的电子传输。因此，这些含有氧化物量子点的催化剂具有非常好的氧还原催化活性。但是，当过渡金属化合物的颗粒的尺寸变小后，虽然导电性在一定程度上提高了，但是这些纳米量子点由于其自身高的比表面能，使得其在长时间使用过程中会面临颗粒团聚的问题。因此，这些量子点催化剂距离其综合应用可能还有非常长的一段距离。

除了通过引入导电物质和减小颗粒尺寸的方式可以增强其导电性，通过掺杂和引入氧空位等方式改变催化剂的电子结构也可以提升其导电性[271-274]。对于过渡金属氧化物而言，通过引入氧缺陷，可能使其从半导体变成类金属的导体，从而带来其氧还原催化活性的飞跃。Cheng 等[275]报道称 MnO_2 可以通过简单的热处理即可引入氧空位缺陷，提升其作为 ORR 催化剂的活性。进一步地，他们将 MnO_2 在氢气气氛下煅烧一段时间发现，其电导率从原来的 7.81×10^{-2}S/m 增加到 0.26S/m，也就是说，与没有经过氢气还原热处理的 MnO_2 相比，热处理后得到的 MnO_2 具有更好的导电性[276]。虽然 Chen 等认为在氢气处理后，H 掺入 MnO_2 的晶体结构之中，导致晶格膨胀，使得其更有利于氧还原催化。但实际上，煅烧后，MnO_2 均会产生一定的氧空穴，从而导致其导电性的提升。Wei 课题组[277, 278]早前研究表明，通过直接热解硝酸锰可以得到 MnO_2。但提高热解温度或者是在合成过程中额外加入的 Mn_3O_4，在 XRD 测试中发现其在 2θ 为 33.3° 处会出现一个特别明显的衍射峰，并且这个衍射峰的强度会随着热解温度的不断提升也越来越大。通过计算模拟可知[279]，该衍射峰与 β-MnO_2 中的氧空位缺陷（OVs）有关。随着 β-MnO_2 中 OVs 数目的增加，该衍射峰的强度也随之增加。更重要的是，随着 β-MnO_2 中 OVs 数目的增加，β-MnO_2 的带系先变窄再变宽。当 OVs 数量增加到 12 时，β-MnO_2-12OVs 显示出最窄的带系宽度，预示着其拥有最好的导电性。也就是说，适当地引入 OVs 的数量，可以最大化体现 β-MnO_2 的导电性，而在 β-MnO_2 过多引入氧缺陷会导致其导电性急剧下降。除了导电性的改变以外，随着 OVs 的数量增加，该催化剂的费米能级、吸附氧气后的 O-O 的键长，如图 5-46 所示，也表现出了类似于导电性的变化规律，说明了引入

OVs不仅能够改变催化剂的导电性，也能一定程度上改变其本征活性，协同地实现其催化活性的提升。

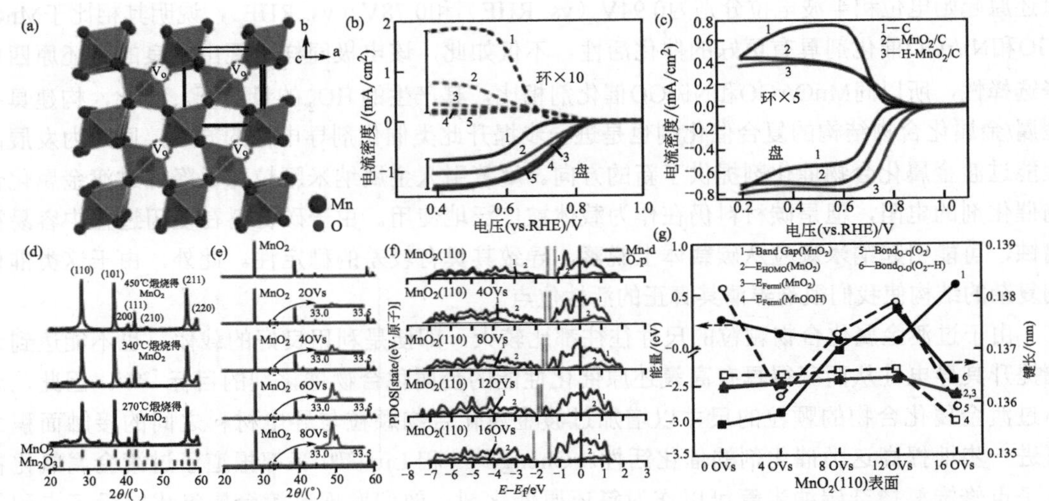

图5-46 （a）MnO_2晶体中的氧空缺；（b）不同条件下获得的MnO_2的氧还原活性；（c）氢气中煅烧所得MnO_2的氧还原活性；（d）不同温度下煅烧所得MnO_2的XRD(MnO_2 JCPDS 24-0735，Mn_2O_3 JCPDS 41-1441)；（e）通过计算模拟获得的含有不同浓度的氧空缺的β-MnO_2的XRD图；（f）含有不同浓度的氧空缺的β-MnO_2的PDOS图；（g）β-MnO_2的带隙、$E_{HOMO\text{-}MnO_2}$、$E_{HOMO\text{-}MnOOH}$、$E_{Fermi\text{-}MnO_2}$、$E_{Fermi\text{-}MnOOH}$和O=O键长随氧空穴数目的变化趋势图

另外，类似的研究结果也被观察存在于钙钛矿氧化物中。Du[280]和Wang[281]研究组均报道了在Ca-Mn-O钙钛矿氧化物引入适当数量的氧空位缺陷可以明显地提高其导电性以及氧还原催化活性。通过进行DFT计算发现氧空位缺陷浓度与其导电性之间的火山关系。同样地，随着Ca-Mn-O钙钛矿氧化物中OVs数量的增加，其带系先变小后变大。特别的是，对于本征Ca-Mn-O钙钛矿氧化物半导体，而当其引入一定量的OVs后，其表现出类金属的导电性，即使加入较多的OVs到Ca-Mn-O钙钛矿氧化物中也表现出半金属的性质，导电性均好于原始的Ca-Mn-O钙钛矿氧化物。也就是说，可以通过有效的OVs的控制调节，使得Ca-Mn-O钙钛矿氧化物的导电性发生巨大的改变，从半导体变为类金属导体。

尽管锰基氧化物的研究已经很成熟，然而目前对于其他过渡金属（镍、钴、铁）的氧化物以及其他金属化合物仍然没有得到相应的系统研究。对于这些物质，通过金属掺杂，合成具有两种或者两种以上的阳离子的金属化合物，可以有效地提升其导电性。例如，因为Fe_3O_4拥有较高的电导率（>100S/cm），在其他尖晶石氧化物中加入铁元素后，可以提高它们的导电性[282]。然而，在引入额外的金属阳离子后，往往能合成出的材料被认为是新的材料。因此，相比于导电性的提升，其本征活性的提升可能对于氧还原催化性能的提升更为重要。

5.8.2.2　增强催化剂的本征活性

众所周知，催化剂的本征活性取决于其晶体结构与组成[283-285]。因此，合成具有特定晶体结构及组成的过渡金属化合物对于实现其本征活性的提升有非常重要的意义。对于过渡金属化合物，其氧还原活性与晶体的结晶度、晶型以及暴露晶面密切相关。Indra等[286]合成了非晶态以及晶态的钴铁氧化物，并对其氧还原催化性能进行了研究。结果表明，具有特定晶体结构的钴铁氧化物的氧还原催化活性明显低于非晶态的钴铁氧化物，表明了一个过渡金属化合物其不同结晶度可能导致不同的氧还原催化活性。由于非晶态的过渡金属化合物往往包含表面缺陷较多，因此其具有较多的催化活性位点，所以表现出较好的催化活性。然而，这些非晶态物质的稳定性较差，导致其制备相对困难，而且在使用过程中，由于其总是容易变成晶体型的结构，使得其不能长时间使用。除了结晶度，过渡金属化合物的晶体相也会对其催化活性有重要的影响。实际上包含各种类型的晶体结构，这可以在很大程度上影响其氧还原催化性能。Meng 等[287]针对不同晶相的氧化锰的氧还原催化活性进行了研究，如图 5-47（a）到（d）所示，他们发现这些氧化锰的氧还原活性遵循 α-MnO_2>β-MnO_2>δ-MnO_2 的顺序。α-MnO_2 由于其独特的（2×2 通道）结构，使得其相比于 β-MnO_2（1×1 通道）和 δ-MnO_2（层状结构）具有更大的孔隙结构，可以使反应物更好地被传输到催化活性位点之上进行反应。另外，α-MnO_2 中含有阳离子（K^+）和水，可以让 MnO_6 的晶胞高概率地暴露到固 / 液界面之上，也就是说，不仅仅是表面的金属活性位点可以被利用，晶体结构内部的金属活性位点也可以被利用。Cheng 等[288]也发现了 Co-Mn-O 尖晶石氧还原催化性能与其晶相特性有关。在 ORR 测试中，具有立方晶系结构的 Co-Mn-O 尖晶石（CoMn-P）的氧还原催化活性明显高于具有正方晶系结构的 Co-Mn-O 尖晶石（CoMn-B）。通过 XPS 和 TPD 分析可知，由于两者不同的晶体结构，使得氧气在其表面上的吸附能力不同。在 CoMn-P 催化剂上，氧气的吸附能力明显强于 CoMn-B。不仅如此，他们还采用了 DFT 计算模拟氧气在这两种不同晶体结构 Co-Mn-O 尖晶石上的结合能（E_b）。计算结果表明，氧分子在立方晶系结构的（113）晶面上的吸附比其在正方晶系结构的（121）晶面的吸附更加稳定，同样说明了 CoMn-P 的氧还原催化活性要高于 CoMn-B 的氧还原催化活性。虽然上述结论已经被证明，但是实际上 CoMn-P 并不是纯相，其中还包括质量分数为 37% 的单斜晶相，如图 5-47（e）到（g）。于是他们之后进一步优化合成条件合成了具有纯相晶体结构的 CoMn-P[289]，如图 5-47（h）到（j）。不仅如此，他们还控制 Co、Mn 前躯体的比例合成了具有不同 Co、Mn 元素比的 CoMn-P 尖晶石，优化后的 CoMn-P 催化剂具有与 Pt/C 催化剂相当的 ORR 活性，再次证明了上述结论的正确性。此外，他们还发现，发现不同的 Co∶Mn 元素比也会影响氧气分子的活化程度以及活性位数目、活性位点的数量，这表明其本征活性还与其组成有关。

对于钙钛矿金属氧化物，通过改变 A、B 位上的元素组成以及比例即可调节钙钛矿氧化物的电子结构，使得其中 B 位活性行为上的过渡金属元素的 e_g 轨道的电子数接近 1，进而取得最佳的氧还原催化活性。Yan 等[290]通过引入 A 位缺陷并同时对 B 位点进行 Ir 掺杂，改变了 $(La_{0.8}Sr_{0.2})_{1-x}Mn_{1-x}Ir_xO_3$ 的结构，从而提高该钙钛矿氧化物的氧还原催化活性。此外，尖晶石氧化物的组成实际也非常的复杂，其可以用 $(A_{1-\lambda}B_\lambda)_{\text{四面体位点}}[A_\lambda B_{2-\lambda}]_{\text{八面体位点}}X_4$ 公式精准描述[291]。随着尖晶石结构中 λ 的变化，其结构也会从正式结构（λ=0）转变为（0<λ<1）的复杂结构，最后转变为（λ=1）的反式结构。与正式结构相比，反式结构的八面体位点中包含两种元素，其不同的组成可能对其氧还原催化性能有影响。魏子栋课题组等[292, 293]通过调控 Co-Fe 尖晶石氧化物中铁的含量成功地实现了正式结构 (Co)[Co_2]O_4 和 (Co)[Fe_2]O_4，以及反式结构 (Co)[FeCo]O_4 的可控合成，如图 5-48 所示。通过研究三者的氧还原催化性能发现，具有反式结构的 (Co)[FeCo]O_4 尖晶石展示出最好的氧还原催化活性。进一步的 DFT 计算还表明，八面体金属位点是氧还原的催化活性位点。虽然氧气分子在三种结构的八面体金属位上的吸附能相差较

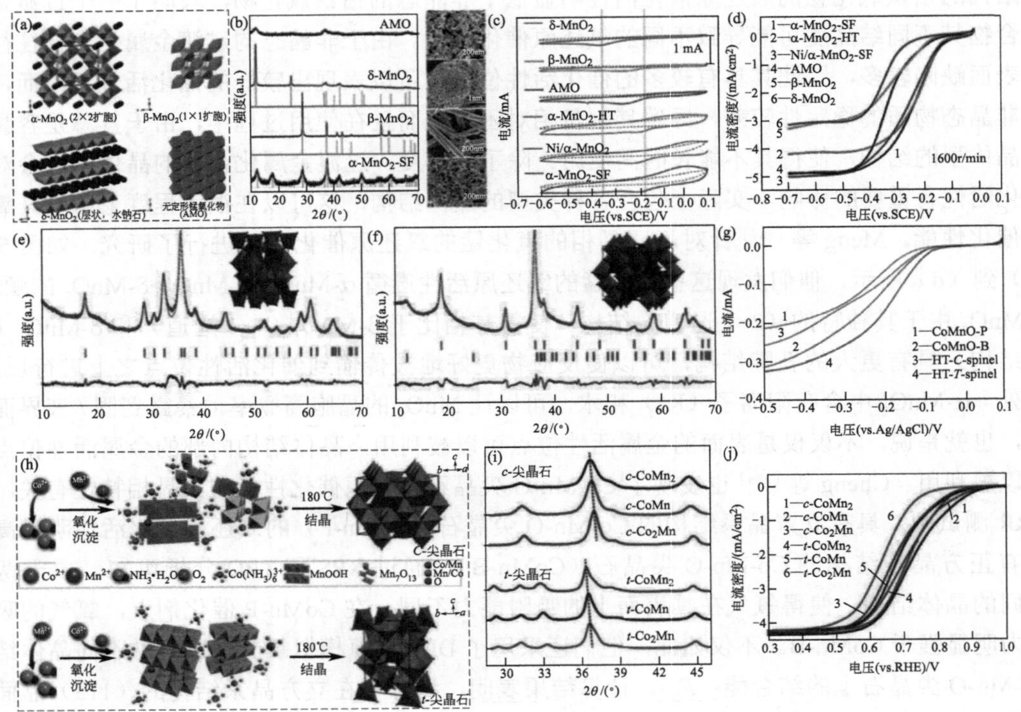

图5-47 （a）MnO_2的结构示意图；（b）不同结构的MnO_2的XRD和SEM图；（c）不同结构的MnO_2在0.1mol/L KOH中的循环伏安曲线；（d）不同结构的MnO_2的氧还原活性；（e）CoMnO-B的XRD图；（f）CoMnO-P的XRD图；（g）不同结构的CoMn氧化物的氧还原催化活性；（h）获得CoMnO-B和CoMnO-P的示意图；（i）不同结构不同组成的CoMn氧化物的XRD图；（j）不同结构不同组成的CoMn氧化物的氧还原催化活性

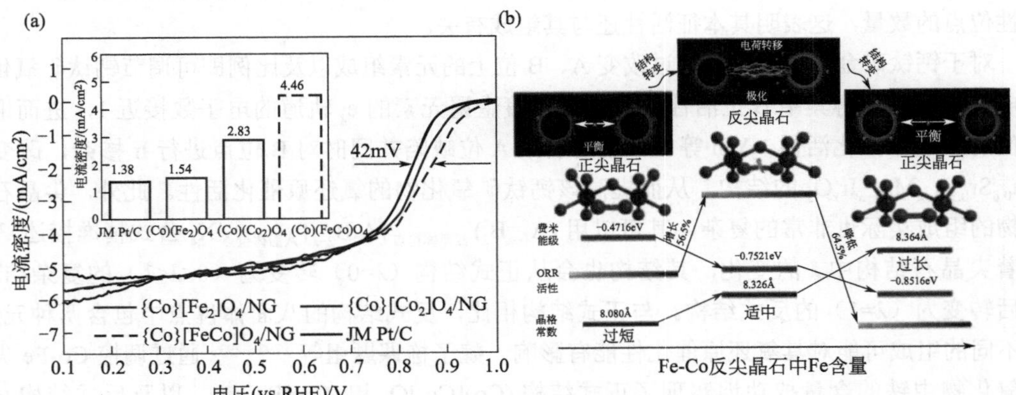

图5-48 （a）$(Co)[Co_2]O_4$、$(Co)[Fe_2]O_4$、$(Co)[FeCo]O_4$的氧还原催化活性对比；（b）随着结构变化，尖晶石的氧还原活性、晶格常数以及费米能级的变化趋势

小，但是当八面体位上具有不同的元素组成的时候，氧气分子的活化相比于具有单种金属元素更为容易。也就是说，同$(Co)[Co_2]O_4$、$(Co)[Fe_2]O_4$相比，氧气在$(Co)[FeCo]O_4$上吸附后，O=O键会变长，使得O=O键断裂所需能量变低。这种由于尖晶石中不同的八面体金属原子带来的O=O键的激活和裂解被称为“异化效应”。“异化效应”的提出不仅为尖晶石氧化物催化剂的设计提供了新的思路，还解决了由于不同金属共存所带来的e_g轨道填充态变得复杂所导致的对本征活性认识不清晰的问题。

除去上述影响本征活性的因素以外，不同晶面也被认为具有不同的氧还原活性。纳米颗粒通常都具有低指数晶面和高指数晶面[294-296]。魏子栋课题组[297]通过DFT理论计算，研究了不同晶面对MnO_2的氧还原活性的影响。他们发现氧还原发生第一个电子转移过程中的催化活性顺序为$MnO_2(001)<MnO_2(111)<MnO_2(110)$。因此，$MnO_2(110)$面具有最佳的氧还原活性。而高指数晶面相比于低指数晶面具有更多的低配位原子、台阶原子以及边缘原子。所以可能这些具有高指数晶面的化合物会具有更多的氧还原催化活性位点[298]。之后他们接着又对具有高指数晶面的MnO_2进行了研究[299]。$MnO_2(221)$晶面比$MnO_2(211)$晶面具有更高的导电性以及HOMO能级，因此$MnO_2(221)$晶面提高电子在吸附O_2和MnO_2催化剂之间的电子转移，使得（221）晶面比（211）晶面具有更好的氧还原催化性能。除理论计算外，由于具有某些特定形貌的氧化物会暴露特定的晶面，因此不同形貌的氧化物也已经被成功合成用于研究晶面对其氧还原活性的影响。Xiao等[300]报道三种不同的Co_3O_4催化剂。这些Co_3O_4催化剂包括纳米棒（NR）、纳米立方体（NC）以及纳米八面体（OC）的形貌，如图5-49所示，分别对应于暴露的（110）、（100）以及（111）晶面。实验证明，Co_3O_4纳米晶体的氧还原催化活性遵循Co_3O_4-OC>Co_3O_4-NC>Co_3O_4-NR的顺序。表明$Co_3O_4(111)$晶面具有最好的氧还原催化

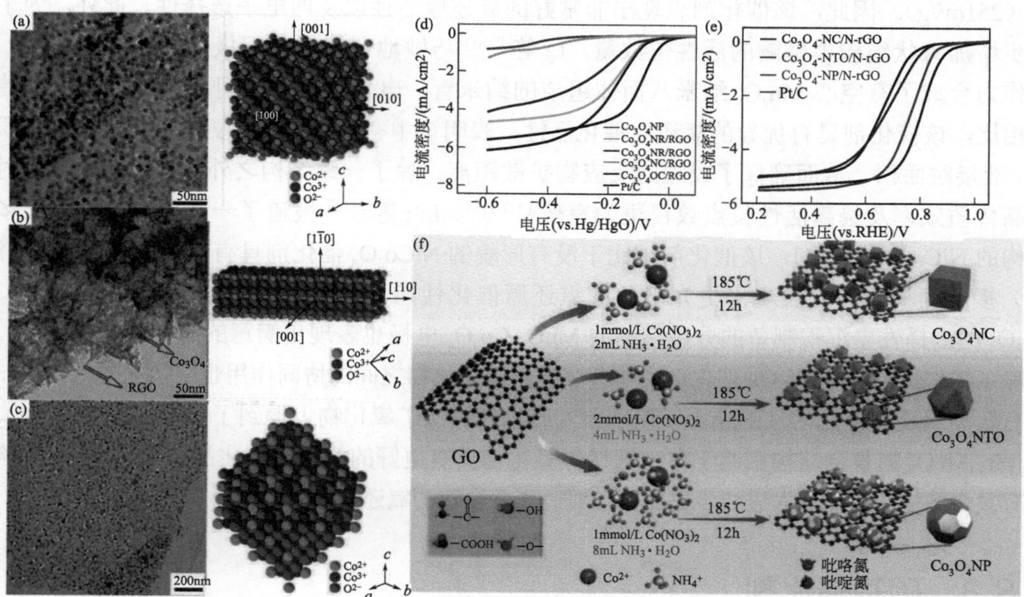

图5-49 Co_3O_4纳米棒（NR）（a）、纳米立方体（NC）（b）和纳米八面体（OC）（c）的透射电镜以及结构图；（d）Co_3O_4-OC、Co_3O_4-NC、Co_3O_4-NR的氧还原催化活性；（e）Co_3O_4催化剂的氧还原活性：立方结构（NC）、八面体结构（NTO）以及多面体型结构（NP）；（f）Co_3O_4催化剂的合成示意图：立方结构（NC）、八面体结构（NTO）以及多面体型结构（NP）（彩插见文前）

活性。Han等[301]同样也报告了三种Co_3O_4催化剂。这三种催化剂分别具有立方结构（NC）、八面体结构（NTO）以及多面体型结构（NP），同样对应于暴露的（001）、（001）、（111）和（112）晶面。具有八面体结构的Co_3O_4-NR负载到还原氧化石墨烯上展现出最佳的氧还原催化活性。因此，综合上述结果，可以得出以下结论：Co_3O_4的活性顺序遵循(112)>(111)>(100)≫(110)。此外，Zhang[302]和Li[303]等也对Cu_2O的氧还原催化活性与形貌和之间的关系进行了研究。结果表明，O_2在Cu_2O(100)晶面上的吸附比在Cu_2O(111)更强，所以Cu_2O(100)晶面的ORR活性高于Cu_2O(111)晶面。然而，即便是了解了具有最佳氧还原活性的晶面，要控制合成具有这样晶面结构的催化剂也十分困难。不仅如此，通常情况下，具有特定晶面的纳米粒子的粒径总是较大，使得其不能暴露非常多的活性位点，并且由于其较高的比表面能，导致其在使用过程中非常容易转变成球形颗粒，从而产生较差的稳定性。基于这些考虑，构建一个合适的稳定结构，并且具有最佳的暴露晶面可能是一个用于构造高效过渡金属化合物催化剂的好方法。

5.8.2.3 过渡金属化合物催化剂的形貌构筑

尽管过渡金属化合物的本征活性能够通过一些方式得以改善，但由于其表面积较低，有效暴露的活性位点的较少，使得其很难表现出优异的氧还原催化性能。因此创造一个良好的形貌结构对于实现过渡金属化合物催化性能的提升意义重大。一维结构，由于具有主要暴露的晶面并且电子传输能力较好，常常被构筑用于过渡金属氧化物催化剂[304-307]。Xu 等[308]利用电纺丝结合高温热处理，合成制备钙钛矿基多孔 $La_{0.75}Sr_{0.25}MnO_3$ 纳米管。由于其中空的一维结构，使得其在氧还原性能测试中显示出良好的氧还原活性。Ma 等[309]报道了利用金属有机骨架前驱体制备的多孔 Co_3O_4/C 纳米线阵列作为氧还原催化剂。该催化剂具有较高的表面积（251m²/g）。因此，该催化剂表现出非常好的氧还原活性以及四电子选择性。此外，为了进一步增加管状结构中暴露的活性位数量，Li 等[310]巧妙地利用多孔阳极化氧化铝（AAO）模板作为合成了有空心 Mn_3O_4 纳米八面体组成的纳米管。电化学结果表明，与商业化 Pt/C 催化剂相比，该催化剂具有优异的氧还原催化活性，表明该中空结构提供了更大的电极 - 电解质的固 / 液接触面积，从而确保了较短的反应物扩散距离。除了一维结构之外，三维多孔结构对于提高传质效率及暴露活性位点数目更为有效[311-315]。Liu 等[316]报道了一种具有三维分级多孔结构的 $NiCo_2O_4$ 催化剂，该催化剂相比于没有形貌的 $NiCo_2O_4$ 催化剂具有更大的三相（固 / 液 / 气）接触面积，因此表现出更为出色的氧还原催化性能。Kim 等[317]也报道了通过 MnO_2 和 Co_3O_4 的选择性电沉积制备的分级结构的 MnO_2-Co_3O_4 电极也表现出满意的氧还原催化活性。当然除了结构优势之外，这种催化剂中所存在的不同氧化物之间的协同作用也被认为是造成另一个具有较高氧还原催化活性的原因。该现象同时也在钙钛矿氧化物上得到了体现，$Ce_{0.75}Zr_{0.25}O_2$ 同 $La_{0.7}Sr_{0.3}MnO_3$ 的复合结构相比于单一钙钛矿氧化物具有更好的氧还原催化活性[318]。因此，构建具有复合结构的催化剂为进一步提高其过渡金属化合物的氧还原性能提供了有效途径[319-322]。

5.8.3 碳基催化剂

5.8.3.1 电子结构调控

完美的碳材料是以 sp^2 杂化的方式形成碳六元环的结构，剩余 pz^2 轨道离域重叠形成大 π

键，因此其表面呈现惰性。通过掺杂等方式可以破坏离域大π键，改善其表面电子结构，使得其具有较好的催化活性。如上节所述，掺杂后的碳基催化剂其表面活性来源于三重效应，因此合理地对催化剂进行多掺杂，可使催化剂的活性达到最佳状态。目前，N、S 双掺杂，N、P 双掺杂，B、N 双掺杂以及 N、S、P 三掺杂的碳材料被大量地开发和利用[323-328]。Hu 等[329]发现当 B 和 N 以 B-N 键的形式掺杂进入到 CNT 中时，由于 B(p 型掺杂剂）和 N(n 型掺杂剂）的抵消作用，CNT 的表面惰性很难得到改变。相反，在不含 B-N 键的 B、N 双掺杂的 CNT 中，CNT 表面的电荷得到了重新分布，相比于单种元素掺杂的 CNT，其具有更好的催化活性。与此同时，Zheng 等[330]也发现了类似的现象。他们通过一步法以及分步法同时合成两种 B、N 共掺杂的石墨烯。电化学测试表明，一步法合成的催化剂的活性相比于两步法合成的催化剂具有更低的催化活性，同样也说明了当 B 直接与 N 相连时掺杂并不能调控碳材料的电子结构从而获得高的催化活性。同时该作者还发现，B、N 的距离同样也会影响碳材料的催化活性。随着 B、N 的距离增加，这种由两种不同元素掺杂所带来的协同效应即会下降。Yang 等[331]发现金属或双掺杂石墨烯引入的三重效应会活化掺杂原子附近的连续多个碳活性位，使得 O_2 桥式吸附并解离，ORR 过程变为解离机理，其打破了 0.44eV 的本征过电位限制，进一步提高了活性中心的本征活性，如图 5-50 所示。

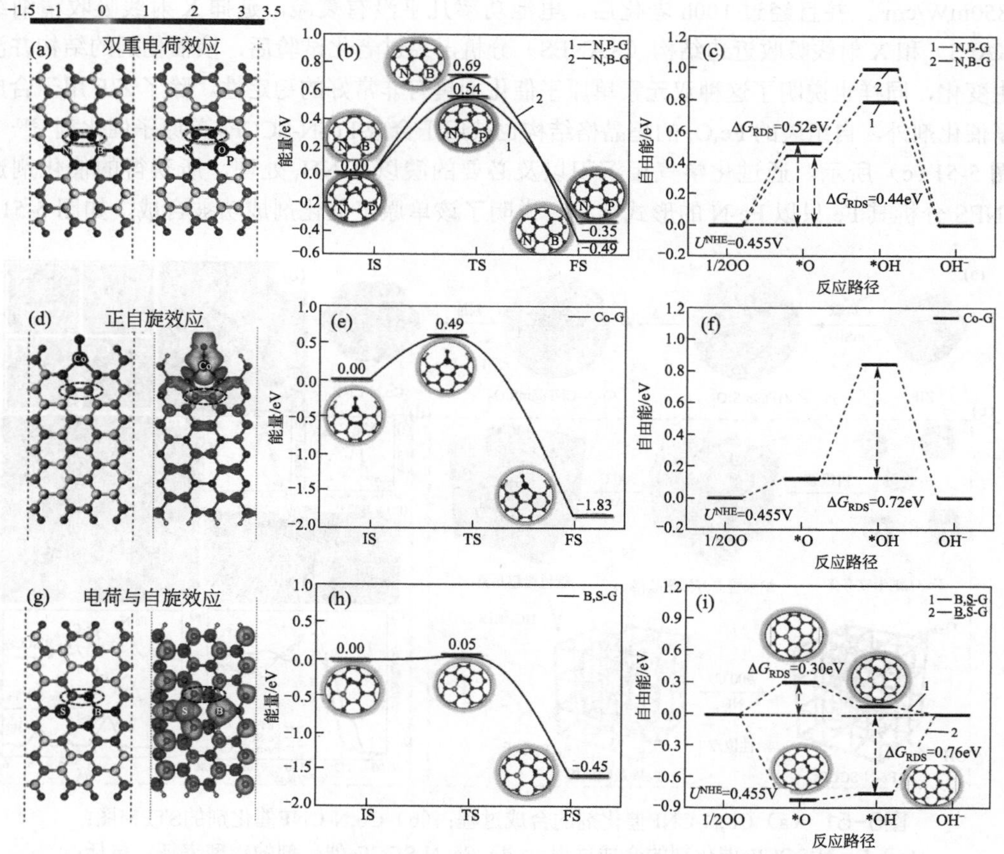

图5-50　不同结构的Bader电荷和自选密度分布（a）、（d）、（g）；相应结构双碳位点上 O_2 解离过程过渡态能垒（b）、（e）、（h）和ORR吉布斯自由能曲线（c）、（f）、（i）

5.8.3.2 几何结构调控

对于碳基催化剂，特别是活性最好的M-N/C催化剂，大量的科学家同时也将目光投入到结构设计上。通过构建单分散M-N_x活性位的M-N/C催化剂保证催化剂活性位点的均匀分布，理论上实现100%的金属原子利用率的构想是几何结构调控的一项内容。因此，开发这类催化剂的合成方法对催化剂活性的提升有重要的意义。沸石型沸石咪唑酯骨架结构材料（ZIF）由于其对金属的强锚定作用常被用于合成具有单分散M-N_x的M-N/C催化剂[332-335]。如图5-51（a）、（b）所示，Shang等[336]利用介孔的SiO_2作为保护剂防止Co-Zn-ZIF在高温烧结过程中Co的团聚，成功合成了单分散钴原子的Co,N-CNF催化剂。该催化表面Co的表面浓度为0.27%（原子分数）。Chen等[337]利用$Fe(acac)_3$包覆ZIF-8同样合成了具有单原子Fe的Fe-N/C催化剂。Wu等[338]之后同样也利用ZIFs合成了不含任何团聚Fe纳米颗粒的Fe-N/C催化剂。这些催化剂均表现出非凡的催化活性。最近，Yu等[339]将$Fe(acac)_3$吸附到Zn-Co共存ZIF中合成了两种元素（Fe，Co）均存在的单原子催化剂。因此该催化剂中同时存在Fe-N_x以及Co-N_x两种单分散的活性位。该催化剂在酸性溶液中也表现出了与Pt/C催化剂相当的催化活性，其半波电位高达0.86V。该催化剂在H_2-O_2燃料电池中同样也表现出来非凡的活性。由该催化剂作阴极催化剂的H_2-O_2燃料电池，在0.1MPa的氧气分压下，电池功率密度高达850mW/cm^2。并且经过100h老化后，电池功率几乎没有衰减，延伸X射线吸收精细结构（EXAFS）和X射线吸收近边结构（XANES）分析，经过老化试验后，该催化剂的结构并没有发生变化，同样也说明了这种双元素单原子催化剂具有非常好的稳定性。除了ZIF用于合成单原子催化剂外，自组装的Fe_3O_4的超晶格结构也被用于合成Fe–N-SCCFs单原子催化剂[340，341]，如图5-51（c）所示。通过化学气相沉积以及必要的酸以及NH_3处理，所获得的催化剂通过XANES分析其Fe只以Fe-N的形式存在，说明了该单原子催化剂成功被合成，如图5-51（d）

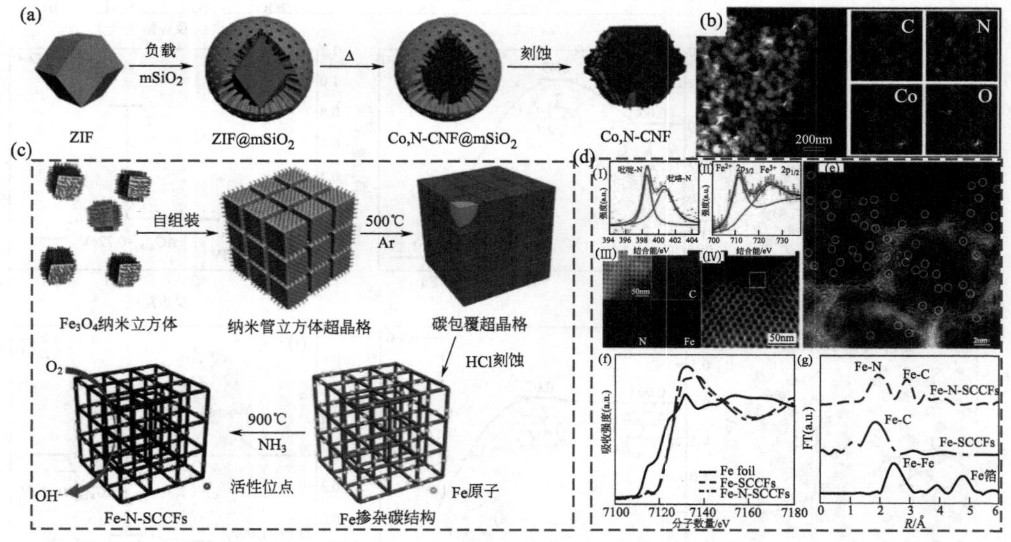

图5-51 （a）Co,N-CNF催化剂的合成过程；（b）Co,N-CNF催化剂的STEM图；（c）Fe–N-SCCFs催化剂的合成过程；（d）Fe–N-SCCFs催化剂的物理表征；包括：a）、b）高分辨N 1s和Fe 2p的X射线光电子能谱（XPS）分析谱图，c）STEM图和相应的能谱仪（EDS）元素分析，d）、e）HAADF-STEM图，EXAFS和XANES谱图分析

所示。此外，该催化剂还具有非常好的三维多孔结构，非常有利反应物的传质，所以该催化剂也表现出了和Pt/C催化剂相当的催化活性。

另外，多孔结构的构筑也被认为另一条改善碳基催化剂活性的结构调控方法[342-347]。通过多孔结构的构筑有效地保证大量的活性位点的暴露，同时创造出较好的传质通道，全方位地提升催化剂的活性。Wei 等[348]通过合成三维多孔的前驱体，利用盐溶液重结晶固形高温炭化法（NaCl 的固形限域作用）成功合成了 3D 多孔的 Fe-N/C 催化剂。因为该催化剂所具有的三维结构，充分地暴露了其活性位点，所以其存在非常好的氧还原活性。除了直接合成三维多孔的前驱体结构，模板法也常常被用于合成多孔结构。以 SBA-15 为代表的有序介孔硅常常被用于合成有序多孔碳用于氧还原过程[349-353]。PS 小球[354]、SiO_2 球[355, 356]以及金属盐[357]等同样常常被用于合成 3D 分级孔结构。Su 等[358]利用 PS 小球做模板，PVA 作碳源，PVP 作氮源控制合成了一种三维分级孔结构的 Fe-N/C 催化剂。由于这种分级孔结构的存在，反应物的传质问题得到了充分的解决。相比于不采用 PS 小球合成的催化剂，该催化剂具有非常好的催化活性。

5.9 氧还原电催化剂稳定性的提升

影响碳基催化剂的稳定性有以下三个因素：①金属原子被酸刻蚀；②生成的 H_2O_2 的氧化；③ N 物种的质子化。其中 H_2O_2 的氧化带来的活性损失是最大的，且不可逆的。H_2O_2 的氧化首先不仅能够破坏催化剂的活性位点，还能使碳基催化剂表面亲水，导致产物水在活性位点上堆叠造成“水淹”现象。此外，从燃料电池膜电极的稳定性上看，H_2O_2 的存在还可以和被刻蚀的铁离子形成 Fenton 试剂，对质子交换膜造成破坏，使得 MEA 也具有较差的稳定性。因此，在考虑碳基催化剂稳定性提升时，应该首先考虑如何降低 H_2O_2 的产生；其次，开发防水淹材料，抑制生成水在活性位点上的堆积同样十分重要。

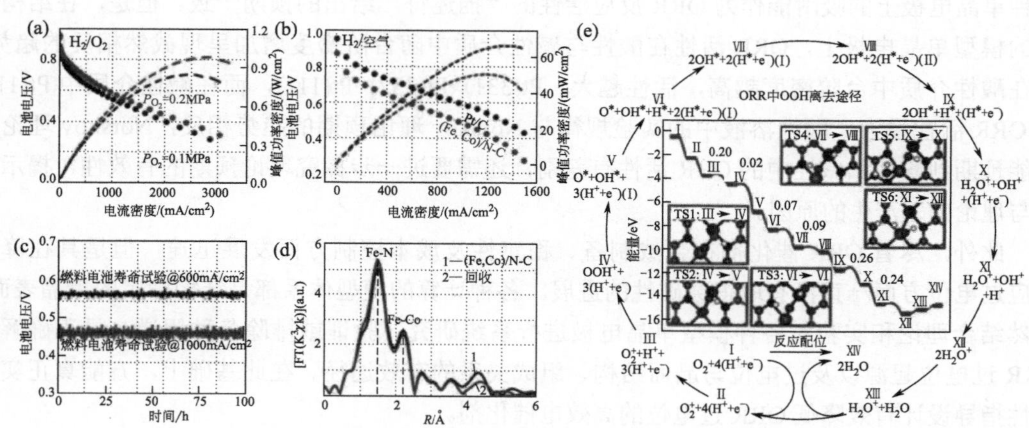

图5-52　聚苯胺作为前驱体合成氧还原催化剂示意图

2009 年，Wu 等[152]采用聚苯胺作为前驱体合成氧还原催化剂，最终实现了合成的催化剂 700h 的稳定化使用，如图 5-52。然而该催化剂之所以可以保持如此高的稳定性是因为该高稳定性建立在牺牲活性的基础之上。相比于稳定性最好的 PANI-FeCo-C 催化剂，初始活性更高的 PANI-Fe-C 催化剂则并没有表现出如此高的稳定性。最近，Han 等[359]合成了一种 Fe、Co 双元素掺杂的具有单分散活性位点的催化剂，该催化剂表现出非常好的活性与稳定性，计算表明，由于 Fe、Co 两种元素同时掺杂，形成双活性位点，使得 OOH 在活性位点上直接解离，阻止了 H_2O_2 的产生，使催化剂催化氧还原过程按照四电子过程反应，从而提高了催化剂的稳定性。这也从一定程度上解释了 Zelenay 牺牲活性获得高稳定性的原因，同时也给设计高稳定性的碳基催化剂提供了一条思路。另外，开发抗水淹材料对于实现催化剂稳定性的提升也十分重要。Ji 等[360]利用二甲基硅油在 Pt 基催化剂表面形成疏水层有效地防止了“水淹”现象的产生。之后 Wang 等[361]将这类疏水材料扩展到了 Fe-N/C 材料，在活性位上构建有效的三相界面，充分改善材料表面的亲 / 疏水性，从而防止生成水在活性位点上的堆积，减少了“水淹”现象的产生，从而提高该类催化剂的稳定性。即寻找具有疏水性质的物质对催化剂表面进行修饰，就可以有效地阻止表面生成水的堆积，从而提高催化剂的稳定性。

5.10 总结与展望

近十年来，氧还原催化剂的研发主要有以铂（Pt）为活性中心和以非贵金属乃至非金属作为活性中心两方面。迄今为止已知催化剂的有限成功都可以追溯到通过不同吸附中间能量之间存在的比例关系设定的限制。氧还原电催化研究需要一种新的催化剂设计范式来规避这些限制，特别是着重于调整一种中间体相对于另一种中间体的稳定性，构建以不同方式结合不同反应中间体（和过渡态）的三维催化活性位点，包括合金化、引入缺陷，或通过某种外部机制选择性地稳定中间体来避免强吸附。

Pt 与 Fe、Co、Ni 等的合金都能通过制备一系列合金或在其他金属基底上沉积单层 Pt 不同程度地改善 ORR 活性。利用结构确定的单晶电极系统研究表明，这些材料都会形成内层为合金而表面由 1 ～ 3 层纯 Pt 构成的催化剂。这些发现也与 Nørskov 等理论计算得出的以氧在各种单晶电极上的吸附能作为 ORR 反应活性的“描述符”给出的预期一致。但是，在结构确定的模型单晶电极上，ORR 活性在酸性与碱性介质中随台阶密度增加呈现截然相反的趋势，即在酸性介质中台阶密度越高，活性越大，Pt(331)>Pt(332)>Pt(111)，而在碱性介质中 Pt(111) 的 ORR 活性最大。酸性溶液中的实验规律与 Nørskov 理论预期的趋势相反，Nørskov 理论也未能预期到酸性和碱性中的 ORR 活性有差别，还需要进一步探究理论预期的有效性，揭示实验与理论偏差产生的原因。

此外，尽管 ORR 催化剂在合成制备、稳定性及成本控制方面发展迅速，但是其在降低反应过电位方面一直没有取得突破性的进展。各种计算的模型体系都是结构确定的单晶表面，显然结合理论和实验对各种模型单晶电极进行系统研究，验证或排除各种假说，是正确解释 ORR 过电位起源以及过电位与晶面结构、组成关系的有效途径。在此基础上，方能真正实现理性指导设计有效降低 ORR 过电位的高效电催化剂。

参考文献

[1] Shao M H，Chang Q W，Dodelet J P，et al. Recent advances in electrocatalysts for oxygen reduction reaction［J］. Chemical reviews，2016，116（6）：3594-3657.

[2] Wang D-W，Su D. Heterogeneous nanocarbon materials for oxygen reduction reaction［J］. Energy Environmental Science，2014，7（2）：576-591.

[3] Song C，Zhang J. Electrocatalytic oxygen reduction reaction［M］. Berlin：Springer，2008.

[4] Kazeminasab B，Rowshanzamir S，Ghadamian H. Nitrogen doped graphene/cobalt-based catalyst layers of a PEM fuel cell：Performance evaluation and multi-objective optimization［J］. Korean Journal of Chemical Engineering，2017，34（11）：2978-2983.

[5] Li H，Song C，Zhang J，et al. PEM fuel cell electrocatalysts and catalyst layers：fundamentals and applications［M］. Berlin：Springer，2008.

[6] Khorshidian M，Sedighi M. A review of the main mechanisms of catalyst layer degradation in polymer electrolyte membrane fuel cell（PEMFC）and different performance recovery methods［J］. Iranian Journal of Hydrogen & Fuel Cell，2019，6（2）：91-115.

[7] Martinaiou I，Videla A H M，Weidler N，et al. Activity and degradation study of an Fe-N-C catalyst for ORR in Direct Methanol Fuel Cell（DMFC）［J］. Applied Catalysis B：Environmental，2020，262：118217.

[8] Xu K，Zhao X，Hu X，et al. The review of the degradation mechanism of the catalyst layer of membrane electrode assembly in the proton exchange membrane fuel cell［C］. IOP Conference Series：Earth and Environmental Science，2020，558（5）：052041.

[9] Cheng J，He G，Zhang F. A mini-review on anion exchange membranes for fuel cell applications：Stability issue and addressing strategies［J］. International Journal of Hydrogen Energy，2015，40（23）：7348-7360.

[10] Zhu S，Ge J，Liu C，et al. Atomic-level dispersed catalysts for PEMFCs：Progress and future prospects［J］. Energy Chem，2019，1（3）：100018.

[11] Mohideen M M，Liu Y，Ramakrishna S. Recent progress of carbon dots and carbon nanotubes applied in oxygen reduction reaction of fuel cell for transportation［J］. Applied Energy，2020，257：114027.

[12] Xie X，He C，Li B，et al. Performance enhancement and degradation mechanism identification of a single-atom Co–N–C catalyst for proton exchange membrane fuel cells［J］. Nature Catalysis，2020，3（12）：1044-1054.

[13] Katsounaros I，Cherevko S，Zeradjanin A R，et al. Oxygen electrochemistry as a cornerstone for sustainable energy conversion［J］. Angewandte Chemie International Edition，2014，53（1）：102-121.

[14] Zhang T，Anderson A B. Oxygen reduction on platinum electrodes in base：Theoretical study［J］. Electrochimica Acta，2007，53（2）：982-989.

[15] Anderson A B，Albu T V. Ab initio determination of reversible potentials and activation energies for outer-sphere oxygen reduction to water and the reverse oxidation reaction［J］. Journal of the American Chemical Society，1999，121（50）：11855-11863.

[16] Albu T V，Anderson A B. Studies of model dependence in an ab initio approach to uncatalyzed oxygen reduction and the calculation of transfer coefficients［J］. Electrochimica Acta，2001，46（19）：3001-3013.

[17] Hansen H A，Viswanathan V，Nørskov J K. Unifying kinetic and thermodynamic analysis of 2 e–and 4 e–reduction of oxygen on metal surfaces［J］. The Journal of Physical Chemistry C，2014，118（13）：

6706-6718.

[18] Anderson A B，Cai Y，Sidik R A，et al. Advancements in the local reaction center electron transfer theory and the transition state structure in the first step of oxygen reduction over platinum［J］. J Electroanal Chem，2005，580（1）：17-22.

[19] Wang J X，Zhang J，Adzic R R. Double-trap kinetic equation for the oxygen reduction reaction on Pt(111)in acidic media［J］. The Journal of Physical Chemistry A，2007，111（49）：12702-12710.

[20] Taylor C D，Wasileski S A，Filhol J-S，et al. First principles reaction modeling of the electrochemical interface：Consideration and calculation of a tunable surface potential from atomic and electronic structure［J］. Physical Review B，2006，73（16）：165402.

[21] Janik M J，Taylor C D，Neurock M. First-principles analysis of the initial electroreduction steps of oxygen over Pt(111)［J］. Journal of the Electrochemical Society，2008，156（1）：B126.

[22] Hansen H A，Rossmeisl J，Nørskov J K. Surface pourbaix diagrams and oxygen reduction activity of Pt, Ag and Ni(111)surfaces studied by DFT［J］. Physical Chemistry Chemical Physics，2008，10（25）：3722-3730.

[23] Nørskov J K，Rossmeisl J，Logadottir A，et al. Origin of the overpotential for oxygen reduction at a fuel-cell cathode［J］. The Journal of Physical Chemistry B，2004，108（46）：17886-17892.

[24] Shao M，Adzic R. Spectroscopic identification of the reaction intermediates in oxygen reduction on gold in alkaline solutions［J］. The Journal of Physical Chemistry B，2005，109（35）：16563-16566.

[25] Wang Y，Balbuena P B. Potential energy surface profile of the oxygen reduction reaction on a Pt cluster：adsorption and decomposition of OOH and H_2O_2［J］. Journal of Chemical Theory and Computation，2005，1（5）：935-943.

[26] Lamas E J，Balbuena P B. Oxygen reduction on $Pd_{0.75}Co_{0.25}$(111)and $Pt_{0.75}Co_{0.25}$(111)surfaces：an ab initio comparative study［J］. Journal of Chemical Theory and Computation，2006，2（5）：1388-1394.

[27] Hartnig C，Koper M T M. Molecular dynamics simulation of the first electron transfer step in the oxygen reduction reaction［J］. Journal of Electroanalytical Chemistry，2002，532（1-2）：165-170.

[28] Stamenkovic V R，Fowler B，Mun B S，et al. Improved oxygen reduction activity on Pt_3Ni(111)via increased surface site availability［J］. Science，2007，315（5811）：493-497.

[29] Schmidt T，Stamenkovic V，Arenz M，et al. Oxygen electrocatalysis in alkaline electrolyte：Pt（*hkl*），Au（*hkl*）and the effect of Pd-modification［J］. Electrochimica Acta，2002，47（22-23）：3765-3776.

[30] Shao M，Huang T，Liu P，et al. Palladium monolayer and palladium alloy electrocatalysts for oxygen reduction［J］. Langmuir，2006，22（25）：10409-10415.

[31] Kelly S R，Kirk C，Chan K，et al. Electric field effects in oxygen reduction kinetics：rationalizing pH dependence at the Pt(111)，Au(111)，and Au(100)electrodes［J］. The Journal of Physical Chemistry C，2020，124（27）：14581-14591.

[32] Viswanathan V，Hansen H A，Rossmeisl J，et al. Universality in oxygen reduction electrocatalysis on metal surfaces［J］. ACS Catalysis，2012，2（8）：1654-1660.

[33] Zhang S，Shao Y，Yin G，et al. Stabilization of platinum nanoparticle electrocatalysts for oxygen reduction using poly（diallyldimethylammonium chloride）［J］. Journal of Materials Chemistry，2009，

19（42）：7995-8001.

[34] Hidai S，Kobayashi M，Niwa H，et al. Platinum oxidation responsible for degradation of platinum–cobalt alloy cathode catalysts for polymer electrolyte fuel cells［J］. Journal of Power Sources，2012，215：233-239.

[35] Wang W，Wang Y. Thermodynamic analysis of steam reforming of ethanol for hydrogen generation［J］. International Journal of Energy Research，2008，32（15）：1432-1443.

[36] Holladay J D，Hu J，King D L，et al. An overview of hydrogen production technologies［J］. Catalysis Today，2009，139（4）：244-260.

[37] Shao Y，Yin G，Gao Y. Understanding and approaches for the durability issues of Pt-based catalysts for PEM fuel cell［J］. Journal of Power Sources，2007，171（2）：558-566.

[38] Kosaka M，Kuroshima S，Kobayashi K，et al. Single-wall carbon nanohorns supporting Pt catalyst in direct methanol fuel cells［J］. The Journal of Physical Chemistry C，2009，113（20）：8660-8667.

[39] Mu S，Chen X，Sun R，et al. Nano-size boron carbide intercalated graphene as high performance catalyst supports and electrodes for PEM fuel cells［J］. Carbon，2016，103：449-456.

[40] Tang H，Qi Z，Ramani M，et al. PEM fuel cell cathode carbon corrosion due to the formation of air/fuel boundary at the anode［J］. Journal of Power Sources，2006，158（2）：1306-1312.

[41] Meier J C，Galeano C，Katsounaros I，et al. Degradation mechanisms of Pt/C fuel cell catalysts under simulated start–stop conditions［J］. ACS Catalysis，2012，2（5）：832-843.

[42] Castanheira L，Dubau L，Mermoux M，et al. Carbon corrosion in proton-exchange membrane fuel cells：from model experiments to real-life operation in membrane electrode assemblies［J］. ACS Catalysis，2014，4（7）：2258-2267.

[43] Artyushkova K，Pylypenko S，Dowlapalli M，et al. Structure-to-property relationships in fuel cell catalyst supports：Correlation of surface chemistry and morphology with oxidation resistance of carbon blacks［J］. Journal of Power Sources，2012，214：303-313.

[44] Suh D J，Kwak C，Kim J-H，et al. Removal of carbon monoxide from hydrogen-rich fuels by selective low-temperature oxidation over base metal added platinum catalysts［J］. Journal of power sources，2005，142（1-2）：70-74.

[45] Sugimoto W，Saida T，Takasu Y. Co-catalytic effect of nanostructured ruthenium oxide towards electro-oxidation of methanol and carbon monoxide［J］. Electrochemistry communications，2006，8（3）：411-415.

[46] Kwon K，Yoo D Y，Park J O. Experimental factors that influence carbon monoxide tolerance of high-temperature proton-exchange membrane fuel cells［J］. Journal of Power Sources，2008，185（1）：202-206.

[47] Luo Z，Lu J，Flox C，et al. Pd_2Sn[010] nanorods as a highly active and stable ethanol oxidation catalyst［J］. Journal of Materials Chemistry A，2016，4（42）：16706-16713.

[48] Xiao L，Zhuang L，Liu Y，et al. Activating Pd by morphology tailoring for oxygen reduction［J］. Journal of the American Chemical Society，2009，131（2）：602-608.

[49] Yan Y，Zhan F，Du J，et al. Kinetically-controlled growth of cubic and octahedral Rh–Pd alloy oxygen reduction electrocatalysts with high activity and durability［J］. Nanoscale，2015，7（1）：301-307.

[50] Zhang L，Lee K，Zhang J. The effect of heat treatment on nanoparticle size and ORR activity for carbon-supported Pd–Co alloy electrocatalysts［J］. Electrochimica Acta，2007，52（9）: 3088-3094.

[51] Ke X，Cui G-F，Shen P-K. Stability of Pd-Fe Alloy Catalysts［J］. Acta Phys-Chim Sin，2009，25（2）: 213-217.

[52] Kuai L，Yu X，Wang S，et al. Au–Pd alloy and core–shell nanostructures：One-pot coreduction preparation，formation mechanism，and electrochemical properties［J］. Langmuir，2012，28（18）: 7168-7173.

[53] Sarkar S，Ramarao S，Das T，et al. Unveiling the roles of lattice strain and descriptor species on Pt-like oxygen reduction activity in Pd-Bi catalysts［J］. ACS Catalysis，2021，11（2）: 800-808.

[54] Shao M-H，Sasaki K，Adzic R R. Pd– Fe nanoparticles as electrocatalysts for oxygen reduction［J］. Journal of the American Chemical Society，2006，128（11）: 3526-3527.

[55] Xu C，Zhang Y，Wang L，et al. Nanotubular mesoporous PdCu bimetallic electrocatalysts toward oxygen reduction reaction［J］. Chemistry of Materials，2009，21（14）: 3110-3116.

[56] Fernandez J L，Raghuveer V，Manthiram A，et al. Pd-Ti and Pd-Co-Au electrocatalysts as a replacement for platinum for oxygen reduction in proton exchange membrane fuel cells［J］. Journal of the American Chemical Society，2005，127（38）: 13100-13101.

[57] Liu Y，Xu C. Nanoporous PdTi alloys as non-platinum oxygen-reduction reaction electrocatalysts with enhanced activity and durability［J］. Chem Sus Chem，2013，6（1）: 78-84.

[58] Lim J，Liu C-Y，Park J，et al. Structure sensitivity of Pd facets for enhanced electrochemical nitrate reduction to ammonia［J］. ACS Catalysis，2021，11：7568-7577.

[59] López–Coronel A，Ortiz–Ortega E，Torres–Pacheco L J，et al. High performance of Pd and PdAg with well–defined facets in direct ethylene glycol microfluidic fuel cells［J］. Electrochimica Acta，2019，320：134622.

[60] Kondo S，Nakamura M，Maki N，et al. Active sites for the oxygen reduction reaction on the low and high index planes of palladium［J］. The Journal of Physical Chemistry C，2009，113（29）: 12625-12628.

[61] Shao M，Yu T，Odell J H，et al. Structural dependence of oxygen reduction reaction on palladium nanocrystals［J］. Chemical Communications，2011，47（23）: 6566-6568.

[62] Brandt B，Schalow T，Laurin M，et al. Oxidation，reduction，and reactivity of supported Pd nanoparticles：mechanism and microkinetics［J］. The Journal of Physical Chemistry C，2007，111（2）: 938-949.

[63] Ding W，Xia M-R，Wei Z-D，et al. Enhanced stability and activity with Pd–O junction formation and electronic structure modification of palladium nanoparticles supported on exfoliated montmorillonite for the oxygen reduction reaction［J］. Chemical Communications，2014，50（50）: 6660-6663.

[64] Xia M，Ding W，Xiong K，et al. Anchoring effect of exfoliated-montmorillonite-supported Pd catalyst for the oxygen reduction reaction［J］. The Journal of Physical Chemistry C，2013，117（20）: 10581-10588.

[65] Tu W，Li X，Wang R，et al. Catalytic consequences of the identity of surface reactive intermediates during direct hydrogen peroxide formation on Pd particles［J］. Journal of Catalysis，2019，377：494-

506.

[66] Xia M, Liu Y, Wei Z, et al. Pd-induced Pt(Ⅳ)reduction to form Pd@ Pt/CNT core@ shell catalyst for a more complete oxygen reduction [J]. J Mater Chem A, 2013, 1 (46): 14443-14448.

[67] Jasinski R. A new fuel cell cathode catalyst [J]. Nature, 1964, 201 (4925): 1212-1213.

[68] Gerischer H, Willig F. Reaction of excited dye molecules at electrodes [J]. Physical and Chemical Applications of Dyestuffs, 1976, 61: 31-84.

[69] Gupta S, Tryk D, Bae I, et al. Heat-treated polyacrylonitrile-based catalysts for oxygen electroreduction[J]. Journal of Applied Electrochemistry, 1989, 19 (1): 19-27.

[70] Liu H, Song C, Tang Y, et al. High-surface-area CoTMPP/C synthesized by ultrasonic spray pyrolysis for PEM fuel cell electrocatalysts [J]. Electrochimica Acta, 2007, 52 (13): 4532-4538.

[71] Lefevre M, Proietti E, Jaouen F, et al. Iron-based catalysts with improved oxygen reduction activity in polymer electrolyte fuel cells [J]. Science, 2009, 324 (5923): 71-74.

[72] Deng D, Yu L, Chen X, et al. Iron encapsulated within pod-like carbon nanotubes for oxygen reduction reaction [J]. Angewandte Chemie International Edition, 2013, 125 (1): 389-393.

[73] Xiao H, Shao Z-G, Zhang G, et al. Fe–N–carbon black for the oxygen reduction reaction in sulfuric acid[J]. Carbon, 2013, 57: 443-451.

[74] Wohlgemuth S-A, Fellinger T-P, Jäker P, et al. Tunable nitrogen-doped carbon aerogels as sustainable electrocatalysts in the oxygen reduction reaction [J]. Journal of Materials Chemistry A, 2013, 1 (12): 4002-4009.

[75] Su P, Xiao H, Zhao J, et al. Nitrogen-doped carbon nanotubes derived from Zn–Fe-ZIF nanospheres and their application as efficient oxygen reduction electrocatalysts with in situ generated iron species [J]. Chemical Science, 2013, 4 (7): 2941-2946.

[76] Wu G, More K L, Johnston C M, et al. High-performance electrocatalysts for oxygen reduction derived from polyaniline, iron, and cobalt [J]. Science, 2011, 332 (6028): 443-447.

[77] Lee J S, Park G S, Kim S T, et al. A highly efficient electrocatalyst for the oxygen reduction reaction: N-doped ketjenblack incorporated into Fe/Fe_3C-functionalized melamine foam [J]. Angewandte Chemie International Edition, 2013, 52 (3): 1026-1030.

[78] Proietti E, Jaouen F, Lefevre M, et al. Iron-based cathode catalyst with enhanced power density in polymer electrolyte membrane fuel cells [J]. Nature Communications, 2011, 2 (1): 1-9.

[79] Wu G, Mack N H, Gao W, et al. Nitrogen-doped graphene-rich catalysts derived from heteroatom polymers for oxygen reduction in nonaqueous lithium-O_2 battery cathodes [J]. ACS Nano, 2012, 6 (11): 9764-9776.

[80] Jin S, Li C, Shrestha L K, et al. Simple fabrication of titanium dioxide/N-doped carbon hybrid material as non-precious metal electrocatalyst for the oxygen reduction reaction [J]. ACS Applied Materials & Interfaces, 2017, 9 (22): 18782-18789.

[81] Wang Y, Nie Y, Ding W, et al. Unification of catalytic oxygen reduction and hydrogen evolution reactions: highly dispersive Co nanoparticles encapsulated inside Co and nitrogen co-doped carbon [J]. Chemical communications, 2015, 51 (43): 8942-8945.

[82] Ohms D, Herzog S, Franke R, et al. Influence of metal ions on the electrocatalytic oxygen reduction of

carbon materials prepared from pyrolyzed polyacrylonitrile [J]. Journal of power sources, 1992, 38 (3): 327-334.

[83] Wu G, Johnston C M, Mack N H, et al. Synthesis–structure–performance correlation for polyaniline–Me–C non-precious metal cathode catalysts for oxygen reduction in fuel cells [J]. Journal of Materials Chemistry, 2011, 21 (30): 11392-11405.

[84] Kramm U I, Herranz J, Larouche N, et al. Structure of the catalytic sites in Fe/N/C-catalysts for O_2-reduction in PEM fuel cells [J]. Physical Chemistry Chemical Physics, 2012, 14 (33): 11673-11688.

[85] Nallathambi V, Lee J-W, Kumaraguru S P, et al. Development of high performance carbon composite catalyst for oxygen reduction reaction in PEM Proton Exchange Membrane fuel cells [J]. Journal of Power Sources, 2008, 183 (1): 34-42.

[86] Chen X, Sun S, Wang X, et al. DFT study of polyaniline and metal composites as nonprecious metal catalysts for oxygen reduction in fuel cells [J]. The Journal of Physical Chemistry C, 2012, 116 (43): 22737-22742.

[87] Liang H-W, Wei W, Wu Z-S, et al. Mesoporous metal–nitrogen-doped carbon electrocatalysts for highly efficient oxygen reduction reaction[J]. Journal of the American Chemical Society, 2013, 135(43): 16002-16005.

[88] Faubert G, Cote R, Dodelet J, et al. Oxygen reduction catalysts for polymer electrolyte fuel cells from the pyrolysis of Fe(Ⅱ)acetate adsorbed on 3,4,9,10-perylenetetracarboxylic dianhydride [J]. Electrochimica Acta, 1999, 44 (15): 2589-2603.

[89] Hu Y, Jensen J O, Zhang W, et al. Hollow spheres of iron carbide nanoparticles encased in graphitic layers as oxygen reduction catalysts [J]. Angewandte Chemie International Edition, 2014, 126 (14): 3749-3753.

[90] Yang L, Jiang S, Zhao Y, et al. Boron-doped carbon nanotubes as metal-free electrocatalysts for the oxygen reduction reaction [J]. Angewandte Chemie International Edition, 2011, 50 (31): 7132-7135.

[91] Gong K, Du F, Xia Z, et al. Nitrogen-doped carbon nanotube arrays with high electrocatalytic activity for oxygen reduction [J]. Science, 2009, 323 (5915): 760-764.

[92] Yang Z, Yao Z, Li G, et al. Sulfur-doped graphene as an efficient metal-free cathode catalyst for oxygen reduction [J]. ACS Nano, 2012, 6 (1): 205-211.

[93] Yang D-S, Bhattacharjya D, Inamdar S, et al. Phosphorus-doped ordered mesoporous carbons with different lengths as efficient metal-free electrocatalysts for oxygen reduction reaction in alkaline media [J]. Journal of the American Chemical Society, 2012, 134 (39): 16127-16130.

[94] Sun X, Zhang Y, Song P, et al. Fluorine-doped carbon blacks: highly efficient metal-free electrocatalysts for oxygen reduction reaction [J]. ACS Catalysis, 2013, 3 (8): 1726-1729.

[95] Choi C H, Park S H, Woo S I. Phosphorus–nitrogen dual doped carbon as an effective catalyst for oxygen reduction reaction in acidic media: effects of the amount of P-doping on the physical and electrochemical properties of carbon [J]. Journal of Materials Chemistry, 2012, 22 (24): 12107-12115.

[96] Liang J, Jiao Y, Jaroniec M, et al. Sulfur and nitrogen dual-doped mesoporous graphene electrocatalyst for oxygen reduction with synergistically enhanced performance [J]. Angewandte Chemie International

Edition，2012，51（46）：11496-11500.

[97] Wang S，Zhang L，Xia Z，et al. BCN graphene as efficient metal-free electrocatalyst for the oxygen reduction reaction［J］. Angewandte Chemie International Edition，2012，51（17）：4209-4212.

[98] Zhang L，Xia Z. Mechanisms of oxygen reduction reaction on nitrogen-doped graphene for fuel cells［J］. The Journal of Physical Chemistry C，2011，115（22）：11170-11176.

[99] Luo Z，Lim S，Tian Z，et al. Pyridinic N doped graphene：synthesis，electronic structure，and electrocatalytic property［J］. Journal of Materials Chemistry，2011，21（22）：8038-8044.

[100] Rao C V，Cabrera C R，Ishikawa Y. In search of the active site in nitrogen-doped carbon nanotube electrodes for the oxygen reduction reaction［J］. The Journal of Physical Chemistry Letters，2010，1（18）：2622-2627.

[101] Unni S M，Devulapally S，Karjule N，et al. Graphene enriched with pyrrolic coordination of the doped nitrogen as an efficient metal-free electrocatalyst for oxygen reduction［J］. Journal of Materials Chemistry，2012，22（44）：23506-23513.

[102] Jin Z，Yao J，Kittrell C，et al. Large-scale growth and characterizations of nitrogen-doped monolayer graphene sheets［J］. ACS Nano，2011，5（5）：4112-4117.

[103] Gao F，Zhao G-L，Yang S，et al. Nitrogen-doped fullerene as a potential catalyst for hydrogen fuel cells［J］.Journal of the American Chemical Society，2013，135（9）：3315-3318.

[104] Zhao Y，Watanabe K，Hashimoto K. Self-supporting oxygen reduction electrocatalysts made from a nitrogen-rich network polymer［J］. Journal of the American Chemical Society，2012，134（48）：19528-19531.

[105] Deng D，Pan X，Yu L，et al. Toward N-doped graphene via solvothermal synthesis［J］. Chemistry of Materials，2011，23（5）：1188-1193.

[106] Liu R，Wu D，Feng X，et al. Nitrogen-doped ordered mesoporous graphitic arrays with high electrocatalytic activity for oxygen reduction［J］. Angewandte Chemie International Edition，2010，122（14）：2619-2623.

[107] Yuan S，Shui J L，Grabstanowicz L，et al. A highly active and support-free oxygen reduction catalyst prepared from ultrahigh-surface-area porous polyporphyrin［J］. Angewandte Chemie International Edition，2013，125（32）：8507-8511.

[108] Tian J，Morozan A，Sougrati M T，et al. Optimized synthesis of Fe/N/C cathode catalysts for PEM fuel cells：a matter of iron–ligand coordination strength［J］. Angewandte Chemie International Edition，2013，52（27）：6867-6870.

[109] Ding W，Wei Z，Chen S，et al. Space-confinement-induced synthesis of pyridinic-and pyrrolic-nitrogen-doped graphene for the catalysis of oxygen reduction［J］. Angewandte Chemie International Edition，2013，125（45）：11971-11975.

[110] Ding W，Li L，Xiong K，et al. Shape fixing via salt recrystallization：a morphology-controlled approach to convert nanostructured polymer to carbon nanomaterial as a highly active catalyst for oxygen reduction reaction［J］.Journal of the American Chemical Society，2015，137（16）：5414-5420.

[111] Zhang S，Zhang H，Liu Q，et al. Fe-N doped carbon nanotube/graphene composite：facile synthesis and superior electrocatalytic activity［J］. Journal of Materials Chemistry A，2013，1（10）：3302-

3308.

[112] Tian G L，Zhao M Q，Yu D，et al. Graphene hybrids：nitrogen-doped graphene/carbon nanotube hybrids：in situ formation on bifunctional catalysts and their superior electrocatalytic activity for oxygen evolution/reduction reaction［J］. Small，2014，10（11）：2113.

[113] Koshino Y，Narukawa A. Determination of trace metal impurities in graphite powders by acid pressure decomposition and inductively coupled plasma atomic emission spectrometry［J］. Analyst，1993，118（7）：827-830.

[114] Zaghib K，Song X，Guerfi A，et al. Purification process of natural graphite as anode for Li-ion batteries：chemical versus thermal［J］. Journal of power Sources，2003，119：8-15.

[115] Mckee D W. Effect of metallic impurities on the gasification of graphite in water vapor and hydrogen[J]. Carbon，1974，12（4）：453-464.

[116] Dai X，Wildgoose G G，Compton R G. Apparent 'electrocatalytic' activity of multiwalled carbon nanotubes in the detection of the anaesthetic halothane：occluded copper nanoparticles［J］. Analyst，2006，131（8）：901-906.

[117] Batchelor-Mcauley C，Wildgoose G G，Compton R G，et al. Copper oxide nanoparticle impurities are responsible for the electroanalytical detection of glucose seen using multiwalled carbon nanotubes［J］. Sensors and Actuators B：Chemical，2008，132（1）：356-360.

[118] Jurkschat K，Ji X，Crossley A，et al. Super-washing does not leave single walled carbon nanotubes iron-free［J］. Analyst，2006，132（1）：21-23.

[119] Dai X，Wildgoose G G，Salter C，et al. Electroanalysis using macro-，micro-，and nanochemical architectures on electrode surfaces. Bulk surface modification of glassy carbon microspheres with gold nanoparticles and their electrical wiring using carbon nanotubes[J]. Analytical chemistry，2006，78(17)：6102-6108.

[120] Wong C H A，Chua C K，Khezri B，et al. Graphene oxide nanoribbons from the oxidative opening of carbon nanotubes retain electrochemically active metallic impurities［J］. Angewandte Chemie International Edition，2013，52（33）：8685-8688.

[121] Wang L，Ambrosi A，Pumera M. "Metal-free" catalytic oxygen reduction reaction on heteroatom-doped graphene is caused by trace metal impurities［J］. Angewandte Chemie International Edition，2013，125（51）：14063-14066.

[122] Yang H，Hu F，Zhang Y，et al. Controlled synthesis of porous spinel cobalt manganese oxides as efficient oxygen reduction reaction electrocatalysts［J］. Nano Research，2016，9（1）：207-213.

[123] Wu K H，Allen-Ankins M，Zeng Q，et al. Benchmarking the oxygen reduction electroactivity of first-row transition-metal oxide clusters on carbon nanotubes［J］. Chem Electro Chem，2018，5（14）：1862-1867.

[124] Osgood H，Devaguptapu S V，Xu H，et al. Transition metal（Fe，Co，Ni，and Mn）oxides for oxygen reduction and evolution bifunctional catalysts in alkaline media［J］. Nano Today，2016，11（5）：601-625.

[125] Khalid M，Honorato A M，Varela H，et al. Multifunctional electrocatalysts derived from conducting polymer and metal organic framework complexes［J］. Nano Energy，2018，45：127-135.

[126] Feng J，Liang Y，Wang H，et al. Engineering manganese oxide/nanocarbon hybrid materials for oxygen reduction electrocatalysis［J］. Nano Research，2012，5（10）：718-725.

[127] Liang X，Gao J，Jiang L，et al. Nanohybrid liposomal cerasomes with good physiological stability and rapid temperature responsiveness for high intensity focused ultrasound triggered local chemotherapy of cancer［J］ACS Nano，2015，9（2）：1280-1293.

[128] Zhu H，Zhang S，Huang Y-X，et al. Monodisperse $M_xFe_{3-x}O_4$(M=Fe，Cu，Co，Mn) nanoparticles and their electrocatalysis for oxygen reduction reaction［J］. Nano letters，2013，13（6）：2947-2951.

[129] Song D，Sun J，Sun L，et al. Acidic media regulated hierarchical cobalt compounds with phosphorous doping as water splitting electrocatalysts［J］. Advanced Energy Materials，2021，11（22）：2100358.

[130] Jaksic M M，Botton G A，Papakonstantinou G D，et al. Primary oxide latent storage and spillover enabling electrocatalysts with reversible oxygen electrode properties and the alterpolar revertible（PEMFC versus WE）cell［J］. The Journal of Physical Chemistry C，2014，118（17）：8723-8746.

[131] Alvar E N，Zhou B，Eichhorn S H. Carbon-embedded mesoporous Nb-doped TiO_2 nanofibers as catalyst support for the oxygen reduction reaction in PEM fuel cells［J］. Journal of Materials Chemistry A，2016，4（17）：6540-6552.

[132] Sun J，Sun W，Du L，et al. Tailored NbO_2 modified Pt/graphene as highly stable electrocatalyst towards oxygen reduction reaction［J］. Fuel Cells，2018，18（4）：360-368.

[133] Suntivich J，Gasteiger H A，Yabuuchi N，et al. Design principles for oxygen-reduction activity on perovskite oxide catalysts for fuel cells and metal-air batteries［J］. Nature Chemistry，2011，3（7）：546-550.

[134] Risch M，Stoerzinger K A，Maruyama S，et al. $La_{0.8}Sr_{0.2}MnO_{3-\delta}$ decorated with $Ba_{0.5}Sr_{0.5}Co_{0.8}Fe_{0.2}O_{3-\delta}$：a bifunctional surface for oxygen electrocatalysis with enhanced stability and activity［J］. Journal of the American Chemical Society，2014，136（14）：5229-5232.

[135] Xie Y，Riedinger A，Prato M，et al. Copper sulfide nanocrystals with tunable composition by reduction of covellite nanocrystals with Cu^+ ions［J］. Journal of the American Chemical Society，2013，135（46）：17630-17637.

[136] Gao M-R，Xu Y-F，Jiang J，et al. Nanostructured metal chalcogenides：synthesis，modification，and applications in energy conversion and storage devices[J]. Chemical Society Reviews，2013，42(7)：2986-3017.

[137] Faber M S，Jin S. Earth-abundant inorganic electrocatalysts and their nanostructures for energy conversion applications［J］. Energy & Environmental Science，2014，7（11）：3519-3542.

[138] Bai J，Meng T，Guo D，et al. Co_9S_8@MoS_2 core-shell heterostructures as trifunctional electrocatalysts for overall water splitting and Zn–air batteries［J］. ACS applied materials & interfaces，2018，10（2）：1678-1689.

[139] Sidik R A，Anderson A B. Co_9S_8 as a catalyst for electroreduction of O_2：quantum chemistry predictions［J］. The Journal of Physical Chemistry B，2006，110（2）：936-941.

[140] Chen Z，Li G，Liu Y，et al. Novel $Co_{1-x}S$/C-3 supported on N-doped ketjen black as an efficient

electrocatalyst for oxygen reduction reaction in alkaline media［J］. Journal of the Taiwan Institute of Chemical Engineers，2020，106：215-226.

[141] Ma X-X，He X-Q. Co_4S_3/Ni_xS_6（$7 \geqslant x \geqslant 6$）/NiOOH in-situ encapsulated carbon-based hybrid as a high-efficient oxygen electrode catalyst in alkaline media［J］. Electrochimica Acta，2016，213：163-173.

[142] Feng Y，Alonso-Vante N. Carbon-supported cubic $CoSe_2$ catalysts for oxygen reduction reaction in alkaline medium［J］. Electrochimica Acta，2012，72：129-133.

[143] Wu Z，Wang J，Song M，et al. Boosting oxygen reduction catalysis with N-doped carbon coated Co_9S_8 microtubes［J］. ACS Applied Materials & Interfaces，2018，10（30）：25415-25421.

[144] Wang H，Liang Y，Li Y，et al. Co_{1-x}S-graphene hybrid：a high-performance metal chalcogenide electrocatalyst for oxygen reduction［J］. Angewandte Chemie International Edition，2011，123（46）：11161-11164.

[145] 康启平，张国强，张志芸，等. 质子交换膜燃料电池非贵金属催化剂研究进展［J］. 新能源进展，2018，6（1）：55-61.

[146] Liu G，Zhang H M，Wang M R，et al. Preparation，characterization of ZrO_xN_y/C and its application in PEMFC as an electrocatalyst for oxygen reduction［J］. Journal of Power Sources，2007，172（2）：503-510.

[147] Shibata Y，Ishihara A，Mitsushima S，et al. Effect of heat treatment on catalytic activity for oxygen reduction reaction of TaO_xN_y/Ti prepared by electrophoretic deposition［J］. Electrochemical and Solid State Letters，2006，10（2）：B43.

[148] Xia D，Liu S，Wang Z，et al. Methanol-tolerant MoN electrocatalyst synthesized through heat treatment of molybdenum tetraphenylporphyrin for four-electron oxygen reduction reaction［J］. Journal of Power Sources，2008，177（2）：296-302.

[149] Zhong H，Zhang H，Liu G，et al. A novel non-noble electrocatalyst for PEM fuel cell based on molybdenum nitride［J］. Electrochemistry Communications，2006，8（5）：707-712.

[150] Ando T，Izhar S，Tominaga H，et al. Ammonia-treated carbon-supported cobalt tungsten as fuel cell cathode catalyst［J］. Electrochimica acta，2010，55（8）：2614-2621.

[151] Cao B，Veith G M，Diaz R E，et al. Cobalt molybdenum oxynitrides：synthesis，structural characterization，and catalytic activity for the oxygen reduction reaction［J］. Angewandte Chemie International Edition，2013，125（41）：10953-10957.

[152] Wu G，Zelenay P. Nanostructured nonprecious metal catalysts for oxygen reduction reaction［J］. Accounts of Chemical Research，2013，46（8）：1878-1889.

[153] Li Q，Wu G，Cullen D A，et al. Phosphate-tolerant oxygen reduction catalysts［J］. ACS Catalysis，2014，4（9）：3193-3200.

[154] Lefèvre M，Dodelet J-P. Fe-based catalysts for the reduction of oxygen in polymer electrolyte membrane fuel cell conditions：determination of the amount of peroxide released during electroreduction and its influence on the stability of the catalysts［J］. Electrochimica Acta，2003，48（19）：2749-2760.

[155] Varnell J A，Edmund C，Schulz C E，et al. Identification of carbon-encapsulated iron nanoparticles as active species in non-precious metal oxygen reduction catalysts［J］. Nature Communications，2016，7（1）：1-9.

[156] Tian N，Zhou Z Y，Sun S G. Platinum metal catalysts of high-index surfaces：from single-crystal planes to electrochemically shape-controlled nanoparticles［J］. The Journal of Physical Chemistry C，2008，112（50）：19801-19817.

[157] Zhao Z P，Chen C L，Liu Z Y，et al. Pt-based nanocrystal for electrocatalytic oxygen reduction［J］. Advanced Materials，2019，31（31）：1808115.

[158] Macia M D，Campina J M，Herrero E，et al. On the kinetics of oxygen reduction on platinum stepped surfaces in acidic media［J］. Journal of Electroanalytical Chemistry，2004，564（1-2）：141-150.

[159] Seh Z W，Kibsgaard J，Dickens C F，et al. Combining theory and experiment in electrocatalysis：insights into materials design［J］. Science，2017，355（6321）：1.

[160] Narayanan R，El-Sayed M A. Catalysis with transition metal nanoparticles in colloidal solution：nanoparticle shape dependence and stability［J］. Journal of Physical Chemistry B，2005，109（26）：12663-12676.

[161] Wang C，Daimon H，Onodera T，et al. A general approach to the size-and shape-controlled synthesis of platinum nanoparticles and their catalytic reduction of oxygen［J］. Angewandte Chemie International Edition，2008，47（19）：3588-3591.

[162] Li M，Yu S X，Huang H W，et al. Unprecedented eighteen-faceted BiOCl with a ternary facet junction boosting cascade charge flow and photo-redox［J］. Angewandte Chemie International Edition，2019，58（28）：9517-9521.

[163] Sun S D，Zhang X，Cui J，et al. High-index faceted metal oxide micro-/nanostructures：a review on their characterization，synthesis and applications［J］. Nanoscale，2019，11（34）：15739-15762.

[164] Tian N，Zhou Z Y，Sun S G，et al. Synthesis of tetrahexahedral platinum nanocrystals with high-index facets and high electro-oxidation activity［J］. Science，2007，316（5825）：732-735.

[165] Yu T，Kim D Y，Zhang H，et al. Platinum concave nanocubes with high-index facets and their enhanced activity for oxygen reduction reaction［J］. Angewandte Chemie International Edition，2011，50（12）：2773-2777.

[166] Greeley J，Stephens I E L，Bondarenko A S，et al. Alloys of platinum and early transition metals as oxygen reduction electrocatalysts［J］. Nature Chemistry，2009，1（7）：552-556.

[167] Stephens I E L，Bondarenko A S，Grønbjerg U，et al. Understanding the electrocatalysis of oxygen reduction on platinum and its alloys［J］. Energy & Environmental Science，2012，5（5）：6744-6762.

[168] Wu J F，Shan S Y，Cronk H，et al. Understanding composition-dependent synergy of PtPd alloy nanoparticles in electrocatalytic oxygen reduction reaction［J］. The Journal of Physical Chemistry，2017，121（26）：14128-14136.

[169] Dai Y，Liu Y W，Chen S L. Pt-W bimetallic alloys as CO-tolerant PEMFC anode catalysts［J］. Electrochimica Acta，2013，89：744-748.

[170] Mukerjee S，Srinivasan S，Soriaga M P，et al. Role of structural and electronic-properties of Pt and Pt alloys on electrocatalysis of oxygen reduction-an in-situ xanes and exafs investigation［J］. Journal of the Electrochemical Society，1995，142（5）：1409-1422.

[171] Oezaslan M，Hasche F，Strasser P. Oxygen electroreduction on $PtCo_3$，PtCo and Pt_3Co alloy nanoparticles for alkaline and acidic PEM fuel cells［J］. Journal of the Electrochemical Society，2012，159（4）：

B394-B405.

[172] Paulus U A，Wokaun A，Scherer G G，et al. Oxygen reduction on carbon-supported Pt-Ni and Pt-Co alloy catalysts［J］. Journal Of Physical Chemistry B，2002，106（16）：4181-4191.

[173] Toda T，Igarashi H，Uchida H，et al. Enhancement of the electroreduction of oxygen on Pt alloys with Fe，Ni，and Co［J］.Journal of the Electrochemical Society，1999，146（10）：3750-3756.

[174] Stamenkovic V，Mun B S，Mayrhofer K J J，et al. Changing the activity of electrocatalysts for oxygen reduction by tuning the surface electronic structure［J］. Angewandte Chemie International Edition，2006，45（18）：2897-2901.

[175] Stamenkovic V R，Mun B S，Arenz M，et al. Trends in electrocatalysis on extended and nanoscale Pt-bimetallic alloy surfaces［J］. Nature Materials，2007，6（3）：241-247.

[176] Viswanathan V，Hansen H A，Rossmeisl J，et al. Universality in oxygen reduction electrocatalysis on metal surfaces［J］. ACS Catalysis，2012，2（8）：1654-1660.

[177] Wang C，Chi M，Li D，et al. Synthesis of homogeneous Pt-bimetallic nanoparticles as highly efficient electrocatalysts［J］. Acs Catalysis，2011，1（10）：1355-1359.

[178] Wei Z D，Yin F，Li L L，et al. Study of Pt/C and Pt–Fe/C catalysts for oxygen reduction in the light of quantum chemistry［J］. Journal of Electroanalytical Chemistry，2003，541：185-191.

[179] 罗瑾，杨乐夫，陈秉辉，等. 三元合金氧还原电催化剂（英文）［J］. 电化学，2012，18（5，6）：496-507.

[180] Dai Y，Ou L H，Liang W，et al. Efficient and superiorly durable Pt-lean electrocatalysts of Pt-W alloys for the oxygen reduction reaction［J］. The Journal of Physical Chemistry C，2011，115（5）：2162-2168.

[181] Rong Z，Sun Z，Wang Y，et al. Selective hydrogenation of cinnamaldehyde to cinnamyl alcohol over graphene supported Pt-Co bimetallic catalysts［J］. Catalysis letters，2014，144（6）：980-986.

[182] Kim D H，Lee Y-H，Song Y B，et al. Thin and flexible solid electrolyte membranes with ultrahigh thermal stability derived from solution-processable Li argyrodites for all-solid-state Li-ion batteries［J］. ACS Energy Letters，2020，5（3）：718-727.

[183] Gunther S，Marchenko E，Baigonakova G，et al. Shell structure of the porous TiNi-framework obtained by the SHS method［C］. IOP Conference Series：Materials Science and Engineering，2020，876（1）：012002.

[184] Yan S，Xue Y，Li S，et al. Enhanced bifunctional catalytic activity of manganese oxide/perovskite hierarchical core–shell materials by adjusting the interface for metal–air batteries［J］. ACS Applied Materials & Interfaces，2019，11（29）：25870-25881.

[185] Oezaslan M，Strasser P. Activity of dealloyed $PtCo_3$ and $PtCu_3$ nanoparticle electrocatalyst for oxygen reduction reaction in polymer electrolyte membrane fuel cell［J］. Journal of Power Sources，2011，196（12）：5240-5249.

[186] Chen C，Kang Y，Huo Z，et al. Highly crystalline multimetallic nanoframes with three-dimensional electrocatalytic surfaces［J］. Science，2014，343（6177）：1339-1343.

[187] Strasser P. Free electrons to molecular bonds and back：closing the energetic oxygen reduction（ORR）-oxygen evolution（OER）cycle using core–shell nanoelectrocatalysts［J］. Accounts of Chemical Re-

search, 2016, 49 (11): 2658-2668.

[188] Stamenkovic V, Schmidt T J, Ross P N, et al. Surface segregation effects in electrocatalysis: kinetics of oxygen reduction reaction on polycrystalline Pt_3Ni alloy surfaces [J]. Journal of Electroanalytical Chemistry, 2003, 554: 191-199.

[189] Carpenter M K, Moylan T E, Kukreja R S, et al. Solvothermal synthesis of platinum alloy nanoparticles for oxygen reduction electrocatalysis [J]. Journal of the American Chemical Society, 2012, 134 (20): 8535-8542.

[190] Zhang J, Yang H, Fang J, et al. Synthesis and oxygen reduction activity of shape-controlled Pt_3Ni nanopolyhedra [J]. Nano letters, 2010, 10 (2): 638-644.

[191] Wang W, Lv F, Lei B, et al. Tuning nanowires and nanotubes for efficient fuel-cell electrocatalysis [J]. Advanced Material, 2016, 28 (46): 10117-10141.

[192] Lee S, Hwang H, Lee W, et al. Core-shell bimetallic nanoparticle trimers for efficient light-to-chemical energy conversion [J]. ACS Energy Letters, 2020, 5 (12): 3881-3890.

[193] Monai M, Montini T, Fonda E, et al. Nanostructured PdPt nanoparticles: evidences of structure/performance relations in catalytic H_2 production reactions [J]. Applied Catalysis B: Environmental, 2018, 236: 88-98.

[194] Hosseini M G, Mahmoodi R. Preparation method of Ni@ Pt/C nanocatalyst affects the performance of direct borohydride-hydrogen peroxide fuel cell: improved power density and increased catalytic oxidation of borohydride [J]. Journal of Colloid and Interface Science, 2017, 500: 264-275.

[195] Kuttiyiel K A, Sasaki K, Choi Y, et al. Nitride stabilized PtNi core–shell nanocatalyst for high oxygen reduction activity [J]. Nano letters, 2012, 12 (12): 6266-6271.

[196] Shiotsuka M, Toda T, Matsubara K, et al. Synthesis and characterization of supramolecular complexes of a tetranuclear metallocycle with platinum(Ⅱ)bis-ethynylphenylethynylpyridine organometallic complexes [J]. Transition Metal Chemistry, 2013, 38 (8): 913-922.

[197] Shibuya S, Ozawa Y, Watanabe K, et al. Palladium and platinum nanoparticles attenuate aging-like skin atrophy via antioxidant activity [J]. Free Radical Biology and Medicine, 2014, 76: 590.

[198] 渡辺政廣，内田裕之. はじめての電気化学計測ーまず測定してみよう 回転電極法 [J]. Electrochemistry, 2000, 68 (10): 816-820.

[199] Toda T, Igarashi H, Watanabe M. Enhancement of the electrocatalytic O_2 reduction on Pt–Fe alloys [J]. Journal of Electroanalytical Chemistry, 1999, 460 (1-2): 258-262.

[200] Chen C, Kang Y, Huo Z, et al. Highly crystalline multimetallic nanoframes with three-dimensional electrocatalytic surfaces [J]. Science, 2014, 343 (6177): 1339-1343.

[201] Chen Y, Liang Z, Yang F, et al. Ni–Pt core–shell nanoparticles as oxygen reduction electrocatalysts: effect of Pt shell coverage [J]. The Journal of Physical Chemistry C, 2011, 115 (49): 24073-24079.

[202] Mayrhofer K J, Juhart V, Hartl K, et al. Adsorbate-induced surface segregation for core–shell nanocatalysts [J]. Angewandte Chemie International Edition, 2009, 48 (19): 3529-3531.

[203] Wang D, Xin H L, Yu Y, et al. Pt-decorated PdCo@ Pd/C core– shell nanoparticles with enhanced stability and electrocatalytic activity for the oxygen reduction reaction [J]. Journal of the American

Chemical Society，2010，132（50）：17664-17666.

[204] Wang D，Xin H L，Wang H，et al. Facile synthesis of carbon-supported Pd–Co core–shell nanoparticles as oxygen reduction electrocatalysts and their enhanced activity and stability with monolayer Pt decoration［J］. Chemistry of Materials，2012，24（12）：2274-2281.

[205] Budiman A H，Purwanto W W，Dewi E L，et al. Understanding adsorbate-induced surface segregation in PtCo/C electrocatalyst［J］. Asia-Pacific Journal of Chemical Engineering，2012，7（4）：604-612.

[206] Lee K-S，Park H-Y，Ham H C，et al. Reversible surface segregation of Pt in a Pt_3Au/C catalyst and its effect on the oxygen reduction reaction［J］. The Journal of Physical Chemistry C，2013，117（18）：9164-9170.

[207] Mohanraju K，Kirankumar P，Cindrella L，et al. Enhanced electrocatalytic activity of Pt decorated spinals（M_3O_4，M=Mn，Fe，Co）/C for oxygen reduction reaction in PEM fuel cell and their evaluation by hydrodynamic techniques［J］. Journal of Electroanalytical Chemistry，2017，794：164-174.

[208] Cherstiouk O V，Simonov A，Moseva N，et al. Microstructure effects on the electrochemical corrosion of carbon materials and carbon-supported Pt catalysts［J］. Electrochimica Acta，2010，55（28）：8453-8460.

[209] Yu X，Ye S. Recent advances in activity and durability enhancement of Pt/C catalytic cathode in PEMFC［J］. Journal of Power Sources，2007，1（172）：133-144.

[210] Ioroi T，Siroma Z，Yamazaki S I，et al. Electrocatalysts for PEM fuel cells［J］. Advanced Energy Materials，2019，9（23）：1801284.

[211] Long N V，Yang Y，Thi C M，et al. The development of mixture，alloy，and core-shell nanocatalysts with nanomaterial supports for energy conversion in low-temperature fuel cells［J］. Nano Energy，2013，2（5）：636-676.

[212] Cademartiri L，Ozin G A. Ultrathin nanowires——a materials chemistry perspective［J］. Advanced Materials，2009，21（9）：1013-1020.

[213] Chung H T，Won J H，Zelenay P. Active and stable carbon nanotube/nanoparticle composite electrocatalyst for oxygen reduction［J］. Nature Communications，2013，4（1）：1-5.

[214] Wang D，Deraedt C，Ruiz J，et al. Magnetic and dendritic catalysts［J］. Accounts of Chemical Research，2015，48（7）：1871-1880.

[215] Chen Z，Waje M，Li W，et al. Supportless Pt and PtPd nanotubes as electrocatalysts for oxygen-reduction reactions［J］. Angewandte Chemie International Edition，2007，46（22）：4060-4063.

[216] Mauger S A，Neyerlin K，Alia S M，et al. Fuel cell performance implications of membrane electrode assembly fabrication with platinum-nickel nanowire catalysts［J］. Journal of the Electrochemical Society，2018，165（3）：F238.

[217] Zhang J，Sasaki K，Sutter E，et al. Stabilization of platinum oxygen-reduction electrocatalysts using gold clusters［J］. Science，2007，315（5809）：220-222.

[218] Tomboc G M，Choi S，Kwon T，et al. Potential link between Cu surface and selective CO_2 electroreduction：perspective on future electrocatalyst designs［J］. Advanced Materials，2020，32（17）：1908398.

[219] Fan K，Zou H，Duan L，et al. Selectively etching vanadium oxide to modulate surface vacancies of unary metal–based electrocatalysts for high-performance water oxidation［J］. Advanced Energy Materials，2020，10（5）：1903571.

[220] Liu J-X，Richards D，Singh N，et al. Activity and selectivity trends in electrocatalytic nitrate reduction on transition metals［J］. ACS Catalysis，2019，9（8）：7052-7064.

[221] Wang Y，Liu J，Wang Y，et al. Tuning of CO_2 reduction selectivity on metal electrocatalysts［J］. Small，2017，13（43）：1701809.

[222] Strmcnik D，Escudero-Escribano M，Kodama K，et al. Enhanced electrocatalysis of the oxygen reduction reaction based on patterning of platinum surfaces with cyanide［J］. Nature Chemistry，2010，2（10）：880-885.

[223] Markovic N，Gasteiger H，Ross P N. Kinetics of oxygen reduction on Pt（*hkl*）electrodes：implications for the crystallite size effect with supported Pt electrocatalysts［J］. Journal of the Electrochemical Society，1997，144（5）：1591.

[224] Miyabayashi K，Nishihara H，Miyake M. Platinum nanoparticles modified with alkylamine derivatives as an active and stable catalyst for oxygen reduction reaction［J］. Langmuir，2014，30（10）：2936-2942.

[225] Steinbach A J，van der Vliet D，Hester A E，et al. Recent progress in nanostructured thin film（NSTF）ORR electrocatalyst development for PEM fuel cells［J］. ECS Transactions，2015，69（17）：291.

[226] Takenaka S，Kishida M. Improvement in catalytic performance of carbon nanotube-supported metal nanoparticles by coverage with silica layers［J］. Journal of the Japan Petroleum Institute，2011，54（2）：80-89.

[227] Wen Z，Liu J，Li J. Core/shell Pt/C nanoparticles embedded in mesoporous carbon as a methanol-tolerant cathode catalyst in direct methanol fuel cells［J］. Advanced Materials，2008，20（4）：743-747.

[228] Chen S，Wei Z，Qi X，et al. Nanostructured polyaniline-decorated Pt/C@ PANI core–shell catalyst with enhanced durability and activity［J］. Journal of the American Chemical Society，2012，134（32）：13252-13255.

[229] Thang H V，Pacchioni G. Oxygen vacancy in wurtzite ZnO and metal-supported ZnO/M(111)bilayer films（M= Cu，Ag and Au）［J］. The Journal of Physical Chemistry C，2018，122（36）：20880-20887.

[230] Xu Y，Li Y，Yin S，et al. Ultrathin nitrogen-doped graphitized carbon shell encapsulating CoRu bimetallic nanoparticles for enhanced electrocatalytic hydrogen evolution［J］. Nanotechnology，2018，29（22）：225403.

[231] Brandiele R，Durante C，Zerbetto M，et al. Probing the correlation between Pt-support interaction and oxygen reduction reaction activity in mesoporous carbon materials modified with Pt-N active sites［J］. Electrochimica Acta，2018，277：287-300.

[232] Ning X，Zhou X，Luo J，et al. Glycerol and formic acid electro-oxidation over Pt on S-doped carbon nanotubes：effect of carbon support and synthesis method on the metal-support interaction［J］. Electrochimica Acta，2019，319：129-137.

[233] Wang J, Wu G, Xuan W, et al. ZIF derived mesoporous carbon frameworks with numerous edges and heteroatom-doped sites to anchor nano-Pt electrocatalyst [J]. International Journal of Hydrogen Energy, 2020, 45 (43): 22649-22657.

[234] Gao B, Zhang R, He M, et al. Effect of a multiscale reinforcement by carbon fiber surface treatment with graphene oxide/carbon nanotubes on the mechanical properties of reinforced carbon/carbon composites [J]. Composites Part A: Applied Science and Manufacturing, 2016, 90: 433-440.

[235] Alali K T, Liu J, Liu Q, et al. Grown carbon nanotubes on electrospun carbon nanofibers as a 3d carbon nanomaterial for high energy storage performance [J]. Chemistry Select, 2019, 4 (19): 5437-5458.

[236] Cui W, Saito T, Ayala P, et al. Oxidation stability of confined linear carbon chains, carbon nanotubes, and graphene nanoribbons as 1D nanocarbons [J]. Nanoscale, 2019, 11 (32): 15253-15258.

[237] Badi N. Lithium-ion battery anodes of highly dispersed carbon nanotubes, graphene nanoplatelets, and carbon nanofibers [J]. Journal of Materials Science: Materials in Electronics, 2016, 27 (10): 10342-10346.

[238] Su F, Li X, Lv L, et al. Ordered mesoporous carbon particles covered with carbon nanotubes [J]. Carbon, 2006, 44 (4): 801-803.

[239] Galeano C, Meier J C, Peinecke V, et al. Toward highly stable electrocatalysts via nanoparticle pore confinement [J]. Journal of the American Chemical Society, 2012, 134 (50): 20457-20465.

[240] Chen S, Wei Z, Guo L, et al. Enhanced dispersion and durability of Pt nanoparticles on a thiolated CNT support [J]. Chemical Communications, 2011, 47 (39): 10984-10986.

[241] Yang P, Zhou Z, Zheng T, et al. A novel strategy to synthesize Pt/CNTs nanocatalyst with highly improved activity for methanol electrooxidation [J]. Journal of Electroanalytical Chemistry, 2021, 897: 115557.

[242] Wang S, Wang X. Polyelectrolyte functionalized carbon nanotubes as a support for noble metal electrocatalysts and their activity for methanol oxidation [J]. Nanotechnology, 2008, 19 (26): 265601.

[243] Cendrowski K. Titania/mesoporous silica nanotubes with efficient photocatalytic properties [J]. Polish Journal of Chemical Technology, 2018, 20 (1): 103-108.

[244] Eckardt M, Gebauer C, Jusys Z, et al. Oxygen reduction reaction activity and long-term stability of platinum nanoparticles supported on titania and titania-carbon nanotube composites [J]. Journal of Power Sources, 2018, 400: 580-591.

[245] Da Cunha T, Maulu A, Guillot J, et al. Design of silica nanoparticles-supported metal catalyst by wet impregnation with catalytic performance for tuning carbon nanotubes growth [J]. Catalysts, 2021, 11 (8): 986.

[246] Momeni M, Ghayeb Y, Gheibee S. Silver nanoparticles decorated titanium dioxide-tungsten trioxide nanotube films with enhanced visible light photo catalytic activity [J]. Ceramics International, 2017, 43 (1): 564-570.

[247] Jin H, Zhang H, Zhong H, et al. Nitrogen-doped carbon xerogel: a novel carbon-based electrocatalyst for oxygen reduction reaction in proton exchange membrane (PEM) fuel cells [J]. Energy & Environmental Science, 2011, 4 (9): 3389-3394.

[248] Wang J，Chen Y，Zhang Y，et al. 3D boron doped carbon nanorods/carbon-microfiber hybrid composites：synthesis and applications in a highly stable proton exchange membrane fuel cell［J］. Journal of Materials Chemistry，2011，21（45）：18195-18198.

[249] Xia B Y，Ding S，Wu H B，et al. Hierarchically structured Pt/CNT@ TiO_2 nanocatalysts with ultrahigh stability for low-temperature fuel cells［J］. RSC Advances，2012，2（3）：792-796.

[250] Sanada M，Abe K，Kurniawan A，et al. Low-temperature synthesis of TiC from carbon-infiltrated，nano-porous TiO_2［J］. Metallurgical and Materials Transactions B，2020，51（5）：1958-1964.

[251] Sun S，Ding H，Wang J，et al. Preparation of a microsphere SiO_2/TiO_2 composite pigment：The mechanism of improving pigment properties by SiO_2［J］. Ceramics International，2020，46（14）：22944-22953.

[252] Zheng H D，Ou J Z，Strano M S，et al. Nanostructured tungsten oxide-properties，synthesis，and applications［J］. Advanced Functional Materials，2011，21（12）：2175-2196.

[253] Kim J，Kim H E，Lee H. Single-atom catalysts of precious metals for electrochemical reactions［J］. Chem Sus Chem，2018，11（1）：104-113.

[254] Liu B，Ma B，Chen Y，et al. Corrosion mechanism of Ti/IrO_2-RuO_2-SiO_2 anode for oxygen evolution in sulfuric acid solution［J］. Corrosion Science，2020，170：108662.

[255] Mazanck V，Nahdi H，Luxa J，et al. Electrochemistry of layered metal diborides［J］. Nanoscale，2018，10（24）：11544-11552.

[256] Huang S-Y，Ganesan P，Park S，et al. Development of a titanium dioxide-supported platinum catalyst with ultrahigh stability for polymer electrolyte membrane fuel cell applications［J］. Journal of the American Chemical Society，2009，131（39）：13898-13899.

[257] Suh J，Sarkar T，Choe H S，et al. Compensated thermal conductivity of metallically conductive Ta-doped TiO_2［J］. Applied Physics Letters，2018，113（2）：022103.

[258] Ikram S，Jacob J，Mehboob K，et al. A novel approach to simultaneously enhance the Seebeck coefficient and electrical conductivity in rutile phase of TiO_2 nanostructures［J］. Arabian Journal of Chemistry，2020，13（8）：6724-6729.

[259] Ho V T T，Pan C-J，Rick J，et al. Nanostructured $Ti_{0.7}Mo_{0.3}O_2$ support enhances electron transfer to Pt：high-performance catalyst for oxygen reduction reaction［J］. Journal of the American Chemical Society，2011，133（30）：11716-11724.

[260] Xie X，Chen S，Ding W，et al. An extraordinarily stable catalyst：Pt NPs supported on two-dimensional $Ti_3C_2X_2$（X=OH，F）nanosheets for oxygen reduction reaction［J］. Chemical Communications，2013，49（86）：10112-10114.

[261] Guo Z，Wang F，Xia Y，et al. In situ encapsulation of core–shell-structured Co@Co_3O_4 into nitrogen-doped carbon polyhedra as a bifunctional catalyst for rechargeable Zn–air batteries［J］. Journal of Materials Chemistry A，2018，6（4）：1443-1453.

[262] Liu X X，Zang J B，Chen L，et al. A microwave-assisted synthesis of CoO@Co core–shell structures coupled with N-doped reduced graphene oxide used as a superior multi-functional electrocatalyst for hydrogen evolution，oxygen reduction and oxygen evolution reactions［J］. Journal of Materials Chemistry A，2017，5（12）：5865-5872.

[263] Zhou J, Vijayavenkataraman S. 3D-printable conductive materials for tissue engineering and biomedical applications［J］. Bioprinting, 2021, 24 : e00166.

[264] Hu W, Zheng M, Xu B, et al. Design of hollow carbon-based materials derived from metal–organic frameworks for electrocatalysis and electrochemical energy storage［J］. Journal of Materials Chemistry A, 2021, 9（7）: 3880-3917.

[265] Liang Y, Li Y, Wang H, et al. Co_3O_4 nanocrystals on graphene as a synergistic catalyst for oxygen reduction reaction［J］. Nature Materials, 2011, 10（10）: 780-786.

[266] Vigil J A, Lambert T N, Duay J, et al. Nanoscale carbon modified alpha-MnO_2 nanowires : highly active and stable oxygen reduction electrocatalysts with low carbon content［J］. ACS Applied Materials & Interfaces, 2018, 10（2）: 2040-2050.

[267] Fu G, Yan X, Chen Y, et al. Boosting bifunctional oxygen electrocatalysis with 3D graphene aerogel-supported Ni/MnO particles［J］. Advanced Materials, 2018, 30 : 1704609.

[268] Zhao A, Masa J, Xia W, et al. Spinel Mn-Co oxide in N-doped carbon nanotubes as a bifunctional electrocatalyst synthesized by oxidative cutting［J］. Journal of the American Chemical Society, 2014, 136（21）: 7551-7554.

[269] Cheng H, Li M-L, Su C-Y, et al. Cu-Co bimetallic oxide quantum dot decorated nitrogen-doped carbon nanotubes : a high-efficiency bifunctional oxygen electrode for Zn-air batteries［J］. Advanced Functional Materials, 2017, 27（30）: 1701833.

[270] Liu Z Q, Cheng H, Li N, et al. $ZnCo_2O_4$ quantum dots anchored on nitrogen-doped carbon nanotubes as reversible oxygen reduction/evolution electrocatalysts［J］. Advanced Materials, 2016, 28（19）: 3777-3784.

[271] Jijil C P, Lokanathan M, Chithiravel S, et al. Nitrogen doping in oxygen-deficient $Ca_2Fe_2O_5$: a strategy for efficient oxygen reduction oxide catalysts[J]. ACS Applied Materials & Interfaces, 2016, 8(50): 34387-34395.

[272] Liu H, Long W, Song W, et al. Tuning the electronic bandgap : an efficient way to improve the electrocatalytic activity of carbon-supported Co_3O_4 nanocrystals for oxygen reduction reactions［J］. Chemistry, 2017, 23（11）: 2599-2609.

[273] He L, Wang Y, Wang F, et al. Influence of Cu^{2+} doping concentration on the catalytic activity of $Cu_xCo_{3-x}O_4$ for rechargeable Li-O_2 batteries［J］. Journal of Materials Chemistry A, 2017, 5（35）: 18569-18576.

[274] Lambert T N, Vigil J A, White S E, et al. Understanding the effects of cationic dopants on α-MnO_2 oxygen reduction reaction electrocatalysis［J］. The Journal of Physical Chemistry C, 2017, 121（5）: 2789-2797.

[275] Cheng F, Zhang T, Zhang Y, et al. Enhancing electrocatalytic oxygen reduction on MnO_2 with vacancies［J］. Angewandte Chemie International Edition, 2013, 52（9）: 2474-2477.

[276] Zhang T, Cheng F, Du J, et al. Efficiently enhancing oxygen reduction electrocatalytic activity of MnO_2 using facile hydrogenation［J］. Advanced Energy Materials, 2015, 5（1）: 1400654.

[277] Wei Z D, Huang W Z, Zhang S T, et al. Induced effect of Mn_3O_4 on formation of MnO_2 crystals favourable to catalysis of oxygen reduction［J］. Journal of Applied Electrochemistry, 2000, 30（10）:

1133-1136.

[278] Wei Z D，Huang W Z，Zhang S T，et al. Carbon-based air electrodes carrying MnO_2 in zinc-air batteries［J］. Journal of Power Sources，2000，91（2）：83-85.

[279] Li L，Feng X，Nie Y，et al. Insight into the effect of oxygen vacancy concentration on the catalytic performance of MnO_2［J］. ACS Catalysis，2015，5（8）：4825-4832.

[280] Du J，Zhang T，Cheng F，et al. Nonstoichiometric perovskite $CaMnO_{3-\delta}$ for oxygen electrocatalysis with high activity［J］. Inorganic Chemistry，2014，53（17）：9106-9114.

[281] Wang J，Liu D，Qi X，et al. Insight into the effect of $CaMnO_3$ support on the catalytic performance of platinum catalysts［J］. Chemical Engineering Science，2015，135：179-186.

[282] Zhan Y，Xu C H，Lu M H，et al. Mn and Co co-substituted Fe_3O_4 nanoparticles on nitrogen-doped reduced graphene oxide for oxygen electrocatalysis in alkaline solution［J］. Journal of Materials Chemistry A，2014，2（38）：16217-16223.

[283] Tominaka S，Ishihara A，Nagai T，et al. Noncrystalline titanium oxide catalysts for electrochemical oxygen reduction reactions［J］. ACS Omega，2017，2（8）：5209-5214.

[284] Petrie J R，Cooper V R，Freeland J W，et al. Enhanced bifunctional oxygen catalysis in strained $LaNiO_3$ perovskites［J］. Journal of the American Chemical Society，2016，138（8）：2488-2491.

[285] Lee D，Jacobs R，Jee Y，et al. Stretching epitaxial $La_{0.6}Sr_{0.4}CoO_{3-\delta}$ for fast oxygen reduction［J］. The Journal of Physical Chemistry C，2017，121（46）：25651-25658.

[286] Indra A，Menezes P W，Sahraie N R，et al. Unification of catalytic water oxidation and oxygen reduction reactions：amorphous beat crystalline cobalt iron oxides［J］. Journal of the American Chemical Society，2014，136（50）：17530-17536.

[287] Meng Y，Song W，Huang H，et al. Structure-property relationship of bifunctional MnO_2 nanostructures：highly efficient，ultra-stable electrochemical water oxidation and oxygen reduction reaction catalysts identified in alkaline media［J］. Journal of the American Chemical Society，2014，136（32）：11452-11464.

[288] Cheng F，Shen J，Peng B，et al. Rapid room-temperature synthesis of nanocrystalline spinels as oxygen reduction and evolution electrocatalysts［J］. Nature Chemistry，2011，3（1）：79-84.

[289] Li C，Han X，Cheng F，et al. Phase and composition controllable synthesis of cobalt manganese spinel nanoparticles towards efficient oxygen electrocatalysis［J］. Nature Communications，2015，6：7345.

[290] Yan L，Lin Y，Yu X，et al. $La_{0.8}Sr_{0.2}MnO_3$-based perovskite nanoparticles with the A-site deficiency as high performance bifunctional oxygen catalyst in alkaline solution［J］. ACS Applied Materials & Interfaces，2017，9（28）：23820-23827.

[291] Zhao Q，Yan Z，Chen C，et al. Spinels：controlled preparation，oxygen reduction/evolution reaction application，and beyond［J］. Chemical Reviews，2017，117（15）：10121-10211.

[292] Wu G P，Wang J，Ding W，et al. A strategy to promote the electrocatalytic activity of spinels for oxygen reduction by structure reversal［J］. Angewandte Chemie International Edition，2016，55（4）：1340-1344.

[293] Yang N，Wang J，Wu G，et al. Density functional theoretical study on the effect of spinel structure re-

versal on the catalytic activity for oxygen reduction reaction[J]. Scientia Sinica Chimica，2017，47(7)：882-890.

[294] Kostuch A，Grybos J，Indyka P，et al. Morphology and dispersion of nanostructured manganese–cobalt spinel on various carbon supports：the effect on the oxygen reduction reaction in alkaline media[J]. Catalysis Science & Technology，2018，8（2）：642-655.

[295] Kuo C H，Mosa I M，Thanneeru S，et al. Facet-dependent catalytic activity of MnO electrocatalysts for oxygen reduction and oxygen evolution reactions［J］. Chemical Communications，2015，51（27）：5951-5954.

[296] Pei D N，Gong L，Zhang A Y，et al. Defective titanium dioxide single crystals exposed by high-energy {001} facets for efficient oxygen reduction［J］. Nature Communications，2015，6：8696.

[297] 李莉，魏子栋，李兰兰，等. MnO_2 上氧气第一个电子转移步骤的从头计算研究［J］. 化学学报，2006，64（4）：287-294.

[298] Guo C，Zheng Y，Ran J，et al. Engineering high-energy interfacial structures for high-performance oxygen-involving electrocatalysis［J］. Angewandte Chemie International Edition，2017，56（29）：8539-8543.

[299] Li L，Wei Z，Chen S，et al. A comparative DFT study of the catalytic activity of MnO_2（211）and（221）surfaces for an oxygen reduction reaction［J］. Chemical Physics Letters，2012，539-540：89-93.

[300] Xiao J，Kuang Q，Yang S，et al. Surface structure dependent electrocatalytic activity of Co_3O_4 anchored on graphene sheets toward oxygen reduction reaction［J］. Scientific Reports，2013，3：2300.

[301] Han X，He G，He Y，et al. Engineering catalytic active sites on cobalt oxide surface for enhanced oxygen electrocatalysis［J］. Advanced Energy Materials，2018（10）：1702222.1-1702222.13.

[302] Zhang X，Zhang Y，Huang H，et al. Electrochemical fabrication of shape-controlled Cu_2O with spheres，octahedrons and truncated octahedrons and their electrocatalysis for ORR［J］. New Journal of Chemistry，2018，42（1）：458-464.

[303] Li Q，Xu P，Zhang B，et al. Structure-dependent electrocatalytic properties of Cu_2O nanocrystals for oxygen reduction reaction［J］. The Journal of Physical Chemistry C，2013，117（27）：13872-13878.

[304] Ling T，Yan D Y，Jiao Y，et al. Engineering surface atomic structure of single-crystal cobalt(Ⅱ)oxide nanorods for superior electrocatalysis［J］. Nature Communications，2016，7：12876.

[305] Li L，Shen L，Nie P，et al. Porous $NiCo_2O_4$ nanotubes as a noble-metal-free effective bifunctional catalyst for rechargeable Li-O_2 batteries［J］. Journal of Materials Chemistry A，2015，3（48）：24309-24314.

[306] Li P，Ma R，Zhou Y，et al. In situ growth of spinel $CoFe_2O_4$ nanoparticles on rod-like ordered mesoporous carbon for bifunctional electrocatalysis of both oxygen reduction and oxygen evolution［J］. Journal of Materials Chemistry A，2015，3（30）：15598-15606.

[307] Wang X，Li Y，Jin T，et al. Electrospun thin-walled $CuCo_2O_4$@C nanotubes as bifunctional oxygen electrocatalysts for rechargeable Zn-air batteries［J］. Nano Letters，2017，17（12）：7989-7994.

[308] Xu J J，Xu D，Wang Z L，et al. Synthesis of perovskite-based porous $La_{0.75}Sr_{0.25}MnO_3$ nanotubes as a highly efficient electrocatalyst for rechargeable lithium-oxygen batteries［J］. Angewandte Chemie In-

ternational Edition，2013，52（14）：3887-3890.

[309] Ma T Y，Dai S，Jaroniec M，et al. Metal-organic framework derived hybrid Co_3O_4-carbon porous nanowire arrays as reversible oxygen evolution electrodes［J］. Journal of the American Chemical Society，2014，136（39）：13925-13931.

[310] Li T，Xue B，Wang B，et al. Tubular monolayer superlattices of hollow Mn_3O_4 nanocrystals and their oxygen reduction activity［J］. Journal of the American Chemical Society，2017，139（35）：12133-12136.

[311] Boppella R，Lee J-E，Mota F M，et al. Composite hollow nanostructures composed of carbon-coated Ti^{3+}self-doped TiO_2-reduced graphene oxide as an efficient electrocatalyst for oxygen reduction［J］. Journal of Materials Chemistry A，2017，5（15）：7072-7080.

[312] Devaguptapu S V，Hwang S，Karakalos S，et al. Morphology control of carbon-free spinel $NiCo_2O_4$ catalysts for enhanced bifunctional oxygen reduction and evolution in alkaline media［J］. ACS Applied Materials & Interfaces，2017，9（51）：44567-44578.

[313] Moni P，Hyun S，Vignesh A，et al. Chrysanthemum flower-like $NiCo_2O_4$-nitrogen doped graphene oxide composite：an efficient electrocatalyst for lithium-oxygen and zinc-air batteries［J］. Chemical Communications，2017，53（55）：7836-7839.

[314] Bikkarolla S K，Yu F，Zhou W，et al. A three-dimensional Mn_3O_4 network supported on a nitrogenated graphene electrocatalyst for efficient oxygen reduction reaction in alkaline media［J］. Journal of Materials Chemistry A，2014，2（35）：14493-14501.

[315] Manivasakan P，Ramasamy P，Kim J. Use of urchin-like $Ni_xCo_{3-x}O_4$ hierarchical nanostructures based on non-precious metals as bifunctional electrocatalysts for anion-exchange membrane alkaline alcohol fuel cells［J］. Nanoscale，2014，6（16）：9665-9672.

[316] Liu L，Wang J，Hou Y，et al. Self-assembled 3D foam-like $NiCo_2O_4$ as efficient catalyst for lithium oxygen batteries［J］. Small，2016，12（5）：602-611.

[317] Kim G-P，Sun H-H，Manthiram A. Design of a sectionalized MnO_2-Co_3O_4 electrode via selective electrodeposition of metal ions in hydrogel for enhanced electrocatalytic activity in metal-air batteries［J］. Nano Energy，2016，30：130-137.

[318] Xue Y，Miao H，Li B，et al. Promoting effects of $Ce_{0.75}Zr_{0.25}O_2$ on the $La_{0.7}Sr_{0.3}MnO_3$ electrocatalyst for the oxygen reduction reaction in metal–air batteries［J］. Journal of Materials Chemistry A，2017，5（14）：6411-6415.

[319] Luo Z，Irtem E，Ibanez M，et al. Mn_3O_4@$CoMn_2O_4$-Co_xO_y nanoparticles：partial cation exchange synthesis and electrocatalytic properties toward the oxygen reduction and evolution reactions［J］. ACS Applied Materials & Interfaces，2016，8（27）：17435-17444.

[320] Cheng Y，Dou S，Veder J P，et al. Efficient and durable bifunctional oxygen catalysts based on NiFeO@MnO_x core-shell structures for rechargeable Zn-air batteries［J］. ACS Applied Materials & Interfaces，2017，9（9）：8121-8133.

[321] Liu K，Huang X，Wang H，et al. Co_3O_4-CeO_2/C as a highly active electrocatalyst for oxygen reduction reaction in Al-air batteries［J］. ACS Applied Materials & Interfaces，2016，8（50）：34422-34430.

[322] Cheng Y，Dou S，Saunders M，et al. A class of transition metal-oxide@MnO_x core–shell structured

oxygen electrocatalysts for reversible O_2 reduction and evolution reactions［J］. Journal of Materials Chemistry A，2016，4（36）：13881-13889.

[323] Chien F-T，Chan Y-J. Improved AlGaAs/InGaAs HFETs due to double doped-channel design［J］. Electronics Letters，1999，35（5）：427-428.

[324] Kavan L，Kalbac M，Zukalova M，et al. Redox doping of double-wall carbon nanotubes and C_{60} peapods［J］. Fullerenes，Nanotubes，and Carbon Nanostructures，2005，13（S1）：115-119.

[325] Isoda Y，Tada S，Nagai T，et al. Thermoelectric performance of p-Type $Mg_2Si_{0.25}Sn_{0.75}$ with Li and Ag double doping［J］. Materials Transactions，2010，51（5）：868-871.

[326] Su H-C，Chen H-F，Shen Y-C，et al. Highly efficient double-doped solid-state white light-emitting electrochemical cells［J］. Journal of Materials Chemistry，2011，21（26）：9653-9660.

[327] Jian T，Chen X，Li S-D，et al. Probing the structures and bonding of size-selected boron and doped-boron clusters［J］. Chemical Society Reviews，2019，48（13）：3550-3591.

[328] Shao Y，Sui J，Yin G，et al. Nitrogen-doped carbon nanostructures and their composites as catalytic materials for proton exchange membrane fuel cell［J］. Applied Catalysis B：Environmental，2008，79（1）：89-99.

[329] Hu H，Sun X，Chen W，et al. Electrochemical properties of supercapacitors using boron nitrogen double-doped carbon nanotubes as conductive additive［J］. Nano，2019，14（07）：1950080.

[330] Zheng Y，Jiao Y，Ge L，et al. Two-step boron and nitrogen doping in graphene for enhanced synergistic catalysis［J］. Angewandte Chemie International Edition，2013，125（11）：3192-3198.

[331] Yang N，Li L，Li J，et al. Modulating the oxygen reduction activity of heteroatom-doped carbon catalysts via the triple effect：charge，spin density and ligand effect［J］. Chemical Science，2018，9（26）：5795-5804.

[332] Wang Q，Ina T，Chen W-T，et al. Evolution of Zn(Ⅱ)single atom catalyst sites during the pyrolysis-induced transformation of ZIF-8 to N-doped carbons［J］. Science Bulletin，2020，65（20）：1743-1751.

[333] Zhu Z，Chen C，Cai M，et al. Porous Co-NC ORR catalysts of high performance synthesized with ZIF-67 templates［J］. Materials Research Bulletin，2019，114：161-169.

[334] Armel V，Hindocha S，Salles F，et al. Structural descriptors of zeolitic-imidazolate frameworks are keys to the activity of Fe-N-C catalysts［J］. Journal of the American Chemical Society，2017，139（1）：453-464.

[335] Armel V，Hannauer J，Jaouen F. Effect of ZIF-8 crystal size on the O_2 electro-reduction performance of pyrolyzed Fe–N–C catalysts［J］. Catalysts，2015，5（3）：1333-1351.

[336] Shang L，Yu H，Huang X，et al. Carbon nanoframes：well-dispersed ZIF-derived Co，N-Co-doped carbon nanoframes through mesoporous-silica-protected calcination as efficient oxygen reduction electrocatalysts［J］. Advanced Materials，2016，28（8）：1668-1674.

[337] Chen Y，Ji S，Wang Y，et al. Isolated single iron atoms anchored on *N*-doped porous carbon as an efficient electrocatalyst for the oxygen reduction reaction［J］. Angewandte Chemie International Edition，2017，129（24）：7041-7045.

[338] Wu T，Li Y，Li Y，et al. Oxygen reduction reaction performance of Fe-N/C catalysts from ligand-iron

coordinative supramolecular precursors［J］. Nanotechnology，2019，30（30）：305402.

[339] Yu C，Zhu S，Xing C，et al. Fe nanoparticles and CNTs co-decorated porous carbon/graphene foam composite for excellent electromagnetic interference shielding performance［J］. Journal of Alloys and Compounds，2020，820：153108.

[340] Wang L，Zhang L，Li S，et al. Retrograde regulation of STIM1-Orai1 interaction and store-operated Ca^{2+} entry by calsequestrin［J］. Scientific Reports，2015，5（1）：1-12.

[341] Jia Z，Liu J，Wang Q，et al. Synthesis of 3D hierarchical porous iron oxides for adsorption of Congo red from dye wastewater［J］. Journal of Alloys and Compounds，2015，622：587-595.

[342] Li Z，Deng X，Zhou H，et al. Preparation of self-nitrogen-doped porous carbon nanofibers and their supported PtPd alloy catalysts for oxygen reduction reaction［J］. Journal of Solid State Electrochemistry，2020，24（1）：195-206.

[343] Ren D，Ying J，Xiao M，et al. Hierarchically porous multimetal-based carbon nanorod hybrid as an efficient oxygen catalyst for rechargeable zinc–air batteries［J］. Advanced Functional Materials，2020，30（7）：1908167.

[344] Zhang H，Gu X，Song J，et al. Non-noble metal nanoparticles supported by postmodified porous organic semiconductors：highly efficient catalysts for visible-light-driven on-demand H_2 evolution from ammonia borane［J］. ACS Applied Materials & Interfaces，2017，9（38）：32767-32774.

[345] Wang C，Li L，Yu X，et al. Regulation of d-band electrons to enhance the activity of Co-based non-noble bimetal catalysts for hydrolysis of ammonia borane［J］. ACS Sustainable Chemistry Engineering，2020，8（22）：8256-8266.

[346] Lei W，Deng Y-P，Li G，et al. Two-dimensional phosphorus-doped carbon nanosheets with tunable porosity for oxygen reactions in zinc-air batteries［J］. ACS Catalysis，2018，8（3）：2464-2472.

[347] Li Y，Zhou Y，Zhu C，et al. Porous graphene doped with Fe/N/S and incorporating Fe_3O_4 nanoparticles for efficient oxygen reduction［J］. Catalysis Science & Technology，2018，8（20）：5325-5333.

[348] Wei Q，Zhang G，Yang X，et al. 3D porous Fe/N/C spherical nanostructures as high-performance electrocatalysts for oxygen reduction in both alkaline and acidic media［J］. ACS Applied Materials & Interfaces，2017，9（42）：36944-36954.

[349] Joo S H，Lee H I，You D J，et al. Ordered mesoporous carbons with controlled particle sizes as catalyst supports for direct methanol fuel cell cathodes［J］. Carbon，2008，46（15）：2034-2045.

[350] Ramasahayam S K，Viswanathan T. Honey-based P，N and Si tri-doped graphitic carbon electrocatalysts for oxygen reduction reaction in alkaline conditions［J］. Chemistry Select，2016，1（13）：3527-3534.

[351] Tao H-C，Fan L-Z，Qu X. Facile synthesis of ordered porous Si@ C nanorods as anode materials for Li-ion batteries［J］. Electrochimica Acta，2012，71：194-200.

[352] Zeng L，Liu R，Han L，et al. Preparation of a Si/SiO_2-ordered-mesoporous-carbon nanocomposite as an anode for high-performance lithium-ion and sodium-ion batteries［J］. Chemistry-A European Journal，2018，24（19）：4841-4848.

[353] Liu Z，Yuan X，Zhang S，et al. Three-dimensional ordered porous electrode materials for electrochemical energy storage［J］. NPG Asia Materials，2019，11（1）：1-21.

[354] Zhang G，Liu B，Zhang Y，et al. Study on the effects of a π electron conjugated structure in binuclear metallophthalocyanines graphene-based oxygen reduction reaction catalysts［J］. Nanomaterials，2020，10（5）：946.

[355] Rac B，Mulas G，Csongradi A，et al. SiO_2-supported dodecatungstophosphoric acid and Nafion-H prepared by ball-milling for catalytic application［J］. Applied Catalysis A：General，2005，282（1-2）：255-265.

[356] Umegaki T，Hoshino M，Watanuki Y，et al. Preparation of hollow mesoporous silica spheres with immobilized silicomolybdic acid and their catalytic activity for the hydrolytic dehydrogenation of ammonia borane［J］. Microporous and Mesoporous Materials，2016，223：152-156.

[357] Wang H，Sandoz-Rosado E J，Tsang S H，et al. Elastic properties of 2D ultrathin tungsten nitride crystals grown by chemical vapor deposition［J］. Advanced Functional Materials，2019，29（31）：1902663.

[358] Su Y，Jiang H，Zhu Y，et al. Hierarchical porous iron and nitrogen Co-doped carbons as efficient oxygen reduction electrocatalysts in neutral media［J］. Journal of Power Sources，2014，265：246-253.

[359] Han C，Bo X，Liu J，et al. Fe，Co bimetal activated N-doped graphitic carbon layers as noble metal-free electrocatalysts for high-performance oxygen reduction reaction［J］. Journal of Alloys and Compounds，2017，710：57-65.

[360] Ji M，Wei Z，Chen S，et al. Electrochemical impedance spectroscopy evidence of dimethyl-silicon-oil enhancing O_2 transport in a porous electrode［J］. Electrochimica Acta，2011，56（13）：4797-4802.

[361] Wang Y C，Zhu P F，Yang H，et al. Surface fluorination to boost the stability of the Fe/N/C cathode in proton exchange membrane fuel cells［J］. Chem Electro Chem，2018，5（14）：1914-1921.

第6章

氢氧化电化学催化

由于化石燃料的短缺及化石燃料的使用引起严重的环境污染和气候异常（图 6-1），现在世界各国都采取各种措施，减少二氧化碳的排放。我国政府庄严承诺：二氧化碳排放力争于 2030 年前达到峰值，争取在 2060 年前实现碳中和。我国更是将“节能减排”定为国策。“节能”就是提高能源利用率，减少能源的浪费。节能技术水平是一个国家能源利用水平的综合指标，也是一个国家总体科学技术水平的重要标志。研究表明，依靠节能可以将能源需求量降低 25% ～ 30%。目前，许多国家都制定了“节能法”，大量的节能技术在推广。我国的能源利用率非常低，能耗高，是世界平均水平的 2 倍，是发达国家的 5 ～ 10 倍，因此更应重视节能技术，以提高化石能源利用率。“减排”就是通过技术革新或采用新技术、使用新能源，有效减低污染物的排放量。但是预计在 21 世纪上半叶，化石燃料仍是世界一次能源主体。因此，推动能源清洁低碳安全高效利用，开发绿色高效环境友好的新能源系统，是人类社会解决能源与环境问题面临的共同挑战。

图6-1　化石燃料的使用引起严重的环境污染和气候异常

在寻找新能源过程中，氢能以其独特优势进入了人们的视野，并被认为是人类的“终极能源”。首先，氢是自然界储量最丰富的元素，占可见宇宙重量的 75%，主要以化合物的形态存在于水中；其次，氢气的使用效率高，其能量密度高达 142.35 kJ/kg，其发热值约为汽油的 3 倍，焦炭的 4.5 倍，酒精的 3.9 倍；再次，氢气安全无毒，燃烧时产物仅为水，不会产生对环境有害的污染物质；最后，氢质量轻，可以气态、液态或固态金属氢化物形式存在，能适应储运及各种应用环境的不同要求。显然，如果能够从水中提取氢气（产氢），然后以其为燃料，空气中的氧气为氧化剂，再将氢气氧化生成水，将化学能转换成电能，则可以实现物质——“氢能和水”的循环利用，以及能量——“化学能与电能”之间的可持续循环转换，这就是氢能的概念。

氢能循环过程中，目前工业产氢已有多种方式，主要包括甲烷重整制氢、醇类裂解制氢、煤炭气化制氢及电解水制氢；而氢化学能到电能的高效转化则主要依赖于氢燃料电池。氢燃料电池与传统电池不同，是以氢为燃料的发电装置。因不受卡洛循环的限制，其理论效率可达 90% 以上，具有高能量密度和功率密度、低污染、静音等优势，成为未来可满足世界能源需求和无污染的理想选择，并在未来能源的可持续发展与应用中扮演重要角色。

可见，氢能作为清洁高效的二次能源，是耦合传统化石能源和可再生能源系统的关键，正是人们对氢能时代的憧憬，才推动了制氢技术和燃料电池的快速发展。可以构想，未来人类将用水力能、风能、太阳能、潮汐能等可再生的清洁能源以及核能来发电，并用这种电力从水中制氢，将氢气燃料输送到发电厂、加氢站，利用燃料电池来建立发电站，来驱动汽车、火车、飞机、轮船等各种交通工具，从而消灭了一切能源污染隐患和噪声源。这就是氢能经济社会的画面（图 6-2）。

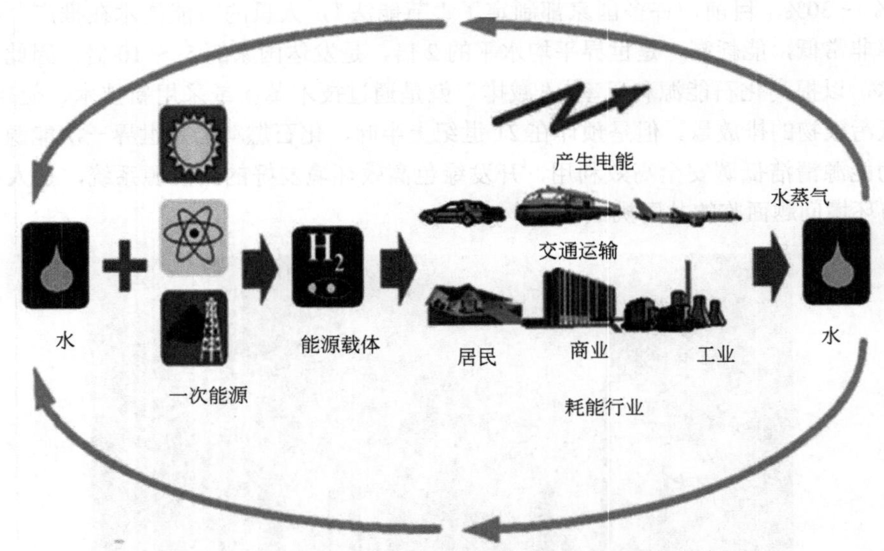

图6-2 以氢气为能源的“氢经济”循环

目前，按照电解质性质可将氢燃料电池分为：质子交换膜燃料电池（PEMFCs）、阴离子（氢氧根）交换膜燃料电池（AEMFCs）、碱性燃料电池（AFCs）、磷酸燃料电池（PAFCs）、固体氧化物燃料电池（SOFCs）、熔融碳酸盐燃料电池（MCFCs）等。其中，PEMFCs 和 AEMFCs 因可以作为新能源燃料电池汽车的动力，而受到广泛关注，成为最有发展潜力的燃料电池。下面简要介绍 PEMFCs 和 AEMFCs，在 6.6 节中有燃料电池更为详细的介绍。

PEMFCs/AEMFCs 单电池主要由双极板、密封垫、气体扩散层、催化剂层、质子 / 氢氧根离子交换膜构成[1]。阳极、阴极催化剂层、离子交换膜三者构成了膜电极，它是燃料电池的关键部分[2, 3]。PEMFCs 电池工作时，H_2 从阳极端进入并在阳极催化剂层上发生氢氧化反应（HOR），产生的质子经过质子交换膜进入阴极区、产生的电子则经过外接导线传递到阴极。

随后，质子、电子与从阴极进入的 O_2 在阴极催化剂层的作用下发生氧还原反应（ORR），最后生成 H_2O 被阴极气流带走排出。在这个过程中阳极不断发生 HOR 并给阴极提供电子，电子通过外电路作功并构成了回路，从而产生电流[4]。而 AEMFCs 中则是阴极 ORR 中产生的 OH^-，通过阴离子交换膜扩散传递到阳极，阳极接受 OH^- 发生 HOR 从而产生水和提供电子。PEMFCs 和 HEMFCs 的工作原理分别如图 6-3 所示。对于两者其总反应均为：

$$H_2 + \frac{1}{2}O_2 \longrightarrow H_2O \qquad (6\text{-}1)$$

但在 PEMFCs 和 AEMFCs 中阴阳极反应有所不同。在 PEMFC（酸性介质中），电极反应为：

$$\text{阳极：}H_2 \longrightarrow 2H^+ + 2e^- \qquad (6\text{-}2)$$

$$\text{阴极：}\frac{1}{2}O_2 + 2H^+ + 2e^- \longrightarrow H_2O \qquad (6\text{-}3)$$

在 AEMFCs 中（碱性介质中）的电极反应为：

$$\text{阳极：}\frac{1}{2}O_2 + H_2O + 2e^- \longrightarrow 2OH^- \qquad (6\text{-}4)$$

$$\text{阴极：}H_2 + 2OH^- \longrightarrow 2H_2O + 2e^- \qquad (6\text{-}5)$$

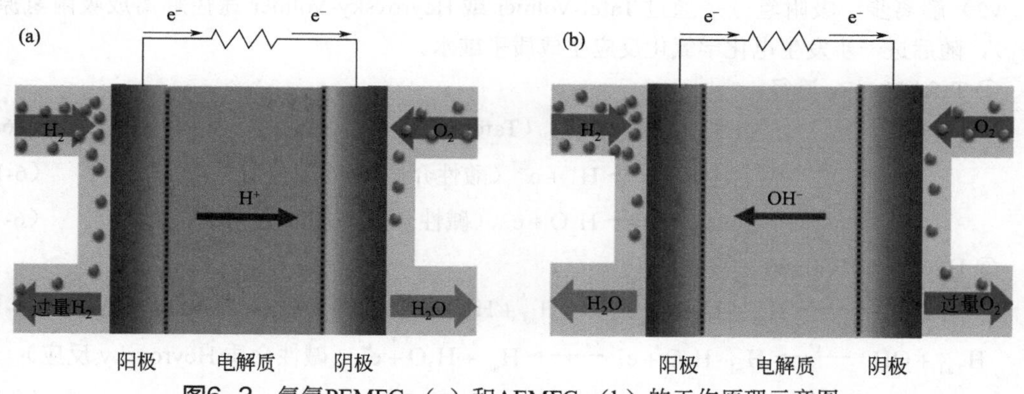

图6-3　氢氧PEMFCs（a）和AEMFCs（b）的工作原理示意图

目前在燃料电池体系中，催化剂的成本及性能问题是制约燃料电池发展的主要因素。在 PEMFCs 中，以铂为催化剂，阳极 HOR 的交换电流密度（反应动力学速率）通常为 $10^{-3}A/cm^2$，比阴极 ORR 高好几个数量级（10^{-10} ～ $10^{-9}A/cm^2$），使阴极催化剂的性能、成本成为制约酸性膜燃料电池发展的主要瓶颈。当然酸性介质中，阳极 HOR 催化剂也存在诸多限制，例如难以找到可替代铂的非贵金属 HOR 催化剂，如何提升催化剂的抗腐蚀、溶解、团聚性能以进一步提高其稳定性和耐久性等。在 AEMFCs 中，因电解质腐蚀性的降低，电极材料和其他部件材料的选择性范围扩大，如阴极 ORR 可选择过渡金属、石墨以及化合物等作为催化剂，可有效降低阴极催化剂的成本。然而，由于碱性介质 HOR 的反应动力学速率较酸性介质中低 2 ～ 3 个数量级，并且当选择非贵金属作为 HOR 催化剂时，大部分的过渡金属催化剂都面临严重的氧化现象，导致 HOR 活性衰减，电池性能下降。因此，碱性介质的 HOR 催化剂仍局限在几种贵金属材料中，此时阳极催化剂的活性和成本成为限制碱性膜燃料电池进一步发展的瓶颈，开发价格低廉、高活性、高稳定的阳极催化剂势在必行。

据此，本章从阳极 HOR 机理出发，着重介绍碱性介质中 HOR 反应动力学缓慢的机理，氢氧化催化剂的发展现状，以及氢氧化催化剂的评价和设计策略。

6.1 氢氧化机理

6.1.1 氢燃料电池中氢氧化机理

在酸性或碱性介质中阳极氢氧化总反应关系式可表达如下：

$$\frac{1}{2}H_2 \longrightarrow H^+ + e^- \tag{6-6}$$

$$\frac{1}{2}H_2 + OH^- \longrightarrow H_2O + e^- \tag{6-7}$$

氢氧化反应可能通过以下三个连续步骤进行。

（1）吸附步　电解液中的氢气分子经过扩散，到达电极表面，然后在其表面吸附形成吸附物种（$H_{2,ad}$）：

$$H_2 \longrightarrow H_{2,solv} \longrightarrow H_{2,ad} \tag{6-8}$$

（2）解离步　吸附氢分子通过 Tafel-Volmer 或 Heyrovsky-Volmer 途径解离成吸附氢原子（H_{ad}），随后进一步发生电化学氧化反应生成质子或水。

① Tafel-Volmer 途径：

$$H_{2,ad} \longrightarrow 2H_{ad}\ \text{（Tafel 反应）} \tag{6-9}$$

$$H_{ad} \longrightarrow H^+ + e^-\ \text{（酸性介质 Volmer 反应）} \tag{6-10}$$

$$H_{ad} + OH^- \longrightarrow H_2O + e^-\ \text{（碱性介质 Volmer 反应）} \tag{6-11}$$

② Heyrovsky-Volmer 途径：

$$H_{2,ad} \longrightarrow H_{ad}\cdot H^+ + e^- \longrightarrow H_{ad} + H^+ + e^-\ \text{（酸性介质 Heyrovsky 反应）} \tag{6-12}$$

$$H_{2,ad} + OH^- \longrightarrow H_{ad}\cdot H_2O + e^- \longrightarrow H_{ad} + H_2O + e^-\ \text{（碱性介质 Heyrovsky 反应）} \tag{6-13}$$

$$H_{ad} \longrightarrow H^+ + e^-\ \text{（酸性介质 Volmer 反应）} \tag{6-14}$$

$$H_{ad} + OH^- \longrightarrow H_2O + e^-\ \text{（碱性介质 Volmer 反应）} \tag{6-15}$$

（3）脱附步　氢氧化产物（如 H^+、H_2O）等脱离电极表面，扩散到电解质中。

HOR 的反应速率主要由各基元反应中最慢的反应步决定，即该反应的速率控制步骤，又称为决速步（rate-determining step，RDS）。研究 HOR 反应步骤中具体哪一步是反应决速步，可以通过分析电化学极化中过电位与电流密度之间的关系，考察其电化学动力学特征，从而获得反应决速步信息。通常，可直接通过分析电化学极化曲线的 Tafel 斜率（Tafel slope，TS）来判断 HOR/HER 反应遵循的机理。Shinagawa 等[5]通过微观动力学分析，提出了 HOR/HER 中各决速步的理论 Tafel 斜率，并发现 Tafel 斜率对电势、电极材料以及电解质的依赖性。依据反应决速步的不同，HOR/HER 有四种不同的反应机理：Tafel(RDS)-Volmer、Tafel-Volmer(RDS)、Heyrovsky(RDS)-Volmer 和 Heyrovsky-Volmer(RDS)。表 6-1 汇总了 HOR/HER 中各决速步的理论 Tafel 斜率和对应机理的实验 Tafel 斜率[6]。

表6-1 HOR/HER中各决速步的理论Tafel斜率、HOR/HER机理与对应Tafel斜率（298K）

决速步（RDS）	理论 Tafel 斜率 /mV/dec		HOR/HER 机理	Tafel 斜率	
	HER	HOR		HER	HOR
Tafel	30	30	Tafel(RDS)-Volmer	30	30
Volmer	120	120	Tafel-Volmer(RDS)	118	118
Heyrovsky	40 (θ_H>0.6)	120 (θ_H>0.6)	Heyrovsky(RDS)-Volmer	39	118
	120	40	Heyrovsky-Volmer(RDS)	118	39

对Tafel（RDS）-Volmer机理，Tafel反应速率较慢，而Volmer反应较快，即氢气的吸附过弱，或者氢气的解离步骤困难。因为Tafel步骤是一个不涉及电子转移的化学反应，反应动力学不遵循Butler-Volmer方程，因此HOR/HER的Tafel斜率均为30mV/dec。例如，John等[7]采用化学气相沉积技术合成的Ru_xPt_y合金的Tafel斜率约为30mV/dec，确定Tafel步为RDS，反应遵循Tafel（RDS）-Volmer机理。碱性介质中的Rh电极[8]和Ir电极[9]上的HOR也遵循该机理。此外，有部分研究者[10]在低过电势下测得Pt上发生HER的Tafel斜率约为30mV/dec，认为RDS为Tafel步。该结论存在争议，因为只有在强极化状态下（理论过电势高于118 mV，通常实际过电势高于60 mV[11]），逆反应速率可以忽略不计时，Tafel斜率值才能用于判断反应机理。

关于Tafel-Volmer（RDS）机理，Tafel反应速率较快，而Volmer反应较慢，即电子转移速率较慢。在298K时，HOR和HER具有相同的Tafel斜率值（118mV/dec），所得的Butler-Volmer图形具有对称性，此现象在酸性和碱性介质中的Pt和一些Pt族金属催化剂上都可以观察到。例如，Zheng等[12]发现pH从0～13范围内四种负载型铂族催化剂（Pt/C、Ir/C、Pd/C和Ru/C）的反应机理均为Tafel-Volmer（RDS）。值得注意的是，在实验测量过程中，由于酸性介质中Pt的HOR动力学非常迅速，传统的旋转圆盘电极（rotating disk electrode，RDE）中H_2在液相的传质比在气相中慢5个数量级[13]，导致真实的反应动力学电流受H_2的液相传质极限电流所掩盖，最终测得的Tafel斜率值往往小于118mV/dec。因此，在酸性介质中Pt催化剂的HOR动力学电流必须通过微电极、气体扩散电极、H_2-pump法等不受传质限制的方法来测定[14-16]。

在Heyrovsky（RDS）-Volmer和Heyrovsky-Volmer（RDS）反应机理中，Butler-Volmer图形具有非对称性，这种非对称性来源于电子在RDS的前一步或RDS的后一步中参与反应。例如，Sheng等[17]指出，KOH溶液中Pt催化剂上的HOR遵循Heyrovsky-Volmer机理，且决速步为Heyrovsky步。因为只有Heyrovsky或Volmer步骤作为RDS才能得到与Butler-Volmer方程一致的动力学表达式，并由此排除了以Tafel步为RDS的可能性。密度泛函理论（density functional theory，DFT）计算发现Heyrovsky步的活化能大于Volmer步，同时基于从头算（ab-initio）的微观动力学模拟（micro-kinetic modeling）也发现Pt(111)上HER遵循Heyrovsky（RDS）-Volmer机理。

值得注意的是，HER中Tafel（RDS）-Volmer和Heyrovsky（RDS）-Volmer机理的Tafel斜率分别为30mV/dec和39mV/dec，数值非常接近。在实验中仅通过测量Tafel斜率很难得出唯一明确的反应机理。HOR的Tafel（RDS）-Volmer和Heyrovsky-Volmer（RDS）机理中也存在类似的情况。另外，催化剂的Tafel斜率还会受pH和电势等外界因素的影响，导致同种催化剂在不同的反应环境中，可能具有不同的 Tafel 斜率值[5]。以 Pt 催化剂为例，典型的 Pt/C 电催化剂在 0.5mol/L 的 H_2SO_4 溶液中的 Tafel 斜率为 30mV/dec[18]，在 PEMFC 环境下的 Tafel 斜率为 120mV/dec[19]，而在 0.5mol/L 的 NaOH 溶液中 Tafel 斜率为 125mV/dec[20]。另外，在过电势较低时，Pt/C 的 Tafel 斜率的值为 30mV/dec，而过电势较高时，其值为 120mV/dec。因此，采用 Tafel 斜率分析反应机理时，必须注明电解质，并选择适合的电极电势范围。此外，可以考虑引入反应速率等数据来进行更加深入的分析。例如，Montero 等[8, 9]用反应中间体的 Frumkin 吸附模型，将碱性介质中 Ir 和 Rh 的 HOR 极化曲线分别按 Heyrovsky-Volmer 路径和 Tafel-Volmer 路径的动力学表达式进行拟合，得到了各个基元步骤的反应速率为 $v_{Heyrovsky}<v_{Tafel}<v_{Volmer}$，且 Heyrovsky 的反应速率比 Tafel 的反应速率低 7 个数量级，这就意味着碱性介质中 Ir 和 Rh 电极上 HOR 实际上不会沿 Heyrovsky-Volmer 路径进行，而是遵循 Tafel-Volmer 机理，且 Tafel 为 RDS。

6.1.2 碱性介质中的氢氧化机理

如图 6-4 所示，铂基催化剂在碱性电解质中的 HOR/HER 活性至少比在酸性介质中低 2～3 个数量级[17]。换句话说，要使 AEMFCs 达到与 PEMFCs 相同的电流密度，需使用更多的阳极催化剂或增加阳极过电势，其大大降低了 AEMFC 的功率密度，提高了制造和使用成本。由此，对碱性 HOR/HER 的反应机理、碱性 HOR/HER 动力学缓慢的原因、碱性 HOR/HER 催化剂的活性描述符以及低成本高活性 HOR/HER 催化剂尤其是非贵金属催化剂的研究成为科研工作者们关注的焦点。

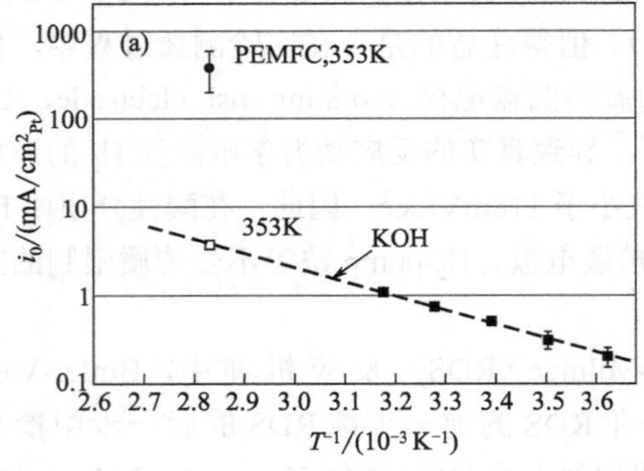

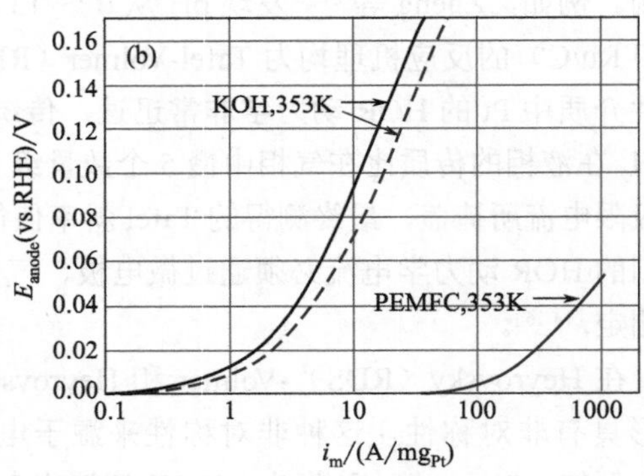

图6-4 （a）353K时，PEMFC中Pt/C的HOR/HER交换电流密度，与在0.1mol/L KOH溶液中外推到353K所得的交换电流密度值的对比；（b）KOH溶液中，基于62m²/g$_{Pt}$ 46%（质量分数）Pt/C（黑色实线）或92m²/g$_{Pt}$ 5%（质量分数）Pt/C（灰色虚线）相对于Pt的质量比活性预估的HOR过电势；353K时，5%（质量分数）Pt/C在PEMFC中测得的质量比活性（灰色实线）[17]

由于电催化体系的复杂性，碱性介质中的 HOR/HER 动力学比酸性介质中慢的本质原因仍不明确，并且碱性介质中 HOR/HER 的反应机理也存在一定争议。特别是，碱性介质中 HOR/HER 中的 Heyrovsky 和 Volmer 步骤均涉及 OH^- 的参与，OH^- 的来源以及其如何与 H 作用影响反应机理与反应动力学成为争论的焦点。值得注意的是，HER 是 HOR 的逆反应，在讨论 HOR 机理时，不可避免地会涉及 HER 机理的分析，因此后续的机理总结涵盖了 HOR/HER 机理。

近年来，碱性介质中HOR/HER机理的解释主要包括以下几种：双功能机理（bifunctional mechanism）、HBE（hydrogen binding energy）理论和电子效应（electronic effect）。如图6-5（a）所示，HER与HOR的双功能机理具有不同的描述。HER机理涉及水的解离，以及H_{ad}的复合，其中水的解离是HER的关键步骤之一。HER的双功能机理认为在催化剂表面引入促进水解离的物质可以提高催化剂的HER活性。HOR的双功能机理认为：HOR机理是吸附态的H_{ad}与吸附态的OH_{ad}反应，生成水后脱附，催化剂的亲氧性与HOR活性之间存在正相关关系，即在催化剂表面引入容易形成OH_{ad}的物质，可以提高HOR活性。HBE理论认为H_{ad}的吸附/脱附难易直接决定和影响着HOR/HER的活性。如图6-5（b）所示，HOR的反应路径可看作是H_{ad}与溶液中的OH^-结合生成H_2O，H_{ad}是反应过程中唯一的关键物种，HER则是其逆过程。因此，H_{ad}在催化剂表面的结合能——HBE成为对HOR/HER动力学影响的关键和主要因素。电子效应则重点关注HOR/HER可能的中间物种以及催化剂组分对活性位点电子结构的影响，其认为OH、H_2O等吸附物种、催化剂各组分如金属、氧化物等会对催化剂表（界）面的电子结构产生影响，从而改变H_{ad}吸附能，以此来调变HOR/HER反应机理和反应动力学。

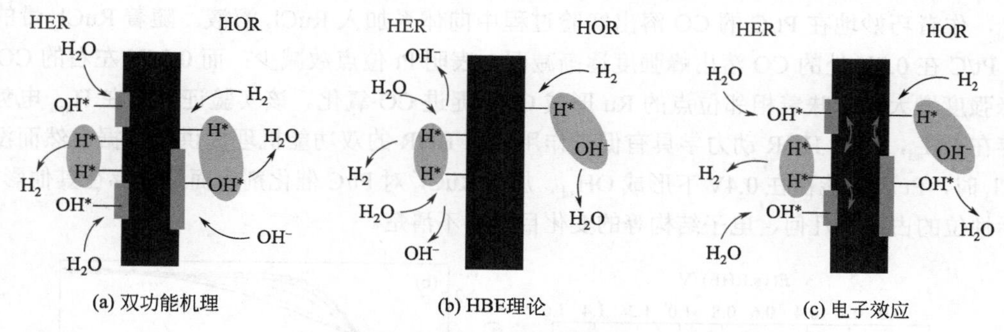

(a) 双功能机理 (b) HBE理论 (c) 电子效应

图6-5 HOR/HER机理示意图

对于上述碱性介质中HOR反应机理的解释，众多的研究者都持有各自不同的见解，也在一定程度上通过实验印证了各自的观点，但是迄今还没有统一的理论用于解释所有的实验现象。该部分将从上述三种理论出发，介绍近几年来关于碱性介质中HOR/HER机理的研究进展和存在的争议。

6.1.2.1 双功能机理

HOR双功能机理主要为吸附态的OH_{ad}参与碱性HOR的历程。在此过程中OH_{ad}是否形成、其形成的条件、存在的电位区间，以及其对HOR的影响成为证实双功能机理的关键。

Angerstein-Kozlowska等[21]曾明确表明Au(111)表面在电势高于0.6V时才具有HOR催化活性，但这一结果一直没有得到合理的解释。Strmcnik等[22]根据图6-6（a）所示Au(111)表面的CV和LSV曲线发现HOR的起始电势与OH_{ad}的吸附电势一致，提出Au(111)上的HOR受OH_{ad}的电势依赖性吸附控制。由此推测出，OH_{ad}在碱性HOR中起着重要作用。此外，他们认为碱性介质中Ir的HOR活性明显高于Pt也可能是由于金属Ir的亲氧性比Pt更高，吸附在Ir表面的OH_{ad}可以促进表面氢中间体H_{ad}的解吸，从而提高Ir的HOR活性。通过比较$Pt_{0.1}Ru_{0.9}$和$Pt_{0.5}Ru_{0.5}$也证实了OH_{ad}的作用，因为前者含有更多亲氧性的Ru，导致在碱性环境中$Pt_{0.1}Ru_{0.9}$的HOR活性是$Pt_{0.5}Ru_{0.5}$的两倍。据此，Markovic等将Ir和PtRu在碱性介质中的

HOR 活性与催化剂的亲氧性联系起来，认为 OH_{ad} 是 HOR 过程中的关键物种，碱性介质中的 HOR 遵循双功能机理：

$$MO_x(OH)_y + OH^- \rightleftharpoons OH_{ad}\text{-}MO_x(OH)_y + e^- \quad (6\text{-}16)$$

$$Pt\text{-}H_{ad} + OH_{ad}\text{-}MO_x(OH)_y \rightleftharpoons Pt + MO_x(OH)_y + H_2O \quad (6\text{-}17)$$

在此 HOR 过程中，OH_{ad} 的形成促进了 Volmer 步骤的发生。该 HOR 的双功能机理的关键在于催化剂的表面同时形成 H_{ad} 和 OH_{ad}，二者反应生成 H_2O_{ad} 后脱附。Li 等[23] 观察到在溶液中加入 $RuCl_3$ 可提高 Pt/C 的 HOR 活性，如图 6-6（b）所示，证实在催化剂表面引入易形成 OH_{ad} 的物质，可以提高 HOR 活性。

进一步证明 HOR 双功能机理的一个关键是要提供催化剂表面在 HOR 电势范围内存在 OH_{ad} 的直接实验证据。Li 等[23] 认为在常规的 CO 溶出实验中，Pt/C 的 CO 溶出曲线上，电势低于 0.4V 时不存在 CO 溶出峰并不代表在 HOR 反应过程中 0.4V 以下不存在 OH_{ad}。其原因是在 HOR 条件下，体系中催化剂表面不存在可供 CO 分子与 OH 竞争吸附的活性位。如图 6-6（c）所示，为了排除 CO 占据活性位的可能，通过 CO 溶出实验了解 0.4V 以下是否存在 OH_{ad}，作者巧妙地在 Pt/C 的 CO 溶出实验过程中向体系加入 $RuCl_3$ 溶液。随着 $RuCl_3$ 量的增加，Pt/C 在 0.7V 处的 CO 溶出峰强度逐渐减弱，表明 Pt 位点数减少；而 0.05V 左右的 CO 溶出峰强度增大，意味着相邻位点的 Ru 形成 OH_{ad} 促进 CO 氧化。该实验证明了在 H_{upd} 电势区域存在 OH_{ad}，且对 HOR 动力学具有促进作用，为 HOR 的双功能机理提供了证据。然而没有 $RuCl_3$ 时，Pt 表面能否在 0.4V 下形成 OH_{ad}，加入 $RuCl_3$ 对 Pt/C 催化剂表面是否存在其他影响，如活性位的占据、几何、电子结构等的变化目前仍不清楚。

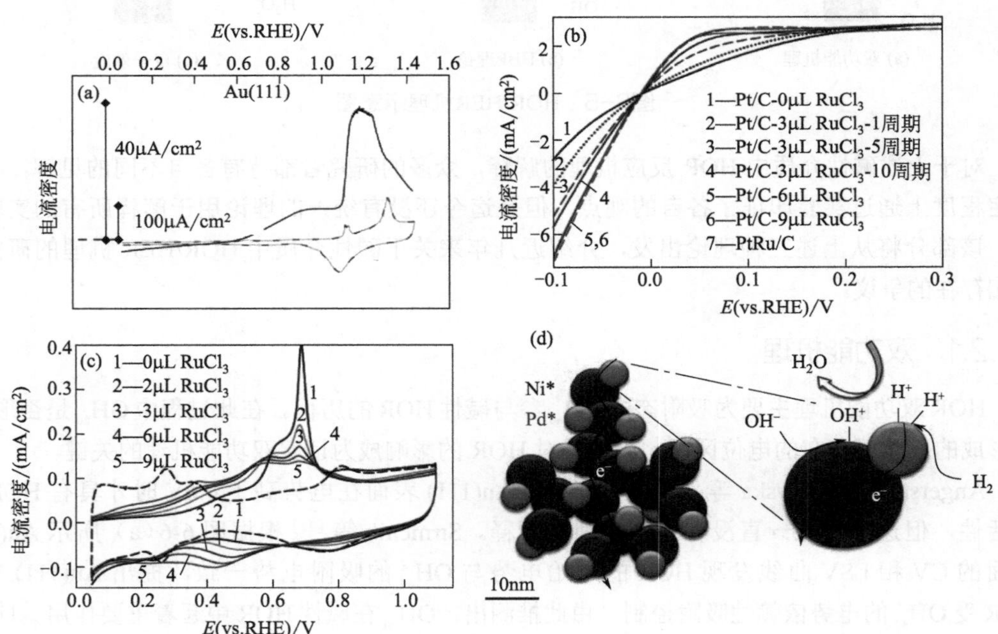

图6-6　（a）Au(111)表面的HOR极化曲线（实线）和CVs曲线（虚线）[22]；（b）0.1mol/L KOH溶液中分别滴加0mL、3mL、6mL和9mL 5mmol/L $RuCl_3$溶液时Pt/C和PtRu/C的HOR极化曲线[23]；（c）Ar饱和的KOH溶液中加入不同量的$RuCl_3$时Pt/C的CO溶出伏安曲线[23]；（d）Pd/Ni的结构示意图（左），Pd/Ni表面的双功能催化作用（右）[24]

以HOR的双功能机理为依据，许多研究者将亲氧材料复合到催化剂中，并实现了HOR催化活性的提升。如，Alesker等[24]使用混合了Pd和Ni的纳米颗粒（NPs）作为AEMFC的HOR电催化剂，如图6-6（d）所示，得到的峰值功率密度为0.40W/cm²，相比于纯Pd作为阳极催化剂时的0.18W/cm²，活性有了很大的提升。该研究认为，在不考虑合金的形成以及电子效应的情况下，NPs中Ni的亲氧作用是大幅度提升HOR活性的关键。Alia等[25]合成了一种Pt包覆的Cu纳米线（Pt/CuNWs）作为HOR催化剂，在碱性介质中，其面积比活性和质量比活性分别是Pt/C的3.5倍和1.9倍。该催化剂活性的提升可归因于Cu基底和表面Cu对Pt电子结构的调节，以及催化剂表面亲氧性的Cu促进了OH的吸附。

然而，Ramaswamy等[26]提出，双功能机理并不适用于所有催化剂，不同的过渡金属上HOR可能遵循不同的机理。①在单金属Pt/C上，HOR的高过电势来源于催化剂表面的H_{ad}与OH^-作用生成水，此过程需要更高的活化能；②在双金属PtRu/C表面，可在相对较低的电势下形成Ru-H_{upd}…OH_{ad}过渡态，Pt-H_{ad}与该过渡态发生反应，可在低电势下加速产物H_2O的形成；③在Pt与Nb、Ni、Cu、Au等过渡金属形成的合金表面，在高pH值条件下不是形成H_{upd}而是一层氧化物，此时才涉及上述的HOR双功能机理，即Pt-H_{ad}与过渡金属氧化物上形成的OH_{ad}直接发生反应。此外，Liu等[27]通过DFT计算发现，在0V时，OH^-比OH_{ad}更稳定，OH^-更易参与反应；而在0.9V时，OH_{ad}具有更好的稳定性，此时OH_{ad}更可能参与反应，HOR遵循双功能机理。由此可见，电势以及催化剂结构、组分都可能对HOR机理产生影响。对在HOR电势范围内不能形成OH_{ad}的催化剂，双功能机理似乎不能用于解释其碱性HOR机理和活性变化，由此难以统一采用双功能机理来指导催化剂活性的提升。

6.1.2.2　HBE理论

HBE理论则主要认为HOR反应仅与吸附态H_{ad}在电极表面的吸附强度有关，并且H_{ad}是表征HOR活性的唯一描述符。此机理中不同pH值下H_{ad}吸附强度的表征，以及H_{ad}受到电极/电解质界面的影响机制对深入认识HBE理论以及其对HOR活性影响至关重要。

对单金属催化HOR活性的研究，如Durst等[28]发现碱性条件下的HOR/HER的活性顺序为：Pt/C<Ir/C<Pd/C，与催化剂的亲氧性无关，由此认为双功能机理无法解释上述金属的HOR活性。针对这一问题，Sheng等[29]提出了HBE理论，该理论认为碱性介质中HOR路径中Volmer步的反应机理为：$H_{ad}+OH^- \rightarrow H_2O+e^-+*$，即催化剂表面吸附态的$H_{ad}$与溶液中的$OH^-$作用生成水，HER则是逆过程。这种情况下，与酸性介质相同，H_{ad}成为HOR/HER的唯一中间吸附物种，最优的HBE可保持碱性介质中H_{ad}中间体的吸附和脱附平衡。进一步，作者建立了碱性介质中HBE和HER交换电流密度之间的火山关系图[29]；通过考察Pt、Ir、Pd、Rh等过渡金属的欠电势沉积氢（H_{upd}）的峰位置（E_{peak}）与HOE/HER活性之间的相关性，发现了E_{peak}与氢的吸附强度$E_{M\text{-}H}$之间的线性相关关系，从而证明了HBE理论[12, 30]的普适性，如图6-7（a）、（b）所示。据此，他们提出HBE可以作为碱性HOR/HER活性的描述符，可通过改变催化剂表面性质来调节HBE值得到最佳的HOR/HER活性。

然而，实验和理论研究均有证据表明H_{ad}在催化剂表面的吸附自由能（ΔG_H）对pH值依赖性可忽略不计[32, 33]。在外加电场下，因水的偶极与电极之间存在相互作用，仅水在催化剂表面的吸附自由能（ΔG_{H_2O}）才对pH值具有依赖性。在此基础上，Zheng[34]等重新定义了氢吸附的表观吉布斯自由能（$\Delta G_{H,app}$，the apparent Gibbs free energy of hydrogen adsorption）：

$\Delta G_{H,app}=\Delta G_H-\Delta G_{H_2O}$。其中$\Delta G_{H,app}$可与实验测得的$H_{upd}$脱附峰位置直接相关（$\Delta G_{H,app}=-FE_{peak}$）。从图6-7（c）中$H_{upd}$的峰位置可以看出，随着pH值的增加，水在Pt(110)和Pt(100)表面的吸附会逐渐减弱从而使$\Delta G_{H,app}$减小，意味着H的表观吸附强度增大。由此，可采用$\Delta G_{H,app}$来解释HOR/HER的pH效应，即电解质溶液的pH值增大导致水的吸附减弱，从而促使氢吸附的表观吉布斯自由能变负，H的表观吸附增强，最终使催化剂的HOR/HER活性降低。Cheng等[35]通过DFT计算证实了pH值增大可减弱水的吸附。他们利用电极电势与pH值间的转换公式，发现当U从+0.29V变化到−0.46V（相当于U=0.3V，pH值从0.2到12.8）时，带负电荷的Pt(100)逐渐排斥水的吸附。如果假定反应能差与反应能垒之间存在线性关系，根据Arrhenius方程，粗略计算可得pH=0.2时的HOR活性为pH=12.8时的153倍。因此他们认为水的吸附强弱变化是HOR/HER动力学对pH值具有依赖性的主要原因。但是该计算对pH值的模拟是通过电势与pH值之间的公式转化关系实现，真实条件下的不同pH值对水吸附作用的影响仍不清楚。特别是碱性介质中催化剂表（界）面为何会减弱水的吸附，而弱化水分子为什么可以增强表观H的吸附强度？另外，有研究提出水的重组能的变化以及质子给体从酸性介质中H_3O^+变为碱性介质中的H_2O也会导致HOR/HER对pH值依赖[28, 36]，那么上述变化是否也是造成H表观吸附强度变化的因素？显然，电极/溶液界面间溶剂与HOR/HER反应物、产物间的相互作用，电场的影响，以及所引发的微观机制和量化图像仍不清楚，有待进一步深入研究。

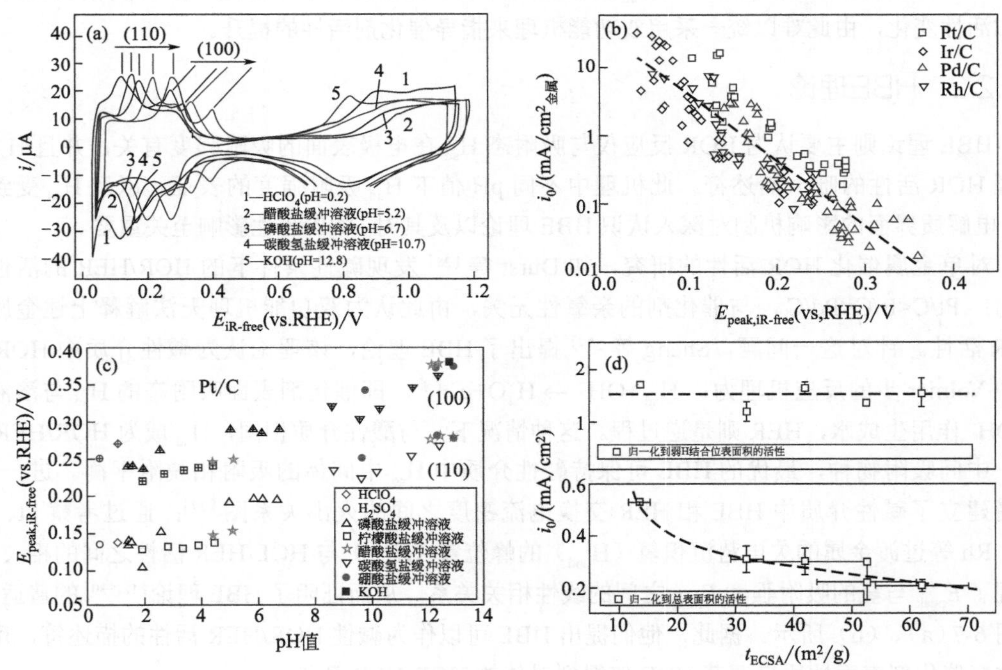

图6-7 （a）在不同pH的电解质中，Pt的稳态CVs[30]；（b）Pt/C、Ir/C、Pd/C、Rh/C上的HOR/HER交换电流密度与CVs中最小H_{upd}电势的关系[30]；（c）Pt/C上测得的H_{upd}峰位置随pH的变化[30]；（d）根据H1a峰（电势为0.13V）的面积归一化所得交换电流密度（i_0）与总的电化学活性面积（t_{ECSA}）的关系；Ir/C的HOR/HER的t_{ECSA}归一化所得i_0与t_{ECSA}的关系[31]

Zheng 等[31]通过实验进一步佐证了 HBE 理论。他们合成了颗粒大小不一的 5 种催化剂，其电化学活性表面积顺序为：Ir/C >Ir/C-300>Ir/C-500>Ir/C-600>Ir/C-800，在 0.1mol/L KOH 溶液中，HOR/HER 活性为：Ir/C-800<Ir/C-600<Ir/C-500<Ir/C-300<Ir/C，这与总的电化学活性表面积顺序恰恰相反。作者将所得的 H_{upd} 解吸峰分解为 4 个峰，分别代表不同的 H 吸附位点。在四类位点中，H_{1a} 位点的 HBE 值最小，对应的 H_{upd} 最弱，且 H_{1a} 位点的 HOR/HER 活性与电化学活性表面积无关，如图 6-7（d）所示，证明具有最小 HBE 值的位点是催化 HOR/HER 最优活性位点。HBE 值最小的位点与 HOR/HER 活性之间的相关性为 HBE 理论提供了证据。

其他研究者也直接或间接地证明了 HBE 理论，同时也存在部分争议。例如，Lu 等[37]用 Pt 基纳米颗粒作为催化模型来确认 OH_{ad} 的影响。通过比较 H_{ad} 结合能基本相同但 OH_{ad} 结合能相差较大的 PtNi 纳米颗粒和酸洗后的 PtNi 纳米颗粒的 HOR 活性，发现碱性电解质中 OH_{ad} 不是影响 HOR 活性的主要因素，HBE 可以作为碱性 HOR 的活性描述符。然而，有研究者通过碱性介质中 Ni 的 CVs 特征峰，检测到 Pt 表面存在金属 Ni，由此认为 Lu 等的实验并不能证明经酸浸渍处理后的 PtNi/C 纳米颗粒表面不存在 Ni，其结果还需进一步确认[38]。此外，近期有研究者发现，RuPt/C 和 NiPt/C 等核 - 壳结构的纳米颗粒比纯 Pt 所构成的 Pt/C 纳米颗粒具有更好的 HOR/HER 活性，且认为是 Ru 或 Ni 引入的应力效应和配位效应削弱了 Pt-H_{ad} 之间的相互作用，导致催化剂活性的提升[37, 39]。由于双功能机理在解释 HOR/HER 活性的提升方面需要催化剂表面存在第二种物质，故他们认为该现象可以用 HBE 理论来解释。然而，在电化学反应条件下，Ru 或 Ni 很可能会迁移到 Pt 的表面[40]，因此 RuPt/C 和 NiPt/C 等核 - 壳结构的纳米颗粒是否是干净的 Pt 表面存在疑问。

总之，尽管 HBE 理论在很大程度上得到了人们的认可，但是仍存在一些其无法解释的实验现象[38]。例如，增加碱金属阳离子 M^+ 的浓度，可以削弱 Pt-H_2O_{ad} 相互作用，从而增加 HOR/HER 活性[41]。并且这种效应只存在于 Pt 的阶梯型表面（高指数晶面）催化的 HER 中，对 HOR 速率无影响，同时对 Pt(111) 等低指数晶面催化的 HOR/HER 也没有显著影响[42]。另外，所有 Pt 表面的 HOR/HER 速率都随 pH 的改变而改变，其中 Pt 的阶梯型表面的 E_{peak} 依赖于 pH 值，而 Pt(111) 表面的 E_{peak} 却不依赖于 pH 值[36]。这些现象表明，HOR/HER 速率与 E_{peak} 之间的相关性并不具有普遍性。简言之，就阳离子效应和 H_{upd} 的 pH 效应而言，Pt(111) 表面和 Pt 的高指数晶面上 H 的吸附具有完全不同的行为，但是二者的 HOR/HER 速率随 pH 值的变化却一致。由此可见，将 HBE 与 H_{upd} 峰位置联系起来的 HBE 理论还需进一步完善，确定其是否存在另一因素影响 HOR/HER 的动力学。

6.1.2.3　电子效应

电子效应重点关注催化剂表（界）面电子结构的变化，其认为催化剂催化 HOR/HER 时，表（界）面的 OH^-/OH_{ad} 不仅直接与 H_{ad} 作用，还可通过影响催化剂的电子结构而影响催化活性。Wang 等[43]通过 CO 溶出实验发现在 0.1mol/L H_2SO_4 溶液中，Pt/C 在 0.85V 处出现唯一的 CO 溶出峰，在与 Ru 合金化（PtRu/C）以后，CO 溶出峰负移了 0.3V，表明 Ru 在酸性环境中的确加速了 OH_{ad} 的形成，如图 6-8（a）、（b）所示。但是在 0.1mol/L KOH 溶液中，相比于 PtRu/C，Pt/C 在 0.2V 附近出现多个 CO 溶出峰，且峰电势负移了 0.35V，表明在碱性环境中，Pt 表面比 PtRu 表面更容易产生 OH_{ad}。由此，不能采用 HOR 的双功能机理解释为什么在碱性介质中 PtRu/C 较 Pt/C 具有更优的 HOR 活性。此外，作者还发现在碱性介质中，Pt/C 的

CV 曲线以强 H_{ad} 峰为主，而 PtRu/C 以弱 H_{ad} 峰为主，且 Pt_3Ru 上的 Ru 位点被 OH_{ad} 占据后，Pt-H_{ad} 键会进一步减弱。他们将这种现象归为电子效应，即 Ru 与 Ru 上吸附的 OH_{ad} 会调节 Pt 的电子结构，导致 Pt 对 H_{ad} 的吸附减弱，从而提高催化剂的碱性 HOR 活性。Lu 等[37]则通过比较酸刻蚀前后的 PtNi 催化剂 HOR 活性发现，Ni 在表面存在与否对其 HOR 活性并无影响，由此认为 Ni 并不是改变催化剂表面的亲氧性，而是通过调控 Pt 的电子结构，改变 HBE 实现 HOR 活性的提升。

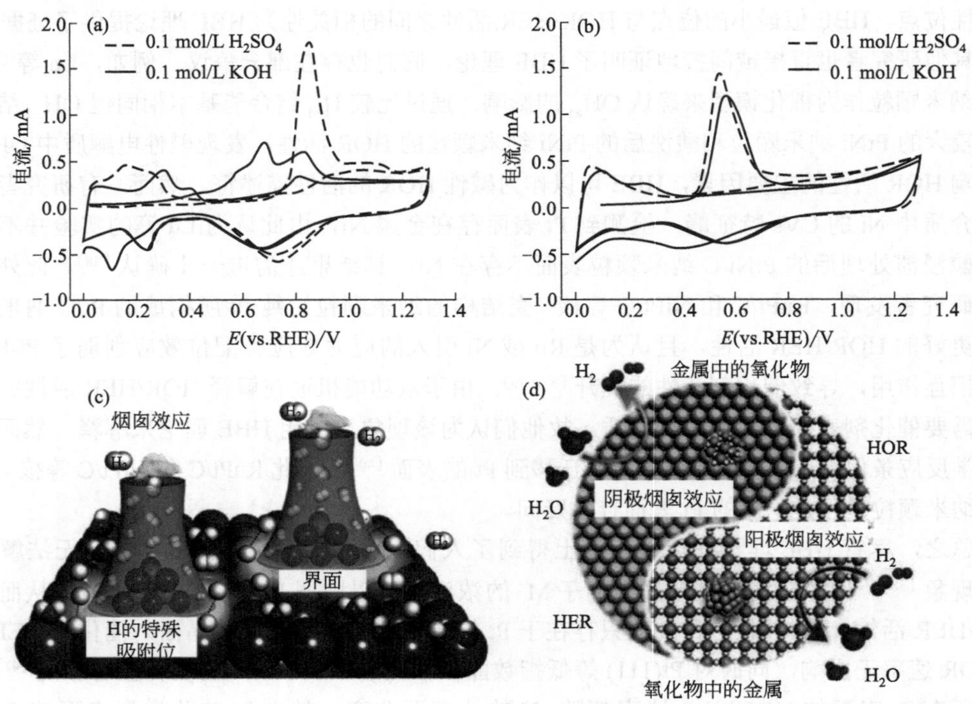

图6-8 （a）Pt/C和（b）PtRu/C在0.1mol/L H_2SO_4和0.1mol/L KOH溶液中的CO溶出曲线[43]；（c）HER的阴极“烟囱效应”原理图[44]；（d）HOR的阳极“倒烟囱效应”原理图[45]

上述电子效应实际上广泛地存在于复合催化剂中。Peng 等[44]发现将金属氧化物负载在金属上时，如 RuO_2/Ni、NiO/Ni 等金属氧化物 / 金属复合催化剂[41]界面间的电荷转移，可导致金属氧化物 / 金属界面不吸附 OH_{ad} 和 H_2O_{ad}，只吸附 H_{ad}，且界面效应可以调节 H_{ad} 的吸附达到最优值。该金属氧化物 / 金属界面对 H、OH 物种的选择性吸附可通过“烟囱效应”促进析氢，如图 6-8（c）所示。同样地，复合催化剂也可以通过“倒烟囱效应”提升 HOR 的催化活性，如图 6-8（d）所示[45]。例如，将 Ru 簇负载于 TiO_2 表面时，Ru-TiO_2 通过界面形成的 Ru-O 键调节界面 Ru 簇的氧化程度，界面间的电子转移抑制了 HOR 过程中 Ru 簇的氧化，导致 OH_{ad} 和 H_2O_{ad} 在 Ru 位点上的吸附减弱，释放出更多的 H 吸附活性位，使复合催化剂的 HOR 质量比活性 Ru/C 和 PtRu/C 分别高 17.5 倍和 1.5 倍。此外，调节金属氧化物 - 金属界面区间的成键类型，也可以有效调节催化剂表（界）面的晶格和电子结构，同步实现催化剂的高 HOR 活性、抗氧化性以及抗中毒特性。Zhou 等[46]利用“晶格限域”合成了具有大量 Ru-Ti 键的 Ru@TiO_2 催化剂。界面金属键有效地促进了金属氧化物与金属间的电子转移，促使 Ru 簇的价带中充满电子，使其具有最优 HBE 的同时，难以被氧化且 CO 吸附受阻，具有很强的抗CO中毒特性和抗氧化性。该催化剂在酸性和碱性条件下，HOR质量比活性比商业化的PtRu/C催化剂高15%～30%。

此外，催化剂表面含氧物种的吸附也会影响表面H的吸附强度，从而改变HOR反应机理。Feng等[47]通过DFT理论计算发现，Pt(110)表面吸附的OH^*会通过电子效应调节中间物种的吸附，如图6-9（a）、（b）所示。主要表现为增强相邻金属位点H_2O^*的吸附，而削弱H^*的吸附。OH^*覆盖度越高，其对H_2O^*吸附的增强效应和H^*吸附的弱化效应就越显著。OH^*对H_2O^*的吸附增强效应可归因于两个方面，一方面是源于OH^*引起的H_2O^*与Pt(110)表面的内在相互作用的增强；另一方面是来自于OH^*与H_2O^*之间的氢键作用，氢键键能大约是0.187～0.218eV。据此，他们认为H^*的吸附自由能(ΔG_{H^*})并不是唯一的HER/HOR活性描述符，OH^*的形成电势U_{OH^*}不仅可以表征催化剂的亲氧性，还可用于区分HOR机理的变化和活性描述符的适用范围。如图6-9（c）、（d）所示，对Pt(110)或PtRu(110)而言，当电势低于U_{OH^*}时，催化剂表面难以形成OH^*，ΔG_{H^*}可作为唯一的HOR/HER活性描述符；当电势高于U_{OH^*}时，催化剂表面吸附的OH^*抑制了H_2O^*的脱附，此时水的脱附决定了HOR活性，即其吸附自由能($\Delta G_{H_2O^*}$)成为活性描述符。该计算也证实，PtRu(110)催化剂中Ru和Ru-OH^*均可以调节邻近Pt位点的电子结构，使其对H的吸附达到最优值，且抑制Pt上OH^*的形成。

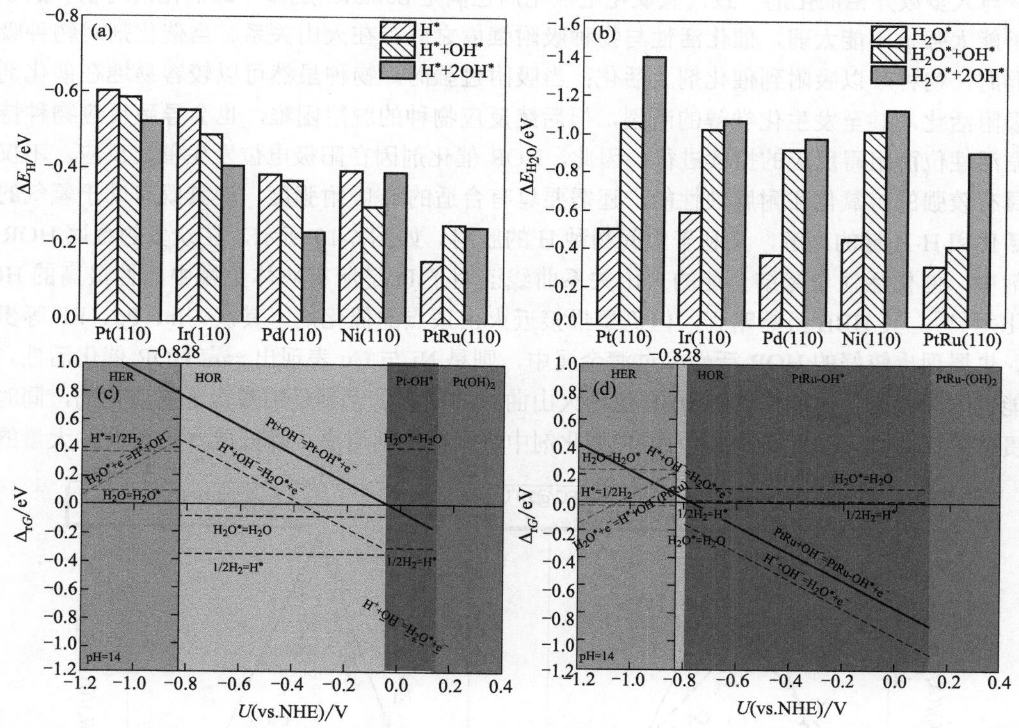

图6-9 （a）不同金属表面有无OH^*时（a）H^*和（b）OH^*的吸附能；（c）Pt(110)和（d）PtRu(110)上不同电极电势（U，vs. NHE）下，有无OH^*时，HOR基本反应步骤和OH^*形成的吉布斯自由能变图[47]

综上可以发现，电子效应实际上涵盖了双功能机理与HBE理论。电催化剂表（界）面电子结构的改变势必影响其H的吸附强度以及表面OH的形成，从而改变HOR性能。显然，针对不同的催化剂而言，H、OH以及水在催化剂表面吸附强度不同从而对HOR性能的影响性能不同。我们可以大致总结一下：①对难氧化的贵金属催化剂而言，因在 HOR 低电位区间 OH 难以形成，此时 HBE 对 HOR 性能的影响占主导。此时认为 pH 值会对催化剂零电荷电势（PZC）产生影响，从而改变电极 / 溶液界面结构，影响 HBE，从而改变 HOR 性能。②对含有易氧化的 PtM 合金催化剂如 PtRu、PtIr、PtPd 等，合金结构影响电子结构的同时，M 金属上易形成的 OH 同样会改变合金的电子结构，甚至改变 HOR 机理，从而影响 HBE 性能。③对易氧化的过渡金属催化剂而言，因为在 HOR 电位区间 OH 已经形成，其不仅改变了催化剂的电子结构，还占据了 H 吸附位点，并且还使电极 / 溶液界面结构与无特性吸附的界面结构截然不同，PZC 发生变化，从而 HOR 机理和性能变差。因此，从上述 HOR 机理分析可以得出，要调节催化剂活性，不仅要改变其电子结构调变 HBE 和 OH 的吸附，还要调变电极 / 溶液界面结构，构建易于 HOR 的电极表（界）面电子结构和电极 / 溶液界面结构。

6.2 氢氧化催化剂

6.2.1 催化剂结构与氢氧化活性的构效关系

与大多数异相催化剂一致，氢氧化电催化剂也满足 Sabatier 规律，即催化剂对物种的吸附既不能太强也不能太弱，催化活性与物种吸附强度之间存在火山关系。当催化剂对物种吸附过弱时，物种难以吸附到催化剂上活化；当吸附过强时，物种虽然可以较容易地在催化剂表面吸附活化，甚至发生化学键的断裂，但后续反应物种的脱附困难，也会导致反应物种持续占据活性位而阻碍反应的持续进行。因此，HOR 催化剂因在阳极电位发生催化反应，不仅需要具有较强的抗氧化和耐腐蚀性能，还需要具有合适的 H 吸附强度，使其既有助于氢气的吸附活化和 H-H 键的离解，又利于中间物种 H 的脱附。如图 6-10 所示，在众多的金属 HOR 催化剂中，催化活性与氢结合能的火山关系曲线证明了 Pt 是所有块体金属中活性最高的 HOR 催化剂[48]，其 HBE 虽然略强，但仍是最接近火山顶点的催化剂。其次，Ir、Pd、Rh 等贵金属，也展现出较好的 HOR 活性。过渡金属中，则是 Ni 与 Cu 表现出一定 HOR 催化活性。如果能进一步调变上述催化剂的 HBE 达到火山曲线的顶点，尤其是铂基贵金属催化剂，同时降低贵金属载量，可以大幅度提高 HOR 催化剂中贵金属的利用率，降低成本。据此，大量的研

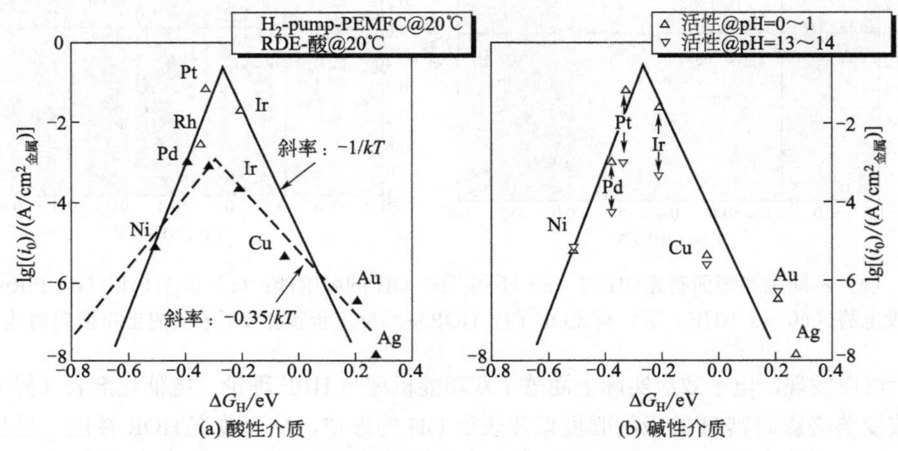

图6-10　M-H结合能与催化HOR/HER活性间的火山关系[48]

究围绕上述催化剂开展，致力于通过调变其晶面结构、形貌、尺寸、组分以及载体等来进一步优化其催化活性。

6.2.1.1　催化剂晶面取向对活性的影响

许多研究表明，同一种金属在暴露不同晶面时，其催化活性具有明显差异，这是因为不同晶面对反应物种和反应中间体的吸附强度不同所致。例如 Wang 等[49]研究发现，Cu(211) 晶面上氢的吸附明显强于 Cu(100) 晶面，而 CO 则更倾向于吸附于 Cu(100) 的晶面。密堆积的 Pt(111) 面因表面原子配位数较大，对物种的吸附，如 H、O 等吸附较弱；而开放性的晶面如 Pt(110)、高指数晶面或者处于晶格顶角、边缘、台阶位的原子对物种的吸附通常更强。因此，晶面调控工程可通过选择性制备特定的晶面调节物种的吸附强弱，进一步调节电化学催化剂的催化效率和选择性。

对于 HOR 单晶催化剂，由于晶面原子排列的差异，对 HOR 活性有很大的影响。以 Pt 的低指数晶面为例，在酸性介质中，Pt(*hkl*) 晶面上的 HOR 反应活性顺序为 (111) ≪ (100) <(110)，其活性差异主要来源于欠电位沉积氢 (H_{upd})，即吸附能高的 H 的吸附对结构的敏感性[10]。密堆积的（111）晶面对物种的吸附相对较弱，且表面吸附的氢原子之间存在强烈的排斥作用，导致 HOR 的发生需要更高的活化能，表现出较低的反应活性。而稍开放的（110）晶面不仅对 H_{upd} 的吸附作用更强，且开放性的表面结构上 H_2 或其他中间物种可吸附于 Pt 位点的顶位或桥位，促进反应的发生。此外，Pt(110) 晶面上 HOR 遵循 Tafel-Volmer 机理，其中 Tafel 步为速率控制步骤；而 Pt(100) 面上的 HOR 遵循 Heyrovsky-Volmer 机理，Heyrovsky 步为速率控制步骤。在碱性介质中，Markovic 进一步研究发现 Pt（*hkl*）晶面上的 HOR 反应活性顺序为 (111)≈(100) ≪ (110)，如图 6-11（a）所示。他们认为，在较低过电位下，HOR 活性主要由 H 的吸附态决定。在不同晶面上均存在两种吸附态的 H，一种是高结合能态 H，即 H_{upd}，其因占据表面活性位对 HOR 有抑制作用；另一种是低结合能态 H。由于 (110) 晶面上低结合能态 H 所占比例更大，因此其 HOR 活性更高。在高过电位下，表面形成含氧物种 (OH_{ad}) 后，OH_{ad} 占据活性位会抑制 HOR，因此晶面对活性的影响来源于 OH_{ad} 在 Pt(*hkl*) 上吸附的结构敏感性，OH_{ad} 在三个晶面上的吸附强弱顺序为 (100) ≪ (110) <(111)[50, 51]。当溶液的 pH 值或溶液中所含阳离子种类不同时，上述低指数晶面 HOR 活性顺序也会发生一定的变化，例如 Conway 课题组曾报道低指数晶面的 HOR 活性顺序为 Pt(100)<Pt(111)<Pt(110)[52, 53]。

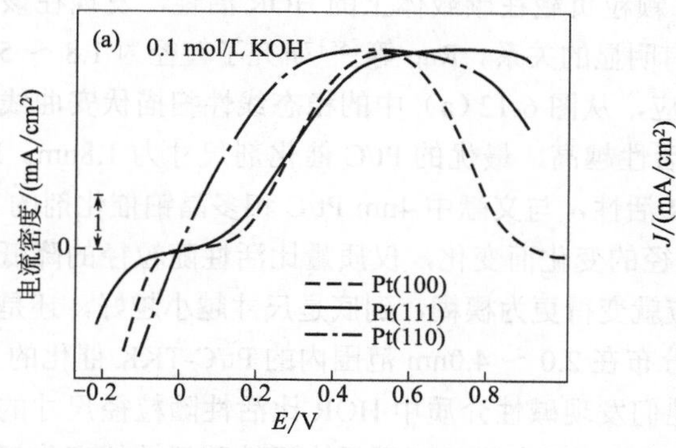

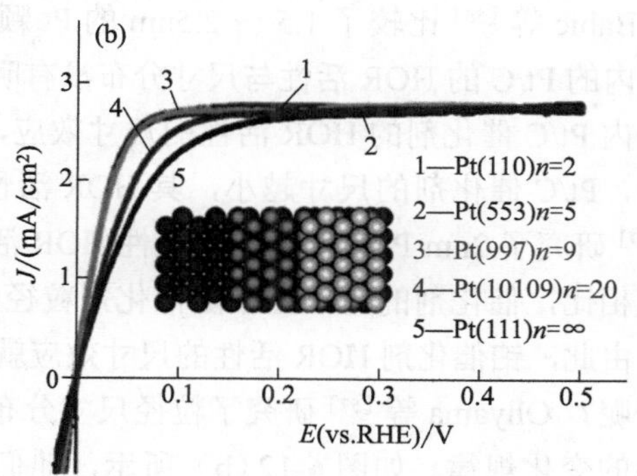

图6-11　Pt不同指数晶面的HOR极化曲线：（a）低指数晶面，0.1mol/L KOH溶液，转速3600r/min，扫速0.020V/s；（b）高指数晶面，0.1mol/L $HClO_4$溶液，转速2000r/min，扫速0.010V/s[54]

Pt 的高指数晶面上也存在与低指数晶面类似的情况。Hoshi 等[54] 制备了直径约 3nm 的不同 Pt 高指数晶面的纳米催化剂，通过研究 0.1mol/L $HClO_4$ 中 Pt n(111)-(111)（n=2，5，9，20，∞，n 为台阶原子行数）表面的 HOR 活性，考察了 Pt 的高指数晶面与 HOR 交换电流密度之间的关系（图 6-11）。实验发现，当台阶面原子行数从∞降到 9 时，HOR 的交换电流密度随台阶面原子密度的增加呈线性增长；当 $n \leqslant 9$ 后，交换电流密度不再变化。此外，活性研究发现，仅 Pt(111)n= ∞到 Pt(997)n=9 反应活性和指前因子有显著的降低；当 $n \leqslant 9$ 后，反应活性的结构效应消失。因此研究者认为催化剂表面台阶位上的原子应是催化 HOR/HER 的活性位，并且仅有台阶原子行数 $n \leqslant 9$ 上的台阶原子才对 HOR/HER 有正贡献。

6.2.1.2　催化剂尺寸对活性的影响

纳米催化剂的发展促使研究者们对催化剂的尺寸效应产生了极大的兴趣。降低催化剂的尺寸，往往会增加表面 / 体相原子的比例，让更多的原子暴露在表面，从而增大活性比表面积；同时，也会使得表面上处于边缘和棱角上的原子比例增加，即表面上配位不饱和原子的数量增加。上述两个因素均是调变催化活性的关键。因此，研究尺寸效应与活性之间的变化关系，深入理解尺寸效应对催化剂活性的影响因素，成为优化活性、可控制备催化剂的有效策略。

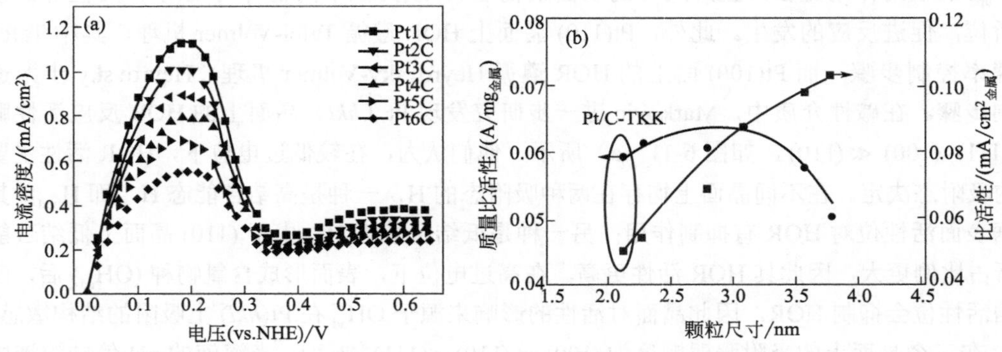

图6-12　（a）不同粒径Pt/C催化剂催化HOR活性0.5mol/L H_2SO_4，扫速10mV/s（Pt1C ～Pt6C粒径尺寸为1.8～5.8nm）；（b）Pt/C-TKK催化剂粒径尺寸与其HOR比活性间的关系，0.1mol/L NaOH [55]

Babic 等[56] 比较了 1.5 ～ 2.5nm 的 Pt 颗粒负载在碳载体上的 HOR 活性，发现在该粒径范围内的 Pt/C 的 HOR 活性与尺寸分布没有明显的关系。Rao 等[55] 研究了粒径为 1.8 ～ 5.8nm 范围内 Pt/C 催化剂的 HOR 活性的尺寸效应，从图 6-12（a）中的稳态线性扫描伏安曲线可以看出，Pt/C 催化剂的尺寸越小，其 HOR 活性越高，最优的 Pt/C 催化剂尺寸为 1.8nm。Durst 等[19] 研究了 2nm Pt/C 催化剂的碱性 HOR 活性，与文献中 4nm Pt/C 和多晶铂催化剂的 HOR 活性相比，催化剂的比活性不随催化剂粒径的变化而变化，仅质量比活性随粒径的降低而减小。由此，铂催化剂 HOR 活性的尺寸效应就变得更为模糊，到底是尺寸越小越好，还是越大越好呢？ Ohyama 等[57] 研究了粒径尺寸分布在 2.0 ～ 4.0nm 范围内的 Pt/C-TKK 催化的 HOR 活性的变化规律。如图 6-12（b）所示，他们发现碱性介质中 HOR 比活性随粒径尺寸的增大而增大，当颗粒尺寸为 4.0nm 时，比活性几乎不再变化；而质量比活性随尺寸的变化规律则存在拐点，在粒径尺寸为 3nm 左右时，质量比活性达到最大值。Sun 等[58] 也得到同样的结果。他们研究了 Pt 粒径尺寸范围为 1.8 ～ 6.8nm 的高分散 Pt/C 催化剂的 HOR 活性，发现 Pt 的尺寸效应与 HOR 比活性之间存在负相关性，即 HOR 交换电流密度随着 Pt 尺寸的减小而降低。当把交换电流密度换算成质量比活性时，活性与粒径尺寸间呈现火山关系，粒径介于 3 ～ 3.5nm 之间时 Pt 具有最高质量比活性。粒径尺寸降低导致比活性降低的主要原因是暴露的棱角、边缘、顶角位的原子比例增加，这些配位不饱和的原子对 HOR 的反应物种和中间体的吸附过强，最终导致催化剂的本征活性降低。换句话说，棱角、边缘等位点的 HOR 活性低于平面原子的活性。而质量比活性呈现火山关系则是在催化剂利用率以及催化剂活性之间存在一个权衡关系。

将铂沉积在其他金属表面形成 Pt 单层催化剂是近年来降低燃料电池 Pt 载量的另一个主要方式。与 Pt/C 催化剂不同的是，Pt 单层催化剂可以通过改变基底金属来调节 Pt 的活性与稳定性。将 Pt 沉积到不同金属基底上，由于 Pt 与基底金属的晶格匹配程度不同，可使 Pt 层产生拉应力或压应力，从而导致 Pt 的 d 带中心发生变化，最终达到调节 Pt 的催化活性的目的。因此，在单层催化剂上不仅存在尺寸效应，还存在由于尺寸不同而产生的应变效应，以及两种效应同时存在协同调节的作用。如 Bae 等[59]通过理论计算和实验的方式探究了不同尺寸 / 覆盖度［0.25 ～ 0.45 分子层（molecular layer，ML）］的亚单层 Pt 对 Pt_{SML}/Au(111) 负载型催化剂的 HOR 活性的影响（酸性介质）。研究发现其尺寸效应与 Pt/C 催化剂相同，即负载尺寸越小，HOR 活性越低。由于亚单层 Pt 催化剂表面暴露原子的晶面是相同的，此时大尺寸 Pt 亚单层催化剂 HOR 活性的增加主要源于基底 Au 对表面 Pt 的应力效应。Pt_{SML}/Au(111) 表面 Pt 平均拉伸应变增加 50% 时，其 d 带中心可上移到 −1.5eV 左右，HOR 活性增加了约 200%。研究者认为，d 带中心上移促使原来 Pt(111) 面对 H 的吸附增强，导致 HOR 活性提升，这与前面所讨论的 Pt 低指数晶面的活性结论一致。三个低指数晶面中，Pt(111) 因表面原子密度更大，对 H 的吸附过弱，相对于开放型的 Pt(110) 晶面表现出更低的 HOR 活性。当利用基底对 Pt 的拉伸应力增加铂原子间距，降低其表面原子密度时，势必会使其 HOR 活性增加。该研究中因 Au 的化学惰性，与 Pt 间的电荷转移不明显，此时基底与表面铂间因电荷转移对 d 带中心产生的影响可以忽略不计。但是，当采用其他的过渡金属作为基底时，不仅需要考虑两种金属因晶格不匹配而产生的应变效应，还应考虑金属间电子转移产生的电荷效应对表面金属电子结构的影响。

尺寸效应对 Pd、Ir 等贵金属催化剂也存在类似的影响。Zheng 等[60]以 Pd 纳米催化剂为例，研究了更大范围内粒径尺寸分布（3 ～ 42nm）的 HOR/HER 动力学，以此来确认尺寸效应对 HOR 活性的影响。研究结果表明，在酸和碱中均存在尺寸效应。HOR 比活性随着 Pd 粒径的增大而增大，当粒径增大到 19nm 时，其比活性达到稳定值，且不再发生变化。然而，HOR 质量比活性则随着粒径增大略微增加后，随之降低，该现象与 Pt 催化剂的尺寸效应类似。催化剂的颗粒越大，表面缺陷位点和配位不饱和的原子更少，氢结合能降低，使得 HOR 活性增加。随着 Pd 纳米颗粒的粒径从 3nm 增大到 19nm，氢结合能较低的活性位点的比例增大，交换电流密度随之增大；当粒径大于 19nm 后，表面氢结合能弱的位点比例不再增大，此时 HOR 比活性也达到稳定值[58]。此外，他们研究了粒径在 3 ～ 12nm 的 Ir/C 催化剂的 HOR/HER 动力学。其结果与 Pd 催化剂类似，随着 Ir/C 催化剂粒径增大，电化学活性比表面积降低，HOR 比活性增大。类似地，HOR 活性与 Ir 催化剂表面最弱的氢吸附位点有关，循环伏安曲线中 H_{upd} 解吸区域反褶积定量分析表明，表面位点中 HBE 最小（较高的 HOR/HER 活性）的位点数随着颗粒大小的增加而增加。根据 HBE 的能量值，他们预测催化剂表面仅有 15% ～ 30% 位点对催化 HOR 活性具有较大贡献。由此，可以推断，具有更多低指数晶面的纳米线催化剂会比暴露更多高指数晶面的小颗粒催化剂具有更高的 HOR/HER 活性[31]。

6.2.1.3 合金催化剂对活性的影响

合金催化剂的基本原理是在一种金属中加入另一种金属元素，通过改变催化剂的电子结构、几何结构以及分散度来改变其催化性能。以铂基催化剂为例，当与过渡金属 M 形成合金时：①可以降低催化剂的成本，提高铂的利用率；②可以调变表面 Pt-Pt 间距，匹配吸附物种键长，优化活化；③可以改变活性中心电子结构，改变物种吸附强度，调变反应机理；④过渡金属 M 还可以作为助催化剂，协同催化反应的进行；⑤合金化会使催化剂晶粒细化，提高催化剂的活性比表面积；⑥合金催化剂表面 M 金属的流失，会增加铂表面的粗糙度，从而增加活性（雷尼效应）等。此外，合金催化剂也可以制备成有序合金、近表面合金以及核 - 壳结构合金等，进一步精确调控表面的电子、几何结构，优化催化活性。目前常用的铂基合金 HOR 催化剂主要包括：PtRu、PtPd、PtIr、PtNi、PtFe、PtCu 等，这些合金催化剂都展现出较纯 Pt 催化剂更高的 HOR 活性。如 PtRu/C 催化剂已成为目前应用最广的商业 HOR 催化剂，其 HOR 活性是 Pt/C 的两倍左右。当进一步将 PtRu 催化剂制备为核 - 壳结构后，其 HOR 质量比活性可提高至纯铂的 4 倍[61]。Hsieh 等[62]合成了无晶格缺陷的 Ru@Pt 核 - 壳结构催化剂，通过 XRD、电子显微技术以及密度泛函理论计算证明了核 - 壳界面的有序结构从 Ru 的 hcp 堆叠转变为 Pt 的 fcc 堆叠。他们比较了在含有 CO 的 H_2 中测得的双层 Ru@Pt 催化剂和单层 Ru@Pt 催化剂的极化曲线，在 0.65V 时，双层 Ru@Pt 催化剂具有更大的电流密度（0.52A/cm^2 vs.0.28A/cm^2），其活性也高于 Pt 纳米颗粒催化剂。说明精确调控的双层核 - 壳结构可提高催化剂的 HOR 活性和抗 CO 中毒能力，同时也说明晶体结构的完善性对精确调整催化剂表面的反应活性的重要性。严玉山课题组制备的 Pt 包覆的 Cu 纳米线催化剂，Cu 对表面 Pt 电子结构的调控使得其 HOR 活性较纯铂提高了 3.5 倍[25]。大量研究证实，核 - 壳结构催化剂，一方面用相对廉价的金属代替贵金属作为核，用少量的贵金属或活性金属作为壳，可以降低贵金属的用量，降低成本。另一方面原子级的核 - 壳结构可以使具有活性、抗腐蚀性的贵金属均匀分散到核上，增大贵金属的活性比表面积，并通过调控其与核金属的相互作用来调控表面贵金属位点的几何结构和电子结构，从而提高纳米颗粒的催化活性。

合金催化剂 HOR 活性提升的方式主要包括弱化中间物种 H 的吸附强度，或通过助催化剂形成含氧物种进而利于氢氧化步骤进行等。中间物种 H 吸附强度主要与金属催化剂 d 能带相对位置、d 能带态密度、d 带空穴、费米能级或者 d 带中心有关。而上述电子结构的调节可以通过改变金属合金组分以及原子比例实现。如 Scofield 等[63]采用 CTAB 软模板控制合成超薄 PtM 二元合金纳米线催化剂（M=Fe、Co、Ru、Au、Cu），这种由“蠕虫状”金属纳米线组成的多孔网络结构具有高比表面积，一方面增加了 HOR 可用的活性位点和有效接触面积，另一方面合金中第二种过渡金属产生的配位效应和应变效应，可以有效调节 Pt-Pt 键长和电子结构，导致 Pt 表面物种的吸附特性发生变化。与 Pt 单金属催化剂相比，PtRu、PtFe 和 PtCo 二元催化剂的 HBE 降低，具有更高的 HOR 电流密度和反应活性。Yoo 等[64]采用 X 射线吸收近边结构系统研究了不同原子比例的 PtPd 合金催化剂的 HOR 活性。结果发现，如图 6-13 所示，PtPd 合金的 HOR 活性不仅高于纯 Pt，且 PtPd 合金的交换电流密度与催化剂的 d 空穴值、合金原子比等存在火山关系，其中 $Pt_{72}Pd_{28}$ 合金的催化活性最佳。研究者分析，合金原子比例对活性的影响除了与 PtPd 原子间的作用相关以外，还可归因于插入 H 对 PtPd 结构的影响。Pd 掺入少量时，H 的插入较少，PtPd 催化剂 d 带中心较纯 Pt 向费米能级附近略微移动，催化剂 d 能带空穴逐渐增加，对 H 的吸附也逐渐增强。此时催化剂因更利于 H_2 的离解，表现出更高的 HOR 活性。当 Pd 的比例越过火山顶后，由于合金中 Pd 占比较高，H 的插入随之增大，催化剂 d 带中心进一步靠近费米能级，空穴进一步增大，H 的吸附过强，导致 H_2 离解后续产生的物种吸附氢脱附困难，HOR 活性降低。

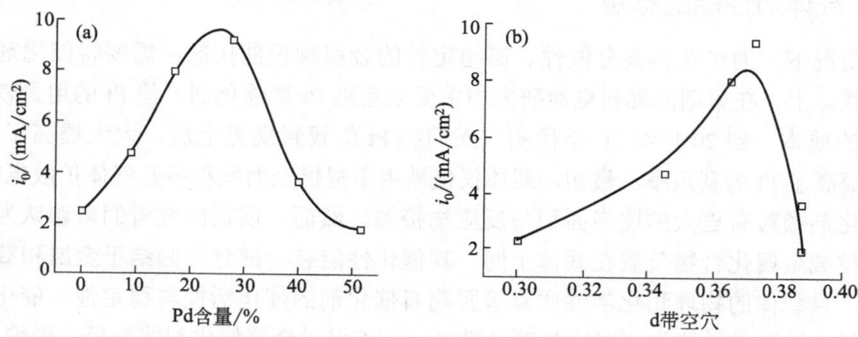

图6-13 PtPd合金催化剂HOR催化活性（电流密度）与（a）合金中Pd含量以及（b）催化剂d带空穴值间的火山关系

核 - 壳结构中同样可以通过调控核与壳的金属比例来实现催化剂活性的优化。Elbert 等[61] 通过改变单晶 Ru/C 表面 Pt 的沉积厚度制备了一系列不同 Pt：Ru 原子比（0.1 ～ 1.3）的 Ru@Pt 核 - 壳纳米结构催化剂，并利用挂条气体扩散电极考察了催化剂的 HER/HOR 活性。如图 6-14 所示，这种方法合成的碳载 Pt@Ru 催化剂具有有序、狭窄的核 - 壳界面。当控制 Pt：Ru 原子比为 0.5 ～ 1.0 时，可以得到单层和双层 Pt 壳。在碱性环境中，氢氧化活性顺序为 Ru_1@Pt_1>Ru_1@$Pt_{0.5}$>$Ru_{0.6}Pt_{0.4}$ 合金 >Pt/C（Tanaka Kikinzoku Kogyo），Pt 载量为 200μg/cm² 时，所制备的 Ru_1@Pt_1 和 Ru_1@$Pt_{0.5}$ 质量比活性分别为 $Ru_{0.6}$@$Pt_{0.4}$ 催化剂的 1.92 倍和 1.76 倍。当 Pt：Ru 为 1：1 时电荷转移阻抗 CTR 仅为 0.04Ω/cm²，而 Pt 载量仅为 20μg/cm²，该催化剂在酸性介质中的 HER/HOR 反应活化能仅为 0.2eV。此外，作者还研究了单层和双重 Pt 壳（Pt：Ru 原子比分别为 0.5、1.0）的活性，发现 Pt 载量小于 25μg/cm² 时 Ru@$Pt_{1.0}$ 双层催化剂的催化活性总是最优的。当 Pt 载量 ≥ 10μg/cm² 时可使 CTR(CTR=0.4/Pt 载量) ≤ 0.04Ω/cm²。与商业 Pt/C 作对比可发现，当 CTR 相同时，商业 Pt 载量是 Ru@$Pt_{1.0}$ 核 - 壳结构中 Pt 的两倍，相反 Ru@$Pt_{1.0}$ 双层催化剂中 Pt 的质量比活性是商业 Pt 的两倍，这说明可以通过构建双层 Pt 的核 - 壳结构来减少 Pt 载量并提高活性。在 Pt 载量降低的同时，为了得到单晶且 Pt 壳层的厚度可调控的核 - 壳结构，减小晶格缺陷尤为重要，同时 Pt 壳层的厚度也会影响催化

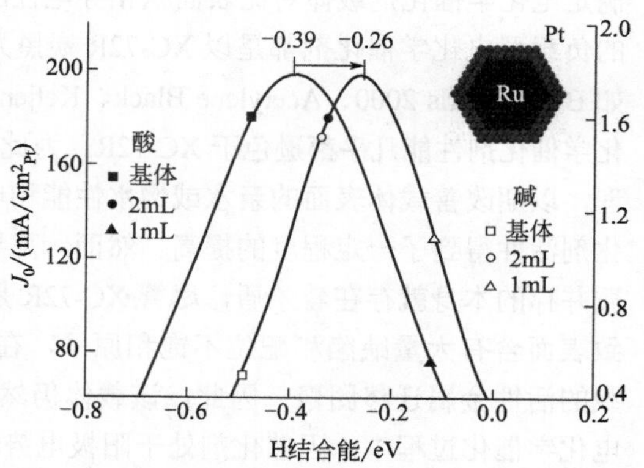

图6-14 不同壳层结构的Pt@Ru核 - 壳催化剂氢氧化活性与氢结合能间的火山曲线关系

活性。除了双层核 - 壳结构之外，加入其他组分形成的三层结构催化剂也常用于催化 HOR。Zhao 等[65]研究了 Pd3M@Pt（M=Fe、Co 和 Cu）三金属核 - 壳结构模型。由于 Pd 和过渡金属之间原子半径的差异，在晶格收缩过程中过渡金属的电子和几何效应，应力下形成的 Pd-M 双金属核，可以有效调控壳层 Pt 的电子结构和亲氧性。通过 DFT 计算证明，在碱性环境中，电化学循环过程中形成的 $M(OH)_x$ 吸附物种对 HOR 反应速率有很大影响，加速 OH_{ad} 的吸脱附，可以有效促进 HOR 反应的发生。

6.2.1.4 载体对性能的影响

通常情况下，为了获得高分散性、高稳定性的金属颗粒催化剂，需要将催化剂颗粒负载在特定的载体上。在早期的燃料电池研究中主要采用纯 Pt 黑催化剂，但 Pt 的用量较高增加了燃料电池的成本。到 20 世纪 70 年代初，人们将 Pt 负载到炭黑上后，大大提高了 Pt 的分散度，从而提高了 Pt 的利用率。最初，载体仅仅被用于提供表面积和多孔气体扩散电极的骨架，使金属催化剂颗粒有更大的比表面积与反应物接触。然而，现在研究者们普遍认为，当金属微纳米颗粒或金属化合物负载在载体上时，其催化性能有一部分应归结于金属和载体之间的相互作用，且载体的物理和化学性质直接影响着催化剂的催化活性与稳定性。催化剂载体材料作为燃料电池膜电极催化剂层的关键材料之一，不仅对金属催化剂的粒径、形貌、分散度、活性影响巨大，还关系着整个催化剂层的诸多性能，如导电性、传质、电化学比表面积以及稳定性等，其对燃料电池催化剂乃至整个燃料电池的性能都有极其重要甚至是决定性的影响。理想的催化剂载体材料需要能够提供较高的电子传导能力、足够的容水能力和良好的气体通道。简言之，燃料电池催化剂载体一般应该具备以下几个特点：①优良的电子导电性，以迅速地传输电极反应产生（或需要）的电子。②高比表面积，以提高载体表面催化剂的分散性和利用率。一般认为，理想电催化剂载体的比表面积为 400 ～ $600m^2/g$，并具有足够多的中孔或大孔以及合适的形貌。③良好的耐腐蚀能力，以防止因电解质溶液的氧化、腐蚀而导致催化剂催化性能的恶化。④良好的亲水性，有利于电解质在载体与催化剂表面及内部的扩散。⑤具备合适的表面官能团，能有效地锚定和分散金属纳米颗粒催化剂。

目前，最常用的商品碳载体材料是美国 Cabot 公司生产的 Vulcan XC-72R（简称 XC-72R）炭黑，其 BET 表面积约 $250m^2/g$，表观上中孔和大孔达到 54% 以上，电导率 2.77S/cm，能基本满足电化学催化剂载体对比表面积和导电性的要求，被认为是目前最好的商品载体，80% 以上的负载型电化学催化剂都是以 XC-72R 炭黑为载体。此外，也有人以其他几种商品化的碳载体如 Black Pearls 2000、Acetylene Black、Ketjen Black 和 Macsorb 等作为催化剂的载体，但构建电化学催化剂性能几乎都逊色于 XC-72R。为此，人们对碳载体进行了表面改性、扩孔或堵孔等处理，以期改善载体表面的亲水或憎水性能和电化学催化反应的电子、质子和传质过程，使得催化剂活性得到了一定程度的提高。然而，高导电性、高比表面积和大量的中孔或大孔这几个性质并存的本身就存在着矛盾，尽管 XC-72R 是最好的商品碳载体，但由于其比表面积较高，导致表面含有大量缺陷和配位不饱和原子，在燃料电池运行过程中容易被氧化腐蚀，导致所担载的活性金属迁移团聚，因此，该载体仍然不能满足理想电化学催化剂载体的要求。在 HOR 电化学催化过程中，因催化剂处于阳极电势范围内，表面容易形成 OH、O 等含氧物种，对 Pt 以及碳载体造成一定程度的氧化和腐蚀。氧化后的碳载体，难以稳定地锚定 Pt 颗粒，导致催化剂的脱落、失活。然而，由于阳极过程中 Pt/C 因载体发生氧化而导致催化剂失活的程度不及阴极氧还原过程严重，因此，阳极碳载体腐蚀氧化的相关机理研究还比较少。

目前，阳极氢氧化载体的研究与阴极催化剂大体一致。①以新型碳材料，如碳纳米管、掺杂石墨烯、碳量子点等新型碳材料为载体。其目的是希望这些载体通过与活性中心的直接或者间接协同配位作用，改善主催化剂活性中心的电子结构，优化活性和稳定性。②选择过渡金属化合物，如氧化物、碳化物等为载体。化合物类载体中的金属元素处于高氧化态，难以进一步失去电子被氧化，作为助催化剂或载体材料时可以提高催化剂的稳定性。此外化合物类载体与金属纳米颗粒间存在强烈的相互作用（supports-metal-strong-interaction，SMSI），不仅能抑制纳米颗粒的迁移团聚，还能修饰金属催化剂的电子结构，调控反应物分子在催化剂表面的吸附性能，从而提高催化活性。如图 6-15 所示，Yang 等[66]为了填补碳掺杂原子与 HOR 活性之间构效关系的空缺，设计了 S、N、B 掺杂的一系列碳载体负载的 Ni 基纳米催化剂，并研究了掺杂原子对催化剂氢氧化活性的影响。得益于锚定效应和金属载体强相互作用，杂原子的掺杂能够明显地减小 ECSA 和颗粒尺寸分布。在半电池测试中，相较于 Ni/C 催化剂，杂原子掺杂碳载体能够明显地提高 HOR 交换电流密度，其中 Ni/SC 的质量比活性高达 7.44mA/mg。武汉大学罗威与陈胜利团队[67]采用两步法合成了富氧空位的 CeO_2 修饰的 Ni/C 纳米催化剂（图 6-16），探究了氧空位在催化碱性 HOR 过程中的重要作用，并通过改变修饰物种表面氧空位浓度提高了 Ni 基材料的碱性 HOR 催化性能。实验发现富氧空位的 CeO_2 的修饰显著提高了 Ni 基催化剂的碱性 HOR 活性，并在修饰量约为 10% 时达到最佳，交换电流密度可达 0.038mA/cm²，约为 Ni/C(0.016mA/cm²) 的 2.4 倍。强还原剂 $NaBH_4$ 的处理可导致 CeO_2 表面富含氧空位，改变 CeO_2 在催化剂合成过程中加入的时间，可得到不

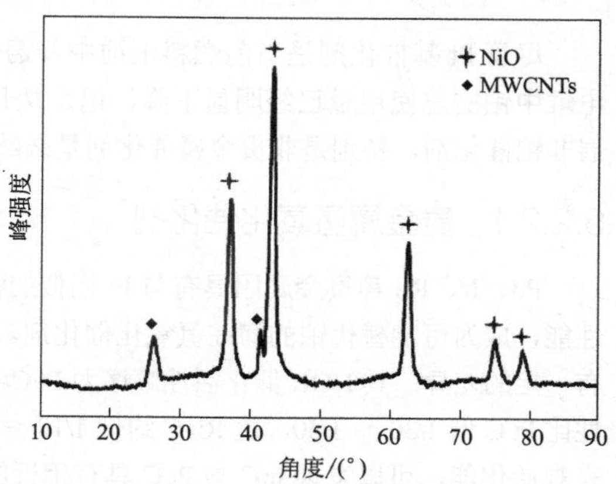

图6-15　掺杂碳载体Ni材料

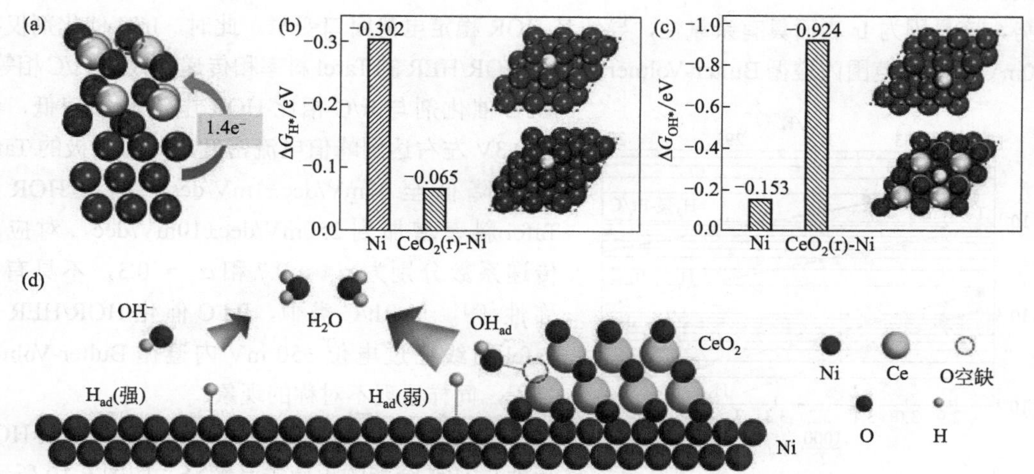

图6-16　CeO_2载体提升Ni基催化剂HOR活性

含氧空位的CeO_2（或氧空位含量较低）修饰的Ni/C复合催化剂。对比二者的碱性HOR催化行为发现，富氧空位的复合催化剂的催化性能明显优于缺乏氧空位的样品。结合DFT计算结果，作者认为除了H_{ad}能够影响催化剂的碱性HOR活性，含氧中间体(OH_{ad})对于催化过程也起到了重要的作用：通过富氧空位CeO_2的修饰，一方面通过电子效应削弱了Ni位点对于H_{ad}的吸附，另一方面以氧空位作为OH_{ad}的吸附位点，增强OH_{ad}的吸附，两种位点协同作用，通过双功能机理有效地提高催化剂的碱性HOR活性。

6.2.2　氢氧化催化剂

尽管 Pt 基催化剂是当前燃料电池中普遍使用的 HOR 催化剂，并且近几十年来，燃料电池电堆中铂的总使用量已经明显下降，但是从长远发展以及燃料电池规模化应用的角度来看，发展非铂催化剂，特别是非贵金属催化剂是必然趋势，同时也是目前燃料电池面临的巨大挑战。

6.2.2.1　贵金属氢氧化催化剂

Pd、Ir、Rh 等贵金属因具有与 Pt 相似的物理化学性质和结构特性，以及较好的氢氧化催化性能，成为可能替代铂的潜在氢氧化催化剂。然而，与铂相比，上述贵金属在催化 HOR 方面还有一定的差异，其 HOR 催化活性顺序为 Pt/C>Ir/C>>Rh/C>Pd/C。如图 6-17 所示，Pd/C 的 HOR 活性比 Pt/C 低 1/30 ～ 1/50，比 Rh/C 约低 1/10 ～ 1/15，比 Ir/C 约低 1/3 左右。图中斜率表示 HOR 的表观活化能，可以发现 Ir/C 与 Pt/C 具有相近的表观活化能（18kJ/mol ± 3kJ/mol）；Rh/C 的表观活化能略大（28kJ/mol ± 1kJ/mol）；Pd/C 上 HOR 的表观活化能增加至 31kJ/mol±2kJ/mol。电化学测试分析发现[48]，当过电位小于 0.05V 时，Pt/C 催化剂的 HOR 电流密度快速增大，随后达到扩散平台（$i \approx 1.5A/cm^2$）。当过电位大于 0.4V 后，HOR 电流密度逐渐降低，主要源于催化剂表面含氧物种的形成，其占据表面活性位，与 H_{ad} 形成强竞争吸附，导致 HOR 动力学变慢。Tafel 曲线分析确定了 Pt/C 在 ± 50mV 电位区间内的 HOR/HER 遵循 Butler-Volmer 方程，阳极和阴极 Tafel 斜率大致相等约为 150mV/dec（353K），此时传递系数 α_a 和 α_c 等于 0.5。Ir/C 催化剂则是电位在 0.1V 左右时，HOR 电流密度达到峰值（$\approx 1A/cm^2$），随后呈现快速降低的趋势，这是因为 Ir 表面具有亲氧性，导致其 HOR 稳定电势窗口变窄。此时，Ir/C 催化剂仅在 +20mV 的电势范围内遵循 Bulter-Volmer 方程，HOR/HER 的 Tafel 斜率和传递系数与 Pt/C 相等。

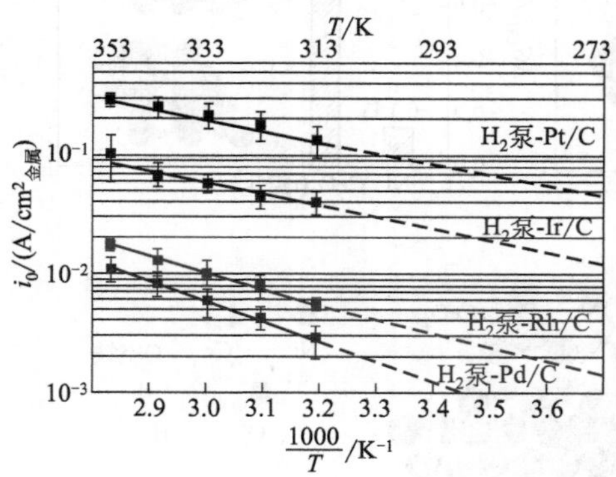

图6-17　Pt/C、Ir/C、Pd/C和Rh/C催化剂催化HOR/HER的阿伦尼乌斯活化能图[48]

Rh/C 催化剂与 Ir/C 相比 HOR 电流密度较低，约在 0.3V 左右达到峰值电流密度。此时阴极的 Tafel 斜率降低至 97mV/dec±1mV/dec，阳极 HOR 的 Tafel 斜率增加到 250mV/dec±10mV/dec，对应的传递系数分别为 $\alpha_c \approx 0.7$ 和 $\alpha_a \approx 0.3$，不具有对称性[68]。与 Rh/C 类似，Pd/C 催化 HOR/HER 的 Tafel 曲线在过电位 ±50 mV 内遵循 Bulter-Volmer 方程，同样呈现不对称的现象。

上述催化剂 HOR 活性的不同可以通过 HOR 活性与 H 结合能的火山关系解释。如图 6-10 所示，Pd 与 Rh 位于火山曲线的左侧，其对 H 的吸附强于 Pt，因吸附态 H_{ad} 难以氧化脱附，导致催化 HOR 的表观活化能增大，HOR 活性降低。Ir 催化剂位于火山曲线的右侧，对 H 的吸附略弱，但与 Pt 处在火山曲线相对对称的位置，因此表现出与 Pt 接近的表观活化能。然而，上述分析仅适用于平衡电势附近。当过电位增加时，催化剂表面含氧物种的形成，不仅会占据活性位，还会改变催化剂表面的电子结构，进一步改变 HOR 机理，降低其催化活性。显然，要优化上述贵金属的 HOR 活性，对 Pd、Rh 而言需要弱化 H 的吸附，对 Ir 则应略微增强 H 的吸附，与此同时还需要提高催化剂的抗氧化性，扩大催化 HOR 的电化学稳定窗口。

（1）Pd 与 Rh 基催化剂　金属 Pd 对氢有较强的吸附作用，虽利于 H_2 的离解，但吸附态 H_{ad} 的进一步氧化步骤（Volmer）更为困难。大量 H_{ad} 不仅占据活性位，还会进入 Pd 的体相晶格中，改变 Pd 的晶体结构，降低 HOR 动力学活性。Rh 催化剂对 H 的吸附更接近火山顶，与 Pt 相比，吸附强度仍然过强。因此要优化调控 Pd、Rh 催化剂的 HOR 活性，需重点弱化 H 的吸附强度，同时，还需增强表面的抗氧化性能，扩大氢活化的电化学稳定窗口。鉴于表面电子结构与 HOR 活性的密切关系，可以通过掺杂、合金化、结构调节，以及载体作用等方法调变其电子结构，改变催化剂对氢或含氧物种的吸附，加速中间物种 H_{ad} 的脱附，提高催化剂的抗氧化性，优化其 HOR 活性。

将目标金属沉积在其他衬底金属上构建近表面合金，可以通过改变衬底金属与表面金属间的电荷转移以及晶格应变效应精确调控催化剂对 H 的吸附强度，优化 HOR 活性[71, 72]。Greeley 等[69]制备了一系列沉积在单晶 Au、Pt、PtRu、Rh、Ir、Ru 和 Re 金属表面的 Pd 单层催化剂。HOR 活性研究发现衬底金属可以弱化 Pd-H 相互作用，有效地提高 Pd 的催化活性，HOR 交换电流密度与 H 的吸附自由能呈火山关系。如图 6-18 所示，Au 对 Pd 的调节力度最小，对 H 的吸附过强；Pd/PtRu 上 H 吸附自由能接近零，说明此时 H_2 离解与后续 H_{ad} 氧化脱附达到平衡；Re 调节力度过强，导致 Pd 对 H 的吸附过弱，HOR 活性降低。除了改变衬底金属的种类以外，改变沉积层的覆盖度和厚度也可以调节 HOR 活性。除制备全覆盖的近表面合金外，也可以通过部分覆盖沉积的方式，调变覆盖度，进一步优化 HOR 活性。例如，PdAu 合金虽然对 H 的调变最弱，但因其具有比 Pt 更优的抗 CO 中毒能力[73]，成为可能具有更高稳定性和耐久性的氢氧化催化剂。Henning 等[70]利用欠电位沉积铜和电化学置换铜的方式，

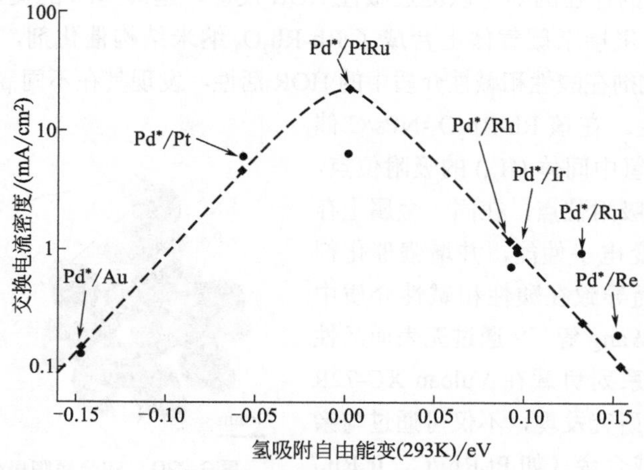

图6-18　Pd近表面合金催化剂HOR活性与H吸附自由能关系图[69]

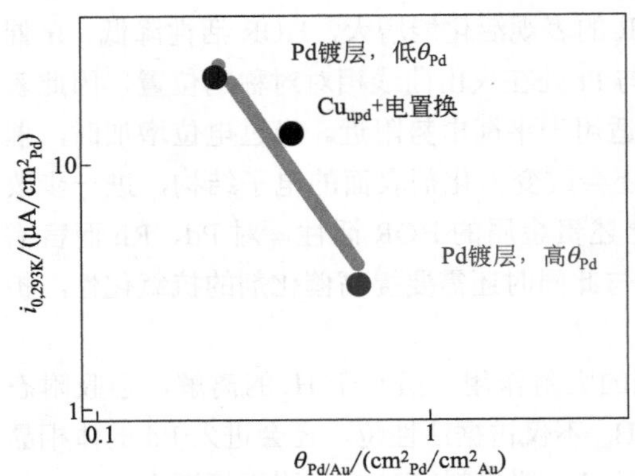

图6-19 Pd/Au催化剂中Pd覆盖度与HOR活性间的关系[70]

在Au衬底上沉积不同覆盖度的Pd层。研究发现，在20℃下，0.1mol/L的NaOH溶液中，Pd/Au表面Pd的覆盖度与HOR活性成反比，即Pd覆盖度越大，HOR活性越低，如图6-19所示。鉴于Au金属具有一定的化学惰性，其对表层Pd的影响主要源于应变效应，即由于Au的原子半径大于Pd，表面Pd层会产生一定的拉伸应变。当Pd覆盖度较小时，Pd以簇或岛的形式存在，受到拉伸应变的影响最小。当Pd覆盖度较大形成完整覆盖层时，拉伸应变的影响变大，导致Pd对H的吸附增强，HOR活性减弱。有研究表明应变效应对2～5个Pd原子层的影响最大，使得其对H的吸附强度最强[74]。

此外，还可以利用吸附态OH_{ad}促进吸附态H_{ad}的氧化和脱附作用，加入易于形成含氧物种的助催化剂或载体，来提高Pd、Rh的催化性能。Alesker等[24]将Pd沉积到Ni纳米颗粒上制得Pd/Ni催化剂，用于催化HOR，得到的氢氧燃料电池单池功率为纯Pd的两倍。该性能的提升可归因于亲氧性的Ni给催化剂提供了大量的OH_{ad}，可以促进Pd上强吸附态H_{ad}的氧化脱附，从而提高了HOR动力学活性，反应机理如图6-20所示。其他具有亲氧性的金属氧化物也可以达到上述效果。例如，Miller等[75]将Pd纳米颗粒沉积在碳载CeO_2上，制备的Pd/C-CeO_2催化剂的HOR活性明显高于Pd/C催化剂，应用于燃料电池，最高功率密度可达500mW/cm²。随后，Miller等[76]又对该催化剂进行了优化，优化后的Pd/C-CeO_2作为燃料电池阳极催化剂，所得功率密度比Pd/C催化剂提升了5倍。Dekel等[75]采用50%（质量分数）二氧化铈和50%（质量分数）碳粉作载体来负载10%（质量分数）的Pd纳米颗粒，在单电池测试中表现出极高的功率密度（500mW/cm²），为Pd/C的5倍，比活性和质量比活性相比于Pd/C提高了20倍。CeO_2的存在可削弱Pd-H键，且亲氧性的CeO_2向Pd-H_{ad}提供OH_{ad}以形成H_2O。此外，Pd-CeO_2之间的强相互作用，使得Pd NPs从Pd/C-CeO_2中溶解或分离的程度远小于Pd/C。由此可以说明CeO_2的存在的确可以促进碱性HOR反应，延缓NPs的奥斯特瓦尔德熟化和聚集。Kundu等[77]在氮掺杂碳载体上合成了Rh-Rh_2O_3纳米结构催化剂，用RDE方法研究了Rh-Rh_2O_3-NPs/C催化剂在酸性和碱性介质中的HOR活性，发现其在不同pH值的溶液中均表现出优异的HOR活性。在该Rh-Rh_2O_3-NPs/C催化剂中，Rh可作为氢中间体(H_{ad})的吸附位点，Rh_2O_3则为OH提供吸附位点，在同一金属上存在金属氧化物会改变电子性能，并增强催化剂上的OH吸附，从而导致在酸性和碱性介质中HOR活性均增强。Wang等[78]通过无表面活性剂浸渍法合成了一系列负载在Vulcan XC-72R上的Rh基催化剂，研究发现，不仅可通过与亲氧性更强的金属形成合金（如Pt_7Rh_3/C、Ir_9Rh_1/C、Rh_9Ru_1/C和Rh_9Pd_1/C）来弱化H的吸附强

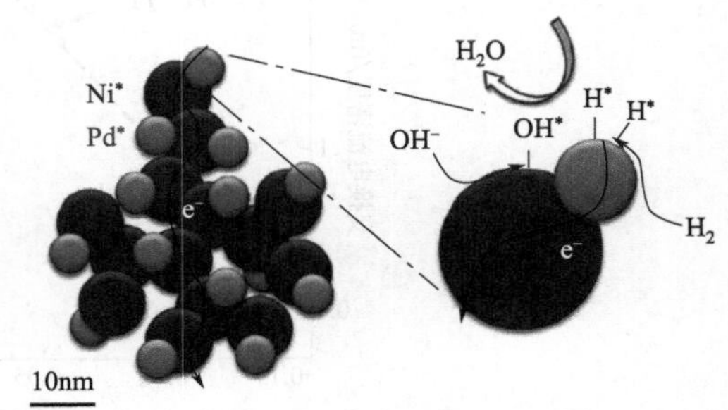

图6-20 双金属阳极催化剂Pd/Ni相互作用的原理示意图[24]

度，从而提高HOR活性，也可通过减小催化剂的尺寸来提高催化剂活性，例如，当Rh/C催化剂晶粒尺寸降低到2nm左右时，可以呈现出比合金更高的HOR活性。其原因也可归结于纳米颗粒表面配位不饱和或表面缺陷增强了催化剂的“亲氧性”，缺陷位上OH的吸附会弱化临近位点上H的吸附强度，从而实现HOR活性的提升。

（2）Ir基催化剂 与Pd、Rh催化剂不同的是，Ir基催化剂对H吸附较弱，且表面易形成含氧物种，导致其HOR活性低于Pt催化剂，且稳定的HOR电化学窗口更窄。因此，想要提升Ir基催化剂的活性，不仅需要略微增强其对H的吸附强度，还要弱化OH的吸附，从而提高其抗氧化性能。然而，由于同一活性位对物种的吸附往往呈现出同强或同弱的趋势，因此，如何在弱化OH的吸附的同时增强H的吸附，是目前Ir基催化剂面临的主要挑战。

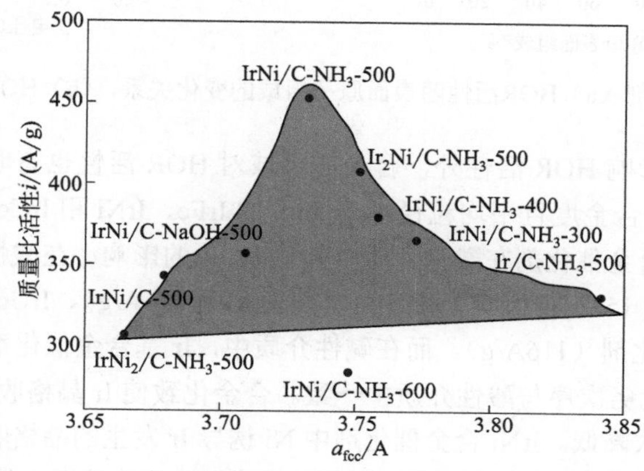

图6-21 IrNi/C中Ir的晶格参数与HOR催化活性关联示意图[79]

选用比金属Ir亲氧性更强的过渡金属与Ir形成合金往往可以获得更高的HOR活性，如IrRu[80]、IrNi、IrFe、IrCo合金等。但与上述Pd基合金催化剂优化策略不同的是，更易于形成OH的金属抑制了Ir位点上OH的吸附占据，可为HOR提供更稳定的活性中心。魏子栋课题组[79]通过溶剂蒸发-氢气还原的方法制备了一系列的IrNi/C纳米合金催化剂（图6-21）。研究发现，在酸性条件下，IrNi/C催化剂的HOR质量比活性与催化剂纳米粒子的晶格常数（a_{fcc}）呈明显的“火山型”关系：催化剂催化活性随着晶格常数减小，呈现先增加后减小的趋势，在a_{fcc}=3.7325Å处，即Ir∶Ni为1∶1时，催化剂IrNi/C-NH$_3$-500位于“火山”顶点，活性可与Pt/C媲美。晶格常数的变化实际上与合金中IrNi原子比有关，随着合金中Ni含量的减少，晶格常数增大。由于Ni比Ir具有更强的亲氧性，在HOR过程中，Ni位点上会优先形成OH，从而促进Ir位点上HOR的发生。当Ni含量增大时，意味着表面用于活化氢的Ir活性位减少，HOR活性降低。Ir含量增大，氢活化活性位增加，HOR活性增大，并在Ir-Ni比达到1∶1时达到最大值。当表面Ir含量进一步增大时，可抢夺形成OH的Ni位点减少，Ir表面上OH与H的竞争吸附促使HOR活性随之降低。该现象也得到其他课题组的证实，如Ohyama等[81]研究了RuIr/C催化剂表面RuIr、RuRu和IrIr占比对HOR活性的影响（图6-22）。结果发现，表面Ru/Ir原子比与活性之间呈“火山关系”，当表面RuIr占据为1∶1时，HOR比活性最高。此时表面RuIr对加速了Volmer步的反应速率，主要源于Ru形成的OH$_{ad}$利于Ir位上H$_{ad}$的氧化脱附。然而，分析各催化剂HOR的LSV曲线可知，合金只能提高较低电位下的HOR电流密度，当电位高于 0.2V 后，电流密度仍会显著降低，该现象在表面 Ru 比例更大的合金催化剂上更为明显。

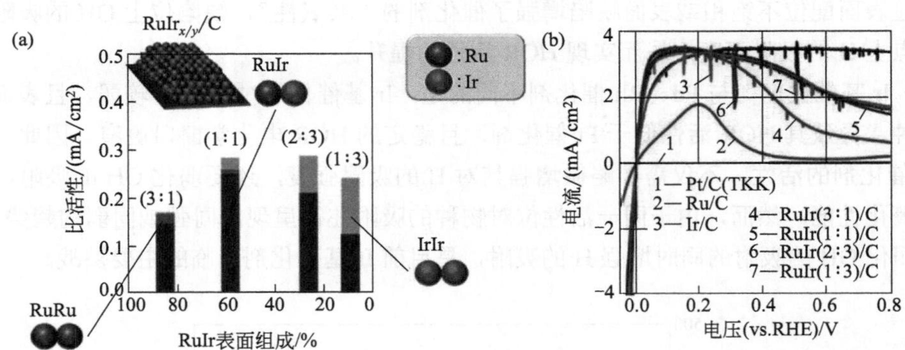

图6-22　RuIr/C催化剂（a）HOR活性随表面原子组成的变化关系，（b）HOR的线性扫描曲线[81]

除合金原子比会影响 HOR 活性外，合金的组成对 HOR 活性也有明显的调节作用。Liao 等[82]合成了具有相近合金度且平均粒径小于 5nm 的 IrFe、IrNi 和 IrCo 纳米合金催化剂，探究了合金效应对 Ir 基合金催化剂在酸碱介质中催化 HOR 的影响。在酸性介质中，IrNi 合金催化剂的质量比活性达到 152A/g(0.1V vs.RHE)，高于 IrFe(146A/g)、IrCo 合金催化剂（133A/g）以及商业化的 Pt/C 催化剂（116A/g）。而在碱性介质中，Ir 基合金催化剂的活性比在酸性介质中低，各合金催化剂优劣次序与酸性介质中一致。合金化致使 Ir 晶格收缩，收缩程度以 IrFe、IrNi 和 IrCo 的顺序依次降低。IrNi 合金催化剂中 Ni 诱导 Ir 发生的晶格收缩适中，使得催化剂与中间物种 (H_{ad}、OH_{ad}) 的相互作用适度，从而获得最优的催化性质。然而，Ir 基合金的 HOR 活性是否直接与第二种金属的“亲氧性”相关，还存在一定的争议。这是因为合金化不仅提供了 OH_{ad} 形成位点，还会改变催化剂的电子结构和晶体结构，导致 HOR 活性的变化。魏子栋课题组进一步以 IrFe 合金为模型催化剂，通过去合金化调控颗粒表面的组成和结构，研究表面亲氧的过渡金属对 HOR 活性的影响。研究发现合金的 HOR 活性随表面去合金程度呈“火山关系”，表面去合金的 D-IrFe 合金催化剂具有最高的 HOR 活性。通过 CO 溶出实验表征电极表面氢氧物种的吸附，从 Ir/C、D-IrFe/C 到 IrFe/C 对 OH 的吸附逐渐增强。鉴于 HOR 活性与 OH 形成并未呈现线性关系，说明合金化除表面的亲氧性外，合金产生的电子结构，以及去合金后表面结构重组对氢的活化同样有着重要的作用。该研究证实，要提升 Ir 基催化 HOR 性能，还需进一步平衡 H 与 OH 的吸附强度[83]。

（3）Ru 基催化剂　Ru 具有与 Pt 相近的氢结合能，且金属 Ru 的价格仅为 Pt 的三分之一，价格远低于其他贵金属，所以金属 Ru 也可以作为代替 Pt 的 HOR 催化剂。然而，与其他贵金属催化剂不同的是，Ru 因具有很强的“亲氧性”，表面易于氧化，不能在 HOR 电化学窗口稳定存在，即使在较低的电位下（0.1 ～ 0.3V），金属 Ru 表面也会优先形成 Ru-O_{ad} 表面，不适合作为 HOR 主催化剂。现有的研究中，Ru 主要是作为助催化剂，与其他金属形成合金，如商业化的 PtRu/C 催化剂，通过提供 OH_{ad} 活性位或者改变主催化剂的电子结构，优化 H_{ad} 的吸附强度，促进 H_{ad} 氧化的进行。如果要选用 Ru 作为 HOR 的主催化剂，其主要的挑战是抑制 Ru 表面含氧物种的形成，使其能在 HOR 电化学窗口下稳定活化氢。

如图 6-23 所示，Ohyama 等[57]通过对 Ru/C 催化剂尺寸的精确调控，当 Ru 纳米颗粒粒径从2nm变化至7nm时，催化剂的HOR活性与Ru的粒径呈“火山关系”，其中3nm Ru/C的HOR活性（$0.64mA/cm^2$）高于Pt/C纳米颗粒的HOR活性。研究表明，Ru纳米颗粒结构从小于3nm的无定形结构转变为约3nm的表面粗糙型金属纳米晶，然后转变为3nm大小以上具有良好晶面的微晶，在这种特定尺寸下观察到的独特结构，即纳米晶上的长桥配位不饱和Ru金属表面原子，是获得高HOR活性的关键。尽管这项研究表明，在特定粒径下，Ru具有很高的活性，但当电位高于0.2V后，纯钌催化HOR的电流密度急剧降低，说明含氧物种的产生导致Ru不能作为稳定的HOR催化剂。同样，Wang等[84]通过浸渍法合成了一系列Ru合金纳米颗粒催化剂：$Ru_{1-x}Co_x/C$、$Ru_{1-x}Ni_x/C$和$Ru_{1-x}Fe_x/C$。利用合金催化剂的电子效应和应变效应，即过渡金属促使合金化的Ru的d带中心远离费米能级，弱化了H和O在Ru合金上的吸附强度，从而表现出比Ru/C更优的HOR活性。然而，合金化并未改善Ru的亲氧性，当阳极电位高于0.1V后（vs. RHE），HOR电流密度也逐渐下降。

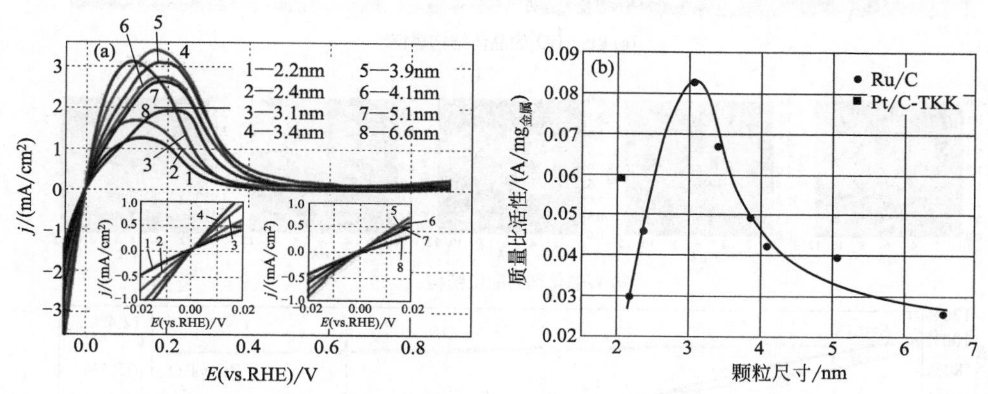

图6-23 在不同粒径的Ru/C催化剂上（a）HOR极化曲线（0.1mol/L NaOH，扫速10mV/s，转速2500r/min），（b）HOR质量比活性与粒径的火山曲线[57]

在HOR电势范围，通过克服Ru基催化剂因氧化带来的不稳定性，拓展Ru基催化剂的稳定活化氢电化学窗口方面，重庆大学魏子栋课题组做出了重大的突破（图6-24）[46]。Ru价层电子结构为$4d^7$，容易失去电子而被氧化。魏子栋课题组利用这一特点，将Ru簇金属负载于TiO_2纳米片上，通过Ru-TiO_2界面形成的Ru-O键调节界面Ru簇的氧化程度。可以预测当Ru簇价层d带失去电子接近或达到半满时，会表现出一定的稳定性。研究证实，TiO_2调节界面Ru簇的氧化程度与其表面OH的吸附强度成反比，当TiO_2调控界面氧化的Ru的4d轨道达到半充满状态时（IO-Ru-TiO_2/C），保持了界面Ru表面金属特征，使其在催化HOR过程中免于吸附H_2O和OH而被氧化，仅选择性利于H_2的离解与催化氧化。IO-Ru-TiO_2/C催化剂的质量比活性为$907A/g_{Ru}$@0.05V，分别是Ru/C和PtRu/C催化剂的17.5倍和1.5倍。更为重要的是，IO-Ru-TiO_2/C展现出优异的抗氧化特性，阳极电位达0.9V时也能较稳定地催化HOR。电位为0.3V时，IO-Ru-TiO_2/C催化HOR电流密度仅降低了9.8%，而Ru/C催化剂HOR电流密度降低了29.1%。

基于Ru价层电子结构的特点，如果增加Ru 4d电子到全满，则可以进一步提高Ru的抗氧化性。基于此思想，魏子栋课题组将金属Ru团簇嵌入TiO_2氧化物的晶格中，制备出“晶格限域型”Ru@TiO_2催化剂。还原气氛下，在无定形TiO_2的晶化过程中，Ru纳米粒子在缺

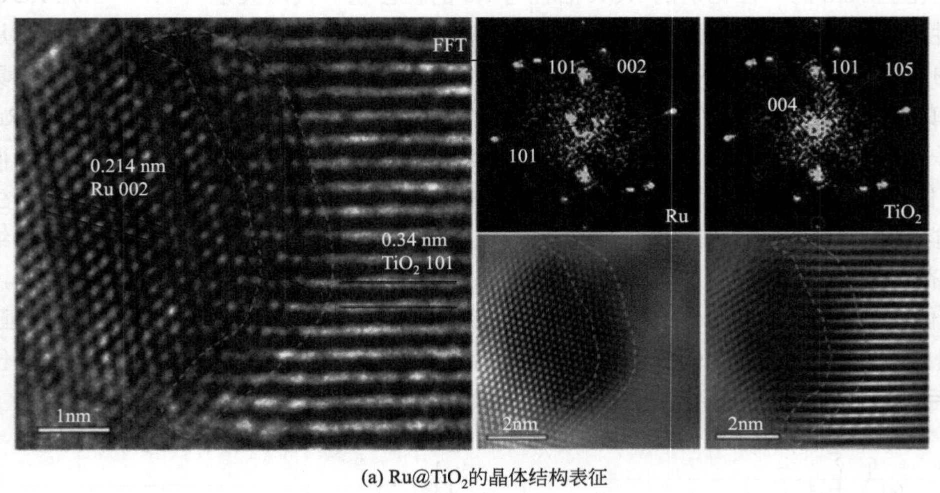

(a) $Ru@TiO_2$的晶体结构表征

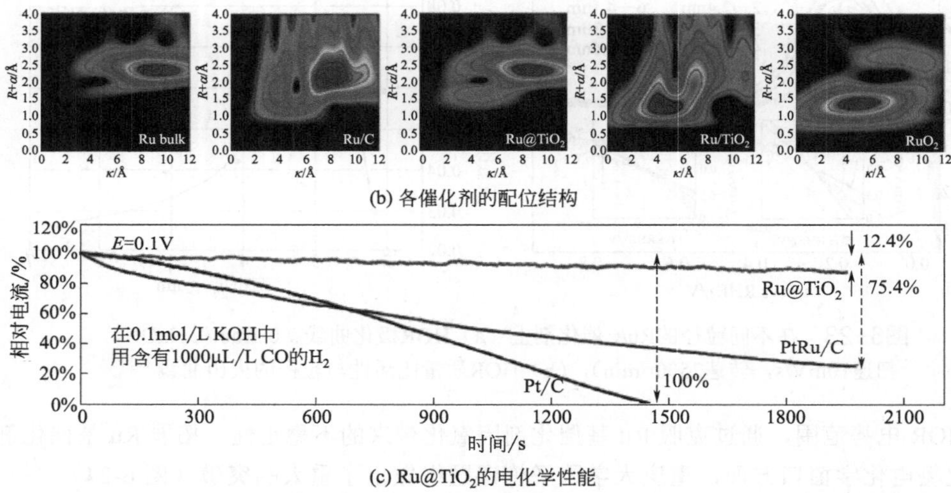

(b) 各催化剂的配位结构

(c) $Ru@TiO_2$的电化学性能

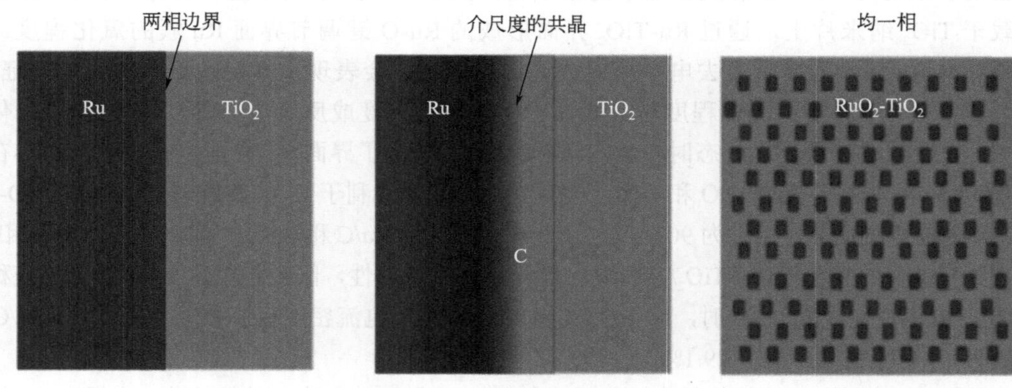

(d) $Ru@TiO_2$不同介区域相界面示意图

图6-24　晶格限域$Ru@TiO_2$催化剂的结构及电化学性能[46]

陷位处沿TiO_2晶格中Ti原子生长成簇，形成以Ru-Ti金属键连接的Ru@TiO_2晶格结构。这种金属键合的晶格限域结构，导致界面的Ru，一方面具有类似于TiO_2氧化物的原子排列结构［Ru原子按TiO_2(101)排列］，同时保持了其固有的金属性；另一方面，又呈现出既异于Ru块体金属又区别于Ru纳米团簇的介尺度性质，即同时具有块体的金属性和团簇的低配位性（CN=7～8）；具有如团簇金属的反应活性和块体金属的高稳定性；具有大于金属氧键（Ti-O，0.193nm）却低于金属键（Ru-Ru，0.267nm）的Ru-Ti键长（0.258nm）。这种具有介尺度性质的Ru@TiO_2催化剂既不同于传统“负载型”催化剂，又不同于完全包覆的“核@壳型”催化剂。Ru-Ti界面金属键促进电子从富电子的n型半导体TiO_2转移到Ru簇中的d带上，使Ru簇的d带接近全充满的状态。在d带电子几乎全满的Ru簇表面，Ru更趋稳定，不易氧化，使该催化剂在较宽的电位范围仍保持反应活性。在酸性和碱性介质中，Ru@TiO_2催化剂HOR质量比活性（@0.02V）较商业化PtRu/C催化剂高出30% ～15%；其超强的抗氧化性，在电位高达0.9V时（一般金属都会以表面生成氧化物种为主），Ru@TiO_2催化剂中的Ru簇仍保持其表面的金属性和催化氢氧化性能。更为重要的是，这种电子几乎全满的d带，提高其催化氢氧化反应活性同时，大幅减少了CO的σ电子向Ru金属d空轨道转移的概率，削弱了CO吸附强度，弱化了CO中毒，从而赋予该催化剂超优异的抗CO中毒性能。在1000μL/L CO存在的条件下，氢氧化催化活性几乎不受干扰；甚至CO的体积分数提高到约10%，该催化剂仍可选择性地催化氢氧化。这种通过晶格限域调变界面区域金属的晶格和电子结构的策略，开创了利用半导体自由电子调控金属电子结构的新思路，不仅突破了Ru难以作为主催化剂的限制，还突破了贵金属催化剂低温CO毒化的瓶颈。因为贵金属Pt是目前最高效且应用最为广泛的氢氧化催化剂，然而，在催化过程中，即使反应气中含有极少CO(10μL/L)，也会使Pt基催化剂完全中毒失活，以致无法使用重整气等廉价易获取的燃料气体，增加了氢经济技术链中燃气获取、纯化、存储以及运输的技术难度。

6.2.2.2　非贵金属氢氧化催化剂

与贵金属 HOR 催化剂相比，非贵金属催化剂具有更大的挑战，并且在酸性介质和碱性介质中所面临的问题也有所不同。在酸性条件下，催化剂需要克服过渡金属的酸腐蚀难题并优化催化剂表面氢的结合能。而在碱性条件下，金属虽能稳定存在，但在燃料电池工况，阳极过电位（0.05 ～ 0.2V）下，大部分过渡金属会迅速被氧化而导致催化活性衰减；此外，虽然碱性介质中的 OH_{ad} 在催化剂表面的吸附可能会促进 H_{ad} 的脱附，进而加速 HOR 反应，但是 OH_{ad} 在催化剂表面吸附过多时必然会占据大量的活性位，使催化活性降低。所以非贵金属 HOR 催化剂除了具备合适的氢吸附能，还需要优异的抗氧化能力和适当的亲氧能力。在众多非贵金属 HOR 催化剂中，过渡金属 Ni 基催化剂已被广泛研究用于碱性介质中的 HOR，仍是唯一具有显著活性的非贵金属 HOR 电化学催化剂，被认为是最可能替代贵金属的 HOR 催化剂。

目前，以金属镍为主要成分的 HOR 催化剂，可以分为以下几类：金属掺杂的 Raney 镍催化剂、双金属和三元金属镍基催化剂和高分散负载型镍基催化剂等。Raney 镍催化剂在液态电解质（KOH）基碱性燃料电池中的应用最为广泛，研究最多，在气体扩散电极（GDEs）中，Raney 镍是一种相对活跃的非贵金属材料。但是，Raney 镍在反应中的催化活性和稳定性是有限的。通过将 Ti、La、Cr、Fe、Co、Cu 和 Mo 等过渡金属少量掺杂到 NiAl 合金中可以克服上述部分问题。然而，Raney 镍极易自燃，且纳米颗粒半径在几微米到几十微米之间，不适用于传统GDEs。此外，Raney镍催化剂因过厚的气体扩散层，需要在非常高的碱浓度（6mol/L KOH）下才有HOR活性，在0.1～1mol/L KOH条件下的Raney镍催化剂作为阳极的AEMFC活性很低。

合金化是目前常用于优化催化剂的策略。Zhou等[85]报道了一种在多晶Au表面电沉积制得的三元合金催化剂CoNiMo/C，在碱性介质中表现出优异的HOR催化活性（比金属Ni高20倍），通过密度泛函理论（DFT）计算和H_2程序升温脱附（TPD-H_2）实验可知，CoNiMo具有与Pt相似的氢结合能［CoNi/Mo(110)，0.43eV；Pt(111)，0.46eV］，远低于Ni［Ni(111)，0.51eV］，这表明多金属键的形成弱化了Ni-H结合能，这可能是催化剂HOR活性大幅增强的主要因素。Duan等[86]则制备了具有MoN_4相的$MoNi_4$、WNi_4合金催化剂，同样表现出优异的HOR活性以及抗CO中毒的性能。他们认为性能的提升源于Ni与Mo(W)之间的协同作用，形成的合金分别优化了Ni和Mo(W)位上的H和OH的吸附，从而协同提升HOR的Volmer步骤。$MoNi_4$催化HOR活性是Pt/C催化剂的1.4倍。RuNi合金催化剂提升HOR性能也遵循上述机理。Xue等[87]制备了Ru_7Ni_3/C合金催化剂，其HOR质量比活性和比活性是Pt/C的21倍和25倍，是PtRu/C的3倍和5倍。该催化剂性能的提升源于Ru-H间的弱相互作用以及增强的水的吸附活化，其主要是由于表面Ni氧化增强了水的吸附，内部Ni则调控了Ru对H的吸附强度，从而优化表面H吸附强度获得更高的HOR活性。

非金属掺杂也可以调节催化活性。Zhuang等[88]通过湿化学法在氮掺杂碳纳米管上负载了金属Ni纳米晶粒，利用载体杂原子N与Ni间的相互作用，提升该催化剂在碱性介质的HOR活性。研究发现，Ni/N-CNT催化HOR显著提升，其质量比活性和交换电流密度分别是金属Ni的33倍和21倍。他们认为，活性的提升源于氮掺杂碳纳米管上边缘的N与Ni纳米颗粒的协同作用，即存在着电荷转移以及界面复合存在的应变作用。该协同效应使得Ni纳米颗粒表面具有最优H吸附强度的活性位数量增多，从而表现出优异的催化HOR活性。进一步研究发现，Ni_3N/Ni复合催化剂界面具有更优的H吸附强度，从而可以提高HOR活性、稳定性以及抗CO毒性[67, 89]。

除碳载体的修饰外，选用氧化物载体也可以起到较好的调节作用。Lu等[90]研究了氧化物修饰提升镍HOR活性的机理。以CrO-Ni催化剂为例，CrO修饰可以降低Ni的d轨道能级，但对Ni的sp轨道的影响较小。含氧物种如O的吸附主要受d轨道的影响，更低的d轨道能级看弱化O的吸附强度；相反，H的吸附主要受催化剂sp轨道的影响，此时H的吸附强度变化不大。由此推断出，氧化物修饰的Ni，在并未弱化H吸附的同时，提高了催化剂的抗氧化性，从而体现出较纯Ni更好的HOR活性。Yang等[67]研究的富氧空位的异质结构CeO_2/Ni，以及由合适的MOF前驱体通过精细退火工艺转化为多孔、导电、成分可控的Ni/NiO/C[91]等催化剂，均因氧化物与金属的复合具有很高的HOR活性。

Ni催化剂自身晶体结构的改变也可以优化HOR活性。Ni等[92]通过应变工程优化Ni的HBE和活性位点的数量，从而得到了在HOR中具有最高质量比活性的纯Ni催化剂。研究发现，宏观应变可以通过调变晶体的压缩应变，降低d能带中心，弱化H和OH的吸附；微观应变则通过增加催化剂结构的无序性来提高活性位数量以及优化吸附能等。如图6-25所示，他们认为Ni-H_2-1%和Ni-H_2-0%因存在显著的压应力，过度弱化H的吸附反而未获得更高的活性。Ni-H_2-2%和Ni-H_2-4%虽宏观应变不显著，但Ni-H_2-2%具有更大的微观应变，大量活性位的增加以及微应变对H_{ad}的优化作用促使其表现出更高的HOR活性。Ni-H_2-4%则是因为粒径的烧结变大，呈现出块体金属的活性。该研究精细化了晶体结构对活性的调节作用。然而值得进一步思考的是，微应变是由于局部原子结构无序化或者局部的缺陷或位错产生。虽然增加了表面暴露的原子数，即活性位数量的增加，也不可避免地会使表面原子的配位不饱和程度增加，对物种的吸附会随即增强。对 Ni 基过渡金属催化剂来说，H 和 OH 吸附的增强并不利于 HOR 活性的提升。因此微应变是如何增加表面活性位数量的同时优化 H 甚至 OH 的吸附强度，还待深入研究。

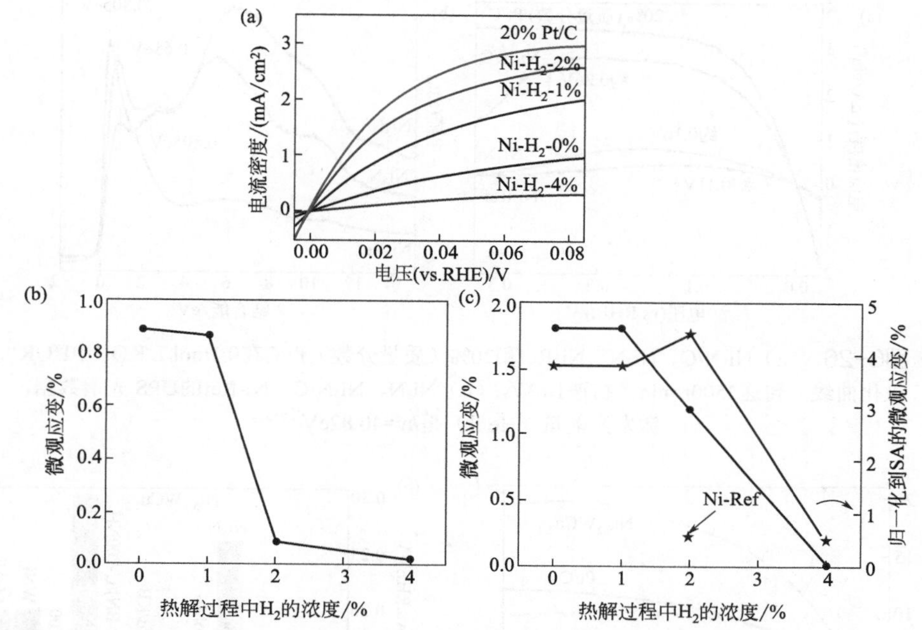

图6-25 Ni基催化剂（a）HOR的线性扫描曲线，不同H_2浓度下热解催化剂的（b）宏观应变；与（c）微观应变和比表面积归一化微观应变[92]

通过合金化、掺杂，以及应变等手段优化 Ni 基催化剂对 H 的吸附强度虽可以提升 HOR 的活性，但其稳定催化 HOR 的电化学窗口仍然过窄。当阳极电位约高于 $0.1V_{RHE}$ 时，Ni 基催化 HOR 的稳定性显著降低。要满足燃料电池的稳定输出功率，HOR 催化剂稳定电位至少应达到 $0.3V_{RHE}$。Ni 等[93]通过水热合成前驱体 - 氨气高温还原法合成了 Ni_3N/C 催化剂，表现出良好的催化活性，同时在稳定性方面有一定的突破。如图 6-26（a）所示，催化 HOR 的线性扫描曲线显示，Ni 催化剂在电位高于 0.11V 时就发生衰减，且电流密度很小。非碳载的 Ni_3N 催化剂因催化剂颗粒过大，HOR 电流密度仍较低，但稳定电位提高到了 0.16V。Ni_3N/C 催化剂不仅具有更大的电流密度，且可以在 0.26V 电位以内稳定而不发生衰减。活性与稳定性提升的原因是 N 的引入降低了催化剂的 d 能带，如图 6-26（b）光谱数据显示，Ni_3N/C 具有最低的 d 能带，功函值增加，此时其与 H 以及 OH 物种的吸附均弱化。H 的弱化可以促进 H 的脱附；OH 吸附的弱化，则增强了材料的抗氧化性，从而表现出比其他 Ni 基催化剂更好的稳定性。Qin 等[94]在泡沫镍上原位生长出 $Ni_{5.2}WCu_{2.2}$ 的三元 HOR 催化剂，也表现出较宽的稳定催化 HOR 电位窗口。如图 6-27 所示，$Ni_{5.2}WCu_{2.2}$ 催化剂不仅展现出可与 Pt/C 媲美的抗 CO 中毒能力，其稳定的催化 HOR 的电位可达 $0.3V_{RHE}$，而其他非贵金属 HOR 催化剂大部分低于 0.1V，仅少部分可达到 0.2V 左右。图中提出的终止电位意味着在这个电位下，催化剂表面发生了氧化或其他的反应，不能再催化 HOR，电流密度急剧下降。该研究中泡沫镍的多孔结构更利于气体的传质，其平台扩散电流密度大约是涂覆型电极的 8 倍。稳定电化学窗口的增大其主要源于三元合金之间的协同效应，弱化了 O、CO 等物种在 Ni 位点上的吸附强度，提升了催化剂的抗氧化性和抗中毒性。唯一遗憾的是，该研究未提供其在碱性膜电极中的电池数据，粉体催化剂、抑或泡沫镍的阳极在燃料电池中的应用还未可知。

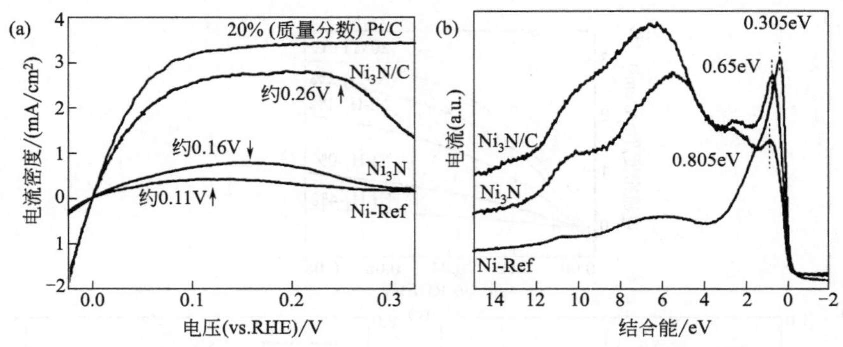

图6-26 （a）Ni_3N/C、Ni_3N、Ni-Ref和20%（质量分数）Pt/C在0.1mol/L KOH中HOR极化曲线，转速2500r/min，扫速1mV/s；（b）Ni_3N、Ni_3N/C、Ni-Ref的UPS 光谱数据，激发光能量（He Ⅱ）是$h\nu$=40.82eV [93]

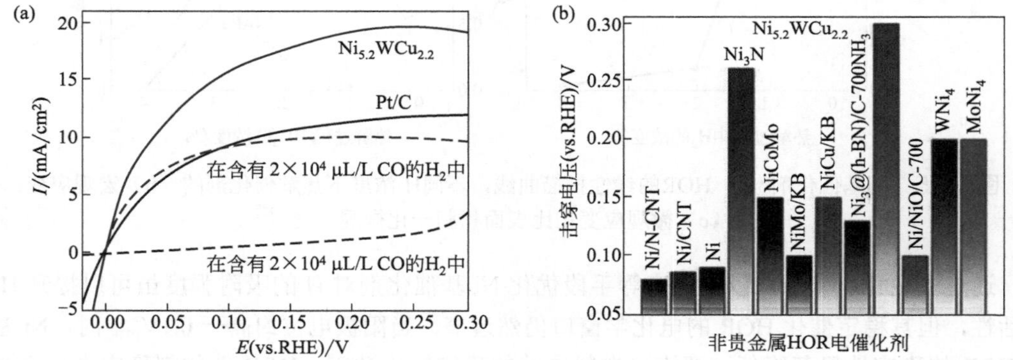

图6-27 （a）$Ni_{5.2}WCu_{2.2}$ 合金和Pt/C催化剂在0.1mol/L KOH 溶液中的HOR的极化曲线，虚线含CO（20000μL/L），实线无CO，扫速1mV/s；（b）与其他非贵金属催化剂催化HOR终止电位的比较 [94]

鉴于 Ni 基 HOR 催化剂在低过电位下活性的提升，Ni 合金在碱性燃料电池（AEMFC）中也展现出了良好性能。Lu 等 [90] 早期采用氧化铬修饰的镍基（CrO-Ni）催化剂为阳极催化剂，银为阴极催化剂组装的 AEMFC 氢氧电池，在 60℃运行时的最高功率达 50mV/cm²，且可稳定运行 100h。证实了非贵金属催化剂在碱性膜燃料电池应用中的可能性和发展潜力。图 6-28 总结了前几年阳极为非铂催化剂的碱性膜 H_2/O_2 和 H_2/ 空气燃料电池的性能。Kabir [95] 和 Roy [96] 分别使用 Ni-Mo 和 Ni-Cu 阳极电催化剂，AEMFC 的性能可达 120mW/cm²（0.8V 时约 50mA/cm²）和 350mW/cm²（0.8V 时约 100mA/cm²）。含少许贵金属的 Ru_7Ni_3/C 催化剂表现出最高的膜电池性能。氢氧条件下最高功率达 2W/cm²，H_2/ 空气性能也达到了 1.25W/cm²，表明 Ni 基催化剂在碱性燃料电池中具有应用潜力。然而，与铂基催化剂相比，非贵金属 HOR 催化剂的催化活性与稳定性仍然太差，远远无法满足实际应用的要求，同步提升非贵金属催化剂本征活性与抗氧化性是开发过渡金属HOR催化剂面临的最大挑战。

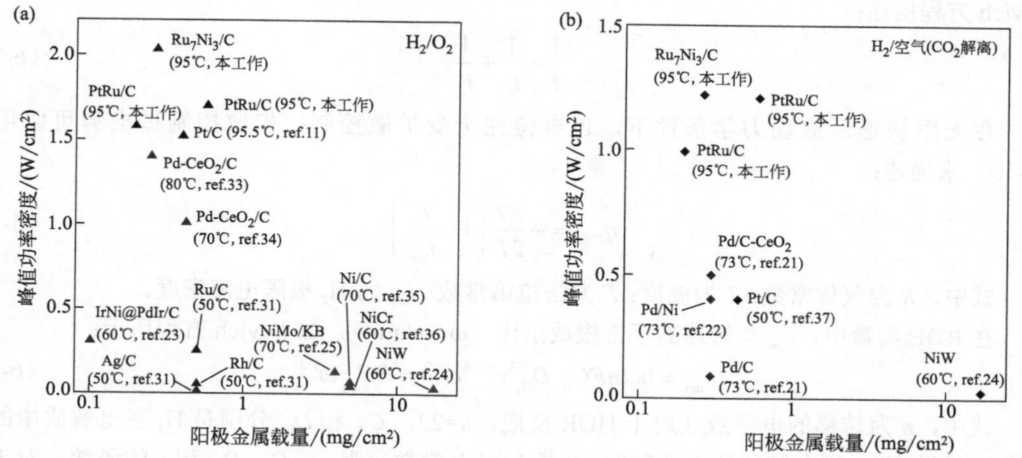

图6-28 文献中不同非铂阳极催化剂组装的碱性燃料电池H_2/O_2（a）和H_2/空气（b）性能的比较[87]

6.3 氢氧化电催化剂的性能评价与设计策略

评价燃料电池阳极电极材料电催化性能的主要技术指标有三个，即稳定性、电催化活性及电导率。

（1）稳定性 在燃料电池中，要求电催化剂在其特定工作环境中具有良好的稳定性。对于阳极HOR催化剂而言，电催化剂在阳极反应区间应具有耐腐蚀、抗氧化性，且不易被一氧化碳等物种所毒害。

（2）电催化活性 交换电流密度是评价电催化剂优劣的参数之一。交换电流密度越高，电催化剂的本征活性越高。电催化剂活性还表现为反应物（燃料与氧化剂）在电极反应中的转化与利用程度。此外，催化活性与表面形成的化学物种及电子结构、配位数和局部对称性、电催化剂中晶格缺陷（如空位、隙缝、位错、晶粒边界等）等有关。普通多相催化过程有关活性的评价方法同样适用于电催化过程。

（3）电导率 多孔电极中的电催化剂必须是反应物及反应产物的电荷转移反应活性物质，并作为电子传输媒介将电子送至集流体，所以电催化剂必须具有良好的电导率。若电催化剂本身电导性较差，则必须将其负载于石墨等电导性载体材料上。

6.3.1 氢氧化催化性能测试与评价

催化剂的HOR活性通常可以在电化学电池中使用标准三电极系统进行测量。以H_2SO_4或$HClO_4$溶液为电解质模拟酸性条件，KOH或NaOH溶液模拟碱性条件。通常用交换电流密度（i_0）、固定过电位下的动力学电流密度（i_k）或达到一定电流密度所需的过电位作为判断不同催化剂活性的参数。采用循环伏安法（CV）或线性扫描伏安法（LSV）记录催化剂的电化学行为。由于电解质中H_2的溶解度较低，一般需要使用旋转圆盘电极（RDE）技术进行HOR

测量。RDE 技术可以改善催化剂的质量传输，并可以从动力学 - 扩散混合控制区域得到催化剂的动力学。测得的总电流（i）是动力学电流（i_k）和扩散电流（i_d）的组合，可用 Koutecky-Levich 方程描述：

$$\frac{1}{i}=\frac{1}{i_k}+\frac{1}{i_d} \tag{6-18}$$

在无限快速反应动力学条件下，过电位完全受扩散控制；扩散控制过电势可以用式（6-19）来描述：

$$\eta_{扩散}=-\frac{RT}{2F}\left(1-\frac{i_d}{i_{lim}}\right) \tag{6-19}$$

式中，R 为气体常数；T 为温度；F 为法拉第常数；i_{lim} 为 H_2 极限电流密度。

在 RDE 测量中，i_{lim} 与转速的平方根成正比（ω，r/min），如 Levich 方程所示：

$$i_{lim}=0.2nFC_{H_2}D_{H_2}^{2/3}\nu^{-1/6}\omega^{1/2}=BC_{H_2}\omega^{1/2} \tag{6-20}$$

式中，n 为转移的电子数（对于 HOR 反应，n=2）；C_{H_2} 和 D_{H_2} 分别是 H_2 在电解质中的溶解度和扩散率；ν 是电解质的运动黏度；B 是 Levich 常数，为 n、F、D_{H_2} 和 ν 的函数。对于水溶液电解质中的 HOR 反应，BC_{H_2} 约为 0.0687mA · (r/min)$^{1/2}$/cm^2 或 0.205mA · s$^{1/2}$/cm^2。因此，可以从极化曲线中得到对应于催化剂活性的动力学电流（i_k）。

根据动力学电流，可以测定催化剂的活性。将 i_k 除以催化剂质量或电化学表面积（ECSA）可以直接得到一定电位下的质量比活性或面积比活性。交换电流密度（i_0）是平衡电势下正向或逆向的反应速率。用 Butler-Volmer 方程拟合 i_k 与过电位（η）可得式（6-21）：

$$i_k=i_0\left[e^{\frac{\alpha F}{RT}\eta}-e^{\frac{-(1-\alpha)F}{RT}\eta}\right] \tag{6-21}$$

式中，α 是电荷转移系数；i_0 值可以从微极化区域获得。在该区域中，扩散分量可忽略不计，动力学电流可以由测得的电流表示。Butler-Volmer 方程可以通过泰勒公式展开，并且简化为公式（6-22）：

$$i=i_0\frac{\eta F}{RT} \tag{6-22}$$

对于低活性的催化剂，只有在高过电势下才能获得可测量的电流。在这样高的过电位下，逆向反应产生的电流［式（6-21）中的负部分］可以忽略，可以将 Butler-Volmer 方程简化为 Tafel 方程式（6-23）：

$$\eta=A\lg\left(\frac{i_k}{i_0}\right) \tag{6-23}$$

式中，A 是 Tafel 斜率。交换电流密度可以由 Tafel 图中的截距得到，Tafel 图是过电位随 lg（i_k）的函数。

然而，需要注意的是，循环伏安实验受到溶液中的欧姆降和高充电电流的限制，而高充电电流是探测非常快的反应动力学所必需的扫描速率。RDE 法在获得高速率常数的能力上受到限制，因为在超过 10000r/min 的转速下会出现湍流和漩涡。因此，无法使用 RDE 法正确评估某些具有超高 HOR 活性的催化剂（交换电流密度 i_0 等于或高于扩散限制电流密度 i_{lim}），例如，由于酸性电解液中 Pt 的 i_0 值较高，即使在过电位很低的情况下，RDE 中的反应速率也会受到电解液中氢向电极扩散的限制，测得的极化曲线［见图 6-29（a），曲线标记为扩散］只反映了一个与动力学无关的氢浓度极化。而碱性介质中基于 PGM 的 HOR 催化剂的活性较低，因而 RDE 技术目前对碱性介质中的催化剂测量结果较准确，如图 6-29（b）所示，从 RDE 实验测得的极化曲线相对于和仅用于 H_2 浓度极化的理论曲线有较大的正偏移。

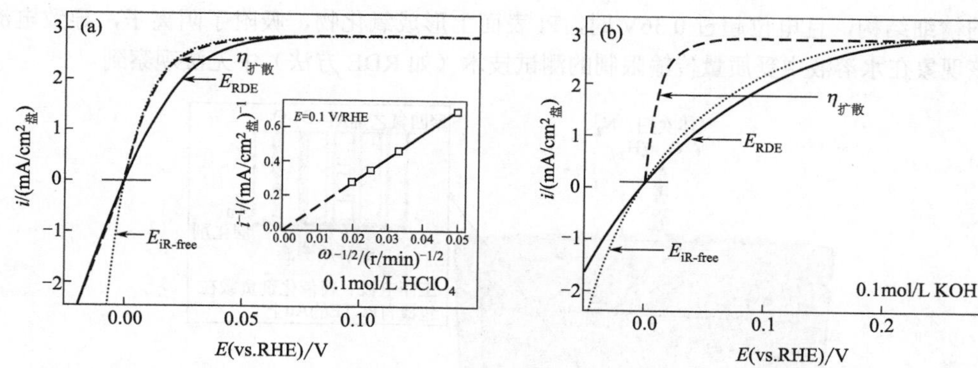

图6-29　多晶铂（Pt/Pc）的HOR/HER极化曲线：（a）0.1mol/L $HClO_4$、1600r/min；（b）0.1mol/L KOH、1600r/min。实验测量值（实线，ERDE），欧姆降校正后曲线（……，$E_{iR\text{-}free}$）以及只有H_2浓差极化的理论曲线（----，电子扩散）。插图为不同转速下，当E=0.1V vs. RHE时，HOR的Koutecky–Levich拟合图[17]

为了更准确地测量催化剂的活性，改善质量传输技术是必不可少的。在目前已有的研究中，扫描电化学显微镜（SECM）、浮动电极和燃料电池装置中的氢气泵等均被用于测量超快动力学反应速率。

① 在 SECM 中，超微电极（UME）探针尖端电流 i_T 与探针和样品基底之间的距离 d 相关，通过驱动探针在靠近基底处进行扫描，UME 上的法拉第电流随基底的起伏或性质改变而发生相应改变，从而获得基底样品的电化学性质和相关信息。底物电位对其的影响可以用来获得底物的非均匀动力学信息。使用 SECM 进行的稳态动力学测量结果中不包含传统电化学技术引起的欧姆降、双电层充电和机械困难等干扰问题，且 SECM 的旋转速度可以达到 10^6r/min，可获得较大的有效传质速率常数，减小传质影响。因此，SECM 是探测快速异质反应的一种有效方法。Zoski 团队[97] 使用 SECM 研究了酸性介质中 Pt、Ir 和 Rh 的 KOH 活性。图 6-30 表达了该工作中使用的 SECM 反馈模式的基本原理。质子 H 在探针尖端被还原，当尖端距离基底（Pt、Ir 或 Rh）大于 5 ～ 10 个探头半径 a 时，会流过稳态电流 $i_{T,\infty}$，该电流是由 H^+ 向尖端的半球形扩散引起的。当尖端距离基底小于尖端半径时，在尖端处产生的 H_2 扩散到基底上被氧化。该过程在基底上产生 H^+，并在 UME 上产生法拉第电流，这取决于尖端 / 基底的间隔和基底上的反应速率。目前，已经针对 SECM 操作的不同模式开发了定量理论，并且可以通过将实验尖端电流与距离（接近曲线）拟合为理论来提取 H_2 氧化的动力学参数。

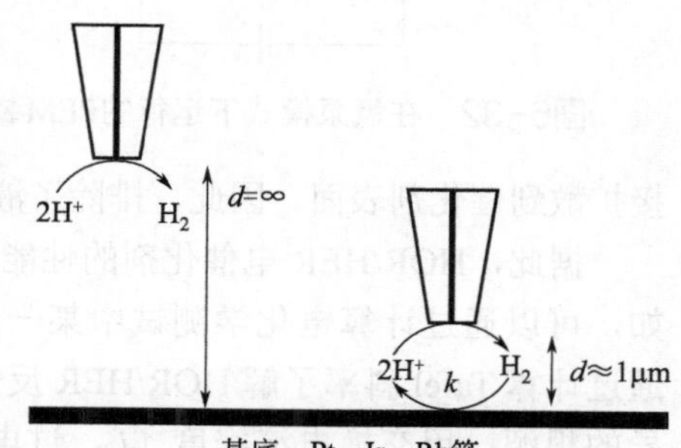

图6-30　SECM反馈模式在酸性溶液中氢氧化反应的应用

② Zalitis 等[98] 提出的浮动电极技术，可作为

RDE 测量的替代方法，用于研究 HOR 电催化剂。该方法结合了燃料电池中气体扩散电极的高质量传输速率特性以及平坦、均匀且均质的催化剂沉积过程，这种方法模拟了 AEMFC 与 PEMFC（充气电极）的工作条件。在聚碳酸酯径迹刻蚀过滤膜 /Au 浮动电极上涂覆了均匀的 Pt 层，其载量低至 $0.16\mu g_{Pt}/cm^2$（图 6-31）。浮动电极测量 HOR 活性揭示了在扩散限制电流范围内的精细结构，且电位超过 0.36V 时，Pt 表面上形成氧化物，吸附了阴离子，导致电流衰减，该现象在水溶液中受质量传输限制的测试技术（如 RDE 方法）中无法观察到。

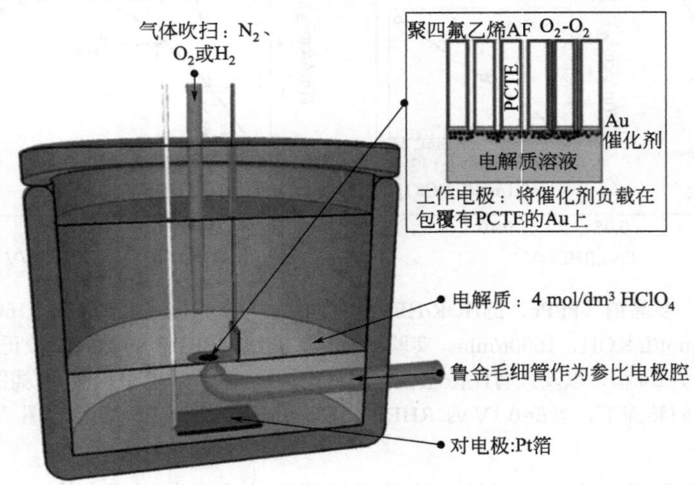

图6-31　浮动电极实验装置

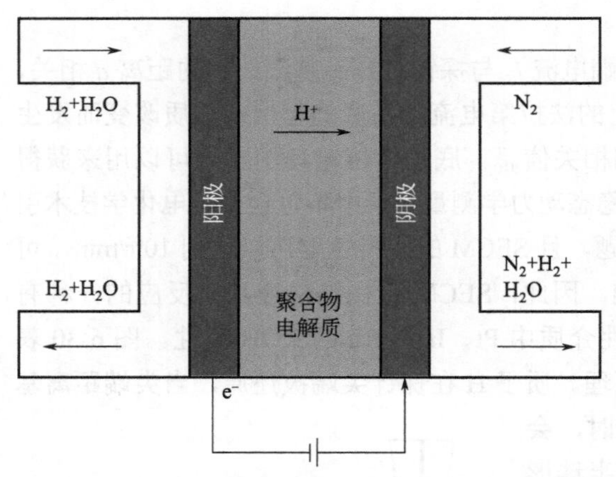

图6-32　在氢泵模式下运行的PEM装置

③ 电化学氢泵也是测量燃料电池 HOR 活性的常用方法之一（图 6-32）[99]。在此系统中，HOR 发生在阳极（工作电极），HER 在阴极，质子或氢氧根离子分别通过质子交换膜（PEM）或阴离子交换膜（AEM）传递。为了研究 HOR 动力学，阳极涂有待测的 HOR 催化剂（对于 PGM 催化剂，负载量极低，例如 $3\mu g/cm^2$），以涂有高负载 Pt/C（$0.4mg/cm^2$）的阴极作为参比电极。Woodroof 等[100]首次使用 H_2 泵来测量 Pt/C 与固体电解质界面处的 HOR 活性。在装有燃料电池配置的氢泵装置中，没有液体电解质，因此氢气直接扩散到催化剂表面。因此，排除了液态电解质中氢溶解度低的问题。

据此，HOR/HER 电催化剂的性能可以借助相应的实验与理论计算来进行评估和预测。例如，可以通过计算电化学测试中某一电流密度下的过电势（η）来评估催化剂的 HOR 活性；通过计算 Tafel 斜率了解 HOR/HER 反应动力学和反应机理方面的信息，从而解析催化性能差异的根源；用交换电流密度（j_0，过电位为 0 时的电流密度）来衡量平衡条件下电催化剂的本征活性；用转换频率（TOF，单位时间内单个活性位点的转化数）、质量比活性和比活性来评估催化剂的本征活性[101]；用 Faraday 效率（催化剂将外电路提供的电子转化为目标产物的效率）来评价催化剂对反应的选择性；用电化学活性面积（electrochemical active surface area，ECSA）来衡量催化剂的活性位数量；用加速老化试验的方法（在较高扫速下进行循环伏安测试）或恒电流 / 电位电解的方法来测试电极材料催化 HOR 的稳定性；此外，也可对比反应前后电极材料的形貌结构是否发生显著变化来判断电极材料的结构稳定性[101]。

此外，可以通过活性描述符的变化来评估催化活性的变化。根据反应机理，HOR/HER 的活性描述符可以总结为：① HBE 是唯一的活性描述符；② HBE 结合催化剂的亲氧性（OH 吸附能）作为活性描述符；③催化剂的亲氧性作为活性描述符。对 HBE 的测试，可通过循环伏安 CV 氢区峰位置（E_{peak}）的变化来判断 HBE 的变化，此外可以通过理论计算获得不同活性位上 H 的吸附能或吸附自由能来判断。催化剂的亲氧性同样可以通过测试 CV 中氧化还原峰的位置，或者通过计算 OH 的吸附自由能以及 OH 的形成电位来评估。值得注意的是，对部分催化剂而言，虽然提高亲氧性可以在一定程度上提高催化剂的 HOR 活性，但 OH 的吸附又会占据部分活性位，促使活性衰减，严重的可能导致催化剂表面氧化而失活，稳定性下降。因此 HBE 和亲氧性往往存在一定的权衡关系，如何调控 HBE 到最优，又让催化剂保持一定的抗氧化性，不让活性位点完全被 OH_{ad} 占据，是设计和优化 HOR 催化剂的关键和挑战。对于亲氧性过强的催化剂，则应着重弱化 OH_{ad} 的吸附强度，在 HOR 电位区间构建稳定的 H_{ad} 活性位点，避免其被 OH_{ad} 占据。

根据催化剂电子结构与反应物种吸附强度间的构效关系，还可以通过解析电催化剂的电子结构来评估和预测催化剂的 HOR 活性。对金属材料而言，物种吸附强度和催化活性与材料的 d 轨道状态密切相关。这种状态特征可用“d 带空穴”、“d 特征百分数”(d%)、d 带中心来描述。“d 带空穴”是指金属 d 能带存在的空穴，其 d 带空穴越多，表明 d 能带中未被 d 电子占用的轨道（空轨道）越多，相应地，d 带从外界接受电子和吸附物种之间成键的能力就越强。价键理论认为过渡金属原子是以 s、p、d 等原子轨道线性组合而成（spd 或 dsp 杂化）。杂化轨道中 d 原子轨道所占的百分数即为 d 特征百分数。通常金属催化剂中 d 轨道电子填充越多，d 空穴越少，参与杂化 d 轨道所占比重 d% 就越大，其对物种的吸附就越弱。d 带中心是指金属催化剂表面原子的 d 能带的权重中心，与 d 能带的填充电子数以及能带分布有关。当金属催化剂 d 能带与吸附物种间的耦合程度相当时，d 带中心靠近费米能级，材料与物种的作用越强，反之则越弱。依据价键理论和分子轨道理论，对化合物类的催化剂而言，当非金属作为 H 的有效活性位时，可以通过研究其 p 轨道与 H 的 s 轨道的重叠程度，或者计算 p 轨道中心来预计催化剂的吸附强弱。最后，基于上述电子结构与物种吸附强度间的线性关系，可以通过计算材料的电子结构、电子能级或化合价态来评估或预测催化剂对物种的吸附强度。

6.3.2　催化剂的设计策略

如前所述，HOR/HER 的研究瓶颈在于缺乏廉价、稳定又高效的电催化剂。提升 HOR/HER 催化性能的挑战在于如何协同调控材料的催化活性、导电性及稳定性。对实验研究者，主要挑战在于：通过结构、尺寸、形貌、晶相等调控策略协同提升上述三种性质；开发绿色简单又高效的催化剂合成方法；利用现代实验技术研究催化机理等。对理论研究者的挑战，则在于如何从电子和原子层面出发，研究材料的几何结构、电子结构、物种吸附，以及催化反应的热力学和动力学性质；关联催化材料的本征物理化学性质与电催化性能，建立明确的构-效关系；认识活性位点和反应机理，为开发高效的电催化剂提供理论指导。

通常，提高电催化剂的活性依赖于活性位的本征活性和活性位的数量的提高。催化剂的设计及构筑大多是通过改变晶相、掺杂、引入空位、合金化、多组分的复合、调变载体、表面修饰等方法来调变催化剂的本征活性；通过改变催化剂的形貌尺寸来调控催化剂的比表面积，从而改变活性位数量和利用率。尽管增加活性位点的数量是一种相对简单的策略，但其对活性增长的作用是有限的，这就使提高催化剂活性位点的本征活性成为实现高活性的最根本、最有效的途径。因此催化剂设计的重点和难点就在于明确活性位，并提升活性位的本征活性。

催化剂表面反应中间物种的吸附与脱附与催化活性直接相关，而物种的吸附/脱附又受催化剂表（界）面的几何和电子结构的影响。因此，本质上可以从材料的组成和结构出发调控其表（界）面性质，从而调节物种吸附性能和催化性能。具体地，从组成上，改变催化剂的元素组成及组分，调节活性中心的配位数、配位原子、配位键长、配位方式等，即利用配位效应，改变配位结构调节催化剂表（界）面性质；从结构上，基底的引入、异质结的形成及改变催化剂的形貌尺寸可以直接改变催化中心的几何结构（键长、键角、层间距、晶格），即产生应变效应。此外，在构筑多相复合催化剂时，相界面的形成不仅会产生配位效应和应变效应，还会因两相的不同性质及金属载体强相互作用而产生界面效应。下面将主要分别介绍基于此三种效应的催化剂活性提升策略。

6.3.2.1 配位效应

催化活性中心原子的配位数、配位原子的种类和数目以及配位方式的改变均会引起电子结构的变化，进而影响催化活性。

以金属催化剂为例，其体相、表面，以及不同晶面均具有不同的配位数，表现出截然不同的催化性能。例如，金属低指数晶面原子［如（111）、（100）、（110）面］，高指数晶面原子、位于台阶位、棱边或顶点位的原子的配位数大小顺序为：台阶/棱边原子<高指数晶面<低指数晶面。通常配位数越高，配位不饱和度越低，对物种吸附越弱。除调变晶面外，也可改变催化剂颗粒尺寸来改变配位数。通常纳米颗粒尺寸越小，表面配位不饱和的原子越多，对物种的吸附越强。Calle-Vallejo 等[102] 通过计算不同尺寸 Pt 颗粒上（111）面的广义配位数与物种的吸附能的关系证明了与活性中心最临近及次临近原子的配位数也会影响活性中心上原子的吸附能及催化剂的活性。因此，可合理地设计催化剂颗粒尺寸来调节表面原子的配位数，提升其催化活性。如 Zhang 等[60] 研究了 3 ～ 42nm 大小的 Pd NPs 对其 HER/HOR 的影响。实验测试发现在 3 ～ 19nm 区间内，交换电流密度随尺寸逐渐增加，这主要是因为随着颗粒尺寸的增大，氢结合能较弱的位点的比例增加。同时，在催化剂中引入其他的杂元素或空穴，可改变配位原子的种类和数目，产生不同的催化活性。Greeley 等[103] 曾对 700 多种二元表面合金进行高通量筛选，并对每种合金的理论活性和稳定性进行了评估。如图 6-33（a）所示，不同的合金组合方式，因配位效应不同，对 H 的吸附能具有明显的差异。

6.3.2.2 应变效应

在构筑多相催化剂时，增加基底、构造核-壳结构、改变催化剂颗粒的形状及尺寸[104]、施加机械应力等方式均会引起晶格失配或键长变化从而引入应变效应[105，106]。催化剂的应变大致分为两类，包括宏观应变（晶格应变）和微观应变。

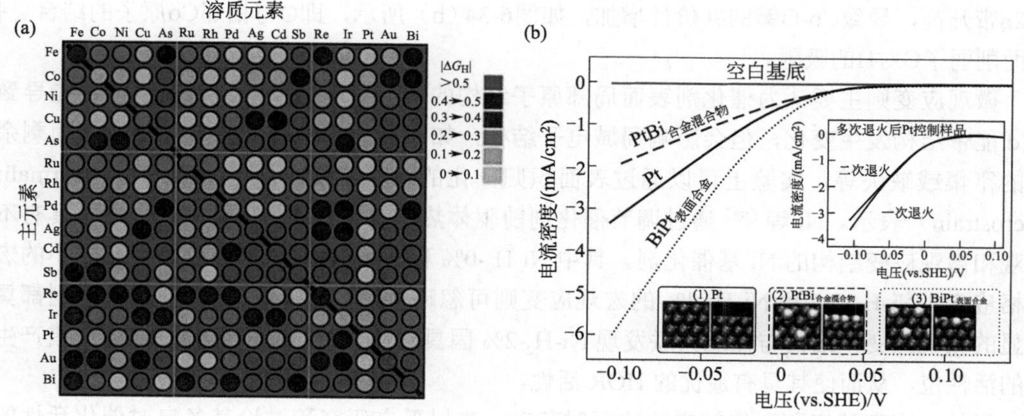

图6-33　(a) H吸附自由能热图（表层中有1/3的溶质金属）；
(b) $BiPt_{表面合金}$、Pt和$PtBi_{合金混合物}$的HER电流密度[103]

宏观应变是指晶体结构参数发生相应的收缩或者拉升，此时因为晶格原子间距的减小或增大，导致轨道重叠的增大或减小，改变 d 能带的填充程度，从而使金属 d 能带发生变化，主要体现在 d 带中心的降低或提升。根据 d 带中心理论，应变与 d 带中心（ε_d）呈现线性关系，即拉伸应变可使后过渡金属（d 电子数≥ 5）的 ε_d 上移，增强金属 - 吸附物之间的相互作用（M-ads），压缩应变则有相反的作用。因此，对于 H 物种吸附过强的催化剂，引入压缩应变可削弱物种的吸附，从而提高催化活性。如 Chen 等[107]制备了富 Pt 的 Pt_3Ni 合金纳米框架。除框架结构增加了活性位点数外，该催化剂中由原子半径差异引起的压缩应变减弱了 Pt 对 H 的吸附，从而使该催化剂在 0.1mol/L KOH 中具有较 Pt/C 和 PtNi/C 更好的 HER 活性。Fan 等[108]报道了具有粗糙树枝状表面的 Au@PdAg 纳米带（NRBs）。该催化剂表面存在低配位原子及外延应变，从而优化了催化剂对 H 的吸附，使其 HER 活性远高于 Pd 黑（η_{10} 分别为 26.2mV 和 135.6mV）。此外，应变效应还可用于一些金属化合物催化剂对 H 吸附强度的调控。Ling 等[109]发现对 CoO 施加一定的拉伸应力可改善 H 的吸附强度。即在富含 O 空位的 (111)-O 表面［(111)-Ov］施加拉伸应力时，H 吸附随应变的增大而不断减弱，如图 6-34（a）所示。当应变为 3.0% 时，催化剂具有最佳的 H 吸附强度，其 HER 活性也优于无应变的 CoO。这是因为拉伸应变使 CoO 的

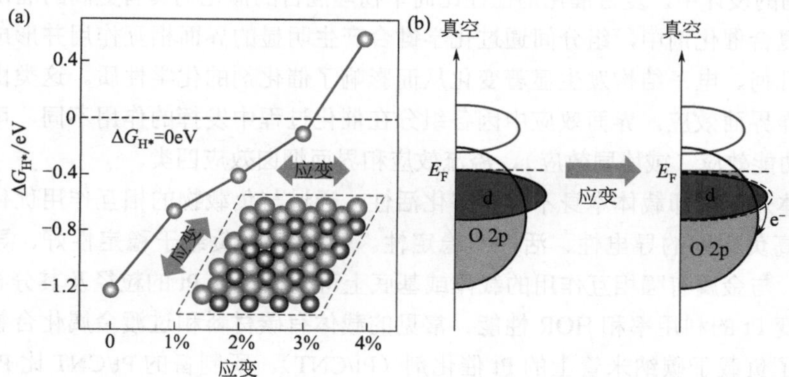

图6-34　(a) CoO(111)-Ov表面的ΔG_{H^*}与拉伸应变的关系；
(b) 应变对CoO(111)-Ov表面电子结构影响的示意图[109]

O-2p带升高，导致Co-O键的共价性增加，如图6-34（b）所示，即O与相邻Co原子的结合更强，从而削弱了O对H的吸附。

微观应变则主要认为催化剂表面局部原子结构的偏移。局部原子结构错位虽不能导致整体 d 能带结构发生变化，但会影响局域电子结构，如局域原子配位数的变化导致表面剩余电荷的富集或缺失等，实验上可以通过表面积归一化的微观应变参数（surface area normalized microstrain）表示。Ni 等[92]通过调节催化剂前驱体热解气氛中 N_2/H_2 比例，合成了具有不同宏观和微观应变结构的 Ni 基催化剂。其中 Ni-H_2-0% 和 Ni-H_2-1% 分别有较明显和较小的宏观晶格应变，Ni-H_2-2% 和 Ni-H_2-4% 的宏观应变则可忽略。除 Ni-H_2-4% 外，其他催化剂都具有明显的微观应变。结构与性能关联发现 Ni-H_2-2% 因具有最大的微观应变，即局域位错产生更多的活性位，从而使其具有最优的 HOR 活性。

显然，应变效应和配位效应往往同时存在，难以孤立研究和讨论其各自对催化活性的贡献。然而，由于配位效应的作用多存在于 1 ～ 3 个原子层间，是一种短程效应，而应变效应的影响可存在于 1 ～ 6 个原子层间，是一种长程效应，所以根据组成及结构的差异，这两种效应所占的比重不同。在均相合金催化剂中，活性中心的电子结构可直接通过比较两种效应所占的比重讨论其对催化性能影响的贡献。例如，均相合金催化剂活性中心的电子结构直接受配位原子的影响，所以配位效应占主导，而在核 - 壳结构金属催化剂、金属覆盖层型复合催化剂中，应变效应影响催化剂的电子结构和催化性能的比重更大。Wang 等[110]制备了具有相同配体效应但表面形貌不同的 RuPt 电催化剂，即 RuPt 核 - 壳（Ru@Pt）和均相合金模型电催化剂，以期研究应变效应对 HER 性能的影响。他们发现 Ru@Pt 二十面体纳米结构的 Pt 壳层具有高度压缩应变，与没有应变的 PtRu 合金催化剂相比，其对 H 和 OH 物种有最优的吸附 / 脱附性能，从而体现出最优的电催化活性。因此他们认为，与配体效应相比，双金属电催化剂的表面应变效应是影响活性的更主要的因素。Lu 等[111]发现 NiPt/C 及经酸处理过的 NiPt/C（酸洗掉表面的 Ni 原子）合金颗粒均具有比纯 Pt/C 纳米颗粒更好的 HOR 活性，他们认为 Ni 的引入可通过应变和配位效应削弱 Pt 的 HBE，从而提升其催化活性。除了 Ru 和 Ni 外，Pt 还可与 Mo、Fe、W、Co 等形成性能优于母体金属的合金催化剂。

6.3.2.3 界面效应

在催化剂的设计中，复合催化剂往往比简单物理混合的催化剂具有更高的催化性能[112-114]。这是因为在复合催化剂中，组分间通过化学键合产生明显的界面相互作用并形成相界面，使界面区域的几何、电子结构发生显著变化从而影响了催化剂的化学性质。这类由相界面产生的影响被称作界面效应。界面效应中因各组分在催化过程中发挥的作用不同，可大致分为载体效应、双功能效应（或协同效应）、溢流效应和界面烟囱效应四类。

（1）载体效应　即载体本身不具有催化活性，通过与负载物的相互作用优化负载物的电子结构，提高负载物的导电性、活性及稳定性。例如将 Pt 负载于稳定性好、导电性高、形貌结构独特、与金属有强相互作用的载体或基底上可明显改变 Pt 的粒径及其分布、形貌、稳定性从而改变 Pt 的利用率和 HOR 性能。常见的载体有碳材料和过渡金属化合物等。如 Kim 等[115]制备了负载于碳纳米管上的 Pt 催化剂（Pt/CNT）。所制备的 Pt/CNT 比 Pt/C 具有更大的活性面积、更低的电荷转移电阻、更适中的 H 吸附能、更高的电化学稳定性及 HOR 性能。Obradovic 等[116]制备了高比表面积的碳化钨（WC）作为 Pt 电催化剂的载体。他们发现，催化剂中的 Pt 团簇分散良好且由几个至几十个 Pt 组成，该催化剂比 Pt/C 具有显著增强的 HOR 活性。Hassan 等[117, 118]还证明了 WC 载 Pt 具有较好的抗 CO 中毒能力和稳定性。对非贵金属催化剂而言，调变载体也存在同样的作用。Zhuang 等[88]制备了负载于 N 掺杂碳纳米管上的金属 Ni 纳米颗粒（Ni/N-CNT）。如图 6-35 所示，得益于 N-CNT 载体对 Ni 颗粒的稳定作用及 N 对 Ni-d 轨道电子的调节作用，Ni/N-CNT 在碱性介质中具有较好的 HOR 活性，其质量比活性是纯 Ni 的 33 倍。

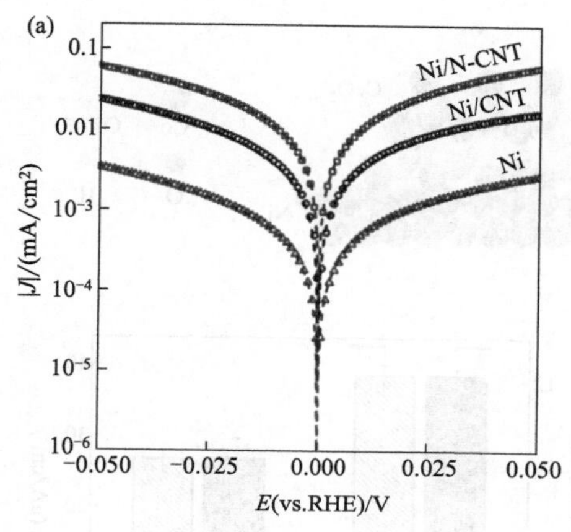

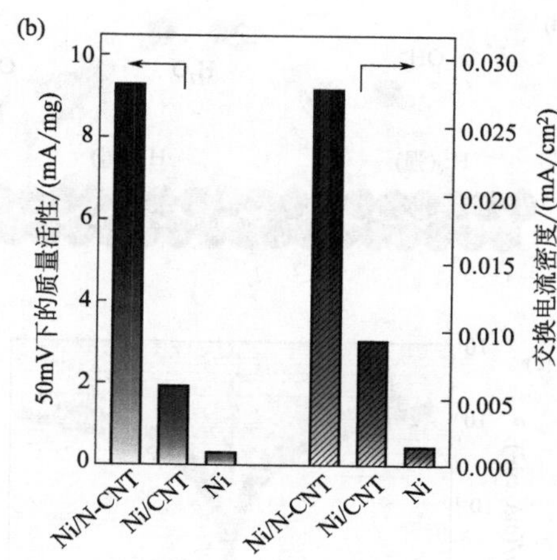

图6-35　Ni/N-CNT、Ni/CNT和Ni的活性比较：（a）在H_2饱和的0.1mol/L KOH中的比电流密度Tafel图；（b）50mV下的质量活性和交换电流密度[88]

（2）双功能（或协同效应）　即组分 A 和 B 可分别吸附不同的反应中间物种或催化不同的基元反应，复合催化剂则可结合各单相组分的优势协同提供催化位点，并通过界面的相互作用优化了 AB 两相的吸附或催化功能，从而使催化反应能在界面区域顺利进行。Park 等[119]报道了一种 Pd 纳米晶沉积于自发氧化的 WC 载体上的复合材料 Pd/WC。这种复合材料具有相互连接的骨架结构及均匀的 Pd NPs。Pd 和 WC 之间的协同作用使 Pd 的活性显著增强。即与 Pd/C 相比，Pd/WC 催化剂表现出更高的交换电流密度，更低的 H 吸附能及更低的酸性 HOR 活化能。此外，双功能协同效应可进一步通过改变金属 - 化合物间的相互作用进行调节及优化。如 Yang 等[67]结合实验和 DFT 计算发现，在 CeO_2-Ni 复合催化剂中电子从 Ni 转移给 CeO_2［图 6-36（a）］，从而优化了 Ni 对 H 的吸附。当引入 O 空位时，可进一步调节 CeO_2-Ni 相互作用，使 Ni 位点更有益于 H 吸脱附［图 6-36（b）］，CeO_2 更有利于 OH 吸附能［图 6-36（c）］从而使富含 O 空穴的 CeO_2/Ni 催化剂［CeO_2(r)-Ni］具有更高的 HOR 催化活性［图 6-36（d）～（f）］。

（3）溢流效应　即由于复合催化剂中活性位点吸附能力的差异性，反应物可从一种组分溢流（或迁移）到界面或其他组分中并与其他反应物发生反应，使“吸附 - 迁移 - 反应 - 脱附 - 活性位暴露 - 再吸附”这一循环顺利进行，从而加速了整体的催化反应。H 溢流效应[120-123]对促进 HER/HOR 具有重要意义。如 Park 等[122]发现介孔 WO_{3-x} 负载的单原子 Pt 复合催化剂（Pt SA/m-WO_{3-x}）的 HER 活性大于碳负载单原子 Pt（Pt SA/C）和介孔 WO_{3-x} 负载 Pt 纳米颗粒（Pt NP/m-WO_{3-x}）复合催化剂［图 6-37（a）和（b）］。这是因为，相比于 Pt SA/C，在 Pt SA/m-WO_{3-x} 和 Pt NP/m-WO_{3-x} 上存在 H 从 Pt 向载体溢流的现象。而 Pt SA/m-WO_{3-x} 上 Pt 分散度高，具有

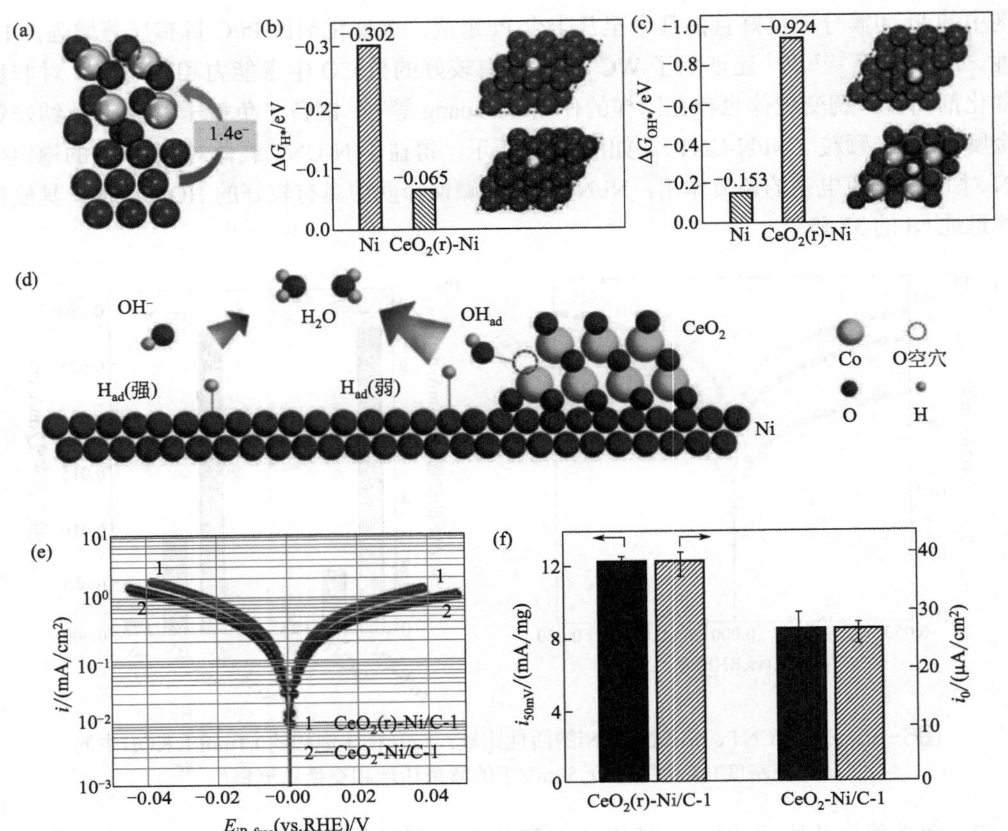

图6-36 （a）CeO_2（r）和Ni间电子转移示意图；（b）～（c）H和OH在Ni和CeO_2(r)-Ni上的吸附自由能；（d）CeO_2(r)-Ni催化HOR机理示意图；（e）～（f）NiCeO_2(r)-Ni/C-1和CeO_2-Ni/C-1的HER活性比较[67]

更多界面从而使其呈现出更高程度的氢溢流效应，进而加速了H的吸附-脱附-活性位暴露这一过程，最终大大增强了Pt的HER质量比活性。通过调节基底的表面状态可调节H溢流效应，如Tian等[124]发现碳纤维布负载的具有O空位的WO_3作Pt簇的基底时（Pt/def-WO_3@CFC）能引入比无O空位的WO_3作基底时H溢流效应更显著［图6-37（c）］，使H容易地吸附在Pt簇，然后迅速转移至WO_3基底上形成H_xWO_3，随后，H_xWO_3加速了界面处Pt上H^*的脱附及界面处WO_3上H_2的形成从而使Pt重新暴露其活性位点并加速了HER。据此，可利用表（界）面处的吸附特性引入溢流效应，并通过改变表（界）面的结构调节优化反应物种的迁移和扩散，进而实现对金属/金属化合物催化活性的调控。

（4）烟囱效应　即修饰于组分B上的组分A通过调节B的电子结构使A/B界面处的B对反应物种具有选择性吸附的能力，从而使界面形成具有类似烟囱抽提作用的快速反应通道。许多研究已证实界面的活性位具有较非界面更好的本征活性。Wei课题组[44]则通过DFT计算与实验揭示NiO/Ni相界面间的电荷转移使界面Ni的电子结构异于块体Ni。这种电荷差异使NiO/Ni界面形成了不利于OH和H_2O吸附，而对H具有最优选择性吸附。这类最优秀性吸附能力对HER来说，就在金属氧化物/金属界面形成了利于H复合利于H_2溢出的通道，界面形成了类似烟囱“抽提”作用。对HOR而言，则是界面选择性对H_2的解离以及H的脱附，

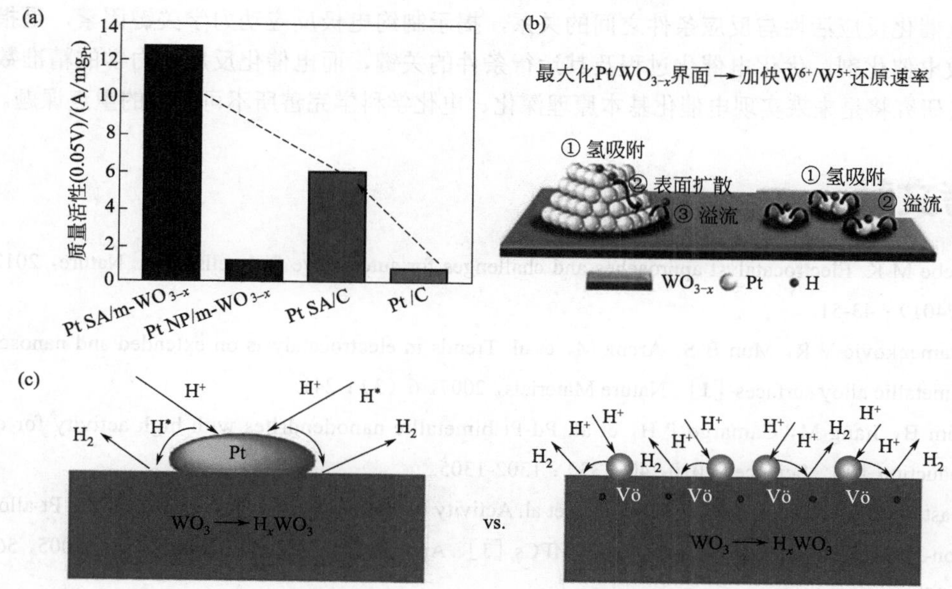

图6-37　Pt SA/m-WO_{3-x}和Pt NP/m-WO_{3-x}的（a）催化活性比较及（b）HER机理示意图[122]；（c）Pt/WO_3和Pt/def-WO_3的HER机理的比较[124]

产生相应烟囱"倒吸"作用，促进HOR反应。例如前面所阐述的Ru/TiO_2催化剂相界面，因TiO_2与Ru间的电荷转移导致界面处的Ru不仅具有最优的HOR的活性，还具有非常优异的抗CO中毒特性。显然金属氧化物与金属之间的界面越多，沿界面形成的烟囱越多，催化剂的活性越高。该效应也被其他课题组所证实，例如Yang等[91]报道了一种低成本的Ni/NiO/C复合催化剂，它具有丰富的Ni/NiO界面位，这种界面可通过电子和亲氧效应优化H和OH在Ni/NiO界面的结合能，使该催化剂在碱性介质中的HOR活性比其母体Ni/C高一个数量级，且表现出优于Pt/C的稳定性和耐久性。

综上，燃料电池装置中的阳极 HOR 作为氢能产生及利用中重要的过程，其快速、高效地进行强烈依赖于高成本的催化剂的性能。就目前而言，仅铂基催化剂能满足其催化 HOR 和 ORR 过程，从而限制了燃料电池装置的商业化进程。开发低成本、稳定且高效的 HOR 催化剂对推动燃料电池，特别是碱性膜燃料电池的商业化进程以及氢能的高效循环利用具有重要意义。从表（界）面结构和组成出发，提高活性位的本征活性和增加活性位数量是设计和开发 HOR 催化剂的根本策略。因此，深入理解表（界）面结构及组成对催化剂结构及性质的影响有助于进一步优化设计策略并开发更高效的催化剂。

6.4　总结与展望

电化学能量与物质转换技术中的 HOR 过程是电化学体系中最为简单的 2 质子 -2 电子转移反应。自 Tafel 的原创性工作以来，过去 100 多年间，氢电极反应就一直是电催化反应中的重要模型反应，对该反应的实验与理论研究也最广泛与深入。HOR 过程除了与催化剂的结构与组成密切相关外，还和电极电势、界面荷电状态、反应物浓度、反应温度、溶液的 pH、溶剂的性质、阴阳离子的结构与性质等诸多因素密切相关。因此，构建电极过程动力学理论，阐释电催化反应活性与反应条件之间的关系，揭示制约电极反应动力学关键因素，是指导设计高效电催化剂、优化电催化过程及其运行条件的关键，而电催化反应动力学的精准数学描述相关研究将是未来实现电催化基本原理深化、电化学科学完善所不可或缺的重点课题。

参考文献

[1] Debe M K. Electrocatalyst approaches and challenges for automotive fuel cells［J］. Nature，2012，486（7401）：43-51.

[2] Stamenkovic V R，Mun B S，Arenz M，et al. Trends in electrocatalysis on extended and nanoscale Pt-bimetallic alloy surfaces［J］. Nature Materials，2007，6（3）：241.

[3] Lim B，Jiang M，Camargo P H，et al. Pd-Pt bimetallic nanodendrites with high activity for oxygen reduction［J］. Science，2010，40（33）：1302-1305.

[4] Gasteiger H A，Kocha S S，Sompalli B，et al. Activity benchmarks and requirements for Pt，Pt-alloy，and non-Pt oxygen reduction catalysts for PEMFCs［J］. Applied Catalysis B-Environmental，2005，56（1）：9-35.

[5] Shinagawa T，Garcia-Esparza A T，Takanabe K. Insight on tafel slopes from a microkinetic analysis of aqueous electrocatalysis for energy conversion［J］. Scientific Reports，2015，5：13801.

[6] Tian X，Zhao P，Sheng W. Hydrogen evolution and oxidation：mechanistic studies and material advances［J］. Advanced Materials，2019，31（31）：e1808066.

[7] John S，Atkinson R W，Unocic R R，et al. Ruthenium-alloy electrocatalysts with tunable hydrogen oxidation kinetics in alkaline electrolyte［J］. Journal of Physical Chemistry C，2015，119（24）：13481-13487.

[8] Montero M A，Gennero De Chialvo M R，Chialvo A C. Kinetics of the hydrogen oxidation reaction on nanostructured rhodium electrodes in alkaline solution［J］. Journal of Power Sources，2015，283：181-186.

[9] Montero M A，De Chialvo M R G，Chialvo A C. Evaluation of the kinetic parameters of the hydrogen oxidation reaction on nanostructured iridium electrodes in alkaline solution［J］. Journal of Electroanalytical Chemistry，2016，767：153-159.

[10] Markovic N M，Grgur B N，Ross P N. Temperature-dependent hydrogen electrochemistry on platinum low-index single-crystal surfaces in acid solutions［J］. Journal of Physical Chemistry B，1997，101：5405-5413.

[11] Voiry D，Chhowalla M，Gogotsi Y，et al. Best practices for reporting electrocatalytic performance of nanomaterials［J］. ACS Nano，2018，12（10）：9635-9638.

[12] Zheng J，Sheng W，Zhuang Z，et al. Universal dependence of hydrogen oxidation and evolution reaction activity of platinum-group metals on pH and hydrogen binding energy[J]. Science Advances，2016，2(3)：e1501602-1501609.

[13] Haynes W M，Lide D R，Bruno T J. CRC handbook of chemistry and physics. 97th［M］. Boca Raton：Crc Press，2016.

[14] Rheinlander P J，Herranz J，Durst J，et al. Kinetics of the hydrogen oxidation/evolution reaction on

polycrystalline platinum in alkaline electrolyte reaction order with respect to hydrogen pressure［J］. Journal of the Electrochemical Society，2014，161（14）：F1448-F1457.

[15] Zheng J，Yan Y，Xu B. Correcting the hydrogen diffusion limitation in rotating disk electrode measurements of hydrogen evolution reaction kinetics［J］. Journal of the Electrochemical Society，2015，162（14）：F1470-F1481.

[16] Simon C，Hasché F，Gasteiger H A. Influence of the gas diffusion layer compression on the oxygen transport in PEM fuel cells at high water saturation levels［J］. Journal of the Electrochemical Society，2017，164（6）：F591-F599.

[17] Sheng W，Gasteiger H A，Shao-Horn Y. Hydrogen oxidation and evolution reaction kinetics on platinum：Acid vs alkaline electrolytes［J］. Journal of the Electrochemical Society，2010，157（11）：B1529-B1536.

[18] Popczun E J，Read C G，Roske C W，et al. Highly active electrocatalysis of the hydrogen evolution reaction by cobalt phosphide nanoparticles［J］. Angew Chem Int Ed Engl，2014，53（21）：5427-5430.

[19] Durst J，Simon C，Siebel A，et al. Hydrogen oxidation and evolution reaction（HOR/HER）on Pt electrode in acid vs. alkaline electrolytes：mechanism，activity and particle size effects［J］. Journal of the Electrochemistry Society，2014，64（3）：1069-1080.

[20] Conway B E，Bai L. Determination of adsorption of OPD H species in the cathodic hydrogen evolution reaction at Pt in relation to electrocatalysis［J］. Journal of Electroanalytical Chemistry and Interfacial Electrochemistry，1986，198（1）：149-175.

[21] Angerstein-Kozlowska H，Conway B E，Hamelin A. Electrocatalytic mediation of oxidation of H_2 at gold by chemisorbed states of anions［J］. Journal of Electroanalytical Chemistry，1990，277：233-252.

[22] Strmcnik D，Uchimura M，Wang C，et al. Improving the hydrogen oxidation reaction rate by promotion of hydroxyl adsorption［J］. Nature Chemistry，2013，5（4）：1-7.

[23] Li J，Ghoshal S，Bates M K，et al. Experimental proof of the bifunctional mechanism for the hydrogen oxidation in alkaline media［J］. Angewandte Chemie-International Edition，2017，56（49）：15594-15598.

[24] Alesker M，Page M，Shviro M，et al. Palladium/nickel bifunctional electrocatalyst for hydrogen oxidation reaction in alkaline membrane fuel cell［J］. Journal of Power Sources，2016，304：332-339.

[25] Alia S M，Pivovar B S，Yan Y. Platinum-coated copper nanowires with high activity for hydrogen oxidation reaction in base［J］. Journal of the American Chemical Society，2013，135（36）：13473-13478.

[26] Ramaswamy N，Ghoshal S，Bates M K，et al. Hydrogen oxidation reaction in alkaline media：relationship between electrocatalysis and electrochemical double-layer structure［J］. Nano Energy，2017，41：765-771.

[27] Liu L，Liu Y，Liu C. Enhancing the understanding of hydrogen evolution and oxidation reactions on Pt(111) through ab initio simulation of electrode/electrolyte kinetics［J］. Journal of the American Chemical Society，2020，142（11）：4985-4989.

[28] Durst J，Siebel A，Simon C，et al. New insights into the electrochemical hydrogen oxidation and evolution reaction mechanism［J］. Energy & Environmental Science，2014，7（7）：2255-2260.

[29] Sheng W，Myint M，Chen J G，et al. Correlating the hydrogen evolution reaction activity in alkaline electrolytes with the hydrogen binding energy on monometallic surfaces［J］. Energy & Environmental Science，2013，6（5）：1509-1512.

[30] Sheng W，Zhuang Z，Gao M，et al. Correlating hydrogen oxidation and evolution activity on platinum at different pH with measured hydrogen binding energy［J］. Nature Communications，2015，6：5848-5853.

[31] Zheng J，Zhuang Z，Xu B，et al. Correlating hydrogen/evolution reaction activity with the minority weak hydrogen-birding sites on Ir/C catalysts［J］. ACS Catalysis，2015，5（7）：4449-4455.

[32] Rossmeisl J，Nørskov J K，Taylor C D，et al. Calculated phase diagrams for the electrochemical oxidation and reduction of water over Pt(111)［J］. Journal of Physical Chemistry B，2006，110：21833-21839.

[33] van der Niet M J T C，Garcia-Araez N，Hernández J，et al. Water dissociation on well-defined platinum surfaces：The electrochemical perspective［J］. Catalysis Today，2013，202：105-113.

[34] Zheng J，Nash J，Xu B，et al. Perspective-towards establishing apparent hydrogen binding energy as the descriptor for hydrogen oxidation/evolution reactions［J］. Journal of the Electrochemical Society，2018，165（2）：H27-H29.

[35] Cheng T，Wang L，Merinov B V，et al. Explanation of dramatic pH-dependence of hydrogen binding on noble metal electrode：greatly weakened water adsorption at high pH［J］. Journal of the American Chemical Society，2018，140（25）：7787-7790.

[36] Ledezma-Yanez I，Wallace W D Z，Sebastian-Pascual P，et al. Interfacial water reorganization as a pH-dependent descriptor of the hydrogen evolution rate on platinum electrodes［J］. Nature Energy，2017，2（4）：17031.

[37] Lu S，Zhuang Z. Investigating the influences of the adsorbed species on catalytic activity for hydrogen oxidation reaction in alkaline electrolyte[J]. Journal of the American Chemical Society，2017，139(14)：5156-5163.

[38] Liu E，Li J，Jiao L，et al. Unifying the hydrogen evolution and oxidation reactions kinetics in base by identifying the catalytic roles of hydroxyl-water-cation adducts［J］. Journal of the American Chemical Society，2019，141（7）：3232-3239.

[39] Schwämmlein J N，Stühmeier B M，Wagenbauer K，et al. Origin of superior HOR/HER activity of bimetallic Pt-Ru catalysts in alkaline media identified via Ru@Pt core-shell nanoparticles［J］. Journal of the Electrochemical Society，2018，165（5）：H229-H239.

[40] Han B C，Van Der Ven A，Ceder G，et al. Surface segregation and ordering of alloy surfaces in the presence of adsorbates［J］. Physical Review B，2005，72（20）：205409.

[41] Mccrum I T，Janik M J. pH and alkali cation effects on the Pt cyclic voltammogram explained using density functional theory［J］. Journal of Physical Chemistry C，2015，120（1）：457-471.

[42] Strmcnik D，Kodama K，van der Vliet D，et al. The role of non-covalent interactions in electrocatalytic fuel-cell reactions on platinum［J］. Nature Chemistry，2009，1（6）：466-472.

[43] Wang Y，Wang G，Li G，et al. Pt–Ru catalyzed hydrogen oxidation in alkaline media：oxophilic effect or electronic effect？［J］. Energy & Environmental Science，2015，8（1）：177-181.

[44] Peng L，Zheng X，Li L，et al. Chimney effect of the interface in metal oxide/metal composite catalysts on the hydrogen evolution reaction［J］. Applied Catalysis B-Environmental，2019，245：122-129.

[45] Jiang J，Tao S，He Q，et al. Interphase-oxidized ruthenium metal with half-filled d-orbitals for hydrogen oxidation in an alkaline solution［J］. Journal of Materials Chemistry A，2020，8（20）：10168-10174.

[46] Zhou Y，Xie Z，Jiang J，et al. Lattice-confined Ru clusters with high CO tolerance and activity for the hydrogen oxidation reaction［J］. Nature Catalysis，2020，3（5）：454-462.

[47] Feng Z，Li L，Zheng X，et al. Role of hydroxyl species in hydrogen oxidation reaction：A DFT study[J]. Journal of Physical Chemistry C，2019，123（39）：23931-23939.

[48] Durst J，Simon C，Hasche F，et al. Hydrogen oxidation and evolution reaction kinetics on carbon supported Pt，Ir，Rh，and Pd electrocatalysts in acidic media［J］. Journal of the Electrochemical Society，2015，162（1）：F190-F203.

[49] Wang Y，Wang Z，Dinh C-T，et al. Catalyst synthesis under CO_2 electroreduction favours faceting and promotes renewable fuels electrosynthesis［J］. Nature Catalysis，2020，3（2）：98-106.

[50] Markovic N M，Sarraf S T，Gasteiger H A，et al. Hydrogen electrochemistry on platinum low-index single-crystal surfaces in alkaline solution［J］. Journal of the Chemical Society，Faraday Transactions，1996，92（20）：3719-3725.

[51] Stamenkovic V，Schmidt T J，Ross P N，et al. Surface segregation effects in electrocatalysis：Kinetics of oxygen reduction reaction on polycrystalline Pt_3Ni alloy surfaces［J］. Journal of Electroanalytical Chemistry，2003，554：191-199.

[52] Conway B E，Barber J，Morin S. Comparative evaluation of surface structure specificity of kinetics of UPD and OPD of H at single-crystal Pt electrodes［J］. Electrochimica Acta，1998，44（6-7）：1109-1125.

[53] Barber J H，Conway B E. Structural specificity of the kinetics of the hydrogen evolution reaction on the low-index surfaces of Pt single-crystal electrodes in 0.5 M dm^{-3} NaOH［J］. Journal of Electroanalytical Chemistry，1999，461（1-2）：80-89.

[54] Hoshi N，Asaumi Y，Nakamura M，et al. Structural effects on the hydrogen oxidation reaction on n(111)-(111) surfaces of platinum［J］. Journal of Physical Chemistry C，2009，113（39）：16843-16846.

[55] Rao C V，Viswanathan B. Monodispersed platinum nanoparticle supported carbon electrodes for hydrogen oxidation and oxygen reduction in proton exchange membrane fuel cells［J］. Journal of Physical Chemistry C，2010，114（18）：8661-8667.

[56] Babic B M，Vracar L M，Radmilovic V，et al. Carbon cryogel as support of platinum nano-sized electrocatalyst for the hydrogen oxidation reaction［J］. Electrochimica Acta，2006，51（18）：3820-3826.

[57] Ohyama J，Sato T，Yamamoto Y，et al. Size specifically high activity of Ru nanoparticles for hydrogen oxidation reaction in alkaline electrolyte[J]. Journal of the American Chemical Society，2013，135(21)：8016-8021.

[58] Sun Y，Dai Y，Liu Y，et al. A rotating disk electrode study of the particle size effects of Pt for the hydrogen oxidation reaction［J］. Physical Chemistry Chemical Physics，2012，14（7）：2278-2285.

[59] Bae S-E，Gokcen D，Liu P，et al. Size effects in monolayer catalysis-model study：Pt submonolayers on

Au(111) [J]. Electrocatalysis，2012，3 (3-4)：203-210.

[60] Zheng J，Zhou S，Gu S，et al. Size-dependent hydrogen oxidation and evolution activities on supported palladium nanoparticles in acid and base [J]. Journal of the Electrochemical Society，2016，163 (6)：F499-F506.

[61] Elbert K，Hu J，Ma Z，et al. Elucidating hydrogen oxidation/evolution kinetics in base and acid by enhanced activities at the optimized Pt shell thickness on the Ru core [J]. ACS Catalysis，2015，5 (11)：6764-6772.

[62] Hsieh Y-C，Zhang Y，Su D，et al. Ordered bilayer ruthenium-platinum core-shell nanoparticles as carbon monoxide-tolerant fuel cell catalysts [J]. Nature Communications，2013，4：2466.

[63] Scofield M E，Zhou Y，Yue S，et al. Role of chemical composition in the enhanced catalytic activity of Pt-based alloyed ultrathin nanowires for the hydrogen oxidation reaction under alkaline conditions [J]. ACS Catalysis，2016，6 (6)：3895-3908.

[64] Yoo S J，Park H-Y，Jeon T-Y，et al. Promotional effect of palladium on the hydrogen oxidation reaction at a PtPd alloy electrode [J]. Angewandte Chemie-International Edition，2008，47 (48)：9307-9310.

[65] Zhao T，Hu Y，Gong M，et al. Electronic structure and oxophilicity optimization of mono-layer Pt for efficient electrocatalysis [J]. Nano Energy，2020，74：104877.

[66] Yang F，Bao X，Zhao Y，et al. Enhanced HOR catalytic activity of PGM-free catalysts in alkaline media：the electronic effect induced by different heteroatom doped carbon supports [J]. Journal of Materials Chemistry A，2019，7 (18)：10936-10941.

[67] Yang F，Bao X，Li P，et al. Boosting hydrogen oxidation activity of Ni in alkaline media through oxygen-vacancy-rich CeO_2/Ni heterostructures [J]. Angewandte Chemie-International Edition，2019，58 (40)：14179-14183.

[68] Montero M A，Fernandez J L，De Chialvo M R G，et al. Characterization and kinetic study of a nanostructured rhodium electrode for the hydrogen oxidation reaction [J]. Journal of Power Sources，2014，254：218-223.

[69] Greeley J，Nørskov J K，Kibler L A，et al. Hydrogen evolution over bimetallic systems：understanding the trends [J]. Chemphyschem，2006，7 (5)：1032-1035.

[70] Henning S，Herranz J，Gasteiger H A. Bulk-palladium and palladium-on-gold electrocatalysts for the oxidation of hydrogen in alkaline electrolyte [J]. Journal of the Electrochemical Society，2015，162 (1)：F178-F189.

[71] Markovic N M，Lucas C A，Climent V，et al. Surface electrochemistry on an epitaxial palladium film on Pt(111)：surface microstructure and hydrogen electrode kinetics [J]. Surface Science，2000，465 (1-2)：103-114.

[72] Alesker M，Page M，Shviro M，et al. Palladium/nickel bifunctional electrocatalyst for hydrogen oxidation reaction in alkaline membrane fuel cell [J]. Journal of Power Sources，2016，304：332-339.

[73] Shao M. Palladium-based electrocatalysts for hydrogen oxidation and oxygen reduction reactions [J]. Journal of Power Sources，2011，196 (5)：2433-2444.

[74] Roudgar A，Gross A. Local reactivity of thin Pd overlayers on Au single crystals [J]. Journal of Electroanalytical Chemistry，2003，548：121-130.

[75] Miller H A，Lavacchi A，Vizza F，et al. A Pd/C-CeO_2 anode catalyst for high-performance platinum-free anion exchange membrane fuel cells［J］. Angewandte Chemie-International Edition，2016，55（20）：6004-6007.

[76] Miller H A，Vizza F，Marelli M，et al. Highly active nanostructured palladium-ceria electrocatalysts for the hydrogen oxidation reaction in alkaline medium［J］. Nano Energy，2017，33：293-305.

[77] Kundu M K，Mishra R，Bhowmik T，et al. Rhodium metal-rhodium oxide（Rh-Rh_2O_3）nanostructures with Pt-like or better activity towards hydrogen evolution and oxidation reactions（HER，HOR）in acid and base：correlating its HOR/HER activity with hydrogen binding energy and oxophilicity of the catalyst［J］. Journal of Materials Chemistry A，2018，6（46）：23531-23541.

[78] Wang H S，Abruna H D. Rh and Rh alloy nanoparticles as highly active H_2 oxidation catalysts for alkaline fuel cells［J］. ACS Catalysis，2019，9（6）：5057-5062.

[79] Zhang W W，Li L，Ding W，et al. A solvent evaporation plus hydrogen reduction method to synthesize IrNi/C catalysts for hydrogen oxidation［J］. Journal of Materials Chemistry A，2014，2（26）：10098-10103.

[80] Ohyama J，Kumada D，Satsuma A. Improved hydrogen oxidation reaction under alkaline conditions by ruthenium-iridium alloyed nanoparticles［J］. Journal of Materials Chemistry A，2016，4（41）：15980-15985.

[81] Ishikawa K，Ohyama J，Okubo K，et al. Enhancement of alkaline hydrogen oxidation reaction of Ru-Ir alloy nanoparticles through bifunctional mechanism on Ru-Ir pair site［J］. ACS Applied Materials & Interfaces，2020，12（20）：22771-22777.

[82] Liao J H，Ding W，Tao S C，et al. Carbon supported IrM（M=Fe，Ni，Co）alloy nanoparticles for the catalysis of hydrogen oxidation in acidic and alkaline medium［J］. Chinese Journal of Catalysis，2016，37（7）：1142-1148.

[83] Jiang J X，Liao J H，Tao S C，et al. Modulation of iridium-based catalyst by a trace of transition metals for hydrogen oxidation/evolution reaction in alkaline［J］. Electrochimica Acta，2020，333：135444.

[84] Wang H S，Yang Y，Disalvo F J，et al. Multifunctional electrocatalysts：Ru-M（M=Co，Ni，Fe）for alkaline fuel cells and electrolyzers［J］. ACS Catalysis，2020，10（8）：4608-4616.

[85] Zhou Z H，Liu Y J，Zhang J H，et al. Non-precious nickel-based catalysts for hydrogen oxidation reaction in alkaline electrolyte［J］. Electrochemistry Communications，2020，121：106871.

[86] Duan Y，Yu Z Y，Yang L，et al. Bimetallic nickel-molybdenum/tungsten nanoalloys for high-efficiency hydrogen oxidation catalysis in alkaline electrolytes［J］. Nature Communications，2020，11（1）：4789.

[87] Xue Y R，Shi L，Liu X R，et al. A highly-active，stable and low-cost platinum-free anode catalyst based on RuNi for hydroxide exchange membrane fuel cells［J］. Nature Communications，2020，11（1）：5651.

[88] Zhuang Z B，Giles S A，Zheng J，et al. Nickel supported on nitrogen-doped carbon nanotubes as hydrogen oxidation reaction catalyst in alkaline electrolyte［J］. Nature Communications，2016，7：10141.

[89] Song F Z，Li W，Yang J Q，et al. Interfacing nickel nitride and nickel boosts both electrocatalytic

hydrogen evolution and oxidation reactions［J］. Nature Communications，2018，9：4531.

[90] Lu S F，Pan J，Huang A B，et al. Alkaline polymer electrolyte fuel cells completely free from noble metal catalysts［J］. Proceedings of the National Academy of Sciences of the United States of America，2008，105（52）：20611-20614.

[91] Yang Y，Sun X D，Han G Q，et al. Enhanced electrocatalytic hydrogen oxidation on Ni/NiO/C derived from a nickel-based metal-organic framework［J］. Angewandte Chemie-International Edition，2019，58（31）：10644-10649.

[92] Ni W Y，Wang T，Schouwink P A，et al. Efficient hydrogen oxidation catalyzed by strain-engineered nickel nanoparticles［J］. Angewandte Chemie-International Edition，2020，59（27）：10797-10801.

[93] Ni W Y，Krammer A，Hsu C S，et al. Ni_3N as an active hydrogen oxidation reaction catalyst in alkaline medium［J］. Angewandte Chemie-International Edition，2019，58（22）：7445-7449.

[94] Qin S，Duan Y，Zhang X L，et al. Ternary nickel-tungsten-copper alloy rivals platinum for catalyzing alkaline hydrogen oxidation［J］. Nature Communications，2021，12（1）：2686.

[95] Kabir S，Lemire K，Artyushkova K，et al. Platinum group metal-free NiMo hydrogen oxidation catalysts：high performance and durability in alkaline exchange membrane fuel cells［J］. Journal of Materials Chemistry A，2017，5（46）：24433-24443.

[96] Roy A，Talarposhti M R，Normile S J，et al. Nickel-copper supported on a carbon black hydrogen oxidation catalyst integrated into an anion-exchange membrane fuel cell［J］. Sustainable Energy & Fuels，2018，2（10）：2268-2275.

[97] Zoski C G. Scanning electrochemical microscopy：investigation of hydrogen oxidation at polycrystalline noble metal electrodes［J］. Journal of Physical Chemistry B，2003，107（26）：6401-6405.

[98] Zalitis C M，Kramer D，Kucernak A R. Electrocatalytic performance of fuel cell reactions at low catalyst loading and high mass transport［J］. Physical Chemistry Chemical Physics，2013，15（12）：4329-4340.

[99] Vielstich W，Lamm A，Gasteiger H. Handbook of fuel cells. Fundamentals，technology，applications[M]. New York：John Wiley & Sons，2003.

[100] Woodroof M D，Wittkopf J A，Gu S，et al. Exchange current density of the hydrogen oxidation reaction on Pt/C in polymer solid base electrolyte［J］. Electrochemistry Communications，2015，61：57-60.

[101] Anantharaj S，Ede S R，Sakthikumar K，et al. Recent trends and perspectives in electrochemical water splitting with an emphasis on sulfide，selenide，and phosphide catalysts of Fe，Co，and Ni：A review[J]. ACS Catalysis，2016，6（12）：8069-8097.

[102] Calle-Vallejo F，Tymoczko J，Colic V，et al. Finding optimal surface sites on heterogeneous catalysts by counting nearest neighbors［J］. Science，2015，350（6257）：185-189.

[103] Greeley J，Jaramillo T F，Bonde J，et al. Computational high-throughput screening of electrocatalytic materials for hydrogen evolution［J］. Nature Materials，2006，5（11）：909-913.

[104] You B，Tang M T，Tsai C，et al. Enhancing electrocatalytic water splitting by strain engineering［J］. Advanced Materials，2019，31（17）：1807001.1-1807001.28.

[105] Jennings P C，Lysgaard S，Hansen H A，et al. Decoupling strain and ligand effects in ternary nanoparticles for improved ORR electrocatalysis［J］. Physical Chemistry Chemical Physics，2016，18

（35）：24737-24745.

[106] Liu F，Wu C，Yang S. Strain and ligand effects on CO_2 reduction reactions over Cu–metal heterostructure catalysts［J］. Journal of Physical Chemistry C，2017，121（40）：22139-22146.

[107] Chen C，Kang Y，Huo Z，et al. Highly crystalline multimetallic nanoframes with three-dimensional electrocatalytic surfaces［J］. Science，2014，343（6177）：1339-1343.

[108] Fan Z，Luo Z，Huang X，et al. Synthesis of 4H/fcc noble multimetallic nanoribbons for electrocatalytic hydrogen evolution reaction［J］. Journal of the American Chemical Society，2016，138（4）：1414-1419.

[109] Ling T，Yan D Y，Wang H，et al. Activating cobalt(Ⅱ) oxide nanorods for efficient electrocatalysis by strain engineering［J］. Nature Communications，2017，8（1）：1509.

[110] Wang X，Zhu Y，Vasileff A，et al. Strain effect in bimetallic electrocatalysts in the hydrogen evolution reaction［J］. ACS Energy Letters，2018，3（5）：1198-1204.

[111] Lu S Q，Zhuang Z B. Investigating the influences of the adsorbed species on catalytic activity for hydrogen oxidation reaction in alkaline electrolyte［J］. Journal of the American Chemical Society，2017，139（14）：5156-5163.

[112] Xiang R，Peng L，Wei Z. Tuning interfacial structures for better catalysis of water electrolysis［J］. Chemistry，2019，25（42）：9799-9815.

[113] Xie X H，Song M，Wang L G，et al. Electrocatalytic hydrogen evolution in neutral pH solutions：dual-phase synergy［J］. ACS Catalysis，2019，9（9）：8712-8718.

[114] Yang L，Liu R M，Jiao L F. Electronic redistribution：construction and modulation of interface engineering on CoP for enhancing overall water splitting［J］. Advanced Functional Materials，2020，30（14）：1909618.

[115] Kim T，Kwon Y，Kwon S，et al. Substrate effect of platinum-decorated carbon on enhanced hydrogen oxidation in PEMFC［J］. ACS Omega，2020，5（41）：26902-26907.

[116] Obradovic M D，Gojkovic S L，Elezovic N R，et al. The kinetics of the hydrogen oxidation reaction on WC/Pt catalyst with low content of Pt nano-particles［J］. Journal of Electroanalytical Chemistry，2012，671：24-32.

[117] Hassan A，Paganin V A，Ticianelli E A. Pt modified tungsten carbide as anode electrocatalyst for hydrogen oxidation in proton exchange membrane fuel cell：CO tolerance and stability［J］. Applied Catalysis B-Environmental，2015，165：611-619.

[118] Liu Y，Mustain W E. Evaluation of tungsten carbide as the electrocatalyst support for platinum hydrogen evolution/oxidation catalysts［J］. International Journal of Hydrogen Energy，2012，37（11）：8929-8938.

[119] Park H Y，Park I S，Choi B，et al. Pd nanocrystals on WC as a synergistic electrocatalyst for hydrogen oxidation reactions［J］. Physical Chemistry Chemical Physics，2013，15（6）：2125-2130.

[120] Panayotov D，Ivanova E，Mihaylov M，et al. Hydrogen spillover on Rh/TiO_2：The FTIR study of donated electrons，co-adsorbed CO and H/D exchange［J］. Physical Chemistry Chemical Physics，2015，17（32）：20563-20573.

[121] Li J，Liu H-X，Gou W，et al. Ethylene-glycol ligand environment facilitates highly efficient hydrogen

evolution of Pt/CoP through proton concentration and hydrogen spillover［J］. Energy & Environmental Science，2019，12（7）：2298-2304.

[122] Park J，Lee S，Kim H E，et al. Investigation of the support effect in atomically dispersed Pt on WO_{3-x} for utilization of Pt in the hydrogen evolution reaction［J］. Angewandte Chemie-International Edition，2019，58（45）：16038-16042.

[123] Sihag A，Xie Z-L，Thang H V，et al. DFT insights into comparative hydrogen adsorption and hydrogen spillover mechanisms of Pt_4/graphene and Pt_4/anatase（101）surfaces［J］. Journal of Physical Chemistry C，2019，123（42）：25618-25627.

[124] Tian H，Cui X，Zeng L，et al. Oxygen vacancy-assisted hydrogen evolution reaction of the Pt/WO_3 electrocatalyst［J］. Journal of Materials Chemistry A，2019，7（11）：6285-6293.

第7章 有机小分子电催化

在未来，燃料电池很可能替代化石燃料成为人类生存和发展的主要能量来源之一。燃料电池的种类繁多，其中有机小分子作为燃料电池阳极燃料，相比于氢气具有更安全、更易储藏、易转移等优势。表7-1列举了常见的有机小分子作为燃料电池阳极反应物的物性参数。从该表中得知，甲酸、甲醇、乙醇作为阳极时的开路电压与氢氧燃料电池非常接近，因此，在某些使用环境下可以替代氢作为燃料。并且有机小分子氧化所涉及的电子转移数要比 H_2 氧化所涉及的电子转移数多得多，意味着相同物质的量的反应物，有机小分子氧化能够发出更多的电，但同时也意味着有机小分子氧化的反应机理更加复杂。有机小分子电氧化氧化过程中涵盖了复杂的反应路径以及某些强吸附的中间产物，导致了其氧化能垒很高。因此，有机小分子燃料电池工作时的开路电位远低于其理论平衡电压。为了使有机小分子燃料电池能够达到理想的输出性能，对相应催化剂的活性、稳定性、抗中毒性等方面进行研究和开发是非常必要的。

表7–1 有机小分子燃料电池

电化学反应	能量密度 /（Wh/L）	$\Delta H^{\ominus}$ /（kJ/mol）	E/V	可逆转化率 /%	完全氧化电子转移数 /n
$CH_3OH+3/2O_2 \rightarrow CO_2+2H_2O$	4820	−726.55	1.213	96.7	6
$C_2H_5OH+3O_2 \rightarrow 2CO_2+3H_2O$	6280	−1366.91	1.145	96.9	12
$2CH_2O_2+O_2 \rightarrow 2CO_2+2H_2O$	1750	−254.34	1.399	106.2	2
$H_2+1/2O_2 \rightarrow H_2O$	180（1000psi，25℃）	−285.83	1.229	82.9	2

目前为止，小分子氧化所使用的催化材料仍绕不开贵金属的使用。常见的6种贵金属Ru、Rh、Pd、Os、Ir、Pt中，Pt基催化剂对于多种小分子氧化具有催化活性，因此也是研究最广泛的催化剂之一。但是Pt基催化剂还存在储量稀少、Pt利用率低、易CO中毒等问题。虽然Pd在碱性环境中对甲酸和乙醇均有不错的催化活性，但是由于其在酸性环境中的稳定性不够高，目前还不能单独作酸性环境催化剂使用。另外，Ru/C、Rh/C和Ir/C对于甲酸氧化都没有催化活性，但是这三种元素可以作为提升Pt催化剂性能的助剂，常常起到意想不到的效果。

合理地设计催化剂，需要对相应反应机理进行深入的理解和研究。包括但不限于以下内容：反应物的吸附构型、反应产生的中间体、不同反应路径等。在此基础上，有针对性地设计催化材料来降低反应过电位、降低贵金属催化剂用量、提升催化效率是实现燃料电池商业化的必经之路，也是对基础理论研究的拓展及实践。

本章将主要介绍 CO 在 Pt 表面的吸附机理以及甲酸、甲醇、乙醇的电化学氧化机理的研究进展，还列举了具有代表性的催化材料。并针对不同反应的催化剂，简要介绍了催化剂的设计和调控方法。

7.1 催化剂表面CO中毒

7.1.1 Pt表面CO中毒机理

CO 是小分子有机物电催化氧化过程中常见的毒性中间产物[1]。如图 7-1 所示，一氧化碳在 Pt 表面强烈吸附后，0 ～ 0.3V 范围内 H 的脱附峰消失［图 7-1（a）］，直到 0.7V 以上，CO 被氧化消除后，才能再次发生 H 的欠电位沉积与脱附［图 7-1（b），第 2 圈 CV］。因此，强吸附的 CO_{ads} 会占据活性位点，阻碍氢的吸 / 脱附，以及有机小分子在电极上的电化学反应。实验表明，甲醇脱氢产生的 HCHO、HCOOH，甲酸氧化产生的 $HCOO^-_{ads}$，以及乙醇氧化产生的 CH_3COO^- 等中间物都有可能进一步转变为 CO 吸附在催化剂表面，造成催化效率的大幅降低。

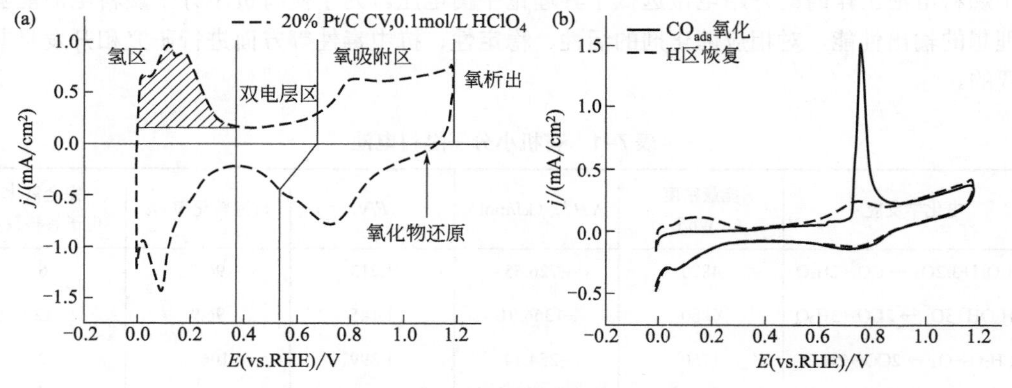

图7-1 （a）Pt表面在不同电位下发生的反应；（b）Pt的CO溶出曲线第一圈与第二圈对比

为什么 CO 会在 Pt 表面发生强烈吸附，进而导致 Pt 中毒呢？

一氧化碳是直线型分子，属于 sp 杂化［图 7-2（a）］。C 原子的外层电子有 4 个电子，其中 3 个分别填入到两个 sp 杂化轨道当中。其中一个杂化轨道朝外，包含 2 个电子；另一个杂化轨道朝向 O，与 O 给出的一个电子头碰头形成 σ 键。由于 C 还剩 2 个未杂化的 p 轨道，其中一个含有剩下的 1 个电子与 O 含有单电子的 p 轨道肩并肩形成 π 键。最后一个 C 空 p 轨道，再接收一对 O 的孤对电子形成第二个 π 键，至此形成 8 电子稳定结构。最后 O 剩下一对孤对电子则填在2s 轨道中［图 7-2(b)］。经上分析，CO 分子中是 C ═ O 三键（1 个 σ 键、2 个 π 键），C 从 O 得到电子而显负电性，而 O 显正电性。因此 C 的 sp 孤电子对，可以与 Pt 的 d 轨道产生配位，而 O 端朝上，这与通常观察到 Pt 表面的 CO 为线式吸附现象是契合的。C 的 sp 杂化轨道外侧孤对电子与 Pt 的 $5d_{z^2}$ 空轨道形成 σ 键后，C 原子与 Pt 的距离被进一步拉近，使得 Pt 的 d_{xz}（或 d_{yz}）轨道与 C 的 p 轨道发生更大的重叠，Pt 通过 d_{xz}（或 d_{yz}）轨道将获得的电子反馈给 CO 分子，填充到 CO 分子轨道的 π* 轨道上［图 7-2(c)］，形成反馈 π 键。如此的结果是，一方面弱化了 C 与 O 之间的成键作用；另一方面降低了 CO 成键轨道能量，使 Pt 与 C 之间的相互作用更强。因此，除了 CO 的 sp 杂化轨道向金属 d_{z^2} 轨道转移电子形成的 σ 键（sp- d_{z^2}）以外；σ 键拉近 CO 分子与金属原子间的距离所引起的反馈 π 键，这两种键合作用导致 CO 在 Pt 表面的吸附非常牢固。

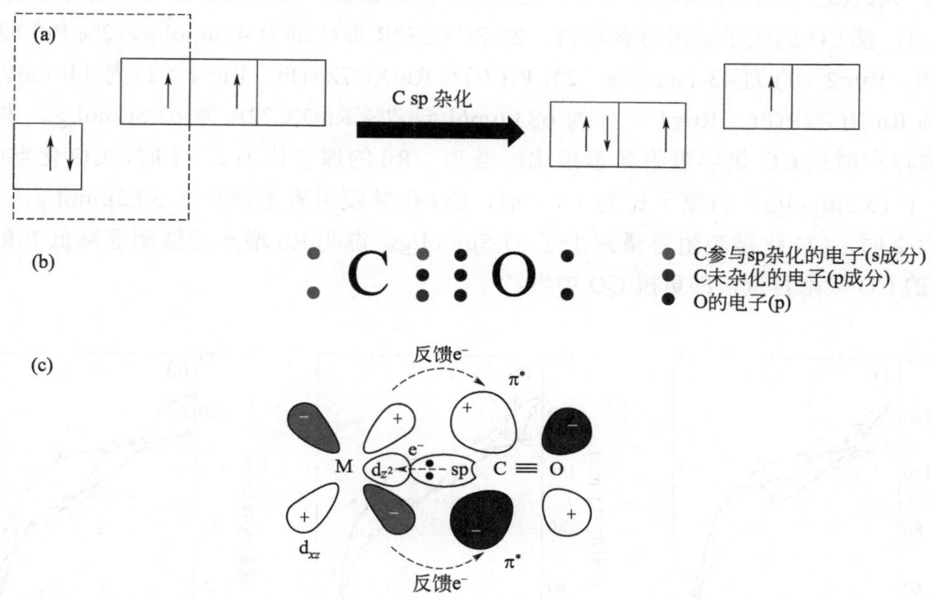

图7-2 （a）一氧化碳的sp杂化；（b）CO的成键情况；（c）一氧化碳在金属表面的吸附机理示意图，图示为金属的d轨道（左）和CO分子的反键轨道（右），C与O之间的其他成键轨道未画出

7.1.2 微量热法研究CO在催化剂表面吸附

微量热法技术能够更准确地揭示 CO 与碳负载的双金属 PtRu 催化剂表面相互作用的本质。辛勤、张耀君等利用微分热流微量热仪，在特制的玻璃真空系统中测定了 CO 在催化剂表面的微分吸附热。通过对催化剂所处的真空环境中导入准确量的 CO 作为探针分子，经过系统自动进样，量热仪即可开始自动数据采集及曲线绘制，可以得到催化剂表面 CO 微分吸附热与 CO 表面覆盖度的关系[2]。如图 7-3 所示：2% Pt/XC72R 催化剂的 CO 微分吸附热曲线，无论是在低覆盖度还是在高覆盖度时，始终高于 2% Ru/XC72R 催化剂，表明 CO 在单金属 Pt 催化剂上的吸附活性位强于单金属 Ru 催化剂。当 Pt 与 Ru 形成 Pt：Ru 原子比为 2：1(2%Pt0.52%Ru/XC72R) 和 1：1(2%Pt1.03%Ru/XC72R) 时，两者的初始微分吸附热相同（$q_{初始}$=124kJ/mol），这与单金属 Pt 催化剂的初始微分吸附热（$q_{初始}$=125kJ/mol）十分接近。

由于初始微分吸附热是 CO 与金属之间形成吸附化学键强度的量度，表明在这两种情况下，Ru 的加入，除生成 PtRu 合金外（容量化学吸附及 TPR 结果证明了合金相的存在），部分 Pt 仍以单金属的形式分散于催化剂表面，Pt 与 CO 以强化学吸附方式结合，所以初始微分吸附热几乎没有改变。当 Pt 与 Ru 形成 Pt：Ru 原子比为 1：2(2% P2.03% Ru/XC72R) 时，CO 初始微分吸附热 $q_{初始}$=112kJ/mol，这一结果表明，只要 Ru 的原子比高于 Pt，就会有效地降低 CO 在 Pt 表面化学吸附的高能活性位。值得注意的是，三种 PtRu/XC72R 催化剂都具有相似的微分吸附热曲线，并落在了单金属 Pt 催化剂和单金属 Ru 催化剂的微分吸附热曲线之间，表明 Ru 的加入，大大减少了 Pt 金属粒子上 CO 吸附活性位的数量。他们的容量化学吸附结果也证实了这一点，就 CO 的化学吸附容量而言，2%Pt/XC72R 催化剂为 43μmol/g，2% Pt0.52% Ru/XC72(Pt：Ru=2：1) 为 43.1μmol/g，2% Pt1.03% Ru/XC72R(Pt：Ru=1：1) 为 44μmol/g，2% Pt2.03% Ru/XC72R(Pt：Ru=1：2) 为 68.0μmol/g，2% Ru/XC72R 为 62.5μmol/g。与 Pt 和 Ru 单独存在时的 CO 化学吸附容量相比，当 Pt：Ru 的原子比为 2：1 时，CO 化学吸附容量减少了 15.5μmol/g，当原子比为 1：1 时，CO 化学吸附容量减少了 30.2μmol/g，当原子比为 1：2 时，CO 化学吸附容量减少了 37.5μmol/g。说明 Ru 增多能够明显降低 PtRu 合金催化剂的 CO 吸附容量，即更抗 CO 中毒。

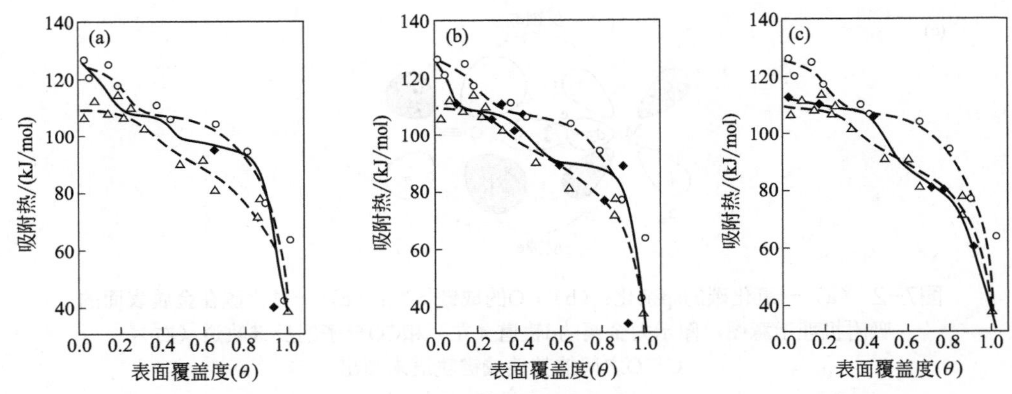

图7-3　CO微分吸附热与CO表面覆盖度的关系[2]　（a）2%Pt0.52%Ru/XC72R；（b）2%Pt1.03%Ru/XC72R；（c）2%Pt2.03%Ru/XC72R；○2%Pt/XC72R，△2%Ru/XC72R，◆PtRu/XC72R

通过 CO 微分吸附热与吸附位的能量分布图 7-4，可以看到单金属 Pt 催化剂在 125kJ/mol 处占据一个最强的吸附位，其主要的吸附位分布在 90 ～ 124kJ/mol 范围。当 Pt：Ru 原子比为 2：1 和 1：1 时，CO 较高的能量吸附位有向较低吸附位移动的趋势。表明部分高能 CO 吸附位被 Ru 所覆盖，使高能吸附位的数量有所减少，特别是当 Pt：Ru 原子比为 1：2 时，更强的吸附位（>112kJ/mol）完全消失。这种结果说明 Pt 上高能 CO 吸附位被 Ru 完全覆盖。

综上所述，可以得出如下结论：单金属 Pt 催化剂表面存在大量 CO 强吸附位；采用双金属 PtRu 催化剂能够有效地消除 Pt 表面上 CO 强吸附位，降低 CO 的吸附能，改善 Pt 抗 CO 中毒能力和电催化活性，大幅提高在 CO 存在时直接甲醇质子交换膜燃料电池性能。

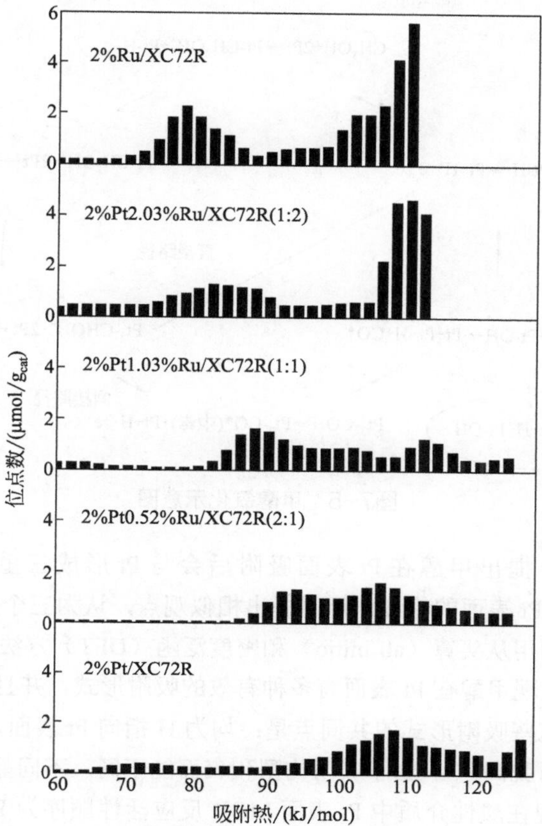

图7-4 CO微分吸附热与吸附位的分布关系[2]

7.2 甲醇氧化

7.2.1 甲醇氧化机理

（1）Pt表面甲醇氧化机理 甲醇氧化反应（MOR）涉及6个电子的转移，完全氧化时生成CO_2和H_2O。该反应本质上是甲醇分子的逐步脱氢过程。根据所用催化剂、电解质、溶液pH值不同，甲醇脱氢产生的中间物种存在差异。以是否产生毒性中间物CO_{ads}为标准，可以将甲醇的电催化氧化途径分为两类：直接途径和间接途径。以Pt表面的甲醇氧化为例，其反应机理如图7-5所示。

CO_{ads}是最早被原位FTIR观察到的表面吸附物种[3]。在不同的晶面上，CO在Pt表面上的吸附饱和覆盖率为0.85～1.0个CO/Pt_{atom}，由于CO_{ads}在Pt表面吸附非常牢固而占据了表面反应活性位点，大大降低了催化剂的活性。除CO之外，甲醇氧化还可能会生成甲醛、甲酸等副产物[4-7]，这两种副产物进一步氧化而产生CO，继续在Pt活性位点上产生毒化作用。因此，研究不同条件下甲醇氧化反应的机理，才能有针对性地设计出具有高脱氢效率、低CO_{ads}选择性的催化剂来提升甲醇燃料电池性能。

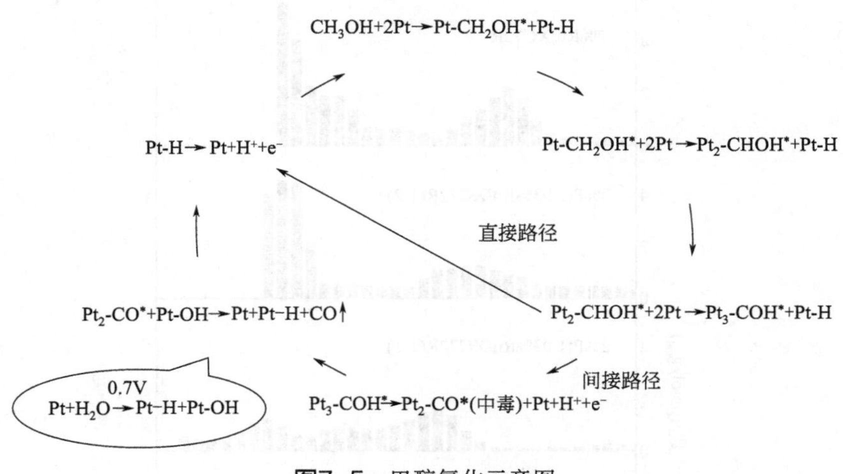

图7-5 甲醇氧化示意图

1977 年，Bagotzky 提出甲醇在 Pt 表面吸附后会与 Pt 形成三重键，并脱去 3 个氢[8]。Gasteiger 在研究 Ru 对 Pt 表面的修饰作用时提出相似观点，认为三个聚集的 Pt 对甲醇脱氢最为有利[9]。魏子栋等利用从头算（ab initio）和密度泛函（DFT）方法研究了 Pt 低指数晶面的甲醇氧化开始步骤，发现甲醇在 Pt 表面有多种有效的吸附形式，并且不同的吸附形式会生成不同的反应中间体。这些吸附形式的共同点是：均为 H 指向 Pt 表面，并且甲醇 H 与 Pt 成键后，使其从 C 原子表面脱离[10]。由于吸附构型和表面能不同，不同晶面的电催化活性有所差异。Armand 等[11]发现在酸性介质中 Pt 表面 MOR 反应活性顺序为 Pt(110)>Pt(100)>Pt(111)；而在碱性介质中 Pt(100)>Pt(110)>Pt(111)。Pt(100) 面虽然活性最高，但是 CO 在其表面吸附最强；Pt(111) 面虽然反应速率最低，但是 CO 吸附弱[12]。除此之外，Pt 的粒径也对催化剂的几何结构与电子结构有显著影响，Mayrhofer 发现随着 Pt 粒径的下降，Pt 的电化学比表面积上升。但是相应的 -OH 吸附变强，不利于反应物的吸附[13]。综上，选择性暴露合适的表面以及优化催化剂粒径可以使催化活性得到改善。

但是仅仅调控粒径和晶面（形貌）很难兼顾 H_2O 的活化与减弱 CO_{ads} 所需的最佳电子结构。利用两种及以上金属与 Pt 形成合金所产生的双功能机理是解决这一问题的常用手段。20 世纪 70 年代，Watanabe 等[14, 15]率先发现了 PtRu 合金的 CO 氧化电位非常低（约 0.2 ～ 0.3V），而纯 Pt 表面要达到 0.7V 才能产生 $-OH_{ads}$。因此他们认为 Ru 在低电位下即可解离水产生 -OH 来帮助邻位 Pt 上 CO_{ads} 的氧化，这就是著名的双功能机理。其反应机理为：

$$\mathrm{Pt+CHO \longrightarrow Pt\text{-}CO+H^+} \tag{7-1}$$

$$\mathrm{Ru+H_2O \longrightarrow Ru\text{-}OH+H^+} \tag{7-2}$$

$$\mathrm{Pt\text{-}CO+Ru\text{-}OH \longrightarrow Pt+Ru+CO_2+H^+} \tag{7-3}$$

庄林等在 2007 年利用扫描透射显微技术（STM）进一步推进了甲醇氧化过程 CO 中间体消除的双功能机理研究[16]，巧妙地设计了以 Ru 针尖为扫描探针［7-7(a)］，以 Pt(111) 为基底，用以直接观察两种表面边界上的反应是否存在协同效应。如图 7-6，两种材料界面表现的双功能机理和协同效应一目了然。这一巧妙的方法，直接证明了 Pt 表面吸附 CO_{ads} 与 Ru 表面所吸

附的 -OH 发生反应具有协同效应，即当表面有 -OH 的 Ru 接近吸附了 CO 的 Pt 表面时，可以使 Pt 表面的 CO_{ads} 氧化产生氧化电流，而当 Ru 探针远离 Pt 表面时，则没有 CO 氧化电流产生，如图 7-7（b）。这一巧妙的方法，直接证明了 Pt 表面吸附 CO_{ads} 与 Ru 表面所吸附的 -OH 发生反应具有协同效应。该研究还表明，具有双功能机理的协同效应在一定距离内的有效性，而不一定要求两种表面直接相接壤或者形成合金。

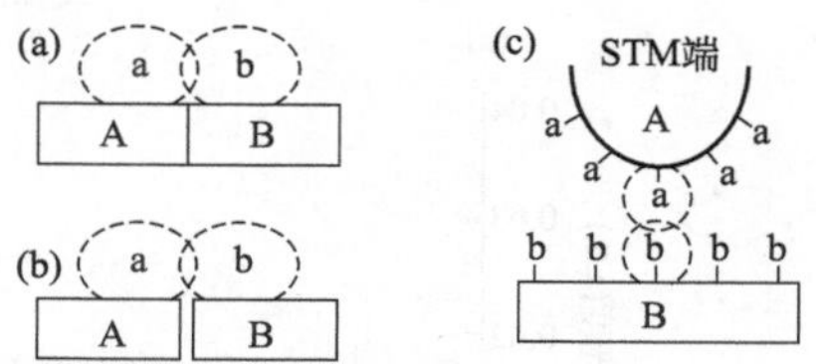

图7-6 （a）传统的双功能机理模型；（b）分离的双功能机理概念图；（c）用于研究双功能机理的STM界面

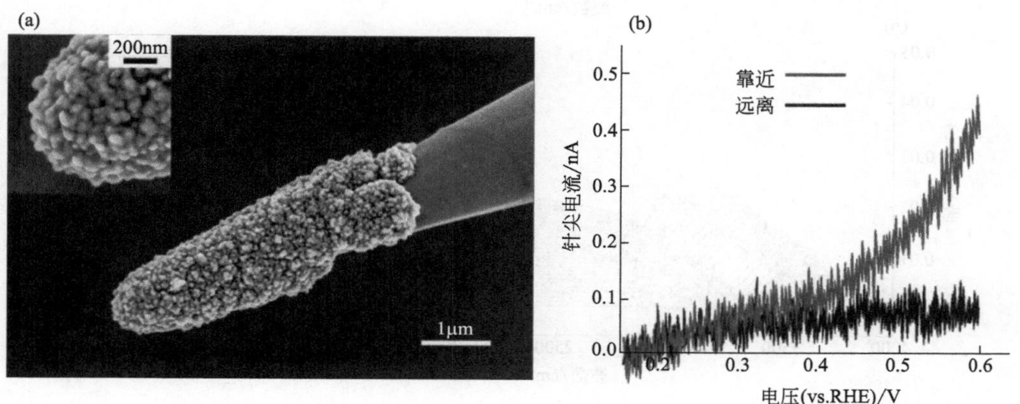

图7-7 （a）Ru涂覆的Au针尖；（b）Ru探针趋近（engaged）或脱离（disengaged）Pt(111)表面的*I-V*曲线（Pt处于CO饱和的0.1mol/L $HClO_4$溶液中）

除了 Ru 之外，Sn 也可以通过双功能机理帮助 Pt 表面 CO_{ads} 脱附。并且 Ru、Sn 与 Pt 是否形成合金并不影响双功能机理效果。魏子栋等利用欠电位沉积的方式在 Pt 电极表面分别沉积了 Ru 和 Sn 两种元素，结果发现合适的电沉积条件可以使 upd-Ru/Pt 的甲醇氧化起峰电位负移，并且得到更好的活性[17]。虽然 upd-Sn/Pt 的甲醇氧化电流不如纯 Pt 高，但是也可以通过 Sn 表面产生的 -OH 使甲醇氧化的起始电位负移。进一步地，我们在 upd-Sn/Pt 表面沉积 Ru 得到 upd-RuSn/Pt，其甲醇氧化活性得到进一步提升[18]。上述结果说明 Ru 与 Sn 对 Pt 的调控存在协同作用。电位扫描加原位红外光谱显示，随电位上升和循环次数的增加，CO 在 Pt 表面逐步积累（图 7-8），并且 Pt 电极表面主要吸附物种是线式吸附的 CO_L 而不是桥式吸附的 CO_B。upd-Sn/Pt 也表现出相似的红外谱图，但是经过 Sn 改性后的 Pt 电极 CO 吸附强度明显降低，说明 Sn 的存在可以帮助 Pt 表面 CO_{ads} 的脱除。

另外，虽然适量的 Ru 含量可以提升 Pt 催化剂的活性，但是过多的 Ru 原子会占据 Pt 的活性位点，从而导致催化活性的降低（图 7-9）。除此之外，Ru 的含量还会对 PtRu 合金的氧化路径产生影响。如图 7-10，Wang 等在 Pt/C 表面负载 Ru 的前驱体后，通过热驱动界面原子扩散，控制表面 Ru 含量，在 Pt/C 表面形成富 Pt 或富 Ru 的 PtRu 二元金属化合物，发现相较于 Pt 更多或 Ru 更多的催化剂，Pt/Ru 比为 1 : 1 时，能够在相同电位下输出更高电流[19]。Wang 进一步利用原位红外光谱研究了不同比例 PtRu 合金表面甲醇氧化的路径，发现当 Pt 多 Ru 少时，$Pt_1Ru_{0.5}$ 表面倾向于发生甲酸根路径，而 Pt 少 Ru 多时，Pt_1Ru_2 则倾向于发生 CO 间接路径；当 PtRu 含量相等时，催化剂表面则发生混合路径（图 7-11）。

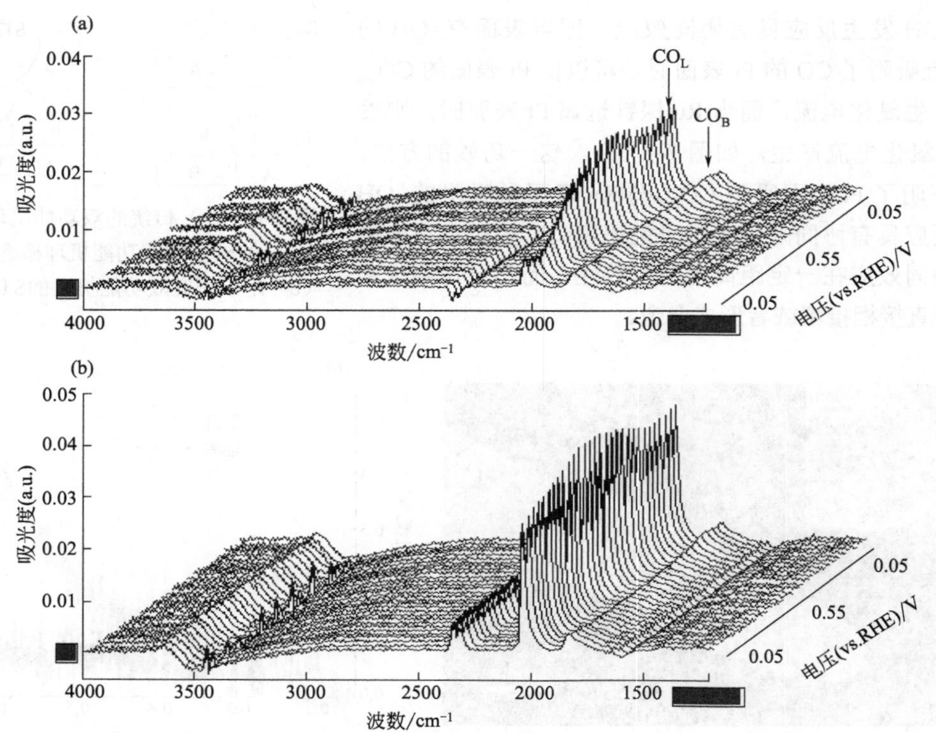

图7-8 Pt电极表面在1mol/L CH_3OH和0.1mol/L $HClO_4$混合溶液中循环伏安第一圈（a）与第四圈（b）时的原位红外光谱图[17]

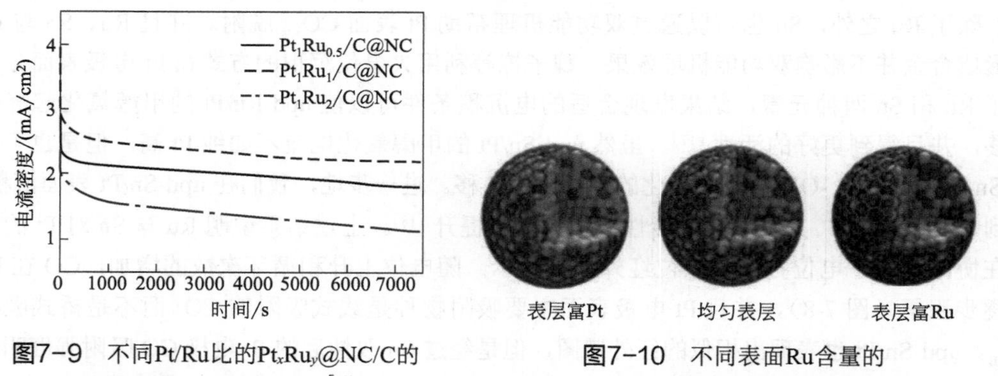

图7-9 不同Pt/Ru比的Pt_xRu_y@NC/C的甲醇氧化计时电流曲线[19]

图7-10 不同表面Ru含量的Pt_xRu_y@NC/C合金催化剂

以上结论是基于他们的实验事实，但理解起来颇费脑筋。根据双功能机理与 Gasteiger 的量子模型，三个 Pt 原子组成的铂原子簇更有利于甲醇的吸附 / 脱氢，而如果三个 Pt 附近恰好有一个 Ru，则有利于毒性中间体 CO 的氧化[9, 20]，此结论对应上述富 Pt 的 $Pt_1Ru_{0.5}$ 催化剂。之所以有这样的差异，一方面是因为基于 EDX 的元素含量分析是关于表面几个原子层的平均结构，与表面仅有一个原子层的模型催化剂有所不同；另一方面，非表面的原子排列与组分并不与想象中的一样，由此推知的组成与催化效应之间的关联就值得商榷。不管甲醇以何种机理氧化，具有 Pt_1Ru_1 组成的催化剂，具有最好的甲醇氧化效率，却具有广泛的共识。

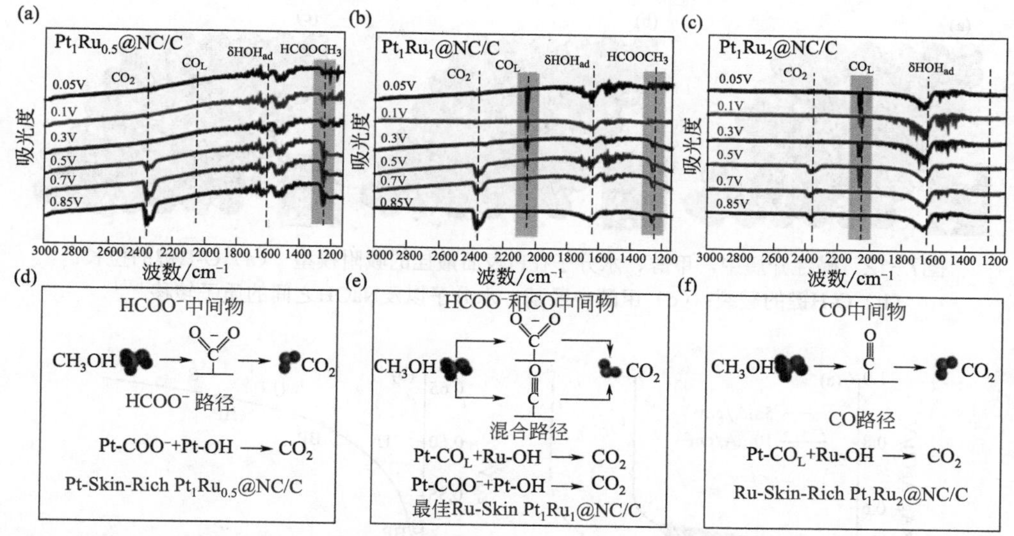

图7-11　催化剂表面组成对甲醇氧化机理的影响[19]　(a)～(c) 不同PtRu比的表面红外吸收光谱；(d) Pt：Ru=2∶1时，发生甲酸根路径；(e) Pt：Ru=1∶1时，发生混合路径；(f) Pt：Ru=1∶2时，发生CO间接路径

需要指出的是，如果我们期望从控制 1：1 的原料比例来获得对应的 1：1PtRu 合金时，使用浸渍还原法得到的催化剂所含的原子比未必也是 1：1。因为在还原过程中，Pt 与 Ru 的前驱体与 C 混合时，在未加还原剂的干燥阶段，部分 Pt 就被 C 上的羧基、羟基还原，剩余的 Ru 与 Pt 在随后加还原剂的反应中才被还原形成合金，先还原出一部分 Pt^0 难以再与剩余的 Ru 形成合金，此时合金中的原子比肯定将偏离 1：1。

庄林、王得丽等通过 XPS、HRTEM 等表征手段，辅助研究了不同干燥温度对产物合金化程度的影响，发现 $RuCl_3$ 向 RuO_x 的转变对温度非常敏感，较高的干燥温度使得这一转换朝 RuO_x 进行。由于 RuO_x 是难以被还原成 0 价 Ru 的，因此干燥温度升高，PtRu 合金化程度也就越低[21]。

(2) Pd 表面的甲醇氧化　Pd 作为甲醇氧化的催化剂在酸性条件下活性不如 Pt 好，并且由于 Pd 表面的 CO 主要以桥式吸附的方式为主，C 原子同时与 2 个 Pd 原子成键，因此 Pd 表面 CO 的吸附比 Pt 更强。Haneishi 研究了高氯酸中不同晶面 Pd 的甲醇氧化活性顺序为：Pd(100) ≫ Pd(110)≈Pd(111)[22]。魏子栋等利用密度泛函的方法研究了 Pd(111) 表面在不同 pH 下的甲醇氧化活性[23]。在水分子的溶剂环中，以 HCl、H_2O 与 NaOH 代替其中的一个水分子，分别模拟了甲醇分子所处的酸性、中性和碱性环境，发现酸性和中性环境下甲醇分子无法得到活化，而在碱性环境中羟基和甲氧基键长会发生拉长，因此更容易发生后续氧化反应（图 7-12）。

(3) 甲醇氧化中的电化学震荡　在一定电位区间范围内，Pt 电极表面产生含氧吸附物种可以除去甲醇氧化反应过程中生成在其表面的 CO_{ads}。这种“中毒与清洁”之间的切换，表现为一定区间内的电压或电流的震荡，可以通过在甲醇溶液中进行恒电流氧化测试观察到［图 7-13(a)］。魏子栋等基于甲醇电化学氧化的双途径机理，建立了能够表征甲醇电化学氧化过程电位振荡的非线性动力学模型[24]：

图7-12 碱性介质中，甲醇、水分子在Pt表面最佳的吸附模型 （a）O-H键的拉长；（b）O-H键的破裂；（c）甲醇中羟基、水分子以及NaOH之间的质子转移[23]

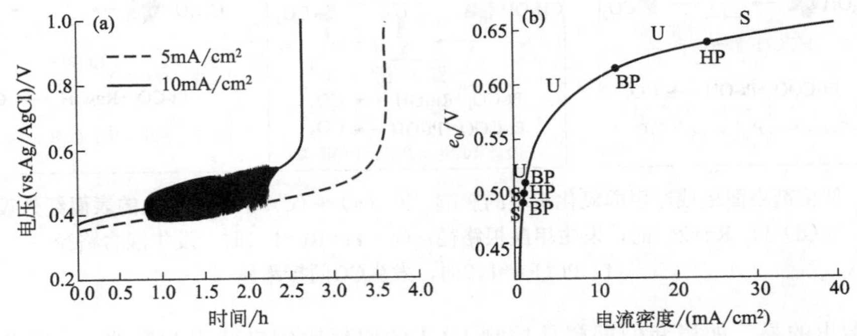

图7-13 （a）甲醇溶液中Pt电极在不同电流密度下的计时电位测试；（b）稳定态电压随不同电流密度的变化[24]

途径 1: $CH_3OH+W+H_2O \longrightarrow CO_2+6H^++6e^-$ （7-4）

途径 2: $CH_3OH+W \longrightarrow CO_a+4H^++4e^-+H_2O$ （7-5）

$W+H_2O \rightleftharpoons H_2O_a$ （7-6）

$H_2O_a+CO_a \longrightarrow CO_2+2H^++2e^-$ （7-7）

W 为 Pt 表面活性位点，其总值为 1。

① 模型建立 同时考虑两个途径甲醇氧化对总电流的贡献。模型的建立涉及三个主要的变量：CO 的表面覆盖度（以 x 表示），以 H_2O_a 代表表面活化的含氧物种，其表面覆盖度以 y 表示，反应的电极电势 e。数学模型的建立基于以下假设：

ⅰ. 甲醇氧化过程中，表面能稳定存在的物种仅为毒性中间体 CO 和吸附态的 H_2O_a。

ⅱ. 甲醇氧化所生成的 CO 在 Pt 表面的饱和覆盖度小于 1，实验证明其值约为 0.85，设 CO 的饱和覆盖度为 θ，并取值 0.85。

ⅲ. 由于仅吸附在 CO 旁的 H_2O_a 能与 CO 反应，参与到反应中。换言之，只有吸附在 CO 旁的 H_2O_a 是有活性的。根据这一假设，能参与反应的活性 H_2O_a 形成的速率既正比于 Pt 表面空位的数目（$1-x-y$），又正比于 CO 的表面覆盖度 x。

根据以上三个假设，CO 的覆盖度 x 和 H_2O_a 的覆盖度 y 随时间的变化关系表示为：

$$\frac{dx}{dt}=f^x \equiv k_2(\theta-x-y)-k_4xy \tag{7-8}$$

$$\frac{dy}{dt}=f^y \equiv k_3x(1-x-y)-k_{-3}y-k_4xy \tag{7-9}$$

甲醇氧化电极电势随时间的演化关系：

$$\frac{\mathrm{d}e}{\mathrm{d}t} = f^e \equiv \{j - Fh[6k_1(1-x-y) + 4k_2(\theta - x - y) + 2k_4xy]\} / C_\mathrm{d} \tag{7-10}$$

反应速率常数 k_i 为电位 e 的函数，可表述为：

$$k_i = \exp[a_i(e - e_i)] \quad i = 1,2,3,-3,4 \tag{7-11}$$

② 定态稳定性分析　当外控恒定电流 j 约束下的甲醇在 Pt 电极上电化学氧化体系演化到定态时，dx/dt=dy/dt=de/dt=0，即方程式（7-8）、式（7-9）、式（7-10）右端函数等于 0 时，可求得体系的定态解（x_0，y_0，e_0）。对定态作线性稳定性分析，其 Jacobian 矩阵 J 可表示为：

$$J = (a_{ij})_0 = \begin{pmatrix} \partial f^x / \partial x & \partial f^x / \partial y & \partial f^x / \partial e \\ \partial f^y / \partial x & \partial f^y / \partial y & \partial f^y / \partial e \\ \partial f^e / \partial x & \partial f^e / \partial y & \partial f^e / \partial e \end{pmatrix}_0 \tag{7-12}$$

下标 0 表示定态，该线性化矩阵的特征方程为

$$\lambda^3 - T\lambda^2 + \delta\lambda - \Delta = 0 \tag{7-13}$$

其中，矩阵 J 的迹

$$T = a_{11} + a_{22} + a_{33} \tag{7-14}$$

特征方程的系数 δ

$$\delta = a_{11}a_{22} - a_{12}a_{21} + a_{11}a_{33} - a_{13}a_{31} + a_{22}a_{33} - a_{23}a_{32} \tag{7-15}$$

矩阵 J 的行列式

$$\varDelta = \det(a_{ij}) \tag{7-16}$$

a_{ij} 为矩阵 J 的元素，我们所研究的系统是参数 j 控制的系统，当外控参数 j 变化，T 和 $\varDelta$ 的值将发生变化，从而解的特征值 λ 发生变化。图 7-13（b）为定态解 e_0 随控制电流密度 j 变化的稳定性分析图。图中 HP 代表 Hopf 分叉（Hopf bifurcation）点，BP 代表分叉点（bifurcation point），U 代表不稳定（unstable）解分支，S 代表稳定（stable）解分支。由定态解的稳定性分析可知，分叉发生在 j=0.79mA/cm²、1.14mA/cm²、12.39mA/cm² 处。Hopf 分叉点产生于 j=0.94mA/cm²、23.93mA/cm² 时，Hopf 分叉点的出现表明有周期解产生。出现定态解的情况如表 7-2 所示。

表 7–2　不同电流密度下的特征值情况

j/(mA/cm²)	特征值	稳定性
j<0.79	定态解的特征值为 3 个负实数，定态解为稳定的吸引子	稳定吸引子
0.79<j<0.94	1 个负实数和 1 对实部为负的共轭复数，定态解为稳定吸引子。经过分叉点 j=0.79mA/cm² 时，定态解的稳定性未发生改变，通过 Hopf 分叉点 j=0.94mA/cm² 时，定态解的稳定性发生了变化	稳定吸引子
0.94<j<1.14	1 个负实数和 1 对实部为正的共轭复数，定态解为不稳定的鞍点	不稳定鞍点
1.14<j<12.39	1 个负实数和 2 个正实数，定态解为不稳定的鞍点。经过分叉点 j=1.14mA/cm² 时，定态解的稳定性虽然没有发生变化，但鞍点的形式已经发生变化，分叉点为异宿点	不稳定鞍点
12.39<j<23.93	1 个负实数和 1 对实部为正的共轭复数，定态解为不稳定的鞍点，分叉点为异宿点。通过 Hopf 分叉点 j=23.93mA/cm² 时，定态解的稳定性又发生变化	不稳定鞍点
j>23.93	1 个负实数和 1 对实部为负的共轭复数，定态解为稳定的吸引子	稳定吸引子

可以看出大致规律为：实部存在整数，或者存在正实数解时，解中有正有负，会产生不稳定的吸引子；而当实部或复数的实数部分均为负时，则产生稳定的吸引子。

综上所述，甲醇电化学氧化时出现的电位振荡现象可以作出以下总结（图 7-14）：一是氧化过程中生成了毒性中间体 CO，这是产生电化学振荡的诱因，二是强烈依赖于电极电势的非电化学反应，即含氧物种 H_2O_a 在 Pt 表面的生成与消失，是维系振荡的直接原因。而甲醇电化学氧化体系复杂的动力学行为根源在于电极电势 e 对 CO 和含氧物种 H_2O_a 所参与反应的耦合反馈作用。对所建模型的数值分析成功地解释了为什么甲醇电化学氧化时出现的电位振荡现象只发生在一定的电流密度范围内。

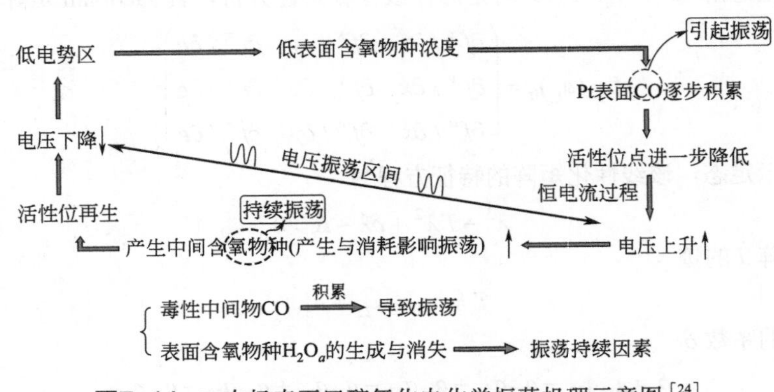

图7-14 Pt电极表面甲醇氧化电化学振荡机理示意图[24]

7.2.2 甲醇氧化催化剂

通过上述对甲醇氧化机理的介绍，我们可以有针对性地从几何调控和电子调控两个方面着手：①提升催化剂抗 CO 中毒能力，保护活性位点；②提高活性位点数目，提升贵金属利用率。

（1）几何调控催化剂

① 控制晶面　催化作用发生的场所是反应物与催化剂的相界面。因此催化剂的活性与催化剂所暴露的晶面紧密相关。高指数晶面的原子，通常具有更低配位数、更高表面能，因此具有更高的催化活性（图 7-15）[25]。孙世刚课题组发展了一套电化学方波伏安法（SWP）来合成贵金属纳米多面体。例如二十四面体具有 {730}、{210} 以及 {520} 等高指数晶面族，这些晶面具有高密度的原子阶梯以及悬挂键，对于甲酸和乙醇的氧化活性相较于普通的 Pt 表面提升可达到 400%[26-29]。

② 原子排布　如果两种金属原子在空间结构上的排布呈现出有序性。加之金属的电负性存在差异，使得合金中同时存在离子键和共价键，这种有序排布的金属化合物的电子结构也展现出了特殊的性质，被称为有序合金。由于周期结构相对于无序合金更加稳定、难以轻易破坏，因此有序合金通常具有比相同组分的无序合金更好的化学稳定性和催化活性[30]。

孙世刚课题组利用不同的气氛与温度退火，合成了表面富 Pt 或富 Co 以及 Pt_3Co 有序合金（图 7-16）[31]。这三种结构由于不同的表面组成，带来了电子结构与亲氧性上的巨大差异。一氧化碳溶出实验表明，与商业 Pt/C 相比之下有序 Pt_3Co 合金具有更早的 CO 脱除电位，是因为更容易在低电位下解离出 -OH。原位傅里叶变换红外光谱表明，电子效应是使 Pt_3Co 具有弱 CO 吸附的主要原因，并形成 $COOH_{ads}$ 中间体。而亲氧的特性使得 $COOH_{ads}$ 可向最终产物 CO_2/CO_3^{2-} 转化。

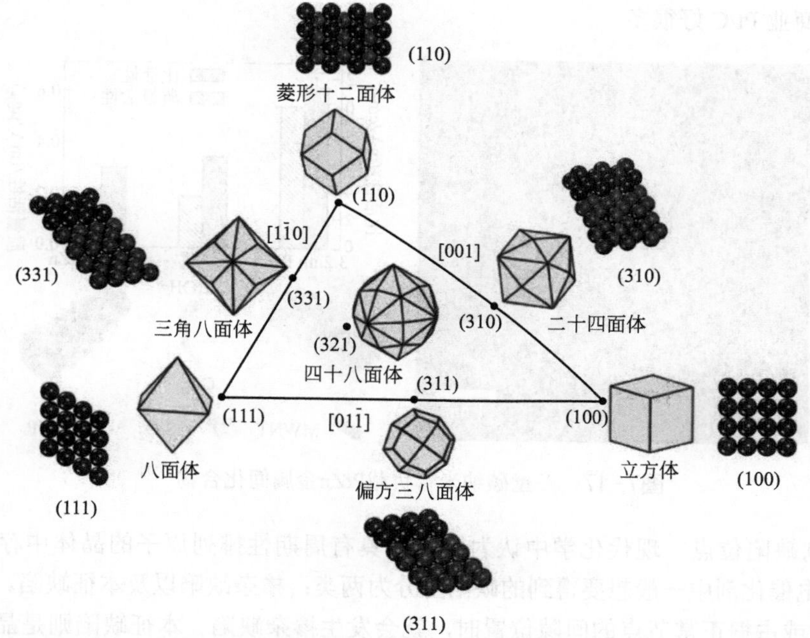

图7-15 具有不同晶面的fcc金属立方多面体以及表面原子排布示意图[25]

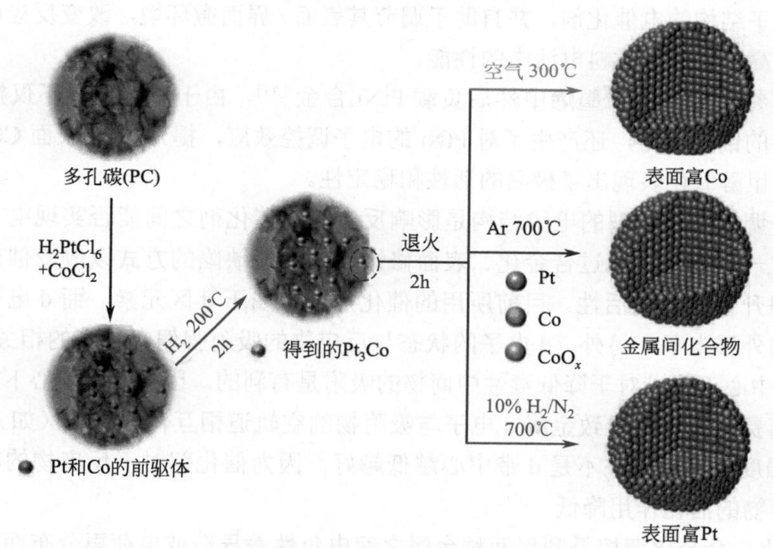

图7-16 不同气氛处理后得到的不同表面结构的Pt_3Co合金（彩插见文前）[31]

如果控制助催化剂在活性位点的邻位分布，可以促进催化剂最大化实现双功能机理。如图7-17，在Pt的邻位原子上“放置”能够在低电位下产生-OH物种的Ru、Sn、Zn等原子，从而通过双功能机理实现毒性物质的快速脱附，以提升催化剂的整体效率。如Qi等在多壁碳纳米管表面负载Pt后，再通过二氧化硅限域形成PtZn有序合金[32]。经过理论计算发现，这种有序的PtZn金属间化合物由于Zn表面会产生-OH，加之Zn对Pt电子结构的调控，使Pt表面发生甲醇氧化反应不经过CO路径。并且这种低于4nm的PtZn金属间化合物使得边缘低配位原子数增多，这些位点上的MOR反应能垒更低，因此该催化剂的活性比大颗粒的PtZn

有序合金和商业 Pt/C 好很多。

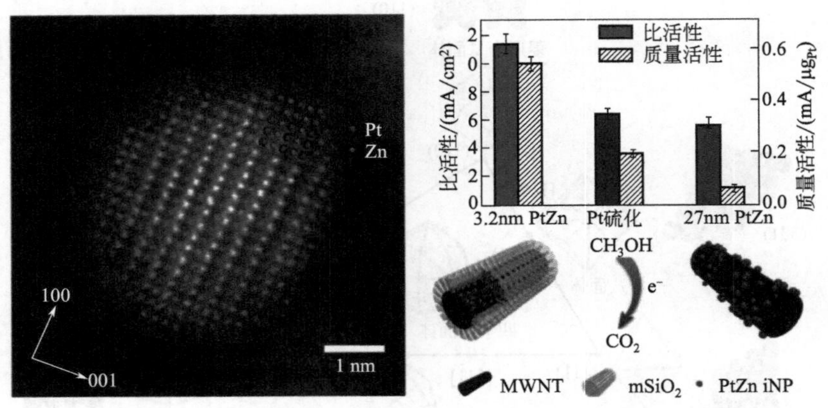

图7-17 多壁碳纳米管负载PtZn金属间化合物[30]

③ 控制缺陷位点 现代化学中认为缺陷是具有周期性排列原子的晶体中存在的扭曲位点[33, 34]。电催化剂中一般想要得到的缺陷可分为两类：掺杂缺陷以及本征缺陷。当杂原子取代正常原子或占据正常节点的间隙位置时，就会发生掺杂缺陷。本征缺陷则是晶格节点上的一个空位，或者在一个应该是空位的位点处多了一个额外的粒子（空位粒子）。缺陷有助于获得具有独特电子结构的电催化剂，并有助于调节其表面 / 界面微环境，改变反应中间物种的吸脱附，从而提高催化剂在燃料电池中的性能。

蔡文斌等将 P 掺杂到石墨烯中然后负载 PtNi 合金[35]。由于 P 的掺杂不仅提升了石墨烯载体对于金属的锚定能力，还产生了对 PtNi 的电子调控效应，提升了 Pt 表面 CO 物种的氧化能力，从而对甲醇氧化表现出了极高的活性和稳定性。

（2）电子调控 催化剂的电子结构是影响反应物与催化剂之间能否实现电子快速转移的决定性因素之一。因此，通过合金化、表面修饰或者制造缺陷的方式以改变催化剂的电子结构，可改善提升催化剂的活性。目前所用的催化剂一般属于 d 区元素，而 d 电子即为过渡金属参与反应的外层电子。另外，d 电子的状态与反应物的吸附强弱有较高的相关性[36, 37]。一般来说，d 带中心下降，对于降低毒性中间物的吸附是有利的。因为 d 带中心下降，即电子的平均能级远离费米能级，导致金属 d 电子与吸附物的空轨道相互作用减弱（如 O 的 2p 轨道）而降低吸附强度。但是，并不是 d 带中心越低越好，因为催化剂对于反应物的吸附过弱也会导致其对反应物的活化作用降低。

① 合金化 合金化调控是利用两种金属之间电负性差异造成电荷再分布而获得新的电子结构；或由于混合的元素原子半径不同造成晶格收缩或扩张，进而引起金属的电子结构发生改变的手段。通过调整合金元素的配比与微观结构，使催化剂表面的元素的电子能级与反应物进行匹配，从而达到提高活性的目的。孙世刚课题组利用两次退火的方式，在多孔石墨碳载体上负载了具有高合金化程度的 PtRu 合金[38]。原位红外实验表明，得到的 PtRu/PC-H 催化剂表现出更好的 C-H 活化性能以及更好的 CO_{ads} 脱附性。Hsieh 等[39]制备了一种 PdRh 纳米粒子负载于 rGO 表面，他们发现 Pd 是 H 和 CH_3OH 的吸附和反应活性位点，而邻位的 Rh 则作为提升抗 CO 性能的助催化因子。当 PdRh 比例为 3 ∶ 1 时，该催化剂表现出最好的活性，塔菲尔斜率仅为 63mV/dec。PdPb 金属间化合物纳米棒[40]、PtBi 金属间化合物等均表现出了比纯

Pt 和纯 Pd 更好的活性[41]。

相比二元合金，三元合金可选元素种类以及元素比例可调节性更高，近年来对于三元合金的研究非常广泛。魏子栋课题组结合了双功能机理与电子效应，在 PtRu 合金的基础上加入 Fe[42]、Co[43] 两种元素进一步通过电子效应和双功能机理提升了 PtRu 催化剂的甲醇氧化性能（图 7-18、图 7-19）。

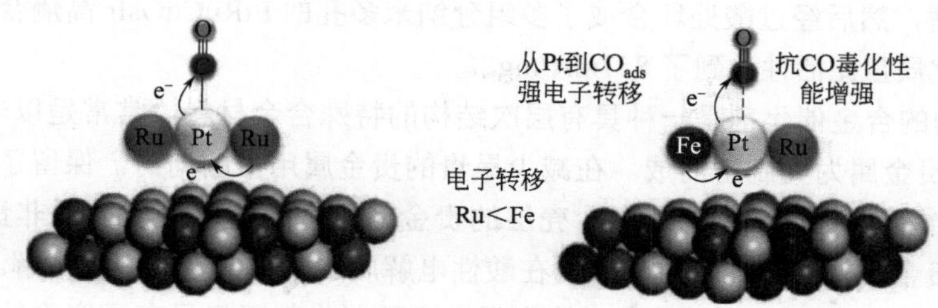

图7-18　RuFe共调节Pt催化活性机理示意图[42]

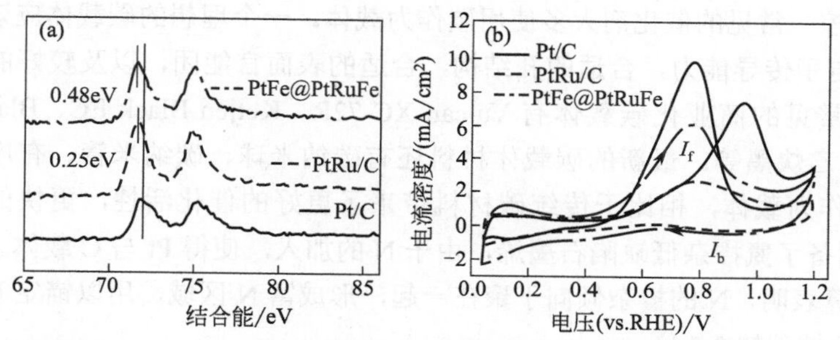

图7-19　(a) Pt基催化剂的4f电子结合能比较；(b) PtFe@PtRuFe、PtRu/C和Pt/C在0.1mol/L $HClO_4$中的CO溶出*I-E*图[42]

正如前面提到 Pt 之所以被 CO 毒化，是因为 Pt 的外层电子结构为 $5d^9 6s^1$。首先是 Pt 的未填满电子的 d 轨道接受 CO 分子 sp 杂化轨道的电子形成 σ 键，该键拉近了金属原子与 CO 分子的距离，进一步使得金属的 d_{xz}（或 d_{yz}）向 CO 的 *π 反键轨道反馈电子（此时会削弱 C-O 之间的键强，加强 Pt-C 之间的键强），形成新的 d-π* 键。

上述三元合金或金属间化合物所涉及金属原子的电负性分别为：Pt2.28、Ru2.20、Fe1.83 和 Co1.88，当这些原子形成合金或金属间化合物时，电负性小的金属将向电负性大的金属转移电子。所以，相比 Ru，Fe 和 Co 因为电负性更小，更容易向 Pt 转移电子，有可能使 Pt 的 d 轨道电子数从 9 接近 10，近乎全满。图 7-19（a）显示，相比 Pt/C，PtRu/C 和 PtRuFe/C 上 Pt 电子结合能负移，以 PtRuFe/C 尤甚，意味着 Pt 上的电子增多。此时，Pt 近乎全满的 d 轨道再难接受 CO 分子 sp 杂化轨道的电子形成 σ 键，没有了该键，金属原子与 CO 分子距离将难以拉近，金属的 d_{xz}（或 d_{yz}）就没有可能向 CO 的 π* 反键轨道反馈电子以形成新的 d-π* 键，此时 Pt 与 CO 之间没有任何成键，故而呈弱吸附，自然就减轻了 CO 中毒的危害，表现出更早的甲醇氧化峰电流［图 7-19（b）］。

如果将五种或五种以上的元素合金化成一种单一的相，其构型熵最大化，所得到的稳定化合物称为高熵合金（high entropy alloys，HEAs）。近年来，这一概念在冶金和材料科学中开辟了一个新的突出领域，并逐步在催化领域中得到了应用。不同元素组合的 HEAs 可能表现出优越的物理化学性能，如优异的力学性能、高耐腐蚀性、极好的催化活性[44]。多组分的 IrOsPtRu 和 $Pt_{33}Ru_{23}Ni_{31}Zr_{13}$ 合金不仅降低了 Pt 的用量，还表现出了更好的催化活性。利用磁控溅射的方式，可以在碳基底上进行高熵合金的沉积；或者利用 ZnO 作为模板法制备管状 PdCoCuFeNi 合金[45]。得益于金属之间的相互作用以及中空的纳米管形貌，该催化剂表现出更好的甲醇氧化活性以及抗中毒性能。Chen 等[46]利用机械球磨的方式，将几种元素的粉末前驱体进行研磨，然后经过酸处理合成了多组分纳米多孔的 PtRuCuOsIr 高熵合金，其酸性条件下的甲醇氧化质量比活性达到了 $857mA/mg_{Pt}$。

核 - 壳结构的合金催化剂是一种具有层次结构的特殊合金材料，常常是以非贵金属为核，Pt、Rh、Pd 等贵金属为壳制备而成。在减少昂贵的贵金属用量的同时，保留了贵金属在催化剂表面的催化作用。由于内核的存在，壳层的贵金属电子结构会受到内层非贵金属的调控。反过来，外层贵金属保护了内层过渡金属在酸性电解质的燃料电池中不被溶解。Yao 等[47]制备了一种新型的具有双层壳层的 Pt-Ag 催化剂，这种催化剂不仅具有高密度的活性位点，并且也有很好的三维孔道结构，因此具有很好的甲醇氧化活性。

② 载体调控　常见的催化剂大多使用碳作为载体。一个理想的碳载体应该具有高的比表面积，优异的电子传导能力，合适的孔结构，合适的表面官能团，以及较好的抗腐蚀性和低的制备成本。常见的商业化碳载体有 Vulcan XC-72R、Ketjen Black EC、Black Pearls 2000、Printex XE-2 和乙炔黑等。最新的碳载体材料还有碳纳米球、碳纳米管、有序多孔碳等。这些新的碳材料作为载体，相比于传统碳材料带来了更好的催化活性，更快的传质能力[48]。Huang 等[49]制备了氮掺杂低缺陷石墨烯，由于 N 的加入，使得 Pt 与 C 载体之间的相互作用加强，DFT 计算表明，N 的掺杂倾向于聚在一起，形成富 N 区域，用以锚定 Pt，其甲醇氧化活性达到了商业铂碳的 3.5 倍。

氧化物作为催化剂的载体不仅可以锚定 Pt 催化剂颗粒，还可以起到电子调控的作用。传统观念上，氧化物导电性差，不能单独作为催化剂载体使用。王双印课题组[50]利用氩等离子体对超薄 WO_3 纳米片进行刻蚀，使 WO_3 表面产生氧缺陷位，提升了其导电性，使 WO_3 更容易与 Pt 发生电子交换，表观活性得到极大提升。Huang 等[51]将 Pt 先负载在 $Ni(OH)_2$ 上，然后又与 rGO 进行复合。由于 $Ni(OH)_2$ 表面存在丰富的 -OH，因此可以帮助清除 Pt 表面的 CO_{ads}，石墨烯则提升了催化剂整体的电子传导性能。

③ 表面修饰　催化剂的表面修饰，一般是在单金属或合金的表面沉积少量的其他金属颗粒或单原子或亚单层，来改变原有催化剂表面的电子结构特性。与载体调控法类似，两种材料的接触位会发生电子转移及相互作用，从而表现出新的化学特性。还有的研究者是在催化剂表面活性位点处构建一个保护层。周志有等在 Pt 表面构建了一层通过配位锚定的 2,6- 二乙酰吡啶，这种有机物分子通过 Pt-C 与 Pt-N 配位，锚定在 Pt 催化剂表面，与 CO、H_2S 等物质产生竞争性吸附[52]。并且由于保护层留出的空隙，仅有 H_2 可以穿过，其他分子受保护层空间位阻的阻碍，不能靠近活性位，因此，在不影响反应分子传递的同时，具有很好的抗中毒性能（图 7-20）。该方法由

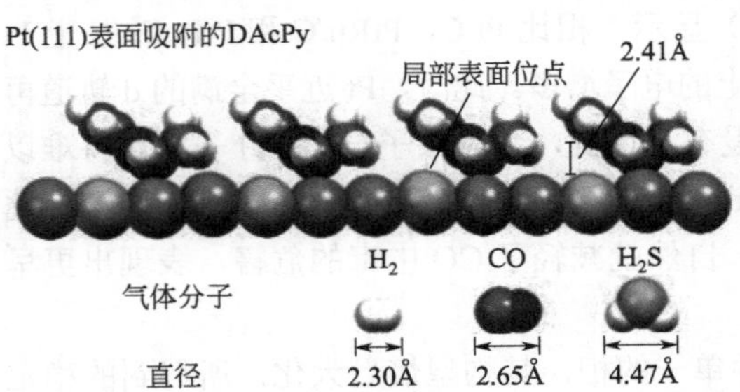

图7-20　经2,6-二乙酰吡啶修饰后的Pt催化剂表面空间大小与H_2、CO、H_2S分子大小比较

于 2,6- 二乙酰吡啶在 Pt 表面竞争性吸附，同样占据了 Pt 的表面位点，似有杀敌一千，自损八百的嫌疑。

7.3 甲酸氧化

以甲酸直接作为燃料的直接甲酸燃料电池（DFAFC，1.40V）具有比直接甲醇燃料电池（DMFC，1.21V）和直接乙醇燃料电池（DEFC，1.15V）更高的理论开路电压。甲酸反应过程中会电离产生甲酸根，甲酸根与目前大多数燃料电池所使用的隔膜材料全氟磺酸树脂（Nafion）中的磺酸具有排斥性，因此渗透效应会弱于 DMFC，因此可以通过提升甲酸浓度来达到 DFAFC 更高的能量密度。并且，甲酸是一种不燃性液体，在储存和运输方面也要优于氢燃料，因此对有安全性和经济性要求的应用场景比较适宜。但是相比甲醇，甲酸的腐蚀性就不是什么优点。如同西方谚语 Every coin has two sides 所说的，每枚硬币都有两面。

甲酸作为最简单的液态有机物燃料，和甲醇、乙醇氧化过程中可能出现的重要中间体，对其电化学氧机理的研究可以帮助我们更好地认识复杂分子的电化学氧化行为，如乙醇。

7.3.1 甲酸氧化机理

20 世纪 70 年代，Capon 等提出甲酸的氧化存在双路径机理，即脱氢路径和脱水路径，并认为 -COOH 羧基和 -COH 醛基是小分子氧化的最可能中间物种 [53-55]。

① 脱氢路径：

$$HCOOH_{ads} \longrightarrow CO_2 + 2H^+ + 2e^- \tag{7-17}$$

② 脱水路径：

$$HCOOH_{ads} \longrightarrow CO_{ads} + H_2O \tag{7-18}$$

$$CO_{ads} + H_2O \longrightarrow CO_2 + H_2 \tag{7-19}$$

③ 间接路径：

$$\left.\begin{matrix} HCOOH_{ads} \xrightarrow{-H^+,\,-e^-} \\ HCOO^-_{(aq)} \longrightarrow \end{matrix}\right\} HCOO_{ads} \xrightarrow[-e^-]{-H^+} CO_2 \tag{7-20}$$

Osawa 课题组对甲酸氧化机理研究作出了大量贡献。基于原位红外光谱可以给出不同路径的表观活化能，从而分离出甲酸氧化的不同反应路径 [56]。Chen 等利用可以确定不同路径对电流贡献的装置——带有原位红外光谱仪的薄层燃料电池研究了甲酸氧化反应 [57]。他们发现甲酸根的红外积分强度与不同浓度甲酸之间的非线性关系，因此提出了甲酸根是甲酸氧化的第三种途径这一可能性，并且弱吸附的甲酸直接氧化成 CO_2 被认为是甲酸氧化的主要途径。不同的 pH 值、电解质、催化剂所暴露的晶面、合金化等因素都可能会引起甲酸电氧化行为的变化。

进一步地，Chen 等 [58] 利用电化学全反射衰减红外光谱（EC-ATR-FTIR）发现了甲酸氧化过程中存在桥式吸附的甲酸根，并研究了不同电流、甲酸覆盖度、甲酸根浓度、pH 值下的 Pt 表面甲酸氧化，认为桥式吸附的甲酸根与中间物醋酸根类似，作用都是占据催化剂表面活性位点，既不是一级反应中间体，也不是二级反应中间体。与之相反的是，Cuesta 和 Osawa 认为桥式吸附甲酸根是可能的反应活性中间体，并且其反应符合一级反应或二级

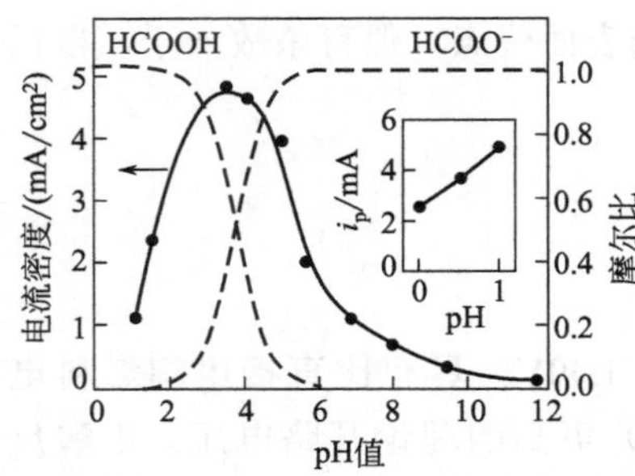

图7-21 不同pH下甲酸与甲酸根的浓度与甲酸氧化电流之间的关系[63]

反应规律[59, 60]。Grozovski[61]也提出了类似的看法，认为桥式吸附甲酸根是一级反应活性中间体。Xu 等[62]利用电化学原位红外定量分析吸附物质的方法，也得出了相似结论。Joo 等[63]研究了不同 pH 值下，Pt 电极表面的甲酸氧化曲线（图 7-21），得到了氧化电流与溶液 pH 值呈现出的类火山关系曲线，甲酸氧化活性在 pH=4 附近达到最大。这是由于电极表面建立酸碱平衡比桥式吸附的甲酸（b-$HCOO^-$）根发生氧化以及弱吸附的甲酸（$HCOOH_{ads}$）氧化发生得更快，因此认为弱吸附的甲酸根才是活性中间体，即：

$$HCOOH \rightleftharpoons HCOO^- + H^+ \tag{7-21}$$

2017 年，Wei 等[64]利用 HCOOH/DCOOH 进行同位素实验，进一步研究了不同 pH 值下甲酸氧化的反应机理。在 pH 值分别为 1.1、3.6、13 时，两种物质在 Pt 电极表面氧化的电流之比分别为 5、2、1，说明在酸性条件下，C-H 键与 C-D 键的断裂速率存在差异，即直接与 C 相连的氢脱附是甲酸氧化的决速步：

$$HCOOH \longrightarrow COO^-_{ads} + 2H^+ + 2e^- \tag{7-22}$$

而当 pH 值上升时，反应前驱体从 HCOOH 转变为 $HCOO^-$，即甲酸根上电子转移过程成为决速步：

$$HCOO^- \longrightarrow HCOO_{ads} + e^- \tag{7-23}$$

这一过程表明质子转移和电子转移速率不匹配，可能导致反应速率的降低。也就是说，在酸性条件下反应速率低的原因可能是反应体系中 H^+ 太多导致 HCOOH 的解离受限；而当碱性溶液中，pH 值大于 pK_a 时，甲酸根的电子转移则成为决速步。

后来，Ferre-Vilaplana 等[65]进一步提出甲酸氧化在 pH 值超过 pK_a 时，电流没有立即减小是因为甲酸的解离是甲酸氧化发生的先决条件，他们根据实验结果和理论计算，认为吸附的甲酸必须要先脱去一个质子变成 $HCOO^-_{ads}$ 才能进行下一步反应。即公式中应该出现甲酸根项，甲酸根是必要的反应中间体：

$$j = kK_a \exp\left(\frac{aFE}{RT}\right)\theta_A\left(1-\theta_A\right)\frac{c_{HCOOH}}{c_{H^+}}, \quad K_a = \frac{c_{H^+}c_{HCOO^-}}{c_{HCOOH}} \tag{7-24}$$

即，几乎所有甲酸氧化的路径都是通过甲酸根为前驱体的反应，而非吸附的甲酸直接氧化脱氢。

2019 年，Calderon-Cardenas 等[66]根据之前的甲酸氧化机理实验结果和可能的机理，利用计算机数值模拟的方法较好地模拟了 Pt 电极表面循环伏安行为与振荡，结果佐证了前人的结论。他们认为甲酸根路径和间接路径都会有桥式吸附甲酸盐向单齿吸附甲酸根转变的这一过程。并且几乎所有的甲酸氧化法拉第电流均来自直接路径，而 CO_B、$HCOO_B$、OH_{ad} 等吸附物会影响循环伏安曲线的形状，在恒电流条件下也可以因这些物质覆盖度的变化而观察到电压的振荡。

由此可见，任何一个实验参数或反应界面结构上的不同，都可能产生结论上的分歧。因此，在对反应机理进行研究时，应采取多种表征手段，加上理论计算，相辅相成，才能逐步接近真理。

7.3.2 甲酸氧化催化剂

（1）几何调控　当原子团簇的尺寸减小到一定程度甚至形成单原子催化剂时，催化剂的催化活性可能发生突变。Yang 等[67]用电化学沉积的方法在 Au 纳米八面体上负载了 Pt。随着 Pt 负载量降低、分散度提高带来的 Pt 与 Au 的相互作用增强，使 Au 表面的 Pt 更容易实现双功能机理［图 7-22（a）］。更小的 Pt 粒子更倾向于发生直接氧化路径而不经过 CO 中间体，因此甲酸氧化的活性大幅上升。若将具有不同 Pt 表面覆盖度的 Au 纳米八面体用于甲酸氧化，发现 Pt 覆盖度为 0.05 分子层（ML）时，得到最大的甲酸氧化活性，因此从侧面说明可能存在孤立的 Pt 单原子使活性最大化。Duchesne 等[68]通过胶体法制备了表面有 Pt 单原子的 Au 催化剂，并用同步辐射提供了 Au 表面 Pt 单原子存在的直接证据。这进一步说明，提升 Pt 的分散程度来加强 Pt 与 Au 之间的接触，从而最大化地利用 Au 的电子调控效应与双功能机理，可以获得最好的甲酸氧化性能［图 7-22（b）］。又如，单纯的 Ir/C 不具备甲酸氧化活性，而通过 N 锚定的单原子的 Ir_1/NC 催化剂却对甲酸氧化有较好的催化活性［图 7-22（c）］[69]。

制备具有多孔结构的催化剂也是增大比表面积、提高贵金属利用率的一种常见方式。Ding 等[70]利用可溶性液晶作为模板，然后在其表面电沉积 Pd，从而得到了一层 Pd 膜电催化剂 POM-Pd，该方法得到的催化剂具有可调的连续、有序的中孔结构，且具有较高的比表面积。其甲酸氧化活性达到了商业 Pd/C 的 7.8 倍。

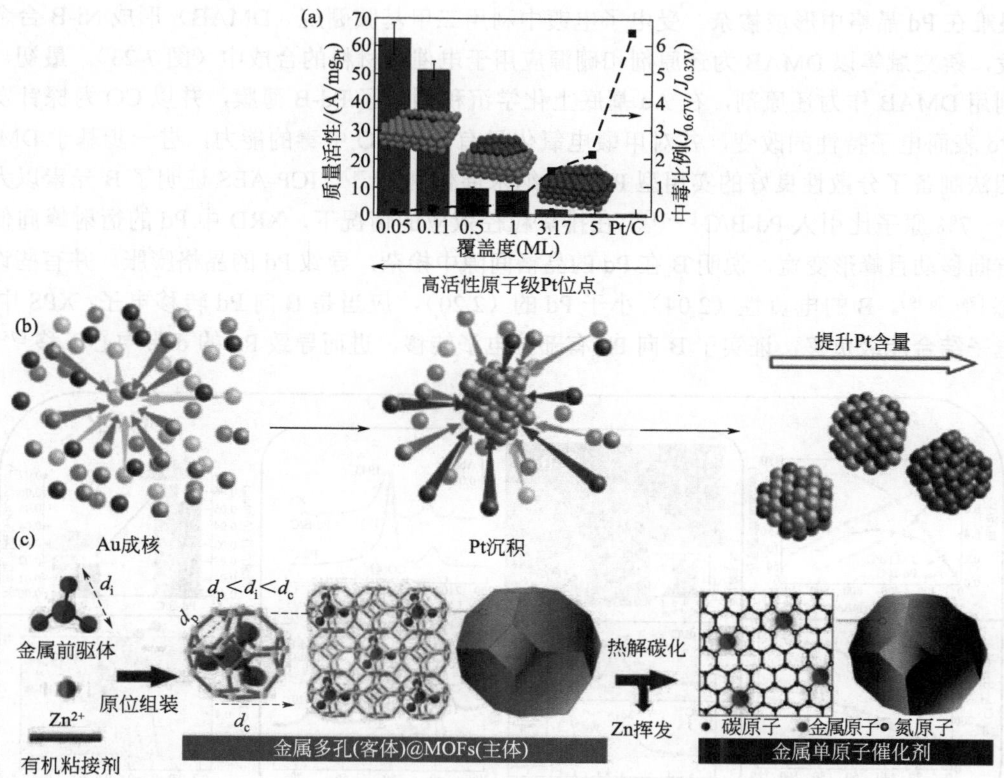

图7-22　（a）Au八面体表面电沉积Pt的表面覆盖度与甲酸氧化活性、抗中毒性能的关系[61]；（b）分散在Au颗粒表面沉积单原子Pt催化剂[62]；（c）单原子Ir催化剂合成示意图[63]

（2）合金催化剂 Rong 等[71]利用动力学控制策略在 Pt 表面还原了锡离子，Cl^- 与 O 共同作用下刻蚀 Pt，形成表面富缺陷的 Pt_3Sn 催化剂，一方面 Sn 的存在能够提供表面吸附的 -OH，另外这些配位不饱和的缺陷位使得表面所进行的甲酸氧化反应更快。Li 等[72]制备了 AuPt 纳米线催化剂，得益于纳米线表面的高指数晶面，Au_6Pt_1/C 表现出 $5.56A/mg_{Pt}$ 的质量比活性，是商业 Pt/C 的 34 倍。当加入 Rh 后，由于 Rh 可以提供丰富的 $-OH_{ads}$，$Au_6Pt_1Rh_{0.5}/C$ 在 Au_6Pt_1 的基础上活性又提升了 1.45 倍，但是过量的 Rh 会占据活性位点。有序合金在甲酸氧化中也有应用。Liu 等[73]利用化学沉淀加高温退火的方式制备了 Pd_3Fe 有序合金催化剂，得益于其有序的物理结构，该催化剂表现出更合适的电子结构和吸附能，因此具有比同比例无序的 PdFe 以及 Pd/C 更高的甲酸氧化活性；并且稳定的有序结构阻止了 Fe 在酸性介质中的溶出。

（3）非金属掺杂 Pd 是一种广泛应用于各电催化反应中的金属材料，但由于其对中间物种过强的吸附能力，往往需要对其电子性质进行调和。合金化是一种有效的调和手段。区别于晶格原子替代的金属 - 金属合金，当 Pd 与非金属形成合金时，由于非金属元素体积通常较小，非金属原子容易在 Pd 晶格的间隙中形成掺杂。典型的非金属间隙掺杂合金是 Pd-H，体积极小的 H 可以掺杂进 Pd 的晶格间隙，导致 Pd 的晶格膨胀。B 作为一种体积同样非常小的元素，是否也能在 Pd 的晶格间隙中掺杂？

常规的 Pd/C 的水相合成法一般使用 $NaBH_4$ 作为还原剂，由于 BH_4^- 的强反应活性，其中 B 很难在 Pd 晶格中形成掺杂。受电子电镀中利用二甲基胺硼烷（DMAB）形成 Ni-B 合金的启发，蔡文斌等以 DMAB 为还原剂和硼源应用于电催化材料的合成中（图 7-23）。最初，他们利用 DMAB 作为还原剂，在 Au 基底上化学沉积制备了 Pd-B 薄膜，并以 CO 为探针发现了 Pd 表面电子特性的改变，并对甲酸电氧化具有抑制 CO 中毒的能力，进一步基于 DMAB 水相法制备了分散性良好的实用型 Pd-B/C 纳米催化剂[74-78]。ICP-AES 证明了 B 元素以大约 6% ～ 7% 原子比引入 Pd-B/C[74-78]。在排除粒径效应的情况下，XRD 中 Pd 的衍射峰向低角度方向移动且峰形变宽，说明 B 在 Pd 的晶格间隙中掺杂，导致 Pd 的晶格膨胀，并有些许非晶态[74, 76-79]。B 的电负性（2.04）小于 Pd 的（2.20），应当是 B 向 Pd 转移电子；XPS 中 Pd 的电子结合能级负移，证实了 B 向 Pd 有部分电子转移，进而导致 Pd 的 d 带中心下移[75-79]。

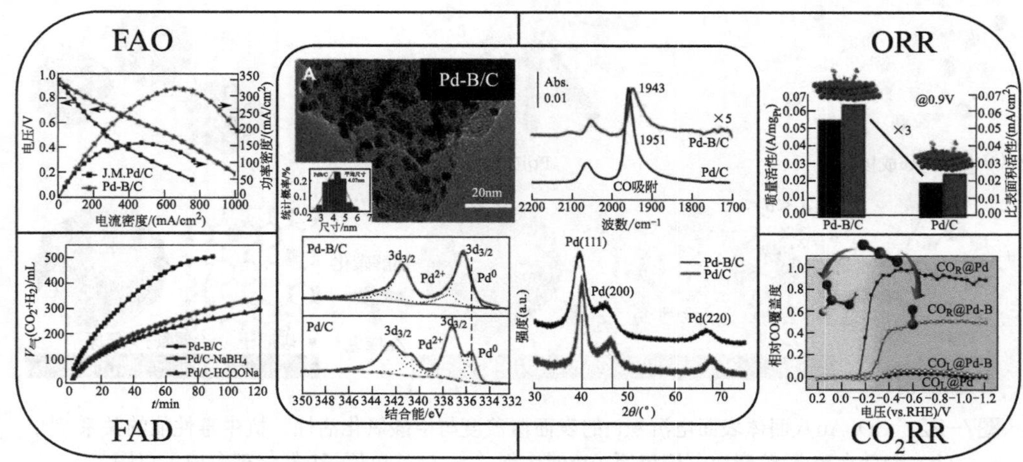

图7-23 非金属间隙掺杂合金Pd-B在电催化中的应用

XPS中B 1s谱峰的存在也再次证实了B的存在[78]。DFT理论计算模拟了B在Pd晶格中的掺杂构型，发现B在Pd的亚表层形成满覆盖的掺杂[79]。

B 的引入导致 Pd 的 d 带中心下移，从而减弱了其对中间物种的吸附强度，催化剂新鲜活性中心易于释放，有利于电催化反应的持续进行。DFT 计算证明了 B 向 Pd 的电子转移，从而下调了 Pd 的 d 带中心，这与 XPS 表征结果和 Pauling 的电负性规则是一致的[77, 78]。Yoo 等[80]也利用 DFT 计算跟进研究证实了 B 掺杂的电子效应，更提出了 Pd-B 对甲酸双路径分解中间体 *COOH 和 HCOO* 吸附不遵守比例原则的观点。蔡文斌等[79]将 Pd-B/C 应用于甲酸电氧化反应中，在半电池和全电池中都获得了优异的活性和稳定性。原位 ATR-IR 证实了甲酸电氧化反应过程中 Pd-B/C 上更强的抗 CO 毒化能力，并增加了甲酸脱氢路径的占比[75]。进而，利用 Pd-B 对含氧物种吸附能的削弱，以 Pd-B/C 作为氧还原反应（ORR）催化剂，获得显著高于 Pd/C 的活性[77]。考虑到 Pd 基催化剂在甲酸自分解制氢和 CO_2 还原制甲酸存在某种可逆性，他们将 Pd-B/C 的应用拓展到这两个反应体系中[75, 78, 79]。B 的掺杂促进了甲酸自分解制氢的反应速率，抑制了 CO 在 Pd 表面的累积[75]。B 的掺杂还在宽电位范围内提升了 CO_2RR 制甲酸的产率，DFT 计算和原位谱学结果均证明了其对生成甲酸路径的提升[78, 79]。

除了利用DMAB作为B源外，陈胜利等利用DMF对BH_4^-的稳定化作用，以DMF为溶剂、$NaBH_4$为还原剂和 B 源获得了 B 含量可调节的 Pd-B/C[81]。利用 DMAB 较 $NaBH_4$ 和水合肼稍弱的还原性，蔡文斌等也将其拓展到其他 Pt 基催化剂的水相合成中，获得了粒径均一、分散性良好的碳载型 Pt-Ni-B、Pt-Co 和 Pt-Ru 等催化剂[82-84]。

（4）表面修饰　金属催化剂常常被负载于碳载体上来提升分散性以及导电性，从而得到更好的催化性能。常见的碳载体有多孔碳、还原氧化石墨烯、氮掺杂石墨烯、介孔碳等。导电聚合物是除碳载体之外，研究较多的催化剂载体。聚苯胺（PAn）具有良好的环境稳定性、导电性、分散金属的能力以及对空气中氧选择透过性。此外还有研究表明，PAn 还可以通过加速含氧物种形成，提升金属抗 CO 中毒能力[85, 86]。以上优点使聚苯胺作为载体或包覆材料，对提升阴极和阳极 Pt 基催化剂均有很好的效果[87]。聚苯胺的质子化或氧化态，有利于提高其导电性，但其在碱性或者中性介质中导电性差，在强酸性溶液中 Pd 的稳定性又不能满足需求。有鉴于此，魏子栋课题组选择弱酸性的 $(NH_4)_2SO_4$ 作介质，研究聚苯胺修饰 Pd 对甲酸的催化氧化性能[88]。图 7-24（a）、（b）表明：相对于未被 PAn 修饰 Pd 电极，修饰后的 Pd 电极，Pd 的分散性明显改善，这归因于聚苯胺上均匀分布的 N 对 Pd 的锚定效应。基于甲酸氧化过程的多步骤机理，我们巧妙地利用旋转圆盘电极的电位扫描，通过氧化电流峰的大小和行为，判断催化剂的催化活性。如图 7-24（c）、（d）显示：甲酸氧化出现两个峰，其中发生在低电位区的反应（峰 1）与 RDE 的转速无关，或者说，峰面积大小与转速没有规律性，这说明，对应于此峰的反应与传质无关，而受动力学控制。而发生在高电位区的反应，在时间上滞后于第一个峰对应的反应，可以看作第一个反应的生成物（或甲酸氧化的某中间体）继续在高电位下的氧化，该峰电流随转速升高而降低（峰 2），说明随着 RDE 转速的升高，甲酸氧化的中间体被甩离了 RDE 表面，剩下参与电极反应的中间体越来越少。该方法若再配合色谱分离分析手段，就可以进一步探讨甲酸氧化的机理。但就已揭示的实验现象而言，PAn 对 Pd/GDE 的催化增强作用已十分明确。

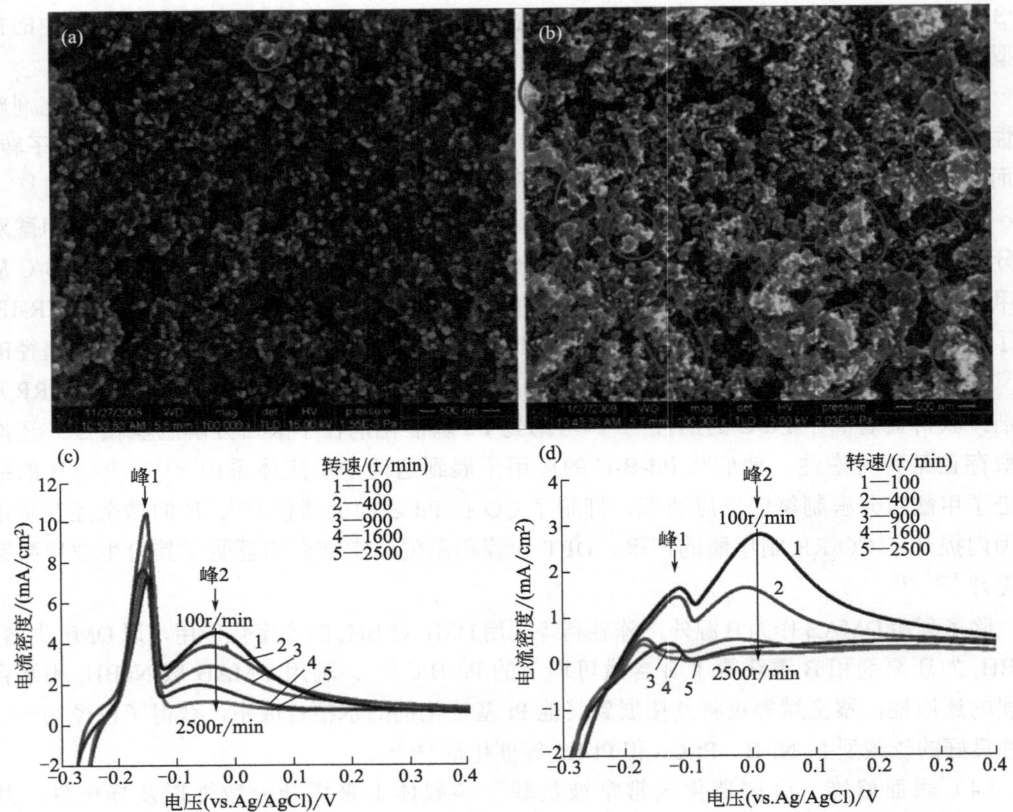

图7-24 （a）苯胺修饰的多孔碳电极表面沉积Pd（分散性较好）；（b）Pd直接沉积在多孔碳电极（分散性较差）；（c）Pd沉积的聚苯胺修饰的多孔碳电极（Pd/PAn/GDE）在不同转速下的LSV曲线；（d）Pd沉积的多孔碳电极（Pd/GDE）在不同转速下的LSV曲线［10mol/L HCOOH+1mol/L$(NH_4)_2SO_4$，扫速5mV/s］

前面提到高指数晶面由于具有更大的比表面积能表现出低指数晶面更好的催化活性，孙世刚课题组的 Chen 等[89]在二十四面体 Pt 纳米晶粒（THH Pt NCs）表面通过修饰 Bi 进一步优化了 THH Pt NCs 对甲酸氧化的反应活性。他们发现 Bi 的覆盖度与反应活性呈现明显的正相关关系（图 7-25）。这是由于甲酸氧化要经过 CO 路径需要 Pt 表面的基团效应[90-92]，而 Bi 的引入会阻隔这些连续的表面 Pt 原子。根据之前的研究，仅需要一个孤立的 Pt 位点即可发生甲醇氧化的直接路径。因此较高的 Bi 覆盖度下，形成了大量 Pt 孤立位点，甲酸氧化的路径即不通过 CO 路径进行。并且 Bi 倾向于在 Pt 的低指数晶面 (110) 进行沉积，这恰好是具有较高甲酸氧化活性的晶面[93]。Bi 的引入阻止了该晶面的 CO 路径，因此活性会大幅提升。当 Bi 覆盖度较小时，也能够通过影响 Pt 的电子结构来提升催化活性。

如前所述，金属催化剂与金属氧化物之间可以发生电子转移，从而调控其催化性能。蔡文斌课题组利用 SnO_2 纳米片修饰 Pd 纳米薄片，通过全反射红外光谱研究法发现，SnO_2 修饰可以使甲酸氧化过程中 Pd 表面的 CO 积累受到抑制（图 7-26）；DFT 计算表明，经过 SnO_2 修饰后的 Pd(111) 表面更倾向于通过甲酸根路径进行反应，即促进双齿吸附的甲酸根向单齿吸附甲酸根转化，进而加快单齿吸附甲酸氧化为 CO_2[94]。

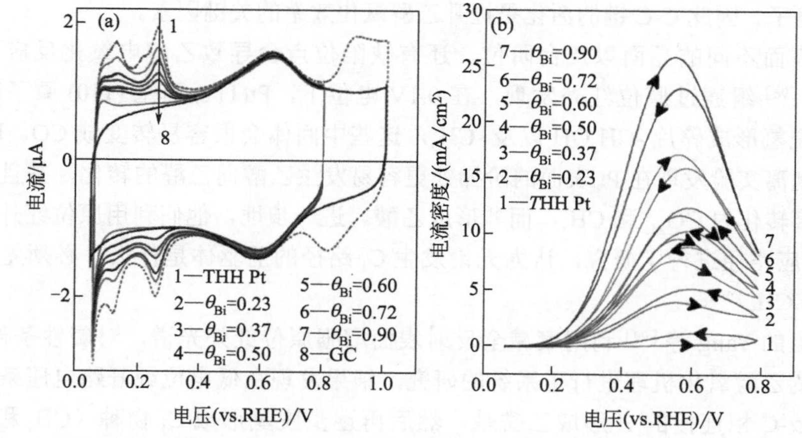

图7-25　THH Pt NCs表面Bi覆盖度与甲酸氧化活性之间的关系[83]

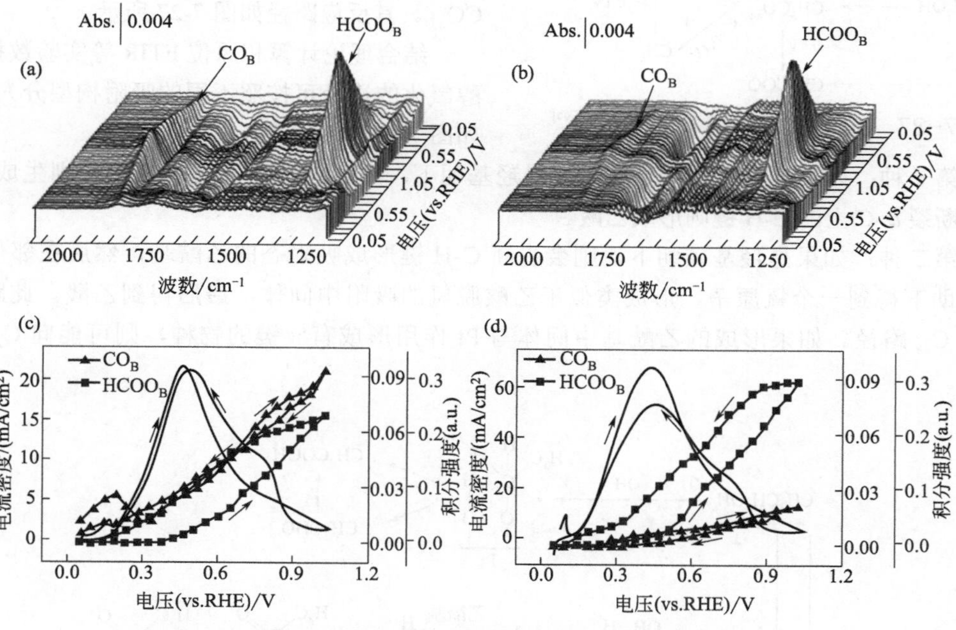

图7-26　Pd纳米片与SnO_2修饰Pd纳米片表面的红外光谱（a）、（b）与对应的甲酸氧化曲线（c）、（d）[94]

7.4　乙醇氧化

7.4.1　乙醇氧化机理

乙醇分子中含有2个碳原子，因此中间产物种类繁多。并且氧化过程所涉及的C-C键的断裂，所需要克服的能垒更高。目前对于乙醇氧化的路径与机理还没有统一的定论。乙醇完全氧化可以转移12个电子，如果只氧化成乙酸，则只有4个电子的转移；若生成乙醛则仅仅转移了 2 个电子。因此 C-C 键的活化是提升乙醇氧化效率的关键因素。

催化剂表面不同的晶面以及台阶位、还有缺陷位点会导致乙醇电氧化反应中间体不一样[95]。Feliu[96]组通过原位红外发现，在 0.1V 电位下，Pt(111) 面上 (110) 原子阶梯处即可将乙醇分子脱氢形成碎片 $-CH_2OH$ 以及 $-CH_3$，这些中间体会很容易转变成 CO。Koper[97]组利用电化学剥离实验发现在 Pt 表面的阶梯处更容易发生乙醇向乙醛的转化，并且所吸附的乙醛倾向于直接转化为 CO_{ads} 和 CH_x，而非形成乙酸。进一步地，他们利用原位红外光谱对不同 pH 值下的反应路径进行了研究，认为无论发生 C_1 路径的前驱体是什么，必须先转化为吸附态的 CO_{ads} 和 CH_x[98]。

蔡文斌组的 Yang 等[99]利用衰减全反射表面增强原位红外光谱，对碱性条件下 Pd 表面同位素标记的乙醇氧化机理进行了系统的研究。结果发现在低电位或开路电压条件下，乙醇首先脱去与 α-C 相连接的 H 形成乙酰基，然后再逐步脱氢形成 C_1 物种（CH_x 和 CO_{ads}）。当电位更正时，乙酰基可能进一步向 C_2 路径转化形成醋酸根或继续经过 C_1 中间物（CH_x）形成 CO_{ads}。其反应路径如图 7-27 所示。

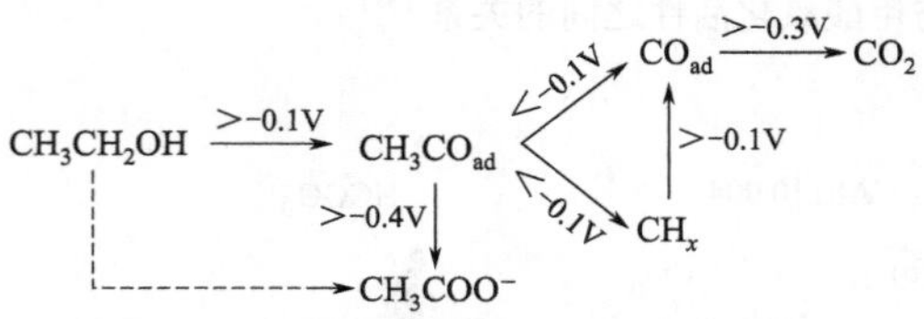

图7-27 不同电位下乙醇氧化的产物[99]

结合理论计算和原位 FTIR 等实验数据，乙醇氧化的途径可按照不同的吸附构型分为三种，如图 7-28 所示[100]。

第一种：如果乙醇吸附在金属表面是羟基朝下，则断裂 O-H 和 α-C-H 键，则生成乙醛；若只断裂 α-C 上的 C-H 键则形成乙酸。

第二种：如果是羟基碳朝下，则会先断 C-H 键形成吸附态的乙酰基，然后在邻位 -OH 的帮助下得到一个氧原子，形成类似于乙酸脱氢的吸附中间体，最后得到乙酸。此路径被称为 C_{2a} 路径。如果形成的乙酰基中间体与 Pt 作用形成有 π 键的物种，则可能向 $C_{2\pi}$ 路径转变。

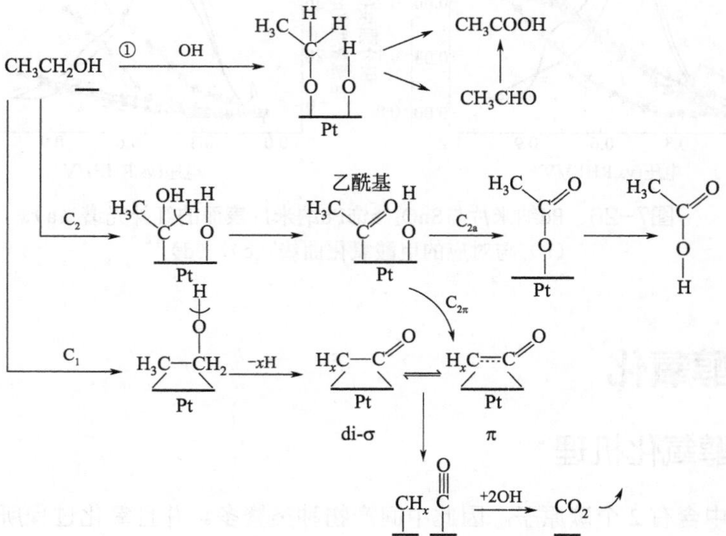

图7-28 乙醇氧化机理示意图[100]

第三种：乙醇中的两个碳同时吸附在催化剂表面，先脱氢形成乙酰基，然后再经过 C-C 键的活化、断裂，形成吸附态的 $CH_{x,\ ads}$ 和 CO_{ads}，再通过 -OH 将二者氧化为 CO_2。

由于乙醇的 pK_a 接近 15，因此在碱性条件下，中间物乙醛容易脱去一个 H 形成带负电的 $[CH_2CHO]^-$，导致 C-C 键的弱化，更容易被打断。结合前人的实验结果，$CH_{x,\ ads}$[101] 和 CO_{ads}[102] 在碱性介质中比酸性介质中更容易在更低电位下检测到的事实，解释了为什么 Pt 在碱性中乙醇氧化具有更大电流的原因[98]。

7.4.2　乙醇氧化催化剂

前面已经提到，几何结构以及电子结构的调控是提高催化剂性能常用的手段，乙醇分子比甲醇和甲酸反应路径更复杂，因此对催化剂的活化能力具有更高的要求。

（1）几何调控　Li 等通过聚合物胶束自组装的方式合成了多孔 Pd 纳米球作为催化剂，通过改变溶剂的组成即可对孔结构进行调整，结果发现不同尺寸的孔可以通过传质影响乙醇氧化活性[103]。Liu 等[104] 利用电化学辅助晶种调控的方法在石墨烯表面负载了 3.2nm 大小的 Pt 纳米颗粒作为晶种，然后通过方波伏安法，生长二十四面体的 Pt 颗粒（约 10nm，见图 7-29）。二十四面体表面的晶面属于 {210} 高指数晶面簇，具有更多的配位不饱和铂原子，因此表现出了比商业铂碳更高的乙醇氧化活性。

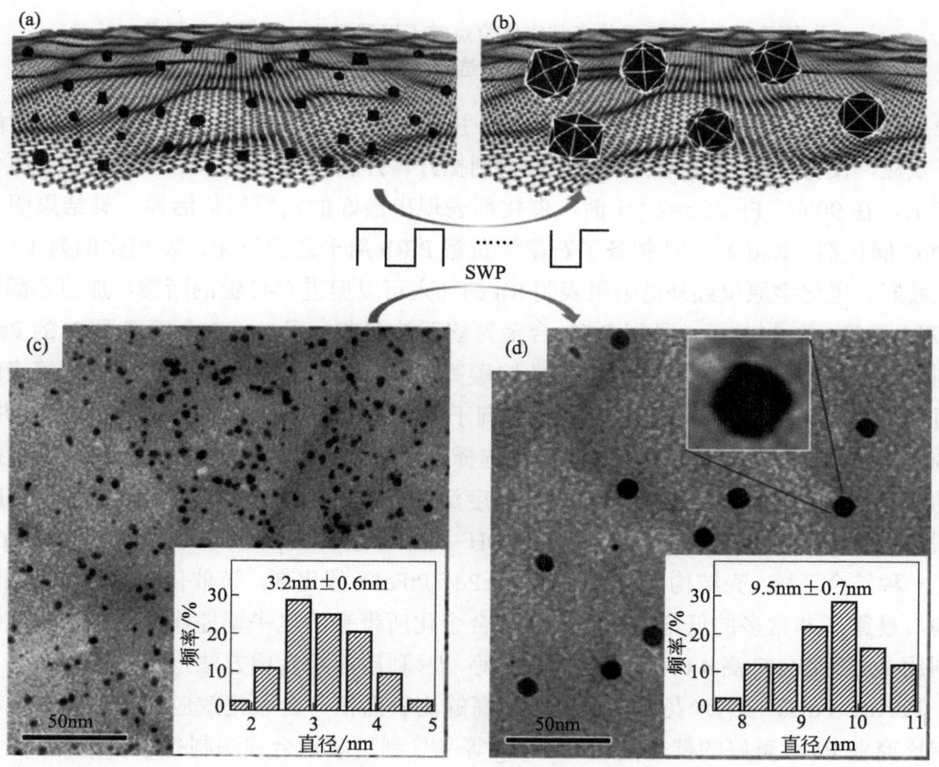

图7-29　电化学方波伏安法合成的24面体Pt纳米粒子作乙醇氧化催化剂[104]

值得注意的是，前面提到催化剂的尺寸越小虽然越有利于提升表面能，但是对于尺寸减小到单原子时，催化剂则表现出类似于“择形催化”的性质。由于乙醇属于 C_2 分子，催化剂表面活性位点对于 2 个碳原子的吸附会影响 C-C 键的活化及断裂，因此单原子催化剂通常不具备乙醇氧化活性。根据已有的研究，催化剂的选择性与表面原子分散性的关系如图 7-30 所示。

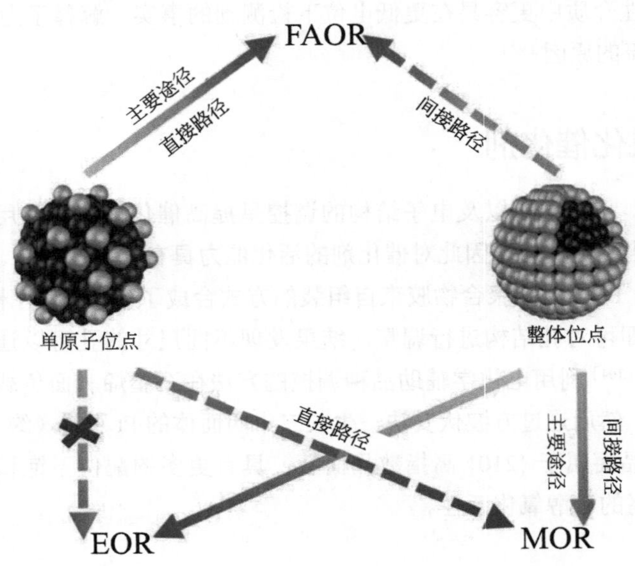

图7-30 单原子位点与集体位点对于甲酸氧化、甲醇氧化以及乙醇氧化的路径选择性示意图[105]

（2）合金化调控 Zhou 等[106]制备了 Sn 掺杂的 Pt 催化剂，由于 Sn 带来的双功能机理与电子效应，使得 PtSn 合金催化剂的活性得到提升。并利用单电池对 PtSn/C 的乙醇氧化活性进行测试，在 90℃，Pt：Sn=2：1 时，催化剂表现出最好的乙醇氧化活性，其结果明显好于商业 Pt/C 催化剂。Rao 等[107]制备了石墨烯负载 PtRh 用于乙醇氧化，发现比例为 1：1 的时候活性最好。电化学原位红外谱结果表明 Rh 的加入可以促进 C-C 键的断裂，加速乙醇氧化为 CO_2。Zhang 等[108]制备了一种以 PtCo 合金为核而外部有一层 1 ～ 2 个原子层 Pt 的 PtCo@Pt 催化剂，该催化剂的乙醇氧化活性比商业铂碳高 2.5 倍，原位红外实验和 DFT 计算表明，由于表面存在 Pt 原子层，该催化剂表面更加倾向于形成乙酸。由于 Pt 对乙醇氧化的活性并不好，加入 Sn 可以提升乙醇氧化活性，但是 CO_2 选择性会变差。因为 Sn 表面可以产生大量的 -OH 以帮助乙醇在更低的电位下氧化为乙酸。密度泛函理论表明，$Pt_3Co(211)$ 面覆盖一层 Pt 会使乙醇脱氢时更倾向于脱去 α-H，形成 CH_3COH^* 而非形成脱去 β-H 的 CH_2COH^*。Zhang 等[109]制备了一种结合了核 - 壳结构与纳米线的 PtFePd@PtFe/Pt 催化剂，该催化剂由于具有独特的一维结构，暴露了非常多的低配位原子，加上合金化所带来的电子调控作用，对乙醇氧化的活性分别比 Pt/C 和 Pd/C 高 4.6 和 5.0 倍。Gao 等[110]利用液相合成方法，制备了 PdAg、PdPb、PdCu、PdAu、PdGa 等纳米花状催化剂，较高的比表面积与合金化效应使得这些纳米花状材料具有比商业 Pd/C 更好的催化活性。Zhang 等[111]利用液相合成法制备了 PdRuCu 三元分枝状合金颗粒，该催化剂相比于商业 Pd/C 活性提高约 7 倍。Han 等[112]利用 Galvanic 置换的方法合成了多孔的 PtRhCu 纳米盒，通过调节三种金属之间的比例，他们发现 $Pt_{54}Rh_4Cu_{42}$ 表现出了最佳的比表面活性和质量比活性以及稳定性（图 7-31）。其原因主要在于独特的立方体几何结构与各种元素之间的协同效应得到了均衡发挥。纳米盒的多孔结构不仅提升了原子利用率，还提高了传质能力。Cu 的引入可以提升对 CO 的耐受性，而少量 Rh 的加入则提升了催化剂的稳定性，并且通过电化学表征 Rh 的加入还可以提升 C_1 路径的选择性。相较于纯 Pt，该催化剂的 C_1 路径选择性是其 11.5 倍。Jiang 等[113]先通过胶体法制备了 PdCu、PdCuNi、PtCuCo 纳米颗粒，然后再在 375℃退火处理将上述颗粒转换为有序金属颗粒。DFT 计算表明，由于 Cu、Ni、Co 的粒径均比 Pd 更小，因此掺杂所引起的压应力效应与配体效应会带来活性上的提升。Kodiyath 等[114]制备了 $TaPt_3$ 金属间化合物用于乙醇氧化，单电池测试表明该催化剂的活性在半电池和单电池测试中的乙醇氧化活性均高于 Pt NPs，并通过原位红外实验证明了 $TaPt_3$ 更容易打断乙醇中的 C-C 键，通过 C_1 路径进行氧化。并且产生 CO 的电位比 Pt NPs 表面要更低，说明 $TaPt_3$ 的活性更好。

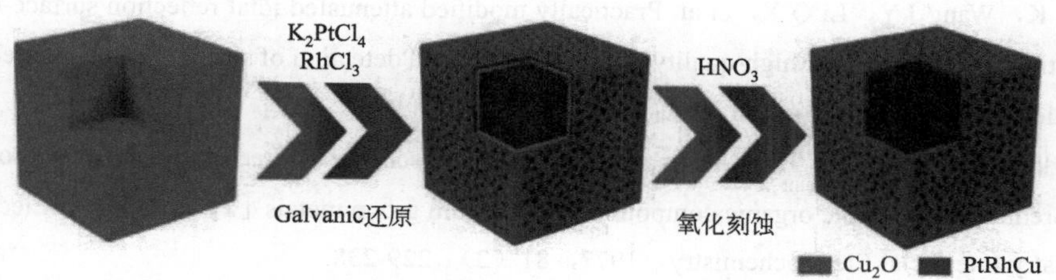

图7-31　基于Galvanic置换法得到的PtRhCu 多孔立方纳米盒[112]

7.5　总结与展望

电化学相关的能量储存与物质转换过程涉及多步的质子和电子的转移。因此，电催化反应十分复杂，往往包含多个平行或连续的反应。此外，由于反应中间物寿命短、在催化剂表面的覆盖度低，重要的反应中间物通常很难直接探测。因此，加深对有机小分子氧化反应机理的深刻认识，是开发高性能催化剂的必要条件。基于 CO 是小分子有机物电化学氧化共同的中间体与毒物，本章首先围绕金属催化剂表面的 CO 吸附机理进行了较为深入的探讨，然后就几种常见有机小分子甲醇、甲酸以及乙醇氧化的机理进行了介绍，并根据催化剂的调控方法列举了近年来大量的前沿研究成果。重点阐述了各种催化剂提升小分子氧化活性与抗中毒性能的机理，揭示了材料形貌结构与电子特性两方面对催化剂性能的直接影响。引导研究者在清楚地认识反应机理后，再进一步针对性地对催化剂进行设计、调控，提升贵金属催化剂寿命与稳定性，推动小分子燃料电池的发展。

参考文献

[1] Beden B，Lamy C，Bewick A，et al. Electrosorption of methanol on a platinum electrode. IR spectroscopic evidence for adsorbed co species［J］. Journal of Electroanalytical Chemistry Interfacial Electrochemistry，1981，121：343-347.

[2] 张耀君，李聚源，张君涛，等. 微量热法研究燃料电池PtRu/C催化剂的CO微分吸附热［J］. 化学

学报，2004，62（021）：2205-2208.

[3] Hsing I M，Wang X，Leng Y J. Electrochemical impedance studies of methanol electro-oxidation on Pt/C thin film electrode［J］. Journal of the Electrochemical Society，2002，149（5）：A615-A621.

[4] Jusys Z，Behm R J. Methanol oxidation on a carbon-supported Pt fuel cell catalyst - A kinetic and mechanistic study by differential electrochemical mass spectrometry［J］. Journal of Physical Chemistry B，2001，105（44）：10874-10883.

[5] Wang H，Baltruschat H. DEMS study on methanol oxidation at poly- and monocrystalline platinum electrodes：The effect of anion，temperature，surface structure，Ru adatom，and potential［J］. Journal of Physical Chemistry C，2007，111（19）：7038-7048.

[6] Yan X C，Miki A，Shen Y，et al. Formate，an active intermediate for direct oxidation of methanol on Pt electrode［J］. Journal of the American Chemical Society，2003，125（13）：3680-3681.

[7] Xue X K，Wang J Y，Li Q X，et al. Practically modified attenuated total reflection surface-enhanced IR absorption spectroscopy for high-quality frequency-extended detection of surface species at electrodes［J］. Analytical Chemistry，2008，80（1）：166-171.

[8] Bagotzky V S，Vassiliev Y B，Khazova O A. Generalized scheme of chemisorption，electrooxidation and electroreduction of simple organic compounds on platinum group metals［J］. Journal of Electroanalytical Chemistry Interfacial Electrochemistry，1977，81（2）：229-238.

[9] Gasteiger H A，Ross P N，Cairns E J. Methanol electrooxidation on well-characterized Pt-Ru alloys［J］. Journal of Physical Chemistry，1993，97（46）：12020-12029.

[10] 李兰兰，魏子栋，李莉，等. 铂催化甲醇氧化开始步骤的研究［J］. 化学学报，2006（11）：1173-1178.

[11] Armand D，Clavilier J. Influence of specific adsorption of anions on the electrochemical behaviour of the Pt (100) surface in acid medium comparison with Pt (111)［J］. Journal of Electroanalytical Chemistry，2011，270（1-2）：331-347.

[12] Herrero E，Franaszczuk K，Wieckowski A. Electrochemistry of methanol at low index crystal planes of platinum：an integrated voltammetric and chronoamperometric study［J］. Journal of Physical Chemistry，1994，98（19）：5074-5083.

[13] Mayrhofer K，Blizanac B B，Arenz M，et al. The impact of geometric and surface electronic properties of Pt-catalysts on the particle size effect in electrocatalysis［J］. Journal of Physical Chemistry B，2005，109（30）：14433-14440.

[14] Watanabe M，Motoo S. Electrocatalysis by ad-atoms：Part Ⅱ. Enhancement of the oxidation of methanol on platinum by ruthenium ad-atoms［J］. Journal of Electroanalytical Chemistry Interfacial Electrochemistry，1975，60（3）：267-273.

[15] Watanabe M，Motoo S. Electrocatalysis by ad-atoms Part Ⅲ. Enhancement of the oxidation of carbon monoxide on platinum by ruthenium ad-atoms［J］. Journal of Electroanalytical Chemistry Interfacial Electrochemistry，1975，60（3）：275-283.

[16] Zhuang L，Jin J，Abruna H D. Direct observation of electrocatalytic synergy［J］. Journal of the American Chemical Society，2007，129（36）：11033-11035.

[17] Wei Z D，Li L L，Luo Y H，et al. Electrooxidation of methanol on upd-Ru and upd-Sn modified Pt

electrodes [J]. Journal of Physical Chemistry B, 2006, 110 (51): 26055-26061.

[18] 魏子栋，三木敦史，大森唯义，等. 甲醇在欠电位沉积Sn/Pt电极上催化氧化［J］. 物理化学学报，2002（12）：64-68.

[19] Wang Q, Chen S, Jiang J, et al. Manipulating the surface composition of Pt-Ru bimetallic nanoparticles to control the methanol oxidation reaction pathway [J]. Chemical Communication, 2020, 56 (16): 2419-2422.

[20] 李兰兰，魏子栋，李莉. DMFC中甲醇氧化催化剂的催化机理［J］. 电源技术，2004，028（005）：324-327.

[21] Wang Deli, Zhang Lin, Lu Juntao. An alloying-degree-controlling step in the impregnation synthesis of PtRu/C catalysts [J]. The Journal of Physical Chemistry C, 2007, 111 (44): 16416–16422.

[22] Hoshi N, Nakamura M, Haneishi H. Structural effects on methanol oxidation on single crystal electrodes of palladium [J]. Electrochemistry, 2017, 85 (10): 634-636.

[23] Qi X Q, Wei Z D, Li L L, et al. DFT studies of the pH dopendence of the reactivity of methanol on a Pd(111) surface [J]. Journal of Molecular Structure, 2010, 980 (1-3): 208-213.

[24] 李兰兰，魏子栋，齐学强，等. 甲醇在Pt表面电化学氧化过程中的化学振荡［J］. 中国科学，2007，37（006）：541-549.

[25] Sheng T, Tian N, Zhou Z Y, et al. Designing Pt-based electrocatalysts with high surface energy [J]. ACS Energy Letters, 2017: 1892-1900.

[26] Tian N, Zhou Z Y, Sun S G, et al. Synthesis of tetrahexahedral platinum nanocrystals with high-index facets and high electro-oxidation activity [J]. Science, 2007, 316 (5825): 732-735.

[27] Zhou Zhi-You, Huang Zhi-Zhong, Chen De-Jun, et al. High-index faceted platinum nanocrystals supported on carbon black as highly efficient catalysts for ethanol electrooxidation [J]. Angewandte Chemie International Edition, 2009, 49 (2): 411-414.

[28] Yu N F, Tian N, Zhou Z Y, et al. Electrochemical synthesis of tetrahexahedral rhodium nanocrystals with extraordinarily high surface enery and high electrocatalytic activity [J]. Angewandte Chemie International Edition, 2014, 53 (20): 5097-5101.

[29] Xiao J, Liu S, Tian N, et al. Synthesis of convex hexoctahedral Pt micro/nanocrystals with high-index facets and electrochemistry-mediated shape evolution [J]. Journal of the American Chemical Society, 2013, 135 (50): 18754-18757.

[30] Rößner L, Armbrüster M. Electrochemical energy conversion on intermetallic compounds: a review [J]. ACS Catalysis, 2019, 9 (3): 2018-2062.

[31] Zhang Z C, Tian X C, Zhang B W, et al. Engineering phase and surface composition of Pt_3Co nanocatalysts: a strategy for enhancing CO tolerance [J]. Nano Energy, 2017, 34 (2017): 224-232.

[32] Qi Z, Xiao C, Liu C, et al. Sub-4nm PtZn intermetallic nanoparticles for enhanced mass and specific activities in catalytic electrooxidation reaction [J]. Journal of the American Chemical Society, 2017, 139 (13): 4762-4768.

[33] Li W, Wang D, Zhang Y, et al. Defect engineering for fuel-cell electrocatalysts [J]. Advanced Materials, 2020, 32 (19): 1907879-1907898.

[34] Xie C，Yan D，Chen W，et al. Insight into the design of defect electrocatalysts：from electronic structure to adsorption energy［J］. Materials Today，2019，31：47-68.

[35] Yang L，Li G Q，Ma R P，et al. Nanocluster PtNiP supported on graphene as an efficient electrocatalyst for methanol oxidation reaction［J］. Nano Research，2021，14（8）：2853-2860.

[36] Nørskor J K. Chemisorption on metal surfaces［J］. Reports on Progress in Physics，1999，53（10）：1253-1295.

[37] Nørskov J K. Electronic factors in catalysis［J］. Progress in Surface Science，1991，38（2）：103-144.

[38] Zhang J，Qu X，Han Y，et al. Engineering PtRu bimetallic nanoparticles with adjustable alloying degree for methanol electrooxidation: enhanced catalytic performance［J］. Applied Catalysis B：Environmental，2020，263：118345-118353.

[39] Hsieh C-T，Yu P-Y，Tzou D-Y，et al. Bimetallic Pd–Rh nanoparticles onto reduced graphene oxide nanosheets as electrocatalysts for methanol oxidation［J］. Journal of Electroanalytical Chemistry，2016，761：28-36.

[40] Maksimuk S，Yang S，Peng Z，et al. Synthesis and characterization of ordered intermetallic PtPb nanorods［J］. Journal of the American Chemical Society，2007，129（28）：8684-8685.

[41] Matsumoto F.Ethanol and methanol oxidation activity of PtPb，PtBi，and $PtBi_2$ intermetallic compounds in alkaline media［J］. Electrochemistry，2012，80（3）：132-138.

[42] Wang Q M，Chen S G，Li P，et al. Surface Ru enriched structurally ordered intermetallic PtFe@PtRuFe core-shell nanostructure boosts methanol oxidation reaction catalysis［J］. Applied Catalysis B-Environmental，2019，252：120-127.

[43] Wang Q M，Chen S G，Lan H Y，et al. Thermally driven interfacial diffusion synthesis of nitrogen-doped carbon confined trimetallic Pt_3CoRu composites for the methanol oxidation reaction［J］. Journal of Materials Chemistry A，2019，7（30）：18143-18149.

[44] Moghaddam A O，Trofimov E A. Toward expanding the realm of high entropy materials to platinum group metals：A review［J］. Journal of Alloys and Compounds，2021，851：156838-156859.

[45] Wang A L，Wan H C，Xu H，et al. Quinary PdNiCoCuFe alloy nanotube arrays as efficient electrocatalysts for methanol oxidation［J］. Electrochimica Acta，2014，127：448-453.

[46] Chen X，Si C，Gao Y，et al. Multi-component nanoporous platinum–ruthenium–copper–osmium–iridium alloy with enhanced electrocatalytic activity towards methanol oxidation and oxygen reduction[J]. Journal of Power Sources，2015，273：324-332.

[47] Yao W，Jiang X，Li M，et al. Engineering hollow porous platinum-silver double-shelled nanocages for efficient electro-oxidation of methanol［J］. Applied Catalysis B：Environmental，2020，282：119595.

[48] Tang S，Sun G，Qi J，et al. Review of new carbon materials as catalyst supports in direct alcohol fuel cells［J］. Chinese Journal of Catalysis，2010，31（1）：12-17.

[49] Huang H，Ma L，Tiwary C S，et al. Worm-shape pt nanocrystals grown on nitrogen-doped low-defect graphene sheets：highly efficient electrocatalysts for methanol oxidation reaction［J］. Small，2017，13（10）：1603013-1603020.

[50] Zhang Y，Shi Y，Chen R，et al. Enriched nucleation sites for Pt deposition on ultrathin WO_3 nanosheets with unique interactions for methanol oxidation［J］. Journal of Materials Chemistry A，2018，6（45）：23028-23033.

[51] Huang W，Wang H，Zhou J，et al. Highly active and durable methanol oxidation electrocatalyst based on the synergy of platinum-nickel hydroxide-graphene［J］. Nature Communications，2015，6：10035-10042.

[52] Wang T，Chen Z X，Yu S，et al. Constructing canopy-shaped molecular architectures to create local Pt surface sites with high tolerance to H_2S and CO for hydrogen electrooxidation［J］. Energy & Environmental Science，2018，11（1）：166-171.

[53] Capon A，Parsons R. The oxidation of formic acid at noble metal electrodes Part Ⅲ. Intermediates and mechanism on platinum electrodes［J］. Journal of Electroanalytical Chemistry and Interfacial Electrochemistry，1973，45（2）：205-231.

[54] Capon A，Parsons R. The oxidation of formic acid on noble metal electrodes：Ⅱ. A comparison of the behaviour of pure electrodes［J］. Journal of Electroanalytical Chemistry and Interfacial Electrochemistry，1973，4（33）：285-305.

[55] Capon A，Parsons R. The oxidation of formic acid at noble metal electrodes：Ⅰ. Review of previous work［J］. Journal of Electroanalytical Chemistry and Interfacial Electrochemistry，1973，4（32）：1-7.

[56] Chen Y X，Ye S，Heinen M，et al. Application of in-situ attenuated total reflection-Fourier transform infrared spectroscopy for the understanding of complex reaction mechanism and kinetics：formic acid oxidation on a Pt film electrode at elevated temperatures［J］. Journal of Physical Chemistry B，2006，110（19）：9534-9544.

[57] Chen Y X，Heinen M，Jusys Z，et al. Kinetics and mechanism of the electrooxidation of formic acid-spectroelectrochemical studies in a flow cell［J］. Angewandte Chemie International Edition，2006，45（6）：981-985.

[58] Chen Y X，Heinen M，Jusys Z，et al. Bridge-bonded formate：active intermediate or spectator species in formic acid oxidation on a Pt film electrode？［J］. Langmuir，2006，22（25）：10399-10408.

[59] Cuesta A，Cabello G，Gutierrez C，et al. Adsorbed formate：the key intermediate in the oxidation of formic acid on platinum electrodes［J］. Physical Chemistry Chemical Physics，2011，13（45）：20091-20095.

[60] Osawa M，Komatsu K I，Samjeske G，et al. The role of bridge-bonded adsorbed formate in the electrocatalytic oxidation of formic acid on platinum［J］. Angewandte Chemie International Edition，2011，123（5）：1191-1195.

[61] Grozovski V，Vidal-Iglesias F J，Herrero E，et al. Adsorption of formate and its role as intermediate in formic acid oxidation on platinum electrodes［J］. Chem Phys Chem，2011，12（9）：1641-1644.

[62] Xu J，Yuan D，Yang F，et al. On the mechanism of the direct pathway for formic acid oxidation at a Pt(111) electrode［J］. Physical Chemistry Chemical Physics，2013，15（12）：4367-4376.

[63] Joo J，Uchida T，Cuesta A，et al. Importance of acid-base equilibrium in electrocatalytic oxidation of formic acid on platinum［J］. Journal of the American Chemical Society，2013，135（27）：9991-9994.

[64] Wei Y，Zuo X Q，He Z D，et al. The mechanisms of HCOOH/HCOO – oxidation on Pt electrodes：implication from the pH effect and H/D kinetic isotope effect［J］. Electrochemistry Communications，2017，81：1-4.

[65] Ferre-Vilaplana A，Perales-Rondon J V，Buso-Rogero C，et al. Formic acid oxidation on platinum electrodes：a detailed mechanism supported by experiments and calculations on well-defined surfaces[J]. Journal of Materials Chemistry A，2017，5（41）：21773-21784.

[66] Calderon-Cardenas A，Hartl F W，Gallas J a C，et al. Modeling the triple-path electro-oxidation of formic acid on platinum：cyclic voltammetry and oscillations［J］. Catalysis Today，2021，359：90-98.

[67] Yang S，Lee H，Atomically dispersed platinum on gold nano-octahedra with high catalytic activity on formic acid oxidation［J］. ACS Catalysis，2013，3（3）：437-443.

[68] Duchesne P N，Li Z Y，Deming C P，et al. Golden single-atomic-site platinum electrocatalysts［J］. Nature Materials，2018，17（11）：1033-1039.

[69] Li Z，Chen Y，Ji S，et al. Iridium single-atom catalyst on nitrogen-doped carbon for formic acid oxidation synthesized using a general host-guest strategy［J］. Nature Chemistry，2020，12（8）：764-772.

[70] Ding J，Liu Z，Liu X，et al. Tunable periodically ordered mesoporosity in palladium membranes enables exceptional enhancement of intrinsic electrocatalytic activity for formic acid oxidation［J］. Angewandte Chemie International Edition，2020，59（13）：5092-5101.

[71] Rong H，Mao J，Xin P，et al. Kinetically controlling surface structure to construct defect-rich intermetallic nanocrystals：effective and stable catalysts［J］. Advanced Materials，2016，28（13）：2540-2546.

[72] Li F，Ding Y，Xiao X，et al. From monometallic Au nanowires to trimetallic AuPtRh nanowires：interface control for the formic acid electrooxidation[J]. Journal of Materials Chemistry A，2018，6（35）：17164-17170.

[73] Liu Z，Fu G，Li J，et al. Facile synthesis based on novel carbon-supported cyanogel of structurally ordered Pd_3Fe/C as electrocatalyst for formic acid oxidation［J］. Nano Research，2018，11（9）：4686-4696.

[74] Wang J Y，Kang Y Y，Yang H，et al. Boron-doped palladium nanoparticles on carbon black as a superior catalyst for formic acid electro-oxidation［J］. Journal of Physical Chemistry C，2009，113（19）：8366-8372.

[75] Jiang K，Xu K，Zou S，et al. B-doped Pd catalyst：boosting room-temperature hydrogen production from formic acid-formate solutions［J］. Journal of the American Chemical Society，2014，136（13）：4861-4864.

[76] Jiang K，Chang J，Wang H，et al. Small addition of boron in palladium catalyst，big improvement in fuel cell's performance：what may interfacial spectroelectrochemistry tell？［J］. Applied Materials & Interfaces，2016，8（11）：7133-7138.

[77] Wang Mengzhi，Qin Xueping，Jiang Kun，et al. Electrocatalytic activities of oxygen reduction reaction on Pd/C and Pd–B/C catalysts［J］. Journal of Physical Chemistry C，2017，121（6）：3146-3423.

[78] Bei J，Zhang X G，Jiang K，et al. Boosting formate production in electrocatalytic CO_2 reduction over wide potential window on Pd surfaces［J］. Journal of the American Chemical Society，2018，140（8）：2880-2889.

[79] Cai W B，Tian W J，Zhou Y W，et al. Spectrometric study of electrochemical CO_2 reduction on Pd and Pd-B electrodes［J］. ACS Catalysis，2021，11：840-848.

[80] Yoo J S，Zhao Z J，Nørskov J K，et al. Effect of boron modifications of palladium catalysts for the production of hydrogen from formic acid［J］. ACS Catalysis，2015，5（11）：6579-6586.

[81] Li J，Chen J，Qiang W，et al. Controllable increase of B content in B-Pd interstitial nanoalloy to boost oxygen reduction activity of Pd［J］. Chemistry of Materials，2017，29（23）：10060-10067.

[82] Dong Y，Zhou Y W，Wang M Z，et al. Facile aqueous phase synthesis of carbon supported B-doped Pt_3Ni nanocatalyst for efficient oxygen reduction reaction［J］. Electrochimica Acta，2017，246：242-250.

[83] Huang J，Ding C，Yang Y，et al. An alternate aqueous phase synthesis of the Pt_3Co/C catalyst towards efficient oxygen reduction reaction［J］. Chinese Journal of Catalysis，2019，40（12）：1895-1903.

[84] Wang Q，Zhou Y W，Jin Z，et al. Alternative aqueous phase synthesis of a PtRu/C electrocatalyst for direct methanol fuel cells［J］. Catalysts，2021，11（8）：925-938.

[85] Xu Y T，Peng X L，Zeng H T，et al. Study of an anti-poisoning catalyst for methanol electro-oxidation based on PAn-C composite carriers［J］. Comptes Rendus Chimie，2008，11（1-2）：147-151.

[86] Wu G，Li L，Li J H，et al. Polyaniline-carbon composite films as supports of Pt and PtRu particles for methanol electrooxidation［J］. Carbon，2005，43（12）：2579-2587.

[87] Chen S，Wei Z，Qi X，et al. Nanostructured polyaniline-decorated Pt/C@PANI core-shell catalyst with enhanced durability and activity［J］. Journal of the American Chemical Society，2012，134（32）：13252-13255.

[88] Liao C，Wei Z D，Chen S G，et al. Synergistic effect of polyaniline-modified Pd/C catalysts on formic acid oxidation in a weak acid medium$(NH_4)_2SO_4$［J］. Journal of Physical Chemistry C，2009，113（14）：5705-5710.

[89] Chen Q S，Zhou Z Y，Vidal-Iglesias F J，et al. Significantly enhancing catalytic activity of tetrahexahedral Pt nanocrystals by Bi adatom decoration［J］. Journal of the American Chemical Society，2011，133（33）：12930-12933.

[90] Cuesta A，Escudero M，Lanova B，et al. Cyclic voltammetry，FTIRS，and DEMS study of the electrooxidation of carbon monoxide，formic acid，and methanol on cyanide-modified Pt(111) electrodes［J］. Langmuir，2009，25（11）：6500-6507.

[91] Neurock M，Janik M，Wieckowski A. A first principles comparison of the mechanism and site requirements for the electrocatalytic oxidation of methanol and formic acid over Pt［J］. Faraday Discussions，2008，140：363-378.

[92] Leiva E，Iwasita T，Herrero E，et al. Effect of adatoms in the electrocatalysis of HCOOH oxidation. A theoretical model［J］. Langmuir，1997，13（23）：6287-6293.

[93] Sun S G，Lin Y，Li N H，et al. Kinetics of dissociative adsorption of formic acid on Pt(100)，Pt(610)，Pt（210）and Pt(110) single-crystal electrodes in perchloric acid solutions［J］. Journal of

Electroanalytical Chemistry，1994，370（1-2）：273-280.

[94] Zhou Y W，Chen Y F，Qin X X，et al. Boosting electrocatalytic oxidation of formic acid on SnO_2-decorated Pd nanosheets［J］. Journal of Catalysis，2021，399：8-14.

[95] Wang H F，Liu Z P. Comprehensive mechanism and structure-sensitivity of ethanol oxidation on platinum：new transition-state searching method for resolving the complex reaction network［J］. Journal of the American Chemical Society，2008，130（33）：10996-11004.

[96] Souza-Garcia J，Herrero E，Feliu J M. Breaking the C-C bond in the ethanol oxidation reaction on platinum electrodes：effect of steps and ruthenium adatoms［J］. Chemphyschem，2010，11（7）：1391-1394.

[97] Lai S C S，Koper M T M. Electro-oxidation of ethanol and acetaldehyde on platium single-crystal electrodes［J］. Faraday Discuss，2008，140：399-416.

[98] Lai S C S，Kleijn S E F，Öztürk F T Z，et al. Effects of electrolyte pH and composition on the ethanol electro-oxidation reaction［J］. Catalysis Today，2010，154（1-2）：92-104.

[99] Yang Y-Y，Ren J，Li Q-X，et al. Electrocatalysis of ethanol on a Pd electrode in alkaline media：an in situ attenuated total reflection surface-enhanced infrared absorption spectroscopy study［J］. ACS Catalysis，2014，4（3）：798-803.

[100] He Q，Shyam B，Macounova K，et al. Dramatically enhanced cleavage of the C-C bond using an electrocatalytically coupled reaction［J］. Journal of the American Chemical Society，2012，134（20）：8655-8661.

[101] Lai S C S，Koper M T M. Ethanol electro-oxidation on platinum in alkaline media［J］. Physical Chemistry Chemical Physics，2009，11（44）：10446-10456.

[102] Garcia G，Koper M T M. Stripping voltammetry of carbon monoxide oxidation on stepped platinum single-crystal electrodes in alkaline solution［J］. Physical Chemistry Chemical Physics，2008，10（25）：3802-3811.

[103] Li C，Iqbal M，Jiang B，et al. Pore-tuning to boost the electrocatalytic activity of polymeric micelle-templated mesoporous Pd nanoparticles［J］. Chemical Science，2019，10（14）：4054-4061.

[104] Liu S，Tian N，Xie A Y，et al. Electrochemically seed-mediated synthesis of sub-10nm tetrahexahedral Pt nanocrystals supported on graphene with improved catalytic performance［J］. Journal of the American Chemical Society，2016，138（18）：5753-5756.

[105] Zhao D，Zhuang Z，Cao X，et al. Atomic site electrocatalysts for water splitting，oxygen reduction and selective oxidation［J］. Chemical Society Reviews，2020，49（7）：2215-2264.

[106] Zhou W J，Song S Q，Li W Z，et al. Pt-based anode catalysts for direct ethanol fuel cells［J］. Solid State Ionics，2004，175（1-4）：797-803.

[107] Rao L，Jiang Y X，Zhang B W，et al. High activity of cubic PtRh alloys supported on graphene towards ethanol electrooxidation［J］. Physical Chemistry Chemical Physics，2014，16（27）：13662-13671.

[108] Zhang B-W，Sheng T，Wang Y-X，et al. Platinum-cobalt bimetallic nanoparticles with Pt skin for electro-oxidation of ethanol［J］. ACS Catalysis，2016，7（1）：892-895.

[109] Zhang Y，Gao F，Wang C，et al. Engineering spiny PtFePd@PtFe/Pt Core@multishell nanowires with

enhanced performance for alcohol electrooxidation［J］. ACS Applied Materials & Interfaces，2019，11（34）：30880-30886.

[110] Gao F，Zhang Y，Ren F，et al. Universal surfactant-free strategy for self-standing 3D tremella-like Pd−M（M=Ag，Pb，and Au）nanosheets for superior alcohols electrocatalysis［J］. Advanced Functional Materials，2020，30（16）：2000255-2000263.

[111] Zhang R-L，Duan J-J，Han Z，et al. One-step aqueous synthesis of hierarchically multi-branched PdRuCu nanoassemblies with highly boosted catalytic activity for ethanol and ethylene glycol oxidation reactions［J］. Applied Surface Science，2020，506：144791-144798.

[112] Han S H，Liu H M，Chen P，et al. Porous trimetallic PtRhCu cubic nanoboxes for ethanol electrooxidation［J］. Advanced Energy Materials，2018，8（24）：1801326-1801335.

[113] Jiang K，Wang P，Guo S，et al. Ordered PdCu-based nanoparticles as bifunctional oxygen-reduction and ethanol-oxidation electrocatalysts［J］. Angewandte Chemie International Edition, 2016, 55（31）：9030-9035.

[114] Kodiyath R，Ramesh G V，Koudelkova E，et al. Promoted C–C bond cleavage over intermetallic $TaPt_3$ catalyst toward low-temperature energy extraction from ethanol［J］. Energy & Environmental Science，2015，8（6）：1685-1689.

第8章 有机电化学合成

第7章有机小分子电催化，是一个以空气中氧还原为阴极反应，有机小分子电化学氧化为阳极反应构成的燃料电池。本章有机电化学，即有机电合成，是通过电化学方法合成有机化学品，可以是氧化（脱氢）反应，也可能是加氢（脱氧）的还原反应。有机电合成是一种典型的绿色可持续化学，至少它不需要额外的氧化剂或还原剂，我们只需要从电极上取走电子或注入电子，即可完成氧化或还原反应，因而，使用的原料和产生的废物也比其他化学合成少。我们甚至可以无节制地取走或注入电子，因而，有机电合成可以合成最难氧化的物质和最难被还原的物质。至于从有机物哪个键取走或注入电子，如何阻止电子被其他非目的反应盗走或私吞，就是有机电合成中电化学催化的研究范畴。

有机电化学已经发展成为不仅包括有机电合成，还包括材料化学、催化化学、生物化学、药物化学和环境化学等的综合学科。在我们的日常生活中，有机聚合物材料在如生物传感器、导电聚合物、液晶、电致发光材料、染料敏化太阳能电池等技术中扮演着重要的角色。

有机电合成中，电极反应是通过底物分子和电极之间的电子转移来进行氧化还原反应。主要反应场所是电极表面，即电极/电解质界面。该界面具有非常强的电场，这与非均相催化剂上的普通氧化还原反应大不相同。其具有以下特征：①电极反应是典型的非均相反应，反应场所是特定的，氧化和还原反应分别在不同的场合发生；②不使用氧化剂或还原剂就可以实现氧化或还原反应；③电极反应的选择性通常不同于普通的有机反应；④由于使用电子作为试剂，可以避免使用有害试剂；⑤电极反应在温和的条件下进行，如室温和常压；⑥电极反应可以通过电源的开关容易地开始或停止，即电极反应控制容易。与传统热化学合成有机物相比，有机电合成还具有以下几种优点：可以规避很多常见的有毒有害的溶剂（如氧化剂或还原剂）；能够改变电极电势从而实现对电极反应速率的有效控制，达到减少副反应增加产物的收率和选择性；对比需要在高温高压下进行工业化有机物的生产，使用电催化氧化的方法进行工业生产时，反应条件可以维持在常温常压或较低的气体压力。

上述特点是使用电化学的方法合成有机物的优点。但与此同时不可避免地也存在一定的问题，比如：①反应装置较热化学反应更加复杂，需防止泄漏和漏电。②反应仅局限于电极/电解质界面，时空效率低。③对大多数有机合成化学家而言，电化学有机合成，是作为“最后选择”而不是首选方法的技术。因为反应必须有特殊的电化学装置和设备。例如每一反应需有不同种类的电解槽。而这些电解槽大多是非标准设备，故加工、购置较为困难。④反应过程受支配的因素较多，除通常有机合成所需要的反应条件（例如酸碱性、溶液种类、浓度、温度等）以外，还需要附加电压、电流、电极材料等电化学条件，而这些条件的组合和优化较为复杂。⑤能在电极/电解质界面高效获取或释放电子的有机物是有限的几种，特别是能产生工业利润的有机电合成产品更少。

在实验中经常会观察到这样一种现象，某些电化学反应在电解质溶液和某些电极材料的界面上不能在其热力学平衡电势附近发生，即使发生反应，其反应速率也非常缓慢。但如果选用别的电极材料或对电极表面进行修饰，则反应速率可能大大提高。与更广义的异相化学反应类似，如果这些电极表面在电化学过程中本身不被消耗或不会发生不可逆的改变，这种活性表面称为催化剂。催化剂的作用可能是来自电极表面的结构修饰或化学修饰，也可能来自溶液中的添加剂。对于电解液中的添加剂而言，其自身并没被消耗，但会提高离子转移的速率。例如，少量的有机或无机添加物可以加快或抑制金属阳极溶解或阴极还原的速率。

如果将催化剂不严格定义为参与反应而自身却不消耗，在有机电合成中的催化剂往往是在电极上可再生的各种氧化剂或还原剂，例如：①无机化合物，如变价金属离子、过渡金属配合物和卤化物离子；②有机化合物，如多环芳族化合物、三芳基胺和 2,2,6,6- 四甲基哌啶硝酰基（TEMPO）；③异常价化合物；④高价化合物。最近，具有硼原子特征的新型介体如碳硼烷被开发用于高效阴极还原脱卤[1]。三芳基咪唑介体最近也被开发用于选择性阳极氧化[2]。

在阳极氧化卤化物离子（X^-）生成各种类型的反应性阳离子物质，例如 X^+、OX^-、X^{2-}、X^{3-} 等都被广泛用作各种氧化分子转化的催化剂。其氧化能力顺序为 I<Br<Cl，其中 Cl^+ 是很强的氧化剂，不能提供良好的选择性。而碘化物和溴化物离子主要用作选择性的间接氧化的催化剂，如图 8-1 所示。通过烯烃的高度选择性功能化，例如环氧化、卤代羟基化、1,2- 二卤代和烯型氯化、杂原子键形成和碳 - 杂原子键断裂，目前的研究已经证明了这种卤素物种催化剂所具有的实际应用前景。

此外，高价态化合物也可以作为电催化剂催化有机电合成反应，如对甲氧基碘苯在氟离子存在下进行阳极氧化，可以提供相应的高价二氟碘衍生物，它是一种有用的氟化试剂。如图 8-2 所示，对甲氧基碘苯已被证明是二硫代缩醛阳极氟化脱硫的高效介体。这是使用高价化合物催化有机合成和有机电合成的第一个成功例子[3]。

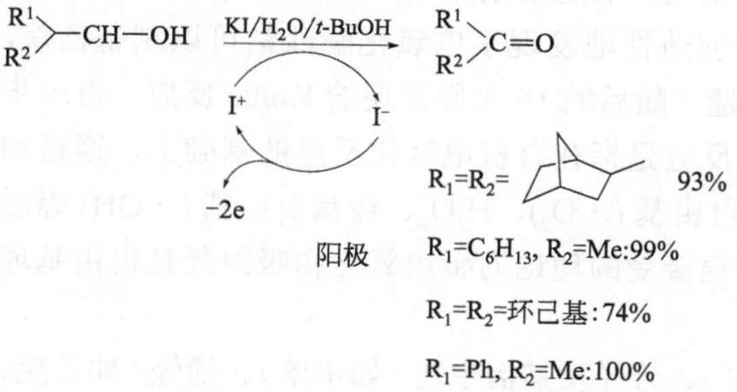

图8-1　碘阳极氧化醇

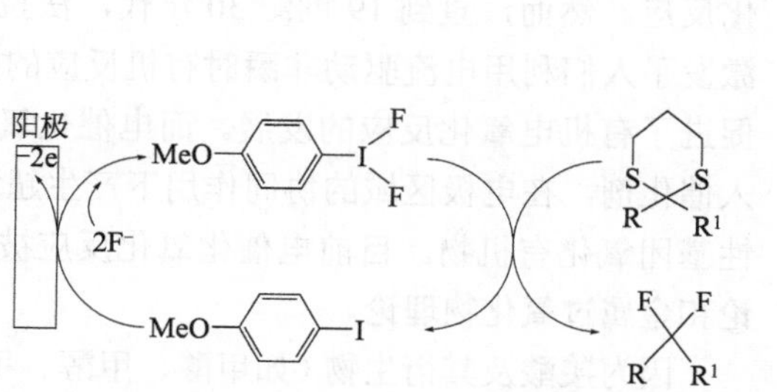

图8-2　使用高价碘苯衍生物介体的电化学氟脱硫

同样，使用过渡金属配合物催化剂也可以催化有机电合成反应。过渡金属配合物催化剂具有多种反应活性和许多优点，它们的氧化还原电位和所需反应的选择性可以通过改变配体来控制。它们的合成应用主要基于介体阴极还原产生的低价态的反应性[2]。典型的 Co(Ⅲ) 配合物（维生素 B_{12}）是易还原的、无毒的、廉价的化合物，在 −0.9V（vs. SCE）的条件下容易形成 Co(Ⅰ) 配合物，该配合物经过氧化加成到烷基卤上形成作为中间体的烷基 Co(Ⅲ) 配合物。生成的中间体在 −1.5V（vs. SCE）的电势下被还原，生成烷基或阴离子，同时再生成

Co(Ⅰ)配合物。由于生成的烷基或阴离子经历共轭加成，在中性条件下可以实现有效的迈克尔加成[4]，如图 8-3 所示。这种中间反应广泛适用于各种卤代化合物，如烯丙基卤、乙烯基卤、α-卤代醚等。

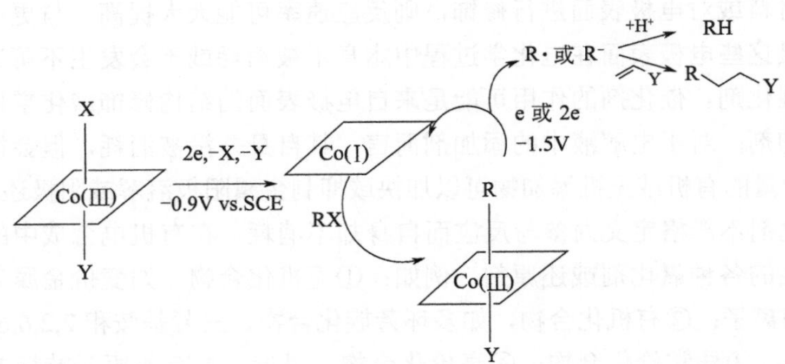

图8-3 使用高价碘苯衍生物介体的电化学氟脱硫

8.1 电催化氧化

8.1.1 国内外研究现状及存在问题

分子中的原子以彼此贡献核外电子的方式形成化学键，把一个一个的原子连在一起形成分子，各个原子贡献电子的多少取决于成键原子的电负性和电子云的变形性。电化学通过直接施加电势，直接从分子的化学键中抽取电子或向化学键中注入电子，促进化学键的重构，从而获得新的分子，电化学显示了强大的优势。电化学反应器也是人类探索自然最古老的器物之一。有机电化学的传奇历史可以追溯到 1800 年。当时，第一个伏打电池的发明让电子可以在电路中形成回路。有机电氧化反应指的是在电解池的阳极区域，反应物失去电子发生氧化反应。然而，直到 19 世纪 30 年代，法拉第创造性地发现了电氧化醋酸钠可以制备乙烷，激发了人们利用电流驱动非瞬时有机反应的兴趣。随后的 15 年间发现的 Kolbe 反应，进一步促进了有机电氧化反应的发展。而电催化氧化反应是指在有机电氧化反应的基础上，通过加入催化剂，在电极区域的协同作用下产生超氧自由基（$\cdot O_2$）、H_2O_2、羟基自由基（$\cdot OH$）等活性基团氧化有机物。目前电催化氧化反应被普遍接受的理论为金属氧化物吸附羟基自由基理论和金属过氧化物理论。

因为羧酸及其衍生物（如甲酸、甲醇、甲醛）、芳烃及其衍生物（如甲苯）、烯烃（如乙烷、乙烯）等有机分子都容易失去电子，在阳极区域发生氧化反应。针对不同种类羧酸及其衍生的电催化氧化反应中，最有代表性的是 Kolbe 及其相关联的反应，如图 8-4 所示，在 Kolbe 反应中发生反应的反应物是羧酸盐，该反应则又被人称为羧酸盐二聚反应。该氧化反应的反应机理为当电解池中包含某种特定的吸电子基团的不饱和化合物时，酰氧基自由基或烃基自由基中间体容易与双键、苯环等有机物发生加成反应从而得到加成产物，该反应又被称为中间体阻断反应，当存在双键或苯环时则有可能生成环状的产物。此外 Kolbe 反应中有可能生成碳正离子，因为阳极区域上的烃基自由基很有可能失去一个电子，随后进一步在阳极区域发生反应生成一系列副产物（醇、醚和烯），这会导致该电催化氧化反应生成物的收率和反应物的产率下降。除此之外该反应如果在非酸性介质（如弱碱性），或电解池内有强电解质（如无机盐）存在时，醇的收率可以达到 70%。然而醇的收率与 R 链的长度呈现负相关，R 链越长，醇的收率越低，并且会产生以烯烃为主的副产物。

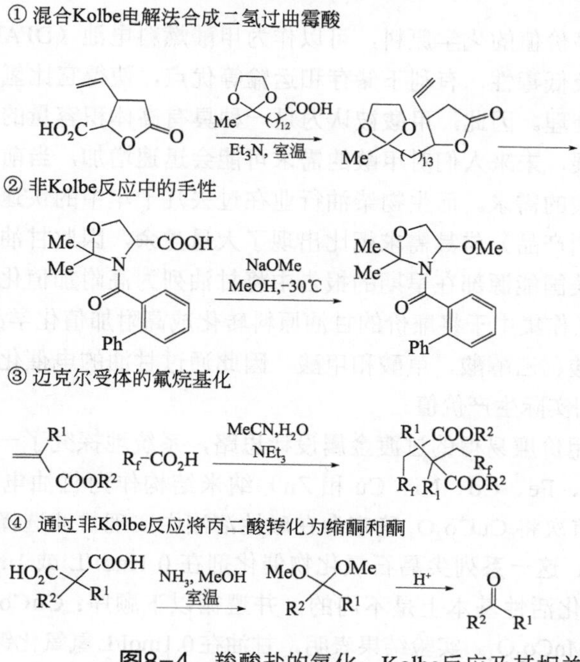

① 混合Kolbe电解法合成二氢过曲霉酸

Et_3N, 室温

② 非Kolbe反应中的手性

NaOMe
MeOH, −30℃

③ 迈克尔受体的氟烷基化

$R_f{-}CO_2H$　MeCN, H_2O, NEt_3

④ 通过非Kolbe反应将丙二酸转化为缩酮和酮

NH_3, MeOH 室温　H^+

图8-4　羧酸盐的氧化：Kolbe反应及其相关反应

而对于芳烃及其衍生物所发生的不同种类的电催化氧化反应来说，因为芳烃及其衍生物电子比较丰富，并且其氧化电位较低，因此可以比较容易地在电解池中氧化成对应的自由基阳离子，该电催化氧化反应既可以发生在芳烃的苯环上，也可以发生在芳烃的侧链上，如图 8-5 所示。在不同结构的反应物，不同条件的电解池中，芳烃及其衍生物可以发生加成、二聚、取代等不同类型的反应。在不同的反应类型中最重要的，同时也是最难发生的是亲核取代反应，为了解决这个问题，我们可以在电解池中加入亲核试剂（如包含卤素负离子、羧酸根负离子等），此时阳极区域的芳环极容易发生亲核取代反应。但加入亲核试剂又会引入一些问题，比如说亲核试剂容易被竞争性氧化，尤其是当反应物为电子没有那么丰富的芳烃时这个问题尤为突出。

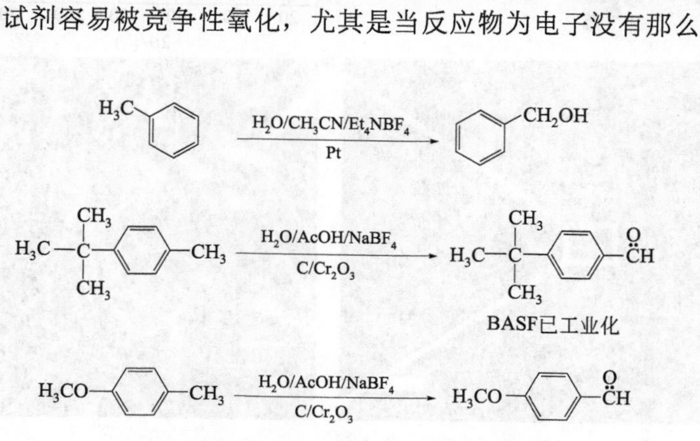

$H_2O/CH_3CN/Et_4NBF_4$, Pt → CH_2OH

$H_2O/AcOH/NaBF_4$, C/Cr_2O_3

BASF已工业化

H_3CO — CH_3 → $H_2O/AcOH/NaBF_4$, C/Cr_2O_3 → H_3CO — CHO

图8-5　芳烃及其衍生物的电催化氧化反应

8.1.2 研究方面

8.1.2.1 甲酸制备

甲酸是工业生产中具有高价值的化学原料，可以作为甲酸燃料电池（DFAFCs）的燃料。由于甲酸独特的液体性质以及低毒性，有利于储存和运输等优点，使得它比氢气能更加方便且更加安全地储存、运输和处理。因此，甲酸被认为是一种具有高体积容量的替代液态氢能的载体。随着科技的不断发展，未来人们对甲酸的需求可能会迅速增加，当前甲酸的产能无法满足未来全球市场对于甲酸的需求。而生物柴油行业在过去几十年中的快速发展导致甘油产量（作为生物柴油生产的副产品）与其需求相比出现了大量盈余，因此甘油成为一种廉价的可以大量获得的化学品，美国能源部在早期的报告中将甘油列为高附加值化学品的十大生物质原料之一。大量的研究工作集中于将廉价的甘油原料转化成高附加值化学品，如甘油醛、二羟基丙酮、甘油酸、酒石酸、乙醇酸、草酸和甲酸。因此通过甘油的电催化氧化反应来制备甲酸具有很大的应用前景和实际生产价值。

最近，Han 等[5]基于使用价廉易得的过渡金属设计思路，系统地探究了一系列钴基尖晶石氧化物（MCo_2O_4，M=Mn、Fe、Co、Ni、Cu 和 Zn）纳米结构作为甘油电化学氧化的催化剂，如图 8-6 所示。并且首次将 $CuCo_2O_4$ 确定为在碱性溶液中实现甘油选择性氧化制备甲酸的高效和稳定的电催化剂。这一系列尖晶石氧化物催化剂在 0.1mol/L 或 1mol/L 氢氧化钾溶液中对甘油氧化的本征催化活性基本上是不同的，并遵循以下顺序：$CuCo_2O_4$>$NiCo_2O_4$>$CoCo_2O_4$>$FeCo_2O_4$>$ZnCo_2O_4$>$MnCo_2O_4$。实验结果表明，甘油在 0.1mol/L 氢氧化钾溶液（pH=13）

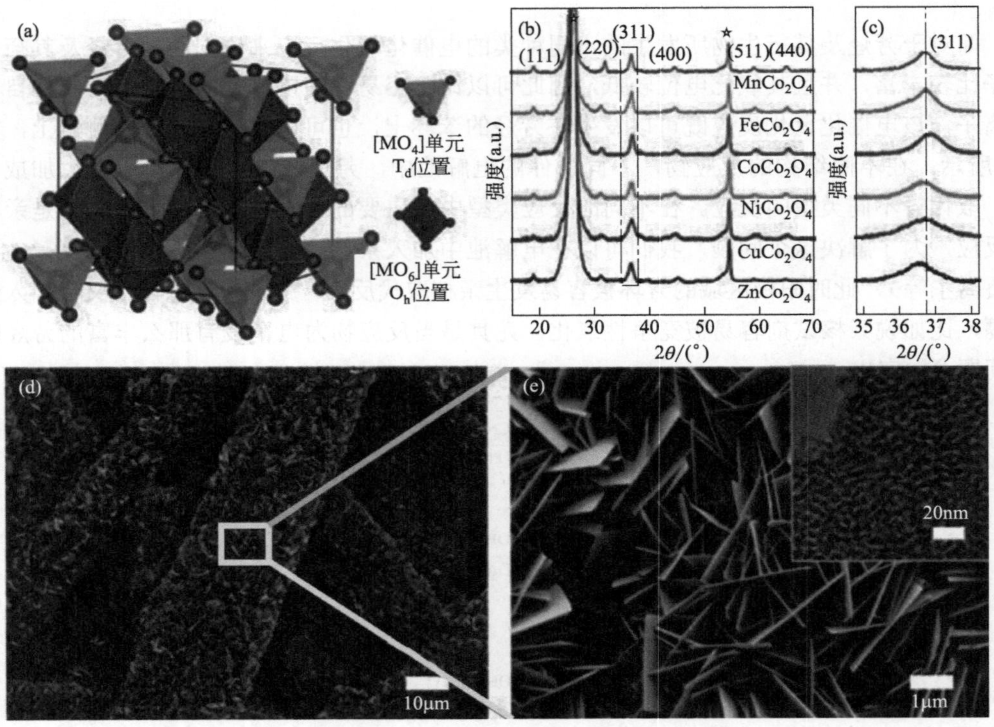

图8-6 MCo_2O_4结构通式及表征[5]

中进行电催化氧化反应，在1.3V（vs. RHE）的恒定电位下获得了79.7%的高甘油转化率和80.6%的高甲酸选择性，总法拉第效率高达89.1%。这项工作为设计和探索不同种类的高效、高选择性的电化学氧化甘油催化剂以生产甲酸或其他增值化学品开辟了新的途径。

8.1.2.2 甲酸氧化

一般来讲，铂电极上的甲酸电催化氧化反应可以通过图 8-7 所示的三种不同的化学途径进行[6]。第一种途径通常被称为直接途径，人们通常认为在该途径中，甲酸和氧化产物之间可以进行直接接触。研究表明，这种化学反应中会产生一种容易分解的羟基羰基中间体（图 8-7 中的深灰线），其中每一步反应都涉及质子和电子的转移。此外，甲酸可以通过表面甲酸盐中间体的途径进行氧化反应（图 8-7 中的粗黑线），类似于直接途径，该途径每一个基本步骤都涉及单个质子和电子的转移。最后是甲酸电化学氧化的间接途径（图 8-7 中的浅灰线），一氧化碳为反应中间体。该反应机理为非法拉第脱水的甲酸与表面吸附的一氧化碳结合，随后一氧化碳氧化为二氧化碳并解吸。显然，相对于前两种直接机理，经历 CO 吸附的间接机理的反应能垒大大增加了，反应的难度也增加了，如图 8-7（b）所示。

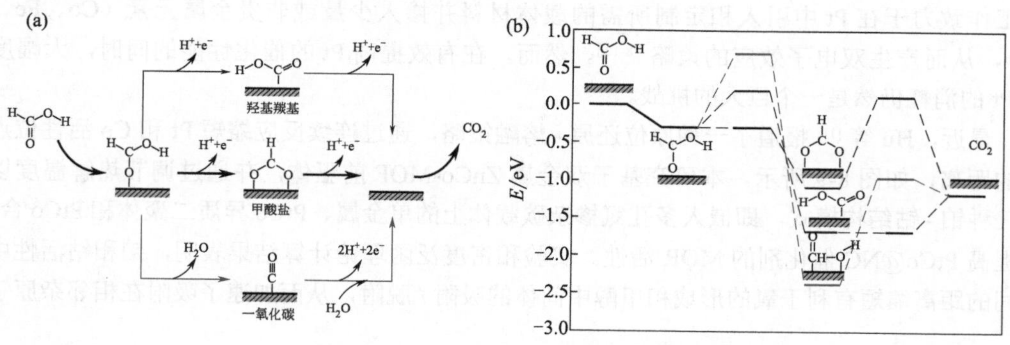

图8-7 Pt电极上甲酸电氧化途径[6]

Bao 等[7] 通过简单的热处理增强了 Pd/FeP 有效催化界面的形成（图 8-8），并将该催化剂应用于甲酸氧化反应。通过物理表征分析发现 Pd 在热处理后会部分转化为 PdO，这些 PdO 在循环伏安的电化学还原作用下逐渐被还原为 Pd 并沉积在 FeP 表面，生成新的稳定的 Pd@FeP

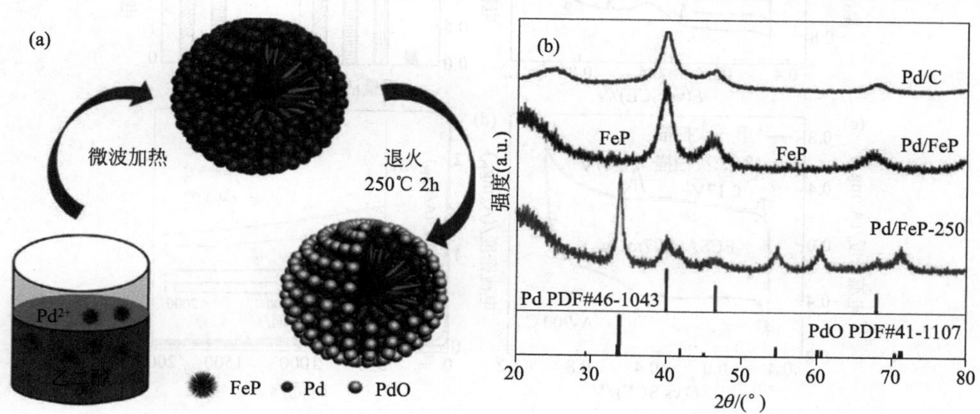

图8-8 Pd/FeP-250催化剂合成途径及表征[7]

位点，因此与原始Pd/FeP催化剂相比，退火后催化剂催化性能的提高应归因于新形成的Pd@FeP活性中心，其比单独的Pd活性中心更有效。具体而言，在退火的Pd@FeP催化剂上，甲酸氧化的峰值电流密度和质量比活性是Pd@FeP催化剂的1.6倍，是Pd/C催化剂的2.8倍。

8.1.2.3 甲醇氧化

在过去的很多年里，以甲醇的氧化反应为主题的研究相当多。早期的工作表明，甲醇的氧化反应机理非常复杂。尽管甲醇氧化的热力学平衡电势仅比氢电极的平衡电势正约 20mV，但是无论是在酸性还是碱性溶液中，只有在超电势较高时，铂电极上才会出现甲醇的阳极氧化电流。甲醇的阳极氧化峰与简单的循环伏安曲线相差很大，这表明甲醇氧化反应不是简单地由传质过程和电荷转移过程简单偶合决定的。而甲醇燃料电池因其高能量密度、易储存和安全等优势，被认为是一种很有前途的清洁能源技术。迄今为止，许多研究都集中在甲醇氧化反应催化剂的活性和耐久性上，这是因为它们决定了甲醇燃料电池装置的效率。迄今为止，Pt 因其独特的电子性质而被认为是最适合于甲醇电催化氧化反应的催化剂。但是 Pt 催化剂存在地壳丰度低和中间产物中毒的问题（特别是在酸性环境中）。为了克服这些问题，大量的研究工作致力于在 Pt 中引入和定制所需的载体材料并掺入少量或非贵金属元素（Co、Fe、Ni 等），从而产生双电子效应的策略[8-10]。然而，在有效提高 Pt 的催化性能的同时，大幅度降低 Pt 的消耗仍然是一个巨大的挑战。

最近，Hu 等[11]报道了一种原位还原 - 熔融策略，通过连续反应缩短 Pt 和 Co 活性位点之间的距离，如图 8-9 所示。本研究基于双金属 ZnCo-MOF 前驱体，并通过调节热解温度以形成三种铂 - 钴结构模式，即嵌入多孔氮掺杂碳载体上的单金属、PtCo 异质二聚体和 PtCo 合金，来提高 PtCo@NC 催化剂的 MOR 活性。实验和密度泛函理论计算结果表明，铂和钴活性中心之间的距离缩短有利于氧的形成和甲醇中间体的吸附 / 脱附，从而加速了吸附在相邻杂原子活

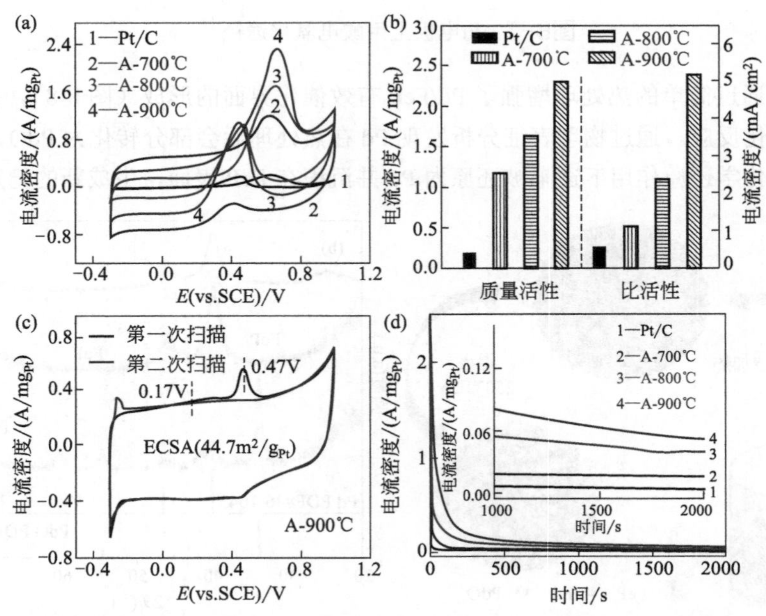

图8-9 具有不同PtCo异质双金属活性位点的纳米催化剂的甲醇电催化氧化反应性能[11]

性中心上的活性物质之间的结合。此外，由于铂钴位点之间的协同作用，催化剂的耐一氧化碳中毒能力显著提高。如图8-9所示，PtCo@NC(A-900℃)在酸性MOR中表现出了最高的活性、稳定性和抗中毒性能，其质量比活性（2.30 A/mg_{Pt}）是商业Pt/C的12.23倍。

日前，Li等[12]报道了一种在亚氨基二乙酸的辅助下合成凹形PtCo纳米交叉体的一步水热方法，如图8-10所示。由于IDA与金属离子通过羧基和亚氨基的强螯合作用，IDA分子作为结构导向剂在调节类交叉结构中起着关键作用。所制备的PtCo CNCs由三维空间中的六个臂构成，每个突出的臂具有由高折射率小平面界定的凹面。作为甲醇氧化反应（MOR）的电催化剂，所开发的PtCo CNCs显示出比活性和质量比活性分别比市售铂黑高3.1倍和2.6倍。在PtCo CNCs催化剂上也显示了优异的电催化稳定性和对CO_{ads}的耐受性。PtCo CNCs对分子轨道的显著电催化性能与其凹面和高折射率面以及铂钴原子间的协同效应密切相关。这种简单的合成策略和优异的静磁电阻性能使其作为阳极催化剂在燃料电池中具有巨大的应用潜力。

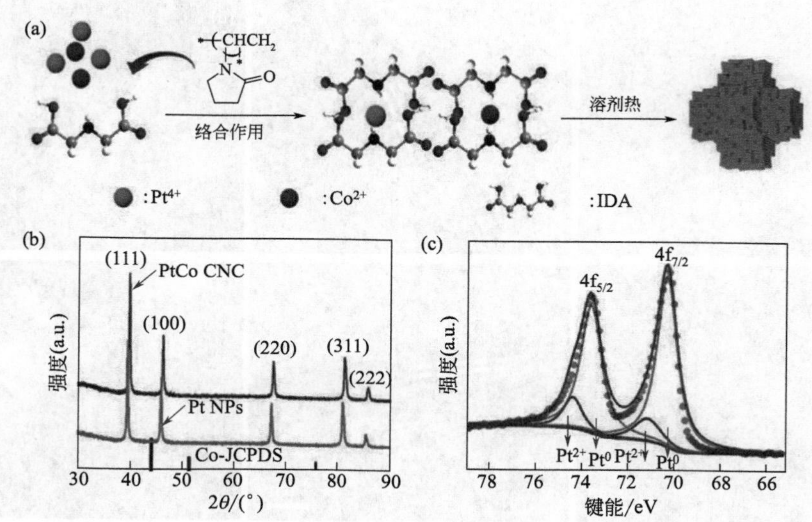

图8-10　PtCo CNCs合成途径及表征[12]

8.1.2.4　腈制备

腈是生活中重要的含氮化合物之一，使用传统的方法进行腈的制备往往需要加入大量的氰化物，并在高温高压下进行。但是以电子为试剂进行电化学催化氧化反应，从氨基碳氮键电直接氧化到腈碳氮键的一步法为腈的生产提供了另一条清洁、简单、有效的获取腈的途径。对于腈的工业化生产具有很大的应用价值。然而，这一充满希望的课题还没有得到充分的探索，无论是化学键的重整过程还是性能的优化。近日，Wang等[13]提出了一个富含空位的氢氧化镍原子层模型来理解性能与结构的关系（图8-11）。通过理论计算，空位诱导的局部正电性位置吸附有孤对电子的氮原子，对N(sp^3)-H予以活化（削弱），从而加速氨基碳氮键脱氢成氰基碳氮键。他们从胺的结构出发，考虑到在伯胺的氨基(-CH_2-NH_2)中，-NH_2的sp^3杂化轨道不等性，并且N具有孤对电子。因此，阳极极化很容易构成对-NH_2的静电吸附活化。但构筑更加贫电子的催化剂，则可减少阳极极化以节省能源。密度泛函理论计算表明，催化剂表面缺陷的局部贫电子将促进氨基 C-N 键电氧化成腈 C-N 键。结合实验和理论计算结果分析表明，空位的存在诱导了 $Ni(OH)_2$ 表面产生贫电子位点，从而化学吸附 N 中的孤对电子而攻击 N-H 键去活化正丙胺分子，使得富空位 $Ni(OH)_2$ 表现出了较优的正丙胺氧化为腈性能。

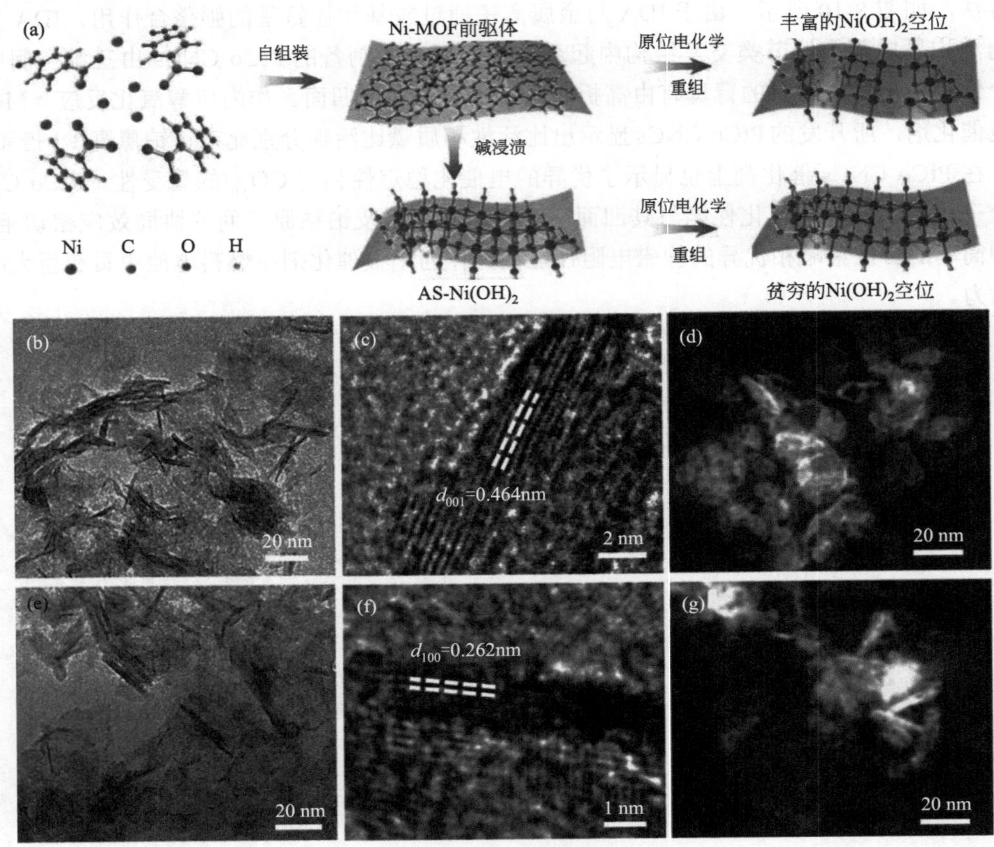

图8-11 $Ni(OH)_2$的制备及表征[13]

8.1.2.5 芳烃氧化

醛是合成中最具综合用途的官能团之一，可参与多种化学转化。虽然市面上可以买到各种简单的芳香醛，但具有复杂取代模式的芳香醛往往很难获得。甲基芳烃的苯甲醛氧化是一种很有吸引力的醛合成方法，因为其原料容易获得和处理。然而，功能化甲基芳烃，特别是含杂环部分的甲基芳烃的区域选择性氧化制备芳香醛仍然是一个重大的挑战。Xiong 等[14]提出通过选择不同位点电催化氧化甲基苯并杂环合成芳香二甲基缩醛的方法，电解产物芳香二甲基缩醛产物经水解后得到芳香醛。该电催化氧化方法利用杂环本身的电子结构特点实现位点选择性。该方法可用于苯并咪唑、苯并噁唑、苯并噻唑、氧化吲哚、吡啶并咪唑等多种重要环系的位点选择性氧化，从而为发展位点选择性 C-H 官能化反应提供了新思路。他们利用理论计算分析了芳烃自由基阳离子关键反应中间体的 LUMO 轨道，并建立了反应区域选择性预测模型。

8.2 电催化还原

8.2.1 研究现状和主要问题

电化学使用电流作为“无痕”试剂来替代传统的化学氧化剂或还原剂，从而驱动氧化还原转化。对有机电化学反应的广泛研究为合成转化打开了替代途径，否则这些合成转化就颇具挑战性。这些策略不仅在用电子取代有毒化学试剂方面具有环境优势，而且使产生的试剂浪费最小化。在缩短烦琐的多步反应序列方面，这些策略还可以提高反应的可扩展性和可调性。反应物或活化反应物在电解池的阴极通过得到电子而发生的反应称为电化学还原反应。含不饱和 C=C（烯烃、炔烃、芳烃）、C=O（醛、酮、羧酸及其衍生物）、N=O（硝基化合物）和卤代烃等可通过阴极还原得到加成、取代和偶合产物。有机化合物的首次电化学还原反应（阴极还原）是 Schoebein 的三氯甲磺酸脱卤，而 1907 年开发的 Tafel 重排（阴极还原）可以制备烃。

电化学具有许多先天优势，包括能任意改变氧化或还原反应的速度，或者能随时终止或启动化学反应。通过控制电极电势，可使反应体系具有高收率和高选择性。但是，对于大多数合成有机化学家而言，电化学代表了一种被用作“最后手段”而不是首选方法的技术。迄今，有机化合物的电化学还原仅在个别情况下能在工业规模上应用，例如用于丙烯腈的阴极二聚。因为就经济性而言，电流密度不够高，这就意味着其空时产率（STY）太低、日产率太低、产生氢气，由于有许多可能的还原步骤而使选择性太低，迄今能在工业上应用阴极电化学还原的有机反应还是很少。

8.2.2 研究方面

8.2.2.1 C=C键还原

20 世纪 40 年代 Laitinen 等 [15] 的开创性工作使人们对 C=C 键的电化学还原产生了兴趣，还原不与羰基或硝基共轭的孤立烯键具有挑战性。但是，他们证明了在滴汞电极（DME）上，苯基取代的烯基和乙炔基是可还原的 [15]。研究者发现随着苯环的加入，还原电位的阴极过电位降低，意味着在更正的电位下就可以还原 C=C 键。在 C=C 还原的情况下，苯乙炔在 4- 电子过程中被完全还原，获得完全饱和的产物乙基苯。苯乙烯和苯乙炔的还原电位相当，分别为 −2.34V 和 −2.37V（相对于 SCE）。

从理论上讲，烯烃、炔烃可以通过阴极电还原得到相应饱和化合物，但实际上由于 C=C 双键不易活化，其还原并不容易，即使用更负的电位。因此，一般的烯烃、炔烃很难直接从电极上获得电子而发生电还原反应，必须使用具有显著催化功能的阴极才能使其还原。与此相反，采用试剂还原的热化学方法却极易实现。因此，电还原的研究并不多见。然而，当双键连接吸电子基团取代时，有机电化学阴极还原反应将变得容易和有选择性。例如，双键碳上有较强吸电子基团（如氰基、羰基、羧基、酯基）的烯烃、炔烃因电子云密度较低而易于得到电子被还原成负离子自由基，进而发生夺氢二聚或与其他试剂发生亲核加成反应。与酮加成时产率一般都较高，可达 85% 以上。与 CO_2 的加成具有重要意义，称为阴极羧化反应。相对而言，芳烃较烯烃和炔烃容易被还原。其中电解条件对选择性、电流效率、产率的影响很大。

电还原由吸电子基团（如 -CN、-CHO、-COR、-COOH、-COOR 等）活化的烯烃是一类十分重要的有机电合成反应。以丙烯腈阴极还原为例，由于反应物氰基的存在，使得烯烃双键上的电子云密度降低，很容易得到一个电子还原成阴离子自由基，然后发生自由基的二聚反应。同时，阴极表面会发生一些相互竞争的副反应，包括析氢和副产物的形成，如丙腈（PN）、2- 甲基戊二腈（MGN）和 1,3,6- 三氰基环己烷，其反应历程如图 8-12 所示[16-19]。

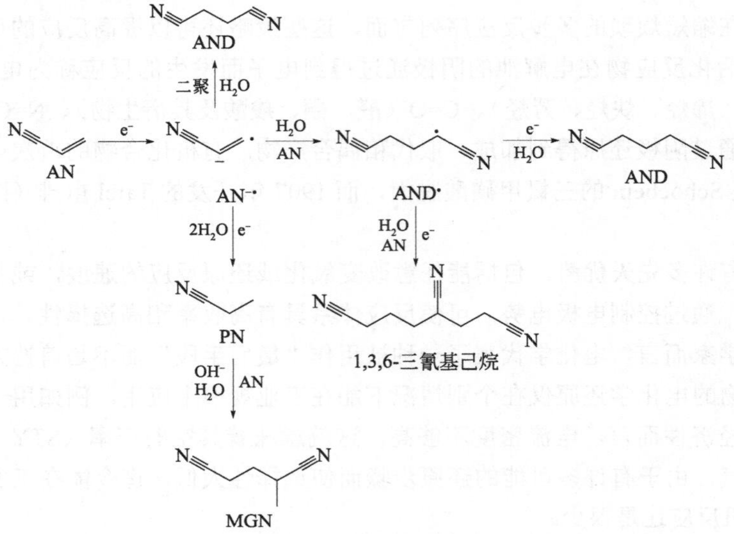

图8-12 丙烯腈阴极还原过程

在反应过程中，丙烯腈获得电子这一过程发生在电极表面，因此改变电极表面对丙烯腈的吸附能力和向其供给电子的速度对反应结果非常重要。值得注意的是，丙烯腈也可以通过与电极表面 H 发生非电化学加氢反应生成丙腈，因而电极表面 AN 和 H 的相对覆盖率对产物选择性十分重要。而 H^+ 和 AN 得电子的竞争能力又关系到 H 和 AN^- 的浓度。电极表面性质又与电极材料有很大关系，所以在该有机合成过程中，研制和选用合适的电极材料对提高反应竞争力、获得高产率和高选择性己二腈产品是至关重要的。如图 8-13 所示，丙烯腈通过 Hg、Pb 或 C 阴极主要生成己二腈和少量丙腈。通过 Pt 或 Ni 阴极吸附 H 而被还原成丙腈。若采用 Sn 作为阴极则生成金属有机化合物。

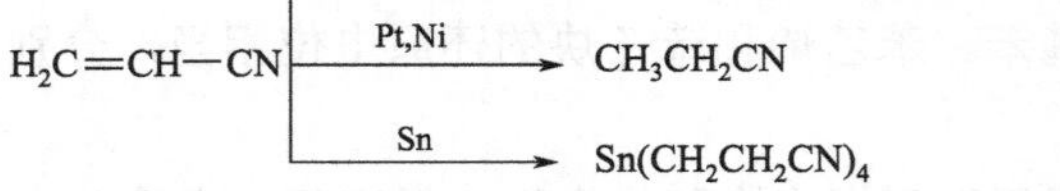

图8-13 电极材料对丙烯腈还原产物的影响

丙烯腈阴极加氢与阴极析氢是一对竞争反应，丙烯腈分子与活性氢在电极上的竞争吸附会直接影响反应途径，最终导致产物选择性的差异[20, 21]。如图 8-14 所示，当电极表面主要吸附丙烯腈分子时，其容易得电子形成阴离子，并在溶液中发生二聚；当电极表面主要吸附活性氢时，析氢成为主要的反应；当电极表面所吸附的氢和丙烯腈分子相当时，则主要发生表面加氢反应。该规律可以指导加氢催化剂的设计，通过调控活性位点上氢和丙烯腈的覆盖度，可以调节阴极反应的产物分布。

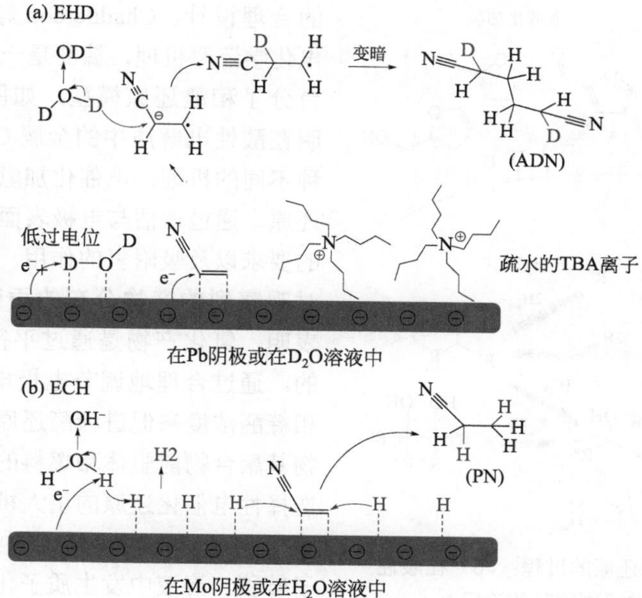

图8-14　Pb电极表面丙烯腈加氢的主要反应途径[21]

在氢供体的存在下，可以实现缺电子烯烃的加氢。例如，Tajima 组[22, 23]已经报道了使用聚合物负载的酸来还原迈克尔受体的电化学方法。尽管酸被限制在固相载体上，但它与水的相互作用为反应介质提供了足够的导电性而不需要额外的支持电解质。或者，可以通过将氢吸附在阴极表面上来实现这种还原[24, 25]。Navarro 组[24, 25]研究了环己酮介导的阴极还原，使用 Ni^{2+} 介体和 Ni 阳极会导致环己酮的形成，而将 Fe^{2+} 介体与 Fe 牺牲阳极结合使用只能得到环己醇。同一小组在随后的研究中详细介绍了用镍或铁基介体对其他活化烯烃（例如迈克尔受体和二烯）进行电化学还原的方法。使用 Ni^{2+} 介质以良好的产率和选择性获得了环己二烯、柠檬醛和胡椒碱的部分氢化产物。非共轭烯烃通常在这种均相电介导还原（HEMR）系统下不具有反应性（烯丙醇例外）。

8.2.2.2　醛和酮还原

醛和酮在不同条件下可被还原成醇、邻二醇（片呐醇）及其重排产物。条件不同还原机理也有差异，酸性条件下多为单电子还原，而碱性条件下则为 2 电子还原。条件不同，产物的组成及主产物也不同，碱性条件下主要得到醇和邻二醇，酸性条件下主要得到邻二醇的重排产物，强酸性条件下则可能被深度还原成烃。通过片呐醇偶联，阴极生成的酮基进行均二聚化已有半个多世纪的历史了。利用离子液体的电导率，可以在室温下在离子液体中进行这种经典反应，从而避免使用多余的电解质。当羰基氧被质子化时，可以在酸性条件下有效降低羰基的还原过电位。例如，在稀硫酸中，Heimann 等[26]证明了在吡啶鎓存在下酮部分的选择性还原。中间羟基烷基可以环化到吡啶鎓上，以高产率和良好的非对映选择性形成三环产物。循环伏安法研究表明，在反应条件下，酮比吡啶鎓更易还原。

电化学还原生物质衍生的平台分子是可持续生产燃料和化学品的新兴途径。但是，对反应条件、基本机理和产物选择性之间的差距的了解限制了其活性、稳定性和选择催化剂体系

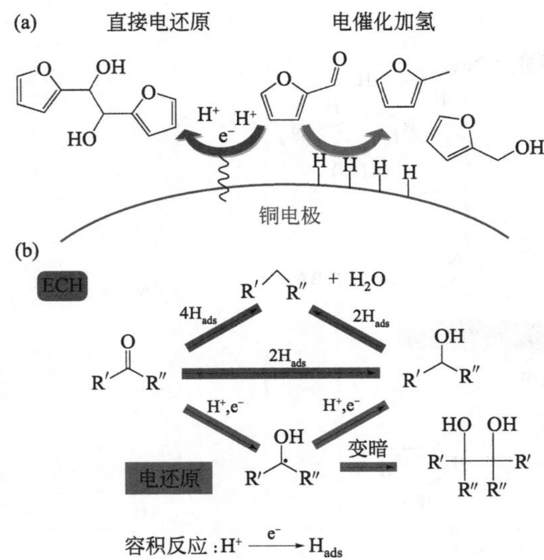

图8-15（a）羰基还原的过程；（b）在酸性电解质中电化学还原羰基的途径[27]

的合理设计。Chadderdon 等[27]探索了糠醛的电化学还原机理，糠醛是一种重要的生物基平台分子和醛还原模型，如图 8-15 所示。已证明在酸性电解质中的金属 Cu 电极上可使用两种不同的机理：电催化加氢（ECH）和直接电还原。通过评估与电极表面直接化学相互作用的要求以及吸附氢的作用，可以明确每种机理对观察到的产物分布的贡献。进一步的分析表明，氢化产物是通过平行的 ECH 途径产生的。通过合理地调节电极电势、电解质 pH 值和糠醛浓度来促进糠醛还原，从而促进重要生物基聚合物前驱体和燃料的选择性形成。进行选择性电催化还原的重大挑战是直接电还原路线（方案 1）的共存，其中羰基参与电极的电子转移，溶液中发生质子化。一个小时后，反应 H^+/e^- 产生自由基中间体（C·-OH），其可以或者通过C-C二聚化与第二自由基偶合，或被进一步转化得到醇产品。或者，可以通过C·-OH歧化形成等量的醛和醇。对 ECH 或电还原途径的偏好在很大程度上取决于 H_{ads} 和 C·-OH 形成所需的相对电势。结果，在低氢超电势电极（例如铂族金属）上强烈优选 ECH，而在高氢超电势电极（如 Pb、Hg、Cd 和石墨）上，电还原是优选的。但是，这两种途径可能在具有中等氢超电势（例如 Ni、Co、Fe、Cu、Ag 和 Au）的电极上竞争。特别地，确定醇形成的途径不是直接的，其可以通过 ECH 或电还原途径发生。

8.2.2.3　酯和酰胺还原

烷基酯具有很高的还原过电位。直到 1992 年 Shono 等[28]展示了用 Mg 电极可以有效还原这些官能团之前，它们的阴极还原几乎不可行。尽管如此，电化学还原苯甲酸酯借助催化，还是在较低的还原过电势下实现了。Lam 等[29]发现，在高温下阴极还原甲苯甲酸酯会引发自由基脱氧反应（称为 Marko-Lam 脱氧反应），类似于 Barton-McCombie 反应。二级和三级甲苯磺酸盐脱氧产物的收率很高，而一级甲苯磺酸盐的收率较低。随后，他们还报道了类似的自由基脱氧反应，使用二苯基次膦酸酯作为自由基前驱体，用酯交换策略改进的脱氧步骤，进行阴极脱氧原位生成甲苯磺酸酯。当在较低温度和质子源存在的情况下，还原芳基酯时，提供了水解产物（醇）来代替脱氧。利用这一观察结果，可以通过调节恒电位条件下的反应电势来选择性水解不同的芳基酯。而且，以二茂铁和 4- 碘苄醇为起始原料，合成新的二茂铁巯酯化合物，利用电化学方法进行还原水解，使其自组装修饰在金电极表面。实验结果表明：利用电化学还原，可以将二茂铁巯酯化合物还原为巯基化合物，并在金电极表面形成自组装膜。在空白溶液中，修饰电极的峰电流随扫速线性变化。表面覆盖量为 $3.77\times10^{-10}mol/cm^2$ 是单分子层吸附数量级。

酰胺可被电还原为醇或胺。酰胺还原为胺是有机合成中的重要转变，已被制药公司确定为“十大最重要的反应”之一。目前，它是通过氢化物或硼烷试剂实现的，既危险，又会产生大量废液和废物。而使用流动反应器的电化学合成提供了一种环境友好且节能的技术，可用于合成候选药物分子的关键中间体。它的优点包括：改进了对反应参数的控制，提高了可重复性和可扩展性。在酸性阴极电解液中使用铅和汞阴极可将酰胺、内酰胺和酰亚胺的羰基电化学还原。根据起始原料的结构、反应条件和阴极电解液的酸度，还原可得不同的产品。最常见的竞争过程是醛和醇的形成，这可能取决于 pH 值。例如，Lund 等 [30] 证明，异烟酸酰胺在强酸性溶液（pH<1）中还原为醛，而醇在弱酸性（pH=3.5）溶液中形成。使用氯化锂作为支持电解质，脂肪族酰胺还可以通过电化学还原为醛 [31]。在中性或碱性醇性阴极电解液中的芳族酰胺提供了醇；在醇性介质中的 *N*- 苄基苯甲酰胺从裂解反应中生成苄醇和氨或苄胺。在这种情况下，获得何种产物取决于所用的电解质。

8.2.2.4　卤代有机化合物还原 [32]

卤代有机物因其优良的理化性质而被广泛应用于生活、生产等领域，从而进入到环境中并不断积累。卤代有机物中卤素基团的存在，使有机物毒性增大，对环境和人类健康造成了严重的威胁，所以必须消除环境中的卤代有机物。电化学还原处理不仅可以有效地破坏卤代有机物的结构，而且不会破坏环境 [32]。另外，卤代有机化合物中碳 - 卤素键的电还原裂解已被广泛研究了 70 多年，因为它是有机化学中多种合成应用的前驱体。卤代烷烃容易因电还原导致 C-X 键断裂，从而得到相应的烃或偶合烃，如图 8-16 的系列反应。利用卤代烃分子内电还原偶合合成高张力环化合物具有重要意义。不同卤代烃电还原活性次序为 RI>RBr>RCl>RF。当反应物中存在多种 C-X 键时，C-I 键首先断裂，C-F 键最后断裂。对于多卤代烃可因还原条件的不同，还原一个或多个卤素。尽管低价金属可实现卤代烃的还原，但电化学方法提供了可扩展且廉价的替代方法。例如，Gütz 等 [33] 详细描述了一种高度实用的方法，用于还原性切割复杂底物的二溴环丙烷基序中的 C-Br 键。使用铅青铜阴极，因为它比纯铅具有更高的耐腐蚀性。该方法已发现可用于减少脯氨酸衍生的二溴环丙烷，这是合成 HCV NS5A 抑制剂的重要中间体。值得注意的是，尝试通过化学方法还原该底物导致消旋和开环。

与烷基卤化物类似，芳基卤化物和烯基卤化物也可以通过电化学方式还原。在没有其他亲电试剂的情况下，芳基卤化物和乙烯基卤化物的直接电化学还原会导致联芳基形成芳基卤化物的硼酸酯化，在亲电硼的存在下，对芳基卤化物进行阴极还原来实现。苄基卤化物的电化学还原也已用于合成。Utley 等 [34] 展示了通过电化学还原 α,α'- 二溴邻二甲苯前驱体，在水溶液电解质中获得邻喹啉二甲烷。该反应性中间体可用于与马来酰亚胺的 Diels-Alder 反应中。在某些情况下（例如，当将马来酰亚胺用作亲二烯体时），亲二烯体也可以用作介体，该介体经历阴极还原以提供稳定的自由基阴离子，该阴离子继而触发苄基溴的还原。对喹二甲烷的聚合反应也已有报道 [35]。已经描述了各种介导体系用于阴极还原苄基卤化物。例如碳硼烷和钛茂已经被用来实现这样的转换。微流反应器是经常用到强化阴极还原的方法 [36]。

8.2.2.5　硝基化合物的还原

可以通过在氢化、电子转移、电化学和氢化物转移条件下还原硝基前驱体以制备胺。根据电解条件的不同，硝基可被还原为亚硝基、羟氨基、氨基、偶氮和氢化偶氮等。在酸性至中性条件下，易被还原为氨基或羟氨基。在强酸性条件下被还原为对氨基酚。碱性条件下易被还原成氧化偶氮、偶氮或氢化偶氮。铁 (Ⅱ)、铁 (0) 和铁 (Ⅱ)- 铁 (Ⅲ) 化合物被公认为是

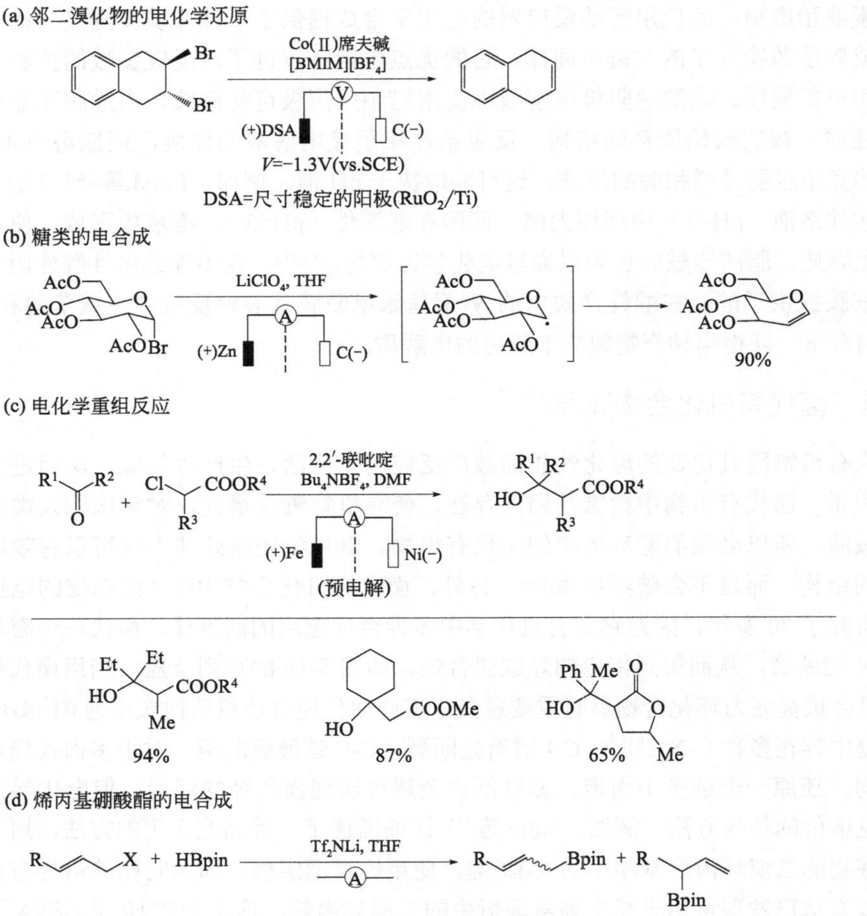
(a) 邻二溴化物的电化学还原
Br
Br
Co(Ⅱ)席夫碱
[BMIM][BF4]
V
(+)DSA
C(−)
V=−1.3V(vs.SCE)
DSA=尺寸稳定的阳极(RuO2/Ti)
(b) 糖类的电合成
AcO
AcO
AcO
AcO
Br
LiClO4, THF
A
(+)Zn
C(−)
90%
(c) 电化学重组反应
R1
R2
O
Cl
COOR4
R3
2,2′-联吡啶
Bu4NBF4, DMF
A
(+)Fe
Ni(−)
(预电解)
HO
Et
Me
94%
COOMe
87%
Ph
65%
(d) 烯丙基硼酸酯的电合成
R
X
HBpin
Tf2NLi, THF
Bpin

图8-16 烷基卤的还原

许多有机污染物（如硝基芳族化合物和氯化溶剂）的有效还原剂。鉴于芳香族硝基化合物在工业上具有重要的应用价值，人们对芳香硝基化合物的电还原反应进行了广泛的探索和研究[37]。通过使用零价铁或铜电极[38, 39]进行的许多研究已经证明，将硝基芳族化合物电化学还原为氨基芳族化合物的可行性。硝基芳族化合物的直接电化学还原可产生各种产物，例如亚硝基、羟胺、偶氮氧基、偶氮和肼化合物。但是在铜电极上，对个别化合物的还原，选择性有所提高。例如，4-硝基甲苯（4-NT）可以获得高产率的胺[40]。金属铜网的预处理和相关的表面改性，可以进一步增强其反应性。芳香硝基化合物的氧还原机理不但受外部环境（电极、溶剂、pH值）影响，而且与自身结构有关。在不同的电还原条件下，可以得到不同的中间体和产物，机理比较复杂[41, 42]。人们通过对硝基化合物在水溶液、非水溶液、离子液体、质子惰性试剂以及有机混合试剂中的还原反应进行大量研究，总结了可能发生的反应机理（图8-17）。

在酸性或中性电解质中，芳香硝基化合物经电还原可获得相应的胺类化合物。由于生成的羟胺中间体又会在阳极被氧化成亚硝基化合物，因此该反应需要在分隔式电解槽中进行。此类反应最重要的是由芳香硝基化合物一步合成相应氨基酚。研究表明，在含硫酸的电解液中，以铜为阴极并适当升高温度有利于该反应进行。由马淳安等发明和设计的一种阴极转动

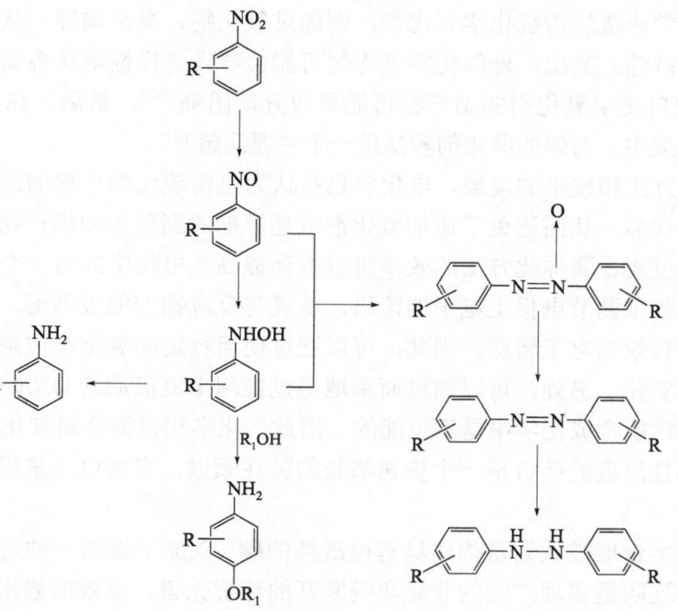

图8-17　芳香族硝基化合物电还原机理

分隔式电解槽用于硝基苯电化学还原对氨基苯酚[43]。但酸性体系在工业过程中容易对设备造成腐蚀，而且存在环境污染问题。在碱性溶液中，芳香族硝基化合物可以还原成相应的氧化偶氮化合物、偶氮化合物和叠氮化合物，对胺类化合物的选择性差。但是近年来，通过人们对电极催化剂的改进，使用金属硫化物、金属磷化物或金属硼化物作为电极催化剂可以在碱性溶液电还原芳香族硝基化合物获得高选择性的胺类化合物。另外，需要寻找合成工艺简单、便于工业大量生产的廉价催化剂来推动该反应工业化。

另外，化学或电化学还原硝基芳香族化合物不可避免地导致苯胺的形成，且苯胺也有毒。但是，与硝基芳族化合物相比，苯胺具有更高的反应性。因此，在将硝基芳族化合物在阴极还原为相应的苯胺后，苯胺随后在阳极被氧化为二氧化碳、水和硝酸盐，从而间接地达到处理硝基芳族化合物的目的[44]。对于硝基芳族化合物，通常假定硝基（$ArNO_2$）还原为相应苯胺（$ArNH_2$）中的氨基，是通过亚硝基（ArNO）和羟胺中间体（ArNHOH）实现的，其中存在两个电子的转移，如反应式(8-1)～式(8-3)。

$$ArNO_2 + 2e^- + 2H^+ \longrightarrow ArNO + H_2O \tag{8-1}$$

$$ArNO + 2e^- + 2H^+ \longrightarrow ArNHOH \tag{8-2}$$

$$ArNHOH + 2e^- + 2H^+ \longrightarrow ArNH_2 + H_2O \tag{8-3}$$

8.3　C-H活化取代

8.3.1　研究现状和主要问题

传统的热化学碳氢官能化通常在高温下进行，并且依赖于昂贵的贵金属催化剂以及有毒的氧化剂的使用[45]。这几个挑战限制了 C-H 官能团化反应的应用。首先，许多金属催化的 C–

H 功能化需要化学计量的传统化学氧化剂，例如过氧化物、高价碘等，从而导致副产物的产生并降低原子经济性。其次，外部化学氧化剂可能会导致选择性地从金属中心还原消除的问题[46]。再次，源自化学氧化剂的副产物可能导致分离困难[46]。最后，在涉及 C-H 活化步骤的 C-H 功能化反应中，有限的催化剂转换是一个主要问题[47]。

随着电化学方法和技术的发展，电化学已被认为是传统化学计量的氧化剂和还原剂的有希望的无原子替代品，从而避免了添加氧化剂或还原剂的副反应和副产物。因此，由于没有传统的氧化剂，过渡金属催化方法的效率可以得到提高。电化学的另一个优点是能够方便地通过控制电极电势来调节电极上电子的能级，使其与反应物的能级匹配，从而在电极与反应物之间实现更为有效的电子转移。因此，可以通过使用特定的氧化电位来选择性地控制催化剂的金属中心的氧化。另外，可以通过简单地通过控制电流流动的 ON/OFF 开关来控制反应的时间表，这在常规合成化学中是不可能的。因此，化学和过渡金属催化的 C-H 官能团用于化学和区域选择性反应的结合是一个快速增长的关注领域，它提供了常规化学可能无法实现的合成机会。

目前，电化学合成被认为是构建具有挑战性的碳 - 碳原子键的一种可持续且可扩展的策略。电合成已被证明是实现广泛的非经典键断开的环境无害、高效的通用平台。通过在温和的反应条件下生成自由基中间体，C-H 键官能化可在一步合成操作中将各种简单且普遍存在的有机分子转化为多种官能团，特别是形成 C-C、C-X（卤素）、C-O、C-P 和 C-N 键，是一种快速高效的有机合成方法。但有机电化学反应的成键和断键往往是通过自由基中间体，在烷烃、芳烃 C-H 键的官能化反应中存在区域选择性的问题。因此，烷烃、芳烃的 C-H 键选择性官能团化是有机电合成领域的挑战之一[48]。

C-H 活化已成为分子合成中的一种转化工具，但是直到最近，氧化的 C-H 活化仍主要涉及化学计量的昂贵且有毒的金属氧化剂的使用，从而损害了 C-H 活化化学的总体可持续性。在过去的十年中，过渡金属催化的 C-H 官能化已实现了当代合成有机化学中各种非传统和创新键结构的开发。C-H 键的直接官能化代表了选择性 C-C 和碳杂原子（C-X）键形成的有力策略，从而改善了原子经济性并简化了化学合成。但是，尽管付出了巨大的努力并加深了对 C-H 官能化反应机理的理解，但激活动力学惰性 C-H 键的内在困难限制了在温和的反应条件下有效运行的催化平台的发展[49-51]。因此，科学家们研究了各种电化学策略以加快 C-H 功能化平台的开发。电化学 C-H 活化被认为是一种利用可储存的电代替产生部分反应物（氧化剂或还原剂）的化学试剂，且过渡金属催化剂能够催化实现多种 C-H 活化反应。钯催化为 $C(sp^2)$-H 和 $C(sp^3)$-H 通过含氮的导向基团、铑和钌催化剂的 H 官能化，可以使用弱配位的酰胺和酸[48]。除了这些 4d 过渡贵金属，近年来已尝试采用钴代替银催化剂以活化 C-H 氧化、C-H 硝化和 C-C 形成炔环。

8.3.2 研究方面

8.3.2.1 C-C键的生成

2007 年，Amatore 等[52]报道了 Pd(Ⅱ) 催化的 *N*- 乙酰苯胺与苯醌或对苯二酚作为亚化学计量的氧化还原介体的 C-H 键烯化反应。由于苯醌可以在阳极进行电化学再生，因此仅需要催化量即可连续循环活性 Pd(Ⅱ) 物质。相反，使用非电化学方法将需要化学计量的苯醌。在 2012 年，Dudkina 等[53]描述了 2- 苯基吡啶与全氟烷基卤化物或全氟烷基羧酸在镍和钯催化下的 C-H 键电化学全氟烷基化反应。他们使用循环伏安法来鉴定反应中存在的镍或钯物种［例如 Pd(Ⅲ)、Pd(Ⅳ)、Ni(Ⅲ) 等］的更高氧化态。全氟烷基羧酸在脱羧时递送全氟烷基官能团。2017 年，Ma 等[54]报告了首个 Pd 催化的 C(sp^2)-H 使用阳极氧化代替化学计量的氧化剂与苯甲酰乙酸和有机硼试剂偶联，分别提供邻单苯甲酰化或邻单甲基化产物。这项工作表明，金属转移可以在电化学条件下进行，因此提供了过渡金属催化的直接交叉偶联与常规电化学的新型结合。上述报告均利用以氮为中心的导向基团。最近，Qiu 等[55]研究小组使用以氧为中心的导向基团发布了第一个过渡金属催化的电催化 C-H 活化。在这种情况下，钌(Ⅱ) 羧酸盐催化剂可实现炔烃环化反应的电氧化 C-H/O-H 功能，而无需外部氧化剂。通过循环伏安法和预先形成的钌 (0) 中间体的电解，他们观察到了新戊酸对钌 (0) 中间体的阳极氧化的显著有益作用。机理研究为关键的钌 (0) 中间体的便捷有机金属 C-H 钌化和电化学再氧化提供了有力支持。

8.3.2.2　C-X（卤素）键的生成

碳 - 卤素键的形成在合成有机化学中非常重要。电化学氧化为通过 C-H 官能化形成 C-X 键提供了另一种相对环保的方式。Sawamura 等[56]已探索了在不存在过渡金属催化剂的情况下形成电化学 C-X 键的最新方法。2009 年，Kakiuchi 等[57]证明了使用电化学氧化法将 Pd 催化芳基吡啶衍生物与卤化氢的 C-H 卤化。该方法提供了一种环境友好的工具，以有效和选择性的方式用于芳香环的区域选择性卤化。对含有两个可用的邻位 C-H 键的底物进行了二氯化。此外，当使用氢溴酸和 $PdBr_2$ 时，C-H 键的溴化也成功。2012 年，同一小组采用相同的策略开发了一种钯催化的方案，用于使 I_2 进行芳基吡啶的邻位电化学 C-H 碘化反应[58]，见图 8-18，该反应通过钯催化剂和电极对每种底物的双重活化而进行。对底物范围的研究表明，在吡啶环的 3- 位或邻位或苯环上的取代基，在实现单碘化产物的高产率中起关键作用。在同一篇论文中，Kakiuchi 及其同事还报道了钯催化的芳基吡啶的电化学一锅芳基化反应。通过一锅芳基化过程中的相同钯催化剂，两个不同催化循环的开 / 关切换，在芳基吡啶的邻位引入各种芳基。通电时，邻位进行了选择性的 C-H 碘化。当电源断开时，使用铃木联轴器来输送相应的芳基化产物，这提供了获得芳基化产物的便利方法。

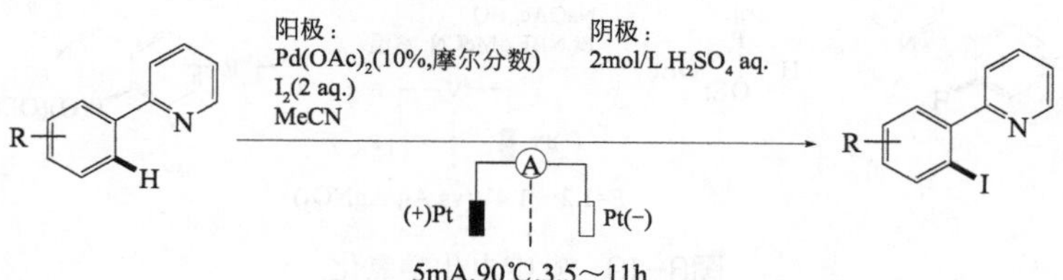

图8-18　用Pd催化芳基吡啶的电化学氧化C-H碘化反应

8.3.2.3　C-O键的生成

2013 年，Dudkina 等[59]报告了 2- 苯基吡啶与全氟烷基羧酸的电化学 Pd 催化 C-H 氧化反应。在 2- 苯基吡啶存在下，乙酸钯或全氟乙酸钯的电化学氧化可促进催化邻位 C-H 取代。NMR 和电化学数据表明，反应通过单金属 Pd(Ⅱ) 中间体（在乙腈中）或双金属 Pd(Ⅱ) 中间体（在二氯甲烷中）进行。2017 年，Liu 等[60] 开发了一种有效的电化学方法，用于在 1.0mA 的恒定电流电解条件下钯催化的 C(sp^2)-H 键乙酰氧基化。富电子的乙酰氧基化反应顺利进行，以中等至高收率提供了相应的产物。Sauermann 等[61] 首次在双齿 N,O- 导向基团的协助下，展示了阳极氧化在钴催化的 C(sp^2)-H 烷氧基化反应中的应用。该方法在程序上是简单的，并且适用于带有多种富电子和贫电子基团的多种醇和苯甲酰胺底物。该方法在 23℃的极端温和条件下具有较高的化学选择性、区域选择性和非对映选择性。从阳极直接移走电子作氧化剂，避免了银（I）盐的需求。饱和烷烃的选择性官能化是 C-H 活化的一个活跃领域。Freund 等[62] 展示了烷烃的第一个选择性阳极均质官能化，其中对甲苯磺酸被 $PtCl_4^{2-}$ 水溶液作为 C-H 活化催化剂和磷钼酸作为氧化还原介体，被电化学羟基化为醇对甲氧基苯基磺酸。Yang 等[63] 利用 Pd(Ⅱ) 的阳极氧化来诱导各种氧阴离子偶联配偶体，选择性地将 C-O 还原消除。该方法为需要苛刻化学氧化剂的常规方法提供了一种替代方法，并且代表了将各种氧阴离子（包括乙酸根、甲苯磺酸根和醇盐）与 C(sp^3)-H 键偶联的环保方法。

8.3.2.4 C-P键的生成

Basle 等[64] 报道了在没有过渡金属催化剂的情况下，使用阳离子池策略在咪唑鎓离子液体中，对 *N*- 苯基四氢异喹啉进行电化学氧化膦化反应。Khrizanforov 等提出了一种新的环磷酸化方法，该方法是在环上同时带有吸电子和取代基的苯以及一些香豆素（6- 甲基香豆素、7- 甲基香豆素）进行磷酸化[65]。在这种情况下，反应通过使用芳烃和 *H*- 膦酸酯的催化氧化，使用 *H*- 膦酸二烷基酯 $(RO)_2P(O)H$(R=Et、*n*-Bu、*i*-Pr) 进行，使用温和的电化学条件，1∶1 的双金属催化剂体系 Mn^{Ⅱ}bpy/Ni^{Ⅱ}bpy。

Dudkina 等[66] 开发了 Pd 催化电化学氧化 2- 苯基吡啶定向 C-H 邻位膦酸酯化反应。使用 $HP(O)(OEt)_2$ 作为磷酸化试剂，阳极氧化不断再生高价 Pd(Ⅲ) 或 Pd(Ⅳ) 作为氧化剂，无需添加额外氧化剂，见图 8-19。为了深入了解该过程，分离了一种中间双核膦酸酯四氢吡啶并环 $[(PhPy)Pd(EtO_2)P(O)]_2$。该络合物的直接电化学氧化可以定量还原性地消除膦酸酯化产物，表明它是催化循环的中间体。

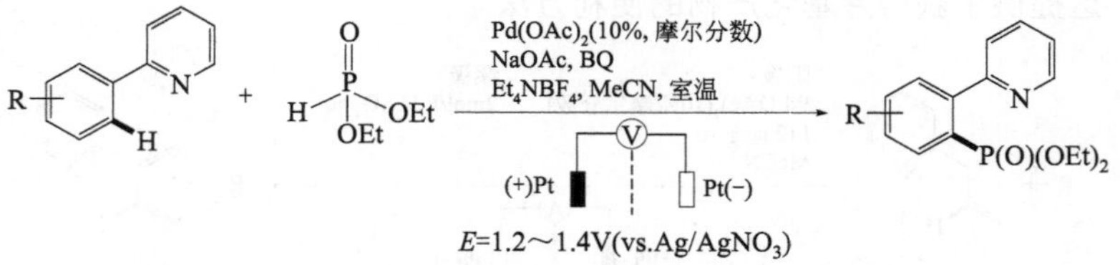

Pd(OAc)$_2$(10%, 摩尔分数)
NaOAc, BQ
Et$_4$NBF$_4$, MeCN, 室温
(+)Pt Pt(−)
E=1.2～1.4V(vs.Ag/AgNO$_3$)

图8-19 吡啶电化学氧化

8.3.2.5 C-N键的生成

含氮化合物构成生活中必不可少的产品，并存在于天然产物、药剂、农药和材料科学中。然而，尽管在 C-N 交叉偶联反应方面取得了进步，但这些方法通常需要较高的温度、预官能化的起始原料（例如芳基卤化物或拟卤化物）、化学计量的氧化剂或使用昂贵的催化剂。在这

种情况下，直接 C-H 胺化的方法已成为高效、分步和原子经济的替代方法，并扩大了反应的种类。Fu 等 [67] 提出了一种用于烯烃重氮化的电化学方法，他们用富含稀土的高价态锰催化剂氧化烯烃和 NaN_3 转化为 1,2- 二叠氮化物，电化学阳极氧化富含稀土的锰催化剂使其再生，如图 8-20 所示。该系统表现出广泛的底物范围和高官能团相容性 [67-69]。

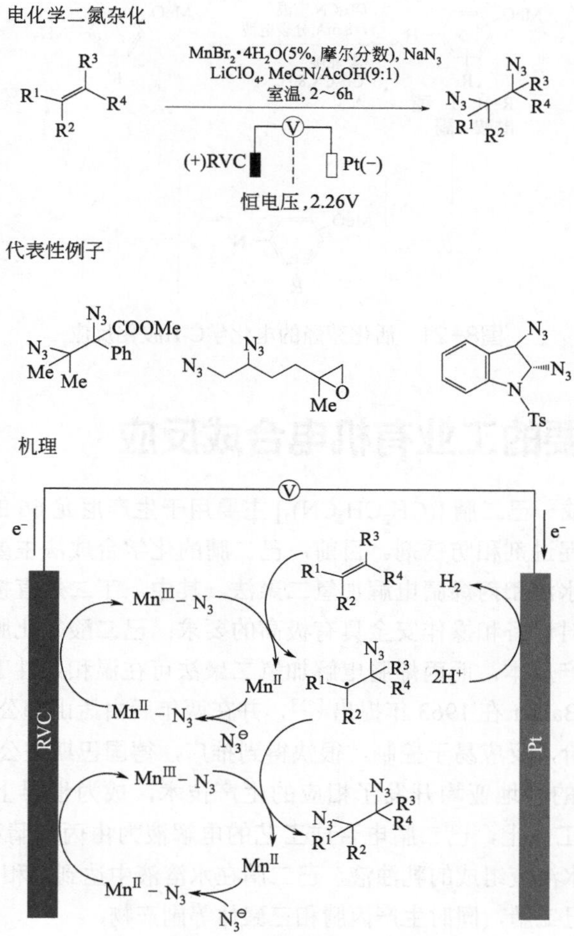

电化学二氮杂化

$MnBr_2 \cdot 4H_2O$(5%, 摩尔分数), NaN_3
$LiClO_4$, MeCN/AcOH(9:1)
室温, 2～6h

(+)RVC Pt(−)

恒电压, 2.26V

代表性例子

机理

图8-20 烯烃的金属催化电化学重氮化

芳族伯胺是有机化学中重要的基础化合物，被广泛用于合成药物。因此，迫切需要一种容易获得苯胺衍生物的方法。芳香族化合物 C-N 功能化的电化学方法包括吡啶化和乙酰胺化，其最早可追溯到 1957 年和 1966 年。另一策略是用 Ti^{III}/Ti^{IV} 羟胺体系进行不饱和芳香族化合物的间接阴极胺化反应。氨或伯烷基胺的高氧化电位，直接进行阳极胺化其电流效率是很低的。2013 年，Morofuji 等 [70] 提出了一种高效的活化芳烃 C-H 键胺化方法。在碳毡阳极上进行阳极氧化，并用吡啶亲核捕获生成的自由基阳离子，得到吡啶鎓中间体。正电荷的强吸电子效应防止了过氧化。随后用哌啶进行氨解，释放出游离苯胺，见图 8-21。然而，只有富含电子的底物才能成功转化。通过使用掺硼金刚石（BDD）阳极，Waldvogel 等 [71] 克服了对富电子底物的限制，该方法成功地扩展到了活化程度较低的 1,3- 二烷基芳烃上。

包括 Pt 在内的其他阳极材料显示出很强的结垢特性，因为在这种正电势下电聚合和碳化非常严重。

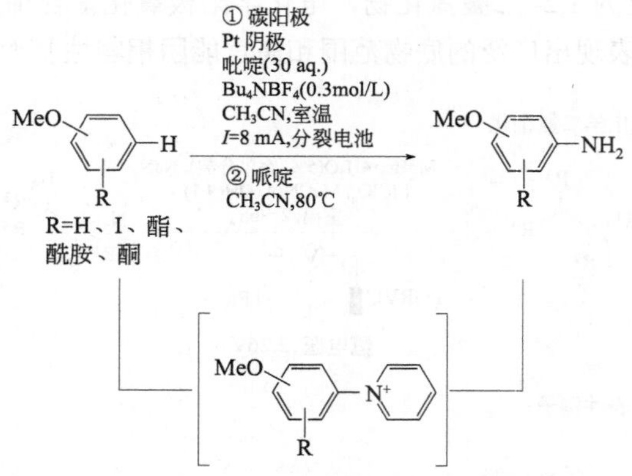

图8-21 活化芳烃的电化学C-H胺化反应

8.4 几种重要的工业有机电合成反应

（1）己二腈的合成 己二腈 [$(CH_2CH_2CN)_2$] 主要用于生产尼龙 66 的中间体己二胺，同时也可作为橡胶生产的促进剂和防锈剂。目前，己二腈的化学合成法主要包括丁二烯直接氢氰化法、己二酸氨化脱水法和丙烯腈电解加氢二聚法。其中，丁二烯直接氢氰化法需要以剧毒的氢氰酸作为原料，对设备和操作安全具有极高的要求；己二酸氨化脱水法以昂贵的己二酸作为原材料增大了生产成本；而丙烯腈电解加氢二聚法可在温和条件下进行，操作难度大幅降低。该工艺首先由 Baizer 在 1963 年提出[72]，并在两年后由孟山都公司实现了工业化生产。由于这一方法原料廉价，反应易于控制，很快得到推广，德国巴斯夫公司、日本旭化成公司、美国的英威达、法国的罗地亚均开发了相应的生产技术，成为世界上规模最大、最为经典的有机电合成工业。工业上，己二腈电合成工艺的电解液为由丙烯腈和含 10% ～ 15%[5] 的 Na_2HPO_4 支持电解质水溶液组成的乳浊液，己二腈在水溶液中达到饱和（7%）。在阴极，丙烯腈通过加氢二聚生成己二腈，同时生产丙腈和三聚体等副产物：

$$2CH_2CHCN + 2H_2O + 2e^- \longrightarrow NCCH_2CH_2CH_2CH_2CN + 2OH^- \quad (8\text{-}4)$$

$$CH_2CHCN + 2H_2O + 2e^- \longrightarrow CH_3CH_2CN + 2OH^- \quad (8\text{-}5)$$

$$3CH_2CHCN + 2H_2O + 2e^- \longrightarrow CH_3CH(CN)CH_2CH(CN)CH_2CH_2CN + 2OH^- \quad (8\text{-}6)$$

阳极则主要发生析氧反应

$$4OH^- \longrightarrow 2H_2O + O_2 + 4e^- \quad (8\text{-}7)$$

由于阴极附近 pH 值较高，可能生产羟基丙腈和双氰基乙基醚；同时，由于丙烯腈还原电位负值较大（−1.9V，vs. SCE），阴极还可能发生析氢反应。为了提高产率和电流效率，工业上采用具有高析氢过电位的 Pb 或 Cd 作为阴极，并在电解质溶液中加入约 0.4% 的季铵盐（如磷酸六亚甲基双乙基二丁基铵），其阳离子在阴极表面吸附，形成缺水层，可避免丙烯腈自由基阴离子的直接质子化，抑制丙腈副反应。

早期孟山都公司电合成己二腈的电解槽采用压滤机型结构，并采用阳离子交换隔膜和双极性电极，共有 16 组电解槽，每组包括 24 个单元槽。这一工艺的缺点是隔膜导致能耗高，并且电解槽结构复杂，需要定期更换隔膜，同时回收高成本的季铵盐过程复杂。为了克服上述缺点，大量厂家进行了研究工作，改进电解槽及生产工艺，极大降低了投资和能耗。采用复极式压滤机型结构的电解槽[73]，设置 50 ～ 200 块矩形碳钢电极，其阴极面为镀镉层（厚 0.1 ～ 0.2mm），其极距为 2mm，电解液流速约 1 ～ 2m/s。乳浊液在储槽和电解槽之间循环，并连续抽出部分有机相分离产物。乳浊液的有机相中含 55% ～ 60% 的己二腈、25% ～ 30% 的丙烯腈，而乳浊液的水相中含有 15% 的 Na_2HPO_4、2% 硼砂、0.5% 的 EDTA 二钠盐和 0.4% 的双季铵盐。部分水相溶液需要连续处理，以防止有机副反应产物的生成，并及时排出金属电极溶解的离子。在 20 世纪 70 年代，孟山都和其他厂家陆续开发出第二代电解槽及生产工艺，采用无隔膜电解槽，简化了反应器结构，节省了季铵盐的用量，另外加入硼砂、EDTA、磷酸氢二钠，降低了投资和能耗。

同时针对上述高成本电解质回收复杂的问题，日本旭化成公司在电解液中加入少量异丙醇防止季铵盐氧化，便于其回收。其阴极液水相为 2% 丙烯腈、9% 己二腈、79.95% 水、8.0% 季铵盐和 0.05% 异丙醇，以及乳浊液相为 17% 丙烯腈、75% 己二腈、5% 水和 3% 有机电解质，并调节 pH=7。最终得到了收率为 92% 的己二腈。德国巴斯夫公司采用减小电极间隙形成薄膜状电解液的毛细间隙反应器及薄膜反应器，降低了因有机电解液电导率低产生的欧姆压降。其电解液 pH=3.5，含有 28% 异丙醇、55% 丙烯腈、16% 水和 1% TEAES，电解电流为 $10A/dm^2$，电解温度为 30℃，己二腈收率达到了 90%。

（2）四乙基铅的合成　四乙基铅 [$Pb(C_2H_5)_4$] 曾是应用最广泛的汽油抗爆剂，可以提高汽油的辛烷值，改善其燃烧特性。但由于四乙基铅在使用过程中产生的溴化铅和氯化铅会造成空气污染，对儿童脑部构成损坏，同时也会使催化转化器内的催化剂受到污染，因此石油公司已逐步推出无铅汽油，大大降低了四乙基铅的使用。

四乙基铅可以用氯乙烷与钠铅合金反应制取：

$$4NaPb + 4CH_3CH_2Cl \longrightarrow Pb(CH_2CH_3)_4 + 4NaCl + 3Pb \tag{8-8}$$

该方法的缺点是反应后的残渣中铅含量高，难以回收。1964 年，美国 Nalco 公司开发了以 Grignard 试剂和铅丸为原料电解合成四乙基铅的工艺。阳极反应为：

$$4C_2H_5MgCl + Pb \longrightarrow Pb(C_2H_5)_4 + 2MgCl_2 + 2Mg^{2+} + 4e^- \tag{8-9}$$

阴极反应为：

$$2Mg^{2+} + 4e^- \longrightarrow 2Mg\downarrow \tag{8-10}$$

析出的 Mg 可以通过不断加入氯乙烷重新生成 Grignard 试剂：

$$C_2H_5Cl + Mg \longrightarrow C_2H_5MgCl \tag{8-11}$$

整个过程的总反应为：

$$4C_2H_5Cl + Pb + 2Mg \longrightarrow Pb(CH_2CH_3)_4 + 2MgCl_2 \tag{8-12}$$

副产物 $MgCl_2$ 可用于生产 Mg。

Nalco 公司采用固定床电化学反应器生成四乙基铅（图 8-22）。早期工艺采用类似于列管式反应器的装置，铅丸装填在内径 5cm、长 75cm 的内衬多孔隔膜的钢管中，铅丸作为阳极，钢管内壁作为阴极。反应原料从管内通过，管外则通过冷却液，使电解液温度保持在 40 ～ 50℃。而改进后的工艺则采用绝热固定床的形式，铅丸装填在整个反应器内部，钢片阴极则垂直插入铅球床层中，阴极表面覆盖钢丝网以增加比表面积和表面附近流速，外部包裹玻璃纤维布使阴极与铅丸阳极绝缘。电解槽高度为 6m，体积为 3 ～ 6m^3，总工作电流高达 70000A，但阴极电流密度仅为 50 ～ 100A/m^2，直流电耗为 4000 ～ 5000kWh/t。电解液以醚类（如四甘醇二乙醚）为溶剂，电解质为 20% Grignard 试剂，氯乙烷与 Grignard 试剂的比高达 0.9 : 1，以保证阴极析出的 Mg 及时溶解。

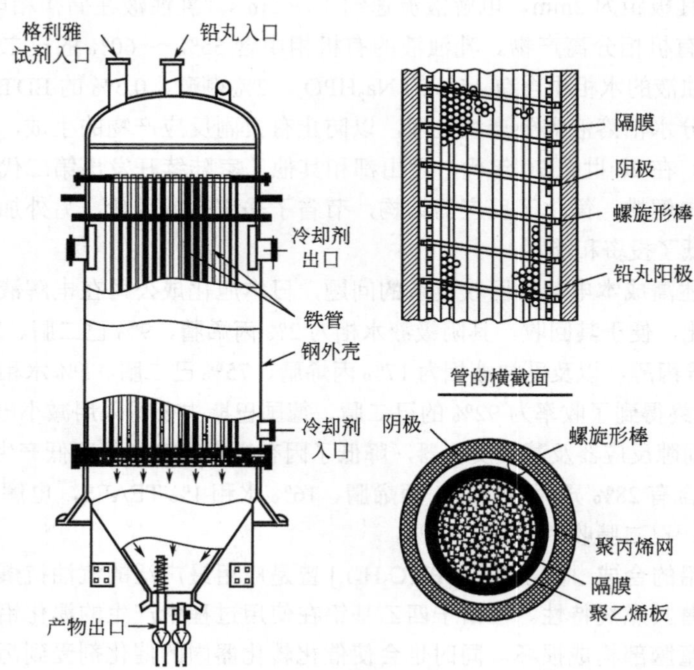

图8-22 用于四乙基铅电合成的固定床电化学反应器

（3）对氨基苯酚的合成 对氨基苯酚（PAP）是一种重要的精细有机化工中间体，在染料、医药等行业应用广泛，也可用于制备显影剂、抗氧化剂和石油添加剂等产品。目前，对氨基苯酚的合成工艺很多，有以对硝基苯酚为原料的金属还原法、催化加氢法，以苯酚为原料的亚硝化法、偶合法，以硝基苯为原料的催化加氢还原法、电解法和金属还原法，另外还有对硝基氯苯法、苯胺电催化羟化法等。

对硝基氯苯法、对硝基苯酚为原料的金属还原法均为化学合成方法，一般原料经过水解、酸化和还原等步骤制取对氨基苯酚。该法成本高，在生产过程中伴随着产生大量这些工艺产生了大量的废酸和废渣，导致严重的环境问题，且产品纯度低，含有氯，不能直接用于医药行业。因此，国外多国已淘汰此法。

对硝基苯酚催化加氢还原法是以贵金属 Pt/C、Pd/C 等为催化剂，经加氢还原得对氨基苯酚，然后用溶剂进行萃取，就得到产品对氨基苯酚。由于催化剂昂贵，回收困难，生产成本高，国内目前仅有蚌埠八一化工厂采用此行生产。

硝基苯催化加氢还原法[74]是国外 20 世纪 70 年代技术，一般采用 Pt/C、Pd/C 及其相应的氧化物做催化剂，在酸性条件下加氢将硝基苯还原，生成中间产物羟基苯胺后再在酸催化下重排生成产物 PAP。英国 Harting 技术集团、美国 Mallinckrodt 公司相继采用该法投产。反应式为：

$$C_6H_5NO_2 \xrightarrow[H_2]{\text{催化剂}} C_6H_5NHOH \xrightarrow[\text{Bamberger重排}]{H_2SO_4} p\text{-}HOC_6H_4NH_2 \tag{8-13}$$

由于轻基苯胺在酸催化下的重排反应是吸热反应，故适当提高酸度和温度有利于提高 PAP 的收率。该工艺的优点是：原料硝基苯价廉，因此生产成本低；生产工序少，产品收率高，产品质量也高，污染少。但由于目前该技术催化剂制备复杂、贵金属催化剂回收困难、损失率较高，活性不稳定，加之催化剂成本高，设备投资较大所以生产成本较高，国内仅有个别厂家采用此法。

硝基苯直接电解还原法是目前国外采用的主要生产方法。该方法主要采用隔膜式电解槽，阴极采用汞齐化铜，阴极液是由硝基苯、硫酸、助剂、少量的表面活性剂溶于水组成，阳极一般采用铅板电极和硫酸溶液。为了防止产物氧化，反应要在无氧条件下进行。硝基苯在阴极直接电还原生成产物对氨基苯酚：

$$C_6H_5NO_2 + 4H^+ + 4e^- \longrightarrow HOC_6H_4NH_2 + H_2O \tag{8-14}$$

阳极主要发生析氧反应：

$$2H_2O \longrightarrow 4H^+ + O_2 + 4e^- \tag{8-15}$$

电解总反应为：

$$C_6H_5NO_2 + 2H_2O \longrightarrow HOC_6H_4NH_2 + O_2 \tag{8-16}$$

与化学法相比，电合成方法不需要昂贵的催化剂，原料硝基苯成本更低，反应可以一步完成，避免了金属还原过程中大量金属的使用，整个工艺过程基本上无污染，是一种绿色的合成工艺。最早由日本三井东压公司于 1977 年投产，随后德国拜耳、美国迈尔斯、英国 CIB、印度中央电化学研究所等均实现了工业化。国内电解法制备对氨基苯酚的工艺一般是以铅为阳极，铜、镍或铜合金为阴极，采用阳离子膜，在 15%~40% 的硫酸溶液中于 90℃左右进行硝基苯的直接电解还原。虽然此法在实验室中收率较高，但在工业化工程中，其较高的酸浓度对设备耐酸性要求高，产物分离困难，同时硝基苯在水溶液中溶解度低，往往需要加入助溶剂或表面活性剂，进而影响传质过程，导致极限电流密度小，本征动力学速率低。近年来，以对硝基苯酚为原料电化学合成对氨基苯酚受到了研究者的关注。由于对硝基苯酚在水中溶解度较高，无需加入助溶剂；并且无需 Bamberger 重排反应，因此可以在碱性条件下进行反应，其选择性可达到 90% 以上[75, 76]。但对硝基苯酚比硝基苯的成本更高，且每生成 1 分子产物需消耗 6 个电子，因此电费成本也较高。

（4）电化学氟化　氟化反应是将氟元素引入有机化合物的过程，在 ODS（破坏臭氧层物质）替代品、含氟医药 / 农药中间体的合成以及高分子材料的氟化处理上具有广泛的应用。目前工业上常用的氟化方法主要有无水氟化氢氟化、氟盐氟化、氟气氟化和电化学氟化等四种方法，前两者为生产氟化工产品的主要方法，通过加成或取代等反应使氟原子引入化合物，但存在着反应过程复杂、操作控制困难、安全性差、资源利用率低、环境污染严重等问题，而电化学氟化的方法反应条件温和，氟化设备较易设计和制造，电压、电流等可精密控制，越来越受到人们的重视，在某些重要领域成为主要的氟化方法。

1930 年代，美国化学家 Simons 在 3M 公司资助下开展了全氟胺、全氟醚、全氟羧酸和全氟磺酸类物质的合成。首先，将有机底物溶于无水氟化氢溶剂中，并添加可增强导电性的

NaF 或 KF 制成电解液。然后，以 Ni 为阳极，Fe 为阴极，在较低的槽压（不足以使 F 离子在阳极被氧化成 F_2）下使底物的 H 被氟原子取代，其他官能团则被保留，阳极反应为：

$$CR_3-H+F^- \longrightarrow CR_3-F+e^- \tag{8-17}$$

阴极主要发生析氢反应：

$$H^++e^- \longrightarrow \frac{1}{2}H_2 \tag{8-18}$$

几乎所有的有机化合物都可以采用 Simons 法进行电解氟化，氟化物的收率主要取决于底物在无水氟化氢中的溶解度，以及形成电解液的导电性和稳定性，因此醚、胺、羧酸和磺酸等基团的化合物比烷烃、卤代烃更容易被电解氟化。1951 年，美国 3M 公司首先投产了电解氟化装置，可用于生产包括从最简单的碳氟化合物（CF_4）到较大分子量的全氟叔胺和有机酸等多种有机氟化物。

Phillips Petroleum 公司在 20 世纪 70 年代发明了一种被称为碳阳极气相电化学（carbon anode vapor phase electrochemical，CAVE）氟化法，将多孔石墨阳极浸在 KF 和 HF 组成的熔融体系中（摩尔比 1∶2），底物通过阳极板附近的通道进入，使其在石墨、有机蒸气和液态电解质三相界面上发生氟化反应。该法多用于烷烃类或者含氯烷烃类等不适宜采用 Simons 法的底物（因不易溶于无水氯化氢）。例如，乙烷通过 Phillips Petroleum 法可得到 96% 的全氟乙烷。

除了电解全氟化外，如果采用有机溶剂，则还可以实现电化学选择性氟化。一般利用电化学氧化、电化学还原将单个氟原子或小的含氟基团引入到脂肪族或芳香族的碳原子上。1970 年，苏联化学家 Rozhkov 等在含有 $Et_3N \cdot 3HF$ 的乙腈溶液中电解萘，得到了 α- 氟代萘，随后又用相同的方法电解取代苯、烯烃和硅烷等都得到了单氟取代的产物。但以 $Et_3N \cdot 3HF$ 为电解质和氟源容易引起阳极钝化，在 1993 年，Momota 成功研制了新型溶剂 $R_4NF \cdot nHF$。由于后者在室温下是低黏度液体，有很高的电导率和稳定性，因此成为选择性氟化的重大进展。但选择性氟化法采用 Pt 作为阳极，并且反应的电极电势较高，容易在电极表面发生聚合反应，使总收率和电流效率降低，目前还难以实现大规模工业化生产。

日本的 Nishigu 等[77] 提出在溶酶和支持电解质存在的条件下，直接在电极上电解氧化对氟甲苯制得对氟苯甲醛。电解槽选用隔膜电解槽或无隔膜电解槽，电解阳极用碳棒、白金或含白金的合金，阴极用碳棒、铜、不锈钢、镍、白金或其他金属。

（5）癸二酸的柯尔比法电合成　癸二酸 $HOOC(CH_2)_8COOH$ 是重要的有机化工原料，主要用于生产尼龙 610、尼龙 010、聚酰胺树脂，也作为增塑剂和润滑油的原料，世界年产量约 2 万吨。癸二酸的化学合成法是以蓖麻油为原料，在 200℃及 8500kPa 压力下与 50% NaOH 溶液进行碱解反应制取的。此法的缺点是原料来源有限，同时反应条件不易控制，副产物多，且污染环境。

癸二酸的电解合成是柯尔比（Kolbe）反应的典型应用，它以己二酸单甲酯为原料，通过阳极氧化制得癸二酸二甲酯，再经碱解，即得癸二酸。反应是在无隔膜电解槽中进行的，单酯在阳极氧化二聚，即使 n 个碳原子的羧酸分子在阳极表面二聚，生成含 $2n-2$ 个碳原子的碳氢化合物分子和 2mol 的 CO_2。这正是典型的柯尔比反应：

$$2CH_3OOC(CH_2)_4COO^- \longrightarrow 2CH_3OOC(CH_2)_4+2CO_2+2e^- \tag{8-19}$$

$$2CH_3OOC(CH_2)_4 \longrightarrow CH_3OOC(CH_2)_8COOCH_3 \tag{8-20}$$

生成的癸二酸二甲酯经水解后即为癸二酸[78]。

8.5 电化学合成反应器

电解槽作为一种特殊的化学反应器，虽然可以仿照化学反应器的分类原则进行分类，但从电化学工程实际出发，通常以反应器的结构和工作方式进行分类。本章根据电合成反应器结构的不同，分为二维电合成反应器和三维电合成反应器。

8.5.1 二维电合成反应器

与传统涉及有机物的非均相反应相比，有机电合成反应具有一些独有的特点。首先，电化学反应只能在电极上发生，电极同时充当反应催化剂和集流体，因此在设计电合成反应器时不但要考虑传质与反应的耦合，而且要考虑电极的排列和电流的分布。为了降低溶液电阻所引起的压降，必须尽量缩短阴阳极之间的距离。其次，电化学反应体系中，阴阳极反应均是成对出现的。如果底物或产物可以在对电极上发生反应，则必须增加隔膜以阻止阴、阳极电解液的混合，避免工艺过程整体收率的降低。即使底物和产物在对电极不发生副反应，也需要尽量降低对电极反应的过电势，从而降低槽电压。最后，工业上通常采用的电流密度一般不超过 5000A/m²，使得电合成反应器的时空产率一般较低。如图 8-23 所示，对于典型的平行板式电解槽结构，虽然电解反应的单程转化率仅在电流密度为 5000A/m²、电解液流速为 0.01m/s 的条件下可以达到 26%，但这种低流速、大电流条件下电极附近的传质阻力较大。当流速增加到 0.1m/s 时，单程转化率仅 2.6%，因此必须通过多个电极对的串联和电解液的反复循环，才能实现反应物的完全转化。

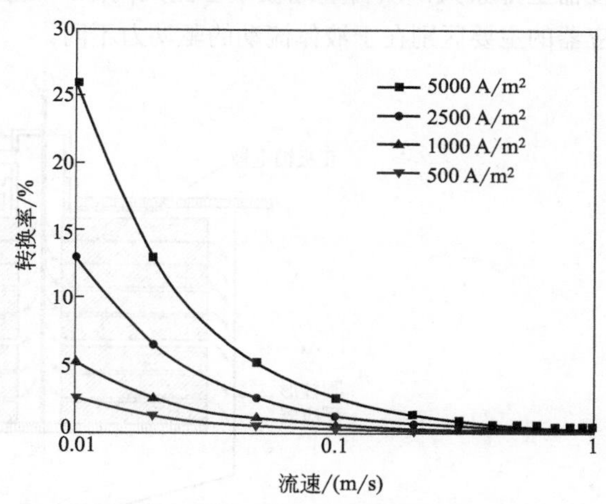

图8-23　不同电流密度下单程转化率与电解液流速的关系

假设转化1分子反应物需转移电子数为2，电极板长度为1m，工作电极与辅助电极的距离为1cm，电解液中反应物浓度为1mol/L。

（1）箱式电解槽和板框式电解槽　最简单的电解槽形式是箱式电解槽，这类电解槽在电合成中应用较广，形式各异，大小不等。一般槽体为长方形，具有不同的三维尺寸（长、宽、高），电极常为平板状，大多数垂直平行交错放置在槽内，电解液盛装在槽内。当两极产物混合可能引起副反应的发生时，还需要在电极间使用隔膜将阴阳极产物分开。事实上，箱式电解槽可以看作实验室常见的两电极电解池的扩展，其优点是结构简单，方便设计、制造和维修，因而得到了广泛应用。然而，箱式电解槽的阴阳极电解液相同，不能用于底物或产物可在对电极上发生副反应的体系。由于箱式电解槽通常不引入外加的强制对流，难以满足对传质要求严格的生产体系。此外，箱式电解槽大多采用间歇或半间歇模式运行。

（2）压滤机式或板框式电解槽　这类电解槽由若干个单元反应器组合而成，每个单元反应器均按照阴极、板框、隔膜、板框和阳极的顺序平行组装而成，阴阳极电解液分别从对应电极与隔膜之间的缝隙中流过。当阴阳极电解液相同时，也可以不加隔膜。板框式电解槽由于采用了可标准化的单元反应器结构，因此可以通过改变单元反应器的数量，方便地改变生产能力，即有利于工程放大。并且可以采用多种手段如设置湍流促进器和控制流速，来强化传质过程。在有机电合成工业中，板框式电解槽已成功应用于电解合成己二腈、乙醛酸等产品。

（3）毛细间隙和薄膜电化学反应器　除了以上两种电解槽外，研究人员还分别从降低电解液欧姆降、强化传质等方面入手，提出了一系列具有特殊结构的新型电合成反应器。

当采用电导率很低的电解液时，极板间的欧姆降有可能会大幅提高电解反应过程的能耗。毛细间隙和薄膜反应器通过减小电极间隙，使电解液形成薄膜状，从而显著降低电解液的欧姆压降。例如，在复极式涓流塔式电化学反应器中，反应塔内水平排列着多层双极性石墨电极，电解液由塔顶进入，在重力作用下以涓流方式缓慢通过电极间隙。另一种被德国巴斯夫公司用于电解合成己二腈、癸二酸二甲酯的毛细间隙电化学反应器中（图 8-24），一组圆盘状石墨电极按复极式水平排列于圆柱形反应器内部，电极的间隙很小（约 125μm）。电解液自反应器上部泵入，从石墨电极中心流入间隙，反应后的液体在反应器下部汇合流出。这两种反应器的主要区别在于液体流动的驱动力不同。

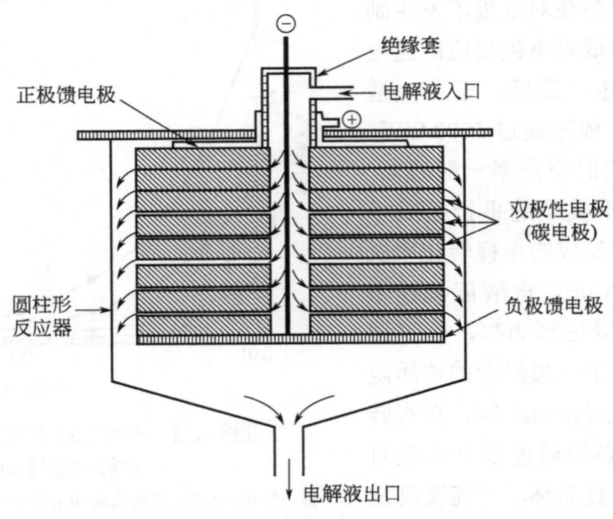

图8-24　毛细间隙电化学反应器

Rode 等[79] 利用薄间隙单通道高转换反应器（图 8-25）进行了 4- 甲氧基甲苯的四电子阳极甲氧基化。在环境温度和压力下，4- 甲氧基甲苯的四电子阳极甲氧基化在一个窄间隙、单

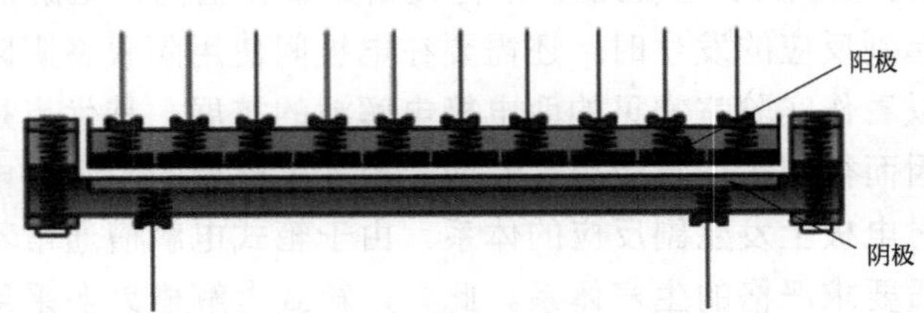

图 8-25　薄间隙单通道高转换反应器

通道、高转换反应器中进行，入口试剂浓度为0.1mol/L甲醇溶剂和共反应物，电解质为0.01mol/L KF，电流密度高达240A/m²。当试剂转化率大于95%时，产物选择性可达90%以上，这相当于在简单的单次工艺中产物收率非常高。产生的体积氢气流量比体积液体流量高3~7倍，导致电极间间隙100μm内的电导率大大降低。此电化学反应器模型也可应用于其他电化学反应体系。

（4）零极距电化学反应器和固体聚合物电解质电化学反应器　零极距电化学反应器（zero-gapcell）是指将网状电极或孔板电极直接压在隔膜上，使阴阳极之间的距离非常小，使电解液的欧姆压降大大降低。这种反应器最广泛的用途是氯碱工业，电极上析出的气体不会在电极与隔膜之间存留，其网状电极或孔板电极的网孔迅速散逸到电极背面。

固体聚合物电解质（solid polymerelectrolyte，SPE）电化学反应器是电解水和燃料电池常用的反应器，在阴 / 阳离子交换膜两侧涂覆催化剂涂层，构成膜电极组件。其中，离子交换膜既可以分隔阴极室和阳极室，又可以起到固体电解质的作用。因此，与常规电解槽相比，SPE 电解槽不需要支持电解质，甚至可以用于气相电化学反应（如 CO_2 还原）。在有机电合成反应中，SPE 电解槽已用于马来酸电解还原、对苯醌电解还原、硝基苯电解还原和肉桂醇电氧化等。

8.5.2 三维电合成反应器

时空转化率是电合成反应器性能的重要指标。虽然通过提高电催化剂活性和槽电压以增加电流密度，进而增加通入反应器的总电流，但这种方法容易引起传质问题。因此，很容易想到将电极材料制成三维多孔电极，增大反应器的比电极面积（单位体积对应的电极面积）。例如，在 Nalco 公司开发的电解合成四乙基铅塔式固定床反应器中，铅丸被散堆装填于反应器内部，形成固定床电化学反应器，总工作电流高达 70000A，但阴极电流密度仅为 50 ～ 100A/m²。

有一种叠层结构的电极（Swiss-rollcell），它的阴阳极分别为两张很薄的金属箔片，中间用塑料网或织物隔开，并将它们绕着一个轴卷成一个整体，即形成电化学反应器。这种反应器可看成一个长度很长的平行电极，中间包含着一层薄薄的电解液。从另一个角度来看，这种结构类似于传统化学工业所采用的规整床层。它的优点是具有较低的欧姆压降，同时具有很高的比电极面积。由于电极很薄，电极电阻与电解液电阻相比不能忽略，使得电流分布的均匀性受到影响。

在某些电化学反应过程中，如采用散堆固定床结构，内部填充的金属颗粒可能发生钝化、板结等问题（如存在金属沉积时）。在这种情况下，可采用流化床结构实现金属填充物的不断生长和排出，不但可以提高床层内的电极表面积，而且通过流态化可以加强传质，蓬松的床层还可以增加导电性。流化床反应器结构被 AKZO 等公司用于金属离子的连续移除。

8.6 总结与展望

描述了为实现常规“化学”有机转化的适当“电”替代而进行的研究，这些合成操作的立体选择性的建立仍然具有挑战性，这使得使用电化学方法实现立体选择性转化成为常态的问题仍未解决。然而，由于艰苦的研究，现代合成实验室在这方面取得了进步，导致了许多具有成功的立体选择性电有机转化的标志性出版物的出版。为了使有机电化学能广泛应用，需要解决几个问题。尽管有机电合成化学的最新进展令人鼓舞，但仍需要开发与均相、异质、光催化和生物催化相似的并行筛选技术。毫无疑问，平行的电化学反应装置将加速不对称电化学和电催化领域的进一步发展。迄今为止，该领域中的大多数电化学反应装置都依赖于使用贵金属或对环境有害的金属电极，如 Pt、Hg 或 Pb 电极。因此，特别是在设想大规模生产的情况下，需要研究更多的经济和生态选择。关于立体化学诱导，类似于不对称催化中的手性溶剂的手性介质的设计，仍然有限。尽管电极的化学修饰用于产生手性表面已取得一定的成果，但似乎在不对称电化学合成和电催化的进一步发展中，手性介体和手性催化剂的使用仍然是最有希望的领域。鉴于将电化学与光催化剂、有机催化剂、生物催化剂和金属催化剂相结合几乎可以无限变化，将开发出许多新的和出乎意料的不对称反应，从而总体上进一步促进催化和合成。

此外，缺乏标准化的电化学反应器，仍然阻碍着大规模采用电化学技术。因为不同的实验室使用的仪器设备不同，因此可能导致实验的可重复性存在问题。而且确实没有关于使用某些电源、电解质或电极的标准。

现代谱学方法和电化学法的联用：一是现场监测，以期获得实时信息；二是高灵敏度检测以期达到分子级乃至原子级水平的分辨率，这将推动电化学有机合成化学的研究进展。

有机电化学方法未来需要重视以下几个方向：①工业规模放大；②传感器技术规模缩小；③流通池；④使用离子液体。流通池可以提高电化学领域已经建立的常规批处理技术的效率。尽管流通池在市场上可以买到，但许多实验室仍在进行自己的制造。与流通法相比，带有用于检测和修复污染物的多孔电极的流通系统可提高效率。另外，代替传统的含电解质的有机溶剂、离子液体有可能使电化学修复过程更加环保。

参考文献

[1] Hosoi K，Inagi S，Kubo T，et al. o-Carborane as an electron-transfer mediator in electrocatalytic reduction［J］. Chemical Communications，2011，47（30）：8632-8634.

[2] Francke R，Little R D. Optimizing electron transfer mediators based on arylimidazoles by ring fusion：synthesis，electrochemistry，and computational analysis of 2-aryl-1-methylphenanthro［9，10-d］imidazoles［J］. Journal of the American Chemical Society，2014，136（1）：427-435.

[3] Fuchigami T，Fujita T. Electrolytic partial fluorination of organic compounds. 14. The first electrosynthesis of hypervalent iodobenzene difluoride derivatives and its application to indirect anodic gem-difluorination［J］. The Journal of Organic Chemistry，1994，59（24）：7190-7192.

[4] Scheffold R，Dike M，Dike S，et al. Synthesis and reactions of porphine-type metal complexes. 8. Carbon-carbon bond formation catalyzed by vitamin B_{12} and a vitamin B_{12} model compound. Electrosynthesis of bicyclic ketones by 1，4 addition［J］. Journal of the American Chemical Society，1980，102（10）：3642-3644.

[5] Han X，Sheng H，Yu C，et al. Electrocatalytic oxidation of glycerol to formic acid by $CuCo_2O_4$ spinel oxide nanostructure catalysts［J］. ACS Catalysis，2020，10（12）：6741-6752.

[6] Gopeesingh J，Ardagh M A，Shetty M，et al. Resonance-promoted formic acid oxidation via dynamic

electrocatalytic modulation［J］. ACS Catalysis，2020，10（17）：9932-9942.

[7] Bao Y，Liu H，Liu Z，et al. Pd/FeP catalyst engineering via thermal annealing for improved formic acid electrochemical oxidation［J］. Applied Catalysis B：Environmental，2020，274，119106.

[8] Chen L，Lu L，Zhu H，et al. Improved ethanol electrooxidation performance by shortening Pd–Ni active site distance in Pd–Ni–P nanocatalysts［J］. Nature Communications，2017，8（1）：14136.

[9] Ma J，Chen Y，Chen L，et al. Ternary Pd–Ni–P nanoparticle-based nonenzymatic glucose sensor with greatly enhanced sensitivity achieved through active-site engineering［J］. Nano Research，2017，10（8）：2712-2720.

[10] Xu S，Hou W，Jiang R，et al. Regulating locations of active sites：a novel strategy to greatly improve the stability of PtAu electrocatalysts［J］. Chemical Communications，2019，55（90）：13602-13605.

[11] Hu G，Shang L，Sheng T，et al. PtCo@NCs with short heteroatom active site distance for enhanced catalytic properties［J］. Advanced Functional Materials，2020，30（28）：2002281.

[12] Li Z，Jiang X，Wang X，et al. Concave PtCo nanocrosses for methanol oxidation reaction［J］. Applied Catalysis B：Environmental，2020，277：119135.

[13] Wang W，Wang Y，Yang R，et al. Vacancy-rich $Ni(OH)_2$ drives the electrooxidation of amino C-N bonds to nitrile C≡N bonds［J］. Angewandte Chemie International Edition，2020，31（5）：1303.

[14] Xiong P，Zhao H-B，Fan X-T，et al. Site-selective electrooxidation of methylarenes to aromatic acetals［J］. Nature Communications，2020，11（1）：2706.

[15] Laitinen H A，Wawzonek S. The reduction of unsaturated hydrocarbons at the dropping mercury electrode. Ⅰ. phenyl substituted olefins and acetylenes［J］. Journal of the American Chemical Society，1942，64（8）：1765-1768.

[16] Scott K，Hayati B. The influence of mass transfer on the electrochemical synthesis of adiponitrile［J］. Chemical Engineering and Processing：Process Intensification，1993，32（4）：253-260.

[17] Scott K，Hayati B，Haines A N，et al. A reaction model for the electrochemical synthesis of adipontrile［J］. Chemical Engineering & Technology，1990，13（1）：376-383.

[18] Baizer M M，Anderson J D，Wagenknecht J H，et al. Electrolytic reductive coupling as a synthetic tool［J］. Electrochimica Acta，1967，12（9）：1377-1381.

[19] Scott K，Hayati B. The multiphase electrochemical synthesis of adiponitrile［J］. Chemical Engineering Science，1990，45（8）：2341-2347.

[20] Huang X，Tan L，Zhang L，et al. Coverage-dependent acrylonitrile adsorption and electrochemical reduction kinetics on Pb electrode［J］. Chemical Engineering Journal，2020，382：123006.

[21] Wu S，Zhang H，Huang X，et al. Acrylonitrile conversion on metal cathodes：how surface adsorption determines the reduction pathways［J］. Industrial & Engineering Chemistry Research，2021，60（23）：8324-8330.

[22] Miura Y，Tateno H，Tajima T. An electrolytic system based on the acid-base reaction between solid-supported acids and water［J］. Electrochemistry，2013，81（5）：371-373.

[23] Tomida S，Tsuda R，Furukawa S，et al. Electroreductive hydrogenation of activated olefins using the concept of site isolation［J］. Electrochemistry Communications，2016，73：46-49.

[24] da Silva A P，Maia A C S，Navarro M. Homogeneous electromediated reduction of the 2-cyclohexen-1-one

by transition metals［J］. Tetrahedron Letters，2005，46（18）：3233-3235.

[25] da Silva A P，Mota S D C，Bieber L W，et al. Homogeneous electro-mediated reduction of unsaturated compounds using Ni and Fe as mediators in DMF［J］. Tetrahedron，2006，62（23）：5435-5440.

[26] Heimann J, Schäfer Hans J, Fröhlich R, et al. Cathodic cyclisation of N-(oxoalkyl)pyridinium salts – formation of tricyclic indolizidine and quinolizidine derivatives in aqueous medium[J]. European Journal of Organic Chemistry, 2003, 2003(15): 2919-2932.

[27] Chadderdon X H，Chadderdon D J，Matthiesen J E，et al. Mechanisms of furfural reduction on metal electrodes：distinguishing pathways for selective hydrogenation of bioderived oxygenates［J］. Journal of the American Chemical Society，2017，139（40）：14120-14128.

[28] Shono T，Masuda H，Murase H，et al. Electroorganic chemistry. 134. Facile electroreduction of methyl esters and N，N-dimethylamides of aliphatic carboxylic acids to primary alcohols［J］. The Journal of Organic Chemistry，1992，57（4）：1061-1063.

[29] Lam K，Marko I E. Novel electrochemical deoxygenation reaction using diphenylphosphinates［J］. Organic Letters，2011，13（3）：406-409.

[30] Lund H. Electroiirganic preparations［J］. Acta Chemica Scandinavica，1963，17：2325-2340.

[31] Benkeser R A，Watanabe H，Mels S J，et al. New electrochemical method for the selective reduction of aliphatic amides to aldehydes or alcohols［J］. The Journal of Organic Chemistry，1970，35（4）：1210-1211.

[32] Yan M，Kawamata Y，Baran P S. Synthetic organic electrochemical methods since 2000：on the verge of a renaissance［J］. Chemical Reviews，2017，117（21）：13230-13319.

[33] Gütz C，Selt M，Bänziger M，et al. A novel cathode material for cathodic dehalogenation of 1,1-dibromo cyclopropane derivatives［J］. Chemistry-A European Journal，2015，21（40）：13878-13882.

[34] Utley J H P，Oguntoye E，Smith C Z，et al. Electro-organic reactions. Part 52：diels-alder reactions in aqueous solution via electrogenerated quinodimethanes［J］. Tetrahedron Letters，2000，41（37）：7249-7254.

[35] Utley J H P，Gruber J. Electrochemical synthesis of poly（p-xylylenes）（PPXs）and poly（p-phenylenevinylenes）（PPVs）and the study of xylylene（quinodimethane）intermediates；an underrated approach［J］. Journal of Materials Chemistry，2002，12（6）：1613-1624.

[36] He P，Watts P，Marken F，et al. Self-supported and clean one-step cathodic coupling of activated olefins with benzyl bromide derivatives in a micro flow reactor［J］. Angewandte Chemie International Edition，2006，118（25）：4252-4255.

[37] 马淳安，童少平，陈骁军，等. 芳族硝基化合物电还原中Cu-Ni合金的电极活性［J］. 电化学，1997（04）：94-98.

[38] Su C，Puls R W. Nitrate reduction by zerovalent iron：effects of formate，oxalate，citrate，chloride，sulfate，borate，and phosphate［J］. Environmental Science & Technology，2004，38（9）：2715-2720.

[39] Liou Y H，Lo S L，Lin C J，et al. Methods for accelerating nitrate reduction using zerovalent iron at near-neutral pH：effects of H_2-reducing pretreatment and copper deposition［J］. Environmental Science & Technology，2005，39（24）：9643-9648.

[40] Noel M，Anantharaman P N，Udupa H V K. An electrochemical technique for the reduction of aromatic nitro compounds［J］. Journal of Applied Electrochemistry，1982，12：291-298.

[41] 陈银花. 电化学技术应用的发展［J］. 机械管理开发，2008，23（2）：65-66.

[42] Luo L，Wang X，Ding Y，et al. Electrochemical determination of nitrobenzene using bismuth-film modified carbon paste electrode in the presence of cetyltrimethylammonium bromide［J］. Analytical Methods，2010，2（8）：1095-1100.

[43] 马淳安，张文魁，黄辉，等. 硝基苯的电还原特性研究［J］. 电化学，1999（04）：395-400.

[44] Thorn K A，Pettigrew P J，Goldenberg W S，et al. Covalent binding of aniline to humic substances. 2. 15N NMR studies of nucleophilic addition reactions［J］. Environmental Science & Technology，1996，30（9）：2764-2775.

[45] Karkas M D. Electrochemical strategies for C–H functionalization and C–N bond formation［J］. Chemical Society Reviews，2018，47（15）：5786-5865.

[46] Engle K M，Mei T-S，Wang X，et al. Bystanding F^+ oxidants enable selective reductive elimination from high-valent metal centers in catalysis［J］. Angewandte Chemie International Edition，2011，50（7）：1478-1491.

[47] Gensch T，James M J，Dalton T，et al. Increasing catalyst efficiency in C-H activation catalysis［J］. Angewandte Chemie International Edition，2018，57（9）：2296-2306.

[48] Sauermann N，Meyer T H，Qiu Y，et al. Electrocatalytic C-H activation［J］. ACS Catalysis，2018，8（8）：7086-7103.

[49] Gensch T，Hopkinson M N，Glorius F，et al. Mild metal-catalyzed C-H activation：examples and concepts［J］. Chemical Society Reviews，2016，45（10）：2900-2936.

[50] Xue X-S，Ji P，Zhou B，et al. The essential role of bond energetics in C-H activation/functionalization［J］. Chemical Reviews，2017，117（13）：8622-8648.

[51] Cernak T，Dykstra K D，Tyagarajan S，et al. The medicinal chemist's toolbox for late stage functionalization of drug-like molecules［J］. Chemical Society Reviews，2016，45（3）：546-576.

[52] Amatore C，Cammoun C，Jutand A. Electrochemical recycling of benzoquinone in the Pd/benzoquinone-catalyzed heck-type reactions from arenes［J］. Advanced Synthesis & Catalysis，2007，349（3）：292-296.

[53] Dudkina Y B，Mikhaylov D Y，Gryaznova T V，et al. M_{II}/M_{III}-catalyzed ortho-fluoroalkylation of 2-phenylpyridine［J］. European Journal of Organic Chemistry，2012，2012（11）：2114-2117.

[54] Ma C，Zhao C-Q，Li Y-Q，et al. Palladium-catalyzed C-H activation/C-C cross-coupling reactions via electrochemistry［J］. Chemical Communications，2017，53（90）：12189-12192.

[55] Qiu Y，Tian C，Massignan L，et al. Electrooxidative ruthenium-catalyzed C-H/O-H annulation by weak O-coordination［J］. Angewandte Chemie International Edition，2018，57（20）：5818-5822.

[56] Sawamura T，Kuribayashi S，Inagi S，et al. Use of task-specific ionic liquid for selective electrocatalytic fluorination［J］. Organic Letters，2010，12（3）：644-646.

[57] Kakiuchi F，Kochi T，Mutsutani H，et al. Palladium-catalyzed aromatic C-H halogenation with hydrogen halides by means of electrochemical oxidation［J］. Journal of the American Chemical Society，2009，131（32）：11310-11311.

[58] Aiso H，Kochi T，Mutsutani H，et al. Catalytic electrochemical C-H iodination and one-pot arylation by ON/OFF switching of electric current［J］. The Journal of Organic Chemistry，2012，77（17）：7718-7724.

[59] Dudkina Y B，Mikhaylov D Y，Gryaznova T V，et al. Electrochemical ortho functionalization of 2-phenylpyridine with perfluorocarboxylic acids catalyzed by palladium in higher oxidation states［J］. Organometallics，2013，32（17）：4785-4792.

[60] Liu W，Yang X，Gao Y，et al. Simple and efficient generation of aryl radicals from aryl triflates：synthesis of aryl boronates and aryl iodides at room temperature［J］. Journal of the American Chemical Society，2017，139（25）：8621-8627.

[61] Sauermann N，Meyer T H，Tian C，et al. Electrochemical cobalt-catalyzed C-H oxygenation at room temperature［J］. Journal of the American Chemical Society，2017，139（51）：18452-18455.

[62] Freund M S，Labinger J A，Lewis N S，et al. Electrocatalytic functionalization of alkanes using aqueous platinum salts［J］. Journal of Molecular Catalysis，1994，87（1）：L11-L15.

[63] Yang Q-L，Li Y-Q，Ma C，et al. Palladium-catalyzed C(sp^3)-H oxygenation via electrochemical oxidation［J］. Journal of the American Chemical Society，2017，139（8）：3293-3298.

[64] Basle O，Borduas N，Dubois P，et al. Aerobic and electrochemical oxidative cross-dehydrogenative-coupling（CDC）reaction in an imidazolium-based ionic liquid［J］. Chemistry–A European Journal，2010，16（27）：8162-8166.

[65] Khrizanforov M N，Strekalova S O，Kholin K V，et al. Novel approach to metal-induced oxidative phosphorylation of aromatic compounds［J］. Catalysis Today，2017，279：133-141.

[66] Dudkina Y B，Gryaznova T V，Kataeva O N，et al. Electrochemical C-H phosphorylation of 2-phenylpyridine in the presence of palladium salts［J］. Russian Chemical Bulletin，2014，63（12）：2641-2646.

[67] Fu N，Sauer G S，Saha A，et al. Metal-catalyzed electrochemical diazidation of alkenes［J］. Science，2017，357（6351）：575.

[68] Lachkar D, Denizot N, Bernadat G, et al. Unified biomimetic assembly of voacalgine A and bipleiophylline via divergent oxidative couplings[J]. Nature Chemistry, 2017, 9: 793-798.

[69] Schafer H. Oxidative addition of the azide ion to olefins. A simple route to diamines［J］. Angewandte Chemie International Edition in English，1970，9（2）：158-159.

[70] Morofuji T，Shimizu A，Yoshida J-I. Direct C-N coupling of imidazoles with aromatic and benzylic compounds via electrooxidative C-H functionalization［J］. Journal of the American Chemical Society，2014，136（12）：4496-4499.

[71] Waldvogel S R，Mohle S. Versatile electrochemical C-H amination via zincke intermediates［J］. Angewandte Chemie International Edition，2015，54（22）：6398-6399.

[72] Baizer M M. Electrolytic reductive coupling：I. Acrylonitrile［J］. Journal of The Electrochemical Society，1964，111（2）：215-222.

[73] 祁红林. 电合成己二腈的综述［J］. 化工管理，2016（19）：116-117.

[74] Carrero H，Gao J X，Rusling J F，et al. Direct and catalyzed electrochemical syntheses in microemulsions［J］. Electrochimica Acta，1999，45（3）：503-512.

[75] Chong X，Liu C，Huang Y，et al. Potential-tuned selective electrosynthesis of azoxy-，azo- and amino-aromatics over a CoP nanosheet cathode［J］. National Science Review，2020，7：285-295.

[76] Zhao Y，Liu C，Wang C，et al. Sulfur vacancy-promoted highly selective electrosynthesis of functionalized aminoarenes via transfer hydrogenation of nitroarenes with H_2O over a Co_3S_{4-x} nanosheet cathode［J］. CCS Chemistry，2021，3：507-515.

[77] Nishigu C I，Hirash I T，Seisaku K M. Manufacture of p-fluorotoluene oxides：JP0 297690［P］，1990-04-10.

[78] 桂伟志. 电解法合成癸二酸：CN 85102594B［P］，1988-09-07.

[79] Rode Sabine，Attour Anis，Lapicque Francois，et al. Thin-gap single-pass high-conversion reactor for organic electrosynthesis［J］. Journal of The Electrochemical Society，2008，155（12）：E193.

第9章 电解水

众所周知，引领未来能源建设新潮流的必是洁净能源，而氢能则是可开发洁净能源的最佳选择之一。氢气可通过多种途径制备，其中电解水制氢技术立足于未来碳中性甚至负碳，技术相对成熟[1]。电解水制氢方法包括碱性电解水制氢、酸性电解水制氢、氯碱电解制氢、高温电解制氢和光伏电解水制氢，特别是氯碱工业技术成熟，阴极生产的氢气纯度高，是人类进入新能源时代最佳氢气制备方法[2]。电解水设备易于模块化，非常适合氢气的集中式生产，同时 PEM 制氢尤其适合于光伏、风能等可再生能源的联合使用[3]。电解水制氢总反应是水分子在电流通过电极时发生的分解反应，即在阴极析出氢气，阳极析出氧气，其中析氢和析氧电催化剂对电解水装置的效能起着决定性作用。

9.1 析氢电催化剂

9.1.1 析氢电催化剂概述

随着形稳阳极和离子膜电解槽等技术的普遍应用，氯碱工业能耗明显减少，阴极析氢过电位过高的问题更加凸显出来[4，5]。电解水制氢也同样面临着阴极过电位高、电能消耗大的问题。因此，要想进一步降低氯碱工业和电解水领域中的能源消耗量，研发析氢过电位低、稳定性好的阴极材料将成为节省电能消耗、提高效益的主要宗旨。传统隔膜法氯碱电解槽采用低碳钢阴极或镀镍阴极，视电解槽阴极上电流密度和测定技术而定，阴极上的析氢过电位平均约为 300mV。采用电催化活性阴极后，阴极过电位可降低 200 ～ 300mV，节能效果十分明显。目前，早期的非活性阴极电解槽已大多改为活性阴极，而我国的离子膜电解槽已基本全部采用活性阴极技术，因此研究这类反应的电催化过程具有十分重要的意义[6-8]。

9.1.2 析氢反应机理

对于析氢反应机理，经过长期的研究，学者们通过总结各种电极材料上发生析氢反应的实验数据和研究结果，提出了相应的反应理论，其析氢过程主要包括以下三个步骤[9-11]：

（1）电化学反应步骤（Volmer 反应）：

酸性介质 $$H_3O^+ + e^- + M \longrightarrow M\text{-}H_{ads} + H_2O \tag{9-1}$$

中性或碱性介质 $$H_2O + e^- + M \longrightarrow M\text{-}H_{ads} + OH^- \tag{9-2}$$

式中，M 为阴极电极，$M-H_{ads}$ 表示阴极电极表面上的吸附氢原子[12]。

（2）转化步骤：在电流的作用下，阴极活性表面生成的 $M-H_{ads}$ 因电极材料的不同而以两种不同的方式生成 H_2。

① 化学脱附（Heyrovsky 反应）：在阴极活性层表面，由另一个 H_3O^+ 在 $M-H_{ads}$ 位置上放电，从而直接生成 H_2，并从电极表面脱附下来[13]：

酸性介质　$$M-H_{ads}+H_3O^++e^- \longrightarrow M+H_2+H_2O \tag{9-3}$$

中性或碱性介质　$$M-H_{ads}+H_2O+e^- \longrightarrow M+H_2+OH^- \tag{9-4}$$

② 复合脱附（Tafel 反应）：在阴极活性层表面，两个 $M-H_{ads}$ 相复合而生成 H_2，然后 H_2 从电极表面脱附下来[14]：

$$M-H_{ads}+M-H_{ads} \longrightarrow 2M+H_2 \tag{9-5}$$

（3）新相生成步骤：在阴极活性层表面生成的 H_2 在电极附近聚集并逐步变大，继而变成气泡脱离电极表面，从溶液中逸出：

$$H_2 \longrightarrow H_2\uparrow（气泡） \tag{9-6}$$

任何一种反应历程都必须包括电化学步骤（Volmer 反应）和至少一种脱附步骤（Heyrovsky 反应或 Tafel 反应）。所以，析氢电极反应存在两种最基本的反应历程：Volmer-Heyrovsky 机理和 Volmer-Tafel 机理[15, 16]。然而，上述反应历程中，究竟哪一步是速控步骤，尚有争议。如图 9-1 所示，迟缓放电理论认为电化学反应步骤（Volmer 反应）最慢；电化学脱附理论则认为电化学脱附步骤为速控步骤；复合理论认为复合脱附步骤最慢。

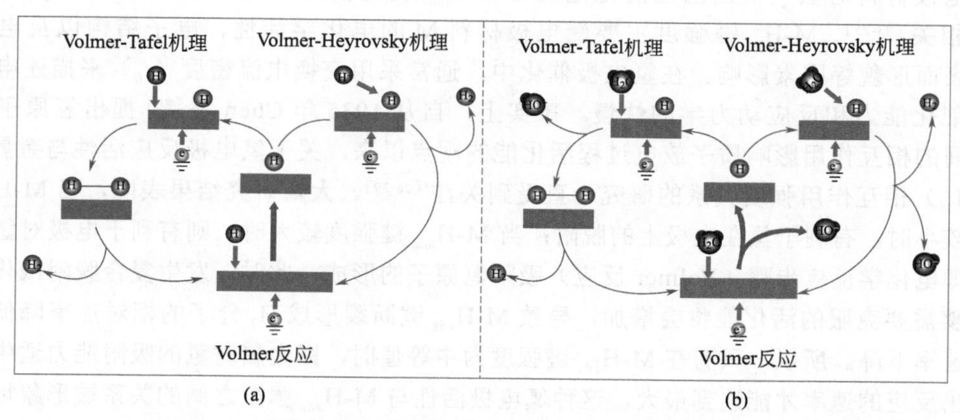

图9-1　在酸性（a）和碱性（b）溶液中电极表面析氢机理[17]

那么，究竟是什么原因导致电极材料具有不同的反应机理呢？早在 1905 年，Tafel 便发现，在大多数金属电极表面，析氢反应的过电势与反应的电流密度有关。他通过测量极化曲线，分析归纳大量关于析氢反应动力学的数据，总结出了电化学中第一个定量的动力学方程——Tafel 方程：

$$\eta = a + b\lg i \tag{9-7}$$

这一经验公式表示了氢气析出的过电势（η）与电流密度（i）的定量关系[18]。Tafel 斜率作为催化剂的一项重要指标，可根据其数值的不同推断发生在催化剂表面的机理。根据 Butler-Volmer 反应动力学方程估算，不同类型的决速步，分别对应表现出不同的理论 Tafel

斜率。其中，Volmer 反应、Heyrovsky 反应和 Tafel 反应的速率决定步骤对应的 Tafel 斜率分别为 118mV/dec、40mV/dec、30mV/dec。也就是说，如果在电位范围内测量到的 Tafel 斜率约为 30mV/dec，则催化剂上发生的 HER 反应可能遵循 Volmer-Tafel 机制且以 Tafel 反应为速率决定步骤[19, 20]。常数 b 一般与金属材料的性质关系不大，在大多数洁净的金属表面上，斜率 b 具有较接近的数值，室温下接近于 0.116V，故表面电场对析氢反应的活化效应大致相同，电流密度每增加 10 倍，过电势增加 0.116V。有时也会观察到 b 值较高，引起这种现象的可能原因之一是所涉及的电势范围内电极表面状态发生了变化，尤其是氧化了的金属表面，观察到的 b 值较高。而对于常数 a，它是电流密度为 $1A/cm^2$ 时过电势的数值，它与电极材料、电极表面状态、溶液组成及实验温度等因素有关[21, 22]。η 大小基本取决于 a，a 值越小，析氢过电势越小，可逆性越好，电极材料对氢的催化活性越高。不同材料制成的电极，a 值不同，电极表面对氢析出过程也具有不同的“催化能力”。按照 a 值的大小，可将常用的电极材料分为以下三类。①低过电位金属：$a \approx 0.1 \sim 0.3V$，其中最重要的是 Pt、Pd 等铂族贵金属；②中过电位金属：$a \approx 0.5 \sim 0.7V$，主要金属是 Fe、Co、Ni、Cu、Mn、Mo、W、Au 等；③高过电位金属：$a \approx 1.0 \sim 1.5V$，主要金属是 Al、Be、Cd、Pb、Hg、Tl、Zn、Ga、Sn、Sb 等。由此可见，析氢反应以哪种机理进行，其决定性因素在电极材料本身。

结合上述析氢过程的三个步骤，可以发现析氢反应的一个基本特征是以电极表面吸附活性氢原子为反应中间体，即先形成 $M\text{-}H_{ads}$ 键；然后再发生 $M\text{-}H_{ads}$ 键断裂，形成 H_2。因此，电极材料对氢气析出的电催化性能与 $M\text{-}H_{ads}$ 键的强度（金属对氢原子的吸附强弱）密切相关[23-25]。$M\text{-}H_{ad}$ 键强度主要受电极材料 M 的电化学活性、电子结构以及电极形状、表面形貌等因素影响。在氢电极催化中，通常采用交换电流密度（i_0）来描述电催化剂的催化能力和反应动力学的快慢。事实上，自从 1935 年 Chen 等[88]提出氢原子与金属之间的相互作用影响质子放电过程活化能的观点以来，关于氢电极反应活性与金属 - 氢（$M\text{-}H_{ad}$）相互作用强度关系的研究一直受到关注[26-29]。大量研究结果表明，当 $M\text{-}H_{ads}$ 键强度较小时，有利于氢在电极上的脱附；当 $M\text{-}H_{ads}$ 键强度较大时，则有利于电极对氢的吸附，即电化学反应步骤（Volmer 反应）吸附氢原子的形成，此时，发生复合脱附或化学脱附步骤需要克服的活化能将会增加，导致 $M\text{-}H_{ads}$ 键断裂形成 H_2 分子的相对速率降低，总反应速率下降。所以，只有在 $M\text{-}H_{ads}$ 键强度为中等值时，即金属对氢的吸附能力适中，氢气析出反应的速率才能达到最大，这种氢电极活性与 $M\text{-}H_{ads}$ 强度之间的关系被形象地称为“火山型效应”。

图 9-2 是研究者描绘的析氢反应交换电流密度与 $M\text{-}H_{ads}$ 键强度之间的火山关系图（volcano plot）[30]。从图中可以清晰地观察到，不同金属表面的 HER 交换电流密度差异非常大。其中，Pt 处于火山顶点附近，对活性 H 具有适中的键能，因而有利于活性 H 的吸附 / 脱附，催化活性最好[31-33]。但是我们可以看到，Pt 并没有达到火山顶点，HER 催化活性还有提升的空间。其他金属则分布在火山顶点两侧，它们对活性 H 的结合能不是太强就是太弱，HER 交换电流密度较小，催化活性无法与 Pt 相媲美。事实上，这种反应活性与反应中间体在表面吸附强度的火山关系是催化反应中普遍存在的一种规律，即当中间态粒子具有适中的能量（适中的吸附键强度和覆盖度）时，往往具有最高的反应速率，这也是设计复合催化材料的依据。

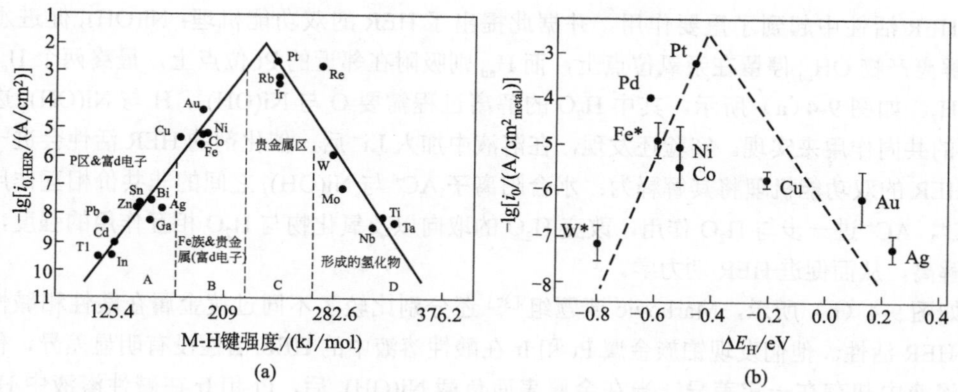

图9-2　HER催化活性与M-H键强（a）以及H结合能（b）之间的火山关系[30, 34]

9.1.3　不同介质中的析氢反应

虽然析氢反应过程总存在以上三个反应步骤，但是在不同反应介质中上述基元步骤发生的难易程度却截然不同，导致析氢反应动力学具有显著的 pH 效应。具体地，如图 9-3（a）所示，酸性介质中的析氢电流密度远远大于碱性介质中的电流密度。基于析氢基元反应，可以大致推测出酸碱性催化性能差异的原因。酸性介质中，大量存在的质子 H^+ 促使 Volmer 反应非常容易发生，析氢反应的速率主要取决于催化剂表面对 H 的吸附强度。此时催化剂仅需提供吸附 H_{ad} 的活性位并可通过调节 H_{ad} 吸附与 H_2 脱附的平衡提升活性。中性或碱性介质中没有游离质子，必须借助于水的解离产生吸附质子 H_{ad}，才能推动后续 H_2 脱附的进行。此时催化剂不仅需要提供平衡 H 吸附 /H_2 脱附的活性位点，还必须利于水活化解离。与此同时，还须兼顾水活化与 H 吸附 / 脱附速率的匹配，从而极大地增大了析氢反应发生难度［图 9-3（b）］。因此，中性或碱性介质中水的活化解离应该是导致析氢反应动力学缓慢的关键因素。

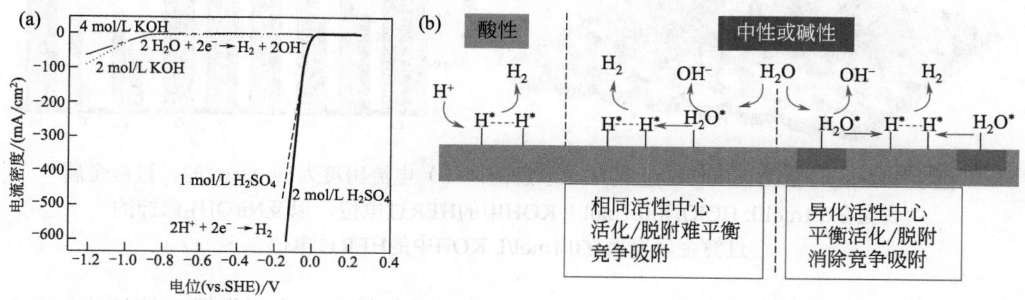

图9-3　不同介质中HER活性差异（a）以及酸碱性介质中可能的HER步骤（b）

碱性介质中水活化解离缓慢的主要原因是什么？要回答这个问题首先要理清水在催化剂表面是如何发生活化解离的，是通过催化剂化学吸附水分子活化其 O-H 键，是通过界面静电作用直接活化界面水分子产生 H_{ad}，抑或二者兼有？Markovic 组[35]和 Li 等[36]发现通过表面沉积的方法在 Pt 表面［包括 Pt(111)、多晶 Pt 和 Pt/C 纳米颗粒］沉积 Ru 和 Ni 后可以提高 Pt 上的 HER 速率；并且在 Pt(111) 表面添加 $Ni(OH)_2$ 后，虽然表面可用的 Pt 位点减少了，但是相比于纯 Pt(111)，复合电极的 HER 活性却提高了几倍，证实易氧化的金属和 $Ni(OH)_2$ 在促进 HER 活性中起到了重要作用。并据此提出了 HER 的双功能机理：$Ni(OH)_2$ 促进水的解离，解离产物 OH_{ad} 停留在亲氧位点上，而 H_{ad} 则吸附在邻近的 Pt 位点上，最终两个 H_{ad} 复合生成 H_2，如图 9-4（a）所示。其中 H_2O 的解离过程需要 O 与 $Ni(OH)_2$、H 与 $Ni(OH)_2$ 边界处的 Pt 的共同作用来实现。实验还发现，在溶液中加入 Li^+ 后，催化剂的 HER 活性会进一步提高。HER 的双功能机理将其解释为：水合阳离子 AC^+ 与 $Ni(OH)_2$ 之间的非共价相互作用可稳定 AC^+，AC^+ 进一步与 H_2O 作用，改变 H_2O 的取向以及氧化物与 H_2O 相互作用的强度，促进水的解离，从而促进 HER 动力学。

如图 9-4（b）所示，Markovic 课题组[37]还分别比较了不同过渡金属在酸性和碱性介质中的 HER 活性。他们发现铂族金属 Pt 和 Ir 在酸性溶液中的 HER 活性没有明显差异，但是在碱性溶液中却存在一定差异。当在金属表面负载 $Ni(OH)_2$ 后，Pt 和 Ir 在碱性溶液中 HER 活性的差异消失，从而验证了 H_2O 的解离在 HER 反应中的重要性。此外，3d 过渡金属 V、Ti、Ni 材料的表面易被氧化物覆盖，表面性质难以定义，但是表面引入 $Ni(OH)_2$ 后，HER 活性得到明显提升，进一步证明了含氧物种对 H_2O 解离的促进作用。为了进一步证明，Markovic 团队[35]将 3d 过渡金属的氢氧化物负载在 Pt(111) 表面上，构成 $M^{2+\delta}(OH)_{2-\delta}/Pt(111)$ 催化剂，通过固定 Pt-H_{ad} 吸附能相关的描述符，将 HER 作为“伪”单变量函数来处理，即通过控制 OH_{ad}-$M^{2+\delta}$ 键强来改变催化剂的 HER 活性。电化学测试发现，各过渡金属氧化物上 OH_{ad}-$M^{2+\delta}$ 键强顺序为：Ni<Co<Fe<Mn，而 HER 的活性顺序为：Mn<Fe<Co<Ni。由此认为，OH_{ad}-$M^{2+\delta}$ 键强度与材料的 HER 活性呈负相关关系，即：在碱性溶液中，HER 动力学是由水的吸附解离步骤和水解离产物与催化剂表面相互作用之间的微妙平衡决定的。

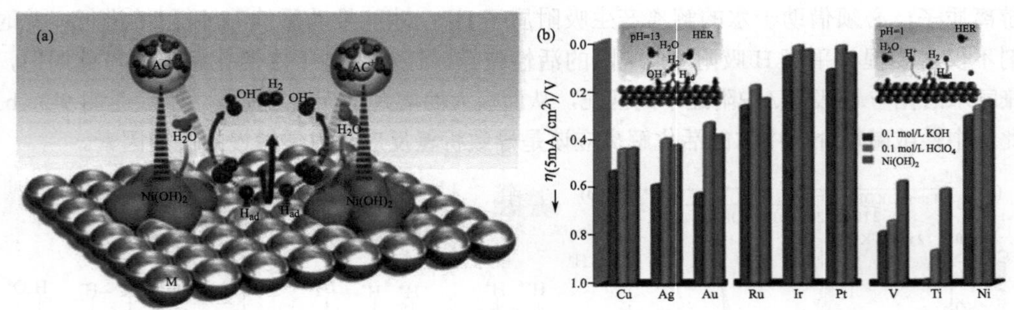

图9-4 （a）$Ni(OH)_2/Pt(111)$上的HER示意图；（b）电流密度为$5mA/cm^2$时，过渡金属表面在0.1mol/L $HClO_4$和0.1mol/L KOH中的HER过电位，以及$Ni(OH)_2$修饰的过渡金属表面在0.1mol/L KOH中的HER过电位

尽管如此，Juarez[38]和 Durst[39]等对 HER 的双功能机理提出了质疑。他们认为在 Pt 表面，H_2O 是一种非常快的 H_{ad} 供体，水的解离不应是决定 HER 动力学的关键步骤，并且在酸性和碱性溶液中，由于两种不同的 H_{ad} 的来源会导致 HOR/HER 速率随着 pH 的变化发生急剧的改变，而不是实验上所观察到的逐渐变化。Koper 组[40]发现催化剂的零电荷电势（potential of zero free charge，PZFC）会随着 pH 的变化而发生移动，导致在碱性介质中 HER 电势远离 PZFC。这意味着在碱性介质中，HER 在远离 PZFC 电势处发生，该电势下界面水与界面电场作用增强，界面水网络结构紧密，H^+/OH^- 等难以穿过界面双电层区域，使得界面水的重组能更高，氢的吸附速率减小，最终导致 Volmer 反应具有更高的能垒。而氢氧化物［$Ni(OH)_2$］则

因会降低界面水重组能垒，从而提升 HER 活性。酸性介质中，HER 在靠近零电荷电势处发生，界面水分子有很好的自由度，容易按水偶极子的正端 H 朝向电极表面的方向进行重组并进行后续反应步骤。因此，在碱性 HER 过程中，水的吸附解离不是速率控制步骤，水在界面处的结构和重组是导致其反应动力学更慢的主要原因。

对于吸附 H_{ad} 是产生于水吸附解离还是界面水重组问题，Sun 课题组[41]通过原位拉曼光谱测试对不同 pH 值下的 Pt-Ni 体系进行了实验证明，如图 9-5 所示。他们发现 0.1mol/L NaOH 碱性条件下原位拉曼光谱测试没有检测到 500 ～ 1000cm^{-1} 处的 upd-H 型 Pt-H_{hollow} 振动，如图 9-5（d）～（f）所示，该振动峰直接指示着水吸附解离产生的 H_{ad}。由此排除了催化剂先吸附水再发生活化解离这一过程，从而反向证明 HER 的 pH 效应可能源于反应物由 H^+ 转变为 H_2O 导致的界面水结构变化。如图 9-5（a）～（c）所示，碱性介质中，随着反应电势变负，界面水分子的主要构成从四面体配位水演变为四面体配位水、三面体配位水和含悬挂 O-H 键水并存。上述界面水解离活化能增加顺序为：含悬挂 O-H 键水 < 三面体配位水 < 四面体配位水。进一步证实界面水结构的变化是导致 HER 反应性能变化的原因。比较 Pt、$PtNi_{1.5}$ 和 acid-$PtNi_{1.5}$ 催化剂界面上水结构分布发现，仅 $PtNi_{1.5}$ 和 acid-$PtNi_{1.5}$ 催化剂界面产生了具有悬挂 O-H 键的水，且表面富 Ni 的表面更利于此类水结构的产生。由此说明富 Ni 表面形成 OH 可利于 O-H…H-Pt 氢键的形成，从而利于 Heyrovsky 步 H_2 的形成，优化界面水分子的构型，是增强 HER 动力学的另一策略。

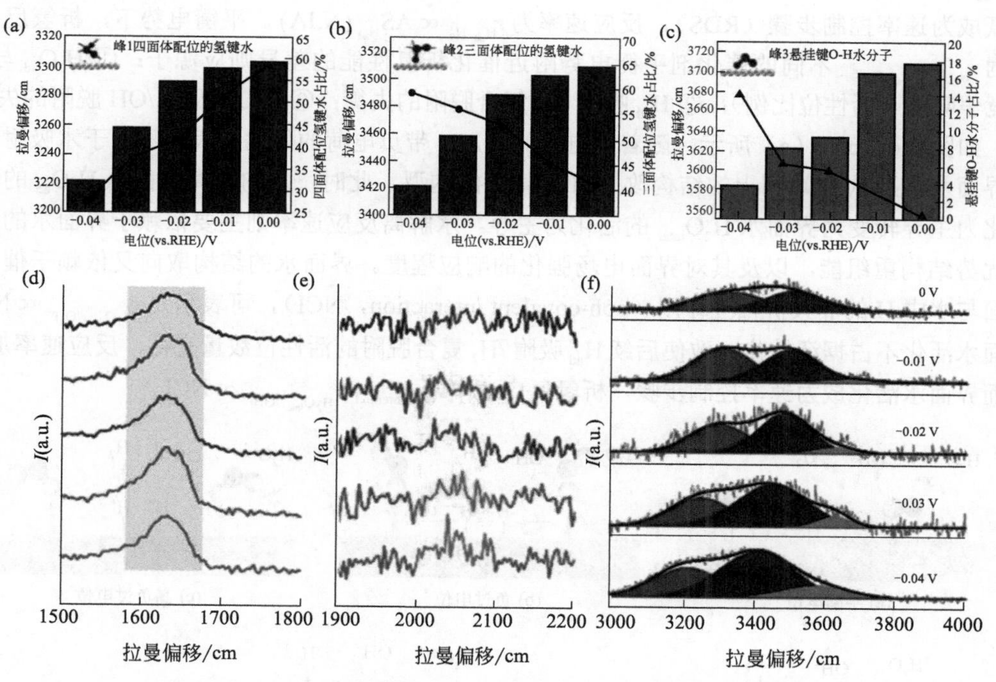

图9-5　acid-$PtNi_{1.5}$表面（a）～（c）不同电位下界面水构型分布；（d）～（f）0.1mol/L NaOH中原位电化学拉曼光谱

尽管目前未发现水吸附解离的直接证据，但倘若认定水的活化仅是催化剂与界面水间的静电相互作用引起的话，虽然可以解释为什么碱性介质中 HER 动力学缓慢的原因，但无法解释不同电位下反应机理的改变。对 Pt 催化剂而言，低过电位下 HER 的 Tafel 斜率为

30 ～ 40mV/dec，表示 H_{ad} 的复合脱附（Tafel 步）是速控步；高过电位下 Tafel 斜率增大，此时水的活化解离成为速率控制步骤。按照电极电势对界面水结构的影响分析，平衡电势下，大部分水更倾向于 H 端朝上的结构，并不利于水的活化；随着电位的增加，H 端朝下以及含悬挂 O-H 键的水也随之增多，此时应更利于水的活化。据此就产生一个矛盾，为什么平衡电势下，不利于活化的界面水结构使涉及电子转移的水活化解离步成为快速步骤，反而不涉及电子转移的 H_{ad} 复合脱附是速率控制步骤？并且随着过电位的增加，电子转移速率加快，水的活化解离应该随之加快，却在高过电位下成为制约析氢的速率控制步骤？因此，碱性介质中水的活化解离不应简单地归因于某一种机理，或许是多种机理的联合作用，抑或上述机理会随电极电势变化而变化。

根据目前的实验现象可以合理推测，水活化解离过程的主导机理应随电极电势的增加而变化。以铂催化剂为例，碱性介质中，我们推测了其在平衡电势和过电位下可能的析氢步骤（图 9-6），催化反应的反应速率正比于活性位（active sites，AS）的数量（number，N）和本征活性（intrinsic activity， IA ），此时其反应速率可以表示为 $r \propto \text{AS(N,IA)}$。平衡电势附近，反应主要受热力学控制。该条件下铂表面会自发吸附 OH^- 和 H_2O，水的解离不应忽略化学吸附 H_2O_{ad} 的活化，且反应初期催化剂表面主要用于水的吸附活化，其 IA 则取决于水解离能垒和产物 OH 脱附能垒。吸附水活化解离反应速率可表示为：$r_{H_2O_{ad}/OH} \propto AS_{H_2O_{ad}}(N,IA)$。此时，$H_2O_{ad}$ 活性位充足，而可用于 H_{ad} 吸附 /H_2 复合脱附的活性位数量较少，导致该步的反应速率较低成为速率控制步骤（RDS），反应速率为 $r_{H_{ad}/H_2} \propto AS_{H_{ad}}(N,IA)$。平衡电势下，析氢反应速率为 $r_{eq.} = r_{H_{ad}/H_2}$。不同的催化剂平衡电势附近催化析氢性能的差异则应源于：① H_2O_{ad} 与 H_{ad} 的竞争吸附（活性位比例）；② H_{ad} 吸附 /H_2 复合脱附的失衡；③ H_2O_{ad} 吸附 /OH 脱附的失衡。

如图 9-6（b）、（c）所示，随着过电位的增加，带负电荷的催化剂表面不利于水吸附，同时界面水构型从 H 端朝上的结构改为 H 端朝下的构型。此时，水的解离可能从 H_2O_{ad} 的吸附活化为主导转变为界面水 H_2O_{inter} 的活化为主导。水解离反应速率则主要依赖于界面水的取向和优势结构重组能，以及其对界面电场强化的响应程度。界面水的结构取向又依赖于催化剂表面与水中 H 的非共价相互作用（non-covalent interaction，NCI），可表示为 $r_{H_2O_{inter}/OH^-} \propto \text{NCI}$。界面水活化不占据活性位，致使后续 H_{ad} 吸附 /H_2 复合脱附的活性位数量充裕，反应速率加快，从而界面水活化成为速率控制步骤，析氢反应速率 $r_{overpoten.} = r_{H_2O_{inter}/OH^-} \propto \text{NCI}$。

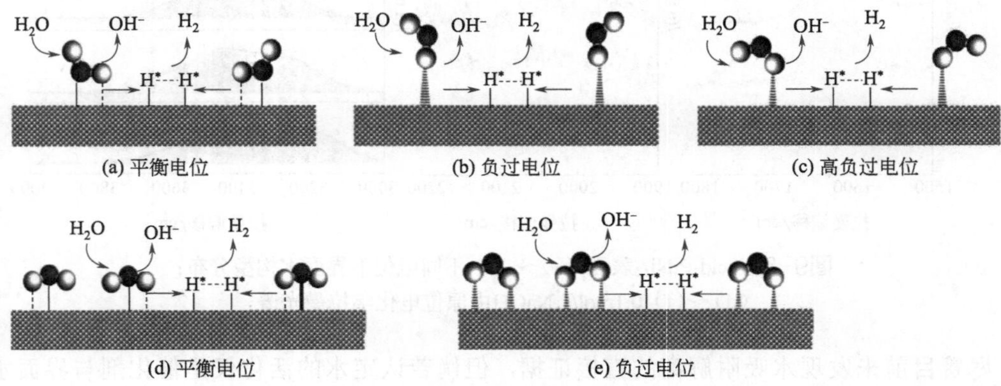

图9-6 碱性介质中不同过电位下可能的HER机理

（a）～（c）单活性位催化剂；（d）、（e）复合催化剂

基于上述析氢机理的分析，可以设想要提升碱性介质中析氢催化活性，可从三个方面入手。一是构建 H_2O_{ad} 与 H_{ad} 的选择性吸附位，尽量消除 H_2O_{ad} 与 H_{ad} 的竞争吸附，并通过调节其活性位比例以及本征活性使其速率尽可能匹配。二是平衡 H_{ad} 吸附 /H_2 复合脱附速率，利用催化剂中各组分间相互作用，构建 ΔG_H 接近 0 的利于 H_{ad} 吸附 /H_2 复合脱附选择性反应活性位。三是重新定位界面水的取向，利用催化剂与界面水间的强相互作用以及增加局域界面电场强度，使界面水按更利于 O-H 键活化的构型排列并发生解离。在我们前期的研究中发现氧化物或氢氧化物正好具备上述功能。如图 9-6（d）、（e）所示，对氧化物 / 金属复合催化剂，氧化物利于水活化解离，金属则是 H 吸附 / 脱附的有效活性位；氧化物 / 金属界面因电荷转移产生了具有更优 H 吸附能力，且只供给 H_{ad} 吸附 /H_2 复合脱附的反应通道；更重要的是，氧化物 / 金属间的介电常数差诱导产生了额外的局域界面电场强度，同时其与水间的非共价键强相互作用可有效地富集并诱导界面水的 H 指向催化剂表面，减小了后续界面水活化解离的重组能，使水解离更易发生。

9.1.4　析氢电催化剂研究进展

在电解制氢的过程中，电极材料一直是研究工作的重点，这主要是因为它在反应中体现出来的催化活性和稳定性将会对整个反应进程起着非常重要的作用。影响阴极析氢电极材料催化活性的因素主要有两方面：能量因素和几何因素，如图 9-7 所示。能量因素为电极结晶结构或催化成分。当电极具有特定的结晶结构或合理的催化成分时，电极表面与反应中间体构成的化学键具有适中的吸附键强度，因此有利于在析氢反应电化学过程中提高反应中间体的吸附 / 脱附进程，进而有效降低析氢电化学反应过程中的极化阻力，即从催化位点本征活性角度增强析氢电催化反应。几何因素为电极材料的比表面积和表面结构形态。当电极材料的真实表面积远大于表观面积时，有利于增加电解液与电极材料的接触面积，这使得在较高电流密度的电解过程中，能够有效降低电极表面的真实电流密度，进而极大地降低电解反应过程中电极的析氢过电位。近些年来，围绕上述两种因素，析氢电极种类以及结构得到了显著发展。下面将主要针对上述两种因素讨论析氢电极材料的研究进展。

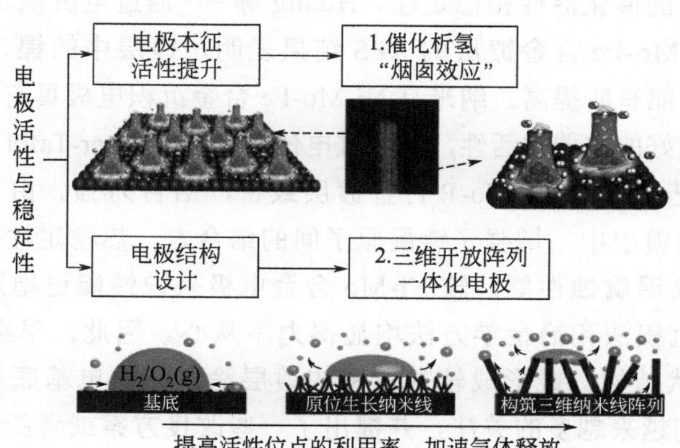

图9-7　HER催化的设计准则 [30, 34]

9.1.4.1 合金材料

近年来，关于电极材料的研究经历了由单一金属到多元合金转变的过程。过渡金属 Ni 由于原子外层具有未成对的 3d 电子，在析氢电催化反应过程中容易与氢原子 1s 轨道配对形成 Ni-H 吸附键[42]，因而能够对析氢反应起到很好的电催化作用，即使在高电流密度电解条件下，其析氢过电位依然较低[43]。作为高活性的析氢电极，不仅要求在析氢电催化反应过程中容易形成 Ni-H 吸附键，而且还要求具有很好的解吸附能力，即脱附能力[44]。贵金属催化剂之所以具有较高析氢催化活性，主要原因在于它们与活性 H 之间具有适当的键能，因而有利于活性 H 的吸附 / 脱附，提高了析氢电化学反应速率。其他分布在火山两侧的金属，总是存在吸附活性 H 太强或太弱的问题，不利于析氢反应。在这方面，已有研究学者根据 Brewer-Engel 价键理论预测，当 d 电子数大于 d 轨道数的 Mo 系金属与 d 电子数小于 d 轨道数的 Ni 系金属形成合金时，有助于改进电极材料与活性 H 的键和能力，对析氢反应产生协同效应，提高析氢催化反应活性[45, 46]。

Raj[47] 系统地比较了几种二元合金的析氢催化活性，析氢反应活性依次为：Ni-Mo>Ni-Zn>Ni-Co>Ni-W>Ni-Fe>Ni-Cr。其中 Ni-Mo 合金是公认的最具发展前景的析氢催化材料之一。Ni-Mo 合金电极具有较高 HER 催化活性的原因主要有两个：一是可以形成较大粗糙度的电极表面，即与 Raney Ni 的形成过程类似[48, 49]。在极化过程中，Ni-Mo 合金电极中的 Mo 会发生溶出作用，产生孔洞状结构，能够有效降低析氢过电位。但是此类电极机械强度差，抗逆电流氧化能力较差，在长时间的电解过程中多孔结构会发生坍塌而导致活性位点减少，过电位升高；二是 Ni、Mo 的协同效应，即由于电负性的大小差异，电子会由 Ni（1.91）向 Mo（2.61）转移，导致 Mo 的周围出现电子富集现象[50]。Ni 元素的电子结构为 $3d^84s^2$，含有未成对的 d 电子，而 Mo 元素的电子结构为 $4d^5s^1$，含有半充满的 d 轨道，二者合金化后可以形成较强的 Ni-Mo 化学键，该化学键的电子结合状态有利于活性氢的吸附 / 脱附，因而具有较高的催化活性。但是，Ni-Mo 合金镀层内应力较大，镀层与基体附着力欠佳，随着反应持续进行，镀层中的 Mo 元素也会逐渐溶解，析氢反应迅速恶化，导致其析氢催化活性退化快，严重影响电极的寿命。为此，研究学者在二元合金的基础上，通过引入第三种元素进一步改进镍基合金外层电子结构状态以及电极表面的粗糙度，从而提高电极的催化活性和稳定性。Huang 等[51] 通过电沉积获得了纳米晶 Ni-Mo-Fe 合金沉积物，Ni-Mo-Fe 合金镀层的 XPS 结果表明，镀层中的镍、钼和铁以金属态存在，合金元素的结合能有所提高。纳米晶 Ni-Mo-Fe 合金沉积电极具有比多晶镍电极和纳米晶 Ni-Mo 合金电极更好的电催化活性，在低过电位下符合 Volmer-Tafel 机理。Toghraei 等[52] 采用优化电沉积工艺制备的 Ni-Mo-P 合金镀层致密，结合力强。由于金属 Mo 具有较高的熔点，将其添加到镀层中，增强了镀层原子间的结合力，热稳定性也随之提高，而且具备较高的硬度和抗高温腐蚀性能，较 Ni-Mo 合金电极来说性能更稳定。在催化剂形貌控制方面，传统的电沉积法和冶金学方法均显得力不从心。因此，早期的 Ni-Mo 合金催化剂多呈不规则粉末状结构，或形成较为致密的镀层涂覆于导电基底表面。近年来，这一问题受到了研究者们越来越多的关注，并提出了一些改良方案或者新的方法，取得了较好的成效。比如，Zhang 等[53] 以生长在泡沫镍上的 $NiMoO_4$ 纳米线为前驱体，通过精确控制 $NiMoO_4$ 在热还原过程中 Ni 的偏析过程，制备了具有纳米线阵列状微观形貌的 $MoNi_4$/

MoO_2@Ni杂化催化剂。由于该催化剂具有独特的电子结构以及开放式纳米线阵列结构，在碱性条件下表现出优异的析氢催化活性，可媲美商业Pt/C催化剂。Zhang等[46]通过溶剂热还原的方法，在较为温和的反应条件下（160℃），制备了超薄$MoNi_4$合金纳米片阵列电极。Nairan及其合作者提出了一种磁场辅助的化学沉积方法，来调控沉积产物的微观形貌[54]。在制备过程中，溶液中结晶的纳米Ni-Mo合金颗粒在外加磁场的作用下，沿磁场方向定向组装，形成最终的纳米线阵列结构。

9.1.4.2 硫属化合物

开发功能性生物激发催化剂是实现大规模可持续制氢的重要进展。尽管自然界中存在能够介导HER的固氮酶和氢化酶，但酶基装置和设备不可能对大规模的产氢做出重大贡献[55-60]。这些生物催化剂能够在自然环境中发挥出色的催化选择性，但是在强酸性和碱性的电解质中，它们将迅速失去功能。然而，受到固氮酶和氢化酶结构和组成的启发，寻求与之相似的结构材料，例如硫属化合物，是非贵金属HER电催化剂研究领域中的一项重大成果。目前广泛研究的硫属化合物主要分为两类，一类是以MoS_2为首的、具有二维层状结构的MS_2材料（M=Mo、W）；另一类是近期发展较为迅速的铁、钴、镍的硫属化合物材料。下面将对以上两类分别进行介绍。

MoS_2在电化学析氢反应中的研究可以追溯到20世纪70年代[61]，当时发现体相的MoS_2晶体对析氢反应没有催化活性。结果在很长一段时间，MoS_2被看作是一个没有前景的析氢电催化剂。在2005年，这种认知被Hinnemann等[62]颠覆了，他们发现MoS_2中的（1010）Mo-edge结构与固氮酶的活性位点非常相似。此外，他们还发现，原子氢键合到MoS_2边缘的计算自由能与Pt相近（图9-8）。这意味着，在理论上存在着MoS_2成为理想HER电催化剂的可能性。在这项研究中，他们还制备了负载在石墨上的MoS_2纳米颗粒，并验证了纳米MoS_2对HER的催化活性，这是第一次将MoS_2边缘结构视为真实的活性位点。Jaramillo等[63]以硫化物Mo-edge为主制备了不同尺寸的MoS_2纳米粒子，电催化活性测试表明，MoS_2纳米粒子的催化性能与边缘态长度有关，而与面积覆盖无关，由此建立了MoS_2的边缘与催化活性位点之间的关系。

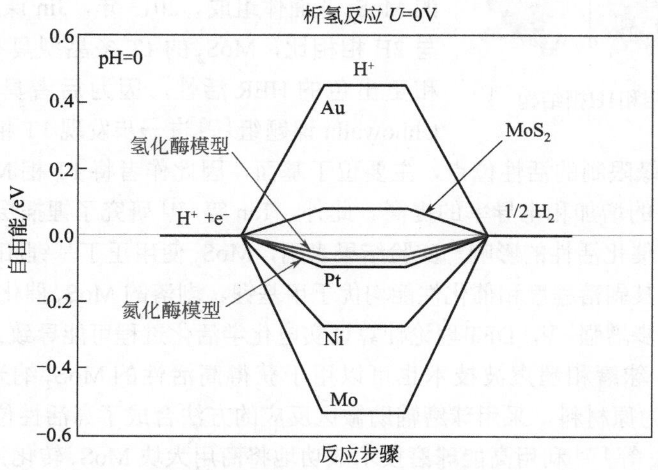

图9-8 相对于标准氢电极在pH=0时析氢的计算自由能图[62]

与非均相催化剂相比，具有精确分子结构的均相催化剂通常具有明确的活性位点定义和定量。因此，采用合适的分子催化剂来模拟多相催化剂可能的活性位点是一种可取的方法。据此，模拟了 MoS_2 中三角形活性边缘位点结构的三种分子催化剂，包括 $[Mo_3S_4]^{4+}$、$[(PY_5Me_2)MoS_2]^{2+}$ 和 $[Mo_3S_{13}]^{2-}$。从另一个角度来看，这些离散分子单元的预期电催化活性再次验证了纳米级 MoS_2 的活性位点[64-66]。

如上所述，基于对活性位点的研究以及 MoS_2 的半导体性质，研究人员对纳米级 MoS_2 催化剂提出提高其催化活性的策略。这些策略大致可分为“活性位点工程”和“电子传导工程”两类。活性位点工程主要包括三个方面：①增加活性位点的暴露数量；②增强活性位点的反应性；③改善与活性位点的电接触。电子导电性工程可以通过两种方法来实现：①将合适的杂原子掺杂到 MoS_2 的晶格中；②将 MoS_2 与导电物质（例如碳纳米管和石墨烯）偶联。在某些情况下，这两种策略被有意无意地整合到一个单一的物质系统中。在这一节中，我们将根据不同但具体的策略来归纳这些成果。

（1）构建富活性位点的纳米片　与块状材料相比，纳米结构材料通常具有更大的比表面积和更高的表面反应位密度。因此，一种提高 MoS_2 的 HER 催化活性的简便方法是将它们制备成具有精密纳米结构的催化剂。为了达到这一目的，不同的研究小组提出了不同的制备策略[67-76]。由于 MoS_2 具有独特的层状晶体结构，因此显示出形成片状纳米晶体的强烈趋势。这也是为什么纳米片形态主导整个纳米结构的原因。

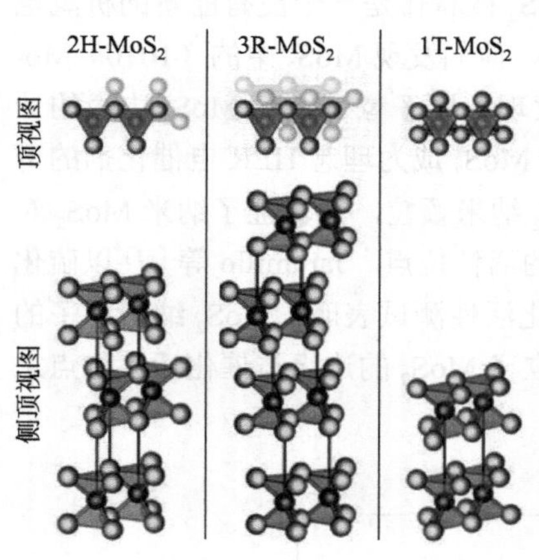

图9-9　MoS_2的2H相和1H相结构[71]

通过锂插层法对块状 MoS_2 进行化学剥离已广泛用于获得单层或少层 MoS_2 纳米材料。这种方法通常包括在 MoS_2 层之间插入锂化合物（例如正丁基锂）的过程，然后通过与水反应使嵌入的化合物剧烈剥落。有趣的是，化学剥离的 MoS_2 纳米片表现出意想不到的由热力学有利的 2H 相部分向亚稳 1T 多晶型的相变[71]（图 9-9）。2H 相的结构可以用两层 S-Mo-S 来描述，这两层 S-Mo-S 由两层共用边沿的 MoS_6 三角棱柱组成。而 1T 相的结构可以用单一的 S-Mo-S 层来描述，两层之间由共用边沿的 MoS_6 八面体组成。2013 年，Jin 课题组[72]首次证明，与 2H 相相比，MoS_2 的 1T 多晶型具有更高的金属特性和更出色的 HER 活性，因为后者具有更好的电导率。Chhowalla 课题组[73]进一步发现 1T 相的 MoS_2 活性位点不同于受 2H 相边缘限制的活性位点，主要位于基面，因此作者将 1T 相 MoS_2 催化活性的提高归因于活性位点的增加和电导率的提高。此外，Tan 等[74]研究了锂插层化合物对 MoS_2 纳米材料剥落程度和催化活性的影响。实验结果表明，MoS_2 使用正丁基锂和叔丁基锂作为嵌入剂制备的纳米片，其剥落程度和催化性能均优于甲基锂。剥落的 MoS_2 催化活性可通过简单的电化学预处理进一步增强[75]，DFT 理论计算证实电化学活化过程可能导致 2H 相向 1T 相转变。

除了锂嵌入，球磨和超声波技术也可以用于获得高活性的 MoS_2 纳米片。Wu 等[76]以 MoO_3 和 S 微颗粒为原材料，采用球磨辅助微区反应的方法合成了高活性位点密集的 MoS_2 纳米片。此外，Wang 等[77]利用高能球磨技术成功地将商用大块 MoS_2 转化为扭曲的纳米薄片，由于机械研磨产生的晶格缺陷和错位，所得到的 MoS_2 纳米材料的催化活性明显增强。此外，

Shaijumon 课题组[78] 报告了一种超声辅助合成方法（图 9-10），该方法可以将 1nm 大小的量子点的杂化纳米结构散布在几层 MoS_2 纳米片中，所得的杂化纳米材料显示出优异的 HER 活性，具有 $3.2\times10^{-2}mA/cm^2$ 的大交换电流密度，这可能是由于材料独特的形貌导致了边与底平面之比的提高。

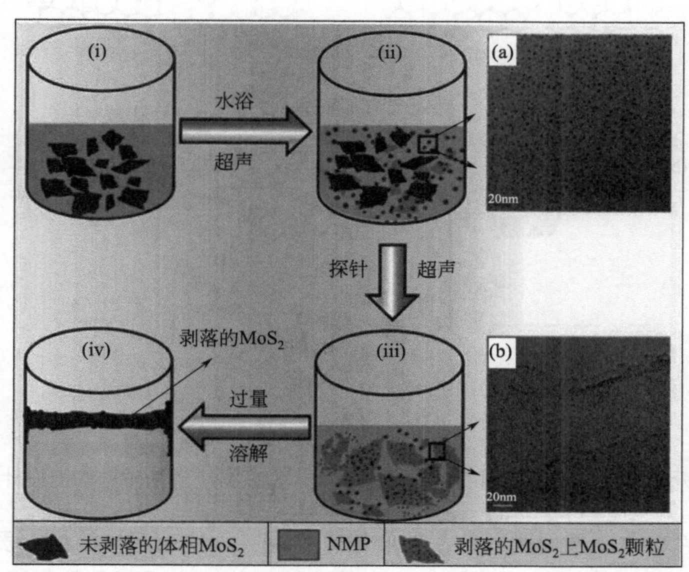

图9-10 在1-甲基-2-吡咯烷酮溶液中使用液体剥离方法获得MoS_2量子点的合成过程示意图[78]

水（溶剂）热合成法，作为一种自下而上的合成方法，也被证明是制备 MoS_2 纳米片的有效方法。Xie 等[79] 报道了在溶剂热体系中大规模合成厚度为 5.9nm 的缺陷丰富的 MoS_2 纳米薄片（图 9-11）。作者发现，反应体系中过量的硫脲对形成富缺陷纳米薄片形貌起着至关重要的作用，硫脲作为还原剂将 Mo(Ⅳ) 还原为 Mo(Ⅳ)，并作为稳定片状形貌的添加剂。由于在纳米片中引入了缺陷作为额外的活性位点，因此这种材料与无缺陷的 MoS_2 纳米片相比具有更高的催化活性。此外，Yan 等[80] 在 *N*, *N*- 二甲基甲酰胺和 H_2O 的混合溶剂中对 $(NH_4)_2MoS_4$ 进行简单的溶剂热处理，合成了厚度为 4 ～ 6nm 的 MoS_2 纳米片，他们通过 XPS 分析证实了在纳米片结构中存在桥接 S^{2-} 或顶端 S^{2-}，以及这些不饱和硫位点对 MoS_2 纳米片 HER 催化性能的促进作用。在另一项研究中，Chung 等[81] 以 L- 半胱氨酸为硫源，Na_2MoO_4 为 Mo 源，在水热反应中制备了边缘暴露的 MoS_2 纳米板组装结构。虽然 MoS_2 纳米片自组装的驱动力仍不清楚，作者发现交换电流密度与硫边数之间的线性关系，证明了催化 HER 的活性位点是 MoS_2 纳米薄片的硫边。在 2014 年，Lu 课题组[82] 采用水热法制备了由垂直排列的纳米板组成的 MoS_2 纳米结构薄膜。更重要的是，研究人员发现，纳米结构薄膜具有“超疏水性”表面，这大大提高了 HER 过程中小气泡的逸出速度。

与上述方法相比，化学气相沉积（CVD）技术表现出了一些独特的优势，特别是在制备高质量均匀的二硫化钼纳米片和控制纳米片厚度方面。在这方面具有代表性的是 Yu 课题组[83] 通过 CVD 方法在玻璃碳基板上精确控制层数，成功地生长出了 MoS_2 薄膜。电催化结果表明，每增加一层，交换电流密度降低 4.47 倍。作者认为电化学的 HER 只发生在 MoS_2 薄膜的最外层，电子必须克服层间的势垒才能到达催化剂的表面来驱动 HER 反应。因此，MoS_2 的这种

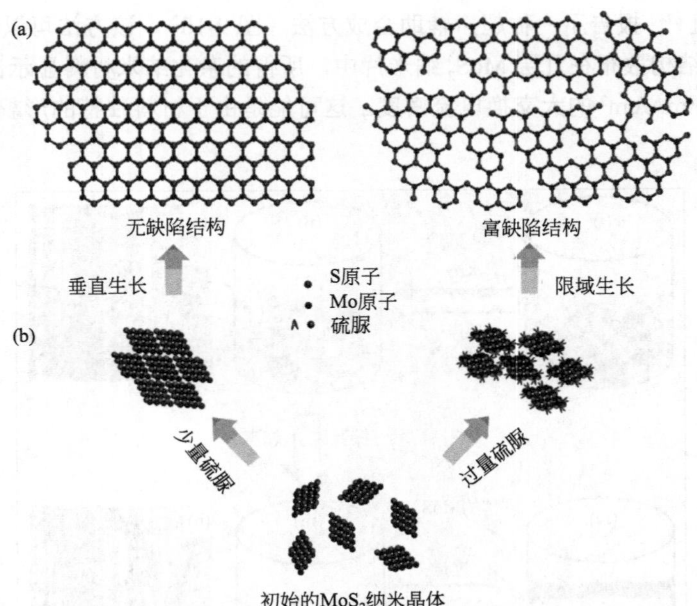

图9-11　（a）无缺陷和富缺陷结构的结构模型；（b）为获得上述两种结构而设计的合成途径[79]

层依赖性催化特性与电子层间跳跃效率的层依赖性有关。这项工作的最大贡献在于首次指出了电子在垂直方向的跳跃效率是决定MoS_2电催化性能的一个重要参数（图9-12）。在另一项研究中，Zhang等[84]报告了通过低压CVD在Au箔上可伸缩地合成单层MoS_2。通过化学湿法蚀刻的方法，这些具有均匀形貌的单层MoS_2，可以很容易转换到其他基底上，并且通过简单调整MoO_3前驱体和Au基底之间的距离，很好地控制基底上MoS_2的覆盖度。当Au衬底被$SrTiO_3$(STO)衬底取代时，可以大规模合成一种边缘丰富的高质量树枝状单分子二硫化钼材料[85]。此外，通过控制生长参数（如时间和温度），在STO上制备了一层厘米级的几乎完整的单层MoS_2膜。

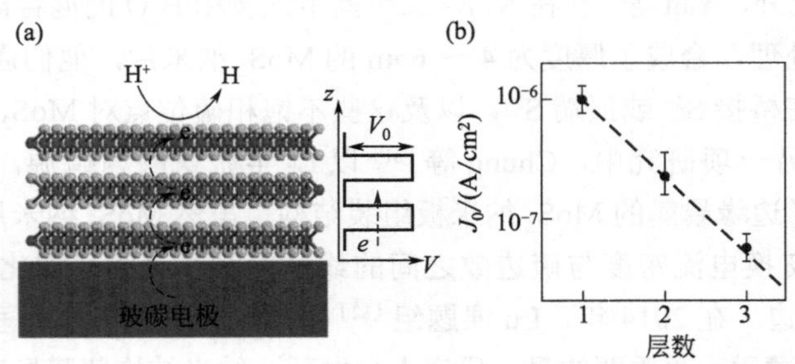

图9-12　（a）电子在MoS_2层的垂直方向上的跳跃；（b）多层膜中的电位分布和电子通过层间间隙中的势垒的跳跃[86]

（2）构建多孔结构　增强多相催化剂性能的传统但有效的方法是通过在其中创建多级孔结构来增加比表面积。多孔结构除了具有较大的表面积外，还可能为催化剂提供其他的优势，如促进反应物和产物的传输。Kibsgaard 等[87]通过将 Mo 电沉积到二氧化硅模板上，然后用 H_2S 硫化，成功合成了具有纳米孔（约 3nm）的高度有序的双螺旋 MoS_2 双连续网络（图 9-13），蚀刻二氧化硅模板后，他们获得了具有二氧化硅负形态的中孔 MoS_2 薄膜。研究发现，介孔 MoS_2 材料的层间距（6.6Å）略大于块体 MoS_2 的层间距（6.15Å），这是由于双旋回形态约束导致的 MoS_2 结构曲率所致。同样地，这种介孔 MoS_2 薄膜比核 - 壳 MoO_3-MoS_2 纳米线（也是由同一组合成的）具有更多的边缘位点，而纳米线优先生长在平行于纳米线轴的不活跃基面[88]。Tan 等[89]利用三维纳米孔金（NPG）的弯曲内表面作为衬底（图 9-14），制备的单层 MoS_2 薄膜完全继承了 NPG 衬底的三维曲率，使 MoS_2 晶格产生较大的平面外应变。DFT 计算表明，平面外晶格弯曲直接导致 S-Mo-S 键合角度连续变化，从而导致由局部半导体到金属的转变。他们还证实了弯曲区域 S 原子的电荷密度与带有悬空键的边缘 S 原子的电荷密度的相似性，表明结构曲率可以产生类似于 MoS_2 边缘位点的催化活性位点。除了利用各种模板来限制多孔形貌外，Lu 等[90]报道了一种简单的水热反应制备 MoS_2 多孔薄膜的方法，在

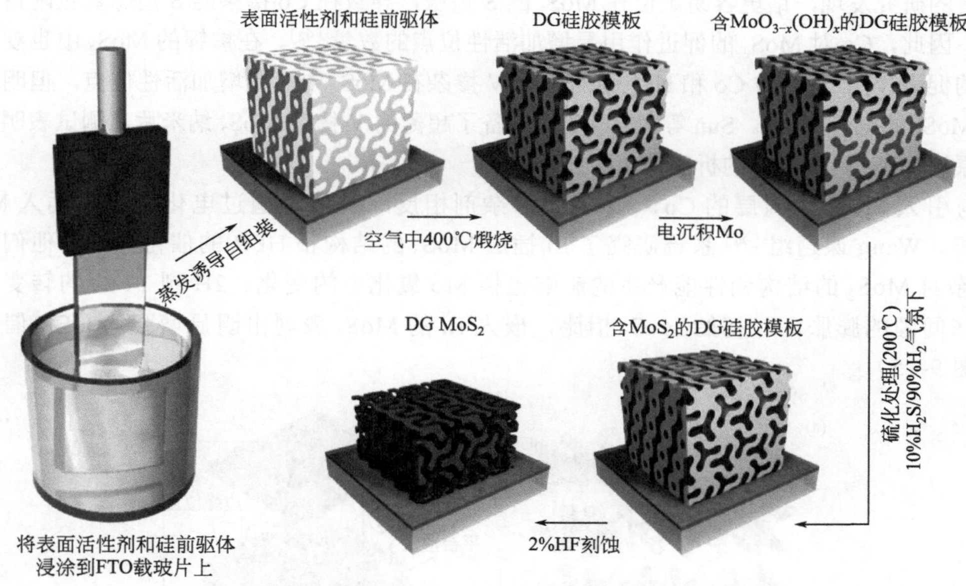

图9-13 具有双螺旋形形态的介孔MoS_2的合成过程和结构模型[87]

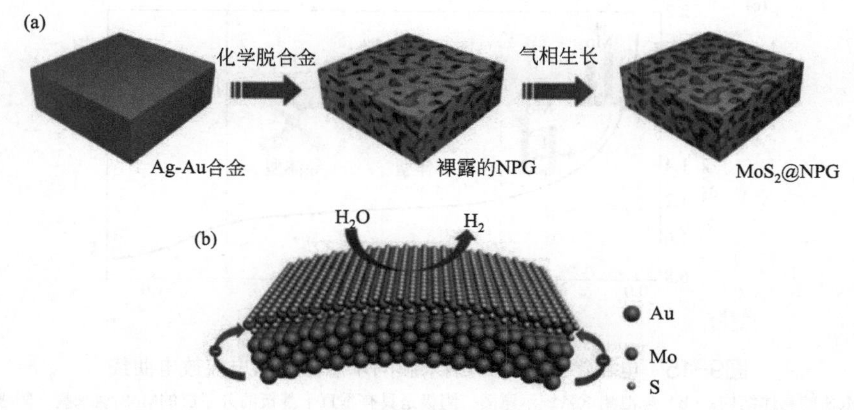

图9-14 催化HER的单层膜MoS_2@NPG

（a）纳米多孔金属基CVD法制备单层MoS_2@NPG杂化材料工艺示意图；（b）MoS_2@NPG单层杂化材料催化HER的示意图[89]

他们的合成体系中，硫脲作为硫源，Mo衬底同时作为Mo源和衬底/电流集电极。通过控制反应时间，薄膜的厚度可从400nm调整到1.3μm。所有样品的Tafel斜率都在41～45mV/dec范围内，交换电流密度为$2.5\times10^{-7}mA/cm^2$，表明所得多孔材料具有良好的性能。此外，Tour课题组[91]成功制备了边缘取向的MoS_2纳米多孔膜，厚度为1μm，孔径为5～10nm合成过程主要包括两个步骤：①金属钼的电化学阳极化；②与硫蒸气的气固反应。由于表面结构的曲率，获得的海绵状薄膜也显示出更大的层间间距（6.5Å）。更重要的是，这种合成方法可以很容易地制备纳米多孔、柔性和共形HER催化电极。

（3）掺杂杂原子　在MoS_2晶格中引入外来金属或非金属元素，是调节MoS_2的结构和HER催化活性的有效方法之一。到目前为止，已经成功地将Co、Ni、V和Li等金属元素掺杂到MoS_2晶体结构中，对二硫化钼的性能有很好的改善作用。例如，对Co掺杂二硫化钼纳米材料的研究发现，钴更容易定位在MoS_2的S边缘，导致在Co掺杂的S边缘氢吸附自由能减少，因此，Co对MoS_2的促进作用是增加活性位点的数量[92]。在掺镍的MoS_2中也观察到类似的促进作用[93]。与Co和Ni掺杂不同，V掺杂在MoS_2中没有增加活性位点，但明显提高了MoS_2的电导率[94]。Sun等[95]成功地制备了超薄的V掺杂MoS_2纳米片，测试表明该材料比原始MoS_2具有更好的析氢催化活性。

与引入MoS_2中间层的Co、Ni和V掺杂剂相反，Li离子通过电化学方式插入MoS_2中间层。Wang课题组[96]系统研究了Li插层MoS_2的结构和HER的催化性能。他们发现Li掺杂对MoS_2的结构和性能产生的影响包括Mo氧化态的变化、2H到1T相的转变以及范德华间隙的膨胀。与初始MoS_2相比，嵌入Li的MoS_2表现出明显增强的HER催化活性（图9-15）。

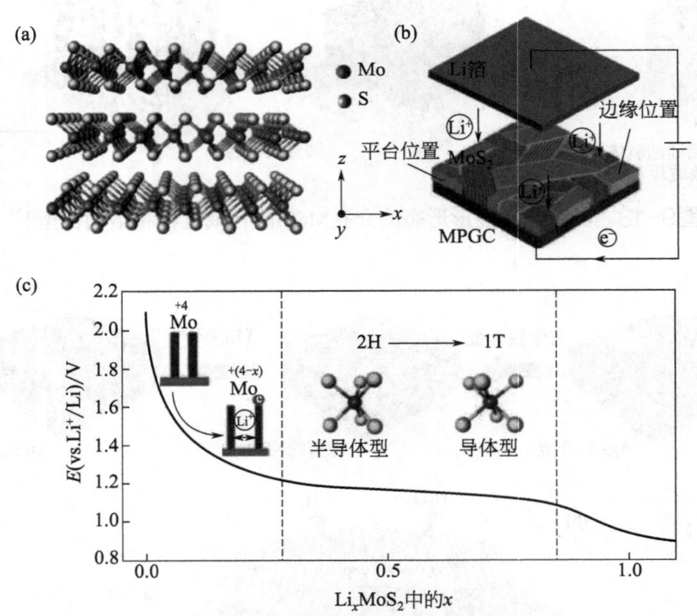

图9-15　电化学嵌入MoS_2纳米膜的示意图和恒电流放电曲线

（a）2H MoS_2的晶体结构；（b）电池测试系统示意图　阴极是具有垂直于基板的分子层的MoS_2纳米膜，阳极是锂箔；（c）代表锂化过程的恒电流放电曲线　Li嵌入到MoS_2的范德华间隙中以向平板提供电子并扩大层间距。电压相对于Li^+/Li单调下降至1.2V以达到0.28的Li含量，之后系统经历2H至1T MoS_2的一级相变[96]

除了金属掺杂，非金属掺杂也被用来提高 MoS_2 的催化活性。Xie 团队[97] 报告了在 140 ～ 200℃的温度范围内，在水热环境下合成氧掺杂的 MoS_2 超薄纳米片。由于合成温度相对较低，最终的 MoS_2 纳米片在钼酸盐前驱体中生成了少量 Mo-O 键。第一性原理计算表明，掺氧 MoS_2 的带隙（1.30eV）比原始 MoS_2 的带隙（1.75eV）更窄（图 9-16）。这表明氧掺杂可以提高 MoS_2 的本征电导率，带隙减小的原因是氧掺杂促进了 Mo 的 d 轨道和 s、p 轨道之间的杂化。在另一项研究中，Zhou 等[98] 制备了 N 掺杂的 MoS_2 纳米薄片，对 HER 具有增强且稳定的电催化活性，N 掺杂被认为在提高 MoS_2 的电导率方面具有类似于 O 掺杂的作用。

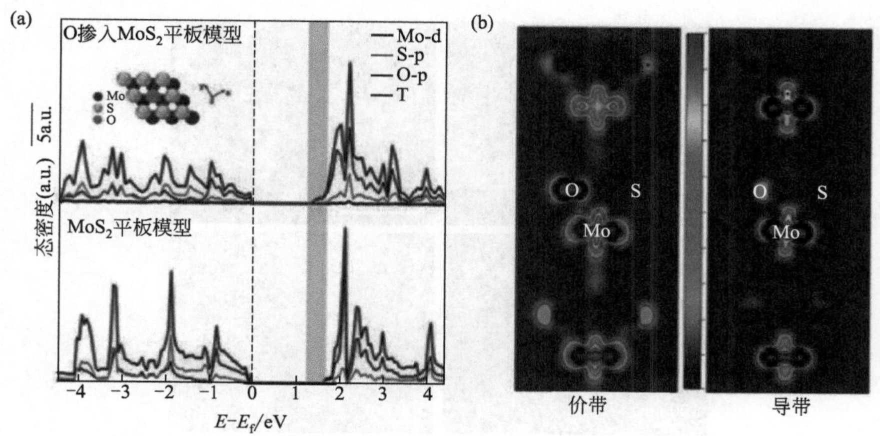

图9-16 （a）计算的态密度（DOS）的氧合 MoS_2 平板（顶部）和原始2H-MoS_2 平板（底部），橙色阴影清楚地表明氧掺入后带隙减小；（b）氧合 MoS_2 超薄纳米片中，氧原子附近价带（左）和导带（右）的电荷密度分布。黑线表示电荷密度的等高线（彩插见文前）[97]

（4）复合导电基质　将 MoS_2 与导电物质复合是一种直接可行的提高其电子导电性，从而提高其 HER 催化活性的方法。2011 年，Dai 等[99] 提出了在石墨烯（又称还原氧化石墨烯）上溶剂热合成 MoS_2 纳米片的方法。所得的 MoS_2/ 石墨烯纳米复合材料表现出极高的 HER 催化活性（Tafel 斜率，41mV/dec）和耐久性。石墨烯有两种作用，电耦合和化学耦合。一方面，导电石墨烯网络提供了从导电性较低的 MoS_2 纳米片到电极内部的电子传输通道；另一方面，MoS_2 和石墨烯之间的强化学相互作用抑制了 MoS_2 纳米颗粒的聚集。

与上面提到的其他碳材料相比，多孔碳不仅为还原剂和产物提供了导电骨架，而且具有较高的比表面积和丰富的传质通道。Liu 课题组[100] 成功地在介孔石墨烯泡沫（MGF）上生长出高度分散的超细二硫化钼纳米颗粒，该 MGF 具有 $819m^2/g$ 的高比表面积和 25nm 的孔径，其三维结构可以防止石墨烯薄片堆积。由于 MGF 的优异性能，MoS_2-MGF 纳米复合材料具有低过电位和高稳定性，是一种高效的析氢催化剂。该小组还使用介孔碳球作为载体制备了 MoS_2/ 多孔碳复合催化剂[101]。石墨烯基气凝胶，其碳骨架多孔性好，开孔大，导电性好，同样是一种优秀的 MoS_2 载体材料。Hou 等[102] 在水热条件下制备了由 MoS_2 纳米片、N 掺杂石墨烯气凝胶组成的三维杂化物，用于微生物电解电池的析氢，催化性能高于 MoS_2 纳米片和氮掺杂石墨烯，与 Pt/C 催化剂相当。

对于粉末状的 HER 催化剂，往往采用昂贵的 Nafion 作为粘接剂固定在导电支撑电极（如玻碳电极或 ITO 玻璃）上。为了避免使用昂贵的 Nafion，同时避免大电流析氢时催化剂的冲刷、剥离，开发原位生长的自支撑电极非常必要。Ma 等[103]开发了一种在石墨烯纸上生长二硫化钼纳米微粒的溶剂热方法，生成的MoS_2-石墨烯纸可直接用作HER的独立式柔性电极（图9-17）。除石墨烯外，两种商业化的碳载体——碳布和碳纤维纸也被用来制作自支撑的MoS_2电极。Yan 等[104]用溶剂热方法，将MoS_2纳米片垂直生长在碳布上，获得MoS_2/碳布电极，该电极表现出良好的 HER 催化活性和稳定性。这主要归因于：①MoS_2纳米片与碳布接触紧密；②从纳米结构电极表面快速释放H_2气泡；③由于 3D 纳米结构，电解质易于扩散到活性位；④垂直取向使富含 S 的MoS_2纳米片边沿大量暴露在电极/电解质界面。

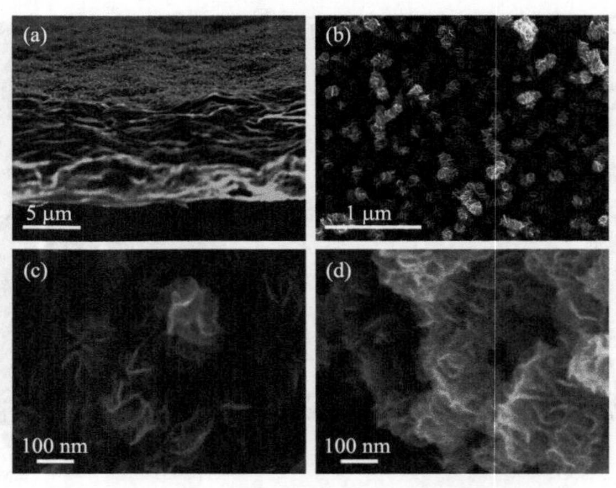

图9-17　MoS_2-石墨烯纸的SEM图像[103]

由于结构的不确定性，无定形材料常常被多相催化领域的研究人员忽略。在无定形硫化钼的研究中也出现了同样的情况。这类材料的发现可以追溯到 1980 年，在 2011 年证实了它们出色的 HER 催化活性。Hu 的小组[105, 106]首次报道了电化学沉积的非晶态硫化钼薄膜是高效的 HER 催化剂。其显著的几何电流密度（在η=200mV 时为 15mA/cm²），以及快速、温和的合成方法，为实现经济的氢生产开辟了一条新途径。由于非晶态硫化钼表面结构的不确定性和原子尺度的非均质性，很难确定其催化活性位点，从而揭示精确的催化机理。不饱和 S 是被广泛认定为催化活性位点，通过 XPS 分析确定为最终的S_2^{2-}和S^{2-}。事实上，无定形MoS_x中的不饱和 S 在催化功能上与晶体MoS_2的边缘位置相似。与MoS_2纳米晶不同的是，非晶MoS_x具有短程有序的原子排列和显著的结构紊乱，这也提供了一些催化活性的“缺陷位点”。

MoS_2纳米晶体总是在高温下制备，无定形MoS_x可以在相对较低的温度下甚至室温下形成。电沉积是制备MoS_x的一种简单有效的方法，它可以简单地通过在室温下$(NH_4)_2$［MoS_4］水溶液中连续循环伏安过程来实现。Hu 的小组[105, 106]发现，通过调整沉积参数，可以控制MoS_x的成分（MoS_x，x=2 ～ 3）和厚度（40 ～ 150nm）。然而，无论沉积条件如何调节，所有的膜都表现出相似的催化活性。为了了解MoS_x薄膜的形成机理，该小组用电化学石英晶体微天平和 XPS 分析研究了这些薄膜的生长和活化[107]。结果表明，膜的形成主要包括氧化沉积、还原性腐蚀和还原性沉积三个过程。此外，所有薄膜中的催化活性相均源于MoS_{2+x}物种。

与晶体MoS_2一样，非晶的MoS_2在适当掺杂杂原子时也能提高催化活性。Hu 的小组[108]研究了第一排过渡金属离子（Mn、Fe、Ni、Co、Cu 和 Zn）对MoS_x析氢活性的影响。结果表明，铁、钴和镍离子是有效的促进剂。在 pH=7 时，Co^{2+}作为最佳掺杂原子，使MoS_x在

200mV 过电位时的电流密度增加了5倍。在 pH=0 时，Fe^{2+} 是最好的掺杂原子，在相同的过电位下，电流密度增加了2倍。同时该小组还发现，铁、钴和镍离子能够促进 MoS_x 膜的生长，从而形成更大的表面积，更高的催化剂负载量，因此具有更好的催化活性。

由于 WS_2 在结构和电子上与 MoS_2 相似，近年来也引起了广泛的关注。为了实现其在 HER 中的潜在应用，需要具有结构控制良好和性能可调的纳米结构 WS_2。最具代表性的工作由 Chhowalla 课题组[109]在 2013 年报道，用锂插层法合成化学剥离的 WS_2 单层纳米片，处于剥离态的 WS_2 纳米片具有高浓度的应变金属 1T 相，这是提高 WS_2 纳米片催化活性的重要因素。此外，应变引起的局部晶格畸变也促进了 HER 的产生。在另一项研究中，Chhowalla 的小组[110]首次在简单的水热反应体系中合成了 WS_2 纳米片起始材料的选择（氯化钨和硫代乙酰胺）是形成片状 WS_2 的关键。在反应体系中加入氧化石墨烯。合成了更高 HER 活性的 WS_2- 石墨烯复合纳米片。同样，Cheng 等[111]以 WCl 和 S 为前驱体，采用高温液相法制备单层厚度的 WS_2 纳米片对 HER 具有与 MoS_2 纳米片相媲美的催化活性。此外，利用声化学剥离法、球磨和电化学技术可以有效地将 WS_2 纳米管转化为 WS_2 纳米薄片，其边缘位置和催化活性均高于原始材料[112-114]。

氢酶是一类生物酶，可以在接近热力学平衡电势下将质子和电子催化成分子氢[56, 57]。事实上，它们的 HER 催化活性比贵金属铂更高效。受氢化酶组成和结构的启发，研究人员一直在探索基于铁或镍的析氢催化剂，用于能量转化过程。［NiFe］和［FeFe］氢化酶是两种被广泛研究的生物酶，其催化活性位点是由埋在蛋白质中的金属硫簇组成的[57]。在这方面，Giovanni 等[115]研究了 FeS（磁黄铁矿）纳米颗粒作为生物激发催化剂在中性水中的电化学析氢性能（图 9-18），虽然该材料的催化活性相对较低，但是稳定性维持 6 天，没有结构分解或活性下降。Kong 等[116]发现，在酸性电解质中，FeS_2 和 NiS_2 都是活性的非贵金属 HER 催化剂，FeS_2 比 NiS_2 具有更好的稳定性。此外，FeS_2 表现出比 Giovanni 等[115]报道的 FeS 更高的 HER 催化活性。总体来说，Fe-/Ni- 基硫化物催化剂的活性仍明显低于其他非贵金属 HER 催

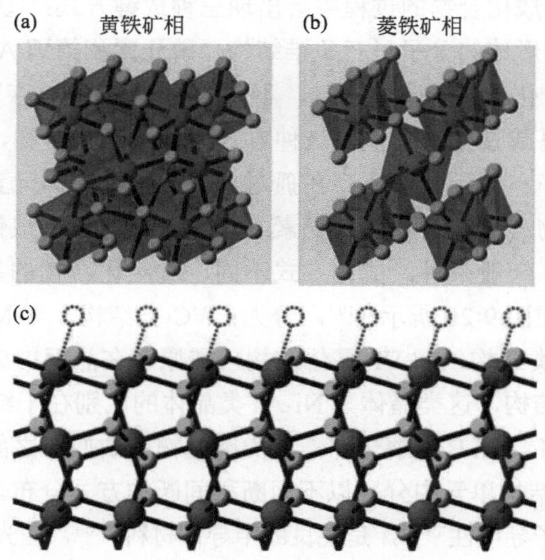

图9-18 FeS_2在（a）黄铁矿或（b）菱铁矿相中的晶体结构。Fe和S分别以深灰色和浅灰色显示。（c）稳定的非极性黄铁矿（100）表面的侧视图，作为具有配位不足金属阳离子的低指数表面的示例。（100）晶面终止于序列［S-Fe-S］[115]

化剂，如MoS_2等。考虑到自然储量，寻找高性能的Fe-/Ni-基硫化物具有重要意义，同时也有利于深入了解氢化酶。

尽管 Co 的丰度比 Fe 或 Ni 低，且与 HER 没有生物学相关性，但钴硫化物正成为一种有吸引力的 HER 催化剂[116, 117]。最近的研究表明，在酸性和中性介质中，CoS_2 都优于 FeS 和 NiS。此外，CoS_2 材料，特别是具有精细纳米结构的 CoS_2 材料，已成为非贵金属 HER 催化剂的有力竞争者。Jin 的小组[118] 合成了三种不同形态的金属 CoS_2 材料——薄膜、微线和纳米线。系统地研究了它们的结构、活性和稳定性，进一步建立了它们的构效关系（图 9-19），得出了两个重要的结论：① CoS_2 的微纳米结构可以增加有效电极表面积，提高 HER 催化活性。也就是说，形貌对 CoS_2 的整体催化效果起着至关重要的作用；② CoS_2 微纳米化可以促进电极表面气泡的释放，从而提高其运行稳定性。

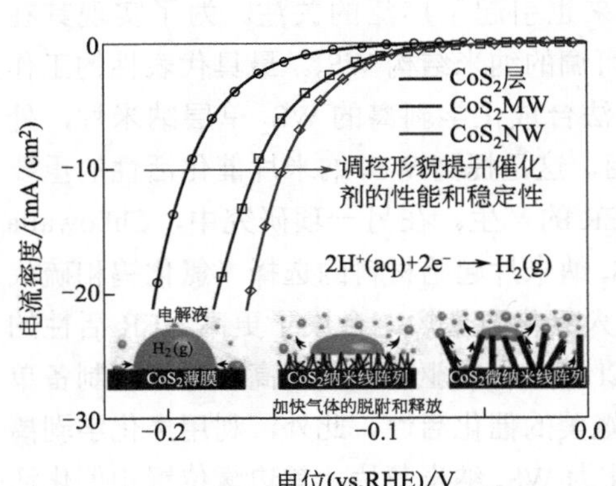

图9-19 用于HER的CoS_2薄膜、微线阵列和纳米线阵列电极的电化学表征和增加气体气泡释放示意图[118]

9.1.4.3 过渡金属磷化物

过渡金属磷化物（TMPs）也是一类具有类似贵金属特性的非贵金属催化剂。与磷形成磷化物且用于催化析氢的过渡金属元素有 Ni、Co、Mo、W、Fe 和 Cu 等。

磷位于元素周期表的第三周期、第Ⅴ A 族，是第十五号元素。核外价电子层的电子排布是 $3s^23p^33d^0$，价电子层 3p 轨道上有三个未成键电子，而 5 个 3d 轨道处于全空状态，需要时，3d 轨道也会参与成键。磷价电子层的电子排布状态使其可以夺得很多金属元素的核外电子，形成化合物。磷元素在形成化合物的过程中会出现三种成键方式：①共价键，磷元素以 sp^3 杂化方式形成共价键，由此形成的分子呈三角锥结构，磷元素和第Ⅵ A 族或是第Ⅶ A 族元素多以此种方式化合形成共价化合物；②离子键，不饱和 3p 轨道可以夺取金属元素三个电子达到饱和态，磷元素与碱金属或碱土金属多以这种方式形成离子化合物，其中磷以 P^{3-} 形式存在；③配位键，除未成键电子，磷元素中还存在孤对电子，因此，磷元素可以通过配位的方式和过渡金属形成配位化合物。过渡金属和磷元素之间可以通过以上成键方式形成共价型、离子型和配位型三类化合物。一般来讲，成键方式不同，对应化合物的晶体结构也就不同，常见的金属磷化物晶体结构如图 9-20 所示[119]，分为：WC 类结构，如 MoP 晶体结构，原子紧密堆积成六方晶系；Ni-As 类结构，如 VP 晶体结构，磷原子在晶面内成锯齿形排列；NbAs 类结构，如 NbP 和 TaP 晶体结构，这类晶体与 Ni-As 类晶体的区别在于结构单元堆积方式不一样；MnP 和 NiP 类结构，如Ⅵ - Ⅷ B 族磷化物，此类磷化物中磷原子之间以 P-P 共价键形式存在，且在 MnP 和 NiP 晶体的结构单元中分别以不间断和间断的方式分布。

TMPs 具有良好的电子导电性[120]，是优良的半导体材料[121]，在光电以及催化[122] 等领域被广泛应用。过渡金属种类不同，形成的磷化物性质就会不同。如磷化镍材料拥有极好的稳定性和催化活性；磷化铜拥有高的体积容量；磷化铱材料硬度大，化学性质稳定；磷化铝不稳定，在潮湿的环境中会有磷生成。金属磷化物有很多种分类方法，其中按照磷原子（P）与金属原子（M）

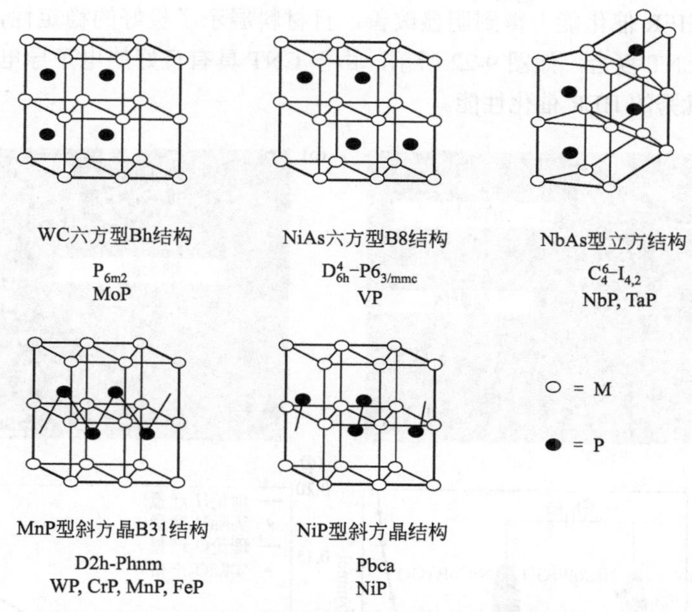

图9-20　常见的过渡金属磷化物的晶体结构[119]

个数之比来分类，可分为富金属磷化物（M/P≥1）和富磷磷化物（M/P<1）两类。相比富金属磷化物，富磷磷化物的稳定性比较差[123]。富金属磷化物与氮化物和碳化物相比，物理性质相似。另外，富金属磷化物具有良好的导热能力和导电能力，其具体的物理性质可参考表9-1。

表9-1　富金属磷化物的物理性质[123]

熔点 /℃	生成热 /（kJ/mol）	显微硬度 /（kg/mm^2）	韧性 /（μΩ · cm）
>1000	>85	约 60	<200

过渡金属磷化物物理性质稳定，经常被作为催化剂使用，尤其是作为阴极析氢催化剂。Pan 等[124]成功制备了 Ni_2P/CNT 豆荚结构的复合材料。该材料用作析氢催化剂时表现出了良好催化性能，电流密度为 $10mV/cm^2$ 时，过电位为 124mV，并且塔菲尔斜率较低，为 53mV/dec。Popczun 等[125]以有机金属盐乙酰丙酮钴［$Co(acac)_2$］为钴源合成了纳米多枝状 Co-P 材料，该活性材料用作析氢催化剂时，塔菲尔斜率仅为 48mV/dec，电流密度为 $10mV/cm^2$ 时，过电位仅为 117mV。相比于单金属磷化物材料，双金属磷化物材料的析氢活性更优越。双金属磷化物材料含有两种离子活性位点，在合成过程中容易形成缺陷，很大程度地改善了材料的性能[126]，所以目前双金属磷化物催化剂吸引了越来越多研究者的兴趣。Lado 等[127]设计并成功合成了高析氢活性的 Al-Ni 双金属磷化物；Wang 等[128]制备了 Co-Mo 双金属磷化物，并将其应用于阴极析氢反应上，表现出了高的 HER 催化活性；Li 等[129]合成了 Ni-Co 双金属磷化物，并研究了其 HER 催化机理，该化合物具有优秀的析氢和析氧性能，当作为阴极和阳极催化剂进行全解水时，获得 $10mV/cm^2$ 的电流密度，电池电压仅需 1.59V，而且法拉第效率近 100%（图 9-21）。除了通过金属元素取代部分金属元素制备双金属三元化合物来提高析氢活性外，现在也有报道以非金属元素取代部分 P 原子来调控氢吸附自由能，从而改善材料的催化活性。Jin 课题组[130]和 Altman 课题组[131]都成功制备了三元黄铁矿型的 CoP|S，通过硫

的引进使材料的 HER 催化能力得到明显改善，且材料展示了极好的稳定性，而且 Altman 课题组将 CoP|S 和 CNT 复合，如图 9-22 所示，由于 CNT 具有良好的电子导电性，合成的复合材料表现出了更优秀的 HER 催化性能。

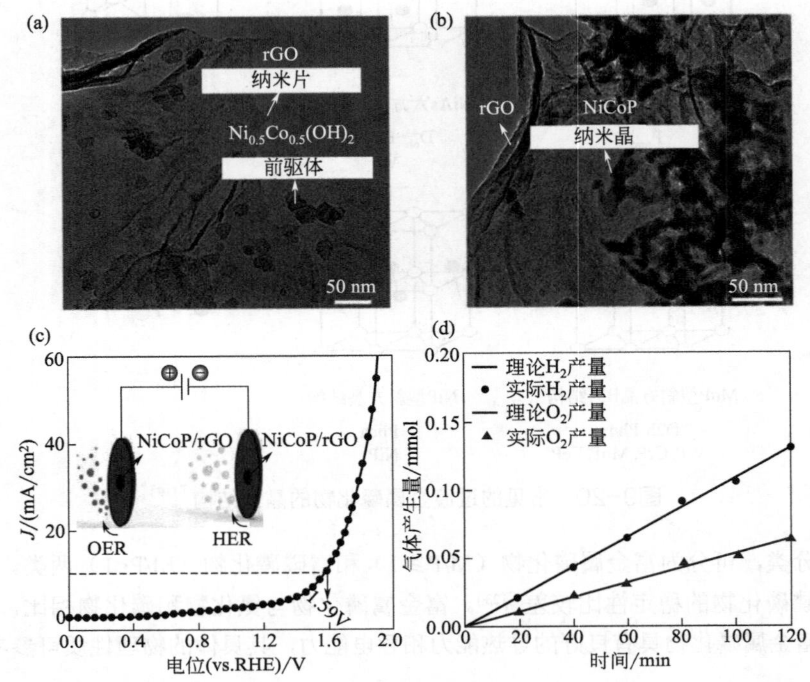

图9-21 复合材料的形貌表征和全解水的电催化活性表征：（a）$Ni_{0.5}Co_{0.5}(OH)_2$/rGo复合材料的TEM图，（b）NiCoP/rGo复合材料的TEM图，（c）NiCoP/rGo复合材料的全解水性能图和（d）NiCoP/rGo电极在电流密度为25mA/cm²时理论析氢量和实际析氢量的比较图，其中（c）图插图为两电极全解水裂解示意图[129]

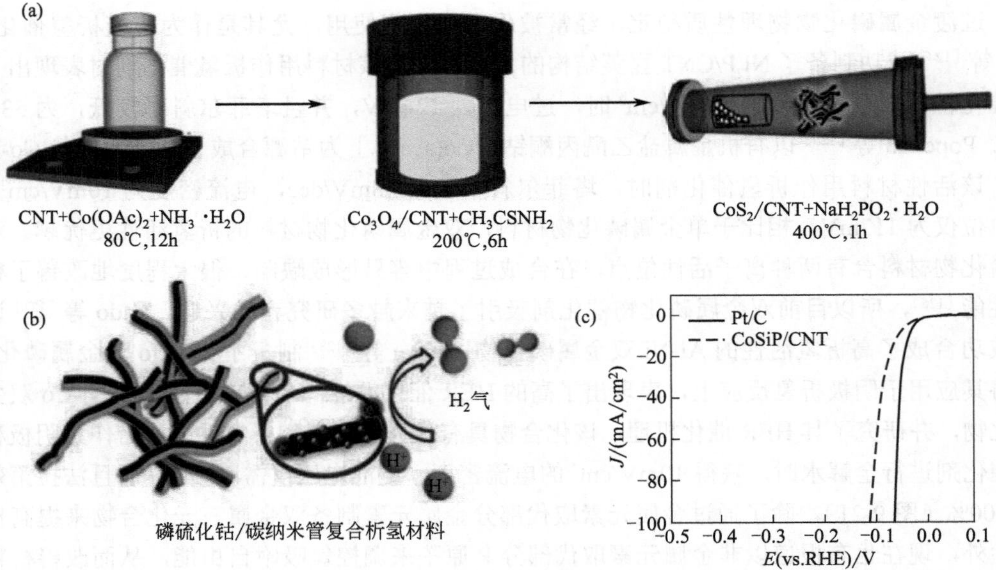

图9-22 碳纳米管上生长的黄铁矿结构的磷硫化钴（CoP|S/CNT）复合材料表征：（a）合成示意图，（b）析氢示意图，（c）LSV曲线[131]

长时间以来，关于过渡金属在催化应用方面，大家认为只有非晶态的 Ni_2P、Co_2P 在析氢过程中才具有催化活性。随着金属磷化物在催化领域不断发展，Ma 等[132]发现只要条件合适，金属磷酸盐可直接被还原得到结晶性良好的金属磷化物，这也使得磷化物的制备方法更加绿色、简单、环保。下面介绍几种主要过渡金属磷化物的制备方法。

（1）液相反应法　TMPs 纳米材料的液相合成方法是以三辛基膦（TOP）为磷源的。TOP 是一种多功能的磷源，当温度升高到约 300℃时，C-P 共价键发生断裂，产生的磷和金属前驱体（包括金属单质、乙酰丙酮有机金属盐、羰基金属化合物和金属氧化物）发生磷化反应，生成金属磷化物。因为 TOP 具有很强的配位效应，所以 TOP 能够有效地促进反应的进行，合成出结构独特的材料。Popzcun 等[133]以 TOP 为磷源成功制备了中空的、多面结构的 Ni-P 纳米颗粒，颗粒直径约 25nm，该纳米颗粒暴露了高密度的（001）晶面（图 9-23）。理论研究证明（001）晶面是 HER 活性面，因此该材料显现出了优异的析氢催化性能。但是，TOP 的水溶性差和高分解温度致使这种体系局限于高沸点的有机溶剂中，进而导致反应易燃易腐蚀，所以该反应体系必须在无氧的条件下进行。另外，氧化的 TOP 和其他的有机磷（如三苯基磷）有相似的效应，需要和 TOP 混合，共同作为磷源。

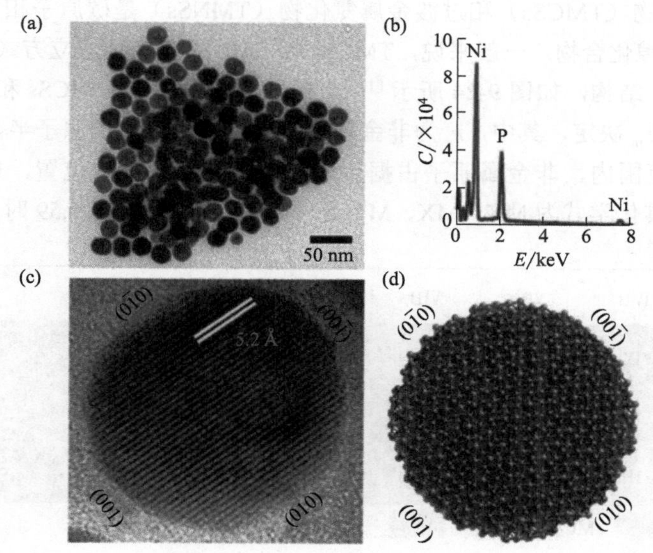

图9-23　Ni-P纳米颗粒表征：（a）TEM图，（b）EDX图，（c）HRTEM图和（d）结构模型图[133]

（2）气 - 固反应法　气 - 固反应法也是制备 TMPs 的常用方法。磷化过程中，PH_3 是有效活性成分，但是 PH_3 具有毒性和致死性，不仅对人的健康有害，同时对环境也会产生严重的污染作用。为了减少危害，实验室很少直接用 PH_3 作为磷源，而次磷酸盐 $NH_4H_2PO_2$ 和 NaH_2PO_2 原位分解产生 PH_3 是被实验室广泛采用的方法。当加热温度升高到 250℃以上时，次磷酸盐开始分解，释放 PH_3，然后金属前驱体（包括金属氧化物、金属氢氧化物和金属 - 有机框架化合物等）被磷化，形成 TMPs，反应方程式为 $2NaH_2PO_2 = PH_3\uparrow + Na_2HPO_4$。气 - 固反应不需要表面活性剂，而且产物基本会保留前驱体的维度和形貌。为了安全和环保，尾气 PH_3 不可以直接排放到空气中，要用硝酸铜或硫酸铜溶液彻底吸收。Liu 等[134]以 NaH_2PO_2 为磷源、采用气 - 固反应合成了 CoP/CNT 复合物，CoP 以纳米颗粒的形式均匀负载在 CNT 上，在酸性体系中该材料表现出极好的析氢性能，在电流密度为 10mA/cm² 时，过电位为 122mV，塔菲尔斜率仅为 54mV/dec。在高温下（大于 650℃），利用氢气还原金属正磷酸盐制备 TMPs，也属于气 - 固反应合成法，此种方法一般用来制备 Mo 和 W 磷化物[135]。简单地说，就是将一定量的正磷酸盐、水和钨酸盐或钼酸盐均匀混合，然后于水浴中加热蒸干，接着在 500℃下煅烧，之后将煅烧所得的样品研磨，研磨后在 H_2 和惰性气体氛围中 650℃下再次煅烧，从而获得最终的样品。通常情况下，高温气 - 固反应法获得的 TMPs 颗粒尺寸较大且形貌不规则。

除了液相、气 - 固反应法外，还有很多其他的方法可以用来制备 TMPs。Saadi 等[136]采用阴极电沉积法，以铜为基底、SCE 为参比电极，在 −1.2V 电压下合成了 CoP 薄膜。Liu 等[137]以白磷和红磷为磷源，采用水热法，在相对比较低的温度下成功合成了纳米棒结构的 TMPs 材料。另外，有文献报道[138]，以含磷的多孔离子型聚合物为前驱体，在一定温度下分解可以直接生成多孔碳包覆的 MoP 和 FeP 纳米材料。合成方法的多样化使不同结构的 TMPs 材料制备变得容易且可行。

9.1.4.4 间隙性化合物

过渡金属碳化物（TMCSs）和过渡金属氮化物（TMNSs）是碳原子和氮原子嵌入母金属间质位置的一种间隙化合物。一般来说，TMCSs 和 TMNSs 具有面心立方（fcc）、六方（hcp）和简单六方（hex）结构，如图 9-24 所示[139]。根据 Hagg 规则，TMCSs 和 TMNSs 的晶体结构由原子半径比 r_x/r_m 决定，其中，r_x 为非金属原子半径，r_m 为金属原子半径。如果 r_x/r_m 的比值在 0.41 ～ 0.59 范围内，非金属原子占据金属晶格中最大的空隙位置，形成了 fcc、hcp 和 hex 等简单结构，其化学式为 MX、MX、M_4X 和 MX_2。当 r_x/r_m 大于 0.59 时，一些Ⅶ B 和Ⅷ基

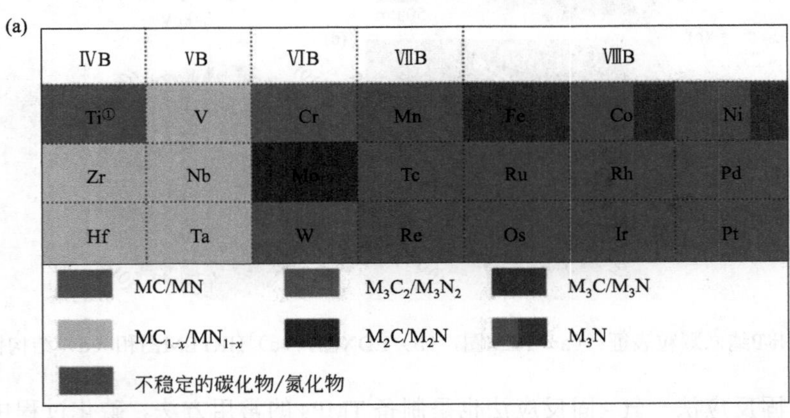

① 碳化钛也可以表示为MC_{1-x}。

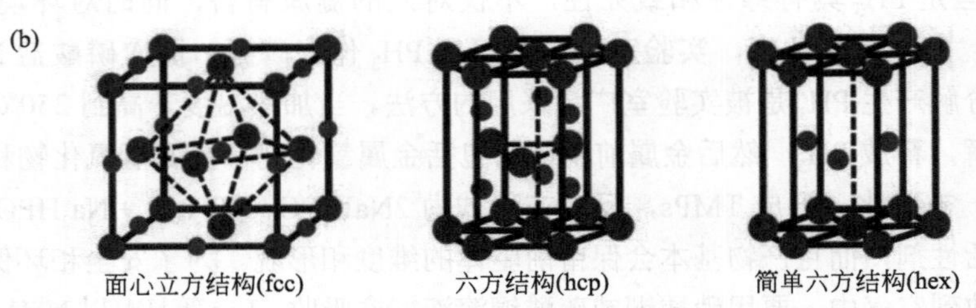

图9-24 （a）TMCSs和TMNSs化合物中的典型过渡金属；（b）TMCSs和TMNSs化合物的常见晶体结构，其中蓝点代表过渡金属原子，棕色点代表碳/氮原子[139]

团元素的结构更为复杂，可记为M_3X。这些过渡金属碳化物、氮化物和碳氮化物具有金属、共价和离子键性质的组合。这些化合物的金属特性表现出高导电性，共价键赋予了硬度、脆性和更好的抗应力能力。同时，由于金属原子和非金属原子之间的相互作用，导致d波段的收缩，离子键呈现出类似贵金属的电子结构[140, 141]。由于具有较高的硬度、导电性和熔点，TMCSs和TMNSs在许多领域有着广泛的应用[142-144]。特别是由于独特的电子结构和性质，TMCSs和TMNSs在电催化水分离中具有广阔的应用前景[145-147]。

近几十年来，电催化水裂解技术得到了广泛的研究报道，发展迅速。虽然一些催化剂表现出良好的性能，但复杂的制备过程和不理想的稳定性仍然是挑战，不能满足实际应用的要求。通过调整催化剂的结构和形貌，减小催化剂的粒径，增加催化剂的比表面积，有助于暴露更多的活性位点，有利于提高电催化活性。此外，掺杂、缺陷工程和异质结构的构建可以进一步提高电催化性能。下面将重点介绍 TMCSs、TMNSs 及其复合材料在析氢电催化中的最新研究进展。

（1）单金属碳化物和氮化物　单相 TMCSs 材料在电催化领域得到了广泛的研究，表现出良好的催化性能。与 MoS_2 不同，Mo_2C 的活性不能用边缘位置来解释。由于碳原子的加入引起金属晶格膨胀，从而导致金属 d 带收缩，使费米能级附近的态密度（DOS）增大，因此 TMCSs 和 TMNSs 表现出较好的电催化活性[148-150]。Nørskov 等[151, 152]通过交换电流密度与氢吸附自由能之间的关系，采用密度泛函理论（DFT）计算得出的“火山”曲线，可作为电催化析氢反应的指导。此外，Peterson 的小组[153]研究了金属催化剂对 HER 催化活性的影响趋势，并绘制了金属碳化物的火山图［图 9-25（a）］。金属的 d 轨道与碳的 s 轨道和 p 轨道杂化使金属碳化物的 d 带结构变宽，使金属碳化物具有与 Pt 相似的 d 带结构。与 Pt/C、RuO_2 和 IrO_2 等贵金属基催化剂相比，这些类 Pt 金属碳化物的成本相对较低。此外，电导率高和机械强度良好使这些金属碳化物表现出优异的电催化性能。2012 年，Hu 和 Vrubel 首次报道[154]了 Mo_2C 作为非贵金属催化剂的活性[154]。Wan 等[155]研究了四个不同阶段的钼碳化物（α-MoC_{1-x}、β-Mo_2C、η-Mo_2C 和 γ-Mo_2C），发现 β-Mo_2C 具有最佳的析氢活性［图 9-25（b）］，γ-Mo_2C 活性次之，但它在酸性溶液中显示出优越的稳定性[155]。然而，制备纳米结构的金属碳化物并不容易，可控合成活性位点充分暴露的小纳米晶体和孔隙结构仍然是一个挑战。在传统的合成方法中，金属碳化物的制备需要较高的渗碳温度（>700℃），导致颗粒烧结、粒径不可控和表面积相对较低。同时，生成的碳化物容易被过量的气态碳前驱体如 CH_4、C_2H_6 或 CO 所产生的焦炭覆盖，藏匿活性部位，严重降低催化活性。Wu 等[156]使用了含有 Mo 的 MOF 基材

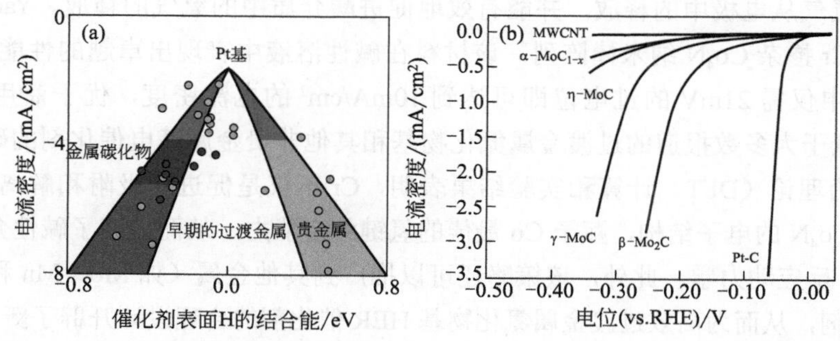

图9-25　（a）各种金属和金属碳化物的火山图[153]；（b）四种不同碳化钼相的极化曲线[155]

料(NENU-5，$[Cu_2(BTC)_4/3(H_2O)_2]_6[H_3PMo_{12}O_{40}]$)为前驱体，在800℃退火，再用$FeCl_3$水溶液蚀刻去除其他金属残留，最终得到渗碳均匀的多孔碳化钼纳米八面体和超细纳米微晶。多孔MoC_x纳米八面体在酸性和碱性溶液中对HER均表现出优越的催化性能，电流密度为10mA/cm^{2}时，过电位为151mV，Tafel斜率为59mV/dec。这一策略可推广到其他单MOFs来源难以制备的早期TMCSs的合成。Ma等[157]通过简单的urea-glass路线合成了小粒径的碳化钼纳米颗粒（2～17nm），α-Mo_2C在碱性和酸性电解质中均表现出良好的HER催化性能。特别是在碱性条件下，达到10mA/cm^{2}仅需要176mV的低过电势。

与 TMCSs 类似，TMNs 的成本低，催化性能诱人。已经报道了多种 TMNSs 电催化剂，特别是ⅣB-ⅥB 族早期过渡金属如 Ti、V、Cr、Mo、Hf、Ta 和 W 等金属氮化物电催化剂[158-162]。TMNSs 的制备过程类似于 TMCs，通常用 NH_3 或 N_2 氮化过程取代渗碳过程。Mo 和 W 基氮化物比其他类型的氮化物更受关注。氮化钨是公认的高效电催化剂。然而，大多数已报道的氮化钨是 WN 和 W_2N，富氮钨氮化物如 W_2N_3 和 W_3N_4 虽然也表现出良好的电催化活性，但很少被研究[162-166]。然而，富氮钨氮化物的合成通常需要较高的温度甚至较高的压力，氮向钨晶格渗透反应的迟缓热力学也阻碍了形态可控的富氮钨氮化物的发展。Zhang 等[160]合成了具有高电导率的、厘米级多孔金属氮化单晶。结果表明，不饱和 Ta_5-N_3 基团在酸性溶液中具有很高的活性和持久的 HER 催化能力，甚至超过了一些常见的金属硫化物。最近，Zhou 等[165]首次在常压下通过盐模板法合成了原子厚度的二维富氮六方 W_2N_3（h-W_2N_3）纳米片[165]。以 KCl 为模板，对前驱体进行氨化，得到的 h-W_2N_3 在酸性溶液中电流密度为 10mA/cm^2 时过电位为 98.2mV。氮化钼具有与氮化钨相似的特性。Xie 等[167]首次合成了原子厚度的 MoN 纳米片作为一种新型的非贵金属电催化剂，并指出暴露在表面的 Mo 原子为活性位点。Xiong 等[168]通过盐模板法制备了富含缺陷的二维 MoN 纳米片，在酸性和碱性条件下均表现出高效、稳定的 HER 催化作用，证实了边缘缺陷部位对活性部位的贡献大于表面部位。Chen 等[169]钼酸（PMo_{12}）引发聚吡咯（PPy）的聚合合成出 P 掺杂的 Mo_2C 纳米晶体。在聚合物网络中分子规模的 PMo_{12} 的存在允许形成石榴状的 Mo_2C 纳米球，其多孔碳壳为壳层，而 Mo_2C 纳米晶体很好地分散在 N 掺杂的碳基体中。Ji 等[170]发现在 Mo 碳化物的不同晶相之间，尽管 Mo_2C 表现出最高的催化性能，但其活性仍然受到强 Mo-H 键的限制。大量增加 Mo_2C-MoC 界面，或在 Mo_2C 晶格中掺入适量的 N、P 富电子掺杂物，使电子从 Mo 转移到碳化物或 N、P 掺杂物周围的 C 中，能够有效削弱 Mo-H 键的强度。Han 等[171]介绍了一种超疏水的氮掺杂碳化钨纳米阵列电极，该电极对氢析出反应具有很高的稳定性和活性，氮掺杂和纳米阵列结构加速了氢气从电极中的释放，并能有效地促进酸介质中的氧气的释放。Yao 等[172]在碳布上生出的 Cr 掺杂 Co_4N 纳米棒阵列，该材料在碱性溶液中表现出卓越的性能，其在 1mol/L KOH 溶液中仅需 21mV 的过电位即可达到 10mA/cm^2 的电流密度，优于商用 Pt/C 电催化剂，并且远低于大多数报道的过渡金属氮化物基和其他非贵金属基电催化剂的碱性析氢催化剂。密度泛函理论（DFT）计算和实验结果表明，Cr 不仅是促进水吸附和解离的亲氧中心，而且调节了 Co_4N 的电子结构，赋予 Co 最佳的氢键结合能力，从而加速了碱性介质中 Volmer 和 Heyrovsky 反应动力学。此外，该策略还可以推广到其他金属（如 Mo、Mn 和 Fe）掺杂的 Co_4N 电催化剂，从而为高效过渡金属氮化物基 HER 催化剂的合理设计开辟了新途径［图 9-26（g）、（h）］。

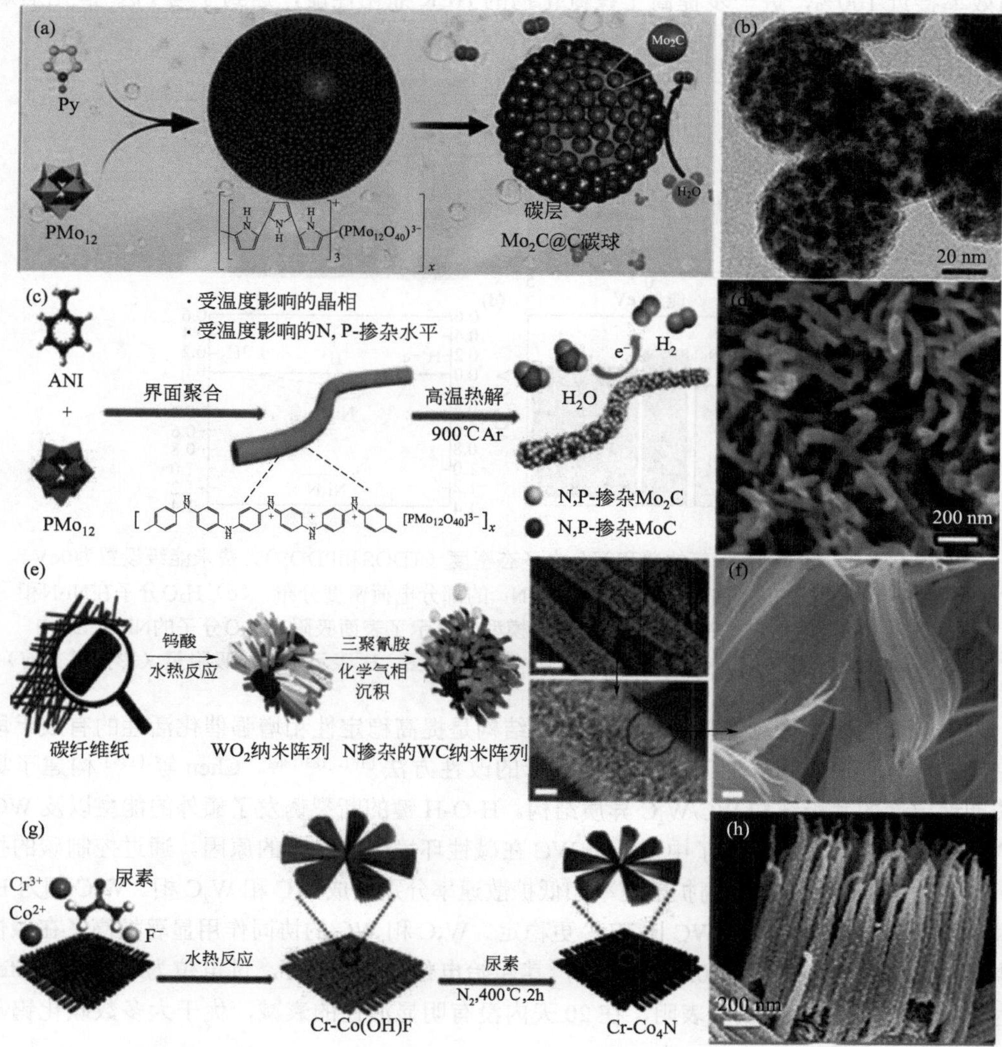

图9-26 （a）Mo_2C@C纳米球的聚合和渗碳示意图；（b）Mo_2C@C纳米球的SEM图像[169]；（c）界面聚合制备N,P-掺杂碳化钼的示意图；（d）相应制备的碳化钼的SEM图像[170]；（e）三聚氰胺CVD法合成N-WC纳米阵列；（f）制备的N-WC纳米阵列的形态[171]；（g）Cr-Co_4N的制造过程；（h）Cr-Co_4NSEM图像[172]

除了ⅣB-ⅥB早期过渡金属基团外，（Fe，Co，Ni）基氮化物也因其低成本和高电催化活性而备受关注[142，173-175]。Liu等[176]用微波等离子体处理泡沫镍，得到氮空位丰富的氮化镍（Ni_3N_{1-x}）。Ni_3N_{1-x}/NF电极表现出优越的HER催化活性，电流密度达到10mA/cm²所需过电位为55mV，塔菲尔斜率仅54mV/dec。氮空位的引入降低了H_2O吸附的能垒，平衡了中间吸附氢的吸附-脱附过程，显著提高了氮化镍的HER催化活性。DFT计算显示，与Ni_3N(1.05eV)相比，Ni_3N_{1-x}/NF的$|\Delta G_{H^*}|$下降到了0.28eV（图9-27）。此外，Ni_3N_{1-x}/NF在中性电解质中也表现出了优异的性能。Li等[177]最近也做了类似的研究，他们使用N_2-H_2辉光放电等离子体将$Ni(OH)_2$纳米片转化为Ni_3N/Ni，在10mA/cm²的电流密度下，过电位仅为44mV，法

拉第效率接近 100%，进一步提高了镍氮化物的 HER 催化性能，达到了与 Pt/C 催化剂媲美的水平。

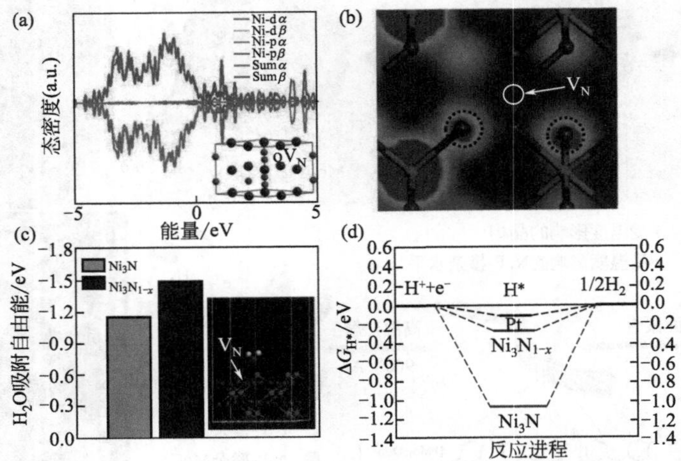

图9-27 （a）为Ni_3N_{1-x}计算的总和部分电子态密度（TDOS和PDOS）。费米能级设置为0eV。插图显示了Ni_3N_{1-x}的原子结构模型。（b）Ni_3N_{1-x}的部分电荷密度分布。（c）H_2O分子在Ni_3N和Ni_3N_{1-x}表面的吸附能。插图是侧视图示意图模型，显示了表面吸附有H_2O分子的Ni_3N_{1-x}结构。（d）Ni_3N、Ni_3N_{1-x}和Pt参考的平衡电势下HER的计算自由能图。H^*表示中间体吸附氢（彩插见文前）[178]

与单相金属碳化物和氮化物相比，异质结构是提高稳定性和增强催化活性的有效手段之一[179-182]，异质结构的界面工程是一种可行的改性方法[161，183-186]。Chen 等[186]构建了具有超长期稳定性的共析结构 WC/W_2C 异质结构。H-O-H 键的断裂诱发了额外的能垒以及 WC 对 OH^* 中间体的强亲和力导致了中毒，是 WC 在碱性环境中活性差的原因。通过控制碳的扩散速率，控制得到的产品相。高扩散速率和低扩散速率分别形成 WC 和 W_2C 相。W_2C 相为 HER 提供了更多的活性位点，而 WC 比 W_2C 更稳定。W_2C 和 WC 的协同作用显著提高了在碱性溶液中的 HER 催化活性，在 $10mA/cm^2$ 时，其起始电位仅为 17mV，过电位为 75mV，Tafel 斜率为 59mV/dec。耐久性试验表明，在 20 天内没有明显活性的衰减，优于大多数碳化钨基催化剂。

进一步提高单金属碳化物 / 氮化物电催化性能的另一种常用方法是杂原子掺杂。Xia 等[187]进行密度泛函理论（DFT）计算发现，N 掺杂能显著改变 WC 的氢键结合能（HBE），证实了 WC 的 HER 催化活性。此外，N 掺杂的 WC 表面比未掺杂的 WC 附着力弱，气泡小，阻碍了水电解质的分离。因此，多相表面的构建不仅可以调节电子结构，还可以通过过氧界面促进催化效果。Wan 等[188]合成了尺寸从 3nm 到 40nm 可调的 TMCS 纳米点。他们开发了一种便于引入杂原子的微波燃烧法，可以在几分钟内获得 TMCS 纳米点。Huang 等[178]设计了一种有机酰亚胺衍生的多金属氧酸盐作为 HER 催化剂的前驱体。裂解过程会在原位导致渗碳和杂原子同时掺杂，有机配体包围金属原子，可以避免团聚。这种新颖的策略构建了 N 掺杂的碳化钼和磷化物杂化异质结构，并在酸性条件下显示出出色的 HER 催化活性和长期稳定性。

（2）双金属碳化物和氮化物　单相 TMCSs 和 TMNSs 在电化学催化中具有良好的电导率和催化活性，但大多数单相 TMCSs 和 TMNSs 在酸性或碱性溶液中表现出较差的耐腐蚀性，不能满足实际应用中的长期稳定性要求。而通过引入第二种金属，金属间的协同作用，可以

优化M-H键强度，进而提升HER催化性能，还能提升催化剂的长期稳定性。Jaksic等[189]通过假设的超低电子理论证明了Ni和Mo之间的相互作用会对HER产生协同效应。因此，将M-H键强度较弱的Ni与M-H键强度较强的Mo结合，可以优化M-H键强度，从而优化对HER的催化活性。Chen等[190]第一次报道了在碳载体上合成氮化NiMo纳米片，对HER有极好的催化活性。随后，Cao等[191]在NH_3中低温处理Co_3Mo_3N，得到了混合致密的$Co_{0.6}Mo_{0.14}N_2$颗粒，也表现出过电位低，Tafel斜率小的HER电催化活性[192]。Yu等[193]研究了不同过渡金属掺杂Mo_2C对HER的电催化活性的影响。他们使用Anderson型多金属氧酸盐（POMs）作为前驱体制备了一系列镍、钴、铁和铬掺杂的Mo_2C复合纳米颗粒。结果表明，其电催化活性顺序为$Ni\text{-}Mo_2C>Co\text{-}Mo_2C>Fe\text{-}Mo_2C>Cr\text{-}Mo_2C$，与DFT计算结果一致。Chang等[194]报道了一种NiMoN纳米线电催化剂，在电流密度为$10mA/cm^2$时，其过电位仅为38mV。合成的NiMoN纳米线沿〈001〉方向生长，该方向主要暴露了表面上的（100）面。DFT计算证实，与（001）和（101）等其他面相比，（100）面暴露位点是最活跃的位点，NiMoN(100)的N位比Pt(110)和Pt(111)的$|\Delta G_{H*}|$低0.13eV，这说明NiMoN(100)对HER的本征催化活性比Pt高。

（3）过渡金属碳化物/氮化物复合材料　大量研究已经证明，碳材料，如石墨烯、碳纳米管、碳纳米片、碳纳米球和其他多孔碳可以显著改善活性催化纳米颗粒的催化性能。碳材料的良好导电性有利于电子转移，多孔结构可以缩短传质通道。此外，碳材料增加了表面活性位点的分散性，可以防止纳米粒子的聚集。同时，碳材料涂层能保护颗粒不受腐蚀，在酸性和碱性条件下都能保持稳定的反应活性。此外，碳与活性位之间的协同作用导致电子结构的改变，从而调节氢在表面的吸附/解吸行为，促进电催化活性。更重要的是，缺陷和氮、磷、硫等杂原子的引入可以调节局部电子态密度，改变费米能级，整体提高电催化性能[170, 195, 196]。Lu等[197]通过ZIF-8和钼酸盐或钨酸盐之间的阴离子交换反应制备了限制在PNCDs中的双相碳化物纳米晶。合成的多孔氮掺杂碳十二面体（PNCD）作为载体，有利于电荷转移，防止纳米晶聚集。包覆在PNCD中的超细$MoC\text{-}Mo_2C$和$WC\text{-}W_2C$不聚集，在碱性溶液中表现出较高的电催化活性和稳定性。电化学测试结果表明，与单相碳化物相比，在相同电流密度下，双相钼基和钨基碳化物具有较低的过电位和较快的反应动力学。Lei等[198]研究了吡啶氮掺杂缺陷碳片上的$\beta\text{-}Mo_2C$。理论计算表明，石墨烯与Mo_2C晶胞的失配引起石墨烯波，使电子在石墨烯上重新分布，增加了活性中心。该催化剂在$10mA/cm^2$电流密度下的过电位为157mV，在酸性溶液中Tafel斜率为60.6mV/dec。

（4）过渡金属碳化物/氮化物基底　常用的电催化剂通常使用各种碳作为基底来修饰活性中心[185, 199, 200]。由于电子和电荷转移，活性金属中心与载体表面的相互作用对电催化性能有很大的影响，载体较大的表面积有助于活性中心的暴露，同时多孔结构有利于电荷转移和活性中心锚定。研究表明，通过缺陷工程和掺杂氮、磷、硫等杂原子，可以优化电极结构，调整电荷密度，发挥碳衬底和活性金属中心之间的协同作用，从而提高电催化能力。然而，由于连接弱，在电化学过程中，活性中心容易结块，并且容易从碳衬底上剥离[185, 201]。此外，碳负载金属基催化剂在析氧条件下不稳定，在高于0.207V（相对于NHE）时，碳会被氧化成二氧化碳，这已被证明是催化剂失效的主要原因[201, 202]。由于高导电性、化学稳定性、耐腐蚀性以及与金属的强相互作用，TMCSs和TMNSs被研究用作催化剂载体。

使用牺牲锌策略，Kou等[203]成功地将Co单原子锚定在Mo_2C纳米片（$Co\text{-}SAs/Mo_2C$）表面，该纳米片表现出良好的HER催化性能。$Co\text{-}SAs/Mo_2C$的每个活性位点的TOF均高于由 N 掺杂碳支撑的 Co 单原子，表明固定在 Mo_2C 纳米片表面的单个 Co 位点具有更高的本征催化活性。理论计算表明，Co-Mo_3 配位是本征催化活性显著增强的原因，与碳基基体相比，Co-Mo_3 配位在金属碳化物方面具有应用潜力。Sahoo 等[204]结合理论计算和实验研究，发现 TiC 衬底中的碳空位有助于稳定 TiC 表面上的单原子，Pt 是 HER 的最佳催化剂。

9.1.4.5 异相界面材料

在过去几年中，纳米结构催化剂的表面能工程在提高贵金属基催化剂的本征催化活性和结构完整性方面发挥了关键作用[205, 206]。最显著的纳米结构控制方法是纳米晶面控制、合金成分控制和核 - 壳晶格失配的核 - 壳纳米颗粒的形成[207-209]。在后一种情况下，核与壳之间晶格失配的性质决定了纳米催化剂上的拉伸或压缩应变，而这反过来又极大地影响了纳米催化剂的表面能。相比之下，虽然在催化剂和催化剂载体中都可以发现晶格失配或杂界面，但很少有人关注催化剂载体对催化剂表面能的调节[210]。最近的研究结果表明，催化剂载体的作用不仅限于将电催化剂连接到电极，纳米催化剂的能级也会受到金属催化剂和非金属催化剂载体之间异质界面性质的影响[211, 212]。因此，通过不同相之间的相互作用，异质结构电催化剂有望具有高性能，这在传统电催化剂中是不可行的。近年来，基于异质界面的纳米催化剂在能源应用方面取得了重大进展，提高了人们对各种异质界面组合的兴趣，如金属氧化物、金属硫化物和金属磷化物[213, 214]。尽管异质界面在许多例子中似乎提高了催化性能，但还没有系统地比较依赖于合成的催化性能，并对杂界面在催化中的作用进行一致的解释。因此，我们将在本节中主要从电催化活性的角度阐述异质界面的作用及其相关研究进展。

电催化剂上能量转换的催化反应本质上是表面受限的，因此电催化剂表面改性被广泛研究[205, 215, 216]。有几种策略可以改变催化剂的电子结构，即面控制[217]、核 - 壳结构[218]和合金化[219]。然而，通过引入异质界面改变电子结构具有独特的优势，因为它在纳米颗粒催化剂中产生电荷密度梯度[220]。通过异质界面，可以在单个电催化剂中同时暴露富电子表面和贫电子表面。本节将从两个角度讨论异质界面在电催化性能中的作用，即电子结构控制和基团效应。

（1）电子结构控制　纳米颗粒中异质界面的产生必然导致催化剂电子结构的改变。金属氧化物 / 金属复合催化剂因其低成本及高 HER 催化活性备受关注。目前，许多研究将复合催化剂活性的增强归功于金属氧化物与金属之间的协同作用。Strmcnik 等[221]将其活性的提高归因于金属氧化物对水的解离和生成氢中间体的促进作用，并将 H_2O 解离作为碱性 HER 的重要步骤。而 Durst 团队[222]和 Sheng 等[223]认为氢结合能（HBE）才是碱性 HER 的关键描述符，OH 物种不直接通过吸附参与 HER 反应。因此，金属氧化物 / 金属复合催化剂的 HER 高活性背后的机理变得扑朔迷离，金属氧化物与金属之间协同作用的本质令人困惑。许多实验发现，修饰在金属氧化物上的金属纳米粒子对 HER 催化性能的提高起着至关重要的作用。金属与金属氧化物之间的密切接触和电子相互作用可以提高催化剂的本征催化活性，提高催化剂的利用率。Wang 等[224]发现 Ni/NiO 界面上的 NiO 对其优异的催化活性至关重要。Wei 课题组[225]之前的研究也发现非金属原子与金属之间的电荷转移是调节 HER 催化活性的关键之一。在所有被研究的非金属原子中，O、S、Se 可以有效地增强邻近 Ni 的 HER 催化活性。因此，金属氧化物和金属之间的界面对 HER 催化活性应该是至关重要的。探究复合催化剂表面所有类型的位点对增强催化剂活性的影响，识别最优的活性位点并揭示其潜在催化机制可有助于合理设计金属氧化物 / 金属复合催化剂。Sun 等[226]制备了具有水离解能力增强的 Co/

MoN 异质界面纳米片阵列。钼基氮化物（MoN_x）在碱性条件下是有前途的 HER 催化剂。然而，其催化性能受到较弱的水分解能力的限制，无法从 H_2O 形成吸附的 H^*。这很关键，但长期以来一直被忽略。作者开发了一种通过形成 Co/MoN 异质界面纳米薄片阵列来增强 MoN 的水离解能力的新策略。MoN 的电子结构可以通过 Co/MoN 异质界面上发生的电子转移来有效地调节，明显增加电化学活性表面积。Co/MoN 纳米阵列表现出与 Pt 基相近 HER 催化活性，在 100mA/cm^2 电流密度时，仅需 132mV 过电位，通过密度泛函理论计算得出，Co/MoN 上水离解约为 −0.04eV，极低的能垒也证实了强大的水离解能力（图 9-28）。同时，Wei 课题组[227]通过密度泛函理论计算和实验方法，发现了在金属氧化物和镍金属之间的界面上形成的“烟囱效应”，可以很好地解释析氢反应。作者提出界面周围的特殊化学环境导致邻近的位置不受 H_2O^* 和 OH^* 吸附的影响，并且只能选择性地正确吸附 H^*。同时，还有利于反应物（H^*）在界面上的平滑吸附以及产物（H_2）易于从催化剂表面解吸（ΔG_{H^*} 接近零）。这种现象类似于在金属氧化物 / 金属界面周围放出氢的烟囱。这种“烟囱效应”是金属与金属氧化物之间界面电荷转移的结果，并且应该是 HER 的金属氧化物 / 金属复合催化剂中界面诱导的协同效应的性质。实验进一步证实，金属氧化物 / 金属复合材料对 HER 的催化活性可以通过增加烟囱（界面金属原子）的量来增强（图 9-29）。在构建理论计算模型时，建立了异金属和单金属两种不同的复合催化剂模型，以 RuO_2/Ni(001) 和 NiO/Ni(001) 为典型模型进行了研究。首先通过差分电荷确定了金属氧化物与金属间相互作用明显，界面金属 Ni 的部分电荷转移至相邻的氧化物团簇氧原子而被部分氧化。此外，Ni(001) 和 RuO_2/Ni(001) 上 Ni 的态密度和 d 带中心也有明显的差异。对于 Ni(001) 中的 Ni、RuO_2/Ni(001) 中的表面 Ni 和 RuO_2/Ni(001) 中的界面 Ni，其 d 带中心越来越远离费米能级，说明这三种活性位点与吸附物种之间的结合能越来越弱。进一步分析不同位点的反应物种吸附能发现，RuO_2/Ni(001) 非界面 Ni 位点与 Ni(001) 上 H_2O^* 和 OH^* 吸附

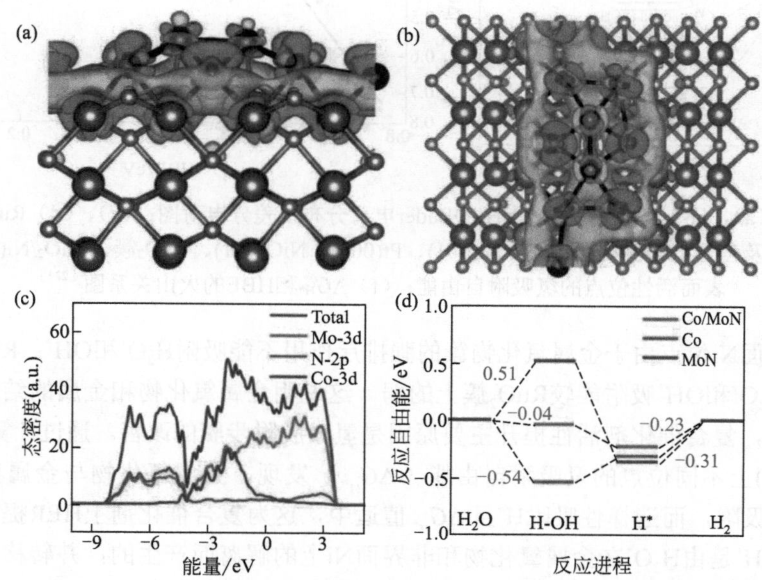

图9-28 （a）Co/MoN电荷密度差异的侧视图和（b）俯视图。黄色和青色区域分别代表电子的聚集和耗尽。Co、Mo和N分别用蓝色、粉红色和灰色标出。（c）计算Co(111)和MoN(200)的总和部分电子态密度。（d）HER途径在Co/MoN、Co和MoN上的吸附吉布斯自由能图（彩插见文前）[228]

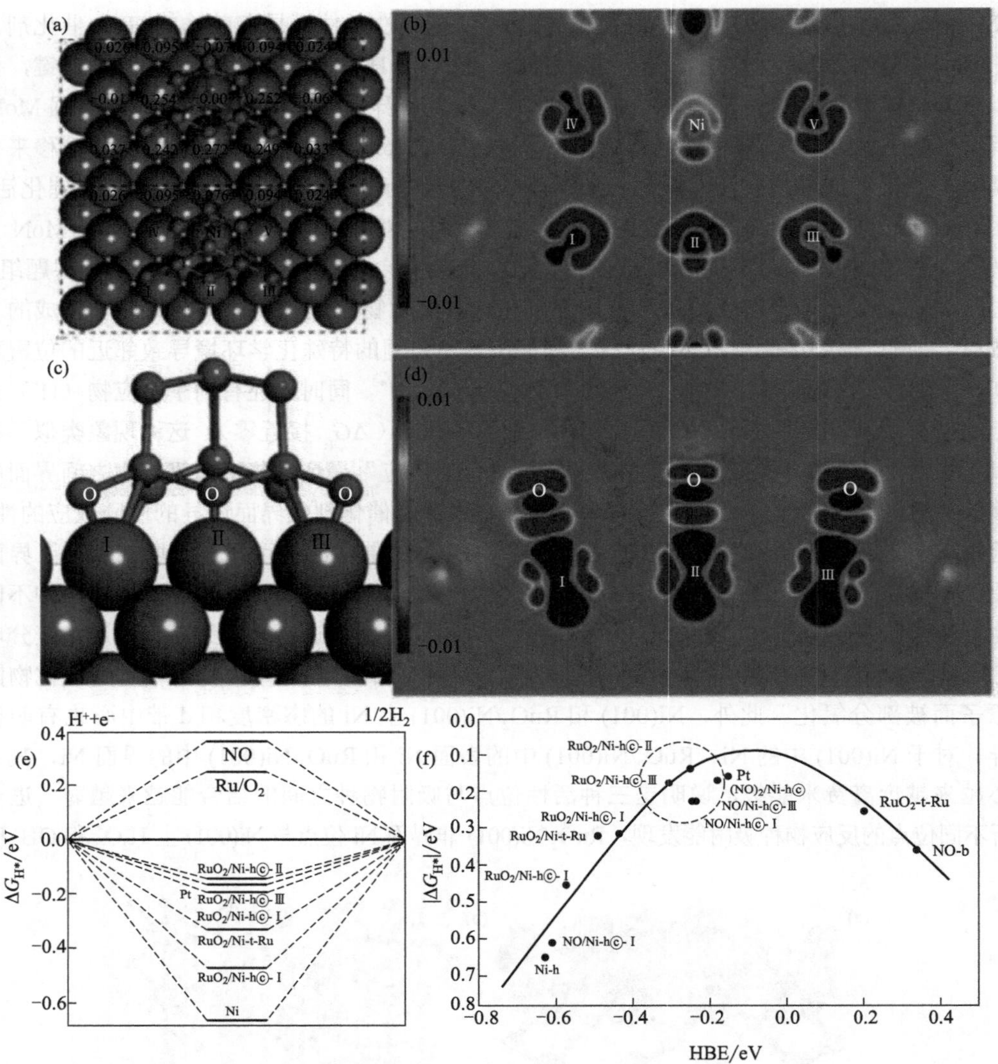

图9-29 （a）、（b）RuO_2/Ni(001)上Ni的Bader电荷分布及差分电荷图；（c）、（d）RuO_2/Ni(001)的侧视图及差分电荷侧视图；（e）Ni(001)、Pt(001)、NiO(001)、RuO_2簇、RuO_2/Ni(001)模型表面活性位点的氢吸附自由能；（f）ΔG_{H^*}和HBE的火山关系图[227]

能相近，而界面Ni位点由于金属氧化物簇的强排斥作用不能吸附H_2O^*和OH^*；RuO_2/Ni(001)中Ru位点上的H_2O^*和OH^*吸附能较RuO_2簇上的弱。这说明金属氧化物和金属的结合并不能改善水的离解能力，复合催化剂活性提升主要原因是氢吸脱附步骤的改善。通过计算RuO_2/Ni(001)及NiO/Ni(001)上不同位点的氢吸附自由能（ΔG_{H^*}）发现，金属氧化物与金属界面Ni位点对H_2O^*和OH^*不吸附，而选择性吸附H^*且ΔG_{H^*}值适中，这为复合催化剂上HER提供了绝佳的反应途径：吸附H^*是由H_2O^*在金属氧化物和非界面Ni上的解离而产生的，并转移至界面附近的位置；界面活性位点促进了反应物（H^*）的吸附和产物（H_2）的脱附，同时H_2的快速解吸及H_2O^*和OH^*不吸附可快速释放界面活性位点，使得H^*在活性位点处的吸附更容易和顺畅。最终，在界面周围形成一个“析氢烟囱”，作为在整个金属氧化物/金属催化剂表面氢析出的主要渠道（图9-30）。实验制备了一系列NiO/Ni和RuO_2/Ni复合催化剂，发现不同NiO/Ni催化剂界面$Ni_{interface}$的含量与催化剂的HER催化活性变化趋势一致，说明Ni/NiO界面位点为该催化剂HER催化活性的主要来源，验证了金属氧化物/金属HER“烟囱效应”的正确性。

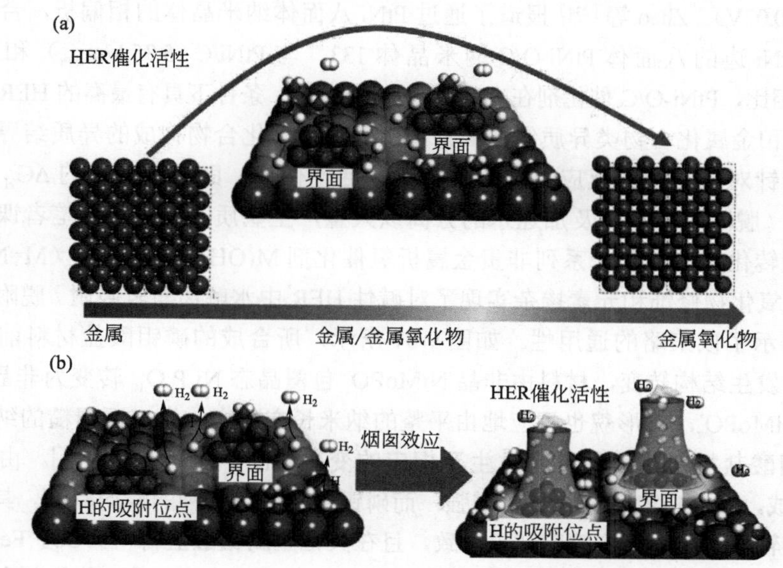

图9-30 RuO_2/Ni复合催化剂（a）界面形成机理及（b）界面HER烟囱效应[227]

（2）基团效应 如前所述，异质界面影响催化剂的两面，即金属和金属化合物，因此，各表面的修饰可能对催化过程产生协同效应。这种现象被称为“基团效应”。Markovic课题组等[21]报道了碱性电解质中Pt/$Ni(OH)_2$异质界面对HER的协同效应。在碱性环境中，由于水分子参与反应，HER的反应动力学通常比在酸性环境中慢2～3倍[222, 229-231]。他们在Pt(111)电极上沉积一层$Ni(OH)_2$，导致HER催化活性比单纯Pt(111)电极提高7倍。$Ni(OH)_2$促进水的离解，从而促进Pt表面Hads中间体的形成。他们还研究了M/$Ni(OH)_2$界面（M=Cu、Ag、Au、Ru、Ir、Pt、V、Ti和Ni）的催化性能[232]。在碱性电解质中，金属纳米粒子与$Ni(OH)_2$对HER的协同催化作用明显。由于$Ni(OH)_2$团簇促进水的解离，因此总的HER催化活性取决于Had中间体在金属表面的结合亲和性。其中Ni/$Ni(OH)_2$催化剂的HER催化活性比纯Ni催化剂提高了4倍。Subbaraman等[233]从水解离的角度研究了Pt(111)和3d-M金属（氧）氢氧化物异质界面（M=Ni、Co、Fe、Mn）。将Pt(111)模型电极表面用3d-M［$M^{2+\delta}O^{\delta}(OH)^{2-\delta}$］异质界面修饰，其价态随外加电势的不同而不同。总的碱性HER催化活性依次为Pt/$Ni(OH)_2$>Pt/$Co(OH)_2$>Pt/$Fe^{2+\delta}O^{\delta}(OH)_{2-\delta}$>Pt/$Mn(OH)_2$，这主要取决于$OH_{ad}$-M的结合强度。对于Fe和Mn（氧）氢氧化物，$OH_{ad}$物种在催化剂表面的结合力过于强，阻碍了整体HER过程。结果表明，Pt/$Ni(OH)_2$异质界面具有最佳的水解离和吸附平衡，从而通过最佳的Pt-H_{ad}能防止OH_{ad}物种的过度吸附。

铂和镍（氢）氧化物异质界面对碱性HER的协同催化效应也被应用于纳米线、纳米颗粒和纳米片。Wang等[228]报道了经过退火Pt_3Ni_x纳米线得到了部分覆盖着NiO_x外壳的Pt_3Ni_x纳米线。Pt_3Ni_x/NiO_x异质界面的密度可以通过Pt_3Ni_x纳米线的初始组成来控制，即随着Ni相对含量的增加，界面密度增大。然而，随着Ni含量的增加，NiO_x基壳层变得过于致密，Pt_3Ni_x/NiO_x异质界面暴露不好，导致其性能变差。也就是说“适当覆盖 NiO_x 外壳，确保 Pt_3Ni 和 NiO_x 之间异质界面的暴露，对 HER 活性至关重要。通过优化镍物种的数量，得到的相分离的 Pt_3Ni_x 纳米线在 1mol/L KOH 中显示出最高的 HER 电流密度（19.8mA/cm²@−0.07V），比商业 Pt/C 催化剂高 6 倍（3.3mA/cm²@−0.07V）。Zhao 等[234]报道了通过 PtNi 八面体纳米晶体的相偏析，合成了具有富 NiO 面和富 PtNi 边的八面体 PtNi-O/C 纳米晶体 133，与 PtNi/C（5.35A/mg_{Pt}）和 Pt/C（0.92A/mg_{Pt}）催化剂相比，PtNi-O/C 催化剂在 −0.07V（7.23A/mg_{Pt}）条件下具有最高的 HER 催化活性。

除了金属和金属化合物类异质结界面外，由两种金属化合物构成的异质结界面同样能产生协同效应。针对碱性析氢反应需要两种类型的活性位点，即具有适当的 ΔG_H 以实现氢质子的快速吸附 / 脱附的位点以及加速水的分离以大量产生氢质子的位点，笔者课题组[235]利用电化学原位转化法制备了一系列非贵金属析氢催化剂 $M(OH)_x$/M-$MoPO_x$（M=Ni、Co、Fe、Mn），通过氢氧化物修饰和元素掺杂实现了对碱性 HER 中水解离与氢吸附 / 脱附步骤的协同调节，同时展示了该策略的通用性。如图 9-31 所示，所合成的磷钼酸盐材料前驱体在电化学转化过程中发生结构转变，材料由非晶 $NiMoPO_x$ 包覆晶态 $Ni_2P_4O_{12}$ 转变为非晶 $Ni(OH)_2$ 表面修饰非晶 $NiMoPO_x$，其形貌也相应地由平整的纳米长方体变化为表面粗糙的纳米棒。在此过程中，磷钼酸盐材料表面物种也发生了相应的变化［图 9-31（e）～（h）］。由于材料表面 $Ni(OH)_2$ 的生成，其对应物种的峰显著增强；而磷钼酸盐对应物种的峰均减弱。其表面物种的变化与电化学转化导致的结构转变结果一致，且在其他金属钼酸盐材料（Co、Fe、Mn）发现了同样的变化规律，印证了该方法的普适性。所合成 $Ni(OH)_2/NiMoPO_x$ 催化剂在碱性电解质中表现了出色的 HER 催化活性和耐久性，其 10mA/cm² 下的过电势仅为 51mV，且持续 90h 无衰减（图 9-32）。相比于 $NiMoPO_x$ 材料的 Tafel 值（72mV/dec），$Ni(OH)_2/NiMoPO_x$ 的 Tafel 值为 34mV/dec，表明 $Ni(OH)_2$ 修饰加速了 HER 中的水解离步骤，使其动力学过程由 Volmer-Heyrovsky 机理变为由 Tafel 步骤控制。进一步理论计算表明，$Ni(OH)_2$ 修饰可以极大地加速水解离步骤，而氧掺杂可以调控磷化物的氢吸附自由能，从而使 $Ni(OH)_2/NiMoPO_x$ 实现了水解离和氢吸附 / 脱附步骤的耦合，使其在碱性介质中具有优异的 HER 催化活性（图 9-33）。更有趣的是，$M(OH)_x$/M-$MoPO_x$ 催化剂中 $M(OH)_x$ 和 M-$MoPO_x$ 对水解离和氢脱附反应的催化性能相比于单相物质得到了进一步提高，表明金属化合物构成的异质结界面的相互作用。该工作通过合理构造金属化合物异质结界面，耦合加速了碱性析氢反应的两个基元步骤以提升反应整体速率，为高效的电催化剂设计提供了方向。

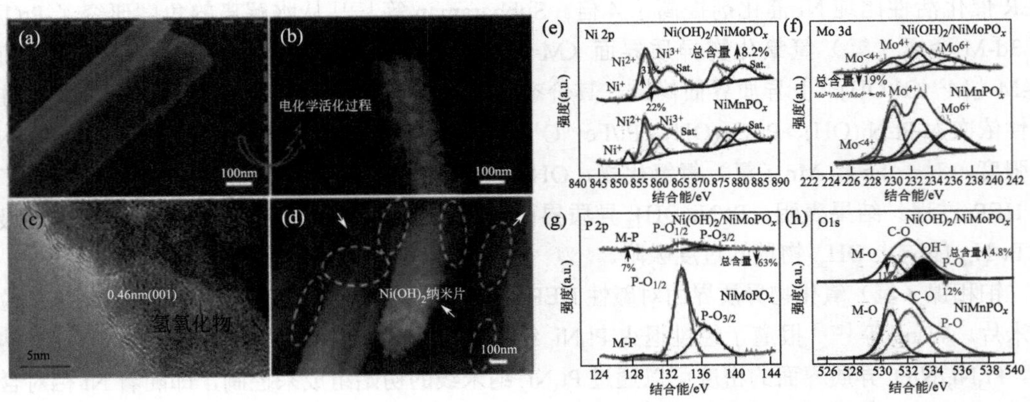

图9-31　磷钼酸盐材料在电化学转化过程中的结构转变[235]

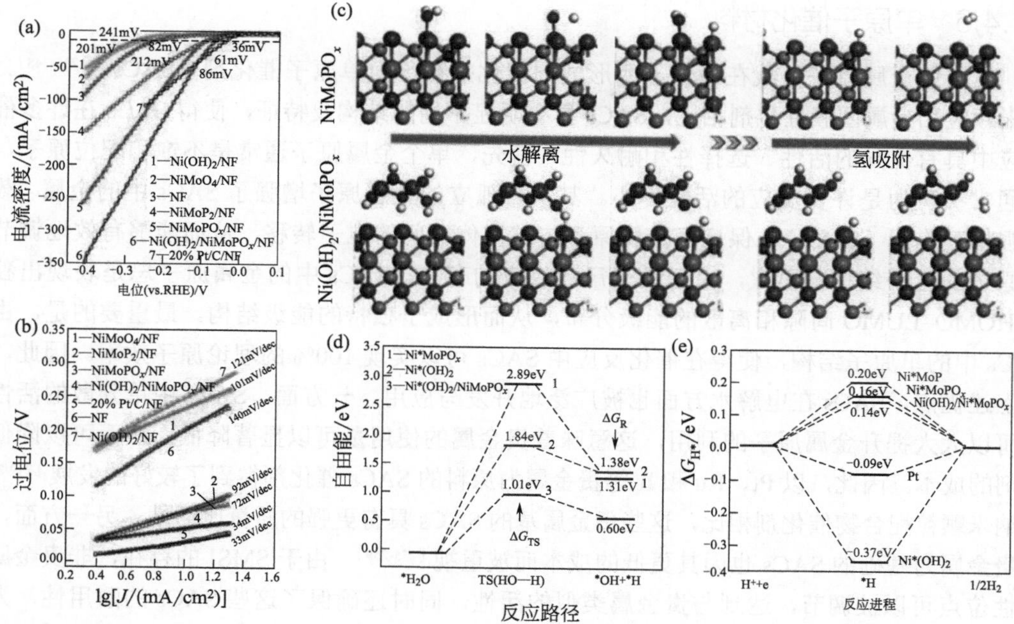

图9-32 Ni(OH)$_2$/NiMoPO$_x$催化剂碱性析氢性能及活性提升的理论机理[235]

图9-33 Ni(OH)$_2$/NiMoPO$_x$异质结催化剂碱性析氢机理[235]

综上所述，两组分间异质结的形成调节了复合材料两侧的电子结构，同时提高了对多个催化反应的电催化活性，使催化剂结构具有双功能特性。此外，电催化活性增强的根源不仅在于异质界面形成对催化剂电子结构的修饰，还在于异质结构电催化剂中两种复合材料之间的协同作用。表面暴露的异质界面可以作为催化反应的另一个活性中心；吸附的反应组分可以通过异质界面从一种组分迁移到另一种组分。这种集合效应使得在催化过程中形成了一个前所未有的催化反应路径，从而提高了整体反应速率。在催化剂结构中开发纳米级异质界面非常有趣，它可以最大限度地发挥两种组分之间的协同作用，并优化催化剂的电子结构。因此，原位观察技术的发展和理论计算的进一步完善将成为合成化学家寻求高度优化和稳定的异质界面催化剂的强大技术手段。

9.1.4.6 单原子催化材料

孤立的金属原子负载在载体上所形成的催化剂被称为单原子催化剂（SACs）[236-248]。与纳米颗粒和金属团簇催化剂相比，SACs 具有明显不同的结构及特征，使得 SACs 在许多催化反应中具有优异的活性、选择性和耐久性。首先，单个金属原子通常是不饱和配位原子，它们通常被认为是许多反应的活性中心。其次，孤立的金属原子增强了 SACs 中的金属 - 载体的强相互作用（SMSI），保证了金属原子与支撑体之间的电子转移，从而能够有效地调节金属原子的电子结构。再次，由于量子尺寸效应的存在，SACs 中的金属原子总是表现出独特的 HOMO–LUMO 间隙和离散的能级分布，从而形成了独特的能级结构。最重要的是，由于 SACs 中的单原子结构，使得在催化反应中 SACs 可以实现 100% 的理论原子效率。因此，基于上述优点，SACs 在电解水方面也被广泛地开发与应用。一方面，SACs 中单分散的活性位点可以大大提升金属原子的利用，这意味着贵金属的使用量可以显著降低，从而可以降低催化剂的成本。因此，以 Pt、Ru 和 Ir 等贵金属为原料的 SACs 催化剂得到了较好的发展[249-254]。与纳米颗粒配合物催化剂相比，这些贵金属基的 SACs 具有更强的质量比活性。另一方面，以非贵金属为基础的 SACs 也因其更低的成本而被重视[255-259]。由于 SMSI 的存在，非贵金属的活性位点可以被调节，达到与贵金属类似的活性，同时还确保了这些 SACs 的耐用性，为酸性介质中使用非贵金属催化剂提供了机会。此外，SACs 中单分散活性位点的独特结构，还可以为清晰地认识活性位点的实际内在性质及其在三相边界上的催化机制提供一个平台。所以，近年来 SACs 在催化水裂解方面取得了一些突破性进展[260-279]，本文主要关注影响 SACs 的 HER 催化活性的因素。

自 2011 年，Zhang 课题组[280]首次提出 SACs 以来，SACs 得到了广泛的关注，尤其是在电催化领域[280]。对于析氢反应，大量的 SACs 表现出了非常好的催化能力，如表 9-2 所示。根据不同类型的载体，SACs 主要分为三类，分别为合金 SACs、碳基 SACs 和其他化合物为载体的 SACs。下面，我们将从上述三个方面详细阐述 SACs 在析氢催化方面取得的成就。

表 9–2 SACs 在析氢催化方面的研究现状

催化剂	电解质	过电位	参考文献
Ir_1@Co/NC	1mol/L KOH	0.060V@10mA/cm^2	[281]
Ru-NC-700	1mol/L KOH	0.012V@10mA/cm^2	[282]
A-Ni@DG	0.5mol/L H_2SO_4	0.070V@10mA/cm^2	[283]
Pt_1/MC	0.5mol/L H_2SO_4	0.065V@100mA/cm^2	[284]
W-SAC	0.5mol/L H_2SO_4	0.105V@10mA/cm^2	[285]
Pt-1T' MoS_2	0.5mol/L H_2SO_4	0.180V@10mA/cm^2	[286]
A-CoPt-NC	0.5mol/L H_2SO_4	0.027V@10mA/cm^2	[287]
	1mol/L KOH	0.050V@10mA/cm^2	
Pt/np-$Co_{0.85}$Se	1mol/L 磷酸盐缓冲溶液（PBS）	0.050V@10mA/cm^2	[288]
$Mo_2TiC_2T_x$-Pt_{SA}	0.5mol/L H_2SO_4	0.077V@100mA/cm^2	[289]
	0.5mol/L PBS	0.061V@10mA/cm^2	
Pt/p-MWCNTs	0.5mol/L H_2SO_4	0.044V@10mA/cm^2	[290]
NiSA-MoS_2	1mol/L KOH	0.098V@10mA/cm^2	[291]
	0.5mol/L H_2SO_4	0.110V@10mA/cm^2	

续表

催化剂	电解质	过电位	参考文献
Ru@Co-SAs/N-C	1mol/L KOH	0.007V@10mA/cm²	[292]
	0.5mol/L H_2SO_4	0.057V@10mA/cm²	
	1mol/L PBS	0.055V@10mA/cm²	
ALD50Pt/NGNs	0.5mol/L H_2SO_4	0.050V@16mA/cm²	[293]
Ni/GD	0.5mol/L H_2SO_4	0.088V@10mA/cm²	[294]
Fe/GD	0.5mol/L H_2SO_4	0.066V@10mA/cm²	
Pt_1/hNCNC-2.92	0.5mol/L H_2SO_4	0.015V@10mA/cm²	[295]
Co_1/PCN	1mol/L KOH	0.138V@10mA/cm²	[296]
SANi-PtNWs	1mol/L KOH	0.070V@11mA/cm²	[297]
Co- 替代 Ru	1mol/L KOH	0.013V@11mA/cm²	[298]
Pt_1/OLC	0.5mol/L H_2SO_4	0.038V@11mA/cm²	[299]
RuAu-0,2	1mol/L KOH	0.024V@11mA/cm²	[300]
Fe-N_4SAs/NPC	1mol/L KOH	0.202V@10mA/cm²	[301]
PtSA-NT-NF	1mol/L PBS	0.024V@10mA/cm²	[302]
RuSAs@PN	0.5mol/L H_2SO_4	0.024V@10mA/cm²	[303]
Cu@MoS_2	0.5mol/L H_2SO_4	0.131V@10mA/cm²	[304]
Ru-MoS_2/CC	1mol/L KOH	0.041V@10mA/cm²	[305]
	0.5mol/L H_2SO_4	0.061V@10mA/cm²	
	1mol/L PBS	0.114V@10mA/cm²	
PtSASs/AG	0.5mol/L H_2SO_4	0.012V@10mA/cm²	[306]
CoSAs/PTF-600	0.5mol/L H_2SO_4	0.094V@10mA/cm²	[307]
SACo-N/C	1mol/L KOH	0.178V@10mA/cm²	[308]
	0.5mol/L H_2SO_4	0.169V@10mA/cm²	
RuSA-N-S-$Ti_3C_2T_x$	0.5mol/L H_2SO_4	0.151V@10mA/cm²	[309]
$Mo_1N_1C_2$	0.1mol/L KOH	0.132V@10mA/cm²	[310]

（1）合金 SACs　SACs 是以合金为载体用于固定其他单个金属原子。这些金属载体不仅可以提供表面缺陷来固定外来金属原子，还可以通过配体效应和应变效应来调节外来金属原子的电子结构，使得催化剂转化成兼具合金催化剂和 SACs 性质的催化剂。因此，这类催化剂通常表现出比一般合金催化剂更为显著的催化活性[311-314]。Li 等[315]利用合金化和局部电化学脱合金工艺，构建出用单镍原子修饰的铂纳米线催化剂（SANi-PtNWs）。这种修饰过的单个镍原子可以与两个羟基结合，形成类似于 $Ni(OH)_2$ 的结构，从而调节表面 Pt 的电子结构。获得的 SANi-PtNWs 的质量比活性达到 $11.8A/mg_{Pt}$，几乎是 Pt/C 的 17 倍。与单纯的 Pt 纳米线（Tafel 斜率为 78.1mV/dec）相比，其 Tafel 斜率也更低，为 60.3mV/dec，证实了单个 Ni 的修饰也促进了其动力学的提升。此外，单个 Pt 也可以固定在其他金属载体上。所以，Pt 也被合金化到 Cu 掺杂的 Pd 纳米环上，其中 Cu 也以单原子形式存在[316]。合成的催化剂具有由单原子 Cu 和单原子 Pt 组成的双位点，协同地促进其活性。所制备的催化剂质量电流密度高达 $3002A/g_{(Pd+Pt)}$ @−0.05V。当然，除 Pt 外，其他的非 Pt 金属也被单分散掺杂到金属载体之中。Du 等[317]将金原子掺入 Ru 载体上，发现少量的 Au 就可以有效地修饰 Ru 载体的结构，使得

Ru 表现出优于 Pt/C 催化剂的 HER 催化活性。然而，在电化学反应中，这些合金 SACs 的使用，通常还需要其他导电添加剂或分散剂以避免合金颗粒的团聚，这就可能会造成活性中心被遮盖，最终导致活性的丧失。此外，由于金属或合金基体上有限的缺陷位点，使得合金 SACs 还存在金属原子负载量低的问题。另外，合金结构具有热稳定性，如果单原子金属的载荷很大，则 SACs 催化剂非常容易转变为合金催化剂。即是说，对于金属载体来说，从根本上就很难负载大量的单原子金属。

（2）碳基 SACs　碳材料通常作为载体运用于各种催化剂之中[302, 319, 320]。对于 SACs，碳材料具有固有的结构缺陷可以用于固定单原子金属。此外，外部掺杂剂（杂原子或表面官能团）也能为金属原子的沉积提供许多位点。当金属原子负载到碳材料上时，可能与碳材料的原子骨架或表面官能团结合，形成新的反应活性中心，使碳基 SACs 具有更为优异的催化性能。在所有的碳材料中，氮掺杂碳材料在 SACs 中的应用备受关注[321-323]。氮掺杂后，碳基体的电中性被打破。因此，电负性较强的氮原子可以配位金属原子形成 M-N_x 结构。这种结构被认为对多种电化学反应具有催化活性[324-326]。因此，许多具有单分散 M-N_x 位点的碳基 SACs 被广泛利用。沸石咪唑酯骨架结构材料（ZIF）具有独特的 M-N_x 结构，可以有效地抑制金属原子的迁移和聚集，是合成碳基 SACs 的常用前驱体[327]。Chen 等[328]提出了一种以双金属 Zn/Fe 多酞菁为前驱体，采用聚合 - 热解 - 蒸发法制备拥有原子分散 Fe-N_4 位的碳基 SACs 的方法。单分散的 Fe-N_4 位点被证实可有效地促进 HER 反应。此外，C_3N_4 也是一种优良的用于锚定单个金属原子的前驱体，从而制备碳基 SACs[329-331]。Wang 等[318]利用 C_3N_4 前驱体捕获单个钴原子，制备出具有单原子分散的 Co-N_x 的 SACs 催化剂（图 9-34）。在合成过程中，Co^{2+}-SCN^- 化合物有效地降低了富钴粒子的形成温度，减小了与碳沉积过程同时发生的概率，有效地提高了富钴颗粒被碳层包覆的可能性。因此，钴原子可以热迁移到含氮量高的 C_3N_4 衍生的碳上，从而生成 SACs。

此外，有时金属原子也可能被直接负载到无掺杂的碳材料上[332-334]。Qiu 等[335]提出了一种以纳米多孔镍为模板的化学气相沉积策略构建 SACs。HAADF-STEM 表征结果证明了单原子镍存在于多孔的石墨烯上。Tavakkoli 等[336]报道了通过简单的电化学沉积制备原子分散的铂负载在单壁碳纳米管（SWNT）上的催化剂。理论计算表明，由于 SWNT 侧壁弯曲的结构，可以有效地固定铂原子。此外，Li 等[337]也发现弯曲的碳骨架可以有效地锚定原子分散的铂。进一步研究表明，铂原子可以和洋葱状碳表面的 1 个 C 和 2 个 O 紧密结合，使得铂原子扩散的能垒非常高，因而单原子 Pt 能够稳定地存在于洋葱状的碳上。同时，合成的催化剂具有非常低的过电位（η=38mV）以及非常高的转换频率（40.78H_2/s@100mV）。此外，苯胺分子修饰的石墨烯也可以有效地抑制 Pt 的团聚[90]，而最终获得的催化剂在过电位为 50mV 的时候，质量比活性高达 22400mA/g_{Pt}，是商业 Pt/C 催化剂的 46 倍。

虽然碳基 SACs 已经取得了很大的进展，但目前对它们的认识仍不够完善。首先，尽管是同一种金属元素，但采用不同方法得到的 SACs，活性总是各不相同，很难应用金属元素的性质来总结规律。其次，对于碳基 SACs，杂原子掺杂位点和金属原子位点的共存，造成了活性中心难以被认可，要了解真正的活性中心仍然面临着巨大的挑战。最后，采用试错法制备碳基 SACs，如何实现对金属活性中心配位环境的精确控制是一个迫切需要解决但又充满挑战的课题[338-340]。

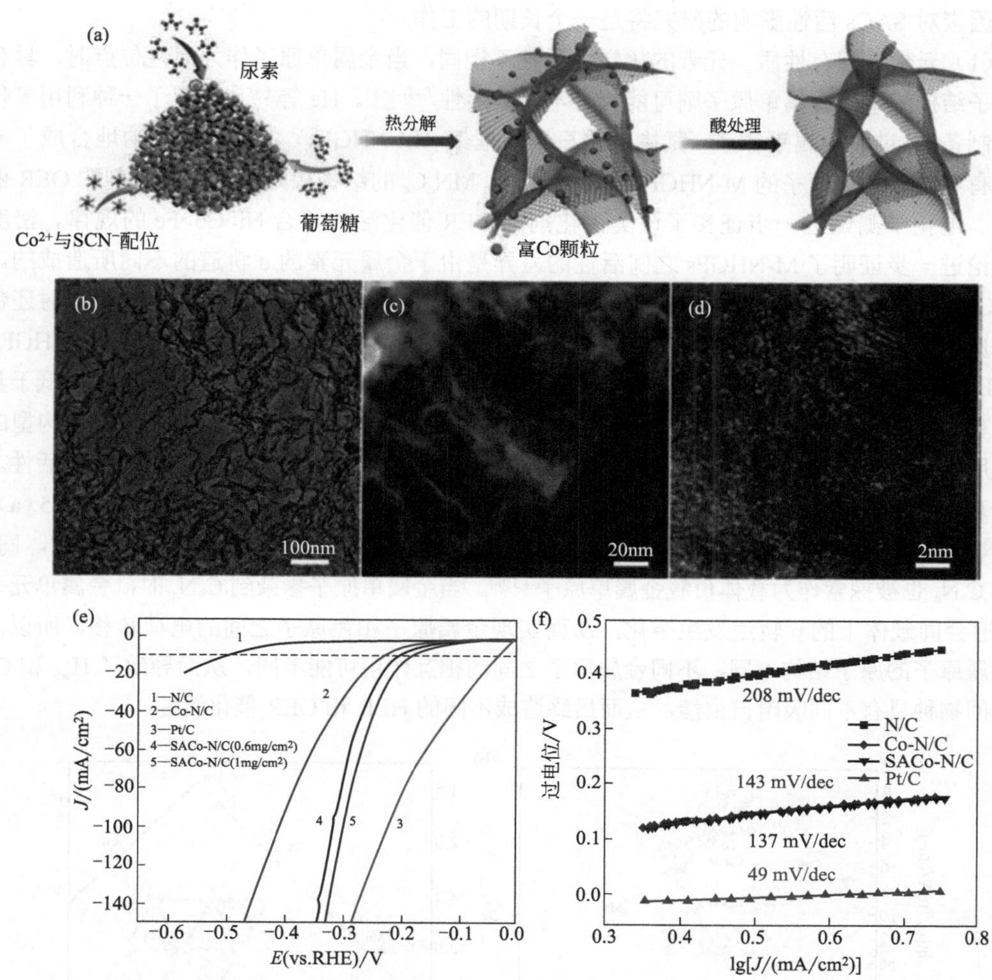

图9-34 Co^{2+}-SCN^-复合物与C_3N_4前驱体制备钴基SACs的合成过程（a）及合成催化剂的STEM（b）和HAADF-STEM图像（c）、（d）；HER极化曲线（e）和相应的Tafel曲线（f）[318]

（3）其他化合物为载体的 SACs 氧化物、硫化物和氢氧化物等化合物也常常被作为单原子催化剂的载体[303，341-346]。所有这些化合物载体都表现出一个共同的特征，即采用表面缺陷（阳离子缺陷和阴离子缺陷）作为固定金属原子抑制其迁移的主要位点。由于这些载体和单原子金属不同，单原子金属可能会影响化合物，使得其在反应中具有更加优异的催化活性。Zhang 等[347]将 Pt 固定到含有 Mo 空缺位的 $Mo_2TiC_2T_x$ 上，也发现催化剂相比于商业化的 Pt/C 催化剂，具有更高的析氢活性以及更为优越的稳定性。

如前所述，化合物载体的表面缺陷对金属单原子的固定具有重要意义。显然，缺陷的数量可能决定了金属单原子的负载量。因此，非常有必要研究化合物载体缺陷类型及数量对 SACs 制备及性能的影响。

虽然 SACs 的研究已经取得了很大的进展，但对于 SACs 来说，进一步提高其催化活性是非常必需的。其中，探索影响其电解水活性的因素并深入了解活性中心是实现催化活性提升的关键。因此，元素的固有性质、原子的配位环境、催化剂的几何结构以及金属原子的负载量等因素对 SACs 活性影响的研究将是一个长期的工作。

（1）元素的固有性质 元素的化学性质各不相同，当金属单原子作为活性位点时，具有不同原子结构的不同金属单原子则可能具有不同的活性[351-354]。He 等[355]报道了一种利用氧化石墨烯制备 3d 过渡金属单原子 - 氮掺杂的石墨烯框架（M-NHGFs）的方法，成功地合成了一系列具有不同金属单原子的 M-NHGFs。他们发现，MN_4C_4 的结构决定了这些催化剂的 OER 催化活性。电化学测试进一步证实了该类催化剂的 OER 催化活性符合 Ni>Co>Fe 的规律。密度泛函理论进一步证明了 M-NHGFs 之间活性的差异是由于金属元素的 d 轨道的不同所造成的。在 MN_4C_4 结构中，随金属元素的 d 电子数的增加，中间产物的吸附自由能发生变化，同时还带来了反应途径的变化。与 Co-NHGFs 和 Fe-NHGFs 的单活性位点反应机制相比，在 Ni-NHGFs 催化 OER 反应可以通过双活性位点反应机制进行，且该途径的反应能垒为 0.42eV，远远低于其他金属单原子催化剂，表明了 SACs 的催化性质取决于金属中心的自身性质及其与配位构型的相互作用。Fei 等[355]以石墨炔为载体计算了负载不同金属单原子时的 HER 和 OER 催化活性。结果发现，Pt@ 石墨炔和 Ni@ 石墨炔分别表现出最佳的 HER 和 OER 催化活性［图 9-35（a）和（b）］，同样也说明了不同元素的固有性质将决定 SACs 表现出不同的电解水催化活性。同时，单层 C_9N_4 也被探索作为载体负载金属单原子[356]。当金属单原子掺杂到 C_9N_4 时，金属单元子的 d 轨道会同载体上的 p 轨道发生杂化，从而实现金属原子和氮原子之间的电荷转移。所以，由于金属原子的原子结构不同，不同金属原子之间的相互作用可能不同，从而导致了 H_{ads} 和 OH_{ads} 等中间物种具有不同吸附自由能，从而最终造成不同的 HER 和 OER 催化活性。

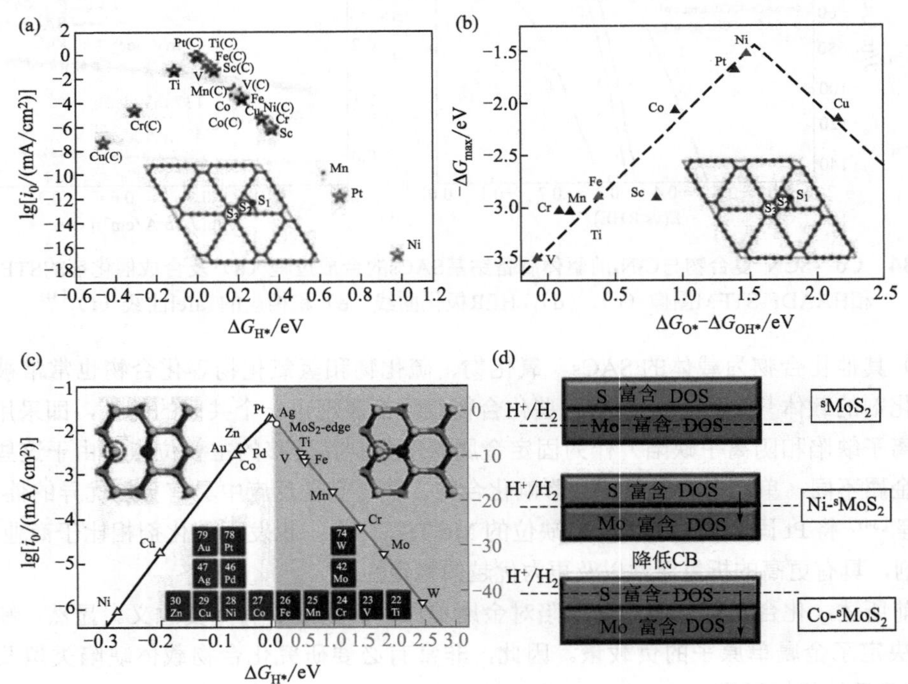

图9-35 （a）GDY单分子层不同金属单原子活性位点上 ΔG_{H^*} 与交换电流密度的火山型曲线；（b）对OER活性趋势图，$\Delta G_{O^*}-\Delta G_{OH^*}$ 与决速步过电位的火山关系曲线[348]；（c）MoS_2上金属单原子活性位点的 ΔG_{H^*} 与交换电流密度的火山关系曲线[349]；（d）MoS_2中Mo位点上掺杂其他金属原子后，导带的变化情况（彩插见文前）[350]

SACs 催化剂的载体也可能是活性组分。掺杂金属单原子会通过 SMSI 来调节载体的活性。因此，对于具有相同载体的 SACs，这种相互作用可能是不同的，从而导致不同的催化活性。Bao 课题组[349]研究了一系列金属单原子掺杂的 MoS_2（M-MoS_2）催化剂[349]。他们发现过渡金属原子可以代替 MoS_2 基体中的 Mo。一些 d 电子较少的金属原子会取代 Mo 与 6 个 S 成键，而另一些 d 电子较多的金属原子会与 4 个 S 成键。如图 9-35（c）所示，将金属原子掺杂到 MoS_2 载体中后，金属原子附近 S 位点的电子结构均得以调整。因此，这种元素的差异会导致 H 的吸附行为有明显的不同，从而导致其活性的不同。Lau 等[350]发现，在单层 MoS_2 纳米薄片中掺杂不同的金属单原子可能对其活性产生不同的影响[350]。与八面体配位的 $3d^8Ni^{2+}$ 相比，$3d^7Co^{2+}$ 只能与硫四面体配位。这种四面体配位形式决定了掺杂 Co 只能影响邻近的 S 位点，而对 Mo 位点没有影响，使得导带中的 S-3p 和 Mo-4d 轨道均下降，达到 ΔG_{H^*} 接近于 0 的目的，从而加速 HER 过程。相反，八面体配位 Ni 对相邻 S 位点和 Mo 位点均有影响，导致导带中 S-3p 和 Mo-4d 轨道几乎没有下降。反而，Ni 与 Mo 之间的相互作用还迫使 ΔG_{H^*} 远离零的值和最终减弱 MoS_2 的 HER 催化活性。

这些结果表明，通过掺杂不同的金属原子可以调节 SACs 的结构。适当选择掺杂金属单原子对 HER 催化活性的提升有非常重要的影响。尽管如此，SACs 的种类广泛，无法一一研究。因此，非常需要找出掺杂金属原子结构与载体相互作用的规律及其对催化活性的影响。如果可能的话，应该建立一个关于这种交互作用的描述符，以便深入了解 SACs 的设计。

（2）原子的配位环境　除了元素的固有特性外，原子的配位环境对 SACs 的活性也是重要的[358-361]。如碳基 SACs，金属原子可以直接掺杂到碳基体中形成 M@C_x 结构；或者，它们也可以被与不同数量的 N 原子配位，形成具有不同配位数的 M@N_x 结构[362]。这些不同的结构显然也具有不同的催化活性。Lai 等[363]分析了 Ir@Co/NC 催化剂中单个铱原子可能存在的局域配位结构。他们认为嵌入到不同配位环境中的铱原子对 HER 和 OER 表现出不同的催化活性。OER 的高催化活性应归功于 Ir@CoO 结构，HER 活性的主要贡献则来自 Ir@NC_3 结构。Gao 等[357]报道金属原子的配位数对金属原子掺杂的石墨烯催化剂的 HER（H_{ads}）吸附强度的影响（图 9-36），在边缘配位数较低的金属原子对 HER 具有最高的催化活性。因此，Ni@1-锯齿型和 Ni@N_4 结构对 HER 显示出了的最低过电位。Xu 等[364]进一步考虑了近邻配位原子

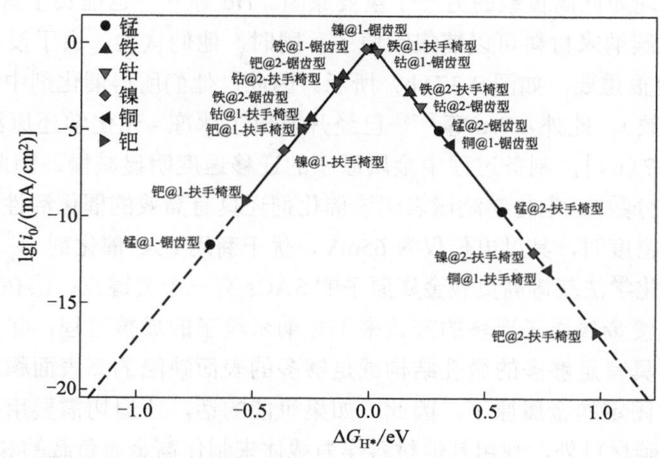

图9-36　各种低配位过渡金属/石墨烯复合材料的HER火山曲线[357]

的电负性，提出了采用φ描述催化剂的电催化活性[364]。这个描述符综合考虑了配位环境、金属原子的电负性、原子及其配位原子情况。更重要的是，反应中间产物的吸收特性也被囊括在这个描述符之中了。采用这个描述符为开发高性能的电解水SACs提供了思路。

（3）催化剂的几何结构　作为一种电催化剂，其几何结构决定了活性位点的分布。一个良好的结构可以保证活性位点的充分暴露[365, 366]。对于 SACs，虽然金属原子的理论利用率可以达到 100%，但实际上有些金属原子活性位点由于传质受限难以被利用，使得活性金属位点的实际利用效率还达不到 100%。因此，人们开发了许多策略来优化 SACs 的结构，以构建更多可用的三相界面，从而实现金属活性位点的高利用率。Chen 等[367] SiO_2 为模板制备了 Mo 单原子催化剂（Mo-SAC）[367]。制备的 Mo-SAC 比表面积约为 583m²/g。尽管 SACs 在水裂解方面取得了一些重要的进展，但对于 SACs 的几何结构优化方面的工作是有限的。因此，开发具有优良结构的 SACs 的制备策略是非常必要的。

（4）金属原子的负载量　尽管优越的几何结构可以有效地暴露活性位点，但 SACs 的活性位点的数量仍然受制于金属原子有限的负载量。因此，金属原子的负载量对 SACs 的活性起着至关重要的作用。SACs 中金属原子的负载量越大，可用的活性中心越多，SACs 的催化性能也就越好[368-371]。Li 等[369] 报道了一种单原子 Pt 催化剂，Pt 负载量相对较高，为 3.8%（质量分数），也具有非常优异的 HER 催化性能。然而，单个金属原子的巨大比表面能决定了它们易团聚。当大量金属原子存在于载体表面时，它们总是倾向于聚集成纳米团簇甚至纳米颗粒，而不是以单个金属原子分散存在。目前，SACs 一般可通过原子层沉积（ALD）、化学气相沉积（CVD）、控制质量沉积法（MSSL）和湿化学法等方法进行制备。与前面三种方法相比，湿化学法被认为是制备高负载金属原子 SACs 最有效的方法。Zhao 等[372] 报道了一种四重保护策略来抑制金属原子的团聚和烧结［图 9-37（a）］。这种四重保护策略巧妙地运用了协调效应和空间约束效应。金属原子通过过量的葡萄糖配体和三聚氰胺衍生的活性 CN_x 物种，紧紧地将金属原子固定在高表面积的表面富氧的碳载体上，保证了金属原子在煅烧后的原子分散。因此，负载量约为 12%（质量分数）的单原子钴催化剂被成功合成。在必要的升温速率 1℃ /min 控制下，Chen 和 Wei 等[373] 成功地将 9.33%（质量分数）的 Zn 以 $Zn\text{-}N_4$ 的方式负载在碳载体上制备的催化剂比表面积约为 1002m²/g，大量的微孔结构也为吸附热迁移的锌原子提供了机会，这也可能是实现如此高负载的另一个重要原因。Hu 等[374] 也证实了具有 877m²/g 高比表面积的分层氮掺杂碳纳米材料可以捕集铂原子。同时，他们认为，由于没有高温处理，高氮含量也对 Pt 的固定很重要，如图 9-37（b）所示。因此，他们所得催化剂中铂的负载量可增加到 5.68%（质量分数）。此外，Wu 等[375] 已经开发出了冰冻 - 光化学还原法用于合成高负载量的 SACs［图 9-37（c）］，制备过程中金属原子的迁移速度明显减慢。因此，最终 Pt 的负载量可达 13%（质量分数）。电化学测试表明该催化剂还具有高效的催化活性和耐久性。在达到 100mA/cm² 的电流密度时，其过电位仅为 65mV，优于商用 Pt/C 催化剂。

综上所述，湿化学法获得高负载金属原子的 SACs 有三个关键点：①在合成过程中，需要通过空间约束或减慢金属原子迁移的方式来干预纳米粒子的成核过程；②为了尽可能多地捕获金属原子，需要具有足够多的微孔结构或足够多的表面缺陷的高表面积载体；③表面掺杂剂可作为配体协助固定的金属原子。因此，如果可能的话，还迫切需要用掺杂剂对表面进行改性。然而，除了碳材料外，利用其他材料作为载体来制作高金属负载的 SACs 的情况并不多见。因此，开发高金属载荷的非碳基 SACs 虽然困难，但却迫切需要。同时，高负载 SACs 的

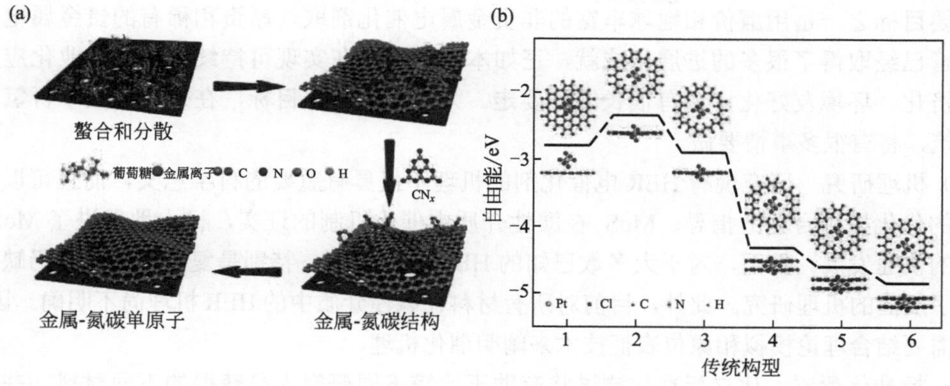

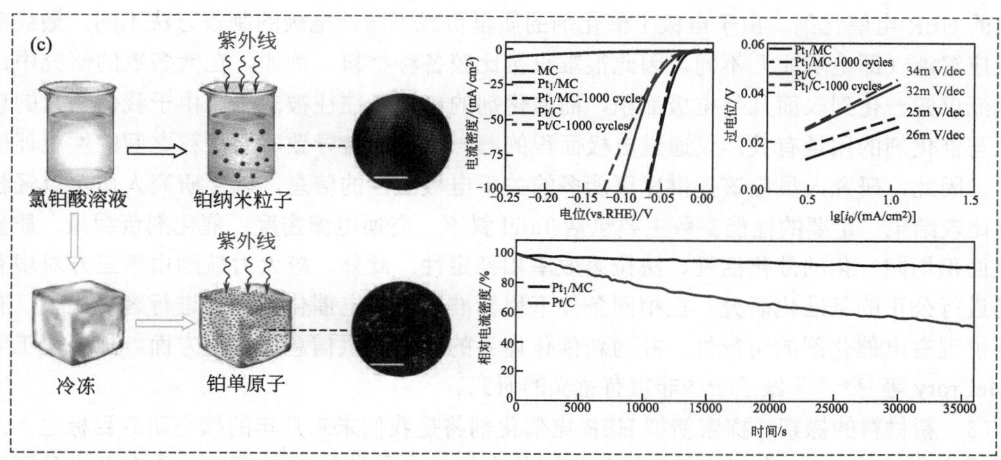

图9-37 (a)合成的四重保护策略合成金属单原子催化剂[372];(b)$[PtCl_6]^{2-}$在含有不同氮原子数量的微孔中的结构及相应的自由能[374];(c)冰冻-光化学还原法合成SACs的示意图和相应制备的SACs的性能曲线(彩插见文前)[375]

合成工艺还有待进一步研究。在制备过程中，更多的关于合成过程的信息需要进一步观察获得，将更有利于探索合成高负载SACs的其他新方法。

然而，SACs 的活性仍有很大的提升空间。由于金属原子的负载量小，活动中心的数量也受到限制。进一步提高金属原子的负载量也是目前发展 SACs 催化剂的重点。同时，SACs 的几何结构还需要进一步优化，促使活性中心的利用率最大化，进一步提高 SACs 的催化活性。更重要的是，对 SACs 的活性中心的认识，目前还有待进一步的深入研究。开发先进的原位观察技术是非常必要的。同时，掌握和了解各类型 SACs 的描述符，进一步指导 SACs 的合理设计也是迫切需要的。

9.1.5 总结与展望

未来的氢经济是一种利用氢储存和运输能源的系统。氢能循环过程主要有三个过程：收集可再生能源（如太阳能和风能），利用可再生能源将水分解为氢和氧，通过氢和氧反应重新释放可用能量。本节重点介绍了用于高效水裂解的析氢电催化剂的机理和研究进展。这一领域的主要目标之一是用廉价和地球丰富的非贵金属电催化剂取代昂贵和稀有的贵金属电催化剂。尽管已经取得了很多的进展和成就，正如本节所述，在实现可持续制氢的工业化应用中寻求经济化、环境友好化，还有很长的路要走。为了实现这一目标，在未来，关于析氢电催化剂构筑，将有很多事情要做。

（1）机理研究　研究现有 HER 电催化剂的机理不仅具有重要的科学意义，而且可以为材料性能的优化提供合理的指导。MoS_2 在酸性介质中催化机制的证实，极大地促进了 MoS_2 相关材料的快速发展。然而，对于大多数已知的 HER 电催化剂，特别是复合催化剂，仍缺乏深入的原子层面的机理研究。此外，目前对所有材料在碱性介质中的 HER 机理尚不明确。因此，这可能需要结合理论模拟和原位表征技术来阐明催化机理。

（2）标准化测试　建立标准化测试将有助于比较不同研究人员获得的不同材料，并筛选最佳的 HER 电催化剂。由于电极上催化剂的质量负载不同，电极的制备方法不同，最终使用的反应溶液（即电解质）不同，因此很难直接比较各种材料。例如，在大多数的研究中，测量电流仅归一化到表面几何电极面积，而催化剂的负载量往往被忽略。由于我们测量的总电流也与催化剂的用量有关，仅通过电极面积的归一化可能会导致不同材料之间的性能评价不公平。因此，研究人员应该提供尽可能多的关于电极活性的信息，以便研究人员可以轻松地相互比较结果。重要的性能参数主要包括 Tafel 斜率、交换电流密度、催化剂负载量、质量和电极面积均归一化的催化活性、法拉第效率和稳定性。此外，应大力鼓励由第三方对现有催化剂进行公正的基准化研究。在相同条件下用标准方法对电催化剂性能进行客观比较，有助于评价现有电催化剂的可行性，并为新催化体系的发展提供信息。在这方面，加州理工学院的 McCrory 等[376, 377]做了一些非常有意义的研究。

（3）新材料的探索　探索新型 HER 电催化剂将是我们未来几年的核心研究目标之一。一种理想的非 Pt 基 HER 电催化剂应满足以下几个标准：①类似 Pt 的高效；②在至少几年的时间内具有良好的耐久性；③在广泛的 pH 范围内，甚至在所有 pH 值下，具有高的化学 / 催化稳定性；④成本低，保证制氢成本高；⑤可扩展性，确保广泛的商业用途。然而，迄今为止，没有一种已知的 HER 电催化剂具备上述所有优点。因此，选择合适的催化剂是一种可行的方法。在化学成分方面，过渡金属 Fe 和 Ni 化合物（如 FeP）由于其丰富的天然成分和潜在的催化活性，将成为未来 HER 电催化剂的首选。此外，还应积极开发耐海水性能高的 HER 催化剂，以实现对海水的直接利用。

（4）HER 电催化剂与析氧电催化剂和 / 或半导体光催化剂的集成　一方面，电化学水的分解效率不仅取决于 HER 电催化剂和析氧电催化剂本身[378-381]，而且还取决于它们的相容性。另一方面，HER 电催化剂与半导体材料的适当结合也强烈影响光催化或光电化学分解水的效率。因此，必须对 HER 电催化剂进行最终评价，才能将其放入真正的电化学或光（电）化学水裂解系统中。

9.2　析氧电催化剂

9.2.1　析氧电催化剂概述

电解水制氢过程包含阳极析氧反应（OER）和阴极析氢反应（HER）。水分子中氢氧键能高达 498.7kJ/mol，电解水制氢过程需要高活性的析氢和析氧电催化剂，以提高反应速率，降低过电位，增加能量转换效率[382]。经过不懈的努力，研究者们在析氢催化剂开发上取得了一些成就，成功制备了一系列具有较高活性和稳定性的析氢催化剂，其中以过渡金属磷化物最为突出。比如，Chen 课题组[383]以 Mn 掺杂的 CoP 用作析氢催化剂，Sun 课题组[384-386]以过渡金属（M=Fe、Zn 等）掺杂的 CoP 用作高性能析氢电催化剂。然而，相比 HER，阳极 OER 涉及复杂的四电子转移过程，过电位往往高达数百毫伏，成为电解水制氢过程能耗最大的步骤[387]。因而，高性能析氧催化剂对高效电解水制氢过程尤为重要。贵金属基析氧催化剂（如 RuO_2 和 IrO_2）活性高，但价格昂贵[388]。因此，开发兼具高活性和高稳定性的非贵金属基析氧催化剂，是借助新能源实现电解水制氢技术工业化普遍应用的关键。

具有较高活性的析氧催化剂包括合金型析氧催化剂[389-392]、过渡金属硫族化合物[393-399]、氮化物[400-403]、碳化物[404-407]以及过渡氧化物等催化剂，其中晶体结构多样、储量丰富、制备容易、环境友好、析氧活性较高的过渡金属氧化物（TMOs），被视为析氧反应的理想电催化剂，受到了研究者们广泛关注。过渡金属氧化物常见的晶体结构有：①钙钛矿型[408-414]；②烧绿石型[415, 416]；③层状双氢氧化物[417-440]；④岩盐型[424]；⑤金红石型[441-449]；⑥水钠锰矿型[450]；⑦尖晶石型[451-470]等。过渡金属氧化物在制备过程中往往不需要保证无水无氧等苛刻的反应条件，且不会产生对环境有害的气体或固体，因此，高活性的过渡金属氧化物被视为析氧催化剂开发的重点。为进一步推动析氧催化剂的研究，加速电解水制氢技术的工业化进程，本节从阳极析氧机理入手，总结分析近年来在提升和增强过渡金属氧化物析氧催化活性和稳定性方面的代表性研究工作，并对其未来的发展提出建议与展望。

9.2.2　析氧电催化剂机理的研究进展

经过数十年的研究，电化学析氧反应的机理经历了键能理论[471]、氧化物焓变理论[472]、氧化物对电位控制理论[473]、表面吸附机理[474, 475]、晶格氧机理[476-479]和表面重构机理[463, 480-483]等，现在研究者们广泛认可的是表面吸附机理和晶格氧机理。因此，本节将主要介绍表面吸附和晶格氧机理。对于其他析氧机理，感兴趣的读者可以阅读相关文献。

9.2.2.1　表面吸附机理

析氧反应的化学反应方程式因电解液酸碱性的不同而存在差异。

碱性电解液中：

$$4OH^-(aq.) \longrightarrow O_2(g)+2H_2O(l)+4e^- \tag{9-8}$$

酸性电解液中：

$$2H_2O(l) \longrightarrow O_2(g)+4H^+(aq.)+4e^- \tag{9-9}$$

无论电解液呈酸性还是碱性，析氧反应都包含复杂的 4 电子转移过程，涉及 3 种吸附物种（$^*OH$、$^*O$、$^*OOH$），但具体反应机理仍受电解液酸碱性影响。

近年来，随着理论计算的高速发展，研究者们得以从分子 - 原子的角度重新认识析氧反应的机理。人们认识到，虽然析氧过程在酸性和碱性介质中具有不同的反应方程式，但其电极表面所吸附的反应中间体却是一样的（$^*OH$、$^*O$、$^*OOH$），且析氧反应速率由吸附物种的吸附强度决定。根据这一理论，可以概括得出析氧反应的机理如下所示[475, 484, 485]：

碱性电解液中：

$$OH^-(aq.)+^* \longrightarrow {}^*OH+e^- \tag{9-10}$$

$$^*OH+OH^-(aq.) \longrightarrow {}^*O+H_2O(l)+e^- \tag{9-11}$$

$$^*O+OH^-(aq.) \longrightarrow {}^*OOH+e^- \tag{9-12}$$

$$^*OOH+OH^-(aq.) \longrightarrow O_2(g)+H_2O(l)+e^- \tag{9-13}$$

酸性电解液中：

$$H_2O(l)+^* \longrightarrow {}^*OH+H^+(aq.)+e^- \tag{9-14}$$

$$^*OH \longrightarrow {}^*O+H^+(aq.)+e^- \tag{9-15}$$

$$^*O+H_2O(l) \longrightarrow {}^*OOH+H^+(aq.)+e^- \tag{9-16}$$

$$^*OOH \longrightarrow O_2(g)+H^+(aq.)+e^- \tag{9-17}$$

根据以上的反应机理，酸性电解液或碱性电解液中析氧反应机理可以概述为以下四步：①电解液中 H_2O（酸性电解液）或 OH^-（碱性电解液）首先吸附在催化活性位点，形成吸附态的 $^*OH$；②吸附在催化剂层表面的 $^*OH$ 移除一个 H^+（酸性电解液）或 H_2O（碱性电解液）形成吸附态的 $^*O$；③电极表面形成的吸附态的 $^*O$ 离子，与溶液中 H_2O（酸性电解液）或 OH^-（碱性电解液）反应，在电极表面形成吸附态的 $^*OOH$；④最后是电极表面的 $^*OOH$ 以 O_2 和 H^+（酸性电解液）或 H_2O（碱性电解液）的形式脱离电极表面。标准状态，析氧反应的电极电势高达 1.23V，整个反应的吉布斯自由能变为 4.92eV。根据 Nørskov 等[475, 484]发展的计算电化学，研究者可以结合第一性原理计算每一个基元反应的吉布斯自由能（ΔG_1、ΔG_2、ΔG_3、ΔG_4）[475, 484, 485]，判定析氧反应的速率控制步骤。速率控制步骤可以依据式（9-18）和式（9-19）计算理论过电位：

$$\Delta G_{max} = \max(\Delta G_1,\ \Delta G_2,\ \Delta G_3,\ \Delta G_4) \tag{9-18}$$

$$\eta = \frac{\Delta G_{max}}{e} - 1.23V \tag{9-19}$$

以上机理指导研究者们成功优化了 RuO_2 的析氧催化活性。RuO_2 为一种常用的 OER 催化剂，其活性的调控显得异常重要。以上模型的预测结果表明，RuO_2 电极表面对 $^*O$ 物种的吸附过强，阻碍了 $^*OOH$ 的生成[484]。此外，理论计算表明金属 Cr 的引入，能显著降低 $^*O$ 的吸附强度，促进 $^*OOH$ 的生成，降低析氧反应的过电位[486]。因此，通过以上模型预测 OER 材料的析氧活性是可行的。

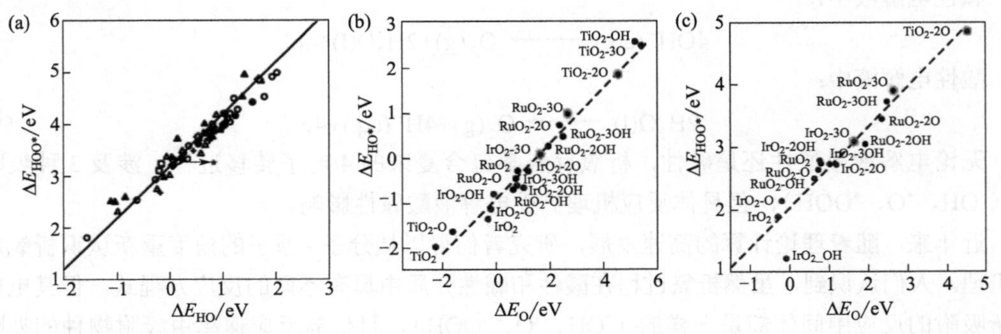

图9-38 （a）各种氧化物表面 $\Delta E_{\cdot OOH}$ 与 $\Delta E_{\cdot OH}$ 之间的线性标度关系[485]；（b）、（c）各种析氧催化剂表面 $^*O$ 与 $^*OH/^*OOH$ 之间的线性标度关系[487, 488]

此外，Rossmeisl 和 Nørskov 等[475, 484, 485]研究者还根据以上模型揭示了析氧催化剂表面吸附物种之间存在的线性标度关系（图 9-38）。吸附物种 $^*O$、$^*OH$ 和 $^*OOH$ 在催化剂表面的吸附强度不是相互独立的，是存在函数的关系的，这个关系叫作线性标度关系（scaling relationships）。图 9-38（a）显示，吸附物种 $^*OH$ 和 $^*OOH$ 存在如下关系：$\Delta E_{^*OOH} - \Delta E_{^*OH} = (3.20 \pm 0.2)\text{eV}$[485]。Koper 等[487, 488]也有相类似的结论。吸附物种 $^*O$ 与 $^*OH/^*OOH$ 之间的关系可以由以下两个方程表示［式(9-20) 和式(9-21)］:

$$\Delta E_{^*OH} = a_1 \ \Delta E_{O^*} + b_1 \tag{9-20}$$

$$\Delta E_{^*OOH} = a_2 \ \Delta E_{O^*} + b_2 \tag{9-21}$$

式中，a_1 和 a_2 的数值接近 0.5，然而 b_1 和 b_2 的数值却是一个与催化剂活性位点和材料相关的常数[484]。根据现有提出的表面吸附模型的预测，当催化剂表面 $^*OH$ 和 $^*OOH$ 吸附自由能之差为 2.46eV 时，催化剂的理论过电位为 0。然而，绝大部分催化剂表面存在的关系为：$\Delta E_{^*OOH} - \Delta E_{^*OH} = (3.20 \pm 0.2)\text{eV}$。这就导致依据上述模型计算得到析氧催化剂的理论过电位高达 0.37V。催化剂表面吸附物种之间线性标度关系的存在，是制约析氧催化剂性能提升的关键。因此，如何打破这一线性标度关系，是下一阶段析氧催化剂研究的重点。

9.2.2.2 晶格氧参与的析氧机理

表面吸附机理对析氧催化剂的发展有巨大的促进作用，然而，实验上却观测到了一系列反常的现象。此外，由于存在线性标度关系，依据表面吸附机理预测其理论过电位高达 0.37V。因此，发展新的 OER 机理迫在眉睫。晶格氧参与的析氧机理便应运而生。早在 1976 年 Damjanovic 等[478]在研究利用同位素标记的 PtO 表面的析氧机理时，便提出了晶格氧参与的OER机理。此外，Wohlfahrt[477]研究RuO_2表面析氧机理时，发现晶格氧会参与到析氧反应。利用同位素标记法，Grimaud 等[479]在 2017 年详细地揭示出了晶格氧参与的 OER 机理，可以概括为图 9-39。

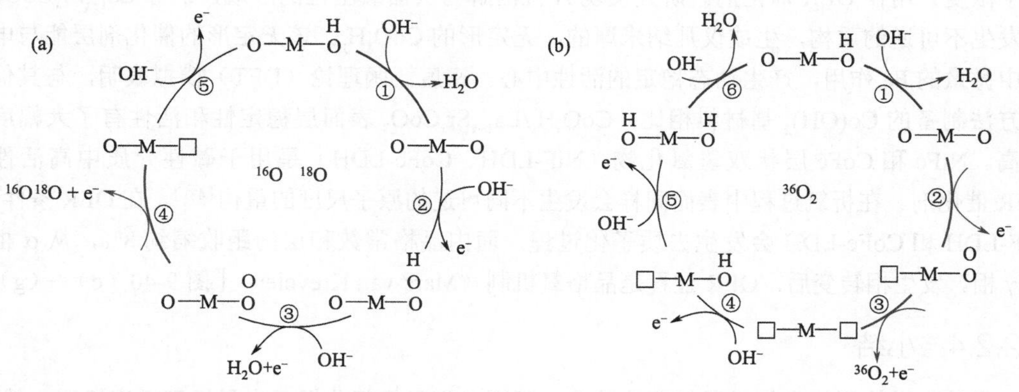

图9-39 两种可能的晶格氧参与析氧反应的机理[479]

晶格氧机理包含四个基元反应：

$$OH^* \longrightarrow (V_o + {}^*OO) + H^+ + e^- \tag{9-22}$$

$$H_2O(l) + (V_o + {}^*OO) \longrightarrow O_2(g) + (V_o + {}^*OH) + H^+ + e^- \tag{9-23}$$

$$(V_o+{}^*OH)+H_2O(l) \longrightarrow ({}^*OH+{}^*OO)+H^++e^- \tag{9-24}$$

$$({}^*OH+{}^*OO) \longrightarrow {}^*OH+H^++e^- \tag{9-25}$$

与表面吸附机理类似，金属位点是析氧反应的活性中心。首先，金属位点形成吸附态 $^*OH$，随后 $^*OH$ 与催化剂晶格中的 O 反应产生一个晶格氧与 $^*OO$，接着以 O_2 分子的形式从催化剂表面脱离。在这之后，Cho 等[476]利用理论计算了钙钛矿材料在表面吸附机理与晶格氧机理下的理论过电位。结果表明，式（9-23）是晶格氧机理中主要的速率控制步骤，其最低的理论过电位为 0.17 ～ 0.41V，显著低于表面吸附机理预测的值，表明晶格氧机理更加高效。

9.2.2.3 析氧催化剂的表面重构

相比析氢催化剂，析氧催化剂在高电位下会发生严重的表面重构现象，这些原子尺度的表面重构，才是真正的析氧催化剂的活性位点。理解析氧催化剂在工况条件下的表面重构是理解析氧反应机理的重要途径。Fabbri 等[482]研究发现，钴基钙钛矿型氧化物在析氧过程中表面会发生不可逆的重构。原位 X 射线精细谱（XANES）发现，在析氧过程中 Co 的化合价会升高，当电位达 1.425V 时，Co 的化合价逐渐升高［图 9-40（a）、（d）］，电位达 1.55V 时，Co 的化合价快速升高［图 9-40（b）、（d）］。此外，发现 Fe 的存在能促进 Co 化合价的升高。通过延展区 X 射线（EXAFS），揭示出 Co 化合价升高的原因是在表面形成一层无定形的 CoOOH。此外，结合原位和非原位实验，Jin 等[483]报道了 $SrIrO_3$ 催化剂的表面活化机理，指出了晶格氧活化和耦合离子扩散对活性 OER 单元形成的关键作用。$SrIrO_3$ 在经历耦合的 Sr^{2+} 和 O^{2-} 扩散使结构最终演化为高度无序的 Sr_yIrO_x 形式。他们发现催化剂表面的重构分为两个过程。首先，表面界面发生晶格析出过程，这一步骤增加了氧空位浓度，使 $SrIrO_3$ 结构不稳定。这一初始过程将 $SrIrO_3$ 结构中的 Ir 转变为平面四方的配位形式，形成非晶态 Sr_yIrO_x。随着的 Sr^{2+} 流失，非晶态的 Sr_yIrO_x 经历第二阶段相转变，形成一个包含 Sr^{2+} 处于 IrO_6 八面体的结构［图 9-40（c）］。此外，Markovic 等[480]报道了一种 Sr 掺杂的 $LaCoO_3$ 单晶（$La_{1-x}Sr_xCoO_3$，x 表示 Sr 原子浓度）用作 OER 催化剂。研究发现 A 位溶解与表面氧空位的形成，诱导 $La_{1-x}Sr_xCoO_3$ 表面发生不可逆的重构，生成仅几纳米厚的、无定形的 CoO_xH_y。该无定形的催化剂层能与电解液中微量的 Fe 作用，产生动态稳定的活性中心。密度泛函理论（DFT）模拟表明，与其他传统方法制备的 $Co(OH)_2$ 基材料相比，$CoO_xH_y/La_{1-x}Sr_xCoO_3$ 表面层稳定性和活性有了大幅度的提高。NiFe 和 CoFe 层状双氢氧化物（NiF-LDH、CoFe-LDH）是用于碱性介质中高活性的 OER 催化剂。在析氧过程中表面同样会发生不同可逆的原子尺度的重构[481]。在 OER 条件下，NiF-LDH 和 CoFe-LDH 会发生去质子化过程，面内晶格常数和层间距收缩约 8%，从 α 相转变 γ 相。发生相转变后，OER 过程是晶格氧机制（Mars-van Krevelen）［图 9-40（e）～（g）］。

9.2.2.4 小结

借助先进的原位表征手段与理论计算，研究者们已经部分揭示出了析氧反应机理。然而，现阶段析氧电催化剂的过电位依旧高达数百毫伏。因此，如何进一步降低析氧过电位是析氧电催化剂设计的关键。这要求我们发展出全新的析氧机理。此外，析氧电催化机理已经提出有数十年了，但传统的机理主要是基于几种简单的、“长寿命”的活性物种，不包含“短寿命”活性物种，也不包含催化剂层的动态重构。然而，现有实验已经表明电极在析气过程中，催化剂层表面存在的“短寿命”的活性物种。它们存在时间极短、活性高，对析氧的反应机理

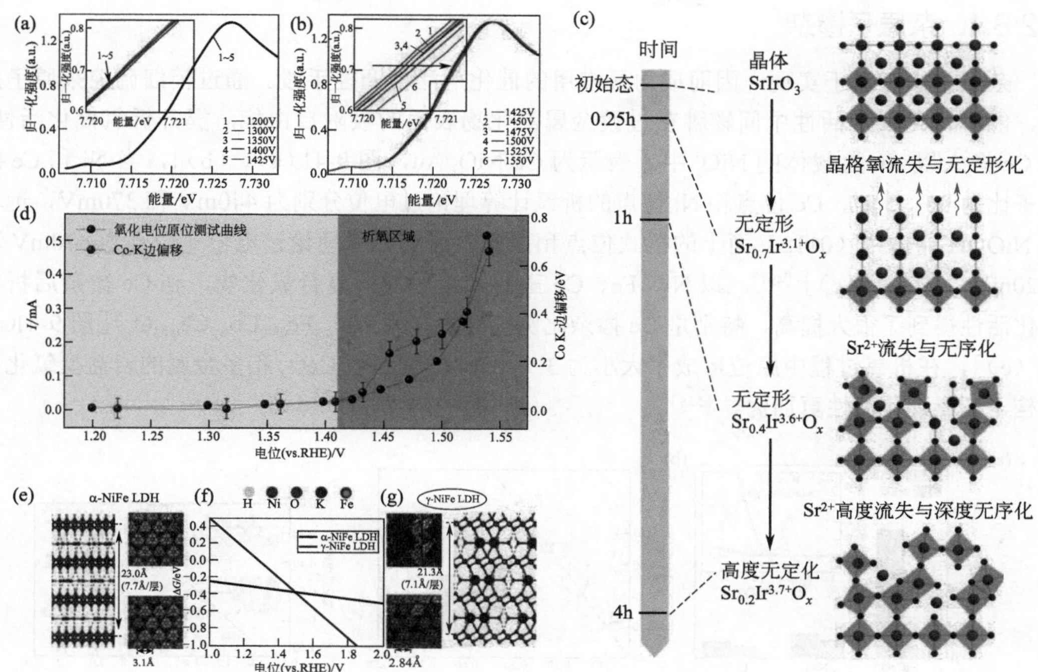

图9-40 不同OER极化电位下Co的原位X射线吸收近边精细结构：（a）1.20V到1.425V；（b）1.42V到1.550V [482]；（c）$SrIrO_3$在OER过程中结构变化的示意图 [483]；（d）不同OER极化电位下Co的化合价 [482]；（e）、（g）α-NiFe-LDH的结构与γ-NiFe-LDH的结构；（f）α-NiFe-LDH与γ-NiFe-LDH在不同电位下的稳定性 [481]

与溶解机制有重要影响，传统表征手段难有效探测。通过表面增强原位拉曼与原位红外技术，可以探测催化剂层表面存在的“短寿命”的活性中间体，结合第一性原理解析新的析氢/析氧反应机理。此外，外电位的施加，改变了催化剂层内的HOMO能级和LUMO能级，诱发了催化剂层内发生原子尺度的动态重构。这些原子尺度的动态重构将决定活性物种的吸附强度与催化剂层的溶解机制，建立一个包含析氧机理-动态重构-溶解机制之间的机理是非常有必要的。

9.2.3 增强过渡金属化合物析氧催化活性的策略

计算化学的快速发展，使析氧催化反应机理在分子 - 原子水平上的研究得以实现。根据Sabatier 原理，催化活性中心应具有与活性中间物种匹配的结合能，理想的催化剂表面对活性物种的吸附既不能太强也不能太弱 [474, 489]。由于析氧过程涉及 3 种含氧活性中间物种（*OH、*O、*OOH）的吸附，使过渡金属氧化物表面析氧活性中间物种吸附自由能的优化变得复杂而困难。对于析氧反应，有研究者提出以 *O 和 *OH 的吸附自由能变之差（$\Delta G_O-\Delta G_{OH}$）作为催化剂活性评价指标 [485]，鉴于该过程的复杂性，研究者们更倾向于利用理论过电位评价催化剂的析氧活性 [487]。近年来，研究者在过渡金属氧化物析氧催化剂方面做了大量工作，催化剂的析氧活性得到了很大提高。下面将从杂原子掺杂 [420, 467, 490-497]、异相界面构筑 [498-505]、缺陷位调控 [411, 415, 476, 506-510]、结构无定形化 [482, 492, 511-520]、晶面调控 [424, 521-540]、自旋调控 [408-413, 541, 542] 和形貌调控 [46, 425, 429, 432, 499, 517, 543-555] 等角度，分别阐述析氧催化剂活性增强策略的研究进展。

9.2.3.1 杂原子掺杂

杂原子掺杂易于实现，因而成为最常用的催化剂活性调控手段。通过精细调控杂原子掺杂，能够优化反应活性中间物种在过渡金属氧化物表面的吸附自由能，提升析氧催化活性。将 Ce 掺入以 Au 为载体的 NiO_x 中［表示为 Ce-NiO_x/Au，图 9-41（a）、（b）］，当 Ni 和 Ce 的原子比为 95∶5 时，Ce 位点和 Ni 位点的析氧计算理论过电位分别为 440mV 和 370mV，远小于 NiOOH 晶体中（0112）面上的桥式位点和顶式位点的计算理论过电位［分别为 670mV 和 1020mV，图 9-41（c）］[491]。以 Ni、Fe、Co 三种元素形成的复合氧化物，在 Ce 掺杂后析氧催化活性得到了很大提高，特别是 Ce 掺杂比例较高的样品（$Ni_{0.3}Fe_{0.07}Co_{0.2}Ce_{0.43}O_x$）［图 9-41（d）和（e）］，在析氧过程中原位形成了大小为 3～5nm 的萤石型 CeO_2 和多金属的岩盐型氧化物结构，析氧催化活性更加优异[556]。

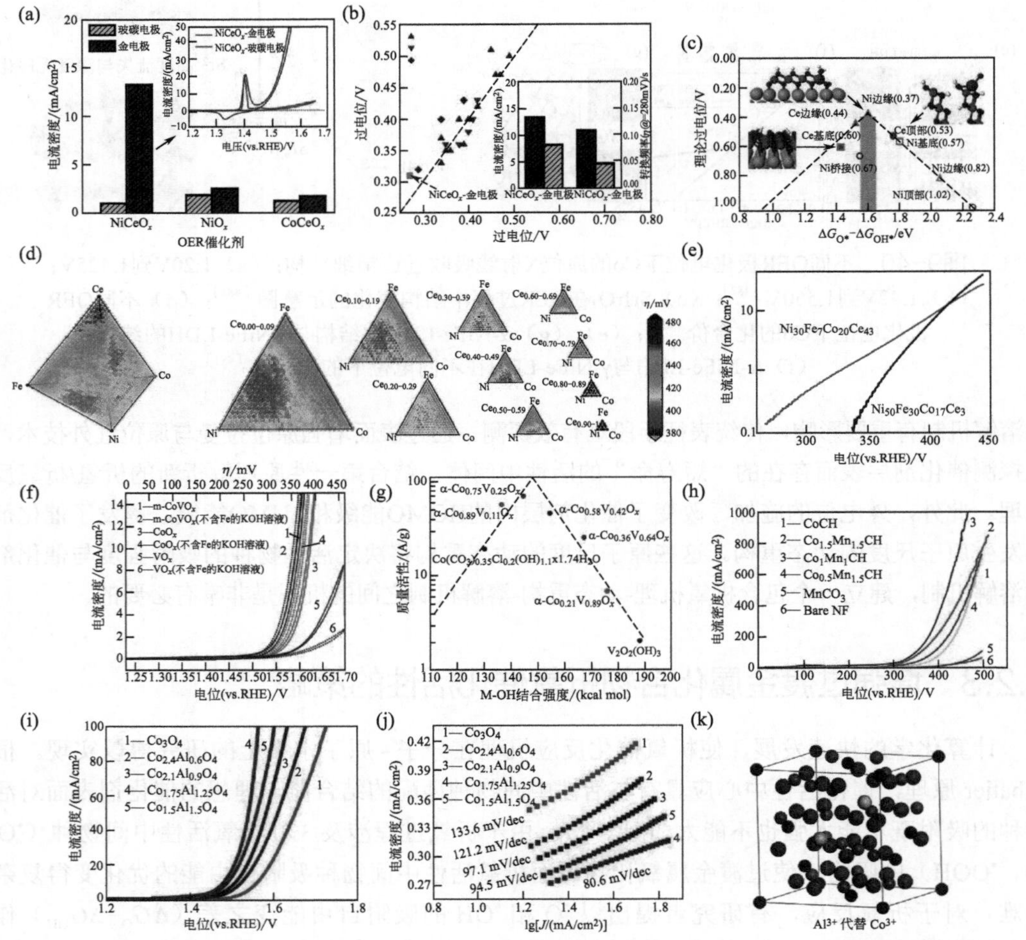

图9-41 （a）NiO_x、$NiCeO_x$以及$CoCeO_x$在Au基底上和玻碳电极上的OER活性（插图：$NiCeO_x$-Au和$NiCeO_x$-GC的线性伏安扫描图）；（b）$NiCeO_x$-Au催化剂的OER活性和其他催化剂的对比；（c）$NiCeO_x$-Au催化剂上不同活性位点的“火山型”曲线图[491]；（d）Co-Fe-Ni-Ce四元氧化物的析氧活性图；（e）$Ni_{0.3}Fe_{0.07}Co_{0.2}Ce_{0.43}O_x$与$Ni_{0.5}Fe_{0.3}Co_{0.17}Ce_{0.03}O_x$的析氧活性曲线图[556]；（f）不同钒掺杂量的极化曲线图；（g）理论计算的催化剂表面对OH的吸附强度与V掺杂量的关系[557]；（h）$CoMn_xCH$与其对比样的极化曲线图[496]；$Co_xAl_{3-x}O_4$的线性伏安扫描图（i）和相应的塔菲斜率图（j）；（k）理论计算的模型[467]

除了Ce，掺杂Fe[558, 559]、Mn[496, 560]、V[420, 431, 561]、Cr[424, 562, 563]和Ti[424]等原子对增强过渡金属氧化物析氧催化活性都行之有效。将Ti掺杂到超薄NiO纳米片，形成直径和厚度分别约为4.0nm和1.1nm的双金属NiTi氧化物超薄纳米片，在析氧电流密度为10mA/cm^{2}时，过电位为320mV[424]。TiO_2对双金属NiTi氧化物中NiO的高指数晶面起到了稳定作用，使更多未配位的+3价镍原子得到暴露，析氧反应催化活性得以显著提高[424]。将V掺入CoO中，得到Co、V双金属氧化物a-$CoVO_x$，当析氧电流密度为10mA/cm^{2}时，过电位仅为347mV[图9-41(f)][557]。理论计算表明，V掺杂优化了Co位点对OH的吸附强度，增强了析氧活性［图9-41(g)］。此外，在无定形Co、V双金属氧化物中掺杂V[564]，也得到类似的结果。掺杂Mn的CoMn水合碳酸盐（$CoMn_xCH$），当析氧电流密度为30mA/cm^{2}和1000mA/cm^{2}时，过电位仅分别为294mV和462mV［图9-41(h)］[496]。将电化学惰性材料Al掺入Co_3O_4中［图9-41(i)、(j)］，得到的样品$Co_{1.75}Al_{1.25}O_4$在析氧电流密度为10mA/cm^{2}时，过电位降低至248mV［图9-41(k)］[467]。然而，酸性介质中的非贵金属电催化析氧反应则是一个非常前沿的研究领域。Huynh等[494]已分别研究了Fe掺杂的$CoFePbO_x$和Ni掺杂的$Ni_xMn_{1-x}Sb_{1.6\sim1.8}O_y$在酸性介质中用作稳定、高活性的析氧催化剂。

阴离子调控同样是增强OER活性的策略之一。Wei课题组[495]构建了包括$Co(OH)_x$、$Co_3(SOH)_x$和Co_3S_4在内的单金属化合物模型，以及双金属化合物模型［$NiCo_2(SOH)_x$］来解释配体和金属对催化剂OER活性的贡献。我们选择了各催化剂的稳定晶面，并考虑了各催化剂上可能的吸附位点。上述吸附中间体模型的优化结构以及在碱性环境中OER的基元反应步骤反应自由能结果如图9-42(a)、(b)所示。图9-42显示所建立模型在平衡电势1.23V时OER各步反应的吉布斯自由能。Co-OH和S-Co-OH的潜在OER反应决速步（PDS）是*OOH生成，而Co-S的OER决速步是*O生成。不同模型催化剂的潜在决速步的势垒（ΔG_{pds}）的大小顺序为：Co-OH（0.702eV）>Co-S（0.519eV）>S-Co-OH（0.408eV）>S-NiCo-OH（0.385eV）。与单一配体的Co-OH和Co-S相比，双配体S-Co-OH的ΔG_{pds}分别减少了0.294eV和0.111eV。这些结果表明，上述四种模型的内在OER催化活性均遵循Co-OH<Co-S<S-Co-OH<S-NiCo-OH的顺序。图9-42(b)所示各催化剂的理论起始电位大小顺序与潜在决速步的势垒（ΔG_{pds}）的大小顺序一致。在1.64V时，S-Co-OH模型上所有的OER基本反应步骤均自发进行，即其OER反应的起始电位为1.64V［图9-39(b)］，这比Co-OH和Co-S的理论起始电压均低，甚至低于最好的催化剂RuO_2（其理论起始电压约为1.65V）。这些结果显示了双配体调制S-Co-OH催化剂相对于单配体金属催化剂的OER催化性能的优越性［图9-42(c)］。进一步通过对物种吸附能的分析可以发现，Co-S上*OH吸附自由能为0.483eV，Co-OH模型上*O的吸附自由能为1.980eV。虽然由于OH和S配体协同调制作用，S-Co-OH上*OH和*O吸附自由能分别增加到0.767eV和2.261eV，表明S-Co-OH上*O和*OOH形成比在单一配体Co-S和Co-OH更容易。这说明通过双配体协同作用可以优化OER中间体在催化表面的结合能，从而提高催化剂上OER反应的速率。

与单一金属模型相比，双金属S-NiCo-OH模型的ΔG_{pds}和U_{oneset}进一步降低［图9-42(a)、(b)］，揭示了多金属作用也可以改善催化剂的OER催化活性。S-NiCo-OH的*O和*OOH生成的吉布斯自由能分别为0.385eV和0.301eV。由于S-NiCo-OH的*O和*OOH生成的能量差小于DFT计算的误差值（小于0.1eV），所以S-NiCo-OH的OER过程由*O和*OOH生成共同控制。通过比较配体和金属对催化活性的贡献，可以发现双配体作用可以将Co-OH的OER起始电位由1.93V降至S-Co-OH的1.64V，而双金属作用将S-Co-OH的OER起始电位由1.64V

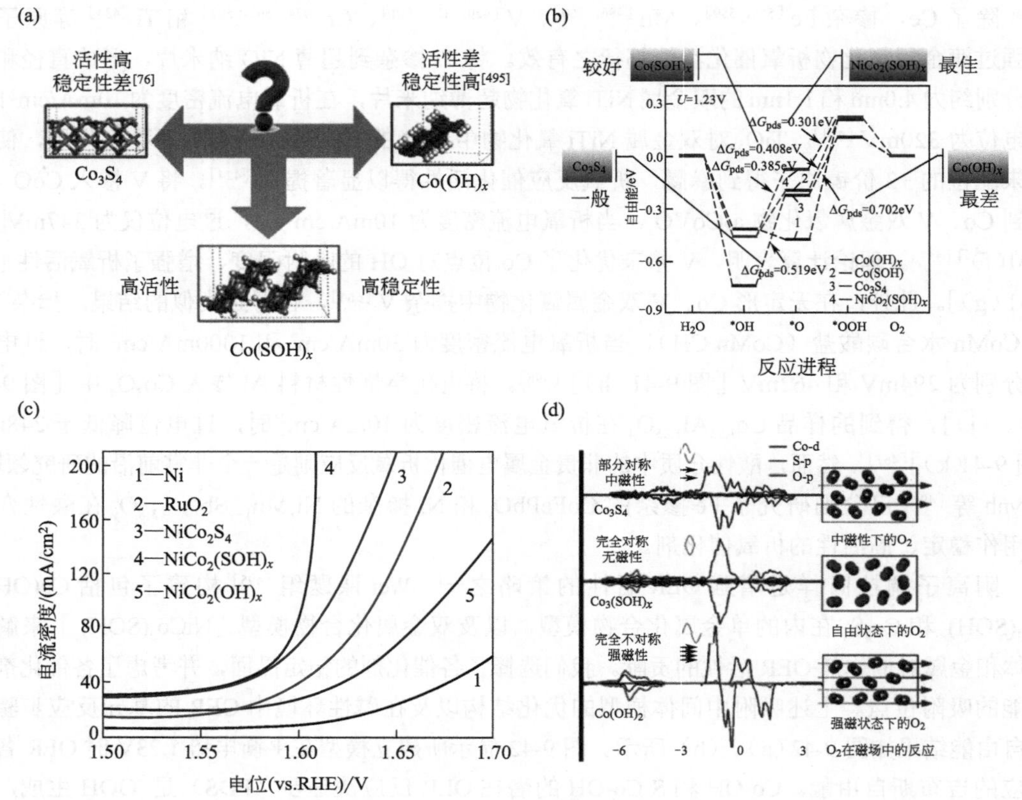

图9-42 （a）双阴离子调控金属化合物催化剂性能示意图；（b）OER过程在原始Co-OH、S-Co-OH、S-NiCo-OH和Co-S表面上的反应步骤和自由能图；（c）所合成催化剂碱性析氧催化活性图；（d）$Co(OH)_2$、Co_3S_4及$Co_3(SOH)_4$的电荷密度图及对应的磁矩

降至S-NiCo-OH的1.61V。以上模型的理论OER催化活性变化差异说明双配体在提高OER催化活性方面发挥着更为突出的作用。此外，双配体协同作用可以精确调控催化剂的磁性性质，从而影响顺磁性O_2产物在催化剂表面的脱附，最终影响析氧反应的催化活性。最优化的$NiCo_2(SOH)_x$具有抗磁性，这显著降低催化剂表面O_2脱附的阻力，从而促进O_2的析出过程。

9.2.3.2 异相界面构筑

化合物间具有物理和化学性质独特的异相界面，能够对催化剂活性实现精细调控，因而越来越受到研究者们青睐。富含过渡金属氧化物与金属界面的Fe_2O_3/Pd、WO_3/Pd以及MoO_3/Pd三种材料［图9-43（a）］，Pd在界面上的化学状态不同（+2～+3）［图9-43（b）］，其中，Pd/Fe_2O_3界面上的Pd为+3价，当析氧电流密度为10mA/cm²时，过电位仅为383mV［图9-43（c）］[500]。通过液相还原法在$Ni_xFe_{3-x}O_4$/Ni中构筑氧化物与金属界面，当催化剂中x值为0.36时，析氧电流密度为10mA/cm²时仅需225mV过电位[501]。利用MOF-74可控热解制备的富含NiCo/Fe_2O_3界面的催化剂［图9-43（d）］，界面处NiCo纳米颗粒能有效促进Fe位点上*O的形成［图9-43（f）］，对提高析氧催化性能非常有利，当析氧电流密度为10mA/cm²时，过电位仅为238mV，塔菲尔斜率仅为29mV/dec［图9-43（g）、（h）］[503]。在$Ni(OH)_2$/CeO_2界面处，发现了电子由CeO_2向$Ni(OH)_2$转移的现象［图9-43（i）］。因此，当提高CeO_2含量时，

催化剂中活性高的 Ni^{3+} 含量也会随着增加，当 $Ni(OH)_2$ 与 CeO_2 的比例为 4∶1 时，在 1.0mol/L KOH 中过电位仅需 220mV 就能达到 10mA/cm² 的析氧电流密度［图 9-43（j）］，塔菲尔斜率为 81.9mV/dec［图 9-43（k）］[505]。对 FeOOH/CeO_2 界面的研究也得到了相似的结论[499]。利用 ZIF-67 构筑出 CeO_x/CoS 界面，发现 CeO_x 的量决定着 CoS 中 Co^{2+} 和 Co^{3+} 的比例，进而决定催化剂的析氧活性[504]。CeO_2/CoS_2 界面上也存在类似的现象[498]。Wei 课题组[503]通过制备单金属 NiO-Ni_3S_2 异质节纳米片进一步研究了金属/金属复合催化剂性能提高的根源。NiO-Ni_3S_2 界面处 Ni—S 键向 Ni—O 键的电子转移导致了其比基准 Pt/C 和 RuO_2 催化剂更好的水电解催化活性［图 9-43（g）］。DFT 计算结果表明，NiO-Ni_3S_2 界面上氢（或含氧）中间体的活化势垒显著降低，说明界面活性位点具有优异的 OER 和 HER 本征催化活性［图 9-43（h）、（i）］。

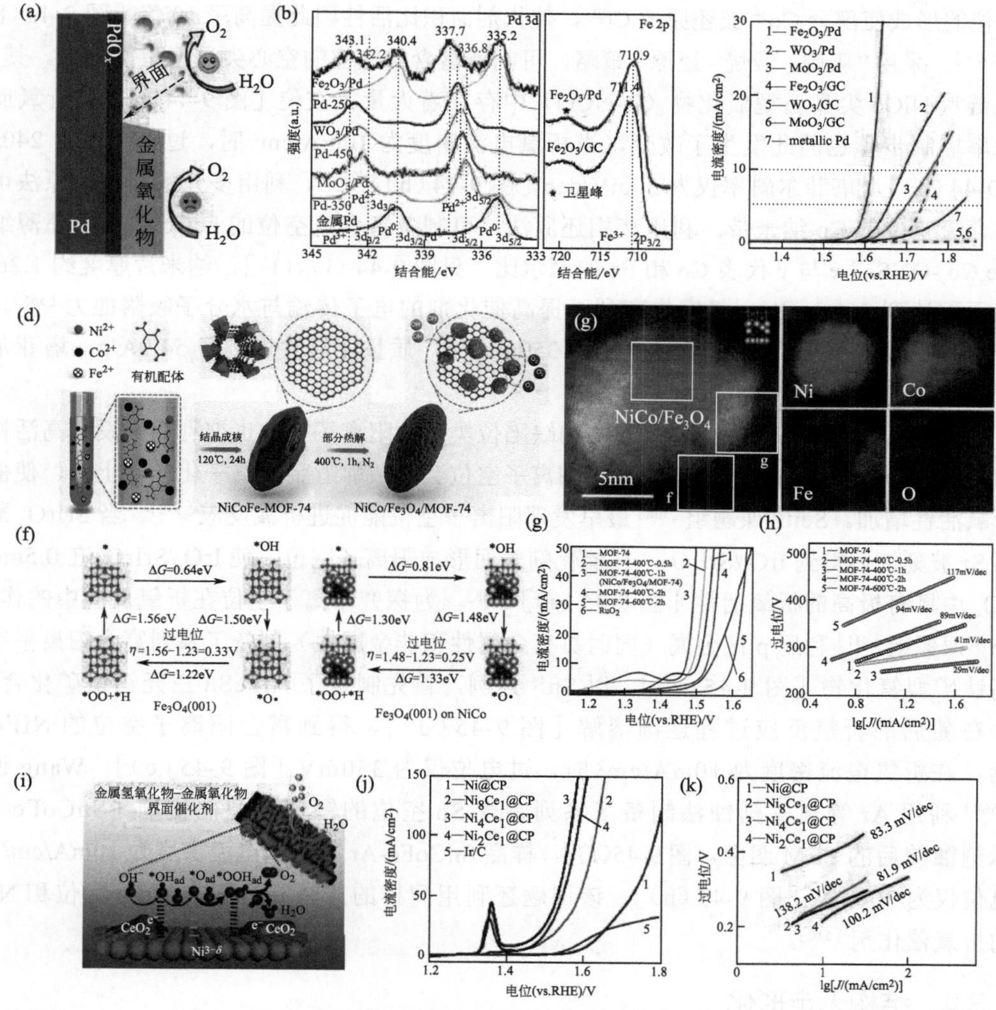

图9-43　（a）Pd与过渡金属氧化物间界面控制析氧活性的示意图；（b）Pd3d的高分辨率XPS图；（c）Pd与过渡金属氧化物间的线性伏安扫描图[500]；（d）MOF-74可控热解合成NiCo/Fe_3O_4/MOF-74的示意图；（e）NiCo/Fe_3O_4/MOF-74的高分辨透射电镜图和相应的元素分布图；（f）理论计算解释NiCo/Fe_3O_4/MOF-74具有较高析氧活性的原因；NiCo/Fe_3O_4/MOF-74及其对比样的线性伏安扫描图（g）和相应的塔菲尔斜率图（h）[503]；（i）$Ni(OH)_2$/CeO_2界面用作OER催化剂；不同比例的$Ni(OH)_2$/CeO_2用作析氧催化剂的线性伏安扫描图（j）与相应的塔菲尔斜率图（k）[505]

9.2.3.3　缺陷位调控

缺陷位在晶体中广泛存在，氧空位与阳离子空位是常见的两种缺陷位。缺陷位邻近的原子具有悬挂键和空电子轨道，成为析氧反应中独特的活性位点。本部分将重点阐述利用氧空位和阳离子空位增强过渡金属氧化物析氧催化活性的策略。

（1）氧空位　过渡金属氧化物晶体结构中的氧，在特定条件下易脱离晶格，造成晶格中氧缺失，形成带正电的氧空位。氧空位在过渡金属氧化物中能降低带隙，提高 HOMO 能级和费米能级，显著提升催化剂的析氧催化活性[441]。富含氧空位的催化剂可由多种方法制备。比如，通过氧等离子体刻蚀法制备的富含氧空位的 Co_3O_4 纳米片［图 9-44（a）］，晶体内氧空位的形成使部分 Co^{3+} 被还原成 Co^{2+}，催化剂面积比活性因此提高了 10 倍［图 9-44（b）、（c）］[456]。采用“吸附 - 煅烧 - 还原”策略，可制备富含氧空位的空心尖晶石型氧化物。其中，珍珠链状 NiCo 尖晶石型氧化物（R-NCO）中存在着大量氧空位［图 9-44（d）］，析氧反应的速率控制步骤也因此发生了改变，当析氧电流密度为 10mA/cm^2 时，过电位仅为 240mV［图 9-44（g）］，塔菲尔斜率仅为 50mV/dec［图 9-44（h）］[565]。利用多元醇配位还原法可制备富含氧空位的 Co 纳米带。利用液相还原法，可制备富含氧空位的 FeCo 双金属超薄纳米片 Fe_xCo_y-ONSs［x 与 y 代表 Co 和 Fe 的摩尔比，见图 9-44（i）、(l)］，纳米片厚度约 1.2nm，比表面积达到 261.1m^2/g，氧空位有利于提高催化剂的电子传输与水分子吸附能力[566]。当 x=y=1 时，Fe_xCo_y-ONSs 在析氧过电位为 350mV 时，质量比活性达到了 54.9A/g，塔菲尔斜率低至 36.8mV/dec[566]。

（2）阳离子空位　作为一种很重要的缺陷位类型，阳离子空位也被利用来设计高活性的析氧催化剂。由于晶体整体呈电中性，阳离子空位会导致邻近金属离子化学价上升，使催化剂析氧活性增加。Seitz 课题组[508]最早发现阳离子空位能促进析氧反应[508]。当 $SrIrO_3$ 薄膜表面 Sr 被刻蚀后得到 $IrO_x/SrIrO_3$，在催化剂表面形成阳离子空位，使 $IrO_x/SrIrO_3$ 在 0.5mol/L H_2SO_4 中具有极高的析氧活性［图 9-45（a）］[508]。为探究阳离子空位在析氧反应中的作用，Zhang 课题组[411]利用 p 区金属（同时具有金属性和非金属性）制备了系列富含阳离子空位的钙钛矿型氧化物［图 9-45（b）］。以 Sn^{4+} 为例，首先制备了 NiFeSn 三元钙钛矿化合物，Sn^{4+} 在随后的析氧反应过程逐渐溶解［图 9-45（d）］，得到富含阳离子空位的 NiFe 氧化物，在析氧电流密度为 10mA/cm^2 时，过电位仅为 350mV［图 9-45（c）］。Wang 课题组[509]利用 Ar 等离子刻蚀法制备了系列富含 Sn 空位的钙钛矿型催化剂［SnCoFe-Ar，表示刻蚀前后的 TEM 图像，图 9-45(f)］。样品 SnCoFe-Ar 在析氧电流密度为 10mA/cm^2 时，过电位仅为 300mV［图 9-45（h）］。该课题还利用同样的方法制备了富含 Fe 空位和 Ni 空位的析氧催化剂[510]。

9.2.3.4　结构无定形化

无定形过渡金属氧化物内部金属原子和氧原子是以短程有序的形式排列，各类金属原子总体上分布均匀。无定形化处理对提升过渡金属氧化物析氧催化活性也非常有效。由于金属原子和氧原子具有很强的长程有序化排列的趋势，为无定形过渡金属氧化物的制备带来了较大困难。

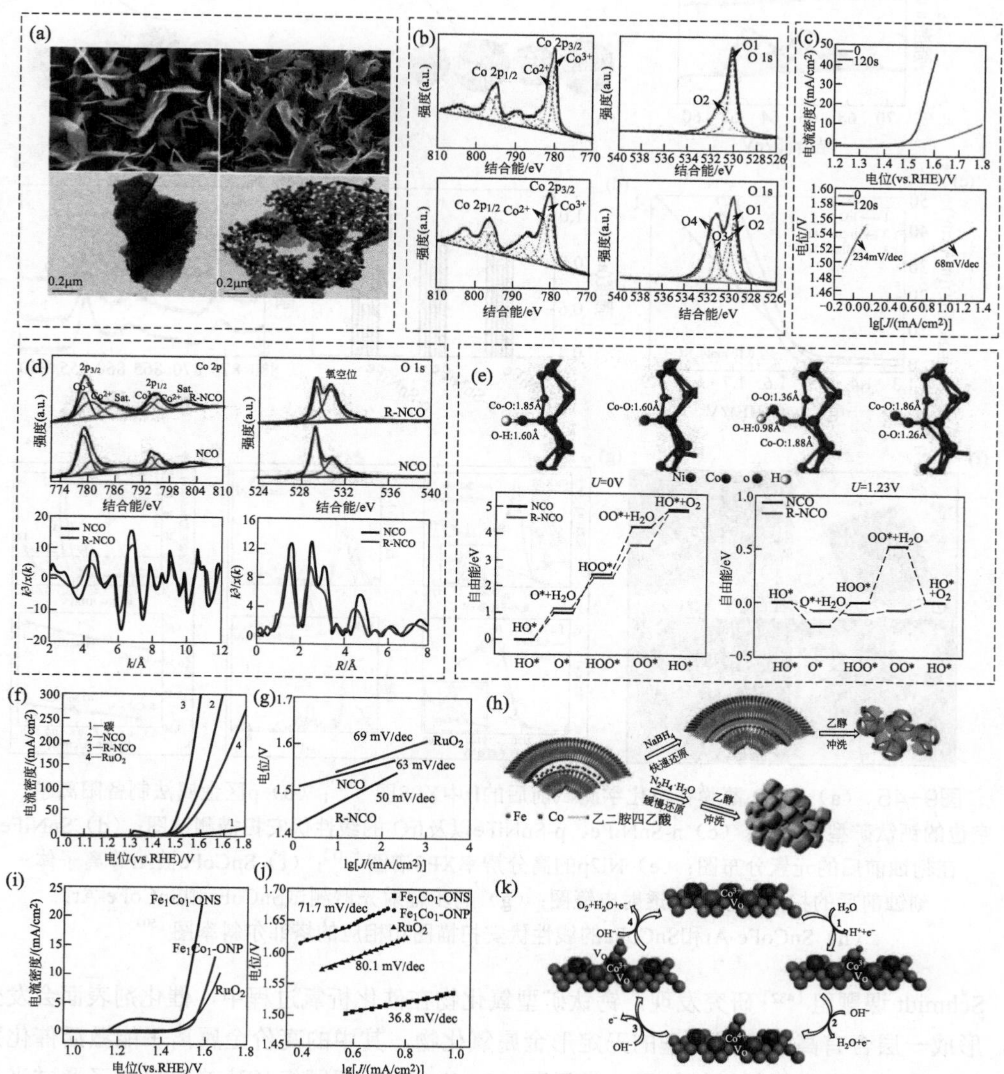

图9-44 富含氧空位的Co_3O_4和Co_3O_4的扫描电镜图和透射电镜图；（b）Ar等离子体刻蚀前后的Co和Ni的高分辨率XPS图；（c）富含氧空位的Co_3O_4和Co_3O_4的线性伏安扫描图和相应的塔菲斜率图[456]；（d）NCO与R-NCO中Ni和Co的高分辨XPS谱图；（e）理论计算预测富含氧空位的Co_3O_4的析氧活性；（f）R-NCO的X射线吸收谱图；R-NCO的线性伏安扫描图（g）和相应的塔菲斜率图（h）[565]；（i）液相还原法制备富含氧空位的FeCo双金属超薄纳米片；FeCo双金属超薄纳米片的线性伏安扫描图（j）和相应的塔菲尔斜率图（k）；（l）理论计算解释FeCo双金属超薄纳米片的析氧反应机理[566]

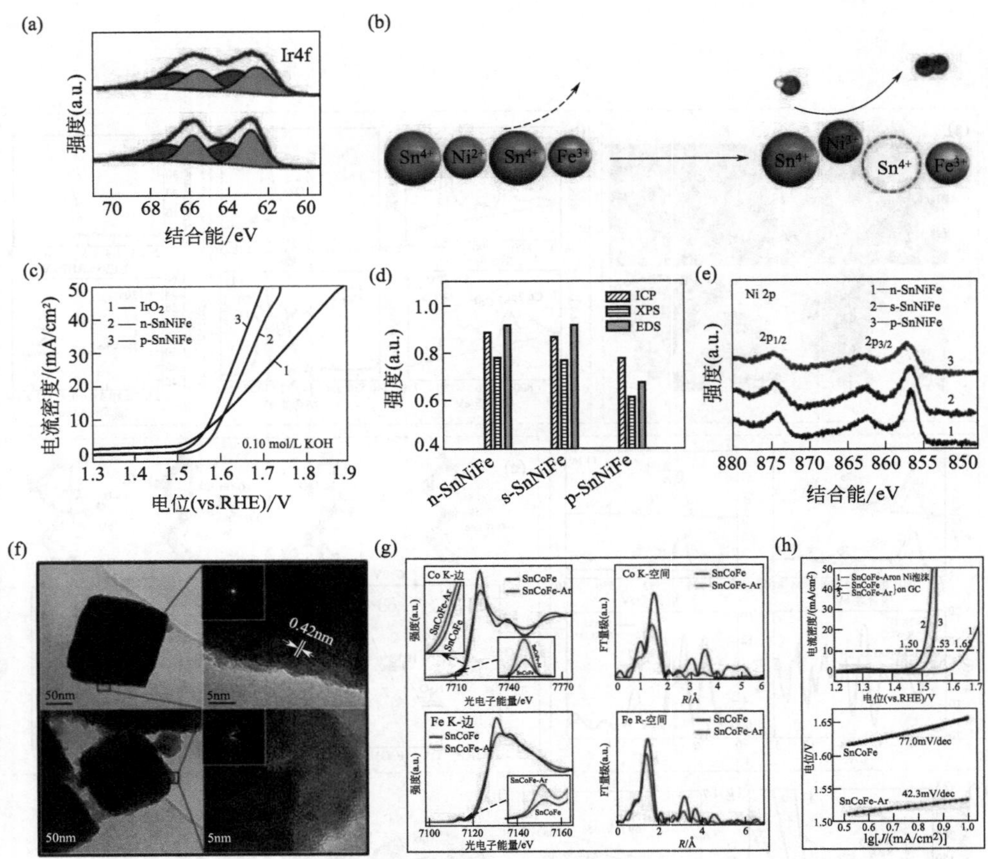

图9-45 （a）$SrIrO_3$薄膜在电化学测试前后的Ir中XPS图[508]；（b）p区金属法制备阳离子空位的钙钛矿型氧化物；（c）n-SnNiFe、p-SnNiFe以及IrO_2的线性伏安扫描测试图；（d）SnNiFe在刻蚀前后的元素分布图；（e）Ni2p的高分辨率XPS谱图[411]；（f）SnCoFe被Ar等离子体刻蚀前后的扫描电镜图和透射电镜图；（g）同步辐射光谱测试SnCoFe和SnCoFe-Ar；（h）SnCoFe-Ar和SnCoFe的线性伏安扫描图和相应的塔菲尔斜率图[509]

Schmidt 课题组[482]研究发现，钙钛矿型氧化物在催化析氧过程中，催化剂表面会发生重组，形成一层含有高价金属离子的无定形金属氧化物，其中的高价金属离子能激活催化剂的晶格氧过程，对增强析氧活性效果非常显著。Berlinguette 课题组[513]首次报道了通过光化学途径制备无定形金属氧化物的普遍化策略，得到的无定形金属氧化物几乎都拥有比晶态氧化物更高的反应活性［图 9-46（a）、（b）和（c）］。由此法制备的 Fe、Co、Ni 三元无定形金属氧化物，当 Fe：Co：Ni 的摩尔比为 2：2：1 时，析氧活性达到最高［图 9-46（d）和（e）］[512]。Zhang 等[492]利用溶胶 - 凝胶法制备的 CoFeW 三元无定形金属氧化物［图 9-46（f）和（g）］，在析氧电流密度为 10mA/cm² 时，过电位仅为 191mV，且长期稳定性超过 500h［图 9-46（i）］。Guo 课题组[519]利用 Cu^+ 与 $S_2O_3^{2-}$ 之间配位作用较强，Cu_2O 中的 Cu^+ 能与 Fe^{3+}、Co^{2+}、Ni^{2+} 等离子发生交换反应，以 Cu_2O 为模板制备了无定形的 Cu-Ni-Fe 金属氧化物纳米笼［图 9-46（j）］，在析氧电流密度为 10mA/cm² 时，过电位仅为 224mV［图 9-46（k）］。Shao 课题组[520]则利用 $FeCl_3$ 的腐蚀作用，以 $LaNiO_3$ 为模板制备出无定形的钙钛矿金属氧化物，析氧电流密度为 10mA/cm² 时，过电位仅为 189mV。

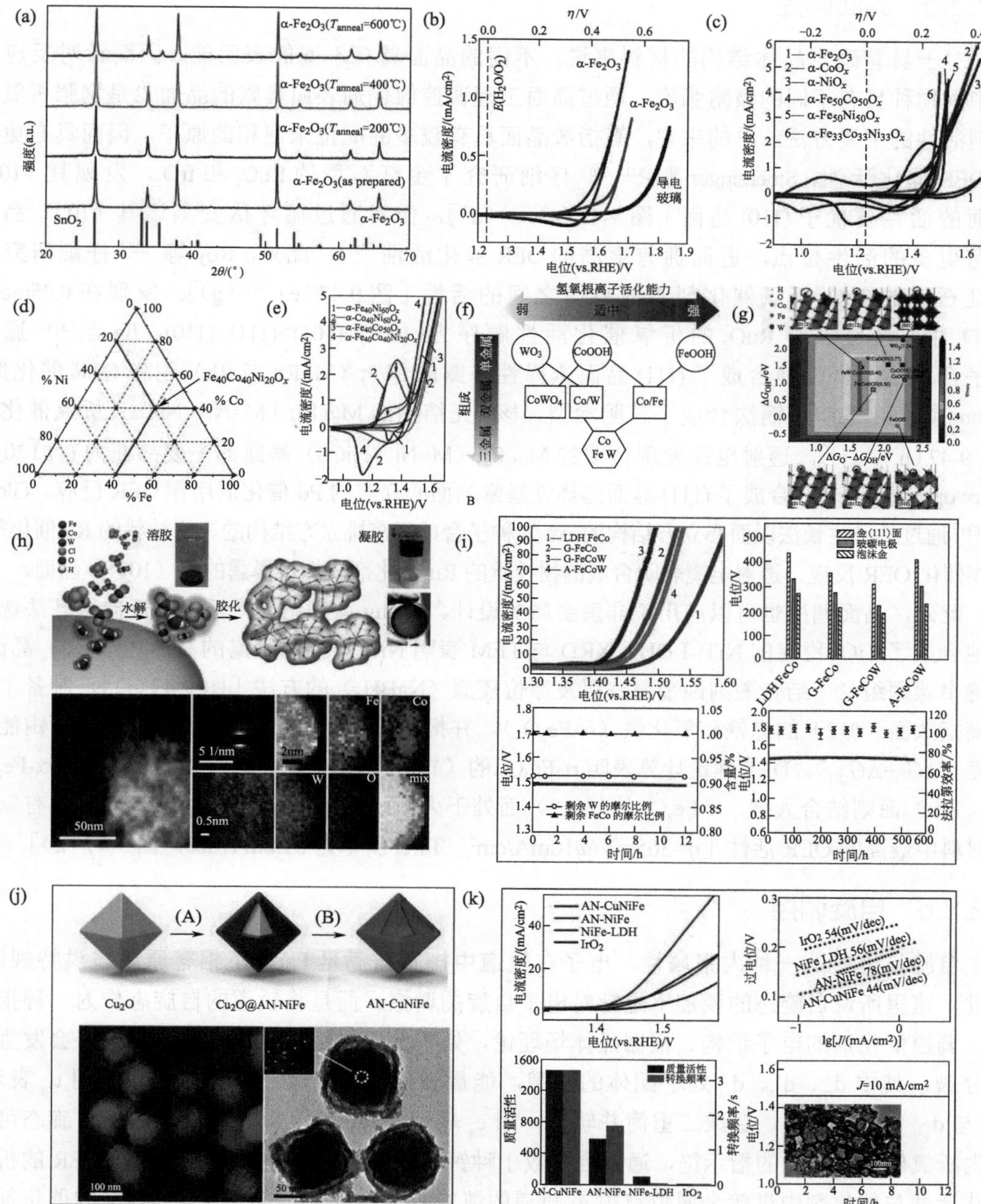

图9-46 （a）无定形的Fe_2O_3在不同温度下退火后的XRD谱图；（b）a-Fe_2O_3与α-Fe_2O_3的线性伏安扫描图；（c）无定形的金属氧化物与晶态金属氧化物的线性伏安扫描图[513]；（d）无定形的Fe-Co-Ni三元氧化物的组成图；（e）三元氧化物的线性伏安扫描图[512]；（f）理论计算揭示WO_3(001)、CoOOH(01$\bar{1}$2)、FeOOH(010)和$CoWO_4$(010)表面对OH^-的吸附；（g）DFT+U法计算WO_3(001)、CoOOH(01$\bar{1}$2)，FeOOH(010)和$CoWO_4$(010)的析氧活性；（h）A-FeCoW的制备流程图、透射电镜图以及相应的元素分布图；（i）A-FeCoW及其对比样的线性伏安扫描图以及相应的稳定性测试[492]；（j）AN-CuNiFe的制备流程及相应的透射电镜；（k）AN-CuNiFe及其对比样的线性伏安扫描图、相应的塔菲尔斜率图和恒电位测试图[519]

9.2.3.5 晶面调控

对于具有确定晶体结构的材料来说，不同的晶面具有不同的表面能，因而针对反应活性中间物种具有不同的吸附强度。通过晶面工程调控催化剂表面暴露的晶面也是增强析氧催化剂活性的主要方法。总的来说，高指数晶面具有较多的配位未饱和的原子，因而具有更高的 OER 催化活性。Stoerzinger 等[521, 530]仔细研究了金红石型的 RuO_2 和 IrO_2，发现其（100）晶面的活性要优于(110)晶面［图 9-47（a）～（d）］。作者通过循环伏安测试其（100）晶面具有更多的活性位点，进而拥有更高的 OER 催化活性[521]。此外，Roy 等[535]仔细研究了金红石型的 RuO_2 析氧催化剂不同晶面之间的活性［图 9-47（e）～（g）］。发现在 0.05mol/L H_2SO_4 中，金红石型 RuO_2 的析氧催化活性顺序为：(001)>(101)>(111)≈(110)。Jin 等[523]通过种子合成法选择性地合成了(111)晶面选择性暴露的 M/Pt（M=Ru 或 Rh）用作 OER 催化剂。Hwang 等[533]采用一锅法合成了三明治型、核-壳结构的 M@Ru（M=Ni、NiCo）析氧催化剂［图 9-47（h）、（i）］。透射电镜发现合成的 M@Ru（M=Ni、NiCo）暴露的主要晶面为$(1\bar{1}20)$。Poerwoprajitno 等[540]合成了(111)晶面选择性暴露的面心立方的 Pd 催化剂用作 OER 反应。Gloag 等[531]通过种子生长法以面心立方结构的 Au 为种子合成了密排立方结构的、树枝状的 Ru 催化剂，用作催化 OER 反应。透射电镜表明合成的树枝状的 Ru 催化剂选择性暴露的是（1011）晶面。

此外，晶面调控也可以应用于非贵金属的设计。Zhang 课题组[424]采用的反向微乳法选择性地合成了 TiO_2 稳定的 NiTi-LDH。XRD 与 TEM 表明 NiO 选择性暴露的高活性（110）晶面。何锦韦课题组[567]结合酸刻蚀金属铁以及原位还原（$NaBH_4$）的方法［图 9-47（j）］，制备了包含高指数面（012）的赤铁矿氧化铁（α-Fe_2O_3），并揭示了晶面决定 $^*O$ 和 $^*OH$ 的吸附自由能变之差（$\Delta G_O-\Delta G_{OH}$）。DFT 理论计算表明 α-Fe_2O_3 的（104）晶面与氧中间物的结合太弱，α-Fe_2O_3 的（110）面则结合太强，α-Fe_2O_3 的（012）面处于火山图的顶点，α-Fe_2O_3 纳米晶体具有氧化铁材料中最高的 OER 活性［η=305mV@10mA/cm^2，Tafel 斜率为 51.8mV/dec，图 9-47（k）］。

9.2.3.6 自旋调控

自旋是电子的一种内禀属性，电子在轨道中排布需满足 Pauli 不相容原理与洪特规则。因此，这里所说自旋态的调控不是针对电子自旋的调控，而是将轨道的自旋态作为一种指示符，调控催化剂的电子结构。根据晶体场理论，处于八面体配位环境中的 d 电子将会发生能级分裂，其中 d_{xy}、d_{xz}、d_{yz} 处于配体的空隙，能量较低，合并成三重简并轨道，用 t_{2g} 表示，d_{z^2} 与 $d_{x^2-y^2}$ 能量较高，合成二重简并轨道，用 e_g 表示。Suntivith 等[541]首先提出自旋态可以作为析氧催化剂活性的指示符，通过合成数十种钙钛矿型析氧催化剂，研究发现 OER 的析氧催化活性与催化剂中过渡金属位点中 e_g 轨道的填充有关，其中 e_g 轨道填充为 1.2 的催化剂具有最优的 OER 活性［图 9-48（a）］。根据这一理论，Suntivith 等[541]合成了具有最优 OER 催化活性的 $Ba_{0.5}Sr_{0.5}Co_{0.8}Fe_{0.2}O_{3-\delta}$(BSCF)，其过电位为 0.4V 时，电流密度达到了 100 mA/cm$^2_{disk}$［图 9-48（b）］。此外，Shao 等[408]利用球磨法合成了析氧电催化剂 $SrNb_{0.1}Co_{0.7}Fe_{0.2}O_{3-\delta}$(SNCF)［图 9-48（c）］，其过电位为 0.42V 时，电流密度达到了 10 mA/cm$^2_{disk}$［图 9-48（d）、（e）］。此外，e_g 轨道的填充还可以通过颗粒尺寸精细控制其自旋态。Zhou 课题组通过改变 $LaCoO_3$ 纳米颗粒的尺寸，成功实现了钴离子 e_g 轨道有效电子填充数从 1.0 转变为 1.3。特别是当颗粒尺寸在 80nm 左右时，其 e_g 轨道电子数约为 1.2，此时析氧催化性能达到了最优。Shen 等[568]

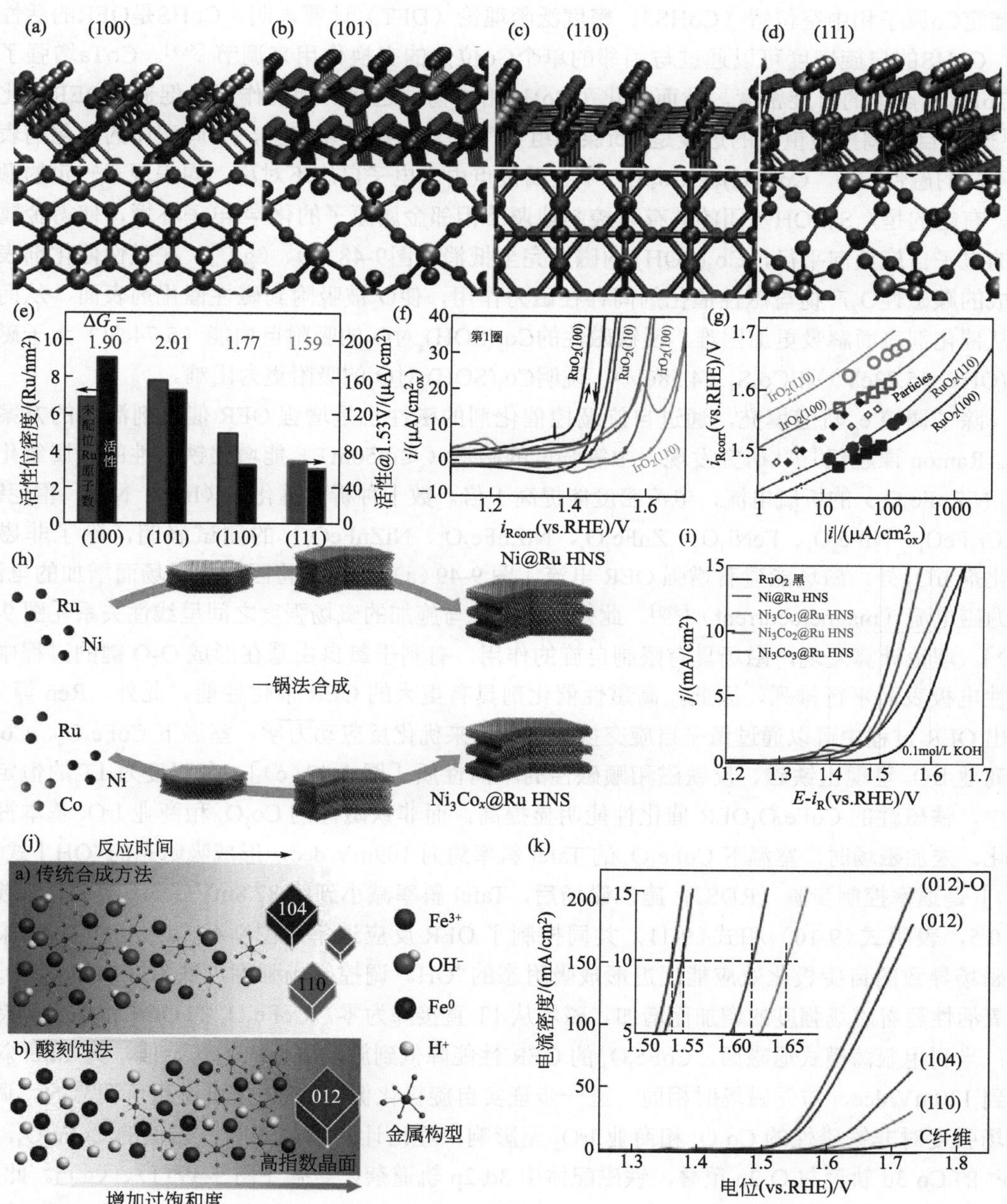

图9-47　(a)～(d) RuO_2的(100)、(101)、(110)以及(111)晶面；(e) 未配位的Ru原子数量与过电位η=300mV时的电流密度；(f) RuO_2和IrO_2的(100)晶面和(110)晶面的极化曲线以及相应的Tafel斜率图(g)[530]；(h) 合成三明治型、核-壳结构M@Ru（M=Ni、NiCo）的示意图；(i) 相应的M@Ru（M=Ni、NiCo）的极化曲线[533]；(j) 合成高指数晶面的赤铁矿氧化铁（α-Fe_2O_3）以及相应的不同晶面的极化曲线(k)（彩插见文前）[531]

发现将Fe（Ⅲ）锚定在超薄TiO_2纳米带上可以降低自旋态，促进e_g轨道填充接近1.2，增加活性。Li等[569]报道了Co单原子负载在单层膜TaS_2的模型催化剂（Co_1/TaS_2），该模型催化剂旨在锚定Co原子和中空位置（CoHS）。密度泛函理论（DFT）计算表明，CoHS是OER的活性位点，CoHS的自旋密度可以通过与相邻的单个Co位点的交换作用来调节[569]。CoTa增强了相邻CoHS位点上的自旋密度，从而优化了CoHS和*O物种之间的相互作用，促进了OER催化活性[569]。自旋调控最重要的进展是Wei课题组[495]在双阴离子调控上，不同配体的催化剂表现出不同的磁性[495]。$Co(OH)_2$和Co_3S_4，中金属位点由于电子自旋不对称，均表现了一定的顺磁性。有趣的是，S和OH基团的共存可控制地调节相邻金属原子的化学/电子环境，使得金属原子的电子自旋反向平行，$Co_3(SOH)_x$的磁矩完全抵消［图9-48（f）、（g）］。在磁性催化剂表面生成的顺磁性O_2产物与磁性催化剂间存在磁力作用，使O_2被吸附到磁性催化剂表面，从而使O_2从催化剂表面解吸更加困难。反铁磁性的$Co_3(SOH)_x$对O_2的吸附自由能（5.74eV）大于磁性$Co(OH)_2$（5.23eV）和Co_3S_4（4.58eV），说明$Co_3(SOH)_x$对O_2的吸附更为困难。

除了调控 e_g 轨道填充，通过自旋调控催化剂的磁性也是增强 OER 催化剂活性的方案之一。Ramon 课题组[570]研究发现，中等强度的磁场（≤ 450mT）能增强铁磁性的金属氧化物（如 $NiZnFe_4O_x$）的析氧电流，电流密度能提高 1 倍。数十种析氧催化剂（IrO_2、NiO、雷尼镍、$Ni_2Cr_2FeO_x$、$NiFe_2O_x$、$FeNi_4O_x$、$ZnFe_2O_x$、$NiZnFe_4O_x$、$NiZnFeO_x$）的测试表明，除了非磁性催化剂 IrO_2 外，磁场能显著增强 OER 电流［图 9-49（a）］。它们将因施加磁场而增加的电流，称为磁电流（magnetocurrent）[570]。此外，磁电流与施加的磁场强度之间呈线性关系［图 9-49（b）］。理论计算发现，磁场具有限制自旋的作用，有利于氧自由基在形成 O-O 键的过程中在磁性电极表面平行排列，因此，高磁性催化剂具有更大的 OER 催化性能。此外，Ren 等[571]提出 OER 过程中可以通过量子自旋交换相互作用来优化反应动力学。室温下 $CoFe_2O_4$、Co_3O_4 和商业 IrO_2 呈现出铁磁、反铁磁和顺磁性的不同性质［图 9-49（c）］。在强度为 1T 的恒定磁场中，铁磁性的 $CoFe_2O_4$OER 催化性能明显提高，而非铁磁性的 Co_3O_4 和商业 IrO_2 基本没有变化。未加磁场时，室温下 $CoFe_2O_4$ 的 Tafel 斜率约为 109mV/dec，形成吸附态的 *OH［式（9-10）］是速率控制步骤（RDS）；施加磁场后，Tafel 斜率减小到约 87.8mV/dec，电子转移数约为 0.5，表明式（9-10）和式（9-11）共同控制了 OER 反应速率［图 9-49（d）、（e）］。结果证明磁场导致的自旋极化效应能促进形成吸附态的 *OH。调控磁场强度，铁磁性的 $CoFe_2O_4$ 的析氧活性随着磁场强度的增加而增加。磁场从 1T 直接降为零，$CoFe_2O_4$ 的 OER 性能仍保持不变；当利用振荡模式退磁后，$CoFe_2O_4$ 的 OER 性能降低到施加磁场前的初始值，其 Tafel 斜率回到 120mV/dec，与无磁场时相同，进一步证实自旋极化促进 OER 是可逆且可调节的。调控磁场强度对非铁磁性的 Co_3O_4 和商业 IrO_2 无影响。理论计算结果表明铁磁性的 $CoFe_2O_4$，其 Co^{2+} 的 Co 3d 轨道与 O 2p 重叠，铁磁配体中 3d-2p 轨道杂化更强［图 9-49（f）、（g）］。此外，O 原子上具有更高的自旋密度，优化了三相界面的自旋电荷传递动力学［图 9-49（h）］。铁磁性的 $CoFe_2O_4$ 表面与被吸附的氧基团之间的铁磁交换以更小的电子排斥力进行，从而提高自旋相关的电导率并降低 RDS 键合能，带有铁磁配体空穴的 $CoFe_2O_4$ 会使被吸附的 O 基团具有固定的自旋方向，自旋定向的活性位点与铁磁配体空穴结合时，在热力学上更有利于 OER，其产生三线态 O_2 的过电位比未自旋定向的活性位点降低了 390mV。总体来说，在自旋角动量守恒原理下，$CoFe_2O_4$ 与被吸附的氧基团之间的自旋极化电子交换是类似于铁磁交换的，而非铁磁性催化剂上不会产生这种机制[571]。

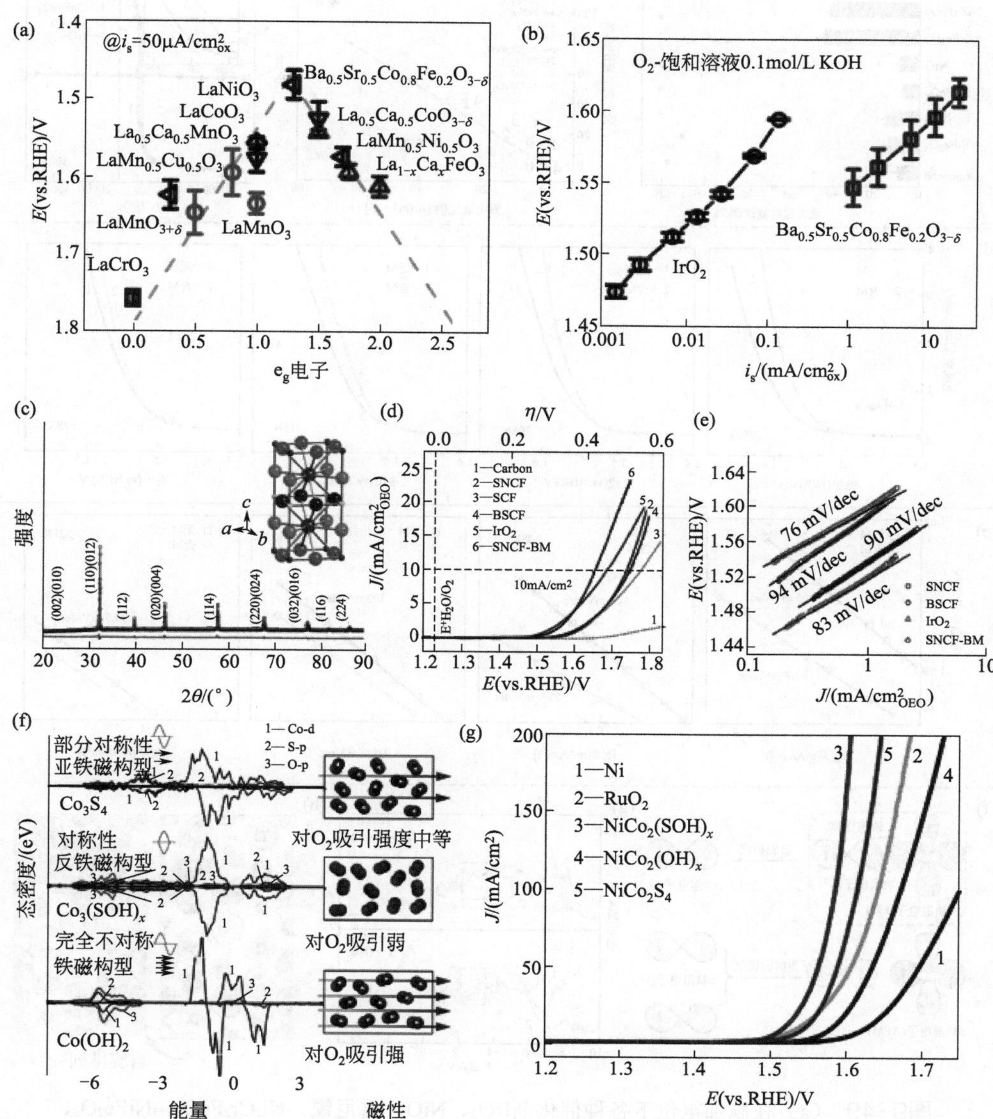

图9-48　(a) 钙钛矿型氧化物中e_g轨道填充数与OER活性成火山关系；(b) $Ba_{0.5}Sr_{0.5}Co_{0.8}Fe_{0.2}O_{3-\delta}$ (BSCF) 在0.1mol/L KOH中的Tafel曲线[541]；(c) $SrNb_{0.1}Co_{0.7}Fe_{0.2}O_{3-\delta}$的XRD图谱与晶体结构；(d) $SrNb_{0.1}Co_{0.7}Fe_{0.2}O_{3-\delta}$在0.1mol/L KOH中的极化曲线以及相应的Tafel斜率 (e)[408]；(f) Co_3S_4、$Co_3(SOH)_x$以及$Co(OH)_2$的分波态密度，以及相应的在1mol/L KOH中的极化曲线[495]

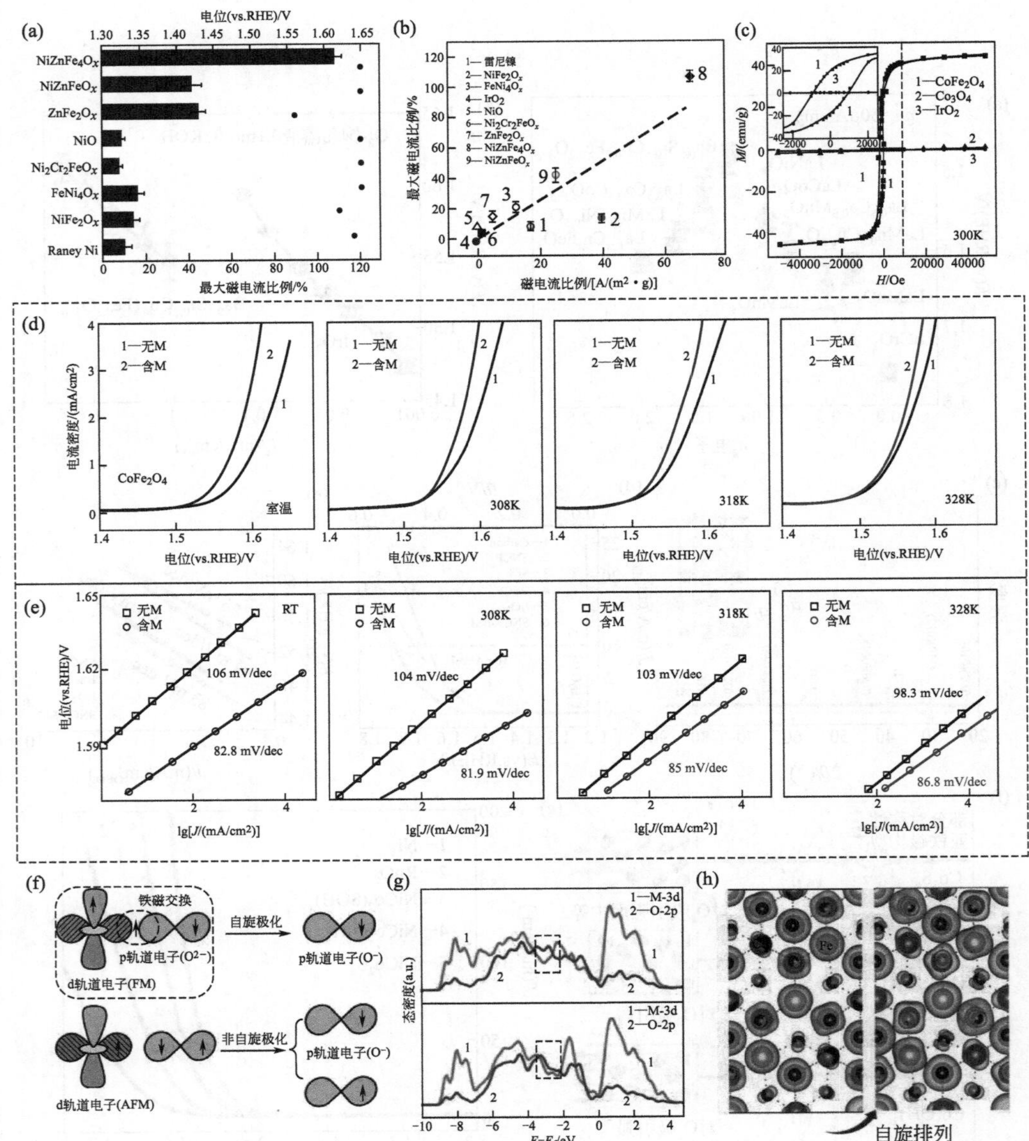

图9-49 (a)在施加电位下各种催化剂IrO_2、NiO、雷尼镍、$Ni_2Cr_2FeO_x$、$NiFe_2O_x$、$FeNi_4O_x$、$ZnFe_2O_x$、$NiZnFe_4O_x$以及$NiZnFeO_x$下磁电流所占比例以及相应的磁场强度对磁电流的关系(b)[570];(c)$CoFe_2O_4$、Co_3O_4和商业IrO_2的磁滞回线;(d)$CoFe_2O_4$在不同温度下施加磁场和不施加磁场的极化曲线以及相对应的Tafel斜率(e);(f)铁磁下自旋交换的示意图;(g)铁磁和反铁磁构型下的分波态密度;(h)自旋密度示意图[571]

9.2.3.7 形貌调控

上述析氧活性增强策略都是对电子结构或活性中间物种吸附自由能的调控，在此基础上进一步调控形貌，增加催化剂比表面积，最大限度地暴露催化剂活性位点，也是提高过渡金属氧化物析氧催化活性的必要手段。由于析氧反应涉及氧气泡析出，气泡在催化剂表面生成、长大以及脱离的过程中，会对催化剂产生拉应力。这种拉应力会导致催化剂从集流体上脱落，造成催化剂失活，在集流体表面构筑催化剂原位生长的一体化电极能有效减弱这种趋势，本节将主要论述一体化过渡金属氧化物电极中催化剂形貌的调控策略。

减小催化剂颗粒尺寸，可以增加催化剂比表面积、提高电化学活性。Nam 课题组[555]利用液相氧化法，通过精确控制反应条件，成功合成出直径分别为 4nm 和 8nm 两种尺寸的 Mn_3O_4 纳米颗粒，测试表明颗粒尺寸为 4nm 的 Mn_3O_4 具有更高的比表面积和电化学活性，在 0.5mol/L PBS 中，析氧电流密度达到 10mA/cm^2 时，仅需 384mV 的过电位[555]。

构筑大孔、中孔、小孔连通的多级孔结构，能大大提高比表面积和暴露丰富的活性位点，因而成为过渡金属氧化物析氧催化剂形貌调控的主要目标[506, 572]，其中，利用酸或碱将较活泼的元素或化合物溶解的脱合金法则是构建多级孔结构最常用的方法。Kim 等[544]利用电沉积法制备了 $Co(OH)_2$ 和 ZnO 前驱体，经退火生成了两相分离的 $ZnCo_2O_4$ 和 ZnO，随后在 1.0mol/L KOH 的溶液中，将 ZnO 选择性脱除后得到了具有多级孔结构的 $ZnCo_2O_4$ 析氧催化剂。此外，利用 ZnO 纳米线为模板，通过电沉积法也得到了具有中空结构的 FeOOH/Co/FeOOH[546] 和 FeOOH/CeO_2[499] 析氧催化剂。Zhang 课题组[517]利用单辊旋铸法制备了无定形 Ni-Al-Fe 三元合金，随后利用碱液将 Al 从三元合金中刻蚀，得到催化活性较高的无定形珊瑚状的 Ni-Fe-O 氧化物［图 9-50（a）、（c）］，当析氧电流密度为 10mA/cm^2 时，过电位仅需 244mV，塔菲尔斜率仅为 39mV/dec。二维材料具有超大比表面积及边缘位点暴露充分等优点，被视为一种理想的电催化剂材料[573-576]。然而，二维材料在使用过程中容易坍塌堆叠，掩盖活性位点，阻碍电解质传输，降低催化剂活性。Zheng 课题组[547]通过阳离子交换法在 Cu_2O 纳米线上生长出 Ni-Co 氧化物纳米片，Cu_2O 作为主体结构支撑具有较高析氧活性的 Ni-Co 氧化物纳米片，催化剂活性和稳定性同时得到提高［图 9-50（b）］。Wu 等[577]利用多孔阳极氧化铝（AAO）为模板，制备了由厚度为 2.4nm 的 Fe-NiO_x 纳米片组装而成的纳米管［图 9-50（d）］，当析氧电流密度为 10mA/cm^2 时，过电位仅为 310mV，塔菲尔斜率为 49mV/dec。

通过形貌调控优化催化剂的电子传输途径也是提升析氧催化活性的一种有效方法。Lyu 等[578]利用具有金属导电性的 MoO_2 材料，构筑出 MoO_2-CoO 杂化材料纳米笼，提高了析氧催化活性［图 9-50（e）］。此外，Yan 课题组[579]利用具有较强电子传导能力的 Cu 构筑出 Cu@CeO_2@NiFeCr 纳米线，优化催化剂的电子传导路径，降低电阻，提升析氧活性［图 9-50（f）］。Zou 课题组[580]以生长于泡沫镍基底上的 Ni_3S_2 纳米片阵列为牺牲性前驱体，通过化学刻蚀方法，制备了具有分级纳米片阵列结构的 Ni-Fe-OH@Ni_3S_2/NF 析氧电极。Ni_3S_2 晶体结构中存在 Ni-Ni 金属键，因此具有良好的导电性。作者通过化学刻蚀的策略，将 Ni/Fe 氢氧化物原位负载到 Ni_3S_2 表面。Ni_3S_2 作为导电骨架使电子传输路径得到优化，因此在 1mol/L KOH 溶液中表现出优良的大电流催化能力。碳材料是一种更为经济、导电性更加优异的材料。然而，由于化学性质的差距，构筑过渡金属氧化物 - 碳材料复合催化剂难度较大。为此，Qiao 课题组[572]利用热解原位生长的 Co-MOF 纳米线前驱体，制备得到多孔的 Co_3O_4-C 纳米线复合催化剂，引入碳材料提高了催化剂的电子传导能力，降低了过电位［图 9-50（g）］。

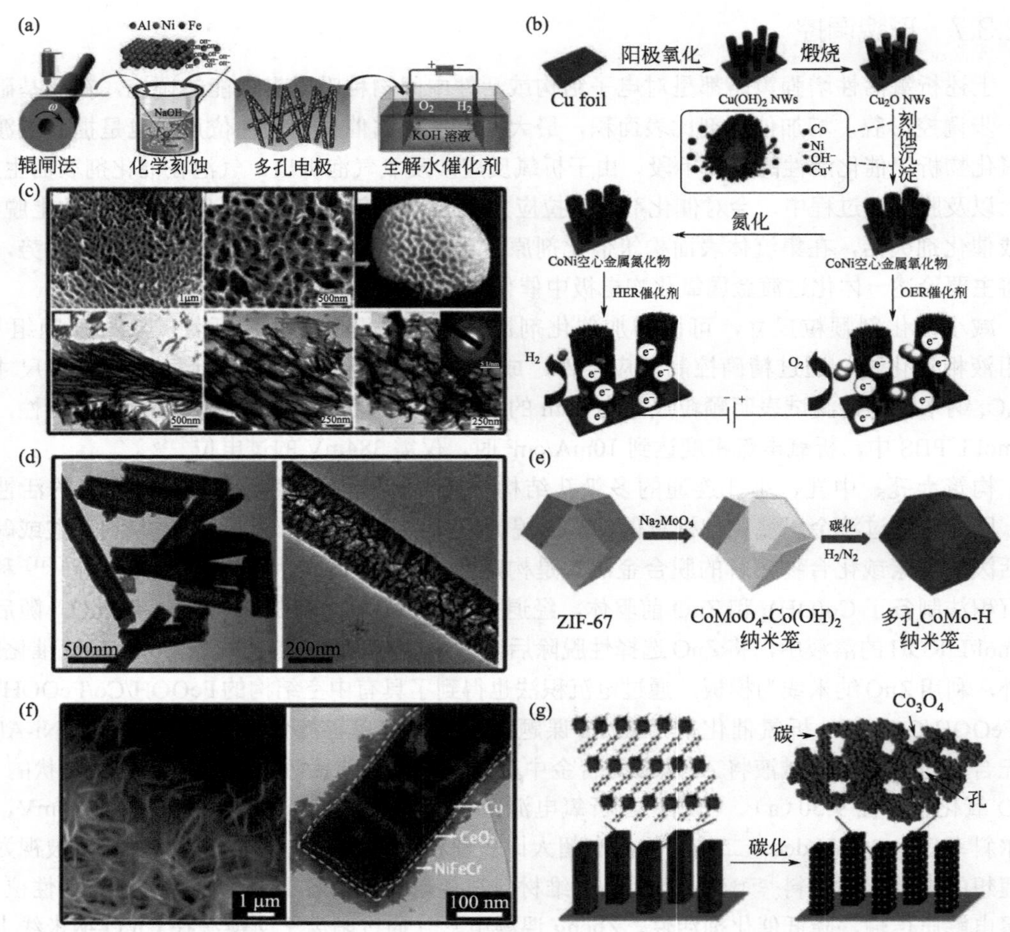

图9-50 （a）制备无定形的Ni-Al-Fe氧化物的示意图；（b）阳离子交换法制备Ni-Co氧化物纳米片生长在Cu_2O纳米线上的策略[547]；（c）无定形的Ni-Al-Fe氧化物的扫描电镜图以及相应的透射电镜[517]；（d）Fe-NiO_x纳米片组装而成的纳米管的TEM图像[577]；（e）MoO_2-CoO杂化材料的制备策略[578]；（f）Cu@CeO_2@NiFeCr的扫描电镜图和相应的透射电镜图[579]；（g）Co-MOF可控热解制备Co_3O_4-C复合催化剂的示意图（彩插见文前）[572]

9.2.3.8 小结

本节总结了近年来提高过渡金属氧化物析氧活性的主要策略。现阶段，过渡金属氧化物催化析氧反应过电位依旧较高，高达数百毫伏，这主要是由于析氧反应包含复杂的 4 电子转移过程和 3 种活性中间物种的吸附。针对更高活性过渡金属氧化物析氧催化剂的开发，需要找到优化析氧反应各种活性中间物种在催化剂表面的吸附自由能的方法，同时进一步提高析氧催化剂的电子传导能力，降低催化剂与集流体间电子的传输能垒。

9.2.4 常用的过渡金属化合物用作OER催化剂

经过十几年的高速发展，随着研究者们对 OER 机理的认识逐步深入，研究者们开发了一系列高活性的析氧电催化剂，其中主要包括过渡金属氧化物、磷化物、硫族化合物、间隙型化合物以及时下最为时髦的单原子催化剂。前面的章节介绍了最新的优化OER催化剂的策略，这一书将从材料的角度出发，总结具体材料的OER催化性能该如何调节。

9.2.4.1 过渡金属氧化物

过渡金属氧化物与氢氧化物是最常见的析氧催化剂。与其他催化材料相比，过渡金属氧化物与氢氧化物主要具有制备简单、活性高、晶体结构多样等特点而受到了研究者们的重视。这里将介绍的氧化物主要包括：尖晶石型[453, 454, 581-589]、钙钛矿型[541, 590-598]以及烧绿石型[599-605]。

（1）尖晶石型 典型的尖晶石型氧化物可简要描述为AB_2O_4，阳离子A占据四面体坐标位置的中心（AO_4），处于+2或+4氧化态；阳离子B具有较大半径，占据八面体坐标中心（BO_6），处于+3或+2氧化态[583]。尖晶石是一个非常大的家族，它们可以包含一种或多种金属元素，在尖晶石中几乎观察到所有主族金属和过渡金属。此外，尖晶石型氧化物包含三种结构（图9-51）：正尖晶石结构$[(A^{2+}_{Td})(B^{3+}_{Oh})_2O_4]$、反尖晶石结构$[(A^{2+}_{Oh})(B^{3+}_{Td})_2O_4]$以及混合型尖晶石结构[606]。

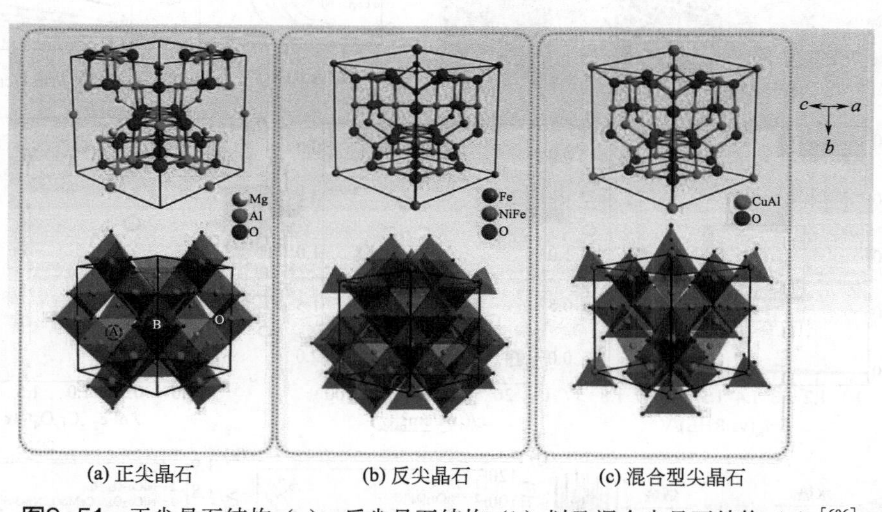

图9-51 正尖晶石结构（a）、反尖晶石结构（b）以及混合尖晶石结构（c）[606]

尖晶石氧化物具有良好的导电性和稳定性[583]。其中，Co基和Fe基析氧性能最佳，但A位点金属种类能影响OER性能。M（M=Ni、Cu）掺杂的Co_3O_4的OER性能会提高［图9-52（a）、（b）］，但掺入Mn会降低其性能[453, 589]。采用静电纺丝法制备Fe基尖晶石化合物［图9-52（c）］，其性能关系如下：$CoFe_2O_4>CuFe_2O_4>NiFe_2O_4>MnFe_2O_4$［图9-52（d）、（e）］[587]。此外，Lin等[582]研究了Cr掺杂的$Co_{3-x}Cr_xO_4$，发现当Cr含量适中时样品表现出最佳的OER电催化性能。他们认为引入缺电子的Cr会提高Co^{2+}的亲电性，从而优化催化剂表面对中间物种的吸附能，改善OER性能[582]。Li等[584]研究了$ZnFe_{2-x}Cr_xO_4$，其中Zn^{2+}占据Td位，Fe^{3+}和Cr^{3+}占据Oh位［图9-52（f）］。作者发现其OER电催化性能与Cr的掺入量呈火山型曲线关系，并认为这是由于Cr掺杂通过超交换效应改变Oh位金属的e_g电子占据数［图9-52（g）、（h）］[584]。

AB_2O_4中不同的金属离子在析氧中拥有不同的功能，双金属尖晶石氧化物要比相对应的单金属对应物的电催化性能好。Wang等[454]研究了Co_3O_4中Td和Oh位点的Co，对OER

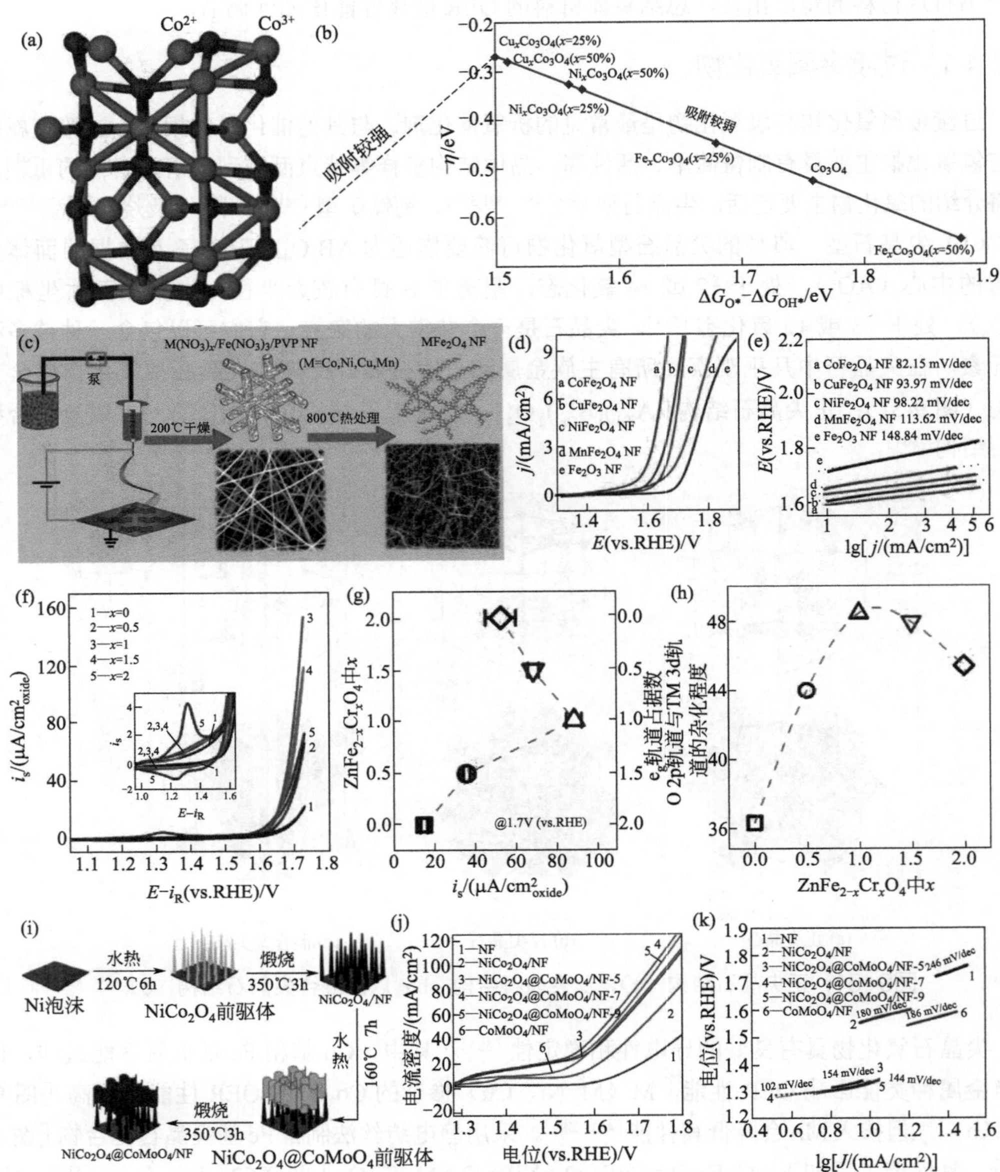

图9-52 （a）Co_3O_4的晶体结构；（b）理论计算预测与实验验证M（M=Ni、Cu、Fe）掺杂的Co_3O_4的OER性能[453]；（c）静电纺丝法制备Fe基尖晶石化合物；（d）Fe基尖晶石化合物在1mol/L KOH中的极化曲线以及相应的Tafel斜率（e）[587]；（f）Cr掺杂的$ZnFe_{2-x}Cr_xO_4$的极化曲线；（g）Cr掺杂量与在1.7V下OER电流的关系；（h）Cr在$ZnFe_{2-x}Cr_xO_4$的掺杂量与OER性能之间存在火山型曲线关系[584]；（i）水热法合成了多级孔结构的$NiCo_2O_4$@$CoMoO_4$；（j）不同水热时间制备的$NiCo_2O_4$@$CoMoO_4$的极化曲线和相对应的Tafel斜率（k）[586]

性能的贡献。作者使用Zn^{2+}取代Td位Co^{2+}或者Al^{3+}取代Oh位Co^{3+}，分别制备了$ZnCo_2O_4$和$CoAl_2O_4$。发现Td位Co^{2+}在OER电催化中起着主导作用，$CoAl_2O_4$（Td位Co^{2+}）的OER性能与Co_3O_4类似，优于$ZnCo_2O_4$（Oh位Co^{3+}）[454]。这项研究说明了尖晶石氧化物电催化剂的性能与过渡金属离子的种类密切相关，通过设计催化剂的电子结构可以获得更好的OER催化性能。

此外，制备 AB_2O_4 及其复合材料以降低 OER 过电位已成为研究的热点。Liu 等[585]报道了通过热分解基于 NiFe 的配位聚合物前驱体，合成一维介孔 $NiFe_2O_4$ 尖晶石［图 9-52（i）］。发现制备电催化剂的煅烧温度和结构组成以及 OER 性能具有显著的相关性。在 350℃下获得的表面积为 165.9m²/g 的 $NiFe_2O_4$ 纳米棒最优的 OER 活性，达到了 η=342mV@10mA/cm²，Tafel 斜率为 44mV/dec。此外，AB_2O_4 的复合材料也应用于 OER 催化剂中［图 9-52（j）、（k）］[585]。Gong 等[586]通过水热法和煅烧法，合成了多级孔结构的 $NiCo_2O_4$@$CoMoO_4$ 催化剂用于 OER 反应。调控生长时间，$NiCo_2O_4$@$CoMoO_4$-7（7 代表水热时间 7h）对 OER 最具活性，达到了 η=265mV@20mA/cm²（1.0mol/L KOH 中），12h 的稳定性测试中无明显衰减[586]。

（2）钙钛矿型　钙钛矿型复合氧化物，结构通式为 ABO_3（A 通常为稀土或碱土元素如 Sr、Ca、Ln 等，B 一般为 Co、Mn、Ni、Fe 等过渡金属，见图 9-53）。根据 Goldschmidt 的容限因子规则，周期表中约 90% 的元素能形成钙钛矿结构。20 世纪 70 年代初，Ashok 等[592]在碱性溶液中研究了 $LaCoO_3$，证明了其潜在作为 OER 催化剂的可能。本节将从 ABO_3 中 A、B 位点调控和形貌的角度介绍 OER 催化剂的应用。

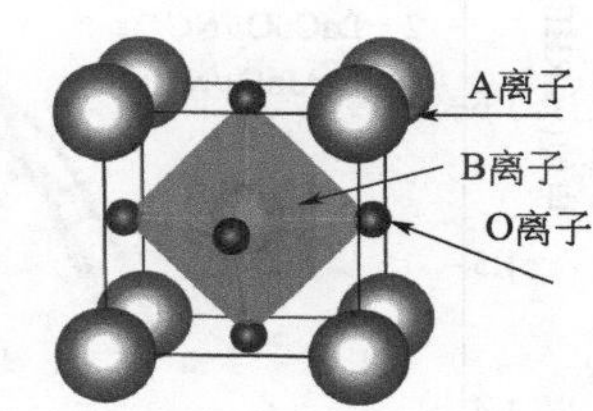

图9-53　钙钛矿的晶体结构[583]

ABO_3 中 B 位点通常被认为 OER 催化反应的活性位，所以 B 位阳离子种类对 OER 性能有巨大的影响。2011 年，Suntivich 等[541]通过 OER 活动与自轨道填充的火山状趋势系统地评估了 10 多种钙钛矿材料［图 9-54（a）］。作者观察到 $Ba_{0.5}Sr_{0.5}Co_{0.8}Fe_{0.2}O_{3-\delta}$（BSCF）具有较高的固有 OER 活性（氧化物表面积归一化电流密度），其测量值至少比相同电位下碱性溶液中的最新催化剂（IrO_2 纳米颗粒，约 6nm）高 1 个数量级［图 9-54（b）］。Hardin 等[590]研究了 $LaBO_3$（B=Ni、Co 和 Mn）系列用作 OER 催化剂，发现 B 位为 Co 元素时［图 9-54（c）］，OER 催化性能最佳，当负载在氮掺杂石墨烯上时，OER 催化性能进一步提高，达到了 η=410mV@10mA/cm²［图 9-54（d）］。Shao-Horn 课题组[593]研究了 Mn 基和 Co 基 ABO_3 中过渡金属离子的配位规则，证明了钙钛矿型金属氧化物表面电子结构对催化活性和稳定性的重要影响。该研究表明，具有 Mn^{3+} 阳离子的角共享八面体催化剂（如 $LaMnO_{3+\delta}$）的催化活性最差，Mn^{4+} 的催化剂（$CaMnO_3$ 和 $Ba_6Mn_5O_{16}$）的 OER 催化活性较高。

ABO_3 型氧化物中 A 位金属离子不直接参与反应，但能影响 OER 催化性能。有学者对 $AMnO_3$ 系列催化剂（A=La、Pr、Nd、Sm、Gd、Dy、Yb、Y）在 8mol/L KOH 中 OER 活性进行了系统的评估，表明 OER 的催化活性会随着 A 位离子半径的减小而降低，顺序如下：La>Pr>Nd>Sm>Gd>Y>Dy>Yb[595]。此外，A 位点被不同价态的离子取代，能够引起 B 位离子价态的变化，以及晶格缺陷、氧空位等。当 A 位金属离子被高价或低价态离子取代时，为满足电荷中性，可能导致两个结果：①产生 A 位缺陷；② B 位点离子价态降低，进而影响钙钛矿型氧化物的析氧机理[596]。Zhu 等[591]以 $LaFeO_3$（LF）为研究对象，通过对 A 位 La 金属离子采取缺陷，导致 B 位点 Fe 价态升高，形成部分 Fe^{4+}，提高 OER 性能［图 9-54（e）、（f）］。

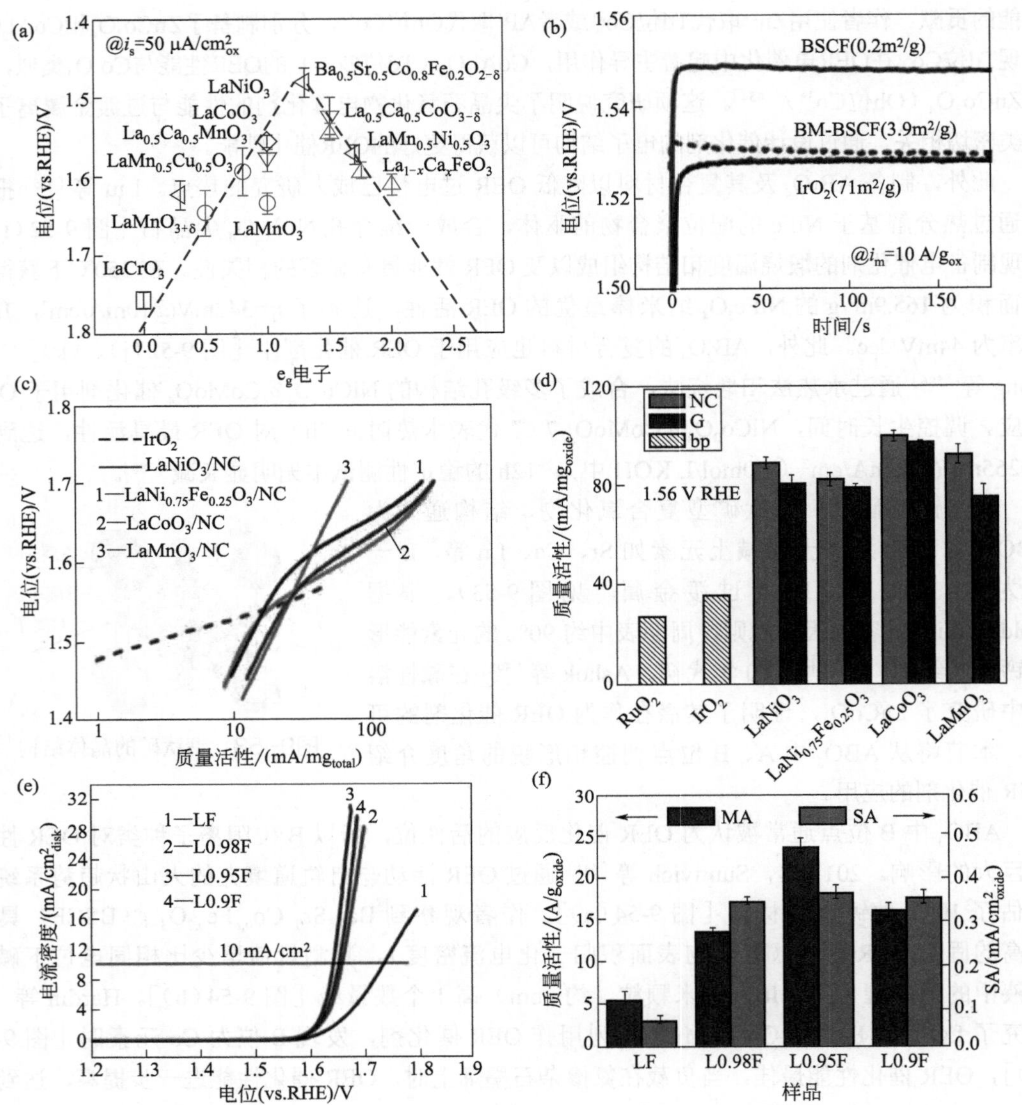

图9-54 (a) 钙钛矿型氧化物中析氧活性与e$_g$轨道填充数成火山型曲线关系；(b) $Ba_{0.5}Sr_{0.5}Co_{0.8}Fe_{0.2}O_{3-\delta}$(BSCF)的恒电流测试[541]；(c) LaBO$_3$(B=Ni、Co和Mn)系列氧化物用作OER催化剂时的极化曲线以及相应的负载在氮掺杂石墨烯上与石墨烯载体上的析氧活性 (d)[597]；(e) A位点掺杂LaFeO$_3$的极化曲线以及相对应的质量比活性（MA）和面积比活性（SA）[590]

（3）烧绿石型　烧绿石结构氧化物的化学式为 $A_2B_2O_7$ 或 $A_2B_2O_6O'$（图 9-55），属于立方面心晶系，其空间群为 Fd-3m，A 位为 Pb、Bi、Y 或 Ln（稀土金属元素），B 位为 Ir、Ru、Nb 和 Sn 等元素[607, 608]。烧绿石结构由 BO_6 八面体和两种类型的氧阴离子（O 和 O'）组成，BO_6 八面体结构提供了蜂巢类的结构，A_2O' 穿插在三维框架的间隙中，A_2O' 与 BO_6 的相互作用较弱。少量 A_2O' 的缺失不会影响 BO_6 框架的整体稳定性，但会产生晶格缺陷[608]。对于 $A_2B_2O_7$ 或 $A_2B_2O_6O'$，在 A 位或 B 位引入低价金属离子进行部分取代，可改变烧绿石的导电性、配位环境、局域电子结构、界面结合能、氧空位浓度和化合价态等，从而调控催化剂的催化活性。

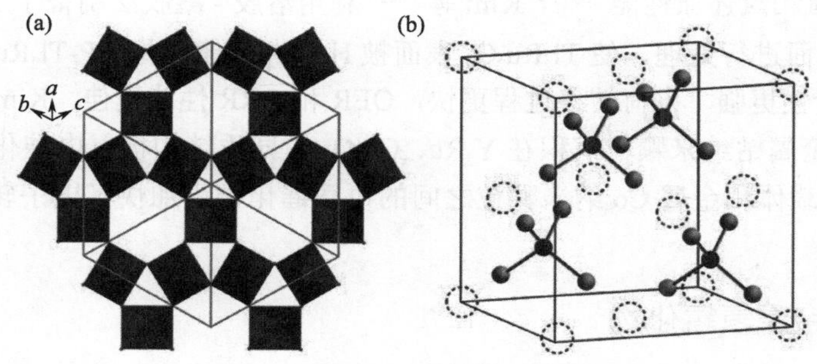

图9-55 （a）烧绿石结构和（b）空间结构[583]

Ir基和Ru基烧绿石氧化物，在酸性介质中表现出了优异的析氧活性和稳定性，且其贵金属质量分数明显低于IrO_2和RuO_2，受到了研究人员的关注。20世纪90年代，Goodenough等[609]对$Pb_2M_{2-x}Pb_xO_7$（M=Ru、Ir）烧绿石氧化物的析氧性能及机理进行了较为系统的研究，催化剂表面存在的Ir^{5+}/Ir^{4+}氧化还原对，促进质子解离和电子转移，烧绿石中的O'以晶格氧的形式参与到OER反应中，而IrO_6中由于Ir-O作用力强没有参与反应。Sardar等[610]利用水热法合成了具有类金属导电$Bi_2Ir_2O_7$烧绿石氧化物，室温电子电导率为0.046Ω/cm，比表面积达46m²/g，活性达到了η=280mV@10mA/cm²。采用同样的方法合成了$(Na_{0.33}Ce_{0.67})_2(Ir_{1-x}Ru_x)_2O_7$并研究了其在酸性溶液中的析氧性能和机理[611]，原位XANES结果表明在电化学析氧过程中，大部分Ir和Ru的价态从+4价氧化成+5价，施加相反的电势后Ir和Ru的价态恢复。中科大曾杰等[612]利用溶胶凝胶法制备了不同离子半径的$R_2Ir_2O_7$（R=Ho、Tb、Gd、Nd、Pr）烧绿石氧化物，研究了Ir基烧绿石氧化物在酸性介质中催化活性与R的关联关系，随着离子半径的增加，化学应力效应减弱，从绝缘体向金属的过渡，Ir5d-O2p杂化轨道重叠部分的增加，析氧活性得到提升。

由于Ir的储量极少，开发不含Ir的析氧催化剂更具成本优势。Kim等[415]报道了$Y_2Ru_2O_7$的Ru基烧绿石氧化物，在酸性介质中有着良好的电化学析氧催化活性和稳定性。DFT计算结果显示，$Y_2Ru_2O_7$的Ru4d和O2p轨道之间的重叠部分较小，降低了能带中心位置，因此，$Y_2Ru_2O_7$中的Ru-O键比RuO_2更加稳定。进一步地，Kim等[613]利用改进的溶胶-凝胶法制备了多孔的$Y_2(Ru_{1.6}Y_{0.4})_2O_7$烧绿石氧化物，析氧性能较$Y_2Ru_2O_7$显著提升，其拥有更低的起始电位和更小的塔菲尔斜率。Kim等[613]认为$Y_2(Ru_{1.6}Y_{0.4})_2O_7$的高析催化氧活性主要来源于$Y^{3+}$部分替换B位的$Ru^{4+}$，使晶格拥有更多的氧空位，同时降低了能带的能量，增强了Ru4d和O2p之间的重叠。Abbott等[614]首先采用DFT方法预测了在酸性介质中稳定的$Ln_2Ru_2O_7$（Ln为稀土金属元素），筛选出$Nd_2Ru_2O_7$、$Gd_2Ru_2O_7$、$Yb_2Ru_2O_7$三种Ru基烧绿石氧化物，这三种氧化物的析氧催化性能都超过了商业IrO_2，而且呈现出随着稀土金属元素半径减小，析氧催化性能提高的规律。

大部分氧化物在碱性介质中的稳定性更高。对于Ru基烧绿石氧化物，B位的Ru具有较高的4de_g轨道，能使Ru4d和O2p轨道杂化，因而拥有较高析氧活性[601, 605]。Prakash等[604]研究了$Pb_2Ru_2O_{6.5}$作为ORR与OER双功能催化剂。Park等[603]采用溶胶-凝胶法制备了呈金

属导电性的 $Pb_2Ru_2O_{6.5}$ 和半导体导电性质的 $Sm_2Ru_2O_7$。原位 XANES 显示烧绿石晶格中 Ru-O 键的共价性质显著影响 OER 和 ORR 性质。$Pb_2Ru_2O_{6.5}$ 在碱性介质中的半电池和锌空电池测试展示了优异的析氧和氧还原性能[603]。Kim 等[602] 利用溶胶 - 凝胶法制备了 $Tl_2Ru_2O_7$，然后用 $NH_4H_2PO_4$ 对其表面进行处理，使 $Tl_2Ru_2O_7$ 表面被 $H_2PO_4^-$ 官能团化（P-$Tl_2Ru_2O_7$）。P-$Tl_2Ru_2O_7$ 中 Ru-O 键的共价性更强，电荷转移过程更快，OER 和 ORR 性能更佳。Kim 等[599] 通过原位析出方法获得了金属钴纳米颗粒沉积在 $Y_2Ru_{2-x}Co_xO_7$ 的异质结构析氧电催化剂。DFT 模拟表明：$Y_2Ru_{2-x}Co_xO_7$ 载体和金属 Co 纳米颗粒之间的协同催化作用加快了电子转移，降低了形成 *OOH 的反应势垒。

9.2.4.2 过渡金属氢氧化物

层状双金属氢氧化物（layered double hydroxides，LDHs）结构通式为 $[M_{1-x}^{2+}M_x^{3+}(OH)_2][A^{n-}]_{x/n} \cdot zH_2O$，其中 M 代表两种价态的过渡金属元素，如若是镁、铝两种金属元素则称为水滑石材料，如若为其他过渡金属元素（M^{2+}=Zn^{2+}、Ni^{2+}、Fe^{2+}、Co^{2+}、Mn^{2+}、Cu^{2+} 等，M^{3+}=Ga^{3+}、Fe^{3+}、Co^{3+} 和 Cr^{3+} 等）则被称为类水滑石材料[615]；A 代表层间阴离子，主要包括 CO_3^{2-}、Cl^-、SO_4^{2-}、PO_3^{2-}、NO_3^-、CO_3^{2-} 等。LDHs 是一种具有微观层状结构阴离子插层的无机类功能型材料，主体为羟基金属层板结构 $[M_{1-x}^{2+}M_x^{3+}(OH)_2]$，层板骨架上的金属元素可选择性高、范围广泛、种类繁多，同时金属组分比例可控可调[615, 616]，可以据此不断调节优化层状材料的性能，层板夹层空间内是插层小分子，包括普通阴离子与水分子的结构客体[617]。

过渡金属 Ni 和 Fe 基的 LDHs 具备较高的 OER 电催化活性以及较好的稳定性[618]。Indira 等[619] 在早期就证明采用电沉积法将 Fe^{3+} 引入 α-$Ni(OH)_2$，析氧反应起始电位降低 50mV。Swierk 等[620] 将 Fe^{3+} 引入 NiOOH 晶格中，制备出含有不同比例的 $Fe_xNi_{1-x}OOH$ 催化剂。当铁的比例逐渐增大时，催化剂的催化性能逐渐增强，直至铁的含量增加到 35% 时，催化性能最好；当铁的比例再增大的时候，催化性能则开始变差。Zhao 等[621] 报道了一种三维结构的 Ni@$NiCo(OH)_2$，其作为 OER 催化剂时，活性达到 η=460mV@10mA/cm^2。

LDHs 材料的层间距也会影响到材料的 OER 催化性能。此外，晶型规整度会影响其晶面排布[622]，进而影响特定晶面的暴露和 OER 催化活性。Sun 课题组与 Xie 课题组[623, 624] 分别报道了在不同温度条件下溶剂热法合成的 NiFe-LDH 的晶型规整度和 OER 催化活性间的关系，同时研究也初步涉及了层间阴离子对其表观性能的影响[623, 624]。由于在电催化过程中，电解液离子和电子会在材料内部进行不规则扩散，通过调控电解液离子扩散距离和电子传输距离理论上也可以调控 LDH 的电催化活性。Muller 课题组[625] 通过在 NiFe-LDHs 层间引入不同半径的阴离子（Cl^-、SO_4^{2-}、CO_3^{2-} 等）并对其 OER 催化性能做了研究。由于电解液中 OH^- 的扩散和电子的传输机理并不一致，实验结果发现 OER 性能和 LDH 的层间距关系并不明显。但 Muller 通过进一步的研究发现阴离子的碱度却会影响对应 LDH 的催化活性。他们发现阴离子的共轭酸酸性越强，其对应插层 LDH 的 OER 催化活性越高，且稳定。

9.2.4.3 过渡金属磷化物

过渡金属磷化物是一类高效的 OER 电催化剂，准确地说，它们应该被称为“预催化剂”，因为在催化过程中，其表面被氧化生成的过渡金属氧化物和氢氧化物是真正的催化活性位点，而磷化物内核起着导电的作用。这种原位生成的核 - 壳结构对过渡金属磷化物优异的

OER催化性能有着重要贡献。另外，过渡金属磷化物也可作为性能良好的HER电催化剂。单过渡金属元素磷化物OER电催化剂包括Co基单金属磷化物[626-630]和Ni基磷化物[627, 631-634]等。Jiang等[635]使用电沉积方法在Cu箔上生长了Co-P薄膜［图9-56（a）］，可作为有效的OER催化剂。作者使用X射线光电子能谱（XPS）研究了催化剂表面化学性质，发现经过OER过程之后，催化剂表面的磷化物峰消失，而磷酸盐峰出现，且出现了Co^{2+}的峰［图9-56（b）、（c）］，说明表面的Co-P被取代，生成了Co氧化物或氢氧化物作为OER催化活性物质。Stern等[631]制备了Ni-P纳米颗粒和纳米线，并研究了它们的OER特性。TEM［图9-56（d）］、EDS［图9-56（e）］与XPS［图9-56（f）］发现催化剂表面原位生成了NiO_x，形成NiP/NiO_x核-壳结构，从而带来了良好的OER电催化性能。研究者认为这种以Ni-P为模板生长出的特殊NiO_x比其他形式的NiO_x具有更高的比表面积和催化活性。Ledendecker等[632]通过简单地在惰性气体下加热Ni箔和红磷的方法，在Ni基底上生长了具有3D结构的Ni_5P_4，并在酸性和碱性电解液中研究了它的OER催化性能。研究者认为催化剂表面生成的非晶态NiOOH提供了OER催化活性位点。Wang等[634]在碳纤维纸上电沉积一层Ni，再通过磷化的方法制备了Ni-P，并研究了它的OER催化性能。以碳纤维纸作为基底材料可以很方便地制备得到3D结构的磷化物催化剂。作者通过微结构和组分研究发现Ni-P表面会被氧化，生成包覆有一层薄的［$Ni-P/NiO/Ni(OH)_x$］异质结构，带来了OER电催化性能的提升。

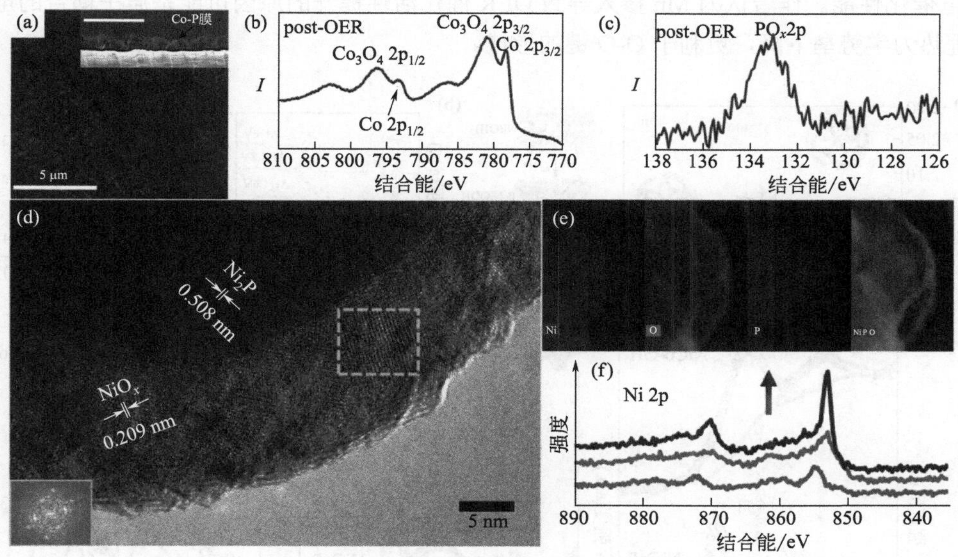

图9-56 （a）Co-P的扫描电镜图；Co-P催化剂在OER反应后的高精度光电子能谱图：（b）元素Co；（c）元素P[635]；（d）投射电子显微镜Ni-P纳米颗粒在OER过后形成的NiP/NiO_x核-壳结构；（e）核-壳结构NiP/NiO_x的元素分布图；（f）NiP/NiO_x不同深度的Ni的高分辨率光电子能谱[631]

引入第二种过渡金属元素制备出双金属磷化物，由于电子结构的优化和协同效应，它的OER催化性能可以得到提升。过渡金属磷化物用作OER催化剂最重要的进展来自Sargent课题组[636]，通过原位同步辐射实验与理论计算相结合的方式，作者发现过渡金属磷化物中的磷能促进金属高价氧化物的形成。作者分别计算了Ni、NiCo、NiCoFe、NiP、NiCoP、NiCoFeP生成高价氧化物的吉布斯自由能变（ΔG），发现P与Fe的掺入显著降低了生成高

价氧化物的 ΔG，使得其在 OER 过程中更加容易生成高价的氧化物［图 9-57（a）］。此外，原位同步辐射也证明了相较于过度金属氧化物，掺杂 P 与 Fe 的过渡金属磷化物在 OER 过程中拥有更高比例的高价金属氧化物［图 9-57（b）、（c）］。Liang 等[629]使用一种新型的 PH_3 等离子体 - 辅助方法将 NiCo 氢氧化物转化为二元过渡金属磷化物 NiCoP。这种生长在泡沫镍上的 NiCoP 具有很高的 OER 电催化活性。在碱性电解液中，它达到 10mA/cm² 的 OER 所需的过电势为 280mV。在 OER 过程中催化剂表面形成的 NiCoP/Ni_xCo_yO（或者 Ni_xCo_yOOH）异质结构使得活性位点与导电基底紧密结合，促进了 OER 性能［图 9-57（d）、（e）和（f）］[629]。Duan 等[627]先在泡沫镍上生长 CoFeOH 纳米线，再通过磷化 / 氧化过程得到 CoFePO。事实上，制备得到的过渡金属磷化物表面通常都会有一定程度的氧化，这可能对它在 OER 催化过程中进一步被氧化生成过渡金属氧化物或氢氧化物起到促进作用。作者发现当 Fe 掺杂比例适中时可以获得最佳的 OER 催化性能[627]。作者认为这是由于适当的 Fe 掺杂使得反应过程中间态的结合能得到优化，同时保留了足够的活性位点[627]。Tan 等[630]使用一种选择溶解方法制备了纳米多孔的 $(Co_{1-x}Fe_x)_2P$ 薄膜。使用一定的电压可以溶解掉其中的体心立方 CoFe 相，得到纯的正交相 $(Co_{1-x}Fe_x)_2P$。通过调节 Co/Fe 比例和多孔性可以得到在酸性和碱性条件下具有良好 OER 电催化性能的薄膜。DFT 计算表明，在优化的化学组分下，Fe 的掺入能够降低表面吸附能，从而提高电催化活性。Li 等[628]制备了直径为 5nm 的 CoMnP 纳米颗粒并研究了它的 OER 电催化性能。作者认为 Mn 掺入导致 OER 催化活性提升的原因可能是质子耦合的电子转移过程热力学势垒下降，更利于 O-O 键的形成。

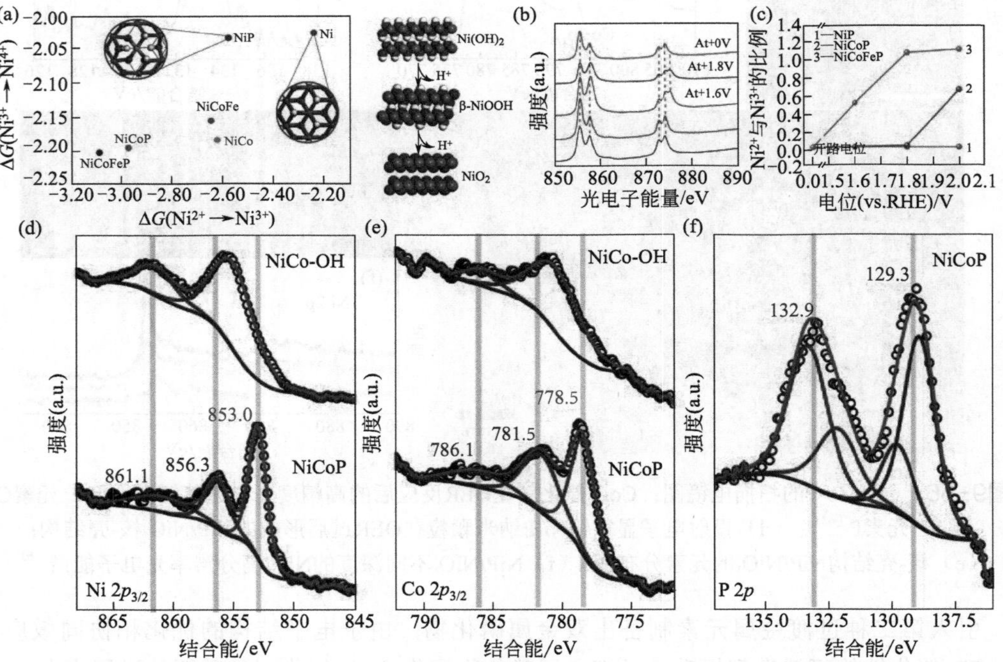

图9-57　（a）Ni、NiCo、NiCoFe、NiP、NiCoP、NiCoFeP生成高价氧化物的吉布斯自由能变（ΔG）图；（b）原位同步辐射揭示不同电位下NiCoFeP的表面化学状态；（c）根据同步辐射数据计算的NiP、NiCoP、NiCoFeP在不同电位下Ni^{4+}与Ni^{2+}之间的比例[636]；NiCoP催化剂在经过HER测试和OER测试后的高分辨光电子能谱数据：（d）Ni、（e）Co、（f）P[629]

9.2.4.4　过渡金属硫族化合物

一般来说，参与水裂解反应的金属硫化物为 Co 基和 Ni 基催化剂。镍的硫化物（NiS、Ni_3S_2、NiSe）具有地球储量充足、对环境友好、无污染、多价态且稳定等优点，不仅在电容器和锂电池中有广泛的应用，而且在 OER 电催化中也崭露头角[637]。Zhu 等[638]报道了通过对泡沫 Ni 表面不同的酸碱处理，制备了不同晶向的 Ni_xS_y，表现出不同 OER 催化活性，表明对泡沫镍前处理方法不同，会导致有不同晶相生成。通过这点可以推测催化剂的晶向对于过渡金属硫化物的 OER 催化活性起着关键作用。

从热力学上分析，在氧化电位下金属硫化物不如金属氧化物 / 氢氧化物稳定。因此，金属硫化物、硒化物等可以很容易地氧化成其相应的金属氧化物 / 氢氧化物，特别是在 OER 反应的强氧化性环境中[639]。并且，很多研究报道了相关结果，发现导电硫化物在 OER 催化反应中逐渐会有大量的硫脱出，使其催化活性相变成了含氧硫化物[640-643]。Gao 等[641]报道了 NiSe 纳米棒 OER 反应催化剂［图 9-58（a)］。在氧化电位下，其结构演变为 NiO_x/NiSe 核 - 壳结构纳米棒［图 9-58(b)～(g)］，硫化物有时甚至会完全转变为无定形的氧化物。Mullins 等[640]发现硫化镍中的硫阴离子在电催化剂的活性形式中被耗尽，并且在 OER 操作的电位范围内 NiS 被全部转化为无定形氧化镍［图 9-58(h)～(j)］。因此，该硫化镍优异的催化活性与催化剂中的硫阴离子无关，而是与金属硫化物作为高活性氧化镍 OER 电催化剂前驱体的能力有关。

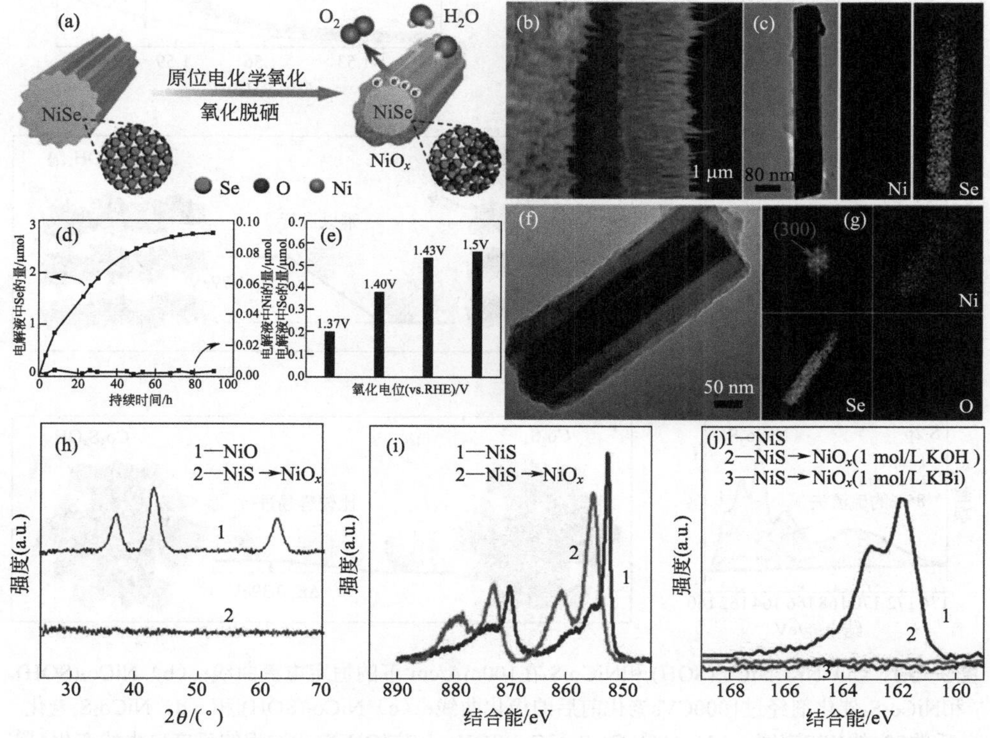

图9-58　（a）NiSe纳米棒OER反应条件下演变成NiO_x/NiSe核 - 壳结构纳米棒；（b）NiSe纳米棒的扫描电镜图；（c）NiSe纳米棒的透射电镜图和元素分布图；（d）恒定电位下NiSe纳米棒中Se元素逐渐流失；（e）Se元素在不同电位下的流失量；（f）OER反应后生成的NiO_x/NiSe的透射电镜图，以及相应的SADE和元素分布图（g）[641]；（h）NiS在OER反应前后的X射线衍射图；NiS中Ni（i）与S（j）在OER反应前后的高分辨率光电子能谱图[640]

此外，在最近的一些报道中，研究者们发现，在OER催化反应过程中，会有S元素从过渡金属硫化物中溶出。这启发了人们通过阴离子OH^-修饰过渡金属硫化物来提高其催化活性。Wei课题组[495]观察到$NiCo_2S_4$在经过长达30h的OER催化反应后，活性损失大约50%[图9-59（a）、（b）]。通过S2p的XPS高分辨率光谱显示，$NiCo_2S_4$的硫损失高达85%[图9-59（c）、（e）]。为了同时提高硫化物的活性和稳定性，他们进一步提出了“双配体协同调节策略”，即将OH^-配体预先引入金属硫化物中，以形成新的硫氢氧化物（sulfhydroxide）作为OER催化剂。双配体$NiCo_2(SOH)_x$催化剂展示了优异的OER催化活性，在10mA/cm²的电流密度下具有0.29V的极小过电位，即使在100mA/cm²下加速老化30h后仍具有良好的催化稳定性[图9-59（a）、（b）]。密度泛函理论（DFT）计算表明，OH和S阴离子配体在$NiCo_2(SOH)_x$催化表面的协同作用可以精确地优化OER中间体的结合能[图9-59（d）、（f）]。

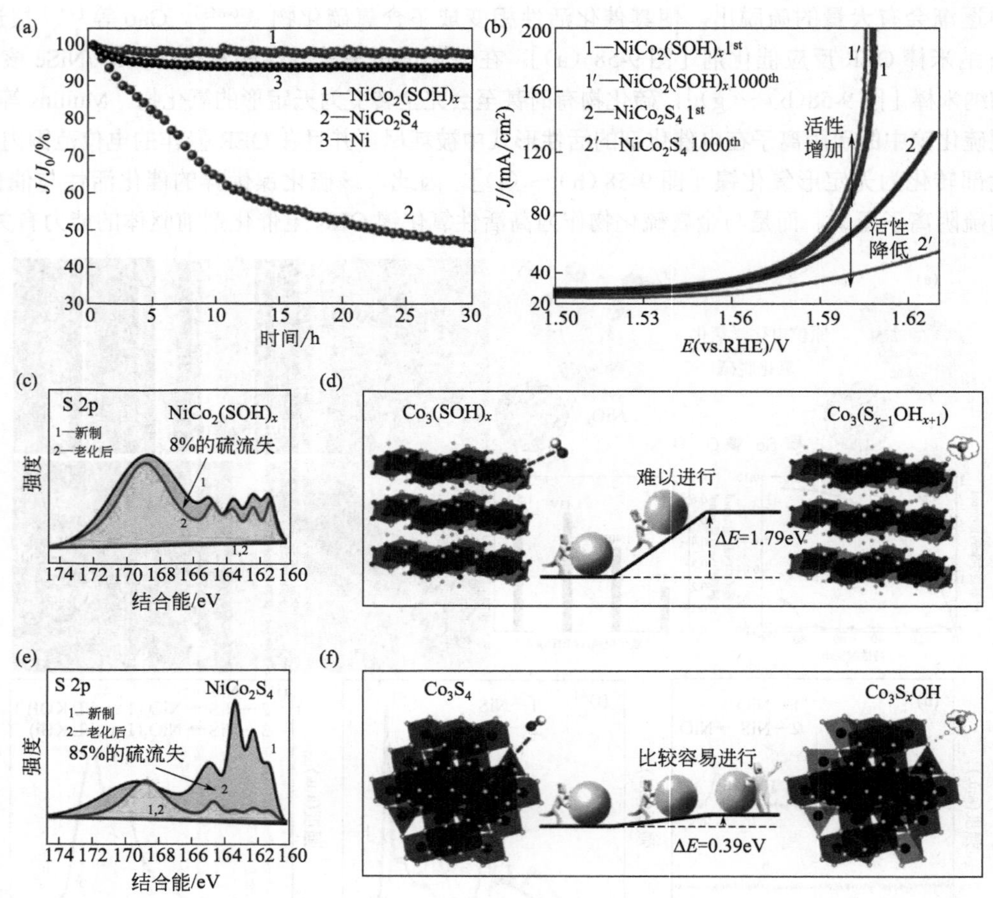

图9-59 （a）Ni、$NiCo_2(SOH)_x$和$NiCo_2S_4$在100mA/cm²下的恒定电流曲线；（b）$NiCo_2(SOH)_x$和$NiCo_2S_4$催化剂经过1000CVs老化前后的极化曲线；（c）$NiCo_2(SOH)_x$和（d）$NiCo_2S_4$老化前后的S2p的XPS谱图；（d）、（f）Co_3S_4和$Co_3(SOH)_x$上S被OH^-取代过程的反应自由能变化[495]

9.2.4.5 单原子材料

PtCu合金载体通过酸蚀和电化学刻蚀后，成功地捕获了单个Ru[644]。Yao等[644]发现，不同的 PtCu 合金载体表现出了不同的调节单原子 Ru 电子结构的能力。即是说，通过调整金属基底的压缩应变可以改变单原子 Ru 位点的电子结构，从而将含氧中间物种在该位点上的结合能调整到一个最优水平，获得优异的 OER 催化性能。在酸性介质中，该催化剂获得 10mA/cm^2 的电流密度的过电位降低了 90mV［图 9-60（a）、（b）］。同时，与商用的 RuO_2 相比，该催化剂还具有更长的使用寿命。在连续电解 28h 后，几乎没有活性衰减，表明 Ru 和 PtCu 合金之间 SMSI 提供了强大的限制能力，从而避免了 Ru 的溶解［图 9-60（c）］。碳材料通常作为载体运用于各种催化剂之中[295，302，320，645-650]。对于 SACs，碳材料具有固有的结构缺陷，可以用于固定单原子金属。此外，外部掺杂剂（杂原子或表面官能团）也能为金属原子的沉积提供许多位点。当金属原子负载到碳材料上时，其可能与碳材料的原子骨架或表面官能团相结合，形成新的反应活性中心，使碳基 SACs 具有更为优异的催化性能。在所有的碳材料中，氮掺杂碳材料在 SACs 中的应用备受关注[322，651-654]。氮掺杂后，碳基体的电中性被打破。因此，电负性较强的氮原子可以配位金属原子形成 M-N$_x$ 结构。这种结构被认为对多种电化学反应具有催化活性。Zhao 等[655]以 Zn/Co 双金属 ZIFs 为前驱体，配合 DMSO 制备单钴原子催化剂，并证实了其优势活性来自单分散的 Co-N$_x$ 位点。为了进一步提高单个原子的负载量，KCl 颗粒被选择作为 ZIFs 生长的种子，以辅助 SAC 的合成[656]。所制备的 SAC 的 Co 负载

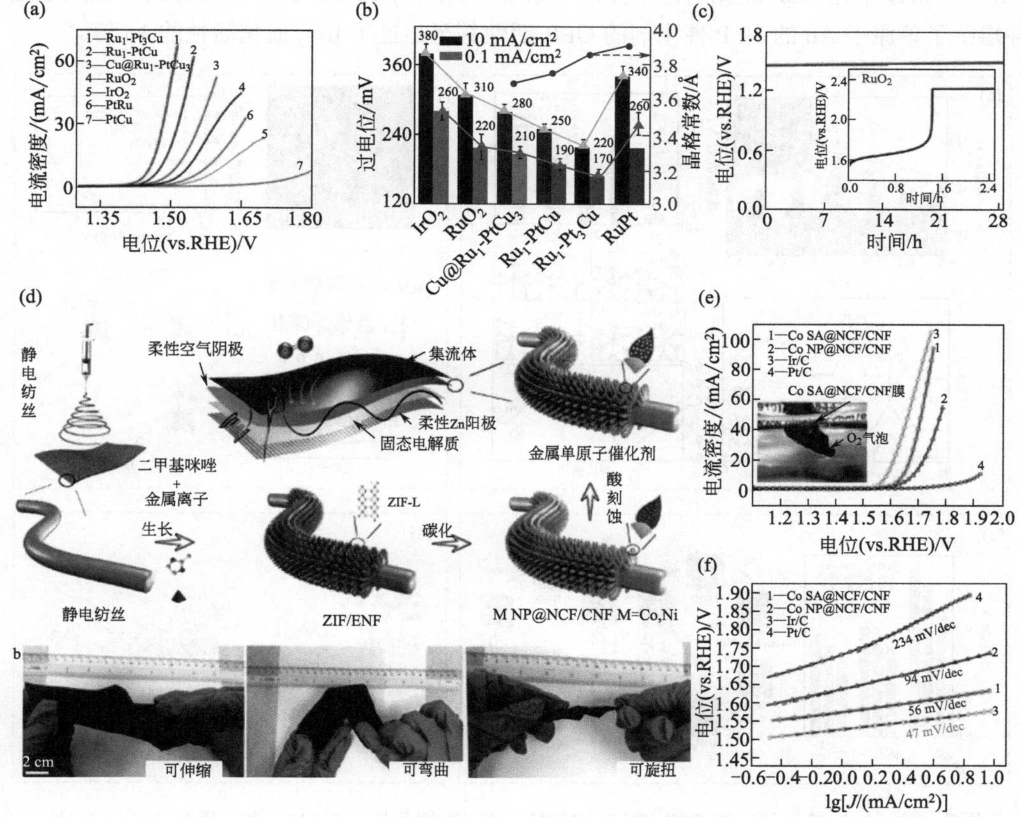

图9-60 （a）Ru单原子负载PtCu合金上的极化曲线；（b）电流密度0.1mA/cm^{2}和10mA/cm^{2}下的过电位及不同组分Ru单原子负载PtCu合金催化剂的晶格常数；（c）晶格应变与Ru单原子负载PtCu合金上的OER过电位；（d）Ru单原子负载PtCu合金上的恒定电流测试（插图：RuO_2的恒定电流测试）[644]；（d）单原子金属直接负载到了无粘接剂的一体化电极上的制备策略；（e）单原子金属直接负载到了无粘接剂的一体化电极的极化曲线以及相对应的Tafel斜率图（f）[657]

量达到15.3%（质量分数），使得该SAC表现出优异的OER性能，甚至超过了IrO_2催化剂。Ji等[657]也采用ZIFs制备了SACs［图9-60（d）］，与此不同的是，单原子金属直接负载到了无粘接剂的整体电极之上，并展现出来了非常低的OER过电压［400mV@10mA/cm²，图9-60（e）、（f）］。

氧化物、硫化物和氢氧化物等化合物也常常被作为单原子催化剂的载体[288，346，434，658-665]。所有这些化合物载体都表现出了一个共同的特征，即是采用表面缺陷（阳离子缺陷和阴离子缺陷）作为固定金属原子抑制其迁移的主要位点。由于这些载体和单原子金属的不同，单原子金属可能会影响化合物，使得其在反应中具有更加优异的催化活性。如图9-61（a）所示，Lin等[661]报道了仅0.5%（质量分数）的Pt负载量下，掺杂的单分散Pt也能通过削弱NiO中局部的Ni-O键，有效地提高了NiO向NiOOH的相变速率，从而增强了NiO催化剂的OER催化活性。在该催化剂中，单个Pt不是直接的活性中心，而是作为辅助催化剂。单原子Au也被观察到能够促进发生在$NiFe(OH)_2$和Ni_2P上的OER。仅需0.4%（质量分数）Au修饰就可使$NiFe(OH)_2$催化剂的OER催化活性提升6倍以上［图9-61（b）］[434]。掺杂的金原子有效地改变催化剂表面的电荷密度的分布，提高O^*到OOH^*的反应速率，从而促进整个OER过程。Cai等[658]报道了在Ni_2P晶体结构中掺杂单原子Au后，Ni_2P的OER活性得到了极大地提升。这种掺杂了单原子Au的Ni_2P催化剂的OER活性甚至超过了IrO_2催化活性的16倍。

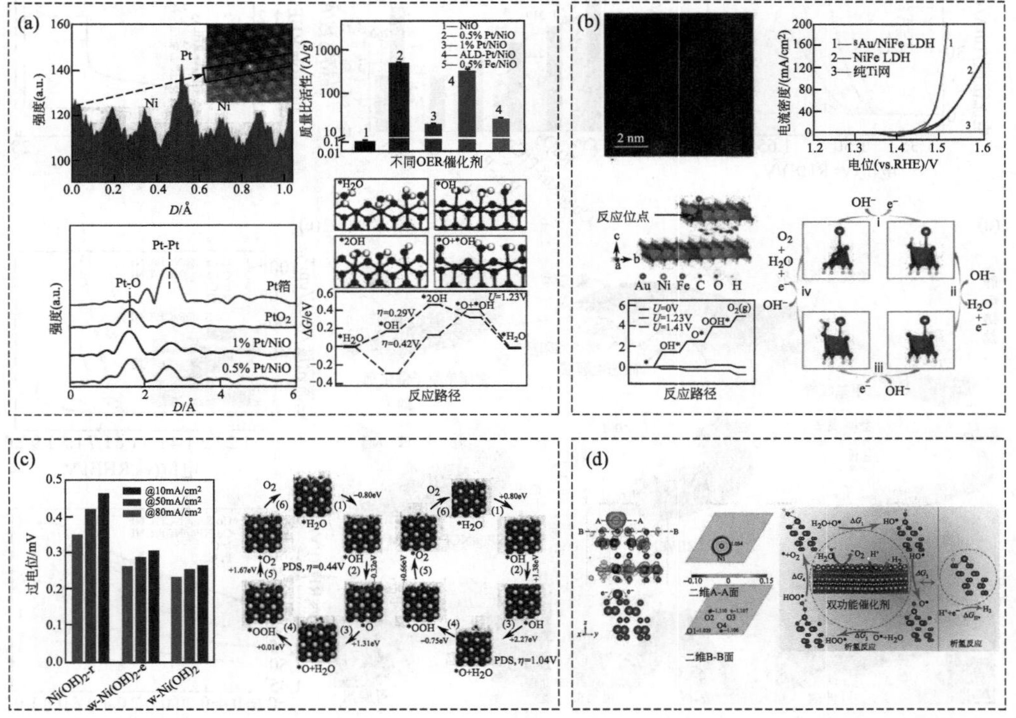

图9-61　（a）单原子Pt掺杂的γ-NiOOH的HAADF线扫分析、EXAFS谱、质量比活性对比、OER计算模拟及相应的能量分布图[661]；（b）单原子金掺杂的$NiFe(OH)_2$的HAADF-STEM图，OER性能、OER计算模拟及相应的能量分布图[434]；（c）单原子钨掺杂的$Ni(OH)_2$纳米片的OER性能，以及单原子钨掺杂的$Ni(OH)_2$纳米片和$Ni(OH)_2$纳米片的OER过程模拟以及相应的能量分布[435]；（d）Ni/Cr_2CO_2表面的电荷密度分布以及Ni/Cr_2CO_2表面析氧过程示意图[521]

9.2.4.6 金属-有机框架化合物用作OER催化剂

与传统无机多孔材料相比，金属-有机框架化合物（MOFs）是由金属离子和有机配体通过配位键有序连接形成的多孔晶体材料（图9-62），这使其具有许多独特的物理化学性质[666, 667]：①比表面积大，孔隙率高；②晶体结构多样性，金属中心和有机配体的多样性有利于合成各种具有不同组成和空间结构的MOFs；③结构可设计调控，通过改变MOFs有机配体和金属离子的种类可达到调控MOFs材料结构的目的；④易功能化和修饰，与传统的多孔碳和沸石等无机多孔材料不同，MOFs材料内部通常具有化学活性位点，包括开放的金属位点（路易斯酸位点）、裸露的羧基、氨基和氮原子等化学官能团。然而，由于MOFs材料导电性差，难以直接用作电催化材料。MOFs主要用作模板制备各种析氧电催化剂。

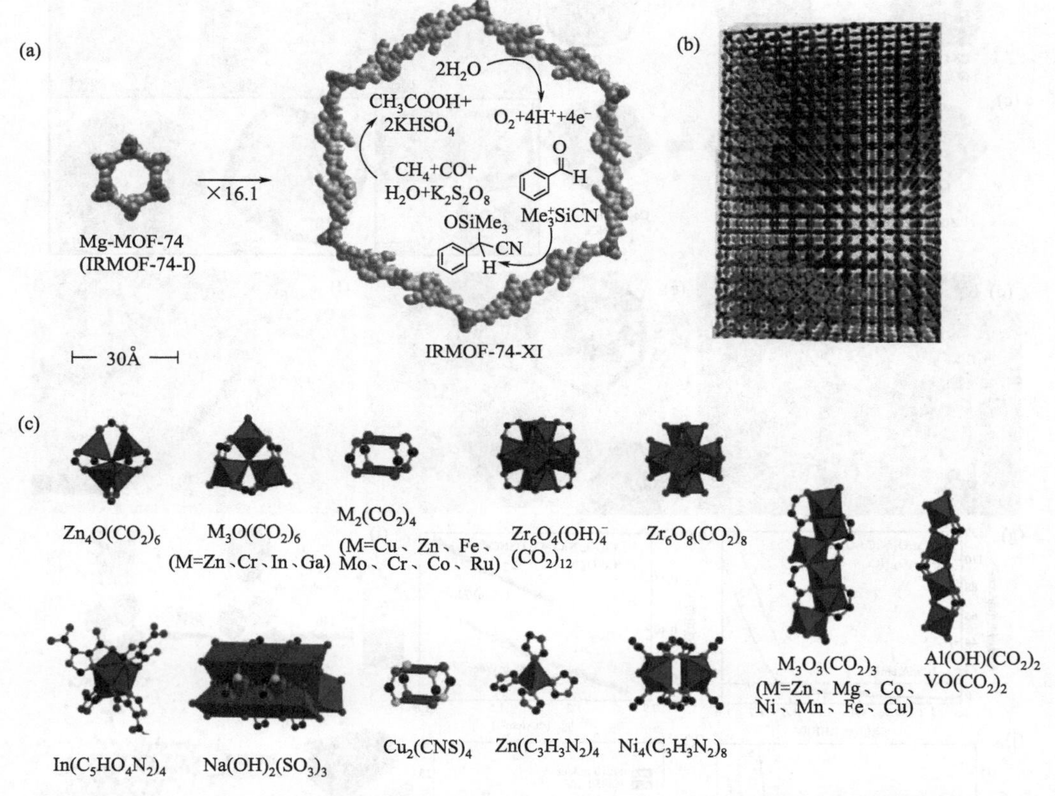

图9-62 （a）MOF独特的物理和化学性质；（b）连接子；（c）各种配体的结构和连接子[666]

以MOFs为前驱体而制备的过渡金属氧化物是一类重要的析氧反应电催化剂。Feng等[668]以Co-Co类普鲁士蓝作为前驱体，通过氨水刻蚀及氧化处理制得Co_3O_4微框架催化剂。具有立方体结构的Co-Co类普鲁士蓝中，位于立方体角和面的Co^{2+}反应活性不同，因此与氨水发生络合时刻蚀速率不同，从而形成独特的微框架结构［图9-63（a）］。TEM图表明Co-Co类普鲁士蓝与氨水反应后立方体的八个角均被刻蚀，最终形成对称的中空框架结构，并且框架呈现多孔结构［图9-63（b）］。析氧反应电化学测试表明Co_3O_4微框架材料在1mol/L KOH活性达到了η=340mV@10mA/cm^2，而Co-Co类普鲁士蓝类直接在空气中煅烧所得Co_3O_4立方体材料在相同电流密度下所需电位为 η=400mV@10mA/cm²。Co_3O_4 微框架催化剂优良的析氧电催化活性主要归于：①三维开放骨架结构有利于暴露更多活性位点，增大电极和电解液的有效接触面积；②多孔框架有利于缩短离子传输路径，促进传质。Hu 等[669]通过 ZIF-67 与硝酸镍反应得到 ZIF-67/Ni-Co 双氢氧化物，在空气中氧化后制得 $Co_3O_4/NiCo_2O_4$ 双壳纳米笼［$Co_3O_4/NiCo_2O_4$DSNCs，图 9-63（c）］。TEM 显示 ZIF-67/Ni-Co 双氢氧化物继承了 ZIF-67 多面体形貌，氧化后所得的 $Co_3O_4/NiCo_2O_4$DSNCs 保留了多面体形貌，并且具有明显的双壳层结构［图 9-63（d）～（f）］。电化学活性测试结果表明，$Co_3O_4/NiCo_2O_4$DSNCs 的过电位明显小于煅烧 ZIF-67 所得的 Co_3O_4NCs 材料，说明其具有更优的析氧电催化活性［图 9-63(g)、(h)］。

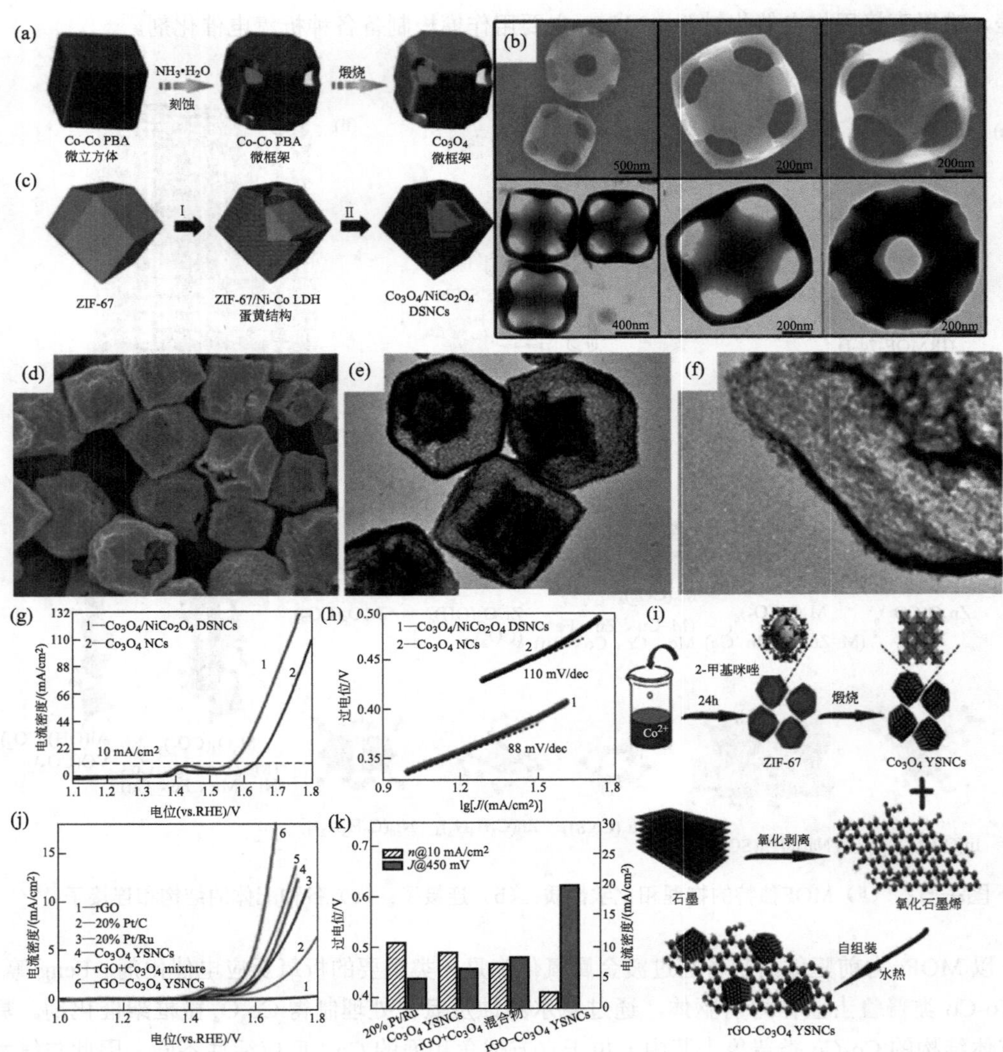

图9-63 （a）Co-Co类普鲁士蓝为前驱体合成Co_3O_4微框架材料的示意图；（b）Co_3O_4微框架材料的透射电镜图[668]；（c）ZIF-67制备$Co_3O_4/NiCo_2O_4$双壳纳米笼（$Co_3O_4/NiCo_2O_4$DSNCs）的示意图；（d）、（f）$Co_3O_4/NiCo_2O_4$DSNCs的透射电镜图；（g）$Co_3O_4/NiCo_2O_4$DSNCs与Co_3O_4在1mol/L KOH中的极化曲线以及相对应的Tafel斜率图（h）[669]；(i) ZIF-67为前驱体合成Co_3O_4蛋壳纳米笼复合材料（rGO-Co_3O_4YSNC）的示意图；(j) Co_3O_4蛋壳纳米笼复合材料（rGO-Co_3O_4YSNC）在1mol/L KOH中的极化曲线以及相对应的活性（k）[670]

$Co_3O_4/NiCo_2O_4$DSNCs优良的电催化活性主要归因于以下几个方面：①催化剂中Ni^{2+}的掺杂有利于改善催化剂的导电性，并且可作为析氧反应活性位点；②多孔结构为反应物及反应产物自由出入催化剂和离子扩散提供多种传输通道，有利于促进传质；③双壳层纳米笼结构在一定程度上可容纳少量电解液，为反应提供瞬时浓度，促进电催化反应的快速进行。Wu等[670]以ZIF-67为前驱体，首先在空气中直接煅烧得到Co_3O_4蛋壳纳米笼（Co_3O_4YSNC），然后将其与氧化石墨烯（GO）混合通过水热反应制得还原的氧化石墨烯和Co_3O_4蛋壳纳米笼复合材料［rGO-Co_3O_4YSNC，图9-63（i）］。在0.1mol/L KOH溶液中的电化学测试表明，rGO-Co_3O_4YSNC的活性达到了η=410mV@10mA/cm^2［图9-63（j）、（k）］。

在导电基底（如碳纤维、泡沫镍和铜箔等）上直接生长MOFs材料可以更大限度地暴露活性位点，增大电极和电解液接触面积，促进电催化活性的提高，已经引起了研究人员的广泛关注。Ma 等[572]采用水热法在铜箔上直接生长Co-MOFs，之后在氮气中煅烧制得Co_3O_4-碳多孔纳米线阵列（Co_3O_4C-NA）。在 0.1mol/L KOH 溶液中的电化学测试表明，Co_3O_4C-NA 的起始电位和过电位均低于直接在空气中煅烧得到的 Co_3O_4-NA，并且可与 IrO_2 相比拟。Co_3O_4C-NA 优良的 OER 电催化活性主要是由于碳的原位掺杂使其与 Co_3O_4 的相互作用增强，有助于加快电子传输，改善 OER 电催化活性和稳定性，同时在铜箔上原位生长纳米线阵列可以增大电极和电解液的接触面积，为电解液的自由出入提供更多孔道结构，而且有利于增强纳米线阵列和铜箔之间的结合力，加快电子转移和提高催化剂的稳定性。

9.2.4.7 小结

本节总结了几种常见的过渡金属化合物用作析氧电催化剂。不同材料有不同的结构特征和反应性能，因此，在制备析氧催化剂时常常需要针对不同材料，选择有针对性的策略。此外，析氧反应常常发生在较高的电位，催化剂表面会发生一个不可逆的相转变，因此，析氧反应的活性物种与体相结构往往存在较大的差距，这是设计催化剂时应该充分考虑的因素。

9.2.5 析氧催化剂失活机理的研究进展

稳定性是过渡金属化合物析氧催化剂研究中必须关注的问题。现代材料分析测试技术的飞速发展，为析氧催化剂失活机理研究提供了有力的工具和手段。目前，此领域的研究尚处于起步阶段，得到的初步结论为：无论贵金属 Ir、Ru 还是非贵金属 Ni、Fe 氧化物，析氧失活主要由活性金属组分的溶解造成。

9.2.5.1 析氧催化剂失活机理的研究

析氧催化剂稳定性研究始于对贵金属催化剂失活过程的探究，Cherevko 课题组[442，671]和 Markovic 课题组[672]在这方面做出了重要贡献。Cherevko 课题组[442]将流动电解池与电感耦合等离子体技术相结合，发现无论是在酸性还是在碱性电解液中，贵金属 RuO_2 与 IrO_2 都存在一定程度的溶解，且 RuO_2 的溶解速率更大。因此，Cherevko 课题组[442]得出，相较于 RuO_2，IrO_2 是一种更理想的析氧催化剂。X 射线光电子能谱和同步辐射技术研究表明，金属 Ir 向 IrO_2 转变过程中形成可溶的 Ir^{3+}，是导致金属 Ir 稳定性差的主要原因，晶态 IrO_2 在析氧过程中形成 IrO_4^{2-} 则是造成晶态 IrO_2 失活的主要原因[442]［图 9-64（a）］。

Cherevko 课题组[671]还深入对比研究了晶态 IrO_2、非晶态 IrO_x、钙钛矿型 $SrIrO_3$ 以及双

钙钛矿型 Ba_2PrIrO_6 催化剂在酸性介质中稳定性和活性的关系。这几种催化剂活性的变化存在以下规律：Ba_2PrIrO_6>$SrIrO_3$=IrO_x>IrO_2，而稳定性变化顺序正好相反［图 9-64（c）］。XPS 结果表明，在 Ba_2PrIrO_6、$SrIrO_3$、IrO_x 三种催化剂表面形成了悬挂状态的 IrO_6 八面体［图 9-64（b）］。同位素示踪研究发现，在晶态 IrO_2 表面产生的氧气，主要来自水分子，没有晶格氧过程发生，而在其余 3 种催化剂表面检测到了 $^{16}O^{18}O$ 和 $^{18}O^{18}O$ 信号，表明这 3 种催化剂有晶格氧过程发生。结合催化剂活性、稳定性以及同位素示踪法研究，揭示出 Ir 基催化剂表面悬挂状态的 IrO_6 八面体在析氧过程中存在双重作用：①能促进晶格氧过程，提高 IrO_x 的析氧活性；②会促进催化剂溶解，造成催化剂失活［图 9-64（d）］。Cherevko 课题组[671]将每溶解 1mg Ir 所对应的氧气析出量，定义为稳定性常数（用 S 表示），来表征催化剂稳定性和预测催化剂的寿命。

在析氧过程中，过渡金属氧化物几乎都会被氧化成高价的氢氧化物。因此，研究过渡金属氢氧化物析氧稳定性有助于揭示过渡金属氧化物析氧失活机理。Speck 等[673]最早发现，NiFe 氢氧化物在碱性电解液中催化析氧反应时，Fe 会逐渐溶解，造成催化剂失活。定量分析表明，即使析氧电流密度为 10mA/cm^2 时，NiFe 氢氧化物中的 Fe 也拥有显著的溶解速率[673]。随后，Markovic 课题组[672]在 Pt(111) 晶面上沉积了一层 MO_xH_y（M=Ni、Co、Fe）制备出三种模型催化剂，并深入研究了非贵金属氢氧化物在析氧过程中的活性变化机制［图 9-64（e）］。三种催化剂析氧活性初始顺序为：NiO_xH_y<CoO_xH_y<FeO_xH_y，但 FeO_xH_y 的溶解速率［12.1ng/（cm^2 · s）］比 CoO_xH_y 与 FeO_xH_y［分别为 0.023ng/（cm^2 · s）和 0.004ng/（cm^2 · s）］高三个数量级［图 9-59（f）～（j）］[672]。在 1.7V 下连续电解 1h 后，FeO_xH_y 的催化活性损失最大，NiO_xH_y 活性几乎没有损失［图 9-64（g）］。在 MO_xH_y 中掺杂 Fe 可以进一步提升析氧活性，但 Fe 在析氧过程中的溶解又会降低 MO_xH_y 的稳定性，且活性提升越大，稳定性变得越差［图 9-64（k）］。

9.2.5.2 析氧催化剂稳定性提升策略

现代材料分析技术的发展，使研究者们能够在析氧工况条件下深入研究催化剂表面的化学变化。初步研究表明，在工况条件下生成可溶的高价金属氧化物，是过渡金属氧化物析氧催化剂失活的主要原因。尽管有相当数量的过渡金属氧化物被报道在析氧条件下是稳定的，但还未建立起催化剂的“结构 - 稳定性”对应关系。另外，由于对活性组分溶解速率的报道不多，目前还难以严格比较各种析氧催化剂的稳定性。本节将初步论述过渡金属氧化物析氧稳定性的提升策略。

（1）平衡催化剂溶解与沉积速率　由于析氧催化剂失活主要是由活性金属组分溶解造成的，如能提高活性金属组分的反向沉积速率，则可以保持甚至提高催化剂的析氧催化活性。Markovic 课题组[672]发现在电解液中添加 0.1mg/kg 铁离子，铁离子会选择性沉积到 NiO_xH_y 表面，形成纳米岛形貌，有助于提升 NiO_xH_y 的析氧催化活性。对 CoO_xH_y 催化剂做同样处理，也观察到类似的现象。此外，当将 Fe 掺杂的 NiO_xH_y 电极置于含有铁离子的电解液中电解时，Fe-NiO_xH_y 不仅析氧活性高，稳定性也好［图 9-65（a）］。通过同位素标记显示，^{57}Fe-NiO_xH_y 电极中 ^{57}Fe 的溶解速率与溶液中 ^{56}Fe 在电极上的沉积速率几乎相等，溶解 - 再沉积达到平衡［图 9-65（b）～（d）］。定量计算表明，1min 内大约有 50%^{57}Fe 与溶液中的 ^{56}Fe 发生了交换反应，1h 内大约交换了 70%。理论计算表明溶液中的铁离子容易沉积到 NiO_xH_y 表面，形成高活性的析氧反应中心。Fe 在 NiO_xH_y、CoO_xH_y、FeO_xH_y 三种电极表面沉积的趋势为：NiO_xH_y>CoO_xH_y>FeO_xH_y。在实际操作中，可通过在电解液中添加铁离子来同时提升过渡金属氧化物的析氧活性和稳定性。

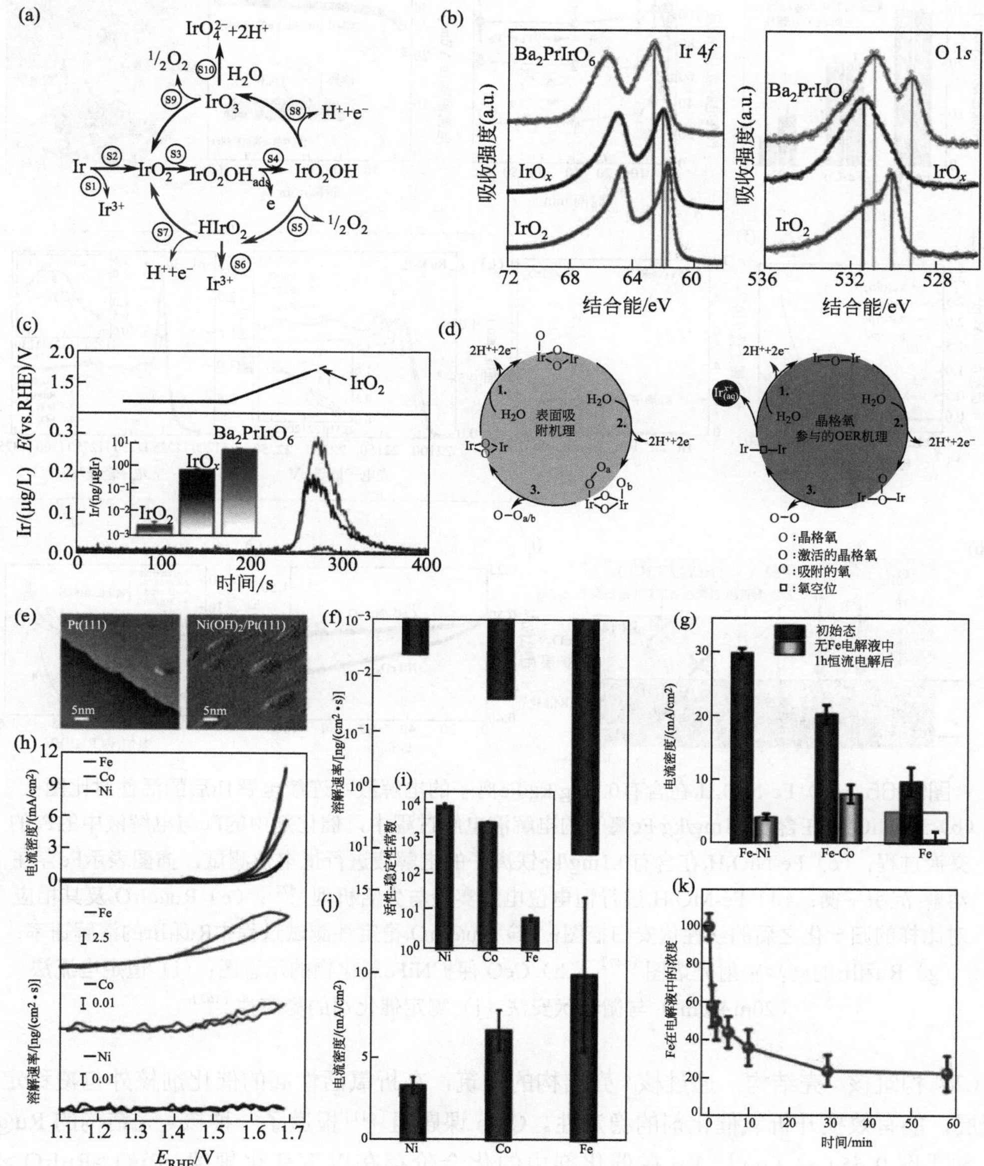

图9-64 (a)Ir和IrO_2可能的溶解机理;(b)Ba_2PrIrO_6、非晶态的IrO_x和晶态IrO_2中Ir4f和O1s的高分辨XPS谱图;(c)电解液中Ir浓度随线性伏安扫描电位的变化(插图表示:Ir的单位溶解速率);(d)有晶格氧参与的析氧活性机理图[671];(e)Pt(111)和$Ni(OH)_2$/Pt(111)的扫描隧道显微镜图;(f)电位为1.7V时,催化剂MO_xH_y(M=Ni、Co、Fe)的溶解速率;(g)催化剂MO_xH_y(M=Ni、Co、Fe)在不含铁离子的电解液中连续电解1h后的活性对比图;(h)MO_xH_y(M=Ni、Co、Fe)催化剂的线性伏安扫描图和相应的溶解速率;(i)MO_xH_y(M=Ni、Co、Fe)的稳定性因子;(j)电位为1.7V时,催化剂MO_xH_y(M=Ni、Co、Fe)的析氧活性;(k)Fe-NiO_xH_y电极在不含铁离子的电解液中连续电解过程中,Fe逐渐流失(彩插见文前)[672]

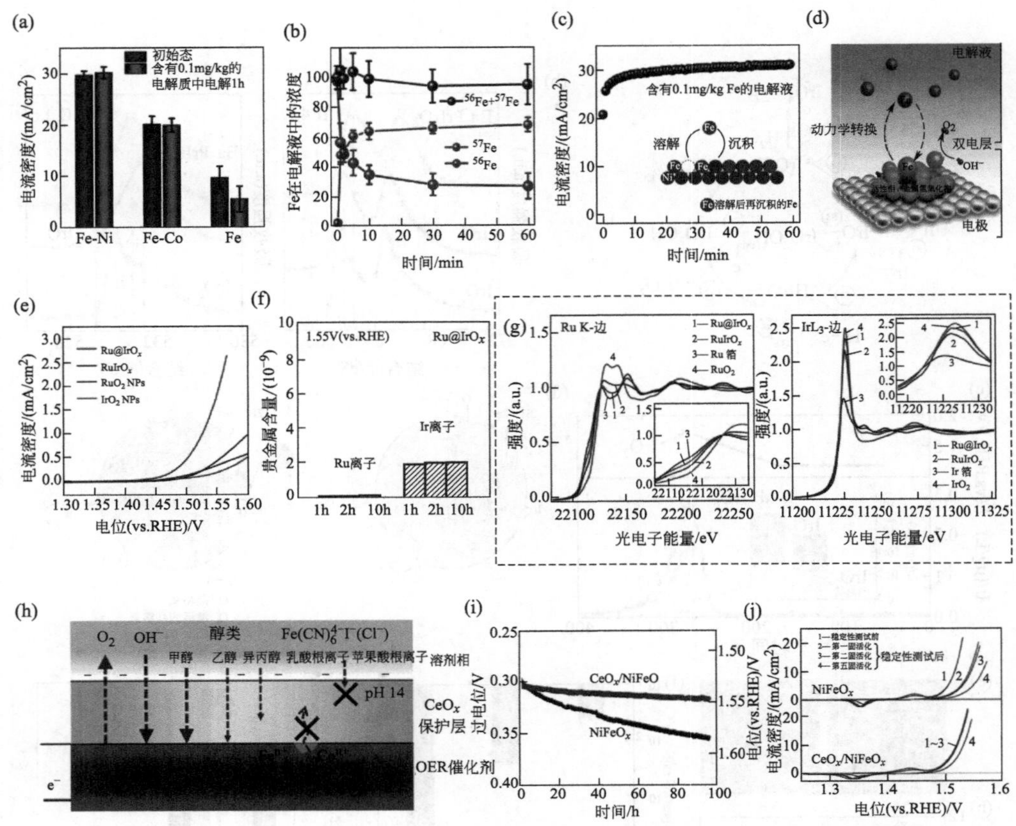

图9-65 (a) $Fe\text{-}NiO_xH_y$在含有0.1mg/kg Fe离子的电解液中连续电解1h后的活性对比图；(b) $Fe\text{-}NiO_xH_y$在含有0.1mg/kg Fe离子的电解液电解过程中，催化剂中的Fe与电解液中的Fe的交换过程；(c) $Fe\text{-}NiO_xH_y$在含有0.1mg/kg铁离子的电解液进行恒电位测试，插图表示Fe存在溶解-沉积平衡；(d) $Fe\text{-}MO_xH_y$进行恒电位电解实验与失活机理[672]；(e) $Ru@IrO_x$及其相应对比样的归一化之后的线性伏安扫描图；(f) $Ru@IrO_x$稳定性测试过程中Ru和Ir的溶解速率；(g) Ru和Ir的同步辐射光谱图[447]；(h) CeO_x保护NiFe氧化物的示意图；(i) 恒定电流法($20mA/cm^2$)与循环伏安法(j)测定催化剂的稳定性[163]

(2) 构筑核-壳结构　通过核-壳结构的构筑，在析氧活性高的催化剂核外包覆稳定的保护壳层，能有效提升析氧催化剂的稳定性。Qiao 课题组[447]报道了一种核-壳结构的 $Ru@IrO_x$ 催化剂［图 9-65(e)(g)］。Ru 在催化剂中的化合价存在以下变化规律：RuO_2>$RuIrO_x$>$Ru@IrO_x$>Ru 箔，而 Ir 的化合价变化规律为：IrO_2>$Ru@IrO_x$>$RuIrO_x$>Ir。因此，Ru 和 Ir 在 $Ru@IrO_x$ 核-壳结构中存在电荷的再分布，使 Ru 的化合价降低而 Ir 的化合价升高，这有利于提升催化剂的析氧活性和稳定性。在析氧过电位为 330mV 时，$Ru@IrO_x$ 的质量比活性达到 644.8A/g，分别是 $RuIrO_x$、RuO_2NPs 和 IrO_2NPs 析氧质量比活性的 3.7 倍、5.9 倍和 14.8 倍［图 9-65(e)］。与 $RuIrO_x$ 相比，Ru 和 Ir 的化合价在 $Ru@IrO_x$ 中变化较小，因此，在 0.05mol/L H_2SO_4 溶液中，$Ru@IrO_x$ 中的 Ru 和 Ir 溶解速率远低于在 $RuIrO_x$ 中 Ru 和 Ir 的溶解速率［图 9-65(f)］，具有更高的稳定性。在 NiFe 氧化物表面覆盖 CeO_x 薄膜形成核-壳结构［图 9-65(h)～(j)］，由于 CeO_x 对 OH^-、甲醇分子和乙醇分子具有选择性透过的能力，异丙醇等大分子无法透过，

NiFe 氧化物的析氧稳定性也得到提升[163]。

9.2.5.3 小结

本节阐述了近年来在过渡金属氧化物稳定性方面的研究进展。初步的研究表明，过渡金属氧化物活性金属组分在析氧过程中逐渐溶解是稳定性降低的主要原因，但具体的失活过程机理尚不明晰，仍需借助先进的原位探测手段进一步研究。在催化剂核外构筑稳定的保护壳层有助于提高催化剂的稳定性，但需以保障催化剂活性充分发挥为前提。此外，在电解液中添加铁离子，对提升特定催化剂的析氧活性和稳定性有利，具有“一石二鸟”的效果。然而，在实际电解装置中，Fe 离子的加入是否会对离子交换膜产生不利影响必须加以考虑。

9.2.6 总结与展望

本节总结分析了近年来在提升和增强过渡金属氧化物析氧活性和稳定性方面的研究进展。研究者们做了大量的工作，得到了许多有价值的结果。然而，过渡金属氧化物的析氧性能离工业化广泛应用仍存在一定距离，这主要由以下两个因素造成：①从反应机理来看，析氧反应过程复杂，涉及 4 电子转移和 3 活性物种，反应过电位常常高达数百毫伏；②在电催化析氧反应过程中，催化剂表面金属元素易被氧化成高价金属离子而溶解到电解液中，导致催化剂稳定性变差。因此，未来在过渡金属氧化物用作析氧电催化剂研究中，应注重以下几个方面：

① 过渡金属催化剂表面金属元素在析氧过程中与析氧反应前的化学状态有很大差异，如何精确调控表面金属元素的化学状态以获得更高活性是下一阶段研究的重点。

② 缺陷位在过渡金属催化剂中广泛存在。然而，现阶段还缺乏针对过渡金属催化剂缺陷位的系统性研究，特别是缺乏缺陷位对析氧过程中催化剂表面金属元素化学状态及溶解速率影响的系统研究。

③ 过渡金属催化剂在酸性介质中的电催化析氧活性远低于在碱性介质中的活性。加强对酸性介质中析氧活性机理的研究，是开发酸性环境中高活性过渡金属催化剂的关键。

④ 酸性介质腐蚀性强，限制了催化剂材料的选择。已开发的贵金属基催化剂（RuO_2 或 IrO_2）以及部分非贵金属氧化物（MnO_2、$CoFePbO_x$ 以及 $Ni_xMn_{1-x}Sb_{1.6\sim1.8}O_y$）在酸性介质中的催化活性依旧远低于工业化的要求。因此，进一步开发酸性介质中稳定的、活性高的过渡金属氧化物析氧催化剂是下一阶段的研究重点。

⑤ 现阶段，水热法是催化剂制备普遍采用的方法，由此法制备的一体化电极中催化剂与基体之间结合力依旧较弱，不能完全解决催化剂的机械稳定性问题。因此，需要研究新的催化剂制备策略，提高催化剂与集流体之间的结合力，以进一步提高过渡金属氧化物在析氧过程中的机械稳定性。

⑥ 当前，虽然对过渡金属氧化物在催化析氧反应过程中的失活机理有一定认识，但对确切的失活机理过程缺乏深入理解。借助先进的原位检测手段研究析氧过程中催化剂表面化学状态的变化，揭示过渡金属氧化物失活的具体过程，是开发兼具高活性和高稳定性的过渡金属氧化物析氧催化剂的研究重点。

9.3 电解水工业

氢气高能量密度及零排放（不排放任何温室效应气体）的特点，已经被列为潜在的清洁能源，同时氢燃料可通过氢燃料电池的方式驱动各类电子设备及电驱动车的发展。随着氢燃料需求的激增，电解制氢也逐渐步入工业化，以其取代传统的蒸汽重整制氢不仅可消除对天然气的依赖性，同时又有利于降低氢燃料提纯所需的成本[674]。现有的工业化电解制氢方法主要有两种：碱性电解水制氢和聚合物电解质电解水制氢。前者通常使用较廉价的电极材料，但工作电流较低（0.2 ～ 0.4A/cm^2），氢气产量<760m^3/h。碱性电解水制氢通常以镍钴铁复合材料作阳极，镍基材料作阴极，高浓度的氢氧化钠或氢氧化钾溶液作为电解液，工作温度为 60 ～ 80℃。后者由于酸性环境通常使用贵金属作为催化剂，但工作电流较高（0.6 ～ 2.0A/cm^2），氢气产生量大约为 30m^3/h。常采用氧化铱作阳极，铂作阴极，工作温度为 50 ～ 80℃。电解水工业化还处于发展阶段，相比于氯碱工业还有漫长的路要走，仍有许多问题需要处理。比如，通常电解槽需要高纯度的淡水资源，直接用海水会导致电极腐蚀和效率降低，而电解海水的氯碱工业需要更高的电压来实现氢气制备，如何实现电解海水将极大地推动电解水工业化的步伐（图 9-66）[675-677]。

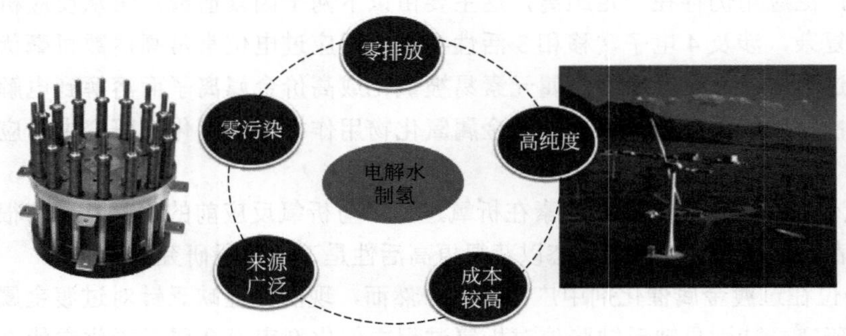

图9-66　电解水制氢的特点

9.3.1 为什么要发展工业电解水制氢

化石能源枯竭、生态环境恶化、极端气候频发等问题促使可再生能源被高度重视与大力开发，而可再生能源自身间歇性、波动性等特点造成了大量的“弃水、弃风、弃光”。有效解决该问题的办法是将可再生能源的电力与电解水技术结合，制取高纯度的氢气与氧气，产生的气体直接使用或是转换成电力，提高可再生能源的利用率和占比[677]。

传统的化石燃料制氢技术会造成大量的二氧化碳排放，就如蒸气甲烷转化（SMR）技术。尽管在氨 / 尿素装置中，来自蒸气甲烷重整的浓缩二氧化碳流（每年约 13Mt CO_2）被捕获并用于尿素肥料的生产，但仍有大部分二氧化碳被排放到大气中。而其他技术如生物制氢、光电化学制氢、光生物制氢仍需大量研发努力。这里简单介绍一下天然气蒸汽转化、甲醇蒸汽转化这两种最常见的传统工业制氢方法（图 9-67）。

（1）天然气蒸气转化制氢　以天然气为原料，用水蒸气转化制取富氢混合气，运用的是合成氨生产领域成熟的一段炉造气工艺。该工艺包含两个步骤：天然气脱硫和烃类的蒸气转

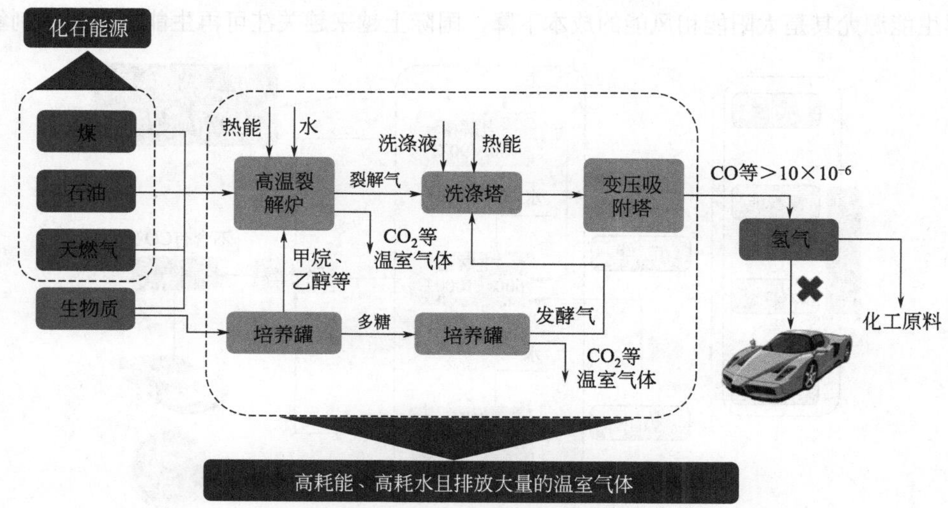

图9-67　传统工业制氢方法

化。脱硫是在一定的压力和温度下，将原料天然气通过氧化锰及氧化锌脱硫剂，将其中的有机硫和无机硫脱至转化催化剂所允许的0.2×10⁻⁶以下的水平[678]。烃类的蒸气转化是以水蒸气为氧化剂，在镍催化剂作用下反应生成富氢的混合气体，反应温度在800℃以上，总热效应为强吸热，通过燃烧天然气提供热量。降低压力有利于提高甲烷的转化率，但为了满足变压吸附提纯的需要和纯氢产品的压力要求，以及考虑设备的经济性，通常控制反应压力在1.5MPa以上。通过变压吸附装置可获得99.9% ～99.999%的纯氢，H_2的收率可达70%以上。主要消耗定额（以1m³，纯度为99.99%的氢气产品为基准，下同）：原料天然气0.48m³，燃料天然气0.12m³，锅炉给水1.7kg，电0.2kW·h。天然气中的甲烷含量按96.9%（体积分数）计[679，680]。

（2）甲醇蒸气转化　甲醇蒸气转化制氢工艺得以工业化实施的基础，是由齐鲁石化公司研究院于 1995 年开发成功并得到改进的催化剂，该催化剂同时具有良好的甲醇分解和一氧化碳变换功能的双功能，最初的型号为 QMH-01，属 Cu-Zn 系催化剂。在一定的温度下，水和甲醇的混合蒸气在双功能催化剂的作用下，可同时发生以下两个反应：

$$CH_3OH \longrightarrow CO + 2H_2 - 90.8kJ/mol \quad (9\text{-}26)$$

$$CO + H_2O \longrightarrow CO_2 + H_2 + 43.5kJ/mol \quad (9\text{-}27)$$

催化剂的双功能特性，使吸热的甲醇分解反应与放热的一氧化碳变换反应耦合在一个催化剂床层上同时进行，其总反应为：

$$CH_3OH + H_2O \longrightarrow CO_2 + 3H_2 - 47.3kJ/mol \quad (9\text{-}28)$$

这种耦合不仅充分利用了反应热，节省了能量，简化了流程，同时在反应器中甲醇分解产生的 CO 立即与 H_2O 发生变换反应，从而保持了低的 CO 浓度，促进了甲醇的分解。随着催化剂的改进，反应所需温度已由最初的 260 ～ 280℃降至约 250℃，催化剂寿命得以延长；甲醇转化率也由 80% 左右提高至 90% 左右。压力的降低有利于甲醇蒸气转化率的提高，而为了变压吸附和产品氢使用的需要，通常控制反应压力在 1.3MPa 以上[681-684]。

（3）电解水制氢　电解水制氢技术立足于未来碳中性甚至负碳，技术相对成熟，被各界寄予厚望。电解水设备——电解槽，由于其模块化特性，非常适合氢气的集中式生产，同时质子交换膜（PEM）电解水技术尤其适合与光伏、风能等可再生能源联合使用（图 9-68）。随着可再生能源尤其是太阳能和风能的成本下降，国际上越来越关注可再生能源电解水制氢。

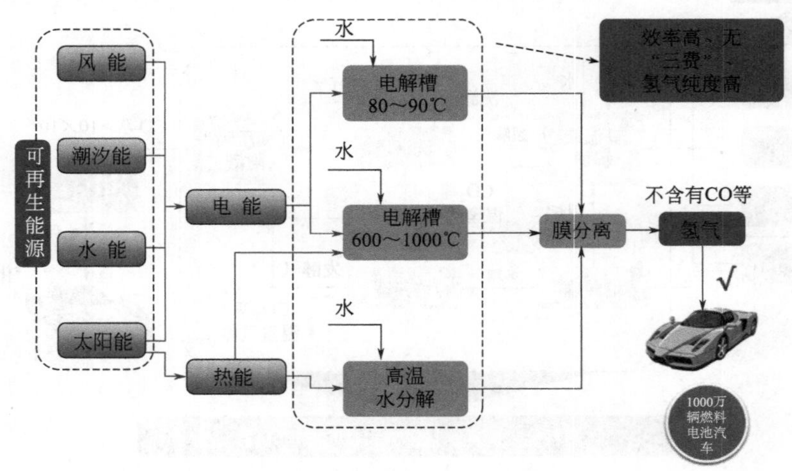

图9-68　可再生能源制氢方法

如图 9-69 所示，据 IRENA 统计，全球范围内的氢气制备方法中，2018 年，从终端产生的热值来统计，天然气制氢占比最高，达到 48%；其次是石油气化制氢，占比 30%；煤气化制氢第三，占比 18%；之后，电解水制氢占比 4%。而《中国氢能产业基础设施发展蓝皮书》提出，到 2050 年，电解水制氢将占到整个氢气来源的 22%，降低化石能源制氢比重，逐步实现能源可持续发展。以氢能为燃料的新能源燃料电池汽车为例，目前我国有 1 万辆，但在 2050 年，我国新能源燃料电池汽车预计将达到 1000 万辆，这意味着制氢技术将得到质的飞跃（图 9-70）。

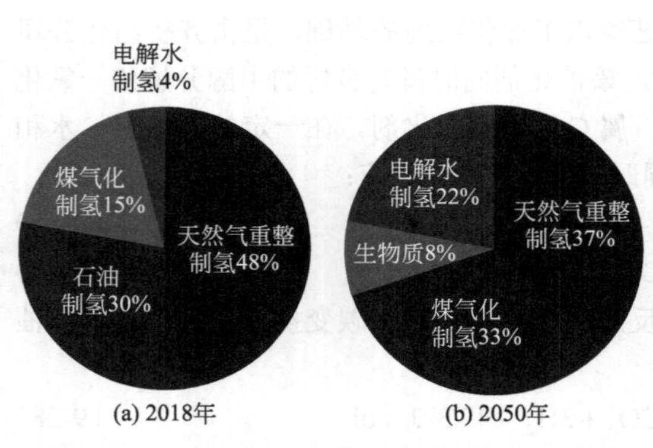

图9-69　2018年和2050年氢气制备方法的占比

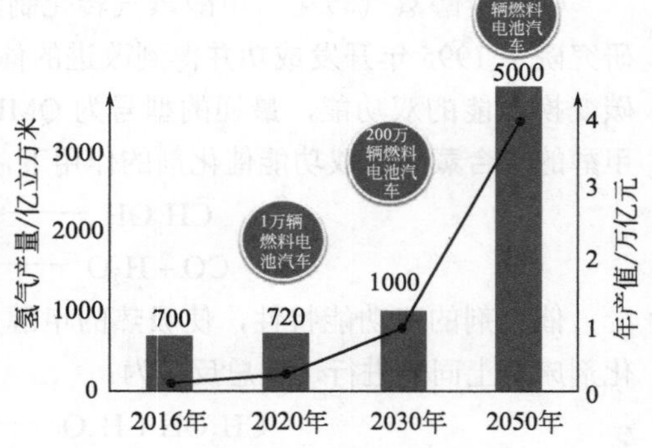

图9-70　氢气产量及年产值的变化趋势

9.3.2　电解水工业发展概况

9.3.2.1　我国电解水工业发展历程

与氯碱工业的悠长、曲折历史进程相比，我国的电解水工业则略显青涩。我国水电解制氢技术的发展，经历了从无到有、从小到大、从常压到加压、从手动控制到 PLC 全自动控制的发展历程。1985 年以前，我国工业水电解制氢装置以常压设备为主。1985 年以后，水电解制氢装置得到了飞速发展，逐渐以加压设备取代了常压水电解制氢装置。现在国内几家主要从事制氢装置生产的公司，均是通过中国船舶重工集团公司第七一八研究所（简称 718 所）取得的生产技术。故下面着重介绍 718 所水电解制氢技术的研制和发展概况。

20 世纪 60 年代，718 所为国防军工建设开始水电解制氢技术的研究。1979 年，718 所开始承担民品任务，开发成功了国家气象局 $2m^3/h$ 气象制氢装置。1985 年，在原来军品的基础上开发研制出我国首台采用可编程控制的加压水电解制氢装置，填补了国内空白；1994 年，成功地开发出微机全自动控制的 $80m^3/h$ 制氢装置，性能达到了世界先进水平。1997 年，通过与挪威海德鲁公司的技术合作，研制成功了无石棉隔膜电解槽，得到了国际市场的认可。20 世纪 90 年代，已大量出口到欧洲市场[685]。

21 世纪的到来，718 所面临新的机遇和挑战。除加强新产品的开发力度外，同时利用国家的保障条件建设，增添了许多大型实验设施和生产设备，为军品科研和民品开发增添了新的活力。2000 年，开发研制成功当时国内产气量最大的 $250m^3/h$ 制氢装置，出口伊朗；2001 年，研制开发成功电厂专用无人值守的一体化制氢装置，全国所有的火电厂 60% ～ 70% 都配备了该型装置；2002 年，研制开发成功我国首台集装式水电解制氢设备，不需厂房，整套设备集中装在集装箱内，形成独立的氢站；2003 年，研制开发成功产气量为 $350m^3/h$ 的制氢装置，再创中国之最，成为多晶硅生产厂家的首选机型，拥有全国一半以上的市场份额；2004 年，研制开发成功 $1.5m^3/h$ 车载式水电解制氢设备，机动性强，在神舟系列发射、地震预报、2008 年奥运会、国庆 60 周年安保等活动的气象保障工作中发挥了重要的作用；2005 年，全国的所有气象台站，基本都配置了 718 所的气象制氢装置；2008 年，研制开发成功产气量为 $600m^3/h$ 的制氢装置，使用了自主知识产权的无石棉隔膜，攻克了操作温度制约的瓶颈，有效降低了能耗，使我国水电解制氢技术成功地站在世界的最前端。由于设备成本的大幅度降低，也使大规模制氢的模式成为可能[686, 687]。

SPE 水电解制氢技术是当今世界电解效率最高的一种制氢技术，目前，只有美、日等几个国家掌握了此技术。不管是军用还是民用都具有广阔的发展前景。作为国内唯一从事水电解制氢技术研究的专业科研院所，718 所从 20 世纪 80 年代初，就一直跟踪国外的发展概况，经过多年的调研和技术论证，于 20 世纪末立题，开展 SPE 技术的研究。优质的电解石棉布是水电解制氢装置质量的保证。传统石棉隔膜，当操作温度超过 90℃时，石棉隔膜的腐蚀率也上升，同时还会产生机械变形，降低机械强度，造成气体纯度下降，装置寿命缩短，严重的还会造成重大安全隐患。石棉是致癌物，许多发达国家已颁布法令禁止使用。石棉原料矿储量有限，近年来，优质原料已越来越少，总产量已不能满足国内各生产单位的需求。有些单位无奈之下，降低使用要求，已给许多用户造成损失甚至发生事故。故研制新型的隔膜替代石棉隔膜有着重要的意义[688]。

718 所 2005 年立题，2007 年研制出具有自己独立知识产权的无石棉隔膜，应用到产氢量从 $0.5m^3/h$ 到 $600m^3/h$ 的各种型号的装置上，数量近百台。经过两年来的运行，各项性能稳定，单位气体能耗比石棉电解槽降低 5% 以上，取得了良好的社会和经济效益，彻底打破了国外的垄断。开发研制新型电极催化材料，提高电流密度，提高电解槽效率，配合无石棉隔膜的应用，通过提高操作温度来改进电解槽的效率，降低制氢成本，是发展高效先进电解槽的必由之路。2015 年，718 所组织科研人员经过对多种有机和无机材料进行研究试验，成功研制出适用于水电解槽的无石棉隔膜布，经过检测和用户使用，无石棉隔膜布的机械性能、气密性能、离子导通性能、耐碱性、耐温性等性能达到或超过石棉隔膜布性能，打破国际上对中国在该项技术上的封锁，为国产有机、无污染电解隔膜规模工业化生产提供可靠保障。2017 年该所以水电解制氢技术及设备为核心，针对风能、太阳能、核电、水电等绿色能源的转换，借助中船重工集团公司整体实力，形成国内最完整的集制氢、储氢、运氢、用氢为一体的体系化能力。2018 年，在电解水制氢领域，718 所已建成中国最大的电解水制氢设备生产基地。2021 年 9 月，718 所向印度某知名太阳能发电站运营公司提供的产气量为 $500m^3/h$ 的水电解制氢设备，其利用太阳能发电制取氢气的技术，体现了 718 所雄厚的技术实力和专业的工程设计制造能力。2022 年 4 月，718 研究所下属中船（邯郸）派瑞氢能科技有限公司同美国某能源公司签订了集装箱式电解水制氢设备供货合同，氢能产业持续拓展海外市场。

建所以来，718 所完成科研项目 500 余项，共有 350 多项获奖，其中获省部级以上科技进步奖 200 余项；列入国家重大装备专项、国家火炬计划项目、国家重点新产品项目 30 多项，广泛应用于电子、电力、冶金、化工、建材、新能源、宇航、气象和军用工程，为国家的经济建设做出了贡献。

9.3.2.2 电解水工业现状和发展

电解水制氢是在直流电的作用下，通过电化学过程将水分子分解为氢气与氧气，分别在阴、阳两极析出。根据电解质不同，主要可分为碱性电解水（ALK）、质子交换膜（PEM）电解水、固体氧化物（SOEC）电解水三大类。

20 世纪 20 年代，碱性电解水技术已经实现工业规模的产氢，应用于氨生产和石油精炼等工业需求。70 年代后，能源短缺、环境污染以及太空探索方面的需求带动了 PEM 电解水技术的发展，同时特殊领域发展所需的高压紧凑型碱性电解水技术也得到了相应的发展。目前可实际应用的电解水制氢技术主要有 ALK 与 PEM 两类技术，SOEC 具有更高能效，但还处于实验室开发阶段[689]。

国内方面，PEM 电解水制氢技术尚处于从研发走向商业化的前夕。中国科学院大连化物所从 20 世纪 90 年代开始研发 PEM 电解水制氢，在 2008 年开发出产氢气量为 $8m^3/h$ 的电解池堆及系统，输出压力为 4MPa、纯度为 99.99%。从单机能耗上看，国内的 PEM 制氢装置较优，但在规模上与国外产品还有距离。主要研发单位有中科院大连化学物理研究所、中船重工集团 718 研究所、中国航天科技集团公司 507 所、淳华氢能等[688, 690]。

除了电解设备上的差距，国内外在 PEM 电解水市场应用差距也较大。国外 PEM 制氢应用场景有现场制氢加氢站、太阳能电解水制氢、风能电解水制氢等项目。2012 年 ACTransit 公司在美国爱莫利维尔市开发了太阳能电解水加氢站。利用 510kW 的太阳能电解水制氢，可满足 12 台公共汽车或 20 台轿车的氢气使用需要。电解制氢机由 Proton 公司提供，日产氢气 65kg（压强 5000 ～ 10000psi）。

规划方面，欧盟于 2014 年就提出了 PEM 电解水制氢的三步走的发展目标：第一步是满足交通运输用氢需求，适合于大型加氢站使用的分布式 PEM 电解水系统；第二步是满足工业用氢需求，包括生产 10MW、100MW 和 250MW 的 PEM 电解池；第三步是满足大规模储能需求，包括在用电高峰期利用氢气发电，家庭燃气用氢和大规模运输用氢等。国内在 PEM 电解水制氢方面的规划则几乎空白。

当前，国际上在建的电解制氢项目规模增长显著。2010年前后的多数电解制氢项目规模低于0.5MW，而2017～2019年的项目规模基本为1～5MW；日本2020年投产了10MW项目，加拿大正在建设20MW项目。德国可再生能源电解制氢的Power to Gas项目运行时间超过10年；2016年西门子股份公司参与建造的6MW PEM电解槽与风电联用电解制氢系统，年产氢气200t，已于2018年实现盈利；2019年德国天然气管网运营商OGE公司、Amprion公司联合实施Hybridge 100MW电解水制氢项目，计划将现有的OGE管道更换为专用的氢气管道。2019年，荷兰启动了PosHYdon项目，将集装箱式制氢设备与荷兰北海的电气化油气平台相结合，探索海上风电制氢的可行性。

（1）电解水制氢前沿技术

① 固体氧化物电解水技术（SOEC） SOEC在未来可能成为一种颠覆当前格局的技术，从提高能效角度来看，SOEC技术采用固体氧化物作为电解质材料，可在400～1000℃的高温下工作，具有能量转化效率高且不需要使用贵金属催化剂等优点，因而理论效率可达100%。除了较高的转化效率外，还可以直接通过蒸气和CO_2生成合成气，以用于各种应用，例如液体燃料的合成。利用与光热发电厂（可利用太阳辐射在现场同时生产蒸气和电力，并且具有高容量系数）的协同作用，可确保所有输入能源完全为可再生能源[691，692]。

目前SOEC技术国内外都处于实验室研发阶段，SOEC对材料要求比较苛刻。在电解的高温高湿条件下，常规材料的氧电极在电解模式下存在严重的阳极极化和易发生脱层，氧电极电压损失也远高于氢电极和电解质的损失，因此需要开发新材料和新氧电极以降低极化损失。另外，在电堆集成方面，需要解决在SOEC高温高湿条件下玻璃或玻璃-陶瓷密封材料的寿命显著降低的问题。若在这些问题上有重大突破，则SOEC有望成为未来高效制氢的重要途径[693-695]。

SOEC技术的研发机构主要有日本三菱重工、东芝、京瓷；美国Idaho国家实验室、Bloom Energy公司；丹麦托普索燃料电池公司；韩国能源研究所；中国科学院、清华大学、中国科技大学等。

② 碱性固体阴离子交换膜（AEM）电解水技术 AEM电解水技术将传统碱性液体电解质水电解与PEM水电解的优点结合起来。AEM水电解中的隔膜材料为可传导OH^-的固体聚合物阴离子交换膜，催化剂可采用与传统碱性液体水电解相近的Ni、Co、Fe等非贵金属催化剂。相比PEM水电解采用贵金属Ir、Pt，催化剂成本将大幅降低，且对电解池双极板材料的腐蚀要求也远低于对PEM水电解的要求。

目前该技术尚处于研发完善阶段，现阶段的研发集中于碱性固体聚合物阴离子交换膜与高活性非贵金属催化剂。当关键材料获得突破之后，工业规模的放大则可沿用PEM水电解与液体碱水电解的成熟技术。国外已有企业研制出AEM电解槽制氢相关设备，如意大利Acta SpA公司、德国Enapter公司。

AEM电解水技术的研发机构主要有美国国家可再生能源实验室、Proton Onsite公司、东北大学、宾夕法尼亚州立大学，意大利Acta SpA公司，德国Enapter公司，英国萨里大学，中国科学院、武汉大学等。

（2）国际合作可再生能源供氢是未来方向之一 国际合作可再生能源制氢供氢的苗头已经出现，第一个国际性供氢产业已于2020年开始运作，由文莱生产出液化氢将其运往日本的川崎。

电解水尤其适合与光伏联合使用。一般而言，光伏和电解槽的极化曲线之间匹配得更好，国外为数不多的几个PV/电解试点工厂的经验显示它们可以直接匹配（无需功率跟踪电子器件），且效率相对较高（耦合效率为93%）。除了文莱之外，像阿根廷（由于巴塔哥尼亚风力发电的高负载系数）、澳大利亚和智利（由于有充足的太阳能）这样的国家，它们正在制定路线图，将富余的可再生能源转化为压缩气态氢或者液态氢，再运输到净需求地区，如韩国和日本[696]。

（3）国内将加快PEM等电解水技术研发与市场推广　基于可再生能源大规模消纳的电解水制氢技术有望成为电网和制氢、用氢行业的共同选择。2016年以来，国家发展和改革委员会与能源局相继发文，支持可再生能源制氢的发展，值此契机，宜加大对PEM水电解制氢技术的商业化示范，并结合商业化推广降低水电解制氢成本，促进水电解制氢与可再生能源的结合。预计未来PEM水电解制氢产品将逐步进入产业化制氢市场，用于储能与工业加氢领域[697]。

在技术上，SOEC的关键材料与部件、电解池测试装置和测试方法等方面需要重点研究，逐步解决高温SOEC水电解技术的材料与电堆结构设计问题，实现高效SOEC制氢储能的示范应用。

9.3.3　电解水制氢的动力学和热力学

9.3.3.1　热力学分析

（1）平衡电极电势　水是自然界中热力学最稳定的物质之一，所以让水自发转变成氢和氧是一件极为困难的事情。如果想通过电解从水中获得氢和氧，至少要克服一个平衡电极电势$E^{\ominus}$。电解槽在开路状态下的端电压称为开路电压，电池的开路电压等于电池在断路时（即没有电流通过两极）电池的正极电极电势与负极的电极电势之差，见式（9-29）。

$$E^{\ominus}=E^{\ominus}_{阳极}-E^{\ominus}_{阴极} \tag{9-29}$$

电化学反应的吉布斯自由能变化与平衡电极电势之间的关系，见式（9-30）。

$$\Delta G=nFE^{\ominus} \tag{9-30}$$

式中，n是反应中转移电子的物质的量；F是法拉第常数。在标准条件下（温度为25℃，大气压为1bar），反应的吉布斯自由能为+237.2kJ/(mol · h)时[698]，这表示着相应的平衡电极电势$E^{\ominus}$为1.23V时，电解槽发生反应产生氢气所需的电功最小。因此，在热力学方面，室温下电解水产生氢和氧较为困难，只有提供足够多的能量才能发生电解反应。相反，当电解过程在绝热条件下进行时，总反应的焓必须由电流提供。此时，需要热中性电压来维持电化学反应而不产生或吸附热量[699]。因此，即使当达到平衡电极电势时，电极反应也比较缓慢，并且由于活化能垒、低反应速率和气泡的形成，过电势η对反应的发生变得尤为重要[475]。在实际过程中，输入过多的能量有利于离子迁移过程和克服膜以及电路的电阻，这也要求着更低的电池电势，即iR_{cell}，其中i是通过电池的电流，R_{cell}是电阻之和，代表着电解质性质、电极形式和电解槽设计的函数。槽电压E_{cell}表达式见式（9-31）。

$$E_{cell}=E_{阳极}-E_{阴极}+\sum\eta+iR_{cell} \tag{9-31}$$

工业电解水在电流密度为1000～3000A/m²下电压可达1.8～2.0V。总的过电势是氢和氧析出反应、电解质浓度差和气泡形成的势垒的总和。如果忽略气泡和浓度差异，则可以通过等式（9-32）来计算过电势之和，其中 j 是电解槽运行时的电流密度。因为过电势和欧姆损耗都会随着电流密度的增加而增加，而电能被分解成热量，这也是电解效率低的原因。

$$\sum\eta=|\eta_{阳极}(j)|+|\eta_{阴极}(j)| \tag{9-32}$$

图 9-71 表示电解槽电势和操作温度之间的关系[17, 48]。电解槽电势和操作温度被平衡电极电势线和热中性电压线分成三个区域。平衡电极电势是通过电解分解水所需的理论最小电势，当低于该电势时，水的电解反应就不能进行。平衡电极电势随着温度的升高而降低。热中性电压是必须施加到电解槽的实际最小电压，低于该电压电解是吸热的，高于该电压电解是放热的。热中性电压包括电极的过电位，温度对其有着细微的影响，因此，热中性电压仅随温度略微升高，如图 9-71 所示，反应将会是吸热反应。

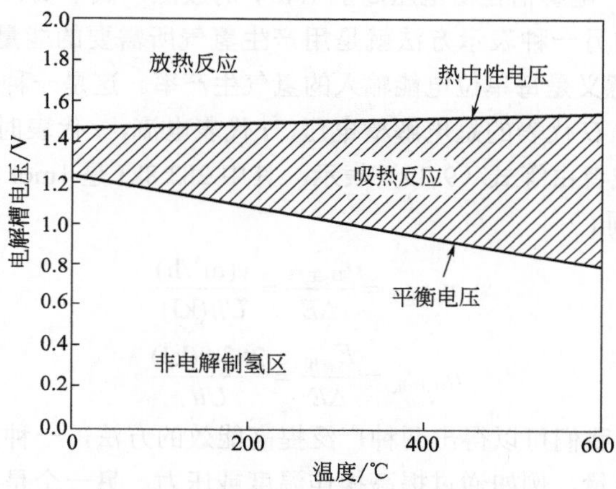

图9-71 电解制氢的槽电压与温度的关系[700]

（2）电解效率 能量效率通常被定义为能量输出占总能量输入的百分比。然而，对于电解系统，可以有多种方式来表示电解效率。通常，在电化学意义上，电解槽的电压效率 η_V 可以通过公式（9-33）来计算。

$$\eta_V=\frac{(E_{阳极}-E_{阴极})\times100\%}{E_{cell}} \tag{9-33}$$

根据电解水反应的能量变化可以计算出法拉第效率和热效率，它们分别以电解反应的吉布斯自由能变化和焓变化作为能量的输出，都以所需理论能量加上能量损失作为能量输入。见式（9-34）和式（9-35），其中 $E_{损失}$ 代表损失能量。

$$\eta_{法拉第}=\frac{\Delta G}{\Delta G+E_{损失}}=\frac{E_{\Delta G}}{E_{cell}} \tag{9-34}$$

$$\eta_{热}=\frac{\Delta H}{\Delta G+E_{损失}}=\frac{E_{\Delta H}}{E_{cell}} \tag{9-35}$$

式（9-34）的物理意义是在实际电解槽电压中使水分子分离所需的理论能量的百分比。而等式（9-35）意味着需要高于可逆电压的过电位来维持热平衡。可以通过槽电压和总槽电压来简化这两个等式，见式（9-36）和式（9-37），其中 E_{cell} 是槽电压，$E_{\Delta G}$ 和 $E_{\Delta H}$ 分别为平衡电压和热中性电压。

$$\eta_{法拉第}(25℃)=\frac{1.23(\mathrm{V})}{E_{cell}} \tag{9-36}$$

$$\eta_{热}(25℃)=\frac{1.48(\mathrm{V})}{E_{cell}} \tag{9-37}$$

吉布斯自由能和反应焓是温度函数。因为电解发生过程中总存在损失，由等式（9-36）和式（9-37）可看出，在温度为25℃时，法拉第效率的值总是小于1。而只要电解水在低于热中性电压的电压下运行时，热效率可以高于1，这种现象是由于热量是从环境中吸收的。当等式（9-34）中的分母为1.48V时，没有热量从环境中吸收或释放到环境中时，电解效率可达100%。实际上，如果电阻引起的电位降是0.25V，阴极和阳极过电位在温度为25℃时，法拉第效率为（1.23×100%）/（1.23+0.25+0.6）=59%，热效率为（1.48×100%）/（1.23+0.25+0.6）=71%。电解槽在槽电压高于1.48V时放热，低于1.48V时吸热。

水电解系统效率的另一种表示方法就是用产生氢气所需要的能量与系统总电能的比值，见式（9-38），其物理意义是每单位电能输入的氢气生产率。这是一种直接比较不同电解槽的制氢能力的方法，其中U代表的是电解槽电压，i代表电流，t代表时间，v代表单位体积下电解槽的产氢速率。或者由等式（9-39）表示，其中283.8kJ是1mol氢的高热值（HHV），t是产生1g氢所需的时间。

$$\eta_{H_2生产}=\frac{r_{H_2生产}}{\Delta E}=\frac{v(\mathrm{m^3/h})}{Uit(\mathrm{kJ})} \tag{9-38}$$

$$\eta_{H_2产量}=\frac{E_{有用}}{\Delta E}=\frac{283.8(\mathrm{kJ})}{Uit} \tag{9-39}$$

从上面的讨论中，我们可以得出两种广泛提高能效的方法，一种是从热力学上减少分解水以产生氢气所需的能量，例如通过提高操作温度或压力。另一个是减少电解槽中的能量损失，这可以通过最小化电阻的主要成分来实现。当然，除了电解水的热力学分析之外，各种系统参数如电极材料、电解质性质和反应温度也会影响电化学电池的性能。因此，有必要讨论电极反应的动力学。

9.3.3.2 动力学分析

对于电极反应速率，首先取决于电极表面的性质和预处理。其次，反应速率取决于电极附近电解液的成分，这些离子在电极附近的溶液中，在电极的作用下，形成双电层。例如在阴极，由OH^-和K^+与电极的电荷形成双电层。最后，反应速率还取决于电极电势，其特征在于反应过电位的大小。通过对电极动力学的研究，能够建立电流密度和表面过电位与电极表面附近电解液成分之间的宏观关系。双电层结构见图9-72（a）。积累的离子形成溶剂分子和吸附物质的两个可移动层。靠近电极表面的一层相对有序，称为内亥姆霍兹层（IHL）；另一个阶数较低的层叫作外亥姆霍兹层（OHL）。电极表面的电荷与电极附近的离子电荷形成平衡，双电层和电极表面附近电势分布［图9-72（b）］可

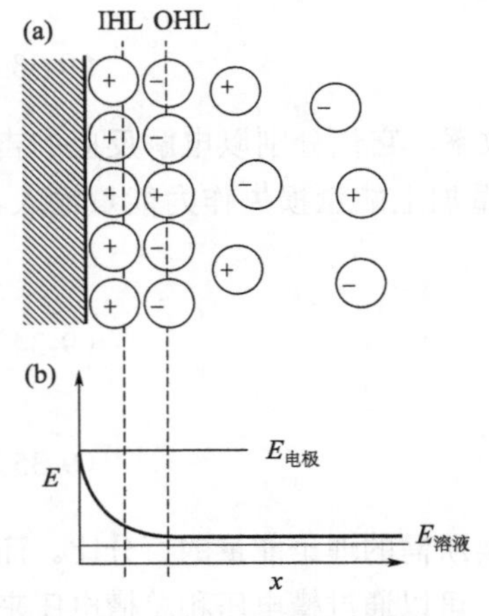

图9-72 双电层和电极表面附近电势分布的示意图[700]

以清楚地看到，由于双电层的存在，电极表面和溶液之间存在界面电位差。双层形成的现象是非法拉第过程，这导致电极反应过程中有电容的存在，从而对电极反应速率造成影响。

根据法拉第定律，被电解物质的物质的量（H^+ 或 O^{2-}）见式（9-40），其中 Q 是在反应过程中以库仑形式转移的总电荷，n 是在电极反应中消耗电子的化学计量数，F 是法拉第常数。

$$N=\frac{Q}{nF} \tag{9-40}$$

电解速率可以表示为等式（9-41）：

$$v=\frac{\mathrm{d}N}{\mathrm{d}t} \tag{9-41}$$

一般情况下，需要考虑电极反应发生的表面积，因此电解反应速率可表示为等式（9-42），其中 j 是电流密度。

$$v=\frac{i}{nFA}=\frac{j}{nF} \tag{9-42}$$

化学反应的速率常数一般也可以用阿累尼乌斯方程表示，见式（9-43），其中 E_A 表示活化能，单位为 kJ/mol，A 是频率因子，R 是气体常数，T 是反应温度。

$$K=A\mathrm{e}^{\frac{E_A}{RT}} \tag{9-43}$$

对于单电子反应，通过电流和反应速率之间的关系，电流密度对表面电位和电极表面附近电解液成分的关系，可通过 Butler-Volmer 方程表达，见式（9-44）。

$$i=i_{阴极}-i_{阳极}=FAk_0[C_0(0,t)\mathrm{e}^{-\alpha f(E-E^{\ominus})}-C_R(0,t)\mathrm{e}^{f(1-\alpha)(E-E^{\ominus})}] \tag{9-44}$$

式中，A 是电流通过的电极表面积；k_0 是标准速率常数；α 是转移系数，对于单电子反应，它的值在 0 和 1 之间；f 是 F 与 RT 的比值；括号中的 t 和 0 分别是该电流出现的具体时间和离电极的距离。对于半反应 R_1，C_0（0，t）代表处于氧化态的阴极处的反应物质（H^+）的浓度，而 C_R（0，t）是处于还原态的反应产物氢的浓度。等式（9-44）是通过过渡态理论导出的，该理论描述了反应路径中的曲线坐标，如图 9-73（a）所示。势能是系统中坐标独立位置的函数，当一个电势增加 ΔE 时，会导致电子的相对能量减少 $F(E-E^{\ominus})$。这种减少反过来又使析氢反应中氢离子的吉布斯自由能减少了 $(1-\alpha)(E-E^{\ominus})$，相反，氢的吉布斯自由能增加了 $\alpha(E-E^{\ominus})$。因此，假设没有质量传递限制，Butler-Volmer 方程可以通过图 9-73 中的吉布斯自由能变化从方程式（9-42）和式（9-43）导出。

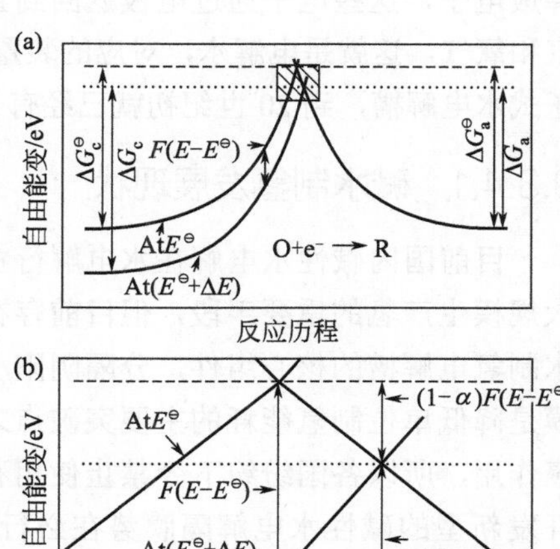

图9-73 势能变化对吉布斯能量的影响：（a）能量变化和反应状态之间的总体关系；（b）为（a）中阴影部分的放大图[700]

Butler-Volmer 方程可以简化为式（9-45），其中 i_0 被称为交换电流密度。从这个简化方程，我们可以分别推导出每个电极的过电位。

$$i=i_0[\mathrm{e}^{-\alpha f\eta}-\mathrm{e}^{(1-\alpha)f\eta}] \tag{9-45}$$

在大的负过电位电位下，$\mathrm{e}^{\alpha f\eta}\gg\mathrm{e}^{(1-\alpha)f\eta}$。$i$ 和 $\eta(E-E^{\ominus})$ 的关系可以表达成塔菲尔方程[701]，

见式（9-46）。

$$\eta = a + b\lg i \tag{9-46}$$

其中，

$$a = \frac{2.3RT}{(\alpha F)\lg i_0} \tag{9-47}$$

$$b = \frac{-2.3RT}{\alpha F} \tag{9-48}$$

过电位和电流密度对数之间的线性关系由斜率 b 和交换电流密度 i_0 表征。这两个参数通常在电化学中比较电极的动力学。从上述的分析，电解的速率可以用电流或电流密度来表示。此外，电流可以由 i_0 反映，i_0 是与电极表面上的可逆反应相关联的电流。反应速率也直接由过电位决定，影响过电位的因素很多，其中一个重要因素是活化能 E_A，而电极材料对活化能影响很大。

9.3.4 碱性电解水制氢

电解水制氢现象最早是在 1789 年被 Trasatti 等[702]发现。而电解水装置的基本单元是由阳极、阴极、电源和电解质组成，当施加直流电源后，电子从直流电源的负极流向阴极，在阴极电子被氢离子结合，为了保持电荷平衡，氢氧根离子会通过电解质溶液流向阳极，然后释放电子，这些电子通过电极返回到直流电源的正极。最后，水被分解并在两极分别产生氢气和氧气，这就是电解水，对应的装置则称为电解槽。1948 年 Kreuter 等[703]建造了第一台增压式水电解槽，到 20 世纪初就已经有 400 多个工业电解槽。

9.3.4.1 碱水制氢发展现状

目前国内碱性水电解在水电解行业中占主导地位，技术相对成熟，设备造价低，是实现大规模生产氢的重要手段，但目前存在的问题之一就是能耗较大。在制氢过程中，隔膜是碱水制氢电解槽的核心组件，分隔阴阳小室，实现隔气性和离子穿越的功能，因此开发新型隔膜是降低单位制氢能耗的主要突破点之一。国内使用的主要为石棉隔膜，但由于石棉具有致癌作用，所以各国纷纷下令禁止使用石棉，我国也提出要在近年内取缔石棉膜的使用，因此开发新型的碱性水电解隔膜势在必行。目前亚洲国家尤其是我国普遍使用的是非石棉基的 PPS 布，具有价格低廉的优势，但缺点也比较明显，如隔气性差、能耗偏高。而欧美国家在二三十年前就已经使用复合隔膜，这种隔膜在隔气性和离子电阻上具有明显优势，但目前国内还未开发出类似隔膜，完全依赖进口则价格非常昂贵。例如新型无机 - 有机复合隔膜（简称无机隔膜），由陶瓷粉体和支撑体组成，对标欧洲某公司复合隔膜。复合隔膜表面纳米多孔，内部为微米孔道结构，阻断氢气穿越能力强，同时透过电解液离子，具有永久亲水性，与进口隔膜性能相当，如无机隔膜与当前的电解槽在结构上进行适配，将发挥出较好的电解性能和使用寿命。目前复合隔膜最大宽幅可达 2m，可以满足大型电解槽尺寸需求。以 1000m^3 碱性电解水制氢为例，相比于常规 PPS 隔膜，碳能无机隔膜每年可节约用电成本 150 万元，预计一年半到两年时间所节约的电力成本就可将隔膜成本拉平。目前，该产品已经在多家制氢厂家投入使用。未来通过实现隔膜的大批量生产，隔膜成本将会进一步降低 30% ～ 40%。

9.3.4.2 碱水制氢的特点

在技术层面，电解水制氢主要分为碱水电解（AWE）、质子交换膜（PEM）水电解以及阴离子交换膜（AEM）水电解。其中AWE是最早工业化的水电解技术，已有数十年的应用经验，最为成熟，被认为是生产兆瓦级氢气的可靠技术[704, 705]。AWE主要由两个非铂族金属基电极、一个隔膜和30%～40%氢氧化钾电解液构成，一般在60～80℃下运行[706]，见图9-74。多孔隔膜用作分隔阳极和阴极的隔板，其具有传导羟基离子的重要功能，防止气体混合，确保效率和安全性[707]。隔膜由陶瓷氧化物材料制成，如石棉和钛酸钾，或有机聚合物，如聚丙烯[708-710]。AWE的一个重要优点就是可以使用非贵金属催化剂，并且由于AWE电解槽具有相对较低的温度操作条件，当操作过程中出现问题时容易得到处理[711]。但是，AWE电解槽也存在许多缺点，例如由于液体电解质和隔膜存在较高的电阻，导致AWE系统中的电流密度较低，电解效率低下。而且隔膜不能完全防止产出气体渗入阳极室和阴极室，氧气扩散到阴极室并与阴极侧产生的氢气发生反应，而氢气扩散到阳极室与氧气混合会造成严重的安全问题[712]。此外，阳极产生的氧气不可避免地会与空气中的CO_2接触，从而导致系统中会有K_2CO_3的形成[713, 714]，引入杂质。

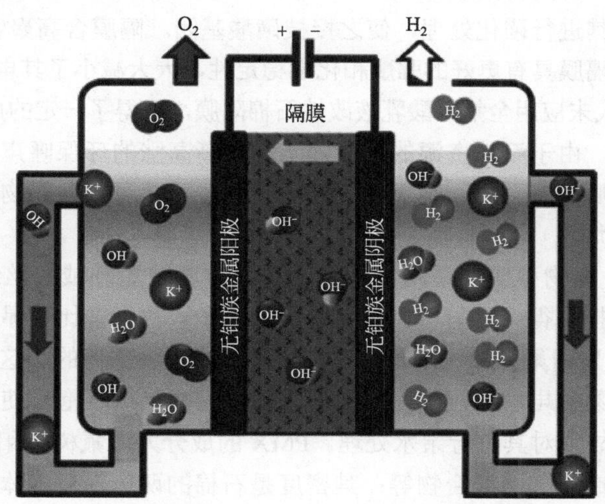

图9-74 碱水电解槽结构示意图[715]

9.3.4.3 隔膜的种类

电解槽中极为重要的部件之一就是隔膜。隔膜的功能是选择性地允许离子通过，但不允许气体通过。它能够让电解槽中氢气和氧气实现分离，同时还能够抑制离子转移。用作隔膜材料有着许多要求[716]，包括长期耐受电解液腐蚀和新生态氧气氧化，拥有较小的孔径和较大的孔隙率，可被电解液润湿，降低离子通过的阻力等。第一个商业化的膜是早期流行的石棉，石棉是一种纤维状矿物质，主要成分是镁的水合硅酸盐。早期常用的石棉隔膜是由石棉纱织成的布，它亲水性好，但为了保证在电解液中的稳定性，一般都比较厚重。石棉隔膜在质量分数为30%的KOH溶液、温度在90℃以下时对离子的电阻较小，使用寿命约为3年。但当电解液温度超过90℃时，这种材料腐蚀就会加快，对电解液造成污染，影响其使用寿命，而且隔膜电阻会变大，设备能耗增大。此外，石棉材料是一种致癌因子，现已被众多西方国家禁用。由于石棉对人们的健康有所危害，它逐渐被其他材料所取代。按照隔膜发展历程可将其分为石棉和非石棉隔膜两大类。

（1）石棉隔膜

① 纯石棉隔膜　石棉是一种纤维状矿物质，主要成分是镁的水合硅酸盐。常用的石棉隔膜是由石棉纱织成的布，它亲水性好，但为了保证在电解液中的稳定性，一般都比较厚重，厚约 2.5 ～ 4mm，定量约 3100 ～ 3800g/m^2，目前我国的碱水制氢和氯碱工业的电解槽大部分还在使用这种隔膜。

② 改性石棉隔膜　为了减小石棉隔膜的厚度，增强其强度，降低其电阻和减少石棉的用量，人们对其进行了改性，自 20 世纪 70 年代以来，所用材料逐渐转向全氟磺酸、亚芳基醚和聚四氟乙烯等聚合物[717]。这些改性材料一般为纤维状、粒状或乳液，可以与石棉进行混纺或对石棉隔膜进行浸渍和涂层等。但它们大多为疏水材料，需要进行亲水改性。国外改性石棉隔膜普遍使用纤维或粒状的含聚四氟乙烯改性剂，价格昂贵，而国内使用四氟复合纤维和四氟乳液改性剂的居多。

例如 Modica 等[718] 将石棉板浸入含苯乙烯和二乙烯基苯的苯溶液中，使之共聚，然后采用低温三氧化硫对其进行磺化处理，使之接枝磺酸基团。隔膜含高聚物 12%～ 43%，厚度 0.65mm，较未改性的隔膜具有更好的强度和化学稳定性，大大减小了其电阻。我国上海天原化工厂自 20 世纪 70 年代末应用全氟磺酸乳液改性石棉隔膜，取得了一定的成效。

（2）非石棉隔膜　由于石棉资源的日益紧张和日渐高涨的环保呼声，国内外学者开始研制非石棉隔膜，以彻底摒弃石棉。这类隔膜按照其制备工艺可分为织物型隔膜、聚合物薄膜和烧结陶瓷隔膜三大类。

① 织物型隔膜　织物型隔膜是指将耐温、耐化学腐蚀短纤或长丝织成致密的织物，或由非织造制毡技术直接制得。目前可供选择的纤维不多，且大多比较昂贵，主要有复合纤维（PMX）、聚醚醚酮、聚四氟乙烯、聚苯硫醚、聚砜纤维等。遗憾的是这些纤维都属于疏水性纤维，制成的隔膜不易被电解质浸润，电极与隔膜之间易形成气泡，使得隔膜对离子电阻较大，气体纯度下降，故须对其进行亲水处理。PMX 的成分为碳氟树脂和无机物粒子，包括碳化物、硅化物、金属或它们的混合物等；其密度是石棉的两倍，对人体无害，可以用来生产改性石棉隔膜，也可以单独制成隔膜。美国 Oxytech 公司从 1983 年就开始了 PMX 隔膜的研究工作，PMX 作为石棉隔膜的改性剂，在国外应用比较普遍，效果很好，其性能优于其他改性剂。我国锦西化工研究院 1993 年研制出复合纤维，其性能接近国外同类产品。

Rosa 等[716] 采用四氟乙烯、聚砜等纤维通过机织和制毡技术分别制成了数种隔膜。并将其与石棉隔膜和聚砜涂层石棉隔膜进行了 1000h 的电解对比试验。结果发现这几种隔膜耐化学腐蚀性都比较好，但对离子的电阻较大。此外还有一些公司选用 ES 纤维，采用气流成网、热粘合的方法制成厚度约为 0.2mm 的隔膜。然后采用等离子、磺化等方法对其进行亲水处理；隔膜电化性能优异，且具有一定的离子活性，但受纤维材料自身性能的限制，这种膜仅可在 80℃以下使用。

② 聚合物薄膜　这种膜是选用耐化学腐蚀性树脂（如氟碳聚合物、聚砜类、聚醚类等），通常需加入一定量的致孔剂，通过浸吸、流延、刮浆和压延等工艺制膜。为了保证膜的亲水性，一般对其进行改性或加入其他粒子如 ZrO_2、钛酸钙、聚锑酸等。这种膜一般比较薄，对

离子的电阻小；但其均匀性要求比较高（若膜某一处比较薄，在较高的电流密度下就可能被击穿），制膜工艺严格，故成本比较高。

Kerres 等[719]选用聚砜类树脂，以聚乙烯基吡咯烷酮（PVP）为添加剂，通过相转化法制备了不同孔隙率的微孔聚合物膜，并对其进行电解测试。他们发现 PVP 的使用使隔膜的亲水性、孔隙率得到较大改善。

Zirfon 膜[720]也是用于碱水电解制氢的一种聚合物隔膜，主要成分为无机粒子 ZrO_2 和聚砜或 PTFF，薄膜厚 0.3mm 左右，掺杂 ZrO_2 是为了改善其亲水性。这种膜在 90℃、质量分数 30%的 KOH 电解液中具有优异的稳定性，与石棉膜相比，对离子的电阻小很多，除用于电解槽外，还可用于 Ni-H 电池和燃料电池隔膜等领域。

③ 烧结陶瓷隔膜　烧结陶瓷隔膜一般都是以耐高温金属丝网（如镍网等）作为支承体，经过预氧化后和陶瓷材料烧结而成。常用的陶瓷材料主要为碱土金属 Zr 和 Ti 的氧化物。Wendt[721]曾以金属镍网为支撑体，加入镍和氧化物陶瓷微粒烧结制成一种隔膜。这种隔膜厚 0.2mm。强度高，对离子的电阻小，气体分离性好。

烧结陶瓷隔膜厚度小，常和电极一起被制成膜电极一体的“三明治”结构，用于零极距电解槽；电阻低，设备能耗低；但制膜工艺复杂，且隔膜尺寸受到一定限制，仅用于中小型电解槽。我国中船重工集团七一八研究所已经研制出以氧化物陶瓷材料为隔膜的电解槽[700]。

9.3.5 离子膜法电解水

水电解制氢多采用离子膜电解技术，包括质子交换膜（PEM）水电解和阴离子交换膜（AEM）水电解，它是采用 KOH 水溶液或者纯水作为电解液将水电解为氢气和氧气的过程。离子膜电解水技术的电解槽为两个双极板型的电解小室组并联而成，两小室组的小室数相等，具有共用的正极输电板。氢、氧分离器一般采用卧式分离器，电解液强制循环，电解消耗的原料水由柱塞泵自动补充。电解水装置的电解槽是一个设置原水入口、酸性离子水出口、碱性离子水出口以及电源输入端子的密闭容器，容器中设有由隔膜分隔的，并分别对应酸、碱性离子水出口的两电极室，对应酸性离子水出口的电极室设置阳极电极板，另一电极室设置阴极电极板。

9.3.5.1 质子膜电解水制氢技术

质子交换膜电解水技术（PEMWE）是工业生产高纯氢的重要方法之一，是氢能源的存储和转化中的关键技术。质子交换膜电解槽使用非常薄的质子交换膜（PEM）作为电解质，用纯水电解，装置简单小巧，所制备的氢气纯度高，安全性高，不产生有害杂质，非常清洁环保。与传统的 AWE 水电解相比，虽然 AWE 使用非贵金属催化剂，且系统易于操作以及成本低廉[722]。但是，由于它们使用液体电解质，能量密度低、电解质泄漏和管理困难[723]。相比之下，PEM 电解槽系统使用固体聚合物电解质，具有更高的能量效率、更高的制氢速率以及更紧凑的设计[724-726]。

（1）原理及其特点　PEMWE 是一项新兴的技术，具有良好的性能和稳定性，在某些特定的应用领域已经确立了自己的市场地位。PEM 水电解池通常在 50 ～ 80℃和约 $2A/cm^2$ 的电流密度下工作[727]，主要由催化剂涂覆的膜电极、气体扩散层或集流体和双极板组成[728]，见图 9-75。

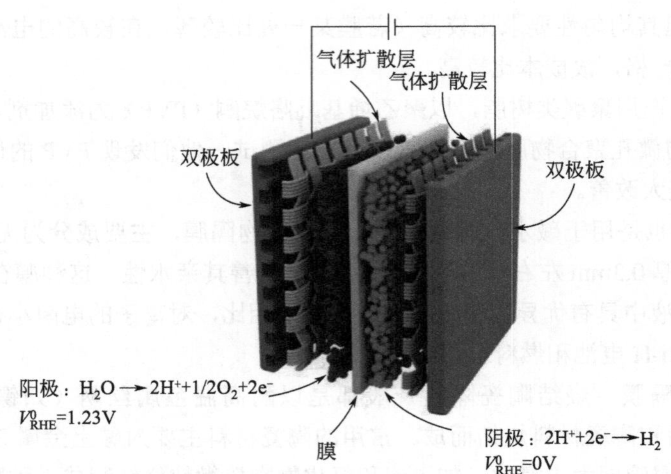

图9-75 质子交换膜电解槽的横截面示意图[729]

电解池由固体酸性膜隔开，固体酸性膜分离产物气体、传输质子，同时还有支撑阴极和阳极催化剂层的作用。固体酸性膜通常称为质子交换膜或聚合物电解质膜。催化剂涂层膜被压缩在两个多孔气体扩散层之间，为水和气体提供质量传输路径，并在双极板和催化剂层之间传导电子和热量。双极板上通常有流动通道，以确保水在气体扩散层上均匀流动，同时易去除气体[730]。在操作过程中，液态水被引入阳极，然后分解成分子氧、质子和电子，产生的氧气通过阳极的气体扩散层从电解槽中排出。在阳极形成的溶剂化质子可以通过膜迁移到阴极，然后它们被还原成分子氢。电解槽采用的阳极和阴极催化剂通常分别是 IrO_2 和 Pt，电极由 PEM 隔开，且这两个电极都与 PEM“零间隙”接触，这种“零间隙”的设计可以让 PEM 水电解池在电流密度为 2A/cm² 以下时电解效率达到 70%[726]。

PEM 水电解技术具有以下优点：

① 由于电解液的 pH 值低，铂电极具有高活性，PEM 电解中的析氢反应动力学比碱性电解更快。由于没有任何腐蚀性电解液，PEM 电解也更安全。

② PEM 为固体聚合物电解质膜，膜两侧能够承受较大的压差，只对氢离子有单向导通作用，能够直接将反应物氢气和氧气分隔开避免串气，安全性好、产物气体纯度高。

③ PEM 电解的另一个优点是可以在阴极侧使用高压，而阳极可以在大气压下工作，避免使用专用的耐腐蚀性材料。因为对这些材料的性能要求很高，其不仅要拥有良好的耐腐蚀性能，而且在高电流密度下还要承受阳极的高电压。此外，耐腐蚀性不仅需要适用于所使用的催化剂，也需要适用于集流体和隔板。

（2）膜电极组件　膜电极是整个装置的核心，其中催化剂更是起着决定性作用。在膜电极上将发生两个半反应，阳极发生的氧析出反应（OER）和阴极发生的氢析出反应（HER）。在催化两个半反应中，铂基材料显示出优异的电化学活性和稳定性，被认为是最好的催化剂。但由于铂系金属材料的稀缺不可持续性和成本昂贵等特点，并没有进行广泛的应用。Pt 和 Pt-Pd 混合物是最常用的阴极催化剂材料。RuO_2 是在阳极产生氧气最好的催化剂，但是在较高电位下不稳定。因此，RuO_2 必须加入 Ir 或 IrO_2 来提高稳定性。

① 膜电极的制备　一般来说，膜电极组件的制备方法有两种，即气体扩散层催化剂涂覆

法（CCG）和膜催化剂涂覆法（CCM）。就质子交换膜水电解槽而言，CCM法制备的膜电极组件表现出比CCG法制备的膜电极组件更好的性能[731，732]。CCM方法可能会增强膜和催化剂层之间的界面结构，可以获得更高的催化剂利用率和更小的膜电极组件电阻。此外，因为大量气泡在催化剂层中到处产生，而涂在膜上的催化剂层可以表现出良好的机械稳定性和亲水性[733]，有利于提高催化剂效率。除此之外，CCM还存在其他优点：a.催化剂层更具黏附性；b.当膜干燥时，CCM不易发生尺寸变化；c.CCM可以很容易地从堆中取出进行维护操作；d.由于气体在高操作压力下的交叉渗透而导致污染水平显著降低，这是因为膜的亚表面区域中的催化剂颗粒促进了交叉渗透氢的催化再氧化[734]。Wang等[735]发现，尽管水解的附加步骤必须在CCM上进行，但是K^+形式膜上的涂层削弱了这种溶胀问题。Zhiani等[736]进行了一项支持催化剂层孔隙率变化假设的研究，通过蒸气预处理电池，主要降低了传质阻力。这种效果归因于去除了未被固定且将被洗掉的颗粒和其他杂质，但是在不同的输送阻力中没有分离，因此由于去除了过量的离聚物含量，改善了氧扩散。Kabir等[737]研究了与固体碳和高表面积炭（HSAC）相比，催化剂材料如何改变磨合行为。在他们的工作中，他们使用极限电流测量、ECSA和粒子沉积测量来理解多孔结构的影响，从而理解各自的支撑材料。使用磨合前和磨合后1h的极限电流测量，他们检测到多孔碳的非菲基扩散阻力有较大的降低。氧扩散的这种改善可以追溯到通过小孔的扩散，因为对于固体碳，离聚物覆盖的表面更高，因此通过电解质的氧扩散的改善应该更明显。

② 膜材料的研究　在质子交换膜电解中，全氟磺酸聚合物膜约厚100μm被用作固体电解质[704，738]。膜电极（MEA）是电化学反应发生的场所，是催化剂和质子交换膜的结合体。在PEMWE技术中，大多数质子交换膜采用的是基于全氟磺酸聚合物的Nafion膜，其具有良好的机械性能、电化学稳定性、较低的气体阻力和较高的质子传导率[739，740]。但它的制备工艺复杂，成本高，而且由于主链结构中含有氟，废弃后的处理也较为昂贵[738]。由Nafion制成的膜在高于100℃的温度下会失去水，从而失去离子导电性[741]，因此，它们不能用于高温水电解。此外，阴极室给水和电解装置部件释放的阳离子杂质将占据催化剂层和膜中Nafion聚合物电解质的离子交换位置，导致质子交换膜电解槽在长期运行过程中退化[742，743]。上述因素很大程度上制约着PEMWE的工业化发展。

在PEM水电解中，在电极层中添加具有离子传输特性的离聚物溶液在催化剂上有两种相矛盾的影响。离聚物一方面促进质子从催化剂层向膜的传输，从而通过减少电池的欧姆损失来提高电池效率。此外，离聚物溶液还可以充当黏合剂，从而赋予催化剂尺寸稳定的结构并随后提供机械稳定性，从而增强电极的耐久性[740，744]。另一方面，由于离聚物具有抵抗电子的性能，随着离聚物含量的增加，导致催化剂电导率降低。因此，得到一个最优的离聚物含量是有必要的。Scott等[745]利用CCM法涂覆在Nafion膜上的$Ru_{0.7}Ir_{0.3}O_2$催化剂层显示出具有微孔的平坦表面，通过电化学研究发现阳极和阴极的最佳Nafion离聚物含量分别为25%和20%（质量分数），在温度为80℃电流密度为$1A/cm^2$的条件下电压可达1.586V。他们在研究过程中发现，催化剂中离聚物的量在其本身结构与多孔传输层的电界面和与膜的质子界面上能够相互影响，催化剂中离聚物孔隙率的降低以及催化剂层内质子电阻的增加会进一步增大质量传递的损失。已经有许多研究在寻找氢碳膜作为质子交换膜水电解的替代物。Masson等[746]通过在聚乙烯基质上辐射接枝苯乙烯基团，然后对所得聚合物进行化学磺化，开发了非氟膜。Linkous等描述了不同类型的聚合物，并确定了几个可以承受PEM电解槽条件的聚合物[747]。

其中，聚苯并咪唑、聚醚醚酮、聚醚砜和磺化聚苯基喹喔啉作为磺化成离子聚合物，用于制作 PEM。Jang 等[748]选择了 SPEEK 和聚砜和聚苯硫醚砜的磺化嵌段共聚物来制造用于电解水的 SPEs，SPEEK 聚合物是一种容易成膜具有高强度的材料。由于 SPEEK 还具有相当高的磺化度，这提高了质子传导性。但是，SPEEK 膜在高温下会过度膨胀甚至溶解。

③ 集流体　在 PEM 水电解过程中，水被泵送到 PEM 电池的阳极侧，在那里发生析氧反应，水穿过隔膜并通过集流体进行扩散。水到达催化剂表面，水分子被分解为氧、质子和电子。氧气通过电极表面、集流体然后通过隔板返回到电解槽之外。质子通过质子交换膜从阳极表面移动到阴极侧。电子从集流体、隔膜移动到阴极侧，到达电极表面与质子重新结合产生氢气，所获得的氢经由阴极集流体和隔膜从电解槽中排出。此外，集流体允许电流在电极和双极板之间流动。因此，集流体在 PEM 水电解的整体机理和电解槽效率中起着重要作用。由于高过电位、氧的存在以及固体酸性电解质提供的酸性环境，使用的集流体必须具有耐腐蚀性能。集流体还向膜提供良好的机械强度，尤其是在操作压差下对膜的支撑有着重要的作用。具有大孔隙率的集电器将促进容易的气体去除，但是将降低电子传输并因此降低效率，并且孔径过大会使得孔传输层无法充分支撑脆弱的膜，容易使膜造成破坏。而小的孔隙率会阻碍气体的去除并增加传质阻力。此外，由于接触不良，在集流体表面的电流分布不均匀，可能会导致热点的形成，最终会导致膜熔化并在其表面产生缺陷[749]。因此优化集流体是发展 PEM 必不可少的。

由于钛板具有良好的导电性、机械稳定性和在酸性介质下的耐腐蚀性等独特性能，钛板成为 PEM 电解水中一种很有前途的集流体，多孔钛板充当膜电极组件两侧的集流体，并被双极板和垫片包围。用于 PEM 电解的集流体材料通常通过球形钛粉的热烧结来制备[750]。在许多研究中，也使用不锈钢格栅或钛格栅，但是与烧结钛颗粒相比，其性能较低，可能不足以长期运行。尽管一些研究表明碳集流体可以用于阴极侧，但是仍然需要进一步研究，以便了解这些材料在真实条件下压差随时间变化时的性能。有一个重要的问题就是氢脆发生在阴极集流体和隔板上，材料的氢脆遵循顺序（Ti=Ta>Nb>Zr> 石墨）。这个问题通常通过在阴极侧镀金材料来解决，但这会增加成本[751]。Grigoriev 等[750]从实验和建模两方面对集流体进行了优化，在 PEM 电解槽中用作集流体的多孔钛板的微观结构对整体电解槽效率起着重要作用，他们研究出最佳球形粉末尺寸值为 50 ～ 75μm，并且还表明不适用集流体的孔隙结构可以在 2A/cm 时将槽电压提高高达 100mV。他们还强调用直接沉积在膜表面的电催化剂层制备的 CCM 比用沉积在集流体表面的电催化剂层制备的 CCM 效率稍高。Marshall 等[752]在另一项研究中指出，由于与该层的电接触是通过多孔载体实现的，而不是通过固体和平面电极实现的，因此需要垂直和横向电导率，每个方向上不同的颗粒对颗粒接触压力会使横向和垂直电导率产生差异。在这项研究中，使用的多孔钛集流体的孔隙率约为 50%，因此，如果横向电导率非常低，活性表面积损失 50% 是比较合适的。Millet 等[734]还指出，电解槽配置的主要挑战是减少出现在电解槽组件之间接触点的产生欧姆损耗，以获得与实验室电解槽相同的效率。Siracusano 等[753]进一步降低隔板和集流体之间的欧姆电阻可以提高电解槽的性能，从这个意义上来说，更需要开发能够应用于烧结钛颗粒板上的微孔层，以平滑层与层之间的接触并消除这些问题。Hwang 等[754]在钛上负载钛粉末，以便在用于 PEM 电解的集流体上制备 MPL。实验结果表明，并没有获得均匀的钛多晶层，因此对电解槽性能的影响不大。

④ 隔膜　目前 PEM 水电解隔膜板是由钛、不锈钢和石墨制成，隔膜和集流体构成电池

总成本大约为 48%，由于这些材料成本高并且受到各种操作缺陷的限制，使得隔板研究和开发面临着巨大的挑战。隔板的表面结构对于 PEM 水电解槽尤为重要，它们能够为电解槽中的水和产生的气体提供路径。许多电解槽系统，使用不同的隔板设计以实现更优的性能。通常，钛材料具有高机械强度、高热导率、低磁导率和低电阻率，但是阳极侧钛材料会腐蚀并生长出惰性氧化物层，会降低电解槽性能。此外，为了避免高电阻钝化层和导致更高过电压的脆化，钛隔板在阳极侧涂有铂，在阴极侧涂有金。因此，为了节约成本和减少欧姆损耗，钛隔板通常被制造得尽可能薄，同时贵金属涂层厚度尽可能最小。

⑤ 双极板　双极板通常包含不同设计的流场，如直流道、蛇形流道、交指型流道、3D 流道等，来确保水在气体扩散层上均匀流动并且及时排出生成气。双极板通常使用钛金属作为材料，并在其表面进行改性或涂覆金、铂、氮化物来满足耐腐蚀、耐氧化的要求。气体扩散层通常由支撑层和微孔层组成，是支撑催化剂层和汇集电流的重要结构，同时它还是物质传输的重要通道，为电极反应提供气体、质子、电子和水等多个通道。双极板能够将多片膜电极串联在一起，并将膜电极彼此隔开，在双极板的两侧分别有阳极流道和阴极流道，起到物质输运的作用，收集并输出产物 H_2、O_2 以及 H_2O，同时在电解水过程中起传导电子的作用。

双极板的主要材料为不锈钢，这是因为不锈钢具有良好的强度、化学稳定性、极低的气体渗透性，许多类型的合金可用于双极板的大规模生产，此外，它们较为便宜，但是它们容易发生腐蚀。许多科研人员考虑过使用不锈钢作为双极板[755, 756]，他们的研究表明腐蚀速率低，电池的输出在数小时内非常可靠。镍、钛、不锈钢和铝都被认为适用于双极板，但为了防止腐蚀，它们必须使用良好的涂层覆盖进行涂覆。涂在材料上的涂层应该具有很好的导电性，能够黏附在金属基底上，而不会在操作过程中暴露出基底金属，并且涂层必须非常紧密，以防止涂层金属上形成微孔[757]。虽然疏水表面有助于去除水，但在亲水表面上，水通过横向覆盖流动通道而使流动体积变窄[758]。双极板水管理的研究之一是根据其水润湿能力涂覆流动通道。双极板覆盖可保护涂层，以防止腐蚀，提高电导率和水管理。Kinumoto 等[758]将涂覆有超亲水二氧化硅颗粒的石墨双极板与涂覆有超疏水二氧化硅颗粒 /PDMS 复合材料的石墨双极板进行了比较。结果，超疏水复合材料显示出水易从通道中去除，并且涂覆有该材料的电解槽获得性能最好。Taniguchi 和 Yasuda[759]在有效面积为 $10cm^2$ 的电解槽中比较了涂覆和未涂覆的钛以及不锈钢材料的双极板。通过喷砂和等离子聚合方法涂覆六氟丙烯（HPF）的双极板，他们获得了在低氧流速下的最佳的电流密度。Fu 等[760]在活性面积为 100mm×100mm 的不锈钢双极板上涂覆银 - 聚四氟乙烯复合材料和纯银，获得了疏水表面，并比较了两者的接触角在疏水方面有着重要的作用，其结果表明，银 - 聚四氟乙烯复合涂层比纯银涂层具有更大的接触角，获得的疏水表面更大。

9.3.5.2　阴离子交换膜电解水制氢技术

阴离子交换膜（AEM）水电解槽在碱性环境下运行，由一个阴离子交换膜和两个基于过渡金属催化剂的电极组成，见图 9-76。AEM 是无孔氢氧化物导电聚合物，在其主链或侧链上含有固定的带正电荷的官能团，能够实现“零间隙”构型和压差操作。蒸馏水或低浓度碱性溶液可以用作 AEM 中的电解质。AEM 方法结合了 PEM 和 AWE 的优点[476, 761]，例如 AEM 与 PEM 类似，AEM 也可采用无孔膜的“零间隙”配置，可以高效地生产氢气，并最大限度地减少储存氢气的机械压缩需求[762]。AEM 电解中水或碱性液体电解质循环通过阴极，在那

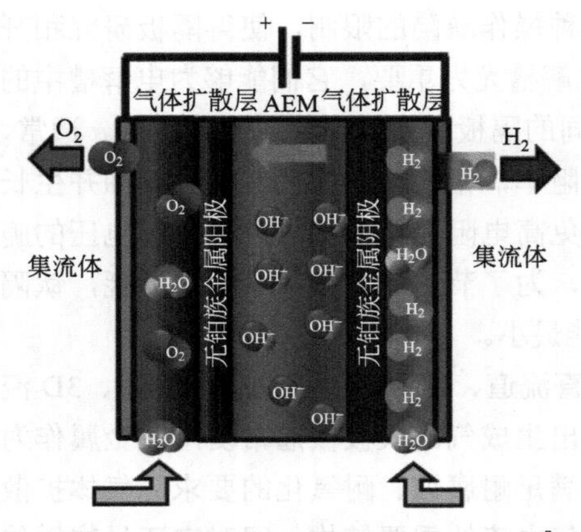

图9-76 阴离子交换膜水电解槽示意图[715]

里水通过从阳极增加两个电子而被还原成氢和氢氧离子。氢氧离子通过 AEM 扩散到阳极，而电子通过外部电路传输到阴极。在阳极，氢氧离子重组为氧和水，产生两个电子。氢气和氧气分别以气泡的形式出现在 HER 和 OER 催化剂的表面。

AEM 电解的主要优点之一是能够在单独的反应室中使用不含铂族金属（PGM）的电催化剂来进行HER和OER，这降低了AEM水电解的成本。目前，AEM 催化剂开发面临的挑战就是如何改良催化剂的化学成分、提高其稳定性和整体活性[763, 764]。与基于贵金属的催化剂相比，不含 PGM 的电催化剂通常具有相对较低的质量比活性，这导致 MEA 上的催化剂负载量大和欧姆电阻损失大。

（1）阴离子交换膜和离聚物 阴离子交换膜是阴离子交换膜电解系统的核心部件之一，其能将氢氧根离子从阴极室转移到阳极室，并在实际电化学操作过程中阻止气体混合和电子传输[765, 766]，AEM 由作为主链的烃聚合物主链和阴离子交换官能团的侧链组成。聚合物主链通常使用聚砜（PSF）或聚苯乙烯（PS）连接二乙烯基苯（DVB），典型的离子交换基团是那些含有铵（$-NH_3^+$、$-RNH_2^+$、$-RN^+$、$=R_2N^+$）或磷（$-R_3P^+$）的基团[767]。良好的阴离子交换膜应具备高选择性、高离子导电性、热稳定性、机械稳定性以及优异的化学稳定性等特性[768, 769]。Zeng 等[770]发现在聚合物主链上形成多样化的离子交换基团将增加离子电导率，他们将疏水侧链接枝到主链上，由于微相分离，证实了建立的亲水 / 疏水区域和纳米相分离，形成了良好连接的离子通道。离聚物通常充当桥梁，充当 AEM 和催化剂层表面活性位点之间的可靠导体[771]。离子交换容量（IES）是评价离聚物性能的一个重要参数，它可以通过在聚合物表面接枝大量的离子交换基团来调节。过量的离子传导基团会导致离聚物中的高吸水性，导致离聚物在电解质中进一步溶解，特别是在温度升高的操作过程中[772]。离聚物和聚合物基体之间的界面很容易被破坏，它们之间的相互作用可以提高 AEM 的机械强度，同时也降低了 AEM 的链迁移率和总孔体积[773]。因此，寻找合适的交联剂以确保高离子电导率和稳定性是有必要的。在研究的早期阶段，AEMWE 最关键的因素是在高酸碱度条件下的化学稳定性，因此许多科研人员对此进行了广泛的研究。迄今为止，几种由碱性稳定的阳离子官能团和聚合物主链组成的氢氧化物导电聚合物可用于基于 AEM 的电化学装置[774-776]。该聚合物在 1 ～ 4mol/L KOH 碱性条件下，80 ～ 95℃温度下运行数千小时后，IEC 损失不到 5%[777]。

Zhang 等[778]介绍了一种以大体积的咪唑阳离子作为离聚物，结合 Menshutkin 反应和烯烃复分解制备 AEM 的方法。制备出来的 AEM 具有良好的机械性能和相对较低的吸水率，其稳定特性来自咪唑基团，在温度为 80℃，1mol/L NaOH 电解液中不发生降解，并且在运行 960h 后，AEM 的电导率基本保持不变，电流密度也没有下降。他们认为该 AEM 特殊的性能源于阳离子中心能够避免受 H_2O 和 OH^- 的攻击。实际上，许多因素都会影响离聚物的性能，不仅是阳离子交联剂，还有聚合物基质本身[771]。溶剂的类型、催化剂涂覆方法、操作温度和催化剂特性都可以决定离聚物的外在性能[779]。在设计离聚物之前，研究人员应该考虑 AEM 系统中所有组件的兼容性以及预期的性能水平。

（2）膜电极组件制备方法　膜电极组件（MEA）是一个集合系统，包含离子交换膜、离子聚合物、阳极和阴极。催化剂涂层基底（CCS）和催化剂涂层膜（CCM）是用于制造AEM膜电极组件的两种常见方法，而CCM方法比CCS方法具有独特的优势。在CCM制备过程中，将电催化剂和黏合剂混合以形成均匀的油墨，然后通过喷涂将油墨涂覆在AEM的两侧。然后在当AEM被容纳在气体扩散层之间之后，使用机械或热压来处理AEM。但是后来，人们发现，机械或热压方法并不适用于AEM系统，因为机械力和较高的温度会对膜造成不可逆的损坏，即使它由金属基电极基材（例如金属泡沫、钛板和不锈钢毡）支撑[780, 781]，也不可避免地遭到破坏。在CCS方法中，催化剂油墨直接沉积在气体扩散层上，然后烧结，得到气体扩散电极。然后将夹在中间的气体扩散层或以空气雾化为内层的气体扩散层热压制成最终的膜电极组件。CCS方法得益于催化剂层的坚固性和稳定性[782]，机械地支撑催化剂层并可以有效地去除气态产物。在碱性环境中，不锈钢通常会在阳极电势下钝化，从而确保稳定性。然而，不锈钢的惰性层同时也降低了电极和电解质之间界面的电导率[762]。CCM方法基于将催化剂直接沉积到膜表面上，所以其主要优点就是催化剂与聚合物电解质膜的紧密接触，从而提高了离子电导率[783]。但是，CCM方法缺乏合适的聚合物黏合剂。

Park等[784]比较了用CCS和CCM方法制备的膜电极组件的电解槽性能。探讨了膜电极组件的制造方法、操作条件以及影响膜电极组件性能的几个参数。利用电化学阻抗谱（EIS）来区分膜电极组件制造方法对所得AEM性能的影响。如图9-77所示，不同膜电极组件制造方法的AEM电解槽性能不同。CCM膜电极组件的性能在电位为1.9V时，电流密度可达630mA/cm²，而CCS在电位为1.9V下电流密度仅为390mA/cm²。在CCS方法中，热压处理工艺被认为是提高膜电极组件性能所必需的。使用无热压的CCS方法制造的MEA显示出明显低的电流密度，表明AEMWE不能正常进行。这可能是由于缺乏热压，膜和催化剂层之间产生高接触电阻。相比之下，使用热压的CCS方法制造的膜电极组件表现出相对较高的性能。但是AEMWE的电解槽的性能随着热压温度超过70℃之后会对膜造成化学损伤。该结果表明为了增强膜和催化剂层之间的接触，提高电解槽效率，在CCS方法中热压是必不可少的，而热压会对膜造成一定的损害，因此，这也是它的局限性。基于这些结果，CCM方法被认为是AEM水电解系统的最佳膜电极组件制造方法。

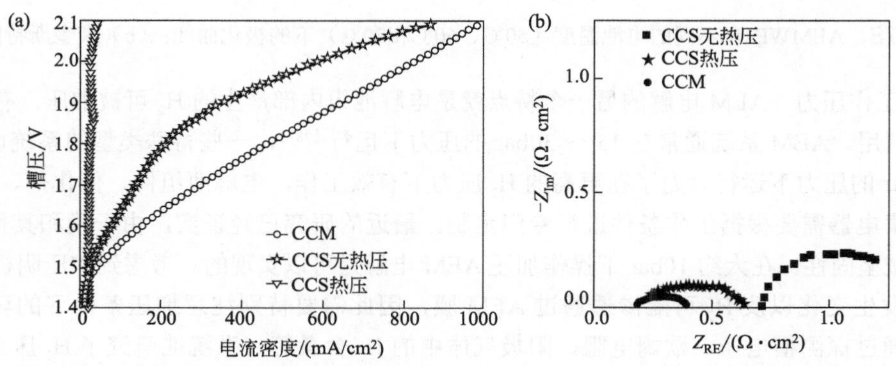

图9-77　(a) 使用和不使用热压处理的CCM和CCS制造的膜电极组件的极化曲线；(b) 奈奎斯特图[784]

（3）操作条件的影响　除了上述影响 AEM 电解器性能的组件外，其他操作条件，包括外加电压、可用电流密度、电解质温度和电解质类型，对 AEM 电解活性有巨大影响。

① 电流密度　在集成 AEM 水电解槽中，施加的槽电压和可用电流密度反映了电解槽系统的能量利用效率和最终产氢量。更高的电流密度意味着更高的电解效率。但是，超高的电流密度可能会对电解槽产生不利影响，因为电极表面会出现气泡，进而增加电解槽所需的过电位。因此，大多数报道的 AEM 电解槽保持 100 ～ 500mA/cm^2 的电流密度。在确定最合适的电流密度时，应考虑最大化氢气产量和合理的电能利用效率。

② 工作温度　工作温度也对 AEM 水电解性能有着积极的影响。AEM 电解槽通常在 50 ～ 80℃的温度范围内运行。温度的升高可以加速电化学反应过程中的电子和质量的传输，进而降低膜电极组件所需的过电位。在 Park 等[784]进行的相同工作中，电解的温度被设定在 50℃、60℃和 70℃以探测在 1.9V 下 AEM 的可用电流密度（图 9-78），揭示了在不同温度下操作的 AEMWE 的极化曲线。电解槽性能随着温度的升高而提高。在 70℃下获得的电流密度比在 50℃下测试的电池高 2.2 个数量级。此外，欧姆电阻在高温下显著降低，见图 9-78（b），这也表明膜电极组件上的离子电导率在高温下增强。这一结果与其他 AEM 的实验观察结果一致，如 I^{2}MEAs、R_4-C_{12} 和 QPPO[785, 786]，因为产生优异性能的最佳工作温度是 70℃。在基于 I^{2}MEAs 的研究中，AEM 的电池效率也与工作温度的升高呈正相关。温度的升高不仅提高了 Mg-AlLDHs 的离子电导率，而且最终提高了催化剂的电催化性能。在温度为 70℃，电压为 2.2V 的条件下，最大的电流密度可达 208mA/cm^2，在该电流密度值下运行期间，大量氢气气泡从阴极表面逸出。

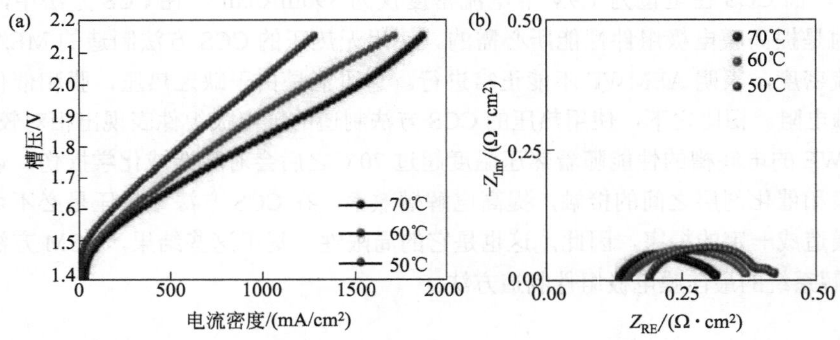

图9-78　AEMWEs在不同的电池温度（50℃、60℃和70℃）下的极化曲线；（b）奈奎斯特图[784]

③ 工作压力　AEM 电解的另一个特点就是电解池组内部产生的 H_2 可被加压，有利于 H_2 储存和利用。AEM 系统通常在 15 ～ 30bar 的压力下运行[787]，一些特殊类型的系统可以在超过 350bar 的压力下运行。为了在更高的 H_2 压力下有效工作，电解池组件、催化剂、密封垫、隔膜和集电器需要根据工作条件进行专门定制。最近的研究已经证实，由于膜和其他部件可靠的机械坚固性，在大约 10bar 下操作加压 AEM 电解是可以实现的。考虑到加压阴极室内 H_2 可能会发生变化以及 H_2 可能渗透通过 AEM 膜，因此需要特别注意加压条件下的环境。Ito 等[788]通过探测槽电压、欧姆电阻、阳极气体中的 H_2 含量等，系统地研究了 H_2 压力对电解槽性能的影响。阴极室中的 H_2 压力设定为 1.0bar、5.0bar 和 8.5bar，而阳极上设定为大气压，在指定的 H_2 压力下，检测不到电池性能的显著差异，而在 1A/cm^2 下的最大电解槽电压差仅

为 11mV，见图 9-79。这一结果清楚地表明，加压 H_2 生产对电解槽电压基本没影响。此外，发现穿过阳极室的 H_2 渗透性稍低，仅为质子交换膜系统的 0.16 倍。

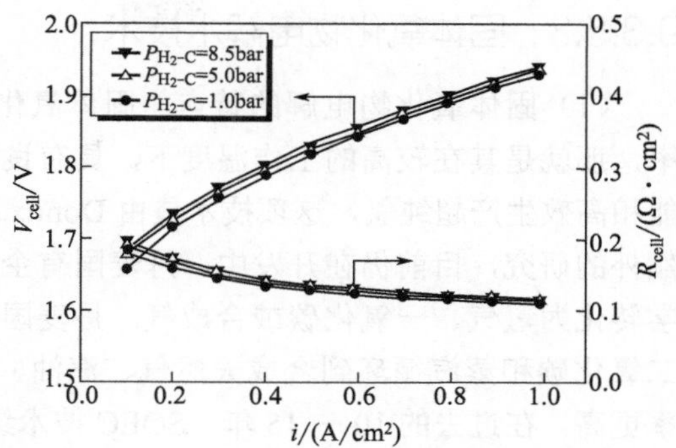

图9-79 阴极室在不同工作压力下的极化曲线和电解槽电阻特性[789]

④ 电解液 电解液是 AEM 电解槽中的重要组成部分，很大程度上影响了电解槽的整体性能。AEM 系统中通常使用的电解质为 30% ～ 40% 的氢氧化钾水溶液。在 AEM 电解槽中，不同的电解质进料会影响膜电极组件上羟基离子，进而影响 AEM 电解槽的性能。Ito 等[782, 789]探讨了电解质类型如何影响 AEM 的性能，根据实验结果，他们得出以下结论。①由于离子有限，AEM 难以用纯水操作，因此难以满足实际商业化；②当 pH 值在 12 附近时，K_2CO_3 溶液的电解性能优于 KOH 溶液；③从阴极电池产生相对湿度为 78% ～ 88% 的 H_2 气体容易受到电解质类型和压力条件的影响。研究人员对 10%(质量分数)K_2CO_3 和 10mmol/L KOH 电解质进行直接比较，见图 9-80。K_2CO_3 的酸碱度为 11.8，KOH 的酸碱度为 12.0，两种溶液的酸碱度相差不大。这两种溶液的电阻和内部酸碱度条件存在差异，而 KOH 电解液的电解槽性能稍微差些。与 K_2CO_3 相比，基于 KOH 的 AEM 电解槽需要更长的响应时间才能达到稳定的 V_{cell} 和 R_{cell} 值。因此，大多数人认为当电解槽在温和的碱性条件下（pH ≤ 12）运行时，K_2CO_3 溶液是 AEM 电解最可行的电解质。You 等[790]和 Pavel 等[787]也有类似的发现，使用温和的碱性电解质对电解系统的运行以及降低成本有利，因为它能够使用低成本材料，例如不锈钢板、管道和储罐等。

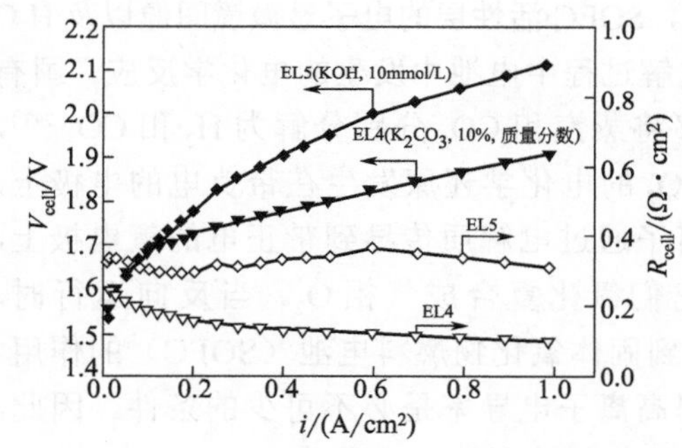

图9-80 在10%（质量分数）K_2CO_3和10mmol/L KOH电解液下工作的特征i-V_{cell}和i-R_{cell}曲线[789]

（4）小结 尽管在 AEM 系统中所有组件的开发方面取得了许多进展，并共同提高了电解槽的性能，但 AEM 电解技术仍处于发展的初级阶段。本文对 AEM 电解槽的主要组成部分，包括 AEM 膜、离聚物和 MEA 进行了全面的讨论。强调了低成本材料的进展和利用领域，特别是无铂族金属电催化剂。介绍了 CCS 和 CCM 膜电极组件的制备方法。随后还强调了其他关键参数的影响，包括电流密度、工作温度、H_2 压力和电解质类型。到目前为止，用于 AEM 电解的催化剂、膜和离聚物的开发一直是零星的，很少对 MEAs 和电池测试中各种组分的集成进行研究。因此，在 AEM 电解槽中显示的最佳性能数据是用商用材料获得的。AEM 电解技术仍处于早期开发阶段，需要进一步研究。要对 AEM 电解进行协同研究，以提高功率效率、膜稳定性和离子电导率，降低总成本，并将催化剂集成到 AEM 系统中。

9.3.5.3 固体氧化物电解水技术

（1）固体氧化物电解的特点 固体氧化物电解池（SOEC）技术有着无与伦比的转化效率，那就是其在较高的工作温度下，具有良好的热力学和动力学性能，能将电能转化为化学能和高效生产超纯氢，这项技术是由 Donitz 和 Erdle[791, 792] 于 1980 年首次引入的，由于需要额外的研究，目前仍在开发中。丹麦国有企业可用于将蒸汽、二氧化碳或两者分别直接电化学转化为氢气、一氧化碳或合成气。丹麦国有企业可以与一系列化学合成热集成，使捕获的二氧化碳和蒸汽循环到合成天然气、汽油、甲醇或氨中，与低温电解技术相比，SOEC 的效率更高。在过去的 10 ～ 15 年，SOEC 技术经历了巨大的发展和改进。至今，最先进的 SOEC 单电解槽相较于原来的初始电化学性能提高了一倍多，并且长期耐用性提高了 100 倍。此外，SOEC 技术基于可扩展的生产方法和丰富的原材料，如镍、氧化锆和钢，而不是贵金属。性能和耐用性的提高使得天然气产能在过去十年中成倍增长。中国科学院上海应用物理研究所于 2018 年开展了 20kW 级的固体氧化物电解制氢加氢站装置研制，并计划于 2021 年建成国际首个基于熔盐堆的核能制氢验证装置。2020 年，全国首套商用绿色 SOEC 制氢设备在荷兰投入使用，该项目每小时可生产氢气 60kg，预计 2024 年底能生产 960t 氢气能源。在未来 2 到 3 年内，SOEC 的工厂规模预计将进一步增加近 20 倍。

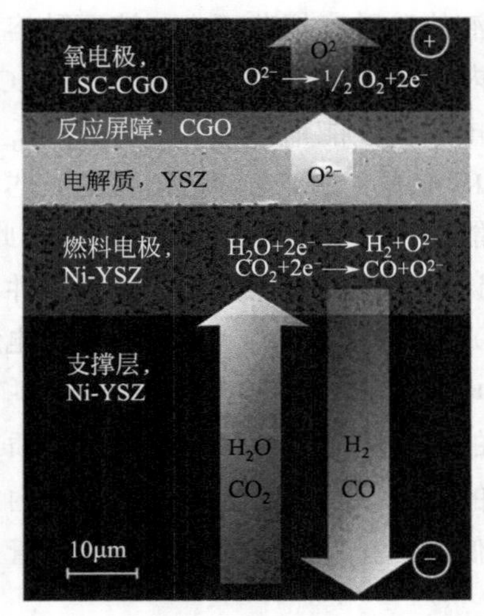

图9-81 SOEC活性层的电子显微镜图像以及H_2O和二氧化碳电解过程中电池中发生的电化学反应[793]

SOEC 由两个多孔电极和一种能够传导氧化物离子（O^{2-}）的致密陶瓷电解质这三个主要部件组成。见图 9-81，SOEC 活性层的电子显微镜图像以及 H_2O 和 CO_2 电解过程中电池中发生的电化学反应。国有企业能够将蒸汽和 CO_2 分别分解为 H_2 和 CO[793]，H_2O 和 CO_2 的电化学还原发生在带负电的电极上，氧化物离子通过电解质传导到带正电的氧电极上，在那里它们氧化复合成气相 O_2。当反向运行时，SOEC 起到固体氧化物燃料电池（SOFC）的作用。高温对提高离子电导率是必不可少的条件。因此，最常见的陶瓷固态继电器通常在 600 ～ 850℃下工作[794]。高工作温度是 SOEC 技术的一个重要特征，AWE 和 PEM 相比，SOEC 更有优势，它在高温条件下具有更有利的热力学和更快的动力学，H_2O 电解和二氧化碳电解的理论热力学效率都随着温度的升高而增加。

在实际过程中，当同时考虑热力学和动力学时，与温度相关的效率增益要高得多，见图 9-82（a），在热中性电位下操作用于蒸汽电解（1.29V）的 SOEC 电解槽将获得约为 1.5A/cm² 的电解电流密度，而在热中性电位下操作用于液态水分解（1.47V）的质子交换膜电解槽在类似的气体成分下获得 0.5A/cm² 的电流密度。质子交换膜电解槽通常在较高电位 1.6 ～ 1.7V 下运行，电流密度达到 1A/cm²[795, 796]。从图 9-82（b）可以明显看出，热电势与蒸发热直接相关，二氧化碳电解在高温操作下效率更高。低电压意味着较低的运行成本，每生产单体气体量的电力需求较低，可以减少电解槽的数量。如果能够解决电解槽的性能以及能够实现规模扩大，SOEC 将能成为电解制氢必不可少的技术。

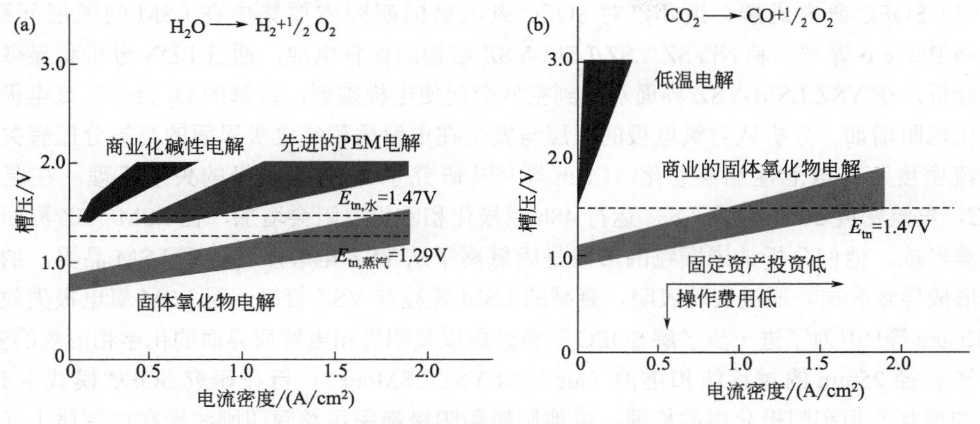

图9-82 H_2O分解和CO_2分解电解竞争关系图[795, 796]

（2）固体氧化物电解材料 SOEC 的材料基本与 SOFC 的材料相同。其电解质要求具有高的离子电导率、低的电子电导率、良好的稳定性、与其他材料的相容性和高度的致密性等。目前应用最普遍的电解质大多是稳定的氧化钇锆 (YSZ) 和金属镍与 YSZ 的复合材料。YSZ 是含量为几摩尔的氧化钇 (Y_2O_3) 与氧化锆 (ZrO_2) 组成的固溶体，是首选的电解质材料。氧化钇和氧化锆都是储量丰富的材料，在燃料电池系统提供 1TW 功率的固体氧化物电解槽只需要全球 1 个月的氧化锆产量和全球 21 个月的氧化钇产量[797]。而使用锂离子电池产生 1TW 的电力需要相当于 160 年的全球锂金属产量，而质子交换膜燃料电池系统提供 1TW 的电力需要 53 个月的全球铂产量。de Luna 等[798]指出，一个 500MW 的低温二氧化碳电解工厂，以 IrO_2 为电解质材料[799]，将占全球铱年产量的三分之一。SOEC 电极主要是来于镍的催化作用，而镍是一种较为廉价的非贵金属。性能要求较低的情况下，可以使用大量掺锶镧的 $LaMnO_3$ 电极，而性能要求较高时则需要基于混合导体的电极，例如镧 - 锶 - 铁氧体钴酸盐或镧 - 锶钴酸盐[800]。掺杂氧化钆的氧化铈薄层（0.1 ～ 5mm）通常用于防止金属氧化物电极材料和 YSZ 之间发生反应。对于氢电极（在电解中是阴极），要求有足够高的电子、离子电导率，良好的稳定性，与电解质或其他电池部件的化学相容性，合适的孔隙率，还要具备较好的催化活性，目前多用 Ni-YSZ 金属陶瓷。Ni-YSZ 在 SOEC 模式下运行时，Ni 易被氧化为 NiO，造成性能的衰减。另外一些材料如 Ni/SDC（Sm doped Ceria）和钛酸盐 /CeO_2 等复合材料也被应用在氢电极中。以 SOEC 模式运行时，氢电极处于高水蒸气含量气氛，氢气含量较小，在高电流密度和高蒸汽浓度下运行时性能很容易发生衰减，所以其对稳定性的要求更高。因此氢电极的衰减机理是研究的重点之一。对于氧电极（阳极），它是产生氧气的场所，要求有足够高的电导率，较好的化学稳定性，与其他材料的相容性和热膨胀系数匹配性，还要有较好的催化性能和合适的孔隙率。目前大量的研究证明，LSM 由于氧空位浓度低，表现出非常低的析氧活性，造成与电解质的脱层问题。因此，人们提出了不同的电极材料，如镧锶钴铁和镧锶铜铁等。尽管现在 SOEC 所用的材料与 SOFC 基本相同，我们也应当考虑电解的运行条件对材料寿命的影响，因为模式已经发生彻底的变化，需要重视的问题是燃料阴极附近的高蒸汽浓度，在电解质 / 阳电极界面的高氧分压问题和高电压下氧化锆基电解质存在电子传导等问题。

（3）SOEC 研究进展　近年，对 SOEC 氧电极的研究主要集中在 LSM 的脱层问题上。Laguna-Bercero 等[801]制 NiYSZ/YSZ/LSM-YSZ 结构的微管电池，通过 EDX 分析和显微拉曼光谱分析，在 YSZ/LSM-YSZ 界面观察到空穴会促使电极破裂，过量的 O_2 会引起氧电极分层和极化电阻增加。分析认为氧电极的脱层与发生在电解质和氧电极界面的高氧分压有关，在高电流密度下，电池性能易恶化。Chen 等[802]研究了 LSM 氧电极的失效机理。在温度为 800℃，电流密度 500mA/cm^2 下，运行 48h 后极化和欧姆电阻会增加，在 LSM/YSZ 界面有纳米团簇形成。他们分析纳米颗粒的形成是因氧离子从 YSZ 电解质转移到 LSM 晶界，纳米团簇的形成导致分层。通过实验表明，衰减的 LSM 颗粒与 YSZ 接触，是 LSM 氧电极失效的原因。Keane 等[803]为了进一步了解 SOEC 阳极分层以及阳极和电解质界面的化学和形貌的变化，制备了直径 25mm 的对称纽扣电池（air/LSM/YSZ/LSM/air），旨在研究 SOEC 模式下 LSM-YSZ 的相互作用和阳极分层的机理。电池阴极和阳极都采用丝网印刷法涂在电解质上（阴极直径为 20mm，阳极直径为 10mm），阳极比阴极直径小是为了保证测试时阳极能表现全部的电化学活性。对电池在不同外施电压（0 ～ 0.8V）下的电化学性能作了测试。随着测试时间的增加，欧姆电阻和非欧姆电阻逐渐增大。非欧姆电阻的增加主要是由于三相界面的减少。他们分别在 0、0.3V、0.5V、0.8V 下测试对称电池 100h，观察 SEM 图像，发现随着电压的增加，LSM/YSZ 界面形成的新相 $La_2Zr_2O_7$ 逐渐增多，且 YSZ 晶界的孔隙度逐渐增多。最后，他们还对 LSM/YSZ 界面的形貌随电压的变化作了分析，观察到随着电池的运行，氧离子从阴极转移到阳极 / 电解质界面，产生 O_2，使界面处于高氧分压状态，导 LSM/YSZ 界面不断产生 $La_2Zr_2O_7$，堆积在 LSM/YSZ 界面，而 $La_2Zr_2O_7$ 的热膨胀系数比 LSM 和 YSZ 都要低，从而导致 LSM 与 YSZ 电解质的脱层。阳极 / 电解质界面的生长会导致阳极从电解质表面分层，新提出的机理包括复合界面的形成、YSZ 晶界孔隙度的发展和其他形貌的变化。针对 SOEC 模式下的 LSM/YSZ 界面存在的分层问题，Li 等[804]提出了新的解决办法，利用锰对 YSZ 电解质表面进行修饰改性，减缓 LSM 阳极的分层。他们采用两种不同的方法对 YSZ 界面进行了修饰，一种是固态扩散法，将 YSZ 基底嵌入 MnO_2 粉末中，在 1250℃热处理 2h。另一种是采用 sol-gel 法制备 Mn-YSZ 薄膜涂层，然后涂覆在 YSZ 电解质上，1250℃热处理 2h。制备的两种电池在 840℃、300cm^3 流动空气下运行 200h 后，进行 XRD、EDS、SEM 表征和电化学测试，观察到采用 sol-gel 法制备的 Mn-YSZ/LSM 界面没有发生脱层现象，且界面处形成的 $La_2Zr_2O_7$ 明显减少。而采用固态扩散法制备的阳极 LSM 与 YSZ 完全脱离。研究表明采用 sol-gel 方法制备的 Mn-YSZ 能减少阳极分层，Mn 改性的电解质表面通过减少 Mn 从 LSM 扩散到 YSZ，能减少锆酸镧的形成。提出多孔 sol-gel 涂层能阻止高氧分压的建立，缓和阳极分层。但其在 SOEC 模式下运行的长期稳定性还有待进一步研究。Zhang 等[805]对 $Ba_{0.5}Sr_{0.5}Co_{0.8}Fe_{0.2}O_3$ 阳极和 SDC 阻挡层作了研究。文中提出一种新的方法，在 $Ba_{0.5}Sr_{0.5}Co_{0.8}Fe_{0.2}O_3$ 阳极和 YSZ 中间加一层 SDC 阻挡层，以避免其在高温下的固相反应。他们制备了 BSCF-SDC/YSZ/SDC-BSCF 对称电池和 BSCF-SDC/YSZ/Ni-YSZ 单电池，测试结果表明，在 850℃，BSCF-SDC/YSZ 的 ASR 为 0.42Ω · cm^2，使用 BSCF-SDC 阳极产氢率达 177.4mL/（cm^2 · h），电解槽性能稳定。

9.3.6 总结与展望

氢能源是未来能源的发展趋势，目前隔膜法电解制氢多采用碱性电解槽。碱性水电解系统已经商业化生产了几十年，AWE已是一项成熟的技术，能够在动态条件下运行，单个系统的功率高达750m³/h。对于大型发电厂，几个单一的系统可以合并，例如建在埃及的最大的发电厂阿斯旺大坝，总功率可达156MW。现如今碱水电解制氢在国内已经工业化，我国电解水装置的安装总量在1500～2000套左右，通过电解水所制氢气总量在8×10^4t/a，碱性电解水技术占绝对主导地位。在碱性电解水设备方面，目前国内设备的水平最大可达1000m³/h。代表企业有苏州竞立制氢设备有限公司、天津市大陆制氢设备有限公司等。由于产品需进行脱碱等处理，不仅设备体积大，而且有污染。虽然碱性电解技术在20世纪80年代至90年代有了很大的改进，但仍存在低功率密度和操作压力范围受限等缺点。在过去几年，质子交换膜（PEM）电解快速发展，很有可能实现兆瓦甚至千兆瓦范围的储能系统，科研人员也逐渐从AWE的研究转向PEM。碱水电解有劣势，也有优势，未来需要在电解设备的高效性及与可再生能源的耦合上开展大量攻关工作，真正实现可再生能源高效率制氢。PEM电解虽然是一种新型的制氢方式，在设备造价及规模上还有很多发展空间，碱水电解和PEM电解制氢在未来一段时间，将是两条平行的道路、互相角逐的竞争状态，未来双方可以形成互补，但碱水电解制氢难以被替代。

参考文献

[1] Crabtree G W，Dresselhaus M S，Buchanan M V. The hydrogen economy[J]. Physics Today，2004，57(12)：39-44.

[2] Barreto L，Makihira A，Riahi K. The hydrogen economy in the 21st century：A sustainable development scenario［J］. International Journal of Hydrogen Energy，2003，28（3）：267-284.

[3] Penner S S. Steps toward the hydrogen economy［J］. Energy，2006，31（1）：33-43.

[4] Karlsson R K B，Cornell A. Selectivity between oxygen and chlorine evolution in the chlor-alkali and chlorate processes［J］. Chemical Reviews，2016，116（5）：2982-3028.

[5] Leroy R L. Industrial water electrolysis - present and future［J］. International Journal of Hydrogen Energy，1983，8（6）：401-417.

[6] Oener S Z，Foster M J，Boettcher S W. Accelerating water dissociation in bipolar membranes and for electrocatalysis［J］. Science，2020，369（6507）：1099-1103.

[7] Mayerhofer B，Mclaughlin D，Bohm T，et al. Bipolar membrane electrode assemblies for water electrolysis［J］. ACS Applied Energy Materials，2020，3（10）：9635-9644.

[8] Chabi S，Wright A G，Holdcroft S，et al. Transparent bipolar membrane for water splitting applications［J］. Acs Applied Materials & Interfaces，2017，9（32）：26749-26755.

[9] Zegkinoglou I，Zendegani A，Sinev I，et al. Operando phonon studies of the protonation mechanism in highly active hydrogen evolution reaction pentlandite catalysts［J］. Journal of the American Chemical Society，2017，139（41）：14360-14363.

[10] Huang Y，Nielsen R J，Goddard W A. Reaction mechanism for the hydrogen evolution reaction on the basal plane sulfur vacancy site of MoS_2 using grand canonical potential kinetics［J］. Journal of the American Chemical Society，2018，140（48）：16773-16782.

[11] Watzele S，Fichtner J，Garlyyev B，et al. On the dominating mechanism of the hydrogen evolution

reaction at polycrystalline Pt electrodes in acidic media [J]. Acs Catalysis, 2018, 8 (10): 9456-9462.

[12] Tang Q, Jiang D E. Mechanism of hydrogen evolution reaction on 1T-MoS_2 from first principles [J]. ACS Catalysis, 2016, 6 (8): 4953-4961.

[13] Kronberg R, Lappalainen H, Laasonen K. Revisiting the volmer-heyrovsky mechanism of hydrogen evolution on a nitrogen doped carbon nanotube: Constrained molecular dynamics versus the nudged elastic band method [J]. Physical Chemistry Chemical Physics, 2020, 22 (19): 10536-10549.

[14] Fang Y H, Liu Z P. Tafel kinetics of electrocatalytic reactions: From experiment to first-principles [J]. Acs Catalysis, 2014, 4 (12): 4364-4376.

[15] Bhardwaj M, Balasubramaniam R. Uncoupled non-linear equations method for determining kinetic parameters in case of hydrogen evolution reaction following volmer-heyrovsky-tafel mechanism and volmer-heyrovsky mechanism [J]. International Journal of Hydrogen Energy, 2008, 33 (9): 2178-2188.

[16] Wei J, Zhou M, Long A, et al. Heterostructured electrocatalysts for hydrogen evolution reaction under alkaline conditions [J]. Nano-Micro Letters, 2018, 10 (4): 75-81.

[17] Zhu J, Hu L S, Zhao P X, et al. Recent advances in electrocatalytic hydrogen evolution using nanoparticles [J]. Chemical Reviews, 2020, 120 (2): 851-918.

[18] Rekveldt M T, Van Dijk N H, Grigoriev S V, et al. Three-dimensional magnetic spin-echo small-angle neutron scattering and neutron depolarization: A comparison [J]. Review of Scientific Instruments, 2006, 77 (7): 073902-0703913.

[19] Chen T Y, Chang Y H, Hsu C L, et al. Comparative study on MoS_2 and WS_2 for electrocatalytic water splitting [J]. International Journal of Hydrogen Energy, 2013, 38 (28): 12302-12309.

[20] Wang J, Li K, Zhong H X, et al. Synergistic effect between metal-nitrogen-carbon sheets and NiO nanoparticles for enhanced electrochemical water-oxidation performance [J]. Angewandte Chemie-International Edition, 2015, 54 (36): 10530-10534.

[21] Subbaraman R, Tripkovic D, Strmcnik D, et al. Enhancing hydrogen evolution activity in water splitting by tailoring Li^+-$Ni(OH)_2$-Pt interfaces [J]. Science, 2011, 334 (6060): 1256-1260.

[22] Li J, Li F, Guo S X, et al. PdCu@Pd nanocube with Pt-like activity for hydrogen evolution reaction [J]. ACS Applied Materials & Interfaces, 2017, 9 (9): 8151-8160.

[23] Trasatti S. Work function, electronegativity, and electrochemical behavior of metals 3 electrolytic hydrogen evolution in acid solutions [J]. Journal of Electroanalytical Chemistry and Interfacial Electrochemistry, 1972, 39 (1): 163-169.

[24] Wang J, Xu F, Jin H, et al. Non-noble metal-based carbon composites in hydrogen evolution reaction: fundamentals to applications [J]. Advanced Materials, 2017, 29 (14): 1605838-1605848.

[25] Mohan P S, Purkait M K, Chang C T. Experimental evaluation of Pt/TiO_2/rGo as an efficient HER catalyst via artificial photosynthesis under UVB & visible irradiation [J]. International Journal of Hydrogen Energy, 2020, 45 (35): 17174-17190.

[26] Wu M, Shen P K, Wei Z D, et al. High activity PtPd-WC/C electrocatalyst for hydrogen evolution reaction [J]. Journal of Power Sources, 2007, 166 (2): 310-316.

[27] Meyer S，Nikiforov A V，Petrushina I M，et al. Transition metal carbides(WC，Mo_2C，TaC，NbC) as potential electrocatalysts for the hydrogen evolution reaction（HER）at medium temperatures［J］. International Journal of Hydrogen Energy，2015，40（7）：2905-2911.

[28] Staszak-Jirkovsky J，Malliakas C D，Lopes P P，et al. Design of active and stable Co-Mo-S_x chalcogels as pH-universal catalysts for the hydrogen evolution reaction［J］. Nature Materials，2016，15（2）：197-203.

[29] Li D，Chen X F，Lv Y Z，et al. An effective hybrid electrocatalyst for the alkaline HER：highly dispersed Pt sites immobilized by a functionalized NiRu-hydroxide［J］. Applied Catalysis B-Environmental，2020，269：118824-118849.

[30] Conway B E，Jerkiewicz G. Relation of energies and coverages of underpotential and overpotential deposited H at Pt and other metals to the 'volcano curve' for cathodic H_2 evolution kinetics［J］. Electrochimica Acta，2000，45（25-26）：4075-4083.

[31] Shi Y，Gao J，Abruna H D，et al. Rapid synthesis of $Li_4Ti_5O_{12}$/graphene composite with superior rate capability by a microwave-assisted hydrothermal method［J］. Nano Energy，2014，8：297-304.

[32] Zhang L，Ye Y F，Cheng D L，et al. Simultaneous reduction and N-doping of graphene oxides by low-energy N_2^+ ion sputtering［J］. Carbon，2013，62：365-373.

[33] Cojocaru B，Neatu S，Sacaliuc-Parvulescu E，et al. Influence of gold particle size on the photocatalytic activity for acetone oxidation of Au/TiO_2 catalysts prepared by dc-magnetron sputtering［J］. Applied Catalysis B-Environmental，2011，107（1-2）：140-149.

[34] Sheng W C，Myint M，Chen J G G，et al. Correlating the hydrogen evolution reaction activity in alkaline electrolytes with the hydrogen binding energy on monometallic surfaces［J］. Energy & Environmental Science，2013，6（5）：1509-1512.

[35] Subbaraman R，Tripkovic D，Chang K C，et al. Trends in activity for the water electrolyser reactions on 3d M(Ni，Co，Fe，Mn) hydr(oxy) oxide catalysts［J］. Nature Materials，2012，11：550-557.

[36] Li J，Ghoshal S，Bates M K，et al. Experimental proof of the bifunctional mechanism for the hydrogen oxidation in alkaline media［J］. Angewandte Chemie International Edition，2017，56：15594-15598.

[37] Danilovic N，Subbaraman R，Strmcnik D，et al. Enhancing the alkaline hydrogen evolution reaction activity through the bifunctionality of $Ni(OH)_2$/metal catalysts［J］. Angewandte Chemie International Edition，2012，51：12663-12666.

[38] Juarez F，Salmazo D，Quaino P，et al. Hydrogen oxidation in alkaline media：the bifunctional mechanism for water formation［J］. Electrocatalysis，2019，10：584-590.

[39] Durst D，Siebel A，Simon C，et al. New insights into the electrochemical hydrogen oxidation and evolution reaction mechanism［J］. Energy & Environment Science，2014，7：2255-2260.

[40] Ledezma-Yanez I，Wallace W，Sebastián-Pascual P，et al. Interfacial water reorganization as a pH-dependent descriptor of the hydrogen evolution rate on platinum electrodes［J］. Nature Energy，2017，2：17031-17038.

[41] Shen L，Lu B，Li Y，et al. Interfacial structure of water as a new descriptor of hydrogen evolution reaction［J］. Angewandte Chemie International Edition，2020，59：22397-22402.

[42] Huang M，Ruoff R S. Growth of single-layer and multilayer graphene on Cu/Ni alloy substrates［J］.

Accounts of Chemical Research，2020，53（4）：800-811.

[43] Liang C W，Zou P C，Nairan A，et al. Exceptional performance of hierarchical Ni-Fe oxyhydroxide@ NiFe alloy nanowire array electrocatalysts for large current density water splitting［J］. Energy & Environmental Science，2020，13（1）：86-95.

[44] Song J D，Jin Y Q，Zhang L，et al. Phase-separated Mo-Ni alloy for hydrogen oxidation and evolution reactions with high activity and enhanced stability［J］. Advanced Energy Materials，2021，11（16）：2003511-2003518.

[45] Gao M Y，Yang C，Zhang Q B，et al. Facile electrochemical preparation of self-supported porous ni-mo alloy microsphere films as efficient bifunctional electrocatalysts for water splitting［J］. Journal of Materials Chemistry A，2017，5（12）：5797-5805.

[46] Zhang Q，Li P，Zhou D，et al. Superaerophobic ultrathin Ni-Mo alloy nanosheet array from in situ topotactic reduction for hydrogen evolution reaction［J］. Small，2017，13（41）：1701648-1701655.

[47] Raj I A，Nickel-based. binary-composite electrocatalysts for the cathodes in the energy-efficient industrial-production of hydrogen from alkaline-water electrolytic cells［J］. Journal of Materials Science，1993，28（16）：4375-4382.

[48] Lohrberg K，Kohl P. Preparation and use of raney-Ni activated cathodes for large-scale hydrogen-production［J］. Electrochimica Acta，1984，29（11）：1557-1561.

[49] Fouilloux P. The nature of raney-nickel，its adsorbed hydrogen and its catalytic activity for hydrogenation reactions - review［J］. Applied Catalysis，1983，8（1）：1-42.

[50] Bau J A，Kozlov S M，Azofra L M，et al. Role of oxidized Mo species on the active surface of Ni-Mo electrocatalysts for hydrogen evolution under alkaline conditions［J］. Acs Catalysis，2020，10（21）：12858-12866.

[51] Huang L，Yang F Z，Sun S G，et al. Studies on structure and electrocatalytic hydrogen evolution of nanocrystalline Ni-Mo-Fe alloy electrodeposit electrodes［J］. Chinese Journal of Chemistry，2003，21（4）：382-386.

[52] Toghraei A，Shahrabi T，Darband G B. Electrodeposition of self-supported Ni-Mo-P film on Ni foam as an affordable and high-performance electrocatalyst toward hydrogen evolution reaction［J］. Electrochimica Acta，2020，335：135643-135652.

[53] Zhang J，Wang T，Liu P，et al. Efficient hydrogen production on $MoNi_4$ electrocatalysts with fast water dissociation kinetics［J］. Nature Communications，2017，8：15437-15445.

[54] Nairan A，Zou P，Liang C，et al. NiMo solid solution nanowire array electrodes for highly efficient hydrogen evolution reaction［J］. Advanced Functional Materials，2019，29（44）：1903747-1903755.

[55] Mcpherson I J，Vincent K A. Electrocatalysis by hydrogenases：lessons for building bio-inspired devices［J］. Journal of the Brazilian Chemical Society，2014，25（3）：427-441.

[56] Eckenhoff W T，Mcnamara W R，Du P，et al. Cobalt complexes as artificial hydrogenases for the reductive side of water splitting［J］. Biochim Biophys Acta，2013，1827（8-9）：958-973.

[57] Kaur-Ghumaan S，Stein M.［NiFe］hydrogenases：how close do structural and functional mimics approach the active site？［J］. Dalton Transaction，2014，43（25）：9392-9405.

[58] Hallenbeck P C，Benemann J R. Biological hydrogen production；fundamentals and limiting processes[J].

International Journal of Hydrogen Energy，2002，27（11-12）：1185-1193.

[59] Burgess B K，Lowe D J. Mechanism of molybdenum nitrogenase［J］. Chemical Reviews，1996，96（7）：2983-3012.

[60] Eady R R. Structureminus signfunction relationships of alternative nitrogenases［J］. Chemical Reviews，1996，96（7）：3013-3030.

[61] Yan Y，Xia B Y，Xu Z C，et al. Recent development of molybdenum sulfides as advanced electrocatalysts for hydrogen evolution reaction［J］. Acs Catalysis，2014，4（6）：1693-1705.

[62] Hinnemann B，Mouse P G，Bonde J，et al. Biomimetic hydrogen evolution：MoS_2 nanoparticles as catalyst for hydrogen evolution［J］.Physical Inorganic Chemistry，2005，127（15）：5308-5309.

[63] Jaramillo T F，Jorgensen K P，Bonde J，et al. Identification of active edge sites for electrochemical H_2 evolution from MoS_2 nanocatalysts［J］. Science，2007，317（5834）：100-102.

[64] Jaramillo T F，Bonde J，Zhang J D，et al. Hydrogen evolution on supported incomplete cubane-type $[Mo_3S_4]^{4+}$ electrocatalysts［J］. Journal of Physical Chemistry C，2008，112（45）：17492-17498.

[65] Karunadasa H I，Montalvo E，Sun Y，et al. A molecular MoS_2 edge site mimic for catalytic hydrogen generation［J］. Science，2012，335（6069）：698-702.

[66] Kibsgaard J，Jaramillo T F，Besenbacher F. Building an appropriate active-site motif into a hydrogen-evolution catalyst with thiomolybdate $[Mo_3S_{13}]^{2-}$ clusters［J］. Nature Chemistry，2014，6（3）：248-253.

[67] Wang T，Gao D，Zhuo J，et al. Size-dependent enhancement of electrocatalytic oxygen-reduction and hydrogen-evolution performance of MoS_2 particles［J］. Chemistry，2013，19（36）：11939-11948.

[68] Zhang L，Wu H B，Yan Y，et al. Hierarchical MoS_2 microboxes constructed by nanosheets with enhanced electrochemical properties for lithium storage and water splitting［J］. Energy & Environmental Science，2014，7（10）：3302-3306.

[69] Lau V W，Masters A F，Bond A M，et al. Ionic-liquid-mediated active-site control of MoS_2 for the electrocatalytic hydrogen evolution reaction［J］. Chemistry，2012，18（26）：8230-8239.

[70] Wang D Z，Pan Z，Wu Z Z，et al. Hydrothermal synthesis of MoS_2 nanoflowers as highly efficient hydrogen evolution reaction catalysts［J］. Journal of Power Sources，2014，264：229-234.

[71] Benck J D，Hellstern T R，Kibsgaard J，et al. Catalyzing the hydrogen evolution reaction（HER）with molybdenum sulfide nanomaterials［J］. ACS Catalysis，2014，4（11）：3957-3971.

[72] Lukowski M A，Daniel A S，Meng F，et al. Enhanced hydrogen evolution catalysis from chemically exfoliated metallic MoS_2 nanosheets［J］. Journal of the American Chemical Society，2013，135（28）：10274-10277.

[73] Voiry D，Salehi M，Silva R，et al. Conducting MoS_2 nanosheets as catalysts for hydrogen evolution reaction［J］. Nano Letters，2013，13（12）：6222-6227.

[74] Tan S M，Ambrosi A，Sofer Z，et al. Pristine basal-and edge-plane-oriented molybdenite MoS_2 exhibiting highly anisotropic properties［J］. Chemistry-A European Journal，2015，21（19）：7170-7178.

[75] Chia X，Ambrosi A，Sedmidubsky D，et al. Precise tuning of the charge transfer kinetics and catalytic properties of MoS_2 materials via electrochemical methods［J］. Chemistry，2014，20（52）：17426-

17432.

[76] Wu Z Z, Fang B Z, Wang Z P, et al. MoS_2 nanosheets：a designed structure with high active site density for the hydrogen evolution reaction［J］. ACS Catalysis, 2013, 3（9）：2101-2107.

[77] Wang D Z, Wang Z P, Wang C L, et al. Distorted MoS_2 nanostructures：an efficient catalyst for the electrochemical hydrogen evolution reaction［J］. Electrochemistry Communications, 2013, 34：219-222.

[78] Gopalakrishnan D, Damien D, Shaijumon M M. MoS_2 quantum dot-interspersed exfoliated MoS_2 nanosheets［J］. ACS Nano, 2014, 8（5）：5297-5303.

[79] Xie J, Zhang H, Li S, et al. Defect-rich MoS_2 ultrathin nanosheets with additional active edge sites for enhanced electrocatalytic hydrogen evolution［J］. Advanced Materials, 2013, 25（40）：5807-5813.

[80] Yan Y, Xia B Y, Ge X M, et al. Ultrathin MoS_2 nanoplates with rich active sites as highly efficient catalyst for hydrogen evolution［J］. ACS Applied Materials & Interfaces, 2013, 5（24）：12794-12798.

[81] Chung D Y, Park S K, Chung Y H, et al. Edge-exposed MoS_2 nano-assembled structures as efficient electrocatalysts for hydrogen evolution reaction［J］. Nanoscale, 2014, 6（4）：2131-2136.

[82] Lu Z, Zhu W, Yu X, et al. Ultrahigh hydrogen evolution performance of under-water "superaerophobic" MoS_2 nanostructured electrodes［J］. Advanced Materials, 2014, 26（17）：2683-2687, 2615.

[83] Yu Y, Huang S Y, Li Y, et al. Layer-dependent electrocatalysis of MoS_2 for hydrogen evolution［J］. Nano Letters, 2014, 14（2）：553-558.

[84] Zhang Y, Ji Q, Han G F, et al. Dendritic, transferable, strictly monolayer MoS_2 flakes synthesized on $SrTiO_3$ single crystals for efficient electrocatalytic applications［J］. ACS Nano, 2014, 8（8）：8617-8624.

[85] Shi J, Ma D, Han G F, et al. Controllable growth and transfer of monolayer MoS_2 on Au foils and its potential application in hydrogen evolution reaction［J］. ACS Nano, 2014, 8（10）：10196-10204.

[86] Yu Y, Huang S Y, Li Y, et al. Layer-dependent electrocatalysis of MoS_2 for hydrogen evolution［J］. Nano Letters, 2014, 14（2）：553-558.

[87] Kibsgaard J, Chen Z, Reinecke B N, et al. Engineering the surface structure of MoS_2 to preferentially expose active edge sites for electrocatalysis［J］. Nature Materials, 2012, 11（11）：963-969.

[88] Horiuti L, Polanyi M. Exchange reactions of hydrogen on metallic catalysts［J］. Trans. Faraday Soc., 1934, 30：1164-1172.

[89] Tan Y, Liu P, Chen L, et al. Monolayer MoS_2 films supported by 3D nanoporous metals for high-efficiency electrocatalytic hydrogen production［J］. Advanced Materials, 2014, 26（47）：8023-8028.

[90] Lu Z, Zhang H, Zhu W, et al. In situ fabrication of porous MoS_2 thin-films as high-performance catalysts for electrochemical hydrogen evolution［J］. Chemical Communications, 2013, 49（68）：7516-7518.

[91] Yang Y, Fei H, Ruan G, et al. Edge-oriented MoS_2 nanoporous films as flexible electrodes for hydrogen evolution reactions and supercapacitor devices［J］. Advanced Materials, 2014, 26（48）：8163-8168.

[92] Bonde J，Moses P G，Jaramillo T F，et al. Hydrogen evolution on nano-particulate transition metal sulfides［J］. Faraday Discussions，2008，140：219-231，297-317.

[93] Zhang K，Kim H J，Lee J T，et al. Unconventional pore and defect generation in molybdenum disulfide：application in high-rate lithium-ion batteries and the hydrogen evolution reaction［J］. Chem Sus Chem，2014，7（9）：2489-2495.

[94] Lv X J，She G W，Zhou S X，et al. Highly efficient electrocatalytic hydrogen production by nickel promoted molybdenum sulfide microspheres catalysts［J］. RSC Advances，2013，3（44）：21231-21236.

[95] Sun X，Dai J，Guo Y，et al. Semimetallic molybdenum disulfide ultrathin nanosheets as an efficient electrocatalyst for hydrogen evolution［J］. Nanoscale，2014，6（14）：8359-8367.

[96] Wang H，Lu Z，Xu S，et al. Electrochemical tuning of vertically aligned $MoSe_2$ nanofilms and its application in improving hydrogen evolution reaction［J］. Proceedings of the National Academy of Sciences of the United States of America，2013，110（49）：19701-19706.

[97] Xie J，Zhang J，Li S，et al. Controllable disorder engineering in oxygen-incorporated MoS_2 ultrathin nanosheets for efficient hydrogen evolution［J］. Journal of the American Chemical Society，2013，135（47）：17881-17888.

[98] Zhou W J，Hou D M，Sang Y H，et al. MoO_2 nanobelts@nitrogen self-doped MoS_2 nanosheets as effective electrocatalysts for hydrogen evolution reaction［J］. Journal of Materials Chemistry A，2014，2（29）：11358-11364.

[99] Li Y，Wang H，Xie L，et al. MoS_2 nanoparticles grown on graphene：an advanced catalyst for the hydrogen evolution reaction［J］. Journal of the American Chemical Society，2011，133（19）：7296-7299.

[100] Liao L，Zhu J，Bian X J，et al. MoS_2 formed on mesoporous graphene as a highly active catalyst for hydrogen evolution［J］. Advanced Functional Materials，2013，23（42）：5326-5333.

[101] Bian X J，Zhu J，Liao L，et al. Nanocomposite of MoS_2 on ordered mesoporous carbon nanospheres：a highly active catalyst for electrochemical hydrogen evolution［J］. Electrochemistry Communications，2012，22：128-132.

[102] Hou Y，Zhang B，Wen Z H，et al. A 3D hybrid of layered MoS_2/nitrogen-doped graphene nanosheet aerogels：an effective catalyst for hydrogen evolution in microbial electrolysis cells［J］. Journal of Materials Chemistry A，2014，2（34）：13795-13800.

[103] Ma C B，Qi X，Chen B，et al. MoS_2 nanoflower-decorated reduced graphene oxide paper for high-performance hydrogen evolution reaction［J］. Nanoscale，2014，6（11）：5624-5629.

[104] Yan Y，Xia B Y，Li N，et al. Vertically oriented MoS_2 and WS_2 nanosheets directly grown on carbon cloth as efficient and stable 3-dimensional hydrogen-evolving cathodes［J］. Journal of Materials Chemistry A，2015，3（1）：131-135.

[105] Merki D，Fierro S，Vrubel H，et al. Amorphous molybdenum sulfide films as catalysts for electrochemical hydrogen production in water［J］. Chemical Science，2011，2（7）：1262-1267.

[106] Morales-Guio C G，Hu X. Amorphous molybdenum sulfides as hydrogen evolution catalysts［J］. Accounts of Chemical Research，2014，47（8）：2671-2681.

[107] Vrubel H, Hu X L. Growth and activation of an amorphous molybdenum sulfide hydrogen evolving catalyst [J]. ACS Catalysis, 2013, 3 (9): 2002-2011.

[108] Merki D, Vrubel H, Rovelli L, et al. Fe, Co, and Ni ions promote the catalytic activity of amorphous molybdenum sulfide films for hydrogen evolution [J]. Chemical Science, 2012, 3 (8): 2515-2525.

[109] Voiry D, Yamaguchi H, Li J, et al. Enhanced catalytic activity in strained chemically exfoliated WS_2 nanosheets for hydrogen evolution [J]. Nature Materials, 2013, 12 (9): 850-855.

[110] Yang J, Voiry D, Ahn S J, et al. Two-dimensional hybrid nanosheets of tungsten disulfide and reduced graphene oxide as catalysts for enhanced hydrogen evolution [J]. Angewandte Chemie International Edition, 2013, 52 (51): 13751-13754.

[111] Cheng L, Huang W, Gong Q, et al. Ultrathin WS_2 nanoflakes as a high-performance electrocatalyst for the hydrogen evolution reaction [J]. Angewandte Chemie International Edition, 2014, 53 (30): 7860-7863.

[112] Choi C, Feng J, Li Y G, et al. WS_2 nanoflakes from nanotubes for electrocatalysis [J]. Nano Research, 2013, 6 (12): 921-928.

[113] Wu Z Z, Fang B Z, Bonakdarpour A, et al. WS_2 nanosheets as a highly efficient electrocatalyst for hydrogen evolution reaction [J]. Applied Catalysis B: Environmental, 2012, 125: 59-66.

[114] Pu Z H, Liu Q, Asiri A M, et al. One-step electrodeposition fabrication of graphene film-confined WS_2 nanoparticles with enhanced electrochemical catalytic activity for hydrogen evolution [J]. Electrochimica Acta, 2014, 134: 8-12.

[115] Giovanni C D, Reyes-Carmona A, Coursier A, et al. Low-cost nanostructured iron sulfide electrocatalysts for PEM water electrolysis [J]. ACS Catalysis, 2016, 6 (4): 2626-2631.

[116] Kong D S, Cha J J, Wang H T, et al. First-row transition metal dichalcogenide catalysts for hydrogen evolution reaction [J]. Energy & Environmental Science, 2013, 6 (12): 3553-3558.

[117] Faber M S, Lukowski M A, Ding Q, et al. Earth-abundant metal pyrites (FeS_2, CoS_2, NiS_2, and their alloys) for highly efficient hydrogen evolution and polysulfide reduction electrocatalysis [J]. Journal of Physical Chemistry C, 2014, 118 (37): 21347-21356.

[118] Faber M S, Dziedzic R, Lukowski M A, et al. High-performance electrocatalysis using metallic cobalt pyrite (CoS_2) micro-and nanostructures [J]. Journal of the American Chemical Society, 2014, 136 (28): 10053-10061.

[119] Oyama S T. Novel catalysts for advanced hydroprocessing: transition metal phosphides [J]. Journal of Catalysis, 2003, 216 (1-2): 343-352.

[120] Liu Q, Tian J, Cui W, et al. Carbon nanotubes decorated with CoP nanocrystals: a highly active non-noble-metal nanohybrid electrocatalyst for hydrogen evolution [J]. Angewandte Chemie International Edition, 2014, 53 (26): 6710-6714.

[121] Liu B D, Bando Y, Tang C C, et al. Synthesis and optical study of crystalline gap nanoflowers [J]. Applied Physics Letters, 2005, 86 (8): 083107-083110.

[122] Chen Z J, Duan X G, Wei W, et al. Recent advances in transition metal-based electrocatalysts for alkaline hydrogen evolution [J]. Journal of Materials Chemistry A, 2019, 7 (25): 14971-15005.

[123] Gopalakrishnan J，Pandey S，Rangan K K. Convenient route for the synthesis of transition-metal pnictides by direct reduction of phosphate，arsenate，and antimonate precursors［J］. Chemistry of Materials，1997，9（10）：2113-2116.

[124] Pan Y，Hu W H，Liu D P，et al. Carbon nanotubes decorated with nickel phosphide nanoparticles as efficient nanohybrid electrocatalysts for the hydrogen evolution reaction［J］. Journal of Materials Chemistry A，2015，3（24）：13087-13094.

[125] Popczun E J，Roske C W，Read C G，et al. Highly branched cobalt phosphide nanostructures for hydrogen-evolution electrocatalysis［J］. Journal of Materials Chemistry A，2015，3（10）：5420-5425.

[126] Lin Y，Liu M，Pan Y，et al. Porous Co-Mo phosphide nanotubes：an efficient electrocatalyst for hydrogen evolution［J］. Journal of Materials Science，2017，52（17）：10406-10417.

[127] Lado J L，Wang X G，Paz E，et al. Design and synthesis of highly active Al-Ni-P foam electrode for hydrogen evolution reaction［J］. ACS Catalysis，2015，5（11）：6503-6508.

[128] Wang D Z，Zhang X Y，Zhang D Z，et al. Influence of Mo/P ratio on comop nanoparticles as highly efficient her catalysts［J］. Applied Catalysis A-General，2016，511：11-15.

[129] Li J Y，Yan M，Zhou X M，et al. Mechanistic insights on ternary $Ni_{2-x}Co_xP$ for hydrogen evolution and their hybrids with graphene as highly efficient and robust catalysts for overall water splitting［J］. Advanced Functional Materials，2016，26（37）：6785-6796.

[130] Caban-Acevedo M，Stone M L，Schmidt J R，et al. Efficient hydrogen evolution catalysis using ternary pyrite-type cobalt phosphosulphide［J］. Nature Materials，2015，14（12）：1245-1251.

[131] Liu W，Hu E Y，Jiang H，et al. A highly active and stable hydrogen evolution catalyst based on pyrite-structured cobalt phosphosulfide［J］. Nature Communications，2016，7：10771-10780.

[132] Ma B，Yang Z C，Chen Y T，et al. Nickel cobalt phosphide with three-dimensional nanostructure as a highly efficient electrocatalyst for hydrogen evolution reaction in both acidic and alkaline electrolytes［J］. Nano Research，2019，12（2）：375-380.

[133] Popczun E J，Mckone J R，Read C G，et al. Nanostructured nickel phosphide as an electrocatalyst for the hydrogen evolution reaction［J］. Journal of the American Chemical Society，2013，135（25）：9267-9270.

[134] Liu Q，Tian J Q，Cui W，et al. Carbon nanotubes decorated with CoP nanocrystals：a highly active non-noble-metal nanohybrid electrocatalyst for hydrogen evolution［J］. Angewandte Chemie-International Edition，2014，53（26）：6710-6714.

[135] Kibsgaard J，Jaramillo T F. Molybdenum phosphosulfide：an active，acid-stable，earth-abundant catalyst for the hydrogen evolution reaction［J］. Angewandte Chemie-International Edition，2014，53（52）：14433-14437.

[136] Saadi F H，Carim A I，Verlage E，et al. CoP as an acid-stable active electrocatalyst for the hydrogen-evolution reaction：electrochemical synthesis，interfacial characterization and performance evaluation［J］. Journal of Physical Chemistry C，2014，118（50）：29294-29300.

[137] Wang X G，Kolen'ko Y V，Liu L F. Direct solvothermal phosphorization of nickel foam to fabricate integrated Ni_2P-nanorods/Ni electrodes for efficient electrocatalytic hydrogen evolution［J］. Chemical

Communications, 2015, 51 (31): 6738-6741.

[138] Han S, Feng Y L, Zhang F, et al. Metal-phosphide-containing porous carbons derived from an ionic-polymer framework and applied as highly efficient electrochemical catalysts for water splitting [J]. Advanced Functional Materials, 2015, 25 (25): 3899-3906.

[139] Zhong Y, Xia X, Shi F, et al. Transition metal carbides and nitrides in energy storage and conversion[J]. Advanced Science, 2016, 3 (5): 1500286-1500304.

[140] Zhu J, Hu L, Zhao P, et al. Recent advances in electrocatalytic hydrogen evolution using nanoparticles[J]. Chemical Reviews, 2020, 120 (2): 51-918.

[141] Lengauer W. Transition metal carbides, nitrides, and carbonitrides [J]. Handbook of ceramic Hard Materials, 2000, 7: 202-252.

[142] Rasaki S A, Zhang B X, Anbalgam K, et al. Synthesis and application of nano-structured metal nitrides and carbides: a review [J]. Progress in Solid State Chemistry, 2018, 50: 1-15.

[143] Dongil A B. Recent progress on transition metal nitrides nanoparticles as heterogeneous catalysts [J]. Nanomaterials (Basel), 2019, 9 (8): 1111-1129.

[144] Yang W L, Rehman S, Chu X, et al. Transition metal (Fe, Co and Ni) carbide and nitride nanomaterials: structure, chemical synthesis and applications [J]. Chem Nano Mat, 2015, 1 (6): 376-398.

[145] Tareen A K, Priyanga G S, Khan K, et al. Nickel-based transition metal nitride electrocatalysts for the oxygen evolution reaction [J]. Chem Sus Chem, 2019, 12 (17): 3941-3954.

[146] Hu Z, Wu Z, Han C, et al. Two-dimensional transition metal dichalcogenides: interface and defect engineering [J]. Chemical Society Reviews, 2018, 47 (9): 3100-3128.

[147] Meng T, Cao M. Transition metal carbide complex architectures for energy-related applications [J]. Chemistry, 2018, 24 (63): 16716-16736.

[148] Kou Z K, Xi K, Pu Z H, et al. Constructing carbon-cohered high-index (222) faceted tantalum carbide nanocrystals as a robust hydrogen evolution catalyst [J]. Nano Energy, 2017, 36: 374-380.

[149] Gomez-Marin A M, Ticianelli E A. Effect of transition metals in the hydrogen evolution electrocatalytic activity of molybdenum carbide [J]. Applied Catalysis B: Environmental, 2017, 209: 600-610.

[150] Mahmood A, Tabassum H, Zhao R, et al. Fe_2N/S/N codecorated hierarchical porous carbon nanosheets for trifunctional electrocatalysis [J]. Small, 2018, 14 (49): 1803500-1803510.

[151] Greeley J, Jaramillo T F, Bonde J, et al. Computational high-throughput screening of electrocatalytic materials for hydrogen evolution [J]. Nature Materials, 2006, 5 (11): 909-913.

[152] Skulason E, Tripkovic V, Bjorketun M E, et al. Modeling the electrochemical hydrogen oxidation and evolution reactions on the basis of density functional theory calculations [J]. Journal of Physical Chemistry C, 2010, 114 (50): 22374-22374.

[153] Michalsky R, Zhang Y J, Peterson A A. Trends in the hydrogen evolution activity of metal carbide catalysts [J]. ACS Catalysis, 2014, 4 (5): 1274-1278.

[154] Vrubel H, Hu X. Molybdenum boride and carbide catalyze hydrogen evolution in both acidic and basic solutions [J]. Angewandte Chemie International Edition, 2012, 51 (51): 12703-12706.

[155] Wan C, Regmi Y N, Leonard B M. Multiple phases of molybdenum carbide as electrocatalysts for the

hydrogen evolution reaction [J]. Angewandte Chemie International Edition, 2014, 53 (25): 6407-6410.

[156] Wu H B, Xia B Y, Yu L, et al. Porous molybdenum carbide nano-octahedrons synthesized via confined carburization in metal-organic frameworks for efficient hydrogen production [J]. Nature Communications, 2015, 6: 6512-6520.

[157] Ma L, Ting L R L, Molinari V, et al. Efficient hydrogen evolution reaction catalyzed by molybdenum carbide and molybdenum nitride nanocatalysts synthesized via the urea glass route [J]. Journal of Materials Chemistry A, 2015, 3 (16): 8361-8368.

[158] Defilippi C, Shinde D V, Dang Z, et al. HfN nanoparticles: an unexplored catalyst for the electrocatalytic oxygen evolution reaction[J]. Angewandte Chemie International Edition, 2019, 58(43): 15464-15470.

[159] Wang W Q, Shao Y L, Wang Z K, et al. Synthesis of Ru-doped VN by a soft-urea pathway as an efficient catalyst for hydrogen evolution [J]. Chemelectrochem, 2020, 7 (5): 1201-1206.

[160] Zhang F, Xi S, Lin G, et al. Metallic porous iron nitride and tantalum nitride single crystals with enhanced electrocatalysis performance [J]. Advanced Materials, 2019, 31 (7): 1806552-1806559.

[161] Diao J, Qiu Y, Liu S, et al. Interfacial engineering of W_2N/WC heterostructures derived from solid-state synthesis: a highly efficient trifunctional electrocatalyst for ORR, OER, and HER [J]. Advanced Materials, 2020, 32 (7): 1905679-1190590.

[162] Zhu Y, Chen G, Zhong Y, et al. Rationally designed hierarchically structured tungsten nitride and nitrogen-rich graphene-like carbon nanocomposite as efficient hydrogen evolution electrocatalyst [J]. Advanced Science, 2018, 5 (2): 1700603-1700611.

[163] Obata K, Takanabe K. A permselective CeO_x coating to improve the stability of oxygen evolution electrocatalysts [J]. Angewandte Chemie International Edition, 2018, 57: 1616-1620.

[164] Tong R, Qu Y, Zhu Q, et al. Combined experimental and theoretical assessment of WX_y (X=C, N, S, P) for hydrogen evolution reaction [J]. ACS Applied Energy Materials, 2019, 3 (1): 1082-1088.

[165] Yu H, Yang X, Xiao X, et al. Atmospheric-pressure synthesis of 2D nitrogen-rich tungsten nitride [J]. Advanced Materials, 2018, 30 (51): 1805655-1180562.

[166] Salamat A, Hector A L, Kroll P, et al. Nitrogen-rich transition metal nitrides [J]. Coordination Chemistry Reviews, 2013, 257 (13-14): 2063-2072.

[167] Xie J F, Li S, Zhang X D, et al. Atomically-thin molybdenum nitride nanosheets with exposed active surface sites for efficient hydrogen evolution [J]. Chemical Science, 2014, 5 (12): 4615-4620.

[168] Xiong J, Cai W W, Shi W J, et al. Salt-templated synthesis of defect-rich MoN on nanosheets for boosted hydrogen evolution reaction [J]. Journal of Materials Chemistry A, 2017, 5 (46): 24193-24198.

[169] Chen Y Y, Zhang Y, Jiang W J, et al. Pomegranate-like N, P-doped Mo_2C@C nanospheres as highly active electrocatalysts for alkaline hydrogen evolution [J]. ACS Nano, 2016, 10 (9): 8851-8860.

[170] Ji L, Wang J, Teng X, et al. N, P-doped molybdenum carbide nanofibers for efficient hydrogen production [J]. ACS Applied Materials & Interfaces, 2018, 10 (17): 14632-14640.

[171] Han N, Yang K R, Lu Z, et al. Nitrogen-doped tungsten carbide nanoarray as an efficient bifunctional

electrocatalyst for water splitting in acid［J］. Nature Communications，2018，9（1）: 924-934.

[172] Yao N，Li P，Zhou Z R，et al. Synergistically tuning water and hydrogen binding abilities over Co_4N by Cr doping for exceptional alkaline hydrogen evolution electrocatalysis［J］. Advanced Energy Materials，2019，9（41）: 1902449-1902457.

[173] Yu L，Song S W，Mcelhenny B，et al. A universal synthesis strategy to make metal nitride electrocatalysts for hydrogen evolution reaction［J］. Journal of Materials Chemistry A，2019，7（34）: 19728-19732.

[174] Kwag S H，Lee Y S，Lee J，et al. Design of 2D nanocrystalline Fe_2Ni_2N coated onto graphene nanohybrid sheets for efficient electrocatalytic oxygen evolution［J］. ACS Applied Energy Materials，2019，2（12）: 8502-8510.

[175] Zhang Y Q，Ouyang B，Xu J，et al. 3D porous hierarchical nickel-molybdenum nitrides synthesized by RF plasma as highly active and stable hydrogen-evolution-reaction electrocatalysts［J］. Advanced Energy Materials，2016，6（11）: 1600221-1600227.

[176] Liu B，He B，Peng H Q，et al. Unconventional nickel nitride enriched with nitrogen vacancies as a high-efficiency electrocatalyst for hydrogen evolution［J］. Advanced Science，2018，5（8）: 1800406-1800413.

[177] Li G，Wu X，Guo H，et al. Plasma transforming $Ni(OH)_2$ nanosheets into porous nickel nitride sheets for alkaline hydrogen evolution［J］. ACS Applied Materials & Interfaces，2020，12（5）: 5951-5957.

[178] Huang Y C，Ge J X，Hu J，et al. Nitrogen-doped porous molybdenum carbide and phosphide hybrids on a carbon matrix as highly effective electrocatalysts for the hydrogen evolution reaction［J］. Advanced Energy Materials，2018，8（6）: 1701601-1701610.

[179] Diao J X，Qiu Y，Liu S Q，et al. Interfacial engineering of W_2N/WC heterostructures derived from solid-state synthesis : a highly efficient trifunctional electrocatalyst for ORR，OER，and HER［J］. Advanced Materials，2020，32（7）: 1905679.1-1905679.11.

[180] Lin H L，Zhang W B，Shi Z P，et al. Electrospinning hetero-nanofibers of Fe_3C-Mo_2C/nitrogen-doped-carbon as efficient electrocatalysts for hydrogen evolution［J］. Chem Sus Chem，2017，10（12）: 2597-2604.

[181] Tan J B，Mei Y H，Shen H J，et al. Experimental and theoretical insights of MoS_2/Mo_3N_2 nanoribbon-electrocatalysts for efficient hydrogen evolution reaction［J］. Chem Cat Chem，2020，12（1）: 122-128.

[182] Chen Z G，Gong W B，Cong S，et al. Eutectoid-structured WC/W_2C heterostructures : a new platform for long-term alkaline hydrogen evolution reaction at low overpotentials［J］. Nano Energy，2020，68 : 104335-104344.

[183] Lin H，Zhang W，Shi Z，et al. Electrospinning hetero-nanofibers of Fe_3C-Mo_2C/nitrogen-doped-carbon as efficient electrocatalysts for hydrogen evolution［J］. Chem Sus Chem，2017，10（12）: 2597-2604.

[184] Kou Z K，Wang T T，Gu Q L，et al. Rational design of holey 2D nonlayered transition metal carbide/nitride heterostructure nanosheets for highly efficient water oxidation［J］. Advanced Energy Materials，

2019，9（16）：1803768-1803778.

[185] Tan J，Mei Y，Shen H，et al. Experimental and theoretical insights of MoS_2/Mo_3N_2 nanoribbon-electrocatalysts for efficient hydrogen evolution reaction［J］. Chem Cat Chem，2019，12（1）：122-128.

[186] Chen Z G，Gong W B，Cong S，et al. Eutectoid-structured WC/W_2C heterostructures：a new platform for long-term alkaline hydrogen evolution reaction at low overpotentials［J］. Nano Energy，2020，68：104335-104370.

[187] Xia X，Zhan J，Zhong Y，et al. Single-crystalline，metallic TiC nanowires for highly robust and wide-temperature electrochemical energy storage［J］. Small，2017，13（5）：1602742-1602750.

[188] Wan J，Huang L，Wu J B，et al. Rapid synthesis of size-tunable transition metal carbide nanodots under ambient conditions［J］. Journal of Materials Chemistry A，2019，7（24）：14489-14495.

[189] Jaksic M M. Hypo-hyper-*d*-electronic interactive nature of synergism in catalysis and electrocatalysis for hydrogen reactions［J］. Electrochimica Acta，2000，45（25-26）：4085-4099.

[190] Chen W F，Sasaki K，Ma C，et al. Hydrogen-evolution catalysts based on non-noble metal nickel-molybdenum nitride nanosheets［J］. Angewandte Chemie International Edition，2012，51（25）：6131-6135.

[191] Cao B，Veith G M，Neuefeind J C，et al. Mixed close-packed cobalt molybdenum nitrides as non-noble metal electrocatalysts for the hydrogen evolution reaction［J］. Journal of the American Chemical Society，2013，135（51）：19186-19192.

[192] Cao B F，Veith G M，Neuefeind J C，et al. Mixed close-packed cobalt molybdenum nitrides as non-noble metal electrocatalysts for the hydrogen evolution reaction［J］. Journal of the American Chemical Society，2013，135（51）：19186-19192.

[193] Yu F，Gao Y，Lang Z，et al. Electrocatalytic performance of ultrasmall Mo_2C affected by different transition metal dopants in hydrogen evolution reaction［J］. Nanoscale，2018，10（13）：6080-6087.

[194] Chang B，Yang J，Shao Y，et al. Bimetallic NiMoN nanowires with a preferential reactive facet：an ultraefficient bifunctional electrocatalyst for overall water splitting［J］. Chem Sus Chem，2018，11（18）：3198-3207.

[195] Yang H，Hu Y，Huang D，et al. Efficient hydrogen and oxygen evolution electrocatalysis by cobalt and phosphorus dual-doped vanadium nitride nanowires［J］. Materials Today Chemistry，2019，11：1-7.

[196] Chen Y Y，Zhang Y，Jiang W J，et al. Pomegranate-like N，P-doped Mo_2C@C nanospheres as highly active electrocatalysts for alkaline hydrogen evolution［J］. ACS Nano，2016，10（9）：8851-8860.

[197] Lu X F，Yu L，Zhang J，et al. Ultrafine dual-phased carbide nanocrystals confined in porous nitrogen-doped carbon dodecahedrons for efficient hydrogen evolution reaction［J］. Advanced Materials，2019，31（30）：1900699-1900707.

[198] Lei C，Zhou W，Feng Q，et al. Charge engineering of Mo_2C@@defect-rich N-doped carbon nanosheets for efficient electrocatalytic H_2 evolution［J］. Nano-Micro Letters，2019，11（1）：45-55.

[199] Song H J，Sung M C，Yoon H，et al. Ultrafine alpha-phase molybdenum carbide decorated with platinum nanoparticles for efficient hydrogen production in acidic and alkaline media［J］. Advanced

Science，2019，6（8）：1802135-1802143.

[200] Tiwari A P，Yoon Y，Novak T G，et al. Lattice strain formation through spin-coupled shells of MoS_2 on MoC_2 for bifunctional oxygen reduction and oxygen evolution reaction electrocatalysts［J］. Advanced Materials Interfaces，2019，6（22）：1900948-1900957.

[201] Shao Y Y，Yin G P，Gao Y Z. Understanding and approaches for the durability issues of Pt-based catalysts for PEM fuel cell［J］. Journal of Power Sources，2007，171（2）：558-566.

[202] Maass S，Finsterwalder F，Frank G，et al. Carbon support oxidation in pem fuel cell cathodes［J］. Journal of Power Sources，2008，176（2）：444-451.

[203] Kou Z K，Zang W J，Pei W，et al. A sacrificial Zn strategy enables anchoring of metal single atoms on the exposed surface of holey 2D molybdenum carbide nanosheets for efficient electrocatalysis［J］. Journal of Materials Chemistry A，2020，8（6）：3071-3082.

[204] Sahoo S K，Ye Y，Lee S，et al. Rational design of TiC-supported single-atom electrocatalysts for hydrogen evolution and selective oxygen reduction reactions［J］. ACS Energy Letters，2019，4（1）：126-132.

[205] Seh Z W，Kibsgaard J，Dickens C F，et al. Combining theory and experiment in electrocatalysis：Insights into materials design［J］. Science，2017，355（6321）：4998.

[206] Huang Y C，Ge J X，Hu J，et al. Nitrogen-doped porous molybdenum carbide and phosphide hybrids on a carbon matrix as highly effective electrocatalysts for the hydrogen evolution reaction［J］. Advanced Energy Materials，2018，8（6）：1701601-1701610.

[207] Luo M C，Sun Y J，Wang L，et al. Tuning multimetallic ordered intermetallic nanocrystals for efficient energy electrocatalysis［J］. Advanced Energy Materials，2017，7（11）：1602073-1602086.

[208] Gilroy K D，Ruditskiy A，Peng H C，et al. Bimetallic nanocrystals：syntheses，properties，and applications［J］. Chemical Reviews，2016，116（18）：10414-10472.

[209] Jiao Y，Zheng Y，Jaroniec M T，et al. Design of electrocatalysts for oxygen- and hydrogen-involving energy conversion reactions［J］. Chemical Society Reviews，2015，44（8）：2060-2086.

[210] Sneed B T，Young A P，Tsung C K. Building up strain in colloidal metal nanoparticle catalysts［J］. Nanoscale，2015，7（29）：12248-12265.

[211] Yoo E，Okata T，Akita T，et al. Enhanced electrocatalytic activity of Pt subnanoclusters on graphene nanosheet surface［J］. Nano Letters，2009，9（6）：2255-2259.

[212] Lee W J，Maiti U N，Lee J M，et al. Nitrogen-doped carbon nanotubes and graphene composite structures for energy and catalytic applications［J］. Chemical Communications，2014，50（52）：6818-6830.

[213] Yang Y，Luo M C，Zhang W Y，et al. Metal surface and interface energy electrocatalysis：fundamentals，performance engineering，and opportunities［J］. Chem，2018，4（9）：2054-2083.

[214] Shao Q，Wang P T，Huang X Q. Opportunities and challenges of interface engineering in bimetallic nanostructure for enhanced electrocatalysis［J］. Advanced Functional Materials，2019，29（3）：1806419-1806442.

[215] Gao W P，Hood Z D，Chi M F. Interfaces in heterogeneous catalysts：advancing mechanistic understanding through atomic-scale measurements［J］. Accounts of Chemical Research，2017，50（4）：

787-795.

[216] Zhang B W，Yang H L，Wang Y X，et al. A comprehensive review on controlling surface composition of Pt-based bimetallic electrocatalysts［J］. Advanced Energy Materials，2018，8（20）：1703597-1703614.

[217] Sheng T，Tian N，Zhou Z Y，et al. Designing Pt-based electrocatalysts with high surface energy［J］. ACS Energy Letters，2017，2（8）：1892-1900.

[218] Gawande M B，Goswami A，Asefa T，et al. Core-shell nanoparticles：Synthesis and applications in catalysis and electrocatalysis［J］. Chemical Society Reviews，2015，44（21）：7540-7590.

[219] Furukawa S，Komatsu T. Intermetallic compounds：promising inorganic materials for well-structured and electronically modified reaction environments for efficient catalysis［J］. ACS Catalysis，2017，7（1）：735-765.

[220] Chen Y M，Li Y C，Wu J，et al. General criterion to distinguish between schottky and ohmic contacts at the metal/two-dimensional semiconductor interface［J］. Nanoscale，2017，9（5）：2068-2073.

[221] Strmcnik D，Uchimura M，Wang C，et al. Improving the hydrogen oxidation reaction rate by promotion of hydroxyl adsorption［J］. Nature Chemistry，2013，5（4）：300-306.

[222] Durst J，Siebel A，Simon C，et al. New insights into the electrochemical hydrogen oxidation and evolution reaction mechanism［J］. Energy & Environmental Science，2014，7（7）：2255-2260.

[223] Sheng W C，Zhuang Z B，Gao M R，et al. Correlating hydrogen oxidation and evolution activity on platinum at different pH with measured hydrogen binding energy[J]. Nature Communications，2015，6：5848-5854.

[224] Wang J，Mao S J，Liu Z Y，et al. Dominating role of Ni^0 on the interface of Ni/NiO for enhanced hydrogen evolution reaction［J］. ACS Applied Materials & Interfaces，2017，9（8）：7139-7147.

[225] Zheng X Q，Peng L S，Li L，et al. Role of non-metallic atoms in enhancing the catalytic activity of nickel-based compounds for hydrogen evolution reaction［J］. Chemical Science，2018，9（7）：1822-1830.

[226] Sun J W，Xu W J，Lv C X，et al. Co/MoN hetero-interface nanoflake array with enhanced water dissociation capability achieves the Pt-like hydrogen evolution catalytic performance［J］. Applied Catalysis B：Environmental，2021，286：119882-119890.

[227] Peng L S，Zheng X Q，Li L，et al. Chimney effect of the interface in metal oxide/metal composite catalysts on the hydrogen evolution reaction［J］. Applied Catalysis B：Environmental，2019，245：122-129.

[228] Wang P T，Jiang K Z，Wang G M，et al. Phase and interface engineering of platinum-nickel nanowires for efficient electrochemical hydrogen evolution［J］. Angewandte Chemie International Edition，2016，55（41）：12859-12863.

[229] Zheng Y，Jiao Y，Vasileff A，et al. The hydrogen evolution reaction in alkaline solution：From theory，single crystal models，to practical electrocatalysts［J］. Angewandte Chemie International Edition，2018，57（26）：7568-7579.

[230] Markovic N M，Ross P N. Surface science studies of model fuel cell electrocatalysts［J］. Surface Science Reports，2002，45（4-6）：121-229.

[231] Gilroy K D，Ruditskiy A，Peng H C，et al. Bimetallic nanocrystals：syntheses，properties，and applications［J］. Chemical Reviews，2016，116（18）：10414-10472.

[232] Danilovic N，Subbaraman R，Strmcnik D，et al. Enhancing the alkaline hydrogen evolution reaction activity through the bifunctionality of $Ni(OH)_2$/metal catalysts［J］. Angewandte Chemie International Edition，2012，51（50）：12495-12498.

[233] Subbaraman R，Tripkovic D，Chang K C，et al. Trends in activity for the water electrolyser reactions on 3D M（Ni，Co，Fe，Mn）hydr（oxy）oxide catalysts［J］. Nature Materials，2012，11（6）：550-557.

[234] Zhao Z P，Liu H T，Gao W P，et al. Surface-engineered PtNi-O nanostructure with record-high performance for electrocatalytic hydrogen evolution reaction［J］. Journal of the American Chemical Society，2018，140（29）：9046-9050.

[235] Peng L，Liao M，Zheng X，et al. Accelerated alkaline hydrogen evolution on $M(OH)_x$/M-$MoPO_x$（M=Ni，Co，Fe，Mn）electrocatalysts by coupling water dissociation and hydrogen ad-desorption steps［J］. Chemical Science，2020，11：2487-2494.

[236] Cheng Y，He S，Lu S F，et al. Iron single atoms on graphene as nonprecious metal catalysts for high-temperature polymer electrolyte membrane fuel cells［J］. Advanced Science，2019，6（10）：1802066-1802073.

[237] Chen W L，Ma Y L，Li F，et al. Strong electronic interaction of amorphous Fe_2O_3 nanosheets with single-atom Pt toward enhanced carbon monoxide oxidation［J］. Advanced Functional Materials，2019，29（42）：1904278-1904290.

[238] Li J A，Zhong L X，Tong L M，et al. Atomic Pd on graphdiyne/graphene heterostructure as efficient catalyst for aromatic nitroreduction［J］. Advanced Functional Materials，2019，29（43）：1905423-1905432.

[239] Ma Z，Cano Z P，Yu A P，et al. Enhancing oxygen reduction activity of Pt-based electrocatalysts：from theoretical mechanisms to practical methods［J］. Angewandte Chemie International Edition，2020，59（42）：18334-18348.

[240] Yang J，Qiu Z Y，Zhao C M，et al. In situ thermal atomization to convert supported nickel nanoparticles into surface-bound nickel single-atom catalysts［J］. Angewandte Chemie International Edition，2018，57（43）：14095-14100.

[241] Tang Y，Asokan C，Xu M J，et al. Rh single atoms on TiO_2 dynamically respond to reaction conditions by adapting their site［J］. Nature Communications，2019，10（1）：4488-4498.

[242] Lee B H，Park S，Kim M，et al. Reversible and cooperative photoactivation of single-atom Cu/TiO_2 photocatalysts［J］. Nature Materials，2019，18（6）：620-626.

[243] Qu Y T，Li Z J，Chen W X，et al. Direct transformation of bulk copper into copper single sites via emitting and trapping of atoms［J］. Nature Catalysis，2018，1（10）：781-786.

[244] Righi G，Magri R，Selloni A. H_2 dissociation on noble metal single atom catalysts adsorbed on and doped into $CeO_2(111)$［J］. Journal of Physical Chemistry C，2019，123（15）：9875-9883.

[245] Guo Y，Mei S，Yuan K，et al. Low-temperature CO_2 methanation over CeO_2-supported Ru single atoms，nanoclusters，and nanoparticles competitively tuned by strong metal-support interactions and

h-spillover effect [J]. ACS Catalysis，2018，8（7）：6203-6215.

[246] Cui X J，Surkus A E，Junge K，et al. Highly selective hydrogenation of arenes using nanostructured ruthenium catalysts modified with a carbon-nitrogen matrix [J]. Nature Communications，2016，7：11326-11334.

[247] Xiong K，Li L，Zhang L，et al. Ni-doped Mo_2C nanowires supported on Ni foam as a binder-free electrode for enhancing the hydrogen evolution performance [J]. Journal of Materials Chemistry A，2015，3（5）：1863-1867.

[248] Sun X Y，Liu M J，Huang Y Y，et al. Electronic interaction between single pt atom and vacancies on boron nitride nanosheets and its influence on the catalytic performance in the direct dehydrogenation of propane [J]. Chinese Journal of Catalysis，2019，40（6）：819-825.

[249] Tiwari J N，Harzandi A M，Ha M，et al. High-performance hydrogen evolution by Ru single atoms and nitrided-Ru nanoparticles implanted on N-doped graphitic sheet [J]. Advanced Energy Materials，2019，9（26）：1900931-1900946.

[250] Lai W H，Zhang L F，Hua W B，et al. General π-electron-assisted strategy for single-atom（Ir，Pt，Ru，Pd，Fe，and Ni）electrocatalysts with bi-functional active sites toward highly efficient water splitting [J]. Angewandte Chemie International Edition，2019，58（34）：11868-11873.

[251] Zuo Q，Liu T T，Chen C S，et al. Ultrathin metal-organic framework nanosheets with ultrahigh loading of single Pt atoms for efficient visible-light-driven photocatalytic H_2 evolution [J]. Angewandte Chemie International Edition，2019，58（30）：10198-10203.

[252] Xing J，Chen J F，Li Y H，et al. Stable isolated metal atoms as active sites for photocatalytic hydrogen evolution [J]. Chemistry：A European Journal，2014，20（8）：2138-2144.

[253] Cao L L，Luo Q Q，Chen J J，et al. Dynamic oxygen adsorption on single-atomic ruthenium catalyst with high performance for acidic oxygen evolution reaction[J]. Nature Communications，2019，10（1）：4849-4858.

[254] Lu B Z，Guo L，Wu F，et al. Ruthenium atomically dispersed in carbon outperforms platinum toward hydrogen evolution in alkaline media [J]. Nature Communications，2019，10（1）：631-642.

[255] Zheng Y，Jiao Y，Vasileff A，et al. The hydrogen evolution reaction in alkaline solution：from theory，single crystal models，to practical electrocatalysts [J]. Angewandte Chemie-International Edition，2018，57（26）：7568-7579.

[256] Chen Y J，Ji S F，Zhao S，et al. Enhanced oxygen reduction with single-atomic-site iron catalysts for a Zinc-air battery and hydrogen-air fuel cell [J]. Nature Communications，2018，9（1）：5422-5434.

[257] Zhao L，Zhang Y，Huang L B，et al. Cascade anchoring strategy for general mass production of high-loading single-atomic metal-nitrogen catalysts [J]. Nature Communications，2019，10（1）：1278-1289.

[258] Zhang L Z，Jia Y，Gao G P，et al. Graphene defects trap atomic Ni species for hydrogen and oxygen evolution reactions [J]. Chem，2018，4（2）：285-297.

[259] Tian J，Yang D L，Wen J G，et al. A stable rhodium single-site catalyst encapsulated within dendritic mesoporous nanochannels [J]. Nanoscale，2018，10（3）：1047-1055.

[260] Hossain M D，Liu Z J，Zhuang M H，et al. Rational design of graphene-supported single atom

catalysts for hydrogen evolution reaction［J］. Advanced Energy Materials，2019，9（10）：1803689-1803699.

[261] Mao X，Zhang L，Kour G，et al. Defective graphene on the transition-metal surface：formation of efficient bifunctional catalysts for oxygen evolution/reduction reactions in alkaline media［J］. ACS Applied Materials & Interfaces，2019，11（19）：17410-17415.

[262] Xuan N N，Chen J H，Shi J J，et al. Single-atom electroplating on two dimensional materials［J］. Chemistry of Materials，2019，31（2）：429-435.

[263] Wu C C，Zhang X M，Xia Z X，et al. Insight into the role of Ni-Fe dual sites in the oxygen evolution reaction based on atomically metal-doped polymeric carbon nitride[J]. Journal of Materials Chemistry A，2019，7（23）：14001-14010.

[264] Zhu C Z，Shi Q R，Feng S，et al. Single-atom catalysts for electrochemical water splitting［J］. ACS Energy Letters，2018，3（7）：1713-1742.

[265] Peng Y，Lu B Z，Chen S W. Carbon-supported single atom catalysts for electrochemical energy conversion and storage［J］. Advanced Materials，2018，30（48）：1801995-1802020.

[266] Sultan S，Tiwari J N，Singh A N，et al. Single atoms and clusters based nanomaterials for hydrogen evolution，oxygen evolution reactions，and full water splitting［J］. Advanced Energy Materials，2019，9（22）：1900624-1900672.

[267] He B L，Shen J S，Wang B，et al. Single-atom catalysts based on tin for the electrocatalytic hydrogen evolution reaction：a theoretical study［J］. Physical Chemistry Chemical Physics，2021，23（29）：15685-15692.

[268] Ramesh R，Han S，Nandi D K，et al. Ultralow loading（single-atom and clusters）of the Pt catalyst by atomic layer deposition using dimethyl((3,4-η)*N*,*N*-dimethyl-3-butene-1-amine-*N*) platinum(DDAP) on the high-surface-area substrate for hydrogen evolution reaction［J］. Advanced Materials Interfaces，2020，8（3）：2001508-2001520.

[269] Liu H G，Hu Z，Liu Q L，et al. Single-atom Ru anchored in nitrogen-doped MXene（$Ti_3C_2T_x$）as an efficient catalyst for the hydrogen evolution reaction at all pH values［J］. Journal of Materials Chemistry A，2020，8（46）：24710-24717.

[270] Hu R M，Li Y C，Wang F H，et al. Rational prediction of multifunctional bilayer single atom catalysts for the hydrogen evolution，oxygen evolution and oxygen reduction reactions［J］. Nanoscale，2020，12（39）：20413-20424.

[271] Huang H C，Zhao Y，Wang J，et al. Rational design of an efficient descriptor for single-atom catalysts in the hydrogen evolution reaction［J］. Journal of Materials Chemistry A，2020，8（18）：9202-9208.

[272] Lv X S，Wei W，Zhao P，et al. Oxygen-terminated bixenes and derived single atom catalysts for the hydrogen evolution reaction［J］. Journal of Catalysis，2019，378：97-103.

[273] Ji Y J，Dong H L，Liu C，et al. Two-dimensional π-conjugated metal-organic nanosheets as single-atom catalysts for the hydrogen evolution reaction［J］. Nanoscale，2019，11（2）：454-458.

[274] Liu H X，Peng X Y，Liu X J. Single-atom catalysts for the hydrogen evolution reaction［J］. Chemelectrochem，2018，5（20）：2963-2974.

[275] Liu W，Xu Q，Yan P F，et al. Fabrication of a single-atom platinum catalyst for the hydrogen evolution reaction：a new protocol by utilization of H_xMoO_{3-x} with plasmon resonance［J］. Chemcatchem，2018，10（5）：946-950.

[276] Liu H X，Peng X Y，Liu X J. Single-atom catalysts for the hydrogen evolution reaction［J］. Chemelectrochem，2018，5（20）：2963-2974.

[277] Kim J，Kim H E，Lee H. Single-atom catalysts of precious metals for electrochemical reactions［J］. Chemsuschem，2018，11（1）：104-113.

[278] Chen Y N，Zhang X，Zhou Z. Carbon-based substrates for highly dispersed nanoparticle and even single-atom electrocatalysts［J］. Small Methods，2019，3（9）：1900050-1900059.

[279] Zhang J F，Liu C B，Zhang B. Insights into single-atom metal-support interactions in electrocatalytic water splitting［J］. Small Methods，2019，3（9）：1800481-1800496.

[280] Qiao B T，Wang A Q，Yang X F，et al. Single-atom catalysis of CO oxidation using Pt_1/FeO_x［J］. Nature Chemistry，2011，3（8）：634-641.

[281] Lai W H，Zhang L F，Hua W B，et al. General pi-electron-assisted strategy for Ir，Pt，Ru，Pd，Fe，Ni single-atom electrocatalysts with bifunctional active sites for highly efficient water splitting［J］. Angewandte Chemie International Edition，2019，58（34）：11868-11873.

[282] Lu B Z，Guo L，Wu F，et al. Ruthenium atomically dispersed in carbon outperforms platinum toward hydrogen evolution in alkaline media［J］. Nature Communications，2019，10（1）：631-642.

[283] Zhang L Z，Jia Y，Gao G P，et al. Graphene defects trap atomic Ni species for hydrogen and oxygen evolution reactions［J］. Chem，2018，4（2）：285-297.

[284] Wei H H，Huang K，Wang D，et al. Iced photochemical reduction to synthesize atomically dispersed metals by suppressing nanocrystal growth［J］. Nature Communications，2017，8（1）：1490-1498.

[285] Chen W X，Pei J J，He C T，et al. Single tungsten atoms supported on MOF-derived *N*-doped carbon for robust electrochemical hydrogen evolution［J］. Advanced Materials，2018，30（30）：1800396-1800402.

[286] Wu C Q，Li D D，Ding S Q，et al. Monoatomic platinum-anchored metallic MoS_2：correlation between surface dopant and hydrogen evolution［J］. Journal of Physical Chemistry Letters，2019，10（20）：6081-6087.

[287] Zhang L，Jia Y，Liu H，et al. Charge polarization from atomic metals on adjacent graphitic layers for enhancing the hydrogen evolution reaction［J］. Angewandte Chemie International Edition，2019，58（28）：9404-9408.

[288] Jiang K，Liu B，Luo M，et al. Single platinum atoms embedded in nanoporous cobalt selenide as electrocatalyst for accelerating hydrogen evolution reaction［J］. Nature Communications，2019，10（1）：1743-1752.

[289] Zhang J，Zhao Y，Guo X，et al. Single platinum atoms immobilized on an MXene as an efficient catalyst for the hydrogen evolution reaction［J］. Nature Catalysis，2018，1（12）：985-992.

[290] Ji J，Zhang Y，Tang L，et al. Platinum single-atom and cluster anchored on functionalized MWCNTs with ultrahigh mass efficiency for electrocatalytic hydrogen evolution［J］. Nano Energy，2019，63：103849.

[291] Wang Q，Zhao Z L，Dong S，et al. Design of active nickel single-atom decorated MoS_2 as a pH-universal catalyst for hydrogen evolution reaction［J］. Nano Energy，2018，53：458-467.

[292] Yuan S，Pu Z，Zhou H，et al. A universal synthesis strategy for single atom dispersed cobalt/metal clusters heterostructure boosting hydrogen evolution catalysis at all pH values［J］. Nano Energy，2019，59：472-480.

[293] Cheng N，Stambula S，Wang D，et al. Platinum single-atom and cluster catalysis of the hydrogen evolution reaction［J］. Nature Communications，2016，7：13638.

[294] Xue Y，Huang B，Yi Y，et al. Anchoring zero valence single atoms of nickel and iron on graphdiyne for hydrogen evolution［J］. Nature Communications，2018，9（1）：1460.

[295] Zhang Z，Chen Y，Zhou L，et al. The simplest construction of single-site catalysts by the synergism of micropore trapping and nitrogen anchoring［J］. Nature Communications，2019，10（1）：1657-1665.

[296] Cao L，Luo Q，Liu W，et al. Identification of single-atom active sites in carbon-based cobalt catalysts during electrocatalytic hydrogen evolution［J］. Nature Catalysis，2018，2（2）：134-141.

[297] Li M，Duanmu K，Wan C，et al. Single-atom tailoring of platinum nanocatalysts for high-performance multifunctional electrocatalysis［J］. Nature Catalysis，2019，2（6）：495-503.

[298] Mao J，He C-T，Pei J，et al. Accelerating water dissociation kinetics by isolating cobalt atoms into ruthenium lattice［J］. Nature Communications，2018，9（1）：4958.

[299] Liu D，Li X，Chen S，et al. Atomically dispersed platinum supported on curved carbon supports for efficient electrocatalytic hydrogen evolution［J］. Nature Energy，2019，4（6）：512-518.

[300] Chen C H，Wu D，Li Z，et al. Ruthenium-based single-atom alloy with high electrocatalytic activity for hydrogen evolution［J］. Advanced Energy Materials，2019，9（20）：1803913.

[301] Pan Y，Liu S，Sun K，et al. A bimetallic Zn/Fe polyphthalocyanine-derived single-atom $Fe-N_4$ catalytic site：a superior trifunctional catalyst for overall water splitting and Zn-air batteries［J］. Angewandte Chemie International Edution，2018，57（28）：8614-8618.

[302] Zhang L，Han L，Liu H，et al. Potential-cycling synthesis of single platinum atoms for efficient hydrogen evolution in neutral media［J］. Angewandte Chemie International Edition，2017，56（44）：13694-13698.

[303] Yang J，Chen B，Liu X，et al. Efficient and robust hydrogen evolution：phosphorus nitride imide nanotubes as supports for anchoring single ruthenium sites［J］. Angewandte Chemie International Edition，2018，57（30）：9495-9500.

[304] Ji L，Yan P，Zhu C，et al. One-pot synthesis of porous 1T-phase MoS_2 integrated with single-atom Cu doping for enhancing electrocatalytic hydrogen evolution reaction［J］. Applied Catalysis B：Environmental，2019，251：87-93.

[305] Wang D，Li Q，Han C，et al. Single-atom ruthenium based catalyst for enhanced hydrogen evolution［J］. Applied Catalysis B：Environmental，2019，249：91-97.

[306] Ye S，Luo F，Zhang Q，et al. Highly stable single Pt atomic sites anchored on aniline-stacked graphene for hydrogen evolution reaction［J］. Energy & Environmental Science，2019，12（3）：1000-1007.

[307] Yi J-D，Xu R，Chai G-L，et al. Cobalt single-atoms anchored on porphyrinic triazine-based frameworks as bifunctional electrocatalysts for oxygen reduction and hydrogen evolution reactions［J］. Journal of Materials Chemistry A，2019，7（3）：1252-1259.

[308] Wang Y，Chen L，Mao Z，et al. Controlled synthesis of single cobalt atom catalysts via a facile one-pot pyrolysis for efficient oxygen reduction and hydrogen evolution reactions［J］. Science Bulletin，2019，64（15）：1095-1102.

[309] Ramalingam V，Varadhan P，Fu H C，et al. Heteroatom-mediated interactions between ruthenium single atoms and an MXene support for efficient hydrogen evolution［J］. Advance Materials，2019，31（48）：e1903841.

[310] Chen W，Pei J，He C，et al. Rational design of single Mo atoms anchored on *N*-doped carbon for effective hydrogen evolution reaction［J］. Angewandte Chemie International Edition，2017，129：16302-16306.

[311] Yuan S，Pu Z H，Zhou H，et al. A universal synthesis strategy for single atom dispersed cobalt/metal clusters heterostructure boosting hydrogen evolution catalysis at all pH values［J］. Nano Energy，2019，59：472-480.

[312] Mao J，He C T，Pei J，et al. Accelerating water dissociation kinetics by isolating cobalt atoms into ruthenium lattice［J］. Nature Communications，2018，9（1）：4958-4966.

[313] Sun G，Zhao Z J，Mu R，et al. Breaking the scaling relationship via thermally stable Pt/Cu single atom alloys for catalytic dehydrogenation［J］. Nature Communications，2018，9（1）：4454-4463.

[314] Giannakakis G，Flytzani-Stephanopoulos M，Sykes E C H. Single-atom alloys as a reductionist approach to the rational design of heterogeneous catalysts［J］. Accounts of Chemical Research，2019，52（1）：237-247.

[315] Li M F，Duanmu K N，Wan C Z，et al. Single-atom tailoring of platinum nanocatalysts for high-performance multifunctional electrocatalysis［J］. Nature Catalysis，2019，2（6）：495-503.

[316] Ai X，Zou X，Chen H，et al. Transition-metal-boron intermetallics with strong interatomic d-sp orbital hybridization for high-performance electrocatalysis［J］. Angewandte Chemie International Edition，2020，59（10）：3961-3965.

[317] Chen C H，Wu D Y，Li Z，et al. Ruthenium-based single-atom alloy with high electrocatalytic activity for hydrogen evolution［J］. Advanced Energy Materials，2019，9（20）：1803913-1803920.

[318] Wang Y，Chen L H，Mao Z X，et al. Controlled synthesis of single cobalt atom catalysts via a facile one-pot pyrolysis for efficient oxygen reduction and hydrogen evolution reactions［J］. Science Bulletin，2019，64（15）：1095-1102.

[319] Zhang Z，Chen Y，Zhou L，et al. The simplest construction of single-site catalysts by the synergism of micropore trapping and nitrogen anchoring［J］. Nature Communications，2019，10（1）：1657-1664.

[320] Yin X P，Wang H J，Tang S F，et al. Engineering the coordination environment of single-atom platinum anchored on graphdiyne for optimizing electrocatalytic hydrogen evolution［J］. Angewandte Chemie International Edition，2018，57（30）：9382-9386.

[321] Yin P Q，Yao T，Wu Y，et al. Single cobalt atoms with precise *N*-coordination as superior oxygen

reduction reaction catalysts［J］. Angewandte Chemie International Edition，2016，55（36）：10800-10805.

[322] Fu S，Zhu C，Su D，et al. Porous carbon-hosted atomically dispersed iron-nitrogen moiety as enhanced electrocatalysts for oxygen reduction reaction in a wide range of pH[J]. Small，2018，14(12)：1703118-1703125.

[323] Huang K，Wang R Y，Wu H B，et al. Direct immobilization of an atomically dispersed Pt catalyst by suppressing heterogeneous nucleation at-40℃［J］. Journal of Materials Chemistry A，2019，7（45）：25779-25784.

[324] Guo Z，Xie Y，Xiao J，et al. Single-atom Mn-N_4 site-catalyzed peroxone reaction for the efficient production of hydroxyl radicals in an acidic solution［J］. Journal of the American Chemical Society，2019，141（30）：12005-12010.

[325] Wang Y，Nie Y，Ding W，et al. Unification of catalytic oxygen reduction and hydrogen evolution reactions：highly dispersive co nanoparticles encapsulated inside Co and nitrogen Co-doped carbon［J］. Chemical Communications，2015，51（43）：8942-8945.

[326] Cao L L，Luo Q Q，Liu W，et al. Identification of single-atom active sites in carbon-based cobalt catalysts during electrocatalytic hydrogen evolution［J］. Nature Catalysis，2019，2（2）：134-141.

[327] Han X，Ling X，Wang Y，et al. Generation of nanoparticle，atomic-cluster，and single-atom cobalt catalysts from zeolitic imidazole frameworks by spatial isolation and their use in zinc-air batteries［J］. Angewandte Chemie International Edition，2019，58（16）：5359-5364.

[328] Zhao W P，Gang W，Peng C，et al. Key single-atom electrocatalysis in metal-organic framework（MOF）-derived bifunctional catalysts［J］. Chem Sus Chem，2018，11（19）：3473-3479.

[329] Kim H E，Lee I H，Cho J，et al. Palladium single-atom catalysts supported on C@C_3N_4 for electrochemical reactions［J］. Chemelectrochem，2019，6（18）：4757-4764.

[330] Liu L Y，Su H，Tang F M，et al. Confined organometallic Au_1N_x single-site as an efficient bifunctional oxygen electrocatalyst［J］. Nano Energy，2018，46：110-116.

[331] Song Q，Li J，Wang L，et al. Controlling the chemical bonding of highly dispersed co atoms anchored on an ultrathin g-C_3N_4@carbon sphere for enhanced electrocatalytic activity of the oxygen evolution reaction［J］. Inorganic Chemistry，2019，58（16）：10802-10811.

[332] Ji J P，Zhang Y P，Tang L B，et al. Platinum single-atom and cluster anchored on functionalized mwcnts with ultrahigh mass efficiency for electrocatalytic hydrogen evolution［J］. Nano Energy，2019，63：103849-103874.

[333] Cheng N，Stambula S，Wang D，et al. Platinum single-atom and cluster catalysis of the hydrogen evolution reaction［J］. Nature Communications，2016，7：13638-13647.

[334] Xue Y，Huang B，Yi Y，et al. Anchoring zero valence single atoms of nickel and iron on graphdiyne for hydrogen evolution［J］. Nature Communications，2018，9（1）：1460-1470.

[335] Qiu H J，Ito Y，Cong W，et al. Nanoporous graphene with single-atom nickel dopants：an efficient and stable catalyst for electrochemical hydrogen production［J］. Angewandte Chemie International Edition，2015，54（47）：14031-14035.

[336] Tavakkoli M，Holmberg N，Kronberg R，et al. Electrochemical activation of single-walled carbon

nanotubes with pseudo-atomic-scale platinum for the hydrogen evolution reaction［J］. ACS Catalysis，2017，7（5）：3121-3130.

[337] Li D B，Li X Y，Chen S M，et al. Atomically dispersed platinum supported on curved carbon supports for efficient electrocatalytic hydrogen evolution［J］. Nature Energy，2019，4（6）：512-518.

[338] Han A，Chen W，Zhang S，et al. A polymer encapsulation strategy to synthesize porous nitrogen-doped carbon-nanosphere-supported metal isolated-single-atomic-site catalysts［J］. Advanced Materials，2018，30（15）：1706508-1706515.

[339] Song P, Luo M, Liu X Z, et al. Zn single atom catalyst for highly efficient oxygen reduction reaction［J］. Advanced Functional Materials，2017，27（28）：1700802-1700808.

[340] Wan G，Yu P，Chen H，et al. Engineering single-atom cobalt catalysts toward improved electrocatalysis［J］. Small，2018，14（15）：1704319-1704326.

[341] Jiang K，Liu B Y，Luo M，et al. Single platinum atoms embedded in nanoporous cobalt selenide as electrocatalyst for accelerating hydrogen evolution reaction［J］. Nature Communications，2019，10：1743.

[342] Li P，Wang M，Duan X，et al. Boosting oxygen evolution of single-atomic ruthenium through electronic coupling with cobalt-iron layered double hydroxides［J］. Nature Communications，2019，10（1）：1711-1722.

[343] Yang S，Kim J，Tak Y J，et al. Single-atom catalyst of platinum supported on titanium nitride for selective electrochemical reactions［J］. Angewandte Chemie International Edition，2016，55（6）：2058-2062.

[344] Guan Y，Feng Y，Wan J，et al. Ganoderma-like MoS_2/NiS_2 with single platinum atoms doping as an efficient and stable hydrogen evolution reaction catalyst［J］. Small，2018，14（27）：1800697-1800703.

[345] Zhong H F，Yin H，Zhang D X，et al. Intrinsically synergistic active centers coupled with surface metal doping to facilitate alkaline hydrogen evolution reaction［J］. Journal of Physical Chemistry C，2019，123（39）：24220-24224.

[346] Yang S，Tak Y J，Kim J，et al. Support effects in single-atom platinum catalysts for electrochemical oxygen reduction［J］. ACS Catalysis，2017，7（2）：1301-1307.

[347] Zhang J Q，Zhao Y F，Guo X，et al. Single platinum atoms immobilized on an mxene as an efficient catalyst for the hydrogen evolution reaction［J］. Nature Catalysis，2018，1（12）：985-992.

[348] He T W，Matta S K，Will G，et al. Transition-metal single atoms anchored on graphdiyne as high-efficiency electrocatalysts for water splitting and oxygen reduction［J］. Small Methods，2019，3（9）：1800419-1800426.

[349] Deng J，Li H B，Xiao J P，et al. Triggering the electrocatalytic hydrogen evolution activity of the inert two-dimensional MoS_2 surface via single-atom metal doping［J］. Energy & Environmental Science，2015，8（5）：1594-1601.

[350] Lau T H M，Lu X，Kulhavy J，et al. Transition metal atom doping of the basal plane of MoS_2 monolayer nanosheets for electrochemical hydrogen evolution［J］. Chemical Science，2018，9（21）：4769-4776.

[351] Zhao Y，Ma D，Zhang J，et al. Transition metal embedded C_3N_4 monolayers as promising catalysts for the hydrogen evolution reaction［J］. Physical Chemistry Chemical Physics，2019，21（36）：20432-20441.

[352] Luo R，Luo M，Wang Z，et al. The atomic origin of nickel-doping-induced catalytic enhancement in MoS_2 for electrochemical hydrogen production［J］. Nanoscale，2019，11（15）：7123-7128.

[353] Li Y，Wang L X，Song A L，et al. The study on the active origin of electrocatalytic water splitting using Ni-MoS_2 as example［J］. Electrochimica Acta，2018，268：268-275.

[354] Cheng W，Zhang H，Luan D，et al. Exposing unsaturated Cu_1-O_2 sites in nanoscale Cu-MOF for efficient electrocatalytic hydrogen evolution［J］. Science Advances，2021，7（18）：2580-2589.

[355] He T W，Matta K，et al. Transition-metal single atoms anchored on graphdiyne as high-efficiency electrocatalysts for water splitting and oxygen reduction［J］. Small Methods，2019，3（9）：1800419-1800426.

[356] Zhou Y N，Gao G P，Kang J，et al. Computational screening of transition-metal single atom doped C_9N_4 monolayers as efficient electrocatalysts for water splitting［J］. Nanoscale，2019，11（39）：18169-18175.

[357] Gao G P，Bottle S，Du A J. Understanding the activity and selectivity of single atom catalysts for hydrogen and oxygen evolution via ab initial study［J］. Catalysis Science & Technology，2018，8（4）：996-1001.

[358] Zhong W W，Tu W G，Wang Z P，et al. Ultralow-temperature assisted synthesis of single platinum atoms anchored on carbon nanotubes for efficiently electrocatalytic acidic hydrogen evolution［J］. Journal of Energy Chemistry，2020，51：280-284.

[359] Jiang K，Back S，Akey A J，et al. Highly selective oxygen reduction to hydrogen peroxide on transition metal single atom coordination［J］. Nature Communications，2019，10（1）：3997-4008.

[360] Ren Y，Tang Y，Zhang L，et al. Unraveling the coordination structure-performance relationship in Pt_1/Fe_2O_3 single-atom catalyst［J］. Nature Communications，2019，10（1）：4500-4509.

[361] Deng W F，Jiang H M，Chen C，et al. Co-，N-，and S-tridoped carbon derived from nitrogen-and sulfur-enriched polymer and cobalt salt for hydrogen evolution reaction［J］. ACS Applied Materials & Interfaces，2016，8（21）：13341-13347.

[362] Chen C，Chen G，Kong X. Enhanced oxygen evolution reaction for single atomic Co catalyst via support modification：a density functional theory design predication［J］. Inorganic Chemistry，2018，57（20）：13020-13026.

[363] Lai W H，Zhang L F，Hua W B，et al. General π-electron-assisted strategy for Ir，Pt，Ru，Pd，Fe，Ni single-atom electrocatalysts with bifunctional active sites for highly efficient water splitting［J］. Angewandte Chemie International Edition，2019，58（34）：11868-11873.

[364] Xu H X，Cheng D J，Cao D P，et al. A universal principle for a rational design of single-atom electrocatalysts［J］. Nature Catalysis，2018，1（8）：632-632.

[365] Jiang H L，He Q，Wang C D，et al. Definitive structural identification toward molecule-type sites within 1D and 2D carbon-based catalysts［J］. Advanced Energy Materials，2018，8（19）：1800436-1800442.

[366] Chi K，Chen Z X，Xiao F，et al. Maximizing the utility of single atom electrocatalysts on a 3D graphene nanomesh［J］. Journal of Materials Chemistry A，2019，7（26）：15575-15579.

[367] Chen W，Pei J，He C T，et al. Rational design of single molybdenum atoms anchored on *N*-doped carbon for effective hydrogen evolution reaction［J］. Angewandte Chemie International Edition，2017，56（50）：16086-16090.

[368] Zhang L H，Han L L，Liu H X，et al. Potential-cycling synthesis of single platinum atoms for efficient hydrogen evolution in neutral media［J］. Angewandte Chemie International Edition，2017，56（44）：13694-13698.

[369] Li T F，Liu J J，Song Y，et al. Photochemical solid-phase synthesis of platinum single atoms on nitrogen-doped carbon with high loading as bifunctional catalysts for hydrogen evolution and oxygen reduction reactions［J］. ACS Catalysis，2018，8（9）：8450-8458.

[370] Shi R，Tian C，Zhu X，et al. Achieving an exceptionally high loading of isolated cobalt single atoms on a porous carbon matrix for efficient visible-light-driven photocatalytic hydrogen production［J］. Chemical Science，2019，10（9）：2585-2591.

[371] Lang R，Xi W，Liu J C，et al. Non defect-stabilized thermally stable single-atom catalyst［J］. Nature Communications，2019，10（1）：234-244.

[372] Zhao L，Zhang Y，Huang L B，et al. Cascade anchoring strategy for general mass production of high-loading single-atomic metal-nitrogen catalysts［J］. Nature Communications，2019，10（1）：1278.

[373] Li J，Chen S，Yang N，et al. Ultrahigh-loading zinc single-atom catalyst for highly efficient oxygen reduction in both acidic and alkaline media［J］. Angewandte Chemie International Edition，2019，58（21）：7035-7039.

[374] Zhang Z Q，Chen Y G，Zhou L Q，et al. The simplest construction of single-site catalysts by the synergism of micropore trapping and nitrogen anchoring［J］. Nature Communications，2019，10（1）：1657.

[375] Wei H，Huang K，Wang D，et al. Iced photochemical reduction to synthesize atomically dispersed metals by suppressing nanocrystal growth［J］. Nature Communications，2017，8（1）：1490-1498.

[376] McCrory C C L，Jung S，Ferrer I M，et al. Benchmarking hydrogen evolving reaction and oxygen evolving reaction electrocatalysts for solar water splitting devices［J］. Journal of the American Chemical Society，2015，137（13）：4347-4357.

[377] McCrory C C L，Jung S H，Peters J C，et al. Benchmarking heterogeneous electrocatalysts for the oxygen evolution reaction［J］. Journal of the American Chemical Society，2013，135（45）：16977-16987.

[378] Zou X，Goswami A，Asefa T. Efficient noble metal-free（electro）catalysis of water and alcohol oxidations by zinc-cobalt layered double hydroxide［J］. Journal of the American Chemical Society，2013，135（46）：17242-17245.

[379] Kanan M W，Nocera D G. In situ formation of an oxygen-evolving catalyst in neutral water containing phosphate and Co^{2+}［J］. Science，2008，321（5892）：1072-1075.

[380] Zou X X，Su J，Silva R，et al. Efficient oxygen evolution reaction catalyzed by low-density Ni-doped Co_3O_4 nanomaterials derived from metal-embedded graphitic C_3N_4［J］. Chemical Communications，

2013，49（68）：7522-7524.

[381] Zhao J，Zou Y C，Zou X X，et al. Self-template construction of hollow Co_3O_4 microspheres from porous ultrathin nanosheets and efficient noble metal-free water oxidation catalysts［J］. Nanoscale，2014，6（13）：7255-7262.

[382] Cook T R，Dogutan D K，Reece S Y，et al. Solar energy supply and storage for the legacy and nonlegacy worlds［J］. Chemical Reviews，2010，110（11）：6474-6502.

[383] Liu T，Ma X，Liu D，et al. Mn doping of CoP nanosheets array：an efficient electrocatalyst for hydrogen evolution reaction with enhanced activity at all pH values［J］. ACS Catalysis，2016，7（1）：98-102.

[384] Tang C，Gan L，Zhang R，et al. Ternary $Fe_xCo_{1-x}P$ nanowire array as a robust hydrogen evolution reaction electrocatalyst with Pt-like activity：experimental and theoretical insight［J］. Nano Letters，2016，16（10）：6617-6621.

[385] Liu T，Liu D，Qu F，et al. Enhanced electrocatalysis for energy-efficient hydrogen production over CoP catalyst with nonelectroactive Zn as a promoter［J］. Advanced Energy Materials，2017，7（15）：1700020-1700028.

[386] Tang C，Zhang R，Lu W，et al. Fe-doped CoP nanoarray：a monolithic multifunctional catalyst for highly efficient hydrogen generation［J］. Advanced Materials，2017，29（2）：201602441-201602447.

[387] Walter M G，Warren E L，Mckone J R，et al. Solar water splitting cells［J］. Chemical Reviews，2010，110（11）：6446-6473.

[388] Shi Q，Zhu C，Du D，et al. Robust noble metal-based electrocatalysts for oxygen evolution reaction［J］. Chemical Society Reviews，2019，48（12）：3181-3192.

[389] Xu G R，Bai J，Jiang J X，et al. Polyethyleneimine functionalized platinum superstructures：enhancing hydrogen evolution performance by morphological and interfacial control［J］. Chemical Science，2017，8（12）：8411-8418.

[390] Luo F，Zhang Q，Yu X，et al. Palladium phosphide as a stable and efficient electrocatalyst for overall water splitting［J］. Angewandte Chemie International Edition，2018，57（45）：14862-14867.

[391] Zhang Z，Liu G，Cui X，et al. Crystal phase and architecture engineering of lotus-thalamus-shaped Pt-Ni anisotropic superstructures for highly efficient electrochemical hydrogen evolution［J］. Advanced Materials，2018，30（30）：1801741-1801748.

[392] Menezes P W，Walter C，Hausmann J N，et al. Boosting water oxidation through in situ electroconversion of manganese gallide：an intermetallic precursor approach［J］. Angewandte Chemie International Edition，2019，58（46）：16569-16574.

[393] Ahn W，Park M G，Lee D U，et al. Hollow multivoid nanocuboids derived from ternary Ni-Co-Fe prussian blue analog for dual-electrocatalysis of oxygen and hydrogen evolution reactions［J］. Advanced Functional Materials，2018，28（28）：1802129-1802140.

[394] Deng S，Luo M，Ai C，et al. Synergistic doping and intercalation：realizing deep phase modulation on MoS_2 arrays for high-efficiency hydrogen evolution reaction［J］. Angewandte Chemie International Edition，2019，58（45）：16289-16296.

[395] Meng X，Yu L，Ma C，et al. Three-dimensionally hierarchical MoS_2/graphene architecture for high-performance hydrogen evolution reaction［J］. Nano Energy，2019，61：611-616.

[396] Panda C，Menezes P W，Yao S，et al. Boosting electrocatalytic hydrogen evolution activity with a $NiPt_3$@NiS heteronanostructure evolved from a molecular nickel-platinum precursor［J］. Journal of the American Chemical Society，2019，141（34）：13306-13310.

[397] Shah S A，Shen X，Xie M，et al. Nickel@nitrogen-doped carbon@MoS_2 nanosheets：an efficient electrocatalyst for hydrogen evolution reaction［J］. Small，2019，15（9）：1804545-1804555.

[398] Yang Y，Yao H，Yu Z，et al. Hierarchical nanoassembly of $MoS_2/Co_9S_8/Ni_3S_2$/Ni as a highly efficient electrocatalyst for overall water splitting in a wide pH range［J］. Journal of the American Chemical Society，2019，141（26）：10417-10430.

[399] Zheng T，Shang C，He Z，et al. Intercalated iridium diselenide electrocatalysts for efficient pH-universal water splitting［J］. Angewandte Chemie International Edition，2019，58（41）：14764-14769.

[400] Zhang Y，Ouyang B，Xu J，et al. Rapid synthesis of cobalt nitride nanowires：highly efficient and low-cost catalysts for oxygen evolution［J］. Angewandte Chemie International Edition，2016，55（30）：8670-8674.

[401] Yan J，Kong L，Ji Y，et al. Air-stable phosphorus-doped molybdenum nitride for enhanced elctrocatalytic hydrogen evolution［J］. Communications Chemistry，2018，1（1）：1-5.

[402] Li Y，Tan X，Chen S，et al. Processable surface modification of nickel-heteroatom（N，S）bridge sites for promoted alkaline hydrogen evolution［J］. Angewandte Chemie International Edition，2019，58（2）：461-466.

[403] Yan H，Xie Y，Wu A，et al. Anion-modulated HER and OER activities of 3D Ni-V-based interstitial compound heterojunctions for high-efficiency and stable overall water splitting［J］. Advanced Materials，2019，31（23）：1901174-1901183.

[404] Wu Y，He H. A novel Ni-S-W-C electrode for hydrogen evolution reaction in alkaline electrolyte［J］. Materials Letters，2017，209：532-534.

[405] Anjum M a R，Lee M H，Lee J S. Boron-and nitrogen-codoped molybdenum carbide nanoparticles imbedded in a BCN network as a bifunctional electrocatalyst for hydrogen and oxygen evolution reactions［J］. ACS Catalysis，2018，8（9）：8296-8305.

[406] Kuznetsov D A，Chen Z，Kumar P V，et al. Single site cobalt substitution in 2D molybdenum carbide（MXene）enhances catalytic activity in the hydrogen evolution reaction［J］. Journal of the American Chemical Society，2019，141（44）：17809-17816.

[407] Ouyang T，Ye Y Q，Wu C Y，et al. Heterostructures composed of *N*-doped carbon nanotubes encapsulating cobalt and β-Mo_2C nanoparticles as bifunctional electrodes for water splitting［J］. Angewandte Chemie International Edition，2019，58（15）：4923-4928.

[408] Zhu Y，Zhou W，Chen Z G，et al. $SrNb_{0.1}Co_{0.7}Fe_{0.2}O_{3-\delta}$ perovskite as a next-generation electrocatalyst for oxygen evolution in alkaline solution［J］. Angewandte Chemie International Edition，2015，54（13）：3897-38901.

[409] Diaz-Morales O，Raaijman S，Kortlever R，et al. Iridium-based double perovskites for efficient water

oxidation in acid media [J]. Nature Communications，2016，7：12363-12372.

[410] Lee J G，Hwang J，Hwang H J，et al. A new family of perovskite catalysts for oxygen-evolution reaction in alkaline media：$BaNiO_3$ and $BaNi_{0.83}O_{2.5}$ [J]. Journal of the American Chemical Society，2016，138（10）：3541-3547.

[411] Li B Q，Xia Z J，Zhang B，et al. Regulating p-block metals in perovskite nanodots for efficient electrocatalytic water oxidation [J]. Nature Communications，2017，8（1）：934-942.

[412] Tong Y，Wu J，Chen P，et al. Vibronic superexchange in double perovskite electrocatalyst for efficient electrocatalytic oxygen evolution [J]. Journal of the American Chemical Society，2018，140（36）：11165-11169.

[413] Li X，Sun Y，Wu Q，et al. Optimized electronic configuration to improve the surface absorption and bulk conductivity for enhanced oxygen evolution reaction [J]. Journal of the American Chemical Society，2019，141（7）：3121-3128.

[414] Wang H，Wang J，Pi Y，et al. Double perovskite $LaFe_xNi_{1-x}O_3$ nanorods enable efficient oxygen evolution electrocatalysis [J]. Angewandte Chemie International Edition，2019，58（8）：2316-2320.

[415] Kim J，Shih P C，Tsao K C，et al. High-performance pyrochlore-type yttrium ruthenate electrocatalyst for oxygen evolution reaction in acidic media [J]. Journal of the American Chemical Society，2017，139（34）：12076-12083.

[416] Kim J，Shih P C，Qin Y，et al. A porous pyrochlore $Y_2[Ru_{1.6}Y_{0.4}]O_{7-\delta}$ electrocatalyst for enhanced performance towards the oxygen evolution reaction in acidic media [J]. Angewandte Chemie International Edition，2018，57（42）：13877-13881.

[417] Han J，Dou Y，Zhao J，et al. Flexible CoAl LDH@PEDOT core/shell nanoplatelet array for high-performance energy storage [J]. Small，2013，9（1）：98-106.

[418] Diaz-Morales O，Ledezma-Yanez I，Koper M T M，et al. Guidelines for the rational design of Ni-based double hydroxide electrocatalysts for the oxygen evolution reaction [J]. ACS Catalysis，2015，5（9）：5380-5387.

[419] Tkalych A J，Yu K，Carter E A. Structural and electronic features of β-$Ni(OH)_2$ and β-NiOOH from first principles [J]. The Journal of Physical Chemistry C，2015，119（43）：24315-24322.

[420] Fan K，Chen H，Ji Y，et al. Nickel-vanadium monolayer double hydroxide for efficient electrochemical water oxidation [J]. Nature Communications，2016，7：11981-11990.

[421] Fidelsky V，Toroker M C. Enhanced water oxidation catalysis of nickel oxyhydroxide through the addition of vacancies [J]. The Journal of Physical Chemistry C，2016，120（44）：25405-25410.

[422] Ping J，Wang Y，Lu Q，et al. Self-assembly of single-layer CoAl-layered double hydroxide nanosheets on 3D graphene network used as highly efficient electrocatalyst for oxygen evolution reaction [J]. Advanced Materials，2016，28（35）：7640-7645.

[423] Suárez-Quezada M，Romero-Ortiz G，Suárez V，et al. Photodegradation of phenol using reconstructed Ce doped Zn/Al layered double hydroxides as photocatalysts [J]. Catalysis Today，2016，271：213-219.

[424] Zhao Y，Jia X，Chen G，et al. Ultrafine NiO nanosheets stabilized by TiO_2 from monolayer NiTi-LDH

precursors：an active water oxidation electrocatalyst［J］. Journal of the American Chemical Society，2016，138（20）：6517-6524.

[425] Fester J，Garcia-Melchor M，Walton A S，et al. Edge reactivity and water-assisted dissociation on cobalt oxide nanoislands［J］. Nature Communications，2017，8：14169-14176.

[426] Kuang M，Wang Q，Han P，et al. Cu，Co-embedded *N*-enriched mesoporous carbon for efficient oxygen reduction and hydrogen evolution reactions［J］. Advanced Energy Materials，2017，7（17）：1700193-1700201.

[427] Liu H，Wang Y，Lu X，et al. The effects of Al substitution and partial dissolution on ultrathin NiFeAl trinary layered double hydroxide nanosheets for oxygen evolution reaction in alkaline solution［J］. Nano Energy，2017，35：350-357.

[428] Tkalych A J，Zhuang H L，Carter E A. A density functional+U assessment of oxygen evolution reaction mechanisms on β-NiOOH［J］. ACS Catalysis，2017，7（8）：5329-5339.

[429] Yu L，Zhou H，Sun J，et al. Cu nanowires shelled with NiFe layered double hydroxide nanosheets as bifunctional electrocatalysts for overall water splitting［J］. Energy & Environmental Science，2017，10（8）：1820-1827.

[430] Zhou P，Wang Y，Xie C，et al. Acid-etched layered double hydroxides with rich defects for enhancing the oxygen evolution reaction［J］. Chemical Communications，2017，53（86）：11778-11781.

[431] Li P，Duan X，Kuang Y，et al. Tuning electronic structure of NiFe layered double hydroxides with vanadium doping toward high efficient electrocatalytic water oxidation［J］. Advanced Energy Materials，2018，8（15）：1703341-1703349.

[432] Liu J，Zheng Y，Wang Z，et al. Free-standing single-crystalline NiFe-hydroxide nanoflake arrays：a self-activated and robust electrocatalyst for oxygen evolution［J］. Chemical Communications，2018，54（5）：463-466.

[433] Yu L，Yang J F，Guan B Y，et al. Hierarchical hollow nanoprisms based on ultrathin Ni-Fe layered double hydroxide nanosheets with enhanced electrocatalytic activity towards oxygen evolution［J］. Angewandte Chemie International Edition，2018，57（1）：172-176.

[434] Zhang J，Liu J，Xi L，et al. Single-atom Au/NiFe layered double hydroxide electrocatalyst：probing the origin of activity for oxygen evolution reaction［J］. Journal of the American Chemical Society，2018，140（11）：3876-3879.

[435] Chen R，Hung S F，Zhou D，et al. Layered structure causes bulk NiFe layered double hydroxide unstable in alkaline oxygen evolution reaction［J］. Advanced Materials，2019，31（41）：1903909-1903916.

[436] Chen X，Wang H，Xia B，et al. Noncovalent phosphorylation of CoCr layered double hydroxide nanosheets with improved electrocatalytic activity for the oxygen evolution reaction［J］. Chemical Communications，2019，55（80）：12076-12079.

[437] Wang X，Li Z，Wu D Y，et al. Porous cobalt-nickel hydroxide nanosheets with active cobalt ions for overall water splitting［J］. Small，2019，15（8）：1804832-1804843.

[438] Zhou D，Wang S，Jia Y，et al. NiFe hydroxide lattice tensile strain：Enhancement of adsorption of oxygenated intermediates for efficient water oxidation catalysis［J］. Angewandte Chemie International

Edition，2019，58（3）：736-740.

[439] Dong C，Zhang X，Xu J，et al. Ruthenium-doped cobalt-chromium layered double hydroxides for enhancing oxygen evolution through regulating charge transfer［J］. Small，2020，16（5）：1905328-1905335.

[440] Zhu K，Chen J，Wang W，et al. Etching-doping sedimentation equilibrium strategy：accelerating kinetics on hollow Rh-doped CoFe-layered double hydroxides for water splitting［J］. Advanced Functional Materials，2020，30（35）：2003556-2003566.

[441] Li L，Feng X，Nie Y，et al. Insight into the effect of oxygen vacancy concentration on the catalytic performance of MnO_2［J］. ACS Catalysis，2015，5（8）：4825-4832.

[442] Cherevko S，Geiger S，Kasian O，et al. Oxygen and hydrogen evolution reactions on Ru，RuO_2，Ir，and IrO_2 thin film electrodes in acidic and alkaline electrolytes：a comparative study on activity and stability［J］. Catalysis Today，2016，262：170-180.

[443] Zhao Y，Chang C，Teng F，et al. Defect-engineered ultrathin δ-MnO_2 nanosheet arrays as bifunctional electrodes for efficient overall water splitting［J］. Advanced Energy Materials，2017，7（18）：1700005-1700015.

[444] Aitbekova A，Wu L，Wrasman C J，et al. Low-temperature restructuring of CeO_2-supported Ru nanoparticles determines selectivity in CO_2 catalytic reduction［J］. Journal of the American Chemical Society，2018，140（42）：13736-13745.

[445] Zhou L，Shinde A，Montoya J H，et al. Rutile alloys in the Mn-Sb-O system stabilize Mn^{3+} to enable oxygen evolution in strong acid［J］. ACS Catalysis，2018，8（12）：10938-10948.

[446] Ge R，Li L，Su J，et al. Ultrafine defective RuO_2 electrocatayst integrated on carbon cloth for robust water oxidation in acidic media［J］. Advanced Energy Materials，2019，9（35）：1901313-1901322.

[447] Shan J，Guo C，Zhu Y，et al. Charge-redistribution-enhanced nanocrystalline Ru@IrO_x electrocatalysts for oxygen evolution in acidic media［J］. Chem，2019，5（2）：445-459.

[448] Wang J，Ji Y，Yin R，et al. Transition metal-doped ultrathin RuO_2 networked nanowires for efficient overall water splitting across a broad pH range［J］. Journal of Materials Chemistry A，2019，7（11）：6411-6416.

[449] Rao R R，Kolb M J，Giordano L，et al. Operando identification of site-dependent water oxidation activity on ruthenium dioxide single-crystal surfaces［J］. Nature Catalysis，2020，3（6）：516-525.

[450] Cho K H，Seo H，Park S，et al. Uniform，assembled 4 nm Mn_3O_4 nanoparticles as efficient water oxidation electrocatalysts at neutral pH［J］. Advanced Functional Materials，2020，30（10）：1910424-1910432.

[451] Liao M，Feng J，Luo W，et al. Co_3O_4 nanoparticles as robust water oxidation catalysts towards remarkably enhanced photostability of a Ta_3N_5 photoanode［J］. Advanced Functional Materials，2012，22（14）：3066-3074.

[452] Zhang M，De Respinis M，Frei H. Time-resolved observations of water oxidation intermediates on a cobalt oxide nanoparticle catalyst［J］. Nature Chemistry，2014，6（4）：362-367.

[453] Bothra P，Pati S K. Activity of water oxidation on pure and（Fe，Ni，and Cu）-substituted Co_3O_4［J］. ACS Energy Letters，2016，1（4）：858-862.

[454] Wang H Y，Hung S F，Chen H Y，et al. In operando identification of geometrical-site-dependent water oxidation activity of spinel Co_3O_4［J］. Journal of the American Chemical Society，2016，138（1）：36-39.

[455] Wu G，Wang J，Ding W，et al. A strategy to promote the electrocatalytic activity of spinels for oxygen reduction by structure reversal［J］. Angewandte Chemie International Edition，2016，55（4）：1340-1344.

[456] Xu L，Jiang Q，Xiao Z，et al. Plasma-engraved Co_3O_4 nanosheets with oxygen vacancies and high surface area for the oxygen evolution reaction［J］. Angewandte Chemie International Edition，2016，55（17）：5277-5281.

[457] Luo L，Liu T，Zhang S，et al. Hierarchical Co_3O_4@$ZnWO_4$ core/shell nanostructures on nickel foam：synthesis and electrochemical performance for supercapacitors［J］. Ceramics International，2017，43（6）：5095-5101.

[458] Zhai T，Wan L，Sun S，et al. Phosphate ion functionalized Co_3O_4 ultrathin nanosheets with greatly improved surface reactivity for high performance pseudocapacitors［J］. Advanced Materials，2017，29（7）：1604167-1604176.

[459] Zhu Y P，Ma T Y，Jaroniec M，et al. Self-templating synthesis of hollow Co_3O_4 microtube arrays for highly efficient water electrolysis［J］. Angewandte Chemie International Edition，2017，56（5）：1324-1328.

[460] Gu W，Hu L，Zhu X，et al. Rapid synthesis of Co_3O_4 nanosheet arrays on Ni foam by in situ electrochemical oxidization of air-plasma engraved $Co(OH)_2$ for efficient oxygen evolution［J］. Chemical Communications，2018，54（90）：12698-12701.

[461] Wang X，Yu L，Guan B Y，et al. Metal-organic framework hybrid-assisted formation of Co_3O_4/Co-Fe oxide double-shelled nanoboxes for enhanced oxygen evolution［J］. Advanced Materials，2018：1801211-1801216.

[462] Zhang X，Chen Y-S，Kamat P V，et al. Probing interfacial electrochemistry on a Co_3O_4 water oxidation catalyst using lab-based ambient pressure X-ray photoelectron spectroscopy［J］. The Journal of Physical Chemistry C，2018，122（25）：13894-13901.

[463] Duan Y，Sun S，Sun Y，et al. Mastering surface reconstruction of metastable spinel oxides for better water oxidation［J］. Advanced Materials，2019，31（12）：1807898-1807896.

[464] Muthurasu A，Maruthapandian V，Kim H Y. Metal-organic framework derived Co_3O_4/MoS_2 heterostructure for efficient bifunctional electrocatalysts for oxygen evolution reaction and hydrogen evolution reaction［J］. Applied Catalysis B：Environmental，2019，248：202-210.

[465] Ortiz Pena N，Ihiawakrim D，Han M，et al. Morphological and structural evolution of Co_3O_4 nanoparticles revealed by in situ electrochemical transmission electron microscopy during electrocatalytic water oxidation［J］. ACS Nano，2019，13（10）：11372-11381.

[466] Wang X，Pan Z，Chu X，et al. Atomic-scale insights into surface lattice oxygen activation at the spinel/perovskite interface of $Co_3O_4/La_{0.3}Sr_{0.7}CoO_3$［J］. Angewandte Chemie International Edition，2019，58（34）：11720-11725.

[467] Wang X，Sun P，Lu H，et al. Aluminum-tailored energy level and morphology of $Co_{3-x}Al_xO_4$ porous

nanosheets toward highly efficient electrocatalysts for water oxidation［J］. Small，2019，15（11）：1804886-1804889.

[468] Zhang B，Jiang K，Wang H，et al. Fluoride-induced dynamic surface self-reconstruction produces unexpectedly efficient oxygen-evolution catalyst［J］. Nano Letters，2019，19（1）：530-537.

[469] Zhang J，Shang X，Ren H，et al. Modulation of inverse spinel Fe_3O_4 by phosphorus doping as an industrially promising electrocatalyst for hydrogen evolution［J］. Advanced Materials，2019，31（52）：1905107-1905117.

[470] He D，Song X，Li W，et al. Active electron density modulation of Co_3O_4 -based catalysts enhances their oxygen evolution performance［J］. Angewandte Chemie International Edition，2020，59（17）：6929-6935.

[471] Rüetschi P，Delahay P. Influence of electrode material on oxygen overvoltage：a theoretical analysis［J］. The Journal of Chemical Physics，1955，23（3）：556-560.

[472] Trasatti S. Electrocatalysis by oxides——attempt at a unifying approach［J］. Journal of Electroanalytical Chemistry and Interfacial Electrochemistry，1980，111（1）：125-131.

[473] Hickling A，Hill S. Oxygen overvoltage. Part i. The influence of electrode material，current density，and time in aqueous solution［J］. Discussions of the Faraday Society，1947，1：236-246.

[474] Hammer B，Nørskov J. Theoretical surface science and catalysis——calculations and concepts［J］. Advances in Catalysis，2000，45：71-129.

[475] Rossmeisl J，Logadottir A，Nørskov J K. Electrolysis of water on（oxidized）metal surfaces［J］. Chemical Physics，2005，319（1-3）：178-184.

[476] Cho M K，Park H Y，Lee H J，et al. Alkaline anion exchange membrane water electrolysis：effects of electrolyte feed method and electrode binder content［J］. Journal of Power Sources，2018，382：22-29.

[477] Wohlfahrt-Mehrens M，Heitbaum J. Oxygen evolution on Ru and RuO_2 electrodes studied using isotope labelling and on-line mass spectrometry［J］. Journal of Electroanalytical Chemistry and Interfacial Electrochemistry，1987，237（2）：251-260.

[478] Damjanovic A，Jovanovic B. Anodic oxide films as barriers to charge transfer in O_2 evolution at Pt in acid solutions［J］. Journal of The Electrochemical Society，1976，123（3）：374-383.

[479] Grimaud A，Diaz-Morales O，Han B，et al. Activating lattice oxygen redox reactions in metal oxides to catalyse oxygen evolution［J］. Nature Chemistry，2017，9（5）：457-465.

[480] Lopes P P，Chung D Y，Rui X，et al. Dynamically stable active sites from surface evolution of perovskite materials during the oxygen evolution reaction［J］. Journal of the American Chemical Society，2021，143（7）：2741-2750.

[481] Dionigi F，Zeng Z，Sinev I，et al. In-situ structure and catalytic mechanism of NiFe and CoFe layered double hydroxides during oxygen evolution［J］. Nature Communications，2020，11（1）：2522-2532.

[482] Fabbri E，Nachtegaal M，Binninger T，et al. Dynamic surface self-reconstruction is the key of highly active perovskite nano-electrocatalysts for water splitting［J］. Nature Materials，2017，16（9）：925-931.

[483] Wan G，Freeland J W，Kloppenburg J，et al. Amorphization mechanism of $SrIrO_3$ electrocatalyst：how oxygen redox initiates ionic diffusion and structural reorganization［J］. Science advances，2021，7（2）：7323-7332.

[484] Rossmeisl J，Qu Z W，Zhu H，et al. Electrolysis of water on oxide surfaces［J］. Journal of Electroanalytical Chemistry，2007，607（1-2）：83-89.

[485] Man I C，Su H Y，Calle-Vallejo F，et al. Universality in oxygen evolution electrocatalysis on oxide surfaces［J］. Chem Cat Chem，2011，3（7）：1159-1165.

[486] Lin Y，Tian Z，Zhang L，et al. Chromium-ruthenium oxide solid solution electrocatalyst for highly efficient oxygen evolution reaction in acidic media［J］. Nature Communications，2019，10（1）：162-175.

[487] Koper M T M. Theory of multiple proton—electron transfer reactions and its implications for electrocatalysis［J］. Chemical Science，2013，4（7）：2710–2723.

[488] Koper M T M. Thermodynamic theory of multi-electron transfer reactions：implications for electrocatalysis［J］. Journal of Electroanalytical Chemistry，2011，660（2）：254-260.

[489] Mathis T S，Kurra N，Wang X，et al. Energy storage data reporting in perspective——guidelines for interpreting the performance of electrochemical energy storage systems［J］. Advanced Energy Materials，2019，9（39）：1902007-1902020.

[490] Haber J A，Anzenburg E，Yano J，et al. Multiphase nanostructure of a quinary metal oxide electrocatalyst reveals a new direction for OER electrocatalyst design［J］. Advanced Energy Materials，2015，5（10）：1402307-1402318.

[491] Ng J W D，García-Melchor M，Bajdich M，et al. Gold-supported cerium-doped NiO_x catalysts for water oxidation［J］. Nature Energy，2016，1（5）：1-5.

[492] Zhang B，Zheng X，Voznyy O，et al. Homogeneously dispersed multimetal oxygen-evolving catalysts［J］. Science，2016，352（6283）：333-337.

[493] Favaro M，Drisdell W S，Marcus M A，et al. An operando investigation of（Ni-Fe-Co-Ce）O_x system as highly efficient electrocatalyst for oxygen evolution reaction［J］. ACS Catalysis，2017，7（2）：1248-1258.

[494] Huynh M，Ozel T，Liu C，et al. Design of template-stabilized active and earth-abundant oxygen evolution catalysts in acid［J］. Chemical Science，2017，8（7）：4779-4794.

[495] Peng L，Wang J，Nie Y，et al. Dual-ligand synergistic modulation：a satisfactory strategy for simultaneously improving the activity and stability of oxygen evolution electrocatalysts［J］. ACS Catalysis，2017，7（12）：8184-8191.

[496] Tang T，Jiang W J，Niu S，et al. Electronic and morphological dual modulation of cobalt carbonate hydroxides by Mn doping toward highly efficient and stable bifunctional electrocatalysts for overall water splitting［J］. Journal of the American Chemical Society，2017，139（24）：8320-8328.

[497] Zhu Y，Zhou W，Zhong Y，et al. A perovskite nanorod as bifunctional electrocatalyst for overall water splitting［J］. Advanced Energy Materials，2017，7（8）：1602122-1602131.

[498] Zheng Y R，Gao M R，Gao Q，et al. An efficient CeO_2 /$CoSe_2$ nanobelt composite for electrochemical water oxidation［J］. Small，2015，11（2）：182-188.

[499] Feng J X，Ye S H，Xu H，et al. Design and synthesis of FeOOH/CeO_2 heterolayered nanotube electrocatalysts for the oxygen evolution reaction［J］. Advanced Materials，2016，28（23）：4698-4703.

[500] He H，Chen J，Zhang D，et al. Modulating the electrocatalytic performance of palladium with the electronic metal——support interaction：a case study on oxygen evolution reaction［J］. ACS Catalysis，2018，8（7）：6617-6626.

[501] Huang J，Han J，Wang R，et al. Improving electrocatalysts for oxygen evolution using $Ni_xFe_{3-x}O_4$/Ni hybrid nanostructures formed by solvothermal synthesis［J］. ACS Energy Letters，2018，3（7）：1698-1707.

[502] Kim J-H，Shin K，Kawashima K，et al. Enhanced activity promoted by CeO_x on a CoO_x electrocatalyst for the oxygen evolution reaction［J］. ACS Catalysis，2018，8（5）：4257-4265.

[503] Wang X，Xiao H，Li A，et al. Constructing NiCo/Fe_3O_4 heteroparticles within MOF-74 for efficient oxygen evolution reactions［J］. Journal of the American Chemical Society，2018，140（45）：15336-15341.

[504] Xu H，Cao J，Shan C，et al. MoF-derived hollow CoS decorated with CeO_x nanoparticles for boosting oxygen evolution reaction electrocatalysis[J]. Angewandte Chemie International Edition，2018，57(28)：8654-8658.

[505] Zhao D，Pi Y，Shao Q，et al. Enhancing oxygen evolution electrocatalysis via the intimate hydroxide-oxide interface［J］. ACS Nano，2018，12（6）：6245-6251.

[506] Xu W，Lyu F，Bai Y，et al. Porous cobalt oxide nanoplates enriched with oxygen vacancies for oxygen evolution reaction［J］. Nano Energy，2018，43：110-116.

[507] Liu D，Wang C，Yu Y，et al. Understanding the nature of ammonia treatment to synthesize oxygen vacancy-enriched transition metal oxides［J］. Chem，2019，5（2）：376-389.

[508] Seitz L C，Dickens C F，Nishio K，et al. A highly active and stable IrO_x/$SrIrO_3$ catalyst for the oxygen evolution reaction［J］. Science，2016，353（6303）：1011-1014.

[509] Wang S，Chen D，Qiao M，et al. Preferential cation vacancies in perovskite hydroxide for the oxygen evolution reaction［J］. Angewandte Chemie International Edition，2018，57（28）：8691-8696.

[510] Wang Y，Qiao M，Li Y，et al. Tuning surface electronic configuration of NiFe LDHs nanosheets by introducing cation vacancies（Fe or Ni）as highly efficient electrocatalysts for oxygen evolution reaction［J］. Small，2018，14（17）：1800136-1800145.

[511] Nai J，Tian Y，Guan X，et al. Pearson's principle inspired generalized strategy for the fabrication of metal hydroxide and oxide nanocages［J］. Journal of the American Chemical Society，2013，135（43）：16082-16091.

[512] Smith R D，Prevot M S，Fagan R D，et al. Water oxidation catalysis：electrocatalytic response to metal stoichiometry in amorphous metal oxide films containing iron，cobalt，and nickel［J］. Journal of the American Chemical Society，2013，135（31）：11580-11586.

[513] Smith R D，Prevot M S，Fagan R D，et al. Photochemical route for accessing amorphous metal oxide materials for water oxidation catalysis［J］. Science，2013，340（6128）：60-63.

[514] Salvatore D A，Dettelbach K E，Hudkins J R，et al. Near-infrared–driven decomposition of metal

precursors yields amorphous electrocatalytic films［J］. Science Advances，2015，1（2）：1400215-1400221.

[515] Chen G，Zhou W，Guan D，et al. Two orders of magnitude enhancement in oxygen evolution reactivity on amorphous $Ba_{0.5}Sr_{0.5}Co_{0.8}Fe_{0.2}O_{3-\delta}$ nanofilms with tunable oxidation state［J］. Science Advances，2017，3（6）：1603206-1603214.

[516] Zhang C，Zhang X，Daly K，et al. Water oxidation catalysis：tuning the electrocatalytic properties of amorphous lanthanum cobaltite through calcium doping［J］. ACS Catalysis，2017，7（9）：6385-6391.

[517] Dong C，Kou T，Gao H，et al. Eutectic-derived mesoporous Ni-Fe-O nanowire network catalyzing oxygen evolution and overall water splitting［J］. Advanced Energy Materials，2018，8（5）：1701347-1701356.

[518] Liu J，Nai J，You T，et al. The flexibility of an amorphous cobalt hydroxide nanomaterial promotes the electrocatalysis of oxygen evolution reaction［J］. Small，2018，14（17）：1703514-1703524.

[519] Cai Z，Li L，Zhang Y，et al. Amorphous nanocages of Cu-Ni-Fe hydr（oxy）oxide prepared by photocorrosion for highly efficient oxygen evolution［J］. Angewandte Chemie International Edition，2019，58（13）：4189-4194.

[520] Chen G，Zhu Y，Chen H M，et al. An amorphous nickel-iron-based electrocatalyst with unusual local structures for ultrafast oxygen evolution reaction［J］. Advanced Materials，2019，31（28）：1900883-1900890.

[521] Stoerzinger K A，Qiao L，Biegalski M D，et al. Orientation-dependent oxygen evolution activities of rutile IrO_2 and RuO_2［J］. The Journal of Physical Chemistry Letters，2014，5（10）：1636-1641.

[522] Feng L L，Yu G，Wu Y，et al. High-index faceted Ni_3S_2 nanosheet arrays as highly active and ultrastable electrocatalysts for water splitting［J］. Journal of the American Chemical Society，2015，137（44）：14023-14026.

[523] Jin H，Lee K W，Khi N T，et al. Rational synthesis of heterostructured M/Pt（M= Ru or Rh）octahedral nanoboxes and octapods and their structure-dependent electrochemical activity toward the oxygen evolution reaction［J］. Small，2015，11（35）：4462-4468.

[524] Wu R，Wang D P，Han J，et al. A general approach towards multi-faceted hollow oxide composites using zeolitic imidazolate frameworks［J］. Nanoscale，2015，7（3）：965-974.

[525] Xiang Q，Chen G，Lau T-C. Effects of morphology and exposed facets of α-Fe_2O_3 nanocrystals on photocatalytic water oxidation［J］. RSC Advances，2015，5（64）：52210-52216.

[526] Alyami N M，Lagrow A P，Joya K S，et al. Tailoring ruthenium exposure to enhance the performance of fcc platinum@ruthenium core-shell electrocatalysts in the oxygen evolution reaction［J］. Physical Chemistry Chemical Physics，2016，18（24）：16169-16178.

[527] Yang H，Luo S，Li X，et al. Controllable orientation-dependent crystal growth of high-index faceted dendritic $NiC_{0.2}$ nanosheets as high-performance bifunctional electrocatalysts for overall water splitting［J］. Journal of Materials Chemistry A，2016，4（47）：18499-18508.

[528] Li Y，Wang Y，Pattengale B，et al. High-index faceted $CuFeS_2$ nanosheets with enhanced behavior for boosting hydrogen evolution reaction［J］. Nanoscale，2017，9（26）：9230-9237.

[529] Odedairo T，Yan X，Yao X，et al. Hexagonal sphericon hematite with high performance for water oxidation［J］. Advanced Materials，2017，29（46）：1703792-1703798.

[530] Stoerzinger K A，Diaz-Morales O，Kolb M，et al. Orientation-dependent oxygen evolution on RuO_2 without lattice exchange［J］. ACS Energy Letters，2017，2（4）：876-881.

[531] Wu H，Yang T，Du Y，et al. Identification of Facet-governing reactivity in hematite for oxygen evolution［J］. Advanced Materials，2018，30（52）：1804341-1804352.

[532] Gloag L，Benedetti T M，Cheong S，et al. Cubic-core hexagonal-branch mechanism to synthesize bimetallic branched and faceted Pd-Ru nanoparticles for oxygen evolution reaction electrocatalysis［J］. Journal of the American Chemical Society，2018，140（40）：12760-12764.

[533] Hwang H，Kwon T，Kim H Y，et al. Ni@Ru and NiCo@Ru core-shell hexagonal nanosandwiches with a compositionally tunable core and a regioselectively grown shell［J］. Small，2018，14（3）：1702353-1702368.

[534] Lai N-C，Cong G，Liang Z，et al. A highly active oxygen evolution catalyst for lithium-oxygen batteries enabled by high-surface-energy facets［J］. Joule，2018，2（8）：1511-1521.

[535] Roy C，Rao R R，Stoerzinger K A，et al. Trends in activity and dissolution on RuO_2 under oxygen evolution conditions：particles versus well-defined extended surfaces［J］. ACS Energy Letters，2018，3（9）：2045-2051.

[536] Wei R，Fang M，Dong G，et al. High-index faceted porous Co_3O_4 nanosheets with oxygen vacancies for highly efficient water oxidation［J］. ACS Applied Materials & Interfaces，2018，10（8）：7079-7086.

[537] Alia S M，Ha M-A，Anderson G C，et al. The roles of oxide growth and sub-surface facets in oxygen evolution activity of iridium and its impact on electrolysis［J］. Journal of The Electrochemical Society，2019，166（15）：1243-1252.

[538] Deng S，Zhang K，Xie D，et al. High-index-faceted Ni_3S_2 branch arrays as bifunctional electrocatalysts for efficient water splitting［J］. Nano-Micro Letters，2019，11（1）：12-24.

[539] Li L，Sun C，Shang B，et al. Tailoring the facets of Ni_3S_2 as a bifunctional electrocatalyst for high-performance overall water-splitting［J］. Journal of Materials Chemistry A，2019，7（30）：18003-18011.

[540] Poerwoprajitno A R，Gloag L，Cheong S，et al. Synthesis of low- and high-index faceted metal（Pt，Pd，Ru，Ir，Rh）nanoparticles for improved activity and stability in electrocatalysis［J］. Nanoscale，2019，11（41）：18995-19011.

[541] Suntivich J，May K J，Gasteiger H A，et al. A perovskite oxide optimized for oxygen evolution catalysis from molecular orbital principles［J］. Science，2011，334（6061）：1383-1385.

[542] Vojvodic A，Nørskov J K. Optimizing perovskites for the water-splitting reaction［J］. Science，2011，334（6061）：1355-1356.

[543] Faber M S，Dziedzic R，Lukowski M A，et al. High-performance electrocatalysis using metallic cobalt pyrite CoS_2 micro- and nanostructures［J］. Journal of the American Chemical Society，2014，136（28）：10053-10061.

[544] Kim T W，Woo M A，Regis M，et al. Electrochemical synthesis of spinel type $ZnCo_2O_4$ electrodes for

use as oxygen evolution reaction catalysts[J]. The Journal of Physical Chemistry Letters, 2014, 5(13): 2370-2374.

[545] Qi J, Zhang W, Xiang R, et al. Porous nickel-iron oxide as a highly efficient electrocatalyst for oxygen evolution reaction [J]. Advanced Science, 2015, 2 (10): 1500199-1500207.

[546] Feng J X, Xu H, Dong Y T, et al. FeOOH/Co/FeOOH hybrid nanotube arrays as high-performance electrocatalysts for the oxygen evolution reaction [J]. Angewandte Chemie International Edition, 2016, 55 (11): 1-6.

[547] Li S, Wang Y, Peng S, et al. Co-Ni-based nanotubes/nanosheets as efficient water splitting electrocatalysts [J]. Advanced Energy Materials, 2016, 6 (3): 1501661-1501668.

[548] Zhang W, Qi J, Liu K, et al. A nickel-based integrated electrode from an autologous growth strategy for highly efficient water oxidation [J]. Advanced Energy Materials, 2016, 6 (12): 1502489-1502497.

[549] Hou J, Wu Y, Cao S, et al. Active sites intercalated ultrathin carbon sheath on nanowire arrays as integrated core-shell architecture: highly efficient and durable electrocatalysts for overall water splitting [J]. Small, 2017, 13 (46): 1702018-1702027.

[550] Hou J, Sun Y, Wu Y, et al. Promoting active sites in core-shell nanowire array as mott-schottky electrocatalysts for efficient and stable overall water splitting [J]. Advanced Functional Materials, 2018, 28 (4): 1704447-1704459.

[551] Jing S, Lu J, Yu G, et al. Carbon-encapsulated WO_x hybrids as efficient catalysts for hydrogen evolution [J]. Advanced Materials, 2018, 30 (28): 1705979-1705986.

[552] Liu J, Zhu D, Zheng Y, et al. Self-supported earth-abundant nanoarrays as efficient and robust electrocatalysts for energy-related reactions [J]. ACS Catalysis, 2018, 8 (7): 6707-6732.

[553] Zheng Z, Lin L, Mo S, et al. Economizing production of diverse 2D layered metal hydroxides for efficient overall water splitting [J]. Small, 2018, 14 (24): 1800759-1800767.

[554] Zou P, Li J, Zhang Y, et al. Magnetic-field-induced rapid synthesis of defect-enriched Ni-Co nanowire membrane as highly efficient hydrogen evolution electrocatalyst [J]. Nano Energy, 2018, 51: 349-357.

[555] Cho K H, Seo H, Park S, et al. Uniform, assembled 4nm Mn_3O_4 nanoparticles as efficient water oxidation electrocatalysts at neutral pH [J]. Advanced Functional Materials, 2020, 30 (10): 1910424-1910432.

[556] Haber J A, Cai Y, Jung S, et al. Discovering Ce-rich oxygen evolution catalysts, from high throughput screening to water electrolysis [J]. Energy & Environmental Science, 2014, 7 (2): 682-688.

[557] Liardet L, Hu X. Amorphous cobalt vanadium oxide as a highly active electrocatalyst for oxygen evolution [J]. ACS Catalysis, 2018, 8 (1): 644-650.

[558] Chen J Y, Dang L, Liang H, et al. Operando analysis of NiFe and Fe oxyhydroxide electrocatalysts for water oxidation: detection of Fe^{4+} by mossbauer spectroscopy [J]. Journal of the American Chemical Society, 2015, 137 (48): 15090-15093.

[559] Stevens M B, Trang C D M, Enman L J, et al. Reactive Fe-sites in Ni/Fe (oxy) hydroxide are

responsible for exceptional oxygen electrocatalysis activity [J]. Journal of the American Chemical Society, 2017, 139 (33): 11361-11364.

[560] Liu H, Gao X, Yao X, et al. Manganese (ii) phosphate nanosheet assembly with native out-of-plane Mn centres for electrocatalytic water oxidation [J]. Chemical Science, 2019, 10 (1): 191-197.

[561] Jiang J, Sun F, Zhou S, et al. Atomic-level insight into super-efficient electrocatalytic oxygen evolution on iron and vanadium Co-doped nickel (oxy) hydroxide [J]. Nature Communications, 2018, 9 (1): 2885-2897.

[562] Yang Y, Dang L, Shearer M J, et al. Highly active trimetallic NiFeCr layered double hydroxide electrocatalysts for oxygen evolution reaction [J]. Advanced Energy Materials, 2018, 8 (15): 1703189-1703197.

[563] Gerken J B, Shaner S E, Masse R C, et al. A survey of diverse earth abundant oxygen evolution electrocatalysts showing enhanced activity from Ni-Fe oxides containing a third metal [J]. Energy & Environmental Science, 2014, 7 (7): 2376-2382.

[564] Shen F-C, Wang Y, Tang Y-J, et al. CoV_2O_6–V_2O_5 coupled with porous N-doped reduced graphene oxide composite as a highly efficient electrocatalyst for oxygen evolution [J]. ACS Energy Letters, 2017, 2 (6): 1327-1333.

[565] Peng S, Gong F, Li L, et al. Necklace-like multishelled hollow spinel oxides with oxygen vacancies for efficient water electrolysis [J]. Journal of the American Chemical Society, 2018, 140 (42): 13644-13653.

[566] Zhuang L, Ge L, Yang Y, et al. Ultrathin iron-cobalt oxide nanosheets with abundant oxygen vacancies for the oxygen evolution reaction [J]. Advanced Materials, 2017, 29 (17): 1606793-1606800.

[567] Wu H, Yang T, Du Y, et al. Identification of facet-governing reactivity in hematite for oxygen evolution [J]. Advanced Materials, 2018, 30 (52): 1804341-1804350.

[568] Shen G, Zhang R, Pan L, et al. Regulating the spin state of Fe (Ⅲ) by atomically anchoring on ultrathin titanium dioxide for efficient oxygen evolution electrocatalysis [J]. Angewandte Chemie International Edition, 2020, 59 (6): 2313-2317.

[569] Li Z, Wang Z, Xi S, et al. Tuning the spin density of cobalt single-atom catalysts for efficient oxygen evolution [J]. ACS Nano, 2021, 15 (4): 7105-7113.

[570] Garces-Pineda F A, Blasco-Ahicart M, Nieto-Castro D, et al. Direct magnetic enhancement of electrocatalytic water oxidation in alkaline media [J]. Nature Energy, 2019, 4 (6): 519-525.

[571] Ren X, Wu T, Sun Y, et al. Spin-polarized oxygen evolution reaction under magnetic field [J]. Nature Communications, 2021, 12 (1): 2608-2630.

[572] Ma T Y, Dai S, Jaroniec M, et al. Metal-organic framework derived hybrid Co_3O_4-carbon porous nanowire arrays as reversible oxygen evolution electrodes [J]. Journal of the American Chemical Society, 2014, 136 (39): 13925-13931.

[573] Lee W, Liu Y, Lee Y, et al. Two-dimensional materials in functional three-dimensional architectures with applications in photodetection and imaging [J]. Nature Communications, 2018, 9 (1): 1417-1426.

[574] Guo Y，Peng J，Qin W，et al. Freestanding cubic ZrN single-crystalline films with two-dimensional superconductivity［J］. Journal of the American Chemical Society，2019，141（26）：10183-10187.

[575] Niu W，Liu J，Huang J，et al. Unusual 4H-phase twinned noble metal nanokites［J］. Nature Communications，2019，10（1）：2881.

[576] Tao Z R，Wu J X，Zhao Y J，et al. Untwisted restacking of two-dimensional metal-organic framework nanosheets for highly selective isomer separations［J］. Nature Communications，2019，10（1）：2911.

[577] Wu G，Chen W，Zheng X，et al. Hierarchical fe-doped NiO_x nanotubes assembled from ultrathin nanosheets containing trivalent nickel for oxygen evolution reaction［J］. Nano Energy，2017，38：167-174.

[578] Lyu F，Bai Y，Li Z，et al. Self-templated fabrication of CoO-MoO_2 nanocages for enhanced oxygen evolution［J］. Advanced Functional Materials，2017，27（34）：1702324-1702332.

[579] Xia J，Zhao H，Huang B，et al. Efficient optimization of electron/oxygen pathway by constructing ceria/hydroxide interface for highly active oxygen evolution reaction［J］. Advanced Functional Materials，2020，30（9）：1908367-1908376.

[580] Zou X，Liu Y，Li G D，et al. Ultrafast formation of amorphous bimetallic hydroxide films on 3D conductive sulfide nanoarrays for large-current-density oxygen evolution electrocatalysis［J］. Advanced Materials，2017，29（22）：1700404-1700414.

[581] Burns R G. Mineralogical applications of crystal field theory［M］. Oxford：Cambridge university press，1993.

[582] Lin C-C，Mccrory C C L. Effect of chromium doping on electrochemical water oxidation activity by $Co_{3-x}Cr_xO_4$ spinel catalysts［J］. ACS Catalysis，2016，7（1）：443-451.

[583] Chen D，Chen C，Baiyee Z M，et al. Nonstoichiometric oxides as low-cost and highly-efficient oxygen reduction/evolution catalysts for low-temperature electrochemical devices［J］. Chemical Reviews，2015，115（18）：9869-9921.

[584] Li H，Sun S，Xi S，et al. Metal–oxygen hybridization determined activity in spinel-based oxygen evolution catalysts：a case study of $ZnFe_{2-x}Cr_xO_4$［J］. Chemistry of Materials，2018，30（19）：6839-6848.

[585] Liu G，Wang K，Gao X，et al. Fabrication of mesoporous $NiFe_2O_4$ nanorods as efficient oxygen evolution catalyst for water splitting［J］. Electrochimica Acta，2016，211：871-878.

[586] Gong Y，Yang Z，Lin Y，et al. Hierarchical heterostructure $NiCo_2O_4$@$CoMoO_4$/NF as an efficient bifunctional electrocatalyst for overall water splitting［J］. Journal of Materials Chemistry A，2018，6（35）：16950-16958.

[587] Li M，Xiong Y，Liu X，et al. Facile synthesis of electrospun MFe_2O_4（M=Co，Ni，Cu，Mn）spinel nanofibers with excellent electrocatalytic properties for oxygen evolution and hydrogen peroxide reduction［J］. Nanoscale，2015，7（19）：8920-8930.

[588] Li C，Han X，Cheng F，et al. Phase and composition controllable synthesis of cobalt manganese spinel nanoparticles towards efficient oxygen electrocatalysis［J］. Nature Communications，2015，6：7345-7348.

[589] Hirai S，Yagi S，Seno A，et al. Enhancement of the oxygen evolution reaction in Mn^{3+}-based electrocatalysts：correlation between jahn–teller distortion and catalytic activity［J］. RSC Advances，2016，6（3）：2019-2023.

[590] Hardin W G，Mefford J T，Slanac D A，et al. Tuning the electrocatalytic activity of perovskites through active site variation and support interactions［J］. Chemistry of Materials，2014，26（11）：3368-3376.

[591] Zhu Y，Zhou W，Yu J，et al. Enhancing electrocatalytic activity of perovskite oxides by tuning cation deficiency for oxygen reduction and evolution reactions［J］. Chemistry of Materials，2016，28（6）：1691-1697.

[592] Ashok A，Kumar A，Bhosale R R，et al. Combustion synthesis of bifunctional $LaMO_3$（M = Cr，Mn，Fe，Co，Ni）perovskites for oxygen reduction and oxygen evolution reaction in alkaline media［J］. Journal of Electroanalytical Chemistry，2018，809：22-30.

[593] Grimaud A，Carlton C E，Risch M，et al. Oxygen evolution activity and stability of $Ba_6Mn_5O_{16}$，$Sr_4Mn_2CoO_9$，and $Sr_6Co_5O_{15}$：the influence of transition metal coordination［J］. The Journal of Physical Chemistry C，2013，117（49）：25926-25932.

[594] Wang Y，Cheng H-P. Oxygen reduction activity on perovskite oxide surfaces：a comparative first-principles study of $LaMnO_3$，$LaFeO_3$，and $LaCrO_3$［J］. The Journal of Physical Chemistry C，2013，117（5）：2106-2112.

[595] Hyodo T，Hayashi M，Miura N，et al. Catalytic activities of rare-earth manganites for cathodic reduction of oxygen in alkaline solution［J］. Journal of The Electrochemical Society，1996，143（11）：266-269.

[596] Mefford J T，Rong X，Abakumov A M，et al. Water electrolysis on $La_{1-x}Sr_xCoO_{3-\delta}$ perovskite electrocatalysts［J］. Nature Communications，2016，7：11053-11065.

[597] Lee Y-L，Kleis J，Rossmeisl J，et al. Ab initioenergetics of $LaBO_3$（001）（B=Mn，Fe，Co，and Ni）for solid oxide fuel cell cathodes［J］. Physical Review B，2009，80（22）：224101-224111.

[598] Kozuka H，Ohbayashi K，Koumoto K. Electronic conduction in La-based perovskite-type oxides［J］. Science and Technology of Advanced Materials，2015，16（2）：26001-26011.

[599] Kim M，Lee B，Ju H，et al. Reducing the barrier energy of self-reconstruction for anchored cobalt nanoparticles as highly active oxygen evolution electrocatalyst［J］. Advanced Materials，2019，31（32）：1901977-1901986.

[600] Oh S H，Nazar L F. Oxide catalysts for rechargeable high-capacity Li-O_2 batteries［J］. Advanced Energy Materials，2012，2（7）：903-910.

[601] Kim M，Ju H，Kim J. Dihydrogen phosphate ion functionalized nanocrystalline thallium ruthenium oxide pyrochlore as a bifunctional electrocatalyst for aqueous Na-air batteries［J］. Appchelied Catalysis B：Environmental，2019，245：29-39.

[602] Kim M，Ju H，Kim J. Single crystalline thallium rhodium oxide pyrochlore for highly improved round trip efficiency of hybrid Na-air batteries［J］. Dalton Transactions，2018，47（42）：15217-15225.

[603] Park J，Risch M，Nam G，et al. Single crystalline pyrochlore nanoparticles with metallic conduction as efficient bi-functional oxygen electrocatalysts for Zn–air batteries［J］. Energy & Environmental

Science，2017，10（1）：129-136.

[604] Prakash J，Tryk D，Aldred W，et al. Investigations of ruthenium pyrochlores as bifunctional oxygen electrodes［J］. Journal of Applied Electrochemistry，1999，29（12）：1463-1469.

[605] Park J，Park M，Nam G，et al. Unveiling the catalytic origin of nanocrystalline yttrium ruthenate pyrochlore as a bifunctional electrocatalyst for Zn-Air batteries［J］. Nano Letters，2017，17（6）：3974-3981.

[606] Zhao Q，Yan Z，Chen C，et al. Spinels：controlled preparation，oxygen reduction/evolution reaction application，and beyond［J］. Chemical Reviews，2017，117（15）：10121-10211.

[607] Kim M，Park J，Kang M，et al. Toward efficient electrocatalytic oxygen evolution：Emerging opportunities with metallic pyrochlore oxides for electrocatalysts and conductive supports［J］. ACS Central Science，2020，6（6）：880-891.

[608] Talanov M V，Talanov V M. Structural diversity of ordered pyrochlores［J］. Chemistry of Materials，2021，33（8）：2706-2725.

[609] Goodenough J B，Manoharan R，Paranthaman M. Surface protonation and electrochemical activity of oxides in aqueous solution［J］. Journal of the American Chemical Society，1990，112（6）：2076-2082.

[610] Sardar K，Ball S C，Sharman J D B，et al. Bismuth iridium oxide oxygen evolution catalyst from hydrothermal synthesis［J］. Chemistry of Materials，2012，24（21）：4192-4200.

[611] Sardar K，Petrucco E，Hiley C I，et al. Water-splitting electrocatalysis in acid conditions using ruthenate-iridate pyrochlores［J］. Angewandte Chemie International Edition，2014，53（41）：10960-10964.

[612] Shang C，Cao C，Yu D，et al. Electron correlations engineer catalytic activity of pyrochlore iridates for acidic water oxidation［J］. Advanced Materials，2019，31（6）：1805104-1805110.

[613] Kim J，Shih P C，Qin Y，et al. A porous pyrochlore $Y_2[Ru_{1.6}Y_{0.4}]O_{7-\delta}$ electrocatalyst for enhanced performance towards the oxygen evolution reaction in acidic media［J］. Angewandte Chemie International Edition，2018，57（42）：13877-13881.

[614] Abbott D F，Pittkowski R K，Macounova K，et al. Design and synthesis of Ir/Ru pyrochlore catalysts for the oxygen evolution reaction based on their bulk thermodynamic properties［J］. ACS Applied Materials & Interfaces，2019，11（41）：37748-37760.

[615] Wang Q，O'hare D. Recent advances in the synthesis and application of layered double hydroxide（LDH）nanosheets［J］. Chemical Reviews，2012，112（7）：4124-4155.

[616] Yang Q Z，Sun D J，Zhang C G，et al. Synthesis and characterization of polyoxyethylene sulfate intercalated Mg-Al-nitrate layered double hydroxide［J］. Langmuir，2003，19（14）：5570-5574.

[617] Xu Z P，Braterman P S. High affinity of dodecylbenzene sulfonate for layered double hydroxide and resulting morphological changes［J］. Journal of Materials Chemistry A，2003，13（2）：268-273.

[618] Lyons M E G，Brandon M P. A comparative study of the oxygen evolution reaction on oxidised nickel，cobalt and iron electrodes in base［J］. Journal of Electroanalytical Chemistry，2010，641（1-2）：119-130.

[619] Indira L，Dixit M，Kamath P V. Electrosynthesis of layered double hydroxides of nickel with trivalent

cations［J］. Journal of Power Sources，1994，52（1）：93-97.

[620] Swierk J R，Klaus S，Trotochaud L，et al. Electrochemical study of the energetics of the oxygen evolution reaction at nickel iron（oxy）hydroxide catalysts［J］. The Journal of Physical Chemistry C，2015，119（33）：19022-19029.

[621] Zhao Z，Wu H，He H，et al. A high-performance binary Ni-Co hydroxide-based water oxidation electrode with three-dimensional coaxial nanotube array structure［J］. Advanced Functional Materials，2014，24（29）：4698-4705.

[622] Han X，Yu C，Yang J，et al. Mass and charge transfer coenhanced oxygen evolution behaviors in CoFe-layered double hydroxide assembled on graphene［J］. Advanced Materials Interfaces，2016，3（7）：1500782-1500790.

[623] Wu X，Du Y，An X，et al. Fabrication of nife layered double hydroxides using urea hydrolysis——control of interlayer anion and investigation on their catalytic performance［J］. Catalysis Communications，2014，50：44-48.

[624] Xu Y，Hao Y，Zhang G，et al. Room-temperature synthetic NiFe layered double hydroxide with different anions intercalation as an excellent oxygen evolution catalyst［J］. RSC Advances，2015，5（68）：55131-55135.

[625] Hunter B M，Hieringer W，Winkler J R，et al. Effect of interlayer anions on［NiFe］-LDH nanosheet water oxidation activity［J］. Energy & Environmental Science，2016，9（5）：1734-1743.

[626] Zhu Y-P，Liu Y-P，Ren T-Z，et al. Self-supported cobalt phosphide mesoporous nanorod arrays：a flexible and bifunctional electrode for highly active electrocatalytic water reduction and oxidation［J］. Advanced Functional Materials，2015，25（47）：7337-7347.

[627] Duan J，Chen S，Vasileff A，et al. Anion and cation modulation in metal compounds for bifunctional overall water splitting［J］. ACS Nano，2016，10（9）：8738-8745.

[628] Li D，Baydoun H，Verani C N，et al. Efficient water oxidation using CoMnP nanoparticles［J］. Journal of the American Chemical Society，2016，138（12）：4006-4009.

[629] Liang H，Gandi A N，Anjum D H，et al. Plasma-assisted synthesis of NiCoP for efficient overall water splitting［J］. Nano Letters，2016，16（12）：7718-7725.

[630] Tan Y，Wang H，Liu P，et al. Versatile nanoporous bimetallic phosphides towards electrochemical water splitting［J］. Energy & Environmental Science，2016，9（7）：2257-2261.

[631] Stern L-A，Feng L，Song F，et al. Ni_2P as a janus catalyst for water splitting：the oxygen evolution activity of Ni_2P nanoparticles［J］. Energy & Environmental Science，2015，8（8）：2347-2351.

[632] Ledendecker M，Krick Calderon S，Papp C，et al. The synthesis of nanostructured Ni_5P_4 films and their use as a non-noble bifunctional electrocatalyst for full water splitting［J］. Angewandte Chemie International Edition，2015，54（42）：12361-12365.

[633] Read C G，Callejas J F，Holder C F，et al. General strategy for the synthesis of transition metal phosphide films for electrocatalytic hydrogen and oxygen evolution［J］. ACS Applied Materials & Interfaces，2016，8（20）：12798-12803.

[634] Wang X，Li W，Xiong D，et al. Bifunctional nickel phosphide nanocatalysts supported on carbon fiber paper for highly efficient and stable overall water splitting［J］. Advanced Functional Materials，2016，

26（23）：4067-4077.

[635] Jiang N，You B，Sheng M，et al. Electrodeposited cobalt-phosphorous-derived films as competent bifunctional catalysts for overall water splitting［J］. Angewandte Chemie International Edition，2015，54（21）：6251-6254.

[636] Zheng X，Zhang B，De Luna P，et al. Theory-driven design of high-valence metal sites for water oxidation confirmed using in situ soft X-ray absorption［J］. Nature Chemistry，2018，10（2）：149-154.

[637] Anantharaj S，Ede S R，Sakthikumar K，et al. Recent trends and perspectives in electrochemical water splitting with an emphasis on sulfide，selenide，and phosphide catalysts of Fe，Co，and Ni：a review［J］. ACS Catalysis，2016，6（12）：8069-8097.

[638] Zhu W，Yue X，Zhang W，et al. Nickel sulfide microsphere film on Ni foam as an efficient bifunctional electrocatalyst for overall water splitting［J］. Chemical Communications，2016，52（7）：1486-1489.

[639] Jin S. Are metal chalcogenides，nitrides，and phosphides oxygen evolution catalysts or bifunctional catalysts？［J］. ACS Energy Letters，2017，2（8）：1937-1938.

[640] Mabayoje O，Shoola A，Wygant B R，et al. The role of anions in metal chalcogenide oxygen evolution catalysis：electrodeposited thin films of nickel sulfide as "pre-catalysts"［J］. ACS Energy Letters，2016，1（1）：195-201.

[641] Gao R，Li G-D，Hu J，et al. In situ electrochemical formation of NiSe/NiO_x core/shell nano-electrocatalysts for superior oxygen evolution activity［J］. Catalysis Science & Technology，2016，6（23）：8268-8275.

[642] Tang C，Cheng N，Pu Z，et al. Nise nanowire film supported on nickel foam：an efficient and stable 3D bifunctional electrode for full water splitting［J］. Angewandte Chemie International Edition，2015，54（32）：9351-9487.

[643] Xu X，Song F，Hu X. A nickel iron diselenide-derived efficient oxygen-evolution catalyst［J］. Nature Communications，2016，7：12324-12331.

[644] Yao Y，Hu S，Chen W，et al. Engineering the electronic structure of single atom Ru sites via compressive strain boosts acidic water oxidation electrocatalysis［J］. Nature Catalysis，2019，2（4）：304-313.

[645] Wang J，Li H，Liu S，et al. Turning on Zn 4s electrons in a N_2-Zn-B_2 configuration to stimulate remarkable ORR performance［J］. Angewandte Chemie International Edition，2021，60（1）：181-185.

[646] Xu J，Shi L，Liang C，et al. Fe and N Co-doped carbons derived from an ionic liquid as active bifunctional oxygen catalysts［J］. Chem Electro Chem，2017，4（5）：1148-1153.

[647] Zhang B，Zhang J，Shi J，et al. Manganese acting as a high-performance heterogeneous electrocatalyst in carbon dioxide reduction［J］. Nature Communications，2019，10（1）：2980-2988.

[648] Zhang J，Zhang M，Zeng Y，et al. Single Fe atom on hierarchically porous S，N-codoped nanocarbon derived from porphyra enable boosted oxygen catalysis for rechargeable Zn-air batteries［J］. Small，2019，15（24）：1900307-1900317.

[649] Zhu C，Fu S，Song J，et al. Self-assembled Fe-N-doped carbon nanotube aerogels with single-atom catalyst feature as high-efficiency oxygen reduction electrocatalysts［J］. Small，2017，13（15）：1603407-1603422.

[650] Lyu X，Li G，Chen X，et al. Atomic cobalt on defective bimodal mesoporous carbon toward efficient oxygen reduction for zinc–air batteries［J］. Small，2019，3（9）：1800450-1800457.

[651] Yang Z，Wang Y，Zhu M，et al. Boosting oxygen reduction catalysis with Fe–N_4 sites decorated porous carbons toward fuel cells［J］. ACS Catalysis，2019，9（3）：2158-2163.

[652] Luo H，Wang L，Shang S，et al. Cobalt nanoparticles-catalyzed widely applicable successive C-C bond cleavage in alcohols to access esters[J]. Angewandte Chemie International Edition，2020，59(43)：19268-19274.

[653] Huang K，Wang R，Wu H，et al. Direct immobilization of an atomically dispersed Pt catalyst by suppressing heterogeneous nucleation at −40℃［J］. Journal of Materials Chemistry A，2019，7（45）：25779-25784.

[654] Li Y，Liu T，Yang W，et al. Multiscale porous Fe-N-C networks as highly efficient catalysts for the oxygen reduction reaction［J］. Nanoscale，2019，11（41）：19506-19511.

[655] Zhao W，Wan G，Peng C，et al. Key single-atom electrocatalysis in metal-organic framework（MOF）-derived bifunctional catalysts［J］. Chem Sus Chem，2018，11（19）：3473-3479.

[656] Wu J，Zhou H，Li Q，et al. Densely populated isolated single Co-N site for efficient oxygen electrocatalysis［J］. Advanced Energy Materials，2019，9（22）：1900149-1900157.

[657] Ji D，Fan L，Li L，et al. Atomically transition metals on self-supported porous carbon flake arrays as binder-free air cathode for wearable zinc-air batteries［J］. Advanced Materials，2019，31（16）：1808267-1808276.

[658] Cai C，Han S，Wang Q，et al. Direct observation of yolk-shell transforming to gold single atoms and clusters with superior oxygen evolution reaction efficiency［J］. ACS Nano，2019，13（8）：8865-8871.

[659] Yang S，Kim J，Tak Y J，et al. Single-atom catalyst of platinum supported on titanium nitride for selective electrochemical reactions［J］. Angewandte Chemie International Edition，2016，55（6）：2058-2062.

[660] Zhang Q，Duan Z，Li M，et al. Atomic cobalt catalysts for the oxygen evolution reaction［J］. Chemical Communications，2020，56（5）：794-797.

[661] Lin C，Zhao Y，Zhang H，et al. Accelerated active phase transformation of NiO powered by Pt single atoms for enhanced oxygen evolution reaction［J］. Chemical Science，2018，9（33）：6803-6812.

[662] Tolhurst T M，Braun C，Boyko T D，et al. Experiment-driven modeling of crystalline phosphorus nitride P_3N_5：wide-ranging implications from a unique structure［J］. Chemistry-A European Journal，2016，22（30）：10475-11083.

[663] Zhong H-F，Yin H，Zhang D-X，et al. Intrinsically synergistic active centers coupled with surface metal doping to facilitate alkaline hydrogen evolution reaction[J]. The Journal of Physical Chemistry C，2019，123（39）：24220-24224.

[664] Li P，Wang M，Duan X，et al. Boosting oxygen evolution of single-atomic ruthenium through

electronic coupling with cobalt-iron layered double hydroxides［J］. Nature Communication，2019，10（1）：1711-1722.

[665] Guan Y，Feng Y，Wan J，et al. Ganoderma-like MoS_2 /NiS_2 with single platinum atoms doping as an efficient and stable hydrogen evolution reaction catalyst［J］. Small，2018，14（27）：1800697-1800703.

[666] Furukawa H，Cordova K E，O'keeffe M，et al. The chemistry and applications of metal-organic frameworks［J］. Science，2013，341（6149）：1230444-1230456.

[667] Wu H B，Lou X W D. Metal-organic frameworks and their derived materials for electrochemical energy storage and conversion：promises and challenges［J］. Science Advances，2017，3（12）：9252-9268.

[668] Feng Y，Yu X Y，Paik U. Formation of Co_3O_4 microframes from MoFs with enhanced electrochemical performance for lithium storage and water oxidation［J］. Chemical Communications，2016，52（37）：6269-6272.

[669] Hu H，Guan B，Xia B，et al. Designed formation of Co_3O_4/$NiCo_2O_4$ double-shelled nanocages with enhanced pseudocapacitive and electrocatalytic properties［J］. Journal of the American Chemical Society，2015，137（16）：5590-5595.

[670] Wu Z，Sun L-P，Yang M，et al. Facile synthesis and excellent electrochemical performance of reduced graphene oxide–Co_3O_4 yolk-shell nanocages as a catalyst for oxygen evolution reaction［J］. Journal of Materials Chemistry A，2016，4（35）：13534-13542.

[671] Geiger S，Kasian O，Ledendecker M，et al. The stability number as a metric for electrocatalyst stability benchmarking［J］. Nature Catalysis，2018，1（7）：508-515.

[672] Chung D Y，Lopes P P，Farinazzo Bergamo Dias Martins P，et al. Dynamic stability of active sites in hydr（oxy）oxides for the oxygen evolution reaction［J］. Nature Energy，2020，5（3）：222-230.

[673] Speck F D，Dettelbach K E，Sherbo R S，et al. On the electrolytic stability of iron-nickel oxides［J］. Chem，2017，2（4）：590-597.

[674] 房明. 国内氢能产业即将进入爆发期［J］. 中国石化，2017（11）：77.

[675] Khasawneh H，Saidan M N，Al-Addous M. Utilization of hydrogen as clean energy resource in chlor-alkali process［J］. Energy Exploration & Exploitation，2019，37（3）：1053-1072.

[676] 韩红梅，王敏，刘思明，等. 发挥氢源优势构建中国特色氢能供应网络［J］. 中国煤炭，2019，45（11）：13-19.

[677] 黄格省，李锦山，魏寿祥，等. 化石原料制氢技术发展现状与经济性分析［J］. 化工进展，2019，38（12）：5217-5224.

[678] Levin D B，Chahine R. Challenges for renewable hydrogen production from biomass［J］. International Journal of Hydrogen Energy，2010，35（10）：4962-4969.

[679] Ju H，Badwal S，Giddey S. A comprehensive review of carbon and hydrocarbon assisted water electrolysis for hydrogen production［J］. Applied Energy，2018，231：502-533.

[680] Simpson A，Lutz A. Exergy analysis of hydrogen production via steam methane reforming［J］. International Journal of Hydrogen Energy，2007，32（18）：4811-4820.

[681] Xie S，Lin S，Zhang Q，et al. Selective electrocatalytic conversion of methane to fuels and chemicals［J］.

Journal of Energy Chemistry，2018，27（6）：1629-1636.

[682] Hu Z，Wu M，Wei Z，et al. Pt-WC/C as a cathode electrocatalyst for hydrogen production by methanol electrolysis［J］. Journal of Power Sources，2007，166（2）：458-461.

[683] Take T，Tsurutani K，Umeda M. Hydrogen production by methanol–water solution electrolysis［J］. Journal of Power Sources，2007，164（1）：9-16.

[684] Sasikumar G，Muthumeenal A，Pethaiah S，et al. Aqueous methanol eletrolysis using proton conducting membrane for hydrogen production［J］. International Journal of Hydrogen Energy，2008，33（21）：5905-5910.

[685] 汪家铭. 水电解制氢技术进展及应用［J］. 广州化工，2005，05：72.

[686] 黄锡新. 以技术突破缔造价值——718所制氢产业实现跨越式发展［J］. 中国军转民，2009（3）：30-31.

[687] 新型. 大连化物所所电解水制氢取得重要进展［J］. 化工新型材料，2019（12）：284.

[688] Yi B，Yu H. Hydrogen for energy storage and hydrogen production from electrolysis［J］. Chinese Journal of Engineering Science，2018，20（3）：58-68.

[689] Thema M，Bauer F，Sterner M. Power-to-gas：electrolysis and methanation status review［J］. Renewable and Sustainable Energy Reviews，2019，112：775-787.

[690] Uosaki Kohei. Electrochemical science for a sustainable society［M］. Heidelberg：Springer International Publishing，2017.

[691] Hansen J B. Solid oxide electrolysis——a key enabling technology for sustainable energy scenarios［J］. Faraday Discussion，2015，182：9-48.

[692] Bi L，Boulfrad S，Traversa E. Steam electrolysis by solid oxide electrolysis cells（SOECs）with proton-conducting oxides［J］. Chemical Society Reviews，2014，43（24）：8255-8270.

[693] Laguna-Bercero M A. Recent advances in high temperature electrolysis using solid oxide fuel cells：a review［J］. Journal of Power Sources，2012，203：4-16.

[694] Badwal S P S，Giddey S，Munnings C. Hydrogen production via solid electrolytic routes［J］. Wiley Interdisciplinary Reviews：Energy and Environment，2013，2（5）：473-487.

[695] 牟树君，林今，邢学韬，等. 高温固体氧化物电解水制氢储能技术及应用展望［J］. 电网技术，2017，41（10）：3385-3391.

[696] 杨延翔，魏寿祥，李庆勋. 我国氢能产业发展建议［J］. 当代石油石化，2019，27（11）：6-8，42.

[697] 郝伟峰，贾丹瑶，李红军. 基于可再生能源水电解制氢技术发展概述［J］. 价值工程，2018（29）：236-237.

[698] Kim S，Koratkar N，Karabacak T，et al. Water electrolysis activated by Ru nanorod array electrodes［J］. Applied Physics Letters，2006，88（26）：263106-263109.

[699] Leroy R L，Bowen C T，Leroy D J. The thermodynamics of aqueous water electrolysis［J］. Journal of the Electrochemical Society，1980，127（9）：1954-1962.

[700] Zeng K，Zhang D K. Recent progress in alkaline water electrolysis for hydrogen production and applications［J］. Progress in Energy and Combustion Science，2010，36（3）：307-326.

[701] Abouatallah R M，Kirk D W，Thorpe S J，et al. Reactivation of nickel cathodes by dissolved

vanadium species during hydrogen evolution in alkaline media［J］. Electrochimica Acta，2001，47（4）：613-621.

[702] Trasatti S. Water electrolysis：who first？［J］. Journal of Electroanalytical Chemistry，1999，476（1）：90-91.

[703] Kreuter W，Hofmann H，Electrolysis：the important energy transformer in a world of sustainable energy［J］. International Journal of Hydrogen Energy，1998，23（8）：661-666.

[704] Ursua A，Gandia L M，Sanchis P. Hydrogen production from water electrolysis：current status and future trends［J］. Proceedings of the Ieee，2012，100（3）：811.

[705] Schalenbach M，Kasian O，Mayrhofer K J J. An alkaline water electrolyzer with nickel electrodes enables efficient high current density operation［J］. International Journal of Hydrogen Energy，2018，43（27）：11932-11938.

[706] Chi J，Yu H M. Water electrolysis based on renewable energy for hydrogen production［J］. Chinese Journal of Catalysis，2018，39（3）：390-394.

[707] Ganley J C. High temperature and pressure alkaline electrolysis［J］. International Journal of Hydrogen Energy，2009，34（9）：3604-3611.

[708] Kjartansdottir C K，Nielsen L P，Moller P. Development of durable and efficient electrodes for large-scale alkaline water electrolysis［J］. International Journal of Hydrogen Energy，2013，38（20）：8221-8231.

[709] Diaz L A，Coppola R E，Abuin G C，et al. Alkali-doped polyvinyl alcohol - polybenzimidazole membranes for alkaline water electrolysis［J］. Journal of Membrane Science，2017，535：45-55.

[710] Diaz L A，Hnat J，Heredia N，et al. Alkali doped poly（2，5-benzimidazole）membrane for alkaline water electrolysis：characterization and performance［J］. Journal of Power Sources，2016，312：128-136.

[711] Brimblecombe R，Swiegers G F，Dismukes G C，et al. Sustained water oxidation photocatalysis by a bioinspired manganese cluster［J］. Angewandte Chemie International Edition，2008，47（38）：7335-7338.

[712] Schroder V，Emonts B，Janssen H，et al. Explosion limits of hydrogen/oxygen mixtures at initial pressures up to 200 bar［J］. Chemical Engineering & Technology，2004，27（8）：847-851.

[713] Cho M K，Lim A，Lee S Y，et al. A review on membranes and catalysts for anion exchange membrane water electrolysis single cells［J］. Journal of Electrochemical Science and Technology，2017，8（3）：183-196.

[714] Hnat J，Paidar M，Schauer J，et al. Polymer anion-selective membrane for electrolytic water splitting：the impact of a liquid electrolyte composition on the process parameters and long-term stability［J］. International Journal of Hydrogen Energy，2014，39（10）：4779-4787.

[715] Li C，Baek J-B. The promise of hydrogen production from alkaline anion exchange membrane electrolyzers［J］. Nano Energy，2021，87：106162-106180.

[716] Rosa V M，Santos M B F，Dasilva E P. New materials for water electrolysis diaphragms［J］. International Journal of Hydrogen Energy，1995，20（9）：697-700.

[717] Hickner M A，Ghassemi H，Kim Y S，et al. Alternative polymer systems for proton exchange

membranes（PEMs）［J］. Chemical Reviews，2004，104（10）：4587-4611.

[718] Modica G，Giuffre L，Montoneri E，et al. Electrolytic separators from asbestos cardboard：a flexible technique to obtain reinforced diaphragms or ion-selective membranes［J］. International Journal of Hydrogen Energy，1983，8（6）：419-435.

[719] Kerres J，Eigenberger G，Reichle S，et al. Advanced alkaline electrolysis with porous polymeric diaphragms［J］. Desalination，1996，104（1-2）：47-57.

[720] Vermeiren P，Adriansens W，Moreels J P，et al. Evaluation of the zirfon（R）separator for use in alkaline water electrolysis and Ni-H_2 batteries［J］. International Journal of Hydrogen Energy，1998，23（5）：321-324.

[721] Wendt H，Hofmann H. Cermet diaphragms and integrated electrode diaphragm units for advanced alkaline water electrolysis［J］. International Journal of Hydrogen Energy，1985，10（6）：375-381.

[722] Yang F C，Kim M J，Brown M，et al. Alkaline water electrolysis at 25 A · cm^{-2} with a microfibrous flow-through electrode［J］. Advanced Energy Materials，2020，10（25）：2001174-2001184.

[723] Park Y S，Lee J H，Jang M J，et al. Co_3S_4 nanosheets on Ni foam via electrodeposition with sulfurization as highly active electrocatalysts for anion exchange membrane electrolyzer［J］. International Journal of Hydrogen Energy，2020，45（1）：36-45.

[724] Grigoriev S A，Porembsky V I，Fateev V N. Pure hydrogen production by PEM electrolysis for hydrogen energy［J］. International Journal of Hydrogen Energy，2006，31（2）：171-175.

[725] Marshall A T，Sunde S，Tsypkin A，et al. Performance of a PEM water electrolysis cell using $Ir_xRu_yTa_zO_2$ electrocatalysts for the oxygen evolution electrode［J］. International Journal of Hydrogen Energy，2007，32（13）：2320-2324.

[726] Ayers K E，Anderson E B，Capuano C B，et al. Research advances towards low cost，high efficiency PEM electrolysis［J］. ECS Transactions，2010，33（1）：3-15.

[727] Carmo M，Fritz D L，Mergel J，et al. A comprehensive review on PEM water electrolysis［J］. International Journal of Hydrogen Energy，2013，38（12）：4901-4934.

[728] Ito H，Maeda T，Nakano A，et al. Influence of pore structural properties of current collectors on the performance of proton exchange membrane electrolyzer［J］. Electrochimica Acta，2013，100：242-248.

[729] Feng Q，Yuan X Z，Liu G Y，et al. A review of proton exchange membrane water electrolysis on degradation mechanisms and mitigation strategies［J］. Journal of Power Sources，2017，366：33-55.

[730] Babic U，Suermann M，Buehi F N，et al. Critical review-identifying critical gaps for polymer electrolyte water electrolysis development［J］. Journal of the Electrochemical Society，2017，164（4）：F387-F399.

[731] Ma L R，Sui S，Zhai Y C. Investigations on high performance proton exchange membrane water electrolyzer［J］. International Journal of Hydrogen Energy，2009，34（2）：678-684.

[732] Sun L L，Ran R，Shao Z P. Fabrication and evolution of catalyst-coated membranes by direct spray deposition of catalyst ink onto nafion membrane at high temperature［J］. International Journal of Hydrogen Energy，2010，35（7）：2921-2925.

[733] Cheng J B，Zhang H M，Chen G B，et al. Study of $Ir_xRu_{1-x}O_2$ oxides as anodic electrocatalysts for

solid polymer electrolyte water electrolysis [J]. Electrochimica Acta，2009，54（26）：6250-6256.

[734] Millet P，Dragoe D，Grigoriev S，et al. Genhypem：a research program on pem water electroysis supported by the european commission [J]. International Journal of Hydrogen Energy，2009，34（11）：4974-4982.

[735] Wang W T，Chen S Q，Li J J，et al. Fabrication of catalyst coated membrane with screen printing method in a proton exchange membrane fuel cell [J]. International Journal of Hydrogen Energy，2015，40（13）：4649-4658.

[736] Zhiani M，Mohammadi I，Majidi S. Membrane electrode assembly steaming as a novel pre-conditioning procedure in proton exchange membrane fuel cell [J]. International Journal of Hydrogen Energy，2017，42（7）：4490-4500.

[737] Kabir S，Myers D J，Kariuki N，et al. Elucidating the dynamic nature of fuel cell electrodes as a function of conditioning：an ex situ material characterization and in situ electrochemical diagnostic study [J]. ACS Applied Materials & Interfaces，2019，11（48）：45016-45030.

[738] Wei G Q，Xu L，Huang C D，et al. Spe water electrolysis with speek/pes blend membrane [J]. International Journal of Hydrogen Energy，2010，35（15）：7778-7783.

[739] Ursua A，Gandia L M，Sanchis P. Hydrogen production from water electrolysis：current status and future trends [J]. Proceedings of the Ieee，2012，100（2）：410-426.

[740] Goni-Urtiaga A，Presvytes D，Scott K. Solid acids as electrolyte materials for proton exchange membrane（PEM）electrolysis：review [J]. International Journal of Hydrogen Energy，2012，37（4）：3358-3372.

[741] Ivanchev S S. Fluorinated proton-conduction nafion-type membranes，the past and the future [J]. Russian Journal of Applied Chemistry，2008，81（4）：569-584.

[742] Sun S C，Shao Z G，Yu H M，et al. Investigations on degradation of the long-term proton exchange membrane water electrolysis stack [J]. Journal of Power Sources，2014，267：515-520.

[743] Ayers K，Danilovic N，Ouimet R，et al. Perspectives on low-temperature electrolysis and potential for renewable hydrogen at scale [J]. Annual Review of Chemical and Biomolecular Engineering，2019，10：219-239.

[744] Kim K H，Lee K Y，Lee S Y，et al. The effects of relative humidity on the performances of PEMFC MEAs with various Nafion® ionomer contents [J]. International Journal of Hydrogen Energy，2010，35（23）：13104-13110.

[745] Xu W，Scott K. The effects of ionomer content on PEM water electrolyser membrane electrode assembly performance [J]. International Journal of Hydrogen Energy，2010，35（21）：12029-12037.

[746] Masson J P，Molina R，Roth E，et al. Obtention and evaluation of polyethylene-based solid polymer electrolyte membranes for hydrogen-production [J]. International Journal of Hydrogen Energy，1982，7（2）：167-171.

[747] Linkous C A，Anderson H R，Kopitzke R W，et al. Development of new proton exchange membrane electrolytes for water electrolysis at higher temperatures [J]. International Journal of Hydrogen Energy，1998，23（7）：525-529.

[748] Jang I Y，Kweon O H，Kim K E，et al. Application of polysulfone（PSF）and polyether ether ketone（PEEK）tungstophosphoric acid（TPA）composite membranes for water electrolysis［J］. Journal of Membrane Science，2008，322（1）：154-161.

[749] Millet P，Ranjbari A，De Guglielmo F，et al. Cell failure mechanisms in pem water electrolyzers［J］. International Journal of Hydrogen Energy，2012，37（22）：17478-17487.

[750] Grigoriev S A，Millet P，Volobuev S A，et al. Optimization of porous current collectors for PEM water electrolysers［J］. International Journal of Hydrogen Energy，2009，34（11）：4968-4973.

[751] Jung H Y，Huang S Y，Ganesan P，et al. Performance of gold-coated titanium bipolar plates in unitized regenerative fuel cell operation［J］. Journal of Power Sources，2009，194（2）：972-975.

[752] Marshall A，Borresen B，Hagen G，et al. Electrochemical characterisation of $Ir_xRu_{1-x}O_2$ powders as oxygen evolution electrocatalysts［J］. Electrochimica Acta，2006，51（15）：3161-3167.

[753] Siracusano S，Baglio V，Di Blasi A，et al. Electrochemical characterization of single cell and short stack PEM electrolyzers based on a nanosized IrO_2 anode electrocatalyst［J］. International Journal of Hydrogen Energy，2010，35（11）：5558-5568.

[754] Hwang C M，Ishida M，Ito H，et al. Effect of titanium powder loading in gas diffusion layer of a polymer electrolyte unitized reversible fuel cell［J］. Journal of Power Sources，2012，202：108-113.

[755] Taherian R. A review of composite and metallic bipolar plates in proton exchange membrane fuel cell：materials，fabrication，and material selection［J］. Journal of Power Sources，2014，265（1）：370-390.

[756] Feng K，Shen Y，Sun H L，et al. Conductive amorphous carbon-coated 316L stainless steel as bipolar plates in polymer electrolyte membrane fuel cells［J］. International Journal of Hydrogen Energy，2009，34（16）：6771-6777.

[757] Collier A，Wang H J，Yuan X Z，et al. Degradation of polymer electrolyte membranes［J］. International Journal of Hydrogen Energy，2006，31（13）：1838-1854.

[758] Kinumoto T，Nagano K，Tsumura T，et al. Thermal and electrochemical durability of carbonaceous composites used as a bipolar plate of proton exchange membrane fuel cell［J］. Journal of Power Sources，2010，195（19）：6473-6477.

[759] Taniguchi A，Yasuda K. Highly water-proof coating of gas flow channels by plasma polymerization for pem fuel cells［J］. Journal of Power Sources，2005，141（1）：8-12.

[760] Fu Y，Hou M，Xu H，et al. Ag–polytetrafluoroethylene composite coating on stainless steel as bipolar plate of proton exchange membrane fuel cell［J］. Journal of Power Sources，2008，182（2）：580-584.

[761] Ham K，Hong S，Kang S，et al. Extensive active-site formation in trirutile $CoSb_2O_6$ by oxygen vacancy for oxygen evolution reaction in anion exchange membrane water splitting［J］. ACS Energy Letters，2021，6（2）：364-370.

[762] Miller H A，Bouzek K，Hnat J，et al. Green hydrogen from anion exchange membrane water electrolysis：a review of recent developments in critical materials and operating conditions［J］. Sustainable Energy & Fuels，2020，4（5）：2114-2133.

[763] Faid A Y，Barnett A O，Seland F，et al. Highly active nickel-based catalyst for hydrogen evolution in

anion exchange membrane electrolysis [J]. Catalysts，2018，8（12）：614-627.

[764] Hagesteijn K F L，Jiang S X，Ladewig B P. A review of the synthesis and characterization of anion exchange membranes [J]. Journal of Materials Science，2018，53（16）：11131-11150.

[765] Kim S，Yang S，Kim D. Poly（arylene ether ketone）with pendant pyridinium groups for alkaline fuel cell membranes [J]. International Journal of Hydrogen Energy，2017，42（17）：12496-12506.

[766] Kraglund M R，Carmo M，Schiller G，et al. Ion-solvating membranes as a new approach towards high rate alkaline electrolyzers [J]. Energy & Environmental Science，2019，12（11）：3313-3318.

[767] Lee N，Duong D T，Kim D. Cyclic ammonium grafted poly（arylene ether ketone）hydroxide ion exchange membranes for alkaline water electrolysis with high chemical stability and cell efficiency [J]. Electrochimica Acta，2018，271：150-157.

[768] Marinkas A，Struzynska-Piron I，Lee Y，et al. Anion-conductive membranes based on 2-mesityl-benzimidazolium functionalised poly（2，6-dimethyl-1，4-phenylene oxide）and their use in alkaline water electrolysis [J]. Polymer Chemistry，2018，145：242-251.

[769] Miyanishi S，Yamaguchi T. Highly conductive mechanically robust high M_w polyfluorene anion exchange membrane for alkaline fuel cell and water electrolysis application [J]. Polymer Chemistry，2020，11（23）：3812-3820.

[770] Zeng L，Zhao T S. An effective strategy to increase hydroxide-ion conductivity through microphase separation induced by hydrophobic-side chains [J]. Journal of Power Sources，2016，303：354-362.

[771] Faid A Y，Xie L，Barnett A O，et al. Effect of anion exchange ionomer content on electrode performance in aem water electrolysis [J]. International Journal of Hydrogen Energy，2020，45（53）：28272-28284.

[772] Lim A，Kim H J，Henkensmeier D，et al. A study on electrode fabrication and operation variables affecting the performance of anion exchange membrane water electrolysis [J]. Journal of Industrial and Engineering Chemistry，2019，76：410-418.

[773] Komkova E N，Stamatialis D F，Strathmann H，et al. Anion-exchange membranes containing diamines：preparation and stability in alkaline solution [J]. Journal of Membrane Science，2004，244（1-2）：25-34.

[774] Park E J，Maurya S，Hibbs M R，et al. Alkaline stability of quaternized Diels-Alder polyphenylenes [J]. Macromolecules，2019，52（14）：5419-5428.

[775] Fan J T，Wright A G，Britton B，et al. Cationic polyelectrolytes，stable in 10M KOH_{aq} at 100℃ [J]. ACS Macro Letters，2017，6（10）：1089-1093.

[776] Olsson J S，Pham T H，Jannasch P. Poly（*n*，*n*-diallylazacycloalkane）s for anion-exchange membranes functionalized with *n*-spirocyclic quaternary ammonium cations [J]. Macromolecules，2017，50（7）：2784-2793.

[777] Wang J H，Zhao Y，Setzler B P，et al. Poly（aryl piperidinium）membranes and ionomers for hydroxide exchange membrane fuel cells [J]. Nature Energy，2019，4（5）：392-398.

[778] Zhang X J，Cao Y J，Zhang M，et al. Olefin metathesis-crosslinked，bulky imidazolium-based anion exchange membranes with excellent base stability and mechanical properties [J]. Journal of Membrane Science，2020，598：117793-117830.

[779] Amel A，Gavish N，Zhu L，et al. Bicarbonate and chloride anion transport in anion exchange membranes［J］. Journal of Membrane Science，2016，514：125-134.

[780] Chu X M，Shi Y，Liu L，et al. Piperidinium-functionalized anion exchange membranes and their application in alkaline fuel cells and water electrolysis［J］. Journal of Materials Chemistry A，2019，7（13）：7717-7727.

[781] Vengatesan S，Santhi S，Jeevanantham S，et al. Quaternized poly（styrene-co-vinylbenzyl chloride）anion exchange membranes for alkaline water electrolysers［J］. Journal of Power Sources，2015，284：361-368.

[782] Ito H，Miyazaki N，Sugiyama S，et al. Investigations on electrode configurations for anion exchange membrane electrolysis［J］. Journal of Applied Electrochemistry，2018，48（3）：305-316.

[783] Hnat J，Plevova M，Tufa R A，et al. Development and testing of a novel catalyst-coated membrane with platinum-free catalysts for alkaline water electrolysis［J］. International Journal of Hydrogen Energy，2019，44（33）：17493-17504.

[784] Park J E，Kang S Y，Oh S H，et al. High-performance anion-exchange membrane water electrolysis［J］. Electrochimica Acta，2019，295：99-106.

[785] Zeng L，Zhao T S. Integrated inorganic membrane electrode assembly with layered double hydroxides as ionic conductors for anion exchange membrane water electrolysis［J］. Nano Energy，2015，11：110-118.

[786] Ran J，Wu L，Wei B，et al. Simultaneous enhancements of conductivity and stability for anion exchange membranes（AEMs）through precise structure design［J］. Scientific Reports，2014，4：6486-6491.

[787] Pavel C C，Cecconi F，Emiliani C，et al. Highly efficient platinum group metal free based membrane-electrode assembly for anion exchange membrane water electrolysis［J］. Angewandte Chemie International Edition，2014，53（5）：1378-1381.

[788] Ito H，Kawaguchi N，Someya S，et al. Pressurized operation of anion exchange membrane water electrolysis［J］. Electrochimica Acta，2019，297：188-196.

[789] Ito H，Kawaguchi N，Someya S，et al. Experimental investigation of electrolytic solution for anion exchange membrane water electrolysis［J］. International Journal of Hydrogen Energy，2018，43（36）：17030-17039.

[790] You W，Padgett E，MA/cmillan S N，et al. Highly conductive and chemically stable alkaline anion exchange membranes via romp of trans-cyclooctene derivatives［J］. Proceedings of the National Academy of Sciences of the United States of America，2019，116（20）：9729-9734.

[791] Carmo M，Fritz D L，Merge J，et al. A comprehensive review on PEM water electrolysis［J］. International Journal of Hydrogen Energy，2013，38（12）：4901-4934.

[792] Chakrabarty B，Ghoshal A K，Purkait A K. Preparation，characterization and performance studies of polysulfone membranes using PVP as an additive［J］. Journal of Membrane Science，2008，315（1-2）：36-47.

[793] Stoots C，O' brien J，Hartvigsen J. Results of recent high temperature coelectrolysis studies at the idaho national laboratory［J］. International Journal of Hydrogen Energy，2009，34（9）：4208-4215.

[794] Wachsman E D，Lee K T. Lowering the temperature of solid oxide fuel cells［J］. Science，2011，334（6058）：935-939.

[795] Shiva Kumar S，Himabindu V. Hydrogen production by PEM water electrolysis——a review［J］. Materials Science for Energy Technologies，2019，2（3）：442-454.

[796] Siracusano S，Baglio V，Van Dijk N，et al. Enhanced performance and durability of low catalyst loading pem water electrolyser based on a short-side chain perfluorosulfonic ionomer［J］. Applied Energy，2017，192：477-489.

[797] Vesborg P C K，Jaramillo T F. Addressing the terawatt challenge：scalability in the supply of chemical elements for renewable energy［J］. RSC Advances，2012，2（21）：7933-7947.

[798] de Luna P，Hahn C，Higgins D，et al. What would it take for renewably powered electrosynthesis to displace petrochemical processes？［J］. Science，2019，364（6438）：3506-3517.

[799] Verma S，Hamasaki Y，Kim C，et al. Insights into the low overpotential electroreduction of CO_2 to CO on a supported gold catalyst in an alkaline flow electrolyzer［J］. ACS Energy Letters，2017，3（1）：193-198.

[800] Hjalmarsson P，Sun X，Liu Y-L，et al. Durability of high performance Ni-yttria stabilized zirconia supported solid oxide electrolysis cells at high current density［J］. Journal of Power Sources，2014，262：316-322.

[801] Laguna-Bercero M A，Campana R，Larrea A，et al. Electrolyte degradation in anode supported microtubular yttria stabilized zirconia-based solid oxide steam electrolysis cells at high voltages of operation［J］. Journal of Power Sources，2011，196（21）：8942-8947.

[802] Chen K，Jiang S P. Failure mechanism of（La，Sr）MnO_3 oxygen electrodes of solid oxide electrolysis cells［J］. International Journal of Hydrogen Energy，2011，36（17）：10541-10549.

[803] Keane M，Mahapatra M K，Verma A，et al. LSM-YSZ interactions and anode delamination in solid oxide electrolysis cells［J］. International Journal of Hydrogen Energy，2012，37（22）：16776-16785.

[804] Li N，Keane M，Mahapatra M K，et al. Mitigation of the delamination of LSM anode in solid oxide electrolysis cells using manganese-modified YSZ［J］. International Journal of Hydrogen Energy，2013，38（15）：6298-6303.

[805] Zhang W，Yu B，Xu J. Investigation of single SOEC with BSCF anode and SDC barrier layer［J］. International Journal of Hydrogen Energy，2012，37（1）：837-842.

第10章 析氯电极与氯碱工业

氯碱工业是重要的基础化学产业，其电解产物氢氧化钠、氯气和氢气都是常见的化工生产原材料，主要用于制造建筑型板管材、塑料膜、有机化学品、造纸、肥皂、玻璃、冶金、化纤、食品加工等领域，在我国的经济发展中具有举足轻重的地位[1]。目前，我国氯碱工业的主要产品烧碱和聚氯乙烯的产能已跃居世界首位，成为名副其实的氯碱大国。截至2019年底，我国的氯碱企业已超过160家，烧碱产能4380万吨，聚氯乙烯2518万吨。进入21世纪以来，我国烧碱和聚氯乙烯供需状况分别见表10-1和表10-2。然而，与其他化工强国相比，我国大多数氯碱企业规模偏小，行业集中度不高，生产工艺和能源成本较高，部分大宗化工产品的平均能耗与国际先进水平的差距还比较大。进入“十三五”时期以来，我国经济转入中高速增长的新常态，世界经济也呈现一定的疲软态势，使得国内大部分氯碱化工企业开始寻找压缩生产成本的方法，而能源作为化工企业的重要成本之一，也越来越受到重视。因此，有效的节能工作是氯碱工业增强核心竞争力的重要举措[2]。

表10-1　2000—2019年烧碱供需状况　　单位：万吨

项目	2000	2005	2010	2013	2015	2016	2017	2018	2019
产能	800	1471	3021	3850	3873	3945	4102	4259	4380
产量	665	1240	2087	2854	3028	3284	3365	3420	3464
进口量	4.6	4.7	1.7	1	0.9	1	1	4	6
出口量	24.3	834	154.3	207.3	176.7	191.4	152	148	114
表观消费量	645.3	1161.3	1934.4	2647.7	2852	3094	3214	3276	3356

表10-2　2000—2019年聚氯乙烯供需状况　　单位：万吨

项目	2000	2005	2010	2013	2015	2016	2017	2018	2019
产能	320	972	2043	2476	2348	2326	2406	2404	2518
产量	239	670	1130	1530	1609	1669	1790	1874	2011
进口量	144.5	130.7	120	76	71	64.8	77	74	67
出口量	—	11.9	21.8	66	77	103.9	96	59	51
表观消费量	383.5	788.8	1228.2	1540	1603	1630	1771	1889	2027

自新中国成立以来，我国的氯碱工业经历了水银法、隔膜法和离子膜法的发展过程。随着新技术、新工艺的研发，水银法和隔膜法已逐步被离子膜法取代[3, 4]。表10-3总结了三种生产工艺的技术经济指标。由此可以看出，离子膜法不仅具有效率高和能耗低的优点，还可

以消除隔膜法使用石棉、水银法使用汞而造成的环境公害，因而成为现阶段氯碱工业的主要生产工艺[5]。

表 10-3　氯碱工业电解槽的技术经济指标

指标	水银法	隔膜法	离子膜法
槽电压 /V	4.4	3.45	2.95
电流密度 /（kA/m^2）	12.0	2.0	4.0
碱液浓度 /%	50	10 ～ 12	30 ～ 35
平均电流效率 /%	97	94 ～ 96	96 ～ 98
电能消耗	3550	3510	2550
Cl_2 纯度 /%	99.2	98	99.3
H_2 纯度 /%	99.9	99.9	99.9
Cl_2 中含 O_2 浓度 /%	0.1	1 ～ 2	0.3
环境污染问题	汞污染	石棉纤维污染	无
对盐水纯度要求	有	严格	严格
工厂占地面积（按 NaOH 10^5t/a 计）/m^2	3000	5300	2700

离子膜电解槽技术是当前行业发展的主流方向，该技术包含盐水精制、电解食盐水和产品精制等工序。其中，电催化析氯是氯碱工业最主要的工序，而电极材料则是其中的核心。它在电化学工业的发展历程中扮演了非常重要的角色。它不单对反应的历程、电极过程动力学、电化学反应产物和反应速率等有着重要影响，并且电解槽的构造与使用寿命、维护修理成本、工作消耗和生产工艺的能源指标，在很大程度上亦取决于电极材料。

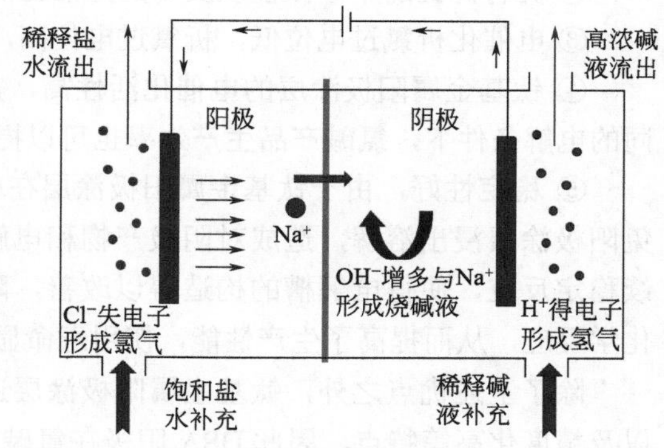

图10-1　氯化钠电解装置示意图

如图 10-1 所示，电解 NaCl 的反应式是：

$$\text{阳极：}2Cl^- \longrightarrow Cl_2 + 2e^- \tag{10-1}$$

$$\text{阴极：}2H_2O + 2e^- \longrightarrow H_2 + OH^- \tag{10-2}$$

$$\text{总反应：}2NaCl + 2H_2O \longrightarrow 2NaOH + Cl_2 + H_2 \tag{10-3}$$

该反应的理论电压为 2.19V，而在实际应用中，不同的电极材料将会显示出不同的过电位，即使目前工业化非常成熟的电极，由于过电位的存在也致使实际电压约为 3 ～ 3.3V，明显高于理论电压。其阴极就是第 9 章中介绍的析氢电极，本章将不再赘述。而对于阳极而言，除了发生析氯反应之外，还会发生 H_2O 的氧化反应，生成的 O_2 导致氯气纯度下降，对某些有机化学工业的生产安全亦会造成危害。因此，我们希望能够寻求到合适的阳极材料，不仅可以增强析氯反应活性，尽可能降低过电位，还需要提高析氧过电位，抑制析氧副反应的发生。

传统的析氯阳极材料大致分为三类：石墨、贵金属（Pt、Au 等）以及铅合金电极。但上述传统的阳极涂层均有诸多不足之处：

① 石墨电极机械强度较弱，导致难以进行机械加工，因此机械加工性能不佳；

② 在电化学反应中，石墨电极由于耐腐蚀性差，容易在高电位作用下发生氧化分解，不仅造成电极自身损耗，还会污染电解液，对电镀、电催化过程造成影响；

③ 贵金属阳极涂层由于价格昂贵，在析氯反应中性价比低，不适用于大规模生产；

④ 电极的电能消耗大、电催化性能低以及服役寿命短；

⑤ 铅合金阳极中含有有毒的铅，且在反应过程中容易溶解于电解液中，造成电解液污染。

基于早期石墨阳极使用过程中不断消耗变小，研究者发现，钛基金属化合物涂层电极尺寸稳定，而被冠以形稳阳极（dimension stable anode，DSA），尤其是钛基金属阳极具有良好的电化学催化活性、耐腐蚀性和导电性，因此受到越来越多的科研人员的关注，在析氯催化方面独树一帜。

10.1 钛基金属阳极涂层的优点

钛基金属阳极涂层与上述传统的石墨、贵金属、铅合金电极相比，具有以下优点：

① 阳极尺寸稳定，在保持电解过程中电极极间距不变的情况下，电解槽的槽电压保持稳定；

② 具有优良的半导体性以及高的光催化活性和光电转化效率；

③ 电催化析氯过电位低，析氧过电位高，因而阳极电流效率高，析氯产品纯度高；

④ 钛基金属阳极涂层的电催化活性高，其工作电流密度可以达到石墨电极的两倍，在相同的电解条件下，氯碱产品生产效率也可以提高一倍；

⑤ 稳定性好，由于钛基金属阳极涂层在电催化析氯过程中具有良好的耐腐蚀性，可以避免阳极涂层浸出溶解，造成对阴极产物和电解液的污染，同时可以在高温、高电流密度下持续稳定反应，使得电解槽的构造得以改善，降低了电能消耗，加快了次氯酸盐生成氯酸盐的化学反应，从而提高了生产性能，使用寿命显著提高。

除了上述优点之外，钛基金属阳极涂层还具有基体钛可以重复利用、电极外形易于加工以及精度化高等特点，因此 DSA 阳极在氯碱工业中占有统治性地位。如今，钛基金属阳极涂层虽然相比于传统的阳极材料有了很大的改进，并且已经在电镀、电解行业取得了广泛的应用[6, 7]，再加上其超级稳定性，工业界对其改进的愿望不强，学术界的研究也很难引起很大的关注。

10.2 形稳阳极的作用机理

钛基金属氧化物阳极的诞生是人们不断追求高效阳极的结果。它彻底改变了人类制备阳极材料的传统思路，并极大地提高了阳极的催化性能和稳定性，也改变了石墨电极、铅电极和铂电极成本高、稳定性差的缺点。1968 年 De Nora 公司将 H. Beer 的发明成果应用于氯碱工业中，从此电极进入了钛电极工业时代[8]。DSA 凭借其尺寸稳定、析氯电位低和使用寿命长的优势，提高了工业生产效率，降低了能源的消耗。它的发明给氯碱工业带来了一场技术革新，不仅大大推动了电化学工业的发展，也引起了世界各国研究学者对其机理研究的兴趣，有利于推进其他组分 DSA 的研究和改进。目前，提出的一些相关理论主要包括导电机理、析氯催化机理和反应失活机理。

10.2.1　导电机理

导电性是电极所应具备的最基本的性能。按照 J. B. Goodenough 描述的原子结构，Ti 的外层电子构型为 $3d^24s^2$，由于 Ti^{4+} 和 O^{2-} 外层电子轨道杂化形成 σ 键和 π 键，其价电子足够充满 σ 和 π 低能带，高能带保持为空带。根据物质结构学理论，这样的分子结构是不易导电的。要使 TiO_2 具有导电性，需要在 TiO_2 中镶嵌具有 1 个或多个价电子的元素，这些电子能够占据导带或成为提供电荷的载体。

RuO_2 是具有金红石结构的过渡族金属氧化物，Ru 的外层有 8 个电子，其电子构型为 $4d^75s^1$，而 Ti 的外层仅有 4 个点，其电子构型为 $3d^24s^2$，氧的外层电子构型为 $2s^22p^6$，Ti 失去 4 个电子与 O 配位后的 Ti^{4+}，外层就不剩自由电子，而 Ru 把其中的 4 个电子给予 2 个 O 后，使氧原子完成 8 电子层外，Ru^{4+} 外层（高能级，高活泼电子）还剩下 4 个未参与共有化的自由电子，因此，在 TiO_2 中掺入 Ru 即可携带自由电子，从而提高 TiO_2 的导电性，涂层的固溶体可表示为：

$$Ru_{\sigma}Ti_{(n-\sigma)}O_{2n}e_{4\sigma} \tag{10-4}$$

式中，σ 表示 Ru 取代 Ti 的原子个数；n 为 TiO_2 中 Ti 的原子数目。在 RuO_2-TiO_2 固溶体成为 n 型半导体，在价带与导带之间产生新的能带（$e_{4\sigma}$）。电子从能带（$e_{4\sigma}$）激发到导带只需克服 0.2eV 能垒，从而使 TiO_2 的禁带宽度由原来相当于绝缘体的禁带宽度 3.05eV 变窄到 0.2eV，导电性大大增强[9]。另外，RuO_2 为缺氧型金属氧化物，这就使 Ru 可提供更多的自由电子，掺杂带隙上的电子数目增加，固溶体的导电性进一步增加。并且在氧化物涂层制备过程中，部分的氧原子被氯原子所取代，又使未共有的电子数目增加。此外，尽管 Ti 的半径（0.145nm）与 Ru 原子半径（0.134nm）有显著差异，但失去外层 4 个电子之后，Ti^{4+} 离子半径（0.064nm）和 Ru^{4+} 离子半径（0.062nm）非常接近，意味着它们的离子可以无障碍地相互取代，形成固溶体。因此，TiO_2 镶嵌 RuO_2 或者 RuO_2 镶嵌 TiO_2，这样的镶嵌使得它们都具有了良好的导电性。

10.2.2　析氯催化机理

氯气在阳极上的析出一般都用如下反应式进行描述：

$$2Cl^- \longrightarrow Cl_2\uparrow + 2e^- \tag{10-5}$$

尽管该反应是一个简单的电极反应，然而，目前就其真实反应机理并没有达成统一认识。其中一个主要原因是反应生成的中间物种很难通过原位光谱或成像技术进行定性分析，从而造成提出的反应机理存在较大争议。目前，主要的析氯机理如下[10-13]：

Volmer-Tafel：$2* + 2Cl^- \longrightarrow 2*-Cl + 2e^- \longrightarrow 2* + Cl_2 + 2e^-$　(10-6)

Volmer-Heyrovsky：$* + 2Cl^- \longrightarrow *-Cl + e^- + Cl^- \longrightarrow * + Cl_2 + 2e^-$　(10-7)

Krishtalik：

$$* + 2Cl^- \longrightarrow *-Cl + e^- + Cl^- \longrightarrow (*-Cl)^+ + 2e^- + Cl^- \longrightarrow * + Cl_2 + 2e^- \tag{10-8}$$

其中，* 代表活性位点，一般被认为是表面不饱和氧（O_{br}，O_{ot}）或者是 1f-cus Ru 位点，如图 10-2 所示。

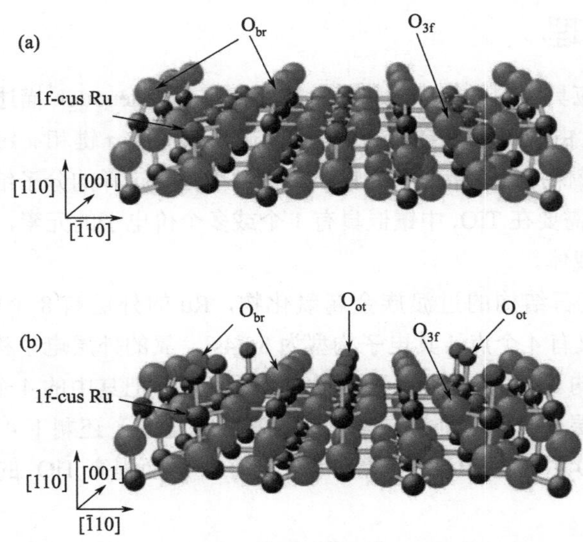

图10-2 $RuO_2(110)$表面的球棍模型图[14]

若反应按照 Volmer-Tafel 机理发生，则是两个 Cl^- 在阳极表面失去电子形成吸附物种 $*-Cl$，然后发生重整生成 Cl_2。该反应机理与 HCl 的气相氧化反应机理非常相近（迪肯制氯反应），其反应级数为 2，然而动力学实验结果显示该反应是一个一级反应，与提出的反应机理不相符[10, 15]。Volmer-Heyrovsky 反应机理则是 Cl^- 在阳极表面失去电子形成一个吸附中间物种 $*-Cl$，再与溶液中 Cl^- 结合发生电化学脱附生成 Cl_2。而对于 Krishtalik 机理，Erenburg 和 Krishtalik 学者认为，Cl^- 在阳极表面失去电子形成的中间物种 $*-Cl$ 将会进一步发生氧化反应而形成 $(*-Cl)^+$。对此，Augustynski 等学者利用实验结合 XPS 数据分析，阳极的氧化电位低于 Cl^- 的氧化电位，故 $(*-Cl)^+$ 是不可能形成的[16]。但 Burke 和 O'Neill 等学者认为，Cl^- 可以在氧化后的电极表面发生氧化[17]，即 $*-O + Cl^- \longrightarrow *-OCl + e^-$ 或 $*-O + Cl^- \longrightarrow (*-OCl)^+ + 2e^-$。因此，上述三种反应机理都存在争议，而且，关于析氯反应是否与电解液中 H^+ 有关也存在一定的争议。国内早期的研究学者以钌钛氧化物阳极为研究对象，提出阳极涂层的催化作用来源于施主钌和氧缺陷[18]。在正电场下，作为主要的电子供体钌，不仅使电子转移到阳极，使 Ru 成为正电中心，也致使 RuO_2 和 TiO_2 固溶体产生氧缺陷。氧负离子缺位使点阵格子形成空位，结果相当于使该处多了正电荷，Ru 的正电中心增强。上述阳离子掺杂和阴离子缺位的双重结果导致阳极固溶体中具有缺陷吸附位，即吸附 Cl^- 的活性中心 Ru^{4+}：

$$Ru^{4+} + Cl^- \longrightarrow Ru^{4+}Cl_{ads} + e^- \tag{10-9}$$

由于 Ru^{4+} 的外层电子结构为 $4d^45s^0$，未满的 d 轨道具有容纳外来电子的费米能级可以与式（10-9）中吸附的氯原子（$3s^23p^5$）中未满的 p 电子配对，在 Ru 的正电中心作用下，这个配对的 p 电子更偏向于 Ru^{4+} 的一方：

$$Ru^{4+}Cl_{ads} \rightleftharpoons Ru^{3+}Cl^+_{ads} \tag{10-10}$$

Cl^+ 在阳极上受到静电排斥作用，很容易与电解液中的 Cl^- 发生解吸，便产生了氯气：

$$Ru^{3+}Cl^+_{ads} + Cl^- \longrightarrow Ru^{4+} + Cl_2 + e^- \tag{10-11}$$

式（10-9）和式（10-11）反应在正电场作用下容易发生，因此式（10-10）为控制步骤。

陈康宁[19]以钌钯钛电极为研究对象，以钌钛电极为比较，考察了有关析氯反应动力学参数，验证了上述机理，并认为 H^+ 没有参与反应，Cl^- 的反应级数为 1。

然而，Evdokimov 等[20]研究学者认为电解液中 pH 值对析氯反应具有重要的影响，并在前人的研究基础上进行了修订，提出与 pH 值有关的析氯反应机理：

$$*^{Z}-OH_2^+ \longrightarrow *^{Z+1}-OH + H^+ + e^- \tag{10-12}$$

$$*^{Z+1}-OH + Cl^- \longrightarrow *^{Z+1}-OHCl + e^- \tag{10-13}$$

$$*^{Z+1}-OHCl + Cl^- + H^+ \longrightarrow *^{Z}-OH_2^+ + Cl_2 \tag{10-14}$$

$$*^{Z+1}-OHCl + Cl^- \longrightarrow *^{Z+1}-OH + Cl_2 + e^- \tag{10-15}$$

其中，$*^Z$、$*^{Z+1}$ 分别代表活性物种的非氧化态及氧化态。反应机理中形成吸附 OHCl 中间物种，从而可以阐明析氯反应与电解液中 pH 值的相关性影响。在早期的研究中，Harrison 等[21]研究学者发现，当溶液体系中 pH>3 时，HClO 作为一种中间物是可以稳定存在的。这将间接证实了该反应机理的合理性。由于 RuO_2 是析氯反应的主要活性物，而且在实际情况中多以多晶态形式存在。那么，不同晶面是否会对析氯反应造成明显的影响呢？因而研究学者考察了 $RuO_2(110)$ 和 $RuO_2(230)$ 两种典型晶面在析氯反应中与反应活性和电解液 pH 值的相关性影响[22]。其结果表明，$RuO_2(110)$ 面的析氯反应活性明显低于 $RuO_2(230)$ 面；$RuO_2(110)$ 面的反应速率与 pH 值无关，$RuO_2(230)$ 面上 H^+ 反应级数为 −1。对此，Guerrini 和 Trasatti[23]进行了相关论述，主要将其归结为不同的电极表面具有不同的吸附水分子强度。$RuO_2(230)$ 晶面对水分子的吸附作用明显强于 $RuO_2(110)$，导致其表面的水氧化反应与 Cl^- 氧化吸附反应形成竞争关系，因此在电催化反应过程中，$RuO_2(230)$ 晶面的电催化反应与电解液的 pH 值紧密相关，而 $RuO_2(110)$ 晶面发生的电催化析氯反应对电解液的 pH 值影响较小。

近年来，随着量子化学计算方法以及计算技术的进步，量子化学计算方法对于深入探索电极的结构和析氯反应之间的关系成为可能。通过应用热力学方法构建 pH- 电位图，进而判定催化剂表面的最稳定结构与电位、pH 值的关系。如图 10-3 所示，Hansen 等[24]研究学者利用理论研究发现，在 pH 为 0 ～ 1 范围内，析氯反应电位低于析氧反应。随着 pH 值逐渐升高，析氧反应开始发生反应。他们认为，在析氧反应过程中有三种中间物需要与电极表面进行优化匹配，而析氯反应只涉及一种中间物种，即 $Cl(O_{ot})_2$，它可在析氯反应电位下自发形成，其发生析氯反应的最小电位是 1.55V，稍高于实验观察到的 1.40V，容易与电极表面进行匹配，因而反应更容易进行。Over 等[25]研究学者通过 DFT 也得出了类似的结果，并且还发现，$RuO_2(110)$ 表面沉积一层 $TiO_2(110)$ 将有助于降低析氯反应的吉布斯自由能，增强了析氯反应的选择性，为实验提供了研究方向。

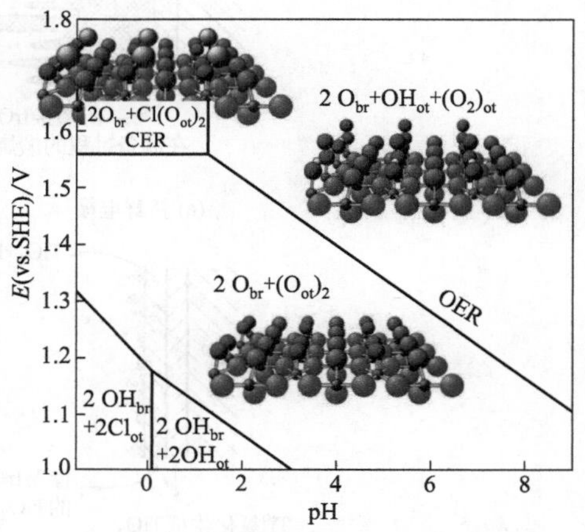

图10-3 $RuO_2(110)$与Cl^-、H^+和H_2O的平衡相图［298.15K，$a(Cl^-)$=1］[24]

10.2.3 失活机理

作为工业应用，DSA 除了表现出优异的电催化活性外，还必须具备较高的稳定性。在实验研究中，工作者一般采用加速寿命试验（accelerated stability test，AST）以快速评价 DSA 涂层稳定性与使用寿命，即在更加恶劣的条件下（如远高于正常值的电流密度和更具腐蚀性的电解液）测试 DSA 随时间变化的曲线。当 DSA 电位急剧上升时即视为失活[26-28]。

图 10-4 所示为一典型的 DSA 加速寿命曲线，图中可以分为三个特征区间：DSA 稳定一段时间（0 ～ 170h）后开始电位上升，随后在更高的电位下又稳定一段时间（170 ～ 380h），最后电位开始急剧上升失活。在此过程中，每隔一段时间进行的 CV 和 EIS 测试表明：第一阶段主要发生 DSA 表面疏松层的溶解腐蚀，在此过程汇总表征阳极活性面积的电化学参数（表面电荷 q_a 和双电层电容 C_{dL}）减小，而电化学反应电阻 R_{ct} 逐渐增大；第二阶段则是发生致密但仍然具备较好电化学活性的氧化物涂层与电解液接触并被缓慢腐蚀，表面电荷 q_a 也缓慢减小；第三阶段则是由于 IrO_2 含量较低的内部氧化物与电解液接触并快速氧化生长 TiO_2 时，阳极表面氧化膜欧姆电阻 R_f 随着 TiO_2 膜的生长而急剧增大，至此 DSA 完全失活。

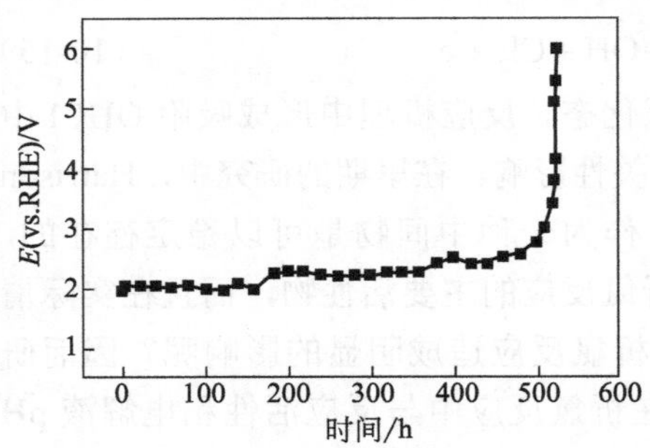

图10-4 $Ir_{0.3}Ti_{0.7}O_2$/Ti阳极的DSA加速寿命曲线[27]（电流密度：400mA/cm²，电解液：1.0mol/L $HClO_4$，温度：32℃ ± 2℃）

图 10-5 是上述各过程的形貌描述。由此可见，导致阳极钝化的原因包括：①电解质腐蚀 Ti 基体后在活性涂层与金属基体间形成 TiO_2 钝化膜；②阳极涂层中活性物种逐渐发生溶

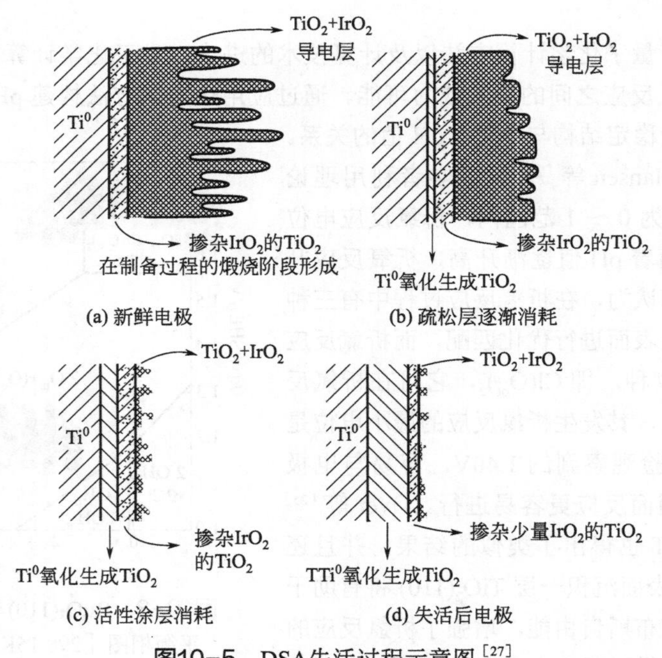

图10-5 DSA失活过程示意图[27]

解，造成涂层中非活性物种含量升高，析氯催化性能下降；③阳极涂层的整体腐蚀与消耗。为了进一步增强电极的稳定性，许多研究学者对其失活机理进行了大量研究[29-37]，可归纳总结为以下几点。

（1）基体钝化 在电解反应过程中，除了析氯反应之外，还存在副反应氧气析出：

$$*+H_2O \longrightarrow *-OH_{ads}+H^+_{aq}+e^- \tag{10-16}$$

$$*-OH_{ads} \longrightarrow *-O_{ads}+H^+_{aq}+e^- \tag{10-17}$$

$$2*-OH_{ads} \longrightarrow *-O_{ads}+**+H_2O \tag{10-18}$$

$$2*-O_{ads} \longrightarrow 2*+O_2 \tag{10-19}$$

产生的吸附态羟基自由基和活性氧将与 Ti 基体发生反应，生成一层致密的高电阻 TiO_2 钝化膜（图 10-6），经过长期工作后，累积的 TiO_2 钝化膜越来越厚，导致阳极电位逐渐升高。电位的升高将进一步增进催化剂涂层的溶解和 Ti 基体的氧化，形成一个恶性循环。

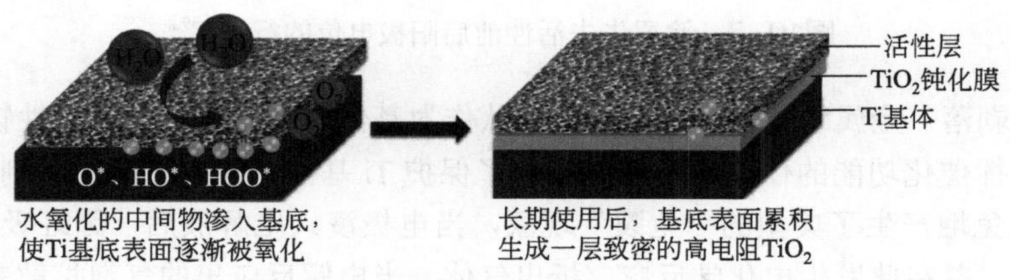

图10-6 Ti基底表面氧化过程示意图

Lassali 等[30]通过电化学阻抗谱研究了 $Ir_{0.3}Ti_{(0.7-x)}Sn_xO_2$ 电极的失效机理。他们发现，随着电解时间的增加，高频半圆逐渐清晰。采用等效电路进行拟合，结果显示表征膜层电阻的电阻元件在失效过程中不断增大，由此可以推断活性层与基体之间有 TiO_2/Ti_2O_3 层生成，从而导致膜层的电阻不断上升，最后导致电极失效。Zeng 等[29]也对电极进行加速寿命实验后的涂层进行了测试，结果显示涂层中 TiO_2 含量明显增加，并成为主要成分。

（2）活性组分损耗 金属氧化物涂层活性的降低，主要与表面活性物种的氧化损耗有关。根据热力学计算，阳极电位高于 1.387V（vs. SHE）时，RuO_2 发生以下反应：

$$RuO_2+2H_2O \longrightarrow RuO_4+4H^++4e^- \tag{10-20}$$

在含有 Cl^- 的酸性溶液中，可与钌离子结合形成可溶性钌化物：

$$RuO_2+5Cl^-+3H^+ \longrightarrow RuOHCl_5^{2-}+H_2O \tag{10-21}$$

氧化钌作为涂层中的主要活性成分，在较高的过电位下会形成 RuO_4 或者 Ru(Ⅵ)、Ru(Ⅶ)的氯氧化物，这些氧化物都不稳定，易溶于电解液中，从而使活性组分减少[38]。张招贤对阳极涂层的损耗进行了详细的研究，其结果表明，阳极涂层溶解有两种情况：一种是整个阳极表面均匀地溶解；另一种是在阳极某个地方（一般是在阳极边缘地带）局部溶解。当涂层残余量占整个电极面积 18% 时，电极开始失活。该结果与日本学者中川诚二的研究成果基本一致。从图 10-7 可以看出，氯碱工业隔膜法生产时，涂层残余量为 5%；离子交换膜法生产时为 11%；水银法生产时为 17% ～ 29%，电位迅速升高，电极开始失去活性。通过 XRD 表征也可以发现，阳极失效后，涂层中 RuO_2 的特征衍射峰明显降低，并出现了不导电的 TiO_2。

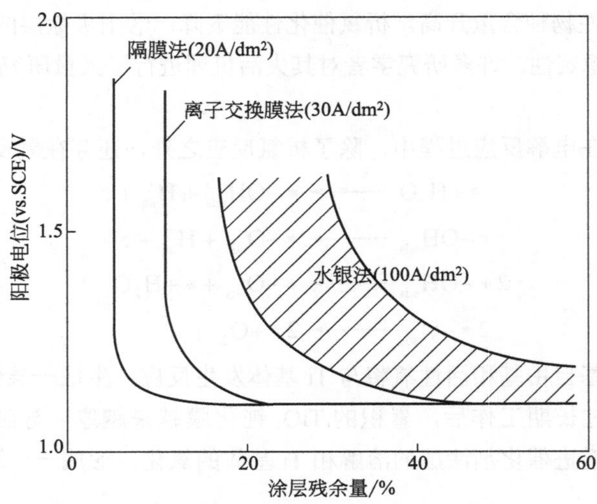

图10-7 涂层失去活性前后阳极电位的行为[39]

（3）涂层剥落 金属氧化物涂层阳极是由钛作为基体，在其表面涂覆活性物质制备而成。该涂层不仅发挥催化功能的作用，同时还起到了保护 Ti 基体的功效。然而，制备涂层时因热应力而不可避免地产生了典型的“龟裂”现象，当电极浸入电解液后，因虹吸作用电解液将渗透到裂纹内，并在此发生电化学反应，析出气体。当电解反应出的气泡扩散并汇集变大时，这些即将破裂的泡沫将会对裂缝两边形成张应力。一旦这些泡沫在催化剂的表面变大到临界尺寸后迅速破裂，将对龟裂纹结构产生巨大的冲击作用。随着反应的持续进行，气泡的形成、汇集、溃灭也反复不断，使裂纹两侧和涂层表面承受周期性张应力和撞击力。在固体表面，气泡溃灭前不呈球形，在低蒸气压的液流中，气泡溃灭时几乎所有能量均用于压缩周围的液体，由此产生微射流作用，并以高达 100 ～ 500 ms 的速度冲击涂层表面，其脉冲强度和持续时间随气泡大小改变。一般溃灭时间只有几微秒，产生的压力可达 30 ～ 200MPa。因此，气泡对裂纹两侧的脉动张应力将使裂纹加宽、加深，最终导致活性涂层剥落。这不仅减弱了涂层催化作用的发挥，还使得电解液更容易进入 Ti 基体，从而加速阳极失效。图 10-8 所示为 $Ir_{0.3}Sn_{0.3}Ti_{0.4}O_2$ 电极经过加速老化测试后的 SEM 图[40-44]。

（4）氧化物饱和 研究发现，阳极析出的氧可以明显改变催化剂表面的活性物种。通常情况下，活性金属氧化物涂层是由非化学计量比的金属氧化物（MO_{2-x}）构成，属于缺氧型氧化物，在这种涂层中，x 约在 0.01 ～ 0.02 范围内。那么，伴随氧化物覆盖度升高，活性中心也会明显增多，导致电极的催化活性急剧增加。催化剂的导电机理是拥有相同晶型的氧化钌和氧化钛在加热作用下获得 n 型半导体，在价带与导带之间产生新的能级，大大减小了电子跃迁到导带的能垒，导电性显著增强。该混合晶体具有一些氧缺陷，而当这些氧空缺被氧填满时，过电位迅速上升，导致电极失活。正如 Nora 等[45]所报道的，在惰性气体或真空中，将这类失活后的催化剂进行高温煅烧后，可以使催化剂吸收和吸附的氧被脱除，阳极涂层便可以恢复到本来的非化学计量形态，从而使阳极重新恢复电催化活性。Mozota 等[46]利用循环伏安进行扫描测试，结果显示，氧原子不会化学吸附在金属 Ir 的表面，同时也发现，这个过程是一个可逆反应，并不会发生所谓的表观钝化情况。所以添加铱元素能够升高阳极氧化电位，有助于提高阳极的使用寿命。

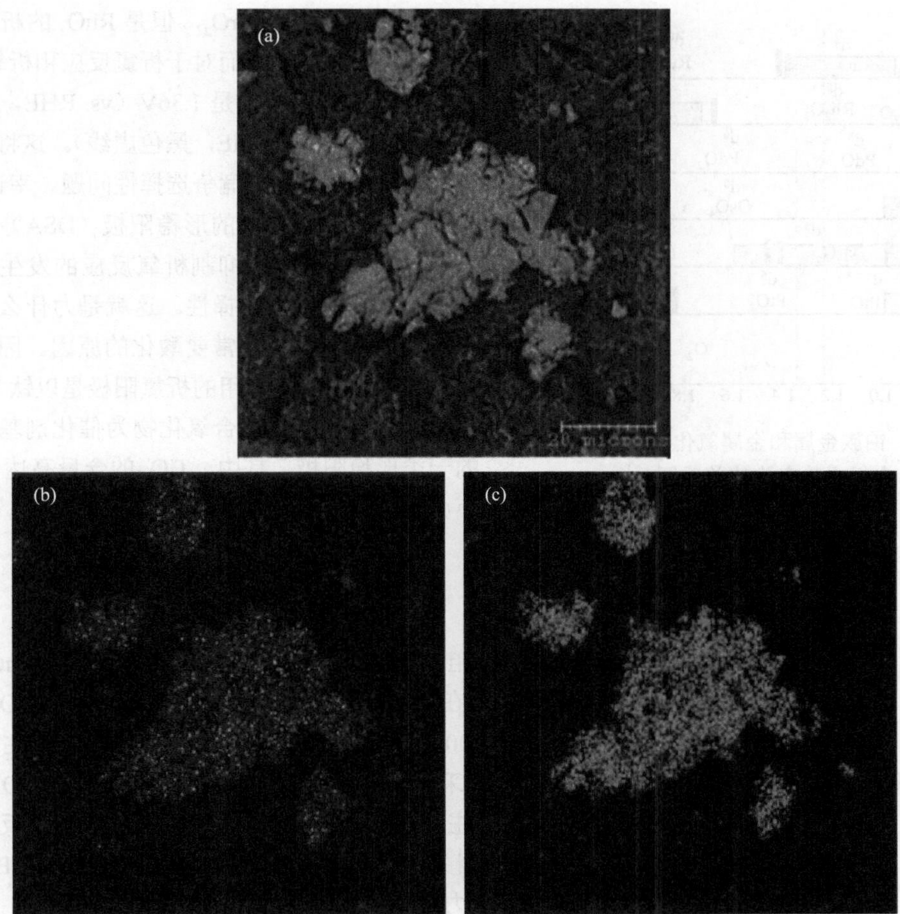

图10-8 $Ir_{0.3}Sn_{0.3}Ti_{0.4}O_2$电极经过加速老化测试后的SEM图（a）及EDX元素分布图：（b）Sn和（c）Ir [43]

10.3 形稳阳极的设计

随着科研人员对DSA作用机理的不断认识，如采用高活性配方制备的电极在提高活性的同时，阳极的稳定性大大降低；选择大量贵金属元素将会造成阳极成本过高；贵金属涂层和钛基材的结合力在复杂电场、苛刻工况条件下急剧衰减，造成涂层脱落，基体腐蚀。因此，从各种影响因素出发，对阳极的组分、制备和结构性能做深入研究是十分必要的。特别是在中国车间里运行的都是外国公司的生产线，长期稳定运行的国产氯碱电解槽尚属中国梦的一部分。

作为一类性能优异的析氯反应电极，需要满足以下四个基本条件：高催化活性、高稳定性、高选择性和高导电性。根据图10-9中典型的铂族金属和金属氧化物伴随电极电势变化的稳定图可以看出[7]，灰色区域代表金属的导电性，黑色和灰色的虚线和柱形条所在位置分别表示该电极发生析氧反应和析氯反应的平衡电势和一定电流流过时的电极电势。因此，只有RuO_2和IrO_2在析氯反应和析氧反应条件下还可以保证良好的电子导电性和稳定性。其中，

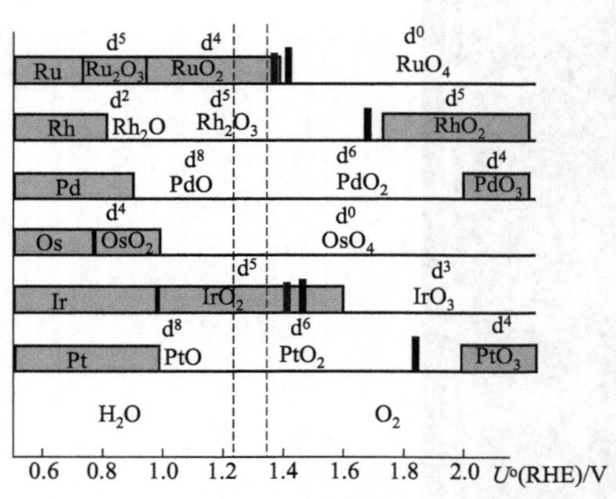

图10-9 铂族金属和金属氧化物的稳定性与电极电势变化的关系图[7]

RuO_2的稳定性不及IrO_2，但是RuO_2的析氯活性和析氧活性则更好。而对于析氯反应和析氧反应，它们的平衡电势分别是1.36V（vs. RHE，灰色虚线）和1.23V（vs. RHE，黑色虚线）。这将导致阳极析氯反应面临一个竞争选择性问题。幸运的是，一类含有钌钛氧化物的形稳阳极（DSA）可以在较低的pH值条件下抑制析氧反应的发生，从而增强了阳极析氯的选择性。这就是为什么氯碱电解槽的阳极电解液经常要酸化的原因。因此，目前氯碱工业中普遍应用的析氯阳极是以钛为基体、氧化钌和氧化钛的混合氧化物为催化剂基本组分的一类形稳阳极。其中，TiO_2的含量高达70%也不会降低析氯反应的催化活性。

10.3.1 涂层组分的筛选

钌钛二元氧化物涂层阳极[47-49]是最早应用于氯碱工业生产中的电极。其中，RuO_2是析氯反应（CER）的活性物种。Over课题组[50]在超高真空条件下制备了超薄单晶RuO_2薄膜，并通过理论计算研究了RuO_2(110)负载于钌（0001）上CER的催化活性和选择性。在5mol/L NaCl电解液中，控制溶液的pH为0.9和3.5，采用安培法（CA）和在线电化学质谱（OLEMS）技术发现，在pH=0.9时，电极以催化CER为主导，而在pH=3.5时，OER和其他副反应对总电流密度的贡献最大。根据pH=0.9时与温度相关的CA数据可以确定RuO_2(110)上CER的表观自由活化能为0.91eV，这与第一原理微观动力学得出的理论值0.79eV十分相近。

尽管其耐蚀性较好，但是在析氯反应过程中产生大量O_2，不仅降低了Cl_2的纯度，还会造成催化剂涂层中缺氧固溶体结构被破坏，并通过涂层表面的裂缝扩散到Ti基体表面，使基体逐渐被钝化而形成电阻较大的P-N结，最终导致涂层失活。

为了探索具有更好催化性能的阳极涂层材料，IrO_2、SnO_2等氧化物被掺入到钌系氧化物涂层中，不仅降低了气体的析出电位，还提高了阳极的催化性能和使用寿命。这是因为铱氧化物是一种过氧化结构，氧渗透不会对其产生破坏，与钌氧化物相比，铱氧化物析氧过电位高，且耐腐蚀性能好、抗氧化物性能强，所以，它经常被用来作为一种添加剂，加入钌系氧化物阳极提高电化学性能。Mozota等[46]的研究证实，在钌系氧化物阳极中掺入氧化铱，涂层的导电机能、电催化性能都可以获得明显改进，同时，它的析氧过电位升高，抑制产品氯气中氧气的含量。而且，氧原子在Ir表面的吸附、脱附过程均是可逆的，从而提高了氧化物阳极的使用年限。而对于SnO_2，它属于n型半导体，不仅具有较高的电导率、机械强度和耐腐蚀性能，还具有陶瓷性，能与钛基体牢牢结合。当涂层中加入锡组分时，除了能加强基体与活性涂层的附着力之外，它自身的离子半径与Ru相差不大，且都属于相同的金红石型晶体结构，故容易形成固溶体结构，有利于细化晶粒尺寸，有助于削减电极涂层表面的裂纹数目，延缓氧扩散和渗透到基体形成TiO_2钝化层，从而延长了电极的工作寿命。

随着国民经济的不断发展，氯气、烧碱的消耗越来越大，产品的纯度要求也越来越苛刻，为此，研究者开始尝试添加第三种、第四种组分形成复合多元金属氧化物涂层来进一步提高阳极涂层的催化性能。目前已得到商品化应用的涂层电极主要有：Diamond Shamrock 公司的含 Ru-Ir-Ti 涂层；日本旭化成公司的 RuO_2-TiO_2-ZrO_2 涂层；TDK 公司的钯氧化物涂层；C. Condratty Nurnberg 公司的铂青铜涂层，化学式为 $M_{0.5}Pt_3O_4$，其中 M 代表 Li、Na、Cu、Ag、Ti、Sr 等；Dow 化学公司的 $M_xCo_{3-x}O_4 \cdot yZrO_2$ 涂层，式中 $x \geqslant 1$，$y \leqslant 1$，M 为 Mg、Mn、Cu、Zn 等。从表 10-4 和表 10-5 也可以看出，添加具有高氧、低氯过电位，高电流密度下耐 O、S、Br 腐蚀能力强，且能与 Ru、Ti 形成固溶体的铂族贵金属（Ir、Pt、Pd、Rh 等）和化学价态≤4 的过渡族金属（Sn、Sb、Co、Mn、Ni 等）来构成多元金属氧化物涂层，可以充分发挥不同氧化物的电化学特性，提高电极的析氯催化性能。

表10-4 金属氧化物涂层阳极的元素性质

金属元素	Ti	Ru	Ir	Pt		Pd	Sn	Co	
电负性	1.5	2.2	2.2	2.2		2.2	1.8	1.8	
原子半径 /pm	α 144.8 β 143.2	132.5	135.7	138.8		137.6	140.5	125.3	
离子半径 /pm	Ti^{4+} 64.0	Ru^{4+} 65.0	Ir^{4+} 66.0	Pt^{2+} 87.0	Pt^{4+} 52.0	Pd^{2+} 72.0	Sn^{4+} 74.0	Co^{2+} 82.0	Co^{3+} 64.0

表10-5 金属氧化物涂层阳极的氧化性质

金属氧化物		TiO_2	RuO_2	IrO_2	PtO_2	PdO	SnO_2	Co_3O_4
晶体结构		四方金红石型	四方金红石型	四方金红石型	正交金红石结构变形	四方金红石型	四方金红石型	立方尖晶石型
点阵常数 /pm	*a*	459.33	449.02	449.83	448.7	34.3	473.8	808.4
	b	—	—	—	453.6	—	—	—
	c	295.92	310.59	315.44	313.7	533.7	38.8	—
c/a		0.6442	0.6917	0.7012	0.699	1.754	0.673	—
c/b		—	—	—	0.989	—	—	—
氧化物析氯电位顺序		PdO<RuO_2<IrO_2<Pt						
氧化物析氧电位顺序		RuO_2<IrO_2<PdO<Pt						
氧化物耐酸性		IrO_2>Pt>RuO_2>PdO						

Ribeiro 等[51]研究了 IrO_2-RuO_2-SnO_2 三元氧化物涂层，其中 IrO_2 和 RuO_2 各占 25%，电极的生产成本较少，电催化稳定性也得到显著增强。王欣等[52]构建了 Ru-Ti-Sn 三元氧化物涂层，其中 SnO_2 的含量不一样。他们详细分析了锡元素对电极涂层的微观结构、颗粒大小和形貌的作用。研究表明，在催化剂中添加 SnO_2 可以使催化剂的颗粒尺寸变小，颗粒的表面形状展示出较理想的等轴状特点。Cestarolli 等[53]研究了 RuO_2-TiO_2-PbO_2 三元阳极涂层，结合大量的测试结果表明，元素 Pb 的加入可以细化氧化物晶粒，对电子的转移有利。Lassali 等[54]对 RuO_2-TiO_2-PtO_2 三元金属氧化物涂层进行了探究，结果发现，Pt 作为掺杂物引入到涂层中，有助于增加电极的表观活性面积；而且还观察到，随着 Pt 在涂层中含量的增加，其双电层的伏安电量也逐渐增大。当 Ru 和 Pt 这两种活性物质在催化剂表面上发生偏析时，也能够出现 Ru 富集的区域。Santana 等[55]增添了新的元素 Nb，构建了 RuO_2-TiO_2-CeO_2-Nb_2O_5 四元氧化物涂层。研究发现，Ce 会导致阳极涂层耐腐蚀性下降，而 Nb 的添加能够显著加强阳极涂层的机

械结合强度，有效地解决了这个问题。Meaney 等[56]制备了 SnO_2-Sb_2O_5-MnO_2-PtO_2 四元涂层，该涂层表面活性中心点多，涂层具有高的析氧电位。王科等[57]构建了钌 - 钛 - 铱 - 锡四元氧化物催化剂，结果表明，因为 Ir、Sn 的离子半径与 Ru 和 Ti 的离子半径相近，IrO_2、SnO_2、RuO_2 和 TiO_2 具有相同的金红石型晶体结构，所以在氧化物催化剂中增加元素锡后，不但明显降低了析氯反应的电极电势，而且能够有效提高其产生氯气的电流效率。侯志强等[58]采用热分解法制备了 RuO_2-TiO_2-IrO_2-SnO_2 四元氧化物涂层阳极。结果表明，Ir、Sn 活性组分的加入，电极的抗氧腐蚀机能得到了显著改进，但析氯电位有所升高。这主要是因为蓬松的形貌特征和高含量的 TiO_2(A) 和 α-Ti 相，使得电极的析氯催化活性下降。

10.3.2 基体预处理

金属钛作为基体具有良好的耐电化学腐蚀性，有一定的机械强度，便于加工制造，表面容易形成钝化膜而本身导电性良好。为了增强基体与金属氧化物涂层的结合力，延长电极的使用寿命，可对基体表面进行适当的预处理，使钛基体表面形成凹凸不平的麻面层，具有较大的比表面积。因此，探索不同方法对基体进行预处理是在涂覆活性组分之前的一个十分重要的环节。

Comninellis 等[59]研究指出，基体的预处理会影响到烧结之后基体与涂层之间的结合力、涂层的表面微观形貌，甚至还会影响到涂层的附着量。这些在很大程度上都会影响到阳极的性能以及寿命。胡吉明等[60]发现，基体经喷砂处理之后制备的 IrO_2+Ta_2O_5 的阳极与基体未经处理制备的阳极相比，经喷砂处理之后制备的阳极寿命较长，Ti 基体与氧化物涂层的结合力也得到改良，没有经过喷砂处置的催化剂涂层将会出现部分粉末状剥落。

徐浩[61]等探讨了使用不同品种的酸，包括无机酸和有机酸来对 Ti 基体进行相应的处理，并利用现代物理表征方法和电化学方法对电极的催化性能的影响。实验结果显示，在草酸和硫酸中对 Ti 基体进行刻蚀，它的质量损失率要高于在 HCl 中的质量损失率。利用金相分析和扫描电子显微镜对样品进行表征，实验结论表明，对 Ti 基体表面刻蚀成效最佳的是 $H_2C_2O_4$，基体表面的刻痕较细，且分布匀称。同时，也有研究[62, 63]指出，IrO_2+Ta_2O_5 阳极涂层的强化电解寿命随着沸腾 $H_2C_2O_4$ 刻蚀时间发生变化。他们认为，随着刻蚀时间的增加，氧化物阳极的寿命会有很大程度的提高，继续刻蚀，氧化物阳极的寿命开始下降，其最佳刻蚀时间为 2h，基体表面会出现分布均匀、深度适中的麻面。Matsumoto 等[64]提出在钛基体表面形成一层多孔氧化膜，然后再涂覆催化剂层。事实上，形成的这层多孔氧化膜达到了增添中间层并经过对中间层的粗化达到机械镶嵌作用的目的。

10.3.3 制备方法

随着阳极涂层材料的不断发展，制备方法也在不断改进。当前的制备方法主要包含热分解法、溶胶 - 凝胶法、电化学沉积、磁控溅射、喷雾高温分解法等。

（1）热分解法　在各种制备方法中，热分解法是构建金属氧化物阳极催化剂最常见的一种方法。它是将金属盐前驱体按照一定比例配制成目标溶液，通过刷涂、喷涂或浸渍等手段涂覆在预处理好的金属钛上，然后经过低温干燥、高温煅烧制得形稳阳极[52-56]。该方法简易、成本较低，容易实现工业化生产。Ren 等[65]采用热分解法制备了 TiO_2 掺杂的 IrO_2-Ta_2O_5(IrO_2-Ta_2O_5-TiO_2) 电极。XRD 结果表明，TiO_2 组分已完全进入 IrO_2-Ta_2O_5 晶格中。IrO_2-Ta_2O_5-TiO_2 电极具有最大的电化学活性表面和最低的 Tafel 斜率，催化 CER 活性最好。同时，IrO_2-Ta_2O_5-TiO_2 电极在恒电流密度条件下催化 CER 和 OER 具有较大的电位差，因此 CER 选择性高，显著抑制了 OER 的发生。

然而，这种方法制备的电极组分不均匀，存在偏析现象，晶粒尺寸较大，且表面形成典型的“龟裂”现象。尽管产生的裂纹可以增大电极的有效表面积，从而增加活性位数量，减小电极工作时的真实电流密度，使电极电势降低，但是，内表面很多位点难以使电解液到达，导致活性位点利用率不高（图 10-10[66]）。同时，这种裂纹也会造成电解液和电极工作产生的气体扩散至基体，使基底表面被氧化形成 TiO_2 钝化膜，加速电极失效。

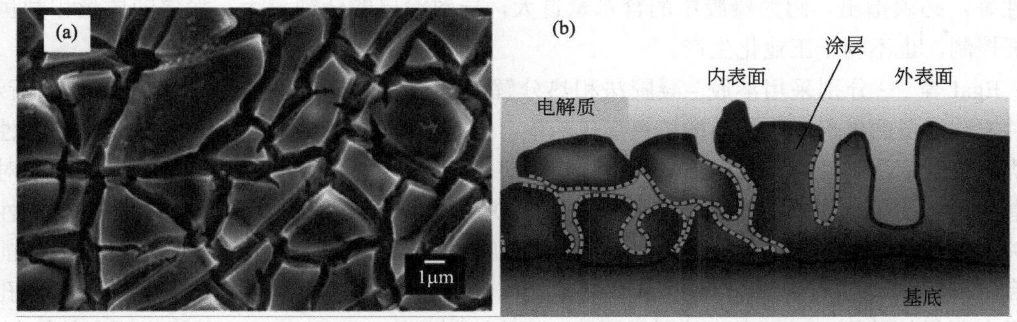

图10-10　(a) 传统热分解法制备的 TiO_2-RuO_2/Ti（30% Ru，摩尔分数）电极的SEM图；(b) 电极截面示意图（其中虚线为内表面，实线为外表面）[66]

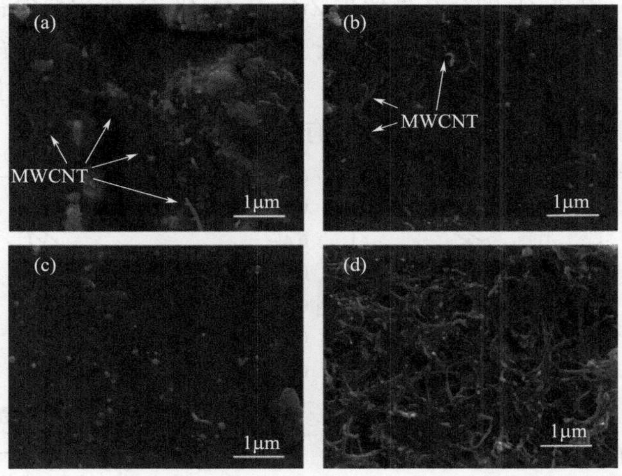

图10-11　(a)～(c) IrO_2-Ta_2O_5-MWCNT涂层的SEM图；(d) Ta_2O_5-MWCNT涂层的SEM图[67]

为此，Firoozi 等[67]采用热分解工艺引入导电性和柔韧性良好的 MWCNT 制备了一种由 IrO_2-Ta_2O_5-MWCNT 组成的 DSA 涂层，从而有效抑制了龟裂现象的发生。实验结果表明，在 350 ～ 550℃范围内，焙烧温度对控制 IrO_2 和 MWCNT 的微观结构和影响 DSA 的电化学行为具有重要作用，利用 TGA/DSC、XRD 和 SEM 分析表明，高温将会导致 IrO_2 从非晶态结构到结晶型结构的演变，并导致 MWCNT 的管状结构消失，形成石墨化层状结构（图 10-11）。其中，350℃退火处理形成的电极呈现非晶态结构，裂纹密度最低，催化 CER 性能最好。

（2）溶胶 - 凝胶法　随着纳米技术的兴起，制备具有纳米级的涂层阳极受到了研究学者的广泛关注。其中，溶胶 - 凝胶法是获得纳米尺寸阳极涂层材料最有效的方式，主要是利用胶体化学原理，将金属盐溶于水或者有机溶剂中，金属盐将与溶剂发生水解反应或者醇解反应，反应产物汇集成几个纳米的离子并团聚成溶胶，再以溶胶为涂覆液对基体进行涂覆处理，在基体上涂覆后形成的溶胶膜经凝胶化形成凝胶膜，经烘干、退火处理后得到所制备的氧化物阳极。利用这种方法制备样品时，可以按照需求，调控制备进程中可能存在的因素，从而制得各类拥有特殊性能的材料，也能够获得其他方法难以合成的材料。与其他方法相比，利用溶胶 - 凝胶法制备的阳极材料成分均匀、颗粒尺寸小、表面活性比表面积大、电催化活性和稳定性好。必须指出，因为凝胶中的含水量过大，导致涂层的烧蚀量大，涂层的质量和载量并不好控制，也不利于工业化生产。

Egal 等[68]分别采用溶胶 - 凝胶法和热分解法制备 RuO_2-TiO_2/Ti 电极，如图 10-12 所示，两种方法制备的电极具有相当的析氯催化活性，但是溶胶 - 凝胶法制备的电极显示的稳定性明显优于热分解法制备的电极。Ribeiro 等[51]也研究了热分解前驱聚合物法和溶胶 - 凝胶法对析氯催化性能的影响，并讨论了制备的 Ti/$Ir_xSn_{1-x}O_2$ 化合物阳极涂层的结构、形貌与电化学性质的关系。从实验结果可以观察到，采用溶胶 - 凝胶法制得的涂层催化剂的稳定性比热分解前驱聚合物制得的涂层催化剂好。分析其中的原因，可能归结为陶瓷材料和固溶体形成的多孔结构具有明显的差别。Forti 等[69]利用溶胶 - 凝胶法制备的 RuO_2-TiO_2-SnO_2 阳极可有效控制 Sn 元素的含量，克服了 Sn 在烧结过程中损失的弊端。Palma-Goyes 等[70]制备了不同 Zr/Ru 摩尔比（1、0.5 和 0.3）的催化剂。结果表明，随着 ZrO_2 含量的增加，其催化活性和吸附性能受到很大的影响。ZrO_2 和 Sb_2O_3 的存在导致 Ti/ZrO_2-RuO_2-Sb_2O_3 催化剂中有利于氧吸附的位点数量减少，从而使氧 - 金属之间的相互作用低于 Ti/RuO_2。通过电化学质谱（DEMS）和电化学实验研究表明，三元电极中 ZrO_2 含量越低，析氧反应（OER）具有更好的催化活性，随着阳极中 ZrO_2 含量增加，OER 过电位增加，越有利于促进 CER 的发生。

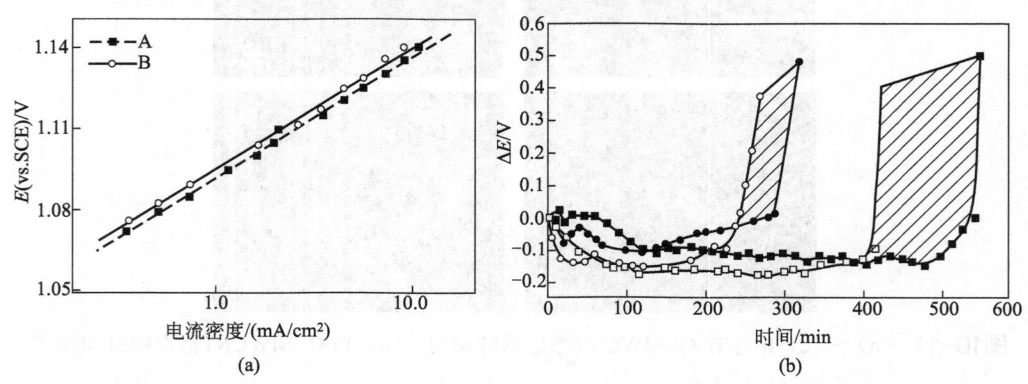

图10-12　溶胶-凝胶法（a）和热分解法（b）制备的电极涂层在5mol/L NaCl 电解液中析氯反应的极化曲线图及其对应的加速老化曲线图[68]

（3）电化学沉积法　电化学沉积法是制备金属膜及其氧化物膜的一种重要方法，有阴极还原沉积和阳极氧化沉积两种机理。其制备工艺简单、容易控制，适用于各种形状的材料，且制备的阳极表面均匀致密，与基体结合力强等。Fujimura 等[71]在钛电极上涂覆了一层 IrO_2，然后利用电沉积方法在表面形成一层 $(Mn_{1-x}Mo_x)O_{2+x}$ 氧化物薄膜，这种结构的电极具有较大的粗糙度、比表面积大，因而显示出较好的催化活性。$(Mn_{1-x}Mo_x)O_{2+x}/IrO_2/Ti$ 阳极在 1000A/m² 电流密度下电解 1500h 后，但是阳极电流效率仍没发生明显的波动。

Lee 等[72]采用电沉积法制备了一种超薄多层电极（$Sb\text{-}SnO_2/IrTaO_x/TiO_2$ 纳米管，TNT）用于氯离子氧化生成次氯酸。通过加入有利于抑制 OER 的 Sb、Sn、Ta 等非贵金属，显著减少了贵金属的用量，提高了在中性 pH 值和低浓度的 NaCl 下 Cl^- 氧化的选择性，也能降低成本和能耗。与平板电极结构相比，$Sb\text{-}SnO_2/IrTaO_x/TiO_2/TNT$ 的纳米管结构提供了更大的活性表面积和催化剂的负载量，有效地促进了 Cl^- 的氧化。$Sb\text{-}SnO_2/IrTaO_x/TNT$ 的法拉第效率约为 95%，说明水氧化反应几乎被抑制。

Heo 等[73]则采用脉冲电沉积法制备了一种黑色二氧化钛纳米管阵列（$b\text{-}TiO_2$）作为 CER 和 HER 电极。负载 RuO_2 的黑色二氧化钛具有更高的 CER 活性（在 10mA/cm² 和 100mA/cm² 电流密度下，极化电势仅为 1.090V 和 1.125V（vs. SCE），法拉第效率为 95.25%，而传统方法处理形成的晶体二氧化钛（$c\text{-}TiO_2$）负载的 RuO_2 在该极化电位范围内几乎没有活性，但在催化 HER 过程中则并未表现出明显的差异（图 10-13），表明二氧化钛载体的类型可以显著影响 CER 活性，为提高阳极 CER 电催化活性提供了新的研究思路。

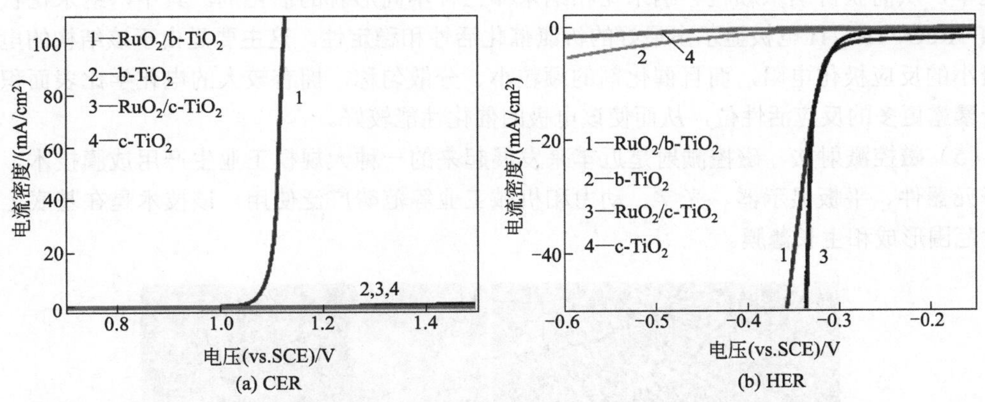

图10-13 黑色TiO_2（$b\text{-}TiO_2$）与晶体TiO_2（$c\text{-}TiO_2$）负载RuO_2形成的电极在5mol/L NaCl（pH=2）中的CER（a）和0.5mol/L H_2SO_4中的HER（b）[73]

（4）溶剂热法 溶剂热法由于合成条件相对比较温和，已被广泛用于制备各种纳米材料，其种类从比较简单的单质到氧化物，不仅可以制成高密度的一维纳米材料，还可以形成纳米线阵列结构、同轴纳米电缆、一维复合纳米结构、三维纳米结构等[74-76]。它主要是在高压反应釜中调控水热条件，实现从原子、分子级的微粒构筑和晶体生长。与其他合成方法相比，溶剂热合成法具有粉体晶粒发育完全，晶粒尺寸细小且分布匀称；团聚程度并不明显；容易获得所需的化学计量比和晶粒形态；能够利用相对廉价的原材料；省去了高温退火、机械研磨等步骤，防止从外来环境中引入新的杂质，样品的结构可以避免一些缺陷发生等特点。因此，利用溶剂热法能够实现其他方法无法获得的化合物和新型材料。在溶剂热条件下，对金属钛基底进行氧化刻蚀，可以制得大面积超长纳米线阵列的钛酸钠，其长度与直径比可以达到 20000，再经过离子交换和热处理就可以将钛酸钠转变成二氧化钛纳米线阵列作为载体[77]，同时还可将此方法推广应用于制备钛酸盐纳米棒阵列。利用水热方法在 H_2O_2 溶液中合成 TiO_2 中空结构，其形貌和晶体结构可以通过钛源控制。锐钛矿相的纳米 TiO_2 空心微球直径为 1μm，由直径为 40nm 大小的纳米颗粒构成。随着 pH 值升高，形成了 TiO_2 纳米颗粒和内部空心圆柱的长方体。在低温 HF 溶液水热条件下直接在金属钛片表面生成 F^- 掺杂花状 TiO_2。HF 的存在和反应时间对 F^- 掺杂花状 TiO_2 纳米结构的形成具有重要作用。合成的 TiO_2 纳米花直径为 500 ～ 800nm，由锐钛矿相构成，具有良好的结晶性和光电化学活性，对催化氧化降解废水具有较高的催化性能。

由此可见，利用溶剂热法可以在基底上制备不同形貌的金属氧化物。它们主要是通过金属前驱体在水相中发生水解，并与溶解于水中的氧气发生反应，从而在基底上形成一层晶核，随着反应条件的变化及结晶化，最终在基底上生长一层氧化物薄膜。因此，魏子栋等[78]利用溶剂热法直接在 Ti 基底表面原位生长了一层 RuO_2-TiO_2 氧化物。该方法制备的形稳阳极避免了传统热分解法形成的“龟裂”现象。其中，HCl 浓度对氧化物涂层的表面形貌生长具有显著的影响（图 10-14）。其主要作用是通过刻蚀基底，提供钛源，随后发生水解反应，在基底上形成晶核，即：

$$(Ru/Ti)^{3+} + H_2O \longrightarrow (Ru/Ti)OH^{2+} + H^+ \quad (10\text{-}22)$$

$$(Ru/Ti)OH^{2+} + O_2 \longrightarrow (Ru/Ti)(\text{Ⅳ})\text{氧化物} + O_2^- \longrightarrow RuO_2/TiO_2 \quad (10\text{-}23)$$

此时，Cl^- 将会首先在（110）晶面上发生吸附，从而占据并阻止该晶面的孕育和形成。由于反应体系中含有 H^+，它可以降低金属盐前驱体的水解速率，有利于调控氧化物涂层的沉积速率，从而获得纳米颗粒、纳米花和纳米棒三种不同形貌的催化剂。其中，纳米花状结构的 NF-RuO_2-TiO_2/Ti 电极显示出最好的析氯催化活性和稳定性。这主要是由于该结构的电极具有最小的反应极化电阻，而且催化剂的颗粒小、分散匀称，拥有较大的电化学比表面积，有利于暴露更多的反应活性位，从而使该电极的催化性能较好。

（5）磁控溅射法　磁控溅射是近年来发展起来的一种大规模工业生产用成膜技术，已在电子元器件、平板显示器、光学、动力和机械工业等范畴广泛使用。该技术是在基底上原子尺度范围形成和生长薄膜。

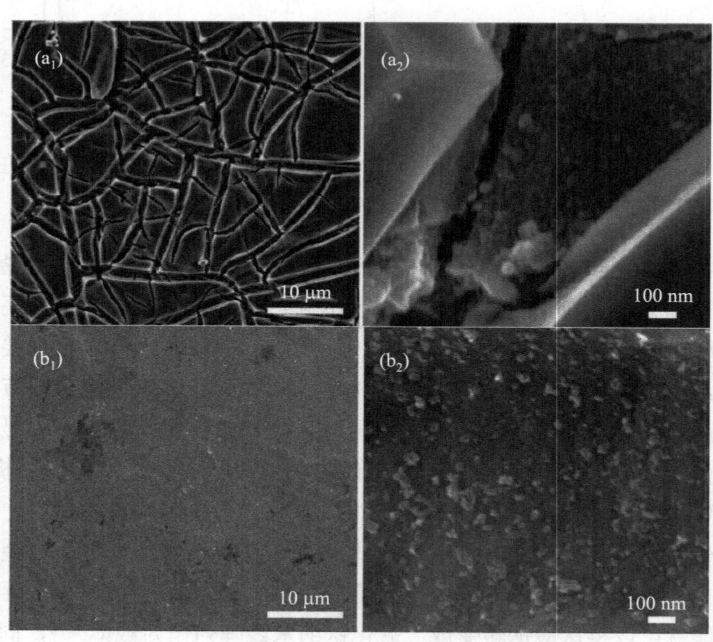

图10-14 不同形貌的催化剂的SEM图：(a_1)，(a_2)“龟裂”型RuO_2-TiO_2/Ti；(b_1)，(b_2)纳米颗粒型RuO_2-TiO_2/Ti；(c_1)，(c_2)纳米花型-RuO_2-TiO_2/Ti和(d_1)，(d_2)纳米柱型-RuO_2-TiO_2/Ti [78]

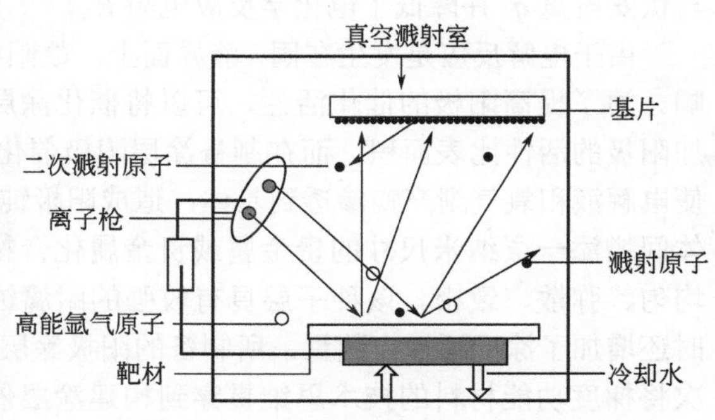

图10-15 磁控溅射工作原理示意图

磁控溅射机理如图10-15所示，它可以描述为：经电场加速的高能电子在飞向基底的过程当中先与氩原子发生碰撞，电离出大量的氩离子和电子，氩离子受电磁场的交互作用加速飞向靶材，随后靶材会在高速氩离子的轰击下发生溅射，溅射粒子最终在基片上沉积而成膜，而二次电子会被束缚在靶面附近区域内做漂移运动，不断与氩原子撞击产生更多的氩离子来轰击靶材，从而溅射沉积成膜，具有成膜速率高、均一性好等特点。潘建跃等[79]从磁控溅射改善物相结构、微观形貌、附着力等方面出发，优化了PbO_2阳极中间钽层制备的工艺参数，制备的含Ta中间层的PbO_2阳极与非含Ta中间层的PbO_2相比寿命可提高40倍以上。陶自春等[80]对比了不同制备方法，即电镀、刷镀、磁控溅射三类工艺制得含Pt中间层阳极，分析结果显示，利用磁控溅射在基体表面镀Pt中间层微观形貌非常致密、结合力最好，制备的阳极与其他两种相比使用寿命最长。

10.3.4 结构形貌的影响

通常情况下，电极的电催化活性取决于电子因素和几何因素两个方面。电子因素主要包括可影响电极表面与反应中间体之间结合强度的众多因素，而这些因素又取决于电极的表面化学结构；几何因素则是增大电极反应面积，提高电极的多孔性，促进反应物料的传输和气体产物的及时扩散。尽管在工业应用中，大家所追求的主要是恒电流极化下槽电压的降低或

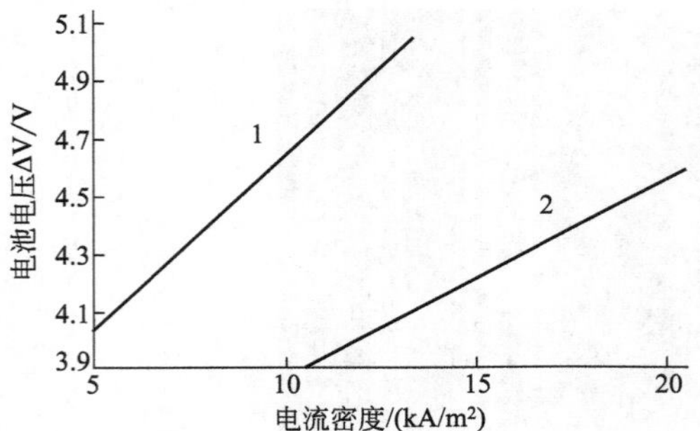

图10-16 槽电压-电流密度极化曲线[82]

测试条件：310g/L NaCl，60℃；1—石墨电极；2—DSA

恒电压极化下电流的提高，并不在乎其真实原因是电极反应活化能的降低还是电极真实反应面积和的增大和多孔性结构调控。但为了开发具有良好电催化活性的电极材料，研究电极活性的影响因素则是有必要的。

研究表明[81]，电极涂层实际为氧化物粉末在金属基体上的堆积，尽管其形貌随制备工艺和涂层组成变化发生改变，涂层大多呈现龟裂状，因而具有较大的比表面积。BET 法和电化学方法测定表明，DSA 真实表面积是其几何面积的 400 倍以上。但是，一般认为表面积的增大只是 DSA 具有电催化活性的次要因素，更重要的还是"电子因素"的作用。其依据首先是 DSA 的 Tafel 斜率远小于其他电极[82]（图 10-16）。其次，DSA 涂层的晶粒尺寸随着热处理温度的提高而降低，电极实际面积也因此降低[83]。从理论上讲，电极面积的降低可能使电极电势提高，而表征电极反应速率与反应机理的 Tafel 斜率不受影响。但是，研究表明[84]，提高 RuO_2 涂层的热处理温度使得 DSA 的 Tafel 斜率增大，这说明热处理温度变化改变了涂层的表面化学结构，改变了 DSA 上电极反应速率与电化学机制，从而影响了 DSA 的电催化活性。Shieh 等[85]的研究表明，RuO_2/Ti 阳极涂层中引入 SnO_2 可增大阳极电化学活性表面积，提高双垫层电容 C_{dl} 与伏安电量 q^* 并降低了电化学反应电阻 R_{ct}。

由于电解反应是发生在固 - 液界面上，故阳极表面的微观结构将会对催化性能产生重要影响。为了提高阳极的催化活性，可以将催化涂层制备成纳米级，提高活性物种的分散度，增加阳极的活性比表面积。而在制备涂层阳极催化剂时，还需要尽可能避免涂层产生较多裂纹，使电解液和氧气副产物渗透到基体，造成阳极钝化失效。邵艳群等[86]提出了在活性层与钛基体间增添一层纳米尺寸的贵金属或贵金属化合物，研究表明，该方法获得的金属氧化物涂层均匀、弥散、致密。该种子层具有较强的耐腐蚀性，它的加入不仅起到了中间层的作用，同时还增加了涂层活性点数量，所制备的阳极涂层的催化活性得到了明显提高。吴方敏等[87]首次将梯度功能材料的技术思维贯穿到构建涂层催化剂中，并制得了电极组成成分呈梯度分布的 Ru-Ir-Sn-Ti 多元金属氧化物涂层催化剂。该方法减缓了热分解过程中产生的热应力而使涂层出现裂纹，与常规制备方法制备的 Ru-Ir-Sn-Ti 涂层阳极对比，它的稳定性提升较大。Xin 等[88]探索了焙烧温度对钛基 IrO_2-Ta_2O_5 纳米涂层氧化物电极的微观构造和电催化性能的影响。结果发现，当焙烧样品的温度逐渐提高时，Ta 在铱钽固溶体中的固溶度随之增加，涂层的颗粒尺寸随之变小。研究还发现，当焙烧样品的温度逐渐提高时，催化剂涂层析出氧气的电催化活性随之下降，电化学活性表面积也开始减小。其中，样品退火处理为 500℃时获得的催化材料展现出最长的强化电解寿命，稳定性得到显著增强。所以，烧结温度存在一个临界温度值 T。当温度低于 T 时，随着样品焙烧温度逐步增加，金属盐热分解形成结构稳定的氧化物，此时催化剂的电催化活性也逐步提高。当温度高于 T 时，金属盐前驱体热分解形成的氧化物将会聚集在一块，这就会造成催化剂的活性表面积明显减少，不利于增强催化剂的催化活性。

魏子栋等[89]利用阳极氧化法在 Ti 基底上生成二维管状结构的纳米管阵列（TNTs），以此作为催化涂层载体，其管径尺寸均匀，管口呈现开放状态，有利于提高 Ti 基体的比表面积。而且，这层纳米管阵列相当于一层中间层，从而可以保护 Ti 基体在反应过程中不被进一步氧化为高电阻的 TiO_2；负载的含钌涂层氧化物均匀分散在 TNTs 上，并未出现典型形稳阳极的

“龟裂”现象（图10-17）。我们认为，TNTs对涂层催化剂的形貌具有重要的影响。它是由许多独立的管状结构组成，催化剂涂层的内应力将被分散在每一个纳米管上，从而削弱了内应力集中，防止了平面Ti基底上涂层催化剂的“龟裂”现象。通过优化涂层组分、改变焙烧模式和涂渍顺序，实验结果表明，制备TNTs后直接涂渍锡锑氧化物共掺杂的钌钛涂液，再进行高温焙烧所制得的电极，其析氯催化活性和稳定性最好，氯氧电位差达到最大（图10-18）。

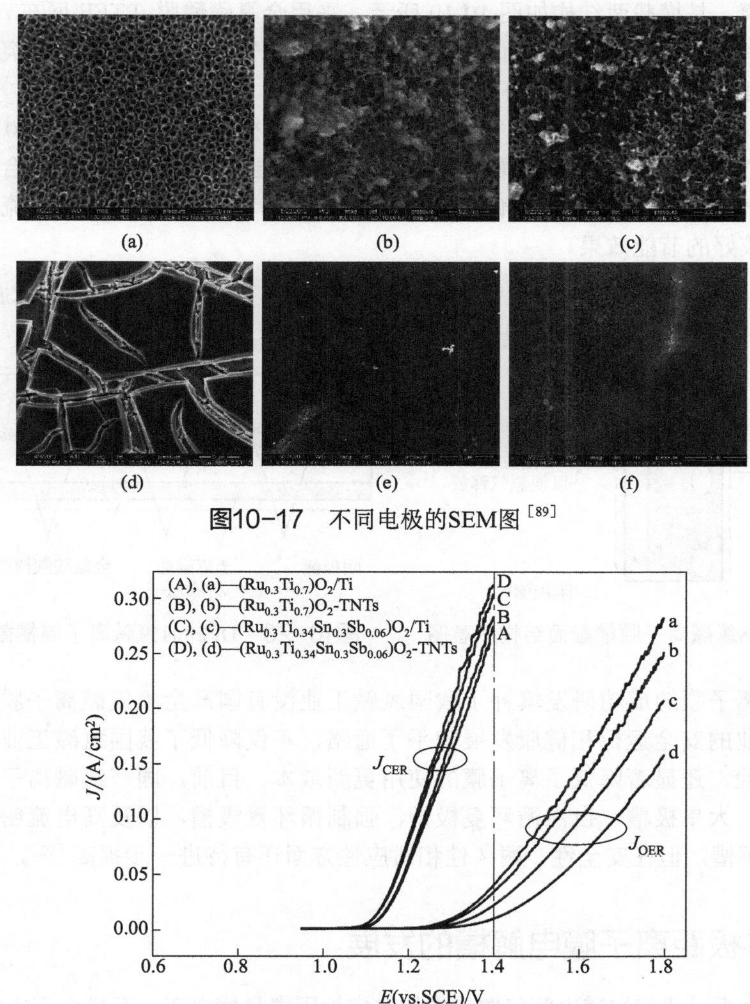

图10-17　不同电极的SEM图[89]

图10-18　涂层催化剂的线性扫描极化曲线图[89]

10.4　氯碱工业节能技术的发展

10.4.1　国产氯碱离子膜的发展

在氯碱工业的电解过程中，除了研制高效稳定的电极材料外，开发优质、安全和适应性强的离子膜不仅可以进一步降低槽电压，还能使产品纯度高，浓度可调。然而，当前世界氯碱装置的离子膜生产主要被美国杜邦、日本旭硝子和旭化成三家公司垄断，价格高昂。因此，我国从1980年开始，经过三十多年的科技攻关研发，国产全氟氯碱离子膜的研究突破了一系列关键壁垒，掌握了从原料、单体、中间体、功能单体、全氟材料增强网到复合增强离子膜的制备、膜的功能化等一系列核心技术[90]。目前，我国山东东岳集团自主研发的离子膜工业化生产技术已经生产出了工业化产品[91]，其高强度DF988离子膜和低能耗DF2801离子膜达到了现有市场使用的美国杜邦公司N966和N2030标准。其中，DF988离子膜是一款不带牺牲芯材的离子膜，其横截面结构如图10-19所示，采用全氟磺酸膜/PTFE网布/全氟羧酸膜复合而成，通过间层结构的优化设计和树脂匹配，赋予国产DF988氯碱离子膜突出的盐水杂质耐受性，具有强度高、使用安全性好和适应性强的特点。

DF2801离子膜则是一种具有牺牲芯材的离子膜，其横截面结构如图10-20所示。采用具有自主知识产权的专利技术，使全氟磺酸层和全氟羧酸层之间形成无界面融合状态，从而增强了它们之间的结合牢固度，具有不宜脱层、起泡的独特性能，因此在高电流密度的零极距电解槽中具有较好的节能效果。

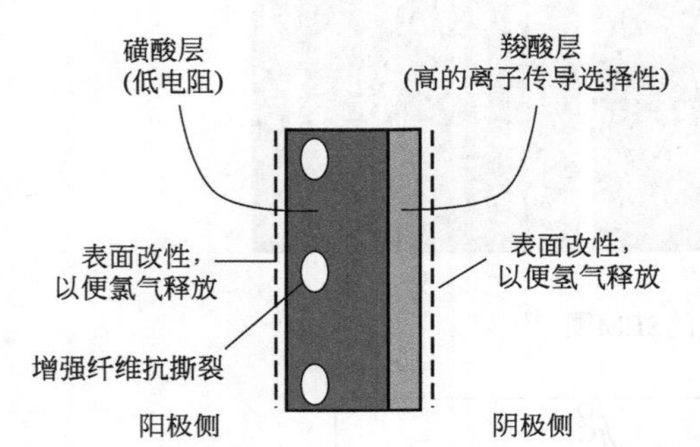

图10-19 DF988氯碱离子膜横截面结构示意图

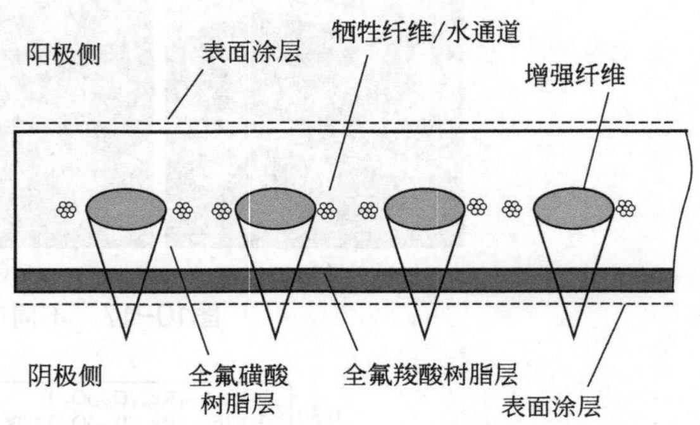

图10-20 DF2801氯碱离子膜横截面结构示意图

国产氯碱离子膜的成功研发填补了我国氯碱工业没有国产全氟氯碱离子膜的空白，同时为我国氯碱工业的安全运行和健康发展铺平了道路，不仅降低了我国氯碱工业重要核心部件受制于人的风险，还显著降低了离子膜的使用更新成本。目前，国产氯碱离子膜几乎可以适用于小单极槽、大单极槽、自然循环复极槽、强制循环复极槽，以及高电流密度和零极距电解槽等所有电解槽，但在安全性、耐久性和适应性方面还有待进一步提高[92]。

10.4.2 零极距离子膜电解槽的发展

通过上述分析，我们知道电解装置性能的决定性因素是槽电压，而槽电压主要由分解电压、膜电压、阴极过电位、电解液电压降、结构电压降和阳极过电位这六部分组成[93]，除了电催化过电位和膜电压外，电解液电压降也是不容忽视的主要因素。

为此，一种新型的零极距离子膜电解槽在氯碱行业中应运而生[94]。与普通离子膜电解槽相比，它的节能减排效果更加显著。众所周知，在离子膜氯碱电解装置中，电解单元的阴、阳极间距（极距）是一项非常重要的技术指标，其极距越小，单元槽电解电压越低，相应的生产电耗也越低。当极距达到最小值时，即为零极距。在普通电槽中，一对电解单元槽的阴阳极之间存在一定的间隙，约为1.8～2 mm，溶液电压降为200mV左右。而对于零极距离子膜电解槽，通过改进阴极侧结构，增加弹性构件，使得阴极网贴向阳极网，电极之间的间距为膜的厚度，从而降低了电解槽阴极侧溶液电压降，实现了节能降耗的效果。与普通离子膜电解槽相比，同等电流密度下零极距离子膜电解槽的电压降低约 180mV，相应每吨烧碱电耗至少下降 100kW · h，节能降耗效果明显[95]。

其中，蒂森克虏伯伍德氯工程公司自主研发的 n-BiTAC 零极距电解槽具有特殊的阴极网垫和弹簧，该弹簧与阴极网的接触点提高了17 倍，从而使电流分布更加均匀；旭化成公司于 2002 年对 NCH 型高电流密度离子膜电解槽进行改进，成功研发了 NCZ 型零极距电解槽，其单元槽电压降低了约 100mV；英国 INEOS 公司研发的 Bichlor 零极距电解槽则具有独立的单元结构，其设计的酒窝式电极板可以达到较低电压和电耗的效果；2008 年，我国北京化工机械厂也在 NBH-2.7 型电解槽基础上成功研制出 NBZ-2.7 型零极距电解槽，实现了生产每吨烧碱直流电耗控制在 2065kW · h 左右，2014 年又推出了 NBZ-2.7 Ⅱ型第二代零极距电解槽，不仅能够在 $6kA/m^2$ 的高电流密度下稳定运行，生产每吨烧碱消耗的电能进一步降低至 2035kW · h[94]。

10.4.3　氧阴极离子膜电解技术的发展

一直以来，节能降耗始终是氯碱工业的永恒主题。尽管改良途径多样，但降低槽电压是最有效的方法。随着电极材料的性能优化、离子膜改性及零极距技术阴极结构的升级和完善等，电解槽压降低的幅度已不大。近年来，为了进一步降低离子膜电解技术的能耗，世界各国专家学者积极研发氯碱工业节能新技术，如固体聚合物电解法（SPE）技术、熔融食盐电解法、氧阴极电解法、光解食盐水法、降膜离子膜电解技术等。其中，氧阴极电解法[96-102]是目前生产烧碱和氯碱的最新技术，如图 10-21 所示，它与传统的离子膜制碱原理不同，其利用氧气电极还原反应代替析氢反应，所以生产过程中仅生产烧碱和氯气，不产生氢气，因此耗电量低，初始开车时生产每吨烧碱直流电耗约 1436kW · h，而现有最新技术的零极距电解槽耗电不低于 2050kW · h，因此能够进一步降低能耗约 30%。

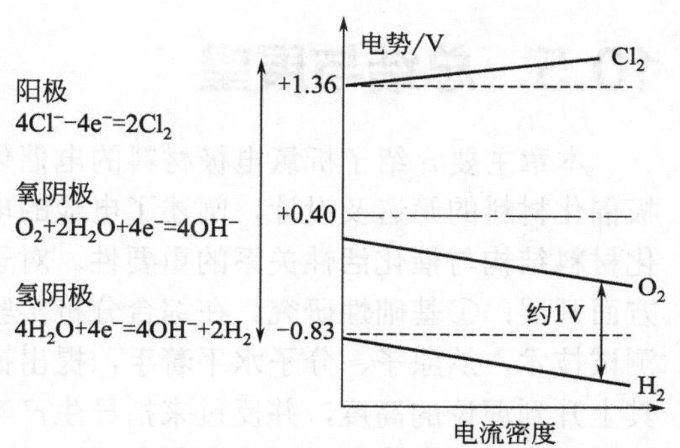

图10-21　电极电势与槽电压关系图

$$\text{总反应：}4NaCl + 2H_2O + O_2 = 2Cl_2 + 4NaOH \tag{10-24}$$

$$\text{阳极室：}2Cl^- = Cl_2\uparrow + 2e^- \tag{10-25}$$

$$\text{阴极室：}2H_2O + O_2 + 4e^- = 4OH^- \tag{10-26}$$

由此可见，采用氧阴极后理论电解槽压可降低 1.23V，生产每吨 Cl_2 的能耗可降低 900kW · h 以上，如此巨大的节能潜力，将推动氯碱工业界积极开发氧阴极技术。事实上，早在 20 世纪 80 年代，美国 Eltech Systems 公司开始利用燃料电池气体扩散电极的原理来制备氧阴极型离子膜电解槽，在电流密度为 $31A/dm^2$ 时，生产每吨烧碱的直流电耗仅为 1600kW · h[103]。德国拜耳公司和意大利迪诺拉公司一直致力于联合开发氧阴极技术，并且得到了可应用的技术背景。拜耳公司的主要核心技术为利用碳布为载体将催化剂层和气体扩散层利用轧制的方法进行复合从而制备氧阴极。但是由于碳布负载的催化剂层和气体扩散层没有直接和电流收集器连接在一起，从而导致了氧阴极电极的强度下降，影响了该技术在实际生产当中的应用。日本从 2000 年开始由 NEDO 机构出面联合高校以及主要的离子膜电解槽生产厂商开始启动了氧阴极离子膜电解槽的研发工作。其技术特点为通过热压方式对催化剂层、气体扩散层以及电流收集器进行组装。通过这个方法制备的氧阴极具有较好的催化效果以及强度，具有良好的应用前景，目前该项目正处于中试化研究阶段。我国一些高校从20世纪90年代开始从事氧阴极电极的制备技术的研发工作，2010年12月，在2010中国绿色产业和绿色经济高科技国际博览会上，蓝星（北京）化工机械有限公司展出其与北京化工大学通过“产学研”合作开发的氧阴极技术。该技术理论上生产每吨烧碱电耗下降600～700kW·h，节能40%，但也受到行业的质疑。对其置疑的主要原因如下：①不产氢。若另外再上产氢装置，成本是否合算？②氢气用途广泛，一些有机物加氢以后附加值很高；同时它也是目前最清洁的能源，世界进入能源短缺的时代，氢能已经受到全世界的重视，氢能技术在美、日和欧盟等发达国家和地区已进入系统实施阶段，不产氢是与大趋势背道而驰。③难度大。主要难点是扩散电极的设计和活性寿命的延长，如电极对过氧化氢的稳定性（过氧化氢是氧还原时的中间产物）；空气中的CO_2与碱液反应生成的碳酸盐等污染物堵塞催化剂及离子膜孔道。

因此，对于无需耗氢产品的氯碱企业而言，采用该技术具有一定的现实意义。但是要使氧阴极电解反应实现工业化生产，必须解决氧阴极催化剂高成本和食盐工况条件下稳定性差的两大难题。而关于电极材料（如非贵金属、非金属材料）的氧还原电催化活性及稳定性研究方面的内容可参照第5章氧还原电催化部分，本章将不再赘述。

10.5 总结与展望

本章主要介绍了析氯电极材料的电催化过程及其氯碱工业的发展，重点分析和讨论了阳极催化材料的筛选及设计，阐述了电极的电催化现象的内在本质和微观作用机理，揭示了催化材料结构与催化活性关系的重要性。对于电极材料的深入研究和未来发展，可以从以下两方面开展：①基础性研究。在综合分析实验结果的基础上，借助现代计算机化学和原位分析测试技术，从原子、分子水平着手，提出描述界面电极体系各种电化学过程的物理模型，将其上升到理论的高度，并反过来指导生产实践，使人们更加理性地通过设计和优化催化电极的制备方法和条件，调控催化表面的化学组成与结构，进而达到增强电极电催化活性的目的。对这些问题的深入研究对发展氯碱电解和水电解技术都具有重要意义，也是未来电化学催化研究的重点。②应用性研究。在保证氯碱电解中电极高的电催化活性和良好导电性的前提下，进一步降低催化剂层中贵金属的含量，延长电极的使用寿命，提高电极的电解效率。

参考文献

[1] 张培超. 2019年中国氯碱行业经济运行分析及2020年展望［J］. 中国氯碱，2020，508（3）：5-8.

[2] 张露. 当前形势下中国氯碱工业的突破之路［J］. 氯碱工业，2017，53（12）：23-26.

[3] 孙世刚，陈胜利. 电催化［M］. 北京：化学工业出版社，2013.

[4] 刘业翔. 功能电极材料及其应用［M］. 长沙：中南工业大学出版社，1996.

[5] Moussallem I，Jrissen J，Kunz U，et al. Chlor-alkali electrolysis with oxygen depolarized cathodes : history，present status and future prospects［J］. Journal of Applied Electrochemistry，2008，38（9）：1177-1194.

[6] 史国月. 氯碱生产工艺方法的比较［J］. 化学工程与装备，2013，7：156-158.

[7] 刘自珍. 氯碱工业60年发展变化与新格局［J］. 氯碱工业，2010，46（1）：1-6.

[8] Beer H B. Improvements in or relating to electrodes for electrolysis：NL JPS535863B1［P］，1968-03-02.
[9] 赵凤桐，邵丽歌．金属阳极机理的研究［J］．氯碱工业，1997（2）：11-15.
[10] Trasatti Sergio. Progress in the understanding of the mechanism of chlorine evolution at oxide electrodes［J］. Electrochimica Acta，1987，32（3）：369-382.
[11] Janssen L，Starmans L，Visser J G，et al. Mechanism of the chlorine evolution on a ruthenium oxide/titanium oxide electrode and on a ruthenium electrode［J］. Cheminform，1978，22（10）：1093-1100.
[12] Trasatti S. Electrocatalysis in the anodic evolution of oxygen and chlorine［J］. Electrochimica Acta，1984，29（11）：1503-1512.
[13] Fernández J，Chialvo M，Chialvo A. Kinetic study of the chlorine electrode reaction on Ti/RuO_2 through the polarisation resistance - Part Ⅱ：mechanistic analysis［J］. Electrochimica Acta，2003，47（7）：1137-1144.
[14] Kim Y，Silva L，Boodts J，et al. Epitaxial growth of RuO_2(100) on Ru（1010）：Surface structure and other properties［J］. Journal of Physical Chemistry B，2001，105（11）：2205-2211.
[15] Burke L D. Surface structure of ruthenium dioxide electrodes and kinetics of chlorine evolution［J］. Journal of The Electrochemical Society，1982，130（6）：1689-1693.
[16] Augustynski J. X-ray photoelectron spectroscopic studies of RuO_2 based film electrodes［J］. Journal of The Electrochemical Society，1978，125（7）：1093-1097.
[17] Burke L D，. O'Neill J. Some aspects of the chlorine evolution reaction at ruthenium dioxide anodes［J］. Journal of Electroanalytical Chemistry & Interfacial Electrochemistry，1979，101（3）：341-349.
[18] 陈康宁．金属阳极［M］．上海：华东师范大学出版社，1989.
[19] 陈康宁，汪治平．钛基贵金属氧化物电极析氯机理研究［J］．氯碱工业，1995，8：7-10.
[20] Evdokimov S. Mechanism of chlorine evolution-ionization on dimensionally stable anodes［J］. Russian Journal of Electrochemistry，2000，36（3）：227-230.
[21] Harrison J A，Caldwell D L，White R E. Electrocatalysis and the chlorine evolution reaction—II. Comparison of anode materials［J］. Electrochimica Acta，1984，29（2）：203-209.
[22] Consonni V，Trasatti S，Pollak F，et al. Mechanism of chlorine evolution on oxide anodes study of pH effects［J］. Journal of Electroanalytical Chemistry，1987，228（1-2）：393-406.
[23] Guerrini E，Trasatti S. Recent developments in understanding factors of electrocatalysis［J］. Russian Journal of Electrochemistry，2006，42（10）：1017-1025.
[24] Hansen H A，Man I C，Studt F，et al. Electrochemical chlorine evolution at rutile oxide(110) surfaces［J］. Physical Chemistry Chemical Physics，2009，12：283-290.
[25] Exner K S，Anton J，Jacob T，et al. Controlling selectivity in the chlorine evolution reaction over RuO_2-based catalysts［J］. Angewandte Chemie，2015，126（41）：11212-11215.
[26] Egal M，Conrad M，Ma Cd Onald D L，et al. RuO_2-TiO_2 coated titanium anodes obtained by the sol-gel procedure and their electrochemical behaviour in the chlorine evolution reaction［J］. Colloids Surfaces A Physicochemical Engineering Aspects，1999，157（157）：269-274.
[27] Alves V，Silva L，Boodts J. Electrochemical impedance spectroscopic studyof dimensionally stable anode corrosion［J］. Journal of Applied Electrochemistry，1998，28（9）：899-905.
[28] Jovanović V M，Dekanski A，Despotov P，et al. The roles of the ruthenium concentration profile, the stabilizing component and the substrate on the stability of oxide coatings［J］. Journal of Electroanalytical Chemistry，1992，339（1-2）：147-165.

[29] Yi Z，Chen K，Wei W，et al. Effect of IrO_2 loading on RuO_2-IrO_2-TiO_2 anodes：a study of microstructure and working life for the chlorine evolution reaction［J］. Ceramics International，2007，33（6）：1087-1091.

[30] Lassali T，Boodts J，Bulhões L. Faradaic impedance investigation of the deactivation mechanism of Ir-based ceramic oxides containing TiO_2 and SnO_2［J］. Journal of Applied Electrochemistry，2000，30（5）：625-634.

[31] Ktz R，Lewerenz H J，Stucki S. XPS studies of oxygen evolution on Ru and RuO_2 anodes［J］. Journal of The Electrochemical Society，1983，130（4）：825.

[32] Silva L，Faria L，Boodts J. Electrochemical impedance spectroscopic（EIS）investigation of the deactivation mechanism，surface and electrocatalytic properties of Ti/$RuO_2(x)$+$Co_3O_4(1-x)$ electrodes［J］. Journal of Electroanalytical Chemistry，2002，532（1-2）：141-150.

[33] Panić V，Dekanski A，Milonjić S，et al. The influence of the aging time of RuO_2 and TiO_2 sols on the electrochemical properties and behavior for the chlorine evolution reaction of activated titanium anodes obtained by the sol-gel procedure［J］. Electrochimica Acta，2000，46（s 2-3）：415-421.

[34] Hine F. Electrochemical behavior of the oxide-coated metal anodes［J］. Journal of The Electrochemical Society，1979，126（9）：1439-1445.

[35] Pani V V，Jovanovi V M，Terzi S I，et al. The properties of electroactive ruthenium oxide coatings supported by titanium-based ternary carbides［J］. Surface Coatings Technology，2007，202（2）：319-324.

[36] Ribeiro J，Andrade A D. Investigation of the electrical properties，charging process，and passivation of RuO_2-Ta_2O_5 oxide films［J］. Journal of Electroanalytical Chemistry，2006，592（2）：153-162.

[37] Silva L，Fernandes K C，Faria L，et al. Electrochemical impedance spectroscopy study during accelerated life test of conductive oxides：Ti/（Ru+Ti+Ce）O_2-system［J］. Electrochimica Acta，2004，49（27）：4893-4906.

[38] Bommaraju T V，Chen C P，Birss V I. Deactivation of thermally formed RuO_2+TiO_2 coatings during chlorine evolution：mechanisms and reactivation measures［M］. Oxford：Blackwell Science Ltd，2007.

[39] 张招贤. 钛电极学导论［M］. 北京：冶金工业出版社，2008.

[40] Takasu Y，Sugimoto W，Nishiki Y，et al. Structural analyses of RuO_2-TiO_2/Ti and IrO_2-RuO_2-TiO_2/Ti anodes used in industrial chlor-alkali membrane processes［J］. Journal of Applied Electrochemistry，2010，40（10）：1789-1795.

[41] Ruiyong，Chen，Vinh，et al. Microstructural impact of anodic coatings on the electrochemical chlorine evolution reaction［J］. Physical Chemistry Chemical Physics，2012，14（20）：7392-7399.

[42] Ktz R，Stucki S. Stabilization of RuO_2 by IrO_2 for anodic oxygen evolution in acid media［J］. Electrochimica Acta，1986，31（10）：1311-1316.

[43] Profeti D，Lassali T，Olivi P. Preparation of $Ir_{0.3}Sn_{(0.7-x)}Ti_xO_2$ electrodes by the polymeric precursor method：characterization and lifetime study［J］. Journal of Applied Electrochemistry，2006，36（8）：883-888.

[44] Seifollahi M，Jafarzadeh K. Stability and morphology of（$Ti_{0.1}Ru_{0.2}Sn_{0.7}$）O_2 coating on Ti in chloralkali medium［J］. British Corrosion Journal，2013，44（5）：362-368.

[45] Nora V D. Der beitrag der dimensionsstabilen anoden（DSA）zur chlor-technologie［J］. Chemie

Ingenieur Technik，2004，47（4）：125-128.

[46] Mozota J. Modification of apparent electrocatalysis for anodic chlorine evolution on electrochemically conditioned oxide films at iridium anodes［J］. Journal of the Electrochemical Society, 1981, 128（10）: 2142-2149.

[47] Denton D A，Harrison J A，Knowles R I. Automation of electrode kinetics—Ⅳ. The chlorine evolution reaction on a RuO_2-TiO_2 plate electrode［J］. Electrochimica Acta，1980，25（9）：1147-1152.

[48] 梁成浩，顾谦农. RuO_2/TiO_2电极在海水电解防污中的电化学行为［J］. 腐蚀科学与防护技术，1996，8（2）：125.

[49] 武正簧，杨冬花. 钌钛阳极的性能测定［J］. 太原理工大学学报，1997，28（2）：20-22.

[50] Sohrabnejad-Eskan I，Goryachev A，Exner K S，et al. Temperature-dependent kinetic studies of the chlorine evolution reaction over RuO_2(110) model electrodes［J］. ACS Catalysis，2017，7（4）：2403-2411.

[51] Ribeiro J，Alves P D P，Andrade A R. Effect of the preparation methodology on some physical and electrochemical properties of Ti $Ir_xSn_{(1-x)}O_2$ materials［J］. Journal of Materials Science, 2007, 42（5）: 9293-9299.

[52] 王欣，唐电，周敬恩. 添加SnO_2组元对RuO_2+SnO_2+TiO_2/Ti钛阳极组织形貌的影响［J］. 中国有色金属学报，2002，012（005）：920-924.

[53] Cestarolli D T，Andrade A R D. Electrochemical and morphological properties of Ti/$Ru_{0.3}Pb_{(0.7-x)}Ti_xO_2$-coated electrodes［J］. Electrochimica Acta，2003，48（28）：4137-4142.

[54] Lassali T，Castro S，Boodts J. Structural，morphological and surface properties as a function of composition of Ru+Ti+Pt mixed-oxide electrodes［J］. Electrochimica Acta，1998，43（2）：2515-2525.

[55] Santana M H P，Faria L. Oxygen and chlorine evolution on RuO_2+TiO_2+CeO_2+Nb_2O_5 mixed oxide electrodes［J］. Electrochimica Acta，2006，51（17）：3578-3585.

[56] Meaney K L，Omanovic S. $Sn_{0.86}$-$Sb_{0.03}$-$Mn_{0.10}$-$Pt_{0.01}$-oxide/Ti anode for the electro-oxidation of aqueous organic wastes［J］. Materials Chemistry & Physics，2007，105（2-3）：143-147.

[57] 王科，韩严，王均涛. 添加Sn组元对Ru-Ti-Ir阳极涂层的改性研究［J］. 电化学，2006，12（2）：159-164.

[58] 侯志强，韩严. Ru-Ti-Ir-Sn氧化物涂层阳极的研究［J］. 材料开发与应用，2002，17（1）：28-31.

[59] Comninellis C，Vercesi G P. Characterization of DSA-type oxygen evolving electrodes：choice of a coating［J］. Journal of Applied Electrochemistry，1991，21（4）：335-345.

[60] 胡吉明，孟惠民，张鉴清. 制备条件对钛基IrO_2+Ta_2O_5涂层阳极性能的影响［J］. 金属学报，2002，38（001）：69-73.

[61] 徐浩，延卫，游莉. 不同酸处理对钛基体性能的影响［J］. 稀有金属材料与工程，2011，40（9）：1550-1554.

[62] 初立英，许立坤，吴连波. 草酸浸蚀对氧化物阳极形貌及电催化性能的影响［J］. 金属学报，2005，41（007）：763-768.

[63] Silva L，Franco D V，Faria L，et al. Surface，kinetics and electrocatalytic properties of Ti/(IrO_2+Ta_2O_5) electrodes，prepared using controlled cooling rate，for ozone production［J］. Electrochimica Acta，2004，49（22-23）：3977-3988.

[64] Matsumoto Y，Shimuzu T，Sato E. Photoelectrochemical properties of thermally oxidized TiO_2［J］.

Electrochimica Acta，1982，27（3）：419-424.

[65] Deng L，Liu Y，Zhao G，et al. Preparation of electrolyzed oxidizing water by TiO_2 doped IrO_2-Ta_2O_5 electrode with high selectivity and stability for chlorine evolution［J］. Journal of Electroanalytical Chemistry，2019，832（1）：459-466.

[66] Trieu V，Schley B，Natter H，et al. RuO_2-based anodes with tailored surface morphology for improved chlorine electro-activity［J］. Electrochimica Acta，2012，78（1）：188-194.

[67] Mehdipour M，Tabaian S H，Firoozi S. Effect of IrO_2 crystallinity on electrocatalytic behavior of IrO_2–Ta_2O_5/MWCNT composite as anodes in chlor-alkali membrane cell［J］. Ceramics International，2019，45（16）：19971-19980.

[68] Egal M，Conrad M，Macdonald D，et al. RuO_2-TiO_2 coated titanium anodes obtained by the sol-gel procedure and their electrochemical behaviour in the chlorine evolution reaction［J］. Colloids & Surfaces A Physicochemical & Engineering Aspects，1999，157（157）：269-274.

[69] Forti J C，Olivi P，Aar D. Characterisation of DSA-type coatings with nominal composition Ti/$Ru_{0.3}Ti_{(0.7-x)}Sn_xO_2$ prepared via a polymeric precursor［J］. Electrochimica Acta，2001，47（6）：913-920.

[70] Romero-Ibarra，Gonzalez，Palma-Goyes，et al. In search of the active chlorine species on Ti/ZrO_2-RuO_2-Sb_2O_3 anodes using DEMS and XPS［J］. Electrochimica Acta，2018，275（1）：265-274.

[71] Fujimura K，Matsui T，Izumiya K，et al. Oxygen evolution on manganese-molybdenum oxide anodes in seawater electrolysis［J］. Materials Science & Engineering A，1999，267（2）：254-259.

[72] Lee Y，Park Y. Ultrathin multilayer Sb-SnO_2/$IrTaO_x$/TiO_2 nanotube arrays as anodes for the selective oxidation of chloride ions［J］. Journal of Alloys and Compounds，2020，840（5）：155622.

[73] Heo S E，Lim H W，Cho D K，et al. Anomalous potential dependence of conducting property in black titania nanotube arrays for electrocatalytic chlorine evolution［J］. Journal of Catalysis，2020，381（1）：462-467.

[74] Bavykin D V，Friedrich J M，Walsh F C. Protonated titanates and TiO_2 nanostructured materials：synthesis，properties，and applications［J］. Advanced Materials，2010，18（21）：2807-2824.

[75] Ye M，Liu H Y，Lin C，et al. Hierarchical rutile TiO_2 flower cluster-based high efficiency dye-sensitized solar cells via direct hydrothermal growth on conducting substrates［J］. Small，2013，9（2）：312-321.

[76] Chen J S，Zhu T，Hu Q H，et al. Shape-controlled synthesis of cobalt-based nanocubes，nanodiscs，and nanoflowers and their comparative lithium-storage properties［J］. ACS Applied Materials & Interfaces，2010，2（12）：3628-3635.

[77] Cai J，Ye J，Chen S，et al. Self-cleaning，broadband and quasi-omnidirectional antireflective structures based on mesocrystalline rutile TiO_2 nanorod arrays［J］. Energy & Environmental Science，2012，5（6）：7575-7581.

[78] Xiong K，Peng L，Y W，et al. In situ growth of RuO_2-TiO_2 catalyst with flower-like morphologies on the Ti substrate as a binder-free integrated anode for chlorine evolution［J］. Journal of Applied Electrochemistry，2016，46（8）：841-849.

[79] 潘建跃，孙凤梅，罗启富. 钛阳极磁控溅射钼的工艺研究［J］. 材料保护，2004，37（10）：26.

[80] 陶自春，潘建跃，罗启富. 铂中间层的制备及对铱钽涂层钛阳极性能的影响［J］. 材料科学与工程学报，2004，22（2）：240-244.

[81] Wang X，Tang D，Zhou J. Microstructure，morphology and electrochemical property of $RuO_2$70SnO_2

30mol% and $RuO_2$30$SnO_2$70 mol% coatings［J］. Journal of Alloys & Compounds，2007，430（1）：60-66.

[82] Trasatti S. Electrocatalysis：understanding the success of DSA［J］. Electrochimica Acta，2000，45（15）：2377-2385.

[83] Trasatti S. Physical electrochemistry of ceramic oxides［J］. Electrochimica Acta，1991，36（2）：225-241.

[84] Lodi G，Zucchini G，Battisti A D，et al. On some debated aspects of the behaviour of RuO_2 film electrodes［J］. Materials Chemistry，1978，3（3）：179-188.

[85] Shieh D T，Hwang B J. Morphology and electrochemical activity of Ru Ti Sn ternary-oxide electrodes in 1M NaCl solution［J］. Electrochimica Acta，1993，38（15）：2239-2246.

[86] 唐电，柯学标，邵艳群，等. 带有氧化物种子层的电化学工业钛阳极：200610135245.0［P]，2007-07-11.

[87] 吴方敏. 梯度$Ru_xIr_{1-x}O_2$涂层钛阳极制备及在电合成N_2O_5中的应用［D］. 天津：天津大学，2012.

[88] Xin Y，Xu L，Wang J，et al. Effect of sintering temperature on microstructure and electrocatalytic properties of Ti/IrO_2-Ta_2O_5 anodes by pechini method［J］. Rare Metal Materials & Engineering，2010，39（11）：1903-1907.

[89] Xiong K，Deng Z H，Li L，et al. Sn and Sb co-doped RuTi oxides supported on TiO_2 nanotubes anode for selectivity toward electrocatalytic chlorine evolution［J］. Journal of Applied Electrochemistry，2013，43（8）：847-854.

[90] 王学军，于昌国，王婧，等. 国产氯碱离子膜的应用与研究进展［J］. 中国氯碱，2012，6：1-4.

[91] 董辰生，薛帅，王学军. 国产氯碱离子膜研发历程及工业应用［J］. 中国氯碱，2018，11：1-2，26.

[92] 高自宏，王婧，张恒，等. 中国氯碱全氟离子膜介绍：第四届中国膜科学与技术报告会论文集［C］. 2010：5-10.

[93] 树义民，多春玲. 论离子膜电解槽槽电压的影响因素［J］. 科学中国人，2015（009）：152.

[94] 郎需霞. 氯碱行业发展回顾及展望［J］. 中国氯碱，2018，490（09）：5-8.

[95] 宝田博良，野秋康秀. 复极式零间距电解槽：200380104115.5［P]，2003-11-26.

[96] 刘国桢. 氯碱技术发展概述［J］. 中国氯碱，2012（004）：1-5.

[97] 郑学栋. 氧去极化阴极技术发展趋势［J］. 上海化工，2015，40（06）：33-38.

[98] 王世常. 氧阴极的适用性和前景——专家王世常先生访谈录［J］. 氯碱工业，2010，46（1）：44-45.

[99] 覃事永. 氧阴极电极制造工艺与设备研究［D］. 北京：北京化工大学，2013.

[100] Kiros Y，Pirjamali M，Bursell M. Oxygen reduction electrodes for electrolysis in chlor-alkali cells［J］. Electrochimica Acta，2006，51（16）：3346-3350.

[101] Chavan N，Pinnow S，Polcyn G D，et al. Non-isothermal model for an industrial chlor-alkali cell with oxygen-depolarized cathode［J］. Journal of Applied Electrochemistry，2015，45（8）：899-912.

[102] Kiros Y，Bursell M. Low energy consumption in chlor-alkali cells using oxygen reduction electrodes［J］. International Journal of Electrochemical Science，2008，3（4）：444-451.

[103] Sollner K. Ion exchange membranes［J］. Annals of the New York Academy of Sciences，2010，57（3）：177-203.

索 引

后 记

在撰写这本书的过程中，从头说到尾，一个挥之不去的话题是：如何调控催化剂的各种参数使其催化活性变得更好？其核心思想，依然是遵循“恰到好处，过犹不及”。这使我想起了2016年，参加大连化物所孙公权研究员为首席的“973”项目，结题时要有科普论文，以广泛通俗地传播研究成果。这一科普文章得到《电化学》杂志主编孙世刚教授的支持，以“中庸”和“催化”随想为题发表在《电化学》杂志上。“中庸”是传统的中国智慧，由孔子提出，不断被他的追随者丰富。“中庸”追求在各种矛盾中寻求平衡，并认为“过分”和“不及”都是不好的。对于一个成功的催化剂，反应物抑或中间体的吸附，既不能太强，也不能太弱。在这一点上，“催化”与“中庸”有极为相似之处。几年过去了，我对催化科学的哲学感悟，似乎没有什么长进。借着本书的出版，将该文作为本书的结尾，不揣冒昧，以期抛砖引玉。

“中庸”与“催化”随想

“中庸”与“催化”看似两个毫无瓜葛的概念，却是曲径通幽处，一样花木深。

孔子的学生子贡问孔子：“子张和子夏，哪一个更好些？”孔子回答说：“子张有些过头，而子夏显得不及。”子贡问：“那么，子张好一些吗？”孔子说：“过犹不及。”

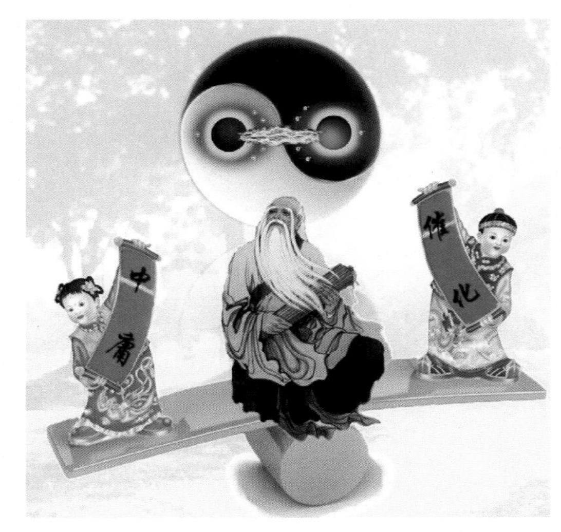

这一段话说明，“过分”和“不及”貌似不同，其实都不好，都不符合中庸之道。中庸的要求是恰到好处，如宋玉笔下的美人“增之一分则太长，减之一分则太短，著粉则太白，施朱则太赤”。

“中庸”不是望文生义中的折中、平庸。

“中庸”是恰到好处。“中庸”是现代意义上的“最优化”。

秦始皇二十六年（公元前221年），秦国兼并了所有的诸侯国，统一了天下。在秦国统一天下的战争中，王翦战功最大。为破楚国，秦始皇将六十万秦军，几乎是秦国全部的军事力量，交给王翦统帅。这样一支劲旅，完全掌握在王翦的手中，秦始皇着实难以放心，万一王翦起异心，也无可奈何。为了消除秦始皇的疑虑，王翦采取了“自污”的方法。王翦一而再再而三地向秦始皇请求赏赐，真正的意图是向秦始皇表明自己只是一个贪图小利而没有远大志向的人。王翦通过降低自己品行的方法消除了自己的圣人光环，打消了秦始皇的疑虑，也为自己消除了后顾之忧。这样，王翦就可以放开手脚与楚国作战，终于消灭了楚国。王翦的这套处世理论，让无数后人顶礼膜拜，亦步亦趋。这些后世人中，就有汉初三杰之一的一代名相萧何。萧何经随从点拨，完全照搬了王翦的处世之法，打消了刘邦对自己的疑虑得以善终自保。俗话说“男人不坏，女人不爱”。其实，丞相不坏，皇帝也不爱。自公元前134年，刘邦的玄孙汉武皇帝刘彻接受董仲舒“罢黜百家，尊崇儒术”，到晚清名臣曾文正公，完全不需要别人提醒，“中庸”之道已运用得炉火纯青，出神入化。曾国藩凭借“养活一团春意思，撑起两根穷骨头”，在晚清的政治舞台上，长袖善舞，在“圣人与俗人”之间收放自如。被后世评价为“立德立功立言三不朽，为师为将为相一完人”。正可谓“花未全开月未圆，人生最好是小满”。

那么，什么是“催化”?

1835年，瑞典化学家Berzelius将“催化剂”定义为“一种能把特定温度下还沉睡着的化学反应唤醒的神奇物质”。这样的概念在当时被用来解释淀粉在酸的作用下转化成糖的过程。1894年，德国化学家Ostwald（1909年诺贝尔奖获得者）认为催化反应中的催化剂是一种可以改变化学反应速率，而自己又不存在于产物之中的物质。随着科学研究的深入，现在，我们对催化的认识更加清晰。所谓“催化”，特别是最为常见的异相催化，就是反应物抑或反应中间体在催化剂表面吸附、结构重组、电荷转移、旧键断裂、新键生成、直到产物脱附的全过程。其中“结构重组、电荷转移、旧键断裂、新键生成”未必每一次催化反应过程都必须经历，有时候可能只是“结构重组”，有时候可能只是“电荷转移”，也可能只是“旧键断裂”，也可能是“结构重组”和“电荷转移”，也可能是“旧键断裂”和“新键生成”。然而，无论何种情况,“反应物吸附”和“产物脱附”始终是催化反应过程不可或缺的开始步骤和终了步骤。而且吸附的强弱，决定了“结构重组、电荷转移、旧键断裂、新键生成、产物脱附”的效率，也就是催化的效率。

事实上，如果没有反应物与催化剂的强相互作用，反应物很难实现“结构重组、电荷转移、旧键断裂”，或者说，很难高效地完成这些任务。然而，如果反应物与催化剂的相互作用太强，往往意味着产物的脱附变得异常困难。催化剂如果不能及时地释放新鲜表面（活性位），催化剂也就失去了催化活性。

那么，催化剂表面反应物的吸附到底是越强越好呢？还是越弱越好呢？

这种纠结，恰似姚燧《凭阑人 · 寄征衣》描述的妻子给丈夫寄征衣时的复杂心情。“欲寄君衣君不还，不寄君衣恐君寒。寄于不寄间，妾身千万难。”寄好？还是不寄好？对有情人，还真是难啊！

图1（a）显示，最有效氧还原反应ORR铂基催化剂是与中间物种吸附强度既不太强也不太弱的催化剂。对电化学催化析氢的效率，与氢原子在催化剂表面吸附强度之间也有类似的火山型特征［图1（b）］。即与反应物的吸附强度既不太强也不太弱的催化剂是最高效的催化剂。图2是如何高效地掰断塑料哑铃的示意图。图2（a）显示：小绿人力气太小，不足以掰断哑铃；图2（b）显示：莽汉力气太大，很容易掰断哑铃，但却死死抓住不肯放手，因而，无法持续不停地掰断哑铃；图2（c）显示：那个成年人用以掰断哑铃的力气正好，且懂得及时释放，因而，掰断哑铃的效率最高。图2与图1虽然所指不同，却有异曲同工之妙。图2（a'）通过增加1个小绿人，掰断了哑铃，类似于催化中的双功能催化剂；图2（b'）通过让小朋友对莽汉挠痒痒分散其注意力而释放哑铃，与文献［3］报道的“通过削弱CO吸附强度达到增强甲醇氧化效率”的意境不谋而合。

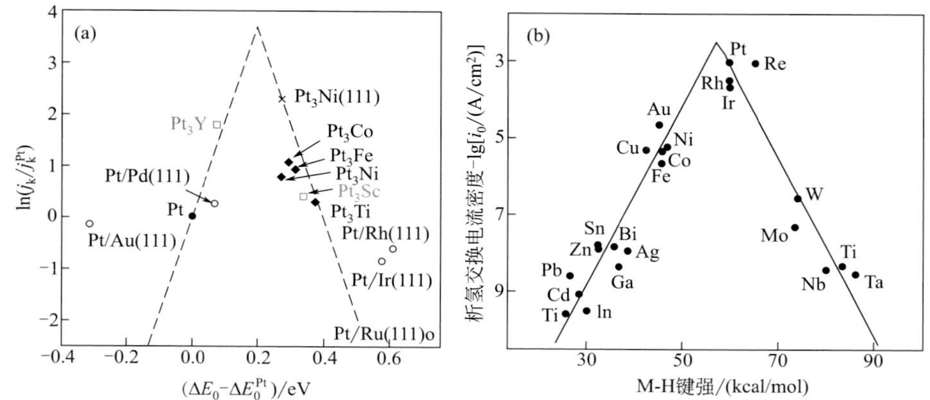

图1 （a）铂基催化剂的催化ORR活性与原子氧吸附强度关系[1]；（b）电化学析氢的交换电流与金属-氢键键强关系[2]

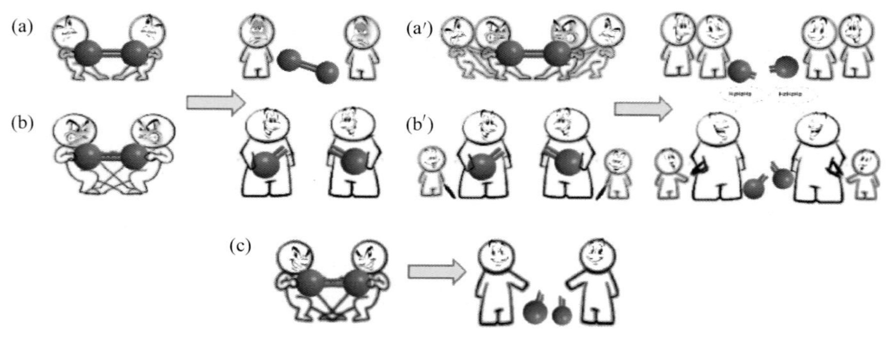

图2 如何掰断塑料哑铃

见惯了“催化”中的“中庸”，让我们追求一下有“中庸”味道的“催化”。

图3是我们通过调节尖晶石中八面体体心位铁原子的浓度（从无到有），尖晶石结构经历了“正尖晶石→反尖晶石→正尖晶石”的结构循环，以及相应的ORR反应活性[4]。从图中可以看到，ORR活性最高的是具有反尖晶石结构的$Co^{II}(FeCo)^{III}O_4$，其费米能级（与氧吸附强度高度相关）和晶格间距（与活性位点的距离密切相关）分别为：−0.7521eV和8.326Å，正好处于两个正尖晶石结构$Co^{II}Co^{III}O_4$和$Co^{II}Fe^{III}O_4$的费米能级（−0.4716eV，−0.8516eV）和晶格间距（8.080Å，8.364Å）的中间。意味着其费米能级不高也不低，晶格间距不短也不长，中庸味道十足，其氧还原催化活性也最高。居于八面体体心的Fe原子和Co原子因电负性的差异，彼此电荷转移极化，使得Fe原子荷负电，Co原子荷正电，形成阴阳调和的局面，十分有利于O-O键的活化。相反，当尖晶石的八面体体心为同一种原子时，因为没有这种“异化效应”，所以比反尖晶石结构弱了些许催化效果。

在结束本文之前，让我们为前朝的寄征衣女子出个有“中庸”味道的主意：

征衣当寄还须寄，太薄君会寒，太厚君不还；不薄不厚，君会常念家乡的桃花源。

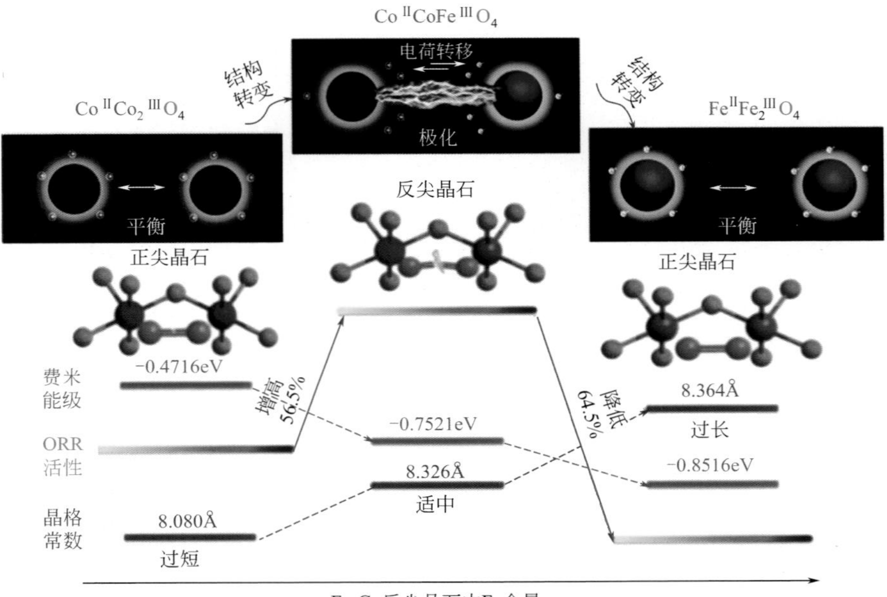

图3 尖晶石结构八面体位上的异化效应和原子的极化，以及尖晶石结构的晶格间距和费米能级与氧还原的关系图（Fe：绿色；Co：蓝色；吸附氧：紫红色；晶格氧：红色）[4]

参考文献

[1] Greeley J，Stephens I E L，Bondarenko A S，et al. Alloys of platinum and early transition metals as oxygen reduction electrocatalysts［J］. Nature Chemistry，2009，1（7）：552-556.

[2] Trasatti S. Work function，electronegativity，and electrochemical behaviour of metals Ⅲ. Electrolytic hydrogen evolution in acid solutions［J］. Journal of Electroanalytical Chemistry and Interfacial Electrochemistry，1972，39：163-184.

[3] Yang H Z，Zhang J，Sun K，et al. Enhancing by weakening：electrooxidation of methanol on Pt_3Co and Pt nanocubes［J］. Angewandte Chemie International Edition，2010，49（38）：6848-6851.

[4] Wu G P，Wang J，Ding W，et al. A Strategy to promote the electrocatalytic activity of spinels for oxygen reduction by structure reversal［J］. Angewandte Chemie International Edition，2016，55（4）：1340-1344.